4桁の原子量表 ($A_r(^{12}C)=12$ に対する相対値. ただし $A_r(E)$ はEの原子量)

元素名 日本語	元素名 英語	元素記号	原子番号	原子量	元素名 日本語	元素名 英語	元素記号	原子番号	原子量
アインスタイニウム	Einsteinium	Es	99	(252)	鉄	Iron	Fe	26	55.85
亜鉛	Zinc	Zn	30	65.41	テルビウム	Terbium	Tb	65	158.9
アクチニウム	Actinium	Ac	89	(227)	テルル	Tellurium	Te	52	127.6
アスタチン	Astatine	At	85	(210)	銅	Copper	Cu	29	63.55
アメリシウム	Americium	Am	95	(243)	ドブニウム	Dubnium	Db	105	(262)
アルゴン	Argon	Ar	18	39.95	トリウム	Thorium	Th	90	232.0
アルミニウム	Aluminium	Al	13	26.98	ナトリウム	Sodium	Na	11	22.99
アンチモン	Antimony	Sb	51	121.8	鉛	Lead	Pb	82	207.2
硫黄	Sulfur	S	16	32.07	ニオブ	Niobium	Nb	41	92.91
イッテルビウム	Ytterbium	Yb	70	173.0	ニッケル	Nickel	Ni	28	58.69
イットリウム	Yttrium	Y	39	88.91	ネオジム	Neodymium	Nd	60	144.2
イリジウム	Iridium	Ir	77	192.2	ネオン	Neon	Ne	10	20.18
インジウム	Indium	In	49	114.8	ネプツニウム	Neptunium	Np	93	(237)
ウラン	Uranium	U	92	238.0	ノーベリウム	Nobelium	No	102	(259)
エルビウム	Erbium	Er	68	167.3	バークリウム	Berkelium	Bk	97	(247)
塩素	Chlorine	Cl	17	35.45	白金	Platinum	Pt	78	195.1
オスミウム	Osmium	Os	76	190.2	ハッシウム	Hassium	Hs	108	(269)
カドミウム	Cadmium	Cd	48	112.4	バナジウム	Vanadium	V	23	50.94
ガドリニウム	Gadolinium	Gd	64	157.3	ハフニウム	Hafnium	Hf	72	178.5
カリウム	Potassium	K	19	39.10	パラジウム	Palladium	Pd	46	106.4
ガリウム	Gallium	Ga	31	69.72	バリウム	Barium	Ba	56	137.3
カリホルニウム	Californium	Cf	98	(252)	ビスマス	Bismuth	Bi	83	209.0
カルシウム	Calcium	Ca	20	40.08	ヒ素	Arsenic	As	33	74.92
キセノン	Xenon	Xe	54	131.3	フェルミウム	Fermium	Fm	100	(257)
キュリウム	Curium	Cm	96	(247)	フッ素	Fluorine	F	9	19.00
金	Gold	Au	79	197.0	プラセオジム	Praseodymium	Pr	59	140.9
銀	Silver	Ag	47	107.9	フランシウム	Francium	Fr	87	(223)
クリプトン	Krypton	Kr	36	83.80	プルトニウム	Plutonium	Pu	94	(239)
クロム	Chromium	Cr	24	52.00	プロトアクチニウム	Protactinium	Pa	91	231.0
ケイ素	Silicon	Si	14	28.09	プロメチウム	Promethium	Pm	61	(145)
ゲルマニウム	Germanium	Ge	32	72.64	ヘリウム	Helium	He	2	4.003
コバルト	Cobalt	Co	27	58.93	ベリリウム	Beryllium	Be	4	9.012
サマリウム	Samarium	Sm	62	150.4	ホウ素	Boron	B	5	10.81
酸素	Oxygen	O	8	16.00	ボーリウム	Bohrium	Bh	107	(264)
ジスプロシウム	Dysprosium	Dy	66	162.5	ホルミウム	Holmium	Ho	67	164.9
シーボーギウム	Seaborgium	Sg	106	(263)	ポロニウム	Polonium	Po	84	(210)
臭素	Bromine	Br	35	79.90	マイトネリウム	Meitnerium	Mt	109	(268)
ジルコニウム	Zirconium	Zr	40	91.22	マグネシウム	Magnesium	Mg	12	24.31
水銀	Mercury	Hg	80	200.6	マンガン	Manganese	Mn	25	54.94
水素	Hydrogen	H	1	1.008	メンデレビウム	Mendelevium	Md	101	(258)
スカンジウム	Scandium	Sc	21	44.96	モリブデン	Molybdenum	Mo	42	95.94*
スズ	Tin	Sn	50	118.7	ユウロピウム	Europium	Eu	63	152.0
ストロンチウム	Strontium	Sr	38	87.62	ヨウ素	Iodine	I	53	126.9
セシウム	Caesium	Cs	55	132.9	ラザホージウム	Rutherfordium	Rf	104	(261)
セリウム	Cerium	Ce	58	140.1	ラジウム	Radium	Ra	88	(226)
セレン	Selenium	Se	34	78.96†	ラドン	Radon	Rn	86	(222)
ダームスタチウム	Darmstadtium	Ds	110	(269)	ランタン	Lanthanum	La	57	138.9
タリウム	Thallium	Tl	81	204.4	リチウム	Lithium	Li	3	6.941*
タングステン	Tungsten	W	74	183.8	リン	Phosphorus	P	15	30.97
炭素	Carbon	C	6	12.01	ルテチウム	Lutetium	Lu	71	175.0
タンタル	Tantalum	Ta	73	180.9	ルテニウム	Ruthenium	Ru	44	101.1
チタン	Titanium	Ti	22	47.87	ルビジウム	Rubidium	Rb	37	85.47
窒素	Nitrogen	N	7	14.01	レニウム	Rhenium	Re	75	186.2
ツリウム	Thulium	Tm	69	168.9	ロジウム	Rhodium	Rh	45	102.9
テクネチウム	Technetium	Tc	43	(99)	ローレンシウム	Lawrencium	Lr	103	(262)

本表は実用上の便宜を考えて，IUPAC の原子量および同位体比委員会で承認された最新の原子量をもとに日本化学会原子量小委員会が作成したものである．本表の原子量の信頼性は，有効数字の4桁目で±1以内であるが，*を付したものは±2以内，†を付したものは±3以内である．また，安定同位体がなく，天然で特定の同位体組成を示さない元素については，その元素の代表的な放射性同位体の質量を（ ）中に示した．したがって，その値を原子量として扱うことはできない．

Ⓒ 日本化学会 原子量小委員会

無機化学（上）

D. F. SHRIVER・P. W. ATKINS 著
玉虫伶太・佐藤 弦・垣花眞人 訳

第3版

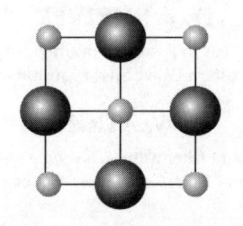

東京化学同人

INORGANIC CHEMISTRY
Third Edition

D. F. SHRIVER
Morrison Professor of Chemistry
Northwestern University, Evanston, Illinois

P. W. ATKINS
Professor of Chemistry, University of Oxford
and Fellow of Lincoln College

© D. F. Shriver and P. W. Atkins, 1999

This translation of Inorganic Chemistry 3e *originally published in English in 1999 is published by arrangement with Oxford University Press.*
本訳書は1999年に出版された"Inorganic Chemistry 3e"英語版からの翻訳であり，Oxford University Pressとの契約に基づいて刊行された．

序

　この教科書は，前版と同様，勢い盛んな学問分野である無機化学を紹介することを目指している．無機化学は，百あまりの元素の性質を取扱う．その中には，ナトリウムのようなきわめて反応性に富む金属から金のような貴金属までがあり，また，激しい酸化剤であるフッ素からヘリウムのような不活性気体に至る非金属がある．この多様性は，無機化学の大きな魅力の一つである．無機化学の広い領域に精通し正しく理解するために，本書では，元素およびそれらの化合物の反応性，構造，性質にみられる傾向と周期表中の元素の位置との関連に重点を置く．これらの一般的な周期的傾向は，無機化学を理解する第一歩となる．

　無機化合物は，イオン性固体から共有性化合物および金属に至るまでさまざまである．前者は古典的静電気学を使って簡単に記述できるが，後者を記述するには量子力学から導かれるモデルが最適である．本書では，無機化学的性質の大部分を合理的に説明するのに，量子力学に基づいた定性的なモデル —— 原子軌道の性質やそれらを使って分子軌道をつくること，など —— を用いる．このような結合モデルは，化学の入門過程ですでになじみがあるはずのものである．無機化学を理解するに当たっては理論が大きな役割を果たしてきたし，また，結合や反応性の定性的モデルは無機化学を解明し系統立ててくれる．しかし，無機化学は，有機化学や生化学と同じように，その本質は実験的な科学である．反応生成物の種類，構造，熱力学的性質，分光学的特徴，反応速度などの観察や測定結果が最終的な決め手になるのである．無機化学には，まだ探索されていない広い領域が残っている．新しい化合物が絶え間なく合成されていて，その多くは珍しい無機化合物である．このような新規化合物の合成によって，構造，結合，反応性に関する新たな展望が開け，無機化学の分野はますます豊かになり続けている．

　無機化学は，その知的な魅力に加えて，科学のあらゆる他分野に対して重要な影響と関連とをもっている．化学工業は無機化学に強く依存している．触媒，半導体，光導波路，非線形光学素子，超伝導体，先端的セラミックス

などの新素材をつくりだし改良していくには無機化学が必須である．環境面でも無機化学の影響は絶大である．これに関連して，動植物中での金属イオンの広範な役割が，生物無機化学における発展領域になっている．今日話題になっているこれらのことがらは本書の随所でふれるが，後の方の章ではさらに詳しく説明する．

　この第3版を準備するに当たり，表現の明快さ，論理の組立て，視覚的な表現を改善した．事実，本文の多くの部分を書き換え，数百の図を描き直し，また本文を再編成した．執筆に当たっては，学生の立場を念頭において，教育的見地から改善を図るとともに新しい工夫を加えた．

　各章の短い導入部は，その章の内容の舞台を設定するものである．誰しも十二分に承知していることだが，教科書を読むということは，とかく受け身の作業になりがちなもので，そうなると内容はろくに理解できず身につくものも残らない．そこで，これをもっと積極的な学習活動にするために，本文の区切りの後にはほとんどの場合，簡潔なまとめを付けておいた．これらのまとめは著者らが"最低線"と考えているもので，読者をして内容について積極的に考えさせ，また内容の復習を容易にするようにつくられている．それらは完璧なものというつもりはなく，もっぱら読者の助けになることをねらったものである．

　各章の内容の理解を助ける目的で章の終わりに付けた練習問題は，第2版より増やした．その簡単な答えは巻末にあるが，本書に伴う S. H. Strauss の "Guide to solutions for inorganic chemistry" に詳しく検討・説明されている．Strauss の本の既刊版は，それを使った学生諸君から明快で役に立つとたいそう好評であった．この "Guide" は，本書で述べた原理が実際にどのように応用されるかを示しており，それによって，本書の内容を補うところが大きいと思われるので，Strauss の "Guide" が（練習問題の答えの説明以外に）特に詳しく説明している点にはページの余白に小さなアイコン（📖）を付けて明示しておいた．各章の終わりの演習問題はより探求的なものを目指していて，その多くに答えるには文献を調べる必要がある．

　第Ⅰ部の主題である基礎では，章の配列を変え，また大幅に書き換えて，考え方の流れを良くし明快さを高めるようにした．この版の第Ⅱ部の元素の

化学では，水素から出発して周期表に従って進んでいく．この流れを中断しないために，主族有機金属化合物の章は第Ⅲ部に回した．無機化学の基礎を確立するには，記述的な内容と原理とを組合わせることが重要である．本書の第Ⅱ部各章の内容は，第Ⅰ部で述べた原理の枠組みの中で元素の化学を記述したものであって，多くの事実の集まりを首尾一貫した文脈の中で把握するには，このような理解の仕方が必要である．

第Ⅲ部の新しい研究領域は，今日の研究の多くの分野における業績の背景をなす資料を提供するもので，電子スペクトルのさらに詳しい取扱い，反応の速度および機構の議論，有機金属化学，触媒，固体化学，生物無機化学を含んでいる．これらの章は大幅に改訂してわかりやすくするとともに，最近の進展についての情報を盛り込んだ．生物無機化学の章は，大部分を書き改めて，今日の生物無機化学の話題をより密接に反映するものにした．

本書には，Oxford 大学の Karl Harrison の指導のもとにつくられた CD-ROM が付いている*．この CD-ROM では，本書中の番号付き分子構造のほとんどすべてを，結晶構造の基本形の多くとともに，回転できる三次元画像として見ることができる．著者らは，無機化合物の三次元的な性格についての感覚を養うことはきわめて重要だと考えており，この点で CD-ROM 上の情報はたいそう有効であることがわかっている．また，この CD-ROM には，本文中のほとんどすべての図が，フルカラーで，プレゼンテーション用のソフトウェアにダウンロードするのに適したフォーマットで入っている．教師諸君が講義でこれらの画像を大いに利用されるよう願っている．

さらに，私たちの二つのウェブサイト www.oup.co.uk/best.textbooks/ichem3e および www.whfreeman.com/chemistry からもサポートを得ることができる．本書では紙数の関係で収録できなかったさらに詳しい情報については多くの概説を参照されたい．N.N.Greenwood, A. Earnshaw, "Chemistry of the elements," Butterworth-Heinemann, Oxford (1997) および F. A. Cotton, G. Wilkinson, "Advanced inorganic chemistry," Wiley, New York (1988)〔原著第4版の邦訳：中原勝儼訳, "コットン・ウィルキンソン無機化

---

* 訳注：本訳本には付いていない．

学", 培風館 (1987, 1988)] の二つはとりわけ優れた情報源である. さらに進んだ情報源としては, R. B. King 編, "Encyclopedia of inorganic chemistry," Wiley, New York (1994) ならびに G. Wilkinson, F. G. A. Stone, E. W. Abel 編, "Comprehensive organometallic chemistry," Elsevier, Oxford (1987 および 1995) および, G. Wilkinson, R. D. Gillard, J. McCleverty 編, "Comprehensive coordination chemistry," Pergamon Press, Oxford (1987) が優れている. 工業無機化学のプロセスを要約したものには W. Büchner, R. Schliebs, G. Winter, K. H. Büchel, "Industrial inorganic chemistry," VCH, Deerfield Beach (1989) 〔邦訳: 佐佐木行美, 森山広思訳, "工業無機化学", 東京化学同人 (1989)〕があり, 工業化学に関する大型辞典には, "Kirk-Othmer encyclopedia of chemical technology," Wiley-Interscience (1991 *et seq.*) および, Ullmann's encyclopedia of industrial chemistry," VCH, Deerfield Beach (1985 *et seq.*) の二つがある.

私たちは, 本書に誤りがないようにとりわけ注意を払ったが, 今日の知識が明日にも新しいものに取って代わられるような進歩の速い学問領域では, これは容易なことではない. 時間と知識とを惜しみなく提供して本書の原稿のいろいろな部分を注意深く読んでくださった下記の同僚諸兄姉に感謝する. また, 多くの読者から有益な助言に満ちたお手紙をいただいた. ここでお名前を一々挙げることはとてもできないが, これらの善意に満ちた読者の方々に感謝したい.

Cooper Langford はこの版の著者ではないが, 第1版と第2版とにおける彼の寄与は本書の内容や形態に相変わらず影響を及ぼしている. 本書のような複雑な構成をもった本を出版するのははなはだ煩瑣かつ時間のかかる作業である. その全段階にわたって理解と助力とを与えてくれた出版社の方々に, ここでもまた, 改めて感謝する. 彼らの忍耐と知恵と理解とに負うところまことに大である.

Evanston にて　　D. F. S.
Oxford にて　　P. W. A.

謝　　辞

　第2版のときと同じく，多くの方々の提案や専門的意見の恩恵を受けた．改版に当たって，多数の教師の方々や学生諸君から，また，外国語に翻訳してくださった方々や同僚諸氏からも有効な提案をいただいた．特に下記の方々の助力に対してお礼申しあげる．

H. C. Aspinall 博士，University of Liverpool
Philip J. Bailey 博士，University of Edinburgh
Ronald Bailey 博士，Rensselaer Polytechnic Institute, NY
D. W. Bruce 教授，University of Exeter
Clive Buckley 博士，North East Wales Institute
William Byers 博士，University of Ulster
Martin Cowie 教授，University of Alberta, Canada
Peter J. Cragg 博士，University of Brighton
Dainis Dakternieks 教授，Deakin University, Victoria, Australia
Melinda J. Duer 博士，University of Cambridge
Dennis Edwards 博士，University of Bath
J. Evans 教授，University of Southampton
David Fenton 教授，University of Sheffield
R. O. Gould 教授，University of Edinburgh
E. M. Green 博士，University of Greenwich
Malcolm A. Halcrow 博士，University of Cambridge
D. A. House 博士，University of Canterbury
Michael D. Johnson 教授，New Mexico State University, NM
Silvia Jurisson 教授，University of Missouri, MO
Martin L. Kirk 教授，University of New Mexico, NM
Ken Kite 博士，University of Exeter
W. Levason 博士，University of Southampton
D. E. Linn, Jr. 教授，IPFW, Fort Wayne, IN
Debbie Mans 博士，University of Paisley
Caroline Martin 博士，University of Cambridge
A. G. Osborne 博士，University of Exeter
A. W. Parkins 博士, Kings College, London

A. Pidcock 教授, University of Central Lancashire
D. W. H. Rankin 教授, University of Edinburgh
P. R. Raithby 博士, University of Cambridge
J. M. Rawson 博士, University of Cambridge
James L. Reed 博士, Clark Atlanta University, GA
Roger Reeve 博士, University of Sunderland
Lee Roecker 博士, Berca College, KY
David Rosseinsky 博士, University of Exeter
Peter Sadler 教授, University of Edinburgh
Ian Salter 博士, University of Exeter
Robert Slade 教授, University of Surrey
A. W. Sleight 博士, Oregon State University, OR
Lothar Stahl 教授, University of North Dakota, ND
Claire Tessler 教授, University of Akron, OH
George M. H. van de Velde 博士, University of Twente, Netherlands
J. H. C. van Hooff 教授, Eindhoven University of Technology, Eindhoven, Netherlands
Mark Weller 教授, University of Southampton
A. R. West 教授, University of Aberdeen
Mark Wicholas 教授, Western Washington University, WA
R. G. Williams 教授, Albuquerque, NM
Mark J. Winter 博士, University of Sheffield
L. J. Wright 博士, University of Auckland

訳 者 序

　本書は D. F. Shriver, P. W. Atkins 著, "Inorganic Chemistry, 3rd Ed.," Oxford University Press（1999）の全訳である.

　原著第2版の場合と同じく, 第3版においても大幅に思い切った改訂が行われている. 著者序文にあるように, たとえば, 話の流れが素直につながるように章の順序を一部入れ替え, ほとんどの図版を描き直し, 第III部は新しい情報を取入れてほとんど全面的に書き換えている. そのほか, 数式に番号が付けられて読みやすくなった. 第2版で明快さを欠いた反応機構の分類（第15章）もかなりすっきりしたように思われる. さらに, 内容はそのままのところでも, 文章には至るところに改訂の跡がみられる.

　第2版に比べて内容が数パーセント増えているので, 第2版の文章を削ってページ増を抑える工夫をしている箇所が多くあるが, そのためにわかりにくくなってしまったと思われるところは, 第2版の文章を活かした. 誤りと思われる点や疑問点は, できる限り著者に問い合わせて処理したが, 著者の返事が間に合わなかったところは訳者の判断によった. 誤りの訂正もれや訳者の知識不足のため間違いが多いことを恐れる. 読者諸氏のご指摘をいただければ幸いである.

　原則として, 化学用語は"エッセンシャル化学辞典", 東京化学同人（1999）によった（旧訳書の用語を一部変更した）. 化学式・化合物名は G. J. Leigh 編, 山崎一雄訳・著, "無機化学命名法 —— IUPAC 1990年勧告", 東京化学同人（1993）に従った（たとえば, 原著者は意識的に Ni(II) のような書き方をしているが, 訳書では Ni^{II} のようにした）.

　本書の翻訳の分担は, 序（玉虫, 佐藤）, 第1章～第4章（佐藤, 玉虫）, 第5章～第10章（玉虫, 佐藤）, 第11章, 第12章（玉虫）, 第13章, 第14章（佐藤, 垣花）, 第15章（玉虫）, 第16章（玉虫, 佐藤, 垣花）, 第17章～第19章（玉虫）, 参考資料1（佐藤）, 参考資料2（垣花, 佐藤）, 参考資料3（佐藤, 垣花）, 付録1～4（佐藤）, 付録5（垣花）, 問題の解答, 索引（玉虫, 佐藤）である.

名古屋大学名誉教授 山崎一雄博士からは，無機化学命名法に関する訳者の質問に対して懇篤なお答えをいただき，上智大学生命科学研究所教授 熊倉鴻之助博士には，生物無機化学の章（第19章）の原稿の閲読をお願いし多くの点を修正していただいた．また，資料調査にあたって，理化学研究所嘱託 高橋勝緒博士のお世話になった．あつく御礼申し上げる．

　第2版にひき続き私たちに本書を翻訳する機会を与えられた小澤美奈子氏の友情に感謝する．また今回も，西 信江氏が編集を担当され，訳文や図版を仔細に検討して有益な助言を与えるとともに，厳しい時間の制約にもかかわらず労をいとわぬ入念な作業をしてくださったことは訳者の幸せである．

　2001年3月

玉　虫　伶　太
佐　藤　　弦
垣　花　眞　人

　上巻第3刷の増刷にあたって，それまでに見つけた誤りをできる限り修正した．

　2002年7月

訳　　　者

主要目次

上　巻
第Ⅰ部　基　礎
1. 原子構造
2. 単純な固体の構造
3. 分子構造と結合
4. 分子の対称性
5. 酸と塩基
6. 酸化と還元
7. d金属錯体

第Ⅱ部　元素の化学
8. 水　素
9. 金　属
10. ホウ素族と炭素族

下　巻
第Ⅱ部　元素の化学（つづき）
11. 窒素族と酸素族
12. ハロゲンと貴ガス

第Ⅲ部　新しい研究領域
13. 錯体の電子スペクトル
14. d金属錯体の反応機構
15. 主族の有機金属化合物
16. d-およびf-ブロック有機金属化合物
17. 触　媒
18. 固体の構造と性質
19. 生物無機化学

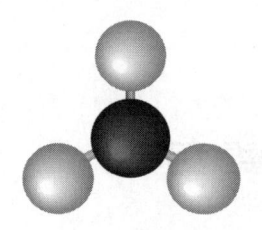

目次

第I部 基礎

1. 原子構造 ……………………………………………3
元素の起源 ……………………………4
1・1 軽元素の原子核合成 ……………5
1・2 重元素の原子核合成 ……………8
1・3 元素の分類 ………………………9
水素型原子の構造 ……………………13
1・4 いくつかの量子力学的原理 ……13
1・5 原子軌道 …………………………16
多電子原子 ……………………………26
1・6 貫入と遮へい ……………………26
1・7 構成原理 …………………………31
1・8 原子パラメーター ………………35
参考書 …………………………………48
練習問題 ………………………………49
演習問題 ………………………………50

2. 単純な固体の構造 ……………………………52
球の充填 ………………………………53
2・1 単位格子と結晶構造の記述 ……53
2・2 球の最密充填 ……………………54
2・3 最密充填構造の間隙 ……………56
金属の構造 ……………………………58
2・4 ポリタイプ ………………………60
2・5 最密充填でない構造 ……………61
2・6 金属の多形 ………………………62
2・7 金属の原子半径 …………………64
2・8 合 金 ……………………………65
イオン性固体 …………………………67
2・9 イオン性固体の特徴的構造 ……68
2・10 構造の理論的説明 ………………76
2・11 イオン結合のエネルギー論 ……81
2・12 格子エンタルピーから
　　　　導かれる結果 ………………90
参考書 …………………………………96
練習問題 ………………………………97
演習問題 ………………………………98

3. 分子構造と結合 …………………………………100
Lewis構造：復習 ……………………100
3・1 オクテット則 ……………………101
3・2 構造と結合特性 …………………108
3・3 VSEPRモデル ……………………115
原子価結合理論 ………………………119
3・4 水素分子 …………………………119

3・5	等核二原子分子 …………121	3・12	一般の多原子分子 ……………150
3・6	多原子分子 ………………122	3・13	分子軌道による分子形
分子軌道理論 …………………126			の説明 ………………159
3・7	分子軌道理論入門 …………127	**固体の分子軌道理論** ……………162
3・8	等核二原子分子 ……………130	3・14	分子軌道のバンド構造 ……163
3・9	異核二原子分子 ……………138	3・15	半 導 体 ……………………172
3・10	分子軌道理論からみた	3・16	超 伝 導 ……………………176
	結合特性 ………………143	参 考 書 ………………………………177
多原子分子の分子軌道 …………145	練習問題 ………………………………178
3・11	分子軌道の組立て …………146	演習問題 ………………………………180

4. 分子の対称性 ……………………………………………………………182

対称解析入門 ……………………182	4・7	分子軌道を組立てる ………203
4・1	対称操作と対称要素 ………182	**分子振動の対称性** ………………206
4・2	分子の点群 …………………188	4・8	分子の振動：振動様式 ……206
対称性の応用 ……………………193	4・9	赤外・ラマンスペクトル
4・3	極性分子 ……………………193		と対称性 ………………210
4・4	キラル分子 …………………194	参 考 書 ………………………………218
軌道の対称性 ……………………196	練習問題 ………………………………219
4・5	指標表と対称標識 …………196	演習問題 ………………………………219
4・6	指標表を読む ………………200		

5. 酸 と 塩 基 ……………………………………………………………**221**

Brønstedの酸性度 ………………221	5・9	窒素族および酸素族の酸 ………250
5・1	水中でのプロトン移動平衡 …223	5・10	Lewis酸としての二ハロゲン …252
5・2	溶媒の水平化効果 …………228	**Lewis酸塩基の分類** ……………253
Brønsted酸性度にみられる周期性 …230	5・11	基本的な反応 ………………253
5・3	アクア酸の強度に	5・12	硬い酸・塩基と
	みられる周期性 ……………231		軟らかい酸・塩基 ……255
5・4	簡単なオキソ酸 ……………233	5・13	熱力学的な酸性度
5・5	無水酸化物 …………………237		パラメーター ……………259
5・6	ポリオキソ化合物の生成 ……239	5・14	酸および塩基としての溶媒 …261
Lewisによる酸塩基の定義 ……244	**不均一酸塩基反応** ………………265
5・7	Lewis酸および	参 考 書 ………………………………266
	Lewis塩基の例 ……………245	練習問題 ………………………………267
5・8	ホウ酸および炭素族の酸 …247	演習問題 ………………………………270

6. 酸化と還元 ·· 272

単体の抽出 ·· 272
- 6・1 還元で抽出される単体 ············ 273
- 6・2 酸化で抽出される単体 ············ 281

還元電位 ·· 282
- 6・3 酸化還元半反応 ······················ 282
- 6・4 速度論的な要因 ······················ 288

水中における酸化還元安定性 ········ 295
- 6・5 水との反応 ······························ 295
- 6・6 不均化 ······································ 298
- 6・7 空気中の酸素による酸化 ········ 299

電位データを図で表す方法 ············ 300
- 6・8 Latimer 図 ······························ 301
- 6・9 Frost 図 ··································· 303
- 6・10 pH 依存性 ······························ 309

錯形成が電位に及ぼす影響 ············ 315

参考書 ··· 316
練習問題 ·· 316
演習問題 ·· 319

7. d 金属錯体 ·· 321

構造と対称性 ··· 322
- 7・1 錯体の構造 ······························ 323
- 7・2 代表的な配位子と命名法 ········ 334
- 7・3 異性とキラルな錯体 ················ 340

結合と電子構造 ·· 345
- 7・4 結晶場理論 ······························ 347
- 7・5 四配位錯体の電子構造 ············ 357
- 7・6 配位子場理論 ··························· 360

錯体の反応 ·· 368
- 7・7 錯形成平衡 ······························ 368
- 7・8 配位子置換反応の
       速度と機構 ······························ 374

参考書 ··· 377
練習問題 ·· 378
演習問題 ·· 380

第Ⅱ部　元素の化学

8. 水素 ·· 385

水素元素 ·· 385
- 8・1 原子核の性質 ··························· 386
- 8・2 水素原子と水素イオン ············ 388
- 8・3 二水素の性質と反応 ················ 389

水素の化合物の分類 ······························· 393
- 8・4 分子状化合物 ··························· 394
- 8・5 塩類似水素化物 ······················· 399
- 8・6 金属類似水素化物 ··················· 401

水素化合物の合成と反応 ····················· 403
- 8・7 安定性と合成 ··························· 403
- 8・8 水素化合物の反応様式 ············ 406

ホウ素族の電子不足水素化物 ·········· 409
- 8・9 ジボラン ··································· 409
- 8・10 テトラヒドロ
       ホウ酸イオン ··························· 414
- 8・11 アルミニウムおよび
       ガリウムの水素化物 ············· 415

炭素族の電子適正水素化物 ·············· 417
- 8・12 シラン類 ································· 417
- 8・13 ゲルマン，スタンナン，
       プルンバン ······························ 420

15族から17族までの
電子過剰化合物 ······································ 420
- 8・14 アンモニア ··························· 421

8・15	ホスファン，アルサン，	8・18	ハロゲン化水素 ……………424
	スチバン ………………421		参 考 書 ……………………425
8・16	水 ………………………422		練習問題 ……………………425
8・17	硫化水素，セレン化水素，		演習問題 ……………………426
	テルル化水素 …………424		

9. 金　属 ……………………………………………………………………428

一 般 的 性 質 ……………428　　**12 族 の 元 素** ……………472
s-ブロック金属 ……………431　　9・12　産出と単離 ……………473
9・1　産出と単離 ………………432　　9・13　酸化還元反応 …………473
9・2　酸化還元反応 ……………432　　9・14　配位化学 ………………474
9・3　二元化合物 ………………434　　**p-ブロック金属** ……………475
9・4　錯形成 ……………………435　　9・15　産出と単離 ……………476
9・5　金属過剰酸化物，電子化物，　　9・16　13　　族 ………………478
　　　アルカリ化物 ……………437　　9・17　スズおよび鉛 …………481
d-ブロック金属 ……………440　　9・18　ビスマス ………………483
9・6　産出と単離 ………………441　　**f-ブロック金属** ……………485
9・7　高酸化状態 ………………441　　9・19　産出と単離 ……………485
9・8　中間の酸化状態 …………454　　9・20　ランタノイド …………487
9・9　金属-金属結合をもつ　　　　　9・21　アクチノイド …………490
　　　d 金属化合物 ……………457　　参 考 書 ……………………495
9・10　貴な性質 …………………465　　練習問題 ……………………496
9・11　金属の硫化物および　　　　　演習問題 ……………………498
　　　スルフィド錯体 …………468

10. ホウ素族と炭素族 …………………………………………………500

元　素 ………………………500　　**炭素族 (14族)** ………………529
ホウ素族 (13族) ……………502　　10・7　産出と単離 ……………530
10・1　産出と単離 ……………503　　10・8　ダイヤモンドと
10・2　ホウ素と電気的に陰性な　　　　　　　グラファイト …………531
　　　元素との化合物 …………504　　10・9　炭素と電気的に陰性な
10・3　ホウ素のクラスター …513　　　　　　元素との化合物 ………538
10・4　高次のボランおよび　　　　　10・10　炭 化 物 ……………545
　　　水素化ホウ素の合成 ……522　　10・11　ケイ素とゲルマニウム …548
10・5　メタラボラン …………525　　10・12　ケイ素と電気的に陰性な
10・6　カルバボラン …………526　　　　　　元素との化合物 ………548

10・13 広がったケイ素-
　　　　酸素化合物 ················ 550
10・14 アルミノケイ酸塩 ········· 552
10・15 ケイ化物 ······················ 558

参 考 書 ································ 559
練習問題 ································ 559
演習問題 ································ 561

参 考 資 料 ··· *1*
1. 命 名 法 ························ *1*
2. 核磁気共鳴 ······················ *9*
3. 群　　論 ························ *14*

付　　録 ··· *20*
1. 元素の電子的性質 ············ *20*
2. 標準電位 ························ *23*
3. 指 標 表 ························ *37*
4. 対称適合軌道 ·················· *44*
5. 田辺-菅野ダイヤグラム ······ *48*

和 文 索 引 ··· *53*
欧 文 索 引 ··· *71*
化 学 式 索 引 ··· *79*

I

基　　　礎

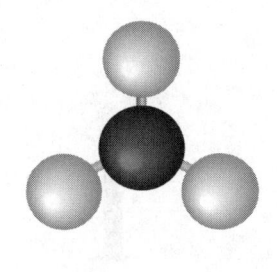

7章から成る第Ⅰ部では，無機化学の基礎を述べる．はじめの4章では，原子，分子および固体の構造を量子論によってどのように理解するかを明らかにする．化学結合のモデルはすべて原子の性質に基づいているから，まず第1章で原子構造を述べ，第2章では，イオン性固体の構造と性質とを通じて，最も単純な結合モデルであるイオン結合の特徴を述べる．第3章でも，いろいろな分子の構造をあげて共有結合の特徴を述べるが，後に行くに従って高度な理論を用いる．第4章では，対称性に関する直観的な考えをどのようにして精密な理論に仕上げていくかを示し，その理論を用いて，化学結合，物理的性質および分子振動を論じる．

　続く二つの章では，2種の基本的な反応形式を紹介する．第5章では，プロトン（訳注：厳密には"ヒドロン"というべきだが，ここでは原文に従って，言いならされた"プロトン"とする．）移動あるいは電子対の共有によって起こる酸塩基反応の特徴を述べ，第6章では，もう一つの重要な反応形式である酸化・還元によって進行する反応を紹介し，広範囲にわたる反応を整理するのに電気化学のデータがどのように使われるかを示す．ここでわかるように，多くの化学反応は，これら2種の反応形式のどちらかとして表すことができ，これらの反応形式は無機化学を系統立てるのに役立つ．

　第7章では，d-ブロック金属のつくる配位化合物を扱うことによって，以上で述べたいろいろの原理をまとめる．ここで，分子の電子構造を決めるうえで対称性がどんな役割を演ずるかを学び，化学反応がどうして起こるかについての初歩的な考え方に出会うことになる．

1 原 子 構 造

　この章では，われわれの太陽系にある物質の起原と本性とが現在どのように考えられているかを紹介し，ついで元素全般について原子としての性質を述べ，それが原子中の電子の挙動によって合理的に説明されることを要約して示す．ここで，原子半径やエネルギー準位間隔のような原子パラメーターにみられるいろいろな傾向を復習し，これらを量子力学の結果によって合理的に説明する．その際，数学的な厳密さよりも定性的に図形で表現することに重点をおいて量子論の概念を紹介し，初歩の化学の課程に出てくる原子半径，イオン半径，イオン化エネルギー，電子親和力，電気陰性度といった原子パラメーターを復習する．これらのパラメーターが無機化合物にみられる物理的・化学的性質および構造の傾向を整理するに当たってどのように役立つかは，後の章でみることになる．

　宇宙が150億年前には一点に寄り集まっていて，それが**ビッグバン**[a]とよばれるできごとで爆発したのだという現在の考え方は，宇宙が膨張し続けているという観測事実から導かれる．ビッグバンの直後の温度は10^9 K程度と考えられている．この温度では，爆発で生じた基本粒子の運動エネルギーが大きすぎて，今日われわれが知っているような形に粒子が結合することは不可能であった．しかし，宇宙が広がるにつれて温度が下がると，粒子の動きは緩やかになり，まもなく種々の力の作用でくっつき始める．これらの力のうちで，**強い相互作用**[b]——核子（陽子-中性子）間に働く力で，近距離にしか及ばない強い引力——によって，これらの粒子が互いに結合して原子核ができる．さらに温度が下がると，電荷間に働く比較的弱いが遠距離まで及ぶ**電磁気力**[c]によって，原子核と電子とが結合して原子ができる．

　原子より小さい種々の粒子（これらを**亜原子粒子**[d]という）のうち，ここで考える必要のあるものだけを取上げて，その性質を表1・1にまとめておく．知られている百種余りの元素は，これらの粒子から成り，それぞれの**原子番号**[e]Zすなわち元素の原子の核1個

---

a) big bang　　b) strong force　　c) electromagnetic force　　d) subatomic particle
e) atomic number

1. 原子構造

表 1・1 化学に関係する亜原子粒子の性質

粒子	記号	質量/u[†1]	質量数	(電荷/e)[†2]	スピン
電子 (electron)	e^-	5.486×10^{-4}	0	-1	$\frac{1}{2}$
陽子 (プロトン) (proton)	p	1.0073	1	$+1$	$\frac{1}{2}$
中性子 (neutron)	n	1.0087	1	0	$\frac{1}{2}$
光子 (photon)	γ	0	0	0	1
ニュートリノ (neutrino)	ν_e	約 0	0	0	$\frac{1}{2}$
陽電子 (positron)	e^+	5.486×10^{-4}	0	$+1$	$\frac{1}{2}$
α 粒子	α	[${}^4_2$He 核]	4	$+2$	0
β 粒子	β	[核から放出された電子]	0	-1	$\frac{1}{2}$
γ 粒子	γ	[核からの電磁放射]	0	0	1

[†1] 質量は統一原子質量単位 u で表してある。$1\,u \approx 1.6605 \times 10^{-27}$ kg.
[†2] 電気素量 $e \approx 1.602 \times 10^{-19}$ C.

中の陽子（プロトン）の数によって区別される。たいていの元素には多くの**同位体**[a]がある。同位体とは，原子番号は同じだが原子質量の異なる原子であって，**質量数**[b] A すなわち原子核中の陽子と中性子との総数によって区別される。A は"核子数[c]"とよばれることもある（この方が適切な名前である）。たとえば，水素には3種の同位体があり，どの同位体も $Z=1$ つまりプロトン1個を含む核をもつ。最も豊富な同位体はプロトン1個だけの核のもので $A=1$ である。これを ^{1}H と表記する。ジュウテリウム[d],[*1] は $A=2$ のもので，^{1}H よりはるかに少ない（原子比にして 1/6000）。質量数が2であることからわかるように，この核は1個のプロトンに加えて1個の中性子を含んでいる。この同位体は ^{2}H で表すのが正式であるが，普通は D と書くことが多い[*2]。3番目の同位体は，寿命の短い放射性の水素でトリチウム[e]（記号は ^{3}H または T）[*2]。この核は1個のプロトンと2個の中性子とから成る。場合によっては元素の原子番号を表示するのが好都合なことがある。このようなときには，原子番号を元素記号の左下付き添字として表す。たとえば，水素の同位体なら ${}^1_1$H, ${}^2_1$H, ${}^3_1$H となる。

元素の起源

現在の考え方が正しいとすると，宇宙のはじめから約2時間後には温度が十分に下がっ

[*1] 訳注："重水素"ということがあるが，正式な名称はジュウテリウムである。なお ^{1}H の名称はプロチウム (protium) である。
[*2] 訳注：同位体で特別な記号が許されているのは D と T のみである。
a) isotope b) mass number c) nucleon number d) deuterium e) tritium

て，物質のほとんどがH原子とHe原子との形になっていた（H 89％，He 11％）はずである．図1・1に示すようにHとHeとが相変わらず宇宙で最も豊富な元素であることからみて，それ以後たいした事件は起こらなかったともいえる．しかし，その後いろいろな核反応が起こって，他のさまざまな元素がつくられ，宇宙の物質の種類ははかりしれないほど豊富になったのである．

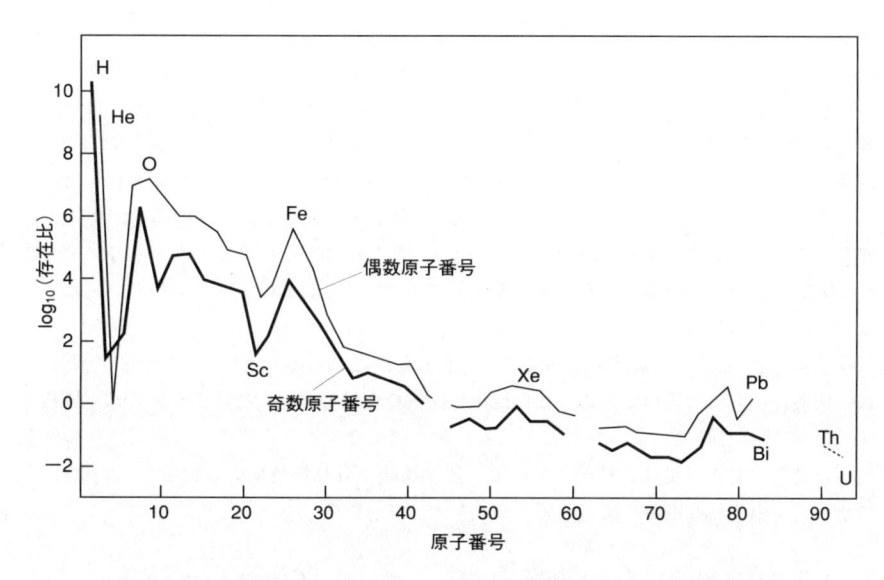

図 1・1 宇宙における元素の存在比．奇数原子番号の元素（太線）は隣り合う偶数原子番号の元素（細線）より不安定である．存在比は 10^6 個の Si 原子当たりの各元素の原子数で表してある．

1・1 軽元素の原子核合成

H原子の雲とHe原子の雲とが重力によって凝縮して，星の誕生が始まる．こういう雲が重力によって圧縮されると，その内側の温度と密度とが上昇し，原子核が互いに一緒になるにつれて核融合が始まる．最も初期に起こる核反応は，制御核融合の開発に関連して現在研究されている核反応と密接な関係がある．

軽い核が融合して原子番号の大きい元素ができるときにはエネルギーが放出される．たとえば，α粒子（$^4_2$He核，2個の陽子と2個の中性子とから成る）と炭素-12核とが融合して酸素-16核とγ線の光子（γ）とになる核反応

$$^{12}_{6}\text{C} + ^{4}_{2}\alpha \longrightarrow ^{16}_{8}\text{O} + \gamma$$

は 7.2 MeV[1]のエネルギーを放出する．強い相互作用の力は，原子中で電子を原子核に結びつけている電磁気的な力よりもはるかに強い．したがって，核反応のエネルギーは通常の化学反応のエネルギーよりもはるかに大きい．典型的な化学反応なら 10^3 kJ mol^{-1} 程度のエネルギーを放出するであろうが，核反応だとその百万倍，10^9 kJ mol^{-1} のエネルギーを放出するのが普通である．上のような核反応式では，**核種**[a] —— 特定の原子番号 Z と質量数 A とで決まる原子核 —— を ^A_ZE のように表現する．ここで E はその元素の元素記号である．左右両辺を釣り合わせた核反応式では，反応種の質量数の合計と生成種の質量数の合計とが等しいこと（12+4=16）に注意せよ．原子番号についても同様に左右両辺で和が等しくなる（6+2=8）．ただし，β粒子として電子 e$^-$ が出てくるときは $^0_{-1}$e と書き，陽電子 e$^+$ のときは $^0_1$e と書く．陽電子は電子の電荷が逆になった粒子で，質量数は 0，電荷数は +1 である．これが放出されるとき，核種の質量数は変わらず，原子番号は 1 だけ減る（核の正電荷が 1 電気素量分だけ失われる）．陽電子の放出は，核中の陽子が中性子に変換することと等価である（$^1_1$p $\to$ $^1_0$n + e$^+$ + ν_e）．ここに出てくる ν_e はニュートリノで，これは電荷のない電子のようなもので，電気的に中性であり質量はきわめて小さい（おそらく 0 であろう）．

原子番号 26 までの元素は星の内部でつくられる．これらの元素は，"核燃焼[b]" といわれる核融合反応の生成物である．核燃焼（化学的な燃焼と混同しないように）は，H 核と He 核とが関与し C 核によって触媒される複雑な核融合サイクルである（宇宙進化の最も初期の段階でできた星は C 核がないので，無触媒的な H 核燃焼反応を利用していた）．このサイクル中の最も重要な反応のいくつかをつぎにあげる．

炭素-12 による陽子（p）捕獲	$^{12}_6$C + $^1_1$p $\longrightarrow$ $^{13}_7$N + γ
ニュートリノ（ν_e）の放出を伴う陽電子崩壊	$^{13}_7$N $\longrightarrow$ $^{13}_6$C + e$^+$ + ν_e
炭素-13 による陽子捕獲	$^{13}_6$C + $^1_1$p $\longrightarrow$ $^{14}_7$N + γ
窒素-14 による陽子捕獲	$^{14}_7$N + $^1_1$p $\longrightarrow$ $^{15}_8$O + γ
ニュートリノの放出を伴う陽電子崩壊	$^{15}_8$O $\longrightarrow$ $^{15}_7$N + e$^+$ + ν_e
窒素-15 による陽子捕獲	$^{15}_7$N + $^1_1$p $\longrightarrow$ $^{12}_6$C + $^4_2\alpha$

この連鎖核反応の結果として結局，4 個の陽子（^{1}H 核）が 1 個の α 粒子（^{4}He 核）に転換されることになる．

$$4\,^1_1\text{p} \longrightarrow {}^4_2\alpha + 2\,\text{e}^+ + 2\,\nu_e + 3\gamma$$

上記の連鎖中の核反応は 5 MK ないし 10 MK（1 MK = 10^6 K）で速やかに進行する．ここ

---

1) 1 電子ボルト（1 eV）は，1 個の電子が 1 V の電位差間を移動する際に必要なエネルギーの絶対値に等しく，1 eV ≈ 1.602×10^{-19} J，これは 96.48 kJ mol^{-1} に当たる．1 MeV = 10^6 eV である．

a) nuclide b) nuclear burning

でも核反応と化学反応との対比がみられる．化学反応はこの数十万分の一の温度で起こる．化学反応は中程度の衝突で起こりうるが，たいていの核反応過程の活性化エネルギー障壁を乗り越えるには，きわめて激しい衝突を必要とする．

水素燃焼が完了して星の芯がつぶれると，芯の密度が 10^8 kg m^{-3}（水の密度の約 10^5 倍）になり温度は 100 MK に上昇する．このころになるとさらに重い元素が生成する．このような極限的状況のもとでは，**ヘリウム燃焼**[a]が起こるようになる．現在の宇宙でベリリウムの存在比が小さいことは，α粒子間の衝突で生じた $^{8}_{4}$Be がさらに多くのα粒子とつぎのように反応して，より安定な $^{12}_{6}$C 核種を生じるという事実と一致する．

$$^{8}_{4}\text{Be} + ^{4}_{2}\alpha \longrightarrow ^{12}_{6}\text{C} + \gamma$$

したがって，星の進化のヘリウム燃焼期では，ベリリウムは安定な最終生成物になりえない．同様な理由でリチウムおよびホウ素の存在比も小さいということになる．リチウム，ベリリウム，ホウ素の3元素がどのような核反応で生じたのかはまだはっきりしないが，C, N および O 核が高エネルギー粒子と衝突して壊れた結果かもしれない．

陽子放出を伴う中性子（n）捕獲

$$^{14}_{7}\text{N} + ^{1}_{0}\text{n} \longrightarrow ^{14}_{6}\text{C} + ^{1}_{1}\text{p}$$

のような核反応によっても種々の元素がつくられる．この核反応は，現在でも大気に降りそそぐ宇宙線によって起こっていて，地球上の放射性 ^{14}C 濃度を定常状態に保つ役割を演じている．

宇宙での Fe と Ni との存在比が大きいことは，これらが全元素中で最も安定な核であることと符合している．核の安定性は，その**核結合エネルギー**[b]で表すことができる．核結合エネルギーとは，核をつくっている陽子および中性子がばらばらでいるときのエネルギーと，それらが集まって核になっているときのエネルギーとの差である．これは質量の形で表されることが多い．Einstein の相対性理論によれば，エネルギー E と質量 m とは $E = mc_0^2$（c_0 は真空中の光速度）の関係にあるわけだから，核の質量とそれをつくっているばらばらの陽子および中性子の質量の総和との差を $\Delta m = m_{構成核子} - m_{原子核}$ とすると*，核結合エネルギーは

$$E_{\text{bind}} = (\Delta m) c_0^2 \tag{1}$$

である．たとえば，^{56}Fe の核結合エネルギーは，26個の陽子および30個の中性子と1個の ^{56}Fe 核とのエネルギー差である．正の核結合エネルギーは，原子核がその構成核子に比べてエネルギーが低く（質量も小さい），それだけ安定であることを示す．

図1・2に示したのは，全元素の，核子[c]1個あたりの核結合エネルギー（核結合エネル

---

* 訳注：Δm は質量欠損（mass defect）とよばれる．
a) helium burning　b) nuclear binding energy　c) nucleon

ギーを核子数で割った値）で，Fe（および Ni）が曲線の極大値のところにあること，つまりこれらの核種は他の核種の場合よりも強く結合していることがわかる．この図ではやや見にくいが，原子番号が奇数か偶数かによって核結合エネルギーは交互に上下する．このことに対応して，宇宙における元素の存在比は，偶数原子番号の核種が隣の奇数番号のものより大きくなっている（図1・1参照）．

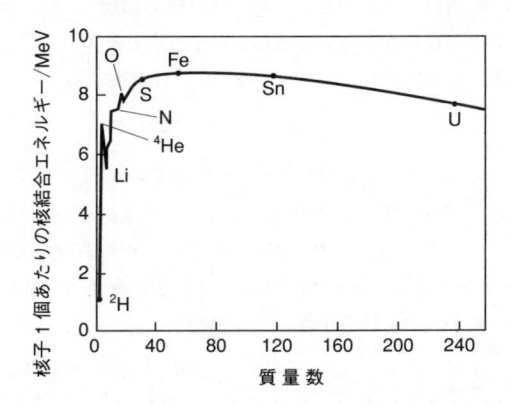

図 1・2 核結合エネルギー．これが大きいほど核は安定である．最も安定な核は $^{56}_{26}$Fe である．

核反応では，質量数の和と電荷の和とが保存される．核結合エネルギーが大きいほど核は安定である．軽元素は，最初にあった水素とヘリウムとから星の中の核反応でつくられた．

1・2 重元素の原子核合成

核が最も安定なのは鉄のあたりであるから，それより重い元素は，エネルギーを消費するようなさまざまな反応によってつくられる．自由中性子の捕獲反応がその一つである．自由中性子は，星の進化の最も初期には存在せず，もっと後になって

$$^{23}_{10}\text{Ne} + ^{4}_{2}\alpha \longrightarrow ^{26}_{12}\text{Mg} + ^{1}_{0}\text{n}$$

のような反応によって生じる．超新星（星の爆発）の中のような強い中性子束の下では，核が中性子をつぎつぎと捕獲してだんだん重い同位体になっていくが，あるところまで来ると核から電子をβ粒子（高速電子，e$^-$）として放出する．β崩壊では質量数は変わらないが原子番号は1だけ増える（電子1個が放出されれば核の電荷は1単位増加する）から，新しい元素ができることになる．たとえば

中性子捕獲 $\quad\quad ^{98}_{42}\text{Mo} + ^{1}_{0}\text{n} \longrightarrow ^{99}_{42}\text{Mo} + \gamma$

ニュートリノ放出を伴うβ崩壊 $\quad ^{99}_{42}\text{Mo} \longrightarrow ^{99}_{43}\text{Tc} + e^- + \nu_e$

こうしてできる**娘核種**[a]——核反応の生成物（この例では，テクネチウムの同位体の一つ $^{99}_{43}$Tc がそれである）——は，さらに中性子を吸収して同じような過程を繰返して，つぎつぎと重い元素ができあがる．

> 重い核種は，中性子捕獲とそれに続くβ崩壊のような過程でつくられる．

例題 1・1　核反応方程式を釣り合わせる．

　温度の低い赤色巨星の中では中性子捕獲によって重い元素の合成が起こると信じられている．この種の反応の一つは，中性子捕獲による $^{68}_{30}$Zn から $^{69}_{31}$Ga への変換である．ここでは，まず $^{69}_{30}$Zn ができ，それがβ崩壊する．この全過程の核反応式を書け．

　解　中性子捕獲では質量数が1増えるが，原子番号は変わらない（したがって，元素としては同じままである）．

$$^{68}_{30}\text{Zn} + {}^{1}_{0}\text{n} \longrightarrow {}^{69}_{30}\text{Zn} + \gamma$$

このとき余ったエネルギーは光子（γ）として運び去られる．β崩壊では，原子核から電子が1個失われるから，質量数は変わらないが原子番号は1だけ増える．亜鉛は原子番号30だから娘核種は $Z=31$ すなわちガリウムである．したがって核反応式は

$$^{69}_{30}\text{Zn} \longrightarrow {}^{69}_{31}\text{Ga} + e^-$$

実際には，ニュートリノが1個放出されるが，ニュートリノは質量も電荷もないので実験データからはわからない．

問題 1・1　$^{80}_{35}$Br の中性子捕獲を示す核反応方程式を書け．

1・3　元素の分類

　現在われわれが元素として認めている物質の中には，炭素，硫黄，鉄，銅，銀，金，水銀のように，ずっと昔から知られていたものがある．1800年ごろには錬金術師や彼らの後を受けついだ初期の化学者たちが，さらに18種ほどの元素を加えていた．当時までに，現在の元素の概念に当たるもの，すなわち，元素とは1種類の原子から成る物質であるという考えが形成されていた（もちろん，この"種類"は，現在の言葉で言えば，特定の原子番号をさす）．また，そのころまでには，酸化物その他の化合物を元素に分解するためのさまざまな技法が使えるようになっていた．電気分解が導入されるに及んでその技術はさらに発展し，19世紀後半になると元素の種類が急速に増加した．これは，一つには原子スペクトル法の発達の結果であった．熱で励起された原子が放射する電磁波が固有の振動数パターンを示すことがわかって，それまで知られていなかった元素をはるかに容易に

---

a) daughter nuclide

検出できるようになったのである．

(a) 傾向と周期性

元素の大まかな分け方で便利なのは，**金属**[a] と **非金属**[b] という分類である．金属元素（鉄，銅など）の単体は通常，光沢・展性・延性に富み，室温付近で電気伝導性の固体である．非金属元素の単体は，気体(酸素)，液体(臭素)，または電気伝導性に乏しい固体(硫黄)であることが多い．この分け方の化学的意味は，すでに化学の入門で明らかにされているはずである．すなわち，

1. 金属元素は非金属元素と結合して，通常硬くて不揮発性の固体化合物（たとえば塩化ナトリウム）をつくる．
2. 非金属元素同士が結合すると，揮発性の分子化合物（たとえば三塩化リン）ができることが多い．
3. 金属同士が結合すると（あるいは混合しただけでも），金属の物理的特性の大部分をもつ合金になる．

さらに，詳しい元素の分類法は，1869 年に D. I. Mendeleev によって導入され，**周期表**[c] としてすべての化学者に親しまれているものである．彼は，当時までに知られていた元素を原子量（相対原子質量）の順に並べ，そして化学的性質の似た元素の一族がまとまるような表をつくった．たとえば，いくつかの元素の水素化合物をあげると

CH_4	NH_3
SiH_4	PH_3
GeH_4	AsH_3
SnH_4	SbH_3

のようになる．これをみると，これらの元素を二つの族にまとめることができそうである．さらに，これらの元素の他の化合物をみても，CF_4 と SiF_4 とは第一の組，NF_3 と PF_3 とは第二の組というように，やはり同じ類縁関係がみられる．

Mendeleev は化学的性質に注目したが，ほぼ同じころ，ドイツでは Lothar Meyer が元素の物理的性質を調べていて，原子量の順に並べたときに似たような値が周期的に現れることを見いだした．古典的な例を図 1・3 に示す．この図は，各元素の通常の単体のモル体積を原子番号に対してプロットしたものである．

Mendeleev は，彼のつくった周期表の空き間に入るべき当時未知の元素の一般的性質——たとえば結合数——を正しく予言して，周期表の有用性を鮮やかに証明した．今日でも無機化学者は，化合物の物理・化学的性質の傾向を説明したり，未知化合物の合成

---

a) metal　b) nonmetal　c) periodic table

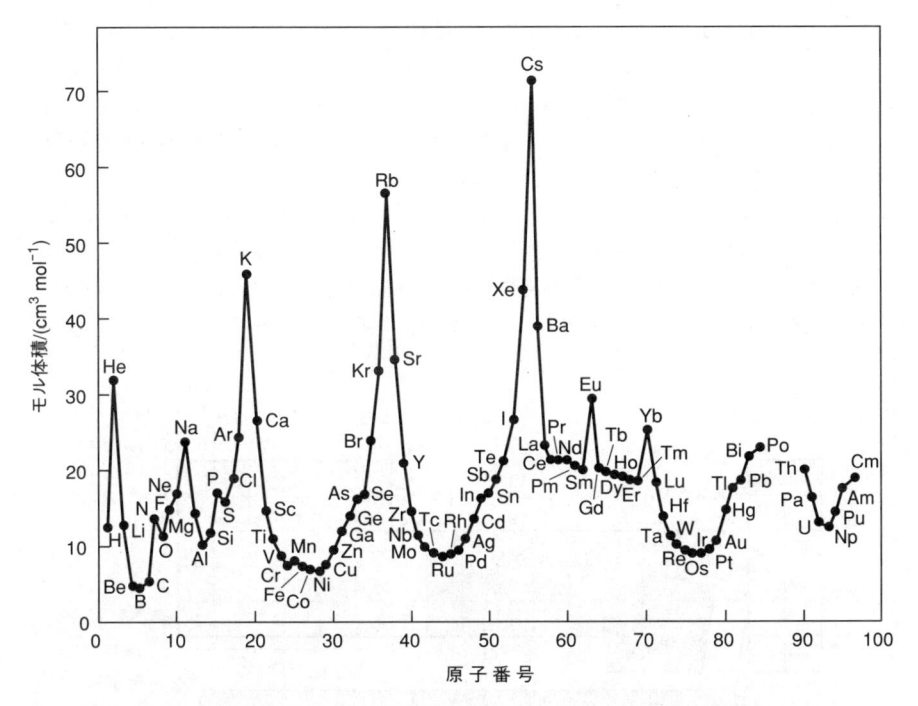

図 1・3 原子番号順に並べた単体のモル体積にみられる周期性〔訳注：縦軸のモル体積は，各単体の密度が測定された温度（個々の値は不明）における値である〕．

法を提案するのに周期表を使って推理するというやり方をしている．たとえば，炭素とケイ素との親族関係を認めれば，アルケン（$R_2C=CR_2$）があるからには $R_2Si=SiR_2$ があっていいはずだということになる．ケイ素-ケイ素二重結合をもつ化合物（ジシレン類）は確かに存在する．もっとも，無機化学者がこの一族の化合物で安定なものを単離するのに成功したのは1981年になってからであった．

> 元素はその物理・化学的性質に従って，金属と非金属とに大別される．現代の周期表のような形で元素を系統立てて配列したのは Mendeleev の業績とされている．

(b) 現代の周期表

現代の周期表の全体的な構成（図1・4）は，読者がすでに学んだ化学の課程でおなじみのはずだが，ここで復習しておこう．元素の並べ方は，原子量ではなく原子番号の順である．これは，原子番号は原子中の電子の数を示すもので，したがって化学的には原子量

より基本的な量だからである．表の横の行を**周期**[a)]とよび縦の列を**族**[2), b)]とよぶ．族番号は，元素の大まかな位置を示すのによく用いられる（たとえば"ガリウムは13族にある"というように）．また，族番号の代わりに族の一番軽い元素の名前で族を示すこともできる（たとえば"ガリウムはホウ素族の元素である"というように）．同じ族の元素を**同族体**[c)]とよぶ．たとえば，ナトリウム，カリウムはリチウムの同族体である．

周期表は，図1・4に示すように4個の**ブロック**[d)]に分けられる．s-ブロックおよびp-ブロックの元素を総称して**主要族元素**[*1, e)]とよび，d-ブロックの元素（12族元素である亜鉛，カドミウム，水銀を除く）を**遷移元素**[f)]とよぶ．f-ブロック元素[*2]は2系列に分けられる．軽い方の系列（原子番号57～71）を**ランタノイド**[g)]，重い方の系列（原子番号

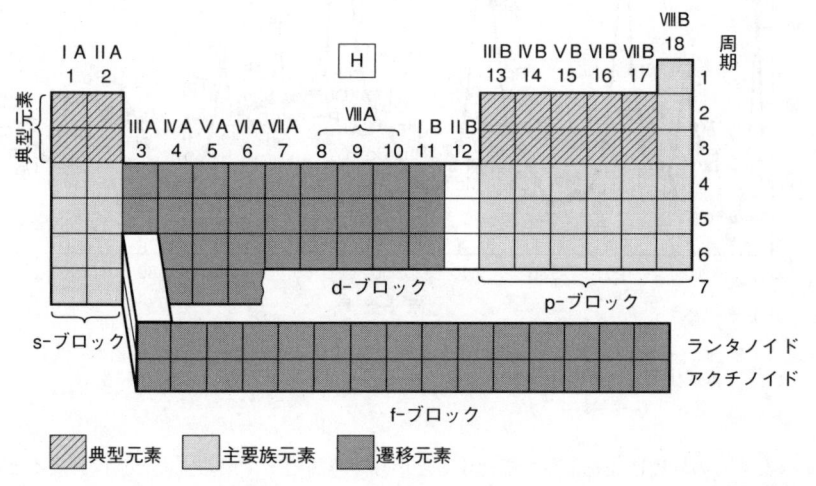

図 1・4 周期表の全体的構成．各ブロックに属する元素名については，見返しの周期表と照合せよ．〔訳注：併記したローマ数字の族番号のA, Bの分け方は1970年のIUPAC勧告のものである．Ⅲ族からⅧ族までについては，A, Bの分け方が，これと逆の方式もある．〕

---

2) 図1・4の族番号は，IUPAC勧告に従っている（IUPACとはInternational Union of Pure and Applied Chemistry，国際純正および応用化学連合のことで，IUPACは命名法，記号，単位，符号のとり方などの勧告を行っている）．周期表および無機化合物に関する約束事を概説した本が "Nomenclature of Inorganic Chemistry Recommendations 1990," Blackwell Scientific, Oxford（1990）〔訳注：邦訳は，山崎一雄訳・著，"無機化学命名法 —— IUPAC 1990年勧告"，東京化学同人（1993）として出版されている．英文の訂正増刷版が1991年，1992年に刊行されている．〕で，この本は表紙が鮮やかな赤色であることから "Red Book" の愛称でよばれている．

*1 訳注：水素は主要族元素に含めない．
*2 訳注：f-ブロック元素も遷移元素である．Zn, Cd, Hgを遷移元素に含めることがあるが，これは正しくない．

a) Period b) Group c) congener d) block e) Main Group element
f) Transition Element g) lanthanoids

89〜103) を**アクチノイド**[a]という*. 18族元素を除く各主要族の最初の二つの元素を**典型元素**[b]という.

族番号の付け方はまだ議論のあるところで，図1・4では，主要族をⅠ族からⅧ族（ローマ数字）とする伝統的番号付けとs-，d-，p-ブロックを1族から18族とする現在のIUPAC勧告とを示した．f-ブロックについては，ランタノイドとその下の周期のアクチノイドとの間にはほとんど類似性がないので族番号に相当する番号付けをしない．

> 周期表は，周期と族とに分けられる．族は4個のブロックをつくる．主要族元素はs-およびp-ブロックにある．

水素型原子の構造

周期表の構成は，原子の電子構造に現れる周期的な変化を直接反映している．まずはじめに，**水素型原子**[c]を考察する．水素型原子とは，水素のように電子を1個しかもたない原子であって，水素自身のほかにHe^+やC^{5+}（恒星の内部に見いだされる）のようなイオンがある．この場合には電子-電子反発がないので話は簡単である．つぎに，これらの原子の取扱いで導かれる概念を用いて，**多電子原子**[3),d]の構造を近似的に描き出す．多電子原子とは，2個以上の電子をもつ原子のことである．

1・4 いくつかの量子力学的原理

原子の電子構造は量子力学によって表現しなければならないから，この理論の概念と術語とをいくつかみておく必要がある．量子力学の基本概念の一つは，物質が波動のような性質をもつということである．物質のこのような本性は，巨視的な物体では通常明白に現れないが，電子のような微細な粒子では支配的な性質となる．

電子のような粒子は，位置座標x, y, zおよび時間tの関数である**波動関数**[e]Ψによって記述される．われわれは，波動関数の意味を**Born解釈**[f]に従って理解することにしよう．この解釈によれば，空間のある微小領域中に粒子を見いだす確率は波動関数の2乗Ψ^2に比例する[4]．すなわち，Ψ^2が大きいところでは，粒子が見つかる機会が多く，Ψ^2が0のと

---

3) IUPACはpolyelectron atomという術語がよいとしている．
4) 波動関数が実部ψと虚部ψ^*とから成る複素関数であるならば，確率は$\psi^*\psi$に比例する．本書では簡単のために，ψが実関数であると仮定して式を書くことにする．
* 訳注：ランタニド (lanthanides)，アクチニド (actinides) というよび名もまだ使用が許されているが，-ide語尾は陰イオンとまぎらわしいので，〜ノイドの方がよい．"-oid" は"〜に似たもの"の意味だから語源上はランタンおよびアクチニウムを含まないはずだが，慣習で両元素を含むようになった．

a) actinoids b) typical element (representative element ということもある)
c) hydrogenic atom d) many-electron atom e) wavefunction f) Born interpretation

ころには粒子が見つからないということになる（図1・5）．Ψ^2 は粒子の**確率密度**[a]とよばれる．この密度というのは，微小体積要素 $d\tau = dx\,dy\,dz$ 中に粒子を見いだす確率が $\Psi^2 d\tau$ に比例するという意味である．もし波動関数が**規格化**[b]されていれば，$\Psi^2 d\tau$ がそのまま確率になる．規格化というのは，

$$\int \Psi^2 d\tau = 1 \qquad (2)$$

を満たすようにすることである．ここで，式 (2) の積分は粒子が存在可能な全空間にわたるものとする．この式の意味は単純で，粒子がどこかにいる確率は1だということである．どんな波動関数でも，適当な数値係数——**規格化定数**[c]という——を掛けて上の積分が実際に1になるようにすることができる．

図1・5 Born 解釈によれば波動関数の2乗は確率密度を表す．節のところでは確率密度が0になる．下の図では網かけの濃さが確率密度を示す．

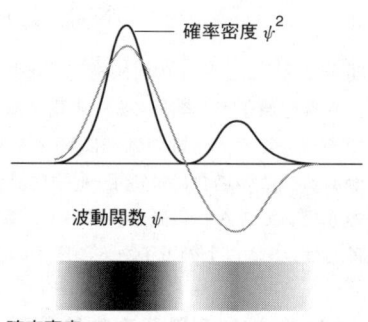

Born 解釈では，粒子の位置を正確に予想するのではなく，いろいろな領域に粒子を見いだす確率に重点を置いている．このことは重要な意味合いをもっている．すなわち，量子力学では古典力学的な軌道の概念を捨て去るのである．

波動関数にも，他の波と同様，一般に振幅が正の領域と負の領域とがある．この符号には直接の物理的意味はなく，波動関数を解釈するときには，符号が正であろうと負であろうと，その絶対値に注目せねばならない．しかしながら，二つの波動関数が同じ空間領域に広がっているときには，波動関数の符号は決定的な重要性をもつ．このとき，一方の波動関数の正の領域と他方の波動関数の正の領域とが重なり合うと振幅の大きな領域ができることがある．このように振幅が増加することを**協調型干渉**[d]という（図1・6a）．これが意味するところは，二つの原子が結合をつくれるほど接近した場合のように，二つの波動関数が同じ空間領域に広がっているときにその場所に粒子を見いだす確率が著しく高まる場合があるということである．逆に，一方の波動関数の正の領域が他方の波動関数の負の

---

a) probability density　　b) normalization　　c) normalization constant
d) constructive interference

領域によって打ち消されることもある（図1・6b）．波動関数間にこのような**背反型干渉**[a]があると，その空間領域に粒子を見いだす確率はずっと小さくなる．後でみるように，波動関数の干渉は化学結合の説明に当たってきわめて重要である．本書では，濃い網かけと淡い網かけ（場合によっては網かけなし）とを用いて波動関数の符号を区別することにする．

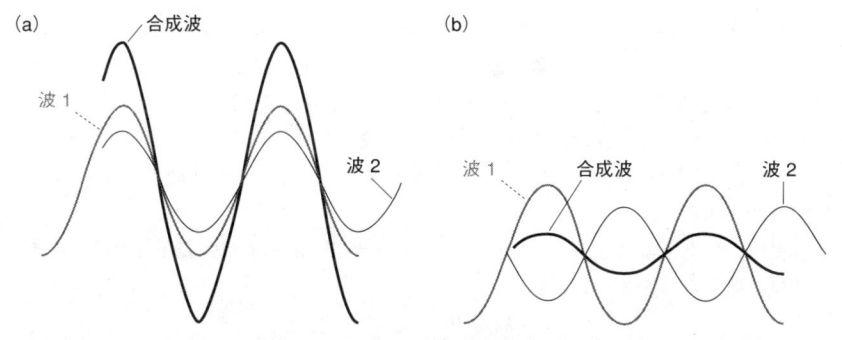

図 1・6 同じ領域に広がっている波動関数は互いに干渉する．(a) 同符号のときは協調型干渉により合成波動関数の振幅は大きくなる．(b) 反対符号のときは背反型干渉により，重ね合わせでできる合成波の振幅は小さくなる．

粒子の波動関数を求めるには，1926年に Erwin Schrödinger によって提案された偏微分方程式を解けばよい．これは **Schrödinger 方程式**[b]として知られているものである．自由な粒子についての Schrödinger 方程式を解くと，粒子のエネルギーについて何の制約もないことがわかる．つまり，自由粒子は可能なエネルギーのどんな値でもとることができる．これに反し，小さな空間に閉じ込められた粒子，あるいは原子中の電子のように中心力に束縛された粒子についてこの方程式を解くと，許される解が存在するのは，ある特定のエネルギーに対してだけであることがわかる．すなわち，このような粒子のエネルギーはとびとびの値に限られる．このことを，エネルギーが**量子化されている**[c]という．後にみるように，エネルギー以外にも量子化される性質がある（たとえば角運動量）．このように物理的観測量が量子化されているということは，化学にとってきわめて根本的な重要性をもっている．量子化があればこそ原子や分子が安定に存在しうるのであり，また，原子がどんな結合をつくることができるかは量子化によって支配されるからである．

> ある位置に電子を見いだす確率は，その点における波動関数の2乗に比例する．波動関数は一般に，正の振幅の領域と負の振幅の領域とをもつ．波動関数同士は，互いに協調型干渉あるいは背反型干渉を起こす．束縛された粒子あるいは閉じ込められた粒子のエネルギーは量子化される．

---

a) destructive interference　　b) Schrödinger equation　　c) quantized

1・5 原子軌道

原子中の個々の電子の波動関数を**原子軌道**[*, a)]という．水素型原子の原子軌道は，無機化学の理論のいたるところで中心的役割を果たしているから，ここで，しばらくの間，その形と意義とを述べることにする．

(a) 水素型原子のエネルギー準位

水素型原子についての Schrödinger 方程式を解いて得られる波動関数は，3個の数値によって決まる．これらの数値を**量子数**[b)]といい，n, l, および m_l で表す．n は**主量子数**[c)]，l は**軌道角運動量量子数**[d)]（または**方位量子数**[e)]），m_l は**磁気量子数**[f)]とよばれる．各量子数は，電子の量子化された物理的性質を示す目印である．すなわち，n は量子化されたエネルギーの，l は軌道角運動量の量子化された大きさの，m_l はその角運動量の量子化された方向の目印である．

水素型原子の電子の場合，どんな値のエネルギーが許されるかは主量子数だけで決まる．その値は，原子番号を Z とすると

$$E = -\frac{hc_0 Z^2 R_\infty}{n^2} \quad n = 1, 2, \cdots\cdots \quad (3)$$

で与えられる．ここでは，電子と核とが十分離れて静止している状態のエネルギーを0にとってある．この式で与えられるエネルギーがすべて負であることは，ばらばらの静止した電子と核とに比べて原子の方が低エネルギーであることを意味している．定数 R_∞ は**リュードベリ定数**[g)]とよばれ，つぎのような基本定数の組合わせである[5)]．

$$R_\infty = \frac{m_e e^4}{8h^3 c_0 \varepsilon_0^2} \quad (4)$$

この値は約 $1.097 \times 10^5 \, \text{cm}^{-1}$ で，13.6 eV のエネルギーに対応する．エネルギーが $1/n^2$ に比例することから明らかなように，エネルギー準位は n が大きくなるにつれて速やかに高い値（負の小さな値）に収束する（図1・7）．$n = \infty$ ではエネルギーが0になるが，この状態は静止した核と電子が無限に離れている状態，つまりイオン化した原子に対応する．これよりも大きなエネルギーの電子は，核の束縛を離れ，勝手な速度で動き回る――つまり，どんなエネルギーでもとることができる．

> 水素型原子中の電子の波動関数は3個の量子数 n, l, および m_l で決まる．この原子中の電子のエネルギーは，主量子数だけで決まり，式(3)で与えられる．エネルギーが Z^2 と $1/n^2$ とに比例することに注意せよ．

---

5) 式(4)中の基本定数の意味と値とは裏見返しにある．
* 訳注：orbital は"軌道関数"と訳すのが正しいが，本書では"軌道"と略す．
a) atomic orbital　　b) quantum number　　c) principal quantum number
d) orbital angular momentum quantum number　　e) azimuthal quantum number
f) magnetic quantum number　　g) Rydberg constant

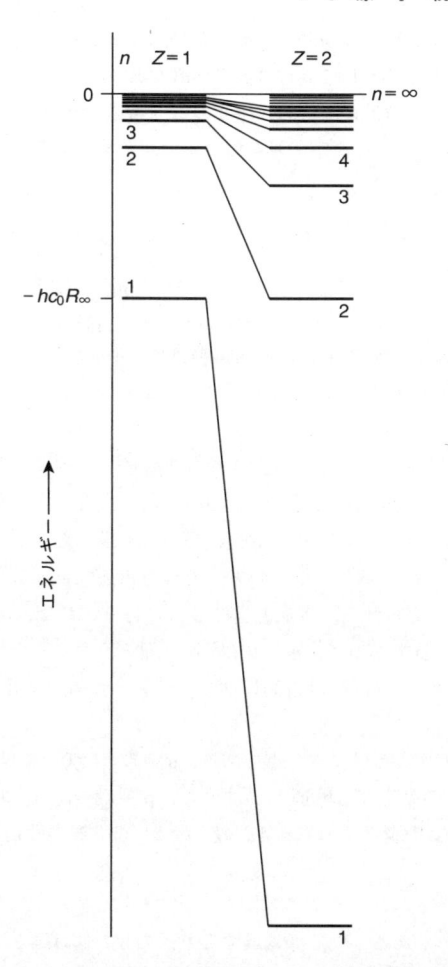

図 1・7 H原子($Z=1$)と He^+ イオン($Z=2$)との量子化されたエネルギー準位. 水素型原子のエネルギー準位の間隔は Z^2 に比例する.

(b) 電子殻, 副殻, 軌道

水素型原子では, n の値が同じ軌道はすべて同じエネルギーである. このように, いくつかの軌道が同じエネルギーであるとき, これらの軌道は**縮退**[a]（縮重ともいう）しているという. 主量子数によって決まる軌道の組, つまり, n が同じ軌道（したがって水素型原子では同じエネルギーの軌道）の組を**殻**[b]という.

それぞれの殻に属する軌道で l の同じものをまとめて**副殻**（または亜殻）[c]という. 量子数 l は, 核の周りの電子の軌道角運動量の大きさを決める. この大きさは $\{l(l+1)\}^{1/2}\hbar$ で

---

a) degeneracy b) shell c) subshell

与えられる（$\hbar = h/2\pi$）．主量子数が n のとき，l は n 通りの値（$l=0, 1, \cdots, n-1$）をとることができる．たとえば，$n=2$ の殼には $l=0$ と $l=1$ との2個の副殼がある．このうち $l=0$ の方は，核の周りの電子の角運動量が 0 の軌道に対応し，$l=1$ の方は角運動量が $2^{1/2}\hbar$ の軌道に対応する．副殼を示すには，つぎのような文字記号を用いるのが普通である．

l: 0　　1　　2　　3　　4 $\cdots$
　　 s　　p　　d　　f　　g $\cdots$

したがって，$n=1$ の殼には，ただ1個の副殼（s殼）しかなく，$n=2$ の殼には2個（sとp）の副殼，$n=3$ の殼には3個（s, p, d）の副殼，$n=4$ の殼には4個（s, p, d, f）の副殼があるという具合になる．これらの副殼中の電子の軌道角運動量は，s から f に行くに従って大きくなる．化学においては，s, p, d, f の4種の副殼だけを考えればたいていの場合十分である．

量子数 l の副殼は，$2l+1$ 個の軌道から成り立っている．これらの軌道を区別するのが磁気量子数 m_l である．m_l は $2l+1$ 個の値（$m_l = l, l-1, l-2, \cdots, -l$）をとることができる．たとえば，d副殼は $m_l = +2, +1, 0, -1, -2$ の5個の異なる軌道から成る．磁気量子数 m_l は，核を通る任意の軸（普通は z 軸とよぶ）の方向の軌道角運動量成分を決める量子数で，この成分の値は $m_l\hbar$ で与えられる．古典力学的な言い方をすれば，m_l は電子の軌道面の向きと回転方向とを示す量であって，$m_l = +l$ は xy 平面を上からみて反時計方向に回転していることに対応し，$m_l = -l$ は時計方向に回転していることに対応し，$m_l = 0$ は"極軌道"に近い回転に当たる．

以上の話の結論として化学で実際上大切なのはつぎの点である．s副殼（$l=0$）には，1個の軌道しかない．この軌道は $m_l=0$ の軌道で **s軌道** とよばれる．p副殼（$l=1$）には $m_l = +1, 0, -1$ の3個の軌道があり，**p軌道** とよばれ，d副殼（$l=2$）の5個の軌道は **d軌道** とよばれ，以下同様である．

> 電子殼には副殼があり，副殼には軌道がある．同じ殼に属する軌道の n の値は同じである．同じ副殼に属する軌道は同じ l の値をもち，m_l の値で区別される．

(c) 電子スピン

水素型原子中の電子の状態を完全に記述するためには，電子の空間的分布を決める3種の量子数に加えて，さらに2種の量子数が必要である．新しい量子数は，電子自身の角運動量すなわち **スピン**[a] に関係したものである．とかくスピンという名前を聞くと，ちょうど惑星が太陽の周りを公転しながら自転軸の周りを回転しているように，電子が自転による角運動量をもっていると考えられるかのように思いがちであるが，スピンはまったく量

---

[a] spin

1・5 原子軌道

子力学的な性質であって，スピンという古典力学的名前から想像されるところとはおよそ違うものである．

スピンは，二つの量子数 s および m_s で記述される．最初の量子数は軌道運動の l に似たものであるが，その値はつねに $\frac{1}{2}$ で変わらない．したがって，電子スピン角運動量の大きさは一定値 $\{s(s+1)\}^{1/2}\hbar = \frac{1}{2}3^{1/2}\hbar$ となる．第二の量子数は**スピン磁気量子数**[a] m_s で，これは $+\frac{1}{2}$（上からみたときに反時計方向のスピン）と $-\frac{1}{2}$（時計方向のスピン）との二つの値しかとりえない．これらの量子数は，ある任意に選んだ軸に対するスピンの向きを指定するもので，スピン角運動量の軸方向成分の大きさは $+\frac{1}{2}\hbar$ か $-\frac{1}{2}\hbar$ のいずれかに限られる．古典力学的なイメージでいえば，これら二つのスピン状態は，電子が時計方向に自転していることと反時計方向に自転していることといってよいだろう．この二つの状態は，上向き矢印↑（"上向きスピン"，$m_s = +\frac{1}{2}$）または α と下向き矢印↓（"下向きスピン"，$m_s = -\frac{1}{2}$）または β で表すことが多い．

原子の状態を完全に指定するには，電子のスピン状態も指定しなければならない．そこで1個の水素型原子中の1個の電子の状態を定める量子数は n，l，m_l および m_s の4種であるというのが普通である（5番目の量子数である s は $\frac{1}{2}$ と決まっているから）．

> 電子自身のスピン角運動量は，二つの量子数 s と m_s とで決まる．後者は二つの値のどちらかをとる．水素型原子の電子状態を決めるには4個の量子数が必要である．

(d) 水素型軌道の動径方向の形

水素型軌道のうちのいくつかについて数学的表現を表 1・2 に示す．原子核のクーロンポテンシャルは球対称である（Z/r に比例し，核に対する方向によらない）から，軌道を表すには，図 1・8 のような極座標 r, θ, ϕ を用いるのが便利である．この座標系では，すべての軌道はつぎのような形に表される．

$$\Psi_{nlm_l} = R_{nl}(r) Y_{lm_l}(\theta, \phi) \tag{5}$$

この式と表 1・2 の内容とは少々複雑にみえるかもしれないが，言わんとしていることは単純で，水素型軌道は動径 r の関数 R_{nl} と角度座標の関数 Y_{lm_l} との積で表されるということである．**動径波動関数**[b] は，核からの距離に対する軌道の変化の仕方を決め，**角波動関数**[c] Y_{lm_l} は軌道の角度方向の形を表す．本書ではたいていの場合，数式を使わずに軌道の図を用いることにする．動径波動関数が0を通過する点を**動径節**[d]といい[6]，角波動関数が0を通過する面を**角節面**[e]または**節面**[f]という．少し後で例をあげよう．

---

6) すべての軌道は，核からの距離が大きいところで指数関数的に0に近づくが，これは0をよぎるわけではないから節ではない．

a) spin magnetic quantum number　　b) radial wavefunction　　c) angular wavefunction
d) radial node　　e) angular node　　f) nodal plane

1. 原子構造

表 1·2 水素型軌道

(a) 動径波動関数	(b) 角波動関数
$R_{nl}(r) = f(r)\left(\dfrac{Z}{a_0}\right)^{3/2} e^{-\rho/2}$	$Y_{lm_l}(\theta, \phi) = \left(\dfrac{1}{4\pi}\right)^{1/2} y(\theta, \phi)$
ここで a_0 は Bohr 半径(約 53 pm), $\rho = 2Zr/na_0$, $f(r)$ は下記の通り.	$y(\theta, \phi)$ は下記の通り.

n	l	$f(r)$	l	m_l	$y(\theta, \phi)$
1	0	2	0	0	1
2	0	$(1/2\sqrt{2})(2-\rho)$	1	0	$3^{1/2}\cos\theta$
2	1	$(1/2\sqrt{6})\rho$	1	± 1	$\mp(3/2)^{1/2}(\sin\theta)e^{\pm i\phi}$
3	0	$(1/9\sqrt{3})(6-6\rho+\rho^2)$	2	0	$(5/4)^{1/2}(3\cos^2\theta-1)$
3	1	$(1/9\sqrt{6})(4-\rho)\rho$	2	± 1	$\mp(15/2)^{1/2}(\cos\theta)(\sin\theta)e^{\pm i\phi}$
3	2	$(1/9\sqrt{30})\rho^2$	2	± 2	$(15/8)^{1/2}(\sin^2\theta)e^{\pm 2i\phi}$

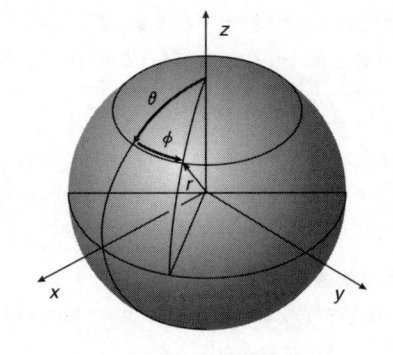

図 1·8 極座標. r は動径, θ は余緯度, ϕ は方位角

いくつかの波動関数が核からの距離に応じて変化する様子を図 1·9 および図 1·10 に示す. たとえば, 1s 軌道 ($n=1$, $l=0$, $m_l=0$) の波動関数は, 核からの距離とともに指数関数的に減少するが, 0 をよぎることはない. どの軌道でも, 核から十分遠いところでは指数関数的に減少するが, 核の近くで 0 の上下に振動する軌道もある. このような軌道は, 最後に指数関数的に減衰する前に, 一つ以上の動径節をもつことになる. 量子数が n と l とである軌道は, m_l の値にかかわりなく, $n-l-1$ 個の動径節をもつ. この振動の様子は 2s 軌道つまり $n=2$, $l=0$, $m_l=0$ の波動関数ではっきりみえる. この軌道は 1 回 0 をよぎる. つまり, 動径節を 1 個もっている. 3s 軌道は 2 回 0 をよぎる, つまり動径節が 2 個ある. 2p 軌道 ($n=2$, $l=1$ の 3 個の軌道のどれか) には 0 をよぎる点がない, つまり動径節なしということである. しかし, 2p 軌道は核のところで 0 になる[7]. これは s 軌道以外

---

7) この動径波動関数は, $r=0$ のところで原点に向かって近づいていくが, 物理的に意味のあるのは r が負でないところだけだから, 0 をよぎってはいない. したがって, $r=0$ の点は動径節ではない.

のすべての軌道について同様である．つまり，s軌道の電子は核のところ（核に無限に近いところ）に存在することがありうるが，s軌道以外の軌道の電子がそこに存在することは決してない．これは，$l=0$ では軌道角運動量がないということに由来するもので，ごくわずかな差異のように見えるかもしれないが，後でわかるように，周期表を理解するための鍵となる概念の一つなのである．

s軌道は，核のところで0でない振幅をもつ．他の軌道（$l>0$ の軌道）はすべて核のところで0になる．

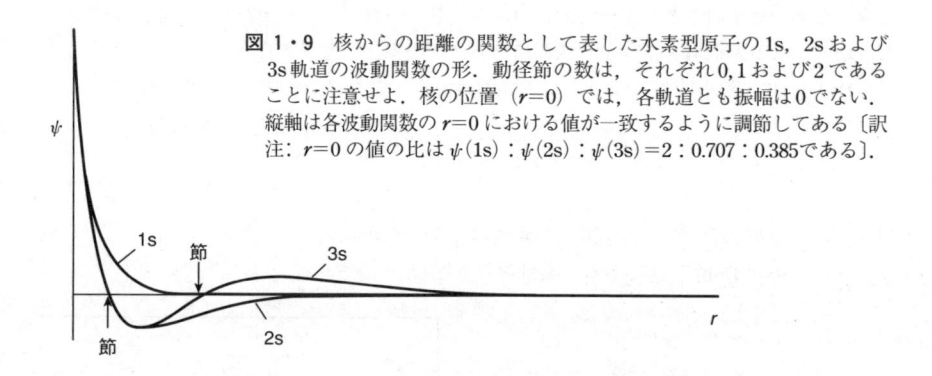

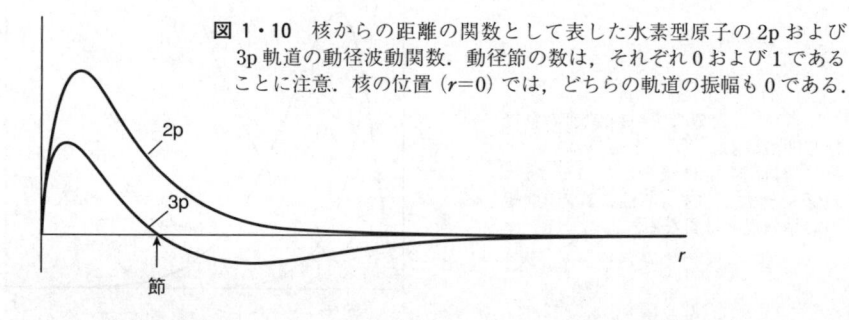

図1・9 核からの距離の関数として表した水素型原子の1s，2sおよび3s軌道の波動関数の形．動径節の数は，それぞれ 0, 1 および 2 であることに注意せよ．核の位置（$r=0$）では，各軌道とも振幅は0でない．縦軸は各波動関数の $r=0$ における値が一致するように調節してある〔訳注：$r=0$ の値の比は $\psi(1s):\psi(2s):\psi(3s)=2:0.707:0.385$ である〕．

図1・10 核からの距離の関数として表した水素型原子の2pおよび3p軌道の動径波動関数．動径節の数は，それぞれ 0 および 1 であることに注意．核の位置（$r=0$）では，どちらの軌道の振幅も 0 である．

(e) 動径分布関数

電子を引きつけているクーロン力の中心は核のところにある．したがって，核からある距離（方向にかかわりなく）のところに電子を見いだす確率を知ることが重要になってくることが多い．この情報は，電子がどのくらいしっかりとつなぎとめられているかを判断するのに役立つ．半径 r で厚さ dr の球殻中に電子を見いだす全確率は，$\Psi^2\,d\tau$ を全方向にわたって積分したものである．この積分値は，$P\,dr$ と書かれることが多い．球対称（角によらない）波動関数の場合には，

$$P = 4\pi r^2 \Psi^2 \tag{6}$$

となる[8]. この関数 P を**動径分布関数**[a]とよぶ. もしある半径 r における P の値がわかれば（それには Ψ がわかればよい），その半径で厚さ dr の球殻内のどこかに電子を見いだす確率は，P に dr をかければ直ちに求められる. 一般に，主量子数 n の殻の軌道の動径分布関数には $n-l$ 個のピークがあり，最外側のピークが一番高い.

1s軌道では，波動関数は核からの距離とともに指数関数的に減衰し，一方 r^2 は増加するから，1sの動径分布関数は極大値をもつ（図1・11）. それゆえ，電子が存在する可能性が最大になるような距離が存在する. 一般に，この距離は核の電荷が大きくなるほど短くなる（電子がいっそう強く核に引きつけられるから）. また，この距離は n が大きいほど遠くなる. 電子のエネルギーが大きいほど，核から離れたところにいる可能性が大きくなるからである. 最低エネルギー状態にある水素型原子で電子の存在確率が最大になるのは，P が極大になる距離であるが，この距離は，原子番号 Z の水素型原子の1s電子では

$$r_{\max} = \frac{a_0}{Z} \tag{7}$$

になる. したがって，存在確率最大の距離は原子番号が大きくなると減少することがわかる. ここで a_0 は Bohr 半径である（裏見返し参照）.

図 1・11 水素型原子の1s軌道の動径分布関数. $4\pi r^2$（r とともに増加）と ψ^2（指数関数的に減少）との積は $r = a_0/Z$ で極大を示す〔訳注: 3本の曲線の縦軸の尺度は異なる〕.

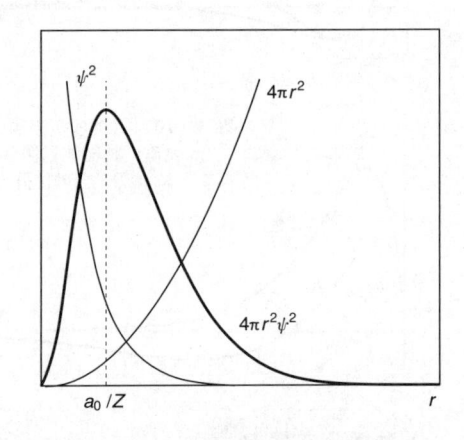

> 動径分布関数は，核からある距離（方向にかかわりなく）の点に電子を見いだす確率を与える.

例題 1・2 動径分布関数の解釈.
図1・12は，2sおよび2p水素型軌道の動径分布関数である. 電子が核に近づく確率が

---

8) 球対称でない（$l>0$）軌道の場合には，$P=r^2R^2$ となる. ここで R は動径波動関数である.
a) radial distribution function

1・5 原子軌道

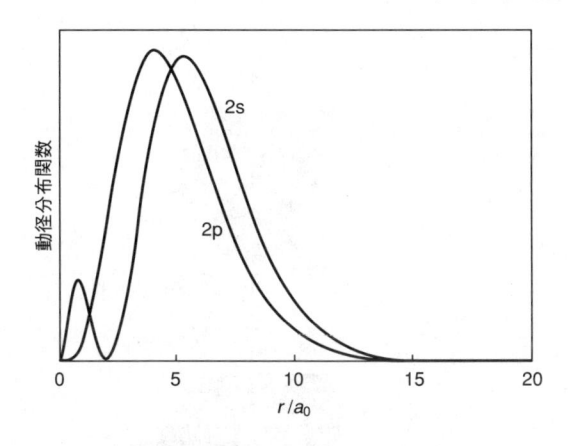

図1・12 水素型軌道の動径分布関数. 2p軌道の方が平均としては核に近い（極大の位置に注目せよ）が, 2s軌道には内側の極大があるので, 核の近くの確率は2s軌道の方が高い.

高いのはどちらの軌道か.

解 2p軌道の動径分布関数の方が, 2s軌道よりも早く核の近くで0に近づく. この違いは, 2p軌道が軌道角運動量をもつため核のところで振幅0であることの結果である. したがって, 2s電子の方が核に近づく確率は大である.

問題 1・2 3pと3dのうち, 電子を核の近くに見いだす確率の高いのはどちらか.

(f) 原子軌道の角度方向の形

s軌道の振幅は, 核からの一定距離の点ではその点のθ, ϕによらず同じである. つまり, s軌道は球対称である. そこで, この軌道は, 核を中心とする球で表すのが普通である. この球面を軌道の**境界面**[a]という. 境界面は, その内側で電子を高確率（通常75%）で見いだす領域を示している. ns軌道の境界面はいずれも球形である（図1・13）.

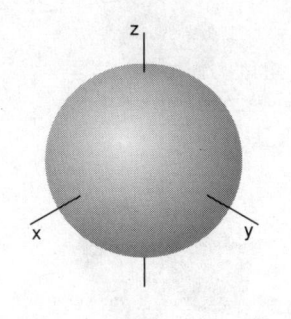

図 1・13 s軌道の境界面は球形である.

---

a) boundary surface

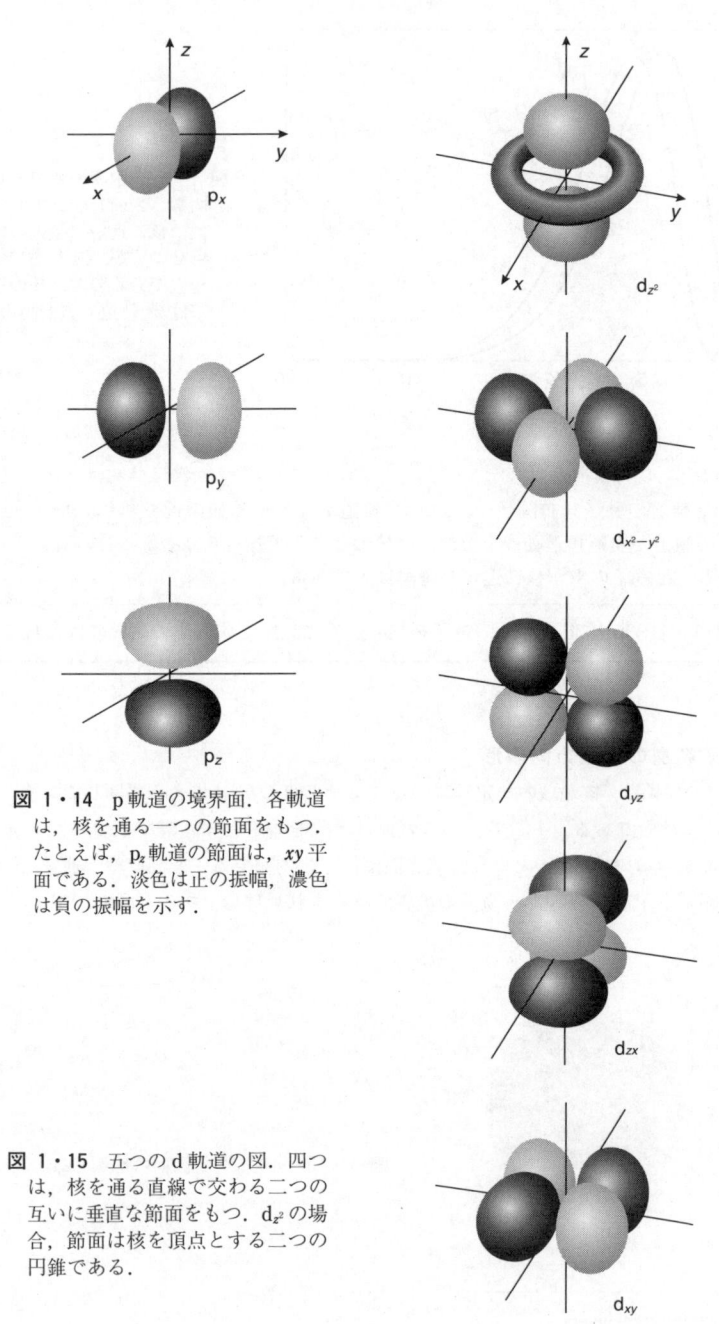

図 1・14 p軌道の境界面. 各軌道は, 核を通る一つの節面をもつ. たとえば, p_z軌道の節面は, xy平面である. 淡色は正の振幅, 濃色は負の振幅を示す.

図 1・15 五つのd軌道の図. 四つは, 核を通る直線で交わる二つの互いに垂直な節面をもつ. d_{z^2}の場合, 節面は核を頂点とする二つの円錐である.

1・5 原子軌道

$l>0$ の軌道ではすべて，振幅が角度によって変わる．p軌道の形を示すときに最も普通に使われている図では，核を原点とする3本の直交座標軸のそれぞれに平行で同じ形をした3組の境界面が描かれている（図1・14）．それぞれの軌道には，核を通る1個の角節面がある．p軌道を p_x, p_y, p_z とよび分けるのは，この形の図に由来しており，m_l による区別に代わるものである[9]．

先に述べたが，波動関数の振幅の正負は，図1・14のように濃淡で表すことにする．正の振幅は淡い灰色または白，負の振幅は濃い灰色で示す．各p軌道には1個の節面がある．

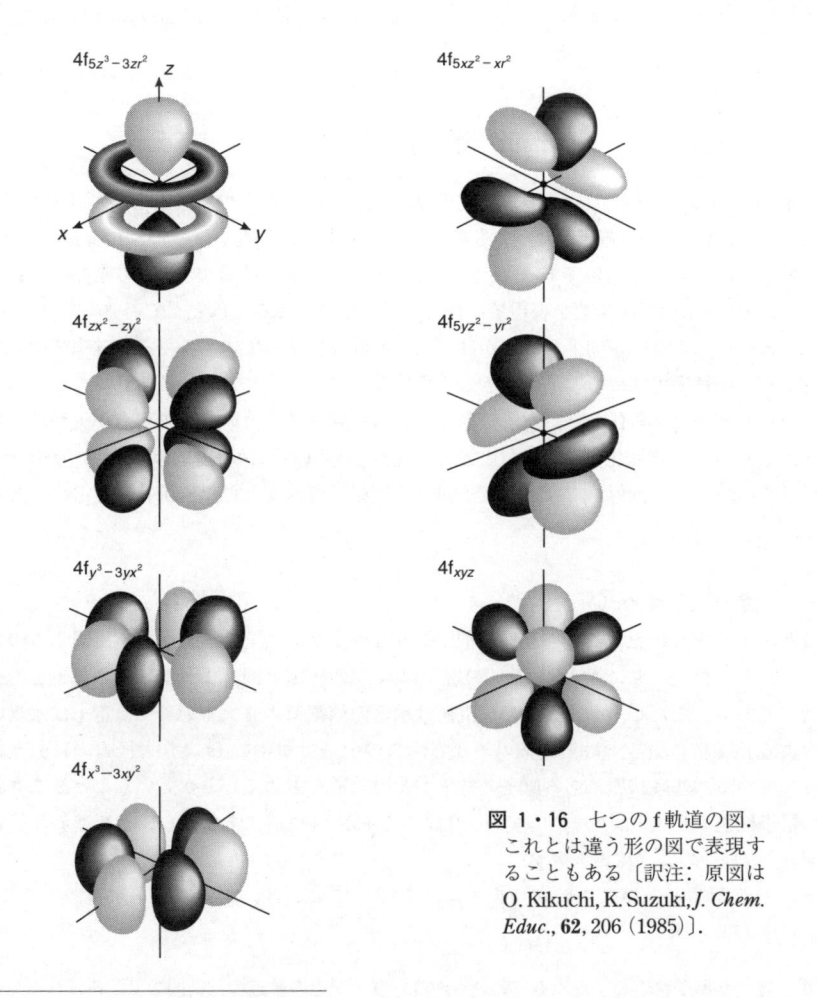

$4f_{5z^3-3zr^2}$ $4f_{5xz^2-xr^2}$

$4f_{zx^2-zy^2}$ $4f_{5yz^2-yr^2}$

$4f_{y^3-3yx^2}$ $4f_{xyz}$

$4f_{x^3-3xy^2}$

図1・16 七つのf軌道の図．これとは違う形の図で表現することもある〔訳注：原図はO. Kikuchi, K. Suzuki, *J. Chem. Educ.*, **62**, 206 (1985)〕．

---

[9] p_x, p_y, p_z 軌道は，m_l で区別された軌道の線形結合である．具体的にいうと，p_z は p_0 と同じ，p_x は $(p_{-1}-p_{+1})/2^{1/2}$, p_y は $(p_{-1}+p_{+1})/2^{1/2}$ である．

たとえば，p_z軌道は$\cos\theta$に比例し（表1・2参照），$\theta=90°$のところ（xy面上）ではどこでもこの軌道の波動関数が0になる．一般に，節面上には電子が存在しない．節面は，核を通り，波動関数が正の領域と負の領域との分かれ目になっている．

d軌道およびf軌道の境界面を，それぞれ，図1・15および図1・16に示す．また，本書で使う軌道の記号も示してある．ここで，核のところで交わる節面が，d軌道には2枚，f軌道には3枚ある（d_{z^2}，$f_{5z^3-3zr^2}$などの円錐形節面は2枚と数える）ことに注意せよ．

電子の存在確率の高い領域を示すのが境界面である．量子数lの軌道にはl個の節面がある．

多電子原子

本章のはじめに述べたように，"多電子原子"とは2個以上の電子をもつ原子をいう．したがって，He原子（電子2個）でも多電子原子である．N電子原子のSchrödinger方程式の厳密解はきわめて複雑であって，すべての電子の座標，つまり$3N$個の座標の関数である．このように複雑な関数を表現する厳密な式を見つけることはとうてい望みえないが，コンピューターの性能が向上したおかげで，数値計算によってエネルギーと確率密度とをだんだん高い精度で求めることができるようになってきた．しかし，数値計算では，精度を高めることができる代わりに，解の形を定性的に見通せるという式の利点が失われてしまう．それゆえ，無機化学では，ほとんどの場合にわれわれは**軌道近似法**[a]というやり方に頼っている．この近似法では，各電子が水素型原子の軌道と似た原子軌道を占めると考える[10]．

1・6 貫入と遮へい

最低エネルギー状態すなわち**基底状態**[b]にあるヘリウム原子の電子構造を説明するのは簡単である．軌道近似に従えば，2個の電子は水素型の1sと同じような球形の軌道を占めるはずである．ただし，ヘリウムの核電荷は水素の核電荷より大きいので，電子は水素の場合より強く核に引きつけられているから，この軌道は水素の1sよりも径方向に引き締められている．基底状態にある原子の電子がどの軌道を占めているかということを基底状態の**電子配置**[c]という．ヘリウムでは，2個の電子が1s軌道にあるから，その基底状態電子配置を$(1s)^2$のように書き表す．

ところが周期表のつぎの元素リチウム（$Z=3$）に来ると，だいぶ様子が違ってきて，

---

10) 電子が原子軌道を"占める"というのは，電子がその軌道の波動関数で記述されるという意味である．

a) orbital approximation   b) ground state   c) electron configuration

いくつかの新しい状況に出会うことになる．基底状態配置は $(1s)^3$ ではない．**Pauli の排他原理**[a] として知られている自然の本性によって，このような配置は許されないのである．

- 2個を超える電子が1個の軌道を占めることはできない．もし2個の電子が同じ軌道を占めるときはそれらのスピンは対にならなければならない．

ここで"対になる"とは，一方の電子のスピンが↑なら他方のスピンは↓でなければならないという意味である．つまり，対とは↑↓で表されるものである．原子中の電子の状態を表すのに4種の量子数が必要であることを思い出せば，上の原則は<u>2個の電子の量子数が四つとも同じであることはありえない</u>と言い表すこともできる．Pauli の排他原理が導入されたのは，そもそもがヘリウム原子のスペクトルに，ある種の遷移が現れないことを説明するためであった．

He の基底状態配置が $(1s)^2$（2個の電子は対になっている）であることは差し支えないが，Li の配置が $(1s)^3$ にはなりえない．$(1s)^3$ にすると，3個の電子が同じ軌道を占めることになってしまい排他原理に抵触するからである．したがって，3番目の電子は，すぐ上の殻（$n=2$）の軌道のどれかに行かなければならない．そこで問題になるのは，第三の電子が占めるのは 2s なのかそれとも3個の 2p のうちのどれかなのかである．この問いに答えるには，これら二つの副殻のエネルギーと同一原子内の他の電子の効果とを調べる必要がある．水素型原子では 2s 軌道のエネルギーと 2p 軌道のエネルギーとが等しいが，スペクトルデータおよび詳細な計算の示すところによると，多電子原子では事情が違う．

軌道近似法では，電子の電荷が核の周りに球状に分布すると仮定して，電子間の反発を近似的に扱う．すなわち，各電子は，この平均的電荷分布の反発力と核の引力とを加え合わせた場の中で運動すると考える．ところで，古典的な静電気学によれば，球形の電荷分布がつくる電場は，分布の中心にある点電荷のつくる電場と等価である．この点電荷の

ここに分布する電荷は無関係

電子・はこの球の内部の全電荷を感じる

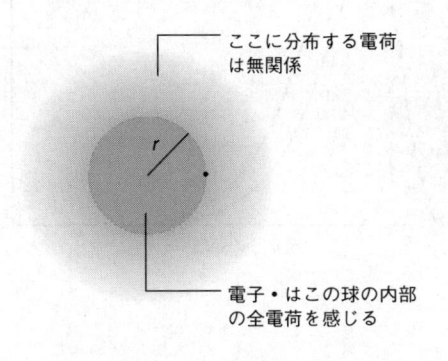

図 1・17 核からの距離 r にある電子（点で示す）は，半径 r の球内に含まれる全電荷が中心にあるとしたときの電場を感じる．この球の外側にある電荷は無関係である．

---

a) Pauli exclusion principle

大きさは，分布の中心から問題にしている場所までの距離に等しい半径の球面内に含まれる全電荷に等しい（図1・17）．そこで，軌道近似法では，各電子は**有効核電荷**[11), a)] $Z_{eff}e$ を感じると考える．有効核電荷は，問題の電子と核との平均距離と等しい球の内部に含まれる全電荷で決まる．動径分布関数は，殻によっても副殻によっても違うから，ある電子の感じる有効核電荷は，その電子の n と l との値に依存する．有効核電荷は真の核電荷より小さくなる．このことを**遮へい**[b)]という．有効核電荷数を真の核電荷数 Z を用いて $Z_{eff}=Z-\sigma$ と書き表すことがある．この σ は経験的な量で，**遮へいパラメーター**[c)] とよばれる．

原子中のある電子についてみると，それが核の近くまで入り込めれば入り込めるほど，原子中の他の電子によって反発される度合いが少なくなるから，その電子の感じる Z_{eff} は Z に近くなる．このことを念頭においてLi原子の2s電子を考えよう．2s軌道にいる電子の場合は，それが1s殻の内側まで入り込んで——これを**貫入**[d)]という——核の電荷をそのまま感じる機会がある．ところが，2p軌道には核を通る節面があるので2p電子はそれほど貫入できないから，芯の方にある電子によって強く遮へいされている（図1・18）．したがって，2s電子の方が2p電子よりエネルギーが低く（強く核に引きつけられている），それゆえ，Liの基底電子配置は $(1s)^2(2s)^1$ であると結論できる．この電子配置は $[He](2s)^1$ と書くことが多い．ここで[He]は，ヘリウムのような $(1s)^2$ の芯を表す．

Liでは，2sの方が2pよりエネルギーが低い．この関係は，多電子原子一般にみられる特徴である．このことは，表1・3にあげた Z_{eff} の値からもみることができる．この表には，いろいろな原子の基底状態における原子価殻の原子軌道に対する有効核電荷数が記載してあるが，周期表の各行を左から右に向かって行くに従って Z_{eff} が増加するという一般的傾

図 1・18 2s電子が内側の芯まで貫入する度合いは2p電子よりも大きい．したがって，2s電子は2p電子ほど遮へいされない．

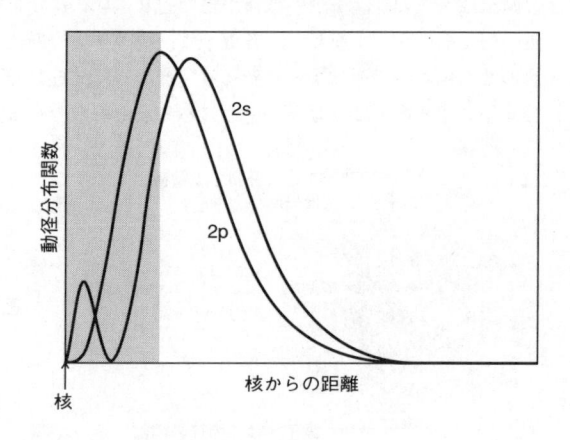

---

11) Z_{eff} 自身を"有効核電荷"ということも多い．
a) effective nuclear charge　b) shielding　c) shielding parameter　d) penetration

1・6 貫入と遮へい

表 1・3 有効核電荷数, Z_{eff} [†]

	H							He
Z	1							2
1s	1.00							1.69
	Li	Be	B	C	N	O	F	Ne
Z	3	4	5	6	7	8	9	10
1s	2.69	3.69	4.68	5.67	6.67	7.66	8.65	9.64
2s	1.28	1.91	2.58	3.22	3.85	4.49	5.13	5.76
2p			2.42	3.14	3.83	4.45	5.10	5.76
	Na	Mg	Al	Si	P	S	Cl	Ar
Z	11	12	13	14	15	16	17	18
1s	10.63	11.61	12.59	13.58	14.56	15.54	16.52	17.51
2s	6.57	7.39	8.21	9.02	9.83	10.63	11.43	12.23
2p	6.80	7.83	8.96	9.95	10.96	11.98	12.99	14.01
3s	2.51	3.31	4.12	4.90	5.64	6.37	7.07	7.76
3p			4.07	4.29	4.89	5.48	6.12	6.76

[†] 出典: E. Clementi, D. L. Raimondi, 'Atomic screening constants from SCF functions', IBM Research Note NJ-27 (1963) より.

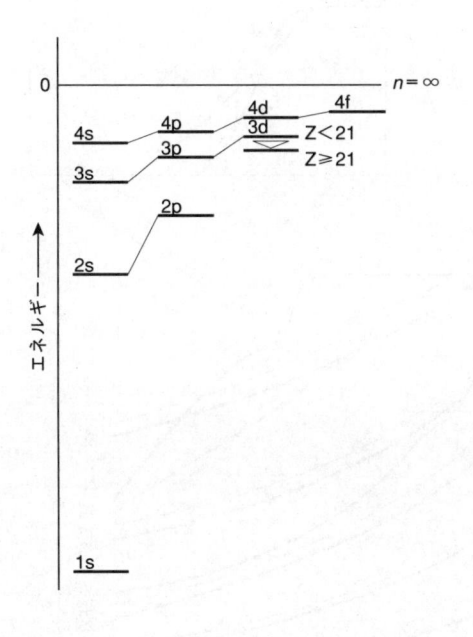

図 1・19 $Z<21$(Caまで) の多電子原子のエネルギー準位図 (模式図). $Z \geqq 21$ (Sc以降) では順序の入れ替わりがある. この図の準位にそれぞれ2個までの電子を入れていくのが構成原理 (§1・7) である.

向がある. これは, 核電荷がつぎつぎと大きくなるに従って電子の総数もそれだけ増えるが, ほとんどの場合, 電子の増加分では核電荷の増加を打消しきれないからである. また, 最外側の殻のs電子は, 同じ殻のp電子より遮へいの程度が小さい —— たとえば, F原子

の 2s 電子では $Z_{\text{eff}}=5.13$ なのに対し 2p 電子ではこれより低く $Z_{\text{eff}}=5.10$ ——ことも，この表から確かめられる．同様に，np 軌道電子の Z_{eff} は nd 軌道電子の Z_{eff} より大きい．

このように，貫入と遮へいとの結果，多電子原子のエネルギーの典型的な順番は

$$n\text{s} < n\text{p} < n\text{d} < n\text{f}$$

となる．これは，ある一つの殻の軌道のうち，最も貫入が著しいのが s 軌道であり，最も貫入の程度の少ないのが f 軌道だからである．貫入と遮へいとの効果が全体としてどういう結果になるかを示したのが，中性原子のエネルギー準位図（図 1・19）である．

図 1・20 は，周期表全体にわたる軌道エネルギーをまとめたものである．この図からわかるように，貫入・遮へいの効果はきわめて微妙なもので，軌道の順番は原子中の電子の数によって著しく左右される．たとえば，4s 軌道の貫入効果は K および Ca できわめて著しく，そのためこれらの原子では 4s 軌道のエネルギーが 3d 軌道よりも低くなる．ところ

図 1・20　周期表全体にわたる多電子原子のエネルギー準位の様子．挿入図は $Z=20$ 付近の拡大図．3d 元素は $Z=21$ から始まる．

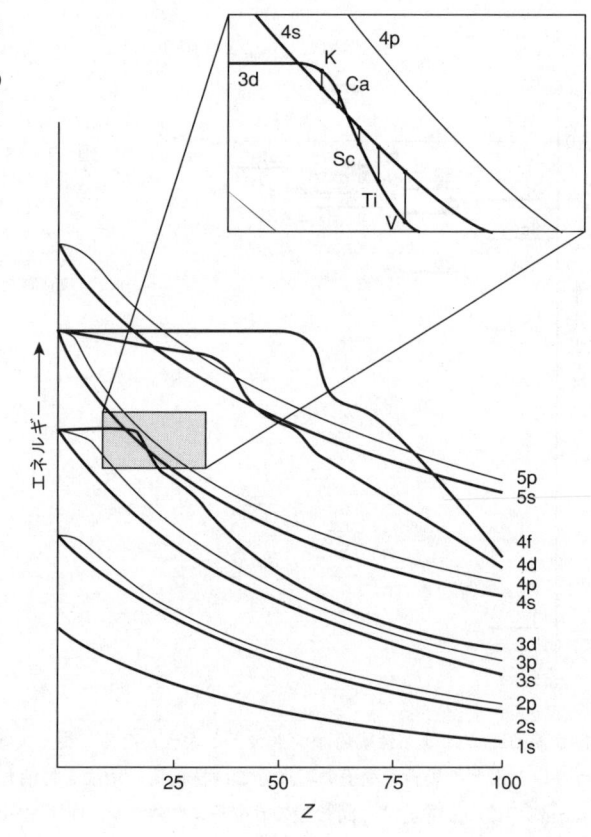

が，ScからZnまでの中性原子では3d軌道が4s軌道の少し下に来る．Ga（$Z=31$）から先の元素では，3d軌道が4s軌道よりもずっと下に来るので，当然ながら4s副殻と4p副殻との電子が最も外側の電子になる．

いったん有効核電荷がわかれば，原子軌道の近似的な形を書くことができ，その広がり方や他の性質を推定することができるようになる．これを最初に行ったのはJ. C. Slaterであって，彼は任意の原子中の電子に対するZ_{eff}の値を推定し，それを用いて近似的波動関数を書き下すための規則を考え出した．Slaterの規則はその後さらに正確な計算の結果（表1・3にあげた値）によって改訂された．表1・3の値で気づく点がいくつかある．最外側の電子に対するZ_{eff}の値は，各周期で原子番号とともに増加するが，同じ原子についてみると，s軌道電子に対するZ_{eff}は，p軌道電子に対する値より大きい．加えて，最外側の電子についてみると，第3周期元素の価電子のZ_{eff}は第2周期元素の値に比べて，核電荷は大幅に増えているにもかかわらず，わずかしか大きくなっていない．

> 同じ主量子数では，lが大きいほど電子は核に近づきにくい．貫入と遮へいとの効果があいまって，多電子原子のエネルギー準位はs＜p＜d＜fの順になる．

1・7 構成原理

多電子原子の基底状態の電子配置は，分光学データから実験的に求められる．その結果は付録1に要約してある．これらの電子配置を説明するには，軌道のエネルギーに対する貫入・遮へいの効果とともにPauliの排他原理を考慮する必要がある．基底状態の電子配置を導き出すには，以下に述べる**構成原理**[a]を用いればまず間違いない．この原理は，つねに正しいとは限らないが，議論の出発点として優れたものであり，後で見るように，周期表の組立てと意味とを理解するための理論的枠組みを与えることができる．

(a) 基底状態の電子配置

構成原理では，中性原子の軌道がつぎの順番に従って電子で占められていくとする．その順番は主量子数と貫入・遮へいとの両方で決まる．

電子が占める順番： 1s　2s　2p　3s　3p　4s　3d　4p…

各軌道には，Pauliの排他原理に従って，2個までの電子を入れることができる．すなわち，p副殻の3個の軌道には6個まで，d副殻の5個の軌道には10個まで電子を入れられる．たとえば，最初の5元素の基底電子配置は

H	He	Li	Be	B
$(1s)^1$	$(1s)^2$	$(1s)^2(2s)^1$	$(1s)^2(2s)^2$	$(1s)^2(2s)^2(2p)^1$

---

[a] building-up principle　または　Aufbau principle

のようになると予想される．この順番は実験結果と合っている．つぎにホウ素から炭素に行くときには，電子を受け入れられる軌道が二つ以上ある．このような場合には，つぎの規則を適用する．

- **Hund の規則**[a]：同じエネルギーの軌道が二つ以上あるときは，電子は別々の軌道に入り，このときスピンが平行（↑↑）になるように入る．

なぜ別々の軌道（たとえば，p_x と p_y と）に入るかは，電子間の反発を考えれば理解できる．同じ軌道を占める電子は同じ空間領域を共有することになるが，異なる軌道を占めていれば別々の空間にいるから，その方が反発的相互作用は少なくなる．別々の軌道を占める電子が平行なスピンをもたなければならないのは，スピンが平行な電子は互いになるべく近寄らないでいようとするから互いに反発しあうことが少ないという**スピン相関**[b]とよばれる量子力学的効果の結果である．

そこで構成原理から，C の基底状態の電子配置は $(1s)^2(2s)^2(2p_x)^1(2p_y)^1$ であることがわかる（3個の p 軌道は縮退しているから，どの軌道から電子を入れ始めるかは任意であるが，アルファベット順で p_x, p_y, p_z の順に書くのが普通である）．これを簡略化すると $(1s)^2(2s)^2(2p)^2$，さらには $(1s)^2$ がヘリウム型の芯であることに注目し $[He](2s)^2(2p)^2$ と短く書ける．つまり，炭素原子は，対になった2個の 2s 電子と平行なスピンの2個の 2p 電子とがヘリウム型の**閉殻**[c]の外側にある電子構造であると考えることができる．第2周期の残りの原子の電子配置は，同じように

C	N	O	F	Ne
$[He](2s)^2(2p)^2$	$[He](2s)^2(2p)^3$	$[He](2s)^2(2p)^4$	$[He](2s)^2(2p)^5$	$[He](2s)^2(2p)^6$

となる．ネオンにみられる電子配置 $(2s)^2(2p)^6$ も電子が完全に詰まった閉殻の一例で，$(1s)^2(2s)^2(2p)^6$ の電子配置が芯として出てくるときには [Ne] と書く．

例題 1・3 有効核電荷の効果を説明する．

2p 電子の Z_{eff} は，C より N の方が大きく，N より O の方が大きいが，その増加の幅が N と O との間の方が小さい（表1・3参照）理由を考えよ．これらの電子配置は

$$C: [He](2s)^2(2p)^2 \quad N: [He](2s)^2(2p)^3 \quad O: [He](2s)^2(2p)^4$$

である．

解 C から N へ行くとき新たに加わる電子は，空の 2p 軌道に入る．N から O へ行くときには，つぎの電子が入る 2p 軌道がすでに1個の電子で占められている．したがって，このときに加わった電子はより強い反発を受けるので，核の電荷の増加分が打消される程度は C から N への場合よりも著しくなる．

---

a) Hund's rule   b) spin correlation   c) closed shell

問題 1・3 BからCへ行くときの2p電子に対する有効核電荷の増加分の方が，LiからBeへ行くときの2s電子に対する有効核電荷の増加分と比べて大きいことを説明せよ．

Naの基底状態の電子配置は，ネオン型の芯にもう一つの電子を加えたもの．すなわち $[Ne](3s)^1$ となる．つまり，閉殻の外側に1個だけ電子がある形である．ここからまた上と同じ順序で繰返し，Arに至って3s軌道と3p軌道とが完成する．Arの電子配置は $[Ne](3s)^2(3p)^6$ で，これを $[Ar]$ と書く．3d軌道のエネルギーはずっと高いので，この電子配置は実際上，閉殻と等しい．さらに，つぎの電子の入る順番は4s軌道になるので，Kの電子配置は，Naと同じく閉殻の外に1個だけ電子の入った $[Ar](4s)^1$ である．つぎの電子も4s軌道に入って，Caの電子配置はMgに似た $[Ar](4s)^2$ となる．ところが，つぎの元素，スカンジウムでは，電子が3d軌道に入り，ここからd-ブロックが始まる．

d-ブロックの中では，構成原理にのっとってd電子が満たされていく．ただし，図1・19および図1・20のエネルギー準位は，個々の原子軌道のもので，電子間反発を完全に考慮したものではない．分光学的データ（および詳細な計算）によって基底状態の電子配置を決定すると，たいていのd-ブロック元素では，むしろ高エネルギー軌道（4s軌道）に電子が入った方が有利であることがわかる．このことは，高エネルギー軌道を占める方が，低エネルギーの3d軌道を占めたときよりも電子間反発が小さくなるからだと説明されている．このように1電子軌道エネルギーだけでなく，電子配置のエネルギーに対する寄与をすべて考慮することが大切である[12]．分光学的データによると，d-ブロック元素の基底状態では，個々の軌道エネルギーは3d軌道の方が低いにもかかわらず，4s軌道が完全に占有されて，$(3d)^n(4s)^2$ 形の電子配置になっている．

そのほかに注目すべき点は，s軌道の電子1個をd副殻に移すことになっても，それによりd軌道を半分または完全に満たす方が全体のエネルギーが低くなる場合があるということである．そのためd-ブロックの中央あたりで，基底状態電子配置が $(d)^4(s)^2$ でなく，$(d)^5(s)^1$（Crのように）となり，d-ブロックの右端近くでは $(d)^9(s)^2$ でなく，$(d)^{10}(s)^1$（Cuのように）になろうとする．似たような事情が，f軌道に電子が入っていくf-ブロックにもみられる．すなわち，d電子がf副殻に移って $(f)^7$ また $(f)^{14}$ 配置になる方がエネルギーが低くなる場合がある．たとえば，Gdの基底状態電子配置は $[Xe](4f)^6(5d)^2(6s)^2$ でなく $[Xe](4f)^7(5d)^1(6s)^2$ である．

3d軌道エネルギーが4s軌道エネルギーよりも十分低くなると，バランスはそれほど微妙でなくなるから，軌道エネルギーが必ずしも基底状態電子配置の手引きにならないというやっかいな状況は解消する．d-ブロック元素のカチオン*についても同じことがいえる．

---

[12] この点に関するさらに詳しい議論については，L. G. Vanquickenborne, K. Pierloot, D. Devoghel, *J. Chem. Educ.*, **71**, 469〜471 (1994) をみよ．

* 訳注：正または負の電荷をもつイオンは，"陽イオン"または"陰イオン"と言うことが多いが，本書では統一をはかる便宜上，"カチオン"または"アニオン"とした．

このときは電子が取去られるので電子間反発の効果が減少するから，カチオンはすべて d^n 配置をとる．たとえば Fe^{2+} イオンはアルゴン型閉殻の外側に d^6 配置をとる．化学的には，d-ブロックイオンの電子配置の方が中性原子の電子配置よりも重要である．後の章（第7章以降）で，d金属イオンの電子配置の重要性をみることになる．これらのイオンの化合物のおもな性質は，エネルギーの微妙な変化に根ざしているのである．

> 縮退した軌道では，まず各軌道に1個ずつ電子が入った後で2個目の電子が入り出す．d軌道およびf軌道があるときは，占有順位がいろいろと変わることがある．

例題 1・4 電子配置を導く．
Ti原子および Ti^{3+} イオンの基底状態電子配置を示せ．

解 $Z=22$ だから，原子にするためには，同数の電子を上に示した順序に従って，一つの軌道に2個を超えないように入れていく．こうして得られる電子配置は，Ti: $(1s)^2(2s)^2(2p)^6(3s)^2(3p)^6(4s)^2(3d)^2$，または，$[Ar](4s)^2(3d)^2$ で，2個の3d電子はスピンを平行にして別々のd軌道に入る．しかしながら，Caを過ぎると3d軌道の方が4s軌道より低くなることを考えると，これらの軌道の順序を逆転させる方が実情をよく反映する．したがって，電子配置は $[Ar](3d)^2(4s)^2$ となる．カチオンの電子配置を得るには，まずs電子を，ついでd電子を必要な数だけ取除けばよい．ここでは，合計3個の電子，つまり，s電子2個とd電子1個とを取除けばよい．したがって，Ti^{3+} の電子配置は $[Ar](3d)^1$ である．

問題 1・4 Niと Ni^{2+} の基底状態の電子配置を示せ．

(b) 周期表の形式

現在の周期表は，元素の電子構造を反映した形になっている．たとえば，周期表のブロックは，構成原理に従って電子が入っていく副殻の種類を示している．各周期は，ある殻のs副殻およびp副殻が満たされていく過程に対応しており，周期番号は，主要族元素において満たされていく殻の主量子数 n に等しい．

族番号は最も外側の殻すなわち**原子価殻**[a]中の電子数と密接な関係があるが，具体的な関係は周期表の族番号 G をつける方式によって違う．IUPAC勧告の"1-18"族方式では

ブロック	原子価殻中の電子数
s, d	G
p	$G-10$

となる．この場合，d-ブロック元素の"原子価殻"は ns 軌道と $(n-1)d$ 軌道とから成る

---

a) valence shell

と考える．たとえば，スカンジウムの価電子は3個（2個の4s電子＋1個の3d電子）と数える．p-ブロック元素であるセレン（16族）の価電子は16－10＝6個である．ローマ数字の族番号方式*では，s-ブロックおよびp-ブロック元素については，族番号がsおよびp価電子数と一致する．たとえば，セレンはⅥ族になるから，その価電子（sおよびp電子）は6個，タリウムはⅢ族だから，sおよびp価電子は3個という具合である．

> 周期表のブロックは，構成原理に従って電子を満たすときに最後に電子を入れる軌道の種類を反映している．周期番号は，原子価殻の主量子数を示す．族番号は，上に説明したように，価電子の数に対応する．

1・8 原子パラメーター

　原子の性質のうちいくつかのもの，特に，その大きさと電子を取去ったり加えたりする際のエネルギー変化とは，原子番号とともに周期的に変化する．このような原子の性質は，元素の化学的性質を説明するのにきわめて重要である．この変化の様子を知っていれば，各元素のデータ表に頼ることなく，いろいろな観察事実を説明し，どんな反応が起こりそうか，どんな構造になりそうかを予言することができる．

(a) 原子半径およびイオン半径

　元素の性質のうちで最も有用なものの一つは，その原子およびイオンの大きさである．後のいくつかの章でわかるように，幾何学的な考え方は，多くの固体や個々の分子の構造を論じるに当たって中心的な役割を演じる．また，イオン生成に際して電子を取去るのに要するエネルギーは，電子と核との距離と密接な関係をもっている．

　原子中の電子の波動関数は，核から遠いところでは距離とともに指数関数的に減少するから，原子やイオンの半径のきっちりした値といったものは量子論からは出てこない．そうは言っても，電子の多い原子は，電子の少ない原子よりも，それなりに大きいはずである．このような考え方に基づいて，化学者は，原子の半径に当たるいろいろな尺度を経験的に提案してきた．

　金属元素の**金属結合半径**[a]は，単体固体中の最近接原子の中心間距離（実験で決めた値）の$\frac{1}{2}$（**1**）である（ただし，これをさらに精密にした定義については§2・7参照）．非金属元素の**共有結合半径**[b]も同様に，同一元素の分子中における隣接原子間距離の$\frac{1}{2}$として定義する（**2**）．多重結合は単結合より短い．金属結合と共有結合との周期的傾向は，表1・4から読みとれる．図1・21は，これを図示したものである．本書では，金属結合半径と共

＊　訳注：1970年のIUPAC，"無機化学命名法（第2版）"で使われていた主要族元素にⅠからⅧを割り振る方式．見返しの周期表を参照．

a) metallic radius　b) covalent radius

1. 原子構造

表 1・4　原子半径[†]（単位 pm）

Li	Be										B	C	N	O	F
157	112										88	77	74	66	64
Na	Mg										Al	Si	P	S	Cl
191	160										143	117	110	104	99
K	Ca	Sc	Ti	V	Cr	Mn	Fe	Co	Ni	Cu	Zn	Ga	Ge	As	Se	Br
235	197	164	147	135	129	137	126	125	125	128	137	153	122	121	117	114
Rb	Sr	Y	Zn	Nb	Mo	Tc	Ru	Rh	Pd	Ag	Cd	In	Sn	Sb	Te	I
250	215	182	160	147	140	136	134	134	137	144	152	167	158	141	137	133
Cs	Ba	La	Hf	Ta	W	Re	Os	In	Pt	Au	Hg	Tl	Pd	Bi		
272	224	188	159	147	141	137	135	136	139	144	155	171	175	182		

[†] 破線の左側は金属結合半径で配位数12の場合の値（§2・7参照）．右側は単結合共有半径．
出典：A. F. Wells, "Structural inorganic chemistry, 5th Ed.," Clarendon Press, Oxford (1984)
〔訳注：ただし B, O および F の値は J. A. Dean, "Lange's handbook of chemistry, 15th Ed.," McGraw-Hill, New York (1999) 記載のものと一致する〕．

有結合半径とを一緒にして**原子半径**[13), a)]とよぶことにしよう．元素の**イオン半径**[b)]は，隣り合うカチオンとアニオンとの間の距離から導かれる(**3**)．この際，イオン間距離を各イオンの半径に割り振るには，何か一つ任意的な決定をする必要があった．普通に行われているのは，O^{2-} の半径を 140 pm とする方法である（この定義をさらに精密化することについては §2・10 を参照）．たとえば，Mg^{2+} のイオン半径は，固体 MgO 中の隣接する Mg^{2+} イオンと O^{2-} イオンとの距離から 140 pm を差引いて求めたものである．いくつかのイオン半径を表1・5に示す．

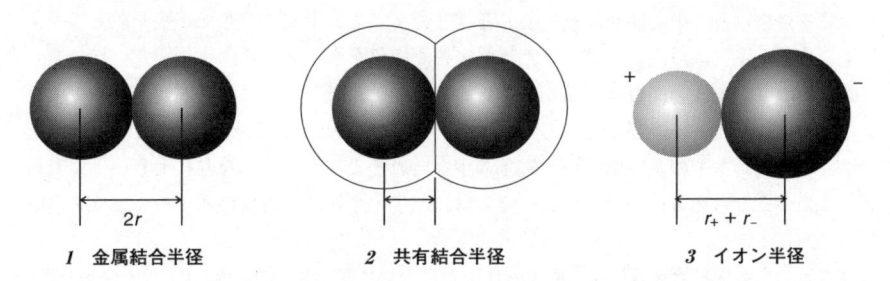

1　金属結合半径　　　*2*　共有結合半径　　　*3*　イオン半径

表1・4のデータは，同じ族内では下に行くにつれて原子半径が増加し，s-ブロックとp-ブロックでは一つの周期内で左から右へ行くにつれて減少する，という傾向を示している．これらの傾向は，原子の電子構造から容易に解釈できる．同一族内で下に行くほど，価電子は主量子数の高い軌道つまり広がりの大きな軌道を占めることになるからである．また，一つの周期の中で順につぎの元素に移っていくにつれて，新しく加わった電子は同

---

13) 原子間の結合は，単結合のほか，二重結合，三重結合のこともある．結合次数が違えば共有結合半径の値も異なる．図1・21に示した共有結合半径は，単結合の値である．
a) atomic radius　b) ionic radius

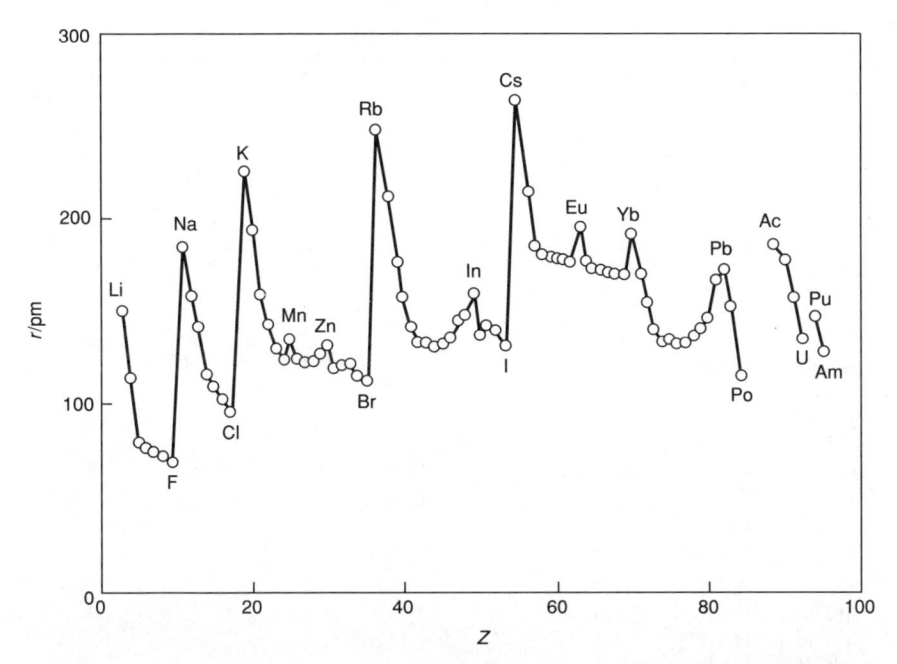

図 1・21 周期表における原子半径の変化. 第6周期のランタノイド以降の半径の収縮に注意. 金属元素については金属結合半径を, 非金属元素については共有結合半径を用いた〔訳注: 本図は, T. Moeller, "Inorganic chemistry: a modern introduction," John Wiley and Sons, New York (1988), p.119, Fig. 3-10 に基づいており, 表1・4の値と若干異なっている〕.

じ殻に入るが, 有効電荷数は増加するので電子が引き込まれる. その結果, 原子は引き締まってくる (表1・4および図1・21). 同じ族内では下に行くほど半径が増加し, 同じ周期内では右に行くほど半径が減少するという一般的傾向は, いろいろな化学的性質と関連が深いので, 記憶しておくべきである.

上に述べたことは, 第5周期までは一般的傾向として成り立つが, 第6周期になると興味深くまた重要な違いが現れる. 図1・21からわかるように, d-ブロックの3行目の金属結合半径は2行目とほとんど同じで, 電子数がはるかに多いことから予想されるよりもずっと小さい. たとえば, モリブデン ($Z=42$) の半径は140 pm, タングステン ($Z=74$) は電子が32個も多いのに141 pmである. このように, 同じ族内で単純に下方に補外したときに予想されるよりも半径が小さくなるという現象は, **ランタノイド収縮**[*, a] とよばれている. この現象は, 名前が示すように, d-ブロックの3行目 (第6周期) の元素に先

---

  [*] 訳注: 普通は, ランタノイドのイオン半径・原子半径がほぼ原子番号順に減少することをランタノイド収縮といっている.
  [a] lanthanoid contraction

表 1・5　イオン半径（単位 pm）[†]

Li^+	Be^{2+}	B^{3+}		N^{3-}	O^{2-}	F^-
59(4)	27(4)	11(4)		146(4)	135(2)	129(2)
76(6)					138(4)	131(4)
					140(6)	133(6)
					142(8)	
Na^+	Mg^{2+}	Al^{3+}		P^{3-}	S^{2-}	Cl^-
99(4)	57(4)	36(4)		212*	184(6)	181(6)
102(6)	72(6)	54(6)				
118(8)	89(8)					
K^+	Ca^{2+}	Ga^{3+}		As^{3-}	Se^{2-}	Br^-
138(6)	100(6)	62(6)		222*	198(6)	196(6)
151(8)	112(8)					
159(10)	123(10)					
164(12)	134(12)					
Rb^+	Sr^{2+}	In^{3+}	Sn^{4+}		Te^{2-}	I^-
152(6)	118(6)	80(6)	69(6)		221(6)	220(6)
161(8)	126(8)	92(8)				
172(12)	144(12)					
Cs^+	Ba^{2+}	Tl^{3+}				
167(6)	135(6)	89(6)				
174(8)	142(8)					
188(12)	161(6)					

[†]　（ ）内は配位数．六配位の NH_4^+ のイオン半径は約 146 pm である〔訳注: 下記出典では Sn^{2+}，NH_4^+，H^+ のイオン半径は定義できないとしている〕．
　出典: R. D. Shannon, *Acta Crystallogr.*, **A32**, 751 (1976).
＊　訳注: 出典不明．

立って，4f 軌道に電子が入っていく f-ブロックの1行目の元素が控えていることに起因する．f 軌道は遮へい効果が小さい[14]ので，f 軌道に電子が加わっていっても，それらの電子の間の反発力が核電荷の増加を十分に打消しきれず，Z_{eff} は周期表の左から右へ行くにつれて大きくなる．この効果が支配的なため，その結果すべての電子が引き込まれて身の締まった原子になるのである．

　これと似た収縮は，d-ブロックの後に来る元素にもみられる．たとえば，ホウ素とアルミニウムとでは原子半径に相当大きな差がある（B 88 pm，Al 143 pm）のに，ガリウム（153 pm）の原子半径はアルミニウムより少し大きいだけである．この現象も，ランタノイド収縮と同様，第4周期中でガリウムの前にある d-ブロック元素の d 電子の遮へい力が乏しいことに起因すると考えられる．原子半径のわずかな変化は一見大したことでもなさ

---

[14]　f 電子の遮へい能力が乏しいのは，軌道がとがった形だからだということがときどき言われているが，細かい解析〔D. R. Lloyd, *J. Chem. Educ.*, **53**, 502 (1986)〕は，むしろ f 軌道の動径分布が原因であるという見解を支持している．

そうに思われるかもしれないが，実際には，原子半径は元素の化学的性質を決めるうえで中心的役割を担っていて少し違っただけでも重大な結果をもたらす．

表1・4と表1・5とを比べると，つぎのような一般的特徴がみられる ―― <u>アニオンはすべてその原子より大きく，カチオンはすべてその原子より小さい</u>(場合によっては著しく)．アニオンが大きいのは，中性原子に比べて電子間反発が強くなる結果である．カチオンが小さいのは，電子を失って電子間反発が弱くなるからのみならず，たいていの場合に価電子が無くなって強く引き締まった原子芯が残るからでもある．このように原子とイオンとで大きく違うことを念頭におけば，イオン半径の周期表中での変化の様子は，原子半径の変化を反映したものである．

> 原子半径は，同じ族では下に行くほど大きくなり，s-およびp-ブロック内では同じ周期で右へ行くほど小さくなる．ランタノイド収縮とは，f-ブロックの後にある元素の原子半径が小さくなることである．アニオンはすべて元の原子よりも大きく，カチオンはすべて元の原子より小さい．

(b) イオン化エネルギー

原子から電子を取去るのがどのくらい難しいかは**イオン化エネルギー**[a] I によって測られる．I は，気相で1個の原子またはイオンから電子1個を取去る過程，たとえば

$$A(g) \longrightarrow A^+(g) + e^-(g) \qquad I = E(A^+ + e^-, g) - E(A, g) \qquad (8)$$

に必要な最小のエネルギーである．**第一イオン化エネルギー** I_1 は，中性原子から最も緩く束縛されている電子1個を取去るのに要するエネルギーであり，**第二イオン化エネルギー** I_2 はそこで生じた+1価カチオンをさらに+2価カチオンにイオン化するのに要するエネルギーであり，以下同様である．

イオン化エネルギーを示すには**電子ボルト**[b] (eV) 単位がよく用いられる．1 eVとは，1個の電子が1 Vの電位差のあるところを動くときに得るエネルギー，すなわち $e \times (1\,\mathrm{V})$ である．したがって容易にわかるように，1 eVはモル当たりのエネルギーに換算すると 96.485 kJ mol^{-1} である．

水素原子のイオン化エネルギーは13.6 eVである．つまり，水素原子1個から電子1個を取去るのに要する仕事は，13.6 Vの電位差に逆らって電子1個を動かすのに要する仕事と同じである．熱力学計算では，**イオン化エンタルピー**[*, c]，すなわち，反応 (8) の基準温度（通常298 K）における標準反応エンタルピーを用いる方が便利である．イオン化

---

* 訳注: 正式には"標準イオン化エンタルピー"だが略してこうよぶことも少なくない（"標準〜"というときは標準モル量の差を意味する）．なお，"イオン化エネルギー"という言葉を"標準イオン化エンタルピー"の意味で使うこともあるので注意を要する．

a) ionization energy   b) electronvolt   c) molar enthalpy of ionization

エンタルピーは，物質量当たりのイオン化エネルギーより$\frac{5}{2}RT$だけ大きい[15]．しかし，物質量当たりのイオン化エネルギーは10^2ないし10^3 kJ mol^{-1}（1ないし10 eV相当）の桁であるのに対して，RTは室温で2.5 kJ mol^{-1}（0.026 eV相当）しかないから，物質量当たりのイオン化エネルギーとイオン化エンタルピーとの違いは無視できることが多い．本書では，イオン化エネルギーはeVで，イオン化エンタルピーはkJ mol^{-1}で示すことにする．

ある元素の第一イオン化エネルギーは，およそのところ，基底状態の最高被占軌道のエ

表 1・6 元素の第一，第二およびいくつかの高次イオン化エネルギー（単位 eV）[†]

H							He
13.60							24.59
							54.42
Li	**Be**	**B**	**C**	**N**	**O**	**F**	**Ne**
5.32	9.32	8.30	11.26	14.53	13.62	17.42	21.56
75.63	18.21	25.15	24.38	29.60	35.11	34.97	40.96
122.4	153.85	37.93	47.88	47.44	54.93	62.70	63.45
		259.30					
Na	**Mg**	**Al**	**Si**	**P**	**S**	**Cl**	**Ar**
5.14	7.64	5.98	8.15	10.49	10.36	12.97	15.76
47.28	15.03	18.83	16.34	19.72	23.33	23.80	27.62
71.63	80.14	28.44	33.49	30.18	34.83	39.65	40.71
		119.96					
K	**Ca**	**Ga**	**Ge**	**As**	**Se**	**Br**	**Kr**
4.34	6.11	6.00	7.90	9.82	9.75	11.81	14.00
31.62	11.87	20.51	15.93	18.63	21.18	21.80	24.35
45.71	50.89	30.71	34.22	28.34	30.82	36.27	36.95
Rb	**Sr**	**In**	**Sn**	**Sb**	**Te**	**I**	**Xe**
4.18	5.70	5.79	7.34	8.64	9.01	10.45	12.13
27.28	11.03	18.87	14.63	18.59	18.60	19.13	21.20
40.42	43.63	28.02	30.50	25.32	27.96	33.16	32.10
Cs	**Ba**	**Tl**	**Pb**	**Bi**	**Po**	**At**	**Rn**
3.89	5.21	6.11	7.42	7.29	8.42	9.64	10.75
25.08	10.00	20.43	15.03	16.69	18.66	16.58	
35.24	37.51	29.83	31.94	25.56	27.98	30.06	
	Ra						
	5.28						
	10.15						
	34.20						

[†] kJ mol^{-1}単位のイオン化エンタルピーに換算するには96.485を掛ける．もっと大きな表が付録1にある．

出典：C. E. Moore, 'Atomic energy levels', NBS Circular 467（1949〜58）．

---

[15] Iでは暗黙のうちに$T=0$と仮定している．これに対してイオン化エンタルピーは，上に定義したように基準温度T°（通常298 K）における標準反応エンタルピーである．それゆえ，後者$=N_A \cdot I + \int_0^{T^\circ} \{C_p(A^+, g) + C_p(e^-, g) - C_p(A, g)\} dT$である（$N_A$はアボガドロ定数，$C_p$は定圧モル熱容量）．$C_p$は，いずれも単原子理想気体の値$(\frac{5}{2})R$で近似できるから，この積分は$(\frac{5}{2})RT^\circ$となる．

ネルギーで決まる[16]．第一イオン化エネルギーは，周期表全体にわたってきわめて規則的に変化し（表1・6および図1・22）左下（セシウムのあたり）で最小，右上（ヘリウムのあたり）で最大になる．イオン化エネルギーの変化の仕方は，先に構成原理に関連して述べた有効核電荷のパターンに従っているが，同じ副殻を占める電子同士の反発による微妙な変化を示すところがある（これは Z_{eff} 自身にもみられる）．イオン化エネルギーは，原子半径とも強い相関を示す．原子半径の小さい元素は概してイオン化エネルギーが高い．このことは，小さい原子では電子が核の近くにあって，強いクーロン引力を感じているからだと説明される．

イオン化エネルギーの傾向にはいくつかの変則がみられる．たとえば，Bの方がBeより核電荷が大きいにもかかわらず，第一イオン化エネルギーはBの方が小さい．このような異常は，容易に説明のつくことである．すなわち，BeからBに行くときに一番外側の電子は2p軌道の一つに入る．したがって，もしそれが2sに入ることができたとしたときよりも緩くつながれている．それゆえ I_1 がBeより小さくなるのである．NからOへもイオン化エネルギーの減少がみられるが，この場合の説明は少し違う．これらの原子の電子配置は

N: $[He](2s)^2(2p_x)^1(2p_y)^1(2p_z)^1$　　O: $[He](2s)^2(2p_x)^2(2p_y)^1(2p_z)^1$

である．Oでは1個の2p軌道に2個の電子が入っていて，これらの電子は互いにきわめて近いので強く反発しあうため，その効果が核電荷の増加を上回るからである．さらに O^+

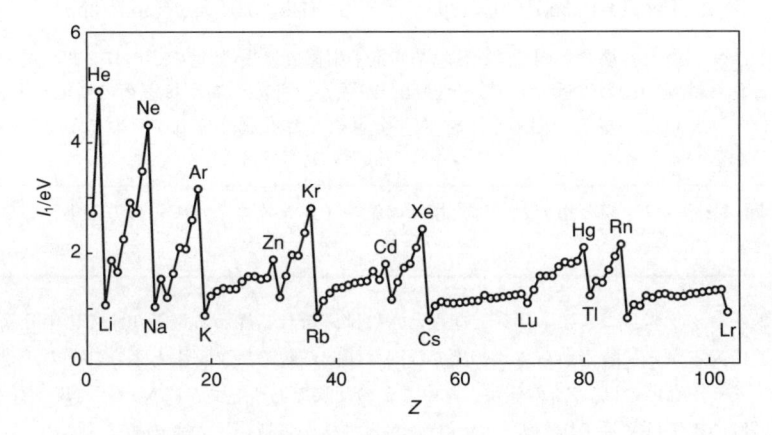

図 1・22　周期表における第一イオン化エネルギーの変化

---

[16] この近似が成り立つのは，イオン化した後に残った電子の空間的分布があまり変わらない場合である．たとえばHeの場合，イオン化エネルギーは $He^+ + e^-$ とHeとのエネルギー差である．He^+ の電子はHeの中でよりもはるかに強く束縛されているから，イオン化エネルギーを中性原子の一電子軌道エネルギーだけに関係づけるわけにはいかない．

の電子配置は $[\text{He}](2\text{s})^2(2\text{p})^3$ であって，先にみたように，この半分満たされた副殻は比較的低いエネルギーをもつことも寄与している（図1・23）．

図 1・23 酸素原子のイオン化に伴うエネルギー変化．イオン化エネルギーの低下には二つの要因が寄与している．一つは，原子中の2p軌道の一つに入っている2個の電子間の反発，もう一つは，イオンの半分満たされた2p副殻が相対的に低いエネルギーをもつことである．

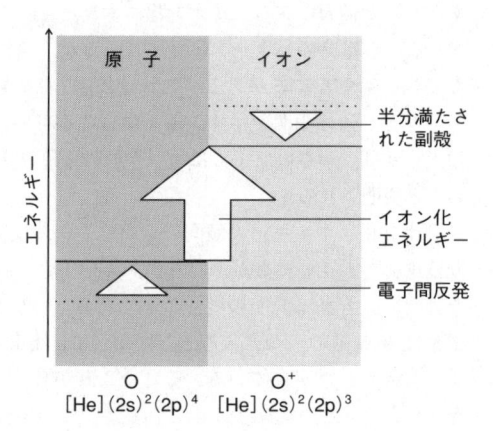

例題 1・5 イオン化エネルギーの変化を説明する．
リンから硫黄へ第一イオン化エネルギーが減少することを説明せよ．
解 基底状態の電子配置は

P: $[\text{Ne}](3\text{s})^2(3\text{p}_x)^1(3\text{p}_y)^1(3\text{p}_z)^1$ S: $[\text{Ne}](3\text{s})^2(3\text{p}_x)^2(3\text{p}_y)^1(3\text{p}_z)^1$

である．NとOとの場合と同じく，Sの基底電子配置では3p軌道の一つに2個の電子がある．これらは互いにごく近いので，その反発が強く，その影響が核電荷の増加を上回る．さらに，NとOとの場合と同じく，S^+ が半分満たされた副殻をもつためにイオンのエネルギーが下がることもイオン化エネルギーの低下に寄与する．

問題 1・5 フッ素と塩素とでは，塩素の第一イオン化エネルギーの方が小さいことを説明せよ．

酸素からフッ素，つぎにネオンと進むときには，新しく加わる電子がすでに半分詰まった軌道に入るから，酸素からネオンまでは同じ傾向が続く．フッ素とネオンとのイオン化エネルギーが高いのは，Z_{eff} の値が大きいことの反映である．つぎにNeからNaへ行くと，最も外側の電子は主量子数の大きい（したがって核から遠い）つぎの殻に入るので，I_1 は急に小さくなる．

イオン化エネルギーの示す傾向で，無機化学的にきわめて重要なものがもう一つある．それは，同じ元素のイオン化エネルギーは高次のものほど順に大きいことである．つまり，ある元素の第二イオン化エネルギー（カチオンA^+からさらに1個の電子を引き抜くためのエネルギー）は第一イオン化エネルギーより大きく，第三イオン化エネルギーは第

二イオン化エネルギーよりさらに大きい.正に帯電したものから電子を引き抜くには,中性のものから引き抜くのに比べて多くのエネルギーを必要とするのは当然である.この際,つぎに取除くのが内側の殻の電子であると(リチウムおよびその同族元素の場合),イオン化エネルギーの差はさらに大きくなる.内側の殻は引き締まっていて,核と強く相互作用している軌道から電子を引き抜かなければならないからである.たとえば,リチウムの第一イオン化エネルギーは 5.32 eV であるのに対し,第二イオン化エネルギーは,10 倍以上大きく,75.6 eV である.

同じ族を下っていくときにイオン化エネルギーが変化する様子は単純ではない.図 1・24 にホウ素族(13 族)元素の第一,第二,第三イオン化エネルギーを示す.$I_1 < I_2 < I_3$ の順は予想通りだが,それぞれの曲線の形には単純な傾向がみられない.ここで学ぶべき点は,イオン化エネルギーの変化にみられる細かい違いに着目してあれこれ推理を巡らすよりは,実際の数値をみる方がよいということである.

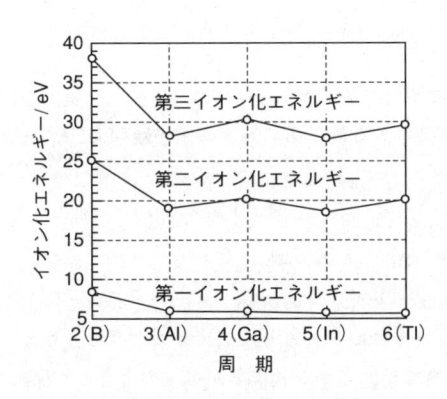

図 1・24 13 族元素の,第一,第二,第三イオン化エネルギー.イオン化エネルギーは順次増大するが,周期に対して明瞭な規則性はない.

> 第一イオン化エネルギーは,周期表全体にわたってきわめて規則的に変化する(表 1・6 および図 1・22).すなわち左下(セシウムの近く)で小さく,右上(ヘリウムの近く)で大きい.同じ物質をつぎつぎとイオン化させるのに必要なエネルギーは,順に大きくなる.

(c) 電子親和力

気相の原子が電子を受け取る反応[*1]

$$\text{A}(g) + \text{e}^-(g) \longrightarrow \text{A}^-(g) \qquad \Delta_{eg}H^\circ$$

の標準反応エンタルピーを**電子取得エンタルピー**[a)] $\Delta_{eg}H^\circ$ という[*2].この過程は,発熱反

---
*1 訳注: 元素 A の係数が 1 になるように書く.
*2 訳注: 正式には "標準電子取得エンタルピー" だが,略してこうよぶことも少なくない.
a) electron-gain enthalpy

表 1・7　主要族元素の電子親和力（単位 eV）†

H							He
0.754							−0.5*²
Li	**Be**	**B**	**C**	**N**	**O**	**F**	**Ne**
0.618	<0	0.277	1.263	−0.07	1.461 −8.75*¹	3.399	−1.2*²
Na	**Mg**	**Al**	**Si**	**P**	**S**	**Cl**	**Ar**
0.548	<0	0.441	1.385	0.747	2.077 −5.51*¹	3.617	−1.0*²
K	**Ca**	**Ga**	**Ge**	**As**	**Se**	**Br**	**Kr**
0.501	+0.02*¹	0.30	1.2	0.81	2.021	3.365	−1.0*²
Rb	**Sr**	**In**	**Sn**	**Sb**	**Te**	**I**	**Xe**
0.486	+0.05*¹	0.3	1.2	1.07	1.971	3.059	−0.8*²

† $kJ\ mol^{-1}$ 単位の数値に換算するには 96.485 を掛ける．1番目の値は中性原子 X からイオン X^- が生成する反応に，2番目の値は X^- から X^{2-} が生成する反応に対応する．
　出典：H. Hotop, W. C. Lineberger, *J. Phys. Chem. Ref. Data,* **14**, 731 (1985).
*1　訳注：出典不明．
*2　訳注：S. G. Bratch, J. J. Lagowski, *Polyhedron,* **5**, 1763 (1986) による推定値と一致する．

応のこともあり，吸熱反応のこともある．電子取得エンタルピーは熱力学的には適当な術語であるが，無機化学ではこれと密接な関係のある量である元素の**電子親和力**[a] E_{ea}（表1・7）を用いて議論することが多い．

電子親和力は，$A(g)+e^-(g)$ と $A^-(g)$ とのエネルギー（原子1個あたりの）の差

$$E_{ea} = E(A + e^-, g) - E(A^-, g) \tag{9}$$

である．$T=0$ では，電子親和力は電子取得エンタルピーの符号を逆にしたものに対応する[17]．電子親和力が正の値なら，A^- イオンは中性原子 A よりも低エネルギーつまりエネルギー的に有利だということになる[18]．本書では，イオン化エネルギーの場合と同様に，電子親和力を eV で，電子取得エンタルピーを $kJ\ mol^{-1}$ で表すことにする．

元素の電子親和力をおもに決めるのは，基底状態にある原子の最低空軌道（または，半分空の軌道）のエネルギーである．この軌道は，原子の**フロンティア軌道**[b] 2個のうちの一つである．フロンティア軌道とは，電子の詰まった最も高い軌道（最高被占軌道）と最低空軌道とのことであって，これら1対のフロンティア軌道は，結合ができるときにいろいろな電子分布の変化が起こる場所で，その重要性は，本書の先に進むにつれて明らかになっていく．新たに加わる電子が強い有効核電荷を感じる軌道に入ることができれば，その元素の電子親和力は大きい．このような元素は，すでに述べたように，周期表の右上の

17) これらの間の関係は $\Delta_{eg}H^\circ = -N_A E_{ea} - \frac{5}{2}RT$ であるが，$\frac{5}{2}RT$ の項は普通無視する．
18) 電子親和力を電子取得エンタルピーと同じものとすることがある．この定義の仕方では，電子親和力が正だと A^- の方が A より高エネルギー，すなわちエネルギー的に不利なことを意味するから，"親和力" という名前からみて不合理だが，この定義を使う人もいるので注意を要する．

a) electron affinity　b) frontier orbital

元素であるから，電子親和力の最も高いのはFの近くの元素（特に酸素，窒素，塩素；希ガスを除く）であると期待される．第二電子取得エンタルピーすなわち中性原子から生じたA⁻イオンにもう1個の電子を付け加える反応の標準反応エンタルピーは，電子間反発が核の引力を上回るので，当然，吸熱的である．すなわち第二電子取得エンタルピーはつねに正である．

電子親和力が最も高いのは，周期表中でフッ素の近くにある元素である．

例題 1・6　電子親和力の変化を説明する．
LiからBeに行くところで，核電荷の増加にかかわらず，電子親和力が大きく減少することを説明せよ．
解　電子配置はそれぞれ $[\mathrm{He}](2s)^1$ と $[\mathrm{He}](2s)^2$ とである．加えた電子はLiでは2s軌道に入る．これに対し，Beでは2p軌道に入らなければならないので，核との結びつきははるかに緩やかである．実際，Beの核電荷はきわめてよく遮へいされているので，電子付加は吸熱的である．

問題 1・6　CからNへの電子親和力の減少を説明せよ．

(d) 電気陰性度

化合物中にある元素の原子が自分自身の周りに電子を引きつける力の度合いを，その元素の**電気陰性度**[a] χ（ギリシャ文字のカイ）という．電子を強く引きつける傾向をもつ原子（フッ素付近の元素など）を**電気的陰性**[b]であるといい，電子を失う傾向をもつ原子（アルカリ金属など）を**電気的陽性**[c]であるという．電気陰性度には多くの応用がある．本書でも，結合エネルギーの記述，結合や分子の極性，さまざまな物質の反応形式の説明などに電気陰性度を利用する．

電気陰性度の定義の仕方にはいろいろあり，その厳密な解釈はいまだに論争の的である[19]．電気陰性度の定量的尺度を定式化することについてもさまざまな試みがなされてきた．最初のものは Linus Pauling による定式化である（この結果の値を表1・8および図1・25に示す．以下，これを χ_P で表す）．これは結合生成のエネルギー論（第3章）に関係する概念から想を得たものである．これに対し，原子の特性に基づいているという意味で本章の趣旨にもっとよく合っているのは，Robert Mulliken が提案した定義である．彼が着目したのは，イオン化エネルギー I が大きく電子親和力 E_{ea} も大きい原子は，化合物の中でも電子を獲得しやすい．つまり，電気陰性度が高いはずだということである．逆に，イオン

---

19) この論争の空気を知るには R. G. Pearson, *Acc. Chem. Res.*, **23**, 1 (1990) および L. C. Allen, *Acc. Chem. Res.*, **23**, 175 (1990) をみよ．

a) electronegativity　b) electronegative　c) electropositive

1. 原子構造

表 1・8 Pauling 電気陰性度 χ_P（斜体の数字）および Mulliken 電気陰性度 χ_M [†]

H							He
2.20							
3.06							5.5*
Li	**Be**	**B**	**C**	**N**	**O**	**F**	**Ne**
0.98	*1.57*	*2.04*	*2.55*	*3.04*	*3.44*	*3.98*	
1.28	1.99	1.83	2.67	3.08	3.22	4.44	4.60
Na	**Mg**	**Al**	**Si**	**P**	**S**	**Cl**	**Ar**
0.93	*1.31*	*1.61*	*1.90*	*2.19*	*2.58*	*3.16*	
1.21	1.63	1.37	2.03	2.39	2.65	3.54	3.36
K	**Ca**	**Ga**	**Ge**	**As**	**Se**	**Br**	**Kr**
0.82	*1.00*	*1.81*	*2.01*	*2.18*	*2.55*	*2.96*	*3.0*
1.03	1.30	1.34	1.95	2.26	2.51	3.24	2.98*
Rb	**Sr**	**In**	**Sn**	**Sb**	**Te**	**I**	**Xe**
0.82	*0.95*	*1.78*	*1.96*	*2.05*	*2.10*	*2.66*	*2.6*
0.99	1.21	1.30	1.83	2.06	2.34	2.88	2.59*
Rb	**Ba**	**Tl**	**Pb**	**Bi**			
0.79	*0.89*	*2.04*	*2.33*	*2.02*			

[†] 出典：Pauling の値は A. L. Allred, *J. Inorg. Nucl. Chem.*, **17**, 215 (1961) および L. C. Allen, J. E. Huheey, *ibid.*, **42**, 1523 (1980) に，Mulliken の値は L. C. Allen, *J. Am. Chem. Soc.*, **111**, 9003 (1989) による．
　表中の Mulliken の値は Pauling 尺度に換算してある．
* 訳注：He の 5.5 は χ_{AR} (p.48 参照) で，A. L. Allred, E. G. Rochow, *J. Inorg. Nucl. Chem.*, **5**, 264 (1958) による．Kr および Xe の χ_M は，S. G. Bratch, *J. Chem. Educ.*, **65**, 34 (1988) による．

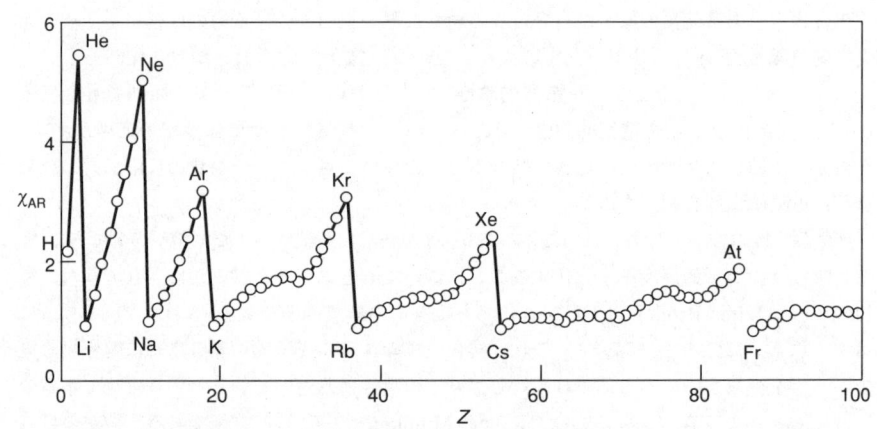

図 1・25 周期表における電気陰性度 χ_{AR}（Pauling 尺度）の変化〔訳注：T. Moeller, "Inorganic Chemistry: a modern introduction," John Wiley and Sons, New York (1988), p.121, Fig. 3-13 に基づくが，He の点は表 1・8 記載の値である．〕

化エネルギーも電子親和力も低い原子は電子を獲得するよりむしろ失いやすく，したがって，電気的陽性のものとして分類できる．このことから，**Mulliken 電気陰性度** χ_M を，イオ

ン化エネルギーと電子親和力との平均値によって定義するという考えが出てくる．つまり

$$\chi_M = \frac{1}{2}(I + E_{ea}) \tag{10}$$

I も E_{ea} もともに大きければ電気陰性度は高く，両方が小さければ電気陰性度は低い．

Mulliken 電気陰性度の定義には少し込み入った問題がある．すなわちこの定義に出てくるイオン化エネルギーと電子親和力とは**原子価状態**[a] という状態の原子に対応したものである．原子価状態とは，原子が分子の一部をなしているときにとると想像される電子配置のことである．したがって，χ_M を計算するときに使うべきイオン化エネルギーと電子親和力とは，原子のいろいろな状態に対応する値の混ざったものなので，その値を求めるには若干の計算が必要であるが，それについて立入る必要はない．表 1・8 に示したのはその計算結果である．表にみられるように，Mulliken 電気陰性度と Pauling 電気陰性度とはほぼ並行関係にある．双方の間の換算式としてかなり信頼のおけるものの一つは，

$$\chi_P = 1.35\chi_M^{1/2} - 1.37 \tag{11}$$

である．フッ素の近くの元素は，イオン化エネルギーが高く電子親和力も相当大きい．したがって，このあたりの元素の Mulliken 電気陰性度が最も高くなる．χ_M は原子のエネルギー準位——とりわけフロンティア軌道の位置（図 1・26）——に依存するから，2 個のフロンティア軌道のエネルギーが低ければ，Mulliken 電気陰性度が高い．

このほかにも，電気陰性度の"原子的"な定義がいろいろ提案されている．広く使われているのは A. L. Allred および E. Rochow が提案したもので，電気陰性度は原子の表面の電場の強さで決まるという見方に基づいている．すでにみたように，原子中の電子は有効

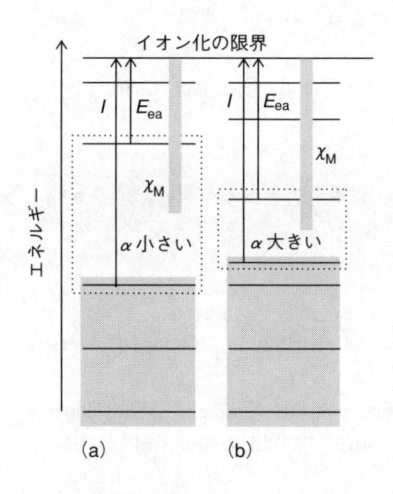

図 1・26 フロンティア軌道（最高被占軌道と最低空軌道）のエネルギーによる電気陰性度 χ_M と分極率 α との解釈．フロンティア軌道のエネルギーの平均が低ければ電気陰性度が大きい．フロンティア軌道間のエネルギー差が小さければ，分極率が大きい．(a) χ_M が小さく，α が小さい．(b) χ_M が大きく，α が大きい．

---

[a] valence state

核電荷 $Z_{eff}e$ を感じている．この原子の表面でのクーロンポテンシャルは Z_{eff}/r に比例するから，その電場の強さは Z_{eff}/r^2 に比例する．**Allred-Rochow 電気陰性度** χ_{AR} は，r として原子の共有結合半径を用いて次式によって定義される．

$$\chi_{AR} = 0.744 + \frac{0.3590 \, Z_{eff}}{\{r/(10^{-10}\,\mathrm{m})\}^2} \tag{12}$$

上式の数値係数は，計算の結果出てくる値が Pauling の値と同程度の大きさになるように決めてある．この定義に従えば，有効核電荷が大きく共有結合半径の小さい元素，すなわち，フッ素の近くの元素が大きな電気陰性度を示す．Allred-Rochow 電気陰性度は，Pauling の値とよく並行しており，化合物中の電子分布を論じるとき有効である．

> 元素の電気陰性度は，その元素が化合物の一部になっているときに電子を引きつける力を示す量である．**Mulliken** の定義によれば，元素の電気陰性度は，イオン化エネルギーと電子親和力との平均，すなわち，原子のフロンティア軌道の平均エネルギーで表される．

(e) 分 極 率

原子は電場（たとえば，隣のイオンの電場）の中に置かれると変形する．その変形しやすさを表すのが**分極率**[a] α である[20]．原子やイオン（たいていの場合，アニオン）の空軌道エネルギーが最高被占軌道エネルギーに近ければ電子分布は変形しやすく，したがって分極率が大きい．つまり，フロンティア軌道のエネルギー間隔が狭ければ分極率が大きく，広ければ分極率が小さいことが多い（図 1・26）．重いアルカリ金属や重いハロゲンのように大きくて重い原子やイオンでは，フロンティア軌道のエネルギー間隔が狭いことが多い．したがって，これらの原子やイオンの分極率は大きい．逆に，フッ素の近くの元素のように，原子やイオンが小さく軽いものは，フロンティア軌道のエネルギー間隔が広く，分極されにくい．

> 分極されやすい原子・イオンは，そのフロンティア軌道のエネルギー間隔が狭いものである．大きく重い原子・イオンは分極されやすい．

参 考 書

P. A. Cox, "The elements: their origin, abundance, and distribution," Oxford University Press (1989). よくまとまった読みやすい解説．

G. P. Wulfsberg, 'Periodic table: trends in the properties of the elements,' "Encyclopedia of inorganic chemistry," ed. by R. B. King, Vol. 6, pp. 3079〜91, Wiley, New York (1994).

---

[20] 分極率は，"硬さ"とよばれる経験的な量と関係がある．§5・12 をみよ．
[a] polarizability

R. J. Puddephatt, P. K. Monaghan, "The periodic table of the elements," Oxford University Press (1986). 周期表の構造と元素の性質の傾向についての初歩的な概説.

P. W. Atkins, "Physical chemistry," Oxford University Press and W. H. Freeman & Co., New York (1998)〔邦訳: 千原秀昭, 中村亘男訳, "アトキンス物理化学 (第6版)", 東京化学同人 (2001)〕. 11章および12章に原子構造の原理が紹介されている.

P. W. Atkins, "Quanta: a handbook of concepts," Oxford University Press (1991). 数学を使わずに量子化学の概念を百科事典風にまとめたもの.

J. Emsley, "The elements," Oxford University Press (1998). データと情報とを手頃な形でまとめた便利な本.

D. M. P. Mingos, "Essential trends in inorganic chemistry," Oxford University Press (1998). 周期表を通じてみられる構造および結合の傾向の概観.

練 習 問 題

1・1 つぎの核反応の反応方程式 (左右両辺を釣り合わせた式) を書け. ただし, 過剰エネルギーの放出は, 電磁波の光子 γ の放射の形で表せ.
  (a) $^{14}N + {}^{4}He$ で ^{17}O が生じる反応.
  (b) $^{12}C + p$ で ^{13}N が生じる反応.
  (c) $^{14}N + n$ で ^{3}H と ^{13}C とが生じる反応 (大気の上層に放射性の ^{3}H が定常状態の濃度で存在するのは, この反応による).

1・2 本文でふれた中性子捕獲過程に使われる中性子源として可能性のあるものの一つは, ^{22}Ne と α 粒子とから ^{25}Mg と中性子とを生じる反応である. この核反応の反応方程式を書け.

1・3 何もみないで周期表の形を描き, 族番号と周期番号とを記入せよ. s, p, d の各ブロックを示し, できるだけ元素を書き入れよ. (無機化学の学習が進むにつれて, s, p, d-ブロックの全元素の位置を学び, その周期表中の位置と化学的性質とを関連させる必要がある).

1・4 基底状態の He^+ イオンのエネルギーと Be^{3+} イオンのエネルギーとの比はどれほどか.

1・5 H のイオン化エネルギーは 13.6 eV である. $n=1$ の準位と $n=6$ の準位とのエネルギー差はいくらか.

1・6 許される軌道角運動量量子数と主量子数との関係を述べよ.

1・7 主量子数 n の殻には, いくつ軌道があるか (ヒント: $n=1, 2, 3$ から始めて, 規則性を探れ).

1・8 2s および 2p 軌道の絵を用いて, (a) 動径波動関数, (b) 動径分布関数, (c) 角波動関数の区別を示せ.

1・9 カルシウムと亜鉛との第一イオン化エネルギーを比較し, この違いを, d電子の増加による遮へいと核電荷の増加との兼ね合いで説明せよ.

1・10 ストロンチウム, バリウム, ラジウムの第一イオン化エネルギーを比較し, この不規則性とランタノイド収縮との関係を述べよ.

1. 原子構造

1・11 第4周期のいくつかの元素の第二イオン化エネルギーはつぎの通りである．

元　素	Ca	Sc	Ti	V	Cr	Mn
イオン化エネルギー/eV	11.87	12.80	13.58	14.65	16.50	15.64

ここでイオン化する電子の軌道はどれかを示し，上の値の傾向を説明せよ．

1・12 つぎの原子やイオンの基底状態電子配置を示せ．
(a) C　　(b) F　　(c) Ca　　(d) Ga^{3+}　　(e) Bi　　(f) Pb^{2+}

1・13 つぎの原子やイオンの基底状態電子配置を示せ．
(a) Sc　　(b) V^{3+}　　(c) Mn^{2+}　　(d) Cr^{2+}　　(e) Co^{3+}　　(f) Cr^{6+}
(g) Cu　　(h) Gd^{3+}

1・14 つぎの原子やイオンの基底状態電子配置を示せ．
(a) W　　(b) Rh^{3+}　　(c) Eu^{3+}　　(d) Eu^{2+}　　(e) V^{5+}　　(f) Mo^{4+}

1・15 第3周期の各元素について，(a) イオン化エネルギー，(b) 電子親和力，(c) 電気陰性度の傾向を説明せよ．

1・16 5族元素であるニオブ（第5周期）およびタンタル（第6周期）が同じ金属結合半径をもつことを説明せよ．

1・17 第2周期のリチウムからフッ素までの電気陰性度はどのような傾向を示すか．この傾向とイオン化エネルギーの傾向との細かい違いを説明できるか．

1・18 Be原子のフロンティア軌道を示せ．

1・19 イオン化エネルギー，原子半径および電気陰性度の大まかな傾向を比較し，並行関係を説明せよ．

演習問題

1・1 $(ns)^2(np)^6$の電子配置をもつ原子は球対称であることを示せ．$(ns)^2(np)^3$の原子では同じことがいえるか．

1・2 Bornの解釈によると，体積要素$d\tau$中に電子を見いだす確率は$\Psi^*\Psi d\tau$に比例する．
(a) 基底状態にある水素原子中で電子を見いだす確率が最も高い場所はどこか．
(b) 核からの距離で最も可能性の高い値を求めよ．(a)の答えと違うのはなぜか．
(c) 2s電子について核からの距離で最も可能性の高い値を求めよ．

1・3 ルビジウムおよび銀の第1イオン化エネルギーは，それぞれ4.18 eVおよび7.58 eVである．これらの原子の軌道と同じ軌道に電子があるようなH原子のイオン化エネルギーを計算し，結果を説明せよ．

1・4 ヘリウム放電管の58.4 nmの放射をKrに当てると，1.59×10^6 m s^{-1}の速さの電子が放出される．同じ放射をRbに当てると2.45×10^6 m s^{-1}の速さの電子が放出される．これらの2元素のイオン化エネルギー（eV単位で）はどれほどか．

1・5 初期および最近の周期表のつくり方を調べよ．また，二次元の表のほかに，らせんや円錐の上に元素を並べる試みがあったことも考慮する必要がある．このようなさまざまな並べ方の長所，短所についてどう判断するか．

1・6 どの元素をf-ブロック元素とするかについては,議論の分かれるところであった.W. B. Jensen の総説〔*J. Chem. Educ.*, **59**, 634（1982）〕を読み,この論争とJensen の主張とを要約せよ.

1・7 周期表で隣り合う元素の存在比は,たいてい10倍かそれ以上違う.この理由を説明せよ.

1・8 つぎの核反応方程式を釣り合わせよ.

$$^{246}_{96}\text{Cm} + ^{12}_{6}\text{C} \longrightarrow \boxed{} + 5\,^{1}_{0}\text{n}$$

1・9 演習問題1・8の核反応は,エネルギーを放出するか否か.いろいろな表のデータを調べてこの問いに答えるにはどうするか説明せよ.

1・10 Be を例にとって,原子中の遮へいということについて考えよ.何が何から遮へいされているのか.遮へいは何をしているのか.

1・11 一般に,イオン化エネルギーは,周期表の一周期内で左から右へ向かって大きくなる.しかし,第二イオン化エネルギーは,逆にクロムの方がマンガンより大きいのはなぜか説明せよ.

1・12 d軌道のうち2個はxy平面上にある.これらの平面図を描け（x軸,y軸も描くこと）.それぞれに関数名をつけ,波動関数の振幅の符号＋,－を付けよ.

1・13 3族について,つぎの二つの考えが提案されてきた.
(a) Sc, Y, La, Ac を3族に含める. (b) Sc, Y, Lu, Lr を3族に含める.
イオン半径は金属元素の化学的性質に強い影響を及ぼすことから,元素を周期表の形に並べるのにイオン半径が判断基準に使えるはずだと考えられた.この基準に従えば,(a),(b) いずれが好ましいといえるだろうか.

単純な固体の構造

　この章では，単純な固体の中で原子・イオンがどんな形に並んでいるかを概観し，さらに，なぜ好んで特定の並び方をするかという理由を探る．まず，原子を球と考え，球をぎっしり積み重ねたものが固体の構造であるという，最も単純なモデルから始めて，多くの金属がこのモデルによってうまく記述できること，また，このモデルが合金やイオン性固体を論じるに当たって適切な出発点となることをみる．ついで，多くのイオン性固体の構造が，いくつかのよくみられる構造型を用いて表されることを示す．こういう分類をしておくと，固体の構造を覚えるのがずっと楽になる．また，これらの構造型のうちあるものは，固体中の結合が共有性を帯びているときによくみられる．したがって，構造型の示す傾向と成分原子の周期表中の位置との間にはある種の関係がある．構造の示す傾向を説明するのに用いられるパラメーターについては，本章の終わりに述べる．これらの議論は，イオン性固体の熱安定性および溶解度を整理するのにも用いられる．

　化学結合のうち最も簡単なものは**金属結合**[a)]である．金属では，1種類の元素の原子がいくつかの電子を出し，後に残ったカチオンと全体に広がった電子の海との間の静電的引力が結合の強さの原因になる．われわれになじみ深い金属らしさは，このような結合の本性に根差している．金属が展性・延性に富むのは，カチオンの位置が変わっても電子が速やかにそれに順応できるからであり，金属が光沢に富むのは，入射した電磁波に電子がほとんど自由自在に応答してそれを反射するからである．金属結合は，原子が電子を全体の電子の海に供出することによっているわけだから，この種の結合は，イオン化エネルギーの小さい元素すなわち周期表の左の方からd-ブロックを経てd-ブロックに近い側のp-ブロック元素に特有なものである．

　イオン結合[b)]も，金属結合に比べてさして複雑なものではない．この場合には，異種元素のイオンが逆符号の電荷の引力によって，がっちりと対称性の高い配列に組立てられている．イオン結合も，原子が電子を放すことによってつくられるわけだから，金属と電気

---

　　a) metallic bonding　　b) ionic bond

的陰性元素との化合物に典型的にみられる．しかし，例外もたくさんある．金属の化合物がどれもイオン性であるわけではなく，また，硝酸アンモニウムのように非金属化合物でイオン性のものもある．

球 の 充 塡

金属およびイオン性化合物で最も重要な特徴は，結晶をつくり上げている原子・イオンの並び方である．そこで，まずこの点に注意を集中しよう．簡単な構造では多くの場合，剛体球のいろいろな並べ方によって原子・イオンの並び方を表すことができる．金属の固体の場合，この剛体球は中性の原子を表している．というのは，各原子はカチオンになっているものの，相変わらずその電荷とちょうど見合うだけの電子に取巻かれているからである．一方，イオン性固体の場合は，一方の原子から他方の原子に電子が実際に移ってしまっているわけだから，剛体球はカチオンとアニオンとを表していることになる．

2・1 単位格子と結晶構造の記述

単体の結晶にせよ化合物の結晶にせよ，結晶は，原子，イオンまたは分子が規則正しく繰返し並んででき上がっているものとみることができる．この構造の要素である原子・イオン・分子を**非対称単位**[a]といい，非対称単位の位置を代表する点によってつくられる模様を**空間格子**[b]という*1．もっと改まった言い方をすれば，空間格子とは，それぞれが周りの点によってまったく同じように取巻かれている点が無限個集まってつくる三次元配列である．結晶の基本的な構造は，空間格子によって記述される．非対称単位の中の格子点の位置の取り方は任意であって，非対称単位の中心に取ることもあるが必ずしもそうでなくてよい*2．同一（方向も含めて）の非対称単位を各格子点上に並べていけば結晶構造そのものができあがるわけである．結晶の**単位格子**[c]（単位胞ともいう）とは，それを平行移動させるだけで結晶全体を組上げることができるような仮想的な平行多面体のことである[1]．図2・1に二次元的に例示したように，単位格子の選び方にはいろいろある．しかし一般的には，最大の対称性をもつ最小の格子を選ぶのがよい．たとえば，図2・1aの単位格子の方が図2・1bよりも好ましい．単位格子のうち，格子点が頂点だけにある（単

---

1) 二次元の紙の上で三次元構造を描き出すことはなかなか難しいが，結晶模型を使うと原子の並び方がわかりやすくなる．またアニメーションも有効である．構造のアニメーションでは，つぎのものが優れている．CD-ROM Solid State Resources, JCE: Software, University of Wisconsin, Department of Chemistry, 1101 University Ave., Madison, WI 53706-1396.
*1 訳注: 結晶構造の対称性を議論する際には，結晶を組立てているイオン・分子自身の対称性を考えないので非対称要素とよぶ．実際のイオン・分子が対称性をもたないという意味ではない．空間格子とは幾何学的な点の三次元配列であって，物理的な実体ではない．
*2 訳注: ただし，いったん格子点の取り方を決めたら結晶全体を通じて同じにしなければならない．

a) asymmetric unit   b) space lattice   c) unit cell

位格子の面上や内部にない）ようなものを**単純単位格子**[a)]という．

上に述べたように，金属およびイオン性固体は，原子かイオンのような要素から成り立っており，これらの要素を剛体球で表すことができる．もし方向性をもつ共有結合がなければ，電気的に中性な球は，幾何学的に許される限りできるだけびっしり詰まることができる．このようにしてつくられる構造では無駄な空間が最も少ない．これを**最密充塡構造**[b)]という．同じ球の最密充塡構造では，それぞれの球は12個の隣接する球で囲まれている．この12という数は，幾何学的に可能な最大数であって，球によって占められていない空間は26％である．方向性のある結合が重要になってくると，最密充塡構造を取れなくなり，隣接原子の数すなわち**配位数**[c)]（C. N.）は12より小さくなる．イオンの場合は，イオンを表す球は帯電しているわけだから，静電的引力・反発力は，球の詰まり方に根本的な影響を与える．にもかかわらず，後でみるように，最密充塡構造はイオン性固体を論ずるに当たってもよい出発点になることが多い．

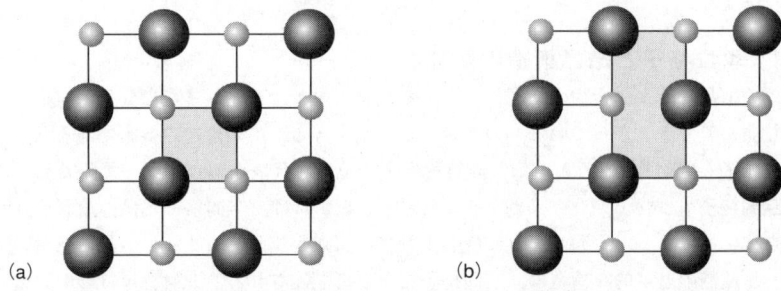

図 2・1 二次元固体の単位格子の取り方2例．どちらの取り方にしても，結晶全体が単位格子の平行移動によって表される点は同じだが，(a) は最高の対称性を表しているが (b) はそうでない．したがって，(a) の方が一般に好ましい．

単位格子とは，それを回転したり裏返したりせずに積み重ねると結晶全体になるような平行多面体の空間単位である．固体の構造は，原子・イオンを表す剛体球の積み重ねで記述することができる．最密充塡構造は，無駄な空間が最も少ない積み重ね方である．

2・2 球の最密充塡

同じ大きさの球の最密充塡構造は，平面上に最も密に並べた層を順に積み重ねたものとして表現することができる．まず，2個の球を並べ，そのくぼみのところにもう1個の球を加えて三角形（**1**）をつくる．この操作を繰返し，並んでいる球のくぼみにつぎつぎと球を加えていくと最初の層ができる．このような層の中の球は互いに6個の球と隣接するこ

---

a) primitive unit cell　b) close-packed structure　c) coordination number

2・2 球の最密充填

とになる（図2・2）．図では，この層を濃い灰色の球で示した．

1 最密充填

第一層のすき間の上に球を置いていくと第二層（中くらいの灰色）ができる．第三層（薄い灰色）の置き方には2通りあるので，それによって2種の**ポリタイプ**[*, a)]ができる．ポリタイプというのは，二つの方向（この場合は層の面）には同じだが第三の方向には異なっているような構造のことである．どちらのポリタイプでも配位数は12である[2)]．

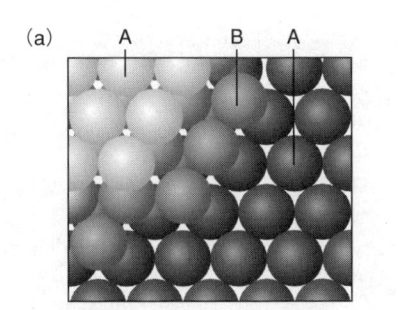

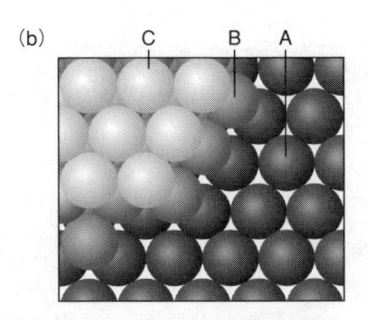

図 2・2 同じ大きさの球の最密充填構造の2種のポリタイプ．(a) 第三層は第一層の繰返しでABA構造となる．(b) 第三層の球は，第一層のすき間の真上に来て，ABC構造となる．濃淡の度合いは層の違いを表す．

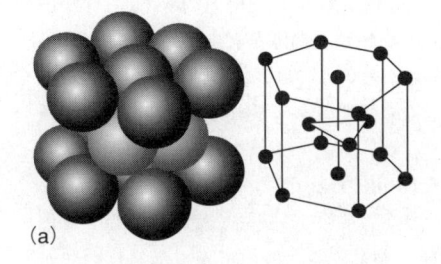

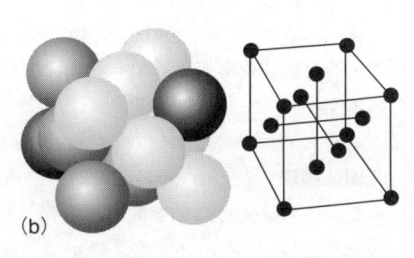

図 2・3 (a) ABAB…型のポリタイプの六方最密充填（hcp）単位格子，(b) ABCABC…型のポリタイプの立方最密充填（fcc）単位格子

---

2) 後でみるように，多くのポリタイプをつくることができる．ここで述べるのは最も重要な二つの特殊例である．

* 訳注：polytypeは"多型"とも訳されるが，"多形"（polymorphism，§2・6参照）と紛らわしいのでポリタイプとする．

a) polytype

さて，2種のポリタイプのうちの一方では，第三層の球が第一層の球の真上に来る．第一層と第三層…のように互いに球が真上に来る層をAで表し，もう一方の互いに球が真上に来る層――第二層と第四層…――をBで表すとABAB…ということになる．このABAB…という層の並べ方をすると六角柱形の単位格子をもつ構造ができるので，これを**六方最密充填**[a] (hcp) という〔図2・3(a)〕．第二のポリタイプでは，第三層の球が第一層の球のすき間の真上に来る．第二層の球は第一層のすき間の半数を覆い，残りのすき間の真上に第三層の球が来ることになる．この並べ方だとABCABC…のようになる．ここでC層同士の球は互いに真上に来るが，C層の球は，A・B層いずれの球の真上にもない．この並べ方は面心立方単位格子〔図2・3(b)〕をもつ格子に対応する．それゆえ，この結晶構造を**立方最密充填**[b] (ccp) あるいは，**面心立方**[c] (fcc)――この名前の由来は図2・3bをみればわかるであろう――という．

> 同じ大きさの球の最密充填には，いろいろなポリタイプがある．そのうち最もよくみられるものは，六方最密充填と立方最密充填とである．

2・3　最密充填構造の間隙

剛体球を積み重ねてできる最密充填構造には，2種類の空き間すなわち**間隙**[d]がある．単体金属よりも複雑な構造を剛体球モデルで記述するに当たっては，この間隙が重要な役割を演じる．最密充填構造では，結晶の全体積の26％が空き間になっている[3]．この数字は，半径 r の球で組立てたccp単位格子を考えると容易に求めることができる．この立方体の辺の長さは $8^{1/2}\,r$ だから，体積は $8^{3/2}r^3$ で，この中に入っている球は4個分に相当する*．したがって，球の体積は合計 $4\,(\frac{4}{3}\pi r^3)$ ．それゆえ，立方体の体積のうち球が占めている分は，$16\pi/(8^{3/2}\times 3)=0.740$ となる．どんな種類の間隙がどう分布しているかは，いろいろな固体の構造を考えるうえで重要である．というのは，ある種の合金を含む多くの固体やイオン性化合物の構造は，最密充填構造の間隙のすべてまたは一部に別な原子やイオンが入ったものとみなせるからである．

八面体間隙[e]は，上の層の球の間の三角形と下の層の球の間の三角形とが逆向きになっているところにできる空き間である(*2*)．N 個の原子から成る最密充填構造には，N 個の八面体間隙ができる．fcc格子の中で八面体間隙がどう並んでいるかを示したものが図

---

3) 剛体球モデルではこの間隙には何もないことになるが，あるところで電子密度が急に0になるわけではないから，現実の固体中の間隙は，からっぽなわけではない．

* 訳注：頂点にある8個の球はそれぞれ8個の単位格子に共通であり，面上の6個の球はそれぞれ2個の単位格子に共通である．

a) hexagonal close-packing　b) cubic close-packing　c) face-centered cubic　d) hole　e) octahedral hole

2・4である.この図からわかるように,この空き間は八面体の頂点を中心とする6個の隣接球で囲まれているから,局所的な八面体対称性をもっている.各球の半径をrとすると,つぎの例題に示すように,八面体間隙には,半径 0.414 r までの大きさの球を入れることができる.

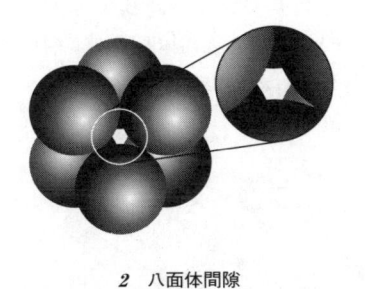

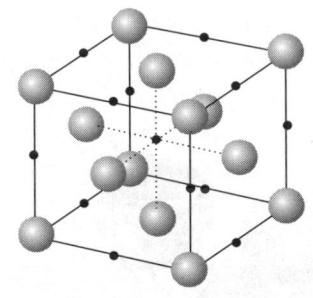

2 八面体間隙

図 2・4 八面体間隙の位置と fcc 構造に並んだ原子との関係を示す.八面体間隙という名称は,間隙の周りの格子点の並び方に由来する.

例題 2・1 八面体間隙の大きさを計算する.

半径 r の球から成る最密充填固体の八面体間隙の中に入れられる球の最大半径を計算せよ.

解 八面体間隙の中にちょうど入る球の半径を r_h とする.この球の中心とそれに接する2個の結晶球の中心とで決まる三角形は **3** のようになる.ピタゴラスの定理により

$$(r + r_h)^2 + (r + r_h)^2 = (2r)^2$$

したがって

$$(r + r_h)^2 = 2r^2 \quad \text{すなわち} \quad r + r_h = 2^{1/2} r$$

これより

$$r_h = (2^{1/2} - 1)\, r = 0.414\, r$$

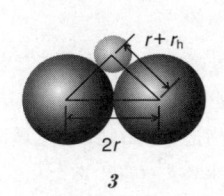

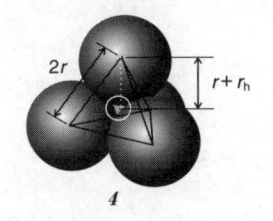

問題 2・1 四面体間隙(以下参照)の中に入れられる球の最大半径は $r_h = \{(3/2)^{1/2} - 1\} r$ であることを示せ.**4** に基づいて計算せよ.

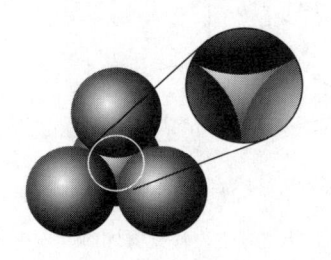

最密充塡で並んだ隣り合う3個の球の間のくぼみの上にもう1個の球を重ねたところにできる空間が**四面体間隙**[a]（**5**）である．最密充塡構造の固体にはどれでも2種類の四面体間隙がある．すなわち，四面体の頂点が上向きのもの（T）と下向きのもの（T′）とである．N個の球から成る最密充塡構造には，それぞれN個，合計$2N$個の四面体間隙がある．fcc格子中の四面体間隙の位置を図2・5に示す．図からわかるように，各間隙の周りには，四面体の頂点の位置に4個の隣接球がある．球の半径をrとすると，四面体間隙には半径$0.225\,r$までの剛体球が入りうる（問題2・1参照）．もちろん，最密充塡構造を緩めれば，もっと大きな球を入れることもできる．

5 四面体間隙

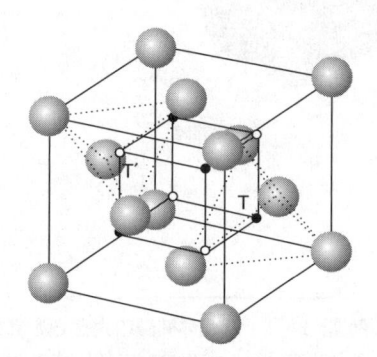

図 2・5 四面体間隙の位置とfcc構造に並んだ原子との関係を示す．四面体の向きの異なる2種類の間隙がある．

剛体球の最密充塡構造には，八面体間隙および2種類の四面体間隙がある．四面体間隙あるいは八面体間隙を他の原子が占めたほぼ最密充塡の構造を用いて，多くの固体の構造を説明することができる．八面体間隙には半径$0.414\,r$以下の球を入れることができ，2種の四面体間隙には，どちらも半径$0.225\,r$以下の球を入れることができる．

金 属 の 構 造

X線回折（BOX 2・1参照）の研究は，多くの金属が最密充塡構造であることを明らかにしている（表2・1）．このことは，金属原子が方向性をもつ共有結合をつくる傾向に乏しいことを示している．このように，ぎっしり詰まった構造をとる結果，金属は高密度であるものが多く，d-ブロックの下の方のイリジウム，オスミウムのあたりの単体には，常温常圧で最も密度の高い固体が含まれる．hcp構造の金属ほとんどすべてにみられる特

---

[a] tetrahedral hole

2・3 最密充填構造の間隙

表 2・1 25℃, 0.1 MPa で金属単体の示す結晶構造の例

結晶構造	元　素
六方最密（hcp）	Be, Cd, Co, Mg, Ti, Zn
立方最密（fcc）	Ag, Al, Au, Ca, Cu, Ni, Pb, Pt
体心立方（bcc）	Ba, Cr, Fe, W, アルカリ金属
単純立方（cubic-P）	Po

BOX 2・1　X 線 回 折

　X線回折は，分子中または固体中の原子の位置を精密に決定するために最も広く用いられ，また，最もあいまいさの少ない方法である．無機物の分子や固体は，有機物の分子よりも構造が多種多様であるから，X線構造決定法の役割もそれだけ重要である．たとえば，有機分子では，分光学的データから構造を推定すれば十分であることが多いが，新しい無機化合物の構造を明確に決めようとなると分光法ではあまりうまくいかない．そのうえ，無機分子の結合は，有機分子の結合よりもさまざまであるから，結合の本性を推測するに当たって無機化学者は結合距離と結合角との情報に頼ることになる．

　典型的なX線回折装置（図B2・1）は，一定波長のX線源，研究すべき化合物の単結晶を保持する機構，およびX線検出器から成る．結晶は普通一辺0.2 mmぐらいの小さなもので，結晶の位置と検出器の位置とはコンピューターで制御される．X線ビームに対してある相対位置に置かれた結晶は，一定の角度にX線を回折する．この回折ビームの強度をその方向に来た検出器で測定する．コンピューター制御によって，検出器を走査して各反射の強度を順次測っていく．普通は，1000点以上の強度と位置とのデータを集め，決定すべき構造パラメーター（原子の位置およびそれらが熱運動によって動く範囲）のそれぞれについて10点以上の反射を測定

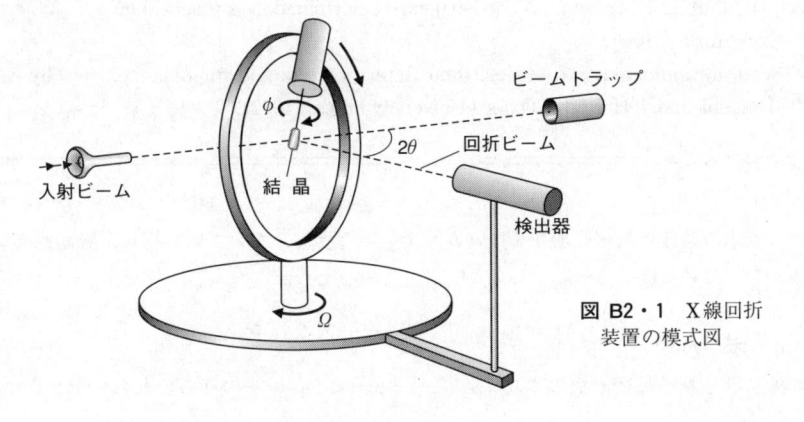

図 B2・1 X線回折装置の模式図

する．まず，試案の構造モデルを選ぶ．それには"直接法"というプログラムを用いるか，あるいは回折データから得られるヒントと原子の物理的に合理的な並び方に関する知識とから推定する．ついで，この構造モデルの原子の位置を系統的に少しずつずらしながらX線回折強度を計算し，計算結果と実測値とが満足すべき一致をみるまで，構造モデルを仕上げていく．

X線構造解析の結果は図B2・2のような図で示すことが多い．コンピューターで描いたこのような図は，**ORTEP図**（Oak Ridge Thermal Ellipsoid Programの頭文字から）とよばれる．ORTEP図には，結合距離と結合角とが示されている．また，各原子は回転楕円体で示されていて，この楕円体は原子の熱運動の振幅を表している．結合の伸縮運動の復元力に比べて，変角運動の復元力の方が弱いのが普通だから，楕円体は一般に結合と垂直な方向に長くなる．このことは，図B2・2のCN$^-$配位子のNではっきりみえている．

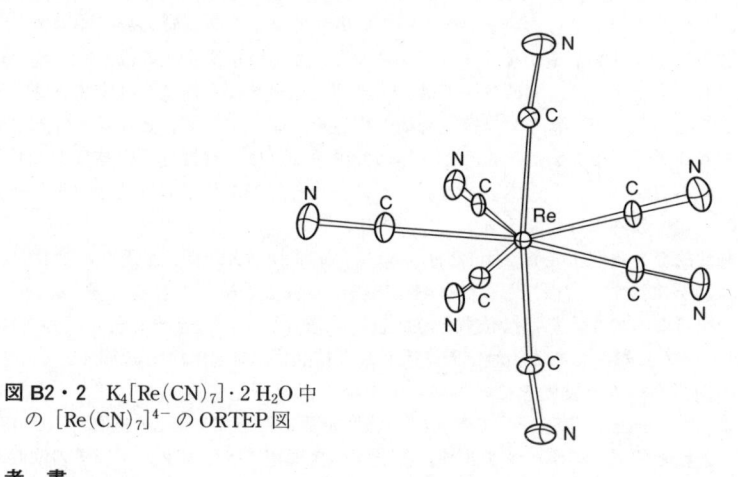

図 B2・2 $K_4[Re(CN)_7]\cdot 2H_2O$ 中の $[Re(CN)_7]^{4-}$ のORTEP図

参 考 書

G. H. Stout, L. H. Jensen, "X-ray structure determination: a practical guide," Wiley, New York (1989).

"Accurate molecular structures: their determination and importance," ed. by A. Domenicano, I. Hargittai, Oxford University Press (1992).

徴は，真正の剛体球最密充塡がややゆがんでいることで，たいていの場合，層間距離が少し短くなっている．

2・4 ポリタイプ

普通にみられる最密充塡のポリタイプ——hcpとfcc——のうちのどちらをとるかは，

金属元素の細かい電子構造，第二近接原子との相互作用の程度，また，結合にいくらか残っている方向性の効果によって決まる．実は，最密充塡構造には，通常みられるABAB…あるいはABCABC…に限らず，もっと複雑な層の重なり方が可能で，いくらでもポリタイプがありうる．

このような複雑なポリタイプを示す一例としてコバルトがある．コバルトは，500℃以上でfccであるが冷やしていくと相転移を起こし，最密充塡層がランダムに重なった構造（ABACBABABC…）になる．さらに，試料によっては，完全にランダムではなく，層の重なり順が数百層目で繰返すものもある（SiCでも同様なことがみられる）．この挙動を原子価力で説明するのは困難である．このような長周期の繰返しは，層の重なり方が一巡するまで数百回かかるようならせん状の結晶成長の結果であろう．

最密充塡構造には，ときとして複雑なポリタイプがみられる．

2・5 最密充塡でない構造

すべての金属が最密充塡構造をとるわけではない．他の詰まり方でも，ほとんど同じくらい有効に空間を利用できる．また，最密充塡構造の金属でも，高温になり原子振動の振幅が増すと，もっと緩い構造に相転移することがある．

よくみられる構造の一つは**体心立方**[a]（cubic-Iあるいはbcc）構造で，これは，8個の球を頂点とする立方体の中心に1個の球がある構造（図2・6）である．各原子の配位数は8である．bccは，fccおよびhcp（配位数12）に比べると緩い構造であるが，その差はそれほどでもない．というのは，中心の原子の周りにある6個の第二近接原子は，最近接原子より15％しか遠くないからである．空間の利用率でみると，占有されていない空間は，最密充塡の26％に比べ，bccでは32％である．

金属の構造で最もまれなものは**単純立方**[b]（cubic-P）構造（図2・7）である．これは球が立方体の各頂点にあるもので，配位数は6である．通常の条件下でこの構造を示す金属単体は，ポロニウムの一形態（α-Po）が唯一の例である．しかし，固体の水銀は，これとよく似た構造——立方体を1本の対角線方向に引き伸ばした形——である．ビスマスは通常，層状の構造であるが，圧力をかけるとcubic-P構造に変わり，さらに高圧ではbcc構造になる．

以上に述べた構造よりもっと複雑な構造の金属は，単純な構造を少しゆがめたものとみなせることがある．たとえば，亜鉛とカドミウムとは，ほぼhcp構造であるが，各最密充塡面の間の距離が真正のhcpより少し長くなっている．このことは，面内の原子間の結合が強いので面内の原子同士が引き寄せられ，そのため隣接面の原子が押し出されているからだと考えられる．

---

a) body-centered cubic　b) primitive cubic

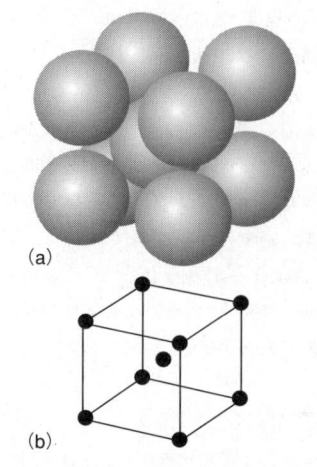

図 2・6 (a) 体心立方（bcc）の単位格子，(b) は格子点を示す．

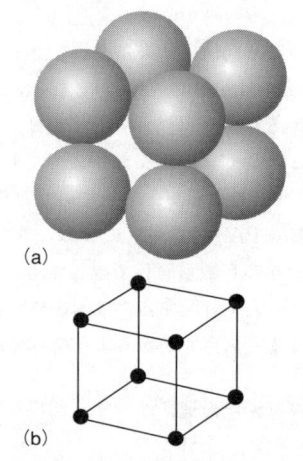

図 2・7 (a) 単純立方の単位格子，(b) は格子点を示す．

普通にみられる非最密充填構造は体心立方である．単純立方構造もときたまみられる．さらに複雑な構造の金属は，単純な構造を少しゆがめたものと見なせることがある．

2・6 金属の多形

　金属原子間に結合ができても，その方向性は弱い．そのため，金属には**多形**[*1, a)]が広くみられる．多形とは，温度・圧力が変わると異なる結晶形をとりうることである．たとえば，鉄を加熱すると，それに応じて原子の詰まり方が変わって，数回の固相-固相相転移を示す．多くの場合，低温では最密充填構造の相が熱力学的に有利であり，高温ではもっと緩い詰まり方の構造が有利になることが見いだされているが，いつもそうとは限らない．

　金属の多形は，通常，温度が高くなる順に $\alpha, \beta, \gamma, \cdots$ と名づけられている（必ずしも系統的でないこともある）[*2]．金属によっては，高温になると再び低温形に戻るものがある．たとえば，鉄の場合，906℃まではbccのα-Feが安定，それから1401℃まではfccのγ-Feが安定であり，さらに高温になると，融点（1530℃）まで再びα-Feが安定になる．hcpであるβ-Feは高圧下で生成する．一般に，物質は高圧では高密度の構造をとる．これは，モル体積の小さい（密度の高い）相の方が，モル体積の大きい相よりも，モルギブ

---

*1　訳注：同じ化学組成をもちながら異なる固体構造を示すという現象がpolymorphismであり，これらの構造がpolymorphsである．日本語の"多形"はこの両方の意味で使われる．
*2　訳注：無機化学命名法は，ギリシャ文字でなく結晶構造に基づく合理的な体系（たとえばPearson記号）を使うことを推奨している．
a) polymorphism

ズエネルギーの圧力による増加率が小さいからである[4]．したがって，十分高い圧力の下では，高密度相のモルギブズエネルギーが低密度相のモルギブズエネルギーより低くなり，高密度相への転移が自発的になる．

スズの室温での多形は白色スズ(β-Sn)であり，14.2 ℃以下では灰色スズ(α-Sn)に転移する．しかし，この変化が相当な速さで起こるのは，もっと低温にさらしておいたときだけである．灰色スズは，ダイヤモンドに似た構造（図2・8）である．白色スズの構造は変わっている．各原子は4個の最近接原子をもっていて，その原子間距離が灰色スズより長いのは，高温形であることからみて不思議でないが，白色スズの方が灰色スズより密度が大きいのである（灰色スズの5.75 g cm^{-3}に対して7.31 g cm^{-3}）．このことは，第二近接原子との距離が，白色スズの方が灰色スズより近いので，固体全体としては白色スズの方が締まった構造になるのだと説明されている．もう一つ面白い点は，結晶構造が反応速度に影響を及ぼし，その結果，化学的性質に影響を及ぼしていることで，濃塩酸に溶かしたとき，白色スズは塩化スズ(Ⅱ)を生成するのに対し，灰色スズでは塩化スズ(Ⅳ)になる．

低温で最密充填構造をとる金属は，高温でbcc構造になるのが普通である．これは，原子振動の振幅が増加すると，もう少しゆとりのある構造が必要になるからである．多くの単体金属（カルシウム，チタン，マンガンその他）では転移温度が室温より高いが，転移温度が室温より低い金属（リチウム，ナトリウムその他）もある．軌道当たりの原子価電子の数が少ないときにbcc構造がよくみられることが経験上知られている．このことから，最密充填構造をとるようにカチオンを引き止めておくには，電子の海が濃くなければならないこと，また，アルカリ金属の場合，常温で最密充填構造をとるには原子価電子が足りないことが示唆される．

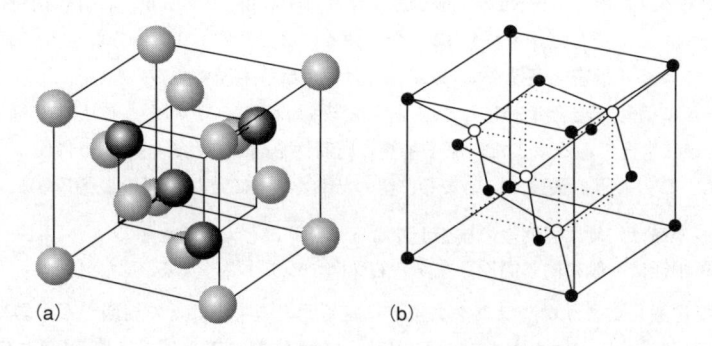

図 2・8 (a) α-スズ（灰色スズ）の構造，(b) は格子点を示す．図2・5のfcc単位格子との関係に注目せよ．fccの四面体間隙の半数をスズ原子が占めている構造で，ダイヤモンド，ケイ素，ゲルマニウムも同じ構造である．

---

[4] このことは$dG_m = V_m\,dp$という熱力学的関係から導かれる．すなわち，モルギブズエネルギーG_mはモル体積V_mが大きいほど圧力に対して敏感になる．

64   2. 単純な固体の構造

> 金属結合は方向性が弱いので，多形はよくみられる現象である．低温で最密充塡構造をとる金属は，高温でbcc構造になるのが普通である．これは，熱くなって原子振動の振幅が大きくなるとゆとりのある構造が必要となるからである．

2・7 金属の原子半径

金属元素の原子半径とは，砕いていえば§1・8に述べたように固体における隣接原子の中心間距離の半分ということになる．しかしながら，この距離は配位数が増えると長くなることが見いだされている．たとえば，同じ元素の原子が配位数12のときには配位数8のときより大きくみえる．V. Goldschmidtは，さまざまな金属単体の多形や合金の核間距離を詳しく研究した結果，配位数と原子半径との間に平均して表2・2のような相対的関係が成り立つことを見いだした．

表 2・2 配位数による半径の変化

配位数	半径の相対値
12	1
8	0.97
6	0.96
4	0.88

種々の元素の特性——つまり，それらの原子の環境によらない<u>固有の性質</u>——の傾向を比較するときには，全元素を同じ足場において考えることが望ましい．そこで，実験的に得られた核間距離を，最密充塡構造（配位数12）だったら示すはずの値に補正するのが普通である．たとえば，Naの実験的原子半径は185 pmであるが，これは配位数8の構造での値である．そこで，配位数12に合わせるにはこれに1/0.97＝1.03を掛けて191 pmを得る．これが，最密充塡構造でNaが示すはずの原子半径である．

表1・4に"金属結合半径"として示したのは，実は，このようにして"補正した"Goldschmidt半径である．また，原子半径の周期性を論じたとき（§1・8）に使ったのも同様である．このときの議論で，いま心に留めておくべきことはつぎの2点である．

- 原子半径は一般に周期表の族を上から下へ行くほど大きくなる．
- 原子半径は一般に同じ周期の左から右へ向かって小さくなる．

§1・8で注意したように，ランタノイドに続く元素の半径は上の周期から単純に補外したよりも小さくなる．すなわち，原子半径は，第6周期にランタノイド収縮があることを示している．同節で述べたように，この収縮はf電子の遮へい効果が弱いことに由来する．d-ブロックの各周期でも同様な収縮がみられる．

> 最密充塡構造中で示すはずの原子半径を求めるにはGoldschmidt補正を用いる．原子半径は，同じ族では下の方が大きく，同じ周期では右の方が小さいのが普通である．

2・8 合　　金

合金[a]とは，溶けた金属を混ぜ合わせてから冷やしてできる混合物で，固溶体——一方の金属の原子の間にもう一方の金属の原子がランダムに分布している均一混合物——のときもあるし，一定の組成と構造とをもった化合物のときもある．

固溶体を，さらに，置換型と侵入型とに分類することもある．**置換型固溶体**[b]とは，溶媒金属原子の位置のうちのいくつかを溶質金属の原子が占めているような固溶体であり〔図 2・9(a)〕，**侵入型固溶体**[c]とは，溶媒金属の原子のすき間（間隙）を溶質金属の原子が占めているような固溶体である〔図 2・9(b)〕．ただし，どちらがどちらのすき間に入るかという区別は本質的なものではない．というのは，すき間に入った溶質原子がきちんとした格子をつくる〔図 2・9(c)〕ことも少なくないからである．こうなると，別な構造の置換型固溶体とみることもできる．いずれにしても，固溶体は新しい別な構造をもつもので，それともとの格子との関係は多分に偶然的なものだとみる方がよい．合金の古典的な例としては，黄銅（真ちゅう．40 % までの亜鉛を含む銅合金），青銅（銅中に，亜鉛およびニッケル以外の金属を含む合金で，たとえば鋳造用青銅は 10 % のスズと 5 % の鉛とを含む），ステンレス鋼（12 % を超えるクロムを含む鉄合金）をあげることができる*．

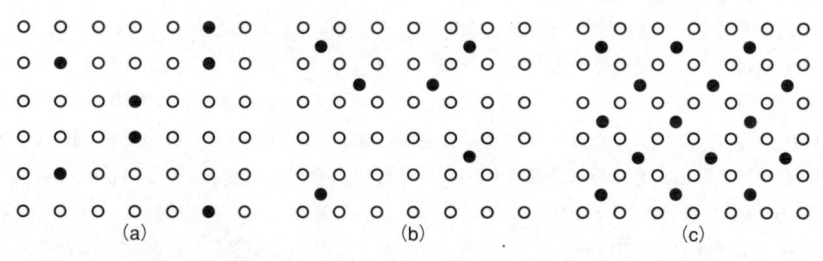

図 2・9　(a) 置換型固溶体および (b) 侵入型固溶体．(c) このような侵入型固溶体の場合には，別の格子が基本になっている置換型固溶体と考えることができる．

(a) 置換型固溶体

つぎの三つの条件が満たされると，一般に置換型固溶体が生成する．

1. 両金属の原子半径が 15 % 以内で一致していること．
2. 両者の純金属の結晶構造が同じであること．つまり，2 種の原子間に働く力の方向性が互いに合っていること．
3. 両者の電気的陽性の程度が似ていること．そうでなければ化合物となる可能性が高い．

たとえば，ナトリウムとカリウムとは，化学的に似ており構造もともとに bcc であるが，

---

* 訳注：組成は質量分率による．
a) alloy　b) substitutional solid solution　c) interstitial solid solution

ナトリウムの原子半径（191 pm）はカリウムの原子半径（235 pm）より19％小さく，両者は固溶体をつくらない．これに対し，銅とニッケル――d-ブロック右寄りで隣り合わせの元素――は，同程度に電気的陽性で，結晶構造が同じで（ともにfcc）原子半径も近く（Ni 125 pm，Cu 128 pmで，2.3％しか違わない），純粋の銅から純粋のニッケルまでの全組成領域で固溶体をつくる．第4周期で銅の右隣である亜鉛は，銅とほぼ同じ原子半径（137 pm，7％大きい）をもつが，構造はfccではなくhcpである．この場合，銅と亜鉛とは互いにある程度溶け合い，限られた濃度範囲内では固溶体をつくる．

上記の3条件が満たされると置換型固溶体が生じうる．

(b) 非金属元素との侵入型固溶体

溶媒となる金属の格子のすき間に入っていられるような小さい非金属原子（ホウ素や炭素など）によっても侵入型固溶体ができる．このような非金属原子が金属に入る場合は，溶媒金属の元来の結晶構造が保たれる．この際，金属原子と侵入原子とが簡単な整数比になる場合（Fe_3Cのように）もあり，小さい非金属原子が金属の間隙にランダムに分布する場合もある．前者の場合は真の化合物であり，後者は固溶体である．

固溶体ができそうか否かを判断するには，原子の大きさを考えてみるとよい．たとえば，最密充塡構造をゆがめないで格子のすき間に入り込める溶質原子は，八面体間隙より小さくなければならないから，その半径は，先にみたように（剛体球モデルを使えば），最大$0.414r$である．このような幾何学的な見方をすれば，結晶構造を変えないでH，B，C，N原子を受け入れるためには，溶媒金属の原子半径は，それぞれ89 pm*，213 pm，186 pm，179 pm以上でなければならないことになる．しかし実際には，第4周期のニッケルに近い金属（原子半径は130 pmに近い）が，ホウ素，炭素および窒素と広範囲にわたって侵入型固溶体をつくることが知られている．この事実からみて，母体であるニッケルの原子と侵入原子との間には特異的な結合ができていると考えなければならない．これは，電気陰性度から考えても予期されることである．したがって，これらの物質は，非金属元素の化合物とみる方が適切である．これらの化合物は第2部で扱う．

金属の構造中の間隙の中に入れるほど小さい原子の非金属は，溶質として侵入型固溶体を形成することがある．

(c) 金属間化合物

金属-非金属の侵入型固溶体の場合は，幾何学的考察が直観とよく合う．これに対して，

---

* 訳注: Hの原子半径を37 pm〔A. F. Wells, "Structural inorganic chemistry, 5 th Ed.," p.289, Clarendon Press, Oxford (1984)〕とする．

金属同士は電気陰性度が近いにもかかわらず，2種の金属間の固溶体には本物の化合物とみなすべき一群の物質がある．たとえば，融解した金属の混合物を冷やすと，一定の構造をもつ相をつくることがある．これらの構造は，成分金属の構造とは無関係であることが多い．このような相は，**金属間化合物**[a]とよばれ，β-黄銅（CuZn）や$MgZn_2$，Cu_3Au，Na_5Zn_{21} などの組成をもつ化合物が含まれる．ここであげた化学式は，相図の境界の組成を表す極限組成を示すもので，必ずしもその化合物の個々の試料に当てはまるわけではない．

金属間化合物とは，金属同士がつくる化合物である．

イオン性固体

塩化ナトリウムや硝酸カリウムのようなイオン性固体は，たいてい硬くてもろいことで見分けがつく．これは，カチオンの形成で出てきた電子が，動きやすく融通のきく電子の海をつくらずに，隣の原子をアニオンにしてそこに縛りつけられているからである．イオン性固体は，たいてい融点が比較的高く，多くは極性溶媒——特に水——によく溶ける．もっとも例外もあって，たとえばフッ化カルシウム CaF_2 は高融点のイオン性固体だが水に溶けず，硝酸アンモニウム NH_4NO_3 はイオン性だが170℃で融解する（しかも不安定で危険）．このような例外があることは，"イオン性固体"をもっと基本的に定義する必要があることを示している．

イオン性結晶では一般に配位数が低い（イオン性固体は密度が低いことと一致）から，固体がイオン性かどうかについての情報の一つはX線回折から得られる．しかし，配位数は，金属結合とイオン結合とを区別するのには役立つが，イオン結合と共有結合との区別はできない．共有結合性固体も配位数が低い（たとえば，ダイヤモンドの配位数は4）からである．そこで，もっと基本的な基準が必要である．

ある固体をイオン性として分類できるかどうかは，**イオンモデル**から導かれる性質と実際の性質との比較に基づいて判断する．イオンモデルでは，おもにクーロン力（接触しているイオンの内殻電子間の反発も含めて）で相互作用しあっている反対の電荷をもった球の集団として固体を取扱う．このモデルから計算した固体の熱力学的性質が実験と一致するならば，その固体はイオン性であるといえよう．ただし，偶然の一致ということも珍しくないから，数値が一致しただけでイオン性結合だとはいえない点に注意せねばならない．

金属の場合にしたように，まず，普通のイオン性固体の構造を剛体球の積み重ねによって記述することから始める．ただし，今度は，球の大きさは同じでなく，また，逆符号の

---

a) intermetallic compound

電荷をもっている．そのつぎに，結晶形成のエネルギー的考察によって構造を説明する．以下に述べるイオン性結晶の構造は，無機結晶のうちで最初にX線回折で調べられたものに属する．

> イオンモデルでは，反対の電荷をもち，おもにクーロン力を及ぼしあっている球の集まりとして固体を取扱う．このモデルで求めた熱力学的性質が実際と一致すれば，その固体はイオン性でありうる．

2・9 イオン性固体の特徴的構造

本節で述べるイオン性固体の構造は，広範囲にわたる固体の典型的構造である．たとえば，塩化ナトリウム型（NaClの鉱物名に由来する名称から岩塩型ともよばれる）構造は，多数の固体にみられるものである（表2・3）．これらの多くは，アニオン（ときにカチオンのこともある）がfccまたはhcp型に並びその格子の八面体間隙か四面体間隙を対イオン[a]（反対符号のイオン）が占める構造から導かれるとみることができる．以下の議論では，図2・4および図2・5を随時参照して，問題にしている構造と間隙の位置との関係を確かめるとよい．通常，対イオンを入れるために最密充填構造を広げる必要があるが，その程度はわずかで，アニオンの並び方はほとんど乱されないことが多い．したがって，最密充填構造は，イオン性固体の構造を論じるに当たりよい出発点となることが多い．

(a) 塩化ナトリウム（岩塩）型構造

塩化ナトリウム（岩塩）型構造[b]（図2・10）の基本は，大きなアニオンのfcc格子で，

表 2・3 いろいろな結晶構造をもつ化合物

結晶構造	例[†1]
逆ホタル石型	K_2O, K_2S, Li_2O, Na_2O, Na_2Se, Na_2S
塩化セシウム型	**CsCl**, TlSb, CsCN, CuZn
ホタル石型	**CaF_2**, UO_2, $BaCl_2$, HgF_2, PbO_2
ヒ化ニッケル型	**NiAs**, NiS, FeS, PtSn, CoS
ペロブスカイト(灰チタン石)型	**$CaTiO_3$**, $BaTiO_3$, $SrTiO_3$
塩化ナトリウム(岩塩)型	**NaCl**, LiCl, KBr, RbI, AgCl, AgBr, MgO, CaO, TiO, FeO, NiO, SnAs, UC, ScN
ルチル型	**TiO_2**, MnO_2, SnO_2, WO_2, MgF_2, NiF_2
セン亜鉛鉱型	**ZnS**, CuCl, CdS, HgS, GaP, InAs
ウルツ鉱型	**ZnS**, ZnO, BeO, MnS, AgI,[†2] AlN, SiC, NH_4F

[†1] 太字の物質は，構造名のもとになったもの．
[†2] ヨウ化銀には，セン亜鉛鉱型構造のもの(準安定相)もある．

---

[a] counterion [b] sodium-chloride structure（rock-salt structure）

2・9 イオン性固体の特徴的構造

その八面体間隙にカチオンが入ったものである．逆にみれば，カチオンのfcc格子の八面体間隙にアニオンが入っているといってもよい．図からわかるように，各イオンは6個の対イオンの八面体に囲まれている．つまり，各イオンの配位数は6であるから，この構造は **(6, 6) 配位**[a] といわれる．この表記法では，括弧内の最初の数字はカチオンの配位数，第二の数字はアニオンの配位数を表す．

塩化ナトリウム型構造中の各イオンの周りの様子は，図2・10に示す立方格子の中心にあるイオンが，立方体の各面の中心にある6個の隣接イオンの八面体によって取巻かれた形になっている．これら6個のイオンは中心イオンと逆符号である．つぎに近いイオン —— 第二近接イオン —— は12個あり，格子の各辺の中央に位置する．これらは，中心イオンと同符号である．第三近接イオンは8個あり，単位格子の頂点に位置し，中心イオンと逆符号である．

単位格子内のカチオン，アニオンを数えるときには，隣の単位格子と共有しているイオンをも勘定に入れなければならない．

1. 単位格子の内部にあるイオンは，完全にその単位格子に所属している．1個と数える．
2. 単位格子の面上にあるイオンは，2個の単位格子に共有されている．$\frac{1}{2}$個と数える．
3. 辺上のイオンは4個の単位格子に共有されている．$\frac{1}{4}$個と数える．
4. 頂点のイオンは8個の単位格子に共有されている．$\frac{1}{8}$個と数える．

図2・10の単位格子には，4個分のNa$^+$イオンと4個分のCl$^-$イオンとが所属している．したがって，この単位格子はNaClという化学式単位を4個含んでいる．

> 塩化ナトリウム型構造は，アニオン（カチオン）のfcc格子の八面体間隙をすべてカチオン（アニオン）が占めた構造である．

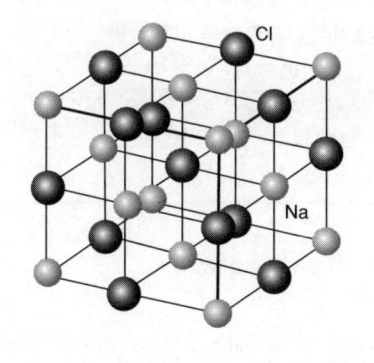

図 2・10 塩化ナトリウム型構造．図2・4のfcc構造の八面体間隙にそれぞれアニオンが入っている点に注意せよ．逆に，fcc格子をアニオンの位置と考えれば，カチオンが八面体間隙に入っていることになる．

---

a) (6, 6)-coordination

(b) 塩化セシウム型構造

塩化セシウム型構造[a] (図2・11) は塩化ナトリウム型構造に比べるとはるかに例が少ないが，CsCl，CsBr，CsI，あるいはこれらのイオンと同程度の半径をもつイオンから成るNH_4Cl*などの化合物にみられる (表2・3参照)．塩化セシウム型構造は，アニオンが立方体の各頂点を占め，カチオンが中心にある"立方体間隙"を占めた (あるいはその逆の) 単位格子をもつ．各イオンの配位数は8である．これは，カチオンとアニオンとの半径が近いので各イオンの近くになるべく多くの対イオンが来るようなエネルギー的にきわめて有利な(8,8)構造をとることが可能だからである．

図 2・11 塩化セシウム型構造．頂点のイオンは，8個の単位格子によって共有され，それぞれは8個の隣接イオンで囲まれていることに注意せよ．カチオンは立方体間隙を占める．

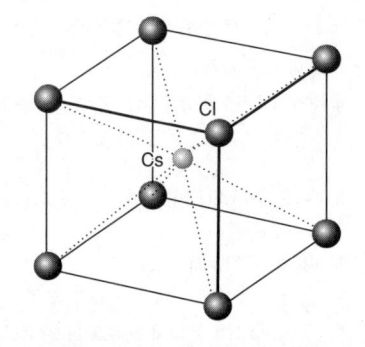

> 塩化セシウム型構造は，各頂点にアニオン(カチオン)があり中心にカチオン(アニオン)がある立方体の単位格子をもつ．

(c) セン亜鉛鉱型構造

セン亜鉛鉱型構造[b] (図2・12) の名称は，硫化亜鉛鉱物の一つに由来する．これは，アニオンのfcc格子を広げたもので，2種類の四面体間隙のうちの1種類をカチオンが占めている．各イオンは4個の隣接する対イオンによって囲まれているから(4,4)配位構造である．

> セン亜鉛鉱型構造は，アニオンのfcc格子を広げて，2種類の四面体間隙のうちの一方にカチオンを入れたものである．

例題 2・2 単位格子中のイオンを数える．
図2・12のセン亜鉛鉱型構造の単位格子中にはいくつのイオンがあるか．

---

* 訳注：NH_4Clには3種の型があり，α型 (184.3℃以上) は塩化ナトリウム型構造，β型およびγ型 (−30.5℃以下) は塩化セシウム型構造をとる．
a) caesium-chloride structure　b) sphalerite structure　または　zinc-blende structure

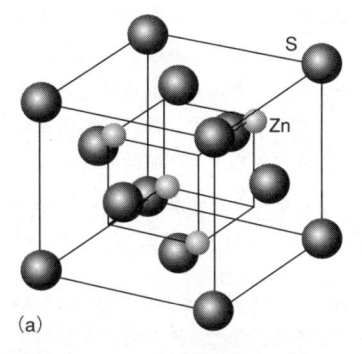

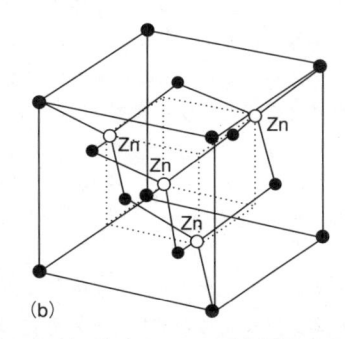

図 2・12 セン亜鉛鉱型構造．図2・5のfcc構造との関係に注意せよ．四面体間隙の半数を Zn^{2+} イオンが占めている．ZnSの多形の一つ．(b)は(a)を別な形で描いたもの

解 本節(a)に述べた数え方の規則を適用する．

位置（数え方）	イオンの数	単位格子の所属分
内 部 (1)	4	4
面 ($\frac{1}{2}$)	6	3
辺 ($\frac{1}{4}$)	0	0
頂 点 ($\frac{1}{8}$)	8	1
		計 8

これらのうち，4個はカチオンで4個はアニオンである．したがって，カチオンとアニオンとの比はZnSの化学式と合致していることに注意せよ．

問題 2・2 図2・11に示す塩化セシウム型単位格子中のイオンを数えよ．

(d) ホタル石型構造と逆ホタル石型構造

ホタル石型構造[a)]の名前は，この構造の典型鉱物であるホタル石 (CaF_2)[5)] に由来する．これは，Ca^{2+} のfcc格子を広げて2種類の四面体間隙の両方に F^- を入れた構造（図2・13）である．これの裏返し，つまり，カチオンとアニオンとの位置を入れ替えた構造が**逆ホタル石型構造**[b)]である．逆ホタル石型構造は，K_2O などいくつかのアルカリ金属酸化物にみられる．この構造では，fcc格子の2種類の四面体間隙の両方をカチオン（カチオンの数はアニオンの2倍）が占めている[6)]．

---

5) この鉱物は，吹管で加熱すると融解して流れる（これで宝石と区別できる）ことから fluorite とよばれる〔訳注: fluere（ラテン語の"流れる"）に由来する〕．
6) N 個の原子があれば $2N$ 個の四面体間隙があることを思い出せ．
a) fluorite structure b) antifluorite structure

ホタル石型構造では，四面体間隙中のアニオンは4個の隣接イオンをもち，カチオンは立方体型に並んだ8個のアニオンに取巻かれている．別な見方をすれば，アニオンが単純立方格子をつくり，この格子の立方体間隙の半数をカチオンが占めている構造である．この構造と塩化セシウム構造（これでは立方体間隙が全部占有されている）との関係に注意せよ．いずれの見方にしても，この格子は(8, 4)配位である．この配位の仕方は，カチオンの数の2倍のアニオンがあることと合致している．逆ホタル石型構造では配位の仕方が逆になり(4, 8)配位である．

> ホタル石型構造では，アニオンの単純立方格子中の立方体間隙の半数をカチオンが占める．別な見方をすれば，カチオンのfcc格子を広げて，その2種の四面体間隙すべてをアニオンが占める構造である．逆ホタル石型構造は，ホタル石型構造のカチオンとアニオンとを入れ替えたものである．

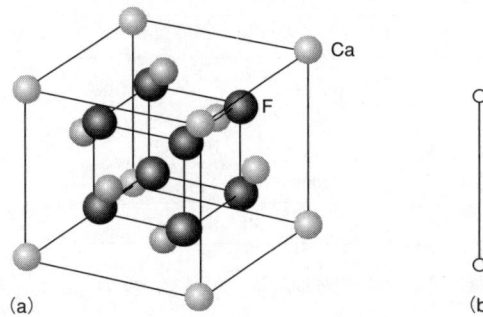

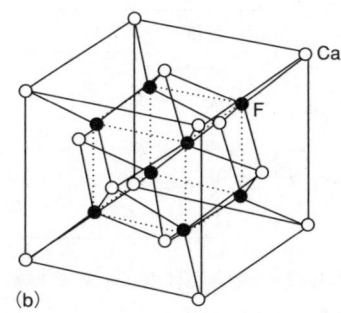

図 2・13 ホタル石型構造．この構造では，カチオンのfcc格子の四面体間隙全部をアニオンが満たしている．(a) と (b) とは，同じ構造を別な形で描いたもの．ホタル石型構造は，アニオンの単純立方格子の立方体間隙の半数にカチオンが入った構造とみることもできる．

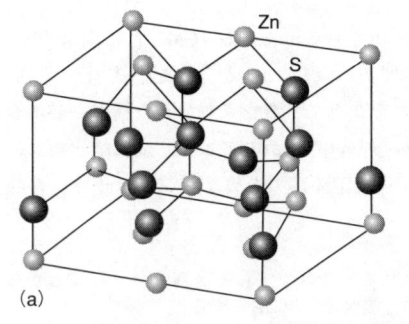

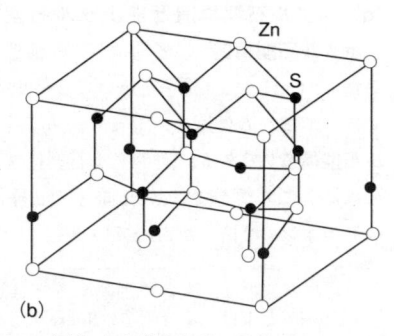

図 2・14 ウルツ鉱型構造．hcp構造〔図2・3(a)〕から導かれる．ZnSの多形の一つ．(a) と (b) とは同じ構造を別な形で描いたもの

(e) ウルツ鉱型構造

ウルツ鉱型構造[a)] (図2・14) の名は，硫化亜鉛のもう一つの多形に由来する．セン亜鉛鉱型構造は面心立方型の並び方から導かれるのに対し，ウルツ鉱型構造は六方最密充填を広げた並び方から導かれる．しかし，2通りの向きの四面体間隙の一方をカチオンが占めるという点は両者とも共通である．ウルツ鉱型構造は(4, 4)配位で，ZnO，AgI，またSiCの多形の一つやその他いくつかの化合物でみられる (表2・3)．ウルツ鉱型構造とセン亜鉛鉱型構造とでは，カチオンおよびアニオン周りの局所的対称性が隣接イオンについては同じだが第二近接イオンについて異なっている．

> ウルツ鉱型構造は，アニオンの六方最密充填構造を広げて，片方の種類の四面体間隙にカチオンを入れたものである．

(f) ヒ化ニッケル型構造

ヒ化ニッケル型構造[b)] (NiAs, 図2・15) も，広がってゆがんだhcpにアニオンが並んだ構造がもとになっているが，Ni原子は八面体間隙を占め，各As原子はNi原子のつくる三角柱の中心にある．NiS，FeSその他多くの硫化物はこの構造をとる．ヒ化ニッケル構造は，分極されやすいカチオンと分極されやすいアニオンとの組合わせでできるMX型化合物に典型的なものである．この事実は，共有性を帯びた結合がこの構造を有利にしていることを示唆している．なお，この構造の化合物では，アニオンが実際に正規のhcpに並んでいる例はないという点に注意すべきである．これは金属-金属結合ができるためにアニオン層が引き寄せられているからである．

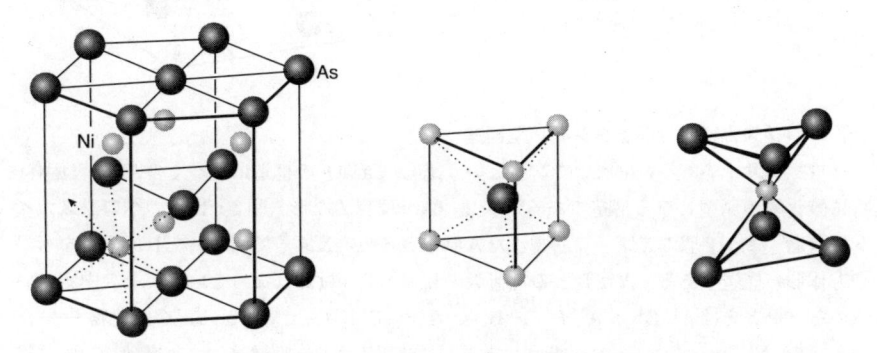

図 2・15 ヒ化ニッケル型構造．hcp構造〔図2・3 (a)〕から導かれるもう一つの構造．As原子およびNi原子の局所的対称性は，それぞれ三角柱型および三方逆プリズム型であることに注意せよ．

---

a) wurtzite structure b) nickel-arsenide structure

ヒ化ニッケル型構造は，アニオンのhcp配列が広がってゆがみ，その八面体間隙にカチオンが入ったものが基本になっている．

(g) ルチル型構造

ルチル型構造[a]（図2・16）の名前は，酸化チタン(Ⅳ) TiO_2 の鉱物の一つであるルチル（金紅石）に由来する．これもまたアニオンがhcpの格子をつくる例であるが，この構造では，カチオンが八面体間隙の半数だけを満たしている．このような配列の結果，八面体型配位を取ろうとするTi原子の強い傾向を反映した構造ができる．各Ti原子は6個のO原子に囲まれ，また，各O原子は3個のTi原子によって囲まれている．つまり，ルチル型構造は(6, 3)配位である．スズの主要鉱石であるスズ石(SnO_2)はルチル型構造で，また，多数のフッ化物もこの構造をとる（表2・3）．

ルチル構造は，アニオンのhcp格子の八面体間隙の半数をカチオンが占めたものである．

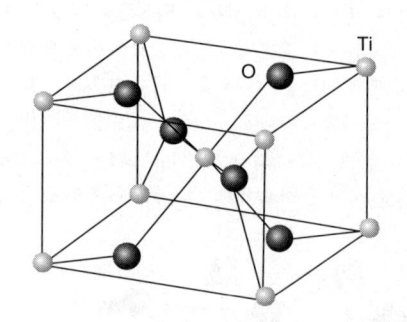

図 2・16 ルチル型構造．ルチルは TiO_2 の多形の一つである．

(h) ペロブスカイト（灰チタン石）型構造

ペロブスカイトあるいは灰チタン石という鉱物 $CaTiO_3$ の構造は，多くのABX_3型固体，特に酸化物の原型となる構造である（表2・3）．理想的な形（図2・17）の**ペロブスカイト型構造**[b]は，12個のX原子で囲まれたA原子と6個のX原子で囲まれたB原子とをもつ立方体形の構造である．AとBとの電荷数の和は6でなければならないが，その内訳はいろいろ（たとえば$A^{2+}B^{4+}$, $A^{3+}B^{3+}$）あり，$A(B_{0.5}B'_{0.5})O_3$で表される混合酸化物——たとえば$La(Ni_{0.5}Ir_{0.5})O_3$——の可能性もある．ペロブスカイト型構造は，圧電効果，強誘電性，高温超伝導性などの興味深い電気的特性を示す材料と深い関連をもつ（第18章を参照）．

---

a) rutile structure b) perovskite structure

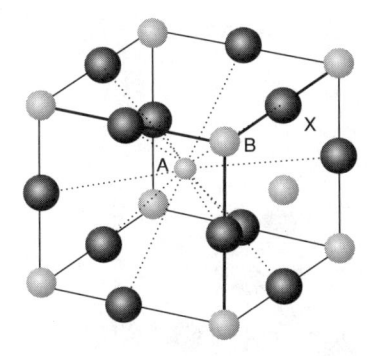

図 2・17 ペロブスカイト型構造，ABX$_2$．ペロブスカイト（灰チタン石）は CaTiO$_3$ である．

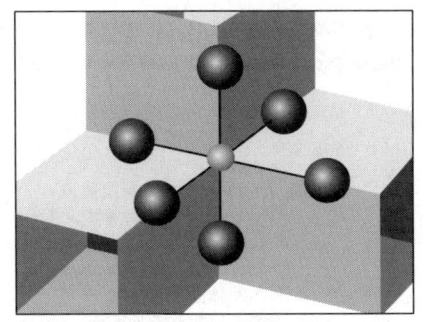

図 2・18 ペロブスカイト中の Ti 原子（図 2・17 の B）の周りの様子

ペロブスカイト型構造は，ABX$_3$ の A 原子が 12 個の X 原子で囲まれ B 原子が 6 個の X 原子で囲まれた立方体形のものである．

例題 2・3 原型となる構造を理解する．
ペロブスカイト中の Ti 原子の配位数はいくつか．

解 図 2・17 の単位格子の Ti 原子のうちの 1 個を共有するように 8 個の単位格子を組合わせたものを想像する．この Ti 原子の周りは，図 2・18 のようになる．これからすぐわかるように，Ti 原子は 6 個の O 原子に取巻かれている．すなわち，配位数は 6 である．

問題 2・3 ルチル中の Ti 原子の配位数はいくつか．

(i) スピネル類*

スピネルは MgAl$_2$O$_4$ の組成の鉱物で，セン（尖）晶石ともいわれるが，一般にスピネル類は AB$_2$O$_4$ の組成をもつ．**スピネル型構造**[a] は O^{2-} イオンの fcc 配列から構成されている．この配列の中で A カチオンが四面体間隙の $\frac{1}{8}$ を占め，B カチオンが八面体間隙を占める（図 2・19）．スピネル類の式は，A[B$_2$]O$_4$ のように八面体間隙に入る化学種を [ ] に入れて書くことがある．スピネル型構造をもつ化合物の例としては，Fe$_3$O$_4$，Co$_3$O$_4$ および Mn$_3$O$_4$ のような，簡単な d-ブロック酸化物がある．これらの化合物では A と B とが同じ元素である点に注意せよ．カチオンの配分が B[AB]O$_4$ のようになっている化合物もある．これらは**逆スピネル**[b] とよばれる．スピネル類および逆スピネル類については §18・5 で論ずる．

---

* 訳注: 日本語では，MgAl$_2$O$_4$ をさす spinel とセン晶石族鉱物をさす spinels とを区別することが難しいので，後者を"スピネル類"と訳した．

a) spinel structure b) inverse spinel

> スピネル型構造 AB_2O_4 は，O^{2-} の fcc 配列の四面体間隙の $\frac{1}{8}$ を A カチオンが占め八面体間隙を B カチオンが占めたものである．

図 2・19 スピネル型構造 AB_2O_4 は，酸化物イオンの fcc 配列中の四面体間隙の $\frac{1}{8}$ を A カチオンが占め八面体間隙を B カチオンが占めたものである．

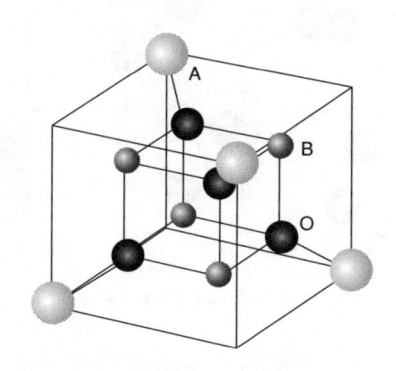

2・10 構造の理論的説明

イオン性固体の熱力学的特性は，イオンモデルを用いると容易に扱うことができる．しかし，帯電した剛体球がクーロン力で相互作用しているという固体のモデルは，いかにも粗っぽいもので，このモデルからの予測が大幅に外れることも覚悟しなければならない．多くの固体は，イオン結合的であるよりむしろ共有結合的であって，ハロゲン化アルカリ金属のようにいかにもイオン性固体らしいものでさえ，かなり共有性をもっているからである．とはいえ，イオンモデルは，多くの性質を関係づけるうえで，単純明快しかも有効な手段を提供してくれる．

(a) イオン半径

最初に出会う困難は，イオン半径という言葉の意味である．§1・8 に述べたように，イオン半径を求めるには，隣接する 2 種のイオン（たとえば，互いに接触している Na^+ イオンと Cl^- イオン）の核間距離をそれぞれのイオンに割り振らなければならない[7]．この問題の最も直接的な解決法は，どれか 1 種のイオンの半径を仮定して，その値を用いて他のすべてのイオンの半径を矛盾のないように決めていくやり方である．O^{2-} イオンは，広い範囲の元素と結合した状態でみられるという点で好都合であり，また，O^{2-} はかなり分極しにくく相手のカチオンによって大きさがあまり変わらない．それゆえ，多くのイオン半径の資料集では，$r(O^{2-})=140$ pm を基礎としている．この値を使うと，つじつまの合ったイオン半径の値の組が得られるだけでなく，Linus Pauling が提案した多くの論理的判定基準も満足される．しかし，だからといって，この値が絶対だというわけではない．

---

[7] イオン半径およびその決定法については，R. D. Shannon のすぐれた概説がある．"Encyclopedia of inorganic chemistry," ed.by R. B. King, p.929, Wiley, New York (1994).

Goldschmidt がまとめたイオン半径の組は $r(O^{2-})=132$ pm に基づいている.

そこで注意すべき点は，ある種の目的（たとえば，単位格子の大きさを予想すること）に対してイオン半径は役に立つが，そのときは，同じ基礎（たとえば O^{2-} の半径を 140 pm とする）で算出したイオン半径の値を使わない限り信頼できないということである．出所の違う値を使うときには，それらが同じ基準に従っているかどうか確認することが不可欠である．

このほかにもやっかいなことがある．それは，Goldschmidt が最初に指摘したように，イオン半径は配位数とともに大きくなることである（図 2・20，原子半径でも同様なことがある）．だから，イオン半径を比較するには，同じ配位数のもの同士を比べなければならない．そこで，ある一定の配位数（6 が広く使われる）のときの値を使うようにする．

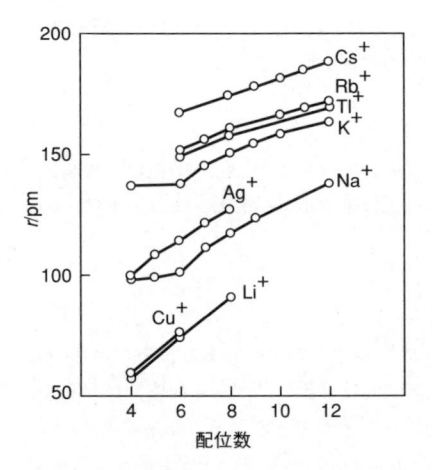

図 2・20 配位数に伴うイオン半径の変化

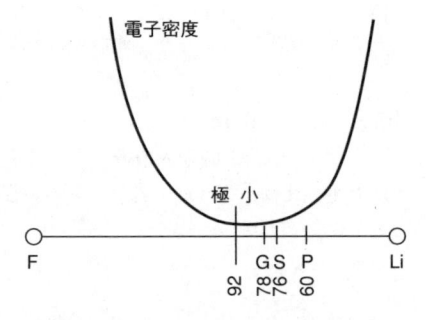

図 2・21 LiF の Li−F 軸に沿った電子密度変化．P，G，S はそれぞれ Li^+ の Pauling イオン半径，Goldschmidt イオン半径（1927 年の値），Shannon イオン半径である．数値は pm 単位

現在では，X 線回折の発展によって，隣り合ったイオンの間の電子密度を測定し，その極小点の位置を決められるようになった．そこで，この極小点が両イオン間の境い目であると決めれば，初期の研究者を悩ませた問題は部分的に解消するが，電子密度の極小点は，図 2・21 にみられるように大変幅広く，その正確な位置は，実験誤差や隣り合うイオンの種類によって大きく変わりうる．このような状況を考えると，また，無機化学の一般的な考えからいっても，特定のイオンの組合わせについて個々にイオン半径を計算しようとするよりは，相互矛盾のない形でイオンの大きさを表現する方がむしろ有効であろう．現在，数千種の化合物——特に酸化物とフッ化物——に関する X 線データを解析して得られた相互矛盾のないイオン半径の値を多数集めた表ができている．表 1・5 はその一部である．

イオン半径の一般的傾向は，原子半径の場合と同じである．すなわち

1. 同じ族では下に行くほど大きくなる〔高原子量の5d金属イオンでは，ランタノイド収縮（§1・8）により半径の増加が制約される〕．
2. 同じ電荷数のイオンでは，周期の左から右へ向かって小さくなる．
3. 同じイオンが異なった配位環境にある場合は，配位数が増えるとイオン半径は大きくなる．
4. 同じ元素が異なった電荷数のカチオンをつくる場合は，一定の配位数について，電荷数が大きくなるとイオン半径は小さくなる．
5. 正の電荷数は取除かれた電子の数を示すわけだから，それだけ核の引力が支配的になっていることを意味する．したがって，原子番号の近い元素では，カチオンはアニオンより小さいのが普通である．

> イオン半径は，どれか一つのイオンを選んで，それに基づいて決める．イオン半径は，同じ族では下に行くほど大きくなり，同じ周期では右に行くほど小さくなり，配位数が大きいほど大きくなり，電荷数が大きいほど小さくなる．

(b) イオン半径比

　無機化学の文献，特に入門書によく登場するパラメーターに，イオン**半径比**[a] ρ がある．イオン半径比は，大きい方のイオンの半径（$r_大$）に対する小さい方のイオンの半径（$r_小$）の比

$$\rho = \frac{r_小}{r_大} \tag{1}$$

である．多くの場合，$r_小$ はカチオンの半径，$r_大$ はアニオンの半径である．小さい球の周りに大きな球を何個並べることができるかを幾何学的に考えれば，ある配位数に対して，半径の比がどの範囲でなければならないかを決めることができる．その結果は表2・4のようになる．半径比がここに示した最小限界より小さいと，逆符号のイオン同士は接触できなくなり，同符号のイオン同士が接触することになるであろう．そうなると，単純に静電気的な考え方に従えば，逆符号のイオンが接触できるように，もっと小さい配位数をとる方が有利になる．M^+ イオンが大きくなると，その周りに並べうるアニオンの数が増える．たとえば，NaClは(6, 6)配位であるがCsClは(8, 8)配位であることはすでにみた通りである．

　実際には，半径比則が最も信頼できるのは配位数8の場合で，配位数6のカチオンではそれほどでなく，配位数4のカチオンでは信頼できない[8]．半径比則は，大きいカチオンが一般に大きい配位数をとるという定性的な事実に少し理屈をつけ過ぎた話であるといえよう．

---

8) L. C. Nathan, *J. Chem. Educ.*, **62**, 215 (1985).
a) radius ratio

イオン半径比は,ある化合物の配位数を推定する一助になる:半径比が大きければ,配位数は大きい.

表 2・4 半径比則

配位数	イオン半径比	図	配位数	イオン半径比	図
8	>0.7		4	0.2〜0.4	
6	0.4〜0.7		3	0.1〜0.2	

(c) 構造マップ

上に述べたようにイオン半径比を使うことはあまりあてにならないが,経験的情報を多く集めて,その中にみられるパターンを探していくと,いろいろな構造を合理的に説明する方向に進むことはできるはずである.このような判断に立ってデータを集積してつくられたのが**構造マップ**[a]である.構造マップは,化合物の成分元素間の電気陰性度の差の絶対値$\Delta\chi$(§1・8d)と,両原子の原子価殻の主量子数の平均値とに対する結晶構造の依存性を表した図面である[9].

結合のイオン性は$\Delta\chi$とともに増大するから,図の左から右へ行くに従って結合はイオン性になる.主量子数はイオンの半径の指標だから,上に向かってイオンの平均半径が増えることになる.また,原子が大きくなるほど原子のエネルギー準位間隔が詰まってくるから,原子の分極率も増加する(§1・8e参照).したがって構造マップの縦軸は,結合している原子の大きさと分極率とが増加する方向にとってあることになる.

MX型化合物の構造マップの例を図2・22に,MX_2型化合物の例を図2・23に示す.図2・22からわかるように,点の分布する領域が,化合物の構造によってかなりはっきり分かれている.$\Delta\chi$の大きい元素の組合わせでは,塩化ナトリウム型構造にみられるような(6,6)配位をとり,$\Delta\chi$の小さい組合わせ(したがって共有結合性が予想される)では配位数が小さくなる.

構造マップは,結合の特性によって結晶構造がどう変化するかを表したもので,電気陰性度の差の絶対値を横軸にとり,原子価殻の主量子数(大きさおよび分極性に対応する)の平均を縦軸にとったものである.

---

9) E. Mooser, W. B. Pearson, *Acta Crystallogr.*, **12**, 1015 (1959).
a) structure map

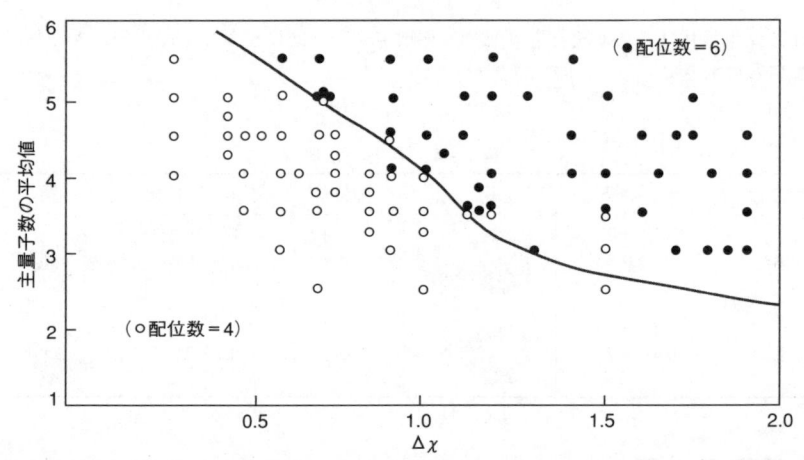

図 2・22 MX型化合物の構造マップ．各点の座標は，化合物の成分元素間の電気陰性度の差の絶対値 $\Delta\chi$ と両原子の原子価殻の主量子数の平均値とを表す．点がマップ上のどの領域にあるかによって予想される配位数がわかる．E. Mooser, W. B. Pearson, *Acta Crystallogr.*, **12**, 1015 (1959) より〔訳注: 本図中の電気陰性度は，W. Gordy, W. J. O. Thomas, *J. Phys. Chem.*, **24** (1956) のもので，表1・8記載の値と若干異なる．〕

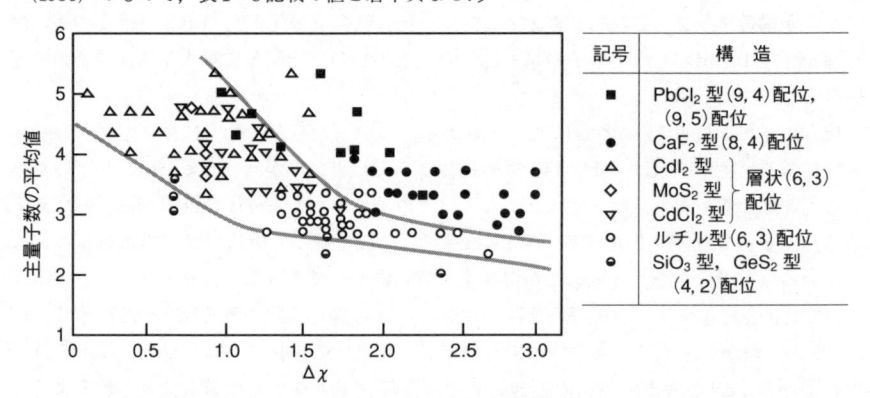

記号	構 造
■	$PbCl_2$型 (9, 4)配位, (9, 5)配位
●	CaF_2型 (8, 4)配位
△	CdI_2型
◇	MoS_2型 〉層状(6, 3)配位
▽	$CdCl_2$型
○	ルチル型 (6, 3)配位
◐	SiO_3型, GeS_2型 (4, 2)配位

図 2・23 MX_2型化合物の構造マップ．E. Mooser, W. B. Pearson, *Acta Crystallogr.*, **12**, 1015 (1959) より〔訳注: 電気陰性度は表1・8記載の値と異なる〕

例題 2・4　構造マップを使う．

硫化マグネシウム MgS の結晶構造はどんな種類だと予想されるか．

解　電気陰性度は，Mg が1.3でSが2.6だから $\Delta\chi=1.3$．主量子数の平均値は3（両者とも第3周期元素）．この点は，図2・22の構造マップ上で境界線のあたりにある．実際にMgSは塩化ナトリウム型構造である．

問題 2・4　塩化ルビジウム RbCl の配位数を予想せよ．

2・11 イオン結合のエネルギー論

化合物は，モルギブズエネルギーが最も低い結晶構造をとろうとする．したがって，もしつぎの過程

$$M^+(g) + X^-(g) \longrightarrow MX(s) \qquad \Delta G^\circ = \Delta H^\circ - T\Delta S^\circ$$

において，固体 MX が A 構造をとるときの ΔG° の方が B 構造をとるときの ΔG° よりも負ならば，B から A への転移は，その温度・圧力のもとで自発的に起こる．つまり，固体は構造 A をとると期待できる．

気体のイオンから固体ができる過程はきわめて発熱的であるから，室温近傍ではエントロピーの寄与は無視できるだろう（エントロピーの寄与を無視できるのは，厳密には $T = 0$ のときである）．それゆえ，固体の熱力学的性質を議論するときには，とりあえずエンタルピー変化に注目するのが常道である．そこで，生成反応が最も発熱的であるような構造が熱力学的に最も安定な構造であると考えることにする．

(a) 格子エンタルピー

格子エンタルピー[a] $\Delta_l H^\circ$ とは，固体が解離して気体のイオンになる反応の標準反応エンタルピーのことである．

$$MX(s) \longrightarrow M^+(g) + X^-(g) \qquad \Delta_l H^\circ$$

格子をばらばらにする過程はつねに吸熱的だから，格子エンタルピーはいつも正の値をもつ．与えられた条件下で最も安定な結晶構造は，エントロピーの効果を無視すれば，格子エンタルピーの最も大きい構造である．

格子エンタルピーは，図 2・24 のような **Born-Haber サイクル**[b] を用いて，反応エンタルピーのデータから求められる．Born-Haber サイクルは，結晶格子の生成を含むような熱力学サイクル（いくつかの過程を一巡して最初の状態に戻るように組合わせたもの）である．化合物が成分元素に分解する反応の標準反応エンタルピーは，その化合物の標準生成エンタルピー $\Delta_f H^\circ$ の符号を逆にしたものに等しく，格子の生成反応の標準反応エンタルピーは格子エンタルピーの符号を逆にしたものに等しい．標準原子化エンタルピー $\Delta_{atom} H^\circ$ は，固体単体の場合には，標準昇華エンタルピー $\Delta_{sub} H^\circ$，たとえば，

$$K(s) \longrightarrow K(g) \qquad \Delta_{sub} H^\circ = +89 \text{ kJ mol}^{-1}$$

に等しく，気体の単体の場合は，標準解離エンタルピー $\Delta_{dis} H^\circ$，たとえば

$$Cl_2(g) \longrightarrow 2\,Cl(g) \qquad \Delta_{dis} H^\circ = +242 \text{ kJ mol}^{-1}$$

に等しい．標準イオン化エンタルピーは，カチオンの場合はイオン化エンタルピー

---

a) lattice enthalpy b) Born-Haber cycle

$\Delta_{ion}H^\circ$であり，アニオンの場合は電子取得エンタルピー$\Delta_{eg}H^\circ$である．たとえば

$$K(g) \longrightarrow K^+(g) + e^-(g) \quad \Delta_{ion}H^\circ = +425 \text{ kJ mol}^{-1}$$
$$Cl(g) + e^-(g) \longrightarrow Cl^-(g) \quad \Delta_{eg}H^\circ = -355 \text{ kJ mol}^{-1}$$

サイクルを一巡したときのエンタルピー変化は0にならなければならない（エンタルピーは状態量だから）ことから，格子エンタルピーの値——図2・24のサイクルに出てくる量のうち，これ以外はすべてわかっている——は直ちに求められる[10]．

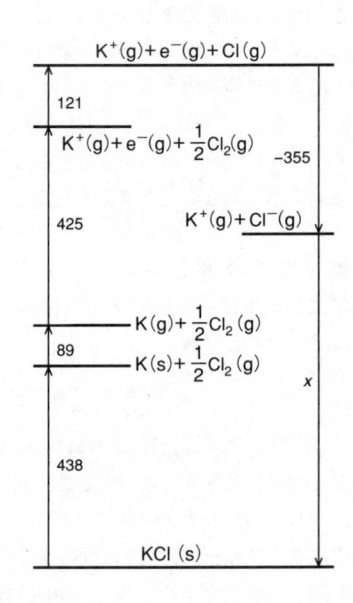

図 2・24 KCl の Born-Haber サイクル．格子エンタルピーは $-x$ である．

例題 2・5 Born-Haberサイクルを用いて格子エンタルピーを求める．

Born-Haberサイクルを用いてKCl(s)の格子エンタルピーを求めよ．必要なデータはつぎの通りである．

	$\Delta H^\circ / (\text{kJ mol}^{-1})$
K(s)の昇華	+89
K(g)のイオン化	+425
$Cl_2(g)$の解離	+242
Cl(g)への電子の付加	−355
KCl(s)の生成	−438

10) 格子エンタルピーが計算でわかっているときには，Born-Haberサイクルを用いて，他の求めにくい量，たとえば電子取得エンタルピー（したがって電子親和力，§1・8c）を決めることができる．

解 図2・24のサイクルを一巡すると

$$-\Delta_\text{L} H^\circ + 718 \text{ kJ mol}^{-1} = 0$$

したがって，$\Delta_\text{L} H^\circ = 718 \text{ kJ mol}^{-1}$ となる．

問題 2・5 つぎのデータを用いて臭化マグネシウムの格子エンタルピーを求めよ．

	$\Delta H^\circ/(\text{kJ mol}^{-1})$
Mg(s)の昇華	+148
Mg(g)からMg^{2+}(g)へのイオン化	+2188
Br_2(l)の蒸発	+31
Br_2(g)の解離	+193
Br(g)への電子の付加	−331
$MgBr_2$(s)の生成	−524

格子エンタルピーがわかれば，それを使って固体中の結合の性質を判断することができる．もし，クーロン力で相互作用しているイオンが格子をつくっているという仮定で計算した格子エンタルピーの値が，上のようにして熱力学データから求めた値とよく一致するならば，主としてイオンモデルでその化合物を扱うことは適切であろう．食い違いがあれば，それは共有結合が寄与している度合いを示していることになる．ただし，先に述べたように数値が一致したからといって，結論が正しいとは限らない点に留意することが重要である．

> 格子エンタルピーは，Born-Haberサイクルを用いてエンタルピーデータから決定される．エントロピーのことを無視すれば，最も安定な結晶構造は，与えられた条件のもとで格子エンタルピーが最大になるような構造である．

(b) 格子エンタルピーに対するクーロンポテンシャルエネルギーの寄与

イオン性と考えられる固体の格子エンタルピーを計算するには，いくつかの要因の寄与を考慮しなければならない．その中には，イオン間の引力と反発力とがある．原子振動の平均運動エネルギーは（結晶のゼロ点エネルギーに対する寄与以外は），固体が絶対零度にあるとするなら無視できる．

結晶の全クーロンポテンシャルエネルギーは，イオンの対ABのそれぞれに対する

$$V_\text{AB} = \frac{(z_\text{A} e)(z_\text{B} e)}{4\pi\varepsilon_0 r_\text{AB}} \tag{2}$$

の形の項を，全イオンについて加え合わせたものになる*．ここで，z_A および z_B はイオン

---

* 訳注：式(2)では，無限に離れて静止しているA，Bイオンのエネルギーをエネルギーの0にとっている．

の電荷数（カチオンのときは正の整数，アニオンのときは負の整数），r_{AB}はカチオンとアニオンとの間の距離である[11]．固体中のイオンの対すべてについての足し算は，どんな結晶構造についても行える．ただし，収束は遅い．というのは，隣接イオンは負の大きな項を与え，第二近接イオンは正の項を与えるが，その大きさは前の項の絶対値よりわずかに小さく，以下，順に項の符号が逆になり，項の絶対値は少しずつ小さくなっていくからである．しかし，全体としては引力の項が反発力の項を上回り，結局，固体を安定化させる方向（負のエネルギー）に寄与する．

図 2・25 カチオンとアニオンとが互い違いに並んだ格子定数 d の一次元結晶

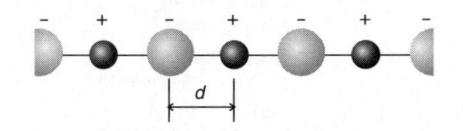

例として，カチオンとアニオンとが互い違いに等間隔 d で直線状に並んでいる一次元の結晶（図2・25）を考えてみよう．$z_A=+z$，$z_B=-z$ とすると，あるイオンとその他のすべてのイオンとの相互作用のエネルギーは

$$-\frac{2z^2}{d} + \frac{2z^2}{2d} - \frac{2z^2}{3d} + \frac{2z^2}{4d} - \cdots\cdots = -\frac{2z^2}{d}\left(1 - \frac{1}{2} + \frac{1}{3} - \frac{1}{4} + \cdots\cdots\right)$$
$$= -\frac{2z^2}{d}\ln 2$$

に比例する（ここで，2が掛かっているのは，注目しているイオンの左と右とに1個ずつ相手のイオンがあるからである）．この例でわかるように，電荷数が出てくることを除けば，総和の値は，格子の種類とその大きさを表す1個のパラメーター d との二つだけで決まる．d としては，隣接イオンの中心間の距離を用いればよい．したがって，この例では，

$$V = -\frac{e^2}{4\pi\varepsilon_0} \times \frac{z^2}{d} \times 2\ln 2 \tag{3}$$

と書ける．ここで右辺第一項は基本定数だけを含み，第二項はイオンの種類と格子の大きさとにより決まる．最後の項は格子の対称性で決まる数値定数（直線の場合には $2\ln 2 = 1.386$）である．この定数を **Madelung定数**[a] $\mathcal{M}$ という．簡単な固体では，Madelung定数は結晶の種類で決まり，イオン間距離にはよらない．上の式は，1個のカチオンについても1個のアニオンについても成り立つ．したがって，1化学式当たりのポテンシャルエネルギーも同じ式で与えられる（$2V$ にはならない．イオン-イオン間相互作用を2回数えてはいけないからである）．

---

11) 基本定数 ε_0 は真空の誘電率である（見返しの表参照）．精密な計算では，実際の媒体の誘電率を用いなければならない．
a) Madelung constant

一般に，任意の構造の結晶の1化式当たりのクーロンポテンシャルエネルギー*は，このモデルで考えると

$$V = \frac{N_A e^2}{4\pi\varepsilon_0}\left(\frac{z_A z_B}{d}\right)\mathcal{M} \qquad (4)$$

で与えられる．ここで，N_A はアボガドロ定数，z_A と z_B とはイオンの電荷数である．電荷数は，カチオンについては正，アニオンについては負の数と定義しているから，V は負，つまり，気体イオンが離れ離れにいるときより結晶になった方が安定であることを示している．

いろいろな格子について計算された Madelung 定数の値を表 2・5 に示す．塩化ナトリウム型構造（配位数 6）と塩化セシウム型構造（配位数 8）とを比べればわかるように，Madelung 定数は，一般に配位数とともに大きくなる．この傾向は，Madelung 定数中の項は最近接原子からのものが最も大きく，配位数が大きいということは最近接原子の数が多いことにほかならないことを反映している．しかしながら，配位数が大きいということだけで，イオン間相互作用は塩化セシウム型構造中の方が強いというわけにはいかない．というのは，このポテンシャルエネルギーは格子の大きさにも依存するからである．大きな配位数をとるためには d が大きくなければならないから，Madelung 定数が少しくらい大きくなっても間に合わずに，ポテンシャルエネルギー的に不利になってしまうこともありうる．

格子エンタルピーに寄与するもう一つの二次的な要因は，イオン間や分子間に働く **van der Waals 相互作用**[a] である．中性分子が凝縮相（液体や固体）をつくるのは，この弱い相互作用があるからである．ここで重要な —— ときには支配的な —— 相互作用の一つは

表 2・5　Madelung 定数†

構造型	$\mathcal{M}$
塩化セシウム型	1.763
ホタル石型	2.519
塩化ナトリウム型	1.748
ルチル型	2.408
セン亜鉛鉱型	1.638
ウルツ鉱型	1.641

† ここにあげたのは本文中に述べた数値定数の値である．イオンの電荷数をも組入れた値（たとえば CaF_2 の値として 5.039）が記載されている資料もあるから，どういう定義の値かを使う前に確認する必要がある．

---

* 訳注：この"化式"は，結晶の化学組成を表す最も簡単な化式（たとえば，NaCl, CaF_2, Al_2O_3）である．たとえば，ある量の塩化ナトリウム結晶のクーロンポテンシャルエネルギーを，その結晶に含まれる要素粒子 NaCl の物質量で割ったものが式 (4) の V である．

a) van der Waals interaction

分散相互作用[a]（London 相互作用ともいう）である．分散相互作用は，一つの分子中の電子密度の瞬間的なゆらぎ（その結果瞬間的に生じた電気双極子モーメント）が，近くにある分子の電子密度のゆらぎ（したがって電気双極子モーメント）をひき起こし，これらの瞬間的双極子モーメントが互いに引力を及ぼしあうことから生じる．この相互作用のポテンシャルエネルギーは，距離の6乗に反比例するから，結晶全体についても，格子の大きさの6乗に反比例すると考えられる．

$$V = -\frac{N_A C}{d^6} \tag{5}^{*1}$$

ここで，定数 C は物質による．分極率の低いイオンでは，この寄与はクーロン相互作用の約1%にすぎないから，イオン性固体の格子エンタルピーを大まかに計算するときには無視できる．

> Madelung 定数は，正味のクーロン相互作用に対して格子の幾何学的性質が演じる役割を反映する．格子エネルギーに寄与する要因には，van der Waals 相互作用，なかんずく分散相互作用がある．

(c) 電子分布の重なりによる反発力

二つのイオンの閉殻が接触すると，それらの電子分布の重なりから生じる反発力もまた結晶の全ポテンシャルエネルギーに寄与することになる．核から遠いところでは，波動関数は核からの距離とともに指数関数的に0に向かって減衰する．ところで，反発的な相互作用は，二つのイオンの軌道の重なりに依存する．したがって，ポテンシャルエネルギーへの寄与分は

$$V = +N_A C' e^{-d/d^*} \tag{6}^{*2}$$

のような形になると考えるのが妥当である．ここで，C' と d^* とは定数である．次項で述べるように，C' は消去されるから知る必要がない．d^* の値は，外力によってイオン同士を押し詰めたときにポテンシャルエネルギーがどれだけ上がるかを反映した量である圧縮率の測定値から推定できる．このようにして推定した d^* の値は，ある範囲に散らばるが，$d^* = 34.5$ pm とおくと実験とかなりよく合うことが多い．

> 結晶中の原子間反発のポテンシャルエネルギーは，イオン間の距離が増加すると指数関数的に減少すると仮定することが多い．

---

*1 訳注：この V は式 (4) の V と別である．
*2 訳注：この V は式 (4) の V とも式 (5) の V とも別である．
a) dispersion interaction

(d) Born-Mayer式

引力と反発力とが固体の全ポテンシャルエネルギーにどのように寄与するかを示したのが図2・26である．全ポテンシャルエネルギーには極小がある．これが平衡にある結晶に対応する．極小を与えるdの値は，

$$V = \frac{N_A e^2}{4\pi\varepsilon_0}\left(\frac{z_A z_B}{d}\right)\mathcal{M} + N_A C' e^{-d/d^*} \tag{7}*1$$

において$dV/dd=0$から求められる．すなわち

$$N_A C' e^{-d/d^*} = -\frac{N_A e^2}{4\pi\varepsilon_0}\left(\frac{z_A z_B d^*}{d^2}\right)\mathcal{M}$$

これを式(7)に入れれば次式が得られる．

$$V = \frac{N_A z_A z_B e^2}{4\pi\varepsilon_0 d}\left(1 - \frac{d^*}{d}\right)\mathcal{M} \tag{8}*2$$

これは**Born-Mayer式**とよばれる．そこで，実際の結晶のdの値をこの式に入れてVの最小値を計算すると，その符号を変えたものは，$T=0$における格子エンタルピー（厳密にいうと格子振動のゼロ点エネルギーを無視した）になるはずである．というのは，$T=0$ではイオンの平均運動エネルギーの寄与がないので，こうして求めたVの最小値は，遠く離れているイオンを基準にして測った結晶のモル内部エネルギーにほかならないからである．

先に述べたように，実験的に求めた格子エンタルピーとイオンモデルから（実際には

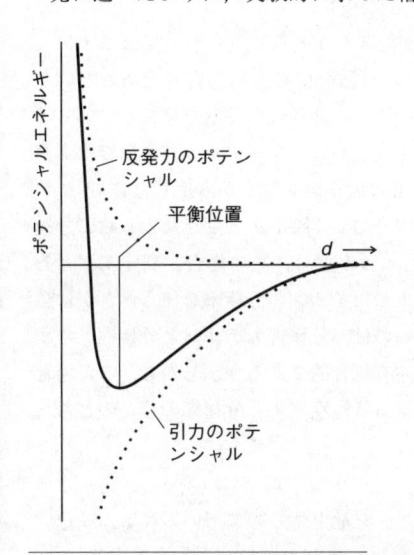

図 2・26 結晶中のイオンのポテンシャルエネルギーに寄与する項．引力のポテンシャルは$1/d$に比例する（dは格子の大きさを表す）．反発力のポテンシャルは，近距離でしか効かないが，イオンが接触し始めると急激に大きくなる．これら二つの項の和である全ポテンシャルエネルギーは極小値をもち，これに対応するdの値が平衡にある格子の大きさである．

---

*1 訳注：このVは式(4)のVと式(6)のVとの和である．
*2 訳注：このVは，式(7)のVの最小値である．

表 2・6　格子エンタルピーの実測値*と計算値[†1]

化合物	$\Delta_l H^\circ/(\text{kJ mol}^{-1})$		計算値/実測値(%)
	計算値	実測値	
LiF[†2]	1027	1051	97.7
LiCl[†2]	849	867	97.9
LiBr[†2]	803	823	97.6
LiI[†2]	745	767	97.2
CsF[†2]	750	747	100.3
CsCl[†3]	652	658	99.1
CsBr[†3]	632	634	99.8
CsI[†3]	601	600	100.1
AgF[†2]	920	969	94.9
AgCl[†2]	833	912	91.3
AgBr[†2]	816	900	90.7

[†1] 本表の計算値は，Born-Mayer 式よりもさらに多くの項を考慮したイオンモデルを用いている．出典：D. Cubicciotti, *J. Chem. Phys.*, **31**, 1646（1959）．
[†2] 塩化ナトリウム型構造．
[†3] 塩化セシウム型構造．
* 訳注：ハロゲン化銀の計算値は M. F. C. Lodd, W. H. Lee, *Trans. Farady Soc.*, **54**, 34(1958) の格子エネルギーの値と一致するが，実測値は出所不明．ハロゲン化リチウムおよびハロゲン化セシウムの"実測値"は，出典に引用された標準生成エンタルピーなどのデータと付録1記載のハロゲンの電子親和力とから算出した値である．

Born-Mayer 式から）計算した値とが一致するかどうかは，問題の固体がどの程度イオン性かを知る目安になる．この種の比較の例を表2・6に示す．

　一般的指針として，元素の電気陰性度の差 $\Delta\chi$ が約2より大きい組合わせではイオンモデルがまず十分有効であり，$\Delta\chi$ が約1より小さければ結合はおもに共有的であるといってよい．ただし，電気陰性度による判定基準は，イオンの分極性の役割を無視していることを注意しなければならない．そこでイオンモデルは，ハロゲン化アルカリ金属では実測値とよく一致した結果を与える．特に，電気陰性度の大きいF原子から生じたF⁻イオンの塩では最もよく一致するが，電気陰性度がFより小さいI原子から生じたきわめて分極されやすいハロゲン化物イオンであるI⁻では最も一致が悪い．この場合，判定基準として，原子の電気陰性度を使うべきか，それとも，生じたイオンの分極率を使うべきかは必ずしも明らかでない．イオンモデルに最も合わないのは，分極性カチオンと分極性アニオンとの組合わせである．この場合には，実質上は共有結合的であろう．しかし，この場合にも，親元素間の電気陰性度の差は小さいので，電気陰性度の差と分極率の差とのどちらが適切な判断基準なのかはやはりよくわからない．

> Born-Mayer 式は，イオン格子の格子エンタルピーを推定するのに用いられる．成分の中性原子の電気陰性度の差が約2より大きければイオンモデルが十分有効であり，この差が約1より小さければ結合は主として共有的である．

(e) Kapustinskii 式

ロシアの化学者 A. F. Kapustinskii は，化学式に含まれるイオンの数 n で Madelung 定数を割ると，構造によらずほぼ同じ値が得られることに気づいた．また，彼はこうして得られた値が配位数とともに増加することにも気づいた．配位数が増えればイオン半径も大きくなるから，M/nd は，構造が違ってもごくわずかしか変わらないはずである．このようなことから，Kapustinskii は，どんな構造のイオン性固体に対しても，エネルギー的にはそれと同等な仮想的な塩化ナトリウム型構造が存在するということを提案した．そうであるとすると，実際の構造がどうであっても，格子エンタルピーは，(6, 6)配位に対応する Madelung 定数とイオン半径とを用いて計算できることになる．この計算式が(9)式の **Kapustinskii 式**である．

$$\Delta_l H^\circ = - \frac{n z_A z_B}{d} \left(1 - \frac{d^*}{d}\right) \mathcal{K} \tag{9}$$

ここで，$d = r_A + r_B$，$\mathcal{K} = 121 \text{ MJ pm mol}^{-1}$ である．

Kapustinskii 式を使うと，球状でない多原子イオンの"半径"にある値を与えることができる．すなわち，Kapustinskii 式から計算した格子エンタルピーが Born-Haber サイクルを用いて実験データから求めた格子エンタルピーの値に合うような値を探すわけであ

表 2・7　イオンの熱化学半径, r/pm[†]

主要族元素						
BeF_4^{2-}	BF_4^-	CO_3^{2-}	NO_3^-	OH^-		
245	228	185	189	140		
		CN^-	NO_2^-	O_2^{2-}		
		182	155	180		
		PO_4^{3-}	SO_4^{2-}		ClO_4^-	
		238	230		236	
		AsO_4^{3-}	SeO_4^{2-}			
		248	243			
		SbO_4^{3-}	TeO_4^{2-}		IO_4^-	
		260	254		249	
					IO_3^-	
					182	

金属錯イオン				d-金属のオキソアニオン	
$[TiCl_6]^{2-}$	$[IrCl_6]^{2-}$	$[SiF_6]^{2-}$	$[GeCl_6]^{2-}$	CrO_4^{2-}	MnO_4^-
248	254	194	243	240	240
$[TiBr_6]^{2-}$	$[PtCl_6]^{2-}$	$[GeF_6]^{2-}$	$[SnCl_6]^{2-}$	MoO_4^{2-}	
261	259	201	247	254	
$[ZrCl_6]^{2-}$			$[PbCl_6]^{2-}$		
247			248		

[†] 出典: A. F. Kapustinskii, *Q. Rev., Chem.Soc.*, **10**, 283 (1956)〔訳注: CO_3^{2-}, NO_3^-, OH^-, CN^-, NO_2^-, O_2^{2-}, IO_3^-, の値は T. C. Weddington, *Adv. Inorg. Chem. Radiochem.*, **1**, 180 (1959) (ed. by H. J. Emeleus, A. G. Sharpe) より．金属錯イオンの値は出所不明〕．

る．このようにして求めた相互矛盾のないパラメーターの組を**熱化学半径**[a]という（表2・7）．この値は，広範囲の化合物の格子エンタルピー，またそれから，標準生成エンタルピーを推定するのに使うことができる．

> Kapustinskii式は，イオン性化合物の格子エンタルピーを推定するのに用いられ，また，成分イオンの熱化学半径を求めるのに使われる．

例題 2・6　Kapustinskii式を使う．

硝酸カリウム KNO_3 の格子エンタルピーを推定せよ．

解　Kapustinskii式を使うためには，化学式当たりのイオン数（$n=2$），イオンの電荷数〔$z(K^+)=+1$, $z(NO_3^-)=-1$〕およびイオンの熱化学半径の和（138 pm+189 pm=327 pm）が必要である．さらに $d^*=34.5$ pm として*

$$\Delta_L H^\circ = -\frac{2(+1)(-1)}{327\,\text{pm}} \times \left(1 - \frac{34.5\,\text{pm}}{327\,\text{pm}}\right) \times 121\,\text{MJ pm mol}^{-1}$$
$$= 662\,\text{kJ mol}^{-1}$$

問題 2・6　硫酸カルシウム $CaSO_4$ の格子エンタルピーを推定せよ．

2・12　格子エンタルピーから導かれる結果

Born-Mayer式からわかるように，ある決まった種類の格子については（つまり，$\mathcal{M}$が決まれば），格子エンタルピーはイオンの電荷数（$|z_A z_B|$として）とともに増加し，また，格子の大きさ d が減少すると大きくなる．そこで，**静電パラメーター**[b] ξ すなわち

$$\xi = \frac{z^2}{d} \tag{10}$$

とともに変化するようなエネルギーがあれば，それはイオンモデルが適切であることを示すしるしだと無機化学では広く考えられている[12]．ここで式(10)の z はイオンの電荷数，d は大きさを表すパラメーターである．この章では格子エネルギーにかかわる三つの性質を考察し，格子エンタルピーと静電パラメーターとの関係を考えよう．

---

[12]　さまざまな性質と ξ との相関はきわめて便利な道しるべであるが，相関があったからといって，それを電荷-電荷相互作用だけが支配的であることの証拠と受け取るべきではない．ある性質が z^2/r^2 や z/r などいろいろなパラメーターと相関を示すことはしばしばある．実際，分子に電荷数，分母に半径をもつようなパラメーターならたいていのものは相関を示すことが多いのである．

*　訳注：K^+（配位数6）の値については表1・5，d^* については p.86 を参照．

a) thermochemical radius　b) electrostatic parameter

2・12 格子エンタルピーから導かれる結果

(a) イオン性固体の熱安定性

ここでは，炭酸塩を熱分解するのに必要な温度を例として取上げよう．たとえば，炭酸マグネシウムは約300℃で分解するが，炭酸カルシウムは800℃以上に温度を上げないと分解しない．一般に，大きなカチオンは大きなアニオンを安定化する（逆もまた真である）ことが知られている．特に熱的に不安定な化合物（炭酸塩のような）の分解温度は，カチオンの半径が大きくなると高くなる．

大きなカチオンが不安定なアニオンを安定化する効果は，格子エンタルピーの傾向で説明できる．まず，固体の無機化合物の分解温度は，その固体が特定の生成物に分解する反応の標準反応ギブズエネルギーを用いて議論できることに注目する．標準反応エントロピーはたいていの場合，比較する物質についてほぼ共通だから，標準反応エンタルピーを考えれば十分である．さらに，後でわかるように，標準反応エンタルピーの違いは，固体反応物と固体生成物との格子エンタルピーの差で支配されるから，この点を主眼において計算すればよい．一方，格子エンタルピーの差は，少なくとも一般的には，Kapustinskii 式で議論できる．だから，安定度の違いは静電パラメーターξの違いに関係づけられるはずである．

炭酸塩の熱分解反応

$$MCO_3(s) \longrightarrow MO(s) + CO_2(g)$$

を考える．カチオンが大きいほど分解温度が高いという実験的事実は，標準反応ギブズエネルギーで言い表せば，Δ_rG° が負になって反応が有利になる温度はカチオンが大きいほど高くなるということである．熱力学的関係 $\Delta_rG^\circ = \Delta_rH^\circ - T\Delta_rS^\circ$ から分解温度*では

$$T = \frac{\Delta_rH^\circ}{\Delta_rS^\circ} \tag{11}$$

の関係が成り立つことがわかる．ここで，Δ_rH° および Δ_rS° は，それぞれ，上の反応の標準反応エンタルピーおよび標準反応エントロピーである．Δ_rS° は，おもに二酸化炭素の気体が発生することによって支配されているので，炭酸塩についてはどれでもほとんど同じである．そこで，標準反応エンタルピーが大きければ分解温度は高いことが期待できる．この傾向は表 2・8 の実例で確かめることができる．

分解反応の標準反応エンタルピーの一部は，もとの炭酸塩 MCO_3 の格子エンタルピーと分解生成物である MO の格子エンタルピーとの差に依存する．標準反応エンタルピーは正である（分解反応は吸熱性である）が，生成物である酸化物の格子エンタルピーが炭酸塩の格子エンタルピーより十分大きければ，それほど大きな正の値ではなくなる．そこで，炭酸塩に比べて酸化物の格子エンタルピーが大きいなら，分解温度は低くなるであろ

---

* 訳注：CO_2 の分圧が標準圧力（100 kPa）に達して，上の反応が平衡になる温度のこと．

う．Mg^{2+} のような小さくて電荷の大きいカチオンの塩が，この場合に該当する．

なぜカチオンが小さいと，酸化物の方が炭酸塩より格子エンタルピーが大きくなるかを示したのが図 2・27 である．図には，CO_3^{2-} のように大きなアニオンの化合物が酸化物になるときに格子の大きさが変化する割合を示してある．カチオンが大きいときは，格子の大きさの変化率はそれほど大きくない．図に誇張して示したように，もし極端に大きなカチオンだったら，アニオンの大きさが変わっても格子の大きさはたいして変わらない．したがって，不安定な多原子アニオンに対しては，アニオンが同じならカチオンが小さい方が，格子エンタルピーの差は分解方向に有利に働くことになる．

表 2・8 炭酸塩の分解に関する熱力学データ[†]

	Mg	Ca	Sr	Ba
$\Delta_r G^\circ/(kJ\,mol^{-1})$	+48.3	+130.5	+183.4	+217.7
$\Delta_r H^\circ/(kJ\,mol^{-1})$	+100.6	+178.3	+234.6	+269.5
$\Delta_r S^\circ/(J\,K^{-1}\,mol^{-1})$	+175.4	+160.3	+171.6	+172.5
$\theta/℃$	300	840	1100	1300

[†] これらのデータは，反応

$$MCO_3(s) \longrightarrow MO(s) + CO_2(g) \quad (298.15\,K, 100\,kPa)$$

に関する値である．θ はこの反応が平衡にあるとき CO_2 分圧が $100\,kPa$ になるセルシウス温度で，$298\,K$ における $\Delta_r H^\circ$ と $\Delta_r S^\circ$ とから計算した値である（訳注：$\Delta_r H^\circ$ および $\Delta_r S^\circ$ は，温度によりそれほど変化しない．θ は，有効数字 2 桁に丸めてある）．なお，文献記載の $CaCO_3$（Rb_2CO_3 も）の値は，試料が湿っていた可能性があるので，信頼性に乏しい．

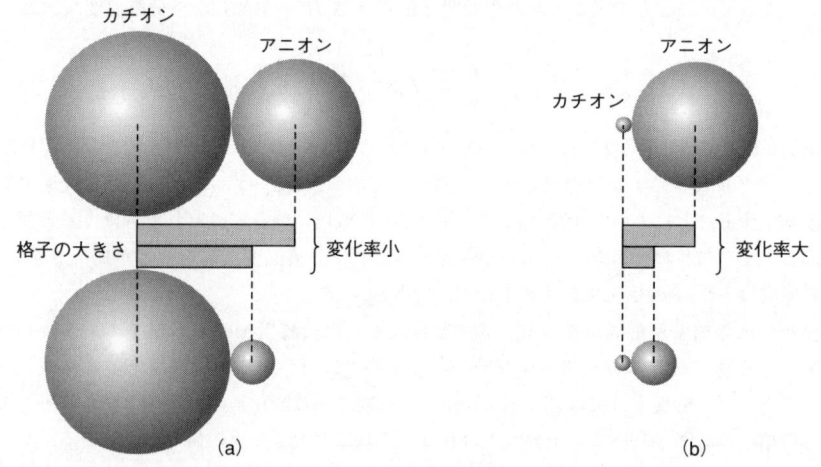

図 2・27 カチオンの大きさと格子パラメーターの変化（著しく誇張してある）．(a) カチオンが大きい場合，アニオンの大きさが変わった（CO_3^{2-} が O^{2-} と CO_2 とに分解する）とき，格子の大きさの変化率はそれほど大きくない．(b) カチオンが小さいと，格子の大きさの変化率は大きくなり，分解反応は熱力学的に有利になる．

MOとMCO₃との格子エンタルピーの差異は，カチオンの電荷数が大きいと拡大される．その結果，高電荷数のカチオンの炭酸塩は低温で分解する．アルカリ土類金属（M^{2+}）の炭酸塩が対応するアルカリ金属（M^+）の炭酸塩より低温で分解するのは，このような電荷数依存性の一つの結果である．

> 熱的に不安定なアニオンの化合物の分解温度は，カチオンの半径が大きくなると増加する．分解反応の標準反応エンタルピーが高いほど，分解温度は高い．

例題 2・7 安定性のイオン半径依存性を評価する．
リチウムを酸素中で燃焼させるとLi_2Oを生じるが，ナトリウムではNa_2O_2を生じる．この事実を説明せよ．

解 Li^+イオンの方が小さいから，Li_2Oの方がNa_2Oより格子エンタルピーが有利である．それゆえ，分解反応 $M_2O_2(s) \longrightarrow M_2O(s) + \frac{1}{2}O_2(g)$ は，Na_2O_2の場合よりもLi_2O_2の場合の方が熱力学的に有利である．

問題 2・7 硫酸塩の分解反応，$MSO_4(s) \longrightarrow MO(s) + SO_3(g)$，におけるアルカリ土類金属の硫酸塩の分解温度の順を予測せよ．

(b) 酸化状態の安定性

つぎの一般的傾向を説明するのにも，上と同様な議論を使うことができる：高酸化状態は，小さなアニオンによって安定化される[13]．特にフッ化物イオンは，他のハロゲン化物イオンに比べて，高酸化状態の金属イオンを安定化する力がすぐれている．たとえば，Ag^{II}, Co^{III}, Mn^{IV}のハロゲン化物は，フッ化物だけが知られている．重いハロゲン化物イオンが高酸化状態の金属イオンを安定化する力に劣っていることを示す事実としては，Cu^{II}およびFe^{III}のヨウ化物が室温で分解することをあげることができる．酸素原子は，小さいだけでなく，2個の電子を受け入れられるので，いろいろな原子を高酸化状態にするのにきわめて有効である．

このような事実を説明するために，つぎの酸化還元反応を考えよう．

$$MX(s) + \frac{1}{2}X_2(g) \longrightarrow MX_2(s)$$

ここで，Xはハロゲンである．この反応がX=Fの場合に最も右に進みやすいことの理由を示すのがわれわれの目標である．エントロピー項を無視することにすれば，X=Fの場合にこの反応が最も発熱的であることを示せばよい．

---

[13] 酸化状態と酸化数とは§3・1で紹介したが，これらはすでに化学の入門課程でなじんでいるはずである．単原子種では，酸化数と電荷数とが同じになる．

反応エンタルピーに対する寄与の一つは，$\frac{1}{2}X_2$ が X^- に変化する過程から来る．フッ素は塩素よりも電子親和力が弱いが，F_2 の結合エンタルピーの方が Cl_2 の結合エンタルピーより小さいので，この過程は X=F の場合の方が X=Cl の場合より発熱的である．しかし，おもな役割を演じるのは格子エンタルピーである．MX が MX_2 になるときにカチオンの電荷数は +1 から +2 に増えるから，格子エンタルピーが増加する．アニオンの半径が大きいと，このときの格子エンタルピーの増え方は少なくなる．したがって，反応エンタルピーに対する寄与分も減少する．このようなわけで，ハロゲンが F から I になるにつれて，格子エンタルピーの差も X^- の生成エンタルピーも，ともに上の反応の発熱性を少なくする方向に働く．したがって，エントロピー項が同程度であれば，17族で X=F から X=I へと下がって行くにつれて，MX_2 に対する MX の熱力学的安定性が増加すると期待される．

高酸化状態のカチオンは小さいアニオンによって安定化される．

(c) 溶 解 度

格子エンタルピーは溶解度においても一つの役割を演じるが，これを解析するのは反応の場合よりはるかに難しい．広く成り立つ一般的な規則の一つは，半径の違いが大きいイオンを含む化合物は一般に水に溶けやすいということである．逆に，同じくらいの半径のイオンから成る塩は水に溶けにくい．つまり，一般に，大きさが違うことは水に対する溶解性を増す．経験上，イオン性化合物 MX は，M^+ の半径が X^- の半径より約 80 pm 小さいときに最もよく溶ける傾向があることが知られている．

この傾向の例として，二つのよく知られた系列をあげよう．重量分析では SO_4^{2-} を沈殿させるのに Ba^{2+} が用いられる．このように，2族金属の場合，硫酸塩の溶解度は $MgSO_4$ から $BaSO_4$ へと減少するが，水酸化物の溶解度は，逆に，周期表の下へ行くほど大きくなる．$Mg(OH)_2$ は"マグネシア乳"といわれているように難溶性であるが，$Ba(OH)_2$ は OH^- を含む溶液をつくるのに用いられる可溶性水酸化物である．第一の例は，大きなアニオンを沈殿させるには大きなカチオンが必要であることを示し，第二の例は，小さなアニオンを沈殿させるには小さいカチオンが必要であることを示している．

このことの説明を試みる前に，イオン性化合物の溶解度は，つぎの反応の標準反応ギブズエネルギーで決まることに注意しよう．

$$MX(s) \longrightarrow M^+(aq) + X^-(aq)$$

この過程では，MX の格子エンタルピーの原因であるイオン間の相互作用がイオンの水和（一般的には溶媒和）で置き換えられる．この反応のエンタルピーとエントロピーとの釣り合いは微妙で正確に見積もることが難しい．塩が溶けるとそれによって溶媒の分子の秩序性が変化するので，そのこともエントロピー変化にかかわってくるから，とりわけ難しい

のである．図2・28は，アニオン・カチオンの水和エンタルピーの差と溶解エンタルピーとの間に相関があることを示している．このことは，少なくともある場合には，エンタルピーの効果が重要であることを示唆している．すなわち，カチオンの水和エンタルピーとアニオンの水和エンタルピーとの違いが大きいときには，塩の溶解は発熱過程になる（つまり，溶けやすくなる）．水和エンタルピーの差はイオンの大きさの差を反映しているから，このことは結局，イオンの大きさの違いと溶解度との関係を示していることになる．

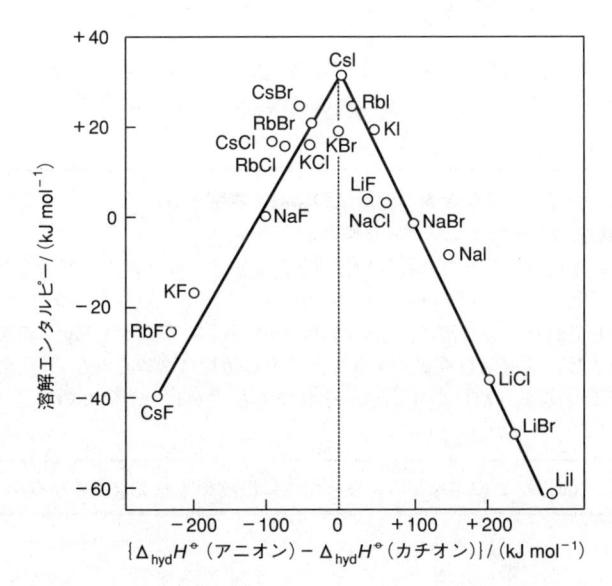

図 2・28 ハロゲン化物の溶解エンタルピーとイオンの水和エンタルピー（$\Delta_{\text{hyd}}H^\ominus$）の差との相関関係．水和エンタルピーの違いが大きいと溶解過程は発熱性になる．

イオンの大きさによる溶解エンタルピーの違いは，以下のように，イオンモデルで説明できる．格子エンタルピーはイオン間の距離に反比例する．

$$\Delta_l H^\ominus \propto \frac{1}{r_+ + r_-} \tag{12a}$$

一方，水和エンタルピーは，それぞれのイオンの水和エンタルピーの和である＊．したがって，両イオンの電荷数の絶対値が等しいときは

$$-\Delta_{\text{hyd}}H^\ominus \propto \frac{1}{r_+} + \frac{1}{r_-} \tag{12b}$$

＊ 訳注：それぞれのイオンの水和エンタルピーはイオン半径に反比例すると考える．

となる．もし，片方のイオンが小さければ，水和エンタルピーのそのイオンの項の絶対値は大きくなる．しかし，格子エンタルピーの方では，小さい方のイオンはそれほど効かない．したがって，片方のイオンが小さければ，水和エンタルピーは大きな負の値になるが，格子エンタルピーはそれほど大きくならない．このようなわけで，イオンの大きさが違っていれば，溶解過程は発熱性になる．しかしながら，両方のイオンがともに小さいと，格子エンタルピーも水和エンタルピーの絶対値も両方とも大きくなるので，溶解反応はそれほど著しく発熱的にならないであろう．

互いに半径が大きく異なるカチオンとアニオンとを含む化合物は，一般に水に溶ける．逆に，同じくらいの半径のイオンの塩は溶けにくい．

例題 2・8　s-ブロック化合物の溶解度の傾向を説明する．

2族金属の炭酸塩の溶解度にはどんな傾向があるか．

解　CO_3^{2-} は半径が大きく，電荷数の絶対値は2族元素のカチオン M^{2+} と同じく2である．2族の炭酸塩のうち最も溶けにくいと予想されるのは，最も大きなカチオン Ra^{2+} の塩であると予想される．最も溶けやすいのは，最も小さいカチオン Mg^{2+} の炭酸塩であろう（ベリリウムは，共有結合性が強すぎて，この議論には含められない）．炭酸マグネシウムは炭酸ラジウムより溶けやすいが，それでもわずかしか溶けない．溶解度積は $3\times 10^{-8} \, mol^2 \, dm^{-6}$ にすぎない*．

問題 2・8　$NaClO_4$ と $KClO_4$ とのどちらが水に溶けやすいと予想されるか．

参考書

本書と同程度のレベルの固体無機化学に関する入門書として：

U. Müller, "Inorganic structural chemistry," Wiley, New York (1993). 第1～6章は典型的な構造とイオン性固体中の結合様式を紹介する．

D. M. Adams, "Inorganic solids," Wiley, New York (1974).

A. R. West, "Solid state chemistry and its applications," Wiley, New York (1984).

M. F. C. Ladd, "Chemical bonding in solids and fluids," Ellis Horwood, New York (1994).

P. A. Cox, "The electronic structure and chemistry of solids," Oxford University Press (1987).

M. F. C. Ladd, "Structure and bonding in solid state chemistry," Ellis Horwood, New York (1979).

膨大な数の元素，化合物の構造を概観した標準的参考書として：

A. F. Wells, "Structural inorganic chemistry, 5th Ed.," Clarendon Press, Oxford (1984).

---

* 訳注：$MgCO_3$ には，いくつかの水和物もあるが，いずれの溶解度積も $10^{-5} \, mol^2 \, dm^{-6}$ 程度の値が記載されている．

化学熱力学の無機化学への応用に関する入門書として，つぎの二つは配慮の行き届いた役に立つ教科書である．

W. E. Dasent, "Inorganic energetics," Cambridge University Press (1982).

D. A. Johnson, "Some thermodynamic aspects of inorganic chemistry, 2nd Ed.," Cambridge University Press (1982)〔初版 (1968) の邦訳は，玉虫伶太，橋谷卓成共訳，"無機化学——その熱力学的な取扱い"，培風館 (1970)〕．

つぎも興味深い．

J. K. Burdett, "Chemical bonding in solids," Oxford University Press (1995).

P. A. Cox, "Transition metal oxides," Oxford University Press (1992).

練 習 問 題

2・1 最密充填層を重ね合わせたとき，必ずしも最密充填構造にならない重ね方は，つぎのうちどれか．
(a) ABCABC⋯　(b) ABAC⋯　(c) ABBA⋯
(d) ABCBC⋯　(e) ABABC⋯　(f) ABCCB⋯

2・2 最密充填層を描き，この上に重ねるB層の原子の位置を⊗で描き入れよ．さらに，fcc格子のC層の原子の位置を◯で描き入れよ．

2・3 (a) 多形とポリタイプとはどう違うか．(b) それぞれの例を一つあげよ．

2・4 炭化タングステンWCは侵入型合金で塩化ナトリウム型構造をとる．これを最密充填構造の間隙で表せ．

2・5 RbClは温度によって塩化ナトリウム型構造か塩化セシウム型構造をとる．
(a) それぞれの構造中のカチオンとアニオンの配位数はいくつか．
(b) Rbの見かけの半径が大きいのはどちらの構造か．

2・6 ReO_3は立方体型の構造で，単位格子の頂点にRe原子があり，各辺のRe−Reの中点に1個ずつOがある．この単位格子の略図を描き，
(a) カチオンとアニオンとの配位数を決めよ．
(b) ReO_3構造の中心に1個のカチオンを入れたときの構造は，どの種類のものか．

2・7 周期表のs-ブロックおよびp-ブロックを書き，イオンモデルがよく成り立つ固体のカチオンおよびアニオン（いずれも単原子イオン）になる元素の位置を示せ．それぞれの元素名を書け．

2・8 塩化ナトリウム型構造を考える．
(a) カチオンおよびアニオンの配位数はいくつか．
(b) あるNa^+の第二近接イオンの位置を占めるNa^+イオンは何個か．
(c) Cl^-イオンが最密充填で並んでいる面はどれか（ヒント：この六角形対称の面は3回回転軸*に垂直である）．

2・9 塩化セシウム型構造を考える．

---

* 訳注：3回回転軸については§4・1をみよ．

(a) カチオンおよびアニオンの配位数はいくつか.
(b) ある Cs^+ イオンの第二近接イオンの位置を占める Cs^+ イオンは何個あるか.

2・10 (a) CsCl 単位格子中には Cs^+ イオンと Cl^- イオンとがそれぞれ何個あるか.
(b) セン亜鉛鉱型単位格子には, Zn^{2+} イオンと S^{2-} イオンとがそれぞれ何個あるか.

2・11 ルチル(TiO_2, 図 2・16)の化学組成と構造とが一致していることを確かめよ.

2・12 図 2・17 は $CaTiO_3$ のペロブスカイト型構造を示す. この構造と化学組成とが一致していることを確かめよ.

2・13 CsCl 構造から Cs^+ イオンの半数を取除いて, 各 Cl^- イオンが四面体形配位になるようにして MX_2 構造をつくったとする. こうしてできる MX_2 構造は何であるか.

2・14 つぎの物質はいずれも塩化ナトリウム型の結晶をつくる. それぞれの単位格子の1辺の長さを括弧内に示した. カチオンのイオン半径を求めよ (Se^{2-} のイオン半径は, MgSe 中で Se^{2-} が接触しているとして求めよ).

MgSe (545 pm), CaSe (591 pm), SrSe (623 pm), BaSe (662 pm)

2・15 図 2・22 の構造マップを用いて, つぎの化合物中のカチオンおよびアニオンの配位数を予想せよ. 実際は LiF, PbBr, SrS が (6, 6) 配位, BeO では (4, 4) 配位である. 予測と実際との食い違いがあれば, その原因として何が考えられるか.

(a) LiF   (b) RbBr   (c) SrS   (d) BeO

2・16 (a) 仮想的化合物 KF_2 が CaF_2 構造であると仮定して, その標準生成エンタルピーを計算せよ. 格子エンタルピーは Born-Mayer 式を用いて求め, K^{2+} のイオン半径は表 1・5 の傾向を補外して推定せよ. イオン化エンタルピーおよび電子親和力は表 1・6 および表 1・7 にある.
(b) 格子エンタルピーは有利なのにもかかわらずこの化合物ができないのは, どの因子によるか.

2・17 イオン性化合物の格子エンタルピーの大部分は, 隣接しているカチオンとアニオンとのクーロン引力による. このことを念頭において, つぎの化合物の格子エンタルピーの大きさの順も推定せよ. これらの化合物は, いずれも塩化ナトリウム型構造をとる. 判断の理由も述べよ.

(a) MgO   (b) NaCl   (c) LiF

2・18 つぎの (a), (b) は, それぞれ同じ構造の化合物の組合わせである. 各組のうちどちらの化合物の方が低温で熱分解すると考えられるか. 理由を述べよ.
(a) $MgCO_3$ と $CaCO_3$ (分解生成物は $MO + CO_2$)
(b) CsI_3 と $N(CH_3)_4I_3$ (どちらも I_3^- を含んでおり, 分解生成物は $MI + I_2$. $N(CH_3)_4^+$ の半径は Cs^+ の半径よりずっと大きい).

2・19 つぎの各組でどちらの方が水によく溶けそうか.
(a) $SrSO_4$ と $MgSO_4$ (b) NaF と $NaBF_4$

演習問題

2・1 MoS_2 では, S 原子の最密充填層が真上に重なって AAA… のようになっており,

Mo原子が六配位の間隙を占めている．このMo原子は，S原子の三角柱で囲まれていることを示せ．

2・2 剛体球を積み重ねたとき，全体積中で球によって占められている空間の最大値がつぎのようになることを示せ．

(a) 単純立方格子，0.52 (b) bcc，0.68 (c) fcc，0.74

2・3 アルカリ土類金属の通常の酸化数は+2である．Born-Mayer式とBorn-Haberサイクルとを使って，CaClが発熱性($\Delta_f H^\circ < 0$)の化合物であることを示せ．Ca^+のイオン半径は適当な類推によって推定せよ．また，Ca(s)の昇華エンタルピーは176 kJ mol^{-1}である．CaClが実在しないということは

$$2\,CaCl(s) \longrightarrow Ca(s) + CaCl_2(s)$$

の標準反応エンタルピーによって説明できることを示せ．

2・4 固体Xe（融点-112℃）のような最密充塡構造について，隣接原子の数，1原子当たりの四面体間隙の数，および1原子当たりの八面体間隙の数を示せ．

2・5 水中の炭酸イオンを定量的に沈殿させるために適切なカチオンを推奨せよ．その根拠を述べよ．

2・6 金属ナトリウムは，25℃，1 atmで体心立方構造をとる．この条件下でのナトリウムの密度は0.97 g cm^{-3}である．単位格子の1辺の長さはいくらか．

2・7 Na^+のイオン半径を調べると，一つの表の中にいくつかの値があげてある．これは，科学者がイオン半径を推定するのに人によって異なる方法を用いたからではなく，もっと根本的な理由による．このことを説明せよ．

2・8 硫化亜鉛には普通，立方型と六方型との2種の多形がある．Madelung定数の解析だけに基づけば，どちらの多形の方が安定であろうか．Zn-Sの距離は，どちらの多形でも同じと仮定せよ．

2・9 (a) Born-Mayer式で求めた格子エネルギーと実験値との一致は，LiClの方がAgClに比べてかなりよい．これはなぜか説明せよ．両者とも塩化ナトリウム型構造である．(b) 1個の2価カチオンと2個の1価アニオンとから成る化合物で同じような挙動を示すと思われる対を選べ．

3

分子構造と結合

無機化学における構造および反応の解釈は，半定量的モデルに基づくことが多い．Lewis構造のような図形による表現法は，結合と構造とを関係づけるのに大いに役立つことがあり広く用いられているので，そのおもなところを復習する．さらに，原子価結合と分子軌道との概念を用いれば，分子を形づくっている結合の半定量的モデルを描き出すことができる．そこで，この章の大部分は，この方法の紹介に当てる．定性的モデル，実験，計算の三者がどのようにかかわりあうかについては，この章ならびに以下の章でみることになる．

無機化学という学問の大部分は，化合物の化学的特性をその電子構造とうまく関連づけられるかどうかにかかっている．共有結合に関する最も基礎的な考え——これが本章の話題であるが——は，電子対の共有ということである．この考え方を最初にG. N. Lewisが導入したのは1916年のことであった．そのとき以来，結合に関するわれわれの理解は，実験的にも理論的にも著しく豊かになった．これには，分子軌道理論の発展に負うところが大きい．本章では，初歩的ながら役に立つLewis理論を復習し，現代の理論がどのようにLewis理論の精神を汲みとりそれを超えて発展させているかを示そう．

Lewis構造：復習

Lewisは，隣り合った2個の原子が1対の電子を共有すると**共有結合**[a]ができるという考えを提出した．この共有された1対の電子をA—Bのように表す．二重結合（A=B）および三重結合（A≡B）は，それぞれ，2対および3対の共有電子対を表す．共有されていないで一つの原子上に残っている価電子の対を**孤立電子対**[*, b]という．孤立電子対は，結合に直接寄与しないが，分子の形や化学的性質には影響を与える．

---

* 訳注：非共有電子対（unshared electron pair）または非結合電子対（nonbonding electron pair）ともいう．
a) covalent bond b) lone pair

3・1 オクテット則

Lewis は，各原子はその価電子が計 8 個になるように隣り合う他の原子と電子を共有するという規則によって，種々さまざまな分子の存在が説明できることを見いだした．この規則が**オクテット則**（八隅子則）[a]である．§1・7 で見たように，原子価殻の s 副殻および p 副殻に 8 個の電子が入ると希ガス型の閉殻電子配置ができる．ただし，水素原子は例外で，原子価殻である 1s 軌道を満たすのに 2 電子が入るだけでよい．

オクテット則を使うと，分子中の結合と孤立電子対との様子を示す図式――これを **Lewis 構造**[b]という――を簡単に描くことができる．Lewis 構造を組立てるには，ほとんどの場合，つぎの三つの段階を踏めばよい．

1. Lewis 構造の中に組入れる電子の数を決める．これには各原子の価電子をすべて加え合わせればよい．

各原子は，全部の価電子を提供する（たとえば，H は 1 個，O は $[He](2s)^2(2p)^4$ だから 6 個）．アニオンでは電荷数の分だけ電子を加え，カチオンでは電荷数の分だけ減らす．

2. 各原子のつながり方に応じて元素記号を書く．

たいていの場合，原子の並び方はわかっているか，さもなければ，合理的に推定できる．電気陰性度の低い原子（たとえば，CO_2 および SO_4^{2-} では，それぞれ C および S）が，分子の中心原子になるのが普通である．しかし，H_2O や NH_3 のようなよく知られた例外も多い．

3. まず電子を対にして，互いに結合している 1 組の原子の間に 1 対ずつ振り分ける．つぎに，各原子が 8 電子をもつように，残りの電子対を（多重結合または孤立電子対をつくって）加える．

そのうえで，結合をつくっている電子対をそれぞれ 1 本ずつの線で表す．多原子イオンの場合，イオン電荷は，特定の個々の原子ではなく，イオン全体がもっているものとする．

例題 3・1 Lewis 構造を書くこと．
BF_4^- イオンの Lewis 構造を書け．
解 原子が出す価電子の数は $3+(4\times7)=31$ で，1 価のアニオンだから，もう 1 個の電子がある．したがって，計 32 個の電子を 16 対として 5 個の原子の周りに割り振る．解の一つは **1** である．負電荷は個々の原子にではなく，イオン全体に割り当てる．

$$\begin{bmatrix} & :\ddot{F}: & \\ & | & \\ :\ddot{F}- & B & -\ddot{F}: \\ & | & \\ & :\ddot{F}: & \end{bmatrix}^{-}$$

1 BF_4^-

---

a) octet rule   b) Lewis structure

問題 3・1 PCl_3 分子の Lewis 構造を書け.

よく知られた分子および多原子イオンの Lewis 構造の例を表 3・1 に示す. Lewis 構造は, 結合と孤立電子対との様子を示すだけで, 単純な場合は別にして, 分子の形を描くものでない. つまり原子間のつながり方を示すが, 幾何学的な形を示すものではない. たとえば, BF_4^- イオンは, 平面四角形ではなく正四面体形(**2**)であり, PF_3 は三方錐形(**3**)である.

> 1本の共有結合は, 1個の共有電子対である. 原子は価電子が8個になるまで電子対を共有する.

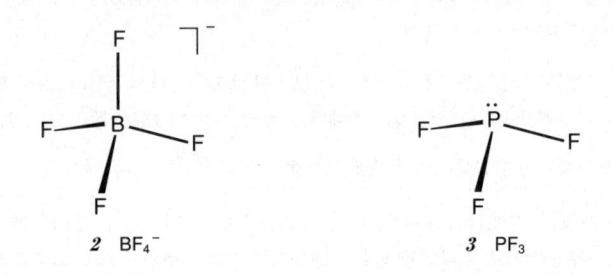

2 BF_4^-

3 PF_3

表 3・1 いくつかの普通の分子の Lewis 構造[†]

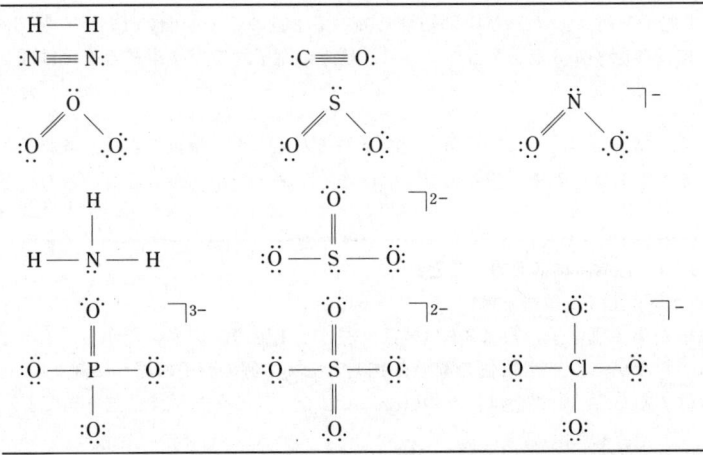

† 共鳴構造のうち代表的なものだけをあげた. 形を示したのは二原子分子および三原子分子のみ. オクテットの拡張については p.107 で取扱う.

(a) 共　鳴

一つだけの Lewis 構造では分子を表すのに不十分なことが多い. たとえば, O_3(**4**)の

Lewis 構造では，二つの OO 結合が異なっているような印象を与えるがこれは誤りで，実際には 2 本ともまったく同じ結合距離（128 pm）である．

$$:\ddot{\text{O}}-\ddot{\text{O}}=\ddot{\text{O}}$$

$4 \quad \text{O}_3$

この 128 pm という値は，典型的な O−O 単結合（148 pm）と O=O 二重結合（121 pm）との中間である．この不都合を克服するために導入されたのが，**共鳴**[a] という考え方である．すなわち，与えられた原子の配列に対して書ける Lewis 構造すべてを混ぜ合わせたものが実際の分子構造であると考える．

共鳴を示すには ↔ が用いられる．

$$:\ddot{\text{O}}-\ddot{\text{O}}=\ddot{\text{O}} \longleftrightarrow \ddot{\text{O}}=\ddot{\text{O}}-\ddot{\text{O}}:$$

共鳴というのは，いくつかの構造の間を行ったり来たりしているのではなく，それらの構造を重ね合わせた一つのものである．量子力学的には，各 Lewis 構造の電子分布は波動関数で表される．分子の実際の波動関数 ψ は，各 Lewis 構造の波動関数の重ね合わせである[1]．

$$\psi = \psi(\text{O}-\text{O}=\text{O}) + \psi(\text{O}=\text{O}-\text{O})$$

右辺第 1 項は O_3 の右側の 2 個の酸素原子間に二重結合がある電子分布を表す波動関数，第 2 項は左側に二重結合がある電子分布を表す波動関数である．どちらの構造もエネルギーは同じであるから，ψ はこれらの構造のそれぞれからの同等の寄与を重ね合わせたものとして書かれる．二つ以上の Lewis 構造を混ぜ合わせた構造を**共鳴混成体**[b] とよぶ．共鳴が起こるのは，電子の割り付け方だけが違う構造の間であることに注意しなければならない．原子自身の位置が違う構造の間では共鳴は起こらない．たとえば，SOO と OSO との間に共鳴は起こらない．

共鳴にはおもにつぎの二つの効果がある．

1. 分子中の結合の性質を平均化する．
2. 共鳴混成体構造のエネルギーは共鳴にあずかる個々の Lewis 構造のどれよりも低くなる．

今の例では O_3 の共鳴混成体のエネルギーは，上の二つの構造のそれぞれのエネルギーより低い．O_3 のように，分子を表す構造がいくつかあって，そのそれぞれが同じエネルギーをもっている場合に，共鳴は最も大きな効果をもつ．こういう場合には，エネルギー

---

1) 次式の波動関数は規格化されていない．本書では，波動関数の線形結合の形をみやすくするため，規格化定数を省略する場合が多い．右辺の波動関数は，原子価結合理論で導かれる．この点については後述する．

a）resonance b）resonance hybrid

の等しい個々の構造はいずれも全体の構造に対して同じ大きさの寄与をする.

エネルギーの違う構造も，程度の差はあれ，共鳴混成体に寄与をするが，一般に，二つのLewis構造のエネルギーの差が大きくなるほど，高エネルギー構造の寄与は小さくなる．BF_3分子を例にとると，これは**5**に示したような構造の共鳴混成体と考えることもできるが，左端の構造（このB原子はオクテット則を満足していないけれども）はエネルギーが低いので支配的になる．したがって，BF_3はおもにB–F単結合をもち，それに二重結合性が少し混ざったものとみなすことができる．これに対し，NO_3^-イオン(**6**)では，右側の三つの構造が支配的であるから，このイオンは部分的に二重結合性をもつものとして扱われる．

5 BF_3

6 NO_3^-

いくつかのLewis構造の間の共鳴を考えると，分子エネルギーの計算値が低くなる．共鳴は，個々のLewis構造が表す結合特性を分子全体に振り分けることによって現実の分子内の結合を描き出すモデルである．Lewis構造がいくつかあって，それらのエネルギーが互いに近いほど，共鳴による安定化が大きくなる．

(b) 形 式 電 荷

どのLewis構造が最低エネルギーをもち，したがって，共鳴に支配的に寄与するであろうか．これは，各原子の**形式電荷**[a] f を使うと簡便に決めることができる．Lewis構造の各原子の形式電荷とは，各共有電子対の電子を結合している二つの原子が等分に分け合ったとしたとき，すなわち，結合が完全に共有性であるとしたときその原子がもつはずの正味の電荷*である．言い換えれば，各原子は，結合をつくっている電子対のうちの1個の電子を"自家用"としてもつことにする．孤立電子対は，2個の電子ともこの原子の持ち物とする．したがって，形式電荷は，"完全共有"結合モデルに基づいて各原子がもつ正味の電荷であり，あるLewis構造をつくる際に，原子がいくつ電子を得たか失ったかを示す

---

* 訳注：ここで定義されている形式電荷は，電荷そのものではなく（電荷）/（電気素量）で，正しくは"形式電荷数（formal charge number）"とよぶべきものである．

a) formal charge

尺度である．式で書けば

$$f = V - L - \frac{1}{2}P \tag{1}$$

である．ここで，V はその原子の価電子数，L は Lewis 構造中で孤立電子対になっている電子の数，P は相手の原子と共有している電子の数である．すなわち，遊離原子の価電子の数からその原子が分子中でもっている電子の数を引いたものが形式電荷である．ここで，"分子中でもっている電子の数"とは，その原子が，各共有電子対当たり1個の電子と（もしあれば）孤立電子対当たり2個の電子とをもっているとして数えた電子数である（図 3・1）．ある程度理想化した意味では，ある原子が他の原子と完全な共有結合をつくるときに獲得したりまたは失ったりする電子の数が形式電荷である．形式電荷の合計は，その化学種の全電荷数に当たる（中性分子なら当然 0 になる）．

たいていの場合，最低エネルギーの Lewis 構造は，(1) 原子上の形式電荷が最も少なく，(2) 電気的陰性の強い原子に負の形式電荷が，電気的陰性の弱い原子に正の形式電荷が割り当てられるような構造である．

形式電荷とは，もし電子が完全に等しく共有されていたとしたとき各原子がもつはずの電荷である．形式電荷の小さい Lewis 構造は，たいてい最低エネルギーの構造である．

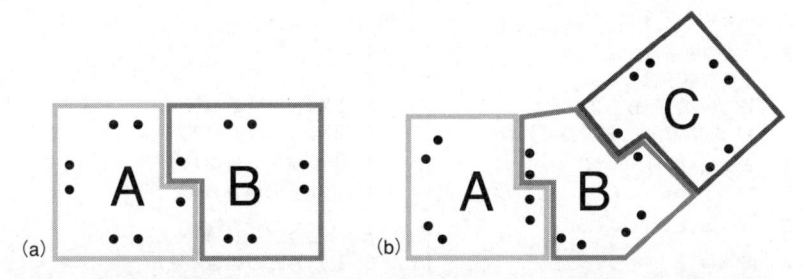

図 3・1 形式電荷の計算法の説明図．(a) A−B という Lewis 構造の二原子分子において，結合電子と孤立電子対の電子とをどう割り振るかを区分線で示す．(b) A=B−C という Lewis 構造の三原子分子の場合．このようにして得られた各原子の電子数とその原子が遊離の中性原子であるときの電子数との差が形式電荷である．

例題 3・2 共鳴構造を書く．
$NF(O)_2$ 分子の共鳴構造を書き，最も支配的な構造を示せ．

解 四つの Lewis 構造と形式電荷とは **7** のようになる．F 原子上に正電荷がある構造，また，N 原子上に大きな正電荷がある構造は，いずれも低エネルギーであるとは思えない．したがって，N=O 結合をもつ二つの構造が共鳴で支配的となるはずである．

$$\underset{0}{:\overset{-1}{\underset{..}{O}}-\overset{+2}{N}=\overset{-1}{\underset{..}{O}:}} \quad \underset{0}{:\overset{-1}{\underset{..}{O}}-\overset{+1}{N}=\overset{0}{\underset{..}{O}:}} \quad \underset{0}{:\overset{0}{\underset{..}{O}}=\overset{+1}{N}-\overset{-1}{\underset{..}{O}:}} \quad \underset{+1}{:\overset{-1}{\underset{..}{O}}-\overset{+1}{N}=\overset{-1}{\underset{..}{O}:}}$$
$$\overset{|}{:\underset{..}{F}:} \qquad \overset{|}{:\underset{..}{F}:} \qquad \overset{|}{:\underset{..}{F}:} \qquad \overset{||}{:\underset{..}{F}:}$$

7 $NF(O)_2$

問題 3・2 NO_2^- イオンの共鳴構造を書け．

(c) 酸 化 数

　形式電荷は，結合の共有性を誇張した考え方から導かれるパラメーターである．これに対し，結合のイオン性を誇張した考え方から得られるパラメーターが，**酸化数**[a] ω である．酸化数は，電気陰性度の大きい方の原子が結合をつくっている2個の電子を全部とってしまったとしたときに原子がもつはずの電荷数である．したがって，化合物中の酸素原子は（フッ素がない限り）酸化物イオンになると考え，その酸化数を -2 とする．同様に，NO_3^- の構造のイオン性を誇張すれば $[N^{5+}(O^{2-})_3]^-$ となるから，このイオン中の窒素の

表 3・2 酸化数の決め方[†,*]

	酸 化 数
1. ある化学種中の全原子の酸化数の和は，全体の電荷数に等しい	
2. 単体中の原子は	0
3. 1族の原子は 　2族の原子は 　13族の原子(Bを除く)は 　14族の原子(C, Siを除く)は	$+1$ $+2$ $+3$ (EX_3),　$+1$ (EX) $+4$ (EX_4),　$+1$ (EX_2)
4. 水素は	$+1$ (非金属との組合わせ) -1 (金属との組合わせ)
5. フッ素は	-1 (すべての化合物中)
6. 酸素は	-2 (F以外との組合わせ) -1 (過酸化物イオン，O_2^{2-}) $-\frac{1}{2}$ (超酸化物イオン，O_2^-) $-\frac{1}{3}$ (オゾン化物イオン，O_3^-)
7. ハロゲンは	-1 (たいていの化合物中．ただし，相手の元素が酸素または自分よりも電気陰性度の大きいハロゲンである場合を除く)

[†] 酸化数を決めるには，この規則を番号順に適用する．酸化数が決まったところで止める．この規則はすべてを尽くしたものではないが，広範囲な通常の化合物に当てはまる．
[*] 訳注: Eは当該元素，Xはハロゲンなど．

---

[a] oxidation number

酸化数は+5となる．元素にある酸化数を割り付けたときには，その元素がしかじかの**酸化状態**[a]にあるという．たとえば，窒素の酸化数が+5なら，酸化状態+5にあるという．酸化状態を示すには，元素名の後に（ ）に入れたローマ数字をつける．たとえば，窒素（V）．酸化数が負の場合も同様である．そこで，酸化状態-2の酸素は，酸素（$-$II）となる*．

実際に酸化数（また対応する酸化状態）を割り付けるには表3・2の規則を用いる．これらの規則は，"誇張したイオン性構造"での電気陰性度の効果を反映したもので，化合物中の酸素の数が増えると酸化の程度が進む（たとえばNOからNO_3^-になる）という事実と合致している．酸化数のこのような側面については第6章でさらに詳しく取上げる．

例題 3・3 元素の酸化数を決める．
つぎの元素の酸化数はいくつか．
(a) アジ化物イオン N_3^- 中の N　　(b) 過マンガン酸イオン MnO_4^- 中の Mn
解 表3・2の規則を順番に適用する．
(a) 化学種の電荷数は-1，また3個の原子は同一元素だからそれらの酸化数は同じである．したがって $3\omega(N) = -1$，すなわち，$\omega(N) = -\frac{1}{3}$．
(b) 全原子の酸化数の和は-1，すなわち $\omega(Mn) + 4\omega(O) = -1$．$\omega(O) = -2$ だから，$\omega(Mn) = -1 - 4 \times (-2) = +7$．つまり MnO_4^- はマンガン（VII）の化合物である．

問題 3・3 つぎの元素の酸化数はいくつか．
(a) O_2^+ の O　　(b) PO_4^{3-} の P

(d) 超原子価

LiからNeまでの第2周期元素はオクテット則によく従うが，第3周期以降の元素はこれから外れることがある．たとえば，PCl_5の結合では，P原子は原子価殻に10個（各P-Cl結合に1対）の電子をもたなければならない（**8**）．同様にSF_6のF原子がそれぞれ中心のS原子と電子対で結合しているなら，S原子は周りに12個の電子をもたなければならない（**9**）．この種の化学種，つまり周りの電子が8個ではすまなくなるような原子を少なくとも1個含む化合物を**超原子価化合物**[b]とよぶ．ただし，これはどうしても8個を超える価電子をもたなくてはならない化学種のことをいうのであって，共鳴構造のうちにオクテット則ではすまないものを含んでいるだけでは超原子価化合物とはいわない．たとえばSO_4^{2-}の共鳴構造にはS原子価殻に12電子をもつものが含まれるけれども，SO_4^{2-}は超

---

* 訳注：正の酸化数には+符号を付けない．酸化数ゼロのときは数字の0を用いる．元素記号に酸化数を付けるときは右上付きのローマ数字（または0）を用いる．たとえば，N^V，O^{-II}，Os^0．

[a] oxidation state　[b] hypervalent compound

原子価化合物ではない．ある種の化合物では，原子が正常の配位数より多くの配位原子に取囲まれているが必ずしも電子対の共有で結合しているわけではないという配位環境に置かれていることがある．例として，Be_2C 中の八配位の C，$[Co_6C(CO)_{15}]^{2-}$ 中の六配位の C をあげることができる．このような化学種は，超原子価化合物というよりむしろ**超配位化合物**[a]とよぶべきものである．五配位および六配位の B と C とは，かご形化合物やクラスター化合物ならびに広がった構造の固体の金属ホウ化物，炭化物にもみられる（第10章）．

8 PCl_5

9 SF_6

たとえば SF_6 のような超原子価化合物および SO_4^{2-} のある種の共鳴 Lewis 構造のように一般にオクテット則ではすまなくなる場合に関する伝統的な説明では，余分の電子を収容できる空席のある低エネルギーの d 軌道が使えるからだとされてきた．この説明に従えば，P 原子は，空の 3d 軌道を使えば 8 個より多く電子を収容できる．PCl_5 を例にとれば，少なくとも 1 個の 3d 軌道を使わなければならない．そこで，第 2 周期元素の超原子価化合物がめったにないのは，これらの元素の原子価軌道には 2d 軌道がないからだとされてきた．しかし，第 2 周期で超原子価化合物がまれな理由は，小さな中心原子の周りに 4 個より多くの原子を詰め込むのが難しいからだという幾何学的なことの方が大事であって，d 軌道が使えるかどうかは実際のところほとんど関係がないようである．最近の計算結果（後で述べるような種類の）は，伝統的説明が超原子価化合物（たとえば SF_6）における d 軌道の役割を強調しすぎていることを示唆している．d 軌道を使わないで超原子価化合物をどう説明するかは，たとえば §3・12b で述べる．

> 通例のオクテット則で許されるよりも多くの原子との結合である超原子価ならびにオクテット則の拡張を要する共鳴構造は，第 3 周期以下の元素でみられる．

3・2 構造と結合特性

化学結合の特性のうちのあるものは，元素が同じなら違う化合物の中でもほぼ同じになる．たとえば，H_2O 中の 1 本の O–H 結合の強さがわかっていれば，CH_3OH 中の O–H 結合の強さに対して，ある程度安心してその値を使うことができる．ここでは，このような結合の特性のうち最も重要な二つ――結合の長さと強さ――に限って考えよう．

---

[a] hypercoordinate compound

(a) 結 合 距 離

分子中の**平衡結合距離**[a]（平衡結合長ともいう）R_e とは，結合している 2 個の原子の核間距離である[2]．役に立つ正確な結合距離の豊富な情報が文献中にある．これらの大部分は，固体の X 線回折によって得られたものであるが，気相の分子の平衡結合距離は，赤外あるいはマイクロ波分光法または電子線回折で決定するのが普通である．いくつかの典型的な値を表 3・3 に示す．

平衡結合距離は，第一近似としては，結合している 2 個の原子のそれぞれ固有な割り前に振り分けることができる．共有結合に対する各原子の寄与分をその原子の**共有結合半径**[b] という（*10*）（表 3・4）．共有結合半径を用いて，たとえば P−N 結合の長さは 110 pm + 74 pm = 184 pm と予測することができる．実験的には，多くの化合物中での結合距離は 1.8×10^{-10} m に近い．可能な限り実験値を用いるべきであるが，実験データがないときに推定するには，それなりの注意を払えば共有結合半径は役に立つ．

共有結合半径の周期表中での変化の様子は，金属半径およびイオン半径の場合（§1・8a）とほとんど同じで，F の近くで最も小さくなる．その理由も同様である．

共有結合半径の和は，二つの原子の原子芯が接触しているときの核間距離にほぼ等しい．つまり，原子芯の反発力が支配的になり始めるまで価電子が二つの原子を引きつけるのである．したがって，共有結合半径は，結合している原子の接近できる距離を表す．これに対して，互いに隣り合っているが結合していない原子がどこまで近寄れるかを表すのが元素の **van der Waals 半径**[c] である．van der Waals 半径の和は，結合していない二つの原子の原子価殻が接触しているときの核間距離である（*11*）．van der Waals 半径は，分子化合物の結晶中の詰まり方，小さいが折れ曲がりやすい分子の配座，また，生物学的高分子の形において際立った重要性をもつ．

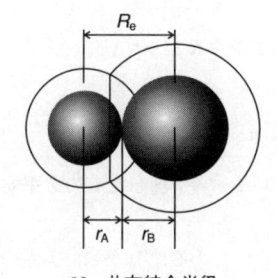

10 共有結合半径

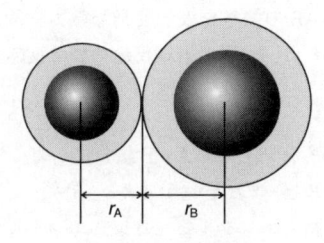

11 van der Waals 半径

---

[2] 分子のポテンシャルエネルギー曲線を導入（§3・4）すると，平衡結合距離はポテンシャル曲線の極小点に対応する核間距離であることがわかる．

[a] equilibrium bond length　[b] covalent radius　[c] van der Waals radius

表 3・3　結合距離の例 †

分子, イオン	R_e/pm	分子, イオン	R_e/pm
H_2^+	106	N_2	109
H_2	74	O_2	121
HF	92	F_2	144
HCl	127	Cl_2	199
HBr	141	I_2	267
HI	160		

† 出典: G. Herzberg, "Spectra of diatomic molecules," Van Nostrand, Princeton (1950).

表 3・4　共有結合半径 (r_{cov}/pm) †

H			
37			
C	**N**	**O**	**F**
77	74	66	64
67(2)	65(2)	57(2)	
60(3)			
Si	**P**	**S**	**Cl**
117	110	104	99
		95(2)	
Ge	**As**	**Se**	**Br**
122	121	117	114
	Sb	**Te**	**I**
	141	137	133

† 括弧内の 2, 3 はそれぞれ, 二重結合, 三重結合の場合の値, 特に注記していないものは単結合の場合の値を示す.

(b) 結合の強さ

結合 AB の強さを表す便利な熱力学的尺度は**結合解離エンタルピー**[a] $\Delta H°(A-B)$ である. これは, つぎの解離反応の標準反応エンタルピーである.

$$A-B(g) \longrightarrow A(g) + B(g)$$

さまざまな分子中の A−B 結合について結合解離エンタルピーを平均したものを**平均結合エンタルピー**[b] B という (表 3・5)*.

平均結合エンタルピーは反応エンタルピーを推定するのに使える. しかし, 実際の化学種についての熱力学データがある限り, 平均結合エンタルピーよりもそのデータを使うべきである. というのは, 同じ 2 種の元素の結合であっても, その結合解離エンタルピーは

＊ 訳注: 単に"結合エンタルピー"というときは, 平均結合エンタルピーを指す場合が多い."結合エネルギー"も同様である.

a) bond dissociation enthalpy　b) mean bond enthalpy

条件によってずいぶん違うので，それらの平均値で議論すると誤った結論に導かれることがあるからである．たとえば，Si−Si 結合解離エンタルピーは，Si_2H_6 中の 226 kJ mol^{-1} から $Si_2(CH_3)_6$ 中の 322 kJ mol^{-1} にわたっている．表3・5にある値は，生成エンタルピーや実際の結合解離エンタルピーのデータが入手できないときに反応エンタルピーを大ざっぱに見積もる場合などに使う最後の手段と考える方がよい．

> 結合の強さは，その解離エンタルピーで測られる．平均結合エンタルピーは，しかるべき注意を払って，反応エンタルピーを推定するのに使うことができる．

表 3・5　平均結合エンタルピー （B/ kJ mol^{-1}）[†]

	H	C	N	O	F	Cl	Br	I	S	P	Si
H	436										
C	412	348 612(2) 518(a)									
N	388	305 613(2) 890(3)	163 409(2) 946(3)								
O	463	360 743(2)	157	146 497(2)							
F	565	484	270	185	155						
Cl	431	338	200	203	254	242					
Br	366	276			219	193					
I	299	238			210	178	151				
S	368	259		496	250	212		264			
P	322								201	480(3)	
Si	318		466								226

[†] 括弧内の 2, 3 は，それぞれ，二重結合，三重結合の場合の値，特に注記していないものは単結合の場合の値を示す．(a) は芳香族における値を表す．

例題 3・4　平均結合エンタルピーを用いて標準反応エンタルピーを推定する．

$SF_4(g)$ から $SF_6(g)$ が生成するときの標準反応エンタルピーを推定せよ．

ただし，25 ℃ における平均結合エンタルピー （kJ mol^{-1} 単位）は，F_2 158，SF_4 343，SF_6 327 とする．

解　反応は

$$SF_4(g) + F_2(g) \longrightarrow SF_6(g)$$

1 mol の SF_6 が生じるには，F−F 結合が 1 mol および S−F 結合 (SF_4 中) が 4 mol 切れなければならない．これに対応するモルエンタルピーの変化は $\{158+(4\times343)\}$ kJ mol^{-1}=

+1530 kJ mol^{-1}. そのとき S–F 結合 (SF$_6$ 中) が 6 mol 生成するが, それに伴うモルエンタルピーの変化は |6×(−327)| kJ mol^{-1} = −1962 kJ mol^{-1}. したがって全体としてのモルエンタルピー変化は

$$\Delta_r H°/\text{kJ mol}^{-1} = +1530 - 1962 = -432$$

となり, この反応は著しい発熱反応であることがわかる. この反応についての実験値は $\Delta_r H° = -434$ kJ mol^{-1} である.

問題 3・4 S$_8$ (環状分子) と H$_2$ とから H$_2$S が生成するときの標準生成エンタルピーを推定せよ.

(c) p-ブロック内における平均結合エンタルピーの傾向

p-ブロック内での平均結合エンタルピーの傾向は, つぎのように要約することができる.

- 元素 E と元素 X との化合物中で, X に孤立電子対がない場合, 平均結合エンタルピー $B(E-X)$ は E が族の下のものほど小さくなる.

たとえば

	$B/(\text{kJ mol}^{-1})$
C–C	348
Si–C	301
Ge–C	242

もう一つの一般的傾向は,

- X 原子上に孤立電子対がある場合でも, 族の下の E ほど $B(E-X)$ は小さくなる. ただし, 族の一番上の元素*は変則で, 第 3 周期の元素より小さい値を示す.

二つの例をあげると

	$B/(\text{kJ mol}^{-1})$		$B/(\text{kJ mol}^{-1})$
N–O	157	C–Cl	338
P–O	368	Si–Cl	401
As–O	330	Ge–Cl	339
		Sn–Cl	314

孤立電子対がある場合, 第 2 周期元素同士の間の単結合が相対的に弱いのは, 隣り合う原

---

* 訳注: 第 2 周期元素. ここでは希ガスは考えていない.

子の孤立電子対が近いので反発しあうからであると説明することが多い.

p-ブロック元素の多くの特徴は平均結合エンタルピーに基づいた議論によって解釈できる（記憶するにも便利である）．たとえば，B−O 単結合の平均結合エンタルピーは 523 kJ mol^{-1} であるのに対して，気体 BO の結合解離エンタルピーは 788 kJ mol^{-1} である．したがって，BO 中のホウ素-酸素結合は少なくとも二重結合あるいは三重結合でなければならない．炭素数が 4 より少ない非環式アルカンは，元素への分解に対して熱力学的に安定であるが，ケイ素の類似体であるシラン（Si$_n$H$_{2n+2}$）は Si(s) と H$_2$(g) とへの分解に対して不安定である．この差異は，C−H 結合の強さが H−H 結合の強さとそれほど違わないのに対して，Si−H 結合は H−H 結合よりずっと弱いことの結果である．一方，Cl$_2$ の Cl−Cl 結合は H$_2$ の H−H 結合より弱く，Si−Cl 結合は Si−H 結合より強い*．したがって，Si$_n$Cl$_{2n+2}$ のような化学式をもつ化合物の存在が期待されるし，実際，$n=10$ のような高位のものが知られている.

P−P 単結合（$B=201$ kJ mol^{-1}）と N−N 単結合（$B=163$ kJ mol^{-1}）も，孤立電子対のある場合にみられる上述の傾向の一例である．しかし，窒素の方がリンよりもはるかに強い多重結合をつくる．リンが P$_4$ 分子（**12**）としてみられるのに対し窒素が N$_2$ 分子（:N≡N:）としてみられるという事実は，この違いで説明することができる．窒素の化合物では**カテネーション**[a]——同じ元素の原子の鎖ができること——がめったに起こらないことは，単結合と三重結合とで結合エンタルピーが大きく異なることで説明される．ヒドラジン H$_2$N-NH$_2$ は著しく吸熱性の化合物（標準生成ギブズエネルギーは $+149$ kJ mol^{-1}）であり，さらに高級なアルカンに当たる窒素化合物は知られていない．

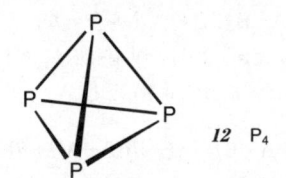

12 P$_4$

16 族でも同様な差異がみられる．S−S 単結合の平均結合エンタルピー（264 kJ mol^{-1}）は O−O 単結合の平均結合エンタルピー（146 kJ mol^{-1}）より大きいが，二重結合化学種である O$_2$ の結合解離エンタルピーは S$_2$ の結合解離エンタルピーよりかなり大きい（それぞれ 498 kJ mol^{-1} および 431 kJ mol^{-1}）．酸素が二原子分子として存在するのに，硫黄の単体が S−S 単結合でできた環状か鎖状の構造であるのはなぜかということは，この結合エンタルピーの違いで説明される．同様に，硫黄はカテネーションで [S−S−S]$^{2-}$ や [S−S−S−S]$^{2-}$ のような化学式をもつポリスルフィドを生じるが，O$_2^{2-}$ より高級のポリ

---

* 訳注：B(Si−Cl) $= 420$ kJ mol^{-1}〔D. A. Johnson 著，玉虫伶太，橋谷卓成訳，"無機化学——その熱力学的な取扱い"，p. 183，培風館（1970）より〕

[a] catenation

オキシドは不安定である．

平均結合エンタルピーを用いる議論を応用すると興味深いのは，**サブ原子価化合物**[a]である．サブ原子価化合物というのは，PH_2 のように，原子価結合理論で許されるよりも結合数の少ない化合物である．PH_2 は，成分原子への解離反応に関しては熱力学的に安定であるが，つぎの反応[3] に対しては不安定である．

$$3\,PH_2(g) \longrightarrow 2\,PH_3(g) + \frac{1}{4}P_4(s)$$

この反応が自発的であるのは，固体のリン（P_4）のP–P結合の強さに由来する．上の反応の左辺と右辺とではP–H結合の数は同じ（6本）だが，左辺にはP–P結合がない．

> 元素Xが化合物中で孤立電子対をもたない場合，E–X結合の平均結合エンタルピーは族の下の方のEほど小さい．X原子上に孤立電子対がある場合には，E–X結合の平均結合エンタルピーは，Eが第2周期から第3周期に下がると大きくなり，そのあと下へ向かって小さくなる．

(d) 電気陰性度と結合エンタルピー

電気陰性度 χ の概念は§1・8dに述べた．そこでみたように，電気陰性度は，化合物中の原子が電子を引きつける力を表す．二つの元素AおよびBの電気陰性度の違いが大きいほど，A–B結合のイオン性が増加する．

Linus Pauling の電気陰性度の元来の定義は，結合形成のエネルギー論的な考え方に由来している．Pauling によると，A–B結合のエネルギーが，A–A結合のエネルギーとB–B結合のエネルギーの平均値より大きいのは，共有結合にイオン性が加わっていることに起因する．X–Y結合のエンタルピーを $B(X–Y)$ とし，

$$\Delta = B(A–B) - \frac{1}{2}\{B(A–A) + B(B–B)\} \tag{2a}$$

と書いて，Pauling は電気陰性度の差を

$$|\chi_P(A) - \chi_P(B)| = 0.102\,\{\Delta/(kJ\,mol^{-1})\}^{1/2} \tag{2b}*$$

と定義した．すなわち，A–B結合のエンタルピーが無極性結合A–AおよびB–Bのエンタルピーの平均よりはっきり大きいようなら，波動関数にかなりイオン性の寄与がある．したがって，両原子の電気陰性度に大きな違いがあると考えるわけである．

---

3) §6・8で導入する用語を使えば，この反応は不均化反応の一例である：$3\,P^{II} \to 2\,P^{III} + P^0$．

* 訳注：係数 0.102 は，元来は結合1個当たりのエネルギーの差を eV 単位で表した値を用いたことに由来する．すなわち $\{\Delta/(N_A\,eV)\}^{1/2} = 0.1018\,\{\Delta/(kJ\,mol^{-1})\}^{1/2}$．

a) subvalent compound

3·3 VSEPRモデル

上のように定義されたPauling電気陰性度は，元素の酸化状態が高くなると大きくなるという点で少しやっかいである（表1・8中の値は各元素の最高酸化状態に対するもの）が，電気陰性度の異なる原子間の結合エンタルピーを推定する場合や結合の極性を定性的に評価する場合に有効である．

> Paulingの電気陰性度は，結合エンタルピーに基づいている．これは，結合エンタルピーを推定したり，結合の極性を定性的に評価する際に役立つ．

3·3 VSEPRモデル

原子価殻電子対反発モデル[a]（VSEPRモデル）は，Lewisの考え方を単純に延長したものであるが，多原子分子の形を予想するのに驚くほどの成功を収めた．この理論は，1940年までの何年間かに Nevil Sidgwick および Herbert Powell によってなされた示唆に端を発し，Ronald Gillespie および Ronald Nyholm によって拡張され現代的な意味づけを与えられた[4]．

(a) 基 本 形

VSEPRモデルは，まず，結合をつくっている電子対，孤立電子対または多重結合に伴う電子が集中したところ――これを高電子密度領域とよぶことにする――は，相互間の反発を最小にするようにできるだけ遠い位置を占めると仮定する．たとえば，4個の高電子密度領域は正四面体の頂点に，5個なら三方両錐の頂点に位置することになる（表3・6）．たとえば，SF_6分子は，Sの周りに6本の単結合があるから八面体形（**13**）となり，5本の単結合のあるPCl_5は三方両錐形（**14**）となることが予想され，実際にそうである．

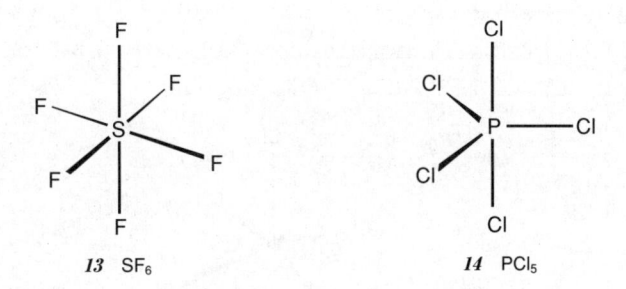

13 SF_6

14 PCl_5

---

4) VSEPR理論に対するすぐれた入門書としては，R. J. Gillespie, I. Hargittai, "The VSEPR model of molecular geometry," Allyn and Bacon, Needham Heights (1991) がある．分子中の電子密度分布およびそれが分子形の決定において演じる役割に関するさらに進んだ考察については，R. F. W. Bader, R. J. Gillespie, P. J. MacDougall, *J. Am. Chem. Soc.*, **110**, 7329 (1988) を参照．

a) <u>v</u>alence-<u>s</u>hell <u>e</u>lectron <u>p</u>air <u>r</u>epulsion model

表 3・6　VSEPR モデルによる高電子密度領域の基本的配置

高電子密度領域の数	配　置
2	直線形
3	平面三角形
4	四面体形
5	三方両錐形
6	八面体形

　分子の形を支配しているのは高電子密度領域つまり結合と孤立電子対の双方であるが，分子形の名前を決めるのは，高電子密度領域ではなく原子の配置である（表3・7）．たとえば，NH_3 分子は四面体形に配置した4個の高電子密度領域をもつが，そのうち1個は孤立電子対であるから，分子自体は三方錐形に分類し，H_2O も同じように四面体形配置の高電子密度領域をもつが，そのうち2個は孤立電子対だから分子形としては折れ線形である．
　VSEPR モデルでは，多重結合も単なる1個の高電子密度領域として扱う．したがって，O＝C＝O が直線形であるということは，C 原子が2個の高電子密度領域をもっていて，これらが一直線上に並ぶと考えれば予想できる．このようなやり方をすれば，どんな共鳴構造を考えるべきかということを悩む必要がなくなる．すなわち，SO_4^{2-} の場合についていえば，SO 結合がすべて単結合で S がオクテット則に従う構造でも，SO 二重結合2本と SO 単結合2本のオクテット則を超えた構造でも，どちらにしても四面体形であることが予測できる．
　VSEPR モデルがきわめて有効なことは事実であるが，この事実以外に，このモデルの基礎である電子密度分布についての仮定が正しいという確たる証拠があるわけではない．さらに基本形のうちには，電子対反発の程度がそれほど違わないものがある．このような場合には，他の要因があれば，全体としてのエネルギーが低くなるような形をとる．たとえば，四方錐形の結合配置は三方両錐形配置に比べて電子対反発エネルギーがわずかしか大きくないので，実際に四方錐形をとる若干の例がある（**15**）．

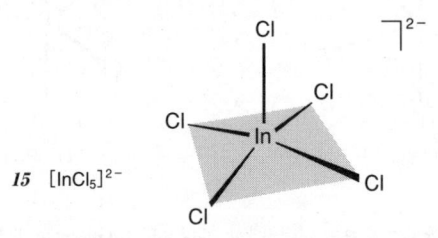

15　$[InCl_5]^{2-}$

　同様に高電子密度領域が7個のときは，同じようなエネルギーの配座がたくさんあるという事情もあって他の場合に比べると予想が難しい．重い p-ブロック元素の場合には，孤立電子対があってもその立体化学的影響は少ない．たとえば，$[SeF_6]^{2-}$ と $[TeCl_6]^{2-}$ とは，Se と Te とが1対の孤立電子対をもつにもかかわらず，八面体形のイオンである．分

表 3・7 分子形の表し方

分子形の表現		形	例
直線形	linear		HCN, CO_2
折れ線形	angular		H_2O, O_3, NO_2^-
平面三角形	trigonal planar		BF_3, SO_3, NO_3^-, CO_3^{2-}
三方錐形	trigonal pyramidal		NH_3, SO_3^{2-}
四面体形	tetrahedral		CH_4, SO_4^{2-}, NSF_3[†]
平面四角形	square planar		XeF_4
四方錐形	square pyramidal		$Sb(Ph)_5$
三方両錐形	trigonal bipyramidal		$PCl_5(g)$, SOF_4[†]
八面体形	octahedral		SF_6, PCl_6^-, $IO(OH)_5$[†]

[†] 近似的な形.

子の形に影響を与えない孤立電子対を**立体化学的に不活性**[a)]であるという.

> VSEPRモデルでは,高電子密度領域が互いにできるだけ離れた位置をとると考える.その結果生じた構造中で原子が占める場所によって分子形が決まる.

---

a) stereochemically inert

(b) 基本形の修正

高電子密度領域の数から分子の基本形が決まったら，結合電子対と孤立電子対との静電反発力の違いを勘定に入れて少し修正する．これらの反発力の大小は一般につぎのようになる．

孤立電子対と孤立電子対 ＞ 孤立電子対と結合領域 ＞ 結合領域と結合領域

初等的な本では，孤立電子対間の反発が強い理由として，孤立電子対の方が結合電子対よりも平均して核の近くにあるから，他の電子対を強く反発するのだろうと説かれているが，本当の理由ははっきりしない．上の順序につけ加えて，もう少し細かくいうと，三方両錐形の場合，1個の孤立電子対がアキシアル[a]（軸方向）かエクアトリアル[b]（赤道面上の方向）かどちらかの位置を選べるときには，結合電子対との反発の少ないエクアトリアル位に来る（図 3・2）．

図 3・2　VSEPR モデル．(a) 三方両錐形のエクアトリアル位にある孤立電子対は二つの結合電子対と強く相互作用するが，(b) アキシアル位にある場合は，三つの結合電子対と強く相互作用し，前者の方が一般的にエネルギーは低い．

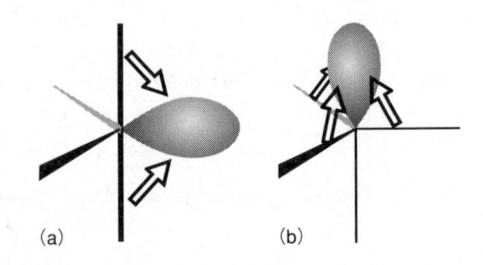

例題 3・5　VSEPR モデルで分子形を予想する．

SF_4 分子の形を予想せよ．

解　まず SF_4 の Lewis 構造 (**16**) を描く．

16　SF_4

この構造は，中心原子の周りに5個の電子対をもち，それらは三方両錐形の配置をとる（表 3・6）．1個の孤立電子対の反発が最小になるのは，アキシアル位——ここだとエクアトリアル位の3個の結合電子対と強く相互作用する——ではなく，エクアトリアル位——ここだとアキシアル位の2個の結合電子対と強く相互作用する——であるから，孤立電子対はここに来る．そして，S–F 結合はいずれも，この孤立電子対から遠ざかるように曲がってシーソーのような形の分子（**17** を横にしてみる）となる．この場合，アキシアル位の結合がシーソーの"板"で，エクトリアル位の2本の結合が"支点"になる．

---

a) axial　　b) equatorial

17 SF$_4$

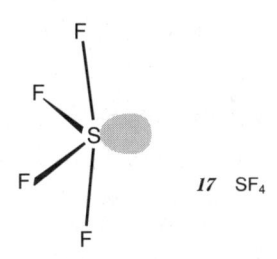

問題 3・5 XeF$_2$の形を予想せよ．

H$_2$OのO－H結合間の角度は，2個の孤立電子対が離れるように，四面体角（109.5°）より少し狭くなるはずで，実際，HOHの結合角は104.5°である．また，NH$_3$のHNH結合角が107°であることも同様に理解されるし，NH$_4^+$になると4本の同じ結合がすべて同等だから正四面体になるはずだということも実際ときれいに合っている．

孤立電子対は，結合電子対よりも強く他の電子対を反発する．

原子価結合理論

原子価結合理論[a]（VB理論）は，最初に発展した化学結合の量子力学的理論であった．これは，Lewisの概念を波動関数の形で言い表すための一つのやり方と考えることができる．VB理論の数値計算上の技法の大部分は，分子軌道法によって取って代わられたが，言葉遣いの多くは，いくつかの概念とともに生き続けている．

3・4 水 素 分 子

2個の水素原子が互いに遠く離れているときには，これらの原子の2個の電子の波動関数は$\phi_A(1)\phi_B(2)$（ここでϕ_Jは原子JのH 1s軌道の波動関数）である．これらの原子が近づいてくると，どちらの電子がどちらの原子上にあるかを知ることは不可能である．したがって，電子2が原子A上にあり電子1が原子B上にある状態に対応する波動関数$\phi_A(2)\phi_B(1)$も，上の波動関数と同じように有効な記述である．これら二つの結果が同程度に確実であるときは，量子力学の示すところによれば，系の状態を正しく記述するには，それぞれの可能性に対応する波動関数の線形結合を用いなければならない．そこで，水素分子を記述するには，上の二つの波動関数のそれぞれ単独ではなく，つぎのような線形結合の方がよい．

---

[a] valence-bond theory

$$\psi = \phi_A(1)\phi_B(2) + \phi_A(2)\phi_B(1) \tag{3}$$

この関数が，H−H 結合の VB 波動関数（規格化してない）である．この結合形成は，2 個の電子が 2 個の核の間の領域に高確率で存在することによって核を結びつけているというようにみることができる．もっと改まった言い方をすれば，$\phi_A(1)\phi_B(2)$ の波形と $\phi_A(2)\phi_B(1)$ の波形とが協調型干渉によって，核間領域で波動関数の振幅が大きくなっているということである．Pauli の排他原理に由来する理由があって，式 (3) に書かれた形の波動関数が記述できるのは，スピンが対になった電子に限られる．それゆえ，VB 理論では，電子対だけが結合に寄与する．

式 (3) の波動関数で表される電子分布は **σ 結合**[a] とよばれる．σ 結合は，二つの核を結ぶ直線に対して軸対称であって，σ 結合中の電子の結合軸周りの軌道角運動量は 0 である．分子のエネルギーが核間距離によってどう変化するかを示した曲線——**分子ポテンシャルエネルギー曲線**[b]——は，核間距離 R を少しずつ変えてエネルギーを計算して求める（図 3・3）．別々の水素原子が，結合のできる距離に近づき，電子が自由に他の原子に移れるようになると，エネルギーはばらばらのときよりも下がってくるが，2 個の核の正電荷間の反発が逆にエネルギーを高める．このエネルギーを高める効果は，R の小さいところで急に強くなる．その結果，分子のポテンシャルエネルギー曲線は，最小点を通った後小さな核間距離のところで急激に上昇する．最小点の深さは D_e で表される．最小点が深いほど，2 個の原子は強く結ばれているわけである*．最小点のところは井戸状になっているが，この井戸側の傾斜は，結合が伸び縮みしたときにエネルギーが変化する度合いであるから，分子振動の周波数を支配する（§4・8）．

図 3・3 分子のポテンシャルエネルギー曲線．分子（核は静止しているものとする）の全エネルギーが核間距離によってどう変わるかを示す．互いに無限に離れて静止している 2 個の原子のエネルギーを 0 にとった．

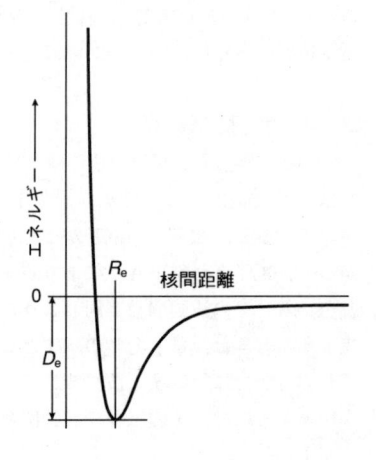

---

* 訳注： D_e は，結合解離エネルギーと関係があるが，そのものではない（§4・8a 参照）．
a) σ bond b) molecular potential energy curve

原子価結合理論では，別々の分子断片の波動関数を式 (3) のように重ね合わせて結合電子対の波動関数をつくる．分子のポテンシャルエネルギー曲線は，分子のエネルギーが核間距離とともにどう変化するかを示す．

3・5 等核二原子分子

水素分子より複雑な**等核二原子分子**[a]（同種の元素の原子が2個結合した分子）も，前節と同じように記述することができる．一例は二窒素 N_2 である．この分子を VB 理論で扱うには，各原子の価電子配置を考える．§1・7 でみたように，これは $(2s)^2(2p_x)^1(2p_y)^1(2p_z)^1$ である．便宜上，2個の核を結ぶ軸を z 軸にとることにすると，各原子の $2p_z$ 軌道は相手の原子の $2p_z$ 軌道の方を向いていて（図 3・4），$2p_x$ 軌道と $2p_y$ 軌道とはこの軸と垂直に向いていることになる．そこで，向き合っている p_z 軌道の二つの電子を対にすれば σ 結合が 1 本できるわけである．この部分の波動関数は，式 (3) で与えられる．ただし，こんどは ϕ_A および ϕ_B が 2 個の $2p_z$ 軌道の波動関数を表す．

残りの $2p_x$, $2p_y$ 軌道は，結合軸に関して軸対称でないから，互いに混ざり合っても σ 軌道をつくるわけにはいかないが，これらの軌道は混ざり合って 2 本の**π 結合**[b]をつくる．p 軌道が 2 個横並びに近寄ってその中の電子のスピンが対になると 1 個の π 結合ができる（図 3・5）．この結合が π とよばれるのは，結合軸方向から眺めると p 軌道にある電子対のようにみえるからである．もっと精確にいうと，π 結合中の 1 個の電子は，結合軸周りに 1 単位の軌道角運動量をもつ．

N_2 には 2 個の π 結合がある．一つは隣り合った 2 個の p_x 軌道でのスピン対形成，もう一つは隣り合った 2 個の p_y 軌道でのスピン対形成によって生じる．そこで，N_2 の全体としての結合の様子は 1 本の σ 結合プラス 2 本の π 結合となる（図 3・6）．これは二窒素の Lewis 構造 :N≡N: とつじつまが合っている．

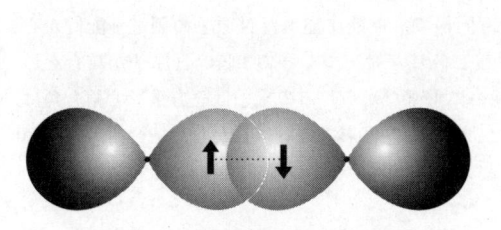

図 3・4 VB 理論における σ 結合の形成．二つの p_z 原子軌道が重なって電子が対をつくる．

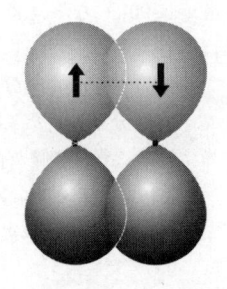

図 3・5 VB 理論における π 結合の形成．隣り合った p 軌道が重なって 2 個の不対電子が対をつくる．

a) homonuclear diatomic molecule b) π bond

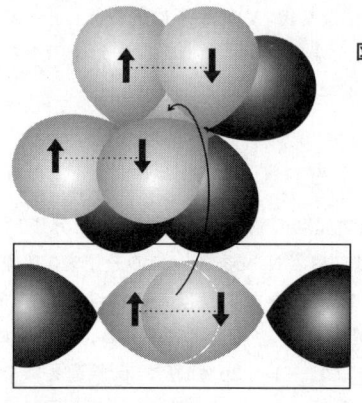

図 3・6 VB理論による二窒素の記述．2個の電子がσ結合をつくり，他の2対の電子がπ結合をつくる．線形分子では，x方向，y方向は特定されないので，π結合の電子密度分布は，結合軸に関して軸対称となる．

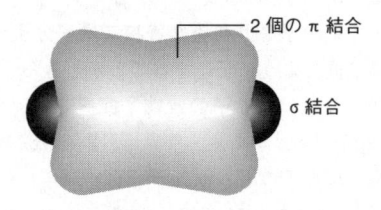

— 2個のπ結合
— σ結合

VB理論では，隣り合った原子の原子軌道で対称性の一致したもの同士の電子が対となってσ軌道とπ軌道とをつくるとして二原子分子を記述する．

3・6 多原子分子

隣り合った原子の原子軌道で結合軸に関して軸対称なものの電子を対にすると1本のσ結合ができる．同様に，隣り合った原子の原子軌道で適当な対称性をもつものを占めている電子を対にするとπ結合ができる．

H_2O を VB 理論で記述することを考えよう．O原子の原子価電子配置は $(2s)^2(2p_x)^2(2p_y)^1(2p_z)^1$ である．二つの O 2p 軌道にある不対電子は，それぞれ H 1s 軌道の電子と対をつくることができ，その組合わせからそれぞれ1個のσ結合ができる（各結合は，その O-H 軸に関して軸対称である）．$2p_x$ と $2p_y$ とは互いに $90°$ になっているから，これら二つのσ軌道も互いに $90°$ になる（図3・7）．それゆえ，H_2O は折れ線形分子であると予想できるし，実際そうである．しかし，VB理論から予想される結合角は $90°$ なのに対し，実際は $104.5°$ である．アンモニア分子の場合も同様で，前節に述べた N 原子の価電子配置からみて，電子が半分詰まった3個の 2p 軌道とスピン対をつくって3個の H 原子が結合をつくると考える．これら3個の p 軌道は互いに垂直だから，この分子は三方錐形で結合角は $90°$ と予想される．アンモニア分子はたしかに三方錐形である．しかし，結合角の実測値は $107°$ である．このような食い違いがどこから生じたかをつぎに論じよう．

(a) 昇 位

VB理論の明らかな欠陥の一つは，炭素が4本の結合をつくれることを説明できないということである．炭素の基底状態電子配置は $(1s)^2(2s)^2(2p_x)^1(2p_y)^1$ である．これから考えると，炭素原子は，4本でなく2本しか結合をつくれなくなってしまう．この不都合は，

昇位[a]ということを考えれば克服できる．昇位とは，高エネルギーの軌道に電子を励起することで，そのためにはエネルギーを必要とするが，結果としてつくりうる結合の数や強さが大きくて投資した分を上回れば十分引き合うことになる．実際には，原子が何らかのやり方で励起され，その後で結合ができるというわけではない．昇位というものは，このような"現実"の過程ではなく，結合形成の際のエネルギー変化に含まれる寄与分である．

炭素の例では，2s 電子の 1 個を 2p 軌道に昇位させれば，原子価電子配置は $(2s)^1(2p_x)^1(2p_y)^1(2p_z)^1$ となって，4 個の不対電子が別々な軌道に入った形になる．これらの電子は，他の 4 個の原子の軌道（たとえば CH_4 なら 4 個の H 1s 軌道）の電子と対になって，4 本の σ 軌道をつくることができる．昇位に要するエネルギーは，2 本の代わりに 4 本の結合ができることで，十分まかなわれて余りある．昇位とそれによる 4 本の結合の形成は，炭素（および 14 族の同族体）の特徴である．これは，二重に占有されていた 2s 軌道から空の 2p 軌道に電子が移るので電子-電子反発が著しく軽減されるため，昇位に要するエネルギーがごく小さくて済むからである．

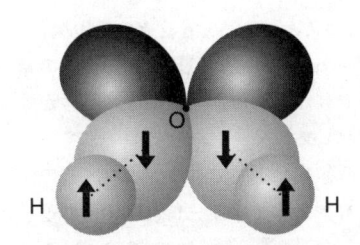

図 3・7 VB 理論による水分子の記述．2 本の σ 結合があり，それぞれは，O 2p 軌道と H 1s 軌道との電子が対になってつくられる．この単純なモデルでは結合角が 90° になる．

> 多原子分子では，各結合が式(3)のような形の波動関数で表される．できる結合の数が多く，全体としてエネルギーが下がるならば，昇位が起こりうる．

(b) 混　成

前節に述べた 14 族元素の AB_4 型分子の結合形成の話は，そのままでは不完全である．というのは，4 本の σ 結合のうち 3 本は ϕ_B と $\phi_{A\,2p}$ とからできる型，もう 1 本は ϕ_B と $\phi_{A\,2s}$ とからできる型と，2 種類のσ結合があるかのようにみえるからである．実際には，結合距離，強さ，形のどれをとっても，4 本の A–B 結合は等価である．

ところで，昇位した原子の電子密度分布は，A 2s 軌道と 3 個の A 2p 軌道との干渉で生じた 4 個の軌道にそれぞれ 1 個の電子が入ったときの電子密度分布と等価である．このことに気づけば上の難点を解決できる．このような干渉を**混成**[b]といい，それで生じた軌道を**混成軌道**[c]という．混成の感じをつかむには，4 個の波動関数を原子を中心とする波になぞらえて，湖水の面を一点から広がっていくさざなみを想像するとよい．これらの波は，

---

a) promotion　b) hybridization　c) hybrid orbital

場所によって強め合ったり打消し合ったりして、四つの新しい形をつくり出すであろう。

4本の同等な混成軌道を与える線形結合の具体的な形は

$$h_1 = s + p_x + p_y + p_z \qquad h_2 = s - p_x - p_y + p_z$$
$$h_3 = s - p_x + p_y - p_z \qquad h_4 = s + p_x - p_y - p_z$$
(4)*

である。成分軌道関数の干渉の結果、それぞれの混成軌道は、正四面体の頂点方向を指す大きな膨らみをもつ(図3・8)。混成軌道の軸が互いになす角は、正四面体角 $\arccos(-\frac{1}{3}) = 109.47°$ である。各混成軌道は、1個のs軌道と3個のp軌道からつくられるから、**sp^3 混成軌道**[a]とよばれる。

ここまで来れば、AB_4 型分子が4本の同等なA−B結合をもつ四面体形分子になることをVB理論でどう説明するかは容易にわかる。昇位したA原子の4個の混成軌道には1個ずつ不対電子がある。この電子と ϕ_B の1個の電子とが対をつくれば四面体の頂点方向を向いたσ結合をつくることができる。混成軌道の成分はいずれも同じだから、これら4本の軌道は、向きの違い以外はまったく同等である。

混成軌道の特徴の一つは、はっきりした方向性をもつことである。p軌道の正領域とs軌道との協調型干渉によって、核間領域の振幅が強められるのがその原因である。この結果、s軌道またはp軌道単独のときよりも強い結合ができる。このように個々の結合が強くなることも、昇位エネルギーをまかなうのに役立っている。

いろいろな形の分子をVB理論で記述するために、分子形に応じてさまざまな成分の混成軌道が用いられる。たとえば、BF_3 のBや NO_3^- のNのような平面三角形化学種の電子分布を表すには sp^2 混成が、直線形化学種にはsp混成が用いられる。表3・8に、いろいろな形の電子分布に対応する混成軌道を示す。

> VB理論では、いろいろな形の電子密度分布を記述するために、それぞれの原子の原子軌道を用いて混成軌道をつくる。

図 3・8 4本の互いに同等な四面体形の sp^3 混成軌道。それぞれ正四面体の頂点の方向を指している。

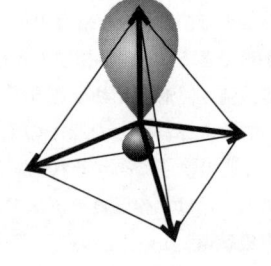

---

* 訳注: s, p_x, p_y, p_z はそれぞれの軌道を表す波動関数である。なお、h_1, h_2, h_3, h_4 は規格化されていない。

a) sp^3 hybrid orbital

3・6 多原子分子

表 3・8 混成軌道の例[†]

配位数	配置	混成軌道の内容
2	直線形	sp, pd, sd,
	折れ線形	sd
3	平面三角形	sp^2, p^2d
	非対称平面形	spd
	三方錐形	pd^2
4	正四面体形	sp^3, sd^3
	ゆがんだ四面体形	spd^2, p^3d, pd^3
	平面四角形	p^2d^2, sp^2d
5	三方両錐形	sp^3d, spd^3
	四方錐形	$sp^2d^2, sd^4, pd^4, p^3d^2$
	平面五角形	p^2d^3
6	八面体形	sp^3d^2
	三角柱形	spd^4, pd^5
	三方逆プリズム	p^3d^3

[†] 出典: H. Eyring, J. Walter, G. E. Kimball, "Quantum chemistry," Wiley, New York (1944).

(c) 等 軌 道 性

混成の概念を使うと,一見関係のなさそうな分子の構造の間に類似性があることをみつけだすことができる.たとえば,$N(CH_3)_3$ は,NH_3 の水素原子をそれぞれ CH_3 で置換した誘導体とみることができる.この水素原子とメチル基のように,構造的に類似した分子断片を,現在の用語では,**アイソローバル**[a)] または **等軌道的**[*] であるといい,この関係を ⌒ の記号で表す.二つの分子断片の最高エネルギー軌道が同じ対称性をもち(上例では,H 1s 軌道と C sp^3 混成軌道のそれぞれとは同じく σ 対称である),エネルギーが似ており,かつ占有電子数が同じ(H 1s と C sp^3 とはそれぞれ 1)であるなら,この二つは等軌道的である.この名前は,分子断片の軌道の形が耳たぶ(lobe)状であることに由来する.後で明らかになるように,等軌道性という概念は,さまざまな観察事実を整理するのに役立つ.

この概念を応用する際には,多くの場合,単純な VB 理論の見方が使える[5)].この観点に立つと,つぎの分子断片が等軌道的であることがわかる.

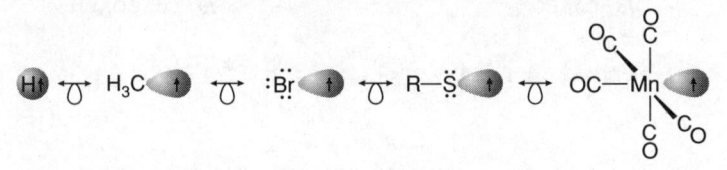

H ⌒ H₃C ⌒ :Br ⌒ R–S̈ ⌒ OC—Mn(CO)₄

ここで ↑ は 1 個の電子を示す(この例では電子が 1 個だが,対応する軌道に電子が 2 個あ

---

5) 分子軌道理論では,等軌道性の概念は局在軌道に適用できる.
 * 訳注:"等軌道的"は公認された訳語ではない.
a) isolobal

る等軌道的断片もありうる）．上の分子断片がみな一つの群に属していることがわかれば，H−H からの類推によって，H_3C-Br とか $(OC)_5Mn-CH_3$ のような分子をつくれるだろうと予想することができる．また，それぞれ1個の電子をもった2個の軌道のある一群の等軌道的分子断片もある．

さらに，3個の軌道をもつ等軌道的断片もある．

このような群があるということは，こういった分子断片からつくられる $cyclo\text{-}C_4H_8$, $O(CH_3)_2$, $N(CH_3)_3$ のような分子があってよいということを示している．実際，これらはいずれも知られている．さらに，例をあげれば $Co_4(CO)_{12}$ (**18**) と $Co_3(CO)_9CH$ (**19**) とがある．しかしながら，等軌道性による類推は気を付けて使わなければならない．たとえば，この論法でいくと，$(OC)_5Mn-O-Mn(CO)_5$ や $(OC)_4Fe=Fe(CO)_4$ も存在するだろうと考えたくなるが，どちらも知られていない．等軌道性に基づく推論は，いろいろな相関関係や新しい分子合成のヒントとして役に立つけれども，実験事実に代わりうるものではない．

18 $Co_4(CO)_{12}$

19 $Co_3(CO)_9CH$

等軌道的な分子断片は，結合様式のヒントに使うことができる．

分子軌道理論

ここでは，原子軌道による原子の記述をごく自然なやり方で**分子軌道**[a]へと拡張する．

---

a) molecular orbital

分子軌道は，原子価理論と対照的に，電子がどのように分子中の全原子上に広がってそれらを結びつけているかを記述する．ここでも本章の精神に従って，分子軌道の概念を定性的に扱い，無機化学者がどのようにして分子の電子状態を議論するか，そのやり方の感覚を伝えるようにしよう．

3・7 分子軌道理論入門

　無機分子に関する理論計算は，現在ほとんどすべて**分子軌道理論**[a]（MO 理論）の枠組みの中で行われている．しかし，VB 理論のいくつかの概念が，定性的な議論にときどき持ち込まれる．まず，等核二原子分子・イオンを考えよう．そこで導入した概念は，**異核二原子分子**[b] ——違う元素の2原子からできている分子——に直ちに拡張される．また，これらの概念は，後の方でみるように，多原子分子や莫大な数の原子やイオンから成る固体にまでも容易に拡張される．二原子分子の扱いで導入する概念の多くは，大きな分子の一部をなしている原子の対にも適用できるから，SF_6 分子中の SF や H_2O_2 分子中の OO のような分子断片についても本節の一部で説明する．

(a) 分子軌道理論で用いる近似

　原子の場合と同じく，まず**軌道近似**[c]を前提として取りかかる．すなわち，分子中にある N 個の電子の波動関数 Ψ が N 個の一電子波動関数 ψ の積によって表されると仮定する：$\Psi = \psi(1)\psi(2)\cdots\psi(N)$．この式は，電子1が波動関数 $\psi(1)$ によって，電子2が波動関数 $\psi(2)$ によって…記述されることを意味していると解釈できる．分子の場合では，これらの一電子波動関数が**分子軌道**である．原子の場合と同様，一電子波動関数の2乗が，分子中におけるその電子の存在確率分布を与える．ある分子軌道にある電子は，軌道の振幅の大きいところに見いだされる確率が高く，軌道の節には存在しない．

　つぎの段階の近似は，ある原子核のそばにいる電子の波動関数はその原子の原子軌道とよく似ているはずであるということに立脚する．たとえば，電子が水素原子核の近くにあるなら，その波動関数は水素の 1s 軌道に近いものであろう．したがって，各原子の原子軌道を重ね合わせれば，十分よい第一近似で分子軌道を組上げることができると考えて差し支えあるまい．これが **LCAO（原子軌道の線形結合**[d]**）近似**とよばれるものである．なお，"線形結合" とは，いくつかの関数を適当な重みをかけて加え合わせたもののことである．

　分子軌道理論の最も初歩的な形では，原子軌道として原子価殻軌道だけを使って分子軌道を組立てる．たとえば，H_2 の分子軌道は，各水素原子の 1s 軌道を加え合わせたもの

$$\psi = c_A \phi_A + c_B \phi_B \tag{5}$$

---

a) molecular orbital theory　　b) heteronuclear diatomic molecule　　c) orbital approximation
d) linear combination of atomic orbital

で近似する．ここで分子軌道を構成する素材になる原子軌道 ϕ —— 基底関数 —— の組のことを**基底系**[a)]あるいは基底関数系という．ここの例では水素原子Aおよび水素原子Bそれぞれの1s軌道が基底系である．また，係数 c は，それぞれの原子軌道が分子軌道に対してどのくらい寄与しているかの割合を示すもので，c^2 の値が大きいほどその原子軌道の寄与が大きいことを意味する．

H_2 分子の線形結合のうち最低エネルギーのものは，各1s軌道が等しい寄与をする（$c_A^2 = c_B^2$）ものである．したがって，この分子軌道にある電子は，どちらの核の近くにも等しい確率で見つかることになる．さて，係数の値を $c_A = c_B = 1$ と指定すれば，

$$\psi_+ = \phi_A + \phi_B \tag{6}$$

である．このすぐ上のエネルギー準位を表す線形結合でも，各1s軌道の寄与は等しい（$c_A^2 = c_B^2$）が係数の符号は逆である（$c_A = +1, c_B = -1$），

$$\psi_- = \phi_A - \phi_B \tag{7}$$

LCAOの係数の符号関係は，分子軌道のエネルギーを決めるうえできわめて重要な役割を演じる．それは，つぎに述べるように，原子軌道が分子のいろいろな場所で協調型干渉を起こすか背反型干渉を起こすか，したがって，その場所で電子密度が増えるか減るかが係数からわかるからである．

あと二つ予備的な注意をしておこう．第一は，二つの原子軌道から二つの分子軌道がつくられるということである．一般に，N 個の原子軌道を基底系とすれば N 個の分子軌道をつくることができる．この点の重要性は後ではっきりするが，たとえば O_2 中の各O原子上にある4個の原子価軌道を用いるなら，全部で8個の原子軌道があるわけだから，8個の分子軌道をつくることができる．第二は，原子のときと同じく，Pauliの排他原理により各分子軌道は電子を2個まで受け入れられ，2個の電子があればそれらのスピンは対になっていなくてはならないということである．たとえば，第2周期の原子2個から成り8個の分子軌道がある二原子分子では，全分子軌道を満たすまでに16個の電子を受け入れることができる．

N 個の原子軌道からできる分子軌道のエネルギーは一般につぎのようになる．分子軌道の一つは，そのもとになった原子軌道のエネルギー準位より下に，もう一つは上にあり，そのほかの分子軌道の準位はこれら二つの間に来る．

> N 個の原子軌道の線形結合をつくることによって N 個の分子軌道がつくられる．線形結合の係数が大きい原子軌道のあたりには電子を見いだす確率が高い．それぞれの分子軌道は，2個までの電子が入ることができる．2個の電子が入ったときは，それらのスピンは対になる．

---

a) basis set

(b) 結合性軌道と反結合性軌道

軌道 ψ_+ は**結合性軌道**[a]の一例である．これがそうよばれるのは，この軌道が電子で占められると分子のエネルギーがばらばらの原子のエネルギーよりも下がるからである．初歩的説明では，ψ_+ が結合性をもつのは，二つの原子軌道が協調型干渉によって強められる結果，原子核の間の空間における波動関数の振幅が高められるからだとされる（図3・9）．ψ_+ を占める電子は，核間領域に見いだされる確率が高く，したがって，両方の核と強い相互作用をもつ．このことからわかるように，一方の軌道が他方の軌道の占める領域にまで広がっていて，その結果，電子が核間領域に見いだされる確率を高めること──これを**軌道の重なり**[b]という──が結合力の起源であると考えられる[6]．

軌道 ψ_- は**反結合性軌道**[c]の一例である．これがそうよばれるのは，この軌道に電子が入ると，二つの原子が別々のときのエネルギーよりも分子のエネルギーが高くなるからである．このように反結合性軌道の電子エネルギーが高くなるのは，原子軌道が打消しあうように干渉することの表れである．すなわち，この背反型干渉のため波動関数の振幅が相殺されて，核の中間に節面が生じることを反映している（図3・10）．そのため，ψ_- を占める電子は，核間領域からほとんど閉め出されて不利な位置にいるように強いられる．一般に，多原子分子の分子軌道のエネルギーは，核間にある節面が多いほど高くなる．エネルギーが高くなるのは，それだけ完全に電子が核と核との間の領域から閉め出されていることの反映である．

H_2 の二つの分子軌道のエネルギー準位を図3・11に示す．この図は**分子軌道エネルギー準位図**[d]の一例である．これら二つの分子軌道間のエネルギー間隔の大きさを示すのは，

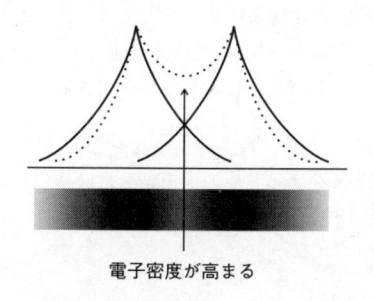

図 3・9 隣り合う原子の原子の協調型干渉により核間領域の電子密度が高まる．

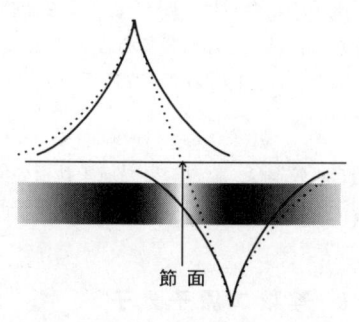

図 3・10 重なり合う原子軌道が逆の位相だと背反型干渉により反結合性分子軌道に節面ができる．

---

6) 分子軌道理論による結合力の起源に関する常識的解釈についての簡明でわかりやすい議論は，Y. Jean, F. Volatron, "An introduction to molecular orbitals," ed. by J. K. Burdett, Oxford University Press, New York (1993) を参照．
a) bonding orbital b) orbital overlap c) antibonding orbital d) molecular orbital energy level diagram

11.4 eV（紫外部の 109 nm）に現れる H_2 の吸収スペクトルである．これは，結合性軌道と反結合性軌道との間の電子遷移に帰属できる．これに対し，ばらばらの原子に対する結合性軌道のエネルギー位置を示すのは，H_2 の解離エネルギー 4.5 eV である．

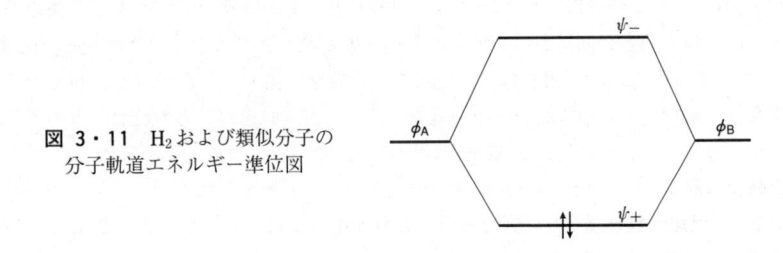

図 3・11 H_2 および類似分子の分子軌道エネルギー準位図

Pauli の排他原理により，一つの分子軌道に入りうる電子の数は 2 個までで，また，これら二つの電子のスピンは対（↑↓）になっていなければならない．Pauli の排他原理こそ，VB 理論におけるのと同様 MO 理論でも，結合形成における電子対の重要性の根源である．MO 理論からいえば分子を安定にしている一つの軌道を占めることのできる電子の最大数は 2 個である．たとえば，H_2 分子が 2 個のばらばらな水素原子より安定なのは，2 個の電子が ψ_+ を占めてエネルギーを下げることができるからである（図 3・11）．結合性軌道の電子が 1 個だけだと結合は弱くなる．しかし，H_2^+ は気相中で一時的に存在し，その解離エネルギーは 2.6 eV である．また，3 個になると 3 番目の電子は反結合性軌道 ψ_- に入って分子を不安定化するから，2 個のときほど有効でない．電子が 4 個になると，ψ_+ 中の 2 個の電子の結合力は，ψ_- を占める 2 個の電子の反結合効果によって完全に打消されてしまうから，結局，結合はできないことになる．だから，結合に使える軌道として 1s しかない場合には，He_2 のような四電子分子が原子への分解反応に対して安定であるとは期待できない．

結合性軌道は，隣り合った原子軌道の協調型干渉によって生じ，反結合性軌道は背反型干渉によって生じる．後者には原子間に節面がある．

3・8 等核二原子分子

二原子分子の構造は，市販のソフトウェアを使えば楽々と計算できるが，そういう計算の予測が妥当かどうかは実験に訴えて調べる必要がある．さらに，実験で得られた情報を参考にして，分子構造に関する深い知見が得られることが多い．分子の電子構造の姿を最も直接に知る方法の一つは光電子分光法である．

(a) 光電子スペクトル

紫外吸収スペクトルは，H_2 よりも複雑な二原子分子の電子構造解析にもきわめて有効

3·8 等核二原子分子

であるが，分子軌道エネルギー準位のもっと直接的な姿をとらえるには**紫外光電子分光法**[a]（UV-PES）*が有効であることが多い．これは，たとえば励起 He が出す 21.2 eV の放射のような"硬い"（高振動数の）紫外線を試料に照射し，それによって分子軌道中からたたき出された電子——**光電子**[b]——の運動エネルギーを測る方法である．振動数 ν の光子のエネルギーは $h\nu$ だから，イオン化エネルギーが I である電子を分子からたたき出したとすれば，その光電子の運動エネルギー E_k は

$$E_k = h\nu - I \tag{8}$$

となるはずである．電子が存在したエネルギー準位が低いほど（つまり，その電子が分子中でしっかりと束縛されているほど），イオン化エネルギーは大きいから，飛び出してきたときの運動エネルギーは低くなる（図 3·12）．光電子スペクトル中の各ピークは，分子のいろいろな軌道からたたき出された光電子の運動エネルギーに対応するから，スペクトルの形は，分子の分子軌道エネルギー準位の姿をそのまま写し出したものになる．

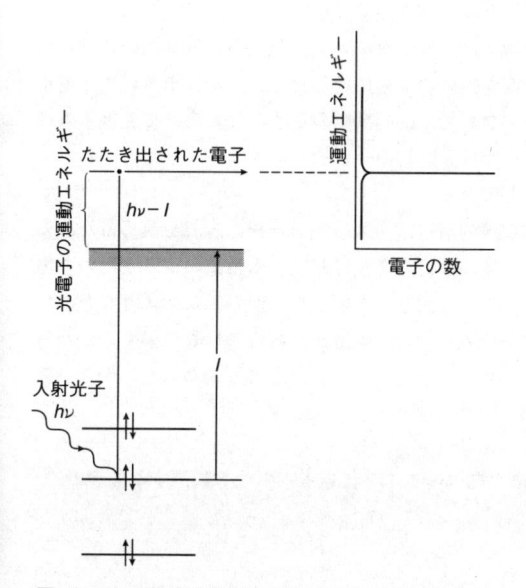

図 3·12 光電子分光法．$h\nu$ のエネルギーをもつ入射光子が，イオン化エネルギー I の軌道にある電子をたたき出すと，光電子は $h\nu - I$ の運動エネルギーをもつ．分光計は，いろいろな運動エネルギーの光電子がいくつあるかを検出する．

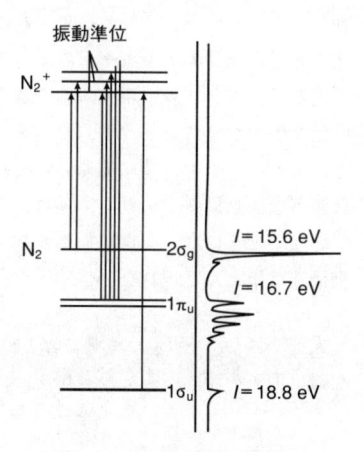

図 3·13 N_2 の紫外光電子スペクトル．スペクトルの微細構造は光電子放射によって生じるカチオンの振動励起状態に起因する．

($2\sigma_g$, $I = 15.6$ eV; $1\pi_u$, $I = 16.7$ eV; $1\sigma_u$, $I = 18.8$ eV)

---

* 訳注：略号 UPS を使うこともある．
a) underline{u}ltraviolet underline{p}hotounderline{e}lectron underline{s}pectroscopy　b) photoelectron

図3・13はN_2の紫外光電子スペクトルである．これからわかるように，光電子は，15.6 eV, 16.7 eV, 18.8 eV付近に一連のはっきり分かれたイオン化エネルギーを示す．このスペクトルの形は，N_2分子中の電子が殻構造をなしていることを強く示唆している．これらの値は，N原子のイオン化エネルギー（14.5 eV）に近いがそれよりは大きい．イオン化エネルギーは価電子を取除く過程のエネルギーだから，この殻構造は，分子内でも原子の場合と似たような形で価電子が配列しているということを示す．分子の殻に入っている電子が分子に引きつけられている強さの違いはごくわずかである．N_2の最小イオン化エネルギーに対応するスペクトル線（15.6 eV付近）は，分子中の最高被占軌道（電子が最も弱く引きつけられている軌道）からたたき出された光電子である．したがって，もっと大きい16.7 eVおよび18.8 eVのイオン化エネルギーは，順にもっとエネルギーの低い分子軌道（電子がもっと強く引きつけられている軌道）が存在することを示している．つまり，分子の軌道エネルギーが"はしご"状の配列になっているということである．もっとエネルギーの低い軌道があってよいはずだが，21.2 eVの紫外光子では，そこから電子をたたき出せないので，その光電子スペクトルには見えてこない．

光電子スペクトル線の各群の細かい構造は，分子がイオン化したあと振動励起状態にあるためで，入射光子のエネルギーの一部が振動の励起に使われて，たたき出された光電子の運動エネルギーが減るからである．すなわち，励起振動の量子の分に応じて光電子の運動エネルギーが小さくなる結果，起こった振動励起のそれぞれのエネルギーだけずれた一連の光電子運動エネルギーがみえることになる．

光電子スペクトルに現れるこのような振動構造は，スペクトル線の起源を決めるための有効な手がかりになりうる．たとえば，核に強い力を及ぼしている軌道の電子がたたき出されると，分子中の核に働く力がそれによって大きく影響されるから，このようなときには顕著な振動構造が現れる．逆に，電子の入っていた軌道が，結合の性質に強くかかわっていないときには，光電子放射が起こっても分子内の力の場はあまり変わらないから，振動構造はほとんど現れない．

光電子スペクトルは，種々の分子軌道の電子のイオン化エネルギーを観測するもので，軌道エネルギーの姿を写し出す．

(b) 分 子 軌 道

さて，これからの課題は，紫外光電子分光法および他の技術——おもに，二原子分子の研究に用いられる吸収スペクトル法——によって明らかにされる種々の特徴を，分子軌道理論によってどのようにして説明できるかをみることである．理論的検討の出発点は，H_2の場合のように，**最小基底系**[a]すなわち分子軌道をつくるのに必要な最小限の原子軌道

---

a) minimal basis set

の組である．第2周期の二原子分子の場合の最小基底系は，各原子の原子価s軌道1個と原子価p軌道3個，都合8個の原子軌道の組である．先に注意したようにN個の原子軌道はN個の分子軌道をつくる．そこで，つぎに，8個（各原子から4個ずつ）の原子価軌道を使ってどのように8個の分子軌道がつくられるかを述べ，ついで，Pauliの排他原理を用いて基底状態の分子の電子配置を予測しよう．

基底系をつくる上記の原子軌道のエネルギーは図3・14の分子軌道図の両側に示したようになっている．核を結ぶ軸——便宜的にz軸とする——に対して軸対称な原子軌道を重ね合わせてできる分子軌道を**σ軌道**[a]という．σという記号は，§3・4に述べたように，分子軌道が軸対称をもつという意味である．図3・15に示す軌道はいずれもσ軌道である．σ軌道をつくれる原子軌道は，各原子の2sおよび$2p_z$軌道である．これら4個の軸対称軌道（A原子とB原子との2s軌道および$2p_z$軌道）から4個のσ分子軌道をつくることができる．このうち2個は結合性軌道，残りの2個は反結合性軌道である．これらの軌道のエネルギーは図3・14に示したようになるが，真ん中の2個のσ軌道の準位の位置を正確に予想するのは難しい．これらのσ軌道は一番下から順に1σ, 2σ, …と標識づけられる．

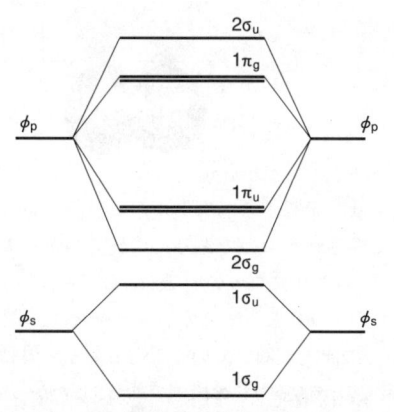

図 3・14 第2周期元素の等核二原子分子についての分子軌道エネルギー準位図．この図はO_2およびF_2に適用される〔訳注：Li_2からN_2までについては図3・18をみよ．分子軌道の標識に出てくるg, uについてはp.136をみよ．〕

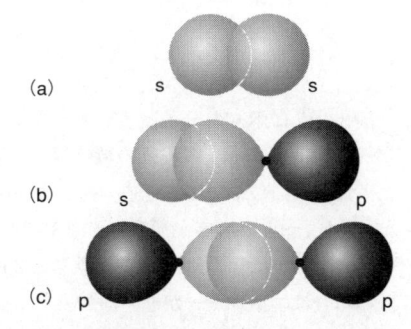

図 3・15 σ軌道はいろいろなやり方でつくられる．(a) s, s重なり，核を結ぶ軸方向に向いたp軌道を用いた (b) s, p重なりおよび (c) p, p重なり

各原子に残っている2個の2p軌道は，z軸を含む節面をもっている．これらを重ね合わせてできる分子軌道が**π軌道**[b]である（図3・16）．2個の$2p_x$軌道の重なりおよび2個の$2p_y$軌道の重なりからそれぞれ結合性π軌道と反結合性π軌道とがつくられる．この様式

---

a) σ orbital b) π orbital

の重なり合いから，図3・14に示した2組の二重に縮退したエネルギー準位が生じる．

二原子分子を分子軌道によって記述するためにわれわれがここまでたどって来た筋道は，つぎのようにまとめることができよう．

1. N個の原子軌道から成る基底系からN個の分子軌道がつくられる．第2周期では$N=8$である．
2. これら8個の軌道は，対称性に従って，4個のσ軌道と4個のπ軌道との2組に分けられる．
3. 4個のπ軌道は，二重に縮退した結合性軌道1対と二重に縮退した反結合性軌道1対とをつくる．
4. 4個のσ軌道のうち，1個は最も結合性で，もう1個は最も反結合性である．これらの二つの準位の間に，残りの2個のσ軌道の準位がある．
5. エネルギー準位の実際の位置を決めるには，電子吸収スペクトル，光電子スペクトル，もしくは，詳しい計算を用いる必要がある．

図 3・16 二つの p 軌道は π 軌道をつくるように重なることができる．この軌道には結合軸を通る節面がある．この図は，節面を真横からみたところ　　　　　節 面

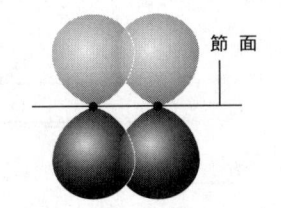

図3・17に示した分子軌道エネルギー準位図は，光電子スペクトルおよび詳しい計算（分子のSchrödinger方程式の数値解）によって得られたものである．これでわかるように，Li_2からN_2までは，軌道の並び方が図3・18のようになっているが，O_2およびF_2では$2\sigma_g$と$1\pi_u$との順序が逆転して図3・14に示したようになる．この順序の逆転の由来は，第2周期を右に行くにつれて2s軌道と2p軌道との間隔が開いていくことである．波動関数の結合はエネルギーが近いほど強くなるというのが量子力学の原則である．したがって，s軌道とp軌道とのエネルギー間隔が大きくなるに従って，それらからつくられる分子軌道は，純粋なs, p軌道に近い性格をもつようになり，逆にs, pのエネルギー間隔が小さければ，各分子軌道はそれぞれの原子のs軌道とp軌道とが強く混じり合ったものになる．

d-ブロック金属の原子が二つ隣り合っているような錯体 —— たとえばHg_2^{2+}や$[Cl_4ReReCl_4]^{2-}$ —— を考える場合には，d軌道から結合ができる可能性を念頭におかなければならない．d_{z^2}軌道は核を結ぶ軸（z軸）に対して軸対称をもつから，s軌道とp_z軌道とからつくられるσ軌道に寄与することができる．また，d_{yz}およびd_{zx}軌道は，z軸方向からみるとp軌道に似た形をしているから，p_xおよびp_yからつくられるπ軌道に寄与しうる．残りの$d_{x^2-y^2}$軌道とd_{xy}軌道とは，今まで論じてきた軌道のどれとも似ていない新しい型のものであるが，これらは，もう一つの原子上の相手になる軌道と重なり合って，二重に

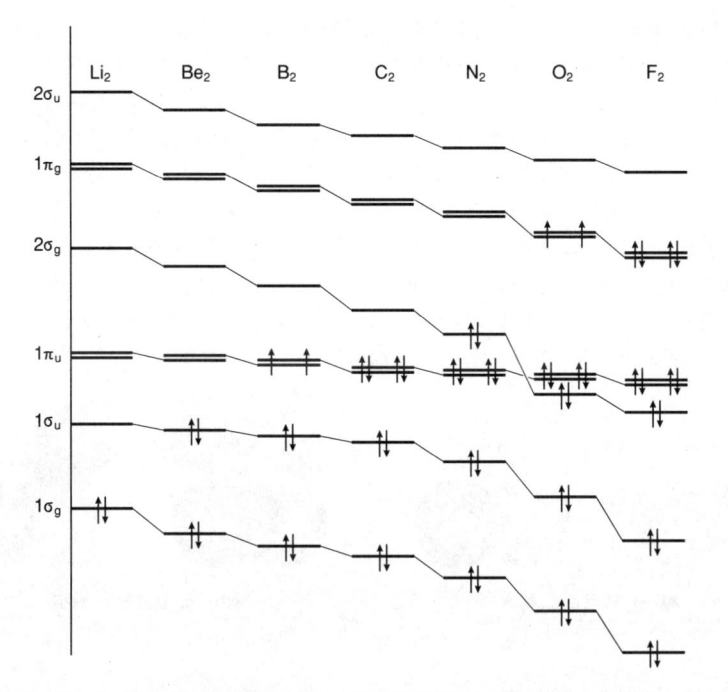

図 3・17 F_2 までの第2周期元素がつくる等核二原子分子の軌道エネルギーの変化

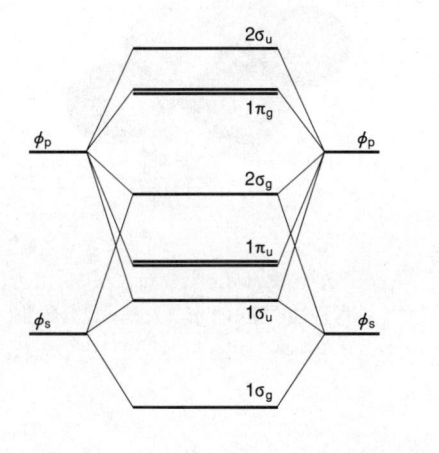

図 3・18 Li_2 から N_2 までの等核二原子分子でみられる軌道エネルギーの順序

縮退した1対の結合性 **δ軌道**[a] と反結合性δ軌道とをつくることができる（図3・19）．第7章でみるように，d-ブロック金属原子間の結合を論じるに当たってδ軌道は重要であっ

---

a) δ orbital

て，$[\mathrm{Cl_4Re\equiv ReCl_4}]^{2-}$ のように，ある種の化学種は四重結合を使って表されている．

等核二原子分子の場合には，分子軌道を分子の中心に関して反転したときにどういう対称性をもつかを示しておくと便利（とりわけスペクトルを論じる際に）である．反転操作というのは，分子中の任意の点から，分子の中心へ引いた直線に沿って中心に向かって行き，さらに中心の向こう側に同じ距離だけ行くことである．反転しても符号が変わらない分子軌道は g（"偶"を意味するドイツ語 gerade から）と称し，反転したとき符号が逆になる分子軌道を u（ungerade，"奇"）で表す．たとえば，結合性 σ 軌道は g，反結合性 σ 軌道は u である（**20**）．これに対し，結合性 π 軌道は u で反結合位性 π 軌道は g である（**21**）．図 3・14，図 3・17 および図 3・18 には，u, g の表示を含めておいた．σ_g 軌道と σ_u 軌道とは，それぞれ別に番号を付ける．π 軌道についても同様である．

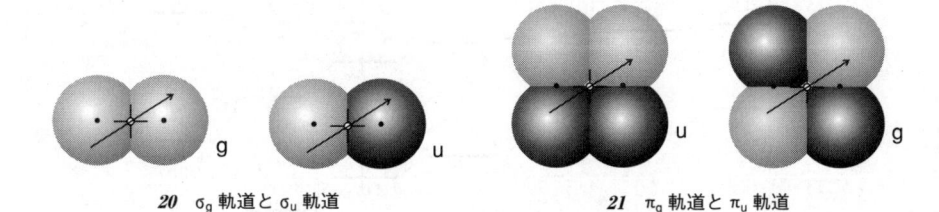

20 σ_g 軌道と σ_u 軌道

21 π_g 軌道と π_u 軌道

図 3・19 d 軌道の重なり合いでつくられる δ 軌道．結合軸上で互いに直交する 2 枚の節面がある．

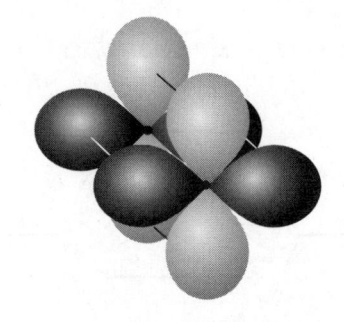

> 分子軌道は，結合軸に関する対称性に従って，σ, π または δ に分類される．また，中心に関して対称な化学種では，反転に関する対称性に従って g または u に分類される．

(c) 分子の構成原理

分子の場合にも原子と同じように，エネルギー準位図とあわせて構成原理を使う．軌道を占める順序は，図 3・14 や図 3・18 のように描いたエネルギー準位の下から上へ向かってである．各軌道には二つまでの電子を対にして入れることができる．同じ準位の軌道が二つ以上ある（π 軌道の対のように，たまたま同じエネルギーをもつ軌道がある）ときに

は，スピンが平行（↑，↑）になるようにして電子を別々の軌道に入れていく．これは，原子の場合にHundの規則に従うのと同じである．

上の規則に従えば，ごく少数の例外を除いて，第2周期の二原子分子の実際の基底状態の電子配置を導くことができる．たとえば，10個の価電子をもつN_2の電子配置は

$$N_2: (1\sigma_g)^2(1\sigma_u)^2(1\pi_u)^4(2\sigma_g)^2$$

となる．このように，分子軌道の電子配置の書き方は，原子のときと同じように，軌道をエネルギーの低い方から順に並べて電子数を上付き数字で示す．ここで$(1\pi_u)^4$は，二つの縮退したπ_u軌道が占有されていることを示す略記法である．

例題 3・6　二原子分子の電子配置を書く．

酸素分子O_2，超酸化物イオンO_2^-および過酸化物イオンO_2^{2-}の基底状態電子配置を書け．

解　O_2分子は12個の価電子をもつ．はじめの10個はN_2の電子配置と同じであるが，$1\pi_u$と$2\sigma_g$との順序が逆転する（図3・17を参照）．$1\pi_u$のつぎに電子が入る軌道は二重に縮退した$1\pi_g$軌道であるから，残り2個の電子は，それぞれ別々にこれらの軌道に入り，スピンは平行になる．したがって，電子配置は

$$O_2: (1\sigma_g)^2(1\sigma_u)^2(2\sigma_g)^2(1\pi_u)^4(1\pi_g)^2$$

となる．O_2の最低エネルギー電子配置は，2個の不対電子が別々のπ軌道に入っているという点で興味深い．O_2が常磁性（磁場に引き込まれる性質）なのはこのためである．$1\pi_g$にはもう2個電子が入れるから

$$O_2^-: (1\sigma_g)^2(1\sigma_u)^2(2\sigma_g)^2(1\pi_u)^4(1\pi_g)^3$$
$$O_2^{2-}: (1\sigma_g)^2(1\sigma_u)^2(2\sigma_g)^2(1\pi_u)^4(1\pi_g)^4$$

となる（ここでは，軌道のエネルギー順が変わらないと仮定したが，実際には変わるかもしれない）．

問題 3・6　S_2^{2-}およびCl_2^-の価電子配置を書け．

最高被占軌道[a]（HOMO）とは，構成原理に従って電子を入れていったとき最後に電子を入れた軌道のことである．また，**最低空軌道**[b]（LUMO）とは，HOMOのつぎにエネルギーの高い軌道のことである．図3・17に示すように，F_2のHOMOは$1\pi_g$，LUMOは$2\sigma_u$，N_2のHOMOは$2\sigma_g$，LUMOは$1\pi_g$である．HOMOとLUMOとを一緒にして**フロンティア軌道**という．フロンティア軌道が構造や速度論の研究で特別な役割を演じることは，こ

---

a) highest occupied molecular orbital　　b) lowest unoccupied molecular orbital

れからだんだん詳しくみていくことになる．ときどき，SOMOという略称に出会うことがある．これは**単電子被占軌道**[*, a)]のことで，ラジカル種の性質を左右する重要なものである．

> 図3・14や図3・18のような分子軌道の配列に，Pauliの原理に従って下から順々に電子を入れていく構成原理を用いて，分子の基底状態電子配置を予想することができる．

3・9 異核二原子分子

　異核二原子分子の分子軌道が等核のときと違うのは，各原子軌道の寄与が等しくない点である．それぞれの分子軌道の形は，等核二原子分子のときと同じく

$$\psi = c_A \phi_A + c_B \phi_B + \cdots \tag{9}$$

である．ここで…と略した軌道は，σ結合かπ結合をつくるのに適合した対称性をもっているけれども今考えている2個の原子価殻軌道（第1項と第2項）に比べて寄与が小さい軌道である．しかし等核二原子分子の場合と異なり，係数 c_A, c_B の大きさは必ずしも等しくない．もし $c_A{}^2 > c_B{}^2$ なら，分子軌道はおもに ϕ_A から成り，この分子軌道を占める電子は原子Bよりも原子Aの近くに見いだされる確率が高く，$c_A{}^2 < c_B{}^2$ なら逆になる．

(a) 異種原子からつくられる分子軌道

　結合性分子軌道に大きく寄与するのは，通常，電気陰性度の大きい方の原子である．それは，結合をつくっている電子が電気陰性度の大きい原子の近くにいる確率の高い電子分布の方がエネルギー的に有利だからである．電子対が二つの原子間で不平等に共有されているような共有結合を**極性共有結合**[b)]という．これが極端になって，電子対が一方の原子によって完全に支配されてしまうのがイオン結合である．電気陰性度の小さい方の原子は，通常，反結合性軌道に大きく寄与する（図3・20）．つまり，反結合性軌道の電子は，電気陰性度の小さい方の原子に近いエネルギー的に不利な場所に見いだされる確率が高いということである．

　等核二原子分子の場合と違う第二点は，二つの原子上の原子軌道のエネルギーが違うことである．すでに注意したように，波動関数のエネルギーが違うと相互作用が弱くなる．このことは，原子軌道の重なり合いの結果生じるエネルギー低下が，異核二原子分子では等核二原子分子（このときは両方の原子軌道エネルギーが等しい）ほど著しくないということを意味する．ただし，だからといって，A－B結合は必ずしもA－A結合より弱いというわけではない．というのは，他の要因（軌道の大きさ，どのくらい近寄れるか，など）

　＊　訳注：公認された訳語ではない．
　a) <u>s</u>ingly <u>o</u>ccupied <u>m</u>olecular <u>o</u>rbital　　b) polar covalent bond

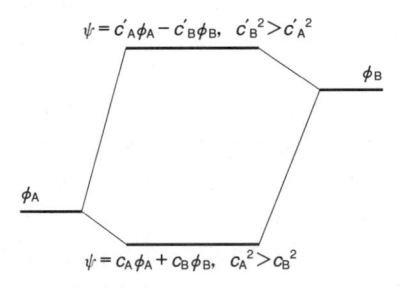

も重要だからである。たとえば，CO と N_2 とは等電子化合物だが，CO の結合エンタルピー（1070 kJ mol^{-1}）の方が N_2 のそれ（946 kJ mol^{-1}）より大きい．

$$\psi = c'_A\phi_A - c'_B\phi_B, \quad c'^2_B > c'^2_A$$

ϕ_B

ϕ_A

$$\psi = c_A\phi_A + c_B\phi_B, \quad c^2_A > c^2_B$$

図 3・20 エネルギーの異なる原子軌道が重なり合ったとき，低い方の分子軌道は主として低エネルギー側の原子軌道から成り，高い方の分子軌道は主として高エネルギー側の原子軌道から成る．二つの分子軌道のエネルギー準位がもとの原子軌道の準位からずれる程度は，原子軌道のエネルギーが等しい場合に比べて少ない．

異核二原子分子では，電気陰性度の大きい方の原子が結合性軌道に大きく寄与し，電気陰性度の小さい方の原子が反結合性軌道に大きく寄与する．異核二原子分子は極性である．結合性軌道の電子は電気陰性度の大きい方の原子の近くに，反結合性軌道の電子は電気陰性度の小さい方の原子の近くにいる確率が高い．

(b) フッ化水素

以上の点をはっきりさせるために，簡単な異核二原子分子である HF を例にとって考えよう．分子軌道をつくるのに使える原子価殻軌道は，H の 1s 軌道と F の 2s および 2p 軌道とであり，分子軌道に入れるべき価電子は 1+7=8 個である．

HF の σ 軌道は，H の 1s 軌道と F の 2s および 2p$_z$ 軌道（核を結ぶ軸を z とする）との重ね合わせでつくることができる．これらの三つの原子軌道を結合させると

$$\psi = c_1\phi_{H\,1s} + c_2\phi_{F\,2s} + c_3\phi_{F\,2p_z}$$

の形をもつ三つの σ 分子軌道ができる．F の 2p$_x$ 軌道と 2p$_y$ 軌道とは π 型対称であるが，H 上にはこれと同じ対称性の原子価殻軌道はない．したがって，F 2p$_x$ と F 2p$_y$ とはそのままで残る．つまり，これらの π 軌道は一方の原子に局限されていて結合性でもなく反結合性でもない．そこでこれらは**非結合性軌道**[a]とよばれる．

このようにしてできる軌道のエネルギー準位は図 3・21 のようになる．F 2s 軌道はずっと下にあるから，それがつくる結合性軌道でおもな役割を担うことになる．したがって 1σ 結合性軌道は主として F 2s 軌道の性質をもつ（F の方が電気陰性度が高いことに合致

---

[a] nonbonding orbital

する). 2σ軌道は, ほぼ非結合性であり, おもにF原子に局限されている. 2σ軌道の電子密度の大部分は, F原子からみてH原子の反対側にあって, 結合にはほとんど関係しない. 3σ軌道は反結合性軌道で, 主としてH 1sの性質をもつ. H 1s原子軌道は, Fの軌道に比べて高いエネルギーのところにあるので, 高エネルギーの反結合性分子軌道に支配的に寄与している.

8個の電子のうち, 2個は1σ軌道に入り二つの原子間の結合をつくる. 残りの6個は2σ軌道と1π軌道とに入る. これら2組の軌道はほぼ非結合性でおもにF原子上に局限されている. これで全部の電子が片付いたわけで, 分子の電子配置は $(1\sigma)^2(2\sigma)^2(1\pi)^4$ となる. ここで注意すべき特徴は, 主としてF原子側の分子軌道にすべての電子が入っているという点である. このことから, HF分子は極性で, 負の部分電荷がF原子上にあるはずだということがわかる. この予測通りHFは電気双極子モーメントをもち, その観測値は1.91 Dである[7]. 簡単な分子軌道理論は, 分子の双極子モーメントの計算では, 残念ながらあまり成功しておらず, 双極子モーメントへの寄与を定性的に解析することさえ困難である.

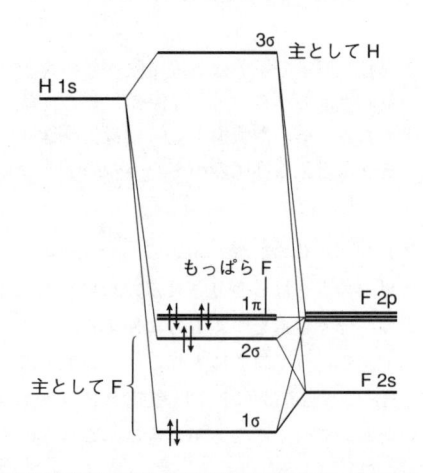

図 3・21 HFの分子軌道エネルギー準位図. 原子軌道の相対的位置関係は, 原子のイオン化エネルギーを反映している.

HFでは, 結合性軌道の電子密度はF原子寄りに, 反結合性軌道の電子密度はH原子寄りに高くなっている.

(c) 一酸化炭素

CO (およびこれと等電子のCN^-イオン) の場合は, σおよびπ分子軌道をつくるのに

---

[7] 電気双極子モーメントは, 電荷×長さであるから, SI単位はクーロン-メートル C m である. しかし, 静電単位での定義に由来するデバイ (debye) という非SI単位Dを使うと便利で, デバイの換算は $1\,D \approx 3.336 \times 10^{-30}$ C m を用いればよい. 1 Å (100 pm) の間隔で置かれた電荷 e と $-e$ とから生じる電気双極子モーメントは4.8 Dである. 分子の電気双極子は部分電荷により生じるから, 多くの場合はもう少し小さく, 代表的な値は1 D前後である.

関与できる 2s および 2p 軌道を両方の原子がもっているので，分子軌道エネルギー準位図（図 3・22）が HF よりやや複雑になる例である．基底状態の電子配置は

$$\text{CO}: (1\sigma)^2(2\sigma)^2(1\pi)^4(3\sigma)^2$$

である．HOMO は 3σ で，3σ 軌道の電子は，C 原子側にあるほとんど非結合性の孤立電子対である．LUMO は，二重に縮退した反結合性 π 軌道で，主として C 2p の性格をもっている（図 3・23）．この組合わせのフロンティア軌道はきわめて重要な意味をもつ．後で（第 16 章）わかるように，d-ブロック元素の化学で金属カルボニルが際立った性質をもつ理由の一つが，これらのフロンティア軌道である．金属カルボニルの場合，金属原子と σ 結合をつくるのは CO の HOMO 孤立電子対で，π 結合をつくるのは LUMO 反結合性 π 軌道である．

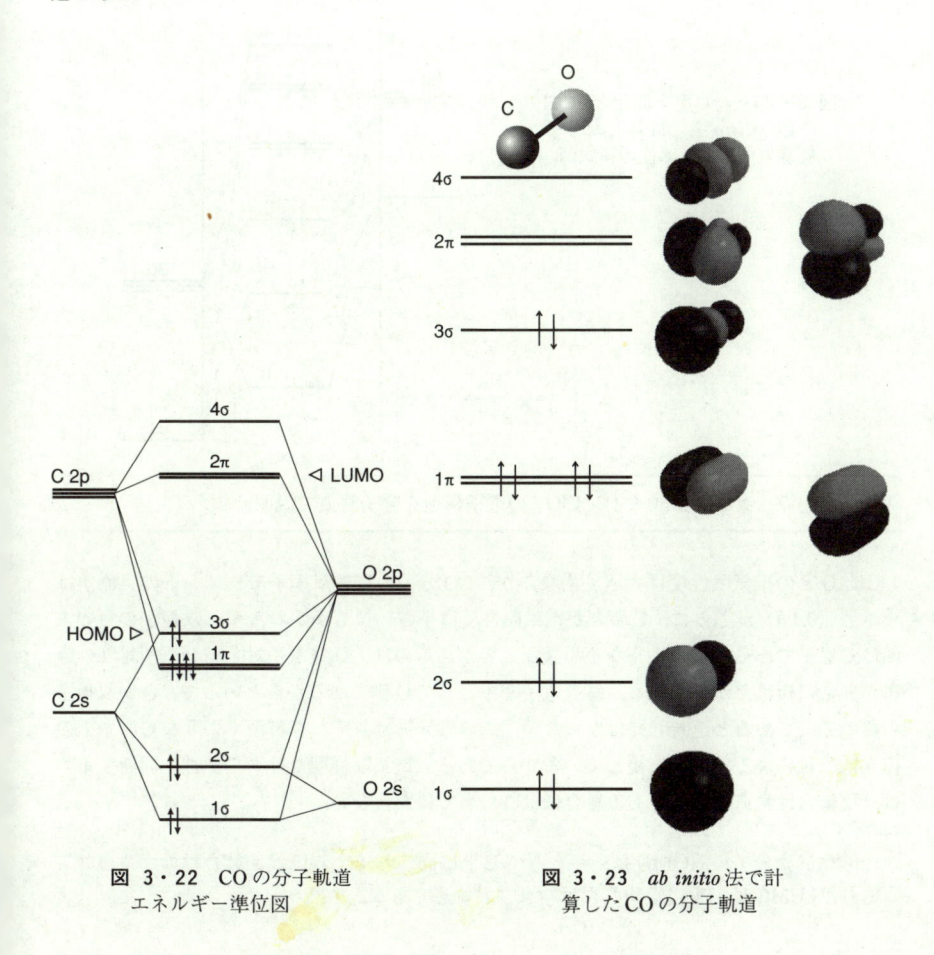

図 3・22 CO の分子軌道エネルギー準位図

図 3・23 *ab initio* 法で計算した CO の分子軌道

例題 3・7 異核二原子分子の電子構造を説明する．

ハロゲン元素は互いに化合物をつくる．塩化ヨウ素(I) ICl は，このような"ハロゲン間化合物"の一つである．計算によれば，ICl の軌道の順序は $1\sigma, 2\sigma, 3\sigma, 1\pi, 2\pi, 4\sigma$ である．この分子の基底状態電子配置はどうなっているか．

解 まず，分子軌道をつくるのに用いる原子軌道を見つける．Cl の原子価殻軌道としては 3s と 3p，I の原子価殻軌道としては 5s と 5p とがある．第2周期元素の場合と同じようにして，図 3・24 のような一連の σ 軌道と π 軌道とをつくることができる．結合性軌道は主として Cl の性質をもち（Cl の方が電気陰性度が高いから），反結合性軌道はおもに I の性質をもつ．ここに入れるべき価電子は $7+7=14$ 個ある．基底状態の電子配置は結局，$(1\sigma)^2(2\sigma)^2(3\sigma)^2(1\pi)^4(2\pi)^4$ となる．

図 3・24　ハロゲン間化合物 ICl の *ab initio* 法で計算した分子軌道エネルギー準位の模式図

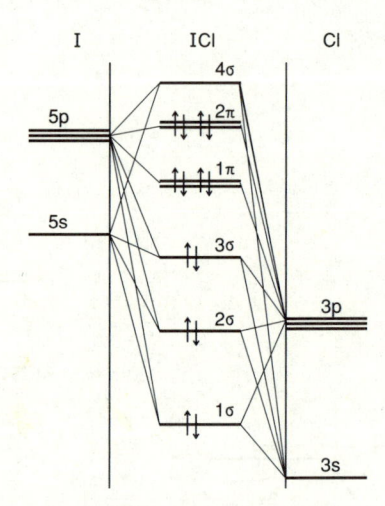

問題 3・7 次亜塩素酸イオン ClO^- の電子構造を分子軌道で説明せよ．

C と O との電気陰性度は大きく異なるが，CO 分子の電気双極子モーメントの実測値は小さい (0.1 D)．さらに，C の方が電気陰性度は小さいにもかかわらず，双極子の負の末端は C 原子である．このような不思議なことがあるのは，孤立電子対と結合電子対との分布が非常に複雑だからである．結合電子が主として O 側にあるからといって，O が双極子の負の先端であると速断してはならない．この考え方は，それを打消すような C 原子上の孤立電子対による効果を無視しているからである．電気陰性度だけから極性を判断するのは，反結合性軌道に電子がある場合には特に当てにならない．

一酸化炭素分子の HOMO は，主として C 上に局在しているほぼ非結合性の σ 軌道であり，LUMO は二重に縮退した反結合性 π 軌道である．

3・10 分子軌道理論からみた結合特性

分子軌道理論とLewis構造による記述とは見かけ上大変違っているが，後者の主要点の多くは分子軌道理論で解明できる．この点を示して，われわれの話を締めくくることにしよう．電子対がなぜ重要かという由来はすでに述べた．一つの結合性軌道を占めることによって化学結合に寄与できる電子の数は最大2個なのである．ここでは，"結合次数"という概念を導入して，この考え方をさらに推し進めよう．

(a) 結 合 次 数

結合性軌道にある電子対が二つの原子間の"結合"なら，反結合性軌道にある電子対は"反結合"ということになる．**結合次数**[a] b とは，このような考え方で数えた結合の本数であって，具体的には

$$b = \frac{1}{2}(n - n^*) \tag{10}$$

と定義される．ここで，n は結合性軌道にある電子の数，n^* は反結合性軌道にある電子の数である．たとえば，N_2 の電子配置は $(1\sigma_g)^2(1\sigma_u)^2(1\pi_u)^4(2\sigma_g)^2$ であって，このうち $1\sigma_g$, $1\pi_u$ および $2\sigma_g$ は結合性軌道，$1\sigma_u$ は反結合性軌道であるから，$b = \frac{1}{2}(2-2+4+2) = 3$ となる．結合次数3は，三重に結ばれた分子に対応する．これはLewis構造 :N≡N: に一致する．このように高い結合次数をもつことは，N_2 分子の結合エンタルピーがあらゆる分子のうち最高に属する値（$+946 \text{ kJ mol}^{-1}$）であることに対応している．

N_2 の等電子分子であるCO分子の結合次数も3であり，Lewis構造 :C≡O: と一致する．しかしながら，このような結合の評価法は，特に異核化学種の場合，やや単純に過ぎる．たとえば，図3・23に示す数値計算で求めた分子軌道のエネルギー準位をみると，2σ および 3σ はOおよびC原子上にほぼ局在した非結合性軌道とみなす方が適切で，b の計算からは除外すべきものである．こうしても，結合次数の値は変わらない．このことからわかるように，上で定義した結合次数は結合の多重性を示す有用な指標ではあるが，b にどの軌道が寄与しているかを解釈するに当たっては，計算で求めた軌道の特性に照らして考える必要がある．

N_2 から電子1個が失われると不安定な N_2^+ イオンになる．N_2^+ になると結合次数は3から2.5に減少する．これとともに，結合の強さが減り（855 kJ mol^{-1}），N_2 で109 pmであった結合距離は112 pmに伸びる．F_2 の結合次数は1であって，Lewis構造 :F̈–F̈: と一致し，また，単結合をもつ分子であるという常識とも合っている．

軌道に電子が1個しか入っていない場合にも，結合次数は，上の定義で決められる．たとえば，O_2^- では $1\pi_g$ 反結合性軌道（二重縮退）の電子は3個だから結合次数は1.5となる．等電子的な分子やイオンでは結合次数が同じになる．F_2 と O_2^{2-} との結合次数は1，

---

a) bond order

N_2, CO, NO^+ ではいずれも3である.

分子軌道理論では，結合次数によって二原子間の結合の正味の数を評価する．

(b) 結合特性の相関関係

結合の強さと結合距離とは互いに相関関係を示し，また結合次数との間にもよい相関がある．

・与えられた2個の原子間の結合エンタルピーは，結合次数が大きいほど大きくなる．
・結合距離は，結合次数が大きいほど短くなる．

これらの傾向を図3・25および図3・26に示す．結合エンタルピーが結合次数に依存する程度は元素によって違う．第2周期元素のうちCC結合では変化が比較的緩やかで，その結果C=C二重結合の強さはC−C単結合の強さの2倍に達しない．このことは，有機化学なかんずく不飽和化合物の化学に深いかかわりをもっている．すなわち，たとえばエテンやエチンは重合した方がエネルギー的に有利である（しかし，触媒がないと反応速度は遅い）ということを意味している．重合の際に多重結合を切るのに要するエネルギーは，それに応じた数の単結合ができるときに放出されるエネルギーでまかなうことができるからである．

炭素のこういう性質から不注意に他の原子間の結合を類推してはならない．N=N二重結合（409 kJ mol^{-1}）はN−N単結合（163 kJ mol^{-1}）の2倍よりも強く，N≡N三重結合

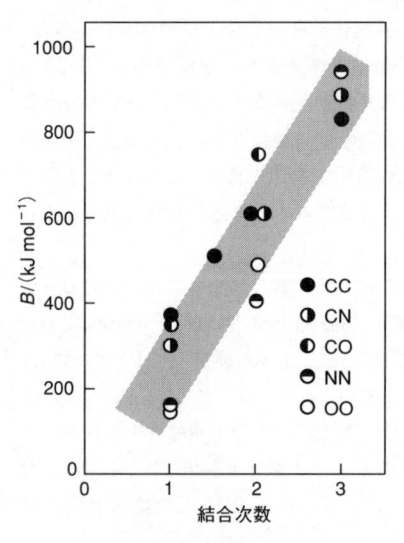

図 3・25 結合の強さと結合次数との相関関係

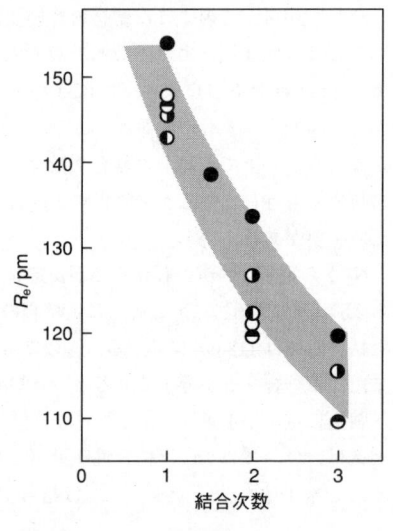

図 3・26 結合距離と結合次数との相関関係．記号の説明は図3・25を参照せよ．

(946 kJ mol^{-1}) は5倍以上強い．NN多重結合をもつ化合物が，単結合だけでできているポリマーや三次元化合物に対して安定なのは，この傾向の故である．ところがリンでは，結合エンタルピーがP-P 201 kJ mol^{-1}，P=P 310 kJ mol^{-1}，P≡P 480 kJ mol^{-1}であるから，また話が違ってくる．リンの場合，多重結合よりもそれに対応する数の単結合の方が安定である．そのためリンは，P$_2$分子としてではなく，P-P単結合をもつ多様な固体として存在する．たとえば，白リンは，単結合でできた四面体形P$_4$分子である．

上に示した結合次数との二つの相関関係をまとめれば

- 与えられた二つの元素の組合わせでは，結合距離が短いほど結合エンタルピーが大きい．

ということになる．この関係を示したのが図3・27である．結合距離のデータはいろいろなところから入手しやすいから，この事実を覚えておくと分子の安定性を考える際に役立つ．

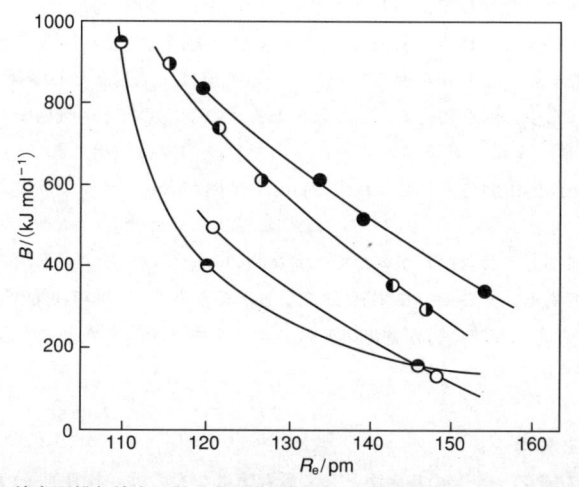

図 3・27 結合距離と結合の強さとの相関関係．記号の説明は図3・25を参照せよ．

> 与えられた二つの元素の組合わせでは，結合距離が短いほど結合エンタルピーが大きい．

多原子分子の分子軌道

分子軌道理論を用いて，三原子分子，有限個の原子の集団，および固体の電子構造を統一的に論じることができる．どの場合にも，分子軌道は二原子分子の分子軌道と似ている．

大きく違うのは，分子軌道を組上げるのに使う基底系の原子軌道の数が多くなる点だけである．覚えておくべきキーポイントは，前に述べたように，N個の原子軌道からN個の分子軌道をつくりうるということである．

§3・8でみたように，分子軌道エネルギー準位図の一般的構造は，分子軌道の形に従ってσ軌道とπ軌道というように軌道を組分けすることによって導くことができた．同様の方法は多原子分子の分子軌道を論じる際にも用いるが，多原子分子になると軌道の形が二原子分子よりも複雑になるので，もっと強力なやり方が必要になる．そこで，ここでは多原子分子を2段階に分けて議論することにしよう．本章では，分子の形から直観的な考えによって分子軌道を組立てる．次章では，まず分子の形を調べ，ついで分子軌道を組立てる際に，また，その他の性質を議論するに当たって，分子の対称性を用いることにする．本章のやり方の理論的根拠は次章で説明する．

3・11 分子軌道の組立て

最も簡単な多原子化学種であるH_3^+とH_3とを用いて，多原子分子の中心的特徴のいくつかを示すことにする．H_3^+やH_3というとおよそ現実ばなれした無機化学種のようにみえるかもしれないが，これから導こうとしている軌道は，NH_3などの場合に，また，BF_3など他の場合にも少し形を変えて，広くみられるものなのである．気相中の短寿命分子イオンH_3^+は木星，土星，天王星のオーロラ中で分光学的に検出されているし[8]，また，H_3^+が溶液中で反応中間体として存在するらしい証拠がトレーサー実験によって得られている．

多原子分子に関してわれわれがいだく主要な問いの一つは，その形を決めているのは何かということである．そこで，まずH_3およびH_3^+の形として二つの可能性——直線形と三角形——を考え，なぜ一方が他方より低いエネルギーをもつかという理由を探ることにしよう．

(a) 直線形三水素

H_3分子およびそのイオンの基底系として最も簡単なものは，各H原子の1s軌道の組である．これら水素原子をH_A, H_B, H_Cとし*，各1s軌道をϕ_{A1s}, ϕ_{B1s}, ϕ_{C1s}と書くことにしよう．いつものように，N個の原子軌道からはN個の分子軌道ができる．この場合は$N=3$である．直線形H_3化学種（H_3分子およびそのイオンすべて）の3個の分子軌道は，これら3個の原子軌道を組合わせたもので，図3・28のようになる．一つの組合わせは強い結合性軌道，もう一つは強い反結合性軌道で，第三のものはその中間になるはずである．以下の式でも規格化定数は省略する．その方が軌道の形がはっきりするからであるが，必要

---

8) I. R. McNab, 'The spectroscopy of H_3^+', *Adv. Chem. Phys.*, **89**, 1 (1995).

* 訳注: ここでH_Bが中央の水素原子である．

3・11 分子軌道の組立て

に応じて規格化された形を脚注に示すことにする.

この場合についての計算（詳しいことは省く）によると，三つの組合わせのうち最も結合性の強いものは

$$\psi(1\sigma) = \phi_{A\,1s} + 2^{1/2}\phi_{B\,1s} + \phi_{C\,1s}$$

である．この軌道のエネルギーが低いのは，H_AとH_Bとを，また，H_BとH_Cとを結合させているからである（この軌道はH_AとH_Cとをも結びつけているが，H_AとH_Cとは遠すぎるので，この結合の寄与は少ない）．この軌道がσ軌道とされるのは，それが分子軸に関して対称だからである．このすぐ上の軌道もσ軌道であって

$$\psi(2\sigma) = \phi_{A\,1s} - \phi_{C\,1s}$$

で与えられる．この軌道には中心の原子からの寄与がなく，両端の軌道は遠すぎるので相互作用は無視できる．したがって，この軌道は非結合性軌道の一例であって，そこに電子が入っても分子のエネルギーは上がりも下がりもしない．ここで考えている基底系からつくりうる3番目の分子軌道もやはりσ軌道であって

$$\psi(3\sigma) = \phi_{A\,1s} - 2^{1/2}\phi_{B\,1s} + \phi_{C\,1s}$$

である．この軌道は，隣り合う二原子同士に関して反結合性であるため，以上の3個のσ軌道[9]の中でエネルギーが最も高い．

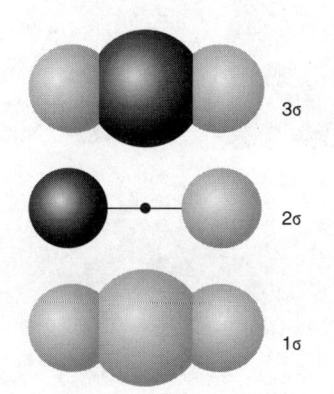

図 3・28 H 1s軌道の重ね合わせでつくられる直線形H_3分子の3個の分子軌道．以下，本章を通じて，網かけの濃さの違いは，波動関数の符号が逆であることを示す.

---

9) これら3個の軌道の規格化した形は，重なり合いを無視すれば下式のようになる.

$$\psi(1\sigma) = \frac{1}{2}(\phi_{A\,1s} + 2^{1/2}\phi_{B\,1s} + \phi_{C\,1s})$$

$$\psi(2\sigma) = \frac{1}{2^{1/2}}(\phi_{A\,1s} - \phi_{C\,1s})$$

$$\psi(3\sigma) = \frac{1}{2}(\phi_{A\,1s} - 2^{1/2}\phi_{B\,1s} + \phi_{C\,1s})$$

以上の3個のσ軌道は，記憶すべき一つの特徴を示している．すなわち，

・一般に隣接原子間の節面の数が多いほど分子軌道のエネルギーが高くなる

この傾向の物理的理由は，節面が増えるにつれて電子が核間の領域から閉め出されるということである．

> 直線形三水素化学種は，3個のσ分子軌道をもつ．節面のない軌道は結合性軌道，節面1個のものは非結合性軌道，節面2個のものは反結合性軌道である．これら3個の分子軌道は縮退していない．

(b) 三角形三水素

H_3（またはそのイオン）が正三角形であるとしよう．この分子の3個の分子軌道（図3・29）は直線形分子のときと同じような形をしている．しかし，直線形分子の2σおよび3σに対応する2個の軌道が，ここでは同じエネルギーをもっている．これらの軌道が縮退していることは一目瞭然ではないが，第4章で紹介する対称性の議論を用いると，これらが実際にまったく同じエネルギーをもつことを証明できる．ここでは，これらのエネルギーが等しいのが物理的にもっともであることを簡単に示そう．三角形分子では，AとCとが隣り合う（図3・29）ので，AC間では2σに当たる軌道は反結合性である．そこで，直

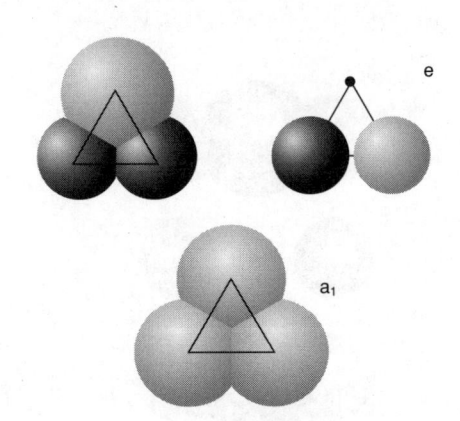

図 3・29 H 1s軌道の重ね合わせでつくられる正三角形H_3分子の三つの分子軌道

線形分子のときに2σであった軌道は，三角形分子になるとエネルギーが高くなる．一方3σ型の軌道は，三角形分子ではAC間が結合性（AB間およびCB間では相変わらず反結合性であるが）になるのでエネルギーは低くなる．したがって，直線形分子が折れ曲がるにつれて2σと3σとに当たる軌道のエネルギーは互いに近づき，H−H間隔がすべて同じになったときには，同じエネルギーになる．

三角形分子になると，線形分子に用いられる"σ"という名前を使うことは，厳密にいうと

3・11 分子軌道の組立て

不適当である．ただし，二つの隣り合う原子間の結合軸に対する軌道の形，つまり，軌道の局所的な形式に注目する場合には，σ(また，他の分子ではπも)という記号をそのまま使う方が便利なことが多い．多原子分子の軌道を分子の対称性にのっとって名づける正しいやり方は，第4章に述べることにして，さし当たっては，つぎのことを知っていればよい．

- 縮退していない軌道は　a, b　と表す
- 二重縮退軌道は　　　　e　　と表す
- 三重縮退軌道は　　　　t　　と表す

いろいろのa, b, e, t軌道を区別する必要がある場合には，さらに細かい対称性の解析に従って，これらの記号に上付き，下付き添字を付けて，a_1, b'', e_g, t_2 などの記号を用いる．詳細については，§4・5で説明する．

この規則を念頭におくと，1σとよんできた軌道はaになり，2σと3σとは二重に縮退しているからeということになる．そこで，正三角形分子の分子軌道は

$$\psi(a) = \phi_{A1s} + \phi_{B1s} + \phi_{C1s}$$
$$\psi(e) = \begin{cases} \phi_{A1s} - \phi_{C1s} \\ 2\phi_{B1s} - \phi_{A1s} - \phi_{C1s} \end{cases}$$

となる*．結合角が180°(直線形)から60°(正三角形)まで変化して，直線形分子の三つのσ軌道が正三角形分子のaおよびe軌道に移り変わっていくとき，これら三つの軌道のエネルギーがどうなるかを計算することができる．このようにしてできる図(図3・30)は，(軌道) **相関図**[a] とよばれる．後でみるように，この種の図が，多原子分子の形やスペクトル，反応を理解するのに重要な役割を演じる．ここで，a軌道は結合性であるが，e軌

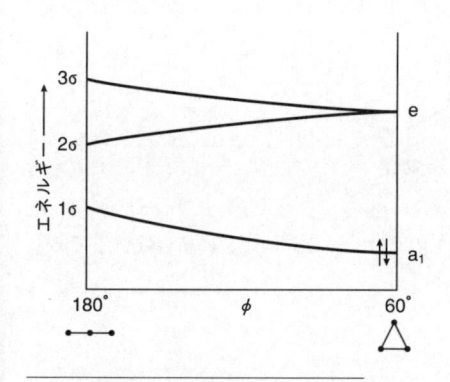

図 3・30 H_3 の軌道相関図．直線形分子から正三角形分子になるにつれて軌道エネルギーが変化する様子を示す．

---

[a] correlation diagram

＊ 訳注: 本節では軌道の標識の上付き・下付き記号は省略してある．正式に書くとa_1'およびe'である．規格化した形は，それぞれ $(1/3^{1/2})(\phi_{A1s}+\phi_{B1s}+\phi_{C1s})$, $(1/2^{1/2})(\phi_{A1s}-\phi_{C1s})$, $(1/6^{1/2})(2\phi_{B1s}-\phi_{A1s}-\phi_{C1s})$.

道は原子の組合わせにより結合性だったり反結合性だったり混じり合った性格をもつものの，全体として反結合性であることに注意せよ．

> 正三角形三水素は3個の分子軌道をもつ．一つは完全に結合性，他の二つは縮退していて全体として反結合性である．

(c) H_3^+ の電子配置

分子軌道の形とそれら相互のエネルギー関係とがわかったから，任意の結合角の H_3^+ 二電子分子イオンの電子配置を導き出すことができる．

H_3^+ の2個の電子は，両方とも最低エネルギー軌道を占める．したがって電子配置は，直線形なら $(1\sigma)^2$，正三角形なら $(a)^2$ である．どちらの分子形のエネルギーが低いかは，細かい計算をすれば決められる．しかし，a が三つの原子すべてを結び合わせているのに対して，1σ は AB 間と BC 間とだけを結び合わせているということから，正三角形の方が低エネルギーであると想像できる．実際その通りで，分光学的データと数値計算とは，H_3^+ が $(a)^2$ 配置をもつ正三角形種であることを示している．

重要な点は，図3・29からわかるようにa軌道が全原子にわたって広がっていることである．直線形の場合の 1σ 軌道についても同じである．したがって，<u>2個の電子のそれぞれが集団全体を結び合わせているのである</u>．このように，軌道は一般に2原子間に限局されず，いくつかの原子に広がっている．この意味で，分子軌道は**非局在軌道**[a]である．H_3^+ 分子イオンは実際に，3個の原子核が2個の電子だけで結ばれている**三中心二電子結合**[b]（3c, 2e 結合）の最も簡単な例である．この型の結合は，3本のスポークのような形 (**22**) で書き表す．3c, 2e 結合といっても別に不思議なものではなく，非局在分子軌道ができることの当然な結果である．

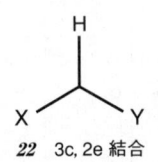

<pre>
          H
          |
        X   Y
  22 3c, 2e 結合
</pre>

> 三角形 H_3^+ では，電子が入っている軌道は1個だけで，これは完全に結合性軌道である．この結合は三中心二電子結合とよばれる．

3・12 一般の多原子分子

NH_3 の光電子スペクトル（図3・31）には，多原子分子構造の理論が説明すべきいくつ

---

[a] delocalized orbital　[b] three-center, two-electron bond

かの特徴が現れている．スペクトルには二つのバンドがあり，イオン化エネルギーの低い方のバンド（11 eV領域）には，はっきりした振動構造がある．このことから，この電子が出てきた軌道は分子の形を決めるうえで重要な役割を占めていることがわかる．16 eV領域の広がったバンドは，もっと強く結びつけられた電子に由来する．

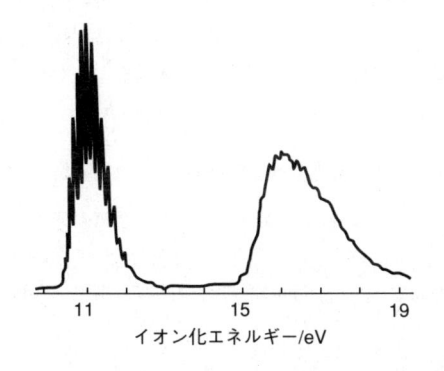

図 3・31 NH_3 の紫外光電子スペクトル．ヘリウムの21 eV放射を使用．

(a) 分子軌道の形成

三水素のときに紹介した特徴は，多原子分子のどれにもみられる．いずれの場合にも，ある対称性（線形分子のσ軌道というような）をもつ分子軌道は，その対称性の軌道をつくるように重ね合わせることができるすべての原子軌道の和として書き表すことができる．すなわち，

$$\psi = \sum_i c_i \phi_i \tag{11}$$

この線形結合で，ϕ_i は i 番目の原子軌道（通常，分子中の各原子の原子価軌道）であり，i は分子中で適合する対称性をもった原子軌道のすべてにわたる．N 個の原子軌道から，N 個の分子軌道を組立てることができる．その際，

1. 分子軌道の節面が多いほど，その分子軌道は反結合性が大きく，エネルギーが高い．
2. 隣り合っていない原子の間の相互作用は，両方の原子軌道の膨らみが同符号（干渉で強めあう）ならば弱い結合性であり（エネルギーを少し下げる），異符号（干渉で弱めあう）ならば弱い反結合性である（エネルギーを少し上げる）．
3. 低エネルギーの原子軌道からつくられる分子軌道のエネルギーは低い．（そこで，s原子軌道は，同じ殻のp原子軌道よりも，低エネルギーの分子軌道をつくりだすのが普通である．）

NH_3 を例にとると，その光電子スペクトルの特徴を説明するには，分子中の8個の価電子を収容する分子軌道を組立てる必要がある．各分子軌道は，7個の原子軌道——3個の

H 1s軌道,1個のN 2s軌道および3個のN 2p軌道——の組合わせである.これら7個の原子軌道からつくることができる7個の分子軌道の形を図3・32に示す.

分子軌道を組立てるための正式の規則は第4章に述べるが,NH_3分子を3回対称軸*(これをz軸とする)から眺めた姿を思い浮かべれば,これらの分子軌道がどのようにして得られたかの感じがつかめるであろう.N $2p_z$軌道とN 2s軌道とは,この軸に関して軸対称である.もし3個のH 1s軌道がすべて同じ符号(図でいえば,網かけの濃さが同じ)であるなら,これらを重ね合わせたものはz軸に関する対称性に当てはまる.したがってつぎの形の分子軌道をつくることができる.

$$\psi = c_1\phi_{N\,2s} + c_2\phi_{N\,2p_z} + c_3(\phi_{H\,1s_A} + \phi_{H\,1s_B} + \phi_{H\,1s_C})$$

これら3個の原子軌道(括弧内のH 1sの組は1個の軌道と数える)から,3個の分子軌道(係数cの値が異なる)をつくることができる.N原子とH原子との間に節面のない分子軌道はエネルギーが最も低く,NとHとの間すべてに節面のある軌道はエネルギーが最も

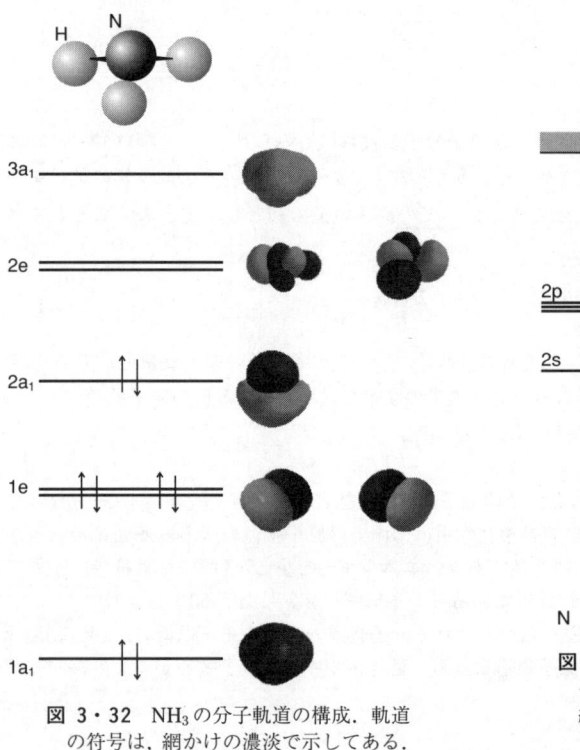

図3・32 NH_3の分子軌道の構成.軌道の符号は,網かけの濃淡で示してある.

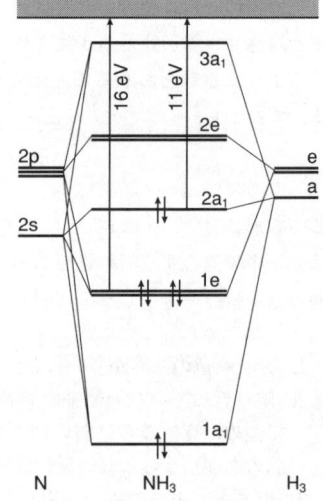

図3・33 NH_3の軌道エネルギー準位図.NH_3が実測の結合角(107°)と結合距離をもつとして描いた.

* 訳注:3個のHのつくる面に垂直でNを通る軸.

3・12 一般の多原子分子

高く，三つ目の軌道はその中間になる．以上3個の分子軌道は縮退していない軌道で，エネルギーの低い方から $1a_1, 2a_1, 3a_1$ という記号で区別される．

N $2p_x$ と N $2p_y$ とは，z 軸に関して π 対称の原子軌道で，これと同じ対称性をもつ H $1s$ 軌道の組と重ね合わせて分子軌道をつくることができる．この種の重ね合わせは，たとえば

$$\psi = c_1 \phi_{N\,2p_x} + c_2(\phi_{H\,1s_A} - \phi_{H\,1s_B})$$

のような形になる[*1]．この H $1s$ 軌道の組の符号は N $2p_x$ 軌道の符号と合う[*2]．N $2s$ 軌道は，上式の重ね合わせには加われない．そこで，つくりうる線形結合は2個——N軌道とH軌道との間に節面がないものと節面があるもの——だけである．この2個の軌道のエネルギーは同じでなく，前者の方が低い．N $2p_y$ 軌道についても同じような線形結合をつくることができる．これら2個の軌道は，上に述べた2個の軌道のそれぞれと縮退している（第4章で用いる対称性に基づく議論からわかる）．これらの線形結合は，それぞれ二重に縮退した2組のe軌道の例であって，エネルギーが低い方の組を1e, 高い方の組を2eと表す．

NH_3 の分子軌道エネルギー準位の一般的な形を図3・33に示す．実際の軌道エネルギー準位の位置（とりわけ，a_1 の組とeの組との相対位置）は，詳細な計算をするか，光電子スペクトルに関与している軌道を帰属するかしない限りわからない．11 eVおよび16 eVのピークは，おそらく図に示したように帰属できると考えられる．この帰属に従って2個の軌道の位置は決まるが，三つ目の被占軌道は，21 eV放射によるスペクトルではみえない．

光電子スペクトルの結果は，8個の原子を軌道に収容するという条件と合致している．電子は，Pauliの排他原理に従って1個の軌道当たり2個まで，最低エネルギー軌道から始まって順に分子軌道に入る．最初の2個の電子は $1a_1$ 軌道に入り，それでこの軌道はいっぱいになる．つぎの4個は，二重に縮退した1e軌道を満たす．残りの2個は $2a_1$ 軌道に入る．計算によれば，$2a_1$ 軌道はほとんど非結合性で，N原子上に局在化している．すなわち，全体の基底状態電子配置は，$(1a_1)^2(1e)^4(2a_1)^2$ となる．反結合性軌道には電子が入っていないから，この分子エネルギーは，ばらばらの原子より低くなる．NH_3 は孤立電子対をもつ分子であるといわれるが，このことも上の電子配置に反映されている．すなわち，HOMOは $2a_1$ であって，この軌道はおもにN原子上に局在していて結合にはごくわずかしか寄与していない．すでに述べたように，この孤立電子対は分子の形を決めるのに重要な役割を演じる．光電子スペクトルの11 eVバンドが著しい振動構造を示していることは，この見方を裏付けている．すなわち，光電子放射が $2a$ 軌道から起これば孤立電子対の効果が無くなるので，光イオン化した分子は NH_3 とはるかに違う形になるはずである．そうなれば光電子スペクトルに顕著な振動構造が現れることになる．

[*1] 訳注：この式の ψ, c_1, c_2 は，前式中の同じ記号とは別なものである．
[*2] 訳注：x 軸は，水素原子Bから水素原子Aへの向きにとってある．

154　　　3. 分子構造と結合

分子軌道は，同じ対称性をもつ原子軌道の線形結合からつくられる．分子軌道のエネルギーは，気相光電子スペクトルから実験的に決めることができる．これらのエネルギーの順序は分子軌道の節面の数によって理解することができる．

(b) 超原子価──分子軌道による説明

八面体の SF_6 分子は，もう少し込み入っているが，重要な点を示す例である．その点を示すには，つぎのような単純な基底系を用いればよい．すなわち，S原子からは原子価殻 s軌道1個とp軌道3個，6個のF原子のそれぞれからはS原子の方を向いている1個のp軌道，以上合計10個の原子軌道から成る基底系を考える．ここで，F 2s軌道でなく，F 2p軌道を使うのは，後者の方がSの軌道とエネルギーが近いからである．これら10個の原子軌道から10個の分子軌道を組立てることができる．計算[10]によると，これらのうち4個は結合性，4個は反結合性であり，残りの2個は非結合性である（図3・34）[11]．

これらの軌道を占めるべき電子は12個*であって，最初の2個は1aに，つぎの6個は1tに入ることができる．残りの4個で，非結合性軌道がちょうどいっぱいになる．結局，電子配置は $(1a)^2(1t)^6(e)^4$ である．このように，反結合性軌道（2aと2t）はまったく占有されていない．したがって，占有されているのは4個の結合性軌道と2個の非結合性軌道とであるから，SF_6 が生成することを分子軌道理論でうまく説明することができる．

ここで重要なのは，SF_6 分子の結合を説明するのにS原子の3d軌道を使ってオクテット

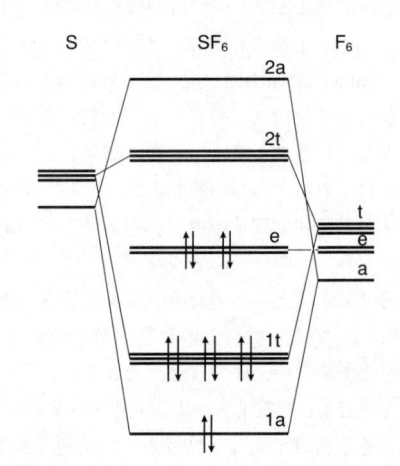

図 3・34 SF_6 の分子軌道エネルギー準位図（模式図）

---

10) 六フッ化硫黄の電子構造に関する詳しい解析は，A. E. Reed, F. Weinhold, *J. Am. Chem. Soc.*, **108**, 3586 (1986) を参照．

11) 軌道の記号は，八面体形分子の本来のものの省略形である．完全な標識については§4・5をみよ．

＊ 訳注：S原子の3s電子2個＋3p電子4個およびF原子の2p電子各1個（残り各4個の2p電子は孤立電子対で結合に直接関与しないと考える）計6個．

3・12 一般の多原子分子　155

則を拡張しないでもよいという点である．ただし，これはd軌道が結合に参与できないという意味ではなく，Sを中心原子としてその周りに6個のF原子を結合させるのにd軌道がぜひとも必要なわけではないということである．原子価結合理論の弱点は，中心原子の原子軌道がそれぞれ1個の結合の形成だけにしか関与できないという仮定である．分子軌道理論によれば，多くの軌道を考えることができ，それらがすべての反結合性軌道であるわけではないから，超原子価化合物をも含めてうまく説明できる．したがって，超原子価がどういうときに起こるかという問題は，d軌道が使えるかどうかとは別の要因によると考えられる．

> 分子軌道の非局在性は，電子対1個が3個以上の原子を結合させるのに寄与できることを意味する．

(c) 電子不足化合物

　Lewis構造を書くのに電子の数が足りないような化合物を**電子不足化合物**[a]という．この種の化合物は，いくつかの原子軌道を組合わせて分子軌道をつくることによって容易に説明することができる．このことは，ジボラン B_2H_6 (**23**) を例にとるとすぐわかる．ジボランには，価電子が12個しかない．それなのに，8個の原子を結び合わせるには，Lewisのモデルが正しいとすると，少なくとも7対の電子が必要である．この問題は，分子軌道理論で容易に解決する．ジボランの8個の原子は，計14個の原子価軌道（各B原子から4個で計8個，これに6個のH原子から1個ずつ）を提供する．この14個の原子軌道を使えば14個の分子軌道をつくることができる．これらの分子軌道のうちの7個くらいは，結合性か非結合性であろう．これだけの分子軌道は，原子から来た12個の価電子を収容するには十分以上である．したがって，MO理論からみれば，この分子が存在することに何の不思議もないことがわかる．

23 ジボラン, B_2H_6

　この分子の断片であるBHBとその分子軌道とに注目すると，少し違った見方ができる．ここでは，3個の原子から来る3個の原子軌道から3個の分子軌道（図3・35）をつくることができる．分子の断片の軌道から分子軌道をつくるというやり方は，原子軌道と最終的な分子軌道との中間段階で，いろいろな分子の類似性をひきだすのにきわめて便利である．あとにもいくつかの例を示すが，BHBはその最初の例である．三つの原子にわたる結合

---

[a] electron-deficient compound

性軌道*は2個の電子を収容して，H_3^+の場合とまったく同じように三つの原子を分子としてまとめることができる．この橋かけ結合は，3個の原子の軌道から組立てられた分子軌道にある2個の電子からつくられているので，三中心二電子結合（3c, 2e）のもう一つの例である．このように2個の原子対（BHとHB）を2個の電子が結びつけているのは，Lewis構造の考え方で説明しようとするとどうしようもない難問であるが，分子軌道理論では別にどうということではない．実際，電子不足化合物は，ホウ素ではじめて確認されたが，ホウ素以外にもカルボカチオンやその他のさまざまな化合物で広くみられる．それらの化合物については後でふれる．

図3・35 B_2H_6の構造中にみられる分子軌道．これは，2個のB原子軌道とそれらの間にある1個のH原子軌道とからつくられる．2個の電子が結合性軌道にあって三つの原子をまとめている．

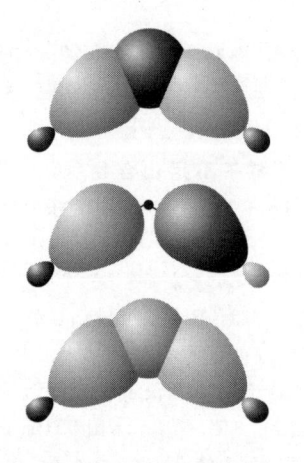

電子不足化合物の存在は，電子の結合力の影響がいくつかの原子にわたって非局在化していることによって説明される．

(d) 局 在 化

化学結合に関するLewis流の考え方の際立った特徴は，"A－B結合"とよびうるようなものがあるという化学的直感と調和している点である．たとえば，H_2Oの2本のO－H結合は，いずれもOとHとの間に一つの電子対を共有していて，特定の場所に置かれた二つの同等な構造物のように扱われる．これに対し，分子軌道は一定の位置に限定されてはおらず，分子軌道中の電子は隣り合っている特定の2個の原子ではなく全原子を一緒に結びつけていることになるから，分子軌道理論では，A－B結合が分子中の他の結合とは独立な存在で，いろいろな他の分子の中でもそのまま通用するという概念は失われてしまった感がある．しかし，つぎに示すように，分子軌道による記述は，分子全体の電子分布を局在的な結合によって表現することと数学上ほとんど同等のものである．この点の証

---

* 訳注: 図3・35の一番下の軌道.

明は，互いに異なるいくつかの分子軌道をさまざまに組合わせて，全体としての電子分布が同じになるような線形結合をつくることができるという事実に基づいている[12]．

H_2O 分子を考えよう．非局在的な記述では，2個の被占結合性軌道 $1a_1$ と $1b_2$ とは，図 3・36 のような形である．これらの和 $\psi(1a_1)+\psi(1b_2)$ をつくると $1b_2$ の片側の負の部分は $1a_1$ の片側とほぼ完全に打消しあって，反対側の H と O との間の局在軌道が残る．同じように，差 $\psi(1a_1)-\psi(1b_2)$ をつくると，逆側の $1a_1$ がほぼ完全に消えて，もう一方の側の O−H 対の間に局在軌道が残る．つまり，非局在軌道の和と差とをとれば局在軌道がつくりだされる（逆もしかり）．これらは，同じ全電子分布を記述する二つの同等なやり方であるから，どちらが良いとか悪いとかいうものではない．したがって，化学的な根拠から適切と思われるときに局在的な結合を用いて記述するのはまったく正当なことである．

局在軌道と非局在軌道とのどちらの表し方をどういうときに使ったらよいかを表3・9に示しておく．一般に分子全体の性質を扱うときには，非局在軌道による記述が必要である．こういう性質としては，電子スペクトル（紫外および可視遷移），光イオン化スペクトル，イオン化エネルギー，電子付加エネルギー，標準電位などがある．これに対し，分子全体の中での断片の性質を扱うには，局在軌道による記述が適している．このような性質としては，結合の強さ，結合距離，結合の力の定数，ある種の反応性（酸塩基性）など

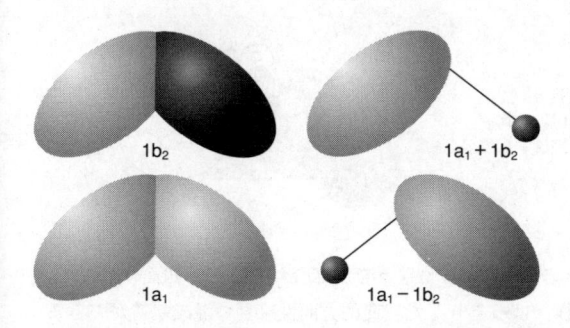

図 3・36 H_2O 分子の二つの被占軌道 $1a_1$ および $1b_2$，ならびに和 $1a_1+1b_2$ および差 $1a_1-1b_2$．和および差のいずれの場合にも，一つの O−H 原子対間にほぼ完全に局在した軌道ができる．

表 3・9 局在軌道または非局在軌道による記述が適当な性質についての一般的指針

局在軌道が適当なもの	非局在軌道が適当なもの
結合の強さ	電子スペクトル
力の定数	光イオン化
結合距離	電子付加
Brønsted 酸性度（第5章参照）	磁　性
VSEPR 理論による分子形の説明	Walsh の考え方による分子形の説明
	標準電位（第6章参照）

---

[12] この主張が正しいのは，Pauli の原理を満足するような多電子波動関数を行列式として書くことができるからである．ある行列式の行または列の線形結合をとってこれを要素とする行列式をつくっても，その行列式の値はもとの行列式の値と変わらない．

がある。それは，局在軌道による記述が，特定の結合内およびその周辺の電子分布に焦点を合わせた見方だからである。

> 局在軌道による記述も非局在軌道による記述も，数学的には同等である。しかし，特定の性質については，どちらかの方が適していることがある（表3・9）。

(e) 局在軌道と混成

　局在分子軌道による結合の表現は，混成の概念を導入することによって，さらに一段階進展させることができる。混成は，厳密にいうと原子価結合理論に属するのであるが，分子軌道の簡単な定性的記述をする際に用いられることが多い。

　今までみてきたように，分子軌道は，適当な対称性をもつ原子軌道からつくられる。しかし，ときにはあらかじめ一つの原子（たとえばH_2OのO）の原子軌道を混ぜ合わせておいてから，その混成軌道を用いて局在分子軌道を組立てる方が便利な場合がある。たとえばH_2Oの各O-H結合は，O 2s軌道およびO 2p軌道から成る混成軌道とH 1s軌道との重なり合いでつくられたものとみることもできる（図3・37）。

図 3・37 O原子の混成軌道とH 1s軌道との重なり合いでH_2OのO-H局在軌道ができる。この混成軌道は，図3・8のsp^3混成軌道とよく似ている。

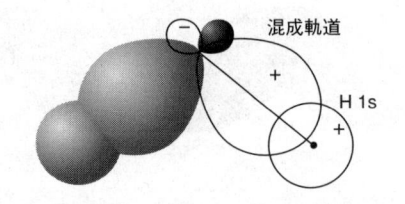

　すでにみたように，ある原子上のs軌道とp軌道とを混ぜ合わせると，四面体形混成軌道〔§3・6，式(4)〕の場合と同様，はっきりした空間的方向性をもつ混成軌道ができる。いったん混成軌道を選べば，これで局在分子軌道を組立てることができる。たとえば，CF_4の4本の結合をつくるには，C上の各混成軌道とそちらを向いたF 2p軌道とを重ね合わせて，結合性と反結合性との局在軌道を組立てればよい。同様に，BF_3の電子分布を記述したければ，それぞれのB-F局在σ軌道とBのsp^2混成軌道の一つとF 2p軌道との重なり合いでできたものと考えることもできる。PCl_5を局在軌道で記述したければ，三方両錐形のsp^3d混成軌道のそれぞれとCl原子の3p軌道とが重なり合ってできる5本のP-Cl結合を用いることになる。同じような具合に，もし正八面体配置の6本の局在軌道をつくりたかったら，d軌道を二つ使えばよい。こうすると正八面体の頂点方向を向いているsp^3d^2混成軌道ができる。

> ときには，局在分子軌道を論じるに当たって混成原子軌道を用いることがある。

3・13 分子軌道による分子形の説明

VSEPRモデルは電子分布が局在しているという見方に基づいているが,分子軌道理論では結合にあずかる電子が分子全体に非局在化されていると考える.市販のソフトウェアで現在広く実行されている *ab initio* 法や半経験的な分子軌道計算を使えば,ずいぶん複雑な分子の形でも信頼性の高い予想ができる.しかしながら,分子の形にどんな要因が寄与しているかを,分子軌道理論の枠組みの中で定性的に理解することはやはり必要である.

非局在軌道によって分子形を解析するという課題にこたえる簡単な視覚的なやり方はA. D. Walshによって案出され,一連の古典的論文として1953年に出版された.H_2X 型の三原子分子(BeH_2,H_2O のような)の形を議論するWalshのやり方を図3・38に示す.この図は**Walshダイヤグラム**[a]の一例であって,分子の幾何学的形態によって軌道エネルギーがどのように変化するかを示すものである.これをつくるには,結合角が90°から180°になるにつれて各分子軌道の構成とエネルギーとがどう変わるかを調べる.実際のところ,Walshダイヤグラムは,§3・11で H_3 分子・H_3^+ イオンを説明するのに使った相関図(図3・30)の手の込んだものにほかならない.

折れ線形分子 H_2X でわれわれが考察する分子軌道は,つぎのものである[13].

$$\begin{aligned}
\psi_{a_1} &= c_1\phi_{2s} + c_2\phi_{2p_z} + c_3\phi_+ \\
\psi_{b_1} &= \phi_{2p_x} \\
\psi_{b_2} &= c_4\phi_{2p_y} + c_5\phi_-
\end{aligned} \tag{12}*$$

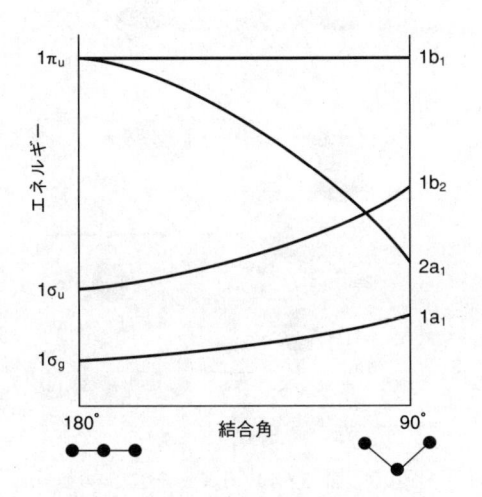

図 3・38 H_2X 分子のWalshダイヤグラム.結合性軌道と非結合性軌道とのみを示す〔訳注: A. D. Walsh, *J. Chem. Soc.*, **1953**, 2260 より〕.

13) ここでも縮退していない軌道の標識としてaとbとを用いる.これらの意味は第4章で詳しく説明する.
* 訳注:ここで,z 軸は角HXHの二等分線,x 軸は分子面に垂直にとってある.
a) Walsh diagram

線形結合 ϕ_+ および ϕ_- で表される軌道の形は図 3・39 に示してある. a_1 軌道は 3 個, b_2 軌道は 2 個あり,これらのうちエネルギーの低い 4 個 (H_2O では 1 個だけが占有される) を図 3・40 の左側に示す. 直線形分子の場合の分子軌道は

$$\begin{aligned} \psi_{\sigma_g} &= c_1\phi_{2s} + c_2\phi_+ \\ \psi_{\pi_u} &= \phi_{2p_x} \quad \text{および} \quad \phi_{2p_z} \\ \psi_{\sigma_u} &= c_3\phi_{2p_y} + c_4\phi_- \end{aligned} \tag{13}*$$

となる. 90° H_2X 分子の最低エネルギー軌道は, $1a_1$ という標識の軌道で, これは H 1s 軌道の組合わせである ϕ_+ と X $2p_z$ 軌道 (X 原子の $2p_z$ 軌道のこと) との重なり合いでつくられる軌道である. 結合角が 180° に近づくにつれて, この a_1 軌道のエネルギーは増加する. それは, 一つには H−H の重なりが減るため, もう一つには X の $2p_z$ 軌道と ϕ_+ との重なりが減るためである (図 3・40). このとき, ϕ_- の H 1s 軌道は X $2p_y$ 軌道と重なりのよい位置に動いてくるので, $1b_2$ 軌道のエネルギーは下がる. また, 弱い反結合性である H−H の寄与も減る. しかし, 最も大きい変化は $2a_1$ 軌道で起こる. この軌道は, 90° 分子では X 2s の性格が強い軌道であるが, 180° 分子では, 純粋な X $2p_z$ に対応する. したがって, この軌道のエネルギーは, 結合角が増すとともに急に高くなる. 一方, $1b_1$ 軌道は, 90° 分子では分子面に垂直な非結合性の X $2p_x$ 軌道であり, 直線形分子になってもあいかわらず非結合性であるから, エネルギーは角度が変わってもほとんど変化しない.

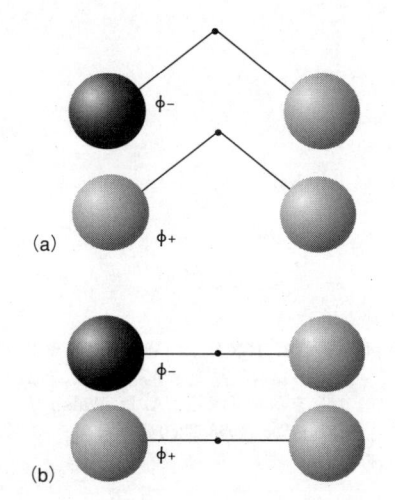

図 3・39 H_2X 分子の分子軌道をつくるのに使う H 1s 軌道の組合わせの形. (a) 折れ線形分子の場合, (b) 直線形分子の場合

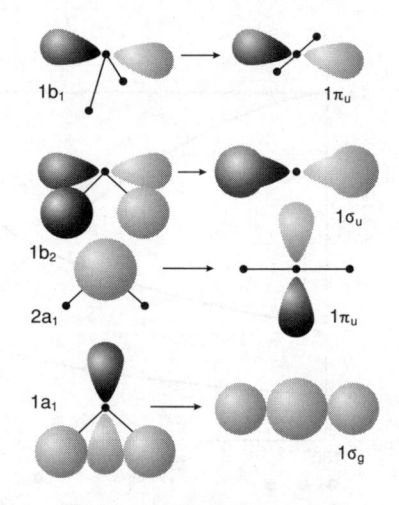

図 3・40 H_2X 分子の二つの極限形 (図 3・38 の相関図に示した) の分子軌道構成

---

* 訳注: ここで, y 軸は分子の軸. これらの式の c_1, c_2, c_3, c_4 は, 式(12)のものと別である.

3・13 分子軌道による分子形の説明

分子が折れ線形であるかどうかを決定するのは主として、$2a_1$ 軌道が占有されているか否かである。この軌道は、折れ線形分子では強い X 2s 性をもっているが直線形分子ではそうではない。そこで、これが占有されているときは、分子が折れ線形であれば低エネルギー状態が得られる。したがって、H_2X の分子形は、分子軌道を占有する電子の数によることになる。

第 2 周期元素の H_2X 型分子で最も簡単なものは、気相で過渡的に存在する BeH_2 分子[14]である。この分子では 4 個の価電子があり、これらの電子は、低エネルギーの軌道 2 個に入るわけだが、そのときエネルギーがなるべく低くなるような分子形になるはずである。そこで、図 3・38 において任意の結合角に対応する最低エネルギーの二つの軌道に電子を入れてみれば、分子が折れ曲がっているかまっすぐかを決めることができる。これをやってみれば、図の左の方に行くに従って HOMO のエネルギーは下がり、全体のエネルギーが最低になるのは分子がまっすぐなときであることがわかる。だから、BeH_2 は直線形分子で、$(1\sigma_g)^2(2\sigma_u)^2$ の電子配置をもつと予想される。CH_2 では、BeH_2 より電子が 2 個多いから、エネルギーの低い三つの分子軌道を占有しなければならない。この場合には、分子が折れ曲がっている方がエネルギーが低くなり、電子配置は $(1a_1)^2(2a_1)^2(1b_2)^2$ となる。

一般に、5 個ないし 8 個の価電子をもつ H_2X 分子では折れ線形になると予想される。実測された結合角は

	BeH_2	BH_2	CH_2	NH_2	OH_2
	180°	131°	136°	103°	105°

である。これらの実測値は、定性的には Walsh の考え方と合っている。しかし、定量的に結合角を予想するには、詳しい分子軌道計算によらなければならない。

例 題 3・8 Walsh ダイヤグラムを使って分子形を予想する。
H_2X 分子の Walsh ダイヤグラムを使って H_2O 分子の形を予想せよ。
解 図 3・38 で 8 個の電子を入れてみると、$2a_1$ 軌道が占有されていることがわかる。したがって、直線形分子よりも非線形分子の方が低エネルギーだと期待される。

問 題 3・8 第 3 周期元素 X の H_2X 分子のうち直線形分子が期待されるものがあるか。あるならどれか。

Walsh は、その考え方を水素化合物以外にも適用したが、相関図はすぐにひどく複雑になってしまう。とはいえ、Walsh の考え方は、電子対の局所的な反発にはあまり重点をおかず、むしろ分子全体に広がっている軌道の占有状況が分子形にどんな影響を及ぼすかを

---

[14] 通常の条件下では、BeH_2 は四配位のベリリウム原子をもつ高分子固体として存在する。

跡付けた点で，VSEPRモデルを補う貴重なものである．今日でも，複雑な分子の形を議論するのに当たって，Walshが導入したような相関図がよく使われており，われわれも後の章で多くの例に出会うことになる．これらが示すように，無機化学者はときとして二つの極端な場合（たとえばH_2X分子の直線形と$90°$形）を考えることによって，互いに逆の効果をもつ要因が何であって，それらがどの程度重要かを評価し，その上で，分子の実際の姿は二つの極限の妥協の産物であるということを説明するのである．

> Walshモデルでは，相関図を用いて，結合角に強く依存する分子軌道の占有され方に基づいて分子の形を予測する．

固体の分子軌道理論

小さな分子の分子軌道理論は，事実上無限個の原子が集まったものである固体に拡張することができ，金属を実にみごとに記述できる．たとえば，金属独特の光沢，高い電気伝導率および熱伝導率，展性を説明するのに使える．これらの特性はいずれも，原子が電子を出しあって共通の電子の海をつくることができるという性質に起因する．光沢と電気伝導率とは，入射光の振動電磁場あるいは電位差に応じて電子が容易に動けることに由来し，高い熱伝導率もやはり電子の動きやすさの結果である．すなわち，振動している原子に電子が衝突してそのエネルギーを受け取り，固体中の他の場所にある原子にそれを運ぶことができるからである．金属がたやすく機械的に変形することも，電子の動きやすさの他の側面である．すなわち，固体が変形しても電子の海は直ちにそれに順応して相変わらず原子を結びつけておくことができるからである．

電気伝導性は半導体の特性でもある．金属と半導体とを区別する基準は，電気伝導率の温度変化である（図3・41）[15]．

- **金属導体**[a]は，電気伝導率が温度の上昇とともに減少する物質である．
- **半導体**[b]は，電気伝導率が温度の上昇とともに増加する物質である．

室温における電気伝導率は，一般に金属の方が半導体より大きいことが多い（ただし，これは金属と半導体とを区別する基準ではない）．**絶縁体**[c]とは，電気伝導率がきわめて

---

[15] ある試料の電気抵抗RのSI単位はオーム（Ω）である．電気抵抗の逆数をコンダクタンスGといい，そのSI単位はジーメンス（S）で，$1\,S = 1\,\Omega^{-1}$である．試料の電気抵抗は，長さlに比例して増加し，断面積Aに反比例して減少する．そこで，

$$R = \rho \frac{l}{A}$$

と書いたときのρが，その物質の抵抗率である．抵抗率のSI単位はオーム・メートル（$\Omega\,m$）である．電気伝導率σは抵抗率の逆数で，SI単位はジーメンス毎メートル（$S\,m^{-1}$）である．

a) metallic conductor b) semiconductor c) insulator

小さな物質である．しかし，絶縁体の電気伝導率を測定してみると，半導体の場合と同様，温度とともに増加する．そこで，目的によっては，"絶縁体"という分類を無視して，あらゆる固体を金属か半導体かのどちらかだとして扱うことも可能である．**超伝導体**[a]は，ある臨界温度以下で電気抵抗が0になるような特殊な種類の材料である．

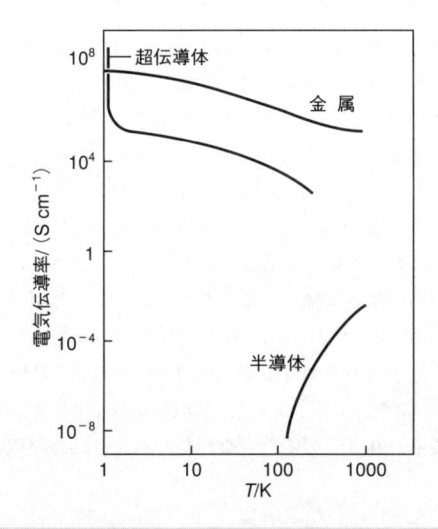

図 3・41 物質の電気伝導率の温度変化．金属か半導体か超伝導体かは，これに基づいて分類する．

金属伝導体は，電気伝導率が温度の上昇とともに減少する物質である．半導体は，電気伝導率が温度の上昇とともに増加する物質である．

3・14 分子軌道のバンド構造

固体の電子構造を記述するに当たって底流となっている考え方の中心は，原子から出された価電子が固体全体に広がっているということである．この考え方は，形式的にいえば，分子軌道理論をそのまま拡張して，固体を無限に大きな分子として扱うということである[16]．このような非局在電子による表し方は，非金属固体にも使えるが，われわれはまず金属が分子軌道によってどのように記述できるかを示すことから始め，その後で，イオン性および分子性固体にも同じ原則が適用できる——ただし，結果は異なる——ことを示そう．

(a) 軌道の重なりによるバンド形成

多数の原子軌道が重なり合うと，エネルギー準位がごく接近した分子軌道ができる．こ

---

16) 固体物理学では，この考え方を"タイトバインディング近似"(tight-binding approximation)という．

a) superconductor

れらのエネルギー準位の間隔は非常に狭いので，事実上連続したエネルギーバンド[a]になる（図3・42）．バンドとバンドとの間のすき間，つまり分子軌道が存在しないエネルギー領域を**バンドギャップ**[b]という．

どうしてバンドができるのかは，s軌道をもった多くの原子が一線上に並んで両隣のs軌道が重なり合っているところを考えれば理解できる（図3・43）．二つの原子だけがつながっていれば，結合性軌道と反結合性軌道とが1個ずつできる．これに第三の原子が加わると3個の軌道ができる．このうちの真ん中のものは非結合性軌道であり，上下のものが高エネルギー軌道と低エネルギー軌道とである．さらに原子が加わると，各原子は1個の軌道をもっているから，また一つ分子軌道が増えることになる．N個の原子が一線上に並べば，N個の分子軌道ができる．最低エネルギー軌道は隣接原子間に節面をもたず，最高エネルギーの軌道は，すべての隣接原子間に節面をもつ．残りの軌道は，順に1, 2, …個の核間節面をもち，エネルギーは最高と最低との間に分布する．

バンドの全幅は，隣り合う原子の相互作用の強さに依存する．相互作用が強ければ（大ざっぱにいって，隣接軌道の重なり合いが大きければ），節面なしの軌道と最多節面の軌道とのエネルギー間隔が広がる．しかし，分子軌道をつくる原子軌道がいくら多くなっても，バンドの全幅は有限である（図3・44を参照）．したがって，Nがどんどん大きくなっていけば隣り合う軌道エネルギー準位の間隔は0に近づく，すなわち，バンドは有限個の

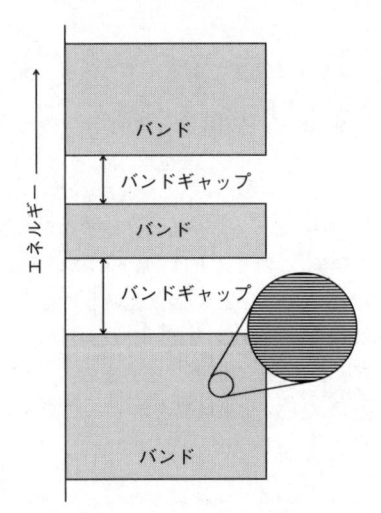

図 3・42 固体の電子構造の特徴．いくつかのバンドがあり，その間に軌道が存在しない領域——バンドギャップ——がある．

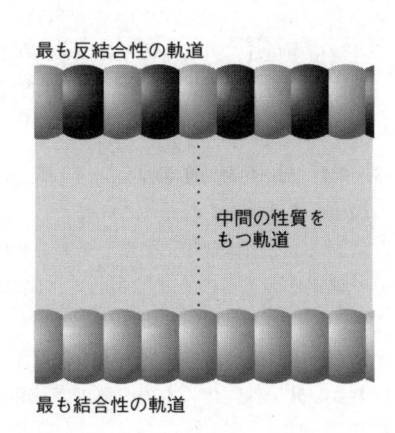

図 3・43 原子をつぎつぎと一列に並べていくとバンドが形成されると考えることができる．N個の原子軌道からN個の分子軌道ができる．

---

a) band　b) band gap

3・14 分子軌道のバンド構造

準位から成るが，エネルギー準位は事実上連続である．

上で述べたバンドはs軌道からできているから，**sバンド**とよばれる．p軌道が使えるときは，図3・45に示すようにその重なり合いによって**pバンド**をつくることができる．同じ原子価殻のp軌道はs軌道よりエネルギーが高いから，sバンドとpバンドとの間にギャップを生じることが多い（図3・46a）．しかし，両バンドの幅が広く原子軌道エネルギーがsとpとで近いと（こういうことはよくある），二つのバンドが重なる（図3・46b）．同様に，d軌道が重なり合えば**dバンド**がつくられる．

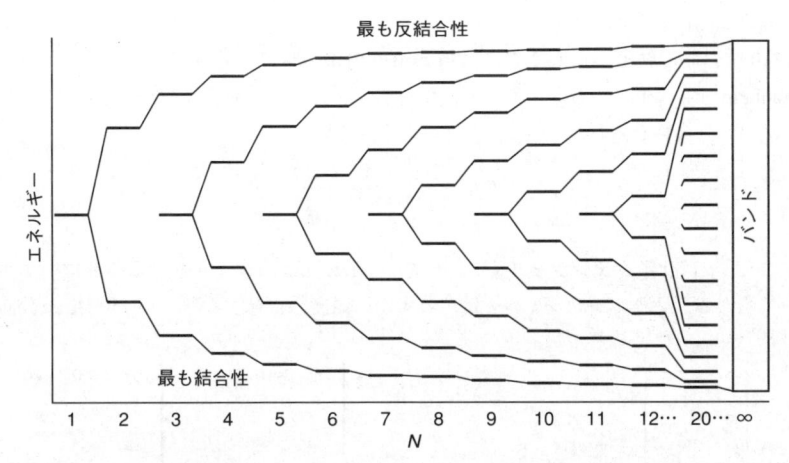

図 3・44 N個の原子を一直線上に並べたときに形成される軌道のエネルギー

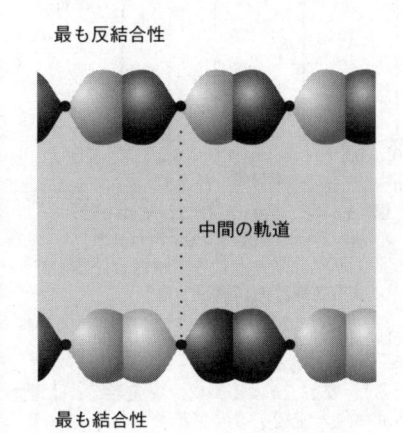

図 3・45 一次元固体のpバンドの一例

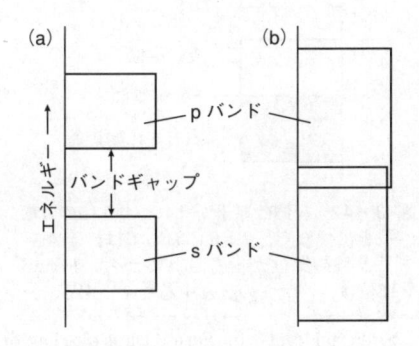

図 3・46 (a) 固体のsバンドおよびpバンドならびにそれらの間のバンドギャップ．実際にギャップがあるか否かは原子のs軌道とp軌道との間隔および原子間の相互作用の強さによる．(b) 相互作用が強いと，バンドは広くなり，二つのバンドが重なることがある．

固体の原子軌道が重なり合って,バンドができる.バンドとバンドとの間はバンドギャップで隔てられている.

(b) Fermi 準位

$T=0$ では,電子は構成原理に従ってバンド内のそれぞれの分子軌道を占める.もし N 個の原子がそれぞれ1個のs電子を出しているなら,$T=0$ では下から $\frac{1}{2}N$ 番目までの軌道が占有される.$T=0$ における最高被占軌道を **Fermi準位**[a] という.Fermi準位はバンドのほぼ真ん中にある(図3・47).

$T>0$ における軌道の占有率 P は,**Fermi-Dirac分布**[b] で与えられる.この分布は,Boltzmann分布に似ているが,各エネルギー準位を占有する電子は2個を超えることはできないという条件を課したもので,つぎの形をしている.

$$P = \frac{1}{e^{(E-\mu)/kT}+1} \qquad (14)^{*1}$$

ここで,μ は**化学ポテンシャル**[c] で,上式からわかるように $P=\frac{1}{2}$ となる準位のエネルギーに当たる.化学ポテンシャル μ は,わずかに温度に依存する^{*2}.Fermi-Dirac分布の

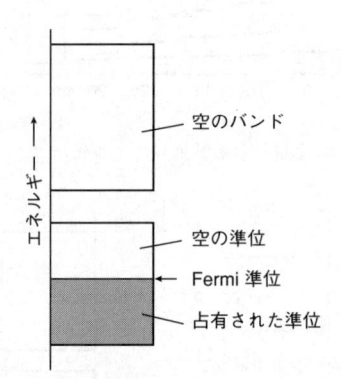

図 3・47 N 個の原子がそれぞれ1個のs電子を出すなら,$T=0$ においては,下から $\frac{1}{2}N$ 個の準位が占有されるから,Fermi準位は,バンドの真ん中あたりに来る.

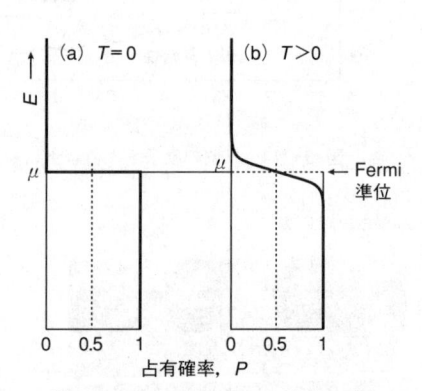

図 3・48 Fermi-Dirac分布の形.(a) $T=0$,(b) $T>0$.Fermi準位より十分高いところでは占有確率は指数関数的に減衰する.

a) Fermi level   b) Fermi-Dirac distribution   c) chemical potential

*1 訳注: P は,熱力学温度 T で熱平衡にあるとき,電子が E のエネルギー準位を占める確率(準位 E が2個の電子で占有されたとき1になる).なお,k はボルツマン定数.μ は電子1個当たりの化学ポテンシャルで,これを Fermi 準位と定義するのが普通である.$T=0$ では本文の定義は,この定義と一致する.

*2 訳注: μ は温度が上がると小さくなるが,その程度はごくわずか(1000 K で0.02%弱の減少)なので,通常の温度範囲では十分無視できる.

3・14 分子軌道のバンド構造

形を図3・48に示す．$T>0$ では，$E \gg \mu$ なら分母の1は無視できるので，占有確率は Boltzmann 分布に似てきて，エネルギーの増加とともに指数関数的に減衰する．

$$P \approx e^{-(E-\mu)/kT} \tag{15}$$

バンドが満杯になっていなければ，Fermi 準位に近い電子はすぐ上の空の準位にたやすく昇ることができる．その結果，電子は動きやすく，固体の中を比較的自由に運動することができるので，こういう物質は電気伝導体になる．この電子の動きやすさは，バンド内の各軌道が定在波であると考えると理解できるであろう．定在波は逆向きに動いている二つの進行波が重ね合わさったものとみなすことができる．電位差がなければ，二つの方向の進行波に対応する波動関数は縮退しているので，同じように占有されている（図3・49a）．しかしながら，電位差がかかっていると，ある方向に進む電子のエネルギーと逆向きに進む電子のエネルギーとは違ってくるから，2組の軌道の占有され方は同じでなくなる（図3・49b）．その結果，ある方向に運動する電子の数は逆向きに運動する電子の数より多くなる．つまり，固体の中を電流が流れる．

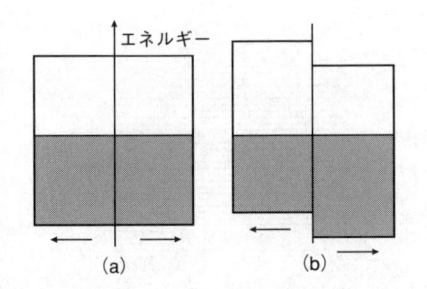

図 3・49 バンドは，右向きの運動と左向きの運動とにそれぞれ対応する二つの軌道の組に分けて表すこともできる．(a) 金属に電位差がかかっていないときは，これらの軌道の組は縮退しているが，(b) 電場がかかっていると，一方の"半バンド"は他方の"半バンド"よりもエネルギーが低くなるので，電子数が多くなる．その結果は電子の流れである．

先に述べたように，伝導率が温度とともに減少するということが，金属の電気伝導性を見分ける鍵である．この性質は，もし電気伝導率が電子の Boltzmann 分布によって支配されているとしたら，予想と逆である．しかし，伝導バンドの電子が固体の中を滑らかに動けるかどうかは，原子が整然と並んでいるかどうかに依存することを理解すれば，電子の動きを妨げている効果が何かを突き止めることができる．結晶格子点で原子が激しく振動すると，軌道の一様性を断ち切るような不純物があるのと同じことになる．このように一様性が低下すると，固体の端から端まで電子が伝わることが難しくなる．だから，固体の電気伝導率は高温ほど小さくなる．電子を固体中を伝わる波動として記述するならば，この波が不純物（つまり，振動する原子）によって"散乱された"ということになる．この**キャリヤー散乱**[a]は，温度が高くなって格子振動が盛んになるにつれて大きくなるから，温度の上昇とともに電気伝導率が減少するという事実を説明することができる．

---

a) carrier scattering

バンド中の軌道の占有され方は，Fermi-Dirac分布で与えられる．金属の電気伝導率が温度が上がると減少するのは，キャリヤー散乱のためである．

(c) 状態密度

あるエネルギー幅に含まれるエネルギー準位の数をそのエネルギー幅で割ったものを**状態密度**[*, a)] ρ という（図3・50）．バンドの状態密度は一様ではない．つまり，一つのバンドの中でも，エネルギー準位が詰まっているところとまばらなところとがある．これは一次元の場合でもみられることで，バンドのへりの方に比べると真ん中あたりは軌道がまばらである（図3・44）．しかし三次元の場合には，中央付近が詰まっていてへりの方はまばらで，状態密度の変化の様子は図3・51のようになる．このような具合になるのは，軌道の線形結合をつくるときのつくり方の数に由来する．完全に結合性の分子軌道（バンドの下端）も完全に反結合性の分子軌道（バンドの上端）も，そういう線形結合をつくる組合わせはそれぞれただ一つしかない．しかし，三次元に原子が並んでいる場合，バンドの中ほどのエネルギーをもつような分子軌道は，多数のやり方でつくることができる．

図 3・50 状態密度は，ある微小エネルギー幅（dE）のバンドに含まれるエネルギー準位の数を dE で割ったものである．

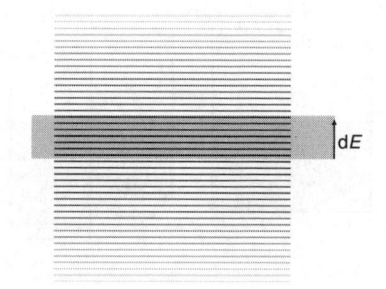

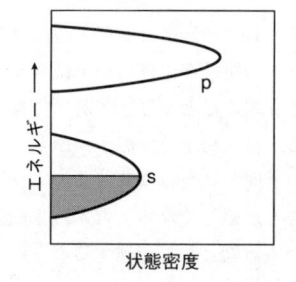

図 3・51 金属に典型的な状態密度分布

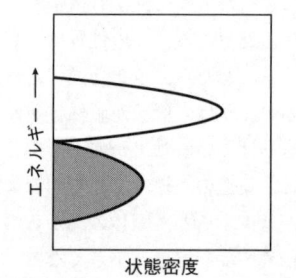

図 3・52 半金属に典型的な状態密度分布

* 訳注：ここで定義された状態密度（SI単位は J^{-1}）は統計力学の用語である．同じ名前が，固体論では別な量すなわち $dN(E)/dE$（ここで $N(E)$ は電子エネルギーが E より小さい状態の総数を体積で割ったもの）を指すので注意を要する．後者のSI単位は $J^{-1} m^{-3}$．

a) density of states

3・14 分子軌道のバンド構造

バンドギャップでは，そこのエネルギーの軌道がないわけだから，状態密度は0になる．しかし，特別な場合には，完全に占有されたバンドと空のバンドとが，状態密度0の点で接していることがある（図3・52）．この種の金属は**半金属**[17]とよばれる．半金属では，キャリヤーとなる電子が少数しかないから，電気伝導率は金属の性質をもつが，値は低い．重要な例としては黒鉛がある．黒鉛は，炭素原子の並んでいる平面と並行な向きに対して半金属性を示す．

> 状態密度は，バンドの中で一様ではない．たいていの場合，状態密度はバンドの中央付近で最大となる．

(d) 光電子およびX線によるバンドの解析

バンドが存在するという証拠および状態密度の分布図は，分子の場合とほぼ同じように，光電子分光法によって実験的に得ることができる．個々の分子の場合の状態密度は，分子軌道のエネルギーに対応した間隔の開いた鋭いとげ状のピークになる．この一連のピークは，光電子スペクトル上では不連続なイオン化エネルギーをもつ光電子として観測される．

固体の場合，同じような情報は，**X線発光バンド**[a]から得ることができる．この方法では，電子衝撃によって原子の内側の閉殻にある電子をはじき出し，その空席に価電子バン

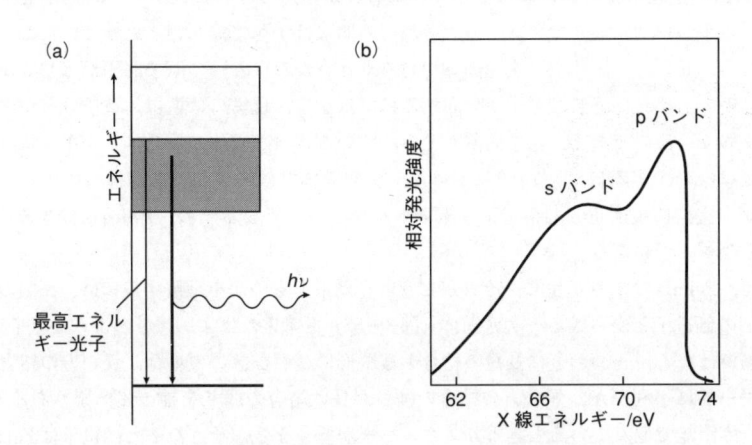

図 3・53 (a) X線発光バンドの出現と (b) 典型的な例（アルミニウム）

---

[17] ここで用いた"半金属（semimetal）"という用語は，メタロイド（metalloid）の同義語ではない．〔訳注：金属と非金属との中間の性質を示す元素を指す言葉としてメタロイドが使われることがあったが，この用語は使い方が混乱しているので，IUPAC無機化学命名法（1990）では使用を禁止し，元素を金属（metals），半金属（semi-metals）および非金属（non-metals）の3種に分類する．〕

a) X-ray emission band

ドから電子が落ちるときに放射されるX線を観測する（図3・53）．バンド中の被占準位にある価電子のどれが落ちてきてもよいわけだから，放射されるX線の振動数はある幅をもっている．価電子バンドに同じようなエネルギーの状態がたくさんあれば発光強度は強く，あるエネルギーの状態が少なければ発光強度は弱いはずだから，放射バンドの強度曲線は，バンドの状態密度の指針にはなる．ただし状態密度の形に正しく一致するわけではない．それは，入射光子がどのくらい容易に電子をはじき出せるかは，軌道の種類（詳しくいえば，遷移確率の大きさ）によって違ってくるということを考慮しなければならないからである．

X線の放射は，バンドの被占部分の状態密度に関する情報を与える．

(e) 一次元固体の特異性

近年，金属原子の直鎖によってできた空きのあるバンドをもつ一連の固体が研究されてきた．一例は，$K_2Pt(CN)_4Br_{0.3}\cdot 3H_2O$，一般に"KCP"とよばれる物質である（図3・54）．これら**一次元固体**[a]は，今まで述べてきたことから想像されるほど簡単なものではない．Rudolph Peierls に帰すべき定理によれば，"いかなる一次元固体も $T=0$ において金属でありえない！"からである．

Peierls の定理の源をさかのぼると，われわれが暗黙のうちに仮定していたこと，すなわち，原子が一列に並んでいるとき，それらの間隔はすべて等しいと思っていたことに行き当たる．しかし，固体（一次元固体であろうとなかろうと）の原子間隔がはじめから決まっていて，それに応じて電子が分布するのではなく，現実には逆に，電子分布が原子間隔を決めているのである．格子間隔がそろっている状態が固体の最低エネルギー状態である保証はない．実際には，$T=0$ における一次元固体では，つねにある種のゆがんだ構造の方が，完全に規則正しい構造よりもエネルギーが低くなるため，**Peierls ひずみ**[b]とよばれるひずみが起こる．

なぜ，Peierls ひずみが生じ，それがどういう効果をもつかを理解するには，N 個の原子と N 個の価電子とから成る一次元固体（図3・55）を考えればよい．このような原子列は，等間隔ではなく，一つおきに長短の結合をもつ形にひずむ．この場合，長い方の結合はエネルギー的に不利だが，短い方の結合の強さが長い結合の弱さを補ってあまりあるので，結局，等距離で並んでいるときよりエネルギーが低くなる．そうなると，電子は Fermi 準位の近くの電子のように固体中を自由に動き回れず，長い結合で結ばれている原子の間につかまってしまう（これらの電子は反結合性であるため，強く結合した原子の核間領域の外側にいる）．つまり，Peierls ひずみによって，もとの伝導バンドの真ん中にバンドギャップが生じ，被占軌道と空軌道とが隔てられる．その結果，金属でなく，半導体か絶縁体に

---

a) one-dimensional solid　b) Peierls distortion

なるのである.

KCPの伝導バンドは,主として白金の$5d_{z^2}$軌道の重なり合いで生じるdバンドである.このdバンドは完全に詰まっているはずであるが,実際は,ごく一部であるがBrがBr$^-$となって少数のdバンド電子を取去るため,dバンドが伝導バンドになる.実際,ドーピング(§3・15b参照)したKCPは,室温ではPt鎖の方向に最も高い電気伝導率をもつ光沢のあるブロンズ色の固体であるが,150 K以下になるとPeierlsひずみが起こり始めるので電気伝導率は急激に落ちる.温度が高ければ原子の熱運動によりゆがみがならされて原子間距離が平均としてそろってくるので,バンドギャップが無くなり,KCPは金属導体となる.

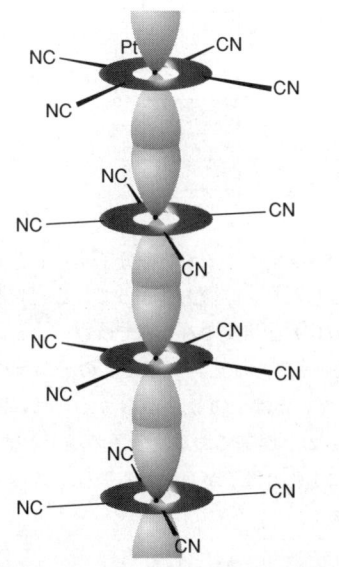

図 3・54 $K_2Pt(CN)_4Br_{0.3}\cdot 3H_2O$ の無限に続く鎖状構造とそのdバンドの模式図

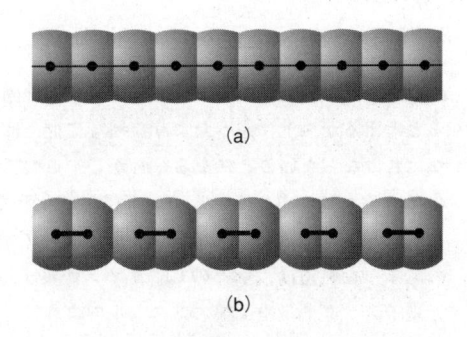

図 3・55 Peierlsひずみの形成.長短の結合が交互になった原子列(b)のエネルギーの方が,一様に並んだ原子列(a)のエネルギーより低い.

Peierlsひずみが起こるため,いかなる一次元固体もある臨界温度以下では金属伝導体になり得ない.

(f) 絶 縁 体

バンドを完全に満たすだけの電子があり,かつ,上の空軌道との間に十分広いギャップがあれば(図3・56),こういう固体は絶縁体となる.たとえば,塩化ナトリウムの結晶では,Cl$^-$イオンはほとんど触れ合っていて,3sおよび3pの原子価軌道は重なり合っている.そこでN個のCl$^-$イオンがあれば$4N$個の準位から成る狭いバンドができる.Na$^+$イオンもほとんど触れ合っていて,やはりバンドができる.塩素はナトリウムよりはるか

に電気陰性度が大きいから，塩素のバンドはナトリウムのバンドのずっと下にあり，7 eV ほどのバンドギャップがある．全体として $8N$ 個（塩素 1 個当たり 7 個とナトリウム 1 個当たり 1 個）の電子を入れる必要があるが，これらは低い方の塩素バンドに入り，塩素バンドはちょうどいっぱいになって，ナトリウムバンドは空のまま残る．室温では $kT \approx 0.03$ eV だから，ナトリウムバンドの軌道に入る電子はほとんどない．

図 3・56 典型的な絶縁体の構造．詰まったバンドと空のバンドとの間に広いギャップがある．

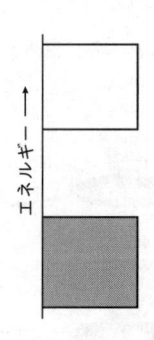

われわれは通常，イオン性あるいは分子性固体が個々別々のイオンや分子からできていると考えるが，上に述べたような描写に従えば，むしろバンド構造をもっているとみなさなければならないことになる．しかし，この二つの見方は相反するものではない．というのは，完全に充満しているバンドは局在化した電子密度を加え合わせたものと同等であることを証明できるからである．塩化ナトリウムでいえば，Cl 軌道からつくられる電子の詰まった軌道は，別々の Cl^- イオンが集まったものと同等である．分子の場合と同様，光電子スペクトルや X 線スペクトルのように一度に 1 個の電子がかかわる過程のスペクトルを記述するには，非局在バンドの見方が必要である．

固体の絶縁体は，バンドギャップの大きな半導体である．

3・15 半 導 体

半導体の物性で特徴的な点は，電気伝導率が温度とともに急激に増加することである．典型的な半導体の電気伝導率は，室温では金属と絶縁体との中間の値となる（10^{-3} S cm^{-1} 程度の領域にある）．絶縁体と半導体との境目はバンドギャップの幅（表 3・10）の問題で，電気伝導率の値そのものは，同じ物質でも温度によって低くも中程度にも高くもなりうるから，区別の目安としてはあてにならない．絶縁体とみるか半導体とみるかを決めるバンドギャップや電気伝導率の大きさは，その物質を何に応用するかにより異なる．

(a) 真 性 半 導 体

バンドギャップが狭く，Fermi-Dirac 分布に従って分布する電子のうち若干数のものが

3·15 半　導　体

上の空バンドにも存在するような物質を**真性半導体**[a]という（図3·57）。このように伝導バンドに電子が入ると，上の準位には負電荷のキャリヤーが，下の準位には正電荷のホール（正孔）が生じ，固体は電気伝導性をもつようになる。室温にある半導体では，一般に，キャリヤーとして働ける電子も正孔もごく少ないから，金属に比べてはるかに電気伝導率が小さい。温度が上がると急激に電気伝導率が増すのは，上のバンドにいる電子の数がBoltzmann型に似た指数関数的温度依存性を示すからである。

伝導バンドの被占率が指数関数形であるなら，半導体の電気伝導率の温度依存性は，Arrhenius式のように

$$\sigma = \sigma_0 e^{-E_a/kT} \tag{16}$$

となるはずである。この活性化エネルギーE_aとバンドギャップE_gとを関係づけるためには，高温域でのFermi-Dirac分布〔式(15)〕に出てくる$E-\mu$がE_gとどう関係づけられ

表 3·10　25℃におけるバンドギャップの典型的な値の例[†]

材　料	E_g/eV
炭素（ダイヤモンド）	5.47
炭化ケイ素	3.00
ケイ素	1.12
ゲルマニウム	0.66
ヒ化ガリウム	1.42
ヒ化インジウム	0.36

[†] 出典: S. A. Schwartz, "Kirk-Othmer encyclopedia of chemical technology," Vol. 20, p.604, Wiley-Interscience, New York (1982).

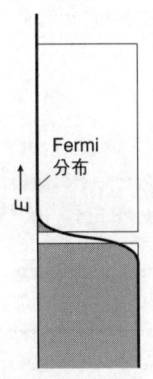

図 3·57　真性半導体ではバンドギャップが狭いので，Fermi-Dirac分布に従って上の空バンドに若干数の電子が存在するようになる．

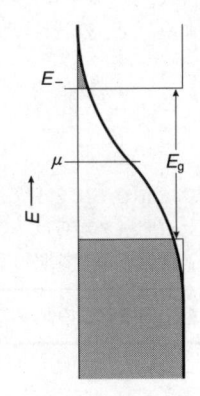

図 3·58　Fermi分布とバンドギャップとの関係

---

[a] intrinsic semiconductor

るかをはっきりさせればよい.

バンド構造の単純な考え方に従えば, μ (すなわち $P=\frac{1}{2}$ となるエネルギー) は上下のバンドの真ん中あたりにある (図 3・58). したがって, 上のバンドの底のエネルギーを E_- とすれば

$$E_- - \mu \approx \frac{1}{2} E_g$$

であるから, 電気伝導率は,

$$\sigma = \sigma_0 e^{-E_g/2kT} \tag{17}$$

に従うはずである. つまり, 半導体の電気伝導率は, バンドギャップの $\frac{1}{2}$ と等しい活性化エネルギー ($E_a \approx \frac{1}{2} E_g$) をもつ Arrhenius 型の式に従うことが期待できる. 実際にこの関係が成り立つことが見いだされている.

> 半導体の電気伝導率の温度依存性は, Arrhenius 型の式で表され, バンドギャップによって決まる.

例題 3・9 電気伝導率の温度依存性からバンドギャップを決める.

ゲルマニウム試料のコンダクタンス G が温度とともにつぎのように変化した. E_g の値を推定せよ.

T/K	312	354	420
G/S	0.0847	0.429	2.86

解 式 (17) からわかるように, 化学反応の活性化エネルギーを求めるときと同様にすればよい. 同一の試料については, コンダクタンス G は伝導率 σ に比例するから

$$G = G_0 e^{-E_g/2kT}$$

対数をとって

$$\ln \frac{G}{G_0} = -\frac{E_g}{2kT}$$

そこで, $\ln(G/S)$ を $1/T$ に対してプロットすれば直線が得られ, その傾斜は $-E_g/2k$ となる. 上のデータからは, この傾斜が -4.27×10^3 K となる. $k = 8.614 \times 10^{-5}$ eV K^{-1} であるから (見返しの表参照), $E_g = 2E_a = 0.736$ eV.

問題 3・9 この試料の 370 K におけるコンダクタンスはいくらか.

(b) 不純物半導体[a]

母体の元素より電子の多い元素を導入することができると, キャリヤー電子の数を増加

---

[a] extrinsic semiconductor (impurity semiconductor ともいう)

3・15 半　導　体

させることができる．この操作を**ドーピング**[a]という．このとき必要な**ドーパント**[b]——ドーピングのために加える元素——の濃度はきわめて低くてよく，母体の原子10^9個当たり1個ぐらいである．だからまずは，超高純度の母体元素を得ることが不可欠である．

As原子をドーパントとしてケイ素結晶中に導入すると，置換したドーパント原子1個当たり1個ずつ余分な電子が使えるようになる．ここで置換といったのは，ドーパント原子がSi原子の場所に取って代わるという意味でドーピングとは<u>置換</u>反応であるからである．もしドナー原子——すなわちAs原子——が互いに離れていれば，その電子は局在化しており，したがって，**ドナーバンド**[c]はきわめて狭い（図3・59a）．さらに，このドナー原子の電子準位は，母体結晶格子の価電子の準位より高いところにある．充満したドナーバンドは母体格子の空のバンドに近いのが普通だから，$T>0$では，ドナーバンドの電子のいくつかは熱的に励起されて空の伝導バンドに入る．言い換えれば，Asの電子は熱的励起によって隣のSi原子の空軌道に移行し，Si－Siの軌道の重なり合いでつくられる分子軌道に入って結晶格子内を移動することができるようになる．このようにして**n型半導体**[d]が生じる．この "n" というのは，電荷キャリヤーが負電荷をもつ電子であることを示す形容詞である．

置換のやり方にはもう一つあって，それは，原子当たりの価電子数のもっと少ない元素——たとえばガリウム——でケイ素をドープすることである．この種のドーパント原子は固体中に正孔をつくり出す．すなわち，ドーパント原子は，ケイ素の充満バンドのすぐ上にごく狭い空の**アクセプターバンド**[e]をつくる（図3・59b）．$T=0$Kではこのアクセプターバンドは空であるが，温度が上がると，熱励起された電子がこのバンドに受容されるので，Siの価電子バンドからその分だけ電子が吸い上げられることになる．そのため，Si価電子バンドに正孔ができるので，残った電子はSi価電子バンドの中で動き回れるようになる．この場合のキャリヤーは，事実上，下のバンド中の正孔だから，この型の半導体は**p型半導体**[f]とよばれる．

ZnOやFe_2O_3などいくつかのd金属酸化物はn型半導体である．この場合，半導体性は非化学量論的組成とO原子のわずかな欠如とから生じる．本来Oの局在原子軌道を占有して個々のO原子上に局在するきわめて狭い酸化物バンドをつくるはずだった電子は，金属の軌道がつくる元来空であった伝導バンドを占める．こういう固体を酸素中で加熱すると，欠けていたO原子が補充され，それにつれて伝導バンドにある電子が引き戻されるので電気伝導率が減少する．

p型半導体は，いくつかの低酸化状態d金属のハロゲン化物や酸素族元素との化合物にみられる．たとえば，CuI，Cu_2O，FeO，FeSである．これらの非化学量論的化合物で電子が不足するということは，低酸化状態にある金属が酸化されることと同等であって，そ

---

a) doping　b) dopant　c) donor band　d) n-type semiconductor　e) acceptor band
f) p-type semiconductor

の結果,低酸化状態の金属イオンがつくるバンドに正孔ができる.これらの化合物を酸素中で加熱すると,酸化が進むにつれて金属イオンバンドに正孔が増えるので,電気伝導率が増加する.

図 3・59　バンド構造.(a) n 型半導体,(b) p 型半導体

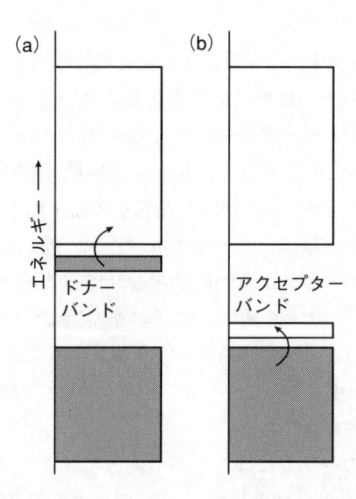

原子価バンドから電子を取去るような原子でドープするとp型半導体となり,伝導バンドに電子を供給するような元素でドープするとn型半導体になる.

3・16　超 伝 導

1987年までに知られていた超伝導体(金属,いくつかの酸化物やハロゲン化合物など)は,すべて約 20 K 以下に冷やしたときはじめて超伝導性を示すものであった.しかし,1987年に最初の**高温超伝導体**[a] (HTSC) がいくつか発見された.これらは 120 K でも明確な超伝導性を示したが,さらに高い温度で超伝導を示す材料も,それ以後ときどき報告されている.ここでは,高温超伝導体を考えることはせず(第18章で論じる),低温超伝導機構の背後にある考え方を概説する.

低温超伝導性の中心概念は **Cooper対**[b] である.Cooper対とは,2個の電子が,結晶格子中の原子の核との相互作用を通じて,互いに間接的に作用しあうために形成される電子の対である.すなわち,固体中のある箇所に電子があると,その領域の原子核は電子に向かって動くため局部的にゆがんだ構造ができる(図3・60).このゆがんだ領域は正電荷が多いから,別のもう1個の電子が吸い寄せられるように動く.つまり,二つの電子の間にあたかも引力が働いたような状況になり,2個の電子が対をつくって動き回るようになる.局所的なゆがみはイオンの熱運動により容易に壊されるので,このような2個の電子

---

a) high-temperature superconductor　　b) Cooper pair

間に引力が働いているような状況はきわめて低温でしか起こらない.

　Cooper対が固体中を移動するときには，一方の電子が衝突によって散乱されて道から外れようとしても，他方の電子がつくっているゆがみによって引き戻されるので，個々の電子がばらばらに動くときに比べ，散乱され方が少ない．これは，家畜の群れの動きが，家畜をくびきでつなぎ合わせると違ってくることになぞらえられてきた．つないでいなければ岩などがあると群れの中のあるものは道からそれてしまうが，くびきにつながれていれば，少々邪魔物があってもかまわずに前進する．Cooper対は散乱に対して安定だから，固体の中を自由に電荷を運ぶことができるので，超伝導が起こる．

通常の超伝導は，固体の原子と電子との相互作用によってCooper対が形成される結果である．

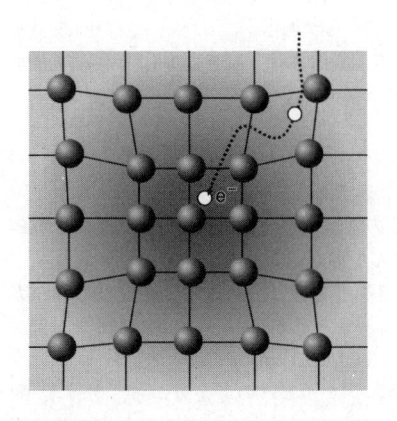

図 3・60　Cooper対の形成．1個の電子が結晶格子をゆがめると，もう1個の電子はその領域に行くとエネルギーが低くなる．この結果，2個の電子は結ばれて対になる．

参 考 書

Y. Jean, F. Volatron, "An introduction to molecular orbitals," translated and edited by J. K. Burdett, Oxford University Press (1993). 分子内の結合に関する良い概説．分子断片の軌道を用いる考え方に力点をおく．

R. L. DeKock, H. B. Gray, "Chemical structure and bonding," Benjamin/Cummings, Menlo Park (1980).

T. A. Albright, J. K. Burdett, M.-H. Whangbo, "Orbital interactions in chemistry," Wiley, New York (1985). 本書には，アイソローバル類似について詳しく論じてある．

J. N. Murrell, S. F. A. Kettle, J. M. Tedder, "The chemical bond, 2nd Ed.," Wiley, New York (1985).

T. A. Albright, J. K. Burdett, "Problems in molecular orbital theory," Oxford University Press (1992).

　もっと詳しい議論は以下の本にある．

B. C. Webster, "Chemical bonding theory," Blackwell Scientific, Oxford (1990).

D. M. P. Mingos, "Essential trends in inorganic chemistry," Oxford University Press (1998).
構造と結合の観点からとらえた無機化学の概説.

練習問題

3・1 つぎの Lewis 構造を書け.
 (a) $GeCl_3^-$　(b) FCO_2^-　(c) CO_3^{2-}　(d) $AlCl_4^-$　(e) FNO
重要な共鳴構造が二つ以上あるときは，主要なものすべての例をあげよ.

3・2 (a) ONC^-, (b) NCO^- の典型的な共鳴形の Lewis 構造を書き，各原子の形式電荷を示せ. それぞれの場合に，主要な寄与をするのはどの共鳴構造か.

3・3 (a) NO_2^- の主要な共鳴形の Lewis 構造を書け.
(b) 形式電荷を示せ.
(c) 原子の酸化数を示せ.
(d) つぎの場合に，酸化数あるいは形式電荷のどちらが適当か. (i) いくつかの共鳴形のうちの主要共鳴 Lewis 構造を点(・)を用いて書く場合，(ii) 窒素が酸化あるいは還元される可能性があるか否かを調べる場合，(iii) 窒素原子上の実際の電荷を決める場合.

3・4 つぎの Lewis 構造を書け.
 (a) XeF_4　(b) PF_5　(c) BrF_3　(d) $TeCl_4$　(e) ICl_2^-

3・5 (a) SO_3, (b) SO_3^{2-}, (c) IF_5 は，どんな形であると思うか.

3・6 気体の五塩化リンは分子であるが，固体の五塩化リンは，PCl_4^+ と PCl_6^- とから成るイオン性固体である. 固体中の両イオンはどんな形か.

3・7 表3・4の共有結合半径を用いて結合距離を計算せよ（括弧内は比較のための実験値）.
 (a) CCl_4 (177 pm)　(b) $SiCl_4$ (201 pm)　(c) $GeCl_4$ (210 pm)

3・8 $B(Si=O)$ は 640 kJ mol^{-1} である. 結合エンタルピーの考え方から，ケイ素-酸素化合物は，$Si=O$ 二重結合をもつ分子ではなく，$Si-O$ 単結合から成る四面体の網目構造を含む可能性が大きいことを予想せよ.

3・9 窒素とリンとの通常の形はそれぞれ $N_2(g)$ と $P_4(s)$ とである. 単結合および多重結合の結合エンタルピーを用いて，この違いを説明せよ*.

3・10 表3・5のデータを用いて $2H_2(g) + O_2(g) \rightarrow 2H_2O(g)$ の標準反応エンタルピーを計算せよ. 実測値は -484 kJ mol^{-1} である. 推定値と実測値との差を説明せよ.

3・11 平均結合エンタルピー（表3・5）のデータを用いて，つぎの反応の標準反応エンタルピーを推定せよ. ただし，未知の化学種 O_4^{2-} は，S_4^{2-} のように単結合の鎖状構造をもつと仮定する.
 (a) $S_2^{2-}(g) + \frac{1}{4}S_8(g) \rightarrow S_4^{2-}(g)$　(b) $O_2^{2-}(g) + O_2(g) \rightarrow O_4^{2-}(g)$

3・12 分子軌道エネルギー準位図を用いてつぎの化学種の不対電子の数を求めよ.
 (a) O_2^-　(b) O_2^+　(c) BN　(d) NO^-

3・13 図3・17を用いてつぎの化学種の電子配置を書き，それぞれのHOMOの形を描

---

* 訳注: 仮想の分子 N_4 は，P_4 (**12**) と同じく四面体形とせよ.

け．
   (a) Be_2 (b) B_2 (c) C_2^- (d) F_2^+

3・14 つぎの化学種の分子軌道配置から結合次数を求め，それを Lewis 構造から定まる結合次数と比較せよ．
   (a) S_2 (b) Cl_2 (c) NO^- (NO は O_2 型の分子軌道をもつ)

3・15 つぎのイオン化過程に伴って，結合次数と結合距離とはどう変化すると考えられるか．
   (a) $O_2 \rightarrow O_2^+ + e^-$ (b) $N_2 + e^- \rightarrow N_2^-$ (c) $NO \rightarrow NO^+ + e^-$

3・16 (a) 4個の 1s 軌道について，それらの独立な線形結合はいくつあるか．
   (b) 仮想的線形分子 H_4 について，H 1s 軌道の線形結合の図を描け．
   (c) 節面の数を考慮して，これらの分子軌道をエネルギーの大きくなる順に並べよ．

3・17 (a) 直線形イオン $[HHeH]^{2+}$ の各分子軌道を，各原子の 1s 原子軌道を基底系として組立てよ．各分子軌道の節面を考慮すること．
   (b) これらの分子軌道をエネルギーの大きくなる順に並べよ．
   (c) これらの分子軌道の電子分布を示せ．
   (d) $[HHeH]^{2+}$ は，単独であるいは溶液中で安定であろうか．推論の理由を説明せよ．

3・18 本文中の NH_3 の分子軌道の議論に基づいて，NH_3 中の N－H 結合の平均結合次数を求めよ（結合の総数を数えて，NH の数で割る）．

3・19 図 3・34 に示した原子軌道と分子軌道との軌道エネルギーの相対的関係から，SF_6 の e フロンティア軌道 (HOMO) と 2t フロンティア軌道 (LUMO) とが主として F 性か主として S 性かを述べよ．推論の理由も述べよ．

3・20 つぎの仮想的化学種が，電子数がぴったりのものか，電子不足かを分類せよ．答えを説明し，これらが存在する可能性の有無を述べよ．
   (a) 四角形の H_4^{2+} (b) 折れ線形の O_3^{2-}

3・21 (a) 水素と窒素から成る分子または分子断片で CH_3^- と等軌道的なものを示せ．
   (b) 水素とホウ素とから成る分子または分子断片で O 原子と等軌道的なものを示せ．
   (c) 窒素を含む化学種で $[Mn(CO)_5]^-$ と等軌道的なものを示せ．

3・22 (a) 金属導体と半導体との区別を示すバンド構造の略図を書け．
   (b) 電気伝導率の温度変化によって金属導体と半導体とを区別する方法を説明せよ．
   (c) 電気伝導率の温度変化によって絶縁体と半導体とを区別できるか．

3・23 つぎの系は，n 型半導体，p 型半導体のどちらであろうか．
   (a) ヒ素をドープしたゲルマニウム   (b) ガリウムをドープしたゲルマニウム
   (c) ケイ素をドープしたゲルマニウム

3・24 純粋な酸化チタン(IV)の価電子バンドから伝導バンドに電子を光吸収によって昇位させるには 350 nm より短波長の光を必要とする．価電子バンドと伝導バンドとの間のエネルギーギャップを eV 単位で計算せよ．

3・25 酸化チタン(IV)を水素中で加熱すると青色になる．すなわち，赤色光を吸収するようになる．Ti^{IV} を Ti^{III} に還元することは，n-ドーピングに対応するか，p-ドーピングに対応するか．

3・26 ヒ化ガリウムは，赤色発光ディスプレイ用に広く用いられる半導体で，また，スーパーコンピューター用の高度な演算素子チップとして開発中のものである．ヒ化ガリウム(GaAs)のAs部位をセレンでドープすることは，n-ドーピングかp-ドーピングか．

3・27 硫化カドミウム(CdS)は，光量計の光伝導体として用いられる．この物質のバンドギャップは約 2.4 eV である．硫化カドミウムの価電子バンドから伝導バンドに電子を上げることができる光の最大波長はいくらか．

3・28 光吸収スペクトルから測定されたケイ素のバンドギャップは約 1.12 eV である．373 K と 273 K とにおける電気伝導率の比を計算せよ．

演習問題

3・1 第1章に述べた概念，特に動径波動関数に及ぼす貫入および遮へい効果を用いて，単結合の共有結合半径が周期表中の元素の位置によってどう変化するかを説明せよ．

3・2 地殻中に多くみられる物質では，Si-Si結合あるいはSi-H結合に比べてSi-O結合が重要である．結合エンタルピーを用いて，このことを理論づけよ．ケイ素の挙動が炭素の挙動とどう違うか．また，それはなぜか．

3・3 He原子が光子を吸収して $(1s)^1(2s)^1$ 配置をもつ状態（ここでは He* と書く）に励起されると，他のHe原子と弱い結合をつくってHeHe*二原子分子を生じる．この化学種の結合を分子軌道によって記述せよ．

3・4 仮想的平面形 NH_3 分子の近似的な分子軌道エネルギー準位図をつくれ．中心のN原子および三角形に配置された H_3 原子の軌道としてどれが適合した形であるかを決めるには付録4を参照するとよい．原子軌道のエネルギー準位を考慮して，Nと H_3 との軌道を分子軌道図の左右に描き，ついで，結合性相互作用および反結合性相互作用と原子軌道エネルギーとの関係から判断して，分子軌道のエネルギー準位を中央に描き，各分子軌道とそれに寄与する原子軌道とを線で結べ．原子軌道エネルギー準位はつぎの通りである．H 1s=−13.6 eV, N 2s=−26.0 eV, N 2p=−13.4 eV.

3・5 (a) 拡張 Hückel 分子軌道法のプログラム[18]を用いて，あるいは，この種のプログラムを用いた計算の入力値および出力値を用いて，下記の分子のいずれかについて，分子軌道エネルギー（出力値から）と原子軌道エネルギー（入力値から）との関係を示す分子軌道エネルギー準位図をつくり，分子軌道の電子被占状態を示せ（図 3・17 にならえ）．HF(92 pm), HCl(127 pm), CS(153 pm) （括弧内は結合距離）である．

(b) 出力値を用いて，被占軌道の形を描け．原子軌道の膨らみの網かけの濃淡で符号を，膨らみの大きさで振幅を示せ．

3・6 拡張 Hückel 法で H_3 の分子軌道計算を行え．演習問題 3・4 にある H のエネルギーと NH_3（N−H結合距離 102 pm, HNH結合角 107°）の H−H 距離を用いよ．さらに，NH_3 についても同種の計算を行え．演習問題 3・4 にあげた N 2s および N 2p 軌道のエネルギー

---

[18] 適当なプログラムとしては，つぎのものがある．QCMP001 (QCPE, Chemistry Department, Indiana University, Bloomington, IN), CACAO (C. Mealli, D. M. Proserpio, *J. Chem. Educ.*, **67**, 399 (1990) による), PLOT3D (J. A. Bertrand, M. R. Johnson, School of Chemistry, Georgia Institute of Technology, Atlanta, GA)

データを用いよ．出力値から，分子軌道エネルギー準位をプロットし，対称記号をつけよ．これらの準位と適合する対称性のNおよびH原子軌道との関連を示せ．この計算結果を，演習問題3・4の定性的記述と比較せよ．

3・7 COの紫外光電子スペクトル（図3・61）のスペクトル線を帰属し，SOの紫外光電子スペクトルの形を予測せよ．

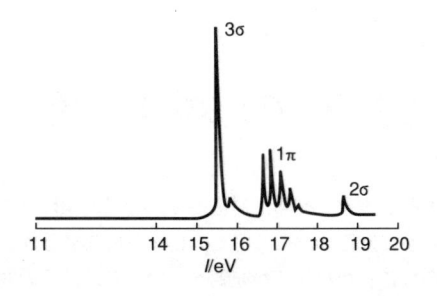

図 3・61　21 eV放射を用いたCOの紫外光電子スペクトル

3・8 図3・53bは，酸化アルミニウムのK殻X線発光スペクトルである．このよび名の由来は，照射によってK殻（$n=1$の殻の別名）に生じた空席に価電子バンドの電子が落ちるときにX線が放射されることによる．この放射に対応する吸収はK殻の電子が伝導バンドに励起されることによって生じる．Al_2O_3のバンドギャップエネルギーはどれほどか．アルミニウムは絶縁体か半導体か．エネルギー準位が密に詰まっているのは，バンドのへりか中央か．主としてO軌道から生じた準位の分布を示すのはどのピークか．

3・9 ビスマスの電気伝導率は273 Kで$9.1×10^5$ S m^{-1}，373 Kで$6.4×10^5$ S m^{-1}，573 Kで$7.8×10^5$ S m^{-1}である．ビスマスはどんな種類の材料であるか．なおビスマスは271 ℃で融解する．

3・10 VOの電気伝導率は，125 Kまでは温度とともに急激に増加し$1×10^{-4}$ S m^{-1}に達する．約125 Kで電気伝導率は突然$1×10^2$ S m^{-1}に上昇し，それから緩やかに低下して400 K近くで$5×10^1$ S m^{-1}になる．VOの (a) 低温形および (b) 高温形をどのように分類するか．

3・11 中性のNH_2分子断片は折れ線形である．第一励起状態のNH_2は，基底状態の分子より，もっときつく曲がっているか，それとも，もっと真っすぐなはずか（ヒント：図3・38をみよ）．

3・12 純粋のSiのバンドギャップは，吸収スペクトルから1.12 eVと測定されている．Siの100 ℃と0 ℃との電気伝導率の比を計算せよ．

3・13 SF_6のすべてのS-F結合が同じだけ引き伸ばされたら，HOMO-LUMOのエネルギー間隔はどんな影響を受けるか予想せよ（ヒント：図3・34をみよ）．

3・14 P-P単結合はN-N単結合よりも長いから，図3・27をみて，前者が後者よりも弱いと誤って結論する人がいるかもしれない．どこが間違いか．

3・15 NiOは，25 ℃では電気の不良導体だが，空気中で800 ℃に加熱すると，電気伝導率が劇的に増加する．このNiOの挙動は，FeOとZnOとのいずれの挙動に近いか．その理由は何か（ヒント：付録1をみよ）．

4

分子の対称性

　対称性は，無機化学においてきわめて重要な概念である．対称性は，分子の物理化学的性質を決めるのに役立つし，反応がどのように起こるかについてのヒントにもなるからである．この章では，分子の対称性からどんなことがわかるかを調べ，ついで，分子の対称性を群論という強力な数学的概念を用いて詳しく考察する．また，分子軌道の組立てや，電子構造の考察，分子振動の議論を単純化するのにも対称の考え方が用いられることをみていこう．

　対称性を組織的に扱うには**群論**[a]を用いる．群論は豊かで強力な理論であるが，ここでは分子の分類，分子軌道の組立て，ならびに分子振動およびその選択律の解析のために使うにとどめよう．また，分子の特性についていくつかの一般的結論を，まったく計算せずに導きうることも示そう．群論は，ごく常識的にわかりやすいところが多いが，対称性を体系的に解析するものであるから，対称性の結果がすぐには見通せないような場合に結論をひき出すのにも使うことができる．

対称解析入門

　はじめに，単なる直観よりも正確にさまざまな分子の対称性を定義し記述する仕方を学ぶことにしよう．後の章で，対称解析が無機化学において最も広く使われる技術の一つであることが明らかになるであろう．

4・1　対称操作と対称要素

　群論の基本的概念は**対称操作**[b]である．対称操作とは，分子がまったく同じ形にみえるように動かす操作——たとえば，分子をある角度だけ回転するというような操作——のことである．一例をあげると，H_2O 分子を角 HOH の二等分線の周りにちょうど 180° だ

---

a) group theory　b) symmetry operation

4・1 対称操作と対称要素　　　183

け回転するのは対称操作である．各対称操作に対応して**対称要素**[a]が存在する*1．対称要素とは，対称操作を施す足がかりになっている直線，平面または点のことである．最も重要な対称操作とそれに対応する対称要素とを表4・1にあげる．球を回転させてもその中心は動かない．このように，どんな対称操作にも，それによっては動かない点が少なくとも一つ存在する．そのようなわけで，これらの対称操作は"**点群対称**[b]"の操作であるといわれる．

　分子を元とまったく同じにするような対称操作を**恒等操作**[c] E という*2．どんな分子でも，少なくともこの対称操作はもっているし，恒等操作しかもたない分子もある．そこで，すべての分子をその対称性に従って分類するためには，この操作が必要になる．H_2O 分子を角 HOH の二等分線の周りに180°回転すると元と同じ形にみえる．このことを，H_2O

表 4・1　重要な対称操作と対称要素

対称要素	対称操作	記 号
	恒等[†1]	E
n 回回転軸	$2\pi/n$ だけ回転する	C_n
鏡映面(対称面)	鏡映(鏡像をつくる)	σ
反転中心(対称心)	反転させる	i
n 回回映軸[†2]	$2\pi/n$ だけ回転してから回転軸と垂直な面に対して鏡像をつくる	S_n

[†1] 恒等操作の対称要素は，全空間と考えることもできる．
[†2] $S_1 \equiv \sigma$ および $S_2 \equiv i$ であることに注意せよ．

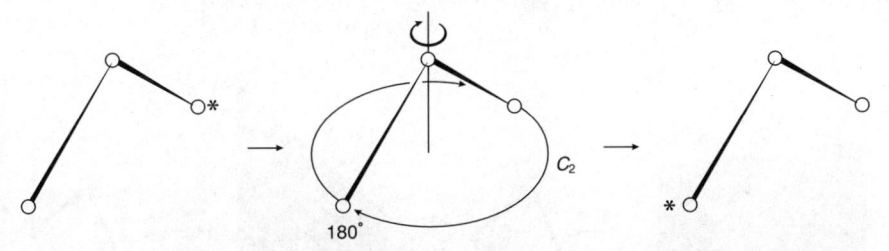

図 4・1　H_2O 分子を角 HOH の二等分線の周りに回転する．180°回転したときだけ元と同じにみえる．

*1 訳注：対称操作とその対称要素とは同じ記号で表される（混同しないように注意）．対称操作の記号および対称群の記号はイタリック（斜体），対称型の記号はローマン（立体）とする．
*2 訳注：たとえば，H_2O 分子を角 HOH の二等分線の周りに180°回転すると元と同じ形にみえるが，これは恒等操作ではない．もう一度，角 HOH の二等分線の周りに180°回転すると，元とまったく同じになる（形も向きもすべて元に戻った）．これが恒等操作である．何も操作しないことは，もちろん恒等操作である．

a) symmetry element　b) point-group symmetry　c) identity operation

分子は"2回"回転軸C_2をもつという（図4・1）。一般に，$(360°/n)$だけ回転したとき元と同じ形にみえる場合，この対称操作をn回回転という。このときの対応する対称要素は直線であって，これを**n回回転軸**[*,a]といいC_nの記号で表す。三方錐形分子であるNH_3には1本の3回回転軸（C_3）があるが，この対称要素をもつ対称操作は二つある。一つは時計回りに120°回転すること，もう一つは反時計回りに120°回転することである（図4・2）。これらをそれぞれC_3^+およびC_3^-と表すことにする。C_2の場合には，C_2^+とC_2^-とは同じであるから，C_2軸にかかわる対称操作は一つしかないことに注意せよ（たとえばH_2O）。

H_2O分子を図4・3に示す2枚の面のどちらかに反射させて鏡像をつくること（**鏡映**[b]）は，対称操作の一つである。この操作に対応する対称要素——反射させる平面——を**鏡映面**[c]（または鏡面）といいσで表す。H_2O分子の場合には，角HOHの二等分線を通る2枚の鏡映面がある。これらの面は"垂直"（分子の回転軸と平行）だから，下付き添字v

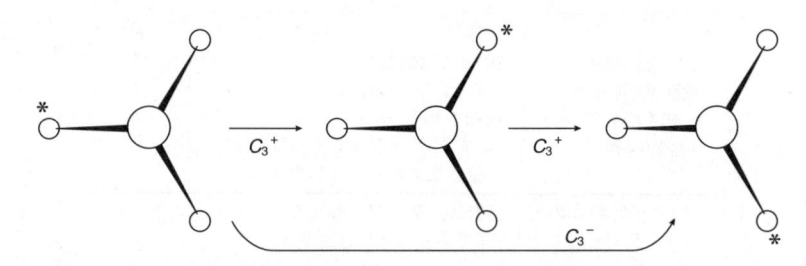

図 4・2 NH_3のC_3軸の周りの回転。この軸についての回転には120°（C_3^+）と－120°（C_3^-）との2種類の対称操作がある。

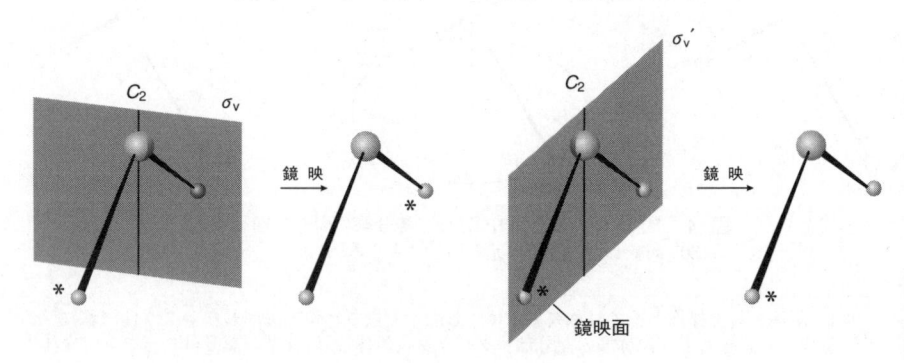

図 4・3 H_2Oの二つの垂直鏡映面σ_vおよびσ_v'と対応する対称操作。どちらの鏡映面もC_2軸を通る。

---

* 訳注：回転軸は対称軸とよぶこともある。nを回転軸の次数（order）という。
 a) *n*-fold rotation axis b) reflection c) mirror plane

をつけて σ_v および $\sigma_v{'}$ という記号で示す*1．C_6H_6 分子では，分子面が鏡映面になっているが，この面は主軸に垂直なので"水平"とみなして σ_h と記す．ベンゼン分子にはさらに，C_6 軸を含む3枚ずつ2組の鏡映面がある（図 4・4）．それぞれの組の対称要素（および対応する対称操作）を σ_v および σ_d と記す．σ_v は，ベンゼン環のC原子を通る鏡映面，σ_d は隣接するC原子と環の中心とのなす角を二等分する鏡面を示す．下付き添字dは，"dihedral"の頭文字で，主回転軸と直交する2本の C_2 軸（C−H軸）の二等分線と主回転軸とを含む鏡映面であることを示す*2．

反転[a]とは，分子の各点を一つの中心点の反対側の同じ距離の位置に移すような操作である（図 4・5）．たとえば CO_2 なら，分子の中心（C原子核）についてこのような操作を

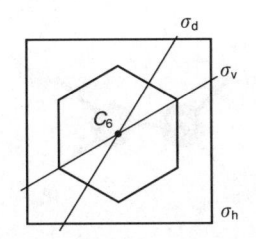

図 4・4　ベンゼン環の対称要素のいくつか．1枚の水平鏡映面（σ_h）と 2組の垂直鏡映面（σ_v および σ_d）がある．σ_v と σ_d とについては，それぞれ一例を示す．

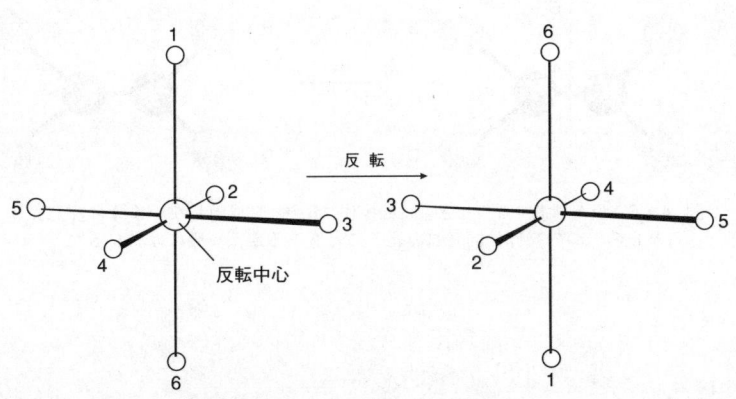

図 4・5　SF_6 の反転中心と反転操作

---

*1 訳注：分子が1本だけ回転軸をもつときは，その軸を主回転軸または主軸（principal rotational axis）という．何本かの回転軸があるときには，最高次数の軸を主回転軸とし，最高次数の軸が何本かあるときには，そのうち最も多く原子を通るものを主回転軸とし，これを z 軸（上下方向）にとるのが原則である．そこで，主回転軸と平行な鏡映面は"垂直"（vertical），主回転軸に垂直な鏡映面は"水平"（horizontal）ということになる．H_2O の鏡映面では，分子面に垂直な方が σ_v，分子面と一致する方が $\sigma_v{'}$ である．

*2 訳注：dihedronは二面体のこと．σ_d は，σ_v と同じく主回転軸を含む鏡映面であるが，特に主回転軸に直交する2本の C_2 軸の二等分線を含むものを区別して σ_d とする．

a) inversion

すればO原子が入れ替わる。SF_6のような正八面体形分子なら，分子の中心は八面体の中心点で，反転操作をすると八面体の向き合った頂点にある原子が入れ替わる。この操作の対称要素は反転の中心点であって，**反転中心**[a] i という。CO_2の反転中心はC原子核の位置であり，SF_6の反転中心はS原子核のところにあるが，反転中心に必ずしも原子が存在するとは限らない。N_2分子は，二つのN核の中点のところに反転中心をもつ。H_2O分子には反転中心がなく，$Ni(CO)_4$のような正四面体形AB_4分子にもない。図4・6に示すように反転と2回回転とが同じ結果になることもある。しかし，一般にはそうでないから，この二つの対称操作ははっきり区別せねばならない。

回映[b] とは，分子をまずある角度回転して，つぎに回転軸に垂直な面に対する鏡像をつくるという二つの動作から成る対称操作で，見つけだすのがなかなか難しい。回転は現実

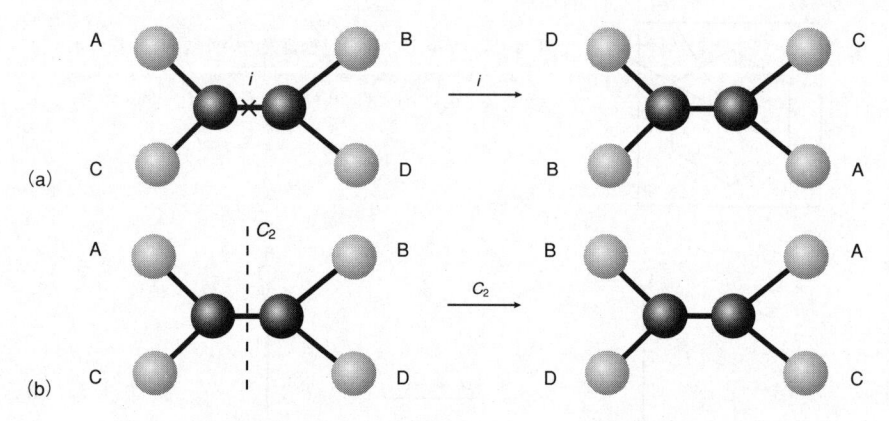

図 4・6 反転操作（a）と2回回転操作（b）とを混同しないように注意．これらの二つの操作は同じにみえることもあるが，一般には異なる．

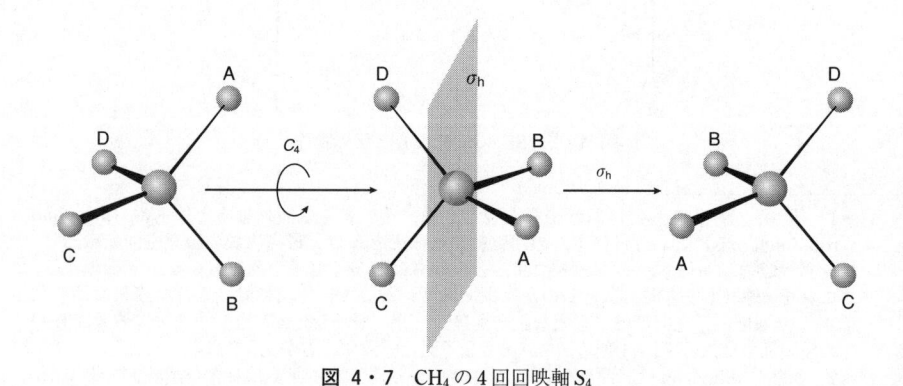

図 4・7 CH_4の4回回映軸 S_4

---

a) center of inversion　b) improper rotation

に行える.しかし,回映操作では,左右が逆になるので,これを現実に行うことはできない.図4・7に示したのは,正四面体形分子のCH_4についての4回回映操作である.この場合は,角HCHの二等分線を軸として90°回転させた後,回転軸に垂直な面について鏡像をつくるという操作である.C_4操作も鏡映σ_hも単独ではCH_4の対称操作にはならない.どちらの場合でも,操作したあと分子は違ってみえる.しかし,回転してから鏡映操作をすると,二つの操作が終わるまで目を閉じていれば分子を動かしたかどうかわからない.したがって,この複合操作は一つの対称操作——4回回映S_4——なのである.このような操作の対称要素をn回**回映軸**[a]S_n(CH_4の例ではS_4)という.S_nは,n回転軸とそれに垂直な鏡映面との組合わせである*.

S_1軸すなわち360°回転させてから水平面に対して鏡像をつくることは水平面の鏡映と同じである.つまり,S_1とσ_hとは等しい.一般にはS_1ではなくσ_hが用いられる.また,180°回転させてから水平面に対する鏡像をつくる回映操作S_2は,反転iと同じである(図4・8).この場合も,S_2でなくiの記号が用いられる.

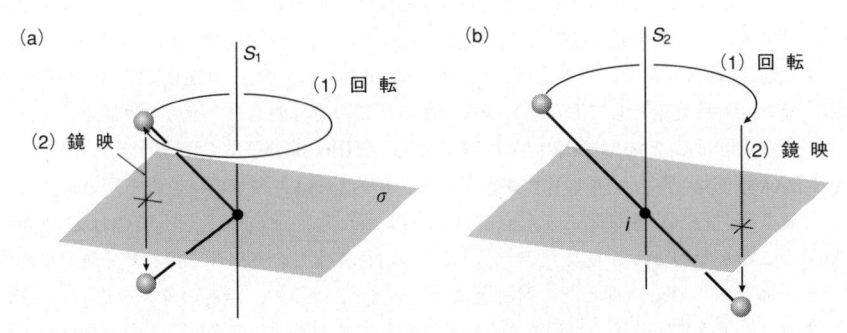

図4・8 (a) S_1軸は鏡映面と等価であり,(b) S_2軸は反転中心と等価である.

それぞれの対称操作には,一つの対称要素が対応する.対称要素には,(回転)軸,鏡映面,反転中心,および回映軸がある.

例題 4・1 対称要素を決める.
CH_3-CH_3分子の配座形のうちS_6軸をもつものはどれか.
解 60°回転させてから回転軸に垂直な面についての鏡映が元と同じ形であるような形を探す.*1*がそれであって,回映軸はC–Cを通る直線である.これは"ねじれ配座[b]"

---

* 訳注:結晶学でのimproper rotationは,回転と反転との組合わせ,すなわち回反操作(対称要素は回反軸)である.英語で回映と回反とを区別するときは,それぞれrotoreflectionおよびrotoinversionという.

a) improper-rotation axis b) staggered conformation

といわれる形で，たまたま最低エネルギーの配座でもある．ただし，対称性の議論だけでは，エネルギーを予想することはできない．

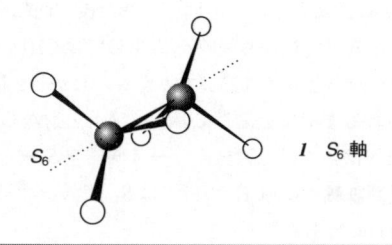

1 S_6 軸

問題 4・1 NH_4^+ イオンの C_3 軸を示せ．このイオンには何本の C_3 軸があるか．

4・2 分子の点群

ある分子がどの点群に属するかを決めるためには，その分子がもっている対称要素を調べあげて表にし，それを各点群の定義の表と比較する．各点群を定義している対称要素は，表 4・2 に要約してある．たとえば，恒等操作しかもたない分子（CHBrClF (*2*) がその一例）なら，対称要素として E だけしかないから，この対称要素のみをもつ点群を探す．このような点群は C_1 という標識のものであるから，CHBrClF 分子は C_1 に属することになる．CH_2BrCl 分子は，もう少し対称要素が多くて，E（これはどの点群にもある）と鏡映面一つとをもつ．(E, σ) を要素とする点群は C_s とよばれる*．つまり，CH_2BrCl は C_s 点群に属することがわかる．この調子で，分子のもつ対称要素と合う点群を探して帰属を決めていく．通常みられる点群とその対称要素とを表 4・2 に示す．点群の帰属を決めるには，いま述べたように，分子の対称要素を見つけだしてこの表と比較すればよいわけだが，たいていの場合——少なくとも簡単な場合——には，表中の"形"を手がかりにして分子の属する点群を決められるはずである．系統的にやるには，図 4・9 の枝分かれ図を使えば，分かれ道の問いに順に答えていくと普通にみられるたいていの点群を帰属することができる．

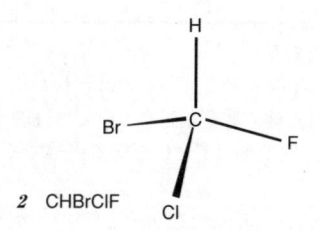

2 CHBrClF

---

* 訳注：s は Spiegel（ドイツ語の鏡）に由来する．

表 4・2 よくみられる点群とその要素[†]

点群	対称要素	形	例
C_1	E		SiBrClFH
C_2	E, C_2		H_2O_2
C_s	E, σ		NHF_2
C_{2v}	$E, C_2, \sigma_v, \sigma_v'$		H_2O, SO_2Cl_2
C_{3v}	$E, C_3, 3\sigma_v$		$NH_3, PCl_3, POCl_3$
$C_{\infty v}$	$E, C_\infty, \cdots, \infty\sigma_v$		CO, HCl, OCS
D_{2h}	$E, C_2(x), C_2(y), C_2(z)$ $\sigma(xy), \sigma(yz), \sigma(zx)$		N_2O_4, B_2H_6
D_{3h}	$E, C_3, 3C_2, 3\sigma_v,$ σ_h, S_3		BF_3, PCl_5
D_{4h}	$E, C_4, C_2, 2C_2',$ $2C_2'', i, S_4, \sigma_h,$ $2\sigma_v, 2\sigma_d$		XeF_4, $trans$-$[MA_4B_2]$
$D_{\infty h}$	$E, C_\infty, \cdots, \infty\sigma_v,$ $i, S_\infty, \cdots, \infty C_2'$		H_2, CO_2, C_2H_2
T_d	$E, 3C_2, 4C_3, 6\sigma_d, 3S_4$		$CH_4, SiCl_4$
O_h	$E, 6C_2, 4C_3, 3C_4,$ $4S_6, 3S_4, i, 3\sigma_h, 6\sigma_d$		SF_6

[†] 各点群のすべての対称要素があげてあるわけではないが、帰属するために十分なものを記載した.

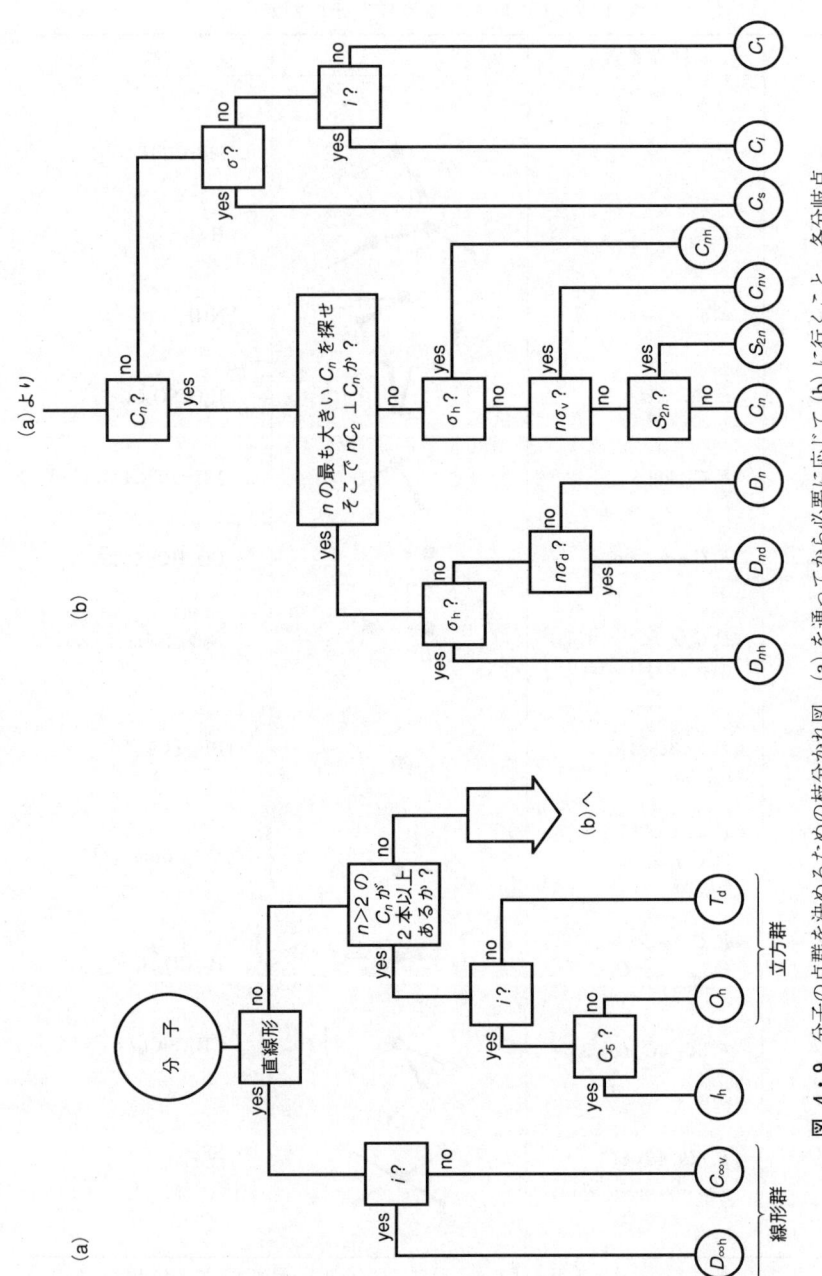

図 4・9 分子の点群を決めるための枝分かれ図. (a) を通ってから必要に応じて (b) に行くこと. 各分岐点の記号は, 対称要素 (対応する対称操作ではなく) の記号で, それがある (yes) かない (no) かで分岐する.

例題 4・2　分子の点群を見つける．
(a) H_2O および (b) NH_3 の属する点群はどれか．

解　図4・9を使う．それぞれの対称要素を図4・10に示す．

(a) H_2O のもつ対称要素は，恒等 (E)，1本の2回回転軸 (C_2)，2枚の垂直鏡映面 (σ_v と σ_v') である．対称要素の組 ($E, C_2, \sigma_v, \sigma_v'$) は点群 C_{2v} に対応する．

(b) NH_3 のもつ対称要素は，恒等 (E)，1本の3回回転軸 (C_3)，3枚の垂直鏡映面 ($3\sigma_v$) である．対称要素の組 ($E, C_3, 3\sigma_v$) に対応する点群は C_{3v} である．

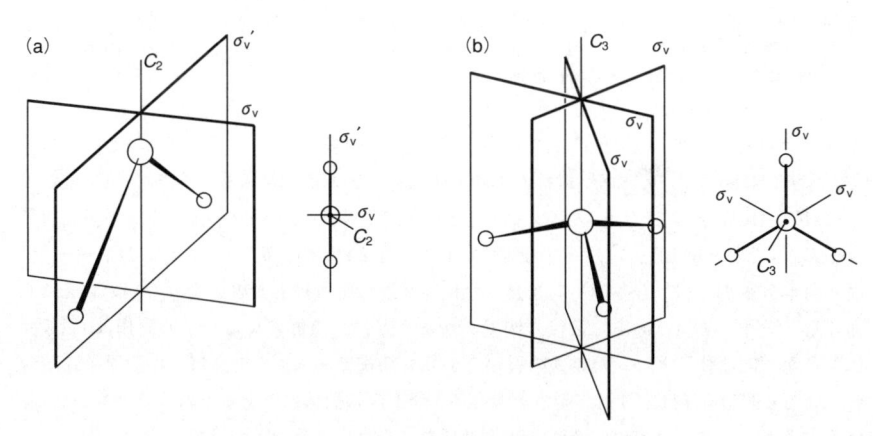

図 4・10　(a) H_2O および，(b) NH_3 の対称要素．それぞれ右側の図は，左側の図を真上からみたものである．

問題 4・2　(a) 平面三角形分子 BF_3 および (b) 四面体形イオン SO_4^{2-} の点群を決定せよ．

よく出てくる分子の点群を一目で決めることができると大変便利である．反転中心をもつ直線形分子 (H_2, CO_2, $HC\equiv CH$, **3**) は点群 $D_{\infty h}$ に属し，反転中心のない直線形分子 (HCl, OCS, NNO, **4**) は点群 $C_{\infty v}$ に属する．正四面体形 (T_d) および正八面体形 (O_h) 分子 (図4・11) は，互いに交わる複数の対称主軸をもっている．たとえば CH_4 には各 C–H 軸に沿って4本の互いに交わる C_3 軸がある．これらと近い関係にある点群 I_h は，正二十面体の特徴をもつもので，互いに交わる12本の5回回転軸をもつ (図4・12)．この点群はホウ素化合物および C_{60} フラーレン分子で重要である．

3 $D_{\infty h}$　　　**4** $C_{\infty v}$

分子がどの点群に属しているかという分布はいたって不均等である．最も多くみられ

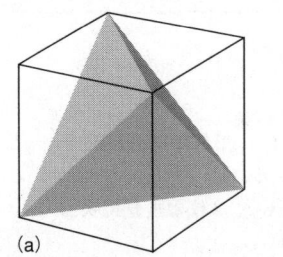

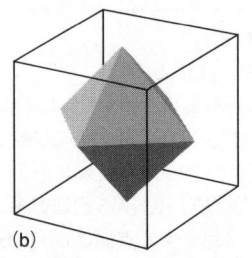

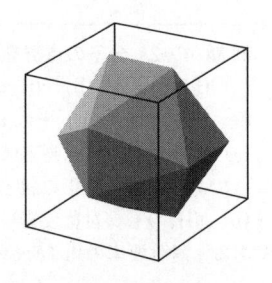

図 4・11 (a) 点群 T_d の対称性をもつ図形，正四面体．(b) 点群 O_h の対称性をもつ図形，正八面体．これらはいずれも立方体の対称性と密接に関連している．

図 4・12 点群 I_h の正二十面体と立方体との関係

る点群は対称性の低い C_1 と C_s とであり，極性分子の多くは C_{2v}（たとえば SO_2）と C_{3v}（たとえば NH_3）であり，また，対称性の高い四面体群と八面体群のものも多い．$C_{∞v}$（たとえば HCl, OCS）および $D_{∞h}$（たとえば Cl_2, CO_2）に属する直線形分子も多く，平面三角形分子 D_{3h}（たとえば BF_3, **5**），三方両錐形分子（たとえば PCl_5, **6**）——これも D_{3h}——，平面四角形分子 D_{4h}（**7**）も多い．向き合った位置2箇所を置換した **8** のようないわゆる"八面体形"分子も D_{4h} である．最後の例でわかるように，点群による分子の分類は，"八面体"とか"四面体"といった略式の言い方よりも精密である．たとえば，中心原子に結合している6個の原子団がすべて違うときでも，分子が八面体形であると言うこともあるが，O_h 群に属すると言えるのは，6個の原子団がすべて同じ場合（**9**）だけである．

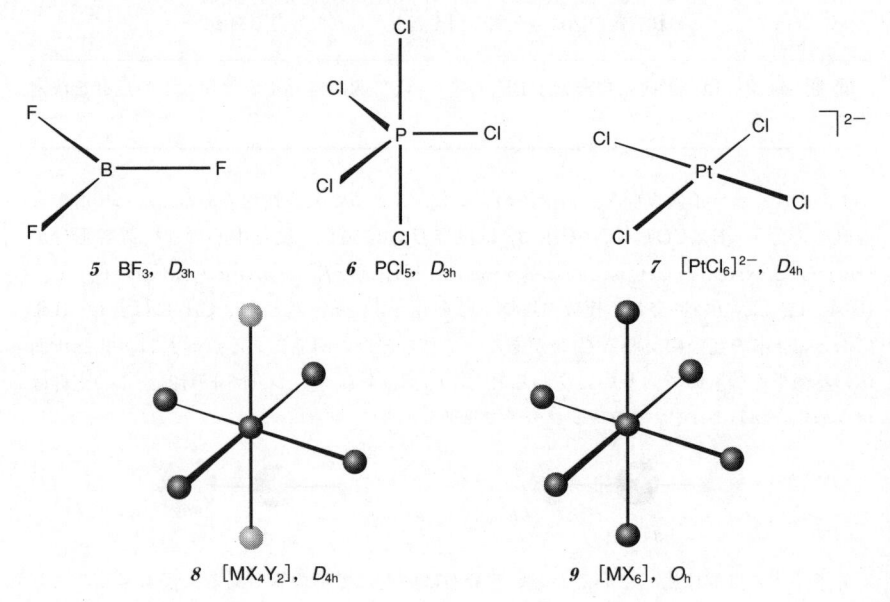

5 BF_3, D_{3h}

6 PCl_5, D_{3h}

7 $[PtCl_6]^{2-}$, D_{4h}

8 $[MX_4Y_2]$, D_{4h}

9 $[MX_6]$, O_h

分子の点群を決めるには，その分子のもつ対称要素を調べ上げて，それらと点群を定義する対称要素の組とを比較する．

対称性の応用

　無機化学における対称性の応用で最も重要なものは，分子軌道の組立てと標識づけとである（§4・5〜§4・7参照）が，そのほかにもいくつか，点群による分子の分類の応用面がある．その一つは，ある分子が極性かどうか，あるいはキラルかどうかを判断するのに点群を使うことである．もっとも，実際にはたいていの場合，群論という大げさな道具をもちださなくてもこれらの性質の有無を決めることができるのだが，以下の例をみれば，すぐには見分けにくい場合のやり方の感じがつかめるであろう．

4・3 極性分子

　極性分子[a]とは，永久電気双極子モーメントをもつ分子である．分子内の電気双極子[*]の向きを制限するような，あるいは，分子が電気双極子をもつこと自体を禁じるような対称要素がいくつかある．第一に，反転中心をもつ分子は極性でありえない．反転中心があれば，中心に対して反対側にある点はすべて同じ電荷分布をもつはずだから電気双極子モーメントをもつことはありえない．第二に，同じ理由から，分子が鏡映面をもつか回転軸をもつときには，その対称要素に垂直な方向に双極子モーメントをもつことはない．すなわち，鏡映面の両側には同一種の原子がなければならないから，鏡映面に垂直な双極子モーメントはありえない．同様に，n回回転軸があれば，その周りに互いに$2\pi/n$の角度で等距離の点にn個の同一種の原子が存在するから，この軸に垂直な双極子モーメントはありえない．要約すると，

1. 分子に反転中心があれば，極性ではありえない．
2. 分子に鏡映面があれば，その面に垂直な方向の電気双極子モーメントはありえない．
3. 分子に回転軸があれば，その軸に垂直な方向の電気双極子モーメントはありえない．

　分子によっては，1本の回転軸のほかに，別な回転軸または鏡映面をもつものがある．そうすると，第一の回転軸によってある面内の双極子モーメントが禁止され，第二の対称要素によって別な方向の双極子モーメントが禁止される．このように二つ以上の対称要素が一緒になると，どんな向きであろうと双極子モーメントは存在しえない．たとえばC_n軸をもつ分子で，これと垂直なC_2軸またはσ_h面のどちらかがあれば，どんな向きの双極子モーメントもない．D点群に属する分子はこの種類のものだから，BF_3分子（D_{3h}）は無

---

[*] 訳注：以下，本節では"永久"を略す．
[a] polar molecule

極性でなければならない．同様に，四面体群，八面体群，二十面体群に属する分子には，あらゆる方向の双極子モーメントを許さないような互いに垂直な回転軸が何本かある．したがってこれらの分子——たとえばSF_6 (O_h) や CCl_4 (T_d)——は無極性である．

> 分子がつぎの点群に属するときは極性でありえない：(1) 反転中心をもつすべての点群，(2) すべての D 群およびそれから導かれる点群，(3) 立方群(T, O) および二十面体群(I) ならびにその変形．

例題 4・3 分子が極性でありうるか否かを判断する．

ルテノセン分子(**10**)は，二つの C_5H_5 環でルテニウム原子を挟んだ五角柱形の分子である．これは極性だろうか．

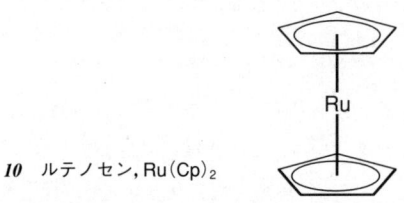

10 ルテノセン, $Ru(Cp)_2$

解 点群が D 群または立方群かどうかを決めればよい．もしどちらかであれば双極子をもつことはありえない．図 4・9 によると五角柱は D_{5h} 点群に属する．したがって，この分子は無極性でなければならない．

問題 4・3 最低エネルギー状態より $4\,\mathrm{kJ\,mol^{-1}}$ (0.04 eV) だけ上にあるフェロセン分子の形はねじれ五角柱形である(**11**)．この形のフェロセン分子は極性だろうか．

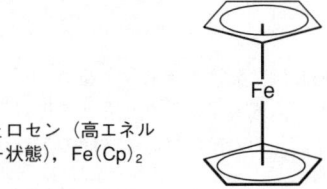

11 フェロセン（高エネルギー状態），$Fe(Cp)_2$

4・4 キラル分子

左右の手のように，自分自身と鏡像とを重ね合わせることができない分子を**キラル分子**[a]（キラルはギリシャ語の"手 (kheir)"に由来する）であるという．つまり，右手は左手の鏡像であって，左右の手を重ね合わせることはできないという意味である．キラル分子は，十分な寿命がある限り**光学活性**[b]である．つまり偏光面を回転する．キラル分子

---

a) chiral molecule b) optically active

4・4 キラル分子

とその相手の鏡像とを**鏡像異性体（エナンチオマー）**[a]という．1対の鏡像異性体は偏光面をそれぞれ反対方向に同じだけ回転する．

ある分子がキラルかどうかを群論を用いて見分けるには，分子が回映軸 S_n をもつか否かを調べればよい．回映軸がある分子はキラルではありえない．S_n をもつ点群には，D_{nh}，D_{nd}，立方群に属する T_d，O_h，その他がある．したがって，CH_4 や $Ni(CO)_4$ のような分子は T_d に属するからキラルでない．いわゆる"四面体形"の炭素原子が光学活性をもつ（CHBrClF のように）ということは，群論の用語法が通常の会話の言い回しよりもはるかに厳密であることを思い出させるもう一つの例であろう．CHBrClF が属する点群は C_1 であって，T_d ではない——この分子は日常会話では四面体分子であろうが，群論に従えば四面体群には属さないのである．

キラルかどうかを判断するときに大切なのは，隠れている回映軸に気をつけることである．すでにみたように，鏡映面はそのものが S_1 軸であり，反転中心は S_2 軸にほかならない．したがって，鏡映面か反転中心かをもつ分子は回映軸をもっているわけで，キラルではありえない．反転中心も鏡映面もない（したがって，S_1 軸も S_2 軸もない）分子はキラルであるのが普通だが，高次の回映軸がないかどうかを必ず確かめなければならない．たとえば，**12** の第四級アンモニウムイオンは，鏡映面（S_1）も反転中心（S_2）ももたないが，S_4 軸をもっている（このイオンは S_4 群に属している）．したがって，キラルではない．

12

> 回映軸をもつ分子はキラルでありえない．たとえば，D_{nh} 群または D_{nd} 群に属する分子（D_n 群に属する分子はキラルなことがある），T_d 群または O_h 群に属する分子はキラルでありえない．

例題 4・4 分子がキラルか否かを判断する．

錯イオン $[Cr(ox)_3]^{3-}$（ox はシュウ酸イオン $O_2CCO_2^{2-}$ を示す）は **13** の構造をもつ．これはキラルだろうか．

---

a) enantiomers（訳注：ギリシャ語の enantios＝en＋anti（反対，逆）に由来．"対掌体"という訳語は現在使わない．）

13 [Cr(ox)$_3$]$^{3-}$, D_3

解 まず点群を決めるところから始める．図4・9のチャートを使って調べると，このイオンが D_3 に属することがわかる．この点群の対称要素は $(E, C_3, 3C_2)$ であって*，回映軸（表に出ているものであれ，隠れたものであれ）を含まない．だから，この錯イオンはキラルであり，したがって，この形の寿命が十分長ければ，光学活性である．

問題 4・4 H$_2$O$_2$ のスキュー形[a]（**14**）はキラルだろうか．

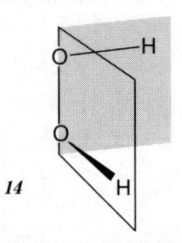

14

軌道の対称性

このあたりで，§3・11 および §3・12 で紹介した軌道の標識の意味をもう少し詳しく説明し，分子軌道の組立てをさらに深く理解することにしよう．ここでも，群論の細かい計算ではなく初歩的入門となるように，正攻法をとらずに図を用いて説明する．ここでの目標は，付録4のような図をみて軌道の対称標識[b]を決め，また逆に，対称標識が何を意味するかを理解するにはどうするかを示すことである．本書の後の部分に出てくる議論はすべて，分子軌道準位図を定性的に "読む" ことだけに基づいている[1]．

4・5 指標表と対称標識

二原子分子（および線形多原子分子）の分子軌道は，σ，π などと名づけられている．このような標識は，分子の主対称軸の周りの回転に対してその軌道がどんな対称性をもつか

---

1) これらの図の基礎になっている計算および特定の対称性をもつ線形結合のつくり方の詳しいことについては，参考資料3をみよ．
* 訳注：付録3の D_3 指標表をみよ．表中の $2C_3$ の2は気にしなくてもよい（§4・5参照）．
a) skew form b) symmetry label

を示している．また，特定の結合軸の周りの局所的対称性を示すのにも同じよび名を使うことができる（たとえばベンゼンのσ軌道とπ軌道というような言い方）．σ軌道は核を結ぶ軸の周りにどんな角度で回転させても符号が変わらず，π軌道は180°回転させると符号が変わる軌道であることを意味するという具合である（図4・13）．このような回転に対する挙動による標識の付け方を一般化し，非線形多原子分子全体としての対称性に拡張することもできるが，この場合には回転のほか鏡映と反転をも考慮する必要が出てくる．

　線形分子中（非線形分子でも局所的な意味合いで）の個々の原子軌道にもσやπの標識をつけることができる．たとえば，われわれはしばしば，ある p_z 軌道が核を結ぶ軸に関してσ対称であるなどと言う．このように個々の軌道を分類できるということは重要である．それは，第3章で注意したように，ある特定の分子軌道に寄与できるのは，同じ種類の対称性をもった原子軌道しかないからである．したがって，ある原子のs軌道——これはσ対称である——が，z方向にある隣の原子のπ対称性の p_x 軌道と一緒になって同じ一つの分子軌道に寄与することはありえない．

　原子軌道の線形結合にも対称標識を付けることができる．たとえば，NH_3 の三つの水素原子（A, B, Cとしよう）の1s軌道の線形結合 $\phi_{A\,1s} + \phi_{B\,1s} + \phi_{C\,1s}$ に対称標識を付けることができる．そうすると，この線形結合と有効に重ね合わせができるN原子の軌道を探し出すには，同じ対称標識をもつN原子軌道を見つければよい．分子軌道を組立るのに使われる特定の対称性をもつ原子軌道の線形結合を**対称適合線形結合**[a]（SALC）という．

　対称標識σおよびπは，核を結ぶ軸の周りの回転操作に対する軌道の対称性に基づくものである．線形分子のときはそれでよいが，非線形分子の場合には，その分子が属する点群の対称操作すべてに対する軌道の挙動に基づく a, a_1, e, e_g のようなもっと手の込んだ標識が使われる．対称標識を決めるには，群の**指標表**[b]——各点群に可能な対称型の特徴を示す表——を用いる．たとえば，標識σおよびπを決めるときには，

	C_2	← 180° 回転
σ	+1	← 符号変わらず
π	−1	← 符号変わる

を使う．これは，線形分子の指標表から抜き出したもので，"+1"は，C_2 操作において軌

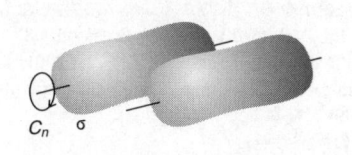

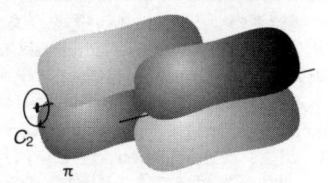

図 4・13 σ軌道とπ軌道との分類は，ある軸の周りの回転に対する対称性に基づく．σ軌道は回転しても符号が変わらない．π軌道は180°回転すると符号が変わる．

---

a) symmetry-adapted linear combination　　b) character table

道が不変であることを示し，"-1"は，C_2操作によって軌道の符号が変わることを示す．

指標表に記載してある数値は，**指標**[a] χとよばれ，群論の数学的方法を用いて導かれる．これらの数値は，各対称型の本質的特徴を表すもので，この点については以下に例示する[2]．ここでは，C_{3v}指標表（表4・3）を使ってこれを示そう．他のいくつかの対称群の指標表は付録3にある．

指標表の第2欄の上欄には，その群の対称操作が列挙してある．同じ種類（群論の用語で言えば同じ類[b]）の対称操作がいくつかある場合には，それらを一列にまとめてある．たとえば，1本の3回回転軸には2個の回転操作（C_3^+とC_3^-）がある（図4・2参照）．C_{3v}指標表で3列目の頭が$2C_3$となっているのはこのことを示している．

指標表の各行は，軌道（また，後でみるように，その他のものも含めて）の対称性の特徴を要約したものであって，各行の左端の記号[*1]は，**対称型**[c]（σやπを一般化したもの）の標識で，その対称群の"既約表現[d]"を示している．既約表現とは，その対称群に属する分子に共通して現れる基本対称型（この言葉の専門的な意味にはここで立入らない）である．慣例上，対称型の記号は一般に立体のラテン大文字（A_1, Eなど）——ただし，線形分子のときは立体のギリシャ文字（Σ, Πなど）——を用いるが，その対称性の軌道を示すには対応する斜体小文字を用いる（たとえば，対称型A_1の軌道をa_1軌道とよぶ）[*2]．なお，

表 4・3 C_{3v} 指 標 表†

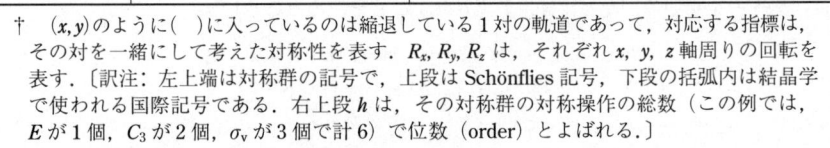

C_{3v} ($3m$)	E	$2C_3$	$3\sigma_v$			$h=6$
A_1	1	1	1	z		x^2+y^2, z^2
A_2	1	1	-1	R_z		
E	2	-1	0	(x,y)	(R_x, R_y)	(x^2-y^2, xy) (zx, yz)

† (x,y)のように（ ）に入っているのは縮退している1対の軌道であって，対応する指標は，その対を一緒にして考えた対称性を表す．R_x, R_y, R_zは，それぞれx, y, z軸周りの回転を表す．〔訳注: 左上端は対称群の記号で，上段はSchönflies記号，下段の括弧内は結晶学で使われる国際記号である．右上段hは，その対称群の対称操作の総数（この例では，Eが1個，C_3が2個，σ_vが3個で計6）で位数（order）とよばれる．〕

---

2) 指標表のつくり方と使い方を，あまり数学的素養がなくてもわかるように説明したものとしては，P. W. Atkins, "Physical Chemistry, 6th Ed.," Oxford University Press (1998) 〔邦訳，千原秀昭，中村亘男訳，"アトキンス物理化学（第6版）", 東京化学同人 (2001)〕がある．さらに厳密な入門については，P. W. Atkins, R. S. Friedman, "Molecular quantum mechanics, 3rd Ed.," Oxford University Press (1997) をみよ．

*1 訳注: 普通Mulliken記号とよばれる（付録3の訳注参照）．

*2 訳注: 本訳書では，IUPAC, "Quantities, Units and Symbols in Physical Chemistry," Blackwell Scientific Publication (1990) 〔1988年版の邦訳，朽津耕三訳，"物理化学で用いられる量・単位・記号", 講談社サイエンティフィク (1991)〕§2・6に従って，原子軌道および分子軌道の記号は立体の小文字（たとえばA_1対称の軌道はa_1）を用いる．

a) character b) class c) symmetry type d) irreducible representation

恒等操作 E（上段の斜体文字）と対称型 E（第1列の立体文字）との区別に注意しなければならない．

　分子の中心点（これが点群の"点"である）を原点にとったときに種々の関数（個々の原子軌道を含む）がどんな対称性を示すか——つまり，各対称操作に対するその関数の指標がどうなるか——は，対応する対称型の行の右の欄の記号（xy など）で示してある．軌道を問題にしているときは，これらの記号はその軌道の方向を表す．たとえば，xy という記号は，分子の中心点を原点とする d_{xy} 軌道を示す．s 軌道の場合は，一見それとはわからない形——$x^2+y^2+z^2$ とかそれに似た完全対称形の式——で出てくる．こういう書き方をするのは，その行の対称型が軌道以外のものにも適用され，その際に，このような文字記号が対称の本質をつかんでいるからである．（　）で囲んである軌道は，それらの軌道を必ずまとめにして扱わねばならぬことを示している．たとえば，(x, y) ——軌道として読めば (p_x, p_y) ——は，NH_3 のような C_3 対称の分子では，中心にある原子（N）上の p_x 軌道と p_y 軌道とを別々にせず一組にして扱われなければならないことを示している．

　恒等操作 E の列の数字は，軌道の縮退度（同一エネルギーの軌道の数）を示す．たとえば，C_{3v} 分子では a_1 軌道あるいは a_2 軌道（図 4・14）の E 列の下の指標は 1 であるから，これらは縮退していない軌道である．逆に，われわれが扱っている C_{3v} 分子の軌道が縮退していないことがわかっていれば，その軌道は A_1 または A_2 どちらかの対称型のもの，すなわち，a_1 軌道か a_2 軌道かのどちらかでなければならないことになる．同様に，C_{3v} 分子の二重に縮退した軌道の対は，E の列で指標 2 をもつもの，すなわち e 軌道（図 4・15）

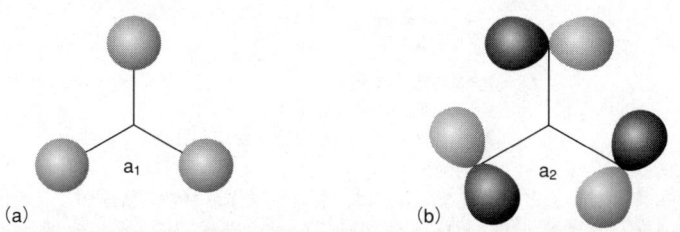

図 4・14　NH_3 の a_1 分子軌道をつくるのに使われる H 1s 軌道の線形結合．(a) 図示の軌道の線形結合と N 2s および N $2p_z$ 軌道とを重ね合わせると a_1 分子軌道ができる．(b) N の原子価軌道には a_2 軌道をつくるのに適した対称性をもつものはない．

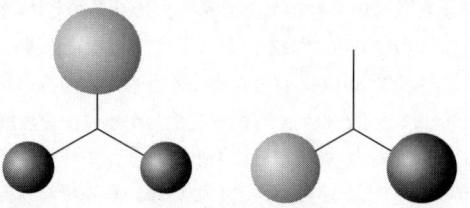

図 4・15　NH_3 の e 軌道をつくるのに使われる H 1s の線形結合．これらは N 原子の p_x および p_y 軌道と重なり合う〔訳注: §4・7 (p.203) の ϕ_2 は左側，ϕ_3 は右側の図に対応する〕．

でなければならない．3という指標はEの列に出てこないから，C_{3v}分子に三重縮退軌道が存在しないことは一目でわかる．

> ある対称型の分子軌道に寄与できるのは，同じ対称型の原子軌道または同じ対称型の原子軌道の線形結合だけである．恒等操作の欄の指標は，その軌道の組の縮退度である．

例題 4・5 指標表を用いて縮退度を判定する．
BF_3に三重縮退軌道が存在するか．
解 まず，点群を決める．この場合の点群はD_{3h}である．この群の指標表（付録3）のE列をみると縮退度は最大2で，2を超える指標はない．したがって，三重に縮退した軌道は存在しない．

問題 4・5 SF_6分子は八面体形である．軌道の縮退度は最大いくつか．

4・6 指標表を読む

恒等操作Eの列の指標が軌道の縮退度を示すことは上にみた通りである．他の対称操作の列の指標は，軌道または軌道の線形結合がその操作でどんな挙動を示すかを表している．大まかにいうと，指標はつぎのような意味である[3]．

指標	意味
+1	軌道は不変
−1	軌道は符号を変える
0	軌道はもっと複雑な変化を受ける

したがって，少なくとも単純な場合には，各対称操作において軌道がどう変化するかを調べて +1 か −1 かを決め，それをその点群の指標表の欄と比較すれば，軌道の対称標識を決めることができるわけである．

この際，特に気をつけなければならないのは，EまたはTの標識（それぞれ，二重または三重縮退軌道を示す）のついた行の場合である．これらの行の指標は，縮退している個々の軌道の挙動を示す指標の和である．たとえば，ある対称操作で，二重に縮退した軌道対Eの一方の符号が不変で他方の符号が変わるなら，表の該当欄は$\chi = +1-1 = 0$となる．このことを知れば，なぜEの列から縮退度がわかるのかを理解できる．この列の数字は，縮退している1組の個々の軌道ごとに1を加え合わせたものである（恒等操作では各軌道の符号は変わらない）．だから，縮退していない軌道では$\chi = +1$になり，二重縮

---
[3] "大まか"というのは，細かい点は群の種類によるからである．

4・6 指標表を読む

退軌道なら $\chi = +1+1 = +2$, … となるわけである.

具体例として H_2O の O 原子の $2p_x$ 軌道を考えよう. H_2O は点群 C_{2v} に属する分子である. そこで, C_{2v} の指標表をみると軌道の標識としては A_1, A_2, B_1, B_2 があることがわかる.

C_{2v} (2mm)	E	C_2	$\sigma_v(xz)$	$\sigma_v'(yz)$		$h=4$
A_1	1	1	1	1	z	x^2, y^2, z^2
A_2	1	1	-1	-1	R_z	xy
B_1	1	-1	1	-1	x, R_y	zx
B_2	1	-1	-1	1	y, R_x	yz

180度回転 (C_2) すると $2p_x$ 軌道は符号が変わる (図4・16). C_2 列で -1 が出てくるのは B_1, B_2 だけだから, $2p_x$ の標識は B_1 か B_2 かのどちらかでなければならない. つぎに, この軌道は yz 面に関する鏡映操作 σ_v' でも符号が変わることに着目すれば, この標識が B_1 であると決まる. 後でわかるように, この原子軌道からつくられる分子軌道はどれも b_1 軌道である. 同様に, $2p_y$ 軌道——C_2 で符号が変わるが σ_v' では符号が変わらない——は b_2 軌道に寄与する*.

もう少し込み入った例として, NH_3 (C_{3v} 分子) 中の三つの H 1s 軌道の線形結合 $\phi_1 = \phi_{A\,1s} + \phi_{B\,1s} + \phi_{C\,1s}$ (図4・17) の対称性の分類をしてみよう. ϕ_1 は, C_3 回転で変わらず三

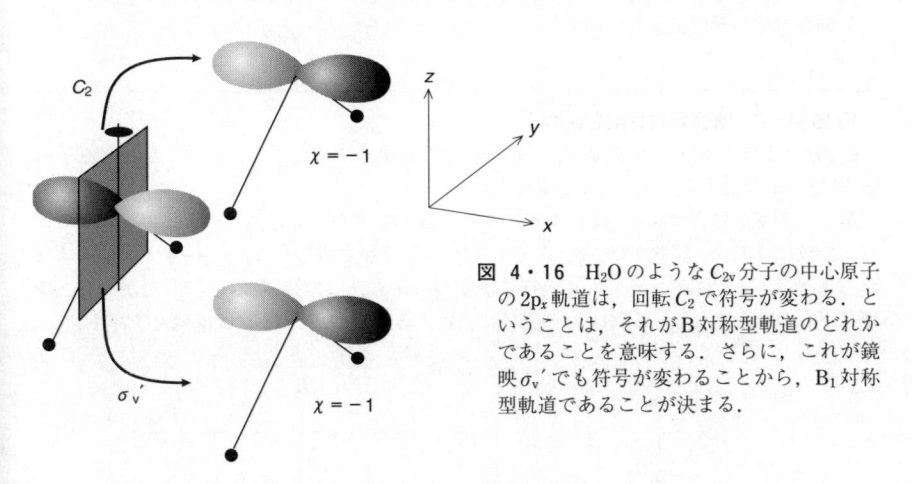

図 4・16 H_2O のような C_{2v} 分子の中心原子の $2p_x$ 軌道は, 回転 C_2 で符号が変わる. ということは, それが B 対称型軌道のどれかであることを意味する. さらに, これが鏡映 σ_v' でも符号が変わることから, B_1 対称型軌道であることが決まる.

---

* 訳注: x 軸はつぎの原則で選ぶ. (1) 平面分子で z 軸が分子面内にあれば, x 軸は分子面に垂直に選ぶ. (2) 平面分子で z 軸が分子面に垂直なら, x 軸は分子面内で最も多くの原子を通るように選ぶ. (3) 非平面分子で, ある平面が他のどの平面よりも多くの原子を含むとき, この面を分子面と考えて, 上の(1)または(2)を適用する. この方法で分子面が決められないときは, 任意に選ぶ. y 軸は, z 軸および x 軸に直交し右手系になるように選ぶ. したがって, H_2O の座標は図4・16に描き加えたようになる.

つの垂直対称面のどれに対する鏡映でも変わらない．つまり指標は

$$\begin{array}{ccc} E & 2C_3 & 3\sigma_v \\ 1 & 1 & 1 \end{array}$$

である．これを表4・3の指標表と比べると，ϕ_1はA_1対称型であり，したがって，NH_3のa_1分子軌道に寄与することがわかる．多数の軌道の対称適合線形結合が付録4にまとめてある．軌道の線形結合の対称型を決めるのは，それを付録4の図と比較すれば，たいていの場合，簡単にできるはずである．

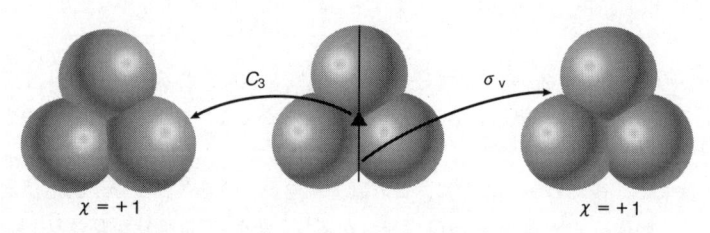

図4・17 NH_3（C_{3v}分子）中の三つのH 1s軌道の結合 $\phi_1 = \phi_{A1s} + \phi_{B1s} + \phi_{C1s}$ は，C_3回転ならびに垂直鏡映面のいずれに対する鏡映に対しても不変である．

指標表には，原子軌道およびその線形結合が，各対称群の対称操作に対してどういう挙動を示すかが記載されている．

例題 4・6 軌道の対称型を決める．

C_{2v}分子であるNO_2の軌道 $\psi = \phi - \phi'$ の対称型を決めよ．ただし，ϕは一方のO原子の$2p_x$軌道，ϕ'は他方のO原子の$2p_x$軌道である．

解 上の線形結合は図4・18のようになる．C_2回転するとψはもとのままの形になるから，指標は +1，σ_v'鏡映では，ϕ, ϕ'それぞれの符号が変わるから，$\psi \to -\psi$となる．すなわち指標は -1である．σ_vでもψの符号が変わるから，この指標も -1．したがって，指標は下右のようになる．これはA_2の指標に一致する．したがって，ψはa_2軌道に寄与する．

$$\begin{array}{cccc} E & C_2 & \sigma_v & \sigma_v' \\ 1 & 1 & -1 & -1 \end{array}$$

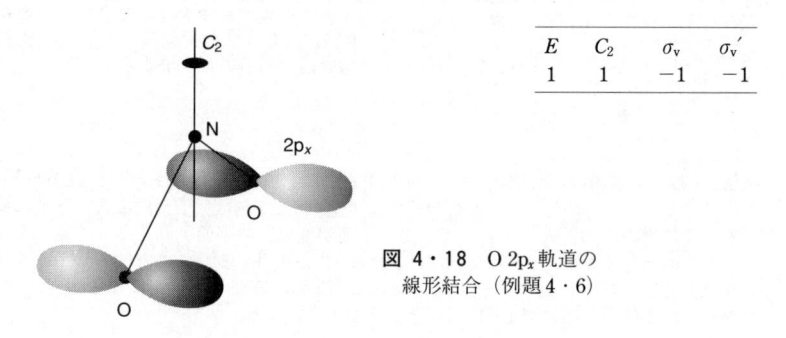

図4・18 O $2p_x$ 軌道の線形結合（例題4・6）

問題 4・6 H原子が正方形に並んだ分子の線形結合 $\phi_{A\,1s} - \phi_{B\,1s} + \phi_{C\,1s} - \phi_{D\,1s}$ の対称型を決定せよ*.

4・7 分子軌道を組立てる

分子軌道は，同じ対称型の原子軌道の対称適合線形結合から組立てられる．たとえば，線形分子では，核を通る軸を z 軸とすると，s軌道と p_z 軌道とは同じ σ 対称をもち，組合わせて分子軌道をつくることができる．一方，s軌道と p_x 軌道とでは対称性が異なる（それぞれ σ 対称と π 対称）ので，同一の分子軌道に寄与することはできない（図4・19）．図からわかるように，協調型干渉領域の寄与と背反型干渉領域の寄与とが打消しあってしまうからである．

非線形分子の場合についても同様な議論ができることを，また NH_3 を例にとって説明しよう．前節でみたように，NH_3 では，線形結合 ϕ_1 は A_1 対称をもっている．N 2s軌道もN $2p_z$ 軌道も同じ指標の組をもつことは C_{3v} の指標表（表4・3）の右側の欄からわかるから，これらの原子軌道も A_1 対称性，すなわち，対称適合結合 ϕ_1 と同じ対称性をもつ．したがって，これらはすべて a_1 分子軌道に寄与できる．このようにしてできる分子軌道はすべて

$$\psi_{a_1} = c_1 \phi_{N\,2s} + c_2 \phi_{N\,2p_z} + c_3 \phi_1 \tag{1}$$

の形をとる．このような線形結合は3個だけである（H原子軌道の線形結合 ϕ_1 は1個の軌道として数えるから）．これらを，エネルギーの高くなる順（核間の節面の数が多くなる順）に $1a_1$, $2a_1$, $3a_1$ と名づける．

§4・5で紹介したように，C_{3v} 分子にはE対称（二重縮退）の対称適合線形結合がある（図4・15参照）．これらはつぎのように表される．

$$\phi_2 = 2\phi_{A\,1s} - \phi_{B\,1s} - \phi_{C\,1s}$$
$$\phi_3 = \phi_{B\,1s} - \phi_{C\,1s}$$

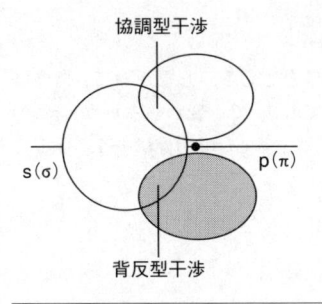

図 4・19 s軌道（σ 対称）とp軌道（π 対称）との重なり合いは正味0になる．同符号の原子軌道の部分が互いに強めあう相互作用（協調型干渉）は，逆符号の原子軌道の部分が互いに弱めあう相互作用（背反型干渉）をちょうど打消すからである．

* 訳注: A, B, C, D の順に並んでいるとする．

指標表からわかるように，N $2p_x$ 軌道と N $2p_y$ 軌道との組も同じく E 対称である．このことは，これら二つの 2p 軌道は一緒にして考えると，σ_v に対して ϕ_2 および ϕ_3 とまったく同じ挙動をすること（図 4・20）でも直観的に確かめられる*．したがって，ϕ_2 と ϕ_3 とはこれら二つの 2p 軌道と結合して，結合性 e 分子軌道と反結合性 e 分子軌道――それぞれ二重に縮退している――をつくることになる．これらの軌道は下式の形をとる．

$$\psi_e = \begin{cases} c_1' \phi_{N\,2p_x} + c_2' \phi_2 \\ c_1'' \phi_{N\,2p_y} + c_2'' \phi_3 \end{cases} \quad (2)$$

このうちの 2 個の結合性軌道には 1e，2 個の反結合性軌道には 2e という標識をつける．

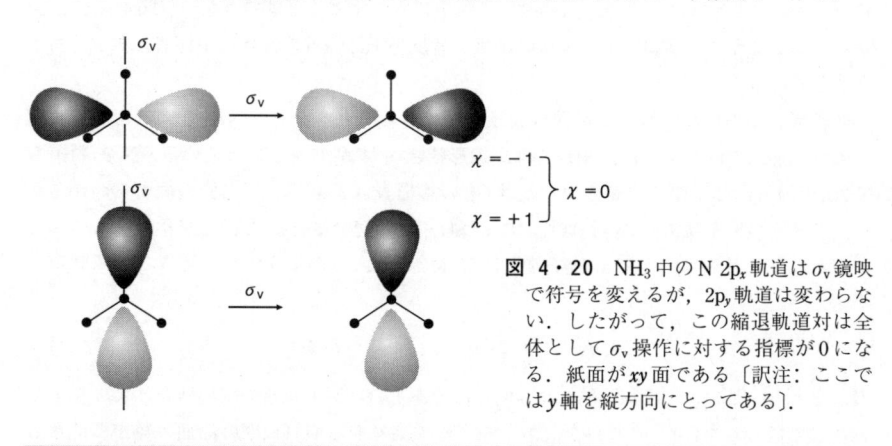

図 4・20 NH_3 中の N $2p_x$ 軌道は σ_v 鏡映で符号を変えるが，$2p_y$ 軌道は変わらない．したがって，この縮退軌道対は全体として σ_v 操作に対する指標が 0 になる．紙面が xy 面である〔訳注：ここでは y 軸を縦方向にとってある〕．

例題 4・7 対称適合線形結合を決める．

H_2O（点群 C_{2v}）の二つの H 1s 軌道は，2 個の対称適合線形結合 $\phi_+ = \phi_{A\,1s} + \phi_{B\,1s}$ と $\phi_- = \phi_{A\,1s} - \phi_{B\,1s}$ (**15**) とをつくる．ϕ_+ および ϕ_- の指標を示せ．これらは，O のどの原子軌道と重なり合って分子軌道をつくるか．

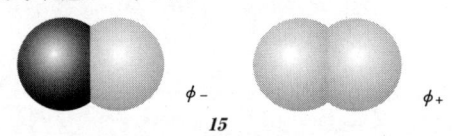

解 C_2 操作によって，ϕ_+ は符号を変えないが，ϕ_- は符号を変える．したがって，指標はそれぞれ +1 および -1．鏡映操作では，ϕ_+ の符号は σ_v でも σ_v' でも変わらないが，ϕ_- の符号は σ_v' で変わらず σ_v で変わる．したがって，σ_v 操作に対する ϕ_- の指標は -1．そこで

	E	C_2	σ_v	σ_v'
ϕ_+	1	1	1	1
ϕ_-	1	-1	-1	1

---

* 訳注：$\chi(C_3) = -1$ を直観的に確かめることは無理である．

この表を C_{2v} の指標表（付録3）に照合すると，ϕ_+ は A_1，ϕ_- は B_2 の対称型であることが決まる（もっと直接に同じ結論を導くには付録4を使えばよい）．指標表の右欄をみれば，O 2s軌道および O $2p_z$軌道が A_1 対称，O $2p_y$軌道が B_2 対称であることがわかる．したがって，可能な線形結合は，

$$\psi_{a_1} = c_1\phi_{O\,2s} + c_2\phi_{O\,2p_z} + c_3\phi_+ \tag{3}$$
$$\psi_{b_2} = c_4\phi_{O\,2p_y} + c_5\phi_-$$

となる*．a_1軌道は，c_1, c_2, c_3 の符号関係次第で結合性あるいは反結合性あるいは中間の性質をもちうる．同様に，c_4 と c_5 との符号関係次第で，一方が結合性，他方が反結合性になる．

問題 4・7 CH_4 の4個の水素原子を A, B, C, D としたとき，対称適合線形結合 $\phi_{A\,1s}+\phi_{B\,1s}+\phi_{C\,1s}+\phi_{D\,1s}$ の対称型は何か．ただし，$\phi_{J\,1s}$ は水素原子Jの1s軌道である．

対称性の解析からは，縮退度を決められること以外，軌道エネルギーに関して何も言えない．軌道エネルギーを計算することはもとより軌道をエネルギー順に並べることも量子力学に頼らねばならない．また，軌道エネルギーを評価するには光電子分光法のような技術を必要とする．しかし，簡単な場合には，§3・12a に述べた一般的規則を用いて，軌道エネルギーの相対的関係を判断することができる．たとえば，NH_3 の $1a_1$ 軌道は低エネルギーの N 2s を含むから最低エネルギーの軌道になるであろうし，その相手の反結合性軌道 $3a_1$ は多分，最高エネルギー軌道になるであろう．$1e$ 結合性軌道は $1a_1$ の上で，$2a_1$ 軌道はほぼ非結合性だからその上に来るであろう．このような定性的解析によって，図4・21のエネルギー準位図が得られる．近頃では，いろいろなソフトウェアが広く入手できるようになったので，*ab initio* 法や半経験的方法で軌道エネルギーを直接計算するのは難しくなくなった．しかしながら，たやすく計算できるからといって，軌道の構造を調べることによってエネルギー準位の順序を理解するというやり方をないがしろにしてはならない．

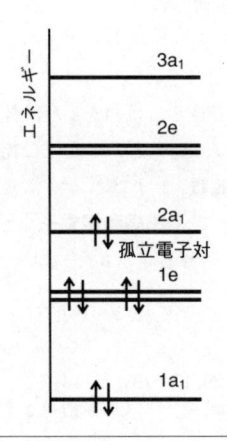

図 4・21 NH_3 の分子軌道エネルギー準位図（模式図）と基底状態の電子配置．各分子軌道の形は図3・32に示した．

---

* 訳注：ここの c_1, c_2, c_3 は式(1)のものと別である．

比較的簡単な分子の定性的な分子軌道エネルギー準位図をつくるための一般的手順を要約するとつぎのようになる[4]．
1. 分子の点群を帰属する．
2. 付録4で対称適合線形結合（SALC）の形を探し出す．
3. 各分子断片のSALCをエネルギーの増加する順に並べる．まずs, p, d軌道のどれに由来するかに注意し（s＜p＜dの順におく），つぎに核間の節面の数に注目する．
4. 二つの分子断片のSALCを，同じ対称型のもの同士結合させ，分子軌道をつくる．このとき，N個のSALCからN個の分子軌道ができることに注意する．
5. もとになっている軌道の重なり合い具合とエネルギーの相対的関係とを考慮して，分子軌道の相対的エネルギーを推定し，分子軌道のエネルギー準位図を描く（分子軌道の由来を示す）．
6. 市販のソフトウエアを使った分子軌道計算を行って，以上のようにして定性的に推定したエネルギー準位の順序を確認，訂正あるいは改訂する．

分子振動の対称性

分子振動は，平衡位置からの周期的な小さいずれである．赤外領域の電磁波によって分子振動が励起されることが赤外（IR）分光法の基礎であり，分子が可視・紫外光子と非弾性衝突することによって分子振動が励起されることがラマン分光法の基礎である．問題の分子の対称性を考慮すると，赤外およびラマンスペクトルの解釈がきわめて簡単になる．そこで，この節では，その際にどんな推論を行うかについて少しみていこう．

4・8 分子の振動: 振動様式

まず，分子振動の一般的原理を量子力学の観点から復習しよう．

(a) 振動エネルギー準位

分子内の結合は，ばねのようなものと考えることができる．ばねをxだけ伸ばすと復元力が働く．平衡位置からの変位があまり大きくなければ，復元力Fは変位に比例する．そこで$F=-kx$と書ける．この比例定数kは結合の**力の定数**[a]とよばれる．結合が頑丈であるほど，力の定数は大きい．上式のような復元力が働く粒子を**調和振動子**[b]という．質量mの調和振動子のSchrödinger方程式の解によれば，許されるエネルギーは

$$E_v = \left(v + \frac{1}{2}\right)\hbar\omega \quad \omega = \left(\frac{k}{m}\right)^{1/2} \quad v = 0, 1, 2, \cdots \quad (4)^*$$

---

[4] もっと図解的なやり方がS. K. Dhar, *J. Coord. Chem.*, **29**, 17 (1993) にある．

* 訳注: $\hbar=h/2\pi \approx 1.055\times 10^{-34}$ J s, ω（SI単位 rad s^{-1}）は角振動数または角周波数 (angular frequency)．

a) force constant b) harmonic oscillator

で与えられる．ここでmは振動子の**有効質量**[a]といわれる量で，質量m_Aとm_Bとの原子から成る二原子分子ABの場合は，

$$\frac{1}{m} = \frac{1}{m_A} + \frac{1}{m_B} \tag{5}$$

で与えられる．つまり，A原子がはるかに重ければ，おもに動くのはB原子で，振動エネルギー準位は，軽い方の原子の質量だけでほぼ決まることになる（$m_A \gg m_B$なら$m \approx m_B$）．式(4)で与えられるエネルギー準位を図4・22に示す．振動数ωは，力の定数が大きい（結合が頑丈）ほど，また，振動子の質量が小さい（分子振動で動く原子が軽い）ほど，大きくなる．

調和振動子のエネルギー準位には，注目すべき特徴が二つある．一つは，最小のエネルギー，すなわち**ゼロ点エネルギー**[b]が存在するということである．調和振動子の場合，ゼロ点エネルギーは$E_0 = \frac{1}{2}\hbar\omega$である．ゼロ点エネルギーは，取除くことのできない最小エネルギーで，結合が頑丈な（kが大きい）ほど，また，振動する原子の質量が小さい（mが小さい）ほど，大きい．二つ目の特徴は，隣り合う準位（たとえば，$v=0$と$v=1$）の間隔はすべて$\hbar\omega$であることで，このエネルギー間隔も，結合が頑丈で原子の質量が小さいほど大きい．振動遷移エネルギーは，通常，波長の逆数である波数[c] $\tilde{\nu} = \omega/2\pi c$を用いて表す[5],*．$\tilde{\nu}$の典型的な値は500 cm^{-1}から3500 cm^{-1}の範囲で，これは電磁スペクトルの赤外領域に当たる．表4・4に，二原子分子の振動波数とそれから求められた力の定数の代表的な値とを示す．

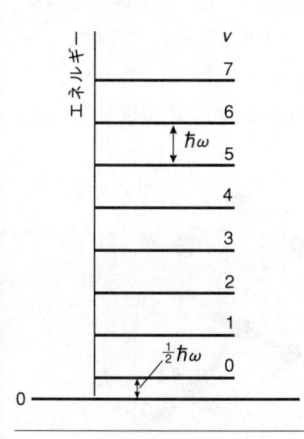

図 4・22 調和振動子のエネルギー準位．準位間の間隔はすべて等しく，ゼロ点エネルギーはその半分であることに注意せよ．結合の力の定数が大きくなる（結合が頑丈になる）と，また，振動分子の有効質量が小さくなると，エネルギー間隔は大きくなる．

---

5) この関係は$\omega = 2\pi\nu$および$\tilde{\nu} = 1/\lambda = \nu/c$から来る（ただし，$\nu$は振動数）．

* 訳注：原注5)のλおよびcは，それぞれ真空中における波長および光速度で，$\tilde{\nu}$は真空中における波数である．振動遷移エネルギー$\Delta E = E_{v+1} - E_v$は，波数を用いれば$\Delta E = hc\tilde{\nu}$と表される．光速度は媒質の屈折率に反比例し，波数は屈折率に比例するから，媒質中でも$\Delta E = h \times$(光速度)$\times$(波数)の関係は変わらない．

a) effective mass　b) zero-point energy　c) wavenumber

力の定数が大きく（結合が頑丈に）なると，また，分子の有効質量が小さくなると，分子振動の振動数は大きくなる．

表 4・4　二原子分子の振動波数と力の定数

分　子	$\tilde{\nu}/\mathrm{cm}^{-1}$	$k/\mathrm{N\,m}^{-1}$
HCl	2885	4.8×10^2
Cl_2	557	3.2×10^2
Br_2	321	2.4×10^2
CO	2143	1.9×10^3
NO	1876	1.6×10^3

(b) 基 準 振 動

多原子分子の振動は，二原子分子に比べると，はるかに複雑な問題である．二原子分子には振動様式[a]が伸縮振動一つしかないが，多原子分子になるとさまざまな振動様式がある．

N個の原子から成る多原子分子で，独立な振動様式がいくつあるかを数えるには，各原子の運動が三つの垂直な方向への変位で記述できるということに着目すればよい．したがって，多原子分子中のN個の原子の運動がいかに複雑でも，それを$3N$個の変位を用いて表すことができる．このうちの3個は，分子の重心の空間的移動，つまり，分子全体の並進運動に対応し，非線形分子ならば，さらに3個が，分子全体が重心の周りに回転する運動を記述するのに必要である（図4・23）．そこで，残りの$3N-6$個が，重心の位置と分子の向きとを変えないような運動，つまり，分子のゆがみを表すことになる．線形分子は，特殊な場合で，分子軸の周りの回転は存在しないから，回転運動に対応する組合わせは2

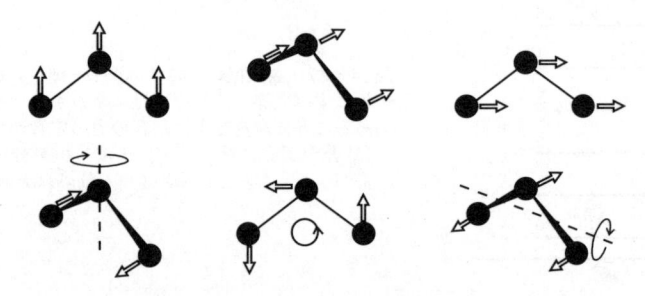

図 4・23　非線形分子の原子変位の数え方の例．原子の変位は合計9個ある．そのうち3個は分子全体の並進運動，3個は回転運動に対応する．したがって，分子の重心位置と方向とを変えない振動に対応する変位の仕方は3個ある（図4・24参照）．

---

a) mode of vibration

個しかない．したがって，この場合は，振動の様式は $3N-5$ 個になる．たとえば，線形三原子分子 CO_2 は $3\times3-5=4$ 個の振動様式をもち，折れ線形三原子分子 H_2O は $3\times3-6=3$ 個，八面体形 SF_6 分子は $3\times7-6=15$ 個の振動様式をもつ．

　これらの $3N-6$ 個（非線形分子）あるいは $3N-5$ 個（線形分子）の振動様式をどう表すかには，いろいろなやり方があるが，最も便利な表し方の一つは，対称性の議論と結合の力の定数に基づく計算とを用いて，その分子の**基準振動**（または基準振動様式）[a] を決定する方法である．分子の基準振動とは，原子の運動の組合わせで，互いに独立な（調和振動である限り）ものをいう．ここで，独立とはどれか一つの基準振動が励起されたとき，他の基準振動の運動を誘起しないという意味である．折れ線形三原子分子 H_2O における 3 個の独立な基準振動を図 4・24 に示す．ここでは，振動の極限点（古典的な言い方をするなら，戻り点）を示してある．この種の図では，振動の位相の片方だけの変位方向を示し，各原子がもとの点に戻ってさらに反対側に行く変位は描かないことにする．基準振動は，それぞれ固有の振動数をもつ．H_2O の場合の値を図中に波数で示した．

　基準振動は，分子中の全原子の動きの渾然とした運動だが，多くの場合，これを主として結合の伸び縮み（伸縮振動）[b] の運動と主として結合角の変化（変角振動）[c] の運動とに分けて考えることができる．たとえば，図 4・24 に示した振動のうちの二つ（ν_1 と ν_3）は，似た波数を示す．これは，これら二つの基準振動が主として O−H 結合の伸縮を含んでいるからである．ある振動が主として 1 種類の変位（伸縮とか変角とか）であると決められるときに，これを特定の振動形式でよぶのは一種の近似であるが便利なことである．たとえば，スペクトルの O−H 伸縮領域，C−O 伸縮領域，あるいは H−O−H 変角領域という言い方をする．

　表 4・5 には，無機化合物分子の赤外スペクトルの吸収領域に特有な波数をいくつか示した．これらの特有な波数を**官能基波数**[d] という（会話では "官能基周波数[e]" と言うこともある）．スペクトルで官能基波数を調べると，分子中に特定の原子団があるかないかを決めるのに，また，分子全体を同定するのに大いに役立つ．

> N 個の原子から成る非線形分子は，$3N-6$ 個の振動様式をもつ．線形分子のときは $3N-5$ 個の振動様式をもつ．基準振動は，分子中の全原子の渾然とした振動の様式だが，伸縮振動と変角振動とに分類できることが多い．

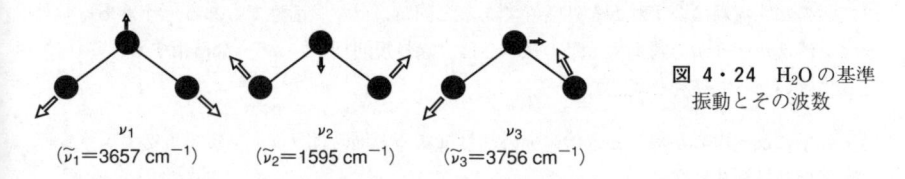

ν_1
($\tilde{\nu}_1 = 3657\ \text{cm}^{-1}$)

ν_2
($\tilde{\nu}_2 = 1595\ \text{cm}^{-1}$)

ν_3
($\tilde{\nu}_3 = 3756\ \text{cm}^{-1}$)

図 4・24　H_2O の基準振動とその波数

---

a) normal vibration (normal mode of vibration)　b) stretching vibration　c) bending vibration　d) group wavenumber　e) group frequency

表 4・5 無機化合物分子にしばしばみられる主要な原子団の官能基波数

原 子 団	波 数/cm^{-1}
末端 CN	2200〜2000
末端 CO	2150〜1850
橋かけ CO	1850〜1700
d-ブロック金属水素化物の末端 MH	1950〜1750
超酸化物 OO	1200〜1100
ペルオキソ OO	920〜750
d-ブロック金属ハロゲン化物の MX(X=Cl, Br, I)	450〜150
金属-金属結合	250〜150[†]

† 金属原子が重く,結合が弱いときは,金属-金属振動は,はるかに低波数側にみられることがある.

4・9 赤外・ラマンスペクトルと対称性

さて,赤外およびラマンスペクトルの解析に当たって分子の対称性がどのように役立つかを考えよう.これは,二つの面から取上げるのがよかろう.一つは,分子が全体として属している点群がわかると直ちに得られる情報であり,もう一つは,各基準振動の対称性に関する知識から得られる付加的な情報である.

赤外およびラマン分光法の一般的原理は,BOX 4・1にある.今の議論の目的には,つぎのことを注意する必要がある.すなわち,赤外線の吸収が起こりうるのは,振動によって分子の電気双極子モーメントが変化するときであり,ラマン遷移が起こりうるのは,分子が振動するときに分極率が変化するときである.赤外スペクトルに寄与できる振動を**赤外活性**[a]といい,ラマンスペクトルに寄与できる振動を**ラマン活性**[b]という.スペクトルに寄与できない振動は,**不活性**[c]として分類される.

(a) 点群から得られる情報: 除外規則

図4・24の基準振動は三つとも,H_2O分子の電気双極子モーメントの変化をひき起こし,したがって,赤外活性である.このことは,直観的にすぐわかるはずである.しかし,ある基準振動がラマン活性がどうかを判断するのはもっと難しい.分子のあるゆがみ方が分極率の変化をもたらすかどうかは,そう簡単にわからないからである.事実としては,H_2Oの三つの基準振動はいずれも赤外活性であると同時にラマン活性でもある.赤外あるいはラマン活性かどうかを判定する際の難しさは,**除外規則**[d]によって一部解消する.これは,ときにはいたって便利な規則で

・分子に反転中心があるときは,赤外活性であると同時にラマン活性でもあるような基準振動は存在しない.

---

a) infrared active b) Raman active c) inactive d) exclusion rule

ということである(ある基準振動が,赤外不活性かつラマン不活性ということはありうる).
H_2O の場合について言えば,この分子には反転中心がないから,三つの基準振動は,赤外活性かつラマン活性でありうる.

この規則の有効さを示す例として CO_2 をあげよう.これは直線形三原子分子でCが反転中心になっている.この分子の四つの基準振動を図4・25に示す.一つの基準振動は,二つのO原子が対称的に伸縮運動をするもので,**対称伸縮**[a]という.この振動では分子の電気双極子モーメントは変化せず0のままであるから,赤外不活性であるが,ラマン活性ではありうる(実際にラマン活性).もう一つの基準振動,**逆対称伸縮**[b]では,二つのO原子とC原子とが逆方向に動く.このときは,振動とともに電気双極子モーメントが変化して0でなくなるから,これは赤外活性である.CO_2 分子には反転中心があるから,上の規則によって,これはラマン活性でありえない.二つの**変角振動**[c]でも双極子モーメントが0でなくなるから,赤外活性であり,また,除外規則に照らして,ラマン不活性であることがわかる.

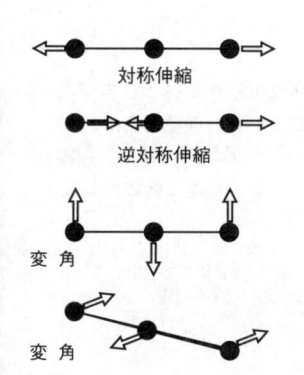

図 4・25 CO_2 の四つの基準振動.二つの変角振動は同じ振動数をもつ.対称伸縮振動では電気双極子モーメントは0のまま不変であるが,逆対称伸縮振動と変角振動(二つとも)とでは,電気双極子モーメントが変化する.

分子に反転中心があれば,赤外活性であり同時にラマン活性であるような基準振動は存在しない.

例題 4・8 除外規則を使う.
SF_6 の対称"呼吸"振動はラマン活性である.この振動は赤外スペクトルで検出できるか.
解 この分子は O_h 点群に属し反転中心(S原子)をもつから,除外規則が適用される.すなわち,赤外不活性である.

問題 4・8 直線分子 NNO の変角振動は赤外活性である.ラマン活性でもありうるか.

---

a) symmetric stretch   b) antisymmetric stretch   c) bending vibration

BOX 4·1 赤外およびラマン分光法

　赤外（IR）およびラマン分光法は，分子および固体の振動状態間のエネルギー差を測定すること，また，試料のスペクトルを標準物質のスペクトルと比較して化合物を同定することに主として用いられる．どちらの方法も，分子中のCO原子団や化合物中のSO_4^{2-}イオンのような個々の構造上の特徴をもった部分を同定するのにも使われる．さらにまた，これらのスペクトルは，簡単な分子の対称性や形，結合の力の定数に関する情報を与える．

　赤外吸収の過程では，分子や固体が，振動数νの赤外線の光子を吸収してエネルギーの高い振動状態に励起される（図B4·1）．このような吸収が起こるためには，光子のエネルギーと試料の振動状態間のエネルギー差とが合っていなければならない．一方，ラマン分光法では，周波数ν_0の光子が非弾性散乱され，そのエネルギーの一部を失って，分子振動の周波数νだけ振動数が下がった$\nu_0-\nu$の振動数の光として試料から放出される（図B4·2）．このとき入射光子が失ったエネルギーは，分子の振動の遷移エネルギーと等しい．

　現在広く使われているのは，高感度でデジタルデータ処理ができるフーリエ変換赤外（FT-IR）分光計[a]である．この分光計では，広帯域の光源からの光を二つの光束に分けて，これらを干渉させて得られるインターフェログラム（時間とともに強度の変化する信号*）をフーリエ変換という数学的技法によって周波数の関数と

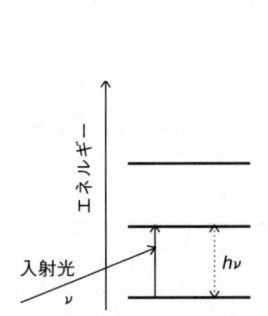

図 B4·1 赤外吸収．周波数νの光子が吸収され，エネルギー遷移が起こる．これは現実の遷移である．

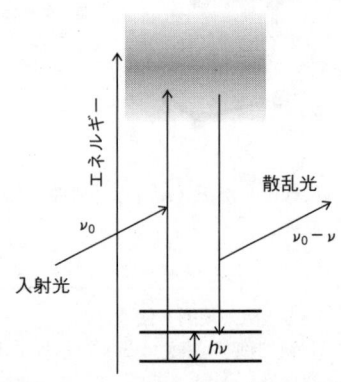

図 B4·2 ラマン散乱．周波数ν_0の入射光により励起された分子が，元と違った状態に戻るときに周波数$\nu_0-\nu$の光子を放出する．いわば"バーチャル"遷移である．

　＊　訳注：インターフェログラム（interferogram）は二光束干渉計（たとえばMichelson干渉計）の光路差を一定速度で変化させて干渉光の強度を時間の関数として検出する．詳しくは，たとえば，田隅三生編著，"FT-IRの基礎と実際（第2版）"，東京化学同人（1994）を参照．
a) Fourier transform infrared spectrometer

4・9 赤外・ラマンスペクトルと対称性

して吸収スペクトルに変換する．試料は，気体，液体あるいは固体のいずれでもよいが，固体試料は通常，粉にして油に分散させるか，臭化カリウムと混合して円盤状に圧縮成形する．赤外分光計で得られるスペクトルは，透過率[a]（百分率で表すことが多い）を波数に対してプロットした形で表すのが普通である．

ラマン分光計では，振動数 ν_0 の単色レーザー光源の光を試料に透過させ，散乱される光をレーザービームと直角の方向から集め，モノクロメーターに入れる（図B4・3）．モノクロメーターでは入射レーザー光の振動数の近くから低振動数方向に走査し，検出器の出力を散乱強度として波数に対してプロットする．ラマン効果はきわめて弱い．非弾性散乱される光子は，入射光子 10^{12} 個当たり1個程度である．しかし，強力な可視レーザーときわめて効率の高い光電子増倍管検出器とを使うと，この手法は十分実用に堪える．

ラマン分光法は赤外分光法に比べて若干手数も経費もかかるが，つぎのような理由で化学者はラマンデータを集める労をいとわない．

1. 単純な分子の対称性を決めるに当たって，赤外分光法のデータとラマン分光法のデータとをつき合わせれば，どちらか片方だけの場合よりも，決定的な結論が得られる．
2. ラマン散乱光は偏光している．この付加的な情報が，分子振動の対称性を決定する助けになる．
3. 水溶液および単結晶の場合，ラマン分光法の方が赤外分光法よりはるかにうまくいくことが多い．

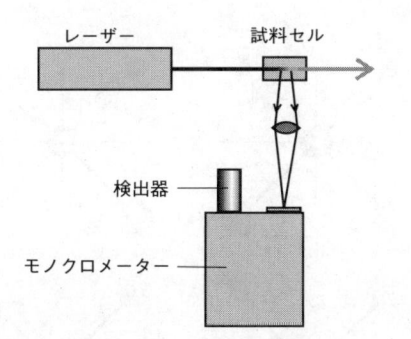

図 B4・3 ラマン分光計．FT-ラマン分光法では，モノクロメーターを干渉計で置き換える．

参 考 書

E. A. V. Ebsworth, D. W. H. Rankin, S. Cradock, "Structural methods in inorganic chemistry, 2nd Ed.," Blackwell Scientific, Oxford (1991).

K. Nakamoto, "Infrared and Raman spectra of inorganic and coordination compounds, 5th Ed.," Wiley, New York (1997).

---

a) transmittance

(b) 基準振動の対称性から得られる情報

今まで述べたように，ある基準振動が電気双極子モーメントを変化させるか否か，つまり，赤外活性であるか否かは直観的に見分けられる場合が多いが，直観に頼れないとき（分子が複雑だったり，振動の様子が視覚化しにくかったりして）には，対称性の解析を使うことができる．そのやり方を，2種類の平面四角形錯体（**16** と **17**）[6)] の例で示そう．シス異性体は C_{2v} 対称，トランス異性体は D_{2h} 対称で，どちらの錯体も 200 cm^{-1} から 400 cm^{-1} までの Pd–Cl 伸縮振動の領域に吸収バンドをもつ（図 4・27 参照）．Pd–Cl 伸縮振動には2種類ある（後述）が，トランス体の2個の基準振動のそれぞれが赤外活性かつラマン活性でありえないことは除外規則からすぐわかる．しかし，どちらが赤外活性で，どちらがラマン活性かはわからない．これを決めるには，基準振動の特性を考えてみればよい．

```
      Cl                         Cl
      |                          |
H₃N—Pd—Cl              H₃N—Pd—NH₃
      |                          |
      NH₃                        Cl
  16  cis-[PdCl₂(NH₃)₂]       17  trans-[PdCl₂(NH₃)₂]
```

Pd–Cl の伸縮運動には，対称伸縮と逆対称伸縮との2種類があり，シス体とトランス体とでそれぞれ図 4・26 のようになっている．振動の活性を決めるには，振動様式をそれぞれの点群の対称型に従って分類する必要がある．これは，SALC を用いて分子軌道の対称性を解析するのと同じようなやり方である[7)]．

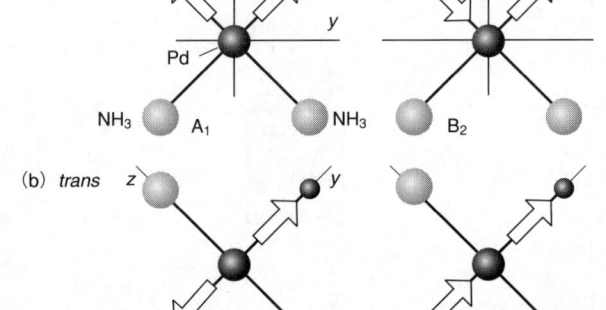

図 4・26 平面四角形錯体 [PdCl₂(NH₃)₂] の Pd–Cl 伸縮基準振動の例．分子の重心が変わらないためには Pd 原子も動かなければならないが，この動きは示していない．

---

6) これらと類似の Pt 錯体（また，その異性体間の違い）は，実用面で重要な意味をもっている．シス型の白金錯体はある種のがんの化学療法剤として使われるのに対し，トランス体には医療効果がないのである．

7) 対称適合分子軌道と基準振動との類似性については，つぎの文献が役に立つ．J. G. Verkade, *J. Chem. Educ.*, **64**, 411 (1987).

点群 C_{2v} の対称操作は，E, C_2, $\sigma_v(xz)$ および $\sigma_v'(yz)$ である．図 4・26 上段左の A_1 と書いてあるシス体の対称伸縮を考えよう．この振動の変位ベクトルは，どの対称操作に対しても見かけ上変わらないことがわかる．たとえば，C_2 操作では，2 個の変位ベクトルが互いに入れ替わるだけである．したがって，各操作の指標は +1 である．

	E	C_2	$\sigma_v(xz)$	$\sigma_v'(yz)$
χ	1	1	1	1

これを C_{2v} の指標表と照合すると，この振動の対称型は A_1 であることがわかる．つぎに，逆対称振動（図 4・26 上段右）を考える．恒等操作 E では，もちろん変位ベクトルはそのままである．$\sigma_v'(yz)$ は 2 個の Cl 原子と Pd 原子とを含む平面に対する鏡映だから，やはり変位ベクトルは変わらない．しかし，C_2 と $\sigma_v(xz)$ とでは，変位ベクトルの向きが反転する．したがって，指標は -1 である．つまり

	E	C_2	$\sigma_v(xz)$	$\sigma_v'(yz)$
χ	1	-1	-1	1

これを C_{2v} の指標表と照合すると，この振動の対称型は B_2 であることがわかる．同様な解析をトランス異性体に対して行い，D_{2h} 群の指標表と照合すると，Pd−Cl の対称伸縮振動は A_g，逆対称伸縮振動は B_{2u} であることがわかる．

例題 4・9 振動の変位の対称型を決める．
図 4・26 のトランス異性体は D_{2h} 対称である．逆対称伸縮振動が B_{2u} の対称型であることを確かめよ．

解 D_{2h} の対称操作は，E, $C_2(z)$, $C_2(y)$, $C_2(x)$, i, $\sigma(xy)$, $\sigma(xz)$, $\sigma(yz)$ である．E, $C_2(y)$, $\sigma(xy)$, $\sigma(yz)$ では，変位ベクトルは変わらない．つまり，指標は +1 である．そのほかの操作ではベクトルの向きが逆になる．したがって指標は -1．結局

	E	$C_2(z)$	$C_2(y)$	$C_2(x)$	i	$\sigma(xy)$	$\sigma(xz)$	$\sigma(yz)$
χ	1	-1	1	-1	-1	1	-1	1

D_{2h} の指標表と照合すると，対称型は B_{2u} であることがわかる．

問題 4・9 トランス異性体の対称伸縮振動が A_g 対称であることを確かめよ．

ある振動が分子の電気双極子モーメントを変化させるか否かを決めるには，双極子モーメントベクトルの対称性を考えなければならない．つぎの規則がある．

- ある基準振動が，電気双極子モーメントのベクトルの成分と同じ対称性をもつならば，その基準振動は赤外活性である．

この規則を使うには，電気双極子モーメントのベクトルの成分が，指標表の右欄に記載されている x, y, z と同じ対称性をもっていることを知っている必要がある．たとえば，C_{2v} の表をみると，z は A_1 対称，y は B_2 対称である．したがって，A_1 の基準振動と B_2 の基準振動とは両方とも赤外活性である．D_{2h} の場合，x は B_{3u}，y は B_{2u}，z は B_{1u} である．したがって，トランス異性体の 2 種の Pd−Cl 伸縮振動のうち赤外活性でありうるのは，B_{2u} に属する逆対称伸縮振動だけである．

ラマン活性かどうかを判定するための規則もよく似ている．

・ある基準振動が，分子の分極率の成分と同じ対称性をもつならば，その基準振動はラマン活性である．

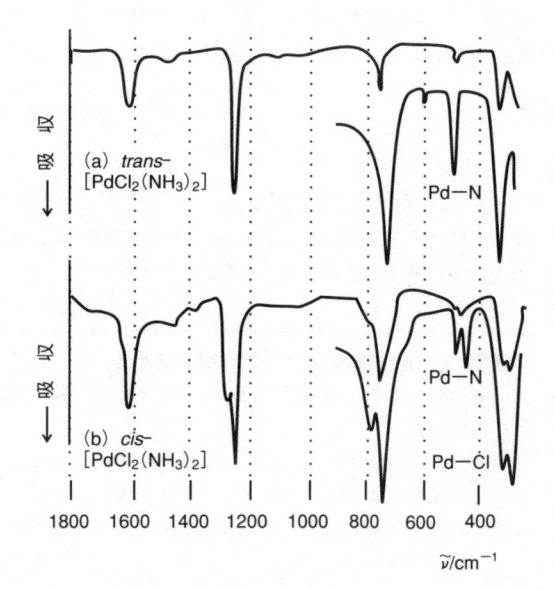

図 4・27 cis- および trans-[PdCl$_2$(NH$_3$)$_2$] の赤外スペクトル〔R. Layton, D. W. Sink, J. R. Durig, *J. Inorg. Nucl. Chem.*, **28**, 1965（1966）〕

この規則を使うには，分極率の成分が関数 $x^2, y^2, z^2, xy, yz, zx$ と同じ対称性をもつということを知っている必要がある．これらの関数の対称種も各点群の指標表の右欄をみればわかる．たとえば，C_{2v} 群では，A_1, A_2, B_1, B_2 の対称型はいずれもラマン活性である．一方，D_{2h} では，$A_g, B_{1g}, B_{2g}, B_{3g}$ だけがラマン活性である．ここまでわかると，シス体とトランス体とを実験的に見分ける方法が出てくる．Pd−Cl 伸縮領域では，シス（C_{2v}）異性体は，ラマンスペクトルでも赤外スペクトルでも，2 個のバンドを示すはずである．それに対して，トランス（D_{2h}）異性体は，ラマンスペクトルおよび赤外スペクトルに，それぞれ 1 個ずつ，別な振動数のバンドを示すはずである．各異性体の赤外スペクトルを図 4・27 に示す．

> 電気双極子モーメントのベクトル成分と同じ対称性をもつ振動様式は赤外活性であり，分子の分極率の成分と同じ対称性をもつ振動様式はラマン活性である．

(c) 振動スペクトルから分子の対称性を帰属する

振動スペクトルの重要な応用の一つは，分子の対称性を，したがって分子の形を決定することである．とりわけ重要な例として，CO 分子が金属原子に結合している化合物である金属カルボニルの場合をあげることができる．この化合物では，CO 伸縮振動が 1850 cm^{-1} から 2200 cm^{-1} にかけての特有な強い吸収を示すので，振動スペクトルが特に役に立つ．

振動スペクトルが確認に利用された最初の金属カルボニルは正四面体形 (T_d)[Ni(CO)$_4$] であった．CO 原子団の伸縮運動から生じる分子の基準振動は，4 個の変位ベクトルの 4 種の線形結合になる．適切な線形結合を選ぶ問題は，分子軌道をつくるときに原子軌道の SALC を見つけだすこととよく似ている．付録 4 をみれば，4 個の s 原子軌道からできる SALC は，1 個の A_1 SALC と 3 個の T_2 SALC とであることがわかる．これらの SALC に対応する CO 伸縮運動の変位ベクトルの線形結合は図 4・28 に描いたようになる[*1]．

ここで，T_d の指標表を調べる．そうすると，A_1 の線形結合は各対称操作によって $x^2+y^2+z^2$ と同じに変換されることがわかる．そこで，これはラマン活性だが赤外活性ではないということになる．一方，x, y, z と xy, yz, zx とは T_2 と同じに変換される．したがって，T_2 振動はラマン活性かつ赤外活性である．というわけで，CO 伸縮振動の領域に 1 個の赤外吸収バンドと 2 個のラマンバンドとがあるということから，この化合物は四面体形であることが確かめられる[8],[*2]．

> IR およびラマンスペクトルから，錯体その他の簡単な分子の形を推定できることがある．

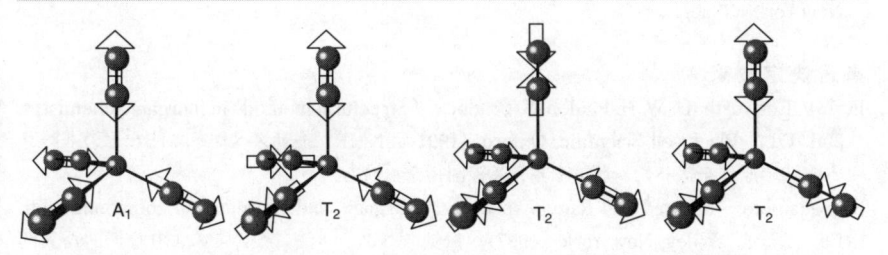

図 4・28 CO 結合の伸縮に対応する [Ni(CO)$_4$] の基準振動．A_1 は縮退なし，T_2 は三重縮退〔振動変位の位相関係を同じ T_d 対称の SALC の位相（付録 4）と比べよ．〕

---

8) いろいろな対称型の金属カルボニルに期待される赤外吸収バンドの数は表 16・5 にある．
[*1] 訳注：図 4・28 で C−O 結合の伸び（縮み）が付録 4 の T_d の図の白（黒）丸に対応する．
[*2] 訳注：平面四角形（D_{4h}）でも，赤外活性振動 1 個（E_u）とラマン活性振動 2 個（A_{1g}, B_{1g}）があるが，赤外活性かつラマン活性である基準振動はない．

例題 4・10　八面体形分子の赤外吸収バンドを予測する．

SF_6 のような AB_6 分子を考える．A−B 振動の線形結合のうち，O_h 群の A_{1g} 対称型および T_{1u} 対称型のものの略図を描け．

解　まず，八面体形の場合に6個のs軌道からつくることのできる SALC が何であるかを決める．SALC の軌道が A−B 結合の変位に相当し，その符号は変位の位相を表す．付録4の O_h の A_{1g} と T_{1u} との図を変位に翻訳すれば，図4・29になる．

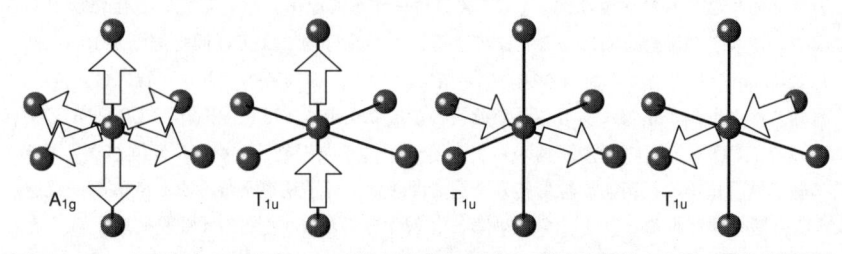

A_{1g}　　T_{1u}　　T_{1u}　　T_{1u}

図 4・29　八面体形 AB_6 分子の A_{1g} 型伸縮振動および T_{1u} 型伸縮振動．分子の重心位置が変わらないために必要な A 原子の運動（A_{1g} 型振動では A 原子は動かない）は図示していない．

問題 4・10　SF_6 は1個の赤外吸収バンドを示す．これは A_{1g} 由来か T_{1u} 由来か．

参　考　書

R. J. Gillespie, "Molecular geometry," Van Nostrand-Reinhold, New York (1972). VSEPR 理論をかなり詳しく述べてある．

R. J. Gillespie, I. Hargittai, "The VSEPR model of molecular geometry," Allyn and Bacon, Needham Heights (1991). 入門的教科書．VSEPR モデルの量子力学的基礎の説明を含む．

J. K. Burdett, "Molecular shapes: theoretical models of inorganic stereochemistry," Wiley, New York (1980).

構造決定技術

E. A. V. Ebsworth, D. W. H. Rankin, S. Cradock, "Structural methods in inorganic chemistry, 2nd. Ed.," Blackwell Scientific, Oxford (1991). NMR, 振動スペクトル法などのスペクトル法の原理を扱った一般的な本．X線回折をも含む．

K. Nakamoto, "Infrared and Raman spectra of inorganic and coordination compounds, 5th Ed. (2巻)," Wiley, New York (1997). 振動スペクトル法についてのより専門的な入門書．きわめて有用なデータおよびその解釈も載っている．

R. S. Drago, "Physical methods for chemists, 2nd. Ed.," Saunders, Philadelphia (1992). 一般的参考書として好適．

点　群

化学における点群および指標表の使い方についての入門書として適当なもの．

S. F. A. Kettle, "Symmetry and structure, 2nd Ed.," Wiley, New York（1995）.
B. E. Douglas, C. A. Hollingsworth, "Symmetry in bonding and spectra——an introduction," Academic Press, New York（1985）.
D. C. Harris, M. D. Bertolucci, "Symmetry and spectroscopy—— an introduction to vibrational and electronic spectroscopy," Oxford University Press（1978）.
F. A. Cotton, "Chemical applications of group theory, 3rd Ed.," Wiley, New York（1990）.

練習問題

4・1 つぎの対称要素を図示せよ．
(a) NH_3分子のC_3軸およびσ_v面　(b) 平面正方形イオン$[PtCl_4]^{2-}$のC_4軸およびσ_h面

4・2 つぎの分子またはイオンのうち，(1) 反転中心，(2) S_4軸をもつものはどれか．
(a) CO_2　(b) C_2H_2　(c) BF_3　(d) SO_4^{2-}

4・3 つぎの化学種の対称要素を決め，点群を帰属せよ．
(a) NH_2Cl　(b) CO_3^{2-}　(c) SiF_4　(d) HCN　(e) $SiBrClFI$　(f) BF_4^-

4・4 (a) s軌道，(b) p軌道，(c) d_{xy}軌道，(d) d_{z^2}軌道の対称要素を決めよ．

4・5 (a) 分子が無極性であることを示す対称要素を述べよ．
(b) 対称性から判定して，練習問題4・3の各化学種が極性か否かを決めよ．

4・6 (a) ある化学種がキラルか否かを対称性から判定する基準を述べよ．
(b) 練習問題4・3の各化学種が光学活性でありうるか否かを判定せよ．

4・7 (a) SO_3^{2-}イオンに当てはまる対称群を決めよ．
(b) このイオンの分子軌道の最大縮退度はいくらか．
(c) 硫黄の原子軌道2sと2pとで，この最大縮退度の分子軌道に寄与できるのはどれか．

4・8 (a) PF_5分子の点群を決めよ（分子形の帰属に必要ならVSEPRモデルを用いよ）．
(b) この分子軌道の最大縮退度はいくつか．
(c) リンの3p軌道のうち，最大縮退度の分子軌道に寄与するのはどれか．

4・9 金属錯体$[MH_4L_2]$（Lは配位子）において，4個のH原子は中心原子の周りに平面四角形に並んでいる．
(a) H 1s軌道の対称適合線形結合を描け（付録4を参照するとよい）．
(b) この錯体の点群を決め，これらの対称適合軌道のそれぞれの対称標識を帰属せよ．
(c) 金属のd軌道のうち，これらのH 1s軌道線形結合と分子軌道をつくるのに適した対称性をもつものはどれか．

4・10 (a) SO_3分子の分子面内の基準振動はいくつあるか．
(b) 分子面に垂直な基準振動はいくつあるか．

4・11 (a) SF_6および (b) BF_3の振動のうち，赤外活性かつラマン活性なものの対称型は何か．

4・12 C_{6v}対称の分子の基準振動のうち，赤外活性でもなくラマン活性でもないものの対称型は何か．

演習問題

4・1 IF_3O_2分子（Iが中心原子）を考える．異性体はいくつありうるか．そのうち最低

エネルギーのものはどれか．各異性体の点群を帰属せよ．

4・2 化学者は，赤外スペクトルの解釈に当たり群論の助けをしばしば借りる．たとえばNH_4^+には4種の伸縮振動が可能であるが，そのうちのいくつかは縮退している可能性がある．指標表をみれば縮退が可能かどうかすぐわかる．(a) 四面体形NH_4^+イオンでは縮退の可能性を考慮する必要があるか．(b) $NH_2D_2^+$イオンでは振動数の縮退が可能か．

4・3 図4・30はCH_3^+のエネルギー準位を示す．この図ではCH_3^+にどんな点群を用いているか．H 1s軌道の線形結合のうちa_1'に含まれているのはどれか．a_1'に寄与するCの軌道はどれか．e'結合性軌道対に含まれるH軌道の線形結合はどれか．Cの軌道のうちe'はどれか．また，C軌道のうちa_2''はどれか．H軌道の線形結合でa_2''であるものがあるか．つぎに，2個のH 1s軌道をz軸方向（面の上下）に加え，それに応じて各対称種の線形結合を修正し，新しいa_2''線形結合をつくれ．10個の電子を受け入れてCが超原子価状態になれるような結合性軌道および非結合性（またはごく弱い反結合性）軌道があるか（ヒント：付録3および4を参照せよ）．

4・4 仮想的H_4分子について，平面四角形（D_{4h}）分子と直線形（$D_{\infty h}$）分子との軌道の関係を示すWalshダイヤグラムをつくれ．

4・5 平面三角形（D_{3h}）のXH_3分子と三方錐形（C_{3v}）のXH_3分子との軌道の関係を示すWalshダイヤグラムをつくれ．

4・6 (a) $B(OH)_3$の平面配座のうちで最も対称性の高いもの，ならびに$B(OH)_3$の非平面配座のうちで最も対称性の高いものについて，それぞれ点群を決めよ．ただし，どちらの配座においても，B−O−Hの結合角はすべて109.5°と仮定する．(b) $B(OH)_3$のキラルな配座の形の略図を描け．ここでもB−O−H結合角を109.5°とする．

4・7 いわゆる"八面体形"のMA_3B_3分子（AとBとは単原子配位子）には，異性体がいくつあるか．それぞれの異性体の点群は何か．異性体のうちにキラルなものがあるか．$MA_2B_2C_2$分子の場合についても以上の問いに答えよ．

4・8 BF_3, NF_3, ClF_3のいずれかである気体試料がある．IRおよびラマン活性の伸縮振動の数を使って，この試料が何であるかを一義的に決めることができるか．

4・9 4個のH原子の正方形配列には，1s原子軌道のSALCが何個あるか．4個のH原子はx軸およびy軸上にあると考えよ．節面のないSALCの図を描き，その対称型を決めよ．2枚の節面をもつSALCの図を描き，その対称型を決めよ．

4・10 ベンゼンには何枚の対称面があるか．ベンゼンの塩素置換体$C_6H_{6-n}Cl_n$のうち，ちょうど4枚の対称面をもつものはどれか．

図 4・30 平面形CH_3^+の分子軌道エネルギー準位（模式図）

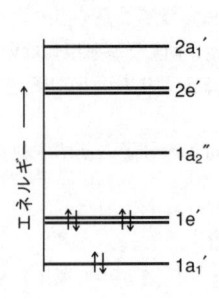

5

酸 と 塩 基

　本章では，酸および塩基に属する種々の化学種に重点をおく．最初の部分で述べる酸および塩基は，プロトン移動反応に関与するものである．プロトン移動の平衡は，化学種がプロトンを供与する強さの尺度である酸性度定数を用いて定量的に論ずることができる．本章の後半では，酸・塩基の定義を拡張して，供与体と受容体との間で電子対の共有が起こる反応をも取扱う．この場合には，対象になる化学種がますます多様になるので，単一の尺度で酸・塩基の強さを表すのは適当でない．そこで，二つの方法を紹介するが，その一つは，酸・塩基を"硬い"ものと"軟らかい"ものとに分類する方法で，もう一つは，熱化学データを使って，各化学種の特性を示すパラメーターの組を求める方法である．

　酸および塩基の存在をはじめて認識したのは，危険を伴うことではあるが，酸はすっぱく塩基はせっけんのようにぬるぬるするという味や手触りによるものであった．これら2種類の物質の性質を化学的により深く理解できるようになったのは，水中で水素イオンを生ずる化合物が酸であるというArrheniusの考えからである．本章では，より広範囲の化学反応を包括する新しい定義だけを取上げる．BrønstedとLowryの定義では，プロトン移動に重点がおかれており，またLewisの定義では，電子対受容体の分子やイオンと電子対供与体の分子やイオンとの間の相互作用が基礎になっている．

Brønsted の 酸 性 度

　デンマークのJohannes Brønstedと英国のThomas Lowryとは1923年に，塩酸基反応の本質は一つの物質から他の物質へのプロトンの移動であると考え，プロトン供与体として作用するすべての物質を**酸**[a]，プロトン受容体となるすべての物質を**塩基**[b]と分類すべきであることを提唱した．Brønsted-Lowryの定義でいうプロトンとは水素イオンH^+であ

---

a) acid　b) base

る*．このような作用をする物質を今日ではそれぞれ**Brønsted酸**[a]および**Brønsted塩基**[b]という．この定義は，プロトン移動が起こる環境とは無関係であって，どんな溶媒の溶液においても，また，溶媒がまったく存在しない場合でさえも同じように成立する．

フッ化水素HFはBrønsted酸の一例で，他の分子にプロトンを与えることができる．たとえば，HFを水に溶かすと，H_2Oにプロトンを与える．

$$HF(aq) + H_2O(l) \longrightarrow H_3O^+(aq) + F^-(aq)$$

アンモニアNH_3はBrønsted塩基の一例で，プロトン供与体からプロトンを受け取ることができる．

$$H_2O(l) + NH_3(aq) \longrightarrow NH_4^+(aq) + OH^-(aq)$$

この二つの反応が示しているように，水は**両性**[c]物質の一例で，Brønsted酸にもBrønsted塩基にもなることができる．

酸が水分子にプロトンを与えると**オキソニウムイオン**[d] H_3O^+ができる．*1*に示すオキソニウムイオンの形は，$H_3O^+ClO_4^-$の結晶構造に基づくものである．しかし，水の中の水素イオンには水素結合が広範囲にわたって関与しているから，*1*は水中の水素イオンの構造としては簡略化しすぎていることはまず間違いない．水の中のオキソニウムイオンを簡単な化学式で表すならば，*2*の$H_9O_4^+$が最もよいであろう．気相中の水のクラスターを質量分析法で研究した結果によると，1個のH_3O^+イオンの周りには20個のH_2O分子のかごが正五角十二面体に配列することができて$H^+(H_2O)_{21}$という化学種ができると考えられる[1]．このような構造からわかるように，水中の水素イオンの様子を表すのにどれが一番適当かは，問題にしている環境および実験条件で異なる．

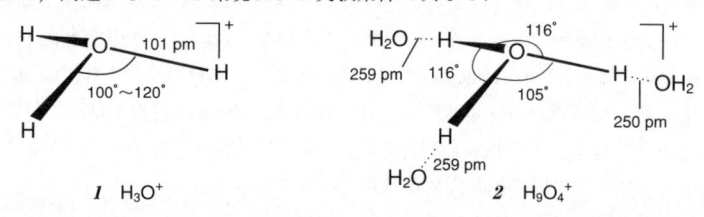

1 H_3O^+ *2* $H_9O_4^+$

> Brønsted酸はプロトン供与体，Brønsted塩基はプロトン受容体である．多原子オキソニウムイオンH_3O^+は，水中での水素イオンの構造を最も簡単に表したものである．

---

1) S. Wei, Z. Shi, A. W. Castleman, Jr., *J. Chem. Phys.*, **94**, 3268 (1991).

* 訳注：無機化学命名法IUPAC 1990年勧告では，$^1H^+$をプロトン（proton），$^2H^+$をジュウテロン（deuteron），$^3H^+$をトリトン（triton）とよび，これらの総称としてはヒドロン（hydron）を用いることになっている．したがって，以下の文中での"プロトン"は"ヒドロン"とするべきであるが，この名称がまだ普及していないので原文の"プロトン"を踏襲する．なお，水中のH^+の水和の程度が不明な場合または特に重要でない場合には，これを"ヒドロン"または"水素イオン"とよんでよい．

a) Brønsted acid   b) Brønsted base   c) amphiprotic   d) oxonium ion

5・1 水中でのプロトン移動平衡

酸・塩基間のプロトン移動反応はどちらの方向にも速やかに進行するから,たとえば酸 HF と塩基 NH_3 との水中での挙動を説明するには,正方向の反応だけではなく,つぎのような動的平衡を考える方がよい.

$$HF(aq) + H_2O(l) \rightleftharpoons H_3O^+(aq) + F^-(aq) \tag{1}$$
$$H_2O(l) + NH_3(aq) \rightleftharpoons NH_4^+(aq) + OH^-(aq)$$

水溶液中の Brønsted 酸塩基の化学は,主として,迅速に達成されるプロトン移動の平衡に関することであるから,この問題に重点をおくことにしよう.

(a) 共役酸および共役塩基

式(1)における正反応と逆反応とはともに酸から塩基へのプロトンの移動であるから,一般的な **Brønsted 平衡**を

$$酸_1 + 塩基_2 \rightleftharpoons 酸_2 + 塩基_1 \tag{2}$$

のように書くと,正反応と逆反応との対称的な性格を表すことができる.塩基$_1$を酸$_1$の**共役塩基**[a],酸$_2$を塩基$_2$の**共役酸**[b]という.酸の共役塩基というのは,プロトンを失った残りの化学種のことで,塩基の共役酸というのは,プロトンを獲得してできた化学種である.F^- は HF の共役塩基,H_3O^+ は H_2O の共役酸である.酸と共役酸,あるいは塩基と共役塩基との間に本質的な区別はない.ある共役酸はまさにもう一つの酸であるし,ある共役塩基はまさにもう一つの塩基なのである.

> ある化学種がプロトンを供与すると,それは共役塩基になり,ある化学種がプロトンを獲得すると,それは共役酸になる.互いに共役な酸と塩基とは溶液中では平衡を保つ.

例題 5・1 酸および塩基を決める.
つぎの反応における Brønsted 酸とその共役塩基はどれか.
(a) $HSO_4^-(aq) + OH^-(aq) \longrightarrow H_2O(l) + SO_4^{2-}(aq)$
(b) $PO_4^{3-}(aq) + H_2O(l) \longrightarrow HPO_4^{2-}(aq) + OH^-(aq)$

解 (a)では,硫酸水素イオン(HSO_4^-)が水酸化物イオンにプロトンを与えるから,HSO_4^- が酸で,生成した SO_4^{2-} イオンが HSO_4^- の共役塩基である.(b)では,塩基として働くリン酸イオンに H_2O がプロトンを与えるから,H_2O が酸で,OH^- イオンがその共役塩基である.

問題 5・1 つぎの反応における酸,塩基,共役酸および共役塩基を示せ.
(a) $HNO_3(aq) + H_2O(l) \longrightarrow H_3O^+(aq) + NO_3^-(aq)$

---

a) conjugate base　b) conjugate acid

(b) $CO_3^{2-}(aq) + H_2O(l) \longrightarrow HCO_3^-(aq) + OH^-(aq)$
(c) $NH_3(aq) + H_2S(aq) \longrightarrow NH_4^+(aq) + HS^-(aq)$

(b) Brønsted 酸の強さ

水溶液中の Brønsted 酸，たとえば HF，の強さは**酸性度定数**[a]（または**酸解離定数**[b]）K_a で表される．

$$HF(aq) + H_2O(l) \rightleftharpoons H_3O^+(aq) + F^-(aq) \qquad K_a = \frac{[H_3O^+][F^-]}{[HF]c^\ominus} \qquad (3)$$

この定義において，[X] は化学種 X の物質量濃度，$c^\ominus$ は物質量濃度の標準値（通常 1 mol dm^{-3} とする）を表す[2]．$K_a \ll 1$ ならば，プロトンが酸に付いたままの状態が有利であることを表す．水中でのフッ化水素の K_a の実験値は 3.5×10^{-4} で，普通の条件下で HF 分子は水中ではほんのわずかしかプロトンを放出していないことを示している．プロトンを放出している割合の具体的な値は，K_a の数値を用いて酸濃度の関数として計算することができる．その方法は，あらゆる化学の入門教科書[3]に出ている．

水中での塩基のプロトン移動平衡の特性もまた，**塩基性度定数**[c] K_b とよばれる平衡定数で表される．たとえば NH_3 については

$$NH_3(aq) + H_2O(l) \rightleftharpoons NH_4^+(aq) + OH^-(aq) \qquad K_b = \frac{[NH_4^+][OH^-]}{[NH_3]c^\ominus} \qquad (4)$$

$K_b \ll 1$ ならば，その塩基は弱いプロトン受容体で，その共役酸はほんの少ししか溶液中に存在しない．水中でのアンモニアの K_b の実験値は 1.8×10^{-5} で，普通の条件下で水中でプロトン化している NH_3 分子の割合はきわめて低いことを示している．酸の場合と同じように，実際にプロトン化している塩基の割合は K_b の数値から計算できる．

水は両性物質*であるから，酸または塩基を加えなくてもプロトン移動平衡が存在する．一つの水分子からもう一つの水分子へのプロトン移動を**自己プロトリシス**[d]（または自己イオン化）という．自己プロトリシスの程度および平衡での溶液の組成は，水の**自己プロトリシス定数** K_w で表される．

$$2H_2O(l) \rightleftharpoons H_3O^+(aq) + OH^-(aq) \qquad K_w = \frac{[H_3O^+][OH^-]}{(c^\ominus)^2} \qquad (5)$$

25 °C での K_w の実験値は，1.00×10^{-14} で，純水中で水分子はきわめてわずかしかイオンになっていないことがわかる．

溶媒の自己プロトリシス定数を用いると，ある塩基の強さを，その共役酸の強さを使って表すことができる．これは，自己プロトリシス定数が果たす重要な役割である．たとえ

---

2) 厳密には，X の熱力学的な有効濃度である活量 $a(X)$ を用いて解離定数を表す．
3) たとえば，P. W. Atkins, L. L. Jones, "Chemistry: molecules, matter and change, 3rd Ed.," W.H.Freeman and Co., New York (1997) を参照．
* 訳注：酸としても塩基としても働きうる物質．§5・5b を参照．
a) acidity constant　　b) acid dissociation constant　　c) basicity constant　　d) autoprotolysis

ば，式(4)で表される NH_3 の K_b の値と，

$$NH_4^+(aq) + H_2O(l) \rightleftharpoons H_3O^+(aq) + NH_3(aq)$$

で表される NH_4^+ の酸性度定数 K_a との間には

$$K_a K_b = K_w \tag{6}$$

の関係が成立する．この関係は，NH_4^+ の酸性度定数と NH_3 の塩基性度定数とに対する表現をそれぞれ掛合わせてみれば明らかであろう．式(6)は，K_b が大きいほど K_a は小さいことを示している．すなわち，<u>強い塩基ほど，その共役酸は弱い．</u>さらに，式(6)によれば，ある塩基の強さを報告するには，その共役酸の酸性度定数を使えばよいことがわかる．

物質量濃度や酸性度定数の数値は何桁にもわたるので，それらを報告するのに常用対数（10 を底とする対数）を用いて

$$pH = -\log_{10} \frac{[H_3O^+]}{c^\ominus} \qquad pK = -\log_{10} K \tag{7}$$

のように表すと便利である．ここで K は，これまでに紹介した平衡定数どれでもよい．たとえば，25℃では $pK_w = 14.00$ である．この定義と式(6)の関係から

$$pK_a + pK_b = pK_w \tag{8}$$

となる．どのような溶媒中の共役酸および塩基についても，pK_w をその溶媒の自己プロトリシス定数 pK_{sol} で置き換えれば，式(8)と同様の関係が成立する．

> Brønsted 酸の強さはその酸性度定数で，Brønsted 塩基の強さはその塩基性度定数で測られる．塩基が強いほど，その共役酸は弱い．

(c) 強い酸・塩基と弱い酸・塩基

なじみ深い酸および塩基の共役酸の酸性度定数を表 5・1 に示す．プロトン移動平衡が，水へのプロトン供与の方に強く偏っているような酸を**強酸**[a]に分類する．すなわち，強酸は $pK_a < 0$（$K_a > 1$，通常 $K_a \gg 1$ に対応する）である．このような酸は，溶液中で完全にプロトンを放出しているとみなされるのが普通である（しかし，プロトンを完全に放出しているというのは，近似にすぎないことを忘れてはならない）．たとえば，塩酸は，オキソニウムイオンと塩化物イオンとの溶液で，HCl 分子の濃度は無視できる程度と考えられる．**弱酸**[b]に分類されるのは $pK_a > 0$（$K_a < 1$ に対応する）のものである．弱酸ではプロトン移動の平衡が，イオン化していない酸分子の方に偏っている．フッ化水素は水中で弱酸で，その溶液（フッ化水素酸）中にはオキソニウムイオン，フッ化物イオンおよび HF 分子があるが，HF 分子の割合が高い．

---

a) strong acid b) weak acid

強塩基[a]というのは，水中で事実上完全にプロトン化しているものである．酸化物イオン O^{2-} は強塩基の例で，水の中では直ちに OH^- イオンに変化する．**弱塩基**[b]というのは，水中で部分的にしかプロトン化しないものである．NH_3 は弱塩基の例で，水中ではほとんど完全に NH_3 分子として存在し，NH_4^+ イオンの割合は低い．強酸の共役塩基はすべて弱塩基である．この種の塩基がプロトンを受け取るのは熱力学的に不利だからである．

> 酸または塩基は，その酸性度定数の大きさに応じて，弱いものまたは強いものに分類される．互いに共役する酸および塩基の強さの間には反比例関係が成立する．

(d) 多塩基酸

プロトンを2個以上供与できる物質を**多塩基酸**[c]という．その一例は硫化水素 H_2S で，これは二塩基酸[d]である．二塩基酸は逐次的な2段のプロトン供与に関する二つの酸性度定数をもっている．

表 5·1 25 ℃ の水溶液中における酸性度定数

酸	HA	A$^-$	K_a	pK_a
ヨウ化水素	HI	I$^-$	10^{11}	-11
過塩素酸	HClO$_4$	ClO$_4^-$	10^{10}	-10
臭化水素	HBr	Br$^-$	10^9	-9
塩化水素	HCl	Cl$^-$	10^7	-7
硫 酸	H$_2$SO$_4$	HSO$_4^-$	10^2	-2
オキソニウムイオン	H$_3$O$^+$	H$_2$O	55.5	-1.74
塩素酸	HClO$_3$	ClO$_3^-$	10^{-1}	1
亜硫酸	H$_2$SO$_3$	HSO$_3^-$	1.5×10^{-2}	1.81
硫酸水素イオン	HSO$_4^-$	SO$_4^{2-}$	1.2×10^{-2}	1.92
リン酸(オルトリン酸)	H$_3$PO$_4$	H$_2$PO$_4^-$	7.5×10^{-3}	2.12
フッ化水素	HF	F$^-$	3.5×10^{-4}	3.45
ピリジニウムイオン	HC$_5$H$_5$N$^+$	C$_5$H$_5$N	5.6×10^{-6}	5.25
炭 酸	H$_2$CO$_3$	HCO$_3^-$	4.3×10^{-7}	6.37
硫化水素	H$_2$S	HS$^-$	9.1×10^{-8}	7.04
リン酸二水素イオン	H$_2$PO$_4^-$	HPO$_4^{2-}$	6.2×10^{-8}	7.21
ホウ酸†	B(OH)$_3$	B(OH)$_4^-$	7.2×10^{-10}	9.14
アンモニウムイオン	NH$_4^+$	NH$_3$	5.6×10^{-10}	9.25
シアン化水素	HCN	CN$^-$	4.9×10^{-10}	9.31
炭酸水素イオン	HCO$_3^-$	CO$_3^{2-}$	4.8×10^{-11}	10.32
ヒ酸水素イオン	HAsO$_4^{2-}$	AsO$_4^{3-}$	3.0×10^{-12}	11.53
リン酸水素イオン	HPO$_4^{2-}$	PO$_4^{3-}$	2.2×10^{-13}	12.67
硫化水素イオン	HS$^-$	S^{2-}	1.3×10^{-14}	13.9

† プロトン移動平衡は $B(OH)_3(aq) + 2H_2O(l) \rightleftharpoons H_3O^+(aq) + B(OH)_4^-(aq)$．

---

a) strong base b) weak base c) polyprotic acid d) diprotic acid

$$\text{H}_2\text{S(aq)} + \text{H}_2\text{O(l)} \rightleftharpoons \text{HS}^-\text{(aq)} + \text{H}_3\text{O}^+\text{(aq)} \qquad K_{a1} = \frac{[\text{H}_3\text{O}^+][\text{HS}^-]}{[\text{H}_2\text{S}]c^\ominus}$$

$$\text{HS}^-\text{(aq)} + \text{H}_2\text{O(l)} \rightleftharpoons \text{S}^{2-}\text{(aq)} + \text{H}_3\text{O}^+\text{(aq)} \qquad K_{a2} = \frac{[\text{H}_3\text{O}^+][\text{S}^{2-}]}{[\text{HS}^-]c^\ominus}$$

表 5・1 によれば $K_{a1}=9.1\times10^{-8}$ ($pK_{a1}=7.04$), $K_{a2}=1.3\times10^{-14}$ ($pK_{a2}=13.9$) である. 2番目の酸性度定数 K_{a2} は, ほとんどの場合 K_{a1} よりも小さい (したがって, pK_{a2} は一般に pK_{a1} よりも大きい). この K_a の減少は酸の静電モデルで説明できる. 2番目のプロトン解離では, 最初のプロトン解離のときよりも負の電荷が1単位だけ増加した中心部からさらに1個のプロトンを引き離さねばならないことになる. そこで静電モデルではプロトンを引き離すのに余分の静電的仕事が必要なわけで, それに応じてプロトン解離が起こりにくくなるのである.

多塩基酸の逐次プロトン移動平衡で生ずる化学種の濃度は, **分配図**[a] によってきわめて明瞭に表される. 分配図では, ある化学種Xの割合 $\alpha(\text{X})$ をpHに対してプロットする. 三塩基酸 H_3PO_4 が3個のプロトンを順次放出して, H_2PO_4^-, HPO_4^{2-} および PO_4^{3-} を生ずる場合を考えよう. これらの化学種のそれぞれについて割合 α と pH との関係を図5・1に示す. たとえば H_3PO_4 分子の割合は

$$\alpha(\text{H}_3\text{PO}_4) = \frac{[\text{H}_3\text{PO}_4]}{[\text{H}_3\text{PO}_4] + [\text{H}_2\text{PO}_4^-] + [\text{HPO}_4^{2-}] + [\text{PO}_4^{3-}]} \tag{9}$$

で与えられる. 各pHにおいてそれぞれの酸とその共役塩基とが相対的にどの程度存在しているかはpHによる α の変化で表される. 逆に, 各化学種の割合が特定の値になるような溶液のpHもこの図からわかる. もし pH<pK_{a1} ならば, 溶液中の主要成分は, オキソニウムイオン濃度が高いことに対応して, 完全にプロトン化した H_3PO_4 分子である. またもし pH>pK_{a3} ならば, オキソニウムイオン濃度が低いから, 完全に脱プロトン化した PO_4^{3-} イオンが主要成分であることがわかる. pK_{a1} と pK_{a3} との間のpHでは中間の化学種が主要成分になる.

図 5・1 三塩基酸であるリン酸の種々の成分の割合とpHとの関係を示す分配図

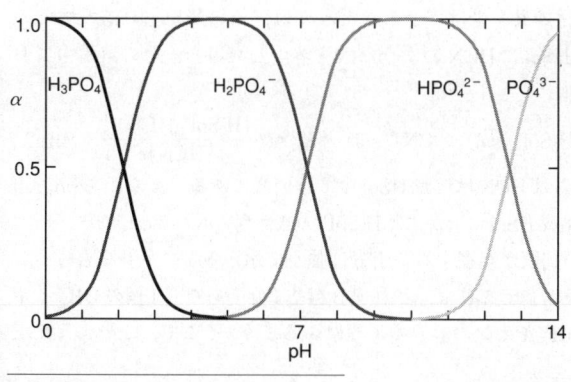

a) distribution diagram

多塩基酸はプロトンをつぎつぎと放出するが，後になるほどプロトンの放出が起こりにくくなる．溶液中に存在する各化学種の割合と溶液のpHとの関係は分配図によってまとめて表される．

5・2 溶媒の水平化効果

水中では弱い酸が，水よりも強いプロトン受容体である溶媒中では，強い酸として働くことができる．また，その逆のことも起こりうる．事実，液体アンモニアのような十分に塩基性の溶媒中では，一連の酸を強さの順に並べるのは不可能であろう．それは，問題の酸のすべてが完全にプロトンを放出してしまうからである．同様に，水中では弱い塩基が，プロトン供与性が水よりも強い無水酢酸のような溶媒中では強塩基として働くことができる．このような酸性溶媒中では，一連の塩基が事実上完全にプロトン化するから，それらを強さの順に並べることはできないであろう．そこで，ある溶媒中に酸または塩基を溶かしたとき，それらの強さを区別できる範囲を決める上で決定的な役割を果たしているのは溶媒の自己プロトリシス定数であることがわかる．

水中で H_3O^+ よりも強い酸はすべて H_2O にプロトンを与えて H_3O^+ をつくる．その結果，H_3O^+ よりも強い酸は水の中でそのままでいることができない．HBrとHIとはいずれも水の中では事実上完全にプロトンを供与して H_3O^+ を生ずるから，どんな実験をしてみてもHBrとHIとのどちらがより強い酸であるかを知ることはできない．事実，強酸HXおよびHYの溶液は，HXが本来はHYよりも強い酸であっても，そのこととは無関係にどちらも H_3O^+ の溶液であるかのようにふるまう．そこで，水には，H_3O^+ より強い酸をすべて H_3O^+ の酸性度まで引き下げる**水平化効果**[a] があるという．水の中ではHBrとHIとの酸としての強さは区別できないが，水よりも塩基性の低い溶媒（たとえば酢酸）中ではHBrおよびHIが弱酸の挙動を示すから，それらの強さを区別することができる．HIがHBrよりも強いプロトン供与体であるということがわかるのはこのような方法によってである．

ある酸がある溶媒中で水平化効果を受けているかどうかは，その酸の当該溶媒中での K_a をみればわかる．ある溶媒HSolにHCNのような酸を溶かした場合，その溶媒中におけるHCNの酸性度定数 K_a は

$$HCN(sol) + HSol(l) \rightleftharpoons H_2Sol^+(sol) + CN^-(sol) \qquad K_a = \frac{[H_2Sol^+][CN^-]}{[HCN]c^{\ominus}} \quad (10)$$

で与えられる．もし $pK_a<0$ ならばHCNは溶媒HSol中で強い酸である．すなわち $pK_a<0$（$K_a>1$ に対応）の酸はすべて，溶媒HSolに溶かすと H_2Sol^+ の酸性度を示すことになる．

水中の塩基についても類似の制限が存在する．十分に強くて水からプロトンをもらって完全にプロトン化されるような塩基であれば，どれでも塩基1分子あたり1個の OH^- イオンを生じるから，その溶液は OH^- イオンの溶液のようにふるまう．そこで，このような塩

---

a) leveling effect

5・2 溶媒の水平化効果

基がプロトンを受け取る能力はどれでも同じようにみえる．つまり水平化される．OH^- イオンよりも強いプロトン受容体はすべて直ちに水からプロトンを受け取って OH^- を生成するから，水中に存在しうる最も強い塩基は OH^- イオンである．アルカリ金属のアミド塩やメタニド塩を水に溶かしたのでは NH_2^- や CH_3^- を調べることができないのは，このためである．すなわち，これらのアニオンは水と反応して OH^- イオンを生成し，完全にプロトン化して NH_3 や CH_4 になってしまう．

$$KNH_2(s) + H_2O(l) \longrightarrow K^+(aq) + OH^-(aq) + NH_3(aq)$$
$$Li_4(CH_3)_4(s) + 4H_2O(l) \longrightarrow 4Li^+(aq) + 4OH^-(aq) + 4CH_4(g)$$

ある塩基を溶媒 HSol に溶かしたとき，もし $pK_b<0$ ならば，その塩基は強い塩基である．NH_3 を例にとると，溶媒 HSol 中での塩基性度定数 K_b は

$$NH_3(sol) + HSol(l) \rightleftharpoons NH_4^+(sol) + Sol^-(sol) \quad K_b = \frac{[NH_4^+][Sol^-]}{[NH_3]c^\ominus} \quad (11)$$

で与えられる．ここで，$pK_a+pK_b=pK_{HSol}$ であるから，水平化についての判定規準をつぎのように表すことができる．すなわち，共役酸の pK_a が $pK_a>pK_{HSol}$ であるような塩基はすべて，溶媒 HSol で Sol^- のようにふるまう．

ある一つの溶媒 HSol 中での酸および塩基についての以上の議論から，つぎのようにいうことができる．溶媒 HSol 中で $pK_a<0$ のすべての酸および $pK_a>pK_{HSol}$ のすべての塩基は水平化されるから，この溶媒中で強さを区別できる範囲は $pK_a=0$ から pK_{HSol} までである．水では $pK_w=14$，液体アンモニアの自己プロトリシス平衡は

$$2NH_3(l) \rightleftharpoons NH_4^+(am) + NH_2^-(am) \quad pK_{am} = 30$$

である．（"am" は液体アンモニア溶液を意味する）．これらの数値から，酸および塩基の

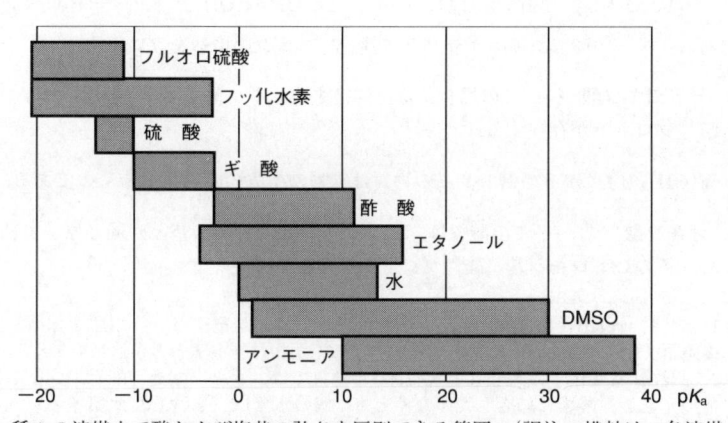

図 5・2 種々の溶媒中で酸および塩基の強さを区別できる範囲．（訳注：横軸は，各溶媒中で測定可能な pK_a 値を，溶媒が水である場合に換算した値．本図は半定量的なものである．）いずれの溶媒においても，問題の範囲の幅は溶媒の自己プロトリシス定数 pK_{HSol} に等しい．

強さを区別できる範囲は，水中では液体アンモニア中よりも狭いことがわかる．種々の溶媒中で酸および塩基の強さを区別できる範囲を図5・2に示す．ジメチルスルホキシド (DMSO) $(CH_3)_2SO$ では $pK_{dmso} \geq 33$ であるから，区別可能な範囲が広い．したがって，DMSO は H_2SO_4 から PH_3 に至る広範囲の酸の研究に利用できる．水の範囲は，図に示したいくつかの溶媒に比べると狭い．その理由の一つは，水は相対誘電率[*1]が高く，それが H_3O^+ および OH^- イオンの生成を有利にしているからである．

小さな自己プロトリシス定数をもつ溶媒は，強さが広範囲に及ぶ酸および塩基を区別するのに用いることができる．

Brønsted 酸性度にみられる周期性

ここからは，水中での Brønsted 酸および Brønsted 塩基についてだけ論ずることにする．水の中の酸類で最大のグループは中心原子に付いている $-OH$ 基からプロトンを与えるものである．この種のプロトンを**酸性プロトン**[a]とよんで，分子内に存在する他のプロトン——CH_3COOH 中のメチル基の非酸性プロトンのような——と区別する．
ここで取上げるべき酸にはつぎの3種類がある．

1. **アクア酸**[b]……この酸では，中心金属イオンに配位した水分子に酸性プロトンが存在する．

$$E(OH_2)(aq) + H_2O(l) \rightleftharpoons [E(OH)]^-(aq) + H_3O^+(aq)$$

一つの例は

$$[Fe(OH_2)_6]^{3+}(aq) + H_2O(l) \longrightarrow [Fe(OH_2)_5(OH)]^{2+}(aq) + H_3O^+(aq)$$

である．アクア酸であるヘキサアクア鉄(Ⅲ)イオンの構造を **3** に示す．

2. **ヒドロキソ酸**[c]……この場合には，隣接するオキソ基 ($=O$) のないヒドロキシ基に酸性プロトンが存在する．

$Si(OH)_4$ (**4**) がその例で，この物質は鉱物の生成の際に重要なものである．

3. **オキソ酸**[*2, d]……この酸では，ヒドロキシ基とオキソ基とが同じ原子に結合していて，そのヒドロキシ基に酸性プロトンが存在する．

[*1] 訳注: relative permittivity. 学術用語集では比誘電率という用語を採用しているが，接頭語"比"は specific に対応するものなので，相対誘電率の方が適当である．

[*2] 訳注: 無機化学命名法 IUPAC 1990 年勧告では，オキソ酸を"酸素，少なくとも他の1種の元素と，酸素に結合した少なくとも1個の水素[と]を含む，水素イオン(ヒドロン)を失って共役塩基を生ずる化合物"と定義している．この定義では，アクア酸，ヒドロキソ酸もオキソ酸に含まれる．

a) acidic proton b) aqua acid c) hydroxoacid d) oxoacid

硫酸 H_2SO_4〔すなわち $O_2S(OH)_2$〕(**5**) はオキソ酸の例である.

3 $[Fe(OH_2)_6]^{3+}$ **4** $Si(OH)_4$ **5** H_2SO_4

これらの3種類の酸は,一つのアクア酸が逐次的に脱プロトン化していく過程の各段階とみなすことができる.

$$H_2O-E-OH_2 \xrightarrow{-2H^+} [HO-E-OH]^{2-} \xrightarrow{-H^+} [HO-E=O]^{3-}$$
アクア酸　　　　　　　ヒドロキソ酸　　　　　　オキソ酸

このような逐次段階の例は,Ru^{IV}のように中間的な酸化状態の d-ブロック金属の場合にみられる.

アクア酸は,酸化数の低い中心原子,また s-ブロック金属および d-ブロック金属ならびに,p-ブロック中の左側の方の金属元素に特徴的にみられる.オキソ酸は,中心元素が高い酸化数をもつ場合にみられる.さらに,p-ブロック中で右側にある元素では,酸化数が中間の状態である場合にも,オキソ酸が生成する(たとえば $HClO_2$).

> アクア酸,ヒドロキソ酸,およびオキソ酸は,上に詳しく述べたように,それぞれ周期表中の特定の領域に特徴的なものである.

5・3 アクア酸の強度にみられる周期性

アクア酸は,中心金属イオンの正電荷が増えるほど,またそのイオン半径が減少するほど,酸性が強くなるのが普通である.アクア酸の強さの変化は,イオンモデルによって,ある程度まで合理的に説明することができる.このモデルでは,ze の正電荷をもつ球体として金属イオンを表す.気相中での pK_a は,中心金属のイオン半径 r_+ と水分子の直径 d との和に等しい距離から無限遠までプロトンを引き離すのに要する仕事に比例する[4].イオ

---

[4] ΔG が電気的仕事に等しいことと $pK_a \propto \Delta_r G^\circ$ とを組合わせると $pK_a \propto W_{electrical}$ の関係が導かれる.

ンの正電荷が大きいほど，また，その半径が小さいほど，プロトンを引き離すのは容易になる．したがって，このモデルによれば，zが増大し，かつ，イオン半径r_+が減少するにつれて——大ざっぱには静電パラメーター$\zeta = z^2/(r_+ + d)$が大きくなるにつれて——酸性度が増えることが期待される．このモデルで気相中について予測した傾向は，溶媒和の効果が金属イオンの種類によってあまり違わなければ，溶液中でも成立するであろう．

図 5・3 酸性度定数とアクアイオンのパラメーターz^2/r_+との間の相関．電荷の小さい硬いイオン（§5・12参照）のみが相関関係に従い，ほかのすべてのイオンは相関関係から予想されるよりももっと酸性であることに注意されたい．

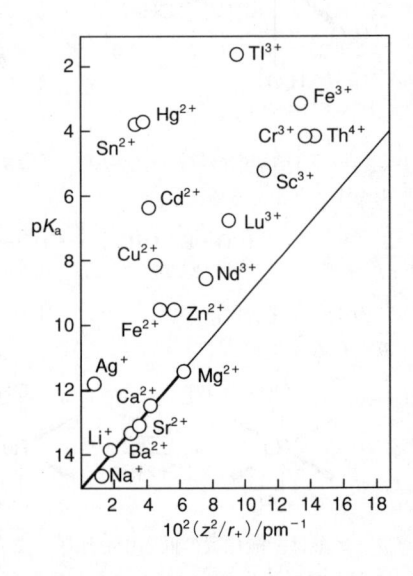

このイオンモデルがどの程度有効であるかは図5・3でわかる．イオン性固体をつくる元素（おもにs-ブロック中の元素）のアクアイオンのpK_aはイオンモデルできわめてよく説明される．d-ブロックイオンの中には，Fe^{2+}やCr^{3+}のようにかなり図の直線に近いところにあるものもあるが，多くのものは明らかにずれている．酸性が強い（pK_aが小さい）ものではずれが特に著しい．このずれは，離れていくプロトンと金属イオンとの反発力がイオンモデルの予測よりも強いことを示している．このことは，カチオンの正電荷が中心イオン上だけに局在しているのではなく，配位した水分子上に非局在化している結果，離れていくプロトンにより近いところに正電荷があると考えると合理的に説明できる．この電荷の非局在化は，E—O結合が共有結合性をもつと考えるのと同じことである．事実，共有結合をつくりやすいイオンの場合に直線からのずれが大きい．

d-ブロックのうしろの方の金属（Cu^{2+}のような）およびp-ブロックの金属（Sn^{2+}のような）では，アクア酸の強度がイオンモデルの予測よりもはるかに高くなる．これらの金属では共有結合性がイオン結合性よりも重要で，イオンモデルは非現実的である．金属の軌道と配位子の酸素の軌道との重なりは，周期表中で右の方の金属ほど，また同じ族の中では下の方の金属ほど大きくなる．その結果，d-ブロック中で重い金属のアクアイオン

ほど強い酸になる傾向がある.

> アクア酸の強さは，中心イオンの正電荷が増すにつれ，またイオン半径が減少するにつれて増大する．例外は，一般に，共有結合の影響による．

例題 5・2　アクア酸の強度の傾向の説明.
$[Fe(OH_2)_6]^{2+} < [Fe(OH_2)_6]^{3+} < [Al(OH_2)_6]^{3+} \approx [Hg(OH_2)_n]^{2+}$ で表される酸性度の傾向を説明せよ．

解　Fe^{2+} 錯体が最も弱い酸であるのは，Fe^{2+} の半径が比較的大きく，電荷が比較的低いからである．電荷数が+3になると酸性度が高くなる．Al^{3+} 錯体の酸性度が大きいのは，Al^{3+} の半径が小さいことで説明できる．この系列で異常なのは Hg^{2+} の錯体である．この錯体では，共有結合の結果，かなりの正電荷が酸素に移行しているために，イオンモデルが成立しなくなっていることがわかる．

問題 5・2　つぎのイオンを酸性度の高くなる順に並べよ．
　　　　　$[Na(OH_2)_n]^+$, $[Sc(OH_2)_6]^{3+}$, $[Mn(OH_2)_6]^{2+}$, $[Ni(OH_2)_6]^{2+}$

5・4　簡単なオキソ酸

最も簡単なオキソ酸は，中心元素の原子1個を含む**単核酸**[a] である．これには H_2CO_3, HNO_3, H_3PO_4, H_2SO_4 などがある．周期表の右上にある電気的に陰性な元素およびその他の元素で高い酸化数をもつものが，このようなオキソ酸を与える（表5・2）．この表で興味ある点の一つは，第2周期では平面構造の $B(OH)_3$, H_2CO_3 および HNO_3 がみられるのに対して，後の方の周期の元素にはその同類がみられないことである．第3章でみたように，第2周期の元素ではπ結合が重要であるために，それらの原子は平面内に位置するような制約を受けやすいのである．

(a) 置換オキソ酸

オキソ酸の −OH 基の一つまたはそれ以上を他の基で置換して，一連の置換オキソ酸をつくることができる．フルオロ硫酸 $O_2SF(OH)$, アミド硫酸 $O_2S(NH_2)OH$ (**6**) などがそれである．フッ素は電気的にきわめて陰性であるから，中心のS原子から電子を引き寄せてS原子の有効正電荷を高め，フルオロ硫酸を硫酸 $O_2S(OH)_2$ よりも強い酸にする．CF_3 も電子受容性の基で，強い酸であるトリフルオロメチルスルホン酸 CF_3SO_3H, すなわち $O_2S(CF_3)(OH)$ をつくる．これに対して，孤立電子対をもつ NH_2 基はπ結合によってSに電子を供与することができる．この電荷移動によって，中心原子の正電荷が減少し，酸性度は弱くなる．

---

a) mononuclear acid

表 5・2 オキソ酸の構造と pK_a 値[†]

$p=0$	$p=1$		$p=2$	$p=3$
HO—Cl 7.2	O=C(OH)(OH) 3.6		O=N(O)(OH) −1.4	
Si(OH)$_4$ 10	O=P(OH)$_3$ 2.1, 7.2, 12.7	HO—Cl=O 2.0	O$_2$S(OH)$_2$ −2.0, 1.9	O$_2$Cl(OH) −10
Te(OH)$_6$ 7.8, 11.2	O=I(OH)$_5$ 1.6, 7.0	O=PH(OH)$_2$ 1.8, 6.6	O$_2$Cl(OH) −1	
B(OH)$_3$ 9.1	O=As(OH)$_3$ 2.3, 6.9, 11.5	O=Se(OH)$_2$ 2.6, 8.0		

† p はプロトンが付加していない O 原子の数.

6 O$_2$S(NH$_2$)OH

オキソ酸には,中心原子を OH や O が取囲んでいる形のものが多いが,すべてのオキソ酸がそうだと早合点してはならない. たとえばホスホン酸 H$_3$PO$_3$ の場合のように,中心原子に水素原子が直接結合することがある. リン酸の OH を H で置換して生じるのは P—H 結合(**7**)であり,この水素は酸性プロトンではないから,ホスホン酸は実際は二塩基酸にすぎない. このことは NMR および振動スペクトルで確認されており,構造式は OPH(OH)$_2$ である. ヒドロキシ基ではなくオキソ基が置換される場合もある. チオ硫酸イオン S$_2$O$_3^{2-}$

(**8**)はこの重要な例で，この場合には硫酸イオンのオキソO原子がS原子で置換されている．

7 H_3PO_3

8 $S_2O_3^{2-}$

置換オキソ酸の強さは，置換基が電子を引き寄せる力で合理的に説明される．場合によっては，オキソ酸の中心原子に非酸性のH原子が直接付くこともある．

(b) Pauling の規則

単核オキソ酸の強度は，Linus Pauling が提出した二つの経験則にまとめられる．

1. $O_pE(OH)_q$ で表されるオキソ酸では $pK_a \approx 8-5p$.
2. 多塩基酸（$q>1$ の酸）の逐次酸解離の pK_a 値は，ひき続いてプロトン解離が1回起こるごとに5単位ずつ増加する．

電気的に中性なヒドロキソ酸では $p=0$ で $pK_a \approx 8$，オキソ基が一つの酸では $pK_a \approx 3$，オキソ基が二つの酸では $pK_a \approx -2$ である．たとえば硫酸 $O_2S(OH)_2$ では $p=2, q=2$ であるから，$pK_{a1} \approx -2$ で強酸ということになる．同様に $pK_{a2} \approx +3$ と予測されるが，これは実測値1.9にかなり近い．

表5・2ではオキソ基の数 p によって酸を分類してあるが，これをみると，この簡単な法則がどのくらいよく成立するかがわかるであろう．推定値がなんと±1くらいまで合っているのはうれしいことである．同じ族内では，周期表の上下で酸強度はそれほど変わらない．構造の違いによる複雑な効果が互いに打消しあうように作用して，その結果この法則がかなりよく成立するようになっているのであろう．周期表中で，左から右への変化および酸化数の違いによる影響は，電気的に中性な酸のオキソ基の数 p として Pauling の規則の中にうまく取入れられている．たとえば，15族では酸化数+5の場合，オキソ基は一つ〔$OP(OH)_3$ のように〕であるが，16族では酸化数+6の場合，オキソ基は二つ〔$O_2S(OH)_2$ のように〕である．

特定の中心原子に付いているオキソ基およびヒドロキシ基の数が異なる一連のオキソ酸の強さは，上述の Pauling の規則でまとめられる．

(c) 構造上の異常性

Paulingの規則の応用で興味深いのは，構造異常性をみつけることであろう．たとえば，炭酸$OC(OH)_2$のpK_{a1}は通常6.4と報告されているが，Paulingの規則による推定値は3である．このように酸性度定数の実測値が推定値よりも低いのは，溶けているCO_2がすべてH_2CO_3になっているとして取扱っていることによる．しかしながら，

$$CO_2(aq) + H_2O(l) \rightleftharpoons OC(OH)_2(aq)$$

の平衡では，溶けているCO_2の約1%しか$OC(OH)_2$になっておらず，酸の実際の濃度は溶けているCO_2の濃度よりもはるかに少ない．この点を考慮に入れるとH_2CO_3の真のpK_{a1}は Pauling規則の予測通り約3.6となる．

亜硫酸H_2SO_3について報告されている値$pK_{a1}=1.8$は，もう一つの異常な例と思われるが，この場合はずれの方向が前の例と逆である．事実，分光学的な研究では，溶液中から$OS(OH)_2$分子は検出されず，

$$SO_2(aq) + H_2O(l) \rightleftharpoons H_2SO_3(aq)$$

の平衡定数は10^{-9}以下である．溶けているSO_2の平衡は複雑で，単純な解析は不適当である．検出されているイオンにはHSO_3^-や$S_2O_5^{2-}$があり，また亜硫酸水素イオンの塩の固体中には$S-H$結合が認められている[5]．

水溶液中のCO_2およびSO_2のpK_aの値は，重要な問題への注意を喚起する．すなわち，すべての非金属酸化物が水と完全に反応して酸を生成するわけではないということである．一酸化炭素がもう一つの例である．一酸化炭素は形式上はギ酸$HCOOH$の無水物であるが，室温で水と反応してギ酸を生ずることはない．いくつかの金属酸化物についても同じことがいえる．たとえばOsO_4は中性分子の形で溶存することができる．

> 非金属酸化物の水溶液では，特にH_2CO_3やH_2SO_3の場合のように，その組成が単純な分子式からでは正しく表せないことがある．

例題 5・3　Paulingの規則の利用．

つぎのpK_a値と矛盾しない構造式を予測せよ．

　　　　　H_3PO_4　2.12，　H_3PO_3　1.80，　H_3PO_2　2.0

解　これらの三つの値はすべて，Paulingの第一規則によって，オキソ基を一つもつものの範囲内である．このことはつぎの構造式，$(HO)_3P=O$, $(HO)_2HP=O$, $(HO)H_2P=O$を示唆している．すなわち，第二および第三番目のものは，最初の酸の$-OH$をPに結合した$-H$で置換して（構造7の場合のように）導かれたものである．

---

[5] 亜硫酸塩の問題に関する溶液分光学的な優れた研究がR. E. Connickと共同研究者によって行われている．*Inorg. Chem.*, **21**, 103 (1982) および **25**, 2414 (1986) を参照．

問題 5・3 (a) H_3PO_4, (b) $H_2PO_4^-$, (c) HPO_4^{2-} の pK_a 値*を推定せよ. 実験値は表 5・2 にある.

5・5 無水酸化物

オキソ酸は，親分子であるアクア酸から脱プロトン化によって導かれたものとして取扱ってきた．これと逆の観点に立って，中心元素の酸化物の水和によってアクア酸とオキソ酸とが導かれると考えるのもまた有用である．こうすると，酸化物の酸および塩基としての性質が強調され，またこのような性質と周期表中における元素の位置との関連がはっきりする．

(a) 酸性および塩基性酸化物

酸性酸化物[a] とは，水に溶かしたときに H_2O 分子と結合して，周りにある溶媒にプロトンを放出するものである．

$$CO_2(g) + H_2O(l) \longrightarrow [OC(OH)_2](aq)$$
$$[OC(OH)_2](aq) + H_2O(l) \rightleftharpoons [O_2C(OH)]^-(aq) + H_3O^+(aq)$$

あるいは，酸性酸化物とは，水溶液中の塩基（アルカリ）と反応する酸化物であると言っても同じことである．

$$CO_2(g) + OH^-(aq) \longrightarrow [O_2C(OH)]^-(aq)$$

塩基性酸化物[b] とは，水に溶かしたときに H_2O 分子からプロトンを受け取る酸化物である．

$$CaO(s) + H_2O(l) \longrightarrow Ca^{2+}(aq) + 2\,OH^-(aq)$$

この場合，塩基性酸化物とは酸と反応する酸化物であると言っても同じことである．

$$CaO(s) + 2\,H_3O^+(aq) \longrightarrow Ca^{2+}(aq) + 3\,H_2O(l)$$

酸性および塩基性酸化物の特性は，他の化学的性質との間に相関を示す場合が多いので，酸化物の特性についての知識から広範囲の性質を予測することができる．これらの相関は，塩基性酸化物は大部分イオン結合性であり，また酸性酸化物は大部分共有結合性であることに起因していることが多い．たとえば，酸性酸化物をつくる元素は，揮発性で共有結合性のハロゲン化物をつくりやすい．それに対して，塩基性酸化物をつくる元素は，固体でイオン結合性のハロゲン化合物をつくりやすい．要するに，ある元素の酸化物が酸性か塩基性かは，その元素を金属とみなすべきか，非金属とみなすべきかについての化学的な指標になる．

金属元素はおもに塩基性酸化物をつくり，非金属元素はおもに酸性酸化物をつくる．

---

* 訳注: すなわち，H_3PO_4 の pK_{a1}, pK_{a2} および pK_{a3}.
a) acidic oxide b) basic oxide

(b) 両 性

両性酸化物[a]は，酸ともまた塩基とも反応する酸化物である[6]．たとえば，酸化アルミニウム Al_2O_3 は酸および塩基とつぎのように反応する．

$$Al_2O_3(s) + 6\,H_3O^+(aq) + 3\,H_2O(l) \longrightarrow 2\,[Al(OH_2)_6]^{3+}(aq)$$
$$Al_2O_3(s) + 2\,OH^-(aq) + 3\,H_2O(l) \longrightarrow 2\,[Al(OH)_4]^-(aq)$$

BeO, Al_2O_3 および Ga_2O_3 からわかるように，2族および13族の軽い方の元素で両性がみられる．また TiO_2 や V_2O_5 の例のような高酸化状態にある d-ブロック元素のあるものや，SnO_2 および Sb_2O_5 のような14族および15族の重い方のいくつかの元素についても両性がみられる．その族に特徴的な酸化状態において両性酸化物をつくるものが周期表の中でどのような位置にあるかを示したのが図5・4である．これらの酸化物は，酸性酸化物と塩基性酸化物との境界線上に並んでいて，元素が金属性か非金属性かを特徴づける重要な指標になっている．酸化物が両性を示す金属イオンは，たとえば Be のようにきわめて分極性であるか，または，Sb のように結合した酸素原子によって分極されているかである．そのため，両性の原因は，その元素がつくる結合がかなりの程度共有結合性であることに関連している．

d-ブロック元素で重要な問題は，どのような酸化数の状態が両性を示すかである．このブロックの第1行の元素が両性酸化物をつくるときの酸化数を図5・5に示す．ブロックの左の方の元素，すなわち，チタンからマンガン，そして多分鉄についても，酸化数が+4のときに両性となる（酸化数が高いときは酸性，低いときは塩基性の領域に入る）．ブロックの右の方では，酸化数が低い状態で，すなわち，コバルトとニッケルでは+3，銅と亜鉛では+2の場合に完全に両性になる．両性が現れるのを予測する簡単な方法はないが，金属イオンが，それを取囲んでいる酸化物イオンを分極する力，すなわち，金属-酸素結合を共有結合性にする力と関係があると思われる．この能力は一般に金属の酸化状態によって変化する．

図 5・4 ○の中の元素は，その酸化数が最大値をとる場合でも両性酸化物を生ずる．□の中の元素は，その酸化数が最大のときは酸性酸化物，酸化数が低い状態では両性酸化物となる．

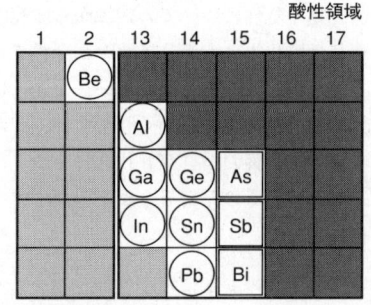

	1	2	13	14	15	16	17
		Be					
			Al				
			Ga	Ge	As		
			In	Sn	Sb		
				Pb	Bi		

酸性領域（右上） 塩基性領域（左下）

---

[6] amphoteric は，ギリシャ語の "両方" に由来．
[a] amphoteric oxide

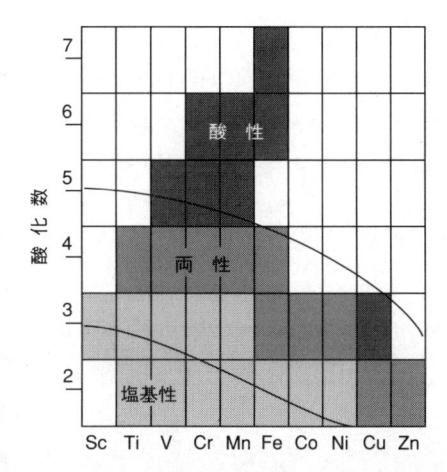

図 5・5 d-ブロック第1行の元素の酸化物の酸塩基特性に及ぼす酸化数の影響．おもに酸性の酸化状態は●で，おもに塩基性の酸化状態は○で表してある．2本の曲線の間の領域中の酸化状態は両性である．

周期表中で金属と非金属との境界領域の特徴は，そこにある元素が両性酸化物をつくることである．両性の出現は，元素の酸化状態によっても変化する．

例題 5・4 酸化物の酸性度を定性分析に利用する．

定性分析の伝統的な手順では，金属イオンの溶液を酸化してから，アンモニア水を加えてpHを上げる．Fe^{3+}, Ce^{3+}, Al^{3+}, Cr^{3+} および V^{3+} は含水酸化物として沈殿する．H_2O_2 とNaOHを加えるとアルミニウム，クロムおよびバナジウムの酸化物が再び溶解する．これらの過程を酸化物の酸性度から検討せよ．

解 酸化数が+3のときには，これらの金属酸化物はすべて十分に塩基性で，pH ≈ 10 の溶液中で不溶性である．Al^{III} は両性で，強塩基中では再溶解してアルミン酸イオン $[Al(OH)_4]^-$ となる．V^{III} と Cr^{III} は H_2O_2 で酸化されてバナジン酸イオン $[VO_4]^{3-}$ とクロム酸イオン $[CrO_4]^{2-}$ を生ずる．これらのイオンは，それぞれ，酸性酸化物である V_2O_5 および CrO_3 から生ずるアニオンである．

問題 5・4 上記の試料中にチタン(IV)イオンがあったとすると，それはどのような挙動を示すか．

5・6 ポリオキソ化合物の生成

OH基を含む酸の反応性における最も重要なことの一つは縮合重合体[a]の生成である．簡単なアクアカチオンから H_3O^+ イオンがとれるとポリカチオンができる．

$$2[Al(OH_2)_6]^{3+}(aq) \longrightarrow [(H_2O)_5Al(OH)Al(OH_2)_5]^{5+}(aq) + H_3O^+(aq)$$

オキソアニオンからポリアニオンができるときには，O原子がプロトン化されて H_2O の

---

a) condensation polymer

形で離れていく．

$$2\,[\mathrm{CrO_4}]^{2-}(\mathrm{aq}) + 2\,\mathrm{H_3O^+}(\mathrm{aq}) \longrightarrow [\mathrm{O_3CrOCrO_3}]^{2-}(\mathrm{aq}) + 3\,\mathrm{H_2O}(l)$$

ほとんどすべてのケイ酸塩鉱物はポリオキソアニオンからできているから，地殻に含まれている酸素の大部分はポリオキソアニオンに起因するものである．この事実からポリオキソアニオンの重要性がわかる．生体細胞でのエネルギー貯蔵に用いられるリン酸ポリマー（ATPのような）もまたポリオキソアニオンを含んでいる．ケイ酸塩類はきわめて重要なので別に取扱うことにする（第10章）．

> OH基をもつ酸は，縮合重合体をつくる可能性がある．簡単なアクアカチオンからポリカチオンができるときには$\mathrm{H_3O^+}$が失われる．

(a) アクアイオンからポリカチオンへの重合

塩基性または両性の酸化物をつくる金属のアクアイオンは，溶液のpHが高くなると一般に重合して沈殿する．この沈殿は各金属に特有のpHで定量的に起こるので，金属イオンの分離に利用される．

1族および2族の元素で重要な溶存化学種は，両性を示す$\mathrm{Be^{2+}}$の場合を除けば，アクアイオン$\mathrm{M^+}$(aq)および$\mathrm{M^{2+}}$(aq)だけである．これに対して，周期表の両性領域に属する金属では，その溶液化学がきわめて変化に富んでいる．最も一般的な二つの例は，$\mathrm{Fe^{III}}$や$\mathrm{Al^{III}}$がつくる重合体で，ともに地殻中に豊富に存在する．酸性溶液中では$[\mathrm{Al(OH_2)_6}]^{3+}$および$[\mathrm{Fe(OH_2)_6}]^{3+}$が生ずるが，これらはいずれも八面体のヘキサアクアイオンである．pH>4の溶液中では，両者ともゼラチン状の含水酸化物として沈殿する．

$$[\mathrm{Fe(OH_2)_6}]^{3+}(\mathrm{aq}) + (3+n)\mathrm{H_2O}(l) \longrightarrow \mathrm{Fe(OH)_3}\cdot n\,\mathrm{H_2O}(s) + 3\,\mathrm{H_3O^+}(\mathrm{aq})$$
$$[\mathrm{Al(OH_2)_6}]^{3+}(\mathrm{aq}) + (3+n)\mathrm{H_2O}(l) \longrightarrow \mathrm{Al(OH)_3}\cdot n\,\mathrm{H_2O}(s) + 3\,\mathrm{H_3O^+}(\mathrm{aq})$$

沈殿した重合体は多くの場合コロイド粒子状のものであるが，ゆっくりと結晶化して安定な鉱物の形になる．

アクアイオンが存在する領域と沈殿が生成する領域との中間のpH領域では，アルミニウムと鉄との挙動が異なる．Feの化学種で形がはっきりしているものは比較的少ないが，その中には，二つの単量体（**9, 10**），一つの二量体（**11**）および約90個のFe原子を含む重合体がある．これに対して$\mathrm{Al^{III}}$は，明瞭に区別できる一連のポリカチオンを生成する．このポリカチオンの構成単位である単量体は，4個の酸素原子で四面体形に囲まれた$\mathrm{Al^{3+}}$の中心イオンからできている（**12**）．$[\mathrm{AlO_4}|\mathrm{Al(OH)_2}|_{12}]^{7+}$は，この種の"簡単な"ポリカチオンの一つで，Al原子1個あたりの平均電荷数は+0.54である．図5・6はこの構造を描いたもので，中心の四面体の周りに詰め込まれている八面体のブロックは$\mathrm{AlO_6}$八面体を表している．$\mathrm{Al^{3+}}$よりも大きい$\mathrm{Fe^{3+}}$イオンは，このような構造をとりにくい．13個のAl原子をもつこのような$\mathrm{Al^{III}}$ポリカチオンは，$\mathrm{Al^{3+}}$(aq)の1/10の濃度で植物の生長を阻害

5・6 ポリオキソ化合物の生成

することがわかっている．今日では，酸性雨によって湖や土壌中に溶かしだされる毒物中最も重要なものはポリカチオン類であろうと考えられている．酸性有機土壌中におけるアルミニウムの主要な化学種は13個のAlから成るポリカチオンであることが^{27}Al NMRによる研究でわかっている[7]．

9 $[Fe(OH_2)_5OH]^{2+}$

10 $[Fe(OH_2)_4(OH)_2]^+$

11 $[Fe_2O(OH_2)_{10}]^{2+}$

12 $[AlO_4]^{5-}$

三次元的に整然と詰まったアルミニウム重合体の大規模な網目構造は，鉄の場合の直線

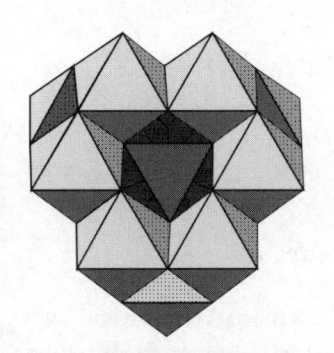

図 5・6 $[AlO_4\{Al(OH)_2\}_{12}]^{7+}$イオンの構造．中心の四面体はAlO$_4$単位を，それを取囲んでいる八面体はAlO$_6$原子団を表す．

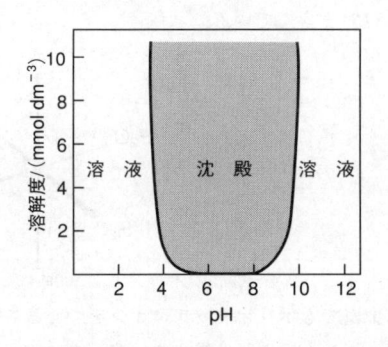

図 5・7 Al$_2$O$_3$の溶解度のpHによる変化．溶解度はAlの全濃度で表してある．Alは，酸性側の端の領域では$[Al(OH_2)_6]^{3+}$として，塩基性側の端の領域では$[Al(OH)_4]^-$の形で溶けている．

---

7) D. Hunter, D. S. Ross, *Science*, **251**, 1056 (1991).

状重合体と対照的である．アルミニウムポリカチオンおよび類似のイオンは，アルミニウム精錬工場からの排水中に汚染物質として含まれているアニオン（F^-のような）を沈殿させる水処理に役立っている．

pHが高くなるにつれて，これらのポリカチオンからH^+イオンが取去られて，ポリカチオンの電荷が減少する．全電荷が0になるpHを**ゼロ電荷点**[a]という．Fe^{III}およびAl^{III}はともに両性酸化物を生ずるから，pHを十分高くすると，酸化物をアニオンとして再溶解することができる（図5・7）．

塩基性酸化物をもつ金属のアクアイオンは，溶液のpHが増加すると，一般に，重合して沈殿する．両性イオンの場合，高pHにおいて沈殿が再び溶解する．

(b) ポリオキソアニオン

d-ブロックの最初の方の元素のイオンまたは高酸化状態の酸化物の水溶液に塩基を加えるとポリオキソアニオンができる．このような重合反応はV^V，Mo^{VI}，W^{VI}の場合に重要なもので，また，Nb^V，Ta^VおよびCr^{VI}でもかなり重要である（§9・7参照）．

両性酸化物V_2O_5を強塩基性溶媒に溶かしてできる溶液は無色で，おもな溶存種は四面体形構造の$[VO_4]^{3-}$イオン（無色のPO_4^{3-}イオンに類似のもの）である．酸を加えてpHを下げていくと，溶液の色は，まずオレンジ色それから赤へと，だんだん深い色になる．この現象は，一連の複雑な縮合と加水分解とによって，$[V_2O_7]^{4-}$，$[V_3O_9]^{3-}$，$[V_4O_{12}]^{4-}$，$[HV_{10}O_{28}]^{5-}$および$[H_2V_{10}O_{28}]^{4-}$といったイオンが生ずることを示している（§9・7参照）．ポリアニオンが大きくなるにつれてV原子1個当たりのイオン電荷数の絶対値が順次減少することに注目する必要がある．強酸性溶液は淡黄色で，水和した$[VO_2]^+$イオン(**13**)を含んでいる．

13 $[VO_2(OH_2)_4]^+$

非金属でもポリオキソアニオンをつくるものがあるが，それらの構造はd金属ポリオキソアニオンの場合とは異なり，溶液中に普通に存在する化学種は環状および鎖状のものである．すでに指摘したように，ケイ酸塩類は重合したオキソアニオンのきわめて重要な例で，それらについては第10章で詳しく論ずる．ポリケイ酸塩鉱物の一例である$MgSiO_3$

---

a) point of zero charge

5・6 ポリオキソ化合物の生成

にはSiO$_3^{2-}$を単位とする無限の鎖が含まれている．この節では，リン酸塩を例にとってポリオキソアニオンの特性のいくつかを示そう．

オルトリン酸イオンPO$_4^{3-}$から出発する最も簡単な重合反応は

$$2\,PO_4^{3-} + 2\,H^+ \longrightarrow [O_3P\text{-}O\text{-}PO_3]^{4-} + H_2O$$

である．プロトンを消費して水がとれ，P原子1個当たりのイオン電荷数が-3から-2に増える．O原子を頂点とする四面体で各リン酸原子団を表すと，二リン酸イオン$[P_2O_7]^{4-}$ (**14**)を**15**のように描くことができる．リン酸(オルトリン酸)は，固体の酸化リン(V) P$_4$O$_{10}$の加水分解でつくることができる．限られた量の水を用いての第一段階で生ずるのは化学式が$[P_4O_{12}]^{4-}$のメタリン酸イオン*(**16**)である．しかし，この反応は多くの反応の中の最も簡単なものにすぎない．酸化リン(V)の加水分解生成物をカラムクロマトグラフィーで分離すると，P原子を1個から9個まで含む鎖状物質の存在がわかる．もっと重合度の高いものも存在していて，それらは加水分解によってのみカラムから溶離することができる．二次元のペーパークロマトグラムを図5・8に示す．上の方にあるスポットの系列は鎖状重合体に，また下の方の系列は環状重合体に対応する．$n=10$から$n=50$までの鎖状重合体P$_n$は，ケイ酸塩やホウ酸塩からできる重合体に似たガラス状混合物として分離される．

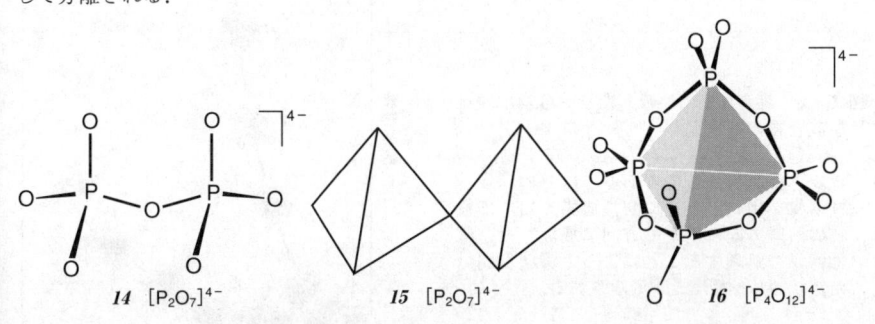

14 $[P_2O_7]^{4-}$　　　　**15** $[P_2O_7]^{4-}$　　　　**16** $[P_4O_{12}]^{4-}$

先に指摘したように，ポリリン酸塩は生物学的に重要である．生理的なpH (7.4付近)では，P-O-P結合は加水分解に対して不安定である．その結果，この加水分解によってギブズエネルギーが放出され，P-O-P結合をつくることによってギブズエネルギーが蓄えられる．代謝におけるエネルギー交換の鍵はアデノシン5′-三リン酸ATP (**17**)からアデノシン5′-二リン酸ADP (**18**)への加水分解

$$ATP^{4-} + 2\,H_2O \longrightarrow ADP^{3-} + HPO_4^{2-} + H_3O^+ \qquad \Delta_r G^\ominus = -41\ \text{kJ mol}^{-1}\ (pH = 7.4)$$

---

* 訳注: メタリン酸イオン (metaphosphate ion) は (PO$_3^-$)$_n$の一般名である．

である．代謝におけるエネルギー貯蔵は，ADPからATPをつくる巧妙な仕組みによっている．ATPの加水分解からの駆動力をうまく利用できるように進化してきた反応経路のおかげで私たちは代謝におけるエネルギーを利用しているのである．

17 ATP^{4-} *18* ADP^{3-}

d-ブロックの最初の方にあって高酸化状態の元素のオキソ酸に塩基を加えるとポリオキソアニオンができる．また，非金属のオキソ酸にもポリオキソアニオンをつくるものがあるが，この場合にできるのは，一般に，環状および鎖状のものである．

図 5・8 縮合反応で生成したリン酸塩の複雑な混合物の二次元ペーパークロマトグラム（模式図．数字はリンの数）．左下端のスポットは試料のものである．はじめに塩基性溶媒を用い，つぎに酸性溶媒を用いて最初の溶離方向に垂直の方向に展開した．酸性溶媒で処理することによって環状と開いた鎖状のリン酸塩とが分離される．

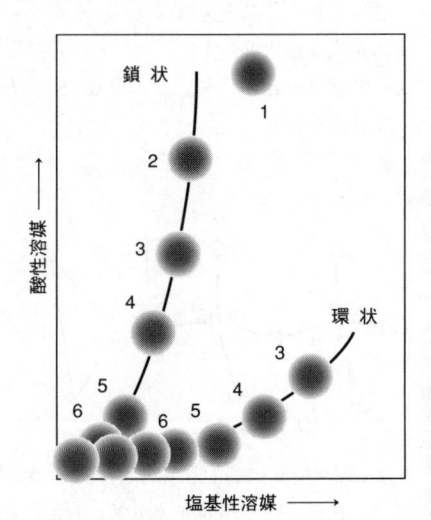

Lewisによる酸塩基の定義

Brønsted-Lowryの酸塩基の理論は，物質間のプロトンの移動に焦点をおいている．この概念は，それ以前の酸塩基の理論よりも一般化されているが，それでもまだ，プロトンの移動を伴わないが酸や塩基の特徴を示すような物質間の反応を考察範囲内に取入れるこ

とはできない．この欠点は，Brønsted-Lowry理論と同じ年（1923年）にG. N. Lewisが導入したさらに一般的な酸の概念によって取除かれたが，Lewisの理論が重要視されるようになったのはやっと1930年代のことである．

Lewis酸[a]は電子対受容体として作用する物質で，**Lewis塩基**[b]は電子対供与体として作用する物質である．Lewis酸をA，Lewis塩基を :Bで表すことが多いが，この表現では，ほかにも存在しているかもしれない孤立(非共有)電子対はすべて省略してある．Lewisの酸塩基の基本的な反応は**錯体**[c] A－Bの生成で，ここでAと :Bとは塩基から供給される電子対を共有して結合する[8]．

5・7 Lewis酸およびLewis塩基の例

プロトンは，NH_3からNH_4^+ができるときのように，電子対に付加できるので，Lewis酸である．すべてのBrønsted酸は，プロトンを供給するから，Lewis酸の性質をも示す[9]．プロトン受容体は電子対供与体でもあるから，すべてのBrønsted塩基はLewis塩基である．たとえば，NH_3分子はBrønsted塩基であると同時にLewis塩基である．したがって，この章で今までに出てきたことがらはすべてLewis流の考え方の特殊例であるとみてよい．一方，Lewisの定義はプロトンに基礎をおいていないから，Brønsted理論での酸・塩基よりも広範囲の物質をLewisの酸・塩基として分類することができる．

Lewis酸の例があとでたくさん出てくるが，つぎの可能性に注目しておく必要がある．

1. 金属のカチオンは，塩基である配位子が供給する電子対と結合して配位化合物をつくることができる．

Lewis酸塩基理論によるこのような考え方については第7章で詳しく取上げる．Co^{2+}の水和がその例で，この場合，H_2O（Lewis塩基として働く）の酸素原子の孤立電子対が中心のカチオンに付加して$[Co(OH_2)_6]^{2+}$ができる．したがって，中心のカチオンはLewis酸である．ここで，酸としてのカチオンが塩基のπ電子と相互作用して錯体を形成する場合があることに注意しよう．Ag^+とベンゼンとの錯体(**19**)がその例である．

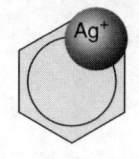

19 $[C_6H_6Ag]^+$

---

8) 酸塩基反応の平衡の性質を論ずる際にはLewis酸およびLewis塩基という用語を用いる．反応速度を取扱うとき（§14・1）には，電子対供与体を求核試薬，電子対受容体を求電子試薬という．
9) Brønsted酸HAは，Lewis酸H^+とLewis塩基A^-とから生成した錯体である．Brønsted酸はLewis酸であるとは言わずに，Lewis酸性を"示す"と言ったのはこのためである．
a) Lewis acid   b) Lewis base   c) complex

2. 不完全なオクテットをもつ分子は，電子対を受け入れてオクテットを完成することができる．

簡単な例は $B(CH_3)_3$ で，これは NH_3 やその他の供与体の孤立電子対を受け入れることができる．

したがって，$B(CH_3)_3$ は Lewis 酸である．

3. 完全なオクテットをもつ分子またはイオンは，その価電子の配置を換えて，さらに一つの電子対を受け入れることができる．

たとえば，CO_2 は OH^- イオンの O 原子から一つの電子対を受け入れて HCO_3^- を生成するが，このとき CO_2 は Lewis 酸として作用する．

4. 分子またはイオンは，その原子価殻を拡張して（あるいは，分子・イオンが十分に大きければそのままでも），もう一つの電子対を受け入れることができる．

SiF_4（Lewis 酸）に二つの F^- イオン（Lewis 塩基）が結合して，錯体 $[SiF_6]^{2-}$ が生成するのがその例である．

この型の Lewis 酸は，p-ブロック中で重い方の元素のハロゲン化物，すなわち SiX_4，AsX_3 および PX_5（X はハロゲン）の場合に普通である．

5. 閉殻分子は，その非占有反結合性分子軌道の一つを用いて，新しい電子対を受け入れる可能性がある．

テトラシアノエチレン（TCNE, **20**）の挙動がこの一例である．TCNE は，その反結合性 π^* 軌道中に一つの孤立電子対を受け入れる能力をもっているため，Lewis 酸として作用する．

20 TCNE

Lewis酸は電子対受容体，Lewis塩基は電子対供与体である．

例題 5・5 Lewis酸およびLewis塩基を決める．
つぎの反応におけるLewis酸およびLewis塩基はどれか．
(a) $BrF_3 + F^- \longrightarrow [BrF_4]^-$
(b) $(CH_3)_2CO + I_2 \longrightarrow (CH_3)_2CO-I_2$
(c) $KH + H_2O \longrightarrow KOH + H_2$

解 (a) 酸 BrF_3 に塩基 :F^- が付加する．(b) アセトン（プロパノン）は，O原子からの孤立電子対を I_2 分子の空の反結合性軌道に供与して，塩基として作用する．したがって，I_2 分子は酸として働く．I_2 分子は，CO基の π^* 軌道に電子対を供与することもできるが，この場合 I_2 は塩基として働くことになろう．(c) イオン性水素化物 KH は，塩基 H^- を供給して水から酸 H^+ を取除き，H_2 と KOH とを与える．ここで KOH は，きわめて弱い酸 K^+ が塩基 OH^- と結合したものである．

問題 5・5 つぎの反応における酸と塩基を決めよ．
(a) $FeCl_3 + Cl^- \longrightarrow [FeCl_4]^-$
(b) $I^- + I_2 \longrightarrow I_3^-$
(c) $[:SnCl_3]^- + (CO)_5MnCl \longrightarrow (CO)_5Mn-SnCl_3 + Cl^-$

5・8 ホウ酸および炭素族の酸

BX_3 や AlX_3 の平面分子ではオクテットが未完成で，分子平面に垂直な空のp軌道（**21**）がLewis塩基からの孤立電子対を受容することができる．錯体ができると，酸の分子はピラミッド形になり，B−X結合は新しく入ってきた塩基から遠ざかる．

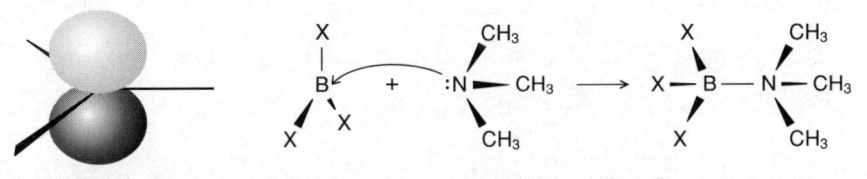

21 AlX_3 と BX_3

(a) ホウ素のハロゲン化物

BX_3 と :$N(CH_3)_3$ との錯体の熱力学的安定性の順は，$BF_3 < BCl_3 < BBr_3$ である．これは，ハロゲンの相対的な電気陰性度から予測される順の逆である．電気陰性度からいえば，フッ素はハロゲンのうち最も電気陰性度が高いから，BF_3 中のB原子は電子欠乏の程度が最も高く，したがってB−X結合が最も強いのは BF_3 であるはずだということになってしまう．この問題は，現在ではつぎのように説明されている．BX_3 分子中のハロゲン原子は空のB 2p軌道と π 結合をつくることができる（**22**）が，錯形成の際に電子対を受け入れる軌道をつくるためには，これらの π 結合が切れなければならない．最も強いp-p π

結合をつくるのは第2周期の元素で，それは主として，これらの元素の原子半径が小さく，2p軌道がこぢんまりとしていて重なり合いやすいためであることを思い出せばわかるように，Bの2p軌道と最強のπ結合をつくるのは一番小さいF原子である．そこで，アミンがN-B結合をつくるときに切れなければならないπ結合は，BF_3分子の場合に最も強いことになる．

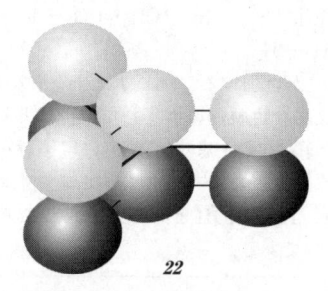

22

三フッ化ホウ素は工業的な触媒として広く利用されている．この場合，三フッ化ホウ素の役割は，炭素に結合している塩基を引き抜いてカルボカチオンをつくることである．

三フッ化ホウ素は気体であるが，ジエチルエーテルに溶けて，使いやすい溶液となる．この溶解の際に，溶媒分子の :O と BF_3 分子とが錯体を形成するので，これもまたLewis酸性の一つの表れである．

三ハロゲン化ホウ素のLewis酸としての強さは，一般に，$BF_3 < BCl_3 < BBr_3$ の順で増大する．

(b) アルミニウムのハロゲン化物

アルミニウムのハロゲン化物は気相中で二量体である．たとえば，塩化アルミニウムは気体状態でAl_2Cl_6(*23*)の分子式をもち，各Al原子は，もとは他のAl原子と結合していたCl原子に対して酸として働いている．

23 Al_2Cl_6

塩化アルミニウムは，有機反応におけるLewis酸触媒として広く利用されている．

Friedel-Craftsアルキル化反応（芳香環にR^+を付ける）およびアシル化反応（RCO^+を付ける）は古典的な例である．図5・9に塩化アルミニウムによる触媒サイクルを示す．

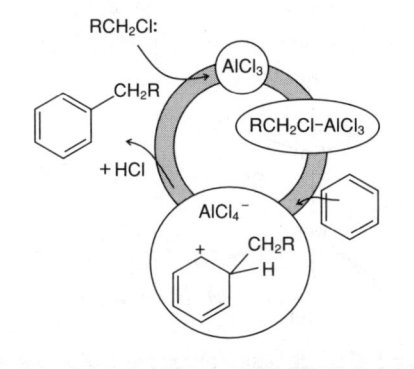

図 5・9 Friedel-Craftsアルキル化反応における塩化アルミニウムの作用を示す触媒サイクル

ハロゲン化アルミニウムは，気相中では二量体である．溶液中では触媒に用いられる．

(c) ケイ素およびスズの錯体

Si原子は，炭素と違って，その原子価殻を拡張して（あるいはSi原子が単に十分大きい原子だからと言ってもよい），超原子価化合物をつくることができる．

$$SiF_4 + 2HF \longrightarrow [SiF_6]^{2-} + 2H^+$$

ゲルマニウムも同じような反応を行う．フッ化水素酸がガラス(SiO_2)を腐食するのは，Lewis塩基F^-がプロトンの助けを借りて，Siに結合しているO^{2-}を置換することができるからである．SiX_4についての酸性度の順はBX_3の場合とは逆に$SiI_4 < SiBr_4 < SiCl_4 < SiF_4$で，ハロゲンが電子を引き寄せる力の増加する順，IからFに従っている．

配位数が4よりも大きいSiの配位状態は，$[SiF_6]^{2-}$のように配位数6のものだけではない．たとえば，**24**のような五配位の三方両錐形構造をとることもできる．

24 $[Si(C_6H_4O_2)_2(C_6H_5)]$

塩化スズ(II)はLewis酸でもあり，またLewis塩基でもある．酸としては，Cl^-イオン

と反応して錯体 [SnCl$_3$]$^-$ (**25**) を生成する．この錯体には孤立電子対が残っていて，:SnCl$_3^-$ のように書く方が性質をよく表す場合がある．この物質は塩基として作用して，錯体 (CO)$_5$Mn−SnCl$_3$ (**26**) におけるような金属-金属結合を生ずる．後 (第15章) でわかるように，金属-金属結合をもつ化合物は，現在，無機化学において注目の的になっている．

25 [SnCl$_3$]$^-$ **26** [(CO)$_5$MnSnCl$_3$]

> ケイ素およびゲルマニウムのハロゲン化物は，五配位または六配位をとることによって Lewis 酸として働く．塩化スズ(II)は，Lewis 酸でもあり，また Lewis 塩基でもある．

例題 5・6 化合物の相対的な塩基性度を予測する．
つぎの化合物の相対的な Lewis 塩基性度を説明せよ．
 (a) (H$_3$Si)$_2$O < (H$_3$C)$_2$O   (b) (H$_3$Si)$_3$N < (H$_3$C)$_3$N

解 **27** に示すように，第3周期およびそれ以降の非金属元素は，OまたはNの孤立電子対の非局在化によって原子価殻を拡張できるから，いずれの組合わせにおいても，シリルエーテルおよびシリルアミンの方が弱い Lewis 塩基となるはずである．

27

問題 5・6 Nの孤立電子対とSiとの間のπ結合が重要であるならば，(H$_3$Si)$_3$N と (H$_3$C)$_3$N との構造にどのような違いが予想されるか．

5・9 窒素族および酸素族の酸

窒素族 (15族) の重い方の元素はきわめて重要な Lewis 酸のいくつかをつくるが，その中で一番広く研究されているものの一つに SbF$_5$ がある．この Lewis 酸は，いくつかの最も強い Brønsted 酸をつくるのに用いられる．その反応例として，

SbF$_5$ + 2 HF ⟶ [SbF$_6$]$^-$ + [H$_2$F]$^+$

がある．**超酸**[a)]とよばれている混合物はほとんどあらゆる有機化合物をプロトン化することができる．HSO_3FとSO_3の混合物中にSbF_5を溶かすと超酸の一つができる．この混合物中で起こる多くの反応の中で一番簡単なのは

で，このようにして生じる二重にプロトン化したフルオロ硫酸が強力なBrønsted酸として作用する．

　二酸化硫黄は，Lewis塩基でもありLewis酸でもある．二酸化硫黄は，Lewis塩基であるトリメチルアミンと錯体をつくる．このことは二酸化硫黄のLewis酸性を示している．

SO_2は，そのSまたはOの孤立電子対をLewis酸に供与して，Lewis塩基として働くことができる．酸がSbF_5である場合にはSO_2のO原子が電子対供与体として作用するが，酸がRu^{II}の場合にはS原子が供与体として作用する（**28**）[10)]．

28　$[RuCl(NH_3)_4(SO_2)]^+$

　三酸化硫黄は，強いLewis酸であり，またきわめて弱いLewis塩基（電子対供与体はO）である．この物質の酸性はつぎの反応にみられる．

---

10)　このことは，塩基の硬・軟の概念の実例であることが§5・12でわかるであろう．
a)　superacid

SO_3 が水と反応して硫酸ができる反応は著しい発熱反応で，これは，SO_3 の Lewis 酸性の古典的な側面である．硫酸の工業的合成で用いる反応容器から多量の熱を取去らねばならないという問題は，SO_3 の Lewis 酸性のもう一つの面を利用した2段階の過程で解決される．すなわち，SO_3 を水と反応させる前にまず SO_3 を硫酸に溶かして，発煙硫酸[a]として知られている錯体混合物をつくる．この反応はまさに Lewis 酸塩基錯形成の一例である．

この錯体 $H_2S_2O_7$ を加水分解すると硫酸ができるが，その反応はさほど発熱的ではない．

$$H_2S_2O_7 + H_2O \longrightarrow 2\,H_2SO_4$$

> 15族の重い方の元素の酸化物およびハロゲン化物は Lewis 酸として働く．二酸化硫黄および三酸化硫黄は，Lewis 酸になったり，弱い Lewis 塩基になったりする．

5・10 Lewis 酸としての二ハロゲン

I_2 および Br_2 の Lewis 酸性の現れ方は微妙で興味深い．I_2 は，固体および気体状態やトリクロロメタンのような非供与性の溶媒中では紫色であるが，水，アセトン，またはエタノールのような Lewis 塩基性溶液中では茶色である．$(CH_3)_2CO$ のような供与体分子を添加したトリクロロメタンに溶かしたヨウ素の可視，紫外および赤外スペクトルからみて，後者の場合には1：1錯形成が起こっていることは確かである．上述した色の変化は，供与体分子中の O 原子上の孤立電子対と二ハロゲンの低いエネルギー準位の σ^* 軌道との相互作用でできる溶媒-溶質錯体が強い光吸収をもっていることによるものである．

Br_2 や I_2 の強い可視吸収スペクトルは，充満した軌道から低エネルギー準位の空軌道への遷移によるものである．したがって，このスペクトルから，Br_2 や I_2 の空軌道はエネルギーが十分に低く，Lewis の酸塩基錯形成における受容体軌道になりうることがわかる[11]．

アセトンのカルボニル基と Br_2 との相互作用を図5・10に示す．この図には，錯体ができたときに現れる新しい吸収バンドを生ずる遷移も示してある．この遷移において電子は主として塩基(ケトン)の孤立電子対軌道から出てきて，酸(二ハロゲン)の LUMO に移動する．そこで，第一近似としては，この遷移によって電子が塩基から酸に移動すると考

---

11) これらの錯体に対して "ドナー・アクセプター錯体 (donor-acceptor complex)" および "電荷移動錯体 (charge-transfer complex)" という用語が一時使用された．しかし，これらの錯体と普通の Lewis 酸塩基錯体との区別は便宜的なもので，現在の文献ではいずれも区別することなく用いられている．

a) oleum

えてよいので，これを**電荷移動遷移**[a]という．

三ヨウ化物イオン(I_3^-)は，ハロゲン酸(I_2)とハロゲン化物塩基(I^-)とからできる錯体の例である．この錯形成は，分子状ヨウ素を水に溶けるようにして滴定試薬に使えるようにするのに応用されている．

$$I_2(s) + I^-(aq) \longrightarrow I_3^-(aq) \quad K = 725$$

三ヨウ化物イオンは，多数のポリハロゲン化物イオンの一例である（§12・5参照）．

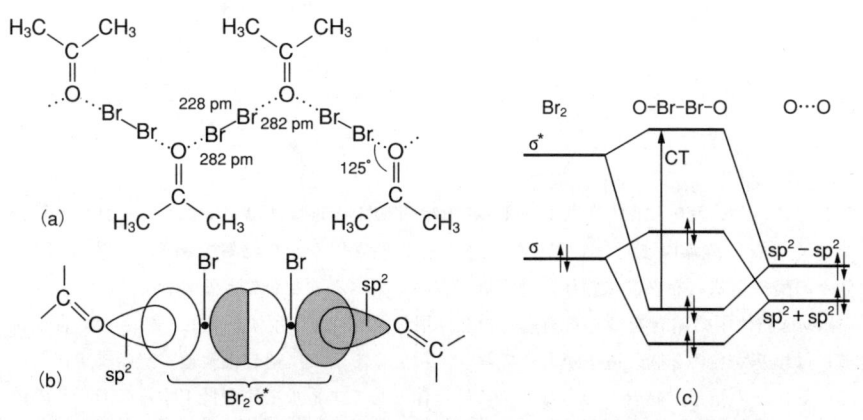

図 5・10 (a) $(CH_3)_2COBr_2$のX線回折により示された構造．(b) 錯形成をもたらす軌道の重なり．(c) Br_2のσ, σ^*軌道と二つのO原子のsp^2軌道の適切な対称適合線形結合との相互作用を示す分子軌道エネルギー準位図の一部．近紫外における受容体-供与体の電荷移動吸収バンドをCTで示した．

臭素分子およびヨウ素分子は，穏やかなLewis酸として働く．

Lewis 酸 塩 基 の 分 類

Lewisの酸および塩基は，さまざまな性格の反応を行う．ここでは，それらの反応を調べて，Lewisの酸および塩基の強さをどのようにして特徴づけるかを示す．

5・11 基本的な反応

気相中および非配位性溶媒中における最も簡単なLewis酸塩基反応は**錯形成**[b]

$$A + :B \longrightarrow A-B$$

である．その例としてつぎの三つの反応をあげておこう．

---

a) charge-transfer transition　　b) complex formation

254   5. 酸 と 塩 基

[反応式: $BF_3 + :NH_3 \longrightarrow F_3B-NH_3$]

[反応式: $SO_3 + :O(CH_3)_2 \longrightarrow O_3S-O(CH_3)_2$]

[反応式: $SnCl_2 + :N(ピリジン) \longrightarrow Cl_2Sn-N(ピリジン)$]

　これらの三つの反応に関与している Lewis 酸および Lewis 塩基はいずれも，それらと錯体をつくらない溶媒中または気相中ではそれぞれ独立に安定な物質である．したがって，個々の酸や塩基（ならびに錯体）は実験で容易に調べることができる．

　Lewis 錯体中の結合をつくる軌道の相互作用を図 5・11 に示す．新しくできた結合性軌道には塩基からの 2 個の電子が入っており，新しくできた反結合性軌道は空のままになっている．その結果，結合ができるときには全体としてエネルギーが低下するので，この錯形成は発熱的である．

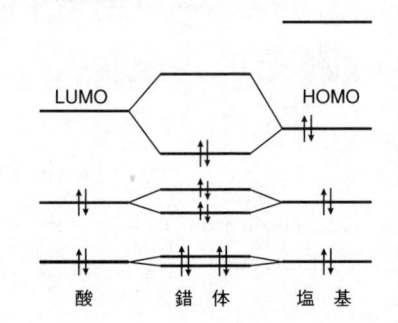

図 5・11　Lewis 酸 A と Lewis 塩基 :B との錯形成におけるフロンティア軌道間の相互作用．局在分子軌道で表す．

[軌道エネルギー図: A (LUMO), A-B (錯体), :B (HOMO)　酸　錯体　塩基]

(a) 置 換 反 応

　つぎの形の反応

$$B-A + :B' \longrightarrow :B + A-B'$$

は，一つの Lewis 塩基を別の Lewis 塩基で**置換**[a]するものである．例として，

---
　a) displacement（または substitution）

がある．Brønstedのプロトン移動反応はすべてこの型のものである．たとえば，

$$HS^-(aq) + H_2O(l) \longrightarrow S^{2-}(aq) + H_3O^+(aq)$$

この反応では，Lewis酸 H^+ と Lewis塩基 S^{2-} との錯体である HS^- から S^{2-} が別の Lewis 塩基 H_2O によって置換される．たとえば，つぎの反応のように，ある酸を他の酸で置換することもまた可能である．

d 金属錯体の分野では，錯体中の配位子の一つが他の配位子に入れ替わる反応を**置換反応**とよぶのが普通である（§7・8）．

> 置換反応では，Lewis錯体中の酸が別の酸で，または Lewis錯体中の塩基が別の塩基で，それぞれ置換される．

(b) 複分解反応

複分解反応[a]または二重置換反応[b]はパートナーの交換反応である[12]．

$$A-B + A'-B' \longrightarrow A-B' + A'-B$$

塩基 :B' による塩基 :B の置換が，酸 A' による :B の引き抜きによって促進される．反応

がその例である．この反応では，塩基 I^- が塩基 Br^- で置換されるが，その際 I^- は Me_3Si^+ との錯体から酸 Ag^+ によって引き抜かれる．

> 複分解反応は，もう一つの錯体の生成によって促進される置換反応である．

5・12 硬い酸・塩基と軟らかい酸・塩基

Brønstedの酸・塩基の強さを論ずる際には，手がかりとなる電子対受容体としてプロ

---

12) metathesis という名称は交換を表すギリシャ語に由来する．
a) metathesis   b) double displacement reaction

トン(H^+)を考えればよかった．Lewisの酸塩基理論では多種多様の電子対受容体を取扱わなければならないので，一般に，電子対供与体と受容体との相互作用に影響を及ぼすさまざまな要因を考える必要がある．

(a) 酸・塩基の分類

周期表のあらゆる部分の元素を含むLewisの酸と塩基との相互作用を取扱うとするならば，物質を少なくとも二つのおもな種類，すなわち**硬い酸・塩基と軟らかい酸・塩基**[a]に分けて考えるのが有効である．この分類はR. G. Pearsonが導入したものであるが，もともとはAhrland, Chatt, およびDaviesによって単に"クラスa"および"クラスb"とよばれていた二つの型の性質の区別を一般化した——そして，もっと印象に残るような名前をつけた——ものである．

この二つの種類は，塩基であるハロゲン化物イオンと錯体をつくる強さ（錯形成平衡定数K_fで測られる）の順序が逆転することで経験的に区別される．

- 硬い酸の結合の強さの順序　　　$I^- < Br^- < Cl^- < F^-$
- 軟らかい酸の結合の強さの順序　$F^- < Cl^- < Br^- < I^-$

図5・12は，種々のハロゲン化物イオン（塩基）との錯形成のK_fの傾向を示したものである．酸Hg^{2+}の場合にはF^-からI^-へと平衡定数が急激に増大していて，Hg^{2+}は軟らかい酸であることがわかる．Pb^{2+}ではHg^{2+}ほど急激ではないが傾向は同じで，これはPb^{2+}イオンが中間的な軟らかさの酸であることを示している．Zn^{2+}の場合には傾向が逆であるから，このイオンは中間的な硬さの酸に分類される．Al^{3+}の傾向は急勾配の下向き

図5・12 錯形成平衡定数の傾向とカチオンの分類（硬い，中間，軟らかい）．灰色の線で示したのが中間のイオンである．中間的なもののうちには，硬めのものと軟らかめのものとがある．この図〔J. Burgess, "Ions in solution: basic principles of chemical interaction," Ellis Horwood, Chichester, UK (1988) より〕ではっきりわかるように，硬さ・軟らかさには程度の差がある．

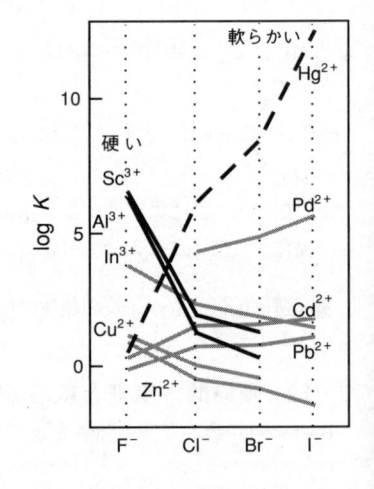

---

a) hard acid, hard base; soft acid, soft base

で，このイオンは硬い酸である．

Al^{3+}の場合には，アニオンの静電パラメーター ξ $(=z^2/r)$ が増すとともに結合の強さが増大するが，これは結合のイオンモデルに合っている．Hg^{2+}の場合には，アニオンの分極率の増加に伴って結合の強さが増大する．これら二つの例にみられる相関関係は，硬い酸のカチオンは単純なクーロン相互作用が主体であるような錯体をつくるが，軟らかい酸のカチオンは共有結合がより重要であるような錯体をつくることを示している．

中性分子の酸および塩基でも同様の分類ができる．たとえば，Lewis酸であるフェノールが水素結合によって$(C_2H_5)_2O$: とつくる錯体は$(C_2H_5)_2S$: との錯体よりも安定である．これは，Al^{3+}に対してCl^-よりもF^-が優先するのに似ている．これに反してLewis酸I_2では，$(C_2H_5)_2S$: との錯体の方がより安定である．そこでフェノールは硬い酸であるのに対し，I_2は軟らかい酸であるとすることができる．

一般に，硬い酸および軟らかい酸は，酸がつくる錯体の熱力学的安定性によって分類される．ハロゲン化物イオンとの錯体については上述の通りで，それ以外の塩基との錯体についてはつぎのようになる．

- 硬い酸における結合の強さ：$R_3P \ll R_3N, R_2S \ll R_2O$
- 軟らかい酸における結合の強さ：$R_2O \ll R_2S, R_3N \ll R_3P$

硬さの定義から一般につぎのことがいえる．

- 硬い酸は硬い塩基と結合しようとする．
- 軟らかい酸は軟らかい塩基と結合しようとする．

これらの法則を念頭において一連の酸および塩基を解析すると表5・3にまとめたような分類ができる．

表 5・3 Lewis酸およびLewis塩基の分類[†]

	硬	中 間	軟
酸	H^+, Li^+, Na^+, K^+ $Be^{2+}, Mg^{2+}, Ca^{2+}$ $Cr^{2+}, Cr^{3+}, Al^{3+}$ SO_3, BF_3	$Fe^{2+}, Co^{2+}, Ni^{2+}$ $Cu^{2+}, Zn^{2+}, Pb^{2+}$ SO_2, BBr_3	$Cu^+, Ag^+, Au^+, Tl^+, Hg^+$ $Pd^{2+}, Cd^{2+}, Pt^{2+}, Hg^{2+}$ BH_3
塩基	F^-, OH^-, H_2O, NH_3 $CO_3^{2-}, NO_3^-, O^{2-}$ $SO_4^{2-}, PO_4^{3-}, ClO_4^-$	$\underline{N}O_2^-, SO_3^{2-}, Br^-$ N_3^-, N_2 $C_6H_5N, SC\underline{N}^-$	$H^-, R^-, \underline{C}N^-, \underline{C}O, I^-$ SCN^-, R_3P, C_6H_6 R_2S

[†] Rはアルキル基．下線をつけた元素は，この分類で問題にしている付加の起こる場所である．

硬い酸・塩基および軟らかい酸・塩基は，それらがつくる錯体の安定度にみられる傾向によって経験的に決められる．硬い酸は硬い塩基に，また軟らかい酸は軟らかい塩基に結合しようとする．

(b) 硬さの解釈

硬い酸と塩基との結合は，イオン性相互作用または双極子-双極子相互作用によって近似的に説明することができる．軟らかい酸および塩基は硬いものよりも分極されやすく，したがって，酸塩基相互作用は硬い酸・塩基よりも共有結合性である．

酸・塩基の硬と軟を区別するおもな原因は結合のつくり方であるが，錯形成の反応ギブズエネルギー（したがって錯形成の平衡定数）に影響を及ぼす要因も忘れてはならない．それらにはつぎのようなものがある．

1. 錯形成に際して起こりうる酸および塩基の置換基の再配列
2. 酸および塩基上にある置換基間の立体的な反発
3. 溶液中の反応の場合には溶媒との競合

これらの付随的な寄与が反応の結果に著しい影響をもちうることをこの章の終わりで述べよう．

> 硬い酸塩基相互作用は主として静電気的で，軟らかい酸塩基相互作用は主として共有結合性である．

(c) 化学における硬さの概念の重要性

硬さおよび軟らかさの概念を用いると，無機化学における多くの問題を合理的に説明できる．たとえば，合成の条件を選んだり，反応の方向を予測したりするのに役立つし，また，複分解反応の結果を説明する手助けになる．しかし，この概念を用いる場合には，反応の結果に影響を及ぼす可能性をもつ他の要因につねに十分な注意を払わなければならない．本書の残りの部分を学ぶにつれて，化学反応に対する理解がさらに深まってゆくであろうが，さし当たっては二，三の簡単な例に議論を限ることにしよう．

分子やイオンを硬い酸・塩基および軟らかい酸・塩基に分類することは，第1章で述べた地球における元素分布を説明するのに役立つ．元素を四つに分類する**Goldschmidtの分類**は地球化学で広く使われているが，軟らかい酸は軟らかい塩基を好み，硬い酸は硬い塩基を好むという傾向によって，Goldschmidtの分類のいくつかの面を説明することができる．この分類における二つのグループは**親石元素**[a]と**親銅元素**[b]である．おもに地殻（岩石圏）中でケイ酸塩鉱石中に見いだされる親石元素にはリチウム，マグネシウム，チタン，アルミニウム，クロム（いずれもカチオンとして）がある．これらは硬いカチオンで，硬い塩基のO^{2-}と一緒に見いだされる．他方，親銅元素にはカドミウム，鉛，アンチモン，ビスマスがあり，それらは硫化物（およびセレン化物やテルル化物）の鉱石とともに見いだされることが多い．これらの元素（カチオンとして）は軟らかく，軟らかい塩基のS^{2-}（またはSe^{2-}やTe^{2-}）と一緒に見いだされる．亜鉛のカチオンは中間的な硬さで，Al^{3+}

---

[a] lithophile elements [b] chalcophile elements

や Cr^{3+} よりは軟らかいが，亜鉛も硫化物として見いだされることが多い．

例題 5・7　Goldschmidtの分類を説明する．
　ニッケルおよび銅の普通の鉱石は硫化物である．これに対して，Alは酸化物から，またCaは炭酸塩から得られる．このことは硬さの概念で説明できるだろうか．
　解　表5・3によれば，O^{2-} および CO_3^{2-} はともに硬い塩基，S^{2-} は軟らかい塩基である．また，Ni^{2+} や Cu^{2+} は Al^{3+} や Ca^{2+} よりかなり軟らかい酸である．したがって，実際にみられる違いは，"硬は硬を好み軟は軟を好む" という規則で説明される．

問題 5・7　カドミウム，ルビジウム，クロム，鉛，ストロンチウム，パラジウムの中で，アルミノケイ酸塩鉱物中にあると思われるものは何か，また硫化物中にあると思われるものは何か．

　このような考え方は，固体および融解塩溶液中における多くの反応を系統的に取扱うのにも役立つ．多くの反応では，あるカチオン性の酸の中心からもう一つの酸中心に塩基性アニオン（たとえば O^{2-}，S^{2-} または Cl^-）の移動が起こる．たとえば，CaOが SiO_2 と反応してポリアニオン $[SiO_3^{2-}]_n$ の Ca^{2+} 塩を生ずる反応は，弱い酸 Ca^{2+} から強い酸 "Si^{4+}" への塩基 O^{2-} の移動とみなすことができる．この反応は，溶鉱炉中で鉄鉱石を還元するときに，融解した鉄の相からケイ酸塩を取除くスラグ生成のモデルである．ここで，鉄の上にスラグが浮遊している状態は，地球の中心核/マントル/地殻という区分の縮図である．ガラスやセラミックスの生成においても類似の融解塩と固体との反応が起こる．これらの場合には，アルカリ金属の酸化物または水酸化物から，塩基性の O^{2-} イオンが酸性のケイ酸塩中心に移動する．

　多原子アニオンは，硬さの異なる供与体原子をもっていることがある．たとえば，SCN^- イオンが塩基なのはNおよびSの両原子のためであるが，Nの方がSよりも硬い原子である．そこで，SCN^- イオンは硬いSi原子とはNで結合するが，酸化数の低い金属イオンのような軟らかい酸とはSで結合する．たとえば，Pt^{II} の錯体 $[Pt(SCN)_4]^{2-}$ 中における結合はPt–SCNである．

　硬-硬および軟-軟の相互作用を考えることは錯形成を系統立てるのに役立つが，結合に及ぼす可能性のあるその他の影響についても考えなくてはいけない．

5・13　熱力学的な酸性度パラメーター

　酸・塩基を硬いものと軟らかいものとに分類する方法に取って代わるもう一つの方法は，電子や構造の再配置および立体的な効果を組込んだ少数のパラメーターを用いる方法である．その代表的なものに，一組のパラメーターを使って錯形成反応

$$A(g) + :B(g) \longrightarrow A-B(g) \qquad \Delta_r H^\circ(A-B)$$

の標準反応エンタルピーを求める方法がある．このような反応の標準反応エンタルピー $\Delta_r H^\circ$ は，**Drago-Wayland 式**，

$$-\Delta_r H^\circ (A-B)/(\text{kJ mol}^{-1}) = E_A E_B + C_A C_B \qquad (12)$$

を使って計算できることがわかっている．パラメーター E および C は，"静電的"および"共有結合性"の因子を表すものとして導入されたものであるが，実際には溶媒和以外のあらゆる要因が取込まれている．表5・4にこれらパラメーターを示してある化合物では，Drago-Wayland 式が ± 3 kJ mol^{-1} 以下の誤差で成立する．原論文[13]中のもっと多くの実例でも同様である．

Drago-Wayland 式は，きわめてよく成立して有用なものである．1500以上の錯体について錯形成の反応エンタルピーを与えるのに加えて，これらの反応エンタルピーを組合わ

表 5・4　若干の酸および塩基に対する Drago-Wayland パラメーター[†]

	E	C
酸		
一塩化ヨウ素	10.4	1.70
五塩化アンチモン	15.1	10.5
三フッ化ホウ素	20.2	3.31
トリクロロメタン	6.18	0.325
トリメチルボラン	12.6	3.48
二酸化硫黄	1.88	1.65
フェノール	8.86	0.90
ヨウ素	2.05	2.05
塩　基		
アセトン	2.02	4.67
アンモニア	2.78	7.08
1,4-ジオキサン	2.23	4.87
ジメチルスルホキシド	2.76	5.83
トリメチルホスファン	1.72	13.40
ピリジン	2.39	13.10
ベンゼン	0.57	1.21
メチルアミン	2.66	12.0
硫化ジメチル	0.702	15.26

[†] パラメーター E および C の値は，反応エンタルピーを kcal mol^{-1} 単位で表すように報告されていることが多い．ここでは E, C ともに $\sqrt{4.184}$ を乗じて反応エンタルピーを kJ mol^{-1} 単位で表すようにしてある．

---

13) R. S. Drago, N. Wong, C. Bilgrien, G. C. Vogel の論文〔*Inorg. Chem.*, **26**, 9 (1987)〕には，たくさんの物質についての E および C パラメーターが出ている．これらの概念の拡張については R. S. Drago, "Applications of electrostatic-covalent models in chemistry," Surfside Scientific Publications, Gainsville (1996) を参照せよ．

せて置換反応や複分解反応の反応エンタルピーを計算することができる．その上，Drago-Wayland式は，気相中ばかりでなく，無極性，非配位性溶媒中における酸と塩基の反応にも役立つ．この式のおもな限界は，気相中または非配位性溶媒中で調べることができる物質に限られるということである．つまり，この式の適用は主として中性分子に限定される．

錯形成の標準反応エンタルピーは，Drago-Wayland式のパラメーターEおよびCを使って計算できる．これらのパラメーターは，錯体中の結合がどのくらいイオン性か共有結合性かを部分的に反映している．

5・14 酸および塩基としての溶媒

ほとんどの溶媒は，電子対受容体か供与体かのいずれかであるから，Lewis酸かLewis塩基かである．溶媒の酸性度および塩基性度は，水溶液中と非水溶液中とにおける反応の相違を説明するのに役立つので重要な化学的意義をもっている（BOX 5・1を参照）．溶質は置換反応によって溶媒に溶けることが多く，それにひき続いて溶液中で起こる反応もまた置換反応か複分解反応であるのが普通である．たとえば，五フッ化アンチモンが三フッ化臭素に溶けるときにはつぎの置換反応が起こる．

$$SbF_5 + BrF_3(l) \longrightarrow [BrF_2]^+ + [SbF_6]^-$$

この反応では，強いLewis酸SbF_5がBrF_3からF^-を引き抜く．溶媒が反応に関与するもっとなじみ深い例はBrønsted理論にみられる．この理論では溶媒が水のときのH_3O^+のように，酸（H^+）はつねに溶媒と錯形成していると考えて，酸すなわちプロトンが，塩基性の溶媒分子から他の塩基へ移動する現象として反応を取扱う．普通の溶媒で顕著なLewis酸またはLewis塩基の性質を示さないのは飽和炭化水素だけである．

(a) 塩基性溶媒

Lewis塩基性の溶媒はたくさんある．水，アルコール類，エーテル類，アミン類，ジメチルスルホキシド(DMSO) $(CH_3)_2SO$，ジメチルホルムアミド(DMF) $(CH_3)_2NCHO$，およびアセトニトリルCH_3CNなど，よく知られた極性溶媒の大部分は，硬いLewis塩基である．ジメチルスルホキシドは興味ある溶媒の例で，そのO供与体原子のために硬い性質を，またS供与体原子のために軟らかい性質を示す．このような溶媒中での酸および塩基の反応は一般に置換反応である．

塩基性溶媒はたくさんある．それらは溶質と錯体をつくり，置換反応に関与する．

BOX 5・1　有用な非水溶媒

　テトラヒドロフラン(THF)(***B1***)は，合成で有用な非水溶媒のよい例で，66℃で沸騰する無極性の環状エーテルである．この硬い弱塩基は，窒素雰囲気中でナトリウム片を入れて蒸留すると，容易に水分や酸素を除去することができる．合成(空気に敏感な化合物の合成を含む)に使用した後，減圧下で加熱すると，反応混合物からTHFを容易に除去できる．これらの理由で，THFは有機金属化合物の合成で最もよく用いられる溶媒の一つである．酸素原子はカチオンに配位できるので，O原子のLewis塩基性度が重要な場合がある．たとえば，置換金属カルボニル，$[M(CO)_5L]$ (L＝ホスファン，アミンなど) をつくるには，THF中で $[M(CO)_6]$ を光分解して $[M(CO)_5(THF)]$ と一酸化炭素とにする．つぎにこの中間体を侵入配位子Lと反応させる．無機物の溶媒として有用な極性の非プロトン性溶媒には，このほかにアセトニトリル CH_3CN やジメチルスルホキシド(DMSO) $(CH_3)_2SO$ がある．

B1　テトラヒドロフラン

　アンモニアは硬い強塩基で，d-ブロックの酸やプロトンに配位できるのできわめて重要である．アンモニアは塩基とみなされるのが普通であるが，アンモニア自身のプロトンには水素結合をつくる能力があるので，これらのプロトンがLewis酸の中心として作用しうることを忘れてはならない．デュワー瓶を用いれば，液体アンモニア(沸点−33℃)を溶媒として容易に使うことができる．液体アンモニアの相対誘電率(ε_r=22)は水よりも低いが，アルカリ金属イオンと大きなアニオンとからできる塩の多くは液体アンモニアにかなりよく溶ける．有機化合物は水よりも液体アンモニアによく溶けることが多い．

　液体アンモニア中の反応で最も目立つものの一つはアルカリ金属を溶かした場合である．このアルカリ金属の溶液はきわめて還元性である．この溶液中には不対電子があることが電子常磁性共鳴スペクトルからわかる．この溶液の特徴である青い色は，近赤外領域の1500 nm付近に極大をもつきわめて幅広い吸収バンドによるものである．アルカリ金属はアンモニア溶液中でイオン化して"溶媒和電子[a]"を生ずる．

$$Na(s) + NH_3(l) \longrightarrow Na^+(am) + e^-(am)$$

---

a) solvated electron

ここでamはアンモニア溶液を表す．この青い溶液は低温では長時間変わらないが，ゆっくりと分解して水素とナトリウムアミド$NaNH_2$とを生ずる．§9・5では，この青い溶液を利用して"電子化物[a]"とよばれる化合物をつくることについて述べる．

液体フッ化水素（沸点19.5℃）は，かなり強いBrønsted酸性をもつ酸性溶媒で，その相対誘電率は水に匹敵し，イオン性物質にとってよい溶媒である．しかし，反応性が高く，かつ毒性が強いので，ガラスを侵すことをも含めて取扱い上の問題がある．ポリテトラフルオロエチレンやポリクロロトリフルオロエチレンの容器に入れておくのが普通である．

HFの共役塩基は形式的にはF^-であるが，HFにはF^-と強い水素結合をつくる能力があるので，二フッ化水素(1−)イオンFHF^-を共役塩基と考える方がよい．多くのフッ化物はFHF^-イオンを生成してフッ化水素に溶ける．たとえば，

$$LiF(s) + HF(l) \longrightarrow Li^+(hf) + [FHF]^-(hf)$$

ここではhfはフッ化水素溶液を表す．HFはきわめて酸性であるため，溶質のプロトン化には一般に二フッ化水素(1−)イオンの生成が伴う．

$$CH_3OH(l) + 2HF(l) \longrightarrow [CH_3OH_2]^+(hf) + [FHF^-](hf)$$
$$CH_3COOH(l) + 2HF(l) \longrightarrow [CH_3C(OH)_2]^+(hf) + [FHF^-](hf)$$

この2番目の反応で目立つのは，水の中では酸である酢酸が，ここでは塩基として働いていることである．

参 考 書

W. L. Jolly, "The synthesis and characterization of inorganic compounds," Waveland Press, Prospect Heights(1991).

"The chemistry of nonaqueous solvents," ed. by J. J. Lagowski, Vols.1〜5, Academic Press, New York(1966〜78).

例題 5・8 溶媒のLewis塩基性度で溶質の性質を説明する．
過塩素酸銀$AgClO_4$は，アルカン類溶媒よりもベンゼンにかなりよく溶ける．この事実をLewis酸・塩基性によって説明せよ．

解 軟らかい塩基であるベンゼンのπ電子は，軟らかい酸であるAg^+イオンの空軌道と錯形成するのに使うことができる（構造**19**を参照）．この$[Ag-C_6H_6]^+$は，弱い塩基であるベンゼンのπ電子と酸Ag^+とからできた錯体である．

問題 5・8 三フッ化ホウ素BF_3は硬い酸で，硬い塩基のジエチルエーテル$(C_2H_5)_2O$：

---

a) electride

に溶かして実験室でよく利用される．$BF_3(g)$ を $(C_2H_5)_2O(l)$ に溶かしたときにできる錯体の構造を書け．

(b) 酸性溶媒と中性溶媒

水素結合は錯形成の一例とみなすことができる．この場合の"反応"は，A−H（Lewis酸）と :B （Lewis塩基）との間の反応で，便宜的に A−H⋯B で表される錯体ができる．そこで，溶媒と水素結合をつくる溶質の多くは，錯形成によって溶けると考えることができる．このような観点に立つと，プロトン移動が起こるときには酸性の溶媒分子が置換されるということになる．

$$H_2O-H\cdots NH_3 + H_3O^+ \longrightarrow [H-NH_3]^+ + 2H_2O$$

液体の SO_2 は，軟らかい酸性溶媒で，軟らかい塩基であるベンゼンを溶かすのに良い溶媒である．不飽和炭化水素は，その π または π* 軌道をフロンティア軌道に使うことによって，酸または塩基として働くことができる．ハロアルカン（たとえば $CHCl_3$）のように電気的に陰性な置換基をもつアルカン類は，その水素原子のところで顕著な酸性を示す．

水素結合は Lewis 酸・塩基間の錯形成の一例である．

(c) 溶媒パラメーター

基準に選んだ酸と溶媒との錯形成の反応エンタルピーは溶媒の塩基性度を定量的に表す尺度になる．V. Gutmann は，1,2-ジクロロエタン中における強い Lewis 酸 $SbCl_5$ を基準に選んだ．この場合，問題の反応は

$$SbCl_5 + :B \longrightarrow Cl_5Sb-B \quad \Delta_r H^\circ$$

となる．$\Delta_r H^\circ /(\text{kcal mol}^{-1})$ （歴史的な理由で kcal mol^{-1} 単位で表す）の符号を逆にした値を溶媒の**ドナー数**[a] という．いくつかの代表的な値を表 5・5 にまとめておく．ドナー数が高いほど強い Lewis 塩基である．

ドナー数に対応して溶媒の酸性度を測るパラメーターが**アクセプター数**[b] である．この場合には，トリエチルホスファンオキシド $(C_2H_5)_3PO$: を基準の塩基として，純溶媒に基準塩基を溶かして ^{31}P の NMR 化学シフトを測定する．その尺度は，この塩基をヘキサン中に溶かしたときを 0，$SbCl_5$ 中に溶かしたときを 100 と定義する．このような任意の尺

---

a) donor number b) acceptor number

表 5・5 25℃におけるドナー数およびアクセプター数と相対誘電率 ε_r[†]

溶 媒	ドナー数	アクセプター数	ε_r(常温付近の値)
アセトン	17.0	12.5	20.7
エタノール	19.0	37.1	25.3
酢 酸		52.9	6.2
ジエチルエーテル	19.2	3.9	4.3
四塩化炭素		8.6	2.2
ジメチルスルホキシド	29.8	19.3	45
テトラヒドロフラン	20.0	8.0	7.5
ピリジン	33.1	14.2	12.3
ベンゼン	0.1	8.2	2.3
水	18.0	54.8	81.7

[†] 出典: V. Gutmann, "Coordination chemistry in non-aqueous solutions," Springer-Verlag, Berlin (1968) による.

度に基づいて,ドナー数に似た大きさの値が得られる(表5・5).ドナー数のときと同じように,アクセプター数が大きいほど強い Lewis 酸である.

> 塩基および酸の強さを表すのに,それぞれ,ドナー数およびアクセプター数を使うことがある.ドナー数が高いほど強い塩基で,アクセプター数が高いほど強い酸である.

不均一酸塩基反応

無機化合物の Lewis 酸性度および Brønsted 酸性度が関係する最も重要な反応のいくつかは固体表面で進行する.たとえば,広い表面積と Lewis 酸部位とをもつ固体である**表面酸**[a]は,石油化学工業において炭化水素間の変換反応に対する触媒に用いられる.土壌や天然水の化学で重要な多くの物質の表面もまた Brønsted 酸および Lewis 酸の部位をもっている[14].

シリカ(SiO_2)の表面は,簡単には Lewis 酸部位を与えず,Brønsted 酸性が主体である.それは,SiO_2 誘導体の表面に $-OH$ 基がしっかりと付いて残っているからである.シリカ表面それ自身の Brønsted 酸性度は中程度(酢酸と同じくらい)のものにすぎないが,すでに指摘したように,アルミノケイ酸塩は強い Brønsted 酸性を呈する.表面の OH 基を熱処理で除去すると,アルミノケイ酸塩の表面に強い Lewis 酸部位ができる.

シリカゲルの Brønsted 酸部位を使って行われる表面反応は,つぎのような表面修飾反応によって広範囲の種類の有機物の薄い皮膜をつくるのに利用される.

---

[14] G. Sposito, "The surface chemistry of soils," Oxford University Press (1984)に興味深い記述がある.
[a] surface acid

```
   OH                              OSiR₃
   |                               |
   Si        +  HOSiR₃  ⟶         Si        +  H₂O
  /|\                             /|\
 O O O                           O O O
/////////                        /////////

   OH                              OSiR₃
   |                               |
   Si        +  ClSiR₃  ⟶         Si        +  HCl
  /|\                             /|\
 O O O                           O O O
/////////                        /////////
```

このようにして，シリカゲルの表面を修飾すると，特定の種類の分子に親和力をもたせることができる．これによって，クロマトグラフィーに用いる固定相の範囲が大いに広がる．ガラス表面のOH基も同様に修飾することができる．このような方法で処理をしたガラス器は，プロトンに敏感な化合物を研究室で研究する際に利用されることがある．

多くの触媒物質や鉱石の表面にはBrønsted酸やLewis酸の部位がある．

参 考 書

R. P. Bell, "The proton in chemistry, 2nd Ed.," Cornell University Press, Ithaca (1973). 有機化学からの多くの実例を用いてのBrønsted酸性度に関する古典的な議論．

C. F. Bates, Jr., R. E. Mesmer, "The hydrolysis of cations," Wiley-Interscience, New York (1976). アクアイオンの酸性度と重合に関する総説．

J. Burgess, "Ions in solution : basic principles of chemical interaction," Ellis Horwood, Chichester, UK (1988). イオンの溶媒和についての読みやすい説明で，酸性度および重合に関する概論がある．

W. Stumm, J. J. Morgan, "Aquatic chemistry," Wiley-Interscience, New York (1996). 天然水の化学に関する標準的教科書．

Lewis酸・塩基の一般的取扱い二つ．

R. S. Drago, N. A. Matwiyoff, "Acids and bases," Heath, Boston (1968).

W. B. Jensen, "The Lewis acid-base concepts : an overview," Wiley, New York (1980).

さらに専門的な書物．

R. G. Pearson, "Survey of progress in chemistry," ed. by A. F. Scott, Vol. 5, Chapter 1, Academic Press, New York (1969). 用語の創始者による硬い酸・塩基および軟らかい酸・塩基の分類の説明．

V. Gutmann, "Coordination chemistry in non-aqueous solution," Springer-Verlag, Berlin (1968). 溶媒の役割を詳細に解析した単行本．

練習問題

5・1 周期表の s- および p- ブロックの輪郭を描き，(a) 強酸性酸化物および，(b) 強塩基性酸化物をつくる元素を記入し，また (c) 通常は両性を呈する元素の領域を示せ．

5・2 つぎの酸に対応する共役塩基を記せ．

$[Co(NH_3)_5(OH_2)]^{3+}$, HSO_4^-, CH_3OH, $H_2PO_4^-$, $Si(OH)_4$, HS^-

5・3 つぎの塩基の共役酸を記せ．

C_5H_5N(ピリジン), HPO_4^{2-}, O^{2-}, CH_3COOH, $[Co(CO)_4]^-$, CN^-

5・4 つぎの塩基をプロトン親和力が増大する順に並べよ．

HS^-, F^-, I^-, NH_2^-

5・5 図 5・2 を参考にして（溶媒の水平化効果を考慮して），つぎにあげるものの中でどの塩基が，(a) 実験的に研究するにはあまりにも強すぎるか，(b) あまりにも弱すぎるか，(c) 直接測定しうる強さのものであるかを示せ．
 (ⅰ) 水中の CO_3^{2-}, O^{2-}, ClO_4^-, NO_3^-
 (ⅱ) H_2SO_4 中の HSO_4^-, NO_3^-, ClO_4^-

5・6 HOCN, H_2NCN, CH_3CN の水溶液中における pK_a の概略値は，それぞれ，4, 10.5, および 20（推定値）である．これらの物質の pK_a の傾向を説明し，また H_2O, NH_3, CH_4 と比較せよ．—CN は電子供与性か，電子求引性か．

5・7 $HAsO_4^{2-}$ の pK_a 値は 11.5 である．この値は二つの Pauling の規則に合っているか．

5・8 Si, P, S, Cl のテトラオキソアニオンの構造を描き，電荷を示せ．それらの共役酸の pK_a 値における傾向を要約し，それを説明せよ．

5・9 つぎの組合わせのうちどちらがより強い酸であるか．それを選んだ理由を述べよ．
 (a) $[Fe(OH_2)_6]^{3+}$ と $[Fe(OH_2)_6]^{2+}$ 　　(b) $[Al(OH_2)_6]^{3+}$ と $[Ga(OH_2)_6]^{3+}$
 (c) $Si(OH)_4$ と $Ge(OH)_4$ 　　　　　　　　(d) $HClO_3$ と $HClO_4$
 (e) H_2CrO_4 と $HMnO_4$ 　　　　　　　　　(f) H_3PO_4 と H_2SO_4

5・10 つぎの酸化物を，最も酸性のものから両性を経て最も塩基性のものへの順番に並べよ．

Al_2O_3, B_2O_3, BaO, CO_2, Cl_2O_7, SO_3

5・11 つぎの酸を，酸の強さが増加する順に並べよ．

HSO_4^-, H_3O^+, H_4SiO_4, CH_3GeH_3, NH_3, HSO_3F

5・12 Na^+ と Ag^+ とは似たイオン半径をもっている．どちらのアクアイオンがより強い酸か．それはなぜか．

5・13 Al, As, Cu, Mo, Si, B, Ti の中で，ポリオキソアニオンをつくるのはどれか，またポリオキソカチオンをつくるのはどれか．

5・14 1対のアクアカチオンが水を放出して$M-O-M$結合をつくるとき,生じたイオンのM原子1個当たりの電荷数の変化についての一般則は何か.

5・15 PO_4^{3-}から$P_2O_7^{4-}$が生成する反応式を記せ.錯イオン$[Fe(OH_2)_6]^{3+}$が二量化して$[(H_2O)_4Fe(\mu\text{-}OH)_2Fe(OH_2)_4]^{4+}$を生ずる反応の反応式を記せ.

5・16 つぎの1組の物質をそれぞれ水の中で混合したときに起こるおもな反応の反応式を記せ.
(a) H_3PO_4とNa_2HPO_4 (b) CO_2と$CaCO_3$

5・17 周期表のp-ブロックの図を描け.ある酸化状態でLewis酸をつくることのできる元素を,できるかぎりたくさんあげて,各元素について代表的なLewis酸の化学式を示せ.

5・18 つぎの過程のそれぞれについて,反応に関与している酸と塩基とを示し,その反応が錯形成か,または酸塩基置換反応かを示せ.Lewis酸性と同時にBrønsted酸性を呈するものはどれか.
(a) $SO_3 + H_2O \longrightarrow HSO_4^- + H^+$
(b) $CH_3[B_{12}] + Hg^{2+} \longrightarrow [B_{12}]^+ + CH_3Hg^+$
ここで$[B_{12}]$はビタミンB_{12}(コバルトを含む大員環化合物)を表す.
(c) $KCl + SnCl_2 \longrightarrow K^+ + [SnCl_3]^-$
(d) $AsF_3(g) + SbF_5(l) \longrightarrow [AsF_2]^+[SbF_6]^-(s)$
(e) エタノールはピリジンに溶けて電気伝導性のない溶液を生ずる.

5・19 つぎの各組中の物質から指定した性質のものを選び,それを選んだ理由を述べよ.
(a) 最も強いLewis酸: (1) BF_3, BCl_3, BBr_3; (2) $BeCl_2$, BCl_3; (3) $B(^nBu)_3$, $B(^tBu)_3$
(b) $B(CH_3)_3$に対して塩基性が強いもの: (1) Me_3N, Et_3N; (2) 2-メチルピリジン, 4-メチルピリジン

5・20 硬い酸・塩基および軟らかい酸・塩基の概念を用いて,つぎの反応の中で平衡定数が1より大きいと予想されるものを示せ.特に明記しない限り,25°Cの気相中または炭化水素溶液中の反応とする.
(a) $R_3PBBr_3 + R_3NBF_3 \rightleftharpoons R_3PBF_3 + R_3NBBr_3$
(b) $SO_2 + (C_6H_5)_3POC(CH_3)_3 \rightleftharpoons (C_6H_5)_3PSO_2 + HOC(CH_3)_3$
(c) $CH_3HgI + HCl \rightleftharpoons CH_3HgCl + HI$
(d) $[AgCl_2]^-(aq) + 2CN^-(aq) \rightleftharpoons [Ag(CN)_2]^-(aq) + 2Cl^-(aq)$

5・21 $(CH_3)_2N-PF_2$分子には二つの塩基性原子,PとN,がある.その一つはBH_3との錯体においてBに結合し,他の一つはBF_3との錯体においてBに結合する.どちらがどちらであるかを決めて,その理由を述べよ.

5・22 トリメチルボランとNH_3, CH_3NH_2, $(CH_3)_2NH$, $(CH_3)_3N$との反応の標準反応エンタルピーは,それぞれ,-58, -74, -81, -74 kJ mol^{-1}である.トリメチルアミンが傾向からずれているのはなぜか.

5・23 EとCの値の表を使って,(a) アセトンとジメチルスルホキシド,(b) 硫化ジメチルとジメチルスルホキシドについて,相対的な塩基性度を論じよ.

5・24 HF による SiO_2 ガラスの溶解に対する反応式を記し，Lewis および Brønsted の酸塩基の概念によってその反応を説明せよ．

5・25 硫化アルミニウム Al_2S_3 は湿気を帯びると硫化水素に特有な悪臭を放つ．この反応を表す反応方程式を書き，それを酸塩基の概念によって説明せよ．

5・26 つぎの条件に合う溶媒の性質を述べ，それぞれの場合について，適当と思われる溶媒を示唆せよ．
(a) 酸中心から Cl^- を I^- で置換する反応を有利にする．
(b) R_3As の塩基性度を R_3N よりも高くする．
(c) Ag^+ の酸性度を Al^{3+} よりも高くする．
(d) $2 FeCl_3 + ZnCl_2 \rightarrow Zn^{2+} + 2[FeCl_4]^-$ の反応を促進する．

5・27 S_4^{2-} や Pb_9^{4-} のようなアニオン種を安定化するには強塩基性溶媒が必要なのに対して，I_2^+ や Se_8^+ のようなカチオンの生成には強酸性溶媒（たとえば SbF_5/HSO_3F）を用いるのはなぜか．

5・28 §5・8で述べたように，Lewis 酸 $AlCl_3$ はベンゼンのアシル化を助ける触媒である．アルミナ表面もこれに似た触媒作用を示す．この触媒反応の機構を提出せよ．

5・29 Zn は硫化物，ケイ酸塩，炭酸塩，酸化物として天然に存在するのに対して，水銀の鉱石で重要なものはシン(辰)砂[a] HgS だけである．この事実は酸塩基の概念でどのように説明されるか．

5・30 つぎの化合物が液体フッ化水素に溶けるときの Brønsted 酸塩基反応の式を示せ．
(a) CH_3CH_2OH (b) NH_3 (c) C_6H_5COOH

5・31 HF にケイ酸塩が溶ける過程は Lewis 酸塩基反応か，Brønsted 酸塩基反応か，それともその両方か．

5・32 f-ブロックの元素は，M^{III} 親石化合物の形でケイ酸塩鉱物中に見いだされる．このことから f-ブロック元素の硬さについて何がわかるか．

5・33 炭酸塩からメタケイ酸塩ができる反応

$$n\,CaCO_3(s) + n\,SiO_2(s) \longrightarrow [CaSiO_3]_n + n\,CO_2(g)$$

を考える．SiO_2 と CO_2 とではどちらが強い酸か．

5・34 二硫酸ナトリウムを使うとチタン，タンタルおよびニオブの鉱石を 800℃ 近くで溶かすことができる．この反応を簡単に表すと，

$$TiO_2 + Na_2S_2O_7 \longrightarrow Na_2SO_4 + TiO(SO_4)$$

である．この場合の酸および塩基はどれか．

5・35 AsF_5 および AsF_5 と F^- との錯体の形を描き（もし必要ならば VSEPR モデルを用いる），それらの点群を決めよ．X_3BNH_3 および Al_2Cl_6 の点群は何か．

---

a) cinnabar

演習問題

5・1 強酸による弱塩基の滴定で当量点を検出しやすくするために分析化学で使う標準の方法は，溶媒として酢酸を用いることである．この方法の原理を説明せよ．

5・2 気相中では，$NH_3 < CH_3NH_2 < (CH_3)_2NH < (CH_3)_3N$ の順番でアミンの塩基強度が規則的に増大する．この順番を決める上で，立体効果と CH_3 の電子供与力とが果たしている役割を考察せよ．水溶液中では順番が逆転する．それは，どのような溶媒和効果によると考えられるか．

5・3 ヒドロキソ酸である $Si(OH)_4$ は H_2CO_3 よりも弱い酸である．固体の $M_2SiO_4(s)$ を溶かすと，水溶液上の CO_2 の分圧が低下することを示す反応式を書け．海洋沈殿物中のケイ酸塩が大気中の CO_2 の増加を抑えることができる理由を説明せよ．

5・4 本章で述べた $Fe(OH)_3$ の沈殿は廃水の浄化に利用されるが，それは，このゼラチン状の水酸化物が，ある種の汚染物質の共沈や捕捉にきわめて有効だからである．$Fe(OH)_3$ の溶解度積は $K_{sp} = [Fe^{3+}][OH^-]^3/(c^\circ)^4 \approx 10^{-38}$ で，$[H_3O^+]$ と $[OH^-]$ との間には水の自己プロトリシス定数，$K_w = [H_3O]^+[OH^-]/(c^\circ)^2 = 10^{-14}$，による関係があるから，これを代入して溶解度積を $[Fe^{3+}](c^\circ)^2/[H^+]^3 = 10^4$ と書き換えることができる．

(a) 水に硝酸鉄(III)を加えて $Fe(OH)_3$ が沈殿する反応の反応方程式を記せ．

(b) $100\ dm^3$ の水に $6.6\ kg$ の $Fe(NO_3)_3 \cdot 9H_2O$ を加えた溶液の最終的な pH と $Fe^{3+}(aq)$ の物質量濃度はいくらか．ただし，$Fe^{3+}(aq)$ 以外の Fe^{III} の溶存状態は無視する．この計算で無視した Fe^{III} の溶存状態の中で最も重要なもの二つの化学式を示せ．

5・5 正八面体形のアクアイオン $[M(OH_2)_6]^{2+}$ の対称 M-O 伸縮振動の振動数は $Ca^{2+} < Mn^{2+} < Ni^{2+}$ の順で増加する．この傾向と酸性度における傾向とはどのように関連しているか．

5・6 $AlCl_3$ を塩基性の極性溶媒 CH_3CN に溶かすと，電気伝導性の溶液ができる．電気伝導性を呈する可能性が最も高い物質の化学式を記入し，その生成を Lewis 酸塩基の概念を用いて説明せよ．

5・7 $[Fe_2Cl_6]$ は赤色であるが，錯イオン $[FeCl_4]^-$ は黄色である．$1\ dm^3$ の $POCl_3$ か $PO(OR)_3$ に $0.1\ mol$ の $FeCl_3(s)$ を溶かすと，赤い溶液ができるが，それを希釈すると黄色に変化する．$POCl_3$ に溶かした赤い溶液を Et_4NCl の溶液で滴定すると，$FeCl_3/Et_4NCl$ のモル比が 1：1 のところで鋭い色変化（赤から黄へ）が起こる．振動スペクトルによると，オキソ塩化物溶媒は典型的な Lewis 酸と酸素で配位して付加物をつくることが示唆されている．上記の現象を説明すると考えられるつぎの2組の反応を比較してみよ．どちらの平衡も希釈によって生成物の方に偏る．

(a) $Fe_2Cl_6 + 2POCl_3 \rightleftharpoons 2[FeCl_4]^- + 2[POCl_2]^+$
$[POCl_2]^+ + Et_4NCl \rightleftharpoons Et_4N^+ + POCl_3$

(b) $Fe_2Cl_6 + 4POCl_3 \rightleftharpoons [FeCl_2(OPCl_3)_4]^+ + [FeCl_4]^-$

5・8 溶液から金属イオンを分離する伝統的な過程では，Au, As, Sb, Sn のイオンを硫化物として沈殿させ，過剰の多硫化アンモニウムを加えて再溶解させる．これは定量分析の基礎である．これに対して，Cu, Pb, Hg, Bi, Cd のイオンは，硫化物として沈殿するが，多硫化アンモニウムを加えても再溶解しない．第5章での言い方に従えば，最初の

グループは，OH^- の代わりに SH^- を含む反応に対して両性である．第二のグループは，最初のグループよりも酸性度が低い．このことから考えて，硫化物が両性を示す元素の境界線を周期表中に示せ．図 5・4 に示した水酸化物についての両性の境界線と比較してみよ．この結果は，S^{2-} が O^{2-} よりも軟らかい塩基であることと一致するであろうか．

5・9 SO_2 と $SOCl_2$ とは，放射性同位元素で標識した S の交換反応をすることができる．この交換反応は Cl^- および $SbCl_5$ によって触媒される．交換反応の第一段階は適当な錯体の生成であるとして，これらの触媒交換反応の機構を示せ．

5・10 ^tBuBr と $Ba(NCS)_2$ との反応の生成物の 91% は S で結合した ^tBuSCN である．しかし，$Ba(NCS)_2$ を固体の CaF_2 中に含有させておくと収率が高くなって，生成物は 99% ^tBuNCS になる．担体であるアルカリ土類金属塩が両座求核試薬 SCN^- の硬さに及ぼす影響を論ぜよ〔T. Kimura, M. Fujita, T. Ando, *J. Chem. Soc., Chem. Commun.*, **1990**, 1213 を参照〕．

5・11 つぎのカチオンを，水中での Brønsted 酸性度が増す順に並べよ：Sr^{2+}, Ba^{2+}, Hg^{2+}．

5・12 塩素酸および亜塩素酸の構造を描き，Pauling の規則を用いてそれらの pK_a 値を予測せよ．

5・13 ピリジンは，SO_2 とよりも SO_3 と，より強い Lewis 酸塩基錯体をつくる．しかし，ピリジンと SF_6 との錯体は SF_4 との錯体よりも弱い．この相違を説明せよ．

5・14 つぎの反応の平衡定数は 1 より大きいか小さいかを予測せよ．
 (a) $CdI_2(s) + CaF_2(s) \rightleftharpoons CdF_2(s) + CaI_2(s)$
 (b) $[CuI_4]^{2-}(aq) + [CuCl_4]^{3-}(aq) \rightleftharpoons [CuCl_4]^{2-}(aq) + [CuI_4]^{3-}(aq)$
 (c) $NH_2^-(aq) + H_2O(l) \rightleftharpoons NH_3(aq) + OH^-(aq)$

5・15 つぎの (a), (b) および (c) について，二つの溶液の中で pH の低い方はどちらか．(a) $0.1\ \mathrm{mol\ dm^{-3}}$ $Fe(ClO_4)_2$ と $0.1\ \mathrm{mol\ dm^{-3}}$ $Fe(ClO_4)_3$，(b) $0.1\ \mathrm{mol\ dm^{-3}}$ $Ca(NO_3)_2$ と $0.1\ \mathrm{mol\ dm^{-3}}$ $Mg(NO_3)_2$，(c) $0.1\ \mathrm{mol\ dm^{-3}}$ $Hg(NO_3)_2$ と $0.1\ \mathrm{mol\ dm^{-3}}$ $Zn(NO_3)_2$．

5・16 三つのマンガン酸化物 MnO，MnO_2 および Mn_2O_7 を考える．これらのうち，一つは酸性，もう一つは塩基性，さらにもう一つは両性である．どれがどれに対応するか．

6

酸 化 と 還 元

　第三の主要な化学反応は酸化還元反応である．この反応では，一つの物質からもう一つの物質へ電子が移動する．熱力学および速度論の両方の立場から酸化還元反応の実際上の問題を検討してみよう．まず，高温で行われるいくつかの主要な工業過程で必要な条件を熱力学的に解析することから論じ始める．このような高温では，速度論の役割は二次的なものでしかない．つぎに，室温付近の溶液中における酸化還元反応を解析する方法を展開する．この場合には，熱力学および速度論の両者を考慮することが重要である．電極活性物質の標準電位が熱力学データを役に立つ形で提供することがわかる．特に，図を利用して，種々の酸化状態の安定性における傾向（pHの影響を含めて）をまとめる方法をみていこう．また，速度論的な要因を取扱う近似的な方法として過電圧を導入する．

　きわめて多くの反応では，一つの化学種からもう一つの化学種へ電子が移動することによって反応が進むと考えることができる．電子獲得を**還元**[a]，電子喪失を**酸化**[b]，これらが組合わさった過程を**酸化還元（レドックス）反応**[c]という．電子を供給する物質が**還元剤**[d]，電子を引き離す物質が**酸化剤**[e]である．

　電子の移動には原子の移動が伴うことが多く，電子がどこから来て，どこへ行くのかをたどるのが難しいことがある．そこで，最も確実でかつ簡単なのは，実際の電子移動の立場からではなく，酸化数（§3・1c）を用いる一連の形式的な規則に従って酸化還元反応を解析することである．この規則によると，酸化は，ある元素の酸化数の増加に対応し，還元は酸化数の減少に対応する．酸化還元反応は，反応に関与している元素の少なくとも一つのものの酸化数が変化する化学反応である．

単 体 の 抽 出

　"酸化"の元来の定義は元素が酸素と結合して酸化物を生成する反応であった．"還元"は

---

a) reduction　　b) oxidation　　c) redox reaction　　d) reducing agent または reductant
e) oxidizing agent または oxidant

もともと酸化の逆反応を意味するもので，金属の酸化物を金属に変える反応のことであった．どちらの術語も一般化されて，電子移動および酸化数の変化の立場から定義されるようになったが，今でも多くの化学工業や実験室における化学の基礎になっているのは，これらの古典的な酸化還元反応である．

6・1 還元で抽出される単体

　光合成が有力なプロセスとなって以来何十億年もの間，酸素はずっと大気の成分であった．そして多くの金属は酸化物として見いだされる．紀元前4000年ごろからすでに人類は，原始的な炉で到達できる温度で銅鉱石から銅を抽出することができたし，鉱石を炭素のような還元剤とともに加熱して還元する"溶融製錬[a]"過程を発見していた．溶融製錬は今でも利用されている．しかし，還元されやすい金属の鉱石の重要なものの多くは硫化物であるので，溶融製錬に先立って，たとえば

$$2\,Cu_2S(s) + 3\,O_2(g) \longrightarrow 2\,Cu_2O(s) + 2\,SO_2(g)$$

のような反応で，鉱石を空気中で"焙焼[b]"して硫化物を酸化物に変えることが多い．

　紀元前1000年ころになって鉄器時代が始まるまでは，鉄のような比較的還元されにくい元素の抽出に必要な高温をつくりだすことはできなかった．19世紀末までは炭素が相変わらず最も有力な還元剤であって，もっと高温を必要とする金属は，たとえその鉱石が十分ふんだんにあったとしても，つくることができなかった．

　アルミニウムを珍しい金属から主要な構造材料に変えることになった技術上の突破口は**電気分解**[c]の導入であった．電気分解では，電流を流すことによって，ひとりでには起こらない反応（鉱石の還元もそうである）を進行させる．電力の利用は，炭素を還元剤とする反応の範囲をも拡大した．それは，電気炉を用いると，溶鉱炉のように炭素を燃やす炉よりもはるかに高い温度が得られるからである．このようなわけで，マグネシウムの酸化物の電熱還元である **Pidgeon法** では炭素を還元剤に用いてはいるが，マグネシウムもまた20世紀の金属なのである．

$$MgO(s) + C(s) \xrightarrow{\Delta} Mg(l) + CO(g)$$

金属は，その鉱石から，高温で化学的な還元剤を使うか，電気分解を用いることによって得られる．

(a) 抽出の熱力学

　熱力学を用いると，与えられた条件下でどの反応が自発的か（すなわち，自然に起こりうるか）を決めることができて，最も経済的な還元剤や反応条件を選ぶことができる．反

---

a) smelting　b) roasting　c) electrolysis

応が自発的かどうかの熱力学的判定基準は，一定温度および一定圧力のもとでは，反応ギブズエネルギー $\Delta_r G$ が負であるかどうかということである．通常は標準状態[1]における $\Delta_r G$, すなわち標準反応ギブズエネルギー $\Delta_r G^\circ$ を考えれば十分である．$\Delta_r G^\circ$ と反応の平衡定数 K との間にはつぎの関係がある．

$$\Delta_r G^\circ = -RT \ln K \tag{1}$$

すなわち，$\Delta_r G^\circ$ の値が負ならば $K>1$ になり，したがってこれは"有利な"反応である．工業過程では平衡が達成されるのはまれであることに注意するべきである．また，反応容器から生成物を除去しながら反応を行わせれば，たとえ $K<1$ の過程であっても生成物をつくるのに利用することができる．反応速度もまた反応の可能性に関連する問題であるが，高温では反応が迅速なことが多く，熱力学的に有利な反応ならば進行するであろう．粗い粒子同士の反応は一般に遅いので，それを促進するには流動相（特に気相）中で反応させる必要があるのが普通である．

金属酸化物を炭素または一酸化炭素で還元する反応の $\Delta_r G^\circ$ を負にするには，つぎの反応

(a)　$C(s) + \frac{1}{2} O_2(g) \longrightarrow CO(g)$　　　　　$\Delta_r G^\circ(C, CO)$

(b)　$\frac{1}{2} C(s) + \frac{1}{2} O_2(g) \longrightarrow \frac{1}{2} CO_2(g)$　　　$\Delta_r G^\circ(C, CO_2)$

(c)　$CO(g) + \frac{1}{2} O_2(g) \longrightarrow CO_2(g)$　　　　$\Delta_r G^\circ(CO, CO_2)$

の中のどれか一つの $\Delta_r G^\circ$ が，同じ反応条件下における反応

(d)　$x M(s \text{ または } l) + \frac{1}{2} O_2(g) \longrightarrow M_x O(s)$　　$\Delta_r G^\circ(M, M_x O)$

の $\Delta_r G^\circ$ よりも負でなければならない．もし，この関係が満足されるならば，つぎの反応の中のどれか一つの反応ギブズエネルギーが負になって，それが自発反応になるであろう．

(a − d)　$M_x O(s) + C(s) \longrightarrow x M(s \text{ または } l) + CO(g)$
　　　　　　　　　　　　　　$\Delta_r G^\circ = \Delta_r G^\circ(C, CO) - \Delta_r G^\circ(M, M_x O)$

(b − d)　$M_x O(s) + \frac{1}{2} C(s) \longrightarrow x M(s \text{ または } l) + \frac{1}{2} CO_2(g)$
　　　　　　　　　　　　　　$\Delta_r G^\circ = \Delta_r G^\circ(C, CO_2) - \Delta_r G^\circ(M, M_x O)$

(c − d)　$M_x O(s) + CO(g) \longrightarrow x M(s \text{ または } l) + CO_2(g)$
　　　　　　　　　　　　　　$\Delta_r G^\circ = \Delta_r G^\circ(CO, CO_2) - \Delta_r G^\circ(M, M_x O)$

これに関連する情報は通常 **Ellingham 図**の形でまとめられている．この図は，上記の各反応の $\Delta_r G^\circ$ を温度に対してプロットしたグラフ（図 6・1）である．

---

1)　標準状態とは，すべての物質について，圧力が 100 kPa, 活量が 1 の状態のことである．当面の目的上は，100 kPa の代わりに 1 atm (101.325 kPa) を用いても，その差は無視できる程度である．H^+ イオンを含む反応では，標準状態は pH=0, すなわち近似的には 1 mol dm^{-3} の酸，に対応する．純粋な固体および液体の活量は 1 である．

6・1 還元で抽出される単体

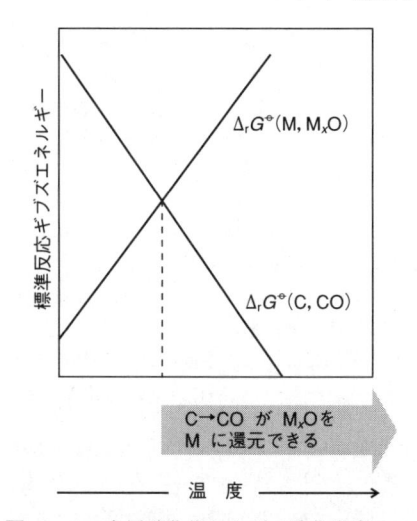

図 6・1 金属酸化物および一酸化炭素の標準生成ギブズエネルギーの温度変化．2本の線の交点よりも高い温度では炭素を一酸化炭素にすることによって金属酸化物を金属に還元することができる．すなわち，この交点を境にして反応 (a–d) の K が1以下から1以上に変化する．

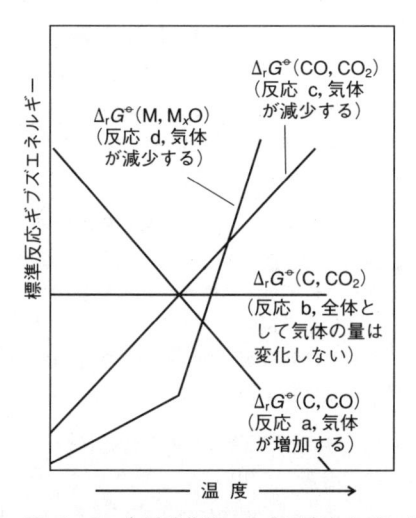

図 6・2 金属酸化物の生成反応ならびに炭素の三つの酸化反応の標準反応ギブズエネルギーを示す Ellingham 図．各直線の傾斜は，主として，その反応に際して全体として気体の量が増加するか減少するかで決まる．相変化があると物質のエントロピーが変化するので直線に折れ目ができる．

Ellingham 図の形を理解するにはつぎの二つのことを理解すればよい．その一つは

$$\Delta_r G^\circ = \Delta_r H^\circ - T \Delta_r S^\circ \tag{2}$$

の関係で，もう一つは標準反応エンタルピー $\Delta_r H^\circ$ および標準反応エントロピー $\Delta_r S^\circ$ は，かなりよい近似で温度には無関係であるということである．したがって Ellingham 図中の線は，$-\Delta_r S^\circ$ の傾斜をもつ直線になる．気体の標準エントロピーは固体よりもはるかに大きいから，全体として気体が消費されるような反応(d)の標準反応エントロピーは負で，その Ellingham プロットは図6・2に示すように正の傾斜をもつはずである．金属の相変化，特に融解が起こると，反応エントロピーが変化するから，$\Delta_r G^\circ (M, M_xO)$ の線はその温度で折れ曲がる．反応(a)では全体として気体の量が増加する（$\frac{1}{2}$ mol の O_2 の代わりに1 mol の CO ができる）ので，その反応エントロピーは正，したがって Ellingham 図における線は負の傾斜をもつ．反応(b)では全体として気体の量が変化しないから，その反応エントロピーは0に近く，Ellingham 図における線は傾斜がほとんどない水平線になる．最後に，反応(c)では $\frac{3}{2}$ mol の気体の代わりに1 mol の CO_2 が生ずるから，その反応エントロピーは負で，Ellingham 図中の線は正の傾斜をもつ．

図6・2において，$\Delta_r G^\circ (C, CO)$ の線が金属酸化物の線より上にあるような温度では，

$\Delta_r G^{\ominus}(C, CO) - \Delta_r G^{\ominus}(M, M_xO)$ の値が正であるから還元反応 (a−d) は自発変化ではない.しかし,$\Delta_r G^{\ominus}(C, CO)$ の線が金属酸化物の線よりも下に来るような温度では,炭素による金属酸化物の還元が自発的になる.図6・2において,炭素の酸化に関する他の二つの線が金属酸化物の線の上になるか下になるかの温度についても同様のことが成立する.これを要約すると,

・$\Delta_r G^{\ominus}(C, CO)$ の線が金属酸化物の線よりも下に来るような温度では,炭素を使って金属酸化物を還元することができて,炭素自身は一酸化炭素に酸化される.
・$\Delta_r G^{\ominus}(C, CO_2)$ の線が金属酸化物の線よりも下に来るような温度では,炭素を使って金属酸化物を還元できるが,この場合,炭素は二酸化炭素に酸化される.
・$\Delta_r G^{\ominus}(CO, CO_2)$ の線が金属酸化物の線よりも下に来るような温度では,一酸化炭素で金属酸化物を還元することができる.このとき一酸化炭素は二酸化炭素に酸化される.

図6・3は,代表的な普通の金属についてのEllingham図である.還元剤と一緒に加熱する**乾式冶金**[a]を用いれば,図中のすべての金属(マグネシウムやカルシウムでさえも)をつくることが原理的には可能であるが,実際には厳しい制限がある.乾式冶金でアルミ

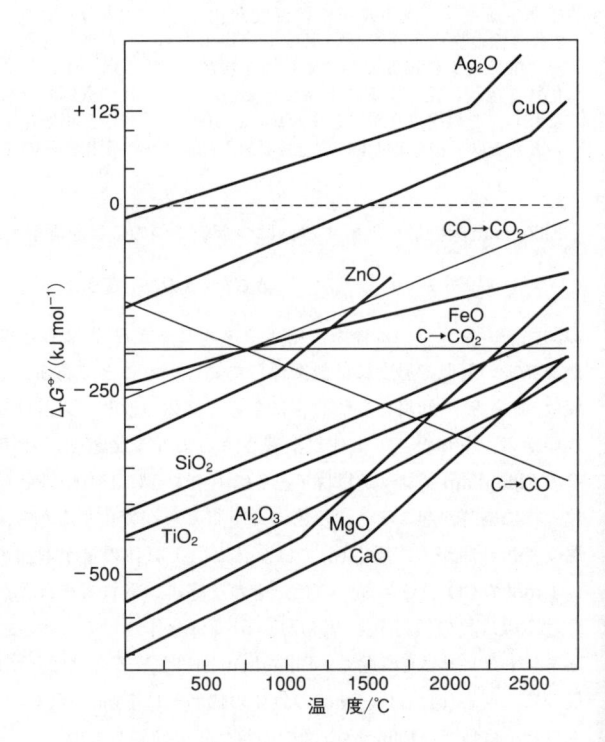

図 6・3 金属酸化物の還元に関するEllingham図.標準反応ギブズエネルギーは金属からその酸化物が生成する反応と,本文中にあげた炭素の三つの酸化反応とに対するものである.

---

a) pyrometallurgy

ニウムをつくる試みが（特に，電力が高価な日本において）行われた．それにはきわめて高い温度が必要だが，そのような高温では Al_2O_3 が揮発性であるために，その試みは成功していない．チタンの乾式冶金抽出の際には別種の困難があって，この場合には金属の代わりに炭化チタン TiC が生成する．実用的には，乾式冶金で抽出される金属は主としてマグネシウム，鉄，コバルト，ニッケル，亜鉛，種々のフェロアロイ（鉄合金）に限られている．

例題 6・1　Ellingham 図を利用する．
ZnO が炭素で金属へ還元される最低温度は何度か．その温度での全反応を記せ．
解　図 6・3 において，C, CO の線は約 950 ℃ で ZnO の線の下に来る．これよりも高い温度では ZnO の還元が自発変化である．この場合の関連反応は反応 (a) と反応

$$Zn(g) + \frac{1}{2}O_2(g) \longrightarrow ZnO(s)$$

とであるから，全反応はこの二つの反応の差，すなわち

$$C(s) + ZnO(s) \longrightarrow CO(g) + Zn(g)$$

である．亜鉛の物理的状態が気体になっているのは，亜鉛が 907 ℃ で沸騰するからである（図 6・3 では，亜鉛の沸騰に対応して Ellingham 図中の ZnO の線が折れ曲がっている）．

問題 6・1　炭素で MgO が還元される最低温度は何度か．

他の還元剤を使う還元においても原理は同じである．たとえば，金属 M の酸化物を還元するのに金属 M′ を利用できるかどうかを調べるのに Ellingham 図を使うことができる．この場合，M′ が C の代わりをするわけだから，問題の温度で M′ の酸化物 M′O の線が M の酸化物 MO の線の下にあるかどうかを図から調べればよい．M′ および M の酸化反応をそれぞれ

(a)　$M'(s\ \text{または}\ l) + \frac{1}{2}O_2(g) \longrightarrow M'O(s)$　　$\Delta_r G^{\ominus}(M', M'O)$

(b)　$M(s\ \text{または}\ l) + \frac{1}{2}O_2(g) \longrightarrow MO(s)$　　$\Delta_r G^{\ominus}(M, MO)$

とすると，

$$\Delta_r G^{\ominus} = \Delta_r G^{\ominus}(M', M'O) - \Delta_r G^{\ominus}(M, MO)$$

が負のときには，反応

(a−b)　$MO(s) + M'(s\ \text{または}\ l) \longrightarrow M(s\ \text{または}\ l) + M'O(s)$

が自発的に起こりうる（MO_2 その他の酸化物に関する類似の反応についても同様である）．たとえば，図 6・3 では，約 2200 ℃ よりも低い温度ではマグネシウムの線がケイ素の線よりも下方にあるから，このような温度以下では SiO_2 を還元するのにマグネシウムを使うことができるはずである．この反応は低品位のケイ素をつくるのに実際に用いられてきた．

> Ellingham図は，金属酸化物の標準生成ギブズエネルギーの温度依存性を要約したもので，炭素または一酸化炭素などによる金属酸化物の還元が自発的に進行する温度を決めるのに利用できる．

(b) 化学的な還元の概要

金属の還元抽出を実現するための工業的な過程は，熱力学的な解析が示唆するよりもはるかに変化に富んでいる．一つの重要な点は，鉱石および炭素はいずれも固体であって，二つの粗い粒子間の反応はほとんどの場合遅いことである．そこで，たいていの過程では気-固または液-固反応を利用する．今日の工業過程では，反応を経済的に進行させ，原料を有効利用し，環境問題を起こさないようにするために，実にさまざまな戦略を使っている．還元しやすいもの，中くらいのもの，きわめてしにくいものに対応する三つの重要な実例を考察すると，上記の戦略を調べてみることができる．

最も還元しやすいものには銅鉱石の還元がある．乾式冶金による銅の抽出では焙焼と溶融製錬がいまだに広く用いられている．しかし最近の技術では，焙焼に伴って大量に発生する SO_2 による重大な環境問題を避ける努力がなされている．銅イオンの水溶液を H_2 かくず鉄で還元して銅を抽出する**湿式製錬**[a]は有望な新技術の一つである．この製法では，低品位の鉱石から酸または細菌の作用で溶かし出した Cu^{2+} イオンをつぎの反応

$$Cu^{2+}(aq) + H_2(g) \longrightarrow Cu(s) + 2H^+(aq)$$

で水素で還元するか，あるいはまた鉄を使っての同様の反応で還元する．この方法は環境への影響が比較的少ないと同時に，低品位鉱石の経済的な利用にも役立っている．

鉄抽出の難しさは中程度のものである．それは，鉄器時代が青銅器時代の後であることでもわかる．経済面からみれば，炭素乾式製錬の最も重要な応用は鉄鉱石の還元である．いまだに鉄の主要な生産源である溶鉱炉（図6・4）では，鉄鉱石（Fe_2O_3, Fe_3O_4），コークス（C），石灰石（$CaCO_3$）を充填して熱風で加熱する．この熱風によるコークスの燃焼で温度が2000℃に上がり，炉の下の部分で炭素が燃えて一酸化炭素になる．炉の上部から供給された Fe_2O_3 は，下から上昇してくる熱いCOに遭遇する．そこで鉄(Ⅲ)酸化物はまず Fe_3O_4 へ，つぎに500℃〜700℃でFeOに還元され，COは CO_2 に酸化される．それと同時に，石灰石は生石灰（CaO）に変化して排気ガス中の CO_2 含量を増加させる．鉄への最終的な還元は炉の中心部分で1000℃から1200℃の温度で進行する．

$$FeO(s) + CO(g) \longrightarrow Fe(s) + CO_2(g)$$

十分なCOの供給を確保しているのは

$$CO_2(g) + C(s) \longrightarrow 2CO(g)$$

---

a) hydrometallurgy

の反応である．この反応で生成した一酸化炭素が，炉の下部で起こる炭素の不完全燃焼で生じた一酸化炭素に追加される．この一連の気-固反応によって，鉱石とコークスとの固-固反応が結果的に完結するのである．

炭酸カルシウムの熱分解でできた生石灰（CaO）の働きは，鉱石中に含まれているケイ酸塩と（Lewis の酸塩基反応で）結合して，溶融したスラグの層を炉の最も熱い（一番下の）部分でつくることである．このスラグは鉄よりも密度が低く，流出させて取除くことができる．ここでできた鉄は炭素を溶かし込んでいるので，純粋な鉄の融点（1535℃）よりも約400℃低い温度で融解する．この鉄は一番高密度の層を形成して炉の底にたまり，それを流し出して凝固させたものが炭素含量の高い（質量で約4％）"銑鉄[a]"である．その後，炭素含量を減らすような一連の反応を行うと鋼鉄ができるし，他の金属と一緒に処理すれば鉄の合金ができる．

ケイ素の酸化物からケイ素を抽出するのは，銅や鉄の抽出よりも困難である．ケイ素はまさしく20世紀の元素と言えよう．96％から99％の純度のケイ素は，ケイ岩かケイ砂（SiO_2）を高密度のコークスで還元してつくられる．Ellingham 図によると，この還元は約

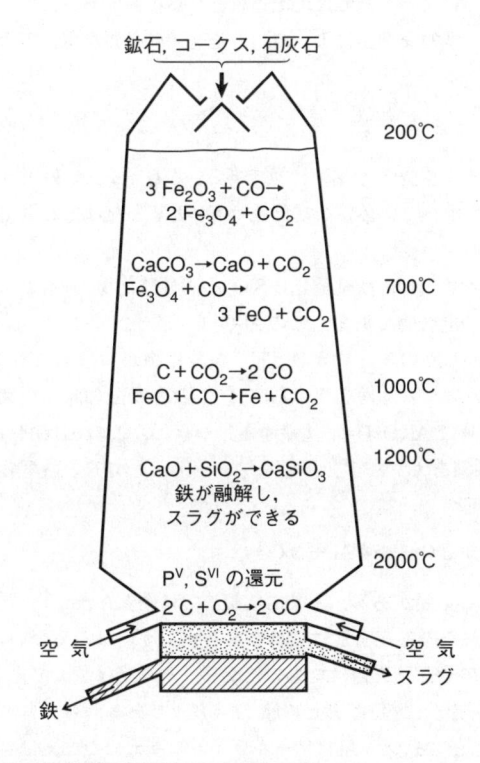

図 6・4 溶鉱炉の模式図．代表的な組成および温度分布を示す．

---

[a] pig iron

1500℃以上の温度でのみ可能である．このような高温を達成するには電気炉を用い，SiC の蓄積を防ぐために過剰量のシリカを入れておく．

$$\mathrm{SiO_2(l)} + 2\,\mathrm{C(s)} \xrightarrow{1500\,℃} \mathrm{Si(l)} + 2\,\mathrm{CO(g)}$$
$$2\,\mathrm{SiC(s)} + \mathrm{SiO_2(l)} \longrightarrow 3\,\mathrm{Si(l)} + 2\,\mathrm{CO(g)}$$

半導体に利用する高純度のケイ素をつくるには，粗製のケイ素を $\mathrm{SiCl_4}$ のような揮発性化合物に変換してから徹底的な分別蒸留で精製し，つぎに純粋な水素でケイ素に還元する．このようにしてできた半導体級のケイ素を融解し，融解物から結晶をゆっくり引き上げると大きな単結晶ができる．この方法を **Czochralski法** という．

Ellingham 図によると，$\mathrm{Al_2O_3}$ を炭素で直接還元するには 2000 ℃ 以上の高温が必要である．この方法は高価で不経済だし，酸化物の揮発性など，高温化学に共通の厄介な問題が起こる．他方，$\mathrm{Al_2O_3}$ は電気分解で還元することができて，最近ではすべて，電解還元による **Hall-Héroult 法** が用いられている．これは 1886 年に Charles Hall がアメリカ合衆国で，また Paul Héroult がフランスでそれぞれ独立に発明した方法である．

電解還元は，電位差 E を加えることによって還元反応を進行させる技術である．反応ギブズエネルギーを $\Delta_r G$ とすると，熱力学的な理由によって，電解還元に必要な電位差が次式で与えられる．

$$E \geq \frac{\Delta_r G}{\nu F} \tag{3}$$

ここで，ν は問題の化学反応式に従って移動する電子の数である．$\Delta_r G = +100\ \mathrm{kJ\ mol^{-1}}$ で $\nu = 1$ の反応ならば，反応を進行させるのに必要な電位差は $E \approx 1\ \mathrm{V}$ またはそれ以上となる．

アルミニウムの原料となるボーキサイトは，酸性酸化物 $\mathrm{SiO_2}$ と両性酸化物 $\mathrm{Al_2O_3}$ および $\mathrm{Fe_2O_3}$（いくらかの $\mathrm{TiO_2}$ とともに）の混合物である．この $\mathrm{Al_2O_3}$ を水酸化ナトリウム水溶液で抽出すると，アルミニウムとケイ素の酸化物が鉄（III）の酸化物から分離される．（酸化鉄を反応させるにはもっと濃いアルカリが必要である）．この溶液を $\mathrm{CO_2}$ で中和すると，ケイ酸塩は溶液中に残ったままで $\mathrm{Al(OH)_3}$ が沈殿する．つぎに，この $\mathrm{Al(OH)_3}$ を融解氷晶石（$\mathrm{Na_3[AlF_6]}$）に溶かし，鋼をカソード，黒鉛をアノードとしてその融解物を電解還元する．黒鉛アノードは全反応

$$2\,\mathrm{Al_2O_3} + 3\,\mathrm{C} \longrightarrow 4\,\mathrm{Al} + 3\,\mathrm{CO_2}$$

で消費されるので，連続的に更新する必要がある．工業的な製法では約 $1\ \mathrm{A\ cm^{-2}}$ の電流密度で約 4.5 V の電極電位を用いる．この電流密度はさほど大きいようにはみえないが，実際に必要な電流は電流密度に電極の全面積を掛けたものだから，その量は莫大である．その上，電力 P（単位はワット）は電流 I と電位差 E との積（$P = IE$）であるから，典型的なプラントは大量の電力を消費する．その結果，Al はボーキサイトの産地（たとえばジャマイカ）ではなく，電気が安いところ（たとえばケベック）で生産されることが多い．

6・2 酸化で抽出される単体

酸化で抽出される単体で最も重要なものはハロゲンである．水中でのCl^-イオンの酸化に対する標準反応ギブズエネルギーは大きな正の値をもっている．

$$2\,Cl^-(aq) + 2\,H_2O(l) \longrightarrow 2\,OH^-(aq) + H_2(g) + Cl_2(g) \qquad \Delta_r G^\ominus = +422\,\text{kJ mol}^{-1}$$

したがって，この反応を起こさせるには最小限2.2 Vの電位差による電解が必要なことが示唆される（この反応では$\nu=2$である）．

ところで，反応

$$2\,H_2O(l) \longrightarrow 2\,H_2(g) + O_2(g) \qquad \Delta_r G^\ominus = +474\,\text{kJ mol}^{-1}$$

を起こさせるのに必要な電位差は，わずか1.2 V（この反応では$\nu=4$である）であるから，この反応が競合するのではないかという疑問が生ずるであろう．しかし，水の酸化の速度は，この反応が熱力学的に起こりうるようになるぎりぎりの電位では極端に遅い．このことを表現するのに，この反応は高い**過電圧**[a] ηをもっているという．ここで，ηは，反応速度を十分速くするために平衡の値に加えなければならない電位差である[2]．その結果，海水を電気分解するとCl_2，H_2および$NaOH$水溶液ができるが，さほど多くのO_2は発生しない．そこで，反応で生ずる量にできるだけ近い割合でCl_2と$NaOH$の両方を市場で利用する方法の開発が工業的な課題の一つになっている．海水の電気分解は$NaOH$の製法の一つだが，環境保護のために塩素の消費を減らそうとする努力の結果，つぎのような反応で$NaOH$をつくる方法が開発されている．

$$Na_2CO_3(aq) + Ca(OH)_2(aq) \longrightarrow CaCO_3(s) + 2\,NaOH(aq)$$

この製法で用いる炭酸ナトリウムは鉱山から採掘し，水酸化カルシウムは炭酸カルシウムを焙焼してできた酸化物を水和してつくる．

フッ化物の水溶液を電気分解するとフッ素ではなく酸素が発生する．そこで，フッ素をつくるには，フッ化カリウムとフッ化水素との無水混合物を電気分解する．この混合物（KF：HFの物質量比1：2）は72℃より高い温度で融解し，それはイオン伝導体である．Br_2およびI_2は酸化されやすいハロゲンで，ハロゲン化物水溶液をCl_2で化学的に酸化すると得られる．

O_2は液体空気の分別蒸留で得られるから化学的な方法でつくる必要はない（しかし，他の惑星に移住したら化学的な方法が必要になるかもしれない）．硫黄の場合は，いろい

---

2) 過電圧は§6・4a でもっと詳しく取上げる．
a) overpotential

ろな過程があって面白い．単体の硫黄は採掘でも得られるし，"酸性"天然ガスや粗製の石油から 2-アミノエタノール $HOCH_2CH_2NH_2$ 中に捕捉することによって得られる H_2S を酸化してつくることもできる．この酸化は，つぎの2段階から成る Claus 法によって行われる．まず，硫化水素の一部を二酸化硫黄に酸化する．

$$2\,H_2S + 3\,O_2 \longrightarrow 2\,SO_2 + 2\,H_2O$$

つぎに，この二酸化硫黄を触媒の存在下でさらに硫化水素と反応させる．

$$2\,H_2S + SO_2 \xrightarrow{\text{酸化物触媒, 300℃}} 3\,S + 2\,H_2O$$

ここで用いる触媒の代表的なものは Fe_2O_3 または Al_2O_3 である．この Claus 法は環境への影響が少ない方法である．この方法を使わないとすると，有毒な硫化水素を燃やして汚染物質である二酸化硫黄にしなければならないであろう．

酸化反応で得られる重要な金属は，化合物ではなく元素単体の形で産出する金属だけである．金は酸化を利用する一例であるが，それは，低品位鉱石中の金の細粒を単純な"ふるい分け"で分離するのが難しいからである．金を溶かすには，CN^- イオンとの錯形成によって Au の酸化を促進すればよい．このとき $[Au(CN)_2]^-$ イオンが生成する．この錯イオンは，亜鉛のような反応性の高い金属と反応させると，還元されて金属になる．

$$2[Au(CN)_2]^-(aq) + Zn(s) \longrightarrow 2\,Au(s) + [Zn(CN)_4]^{2-}(aq)$$

> 酸化でつくられる元素にはハロゲンや硫黄，また精製過程で酸化を使うものにはある種の貴金属がある．

還元電位

溶鉱炉内で反応を推し進めているのは炭素または一酸化炭素の酸化反応で，これらの還元剤（炭素や一酸化炭素）は金属酸化物に直接接触している．しかし，電気化学的な製錬では，還元剤と還元される物質とが物理的に分離されている．事実，自発的には起こらない酸化還元反応を駆動する反応または物理的過程は，たとえば発電所のように，遠く離れた場所で起こっているのである．

6・3 酸化還元半反応

一つの酸化還元反応を取扱うのに，それを二つの概念的な**半反応**[a] の和と考えると都合がよい．半反応では電子の喪失（酸化）または獲得（還元）がはっきりと表示される．還元半反応では，

$$2\,H^+(aq) + 2\,e^- \longrightarrow H_2(g)$$

---

a) half-reaction

のように，ある物質が電子を獲得する．酸化半反応では，

$$\text{Zn(s)} \longrightarrow \text{Zn}^{2+}(\text{aq}) + 2\,\text{e}^-$$

のように，ある物質が電子を失う．これらの半反応式中で電子の状態を特定していないのは，一つの酸化還元反応を半反応に分割するのは単に概念上のことで，必ずしも二つの過程を実際に物理的に分離することに対応するわけではないからである．

半反応中の酸化型の化学種と還元型の化学種とは一つの**酸化還元系**[a]をつくる．一つの酸化還元系を表すには，H^+/H_2 や Zn^{2+}/Zn のように，還元体の前に酸化体を書き，各物質の相は示さないのが普通である．あらゆる半反応を還元の方向に書くという規約に従うのが望ましい．酸化は還元の逆反応であるから，上記の二つの半反応の中の2番目のものをつぎのように書くことができる．

$$\text{Zn}^{2+}(\text{aq}) + 2\,\text{e}^- \longrightarrow \text{Zn(s)}$$

そうすると，全反応は，二つの還元半反応の差で与えられる．この場合，各半反応に係数を掛けて電子数が同じになるようにしておく必要がある．これは Ellingham 図で述べたことと同様であるが，Ellingham 図ではすべての反応を酸化方向に書き，かつ酸素原子の数が同じになるようにした反応同士の差として全反応が与えられる．

> 酸化還元反応は，還元半反応と酸化半反応との結果とみなすことができる．半反応はすべて還元方向に書き，全体としての化学反応式は，二つの還元半反応を表す化学式の差で与えられる．

(a) 標 準 電 位

ある全反応は二つの還元半反応の差であるから，全反応の標準反応ギブズエネルギーは二つの還元半反応の標準反応ギブズエネルギーの差で与えられる．全反応は，その $\Delta_\mathrm{r} G^\circ$ が負となる方向（この方向に対応する平衡定数 K は1より大になる）に自発的に進行する可能性をもつ．

実際の酸化還元全反応は必ず1対の還元半反応の差の形で進行するものであるから，各還元反応の標準反応ギブズエネルギーの差だけが意味のあるものである．そこで，ある一つの半反応を選んで，その $\Delta_\mathrm{r} G^\circ$ を0とし，それに対する相対値として他のすべての $\Delta_\mathrm{r} G^\circ$ を記述することができる．この特別な半反応には水素イオンの還元反応を選び，その $\Delta_\mathrm{r} G^\circ$ をあらゆる温度で0とすることが規約によって定められている．

$$2\,\text{H}^+(\text{aq}) + 2\,\text{e}^- \longrightarrow \text{H}_2(\text{g}) \qquad \Delta_\mathrm{r} G^\circ = 0 \qquad (4)$$

この規約によると，Zn^{2+} イオンの還元に対する標準反応ギブズエネルギーは実験によってつぎのように決まる．

---

a) redox couple

$$Zn^{2+}(aq) + H_2(g) \longrightarrow Zn(s) + 2H^+(aq) \qquad \Delta_r G^\ominus = +147 \text{ kJ mol}^{-1}$$

上の規約により，H^+の還元半反応による反応ギブズエネルギーへの寄与は0であるから

$$Zn^{2+}(aq) + 2e^- \longrightarrow Zn(s) \qquad \Delta_r G^\ominus = +147 \text{ kJ mol}^{-1}$$

となる．

　全反応の標準反応ギブズエネルギーは，問題の反応によって外部に電流が流れるようなガルバニ電池[a]を組立てて測定することができる（図6・5）．ガルバニ電池というのは，化学反応を用いて電流を発生させるような電気化学的なセルのことである．ガルバニ電池の電極間の電位差を測定し[3]，必要ならば$\Delta_r G^\ominus = -\nu FE$を用いて電位差をギブズエネルギーに変換する．表記してある数値は，通常，標準状態[*1]におけるもので，その測定に使った単位，すなわちボルト（V）で表してあるのが普通である．

　半反応の$\Delta_r G^\ominus$に対応する電位を$E^\ominus$と書いて，これを**標準電位**[b]（または，半反応が還元反応であることを強調して標準還元電位[c]）という．ここで，

$$\Delta_r G^\ominus = -\nu FE^\ominus \tag{5}$$

である．H^+の還元の$\Delta_r G^\ominus$は便宜的に0と決めてあるので，H^+/H_2系の標準電位もまた0（あらゆる温度で）である．

$$2H^+(aq) + 2e^- \longrightarrow H_2(g) \qquad E^\ominus(H^+/H_2) = 0 \tag{6}$$

同様に，$\nu = 2$であるZn^{2+}/Zn対については，$\Delta_r G^\ominus$の測定値からつぎのようになる[*2]．

$$Zn^{2+}(aq) + 2e^- \longrightarrow Zn(s) \qquad E^\ominus(Zn^{2+}/Zn) = -0.76 \text{ V} \quad (25 \text{ ℃})$$

　ある全反応の$\Delta_r G^\ominus$は，それを構成している還元半反応の$\Delta_r G^\ominus$の差に等しい．したがって，二つの還元半反応を組合わせた全反応の$E^\ominus$の値は，それらの半反応の標準電位の差に等しい．たとえば，

(a)　$2H^+(aq) + 2e^- \longrightarrow H_2(g) \qquad\qquad E^\ominus = 0$
(b)　$Zn^{2+}(aq) + 2e^- \longrightarrow Zn(s) \qquad\qquad E^\ominus = -0.76 \text{ V}$

この差をとると

(a − b)　$2H^+(aq) + Zn(s) \longrightarrow Zn^{2+}(aq) + H_2(g) \qquad E^\ominus = +0.76 \text{ V}$

式(5)中には負の符号が付いているから，$E^\ominus > 0$ならば，その反応は自発的に進行するということになる．上記の全反応では$E^\ominus = +0.76 \text{ V} > 0$であるから，標準状態（pH=0

---

[3]　実際には，電池が熱力学的な意味で可逆的に働くようにしておかねばならない．すなわち，無視できる程度の微小電流で電位差を測る必要がある．
[*1]　訳注：p.274の注1）をみよ．
[*2]　訳注：以下本書中の標準電位の値は，付録2に収録してある値を四捨五入したものであることがある．

[a] galvanic cell　[b] standard potential　[c] standard reduction potential

の酸性溶液で Zn^{2+} の活量が1)で Zn は H^+ を還元する熱力学的な傾向をもっていることがわかる．同じことが，負の標準電位をもつすべての酸化還元系について成立する．

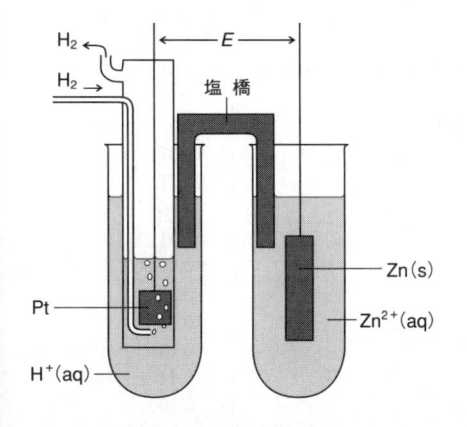

図 6・5 ガルバニ電池の模式図．物質がすべて標準状態にあって，電池に電流が流れていないときの電位差が電池の標準電位 $E^\ominus$ である．

$E^\ominus>0$ の反応は自発的に進行しうる．ここで $E^\ominus$ は，全反応を構成している半反応の標準電位の差である．

(b) 電気化学系列

標準電位が負の系の還元体（たとえば Zn^{2+}/Zn 系における Zn）は，標準状態の水溶液中で H^+ イオンに対する還元剤となる．すなわち，$E^\ominus(Ox/Red)<0$ ならば，還元体 "Red" は H^+ イオンを還元するのに十分な強さ（Red による H^+ の還元反応の平衡定数が1より大きいという意味で）の還元剤である．

25℃における $E^\ominus$ の値のいくつかを表6・1に示す．この表は，**電気化学系列**[a]，すなわち

$$E^\ominus \text{がきわめて正の Ox/Red 系（Ox がきわめて酸化性）}$$
$$\vdots$$
$$E^\ominus \text{がきわめて負の Ox/Red 系（Red がきわめて還元性）}$$

の順に配列してある．電気化学系列で重要なのは，この系列の中で，ある Ox/Red 系の還元体は，それより上方にある系の酸化体を熱力学的には還元することができるということである．注意すべき点は，この分類は反応の熱力学的な観点，すなわち反応の自発性に関するもので，反応の速さに関するものではないということである．

$E^\ominus>0$ の標準電位をもつ酸化還元系の酸化体は強い酸化剤である．
$E^\ominus<0$ の標準電位をもつ酸化還元系の還元体は強い還元剤である．

---

a) electrochemical series

表 6・1 25 ℃ における代表的な標準電位*

還元半反応	$E^\ominus/V$
$F_2(g) + 2e^- \rightarrow 2F^-(aq)$	+3.05
$Ce^{4+}(aq) + e^- \rightarrow Ce^{3+}(aq)$	+1.72
$MnO_4^-(aq) + 8H^+(aq) + 5e^- \rightarrow Mn^{2+}(aq) + 4H_2O(l)$	+1.51
$Cl_2(g) + 2e^- \rightarrow 2Cl^-(aq)$	+1.36
$O_2(g) + 4H^+(aq) + 4e^- \rightarrow 2H_2O(l)$	+1.23
$[IrCl_6]^{2-}(aq) + e^- \rightarrow [IrCl_6]^{3-}(aq)$	+0.87
$Fe^{3+}(aq) + e^- \rightarrow Fe^{2+}(aq)$	+0.77
$[PtCl_4]^{2-}(aq) + 2e^- \rightarrow Pt(s) + 4Cl^-(aq)$	+0.76
$I_3^-(aq) + 2e^- \rightarrow 3I^-(aq)$	+0.54
$[Fe(CN)_6]^{3-}(aq) + e^- \rightarrow [Fe(CN)_6]^{4-}(aq)$	+0.36
$AgCl(s) + e^- \rightarrow Ag(s) + Cl^-(aq)$	+0.22
$2H^+(aq) + 2e^- \rightarrow H_2(g)$	0
$AgI(s) + e^- \rightarrow Ag(s) + I^-(aq)$	−0.15
$Fe^{2+}(aq) + 2e^- \rightarrow Fe(s)$	−0.44
$Zn^{2+}(aq) + 2e^- \rightarrow Zn(s)$	−0.76
$Al^{3+}(aq) + 3e^- \rightarrow Al(s)$	−1.68
$Ca^{2+}(aq) + 2e^- \rightarrow Ca(s)$	−2.87
$Li^+(aq) + e^- \rightarrow Li(s)$	−3.04

* 訳注: もっと大きな表が付録2にある.

例題 6・2 電気化学系列を用いる.

表6・1中の Ox/Red 系の中で過マンガン酸イオン MnO_4^- は鉄の酸化還元滴定に用いられる普通の分析試薬である. 酸性溶液中で過マンガン酸イオンが酸化しうるのは Fe^{2+}, Cl^-, Ce^{3+} のうちどのイオンか.

解 酸性溶液中における MnO_4^- から Mn^{2+} への標準電位は +1.51 V である. Fe^{3+}/Fe^{2+} 系, Cl_2/Cl^- 系, Ce^{4+}/Ce^{3+} 系の標準電位は, それぞれ, +0.77, +1.36 および +1.72 V である. この中の最初の二つのイオンの標準電位は MnO_4^- の電位よりも負であるから, MnO_4^- は酸性 (pH=0) 溶液中で Fe^{2+} および Cl^- を酸化するのに十分に強い酸化剤である. 鉄の溶液を過マンガン酸イオンで滴定するときには, Cl^- イオンの迅速な酸化が起こらないように注意しなければならない. より正の標準電位をもつ Ce^{3+} は過マンガン酸イオンでは酸化できない. 実際には, 溶液中に他のイオンが共存すると電位が変化して, 結果が違ってくる可能性があることに注意する必要がある. 水素イオンの影響は特に重要で, それについては §6・10 で論ずる.

問題 6・2 もう一つの普通の分析用酸化剤は二クロム酸イオン ($Cr_2O_7^{2-}$) の酸性溶液で, その標準電位は $E^\ominus(Cr_2O_7^{2-}/Cr^{3+}) = +1.38$ V である. この溶液を Fe^{2+} の滴定に利用できるか. もし Cl^- が存在したら副反応の可能性があるだろうか.

(c) Nernst 式

組成が任意の状態にある反応が特定の方向に進む傾向を判定するには，与えられた条件下における$\Delta_r G$の符号と大きさとを知る必要がある．そのためには，次式で表される熱力学の結果を使えばよい．

$$\Delta_r G = \Delta_r G^\ominus + RT \ln Q \tag{7}$$

ここで，Qは**反応濃度比**[a]で

$$a\,\text{A}_{ox} + b\,\text{B}_{red} \longrightarrow a'\,\text{A}_{red} + b'\,\text{B}_{ox} \quad Q = \frac{([\text{A}_{red}]/c^\ominus)^{a'}\,([\text{B}_{ox}]/c^\ominus)^{b'}}{([\text{A}_{ox}]/c^\ominus)^{a}\,([\text{B}_{red}]/c^\ominus)^{b}} \tag{8}$$

で与えられる．ここでA_{ox}，A_{red}は物質Aの酸化体および還元体，$[\text{A}_{ox}]$，$[\text{A}_{red}]$はそれらの物質量濃度（物質Bについても同様），$c^\ominus$は標準物質量濃度である．もし$\Delta_r G$が負であれば，その反応は与えられた条件下で自発的に起こる．この判断の基準を電位で表すには$E = -\Delta_r G/\nu F$および$E^\ominus = -\Delta_r G^\ominus/\nu F$の関係を代入すればよい．そうすると，次式が導かれる．

$$E = E^\ominus - \frac{RT}{\nu F}\ln Q \tag{9}$$

これを**Nernst式**という．Eが正ならば$\Delta_r G < 0$であるから，その反応は，与えられた条件下で自発的に進む．平衡では$E = 0$および$Q = K$（Kは，平衡状態における反応濃度比，すなわち平衡定数），したがって，式(9)によれば，温度Tにおける反応の平衡定数と標準電位との間につぎのきわめて重要な関係が導かれる．

$$\ln K = \frac{\nu F E^\ominus}{RT} \tag{10}$$

表6・2は，$\nu = 1$および25℃において$-2\,\text{V}$から$+2\,\text{V}$の範囲の電位に対応するKの値を示したものである．電気化学的なデータは$-2\,\text{V}$から$+2\,\text{V}$の電位範囲内に収まっていることが多いが，この範囲は平衡定数の値にすると68桁に相当することがわかる．

表6・2 Kと$E^\ominus$との関係

$E^\ominus/\text{V}$	K
+2	10^{34}
+1	10^{17}
0	1
−1	10^{-17}
−2	10^{-34}

全反応の$E^\ominus$が二つの半反応の標準電位の差であるのと同様に，Eを二つの電位の差と考えると，個々のOx/Red系における半反応

$$a\,\text{Ox} + \nu\,\text{e}^- \longrightarrow a'\,\text{Red}$$

---

[a] reaction quotient

に対応する電位をつぎのように書くことができる.

$$E = E^{\ominus} - \frac{RT}{\nu F} \ln Q \qquad Q = \frac{([\text{Red}]/c^{\ominus})^{a'}}{([\text{Ox}]/c^{\ominus})^{a}} \tag{11}$$

この場合, Q を表す式中には電子の項がないことに注意してほしい.

> 反応混合物の組成が任意の値をとるときの電位は Nernst 式 (9) で与えられる. 反応の平衡定数と標準電位との関係は式 (10) で表される.

例題 6・3　Nernst 式を用いる.
H^+/H_2 系の電位の pH 依存性を示せ. ただし, 水素の圧力は 100 kPa, 温度は 25 ℃ とする.
解　還元半反応は

$$2\,H^+(\text{aq}) + 2\,e^- \longrightarrow H_2(g)$$

水素イオン濃度の減少 (pH の増大) は, 反応生成物ができる傾向を低下させ, 反応ギブズエネルギーの増大, したがって電位の減少をもたらすと予測することができる. この系に対する Nernst 式は

$$E(H^+/H_2) = E^{\ominus}(H^+/H_2) - \frac{0.059\,\text{V}}{2} \log_{10} \frac{p(H_2)/p^{\ominus}}{([H^+]/c^{\ominus})^2}$$

そこで, $\text{pH} \approx -\log_{10}([H^+]/c^{\ominus})$ また定義により $E^{\ominus}=0$ だから, $p(H_2)=100\text{ kPa}=p^{\ominus}$ ならば,

$$E(H^+/H_2) = -(59\,\text{mV}) \times \text{pH}$$

すなわち, pH が 1 単位増すごとに電位は 59 mV ずつ負になっていく. 中性 (pH＝7) の溶液では $E(H^+/H_2) = -0.41$ V になる.

問題 6・3　中性 (pH＝7) 溶液中における MnO_4^- の Mn^{2+} への還元に対する電位はいくらか.

6・4　速度論的な要因

すでに指摘したように, 熱力学的な考察で解析できるのは, 与えられた条件下における反応の自発性, すなわち, ひとりでに進行しようとする傾向だけである. 自発的な反応がどのくらいの速度で進行するかについては熱力学は何も語らない. この節では, 溶液中の酸化還元反応の速度についてわかっていることのいくつかを要約する.

(a) 過電圧

ある金属イオン-金属系の標準電位が負であれば, その金属は, 標準状態の水溶液中で, H^+ イオンを還元できることになる. また, 問題の系の金属は, それよりも正の電位をもつすべての系の酸化体を還元できるはずである. しかし, このことは, 問題の還元反応を

実際に進行させるような反応機構上の道すじの存在を保証するものではない。第14章でみるように，反応の速度を支配している要因はさまざまであるから，どんなときに反応が迅速に起こりそうかを予測する完全に一般的な法則は存在しない。しかし，有用な経験則(はっきりした例外がいくつかあるが)によれば，与えられたpHでの水素の電位よりも約 0.6 V 負の電位をもつ系の還元体は水素イオンをかなりの速度で H_2 へ還元する．同様に，与えられたpHにおいて O_2，H^+/H_2O 系の電位よりも約 0.6 V 正の電位をもつ系の酸化体は水を酸化することができる．

ここで加算されている 0.6 V は過電圧の一例である．過電圧というのは，反応をある程度の速さで進行させるために平衡電位(電流が0のときの電位)に加算しなければならない電位である．過電圧の原因は複雑で，反応機構の細部に関連している．過電圧はまた，同位体同士でも異なることがある．たとえば，D_2 発生の過電圧は H_2 発生よりも高い．D_2O の工業的な電解濃縮はそれを利用している．

ある種の金属は酸を還元するが，水自身を還元はしない．そのわけは過電圧の存在によって説明される．これらの金属(鉄および亜鉛を含む)は負の標準電位をもっているが，その電位は，中性溶液中での H^+ の還元に必要な過電圧をまかなうのに十分なほど負ではない(下記の例題を参照)．しかし，$E(H^+/H_2)$ と $E(Fe^{2+}/Fe)$ との差，$E(H^+/H_2) - E(Fe^{2+}/Fe)$ は，$E(H^+/H_2)$ の値を正にするほど増大する．$E(H^+/H_2)$ をより正にするには，溶液をより酸性にしてpHを7以下に下げればよい．上記の差が約 0.6 V を超えると，その金属による還元がかなりの速さで起こるようになる．

ある酸化還元系を別の酸化還元系で顕著に還元できるのは，各系の電位の差が，過電圧として知られている特性値を超えている場合だけである．

例題 6・4　過電圧を考慮に入れる．
水は 25 ℃ において鉄を速やかに $Fe^{2+}(aq)$ に酸化するであろうか．
解　必要なことは，関連する酸化還元系のpH=7における電位の差を調べることである．水素の分圧が約 100 kPa における水素系に対する Nernst 式は例題 6・3 で導いたが，それによると pH=7 では $E \approx -0.41$ V となる．鉄系に対する Nernst 式

$$Fe^{2+}(aq) + 2e^- \longrightarrow Fe(s) \qquad E/V = -0.44 + \frac{0.059}{2}\log_{10}\frac{[Fe^{2+}]}{c^\ominus}$$

Fe^{2+} の濃度が 1 mol dm^{-3} になったとすると，そのときの電位は $E \approx -0.44$ V である．この鉄系の電位は水素系よりも負であるが，その差 (0.03 V) は水素をかなりの速さで発生させるのに必要な代表的な値 0.6 V よりも少ない．この結果は，問題の反応が遅いことを示唆している．

問題 6・4　マグネシウムは，つねに新しい表面が溶液に接触するようにすれば，25 ℃，pH=7 の水で迅速に酸化される．この反応に対する E の値は，過電圧について本文

中で述べた一般則に合致しているか.

(b) 電 子 移 動

過電圧を反応機構の面から説明できる場合もある．溶液相内部での電子移動は**外圏型電子移動**[a)]で進行することが多い．外圏型電子移動過程では，酸化還元中心（酸化数が変化する原子）の配位圏に起こる変化はごくわずかで，金属-配位子間の距離が少しだけ変化するにすぎない．この過程を図6·6に示す．二つの錯体が溶液中で遭遇し，それぞれの配位圏が接触して電子が流れる道ができると電子移動が起こると予想することができる[4)].

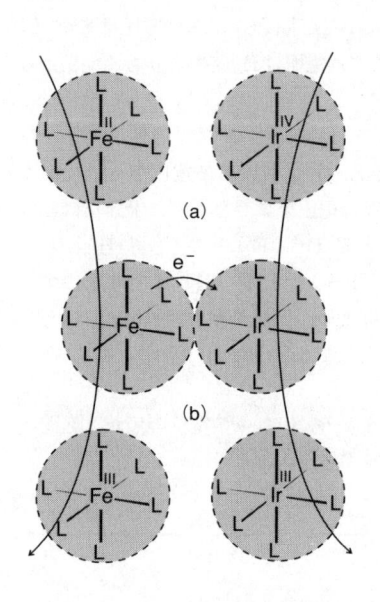

図6·6 外圏機構の酸化還元反応の模式図．(a) 反応するイオンがいずれも溶媒中を拡散してきて接触すると，電子が一方から他方へ一つ移動する．(b) つぎにこの反応生成物は，それぞれの元来の配位圏（灰色の円で表す）を変えないままで拡散して離れていく．中心金属イオンの半径の変化に応じて，金属-配位子結合の長さがわずかに変化する可能性がある．

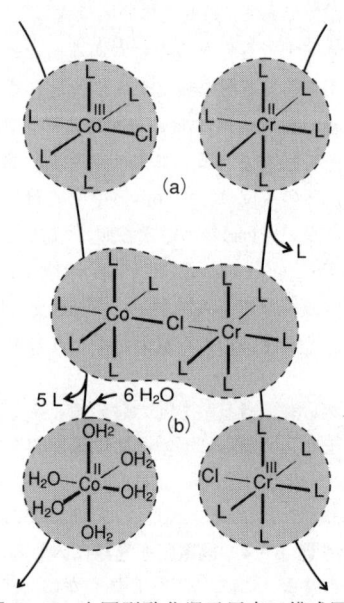

図6·7 内圏型酸化還元反応の模式図．(a) 反応するイオンがいずれも溶媒中を拡散してきて接触すると配位子置換反応が起こって，配位子で橋かけされた化合物ができる．(b) 橋かけ配位子がその電子をすべて伴い（この例における：Cl^- のように），一方の錯体から他方へ移動する結果，錯体中の金属原子の酸化状態が変化する．この例では置換活性な Co^{II} 錯体ができて，それが周りの溶媒と速やかに配位子を交換する．

---

4) この節で用いる用語は§7·1で説明する．
a) outer-sphere electron transfer

この場合には，電子移動が迅速に起こることができて，速度の対数は二つの酸化還元系の標準電位の差に比例することが多い．すなわち，平衡定数が大きいほど（平衡が有利になるほど），その反応は速やかに進行する．その定量的な関係は§14・13で論ずる．無機反応機構の研究に用いられている測定法の一つであるサイクリックボルタンメトリーの概要をBOX 6・1で述べる．

外圏型電子移動のつぎに簡単な機構は**内圏型電子移動**[a]で，この場合には錯体の配位圏の構成に変化が起こる．$Cr^{2+}(aq)$ による $[CoCl(NH_3)_5]^{2+}$ の還元，

$$[CoCl(NH_3)_5]^{2+}(aq) + [Cr(OH_2)_6]^{2+}(aq) + 5H_2O(l) + 5H^+(aq)$$
$$\longrightarrow [Co(OH_2)_6]^{2+}(aq) + [CrCl(OH_2)_5]^{2+}(aq) + 5NH_4^+(aq)$$

は古典的な例である．置換不活性な Co^{III} 上での NH_3 や Cl^- の置換はいずれも遅いことがわかっているから，まず，より置換活性な Co^{II} 錯体ができた後に Co 上での配位子置換が起こるはずである．また，Cr^{III} に Cl^- が配位した錯体が生成しているが，Cr^{III} のアクアイオン $[Cr(OH_2)_6]^{3+}$ の配位圏中に Cl^- が入るのはきわめて遅い過程である．したがって，この反応機構には橋かけ Cl 原子が関与していると考えられる（図6・7）．この種の反応においても，酸化還元系の標準電位の差が大きいほど反応が速くなることがよくみられる．

酸化剤および還元剤の酸化数の変化が等しくないような反応を**非相補酸化還元反応**[b]というが，この場合の反応速度は遅いことが多い．その理由は，反応が1段階の電子移動では完了できないからである．いくつかの段階中のどれか一つの速度が遅かったり，重要な中間体の濃度が低いような場合には，全体の反応が遅くなるであろう．

非相補酸化還元反応は，d-ブロック金属のイオンによる p-ブロック元素のオキソアニオンの酸化に特有な反応である．それは，この種のオキソアニオン中の元素の酸化数は2ずつ異なる（NO_2^- 中では N の酸化数が +3，NO_3^- 中では +5 のように）ことが多いのに対して，d-ブロック金属のイオンの酸化還元反応は多くの場合1電子過程で起こるからである．たとえ酸化数の変化が1の場合であっても，二つ以上の段階が関与する可能性がある．たとえば，亜硫酸イオン SO_3^{2-}（S の酸化数は +4）を Fe^{3+} イオンでジチオン酸イオン $S_2O_6^{2-}$（S の酸化数は +5）に酸化する反応は2段階で進行する．第一段階では Fe^{III} が亜硫酸イオンをラジカルに酸化し，続いて二量化

$$2(SO_3)^{\cdot -}(aq) \longrightarrow S_2O_6^{2-}(aq)$$

が起こって反応が完結する．

単純な電子移動過程は内圏型または外圏型で起こる可能性がある．非相補酸化還元反応は2段階以上の段階で進行する．

---

a) inner-sphere electron transfer　b) non-complementary redox reaction

BOX 6・1 サイクリックボルタンメトリー

　無機反応の研究においては，多くの場合，酸化還元反応に関与する化学種（アクアイオン，錯体，その他）を特定し，また反応中間体を明らかにすることがきわめて重要である．サイクリックボルタンメトリー[a]（図B6・1）は無機化学者によく知られるようになった方法である．

図B6・1 サイクリックボルタンメトリー実験装置．時間で変化する電位の各周期（2本の垂直線で第1周期を示してある）に対応して，サイクリックボルタモグラムの1サイクルが完了する（つぎの二つの図を参照）．

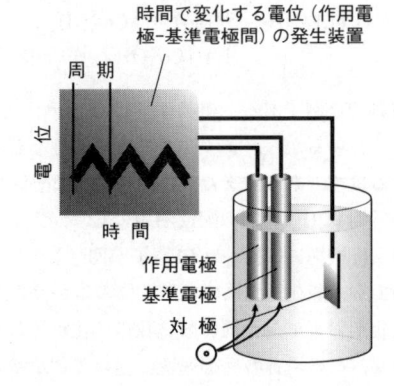

　サイクリックボルタンメトリーでは直径が約1 mmか2 mmの小さな"作用電極[b]"を使用する．電極に流れる電流は，電気化学的な活性物質が電極に向かって拡散する速度で決まる．実験は3電極セル中で行い，基準電極に対して作用電極の電位を制御しながら，作用電極と対極との間に流れる電流を測定する．作用電極には三角波の形で電位を加える．電位の直線的な増加と，それに続く直線的な減少とが繰返されるときに，電極に流れる電流を電位に対してプロットしたものがサイクリックボルタモグラム[c]である．酸化還元系，$[Fe(CN)_6]^{3-}/[Fe(CN)_6]^{4-}$を含む溶液の白金電極によるサイクリックボルタモグラムを図B6・2に示す*．

　測定は，たとえば電位を十分に負の値（図B6・2中の左側）に設定して開始する．この電位である程度の時間が経過すると，作用電極の近傍では$[Fe(CN)_6]^{3-}$がすべて$[Fe(CN)_6]^{4-}$に還元されるであろう．このとき，電極近傍における酸化体の濃度はきわめて低くなるから，電流も非常に小さくなるであろう．つぎに電位走査を開始する．電位が系のE°の近くに達すると電極面で$[Fe(CN)_6]^{4-}$の酸化が始まる．その結果，図中のA点では若干の鉄（Ⅱ）錯体が鉄（Ⅲ）に酸化されるにつれて電流が流れ始める．電位がE°を過ぎると，電極付近の錯体はすべて鉄（Ⅲ）に酸化されてしまった状況になる．B点では，酸化される鉄（Ⅱ）錯体が電極付近からほ

＊ 訳注: 通常のサイクリックボルタンメトリーの実験では，酸化体か還元体のどちらか一方，たとえば$[Fe(CN)_6]^{3-}$のみを含む溶液が用いられる．

a) cyclic voltammetry　　b) working electrode　　c) cyclic voltammogram

とんど無くなり，電極面からはるか遠く離れたところからの鉄（Ⅱ）錯体の拡散で電流が決まるようになって電流が再び低下する．その結果，きわめて正の電位（図の右側）で電流が小さな値に戻ってきて，電流-電位曲線上には系の E° 近傍（E° ではない）でピークが生ずる．

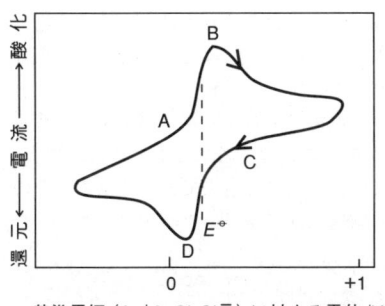

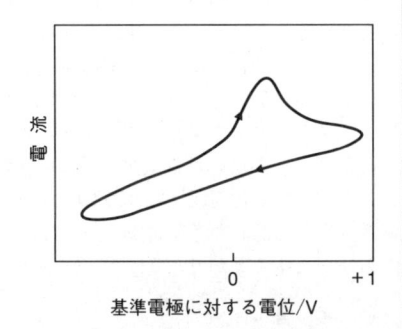

図B6・2 典型的なサイクリックボルタモグラム（模式図）．各点については本文中で説明してある．

図B6・3 ある方向へは単純だが逆方向へは複雑な反応のサイクリックボルタモグラム．この例では還元波が現れない．

図の右側で電流が小さな値になったら電位走査の方向を逆転させる．電位がより負になるにつれて電流が逆向きに流れ始め（図中のC点），それ以降の曲線は，電位を正方向に走査したときの逆である．最初の走査におけるピーク（B点）は2番目の走査のときのピーク（D点）よりも右（正）側にあることに注目されたい．どんな場合でも，ピーク電流が現れるのは電位走査の方向に E° を超えた電位においてである．BとDとの電位の中点は E° に近いことがわかっている．ピークの形から E° を推定して，これらのピークを生ずる系を識別するのは容易なことである．この図では E° が約 $+0.3\,\mathrm{V}$ であることから，問題の酸化還元系は $[\mathrm{Fe(CN)}_6]^{3-}/[\mathrm{Fe(CN)}_6]^{4-}$ であることがわかる．

電極での電子移動反応が速く，酸化還元系が可逆（電極面における濃度がNernst式で決まる値を速やかにとるという意味で）ならば，両方向の電位走査におけるピーク電位の差が直接理論的に求められる．電極での電子移動が遅ければ，ピーク電流の分離が可逆の場合よりも大きくなる．したがって，サイクリックボルタモグラムは電子移動の速度論的情報をも提供する．

場合によっては，一方向への反応は単純だが，逆方向への反応は複雑なことがある．たとえば，$\mathrm{RCO_2^-}$ を酸化すると $\mathrm{RCO_2^\cdot}$ ラジカルが生成するが，それは速やかに $\mathrm{R^\cdot}$ と $\mathrm{CO_2}$ とに分解する．この分解のために酸化反応は不可逆的である．$\mathrm{RCO_2^-}$ の酸化に対する標準電位の近くの電位では $\mathrm{R^\cdot}$ も $\mathrm{CO_2}$ も還元されない．このような系のサイクリックボルタモグラムには酸化に対する"波"は現れるが，E° 近傍の電位では還元波はみられないであろう（図B6・3）．

E° の近くのピークは問題の電子移動系の特徴を反映するもので，それを利用して電子移動反応を決めたり，還元電位を測定したりすることができる．電極での電子移動反応が速いか遅いかは酸化ピークと還元ピークとの電位間隔からわかる．逆走査の際のピークがみられなければ，電極反応による生成物が，電位走査の方向が逆転する前に，相当な速さで化学的に変化することを示している．電位走査の速度を高めることによって，逆走査方向におけるピークを見つけだすことができる場合も多い．このようにピークが現れてくる現象は，問題の化学反応の進行が電位走査に追いつかないことを示唆しており，反応速度の立場から解釈できる．

サイクリックボルタンメトリーを用いると，電極で進行する電子移動反応を特定したり，その反応が電気化学的に可逆か否かを決めたりすることができる．事実，この方法は酸化還元反応経路を明らかにするのにきわめて有力であって，ここでの議論よりも詳しい考察によってさらに多くの結論をサイクリックボルタモグラムからひきだすことができる．

参 考 書

P. H. Rieger, "Electrochemistry, 2nd Ed.," Chapman and Hall, New York (1994).

A. J. Bard, L. R. Faulkner, "Electrochemical methods: fundamentals and applications," John Wiley, New York (1980).

(c) 経験的な一般則

オキソアニオンでは内圏機構が普通の反応機構で，そこには多くの傾向がみられる．たとえば，オキソアニオンの還元速度は，オキソアニオン中の母体元素の酸化数が高いほど反応速度が遅い．つぎの2例は，反応速度がこの傾向を示すものである．

$$ClO_4^- < ClO_3^- < ClO_2^- < ClO^-$$

および

$$ClO_4^- < SO_4^{2-} < HPO_4^{2-}$$

中心原子の半径もまた重要で，中心原子が小さいほど還元反応速度が遅い．

$$ClO_3^- < BrO_3^- < IO_3^-$$

ヨウ素酸イオンの反応は迅速で，十分に速く平衡に達するので滴定に利用される．

きわめて役に立つ経験則がもう一つある．すなわち，ありふれた二原子分子の生成および分解は遅い．たとえば，O_2，N_2，H_2 の生成および分解は，機構が複雑で，速度が遅いのが普通である．

オキソアニオンの還元は，オキソアニオン中の元素の酸化状態が高く，半径が小さいほど遅い．二原子分子の生成および分解は一般に遅い．

水中における酸化還元安定性

　溶液中のイオンまたは分子は，他の共存化学種のどれかとの酸化または還元反応によって分解することがある．したがって，溶液中での化学種の安定性を評価するときには，考えられるすべての反応種，すなわち，溶媒，そのもの自身，そのもの以外の溶質および溶存酸素のすべてを念頭におかねばならない．以下の議論では，溶質の熱力学的な不安定性に起因する反応に重点をおくことにする．反応速度についても述べるつもりであるが，安定度の場合に比べて，反応速度では系統的な傾向が少ししかみられないのが普通である．

6・5 水との反応

　水は酸化剤として作用する可能性があり，その際水自身は H_2 に還元される．

$$2 H_2O(l) + 2 e^- \longrightarrow H_2(g) + 2 OH^-(aq) \tag{12}$$

この反応を進行させるに要する電位は反応

$$2 H^+(aq) + 2 e^- \longrightarrow H_2(g) \tag{4}$$

の場合と同じで，H_2 の分圧が 100 kPa, 25℃ の条件下では

$$E/V = -0.059 \, pH \tag{13}$$

で与えられる*．水は，O_2 への酸化によって，還元剤として働くこともできる．これに対応する電位は，O_2 の分圧が 100 kPa の場合

$$O_2(g) + 4 H^+(aq) + 4 e^- \longrightarrow 2 H_2O(l) \quad E/V = 1.23 - 0.059 \, pH \tag{14}$$

で与えられる．これら二つの電位と pH との関係を図 6・8 に示す〔この図についてはさらに (c) で説明する〕．ある化学種が水中で安定に存在し続けるためには，水の還元反応と酸化反応とで決まる範囲内の電位をもっていなければならない．

(a) 水による酸化

　水または酸水溶液と金属との反応は，実際には水または水素イオンによる金属の酸化であって，その全反応はつぎの反応（およびもっと電荷数の高い金属イオンについての類似の反応）のどちらかである．

$$M(s) + H_2O(l) \longrightarrow M^+(aq) + \frac{1}{2} H_2(g) + OH^-(aq)$$

$$M(s) + H^+(aq) \longrightarrow M^+(aq) + \frac{1}{2} H_2(g)$$

これらの反応は，M が Be 以外の s-ブロック金属，および 4 族から少なくとも 7 族までの

---

* 訳注：半反応 (4) に反応 $H_2O \rightarrow H^+ + OH^-$ の 2 倍を加えると半反応 (12) になる．半反応 (4) の E° が 0 と定義されていることと $pH = -\log_{10}([H^+]/c^\circ)$ とを思い出せば，半反応 (12) の電位が式 (13) で与えられることがわかる．

3d系列金属(Ti, V, Cr, Mn)ならば熱力学的に起こりうるものである．その他の金属の多くのものも似た反応をするが，移動する電子数が異なる．3族の金属の例として

$$2\,\mathrm{Sc(s)} + 6\,\mathrm{H^+(aq)} \longrightarrow 2\,\mathrm{Sc^{3+}(aq)} + 3\,\mathrm{H_2(g)}$$

がある．金属イオンが金属へ還元される標準電位が負であれば，$1\,\mathrm{mol\,dm^{-3}}$の酸の中でその金属は酸化されて$\mathrm{H_2}$を発生するはずである．ただし，その反応は遅いこともあろう．そのような場合には，すでに説明したように，過電圧が関係していると考えてよい．

マグネシウムやアルミニウムと湿った空気との反応は自発的に起こりうるものだが，どちらの金属も水と酸素との存在下で長年にわたって使うことができる．これらの金属が長もちするのは，水を通さない酸化物の皮膜で**不動態化**[a]されて，反応から保護されるからである．酸化マグネシウムおよび酸化アルミニウムはいずれも下地の金属の上に保護皮膜をつくる．同じような不動態化が鉄，銅，亜鉛でも起こる．電解槽中で金属をアノード(酸化が起こる場所)として"アノード処理[b]"する方法は，金属を適度に酸化してその表面に平滑で硬い不動態膜をつくる方法の一つである．アノード処理はアルミニウムの保護に特に有効である．

(b) 水による還元

酸性の水では，式(14)の電位がきわめて正になる．したがって，酸性の水は，相手が非常に強い酸化剤である場合以外は，貧弱な還元剤であることがわかる．$\mathrm{Co^{3+}(aq)}$は$E^{\ominus}(\mathrm{Co^{3+}/Co^{2+}}) = +1.92\,\mathrm{V}$で，水がよい還元剤となる例である．すなわち，$\mathrm{Co^{3+}(aq)}$は水で還元されて$\mathrm{O_2}$を発生する．

図 6・8 水の安定領域．縦軸は水中での酸化還元系の電位で，上方の実線より上にある系は水を酸化できるし，下方の実線より下にある系は水を還元できる．灰色の線は，過電圧を考慮に入れたときの境界線で，垂直の線は，天然水における通常のpH範囲を表す．濃い灰色の部分が天然水中での安定領域である．

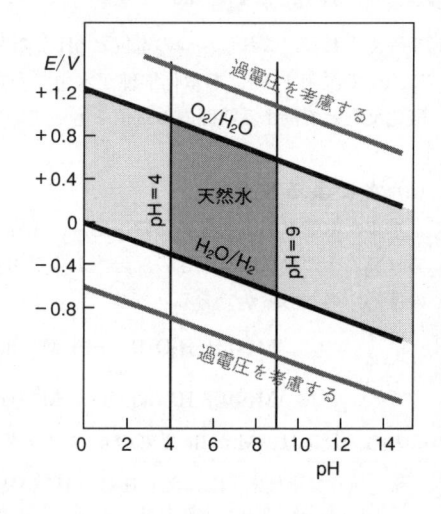

---

a) passivation b) anodizing

$$4\,Co^{3+}(aq) + 2\,H_2O(l) \longrightarrow 4\,Co^{2+}(aq) + O_2(g) + 4\,H^+(aq) \qquad E^\ominus = +0.69\,V$$

この $E^\ominus$ は，反応をかなり速くするのに必要と思われる過電圧に近い値である．この反応では H^+ イオンが生成するので，H^+ の濃度を下げると生成物が有利になるから，溶液の酸性度を下げると水の酸化が進みやすくなる．

相当な速度で酸素を発生させるくらい速やかに水を酸化できるのは，ごくわずかな酸化剤（Co^{3+} のほかのもう一つの例は Ag^{2+}) だけである．水溶液中でよく用いられている酸化還元系には，+1.23 V よりも大きい標準電位をもつものがいくつかある．その中には Ce^{4+}/Ce^{3+} (+1.72 V)，酸性溶液中の二クロム酸イオン系 $Cr_2O_7^{2-}/Cr^{3+}$ (+1.38 V)，および酸性溶液中の過マンガン酸イオン系 MnO_4^-/Mn^{2+} (+1.51 V) が含まれる．これらの酸化剤の多くは，水の酸化反応の進行に必要な過電圧をまかなうことができない．このような酸化反応では，4個の電子移動および酸素-酸素二重結合の生成が活性化障壁になっている．

酸素-酸素結合の生成が遅いことで酸化還元反応の速度が支配される場合が多いとすれば，O_2 発生に対する良い触媒を見つけることが無機化学者の挑戦課題となる．ルテニウム錯体を用いて多少の進歩がみられている．現在用いられている触媒には，水の商用電解槽のアノードに使われている被覆物があるが，その性質はあまりよくわかっていない．植物の光合成中心における O_2 発生器官中に含まれている酵素系もこの種の触媒の一つである．この酵素系は，はっきり確認された四つの酸化状態をもつマンガンが基本になっているものである（§19・11参照）．光合成過程は生化学者や無機生化学者によって少しずつ解明されつつあるにすぎない．自然は優美で能率的だが，複雑でもあるのだ．

> 電位が過電圧を超えていれば，水は還元剤として働くことができる（すなわち，他の化学種によって酸化される）．

(c) 水の安定領域

水を H_2 に十分速く還元できる還元剤や O_2 に十分速く酸化できる酸化剤は，水溶液中で安定に存在し続けることはできない．図 6・8 中で灰色の部分は，水が酸化および還元に対して熱力学的に安定であるような電位 E と pH との範囲で，これを水の**安定領域**[a]という．

関連する半反応の E と pH との関係を調べると安定領域の上限と下限とが決まる．そこで，式 (14) で与えられるよりも正の電位をもつ化学種はすべて水を酸化して O_2 を発生させることができる．したがって，水の安定領域の上限境界は式 (14) で決まる．同様に，式 (13) による値よりも負の電位をもつ化学種はすべて $H^+(aq)$ を H_2 に還元できるから，水の安定領域の下限は式 (13) で決まる．

図 6・8 中で斜線で区切られた部分の外側にある系は，あまりに強い還元剤であるか（H_2

---

a) stability field

生成線よりも下方),またはあまりに強い酸化剤で(O_2生成線よりも上方),水中では熱力学的に不安定である.湖水や河川水のpHは通常4から9の間であるから,pH=4とpH=9のところに2本の垂直線をつけたして区切った部分が"天然水[a]"中の安定領域となる.この種の図は地球化学で広く用いられているが,それについては§6・10cで述べる.

> 水の安定領域は,酸化還元系が水を酸化もしないし,水素イオンを還元もしないようなpHと還元電位との範囲を示している.

6・6 不均化

Cu^+は水を酸化も還元もしない.その理由は$E^{\ominus}(Cu^+/Cu)=+0.52$ Vおよび$E^{\ominus}(Cu^{2+}/Cu^+)=+0.16$ Vで,ともに水の安定領域中にあるからである.それにもかかわらず,Cu^Iが水溶液中で安定でないのは不均化を起こすからである.**不均化**[b]は,ある元素の酸化数の増加と減少とが同時に起こる反応のことである.言い換えれば,不均化を行う元素は,自分自身の酸化剤であり還元剤である.

$$2\,Cu^+(aq) \longrightarrow Cu^{2+}(aq) + Cu(s)$$

この反応はつぎの二つの半反応

$$Cu^+(aq) + e^- \longrightarrow Cu(s) \qquad E^{\ominus} = +0.52\,V$$
$$Cu^{2+}(aq) + e^- \longrightarrow Cu^+(aq) \qquad E^{\ominus} = +0.16\,V$$

の差で,$E^{\ominus}=0.52\,V-0.16\,V=+0.36\,V$であるから,この反応は自発変化である.式 (10) を用いると,もっと定量的に平衡状態を知ることができる.この反応に関与する電子数は1である($\nu=1$)から,298 Kでは$K=1.2\times10^6$となる.

次亜塩素酸も不均化を行う.

$$5\,HClO(aq) \longrightarrow 2\,Cl_2(g) + ClO_3^-(aq) + 2\,H_2O(l) + H^+(aq)$$

この反応は,つぎの二つの半反応の差に等しい.

$$4\,HClO(aq) + 4\,H^+(aq) + 4\,e^- \longrightarrow 2\,Cl_2(g) + 4\,H_2O(l) \qquad E^{\ominus} = +1.63\,V$$
$$ClO_3^-(aq) + 5\,H^+(aq) + 4\,e^- \longrightarrow HClO(aq) + 2\,H_2O(l) \qquad E^{\ominus} = +1.43\,V$$

したがって,全体としては$E^{\ominus}=1.63\,V-1.43\,V=+0.20\,V$であるから,298 Kでは$K=3.4\times10^{13}$となることがわかる.

例題 6・5 不均化の重要性を評価する.
酸性水溶液中でマンガン(VI)酸イオンは不安定でMn^{VII}およびMn^{II}に不均化することを示せ.

---

[a] natural water [b] disproportionation

解 この不均化反応では,1個の Mn^{VI} の Mn^{II} への還元と,4個の Mn^{VI} の Mn^{VII} への酸化とを釣り合わせなければならない.そこで全反応式は

$$5\,HMnO_4^-(aq) + 3\,H^+(aq) \longrightarrow 4\,MnO_4^-(aq) + Mn^{2+}(aq) + 4\,H_2O(l)$$

となる.この反応は,つぎの二つの還元半反応の差である.

$$HMnO_4^-(aq) + 7\,H^+(aq) + 4\,e^- \longrightarrow Mn^{2+}(aq) + 4\,H_2O(l) \qquad E^\ominus = +1.66\,V$$
$$4\,MnO_4^-(aq) + 4\,H^+(aq) + 4\,e^- \longrightarrow 4\,HMnO_4^-(aq) \qquad E^\ominus = +0.90\,V$$

標準電位の差は +0.76 V であるから,不均化は事実上完全に進行する($\nu=4$ であるから,298 K では $K=2.5\times10^{51}$).その実際的な結果として,高濃度の MnO_4^{2-} イオンを得るには酸性溶液では不可能で,塩基性溶液中で調製しなければならない.

問題 6・5 Fe^{2+}/Fe 系および Fe^{3+}/Fe^{2+} 系に関する標準電位は,それぞれ,−0.44 V および +0.77 V である.標準状態で Fe^{2+} は不均化することができるか.

不均化の逆反応が**均等化**[a]である.この反応では,同種の元素ではあるが酸化数の異なるもの同士の2個が反応して,その元素の酸化数が中間の値のものになる.たとえば,

$$Ag^{2+}(aq) + Ag(s) \longrightarrow 2\,Ag^+(aq) \qquad E^\ominus = +1.18\,V$$

この $E^\ominus$ が正の大きな値であることから,Ag^{II} と Ag^0 とは水溶液中で完全に Ag^I に変化することがわかる(298 K では $K=9\times10^{19}$).

$Cu^+(aq)$ および次亜塩素酸は溶液中で不均化し,Ag^{II} は均等化する.

6・7 空気中の酸素による酸化

たとえば口の開いているビーカーに溶液を入れた場合のように,溶液が空気にさらされているときには,溶質と溶存酸素とが反応する可能性を考えなければならない.一例として Fe^{2+} を含む溶液を取上げる.Fe^{3+}/Fe^{2+} 系の標準電位は +0.77 V で,それは水の安定領域内に入っているから,Fe^{2+} が水中で存在しうると思われる.さらに,金属状態の Fe の $H^+(aq)$ による酸化は Fe^{II} より先には進まないはずである.それは,$E^\ominus(Fe^{3+}/Fe^{2+})=+0.77$ V から明らかなように,標準状態では Fe^{II} から Fe^{III} への酸化は熱力学的に不利だからである.しかし,O_2 が存在するとこの様子はかなり変わってくる.事実,地殻中での鉄の最も普通の形は Fe^{III} であるし,水溶液の環境から析出した沈殿物中の鉄は大部分 Fe^{III} として存在している.O_2 による Fe^{2+} の酸化が pH=0 で自発変化であることは,反応

$$4\,Fe^{2+}(aq) + O_2(g) + 4\,H^+(aq) \longrightarrow 4\,Fe^{3+}(aq) + 2\,H_2O(l) \qquad E^\ominus = +0.46\,V$$

の電位からわかる.この反応はつぎの二つの半反応

---

a) comproportionation

$$O_2(g) + 4H^+(aq) + 4e^- \longrightarrow 2H_2O(l) \qquad E = +1.23\,V - (0.059\,V)\,pH$$
$$Fe^{3+}(aq) + e^- \longrightarrow Fe^{2+}(aq) \qquad E^\ominus = +0.77\,V$$

の差に等しい．しかし，+0.46 V という値は，反応を迅速に進行させるのに要する過電圧をまかなうには不十分で，水溶液中での Fe^{II} の空気酸化は，触媒が存在しなければ遅い．pH=7 では E=(0.82 V)−(0.77 V)=+0.05 V で，問題の反応はさらに起こりにくい．実験室では，溶液の pH を中性よりも酸性にしておくこと以外，特に入念な注意を払わなくても Fe^{2+} の水溶液を使うことができる．

例題 6・6　空気酸化の重要性を判断する．
銅でふいた屋根が酸化されて特徴のある緑色になるのは，湿った環境での空気酸化のもう一つの例である．酸素による銅の酸化に対する電位を推定せよ．

解　還元半反応は

$$O_2(g) + 4H^+(aq) + 4e^- \longrightarrow 2H_2O(l) \qquad E = +1.23\,V - (0.059\,V)\,pH$$
$$Cu^{2+}(aq) + 2e^- \longrightarrow Cu(s) \qquad E^\ominus = +0.34\,V$$

で，それらの差をとると pH=0 では $E^\ominus$=+0.89 V，また pH=7 では +0.48 V であるから，反応

$$2Cu(s) + O_2(g) + 4H^+(aq) \longrightarrow 2Cu^{2+}(aq) + 2H_2O(l)$$

で表される銅の空気酸化は，中性より酸性側の pH では自発変化である．それにもかかわらず銅ぶき屋根は長もちする．銅ぶき屋根のなじみ深い緑色の表面は，大気中の CO_2 や SO_2 の存在下で銅が酸化されてできた炭酸銅(II)水和物および硫酸銅(II)水和物の不動態層で，この層はたいていのものを通さない．海岸近くの緑青にはかなりの量の塩化物が含まれている．

問題 6・6　SO_4^{2-}(aq) の SO_2(aq) への還元
$$SO_4^{2-}(aq) + 4H^+(aq) + 2e^- \longrightarrow SO_2(aq) + 2H_2O(l)$$
の標準電位は +0.16 V である．霧または雲の中に放出された SO_2 は熱力学的にはどのような運命をたどると思われるか．

電位データを図で表す方法

ある元素の一連の化合物でその元素の酸化数が異なるものの相対的な熱力学的安定性をまとめて表すのに便利な図がいくつかある．ここで，その中の二つ，すなわち Latimer 図と Frost 図とについて説明しよう．前者は定量的なデータを元素ごとにまとめるのに役立ち，後者は酸化状態の相対的な安定性を定性的に記述するのに役立つ．以後の章では，族中の元素の酸化還元特性の傾向を伝えるのに Latimer 図や Frost 図をしばしば使うことにな

ろう．しかし，数値計算のためにはLatimer図や標準電位を明記した表の方が便利である．

6・8 Latimer 図

ある元素の**Latimer図**では，その元素の種々の酸化状態の化合物を結ぶ水平線の上に標準電位の値をV（ボルト）単位で書く．最も高い酸化状態のものが一番左側に来て，右へ行くにつれて元素の酸化状態がつぎつぎに低くなる．Latimer図は，多くの情報を簡潔な形で（これから説明するように）要約しており，種々の化学種間の関係を特に明瞭かつ簡潔に示している．

たとえば，酸性溶液中における塩素のLatimer図は

$$\overset{+7}{ClO_4^-} \xrightarrow{+1.20} \overset{+5}{ClO_3^-} \xrightarrow{+1.18} \overset{+3}{HClO_2} \xrightarrow{+1.67} \overset{+1}{HClO} \xrightarrow{+1.63} \overset{0}{Cl_2} \xrightarrow{+1.36} \overset{-1}{Cl^-}$$

となる．この例のように，化合物の上（または下）に酸化数を書くことがある．

$$ClO_4^- \xrightarrow{+1.20} ClO_3^-$$

という表記は，

$$ClO_4^-(aq) + 2H^+(aq) + 2e^- \longrightarrow ClO_3^-(aq) + H_2O(l) \qquad E^\ominus = +1.20\,V$$

を表している．同様に，

$$HClO \xrightarrow{+1.63} Cl_2$$

という表記は，

$$2HClO(aq) + 2H^+(aq) + 2e^- \longrightarrow Cl_2(g) + 2H_2O(l) \qquad E^\ominus = +1.63\,V$$

を表す．この例のように，Latimer図を半反応に変換するには，酸性水溶液中の主要成分であるH^+とH_2Oとを書き加えて，元素の化学量論的な釣り合いを保つ必要があることが多い．つぎに，適当な数のe^-を書き加えて電荷を釣り合わせる．この系の標準状態ではpH=0である．

塩基性水溶液（pH=14に対応する）中における塩素のLatimer図は

$$ClO_4^- \xrightarrow{+0.37} ClO_3^- \xrightarrow{+0.30} ClO_2^- \xrightarrow{+0.68} ClO^- \xrightarrow[+0.89]{+0.42} Cl_2 \xrightarrow{+1.36} Cl^-$$

である．Cl_2/Cl^-系の標準電位は酸性水溶液中でも塩基性水溶液中でも同じであるが，それはこの半反応にはプロトンの移動が含まれていないからである．塩基性の条件下では溶液中の主要成分はOH^-およびH_2Oであるから，それらを使って半反応の化学量論的釣り合いをとる．たとえば，塩基性溶液中のClO^-/Cl_2系に対する半反応は

$$2ClO^-(aq) + 2H_2O(l) + 2e^- \longrightarrow Cl_2(g) + 4OH^-(aq) \qquad E^\ominus = +0.42\,V$$

となる．この反応についての標準状態ではOH^-の活量が1で，これはpH=14に対応する．

Latimer 図では酸化還元系の標準電位が図表式に描かれている．この図では，酸化数が左から右へと減少し，酸化還元系に関与している化学種同士を結ぶ線上には $E^\ominus$ をボルト単位で表した数値が書かれている．

(a) 隣り合っていない化学種

上記の Latimer 図には，隣接していない二つの化合物（ClO^-/Cl^- 系）に対する標準電位が含まれている．これは必ずしも必要なことではないが，よく用いられる系については便利なので入れておくことが多い．隣り合っていないもの同士の組合わせで表に明記されていないものの標準電位を求めるには $\Delta_r G^\ominus = -\nu F E^\ominus$ の関係〔式(5)〕と，継続する2段階の全体に対する $\Delta_r G^\ominus$ は個々の段階に対する値の和に等しいことを利用する．

$$\Delta_r G^\ominus = \Delta_r G^{\ominus\prime} + \Delta_r G^{\ominus\prime\prime}$$

すなわち，これら2段階を組合わせた全過程の標準電位を求めるには，個々の $E^\ominus$ にそれぞれに対応する $-\nu F$ を掛けて $\Delta_r G^\ominus$ に変換してから，それらを足し合わせ，つぎにこの和を全電子移動に関する $-\nu F$ で割ると，隣接していないもの同士の組合わせに対する $E^\ominus$ が得られる．

$$-\nu F E^\ominus = -\nu' F E^{\ominus\prime} - \nu'' F E^{\ominus\prime\prime}$$

ここで，$-F$ は相殺され，$\nu = \nu' + \nu''$ であるから，結局

$$E^\ominus = \frac{\nu' E^{\ominus\prime} + \nu'' E^{\ominus\prime\prime}}{\nu' + \nu''} \tag{15}$$

となる．

酸化数が隣接していない化学種の組合わせに対する標準電位は，電位を標準ギブズエネルギーに変換することによって，中間の化学種についての電位から誘導することができる．あるいは，式 (15) を直接用いればよい．

例題 6・7 隣り合っていない酸化数をもつ組合わせに対する $E^\ominus$ を求める．
酸性水溶液中における HClO の Cl^- への還元に対する $E^\ominus$ を Latimer 図を用いて計算せよ．
解 塩素の酸化数は最初の段階で +1 から 0 へ（$\nu'=1$），つぎの段階で 0 から -1 へ（$\nu''=1$）変化する．本文中の Latimer 図からつぎのように書くことができる．

$$HClO(aq) + H^+(aq) + e^- \longrightarrow \tfrac{1}{2} Cl_2(g) + H_2O(l) \qquad E^{\ominus\prime} = +1.63\ V$$

$$\tfrac{1}{2} Cl_2(g) + e^- \longrightarrow Cl^-(aq) \qquad E^{\ominus\prime\prime} = +1.36\ V$$

$\nu'=1$, $\nu''=1$, したがって $\nu=2$ であるから $HClO/Cl^-$ 系の標準電位は

$$E^\ominus = \frac{E^{\ominus\prime} + E^{\ominus\prime\prime}}{2} = \frac{1.63\ V + 1.36\ V}{2} = +1.50\ V$$

となる．

問題 6・7 酸性水溶液中における ClO_3^- の HClO への還元に対する $E^\ominus$ を計算せよ.

(b) 不 均 化

不均化反応

$$2 M^+(aq) \longrightarrow M(s) + M^{2+}(aq)$$

を考える.$E^\ominus > 0$ ならば,この反応は自発変化である.このことを Latimer 図で解析するには,全反応をつぎの二つの半反応の差として表す.

$$M^{2+}(aq) + e^- \longrightarrow M^+(aq) \qquad E^\ominus(L)$$
$$M^+(aq) + e^- \longrightarrow M(s) \qquad E^\ominus(R)$$

ここで L,R の記号は,Latimer 図中で,それぞれ,相対的に左側および右側にある酸化還元系を表す(酸化の程度が高いものが左にある).全反応に対する標準電位は

$$E^\ominus = E^\ominus(R) - E^\ominus(L) \tag{16}$$

となり,その値は $E^\ominus(R) > E^\ominus(L)$ ならば正になる.そこで,<u>右側の化学種についての電位が左側の電位よりも高ければ,その化学種は両隣の化学種に不均化する熱力学的傾向をもつ</u>と結論することができる.

実例は H_2O_2 で,酸性条件下で H_2O_2 は O_2 と H_2O とに不均化する傾向をもっている.

$$O_2 \xrightarrow{+0.70} H_2O_2 \xrightarrow{+1.76} H_2O$$

つぎの二つの半反応を考えると,上の一般則の根拠がわかるだろう.

$$H_2O_2(aq) + 2 H^+(aq) + 2 e^- \longrightarrow 2 H_2O(l) \qquad E^\ominus = +1.76 \text{ V}$$
$$O_2(g) + 2 H^+(aq) + 2 e^- \longrightarrow H_2O_2(aq) \qquad E^\ominus = +0.70 \text{ V}$$

この両者の差をとると,

$$2 H_2O_2(aq) \longrightarrow 2 H_2O(l) + O_2(g) \qquad E^\ominus = +1.06 \text{ V}$$

ここで $E^\ominus > 0$ であるから,この不均化は自発変化である.

> Latimer 図中で,ある化学種の右側のものの電位が左側のものの電位よりも高ければ,その化学種は両隣の化学種に不均化する熱力学的傾向をもつ.

6・9 Frost 図

元素 X について X(N)/X(0) の組合わせに対する $NE^\ominus$ を元素の酸化数 N に対してプロットしたものを **Frost 図** という.図 6・9 はその一例である.$NE^\ominus$ は化学種 X(N) が元素 X(0) から生成する過程の標準反応ギブズエネルギーに比例する.具体的には,半反応

$$X(N) + Ne^- \longrightarrow X(0) \quad E^\ominus$$

の標準反応ギブズエネルギーを $\Delta_r G^\ominus$ とすると $NE^\ominus = -\Delta_r G^\ominus/F$ だから，Frost 図は $X(N)$ の標準反応ギブズエネルギーを酸化数に対してプロットしたものということができる．したがって，ある元素の最も安定な酸化状態の化学種は Frost 図 (**1**) 中で一番低い位置にあるものである．

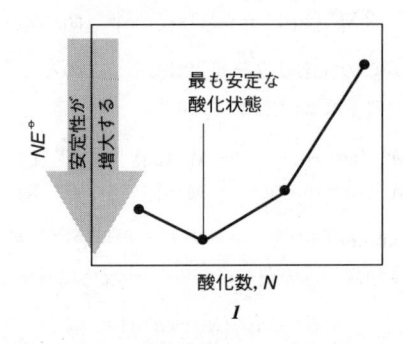

Frost 図は，$X(N)/X(0)$ についての $NE^\ominus$ を元素の酸化数 N に対してプロットしたものである．ある元素の最も安定な酸化状態は Frost 図中で一番低い位置に来る．

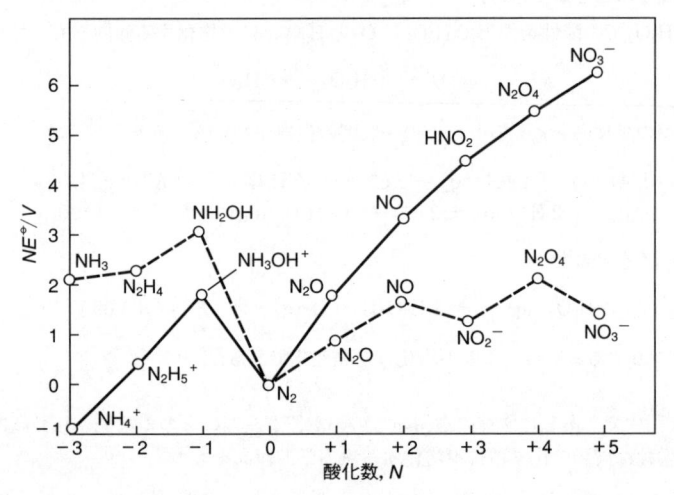

図 6・9 窒素の Frost 図．2 点を結ぶ線の傾斜が急なほど，その酸化還元対の標準電位が高い．実線は標準条件（pH＝0）に，破線は pH＝14 に対応する．

例題 6・8　Frost 図をつくる．

Latimer 図を用いて酸素に関する Frost 図をつくれ．

$$\mathrm{O_2} \xrightarrow{+0.70} \mathrm{H_2O_2} \xrightarrow{+1.76} \mathrm{H_2O}$$
$$\underset{+1.23}{\rule{3cm}{0.4pt}}\uparrow$$

解 これら三つの化学種中のOの酸化数は 0, -1, -2 である．酸化数 0 から -1 への変化（$\mathrm{O_2}$ から $\mathrm{H_2O_2}$ への変化）については $E^{\ominus}=+0.70$ V および $N=-1$ であるから，$NE^{\ominus}=-0.70$ V である．$\mathrm{H_2O}$ 中のOの酸化数は -2，$\mathrm{H_2O}$ の生成に対する $E^{\ominus}$ は $+1.23$ V，また $N=-2$ だから，$NE^{\ominus}=-2.46$ V である．これらをプロットすると図 6・10（実線）となる．

問題 6・8 Tl に対する Latimer 図から Frost 図をつくれ．

$$\mathrm{Tl}^{3+} \xrightarrow{+1.25} \mathrm{Tl}^{+} \xrightarrow{-0.34} \mathrm{Tl}$$
$$\underset{+0.72}{\rule{3cm}{0.4pt}}\uparrow$$

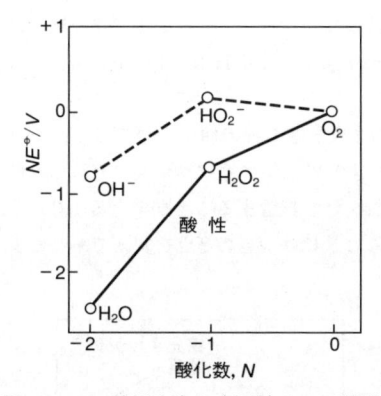

図 6・10 酸性溶液中（実線）および塩基性溶液中（破線）における酸素の Frost 図

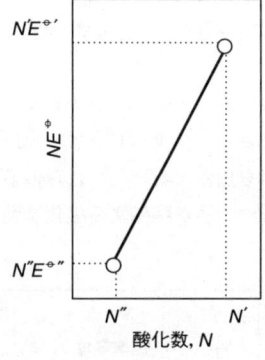

図 6・11 グラフの直線の傾きと対応する化学種の対の標準電位との間の関係をつけるための Frost 図の一般的なモデル

(a) Frost 図の解釈

Frost 図がもっている定性的な情報を説明するにはつぎの特徴を念頭におくとよい．

Frost 図中の任意の 2 点を結ぶ直線の傾斜は，それらの点が表している化学種から成る系の標準電位に等しい．このことを理解するために，図 6・11 中の 2 点を取上げよう．その一つは $(N'E^{\ominus\prime}, N')$ の点で，もう一つは $(N''E^{\ominus\prime\prime}, N'')$ に対応する点である．

まず，二つの半反応

$$\mathrm{X}(N') + N'\,\mathrm{e}^{-} \longrightarrow \mathrm{X}(0) \qquad \Delta_{\mathrm{r}} G^{\ominus\prime} = -N'FE^{\ominus\prime}$$
$$\mathrm{X}(N'') + N''\mathrm{e}^{-} \longrightarrow \mathrm{X}(0) \qquad \Delta_{\mathrm{r}} G^{\ominus\prime\prime} = -N''FE^{\ominus\prime\prime}$$

の差は

$$\mathrm{X}(N') + (N' - N'')\,\mathrm{e}^{-} \longrightarrow \mathrm{X}(N'') \qquad \Delta_{\mathrm{r}} G^{\ominus} = -(N' - N'')FE^{\ominus}$$

であることに着目する．ここで，$\Delta_{\mathrm{r}} G^{\ominus}$ は

である．この2式から

$$E^\ominus = \frac{N'E^{\ominus'} - N''E^{\ominus''}}{N' - N''} \tag{17}$$

となる．つぎに，Frost図中で問題の2点を結ぶ直線の傾斜を考えると，それは

$$\text{傾斜} = \frac{N'E^{\ominus'} - N''E^{\ominus''}}{N' - N''}$$

で与えられる．これは式 (17) と同じであるから，この直線の傾斜は，まさに，直線で結ばれた化学種の組合わせの標準電位であると結論することができる．

例として酸素の図（図 $6\cdot10$）をみてみよう．酸化数-1（H_2O_2の場合）に対する点では$(-1)E^\ominus = -0.70\text{ V}$，酸化数$-2$（$H_2O$の場合）に対する点では $(-2)E^\ominus = -2.46\text{ V}$で，その差は$-1.76\text{ V}$である．$H_2O_2$から$H_2O$への酸化数の変化は$-1$であるから，線の傾斜は$(-1.76\text{ V})/(-1) = +1.76\text{ V}$となって，これはLatimer図における$H_2O_2/H_2O$系の値に一致する．

この考察からつぎのことがいえる．Frost図中の2点を結ぶ線の傾斜が急なほど，それに対応する系の標準電位が高い（**2**）．したがって，任意の二つの系について，それぞれの線の傾斜を比較すると，これらの系の間の反応の自発性を推論することができる（**3**）．そこで，二つの系が関与する酸化還元反応を取上げるときにはつぎの2点を覚えておくとよい．

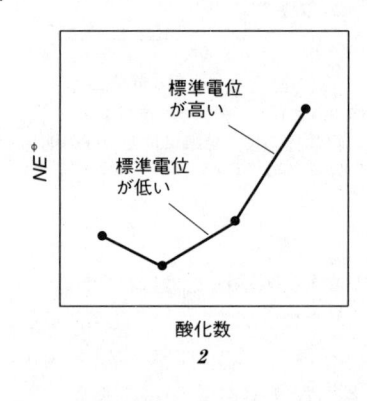

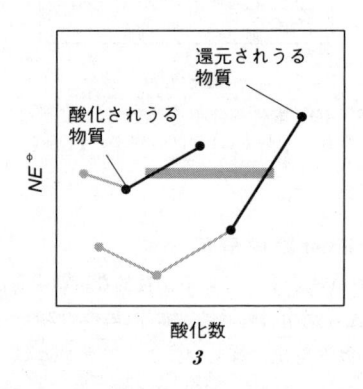

2

3

1. より正の傾斜（より正の$E^\ominus$）をもつ系の酸化体は還元されやすい．
2. より負の傾斜（より負の$E^\ominus$）をもつ系の還元体は酸化されやすい．

たとえば，図 $6\cdot9$ において，NO_3^-とそれより低酸化数の化学種とを結ぶ線の傾斜が急であることから，標準状態で硝酸はよい酸化剤であることがわかる．

> Frost図中の2点を結ぶ直線が急なほど，対応する酸化還元系の電位が正である．

(b) 不均化と均等化

Latimer図の議論において，化学種$X(N)$の$X(N-1)$への還元に対する電位が$X(N+1)$から$X(N)$への還元に対する電位よりも大きければ，$X(N)$には不均化する可能性があることをみてきた．（§6・8をみよ．そこでは，Latimer図中においてある化学種の左側および右側の電位を使ってこの問題を論じた）．これと同じ不均化の可能性をFrost図（**4**）を使って述べることができる．すなわち，

1. Frost図において，ある化学種が，その両隣の化学種に対する点を結ぶ線の上方にあるならば，その化学種は不均化に関して不安定である．

この条件が成立する場合には，問題の化学種とその左側の化学種との組合わせについての電位は，その右側のものとの組合わせについての電位よりも高くなる．図6・9のNH_2OHはその例で，この物質はNH_3とN_2への不均化に関して不安定である．しかし，N_2の生成速度が遅いために不均化が進まないことが多く，それが窒素の化学を複雑で難解にしている原因の一つである．この規則のもとになっていることは（**5**）からわかる．この図は，二つの両端の化学種についての標準反応ギブズエネルギーの平均値が，中間の酸化数をもつ物質の標準反応ギブズエネルギーよりも下の方にあって，したがって中間の酸化数をもつ化学種は両端の化学種への不均化に関して不安定であることを示している．

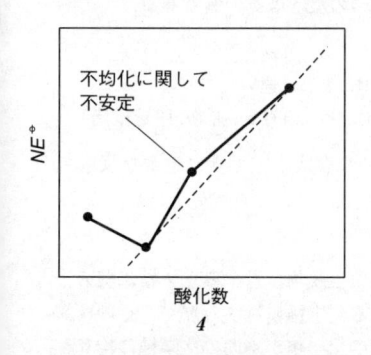

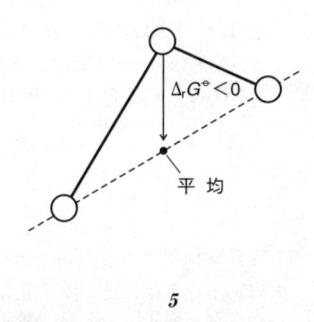

均等化が起こる熱力学的傾向についても同様のことがいえる．

2. ある酸化状態の化学種に対する値が，その両隣の酸化状態に対する点を結ぶ直線の下にあるときには，両隣のものは中間の酸化状態に均等化する傾向を示す（**6**）．

Frost図の中で両隣の物質を結ぶ線の下の方にある物質の標準反応ギブズエネルギーは，両端の物質の標準反応ギブズエネルギーの平均値よりも小さい（**7**）．したがって，この物質は両隣の物質よりも安定で，均等化が熱力学的に有利になる．たとえば，NH_4NO_3をつくっている二つのイオン中の窒素の酸化数は-3（NH_4^+）と$+5$（NO_3^-）とである．これらの酸化数の平均の酸化数，すなわち$+1$の酸化数をもつ窒素化合物N_2Oは，NH_4^+とNO_3^-とを結ぶ線の下にあるから，それらの間の均等化

$$NH_4^+(aq) + NO_3^-(aq) \longrightarrow N_2O(g) + 2H_2O(l)$$

は自発変化である．溶液中におけるこの反応は速度論的に阻止されていて普通は進行しない．しかし，固体状態では反応が爆発的に速く進行しうる．事実，硝酸アンモニウムは，岩石の発破用にダイナマイトの代わりによく使われる．

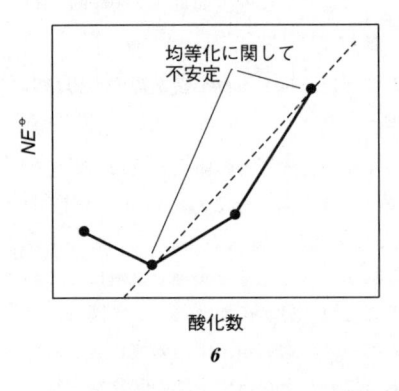

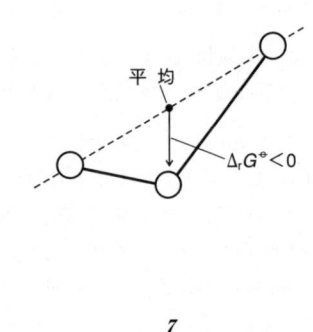

6　　　　　　　　　　　　　　　*7*

三つの物質に対する点がほぼ一直線上にある場合には，その中のどれかが生成し，他のものは生成しないということにはならない．つぎの三つの反応はその例である．

$NO(g) + NO_2(g) + H_2O(l) \longrightarrow 2HNO_2(aq)$ 　　（速い）
$3HNO_2(aq) \longrightarrow HNO_3(aq) + 2NO(g) + H_2O(l)$ 　　（速い）
$2NO_2(g) + H_2O(l) \longrightarrow HNO_3(aq) + HNO_2(aq)$ 　　（遅い．通常，律速段階）

これらはいずれも，アンモニアの酸化で硝酸を工業的に合成するときに重要な反応である．

> ある化学種に対する点が，それが不均化でつくり出す生成物に対する点を結ぶ線の上方にあるならば，その不均化は自発反応である．ある化学種に対する点が，その両隣の化学種に対する点を結ぶ線の下方にあれば，両隣の化学種が中間の化学種に均等化する反応は自発変化である．

例題 6・9　イオンの安定性の判断にFrost図を用いる．
図6・12はマンガンのFrost図である．水溶液中でのMn^{3+}の安定性について述べよ．
解　Mn^{3+}はMn^{2+}とMnO_2とを結ぶ線の上方にあるから，Mn^{3+}は不均化するに違いない．この反応は一電子移動であるから，かなり速いと思われる．

問題 6・9　酸水溶液中でMnO_4^-を酸化剤に用いたとき，生成物中のMnの酸化数はいくらか．

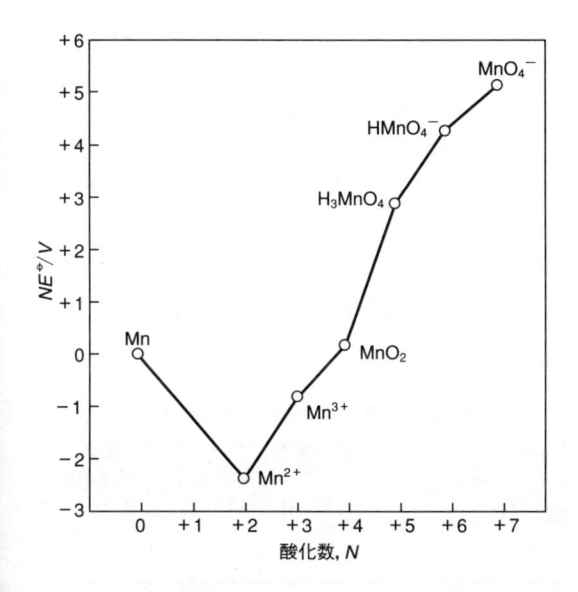

図 6・12 酸性溶液中におけるマンガンの Frost 図

6・10 pH 依 存 性

今までは，おもに pH=0 の水溶液についてだけ Latimer 図および Frost 図を論じてきたが，それ以外の条件についても同様にこれらの図をつくることができる．付録 2 のように，pH=0 および pH=14 の両者について Latimer 図を示すのが普通である[6]．

(a) 条件付きの図

"塩基性 Latimer 図" は，pH=14（$[OH^-]=1$ mol dm^{-3} に対応）における標準電位 $E_B^\ominus$ を用いて表される．図 6・9 における破線は "塩基性 Frost 図" で，$E_B^\ominus$ の値を表す．この場合は酸性溶液中と異なり，NO_2^- が，その両隣を結ぶ線の上方には来ないから，不均化に関する NO_2^- の安定性がまったく違ってくる．その実際的な結果として，HNO_2 は単離されないのに対して金属の亜硝酸塩は単離することができる．場合によっては，たとえばリンのオキソ酸類のように，強酸性溶液中と強塩基性溶液中とで酸化還元特性が著しく違うことがある．

$$E^\ominus \quad H_3PO_4 \xrightarrow{-0.28} H_3PO_3 \xrightarrow{-0.50} H_3PO_2 \xrightarrow{-0.51} P \xrightarrow{-0.06} PH_3$$

$$E_B^\ominus \quad PO_4^{3-} \xrightarrow{-1.12} HPO_3^{2-} \xrightarrow{-1.57} H_2PO_2^- \xrightarrow{-2.05} P \xrightarrow{-0.89} PH_3$$

この例は，オキソアニオンに一般にみられる重要な点を示している．すなわち，オキソアニオンの還元に際して酸素がとれるときには，還元に伴って H^+ イオンが消費されるから，

---

[6] 非水溶媒中での電位データは限られている．たとえば液体アンモニア溶液中のデータについては，W. L. Jolly, *J. Chem. Educ.*, **33**, 512（1956）を参照．

すべてのオキソアニオンは塩基性溶液中よりも酸性溶液中での方がより強い酸化剤となる．

細胞液の pH は 7 近傍に保たれているから，生化学的な議論では中性溶液（pH=7）中での標準電位が特に有用である．この文脈で生化学的標準状態というのは，pH＝7 の状態のことで，標準電位は $E^⊕$ で，反応ギブズエネルギーは $\Delta_r G^⊕$ で表す．そうすると，Nernst 式からつぎの関係が導かれる．

$$E^⊕ = E^⦵ + 7\nu_{H^+}\left(\frac{RT}{F}\right)\ln 10 \tag{18}$$

ここで，ν_{H^+} は問題の反応式中の水素イオンの化学量論係数[7]で，298 K では $7(RT/F)\ln 10 = 0.414$ V となる．

> 特別な pH の条件下における電位データは，条件付きの Latimer 図および Frost 図で表される．それらの解釈は pH＝0 の場合と同じであるが，オキソアニオンの安定性は pH によって著しく異なることが多い．すべてのオキソアニオンは，塩基性溶液中よりも酸性溶液中の方がより強い酸化剤である．

例題 6・10　条件付きの図を用いる．

亜硝酸カリウムは塩基性溶液中では安定だが，酸性にすると気体が発生し，その気体は空気に触れると茶色に変色する．この反応は何か．

解　図 6・9 によると，塩基性溶液中の NO_2^- イオンは，NO と NO_3^- とを結ぶ線の下の方にあるから，NO_2^- は不均化しない．酸性になると，HNO_2 の点が上方に移って，NO と HNO_2 と N_2O_4 とがほぼ一直線上に並ぶことから，これら三つの化学種は平衡にあることが示唆される．茶色の気体は，酸性溶液から発生した NO が空気と反応してできた NO_2 である．溶液中で酸化数 +2 の化学種（NO）は N_2O と HNO_2 とに不均化しようとするが，NO は溶液外に逃げ出すので，この不均化は起こらないことになる．

問題 6・10　図 6・9 を参考にして，酸性および塩基性溶液中における NO_3^- の酸化剤としての強さを比較せよ．

(b) Pourbaix 図

酸化還元活性と Brønsted 酸性度との一般的関係も，図を使って論ずることができる．個々の化学種が熱力学的に安定であるような条件を満足する pH と電位との領域は **Pourbaix 図**でわかる．

図 6・13 は鉄の Pourbaix 図であるが，酸素で橋かけされた二量体のように低濃度でしか存在しない化学種は省略して簡単にしてある．天然水中では鉄の全濃度が低く，二量体は

---

[7] 水素イオンが反応物になっている場合は ν_{H^+} が負になる．

無視できるから，図6・13は天然水中の鉄の化学種を論ずるのに役立つ．

関連する二，三の反応を考えると，この図のつくり方がわかるであろう．つぎの還元半反応，

$$Fe^{3+}(aq) + e^- \longrightarrow Fe^{2+}(aq) \qquad E^\ominus = +0.77\text{ V}$$

はH^+イオンを含んでいないから，鉄イオンの活量に対するpHの影響を無視すれば，その電位はpHに無関係で，図では水平な線となる．もし，この線の上方に電位が来るような系（より正の電位をもち，したがって酸化性の系）が共存している場合には，酸化体であるFe^{3+}がおもな化学種になるであろう．すなわち，図の左上の水平線は，Fe^{3+}が安定な領域とFe^{2+}が安定な領域とを分かつ境界である．

考慮する必要があるもう一つの反応は，

$$Fe^{3+}(aq) + 3H_2O(l) \longrightarrow Fe(OH)_3(s) + 3H^+(aq)$$

である．この反応は酸化還元反応ではない（どの元素も酸化数に変化がない）．したがって，Fe^{3+}が溶けている領域と，$Fe(OH)_3$が沈殿して$Fe^{3+}(aq)$の濃度がきわめて低い領域との境界は，いかなる酸化還元系にも無関係であるが，pHに依存する．低pHでは$Fe^{3+}(aq)$が，高pHでは$Fe(OH)_3$が有利になる．そこでFe^{3+}の濃度が10^{-5} mol dm^{-3}（典型的な淡水中の値）よりも高いか低いかを，主たる化学種がFe^{3+}であるかどうかの境い目にとることにすれば，それに対するpHの境界は図中左上の垂直線で表される*．

考慮すべき第三の反応は

$$Fe(OH)_3(s) + 3H^+(aq) + e^- \longrightarrow Fe^{2+}(aq) + 3H_2O(l)$$

である．この半反応にはH^+イオンが含まれているし，またNernst式を書いてみるとはっ

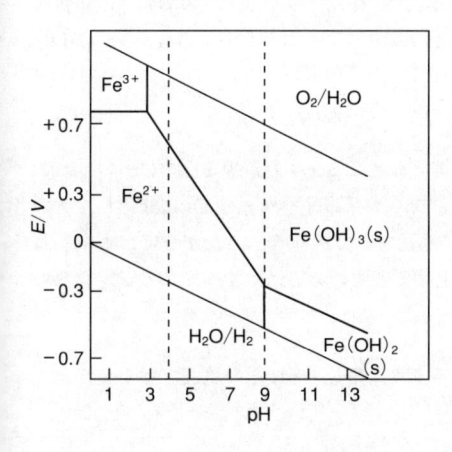

図 6・13 天然に存在している鉄の化合物の中の重要なものに関するPourbaix図（簡略化してある）．垂直の破線は天然水における通常のpH範囲を表す．

---

* 訳注：$[Fe^{3+}][OH^-]^3 = 10^{-38}$ mol^4 dm^{-12}として計算してある．

きりわかるように，この反応の電位はpHに依存する．

$$E = E^{\ominus} - (0.059\,\text{V})\log_{10}\frac{[\text{Fe}^{2+}]\,(c^{\ominus})^2}{[\text{H}^+]^3}$$
$$= E^{\ominus} - (0.059\,\text{V})\log_{10}\frac{[\text{Fe}^{2+}]}{c^{\ominus}} - (0.177\,\text{V})\times\text{pH} \quad (19)$$

図6・13に示すように，この電位はpHの増加とともに直線的に低下する（図中の線は，Fe^{2+}濃度が$10^{-5}\,\text{mol dm}^{-3}$の場合のものである）．この線より上の方のpHと電位の領域は，酸化型の化学種Fe(OH)_3が安定な条件に対応している．また，この線より下の領域では還元型の化学種Fe^{2+}が安定である．$\text{Fe}^{2+}(\text{aq})$を酸化して沈殿させるのに，酸性溶液中では，塩基性溶液中に比べてより強い酸化剤が必要であることがわかる．

酸化還元反応にH^+が関与する場合には一般につぎのことが言える．酸化還元系の還元半反応式の左辺にH^+があれば，Pourbaix図中の境界線は右下がりになる．反対に，反応式の右辺にH^+があれば，境界線は右上がりになる．

pH=9における垂直線は，反応

$$\text{Fe}^{2+}(\text{aq}) + 2\,\text{H}_2\text{O}(l) \longrightarrow \text{Fe(OH)}_2(s) + 2\,\text{H}^+(\text{aq})$$

において反応系が安定な領域と生成系が安定な領域とを分けている境界線である．この反応は酸化還元反応ではなく，垂直線はFe^{2+}の平衡濃度が$10^{-5}\,\text{mol dm}^{-3}$になるpHのところに引いたものである*．

もう一つの線は，Fe(OH)_2が安定な領域とFe(OH)_3が安定な領域とを分ける境界線である．

$$\text{Fe(OH)}_3(s) + \text{H}^+(\text{aq}) + e^- \longrightarrow \text{Fe(OH)}_2(s) + \text{H}_2\text{O}(l)$$

この反応の電位はpHに依存するが，そのNernst式を書いてみると，この境界線の傾斜は$\text{Fe(OH)}_3/\text{Fe}^{2+}$系よりも緩いことがわかる（反応に関与する$\text{H}^+$イオンの数が$\text{Fe(OH)}_3/\text{Fe}^{2+}$系よりも少ないからである）．

$$E = E^{\ominus} - \frac{RT}{F}\ln\frac{c^{\ominus}}{[\text{H}^+]} = E^{\ominus} - (0.059\,\text{V})\times\text{pH} \quad (20)$$

最後に，水の安定領域（図6・8）に対する境界線となる2本の斜線を図中に引いておこう．先に述べたように，上の線よりも正の電位をもつ系はすべて水をO_2に酸化し，下の線よりも負の電位をもつ系はすべて水をH_2に還元するであろう．したがって，水中における鉄の酸化還元反応を問題にするときに取上げる必要のある系はすべてこの安定領域の内部にあるものである．

> Pourbaix図は，水の中で化学種が安定であるような電位とpHとの範囲を示す図である．

---

* 訳注：$[\text{Fe}^{2+}][\text{OH}^-]^2 = 10^{-15}\,\text{mol}^3\,\text{dm}^{-9}$として計算してある．

(c) 天　然　水

今ここでつくったようなPourbaix図を用いて天然水の化学を合理的に説明することができる．新鮮な水が大気と接触しているところでは，水はO_2で飽和していて，強力な酸化剤である酸素（$E° = +1.23$ V）によって多くの物質が酸化されるであろう．一方，O_2が存在せずに，特に還元剤となる有機物が含まれている場合には，還元がさらに進んだ状態の物質が水中にたくさん見いだされる．天然水のpHを決めているおもな酸は$CO_2/H_2CO_3/HCO_3^-/CO_3^{2-}$の二塩基酸系であって，大気中の$CO_2$が酸を供給し，溶けている無機炭酸塩が塩基を供給する．呼吸によってO_2が消費されCO_2が放出されるから，生物学的な活動もまた重要である．この酸性酸化物CO_2はpHを低下させ，したがって電位をより正にする．この逆の過程である光合成ではCO_2が消費されてO_2が放出される．この酸の消費によってpHが上昇して電位がより負になる．典型的な天然水のpHや，そこに含まれている酸化還元系の電位を図6・14にまとめておく．

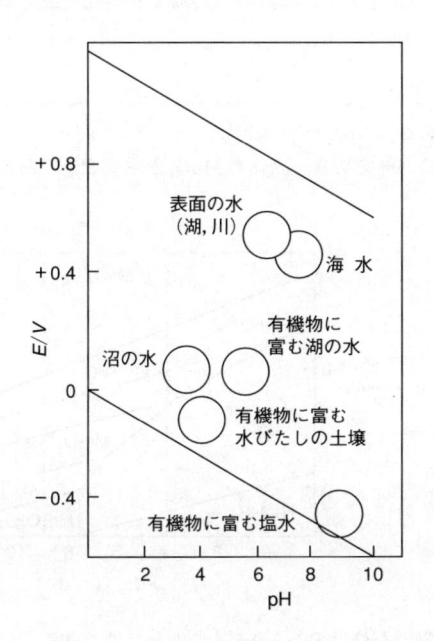

図 6・14 種々の天然水における典型的な安定領域

図6・13によると，もし環境が酸化性であれば，Fe^{3+}が水中に存在しうることがわかる．そこで，O_2が十分にあってpHが低ければ（3以下ならば），鉄はFe^{3+}の形で存在するであろう．しかし，それほど酸性の天然水はほとんどないので，天然水中にFe^{3+}が含まれているのはきわめてまれである．不溶性のFe_2O_3中の鉄は，還元されるとFe^{2+}として溶け出すことができる．これが起こるのは，pHがあまり高くなく，また，比較的還元性の条件を満足する水の場合である．pHが高くなると，還元力の強い系が存在している

ときにのみ Fe^{2+} が生成しうるのであって,十分に酸素を含む水の中では Fe^{2+} の生成はほとんど起こらないことがわかるはずである.図6・13と図6・14とを比較すると,泥沼の水や,有機物を含んだ水びたしの土壌(pHが4.5付近で,E がそれぞれ+0.03 V および -0.1 V付近)の中では鉄が還元されて Fe^{2+} として溶けていることがわかる.

水の中で起こる物理的な過程を考えながら Pourbaix 図を解析すると有益である.一例として,温度勾配のために水の垂直方向の混合が妨げられているような湖を考えよう.この湖の表面では,水が十分に酸素を含んでいて,鉄は不溶性の $Fe(OH)_3$ の粒子として存在するはずである.これらの粒子は沈殿してゆくであろう.深くなると O_2 の量が低下する.そこで,有機物や他の還元剤の原料が十分に含まれている場合には,酸化物が還元されて鉄は Fe^{2+} として溶けるであろう.このようにしてできた Fe^{II} 化学種は表面に向かって拡散し,そこで O_2 に出会って再び不溶性の $Fe(OH)_3$ に酸化されるであろう.

> Pourbaix 図は,金属を含む化学種の天然水中における相対的な安定度を論ずるのに役立つ.

例題 6・11 Pourbaix 図を利用する.
図6・15はマンガンの Pourbaix 図の一部である.固体の MnO_2 が主要成分である環境を決めよ.

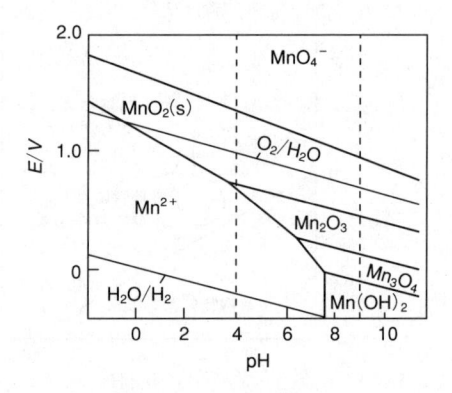

図 6・15 マンガンの Pourbaix 図の一部分.垂直の破線は,天然水における通常の pH 範囲を表す.

解 二酸化マンガンが熱力学的に安定なのは $E > +0.6$ V の場合だけである.穏やかな還元性条件の下では $Mn^{2+}(aq)$ が安定種である.そこで,MnO_2 が主要成分となるのは,E が O_2/H_2O 系の値に近づくような空気-水境界面近傍の十分に空気を含んだ水の中である.

問題 6・11 図6・13と図6・14とを用いて,水びたしの土壌中に $Fe(OH)_3(s)$ が存在する可能性を評価せよ.

錯形成が電位に及ぼす影響

金属イオンの標準電位は錯形成（第7章参照）によって影響を受ける．それは錯体 ML_6 とアクアイオン $M(OH_2)_6 (L=H_2O)$ とでは電子の授受能力に差があるからである．つぎの式はその一例で

$$[Fe(OH_2)_6]^{3+}(aq) + e^- \longrightarrow [Fe(OH_2)_6]^{2+}(aq) \qquad E^\ominus = +0.77\,V$$

に対し

$$[Fe(CN)_6]^{3-}(aq) + e^- \longrightarrow [Fe(CN)_6]^{4-}(aq) \qquad E^\ominus = +0.36\,V$$

である．すなわち，ヘキサシアノ鉄(Ⅲ)酸錯体はアクア錯体よりも還元されにくいことがわかる．この違いを解析するために，シアノ錯体の還元をつぎの三つの反応の和と考える．

(a) $\quad [Fe(CN)_6]^{3-}(aq) + 6\,H_2O(l) \longrightarrow [Fe(OH_2)_6]^{3+}(aq) + 6\,CN^-(aq)$
(b) $\quad [Fe(OH_2)_6]^{3+}(aq) + e^- \longrightarrow [Fe(OH_2)_6]^{2+}(aq)$
(c) $\quad [Fe(OH_2)_6]^{2+}(aq) + 6\,CN^-(aq) \longrightarrow [Fe(CN)_6]^{4-}(aq) + 6\,H_2O(l)$

アクア配位子をシアノ配位子で置換すると，鉄錯体の安定度が増加するが，この安定度の増加の程度は鉄(Ⅲ)の方が鉄(Ⅱ)の場合よりも大きい．そこで，反応(a)および(c)の影響によって全反応

$$[Fe(CN)_6]^{3-}(aq) + e^- \longrightarrow [Fe(CN)_6]^{4-}(aq)$$

では，反応(b)に比べて，左辺が比較的有利になる結果，ヘキサシアノ鉄(Ⅲ)酸錯体はヘキサアクア鉄(Ⅲ)錯体よりも還元されにくくなる．

> ある金属がある配位子と錯形成をする結果，金属の酸化数が高い錯体の方が相対的により安定になれば，酸化が起こりやすくなって標準電位がより負の値になる．金属の酸化数が低い錯体の方が相対的により安定になれば，還元が起こりやすくなって標準電位がより正の値になる．

例題 6・12 電位に対する錯形成の影響を調べる．
CN^- は通常 Br^- よりも熱力学的に安定な錯体をつくる．$[Ni(CN)_4]^{2-}$ と $[NiBr_4]^{2-}$ のうちどちらの方が，Ni(s) への還元に関する電位が正であると思われるか．

解 還元の半反応は

$$[NiX_4]^{2-}(aq) + 2\,e^- \longrightarrow Ni(s) + 4\,X^-(aq)$$

である．錯体が安定であるほど，還元によって錯体が分解しにくい．$[Ni(CN)_4]^{2-}$ の方が $[NiBr_4]^{2-}$ よりも安定であるから，前者は後者よりも還元されにくく，したがってより負の標準電位をもつであろう．

問題 6・12 $[Ni(en)_3]^{2+}/Ni$ と $[Ni(NH_3)_6]^{2+}/Ni$ とではどちらの組の標準電位が高いか．

参 考 書

T. W. Swaddle, "Inorganic chemistry: an industrial and environmental perspective," Academic Press（1997）〔邦訳, "スワドル無機化学: 基礎・産業・環境", 石原浩二ら訳, 東京化学同人（1999）〕．環境化学および金属精錬の実際面に関するよい入門書．速度論, 電気分解, 腐食を含めて, 溶液中の酸化還元反応をも取扱っている．

A. J. Bard, R. Parsons, J. Jordan, "Standard potentials in aqueous solution," M. Dekker, New York（1985）．標準電位の評価データ集．速度についてのコメントも含まれている．

S. G. Bratsch, 'Standard electrode potentials and temperature coefficients in water at 298.15 K,' *J. Phys. Chem. Ref. Data*, **18**, 1 (1989).

D. M. Stanbury, 'Potentials for radical species,' *Adv. Inorg. Chem.*, **33**, 69 (1989).

I. Barin, "Thermochemical data of pure substances, 3rd Ed.," Vol. 1, Vol. 2, VCH, Weinheim（1995）．種々の温度における無機物質の熱力学データの包括的で信頼度の高いデータ集．

J. Emsley, "The elements," Oxford University Press（1998）．全元素についてのきわめて有効なデータ集．標準電位を含む．

P. H. Rieger, "Electrochemistry, 2nd Ed.," Chapman and Hall, New York（1994）．電気化学的な方法と解釈とに関するよい入門書．

M. Pourbaix, "Atlas of electrochemical equilibria in aqueous solutions," Pergamon Press, Oxford（1966）．多数の元素に関する Pourbaix 図の原典．

R. M. Garrels, C. L. Christ, "Solutions, minerals, and equilibria," Harper and Row, New York（1965）．水溶液の地球化学に関する標準的な教科書．全体を通して Pourbaix 図を用いて, 地質学における化学平衡の意味を解析する．

W. Stumm, J. J. Morgan, "Aquatic chemistry," Wiley, New York（1996）．天然水の化学に関する標準的な参考書．

D. C. Harris, "Introduction to analytical chemistry," W. H. Freeman, New York（1991）．第14章および第16章は電気化学セルおよび電気化学測定のよい入門になっている．

R. B. Jordan, "Reaction mechanisms of inorganic and organometallic systems, 2nd Ed.," Oxford University Press（1998）．

R. G. Wilkins, "Kinetics and mechanism of reactions of transition metal complexes, 2nd Ed.," VCH, New York（1991）．

練 習 問 題

6・1 図 6・3 中の Ellingham 図を参考にして, アルミニウムが MgO を還元できると思われる条件を決め, その条件について解説せよ．

6・2 標準電位の値によると, NaCl 水溶液の電気分解でアノードで生成するのは塩素

の気体よりはむしろ酸素気体であると考えられる．しかし，実際には，酸素はほんの痕跡しか発生しない．その理由を考えよ．

6・3 付録2のデータを用いて，つぎの反応を行うのに適していると思われる試薬を示し，反応式を記せ．
(a) HClを酸化して塩素気体にする．　　(b) $Cr^{III}(aq)$ を $Cr^{II}(aq)$ に還元する．
(c) $Ag^+(aq)$ を $Ag(s)$ に還元する．　　(d) I_2 を I^- へ還元する．

6・4 付録2の標準電位のデータを指標として，空気を含む酸性水溶液中でつぎの化学種が起こすと思われる反応の方程式を書け．もし問題の化学種が安定である場合は"反応しない"と記せ．
(a) Cr^{2+}　(b) Fe^{2+}　(c) Cl^-　(d) $HClO$　(e) $Zn(s)$

6・5 付録2中の情報を用いて，空気を含む酸性水溶液中でつぎの各物質が起こすと考えられる反応（不均化を含めて）の反応方程式を書け．
(a) Fe^{2+}　(b) Ru^{2+}　(c) $HClO_2$　(d) $Br_2(l)$

6・6 つぎの反応に対するNernst式を記せ．
(a) O_2 の還元: $O_2(g) + 4H^+(aq) + 4e^- \longrightarrow 2H_2O(l)$
(b) $Fe_2O_3(s)$ の還元: $Fe_2O_3(s) + 6H^+(aq) + 6e^- \longrightarrow 2Fe(s) + 3H_2O(l)$
いずれの場合にも pH を用いて式を表現せよ．pH=7, $p(O_2)=20$ kPa（空気中の酸素の分圧）のときの O_2 の還元に対する電位はいくらか．

6・7 塩基性溶液中における下記の電位を用いて，CrO_4^{2-} および $[Cu(NH_3)_2]^+$ の還元（塩基性溶液中）に対する $E^{\ominus}$, $\Delta_r G^{\ominus}$ および K を計算せよ．

$CrO_4^{2-}(aq) + 4H_2O(l) + 3e^- \longrightarrow Cr(OH)_3(s) + 5OH^-(aq)$　　　$E^{\ominus} = -0.11$ V
$[Cu(NH_3)_2]^+(aq) + e^- \longrightarrow Cu(s) + 2NH_3(aq)$　　　$E^{\ominus} = -0.10$ V

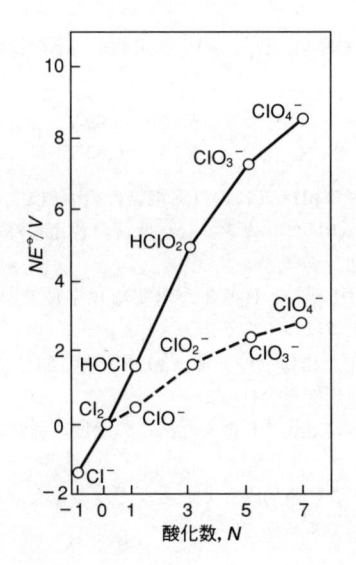

図 6・16 塩素のFrost図．実線はpH=0に，破線はpH=14に対応する．

この二つの場合では$E^{\ominus}$の値はよく似ているのに，$\Delta_r G^{\ominus}$やKが大きく異なる理由を説明せよ．

6・8 図6・16のFrost図を用いてつぎの問いに答えよ．
(a) 塩基性水溶液中にCl_2を溶かすとどうなるか．
(b) 酸水溶液中にCl_2を溶かすとどうなるか．
(c) 酸性水溶液中で$HClO_3$が不均化しないのは熱力学的な現象か，または速度論的な現象か．

6・9 標準電位を指標にして，つぎの実験で起こると思われるおもな全反応の方程式を記せ．
(a) NaOH水溶液にN_2Oを通気する．
(b) 三ヨウ化ナトリウム水溶液中にZn金属を加える．
(c) 過剰の$HClO_3$水溶液中にI_2を加える．

6・10 水溶液中でつぎの変換を最も起こりやすくするような酸性度または塩基性度の条件を決めよ．
(a) $Mn^{2+} \to MnO_4^-$ (b) $ClO_4^- \to ClO_3^-$
(c) $H_2O_2 \to O_2$ (d) $I_2 \to 2I^-$

6・11 つぎの反応は，単純な外圏型電子移動，単純な原子移動，または多段階反応機構のいずれによって起こりそうか．
(a) $HIO(aq) + I^-(aq) \longrightarrow I_2(aq) + OH^-(aq)$
(b) $[Co(phen)_3]^{3+}(aq) + [Cr(bpy)_3]^{2+}(aq)$
$\longrightarrow [Co(phen)_3]^{2+}(aq) + [Cr(bpy)_3]^{3+}(aq)$
(c) $IO_3^-(aq) + 8I^-(aq) + 6H^+(aq) \longrightarrow 3I_3^-(aq) + 3H_2O(l)$

6・12 塩素についてのLatimer図を用いてClO_4^-のCl_2への還元に対する電位を決定せよ．この半反応の反応方程式を記せ．

6・13 反応，$Au^+(aq) + 2CN^-(aq) \to [Au(CN)_2]^-(aq)$，の平衡定数をつぎの標準電位から計算せよ．

$Au^+(aq) + e^- \longrightarrow Au(s)$ $E^{\ominus} = +1.69\,V$
$[Au(CN)_2]^-(aq) + e^- \longrightarrow Au(s) + 2CN^-(aq)$ $E^{\ominus} = -0.60\,V$

6・14 図6・14を用いて，空気を含んだ湖水のpH=6における電位の概略値を示せ．この結果と付録2のLatimer図とから，(a) 鉄，(b) マンガン，(c) 硫黄の各元素の平衡状態における化学種を予測せよ．

6・15 O_2がほとんどないような湖の底ではFe^{2+}とH_2Sとが重要な化学種である．pH=6とすると，この環境を特徴づけるEの最大値はいくらか．

6・16 配位子edtaは硬い酸の中心原子と安定な錯体をつくる．3d系列中のM^{2+}のMへの還元は，edtaとの錯形成によってどのような影響を受けるか．

6・17 図6・13では，Fe^{2+}濃度として$10^{-5}\,mol\,dm^{-3}$を選んだ．この濃度を別な値にしたら変わる境界線はどれか．

6・18 水溶液中の金属イオンが水以外の配位子と錯形成しているかどうかを決めるのにサイクリックボルタモグラムをどのように利用できるか．

6・19 溶けている二酸化炭素の濃度が高く，かつ空気中の酸素にさらされている水は鉄を腐食する力が強い理由を説明せよ．

演習問題

6・1 HCl の存在下で Fe^{2+} を定量するときの酸化剤としては過マンガン酸塩は不適当だが，溶液に十分量の Mn^{2+} およびリン酸イオンを加えると過マンガン酸塩が適当な酸化剤となる．標準電位のデータを用いて，その理由を示せ（ヒント：リン酸イオンは Fe^{3+} と錯形成して，Fe^{3+} を安定化する）．

6・2 R. A. Binstead と T. J. Meyer は $[Ru^{IV}O(bpy)_2(py)]^{2+}$ の $[Ru^{III}(OH)(bpy)_2(py)]^{2+}$ への還元について報告した〔*J. Am. Chem. Soc.*, **109**, 3287(1987)〕．この研究によると，溶媒を H_2O から D_2O に変えると反応速度が著しく影響を受けることがわかった．この事実は反応機構についてどのようなことを暗示しているか．この章で述べた単純な電子移動および単純な原子移動の場合とこの結果との関連についてコメントせよ．

6・3 O_2 は反応速度の遅い酸化剤であることが多い．つぎの二つの標準電位を考慮して，この遅い酸化反応をどのような機構で説明できるかを示せ．

$$O_2(g) + 4H^+(aq) + 4e^- \longrightarrow 2H_2O(l) \quad E^\ominus = +1.23\,V$$
$$O_2(g) + 2H^+(aq) + 2e^- \longrightarrow H_2O_2(aq) \quad E^\ominus = +0.70\,V$$

6・4 嫌気性細菌の多くは，エネルギー源として O_2 以外の酸化剤を利用している．そのおもなものには SO_4^{2-}，NO_3^-，Fe^{3+} がある．半反応の一例は

$$FeO(OH)(s) + HCO_3^-(aq) + 2H^+(aq) + e^- \longrightarrow FeCO_3(s) + 2H_2O(l)$$

で，その $E^\ominus$ は $+1.67\,V$ である．$1.00\,g$ の酸素と同じギブズエネルギーを生み出すのに必要な鉄の質量はいくらか．

6・5 標準電位の表に記載されている値の多くは，起電力を直接電気化学的に測定したものではなく，熱化学データから決定したものである．つぎの半反応についての計算を行ってこの方法を説明せよ．

$$Sc_2O_3(s) + 3H_2O(l) + 6e^- \longrightarrow 2Sc(s) + 6OH^-(aq)$$

	Sc^{3+}(aq)	OH^-(aq)	H_2O(l)	Sc_2O_3(s)	Sc(s)
$\Delta_r H^\ominus / kJ\,mol^{-1}$	−614.2	−230.0	−285.8	−1908.7	0
$S^\ominus / J\,K^{-1}\,mol^{-1}$	−255.2	−10.75	+69.91	+77.0	+34.76

6・6 OH^- のようなイオンの標準電位は溶媒の影響を著しく受ける可能性がある．

(a) D. T. Sawyer および J. L. Roberts の総説〔*Acc. Chem. Res.*, **21**, 469 (1988)〕を参照して，溶媒を水からアセトニトリル CH_3CN に変えたときの $OH^{\cdot}/OH^-$ 系の電位の変化量を記せ．

(b) これら二つの溶媒中における OH^- イオンの溶媒和の相違を定性的に説明せよ．

6・7 原子移動を含む反応は，酸化数の変化ということで酸化還元の立場から表現する

こともできるし，求核置換という立場から表現することもできる．水中でNO_2^-がClO^-と反応してNO_3^-とCl^-とを生ずる反応の機構を上記の二つの観点から説明せよ〔D. W. Johnson, D. W. Margerum, *Inorg. Chem.*, **30**, 4845 (1991) を参照〕．

6・8 酸性溶液中における酸化還元反応

$$MnO_4^- + H_2SO_3 \longrightarrow Mn^{2+} + HSO_4^-$$

の化学量論係数を決めよ．この反応に関する電位とpHとの定性的な関係（すなわち，pHが大きくなると電位が高くなるか，低くなるか，変化しないか）を予測せよ．

6・9 つぎのLatimer図を使って，酸溶液中における水銀のFrost図を描け．

$$Hg^{2+} \xrightarrow{0.911} Hg_2^{2+} \xrightarrow{0.796} Hg$$

各化学種が，酸化剤になるか，還元剤になるか，不均化するかの傾向について述べよ．

6・10 つぎのLatimer図から，

$$O_2 \xrightarrow{-0.125} HO_2 \xrightarrow{1.51} H_2O_2$$

反応 $2\,HO_2 \to O_2 + H_2O_2$ に対するE°を計算せよ．このE°値を使って，HO_2が不均化する熱力学的な傾向について述べよ．

6・11 酸水溶液中におけるつぎの標準電位，$E^\circ(Pd^{2+}/Pd) = +0.915\,V$ および，$E^\circ([PdCl_4]^{2-}/Pd) = +0.60\,V$，を使って，$1\,mol\,dm^{-3}\,HCl(aq)$ 中での反応

$$Pd^{2+}(aq) + 4\,Cl^-(aq) \rightleftharpoons [PdCl_4]^{2-}(aq)$$

の平衡定数を計算せよ．

6・12 $pH = 9.00$ および $1\,mol\,dm^{-3}\,MnO_4^-(aq)$ の水溶液（25℃）中における $MnO_4^-(aq)$ から $MnO_2(s)$ への還元に対する半電池電位を計算せよ．ただし，$E^\circ(MnO_4^-/MnO_2) = +1.69\,V$ である．

7

d 金属錯体

1個の中心金属原子または金属イオンをいくつかの原子やイオンが取囲んでいる金属錯体は，無機化学，特にd-ブロックの元素において重要な役割を演じている．この章では，中心金属原子の周りで配位子が普通にとる構造（配列）を紹介する．その上で，配位子-金属結合の性質を，二つの理論的モデルの立場から論ずる．まず，結合の静電モデルに基づく簡単だが有用な結晶場理論から出発し，つぎにより洗練された配位子場理論へと進む．どちらの理論でも，配位子場分裂パラメーターというパラメーターによって分光学的な性質と磁気的性質とを関連づける．錯体の安定度および反応速度を系統的に論ずるのにも同じパラメーターが役立つ．

d 金属の化学では，中心金属原子またはイオンをいくつかの**配位子**[a]が取囲んでいるような化学種を表すのに**錯体**[b]という用語を使う．ここで配位子というのは，単独でもイオンまたは分子として存在しうる化学種である．$[Co(NH_3)_6]^{3+}$ は錯イオンの一例で，この場合 Co^{3+} イオンが6個の NH_3 配位子で取囲まれている．中性の錯体または少なくとも1個の錯イオンを含むイオン性化合物を**配位化合物**[c]とよぶことにする．すなわち，$[Ni(CO)_4]$ および $[Co(NH_3)_6]Cl_3$ はいずれも配位化合物である．錯体は，一つの Lewis 酸（中心金属原子）がいくつかの Lewis 塩基（配位子）と結合したものである．Lewis 塩基配位子中の原子で中心原子と結合をつくるものを**供与体原子**[*, d]という．それは，結合生成に使われる電子が，この原子から提供されるからである．たとえば，H_2O が配位子として働いているとき，O は供与体原子である．錯体を構成している Lewis 酸である金属原子またはイオンは**受容体原子**[e]である．sおよびp金属イオンも錯体をつくる（第9章参照）が，この章ではd金属の原子やイオンを含む錯体に重点をおく．

d金属錯体の幾何学的構造の主要な性質を明らかにしたのは，有機立体化学を研究していたスイスの科学者 Alfred Werner（1866～1919）である．Werner は，光学異性および幾何異性，反応型式，および電気伝導のデータの解釈を組合わせて研究したが，その研究は

---

* 訳注：配位原子（ligating atom）ともいう．

a) ligand b) complex c) coordination compound d) donor atom e) acceptor atom

物理的および化学的証拠をいかに有効かつ想像力豊かに活用するかの模範になっている[1]。多くの配位化合物の顕著な色は、それらの電子構造を反映するものであるが、Wernerにとっては謎であった。この問題が解明されたのは、1930年から1960年にかけての期間に軌道を使って電子構造を記述できるようになってからのことである。

最初に取上げる d 金属錯体の幾何学的構造は、今日では、Wernerが駆使できたよりももっと多くの方法で研究することができる。化合物の単結晶をつくることができれば、X線回折（BOX 2・1）によって正確な形、結合距離、および結合角がわかる。核磁気共鳴（参考資料2を参照）を使えばマイクロ秒より長い寿命をもつ錯体を調べることができる。溶液中での拡散による衝突の間隔（数ナノ秒）と同程度のきわめて寿命の短い錯体は、振動スペクトルおよび電子分光スペクトルを用いて研究することができる。溶液中における長寿命の錯体（Co^{III}, Cr^{III}, Pt^{II} その他多くの 4d および 5d 金属の古典的な錯体や有機金属化合物のような）の形は、反応型式や異性を解析して推論することができる。この方法はWernerが最初に開発したもので、今日でもなお、化合物の合成やその構造決定に多くの情報を提供してくれる。

構造と対称性

内圏錯体[a]では、配位子が中心の金属原子または金属イオンに直接結合していて、これらの配位子が**第一配位圏**[b]を形成している。第一配位圏中の配位子の数を錯体の**配位数**[c] (C.N.) という。固体の場合と同様に、配位数は広範囲の値をとることができる。錯体の構造や化学的性質の多様性の原因は、配位数が12までの値を取りうることにある。

本章では内圏錯体に重点をおくが、錯カチオンは、すでに配位している配位子はそのままの状態で、アニオン性の配位子と静電的に（または溶媒分子とも弱い別の相互作用によって）結合できることを忘れてはならない（**1**）。このような結合で生ずる生成物を**外圏錯体**[d]または**イオン対**[e]という。たとえば $[Mn(OH_2)_6]^{2+}$ と SO_4^{2-} との平衡では、溶液の濃度次第で、配位子 SO_4^{2-} が金属イオンに直接結合している内圏錯体 $[Mn(OH_2)_5SO_4]$ よりも外圏錯体 $[Mn(OH_2)_6]^{2+}SO_4^{2-}$ の方が高濃度で存在することもありうる。錯形成平衡を測定する方法の大部分は、内圏型と外圏型の錯形成を区別することができず、結合している配位子の総和を検出するだけであることを覚えておく必要がある。金属と配位子とが互いに反対符号の電荷をもつ場合には必ず外圏型錯形成の可能性を考えなければならない。

---

1) G.B. Kauffman は、"Inorganic coordination compounds," Heyden, London (1981) の中で、構造配位化学の歴史について魅力的な説明をしている。Wernerの重要な論文の英訳は G.B. Kauffman, "Classics in coordination chemistry, 1: Selected papers of Alfred Werner," Dover, New York (1968) に出ている。
a) inner-sphere complex   b) primary coordination sphere   c) coordination number
d) outer-sphere complex   e) ion pair

I [Mn(OH$_2$)$_6$]SO$_4$

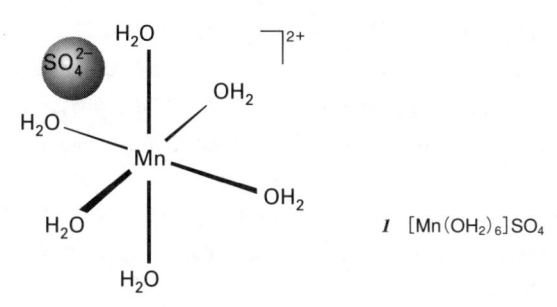

　d金属の原子またはイオンの配位数は，固体の組成からいつでもはっきりわかるわけではない．それは，配位子となる可能性をもつ化学種や溶媒分子が固体の構造内のすき間を単に埋めているだけで，金属イオンには何ら直接の結合をしていないかもしれないからである．たとえば，X線回折によると，CoCl$_2$・6H$_2$O には中性錯体 [CoCl$_2$(OH$_2$)$_4$] と，結晶中ではっきり決まった場所を占めているが配位はしていない2個の H$_2$O 分子とが含まれていることがわかる．このような余分の溶媒分子を**格子溶媒**[a] または**結晶溶媒**[b] という．

7・1 錯体の構造

錯体の配位数はつぎの三つの因子で決まる．

1. 中心原子またはイオンの大きさ
2. 配位子間の立体相互作用
3. 電子的相互作用

一般に，第5周期および第6周期中の原子やイオンは半径が大きく，それらの錯体では高い配位数をとりやすい．同様の立体的理由で，かさ高い配位子では低い配位数が有利になることが多い．d-ブロックでは，周期の左の方の元素は半径が大きく，高い配位数が最も普通である．特に，金属イオンにd電子が少ししかない場合には高配位数が普通である．それは，d電子の数が少ないと，金属イオンはLewis塩基からより多数の電子を受け入れることができるからである．[Mo(CN)$_8$]$^{4-}$ はその一例である．d-ブロックの右の方の金属で，特にd電子をたくさんもつイオンでは，[PtCl$_4$]$^{2-}$ のように低配位数のものがみられる．このような原子は，配位子となりうる Lewis 塩基から電子を受けとる能力が低い．また，MnO$_4^-$ やCrO$_4^{2-}$ の場合のように，配位子と中心金属とが多重結合をつくりうる場合には，低配位数になる．この場合には，各配位子から提供される電子が，新たな配位子の結合を妨げようとするからである．

(a) 低配位数

普通の実験室の条件下，溶液中で生成する配位数2の錯体で最もよく知られているもの

---

a) lattice solvent　b) solvent of crystallization

は，Cu^I，Ag^I，Au^I，Hg^{II} のような11族および12族イオンの直線形化合物である（早見表1参照）．一例として，過剰の Cl^- を含む水溶液中に固体の AgCl が溶ける原因となる錯体 $[AgCl_2]^-$ がある．自然界で細菌が $Hg^{2+}(aq)$ に作用してできる有毒な錯体 $[Hg(CH_3)_2]$ (*2*) はもう一つの例である．Au^I の直線形錯体で LAuX の化学式をもつ一連の化合物も知られている．ここで，X はハロゲン，L は置換ホスファン* R_3P またはチオエーテル R_2S のような中性 Lewis 塩基である．錯体 $[(R_2S)AuCl]$ 中のチオエーテル配位子は，より強い供与体 SR^- で容易に置換される[2]．多くの二配位錯体は，追加の配位子を容易に取入れて三配位または四配位錯体になる．

早見表1 直線形錯体

	11族		12族
Cu^I	X—Cu—X $]^-$ $X = Cl, Br$		
Ag^I	H_3N—Ag—NH_3 $]^+$		
Au^I	R_3P—Au—PR_3 $]^+$		H_3C—Hg—CH_3

2 $[Hg(CH_3)_2]$

実験式からは二配位と思われる固体化合物の場合，実際にはもっと高い配位数の重合体のことがある．たとえば，$K[Cu(CN)_2]$ で表される塩は，三配位の Cu 原子をもつ鎖状のアニオン (*3*) を含んでいる．d 金属錯体では三配位はまれで，ハロゲン X との化合物 MX_3 は，配位数が3より高く，また配位子を共有するような鎖または網目構造のものであるのが普通である．

3 $[Cu(CN)_2]^-$

---

2) 金(I)の錯体は慢性関節リウマチの治療に利用されているが，それは Au^I とタンパク質のチオール基との相互作用によると考えられている〔"Platinum, gold, and other chemotherapeutic agents. Chemistry and biochemistry," ed. by S. J. Lippard, ACS Symposium Series, No.209, American Chemical Society, Washington, DC (1983) を参照〕．

* 訳注：現在の IUPAC 勧告では，PH_3 をホスフィン (phosphine) ではなくホスファン (phosphane) と命名している．IUPAC 勧告は現在の文献で一般に使われていて，本訳書も全体を通してそれに従っている．

Cu^+ や Ag^+ には二配位錯体がある．これらは，追加の配位子があれば，それを容易に取入れる．錯体の経験式から考えられるよりも高い配位数をもつ錯体には注意を払うことが重要である．

(b) 四 配 位

四配位は多数の化合物でみられる．中心原子が小さいか，または配位子が大きい（Cl^-，Br^-，I^-のように）ときには，近似的に T_d 対称性をもつ四面体形錯体(**4**)が高配位数のものより有利になる．その理由は，金属-配位子間の結合がたくさんできるほどエネルギー的には安定化するが，配位子間の反発による不安定化の影響がそれを上回るからである[3]．d系列の左の方にあって酸化状態の高い金属原子のオキソアニオン（たとえば $[CrO_4]^{2-}$）や，3d系列の右の方の M^{2+} イオンのハロゲン化物（たとえば $[NiBr_4]^{2-}$）では四面体形錯体が普通である（早見表2参照）．

早見表2 四面体形錯体

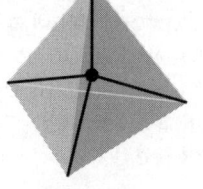

5族	6族	7族
$[VO_4]^{3-}$	$[CrO_4]^{2-}$	$[MnO_4]^-$

8族	9族	10族	11族
$[FeCl_4]^{2-}$	$[CoCl_4]^{2-}$	$[NiBr_4]^{2-}$	$[CuBr_4]^{2-}$

4 四面体形錯体，T_d

Werner は $PtCl_2$ が NH_3 および HCl と反応して生成する一連の四配位 Pt^{II} 錯体を研究した．MX_2L_2 の化学式をもつ錯体では，その構造が四面体形ならば異性体は一つだけであるが，平面四角形であるならば2個の異性体(**5a**)および(**5b**)が予想される．Werner は $[PtCl_2(NH_3)_2]$ の化学式をもつ2種類の非電解質を単離することができたので，この物質は四面体形ではありえないと結論したが，事実それは平面四角形(**6**)であった．四角形の隣合う角に同種の配位子がある方をシス異性体(**5a**)，同種の配位子が対角線上にある方をトランス異性体(**5b**)という．ある化合物において，配位子の種類は同じでその空間的な配置が異なる構造が存在する現象を**幾何異性**[a]という．幾何異性は単に学問的に興味が

---

3) $[BeCl_4]^{2-}$，$[BF_4]^-$，$[SnCl_4]$ の例のように，四配位のs-またはp-ブロックの錯体で，中心イオンが孤立電子対をもたないものはほとんどの場合四面体形である．

a) geometrical isomerism

あるだけではない．たとえば，白金の錯体はがんの化学療法で用いられるが，DNAの塩基と長期間にわたって結合を保つことができて有効に働くのは cis-Pt^{II} 錯体だけであることがわかっている．四配位錯体では，一般につぎのことがよく成立する．

5a cis-[$PtCl_2(NH_3)_2$]　　**5b** $trans$-[$PtCl_2(NH_3)_2$]　　**6** 平面四角形錯体, D_{4h}

中心原子が小さいか，配位子が大きい場合には四面体形錯体ができやすい．d-ブロックの左の方にあって酸化状態の高い金属原子のオキソアニオンや 3d 系列の右の方の M^{2+} イオンのハロゲン化物錯体では四面体形が普通である．平面四角形錯体では幾何異性体ができる可能性がある．

例題 7・1　化学的な事実によって異性体を決める．

ジアンミンジクロロ白金(II)の異性体のどちらがシス形かトランス形かを，図 7・1 中の反応を用いて，どのようにして決められるかを示せ．

解　シス異性体は Ag_2O と反応して Cl^- を失う．その結果生ずる生成物では，隣接する位置に 1 個のシュウ酸イオン($C_2O_4^{2-}$)が付加する．トランス異性体も Ag_2O と反応して Cl^- を失うが，その生成物の 2 個の OH^- 配位子を 1 個の $C_2O_4^{2-}$ イオンで置換することはできない．その理由は，平面四角形の対角線上にある二つのトランスの位置を 1 個の $C_2O_4^{2-}$ で橋渡しすることはできないからである．この結論は X 線結晶解析で支持されている．

シュウ酸イオンが反応する条件下では，1 個のシュウ酸イオンが 1 個の OH^- イオンを置換する

図 7・1　cis-および $trans$-ジアンミンジクロロ白金(II)の合成と，異性体を見分ける化学的な方法

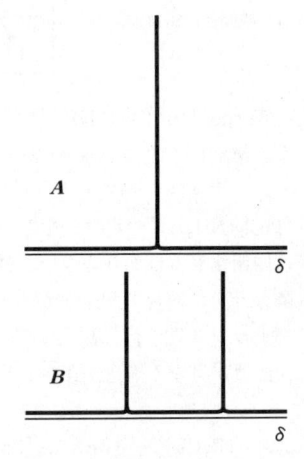

図 7・2　Pt^{II} ホスファン錯体の異性体の NMR スペクトル

問題 7・1 [PtBrCl(PR$_3$)$_2$]（-PR$_3$はトリアルキルホスファン基）の二つの平面四角形異性体では，^{31}P NMR スペクトルが異なる（図7・2）．異性体（**A**）では1本，異性体（**B**）では2本の^{31}P 共鳴線が，ほぼ同じ領域にみられる．どちらがシスでどちらがトランスか．

3d 金属の平面四角形錯体では，たとえば [Ni(CN)$_4$]$^{2-}$ の場合のように，d^8 配置の金属イオン（たとえばNi^{2+}）から配位子が電子を受け取ってπ結合をつくることができるのが普通である（早見表3参照）．d-ブロックの第二行および第三行（4d^8 および 5d^8）に属する元素の四配位 d^8 錯体は，ほとんどの場合平面四角形である．たとえば Rh$^+$, Ir$^+$, Pd^{2+}, Pt^{2+}, Au^{3+} の錯体がそうである．また，4個の供与体原子がしっかりした環をつくっている配位子と中心金属との錯形成では，つぎに述べる五配位ポルフィリン錯体形成の場合と同じように，必然的に平面四角形構造ができる．

早見表3 平面四角形錯体

d-ブロックの第一行にある平面四角形錯体は，d^8 配置の金属原子および金属イオンとπ受容体配位子との場合に普通にみられる．d-ブロックの第二行および第三行に属する元素の四配位 d^8 錯体は，配位子がπ供与体性かπ受容体性であるかにかかわらず，ほとんどいつでも平面四角形である．

(c) 五配位

五配位錯体は，d-ブロック中では四配位や六配位錯体ほど普通ではない．その理想的な形は正方錐形か三方両錐形のいずれかであるが，それからひずんでいることが多い[4]．配

---

4) E. L. Muetterties および L. J. Guggenberger〔*J. Am. Chem. Soc.*, **96**, 1748（1974）〕は，理想的な三方両錐形から理想的な四方錐形へ滑らかに変化する一連の五配位構造化合物を確認した．これらの化合物は三方両錐形の [CdCl$_5$]$^{3-}$ から [P(C$_6$H$_5$)$_5$]，[Co(C$_6$H$_7$NO)$_5$]$^{2+}$，[Ni(CN)$_5$]$^{3-}$，[Nb(NC$_5$H$_{10}$)$_5$] を経て四方錐形の [Sb(C$_6$H$_5$)$_5$] に至るものである．

位子–配位子間の反発は三方両錐形の場合に少なくなるが，多座配位子において立体的な束縛があると正方錐構造が有利になる．たとえば，生物学的に重要なポルフィリン類の中には正方錐形五配位のものがある．この場合には，配位子環が平面四角形構造を強制するので，5番目の配位子がその平面の上方に結合する．構造(**7**)は，酸素輸送タンパク質であるミオグロビンの活性中心部分である．§19・3でみるように，ミオグロビンの働きで重要なのは配位子環の平面の上方における Fe 原子の位置である．ある場合には，三方両錐のアキシアル位置に結合できる供与体原子をもつ多座配位子によって五配位が誘起される．その際，多座配位子の残りの供与体原子は三つのエクアトリアル位に結合する(**8**)．

7　　　　　　　　　　　　　　　**8**

　五配位錯体の種々の形のエネルギーは互いにさほど違わないことが多い．このエネルギーの釣り合いが微妙なことは，[Ni(CN)$_5$]$^{3-}$ の正方錐形(**9a**)と三方両錐形(**9b**)とが同じ結晶中で共存できるという事実がよく表している．溶液中では，単座配位子による三方両錐形錯体はきわめて変形しやすいことが多く，ある瞬間アキシアルにあった配位子がつぎの瞬間にはエクアトリアルになったりする．ある立体構造からもう一つの構造へのこのような転換は **Berry擬回転**[a] によって起こる（図7・3）．たとえば，中性の錯体 [Fe(CO)$_5$] は，結晶中では三方両錐形であるが，溶液中では配位子がアキシアル位置とエクアトリアル位置とを，NMR の時間尺度でみれば速いが IR の時間尺度でみれば遅いような速度で行ったり来たりする．

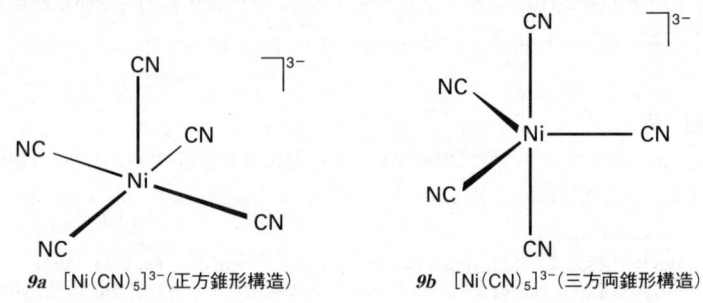

9a　[Ni(CN)$_5$]$^{3-}$(正方錐形構造)　　　**9b**　[Ni(CN)$_5$]$^{3-}$(三方両錐形構造)

---

a) Berry pseudorotation

特定の形を強制するような多座配位子がない場合には，五配位錯体の種々の形のエネルギーは互いにさほど違わない．このような錯体の構造は変形しやすいことが多い．

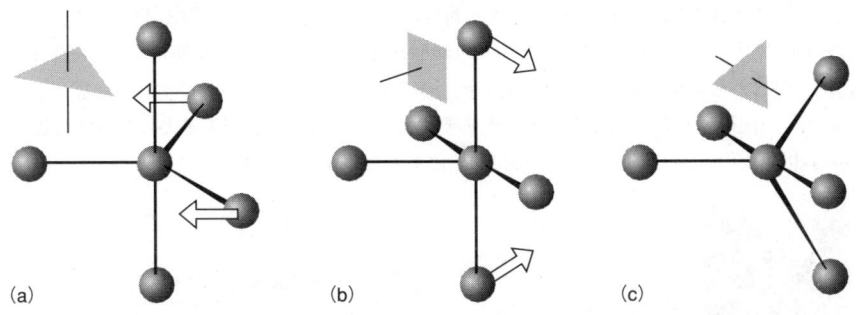

図 7・3 三方両錐形 $[Fe(CO)_5]$(a)が Berry 擬回転でゆがんで正方錐形異性体(b)となり，さらに再び三方両錐形(c)になる様子．(a)でエクアトリアル位だった2個のカルボニル基が(c)ではアキシアル位になっている．

(d) 六 配 位

六配位は，d^0 から d^9 までの電子配置をもつ元素では最も普通の構造である．たとえば，3d 系列の M^{3+} イオンがつくる錯体は通常八面体形(**10**)である．六配位の錯体が広範囲にわたることを示す例には，$[Sc(OH_2)_6]^{3+}$ (d^0)，$[Cr(NH_3)_6]^{3+}$ (d^3)，$[Mo(CO)_6]$ (d^6)，$[Fe(CN)_6]^{3-}$ (d^5)，$[RhCl_6]^{3-}$ (d^6) がある．f-ブロック元素のハロゲン化物にも六配位を示すものがあるが，これらの大きなカチオンではもっと高い配位数，特に8および9の方が普通である．

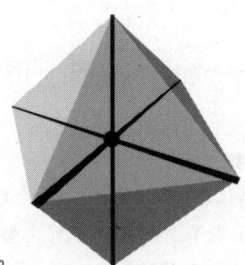

10 八面体形錯体, O_h

ほとんどすべての六配位錯体は，少なくとも日常的な意味では，八面体である．配位子の正八面体 (O_h) 配置は，化学式 ML_6 をもつ錯体の多くにみられるのみならず，図7・4に示すような対称性の低い錯体を論ずるときの出発点であるという意味で，六配位においては特に重要なものである．O_h 対称からの最も簡単なひずみは正方ひずみ (D_{4h}) で，一つの軸上の2個の配位子が他の四つとは異なる場合に生ずる．d^9 構造（特に Cu^{2+} 錯体）では，すべての配位子が同等である場合でも正方ひずみ (D_{4h}) が起こりうる．斜方ひずみ

(D_{2h}) や三方ひずみ (D_{3d}) もみられる．正八面体と三角柱 (D_{3h}) との中間の構造をもつ一群のものが三方ひずみによって生ずる．

三角柱形錯体 (**11**) はまれであるが，MoS_2 および WS_2 の固体の場合にみつかっている．化学式が $[M(S_2C_2R_2)_3]$ の錯体の中にも三角柱のものがいくつかある (**12**, 早見表4参照)．$[Zr(CH_3)_6]^{2-}$ のような三角柱 d^0 錯体も単離されている．このような構造ができるには，配位子がきわめて小さい σ 供与体であるか，または錯体を三角柱の形にするのに都合のよい配位子-配位子相互作用があることが必要である．硫黄を含む配位子では共有結合性のS−S相互作用で互いに引き合うために上記のような相互作用が生ずることが多い[5]．

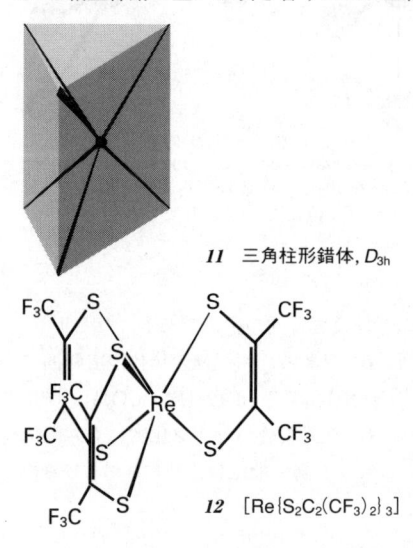

11 三角柱形錯体, D_{3h}

12 $[Re\{S_2C_2(CF_3)_2\}_3]$

早見表4　三角柱形錯体

4族	5族	6族
$[Zr(CH_3)_6]^{2-}$ 　Zr^{IV}		$[Mo(S)_6]$ 　Mo^{VI}
$[Hf(CH_3)_6]^{2-}$ 　Hf^{IV}		$[W(S)_6]$ 　W^{VI}

六配位錯体の大部分は八面体か，または八面体からわずかにひずんだ形のものである．

(e) さらに高い配位数

七配位は，3d 金属錯体では少ないが，4d および 5d 錯体ではもっとたくさんみられる．4d や 5d の場合には中心原子が大きいので，6個よりも多くの配位子が接近できるようになる．七配位では，いろいろな形のもののエネルギーがほぼ同じであるという点で五配位に似ている．七配位錯体はさまざまな形をとるが，"理想的な"ものとしては五方両錐[a] (**13**)，一冠八面体[b] (**14**) および四角面一冠三角柱[c] (**15**) がある．後二者では，いずれの

---

[5] ジルコニウムおよびハフニウムの六配位三角柱形錯体の構造およびその解釈については P. M. Morse, G. S. Girolami, *J. Am. Chem. Soc.*, **111**, 4114 (1989) を参照．

[a] pentagonal bipyramid　[b] octahedron, face monocapped　[c] trigonal prism, square face monocapped

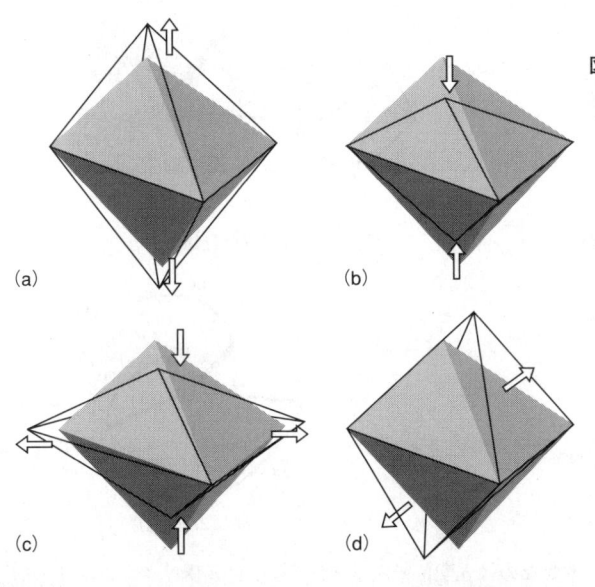

図 7・4 正八面体の正方ひずみ (D_{4h})(a と b), 斜方ひずみ (D_{2h})(c), および三方ひずみ (D_{3d})(d). 最後の (d) で, 矢印の付いている面の一方を 60°回転すると三角柱 (D_{3h}) ができる.

場合にも, 7番目の配位子が一つの面の上にかぶさっている. これらの中間には多くの構造があって, それらの間の相互変換は容易である. 実例としては, d-ブロック金属の錯体 $[Mo(CNR)_7]^{2+}$, $[ZrF_7]^{3-}$, $[TaCl_4(PR_3)_3]$, $[ReOCl_6]^{2-}$, または f-ブロック元素の錯体 $[UO_2(OH_2)_5]^{2+}$ がある. 比較的軽い元素に六配位ではなく七配位を取らせるようにする方法は, 5個の供与体原子をもつ環 (**16**) を合成して, それをエクアトリアルな位置に配位させ, アキシアルな位置を別の2個の配位子のために残しておくようにすることである.

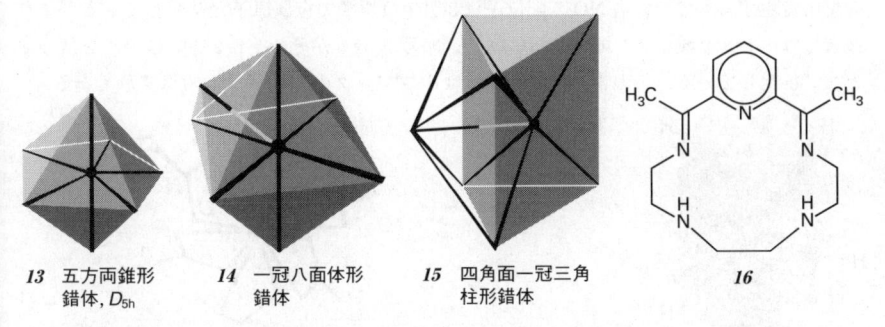

13 五方両錐形錯体, D_{5h}
14 一冠八面体形錯体
15 四角面一冠三角柱形錯体
16

八配位の場合にもまた, 立体化学的な柔軟さがみられる. この場合, 同じ錯体が, ある結晶中では四方逆プリズム[a]形 (**17**) であるが, 他の結晶中では十二面体[b]形 (**18**) であるようなことが起こる. これらの形の錯体の2例を **19** および **20** に示す.

---

a) square antiprismatic b) dodecahedral

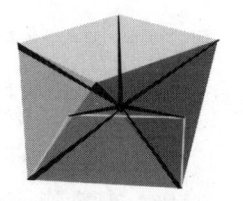

17 四方逆プリズム形錯体

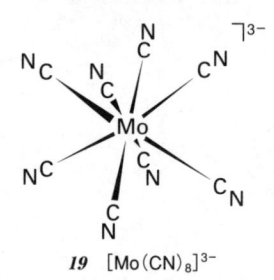

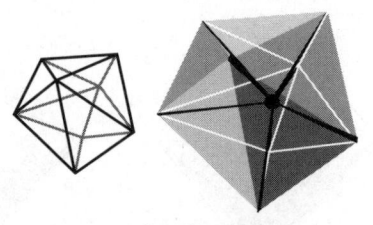

18 十二面体形錯体

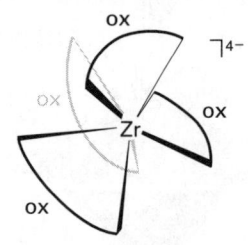

19 $[Mo(CN)_8]^{3-}$

20 $[Zr(ox)_4]^{4-}$

f-ブロックの元素の構造で重要なのは九配位である．f-ブロック元素はイオンが比較的大きくて，多数の配位子を受け入れることができるからである．$[Nd(OH_2)_9]^{3+}$ はその一例である．La から Gd までの元素の化合物 MCl_3 の固体は，金属-ハロゲン化物-金属橋かけによって，高配位をとる．$[ReH_9]^{2-}$ (*21*) は，d-ブロック元素の九配位の例である．ここで，Re が九配位をとることができるのは，配位子が十分に小さいからである．

配位数が 10 および 12 のものは，f-ブロックの M^{3+} イオンの錯体にみられる．実例には $[Ce(NO_3)_6]^{2-}$ (*22*) や十配位錯体 $[Th(ox)_4(OH_2)_2]^{4-}$ がある．前者は Ce^{IV} の塩と HNO_3 との反応で生ずるもので，各 NO_3^- 配位子は 2 個の O 原子で金属原子と結合している．また後者では，シュウ酸イオン配位子（$C_2O_4^{2-}$，略号は ox）がそれぞれ 2 個の O 原子を供与体として供給している．このような高配位数は d-ブロックの M^{3+} イオンではまれである．

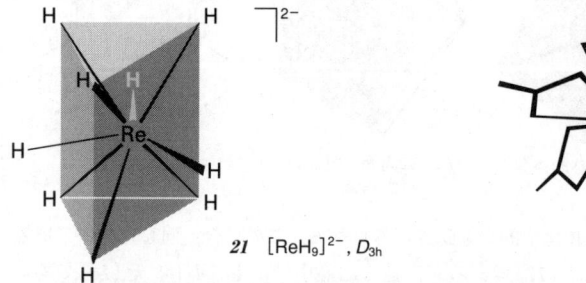

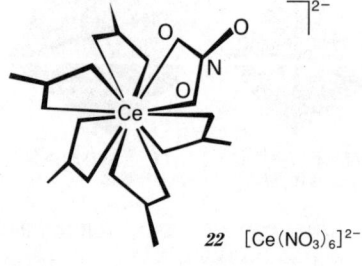

21 $[ReH_9]^{2-}$, D_{3h}

22 $[Ce(NO_3)_6]^{2-}$

大きな原子やイオン——特に f-ブロックの原子やイオン——には高配位数の錯体をつくる傾向がある．f-ブロックでは九配位が特に重要である．

(f) 多金属錯体

最近では，2個以上の金属原子を含む錯体（図7・5）である**多金属錯体**[*, a]の合成がかなりの注目を集めている．金属原子同士が配位子を橋渡しにして結び付いている場合や，金属-金属結合で直接結び付いている場合がある．さらに，これら二つの型の結合がともに関与していることもある．直接の金属-金属結合をもつ多金属錯体を特に**金属クラスター**[b]というのが普通である．金属-金属結合をもたない多金属錯体を**かご形錯体**[c]またはかご形化合物という[6]．

かご形錯体はさまざまなアニオン性配位子を用いてつくられる．たとえば，酢酸イオンの橋かけによって2個のCu^{2+}イオンが結び付けられる（図7・5a）．S橋かけで4個のFe原子がつくる立方体形構造の例を図7・5bに示す．この構造のものは多くの生化学的な酸化還元反応に関与するので，生物学的にきわめて重要である（§19・6参照）．

自動化したX線回折や多核NMRのような新しい構造解析技術の進歩に伴って，金属-

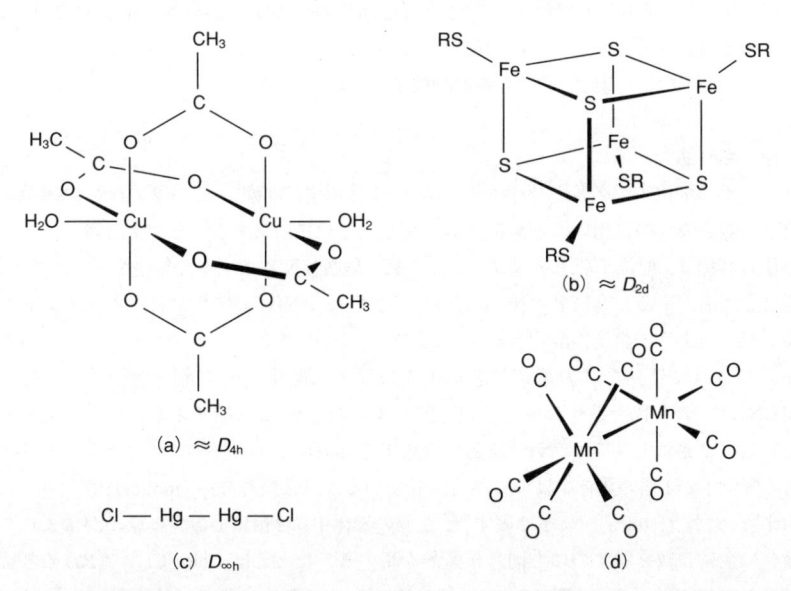

図 7・5 多金属錯体の代表的な型．(a) 酢酸銅(II)二量体．金属-金属結合はほとんどない．(b) 生化学的に重要な電子伝達体のモデルである合成Fe-S錯体．(c) はっきりしたHg-Hg結合をもつ塩化水銀(I)．(d) Mn-Mn結合でつながっている錯体 $[Mn_2(CO)_{10}]$

---

[6] "かご形化合物（cage compound）" という言葉は無機化学においてさまざまな意味をもっていて，それらをはっきり区別することが重要である．たとえば，この用語はクラスレート化合物（clathrate compound）〔ある物質の分子がつくるかごの中に別の物質が捕捉されているような包接化合物（inclusion compound）〕の同義語としても用いられる．

* 訳注: 多核錯体（polynuclear complex）ともいう．
a) polymetallic complex b) metal cluster c) cage complex

金属結合をもつ多くの多金属クラスターが発見され，それが活発な研究分野になってきている．その簡単な例は水銀(I)イオン Hg_2^{2+} と，それがつくる $[Hg_2Cl_2]$ のような錯体(図7・5c)である．図7・5dにはCO配位子をもつ金属クラスターを示す．§9・9および§16・10ではdブロックのかご形化合物およびクラスター化合物についてさらに詳しくみていくことにする．

> 多金属錯体は二つ以上の金属原子を含む錯体であって，金属-金属結合をもつ金属クラスターと，金属原子同士を配位子が橋かけしたかご形錯体とに分類される．

7・2 代表的な配位子と命名法

ここでは，命名法の基本的な考え方のいくつかについて概要を説明し，一般的な配位子を紹介することにしよう．もっと詳しい指針は参考資料1で述べる．まず，**単座配位子**[a] (すなわち"歯が1本"の配位子)だけを含む錯体の考察から始める．単座配位子とは，金属原子と結合する点が一つだけの配位子である．これに対して，二つ以上の点で結合するもの("歯が複数"の配位子)を**多座配位子**[b]とよんで区別する．

(a) 命名法

いくつかの配位子の名称と化学式とを表7・1に示す．また，表7・2には，錯体中の各配位子の数を表すのに用いる倍数接頭辞(ギリシャ語に由来する)を示す．

錯体の名称は，配位子名をアルファベット順(倍数接頭辞はすべて無視する)に並べ[*1]，つぎに金属名が来る．金属名の後には，たとえば $[Co(NH_3)_6]^{3+}$ の名称ヘキサアンミンコバルト(III)のように金属の酸化数を括弧内につけるか，あるいはヘキサアンミンコバルト(3+)のように錯体全体の電荷数を括弧内に示す．錯体がアニオンならば，たとえば $[Fe(CN)_6]^{4-}$ の名称ヘキサシアノ鉄(II)酸イオンのように，-酸イオンとする[英語名では金属名(ときによってはラテン語名)の語尾を -ate に変える]．

ある配位子が1個の錯体中にいくつ含まれているかは接頭辞モノ(mono-)，ジ(di-)，トリ(tri-)，テトラ(tetra-) などで表す[*2]．1個の錯体中に2個以上の金属原子が含まれている場合に金属の数を示すのにも同じ接頭辞を用いる．たとえば，$[Re_2Cl_8]^{2-}$ (**23**)の名称はオクタクロロニレニウム(III)酸イオンである．配位子名中にすでに接頭辞が入っている[エチレンジアミン (en, $H_2NCH_2CH_2NH_2$)のように]などの理由で，配位子の名称との混乱が起こりそうな場合には，配位子名を括弧内に入れて，別の接頭辞ビス(bis-)，ト

[*1] 訳注：日本語名では，アルファベット順に並べた配位子の英語名をそのまま字訳して仮名書きにする．
[*2] 訳注："モノ"は混乱の恐れがない限り使わない．日本語名では，元素名および日本語の前では漢数字(一，二，三，…)を用いる．

a) monodentate ligand b) polydentate ligand

表 7・1 代表的な配位子

名称	化学式	略号*	分類†
アクア aqua	H_2O		M(O)
アセチルアセトナト acetylacetonato	$(CH_3COCHCOCH_3)^-$	acac	B(O)
アンミン ammine	NH_3		M(N)
エチレンジアミン ethylenediamine	$H_2NCH_2CH_2NH_2$	en	B(N)
エチレンジアミンテトラアセタト ethylenediaminetetraacetato	$^-O_2C\text{-}N(\ldots)N\text{-}CO_2^-$ (構造式)	edta	S(N, O)
オキサラト-O oxalato-O	$C_2O_4^{2-}$	ox	B(O)
オキソ oxo	O^{2-}		M
カルボナト carbonato	CO_3^{2-}		M(O), B(O)
カルボニル carbonyl	CO		M(C)
グリシナト glycinato	$NH_2CH_2CO_2^-$	gly	B(N, O)
クロロ chloro	Cl^-		M(Cl)
シアノ cyano	CN^-		M(C)
ジエチレントリアミン diethylenetriamine	$NH(C_2H_4NH_2)_2$	edta	T(N)
チオシアナト-S thiocyanato-S	NCS^-		M(S)
チオシアナト-N thiocyanato-N	NCS^-		M(N)
1,4,8,11-テトラアザシクロテトラデカン 1,4,8,11-tetraazacyclotetradecane	(環状構造式)	cyclam	Te(N)
トリス(2-アミノエチル)アミン tris(2-aminoethyl)amine	$N(C_2H_4NH_2)_3$	tren	Te(N)
ニトリト-O nitrito-O	NO_2^-		M(O)
ニトリロトリアセタト nitrilotriacetato	$N(CH_2CO_2^-)_3$	nta	Te(N, O)
ヒドリド hydrido	H^-		M
ヒドロキソ hydroxo	OH^-		M(O)
2,2′-ビピリジン 2,2′-bipyridine	(構造式)	bpy	B(N)
ブロモ bromo	Br^-		M(Br)
マレオニトリルジチオラト maleonitriledithiolato	$^-S\text{-}C(CN)=C(CN)\text{-}S^-$	mnt	B(S)

† M: 単座, B: 二座, T: 三座, Te: 四座, S: 六座. ( )内の文字は配位原子を示す.
* 訳注: 電荷数を略す.

リス (tris-)，テトラキス (tetrakis-) などを用いる．たとえば，ジクロロというよび方にあいまいさはないが，$[Co(en)_3]^{2+}$ のように3個のen配位子があることを明瞭に示すにはトリス（エチレンジアミン）コバルト（Ⅱ）とする方がよい．2個の中心金属を橋かけしている配位子は，たとえば μ-オキソ-ビス［ペンタアンミンクロム（Ⅲ）］(**24**)のように，架橋配位子の名前の前に接頭辞 μ- を付け，後にはハイフン (-) を入れて表す．

23 $[Re_2Cl_8]^{2-}$, D_{4h}

24 μ-オキソ-ビス［ペンタアンミンクロム（Ⅲ）］

錯体の化学式は，錯体に電荷があるなしにかかわらず [ ] の中に書くことになっている．しかし，電気的に中性の錯体やオキソアニオン類の場合には，テトラカルボニルニッケル(0)[7] $Ni(CO)_4$ およびテトラオキソマンガン（Ⅶ）酸イオン（過マンガン酸イオン）MnO_4^- のように，略式には [ ] なしで書くことも多い．たとえばジアンミンジクロロコバルト（Ⅲ）$[CoCl_2(NH_3)_4]^+$ の場合のように，金属の元素記号を最初に書き，つぎにイオン性配位子を，そして最後に中性配位子を書く．（ある反応においてどの配位子が関与するかを明確にする目的でこの順序を変えることもある．）また，多原子配位子では，錯体の構造をはっきりさせるために供与体原子が金属原子の隣に来るように，普通と違う順に

表 7・2 倍数接頭辞

モノ，一；mono	1
ジ（ビス），二；di (bis)	2
トリ（トリス），三；tri (tris)	3
テトラ（テトラキス），四；tetra (tetrakis)	4
ペンタ（ペンタキス），五；penta (pentakis)	5
ヘキサ（ヘキサキス），六；hexa (hexakis)	6
ヘプタ（ヘプタキス），七；hepta (heptakis)	7
オクタ（オクタキス），八；octa (octakis)	8
ノナ（ノナキス），九；nona (nonakis)	9
デカ（デカキス），十；deca (decakis)	10
ウンデカ，十一；undeca	11
ドデカ，十二；dodeca	12

---

[7] カルボニル錯体に酸化数を割当てる際に，COの正味の酸化数は0とする．

原子を並べて書くこともある（たとえば，ヘキサアクア鉄(II) $[Fe(OH_2)_6]^{2+}$ における OH_2 のように）．

配位子の名称をまとめて表7・1に示す．

(b) 両座配位子

供与体原子を二つもつ配位子は**両座配位子**[a]とよばれている．その一例は，チオシアン酸イオン（NCS^-）で，これは金属とN原子で結合してチオシアナト-N錯体をつくることもできるし，S原子で結合してチオシアナト-S錯体をつくることもできる*．もう一つの両座配位子の例に NO_2^- がある．$M-NO_2^-$ のように配位する場合をニトリト-N またはニトロ，$M-ONO^-$ のように配位する場合をニトリト-O という[8]．

両座の性質をもつ配位子では，同じ配位子がそれぞれ別の原子で金属に結合しているような**結合異性**[b]の可能性が生ずる．化学式 $[Co(NO_2)(NH_3)_5]^{2+}$ で表される化合物には赤色のものと黄色のものとがあり，これらは結合異性体である．赤い方はCo-O結合をもつ錯体(**25**)で，これは不安定で，放置するとCo-N結合をもつ黄色の異性体(**26**)になる．

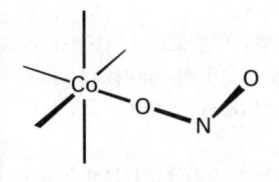

25 ニトリト-O 配位子　　　　　　*26* ニトリト-N 配位子（ニトロ配位子）

両座配位子には結合異性を生ずる可能性がある．

(c) キレート配位子

多座配位子は，金属原子を含む環をつくることによって**キレート**[c]（カニなどのはさみを意味するギリシャ語による）とよばれる錯体をつくることができる．二座配位子のエチレンジアミン（$NH_2CH_2CH_2NH_2$, en）はその一例で，2個のN原子が同じ金属原子に結合すると五員環をつくる(**27**)．六座配位子のエチレンジアミン四酢酸のアニオン（edta）

---

8) このほかに多数の興味ある例（過渡的な結合異性を含む）が J. L. Burmeister, 'Ambidentate ligands, the schizophrenics of coordination chemistry,' *Coord. Chem. Rev.*, **105**, 77 (1990) に出ている．

* 訳注：$(SCN)^-$ 配位子が，S結合のとき"チオシアナト"，N結合のとき"イソチオシアナト"という習慣があったが，現在は，それぞれ"チオシアナト-S"または"チオシアナト-κS"および"チオシアナト-N"または"チオシアナト-κN"という．

a) ambidentate ligand　b) linkage isomerism　c) chelate

は6箇所で結合して，5個の五員環をもつ複雑な錯体をつくることができる(**28**)．この配位子は硬水中のCa^{2+}イオンのような金属イオンを捕捉するのに用いられる．よくみられるキレート配位子の例は表7・1に示してある．

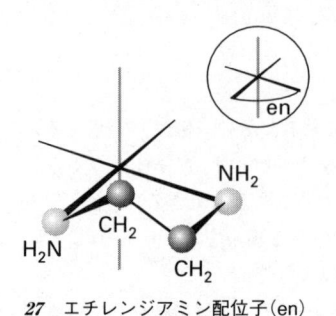

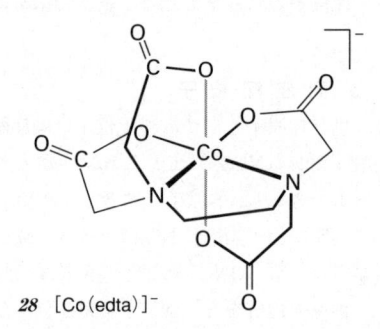

27 エチレンジアミン配位子(en)　　　　　**28** $[Co(edta)]^-$

例題 7・2　錯体を命名する．
つぎの錯体に名前をつけよ．
(a) *trans*-$[PtCl_2(NH_3)_4]^{2+}$ 　(b) $[Ni(CO)_3(py)]$ 　(c) $[Cr(edta)]^-$

解　(a) この錯体には2個のアニオン性配位子（Cl^-）と4個の中性配位子（NH_3）とがあるから，白金の酸化数は+4でなければならない．アルファベット順の規則によって，その名称は*trans*-テトラアンミンジクロロ白金(IV)イオンまたは*trans*-テトラアンミンジクロロ白金(2+)イオンである．

(b) 配位子COおよびpy（ピリジン）は中性であるから，ニッケルの酸化数は0でなければならない．この錯体の名称はトリカルボニルピリジンニッケル(0)となる．

(c) この錯体の配位子は六座のedta^{4-}一つだけである．中心金属イオンがCr^{3+}の場合，配位子の4個の負電荷によって-1の電荷数をもつ錯イオンができる．そこでこの錯体の名称はエチレンジアミンテトラアセタトクロム(III)酸イオンまたはエチレンジアミンテトラアセタトクロム酸(1-)イオンとなる．

問題 7・2　つぎの名前をもつ錯体の化学式を書け．
(a) *cis*-ジアクアジクロロ白金(II)
(b) ジアンミンテトラ(チオシアナト-*N*)クロム(III)酸イオン
(c) トリス(エチレンジアミン)ロジウム(III)

エチレンジアミンのような飽和有機配位子からできるキレートでは，五員環が折れ曲がって，L-M-L角度を八面体形錯体に特有の90°にしたまま，配位子内では四面体の角度が保持されるような立体配座をとることができる．立体障害またはπ軌道による電子の非局在化（単結合と二重結合との共役）によって，六員環が有利になる可能性がある．たとえば，二座配位子のβ-ジケトンは，六員環構造(**29**)をつくってエノール型アニオンと

して配位する．アセチルアセトナト(1−)イオン CH₃COCHCOCH₃⁻ (**30**, acac) はその重要な例である．生化学的に重要なアミノ酸類も，五または六員環をつくりうるので容易にキレートを生成する．

29　**30**

キレート配位子中におけるゆがみの程度は，キレート環中のL−M−Lの角度である**挟み角**[a] (**31**)で表すことが多い．六配位錯体において八面体から三角柱形構造へとゆがむおもな原因の一つは，錯体中のキレート配位子が小さな挟み角しかとれないことである(**32**)．

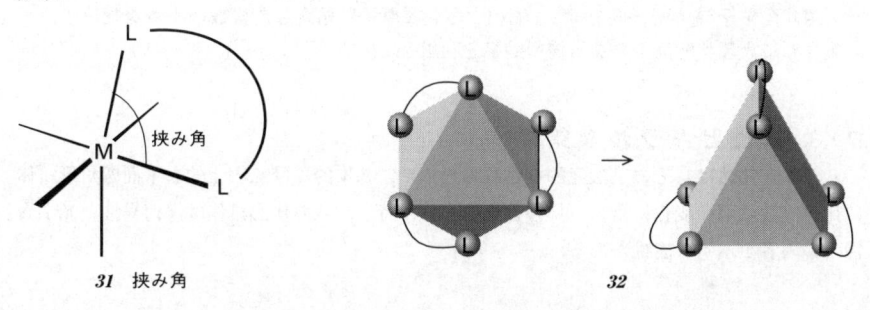

31 挟み角　**32**

> 多座配位子はキレートをつくることができる．挟み角の小さい二座配位子によるキレート化合物の構造は，標準的な構造からひずんでいる可能性がある．

(d) 鋳型効果

2個の分子間に結合ができて，その際に小さな分子——H₂Oのことが多い——が脱離する反応を**縮合反応**[b]という．Ni^{II}のような金属イオンを用いると，一群の配位子を集合させ，それらをさらに縮合させて大環状配位子をつくることができる．この現象は**鋳型効果**[c]とよばれるもので，これを応用して驚くほど多種多様な大環状配位子をつくることができる．一連の反応過程中のどこかの段階で鋳型効果を利用する合成を**鋳型合成**[d]という．まず4個の1,2-ジシアノベンゼン分子が金属イオン，たとえばNi^{II}イオンに配位し，つぎにそれらの配位子が反応して平面四角形Ni^{II}錯体をつくる反応は鋳型合成の一例である．

---

a) bite angle　b) condensation reaction　c) template effect　d) template synthesis

$$4 \text{ (phthalonitrile)} + M^{2+} \longrightarrow [\text{phthalocyanine-M}]^{2+}$$

鋳型効果の原因は熱力学的なもののこともありうるし，あるいはまた反応速度論的なもののこともありうる．たとえば，上記の縮合は，配位した配位子間の反応速度が増大する（配位子同士が接近しているためか，または電子的な影響によって）ために起こる可能性もあるし，または，大環状キレート化合物の安定性が高いためにこの反応が起こる可能性もある[9]．

> 大環状配位子の鋳型合成では，1個の中心金属原子に結合した複数の小さな配位子が集合して大環状配位子になる鋳型効果を利用している．

7・3 異性とキラルな錯体

八面体形錯体は，その三次元的な性質のために，基本的には二次元的な平面四角形錯体に比べてはるかに変化に富んだ異性体を生ずる．特に，八面体形錯体は幾何異性と光学異性との両者を示す可能性がある．

(a) 六配位における幾何異性

六配位錯体における幾何異性の一つは平面四角形錯体の場合に似ている．たとえば，錯体 $[MX_4Y_2]$ の2個のY配位子は，八面体の隣合う位置に結合してシス (*cis*) 異性体 (**33**) をつくることもできるし，対角線上の向き合った位置に結合してトランス (*trans*) 異性体 (**34**) をつくることもできる．配位子自身の対称性が高い場合には，トランス異性体は D_{4h} 対称，シス異性体は C_{2v} 対称になる．

33 *cis*-$[CoCl_2(NH_3)_4]^+$ **34** *trans*-$[CoCl_2(NH_3)_4]^+$

---

[9] Pt^{II} における鋳型効果の原因については，D. J. Sheeran, K. B. Mertes, *J. Am. Chem. Soc.*, **112**, 1055 (1990) をみよ．Pt^{II} では錯形成反応が比較的遅いので，詳しく調べられる．

[MX$_3$Y$_3$]の組成をもつ錯体の場合には別の幾何異性が生ずる．たとえば，亜硝酸イオンおよびアンモニアの存在下でCo^{II}を酸化するときの生成物の一つに，黄色の非電解質トリアンミントリニトロコバルト(III) [Co(NO$_2$)$_3$(NH$_3$)$_3$]がある．錯体 [MX$_3$Y$_3$] 中での配位子の配列にはつぎの2通りがある．すなわち，一方の異性体(**35**)中では3個のX配位子が一つの平面上に，3個のY配位子がそれと垂直な面内に存在する．この異性体では，同種の配位子が球の子午線上にあるとみなせるので，このような異性体を *mer* 異性体（"子午線の" を意味する meridional から）という．もう一方の錯体(**36**)では，3個のX（またはY）配位子のすべてが隣り合った位置に結合していて，八面体の一つの三角形の面の角を占めている．このような異性体を *fac* 異性体（"面の" を意味する facial から）という．特定の異性体を合成する方法をBOX 7・1に要約しておく．

35 *mer*-[Co(NO$_2$)$_3$(NH$_3$)$_3$]   **36** *fac*-[Co(NO$_2$)$_3$(NH$_3$)$_3$]

> 化学式 [MX$_4$Y$_2$] をもつ八面体形錯体にはシスとトランスの幾何異性体がある．化学式 [MX$_3$Y$_3$] をもつ八面体形錯体には *mer* および *fac* の幾何異性体がある．

例題 7・3 異性体の種類を決める．

四配位の平面四角形錯体 [IrCl(PMe$_3$)$_3$] (PMe$_3$＝トリメチルホスファン) がCl$_2$と反応すると，"酸化的付加" として知られている反応によって [IrCl$_3$(PMe$_3$)$_3$] の化学式をもつ2種類の六配位錯体ができる．^{31}P NMRスペクトルによると，一方の異性体にはPの環境が1種類，もう一つの異性体には2種類あることがわかっている．この生成物にはどのような異性体が考えられるか．

解 この錯体の化学式は [ML$_3$X$_3$] であるから *mer* および *fac* 異性体の存在が予想される．*fac* および *mer* 異性体中における3個のCl$^-$ の配列をそれぞれ構造 **37** および **38** に示す．*fac* 異性体ではすべてのP原子が等価で，*mer* 異性体ではPの環境が2種類ある．

37 *fac*-[IrCl$_3$(PMe$_3$)$_3$]   **38** *mer*-[IrCl$_3$(PMe$_3$)$_3$]

問題 7・3 アミノ酸であるグリシンのアニオン $H_2NCH_2CO_2^-$ (gly^-) が Co^{III} の酸化物と反応すると, gly^- の N および O 原子が両方とも配位結合して, $[Co(gly)_3]$ (Co^{III} の中性錯体) の *mer* および *fac* 異性体が生成する. それらの形を描け.

(b) キラルな錯体と光学異性

自分自身の鏡像に重ね合わせることのできない錯体を**キラルな錯体**[a]という. 互いに相手の鏡像(右手と左手のように)であるようなキラルな錯体の1組があって, それらの寿命が互いを分離できるほど長い場合には, それを**光学異性**[b]という. また, 互いに光学異性のもの同士は, 1対の鏡像異性体(エナンチオマー)を形成する. 一方の鏡像異性体は偏光面をある方向に回転させるのに対して, もう一方のものは逆方向に同じ角度だけ回転させる. この意味において, これらの異性体は光学活性であって, 光学異性体ともよばれる.

BOX 7・1 特定の異性体の合成

特定の異性体を合成するには, 合成条件を微妙に変える必要がある場合が多い. たとえば, Co^{II} 塩のアンモニア性溶液中で最も安定な Co^{II} の錯体である $[Co(NH_3)_6]^{2+}$ は, 空気によってゆっくりとしか $[Co(NH_3)_6]^{3+}$ へ酸化されない. その結果, Co^{II} 塩とアンモニアとを含む溶液に空気を通気すると, NH_3 以外の配位子をも含む各種の錯体ができてくる. 炭酸アンモニウムを使って反応を開始すると, CO_3^{2-} が二座配位子として働いて隣接する2個の配位位置を占めるような錯体 $[Co(CO_3)(NH_3)_4]^+$ が生成する. この CO_3^{2-} 配位子を酸性溶液中で分解すると *cis*-$[Co(NH_3)_4L_2]$ をつくることができる. 濃塩酸を用いた場合には, 紫色の化合物 *cis*-$[CoCl_2(NH_3)_4]Cl$ (**B1**) が単離される.

$$[Co(CO_3)(NH_3)_4]^+ (aq) + 2H^+ (aq) + 3Cl^- (aq) \longrightarrow$$
$$cis\text{-}[CoCl_2(NH_3)_4]Cl(s) + H_2CO_3(aq)$$

これに対して, HCl と H_2SO_4 との混合物と反応させると, 明るい緑色の異性体 *trans*-$[CoCl_2(NH_3)_4]Cl$ (**B2**) が生成する.

---

a) chiral complex b) optical isomerism

7・3 異性とキラルな錯体

光学異性体の一例として，塩化コバルト(Ⅱ)とエチレンジアミンとの反応生成物を取上げよう．この生成物中には1対のジクロロ錯体があって，その一つは紫色，もう一つは緑色である．これらは，それぞれ，ジクロロビス(エチレンジアミン)コバルト(Ⅲ)，すなわち $[CoCl_2(en)_2]^+$ のシスおよびトランス異性体である〔この反応では黄色の錯体であるトリス(エチレンジアミン)コバルト(Ⅲ)イオン $[Co(en)_3]^{3+}$ も生成する〕．図7・6からわかるように，このビス錯体のシス異性体は，その鏡像に重ね合わせられない．したがって，それはキラルであって，(錯体の寿命が長いから) 光学活性である．このビス錯体のトランス異性体は鏡映面をもっていて，その鏡像に重ね合わせることができるのでキラルでない，つまりアキラル[a]であって，光学不活性である．

錯体がキラルかどうかを形式的に判定する基準は，回映軸 S_n（水平鏡映面と組合わせた n 回回転軸，§4・4）がないことである．中心原子を通る鏡映面があることと S_1 軸があることとは等価であり，また，反転中心があることと S_2 軸があることとは等価である．したがって，これらの要素のどちらかが存在すれば，その錯体はアキラルである．§4・4で指摘したように，S_n 軸があれば，n がいくつであっても，アキラルであるから，高次の回映軸（特に S_4）にも注意しなければならない．第4章の構造式(**12**)に示したものは，S_1 軸も S_2 軸もないが S_4 軸がある例である．

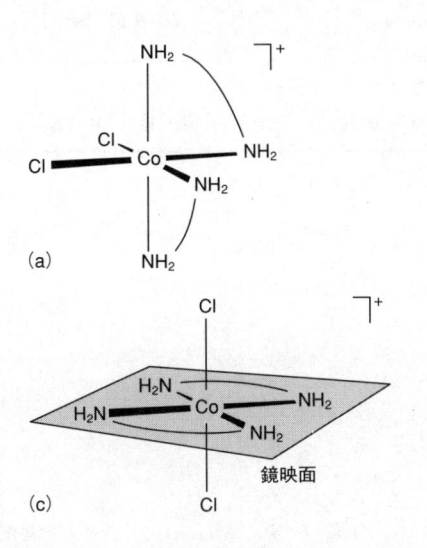

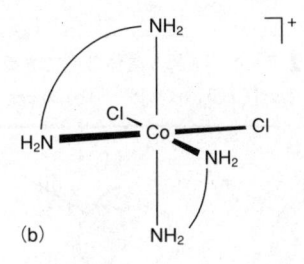

図 7・6 (a)および(b)は *cis*-$[CoCl_2(en)_2]^+$ の鏡像異性体，(c)はアキラルなトランス異性体．曲線は配位子 en 中の $-CH_2CH_2-$ を表す．S_1 軸があるかどうかを調べるための鏡映面の一つも示してある．

例題 7・4 キラルな錯体をみつける．
つぎの錯体の中でキラルなのはどれか．
(a) $[Cr(edta)]^-$ (b) $[Ru(bpy)_3]^{2+}$ (c) $[PtCl(dien)]^+$

---

a) achiral

解 これらの錯体の図を *39* から *41* に示す．*39* と *40* のどちらにも鏡映面または対称心がないから，これはともにキラルである（こららには高次の S_n 軸もない）．*41* には対称面があるからアキラルである（配位子 dien 中の CH_2 基は鏡映面内にはないが，それらは面の上下に迅速にゆれ動いている）．

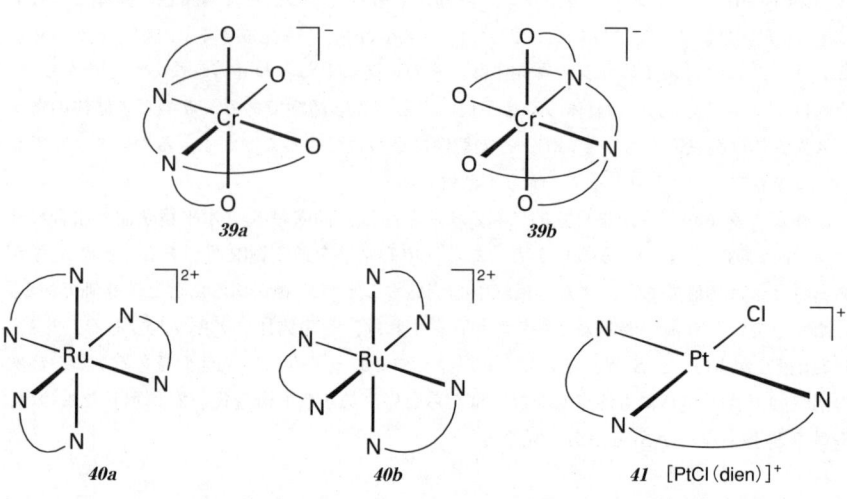

39a　*39b*

40a　*40b*　*41* [PtCl(dien)]$^+$

問題 7・4 つぎの錯体の中でキラルなのはどれか．
(a) *cis*-[CrCl$_2$(ox)$_2$]$^{3-}$　(b) *trans*-[CrCl$_2$(ox)$_2$]$^{3-}$　(c) *cis*-[Rh(H)(CO)(PR$_3$)$_2$]

Δ　Λ

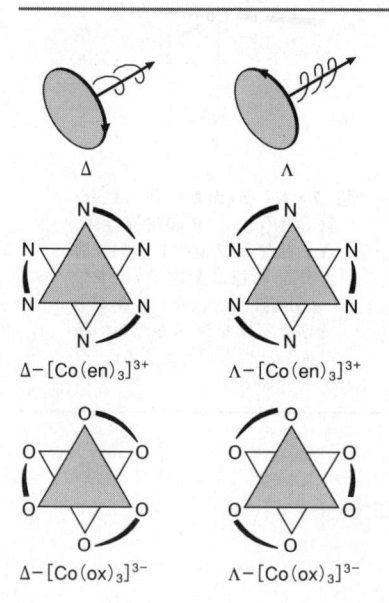

Δ-[Co(en)$_3$]$^{3+}$　Λ-[Co(en)$_3$]$^{3+}$

Δ-[Co(ox)$_3$]$^{3-}$　Λ-[Co(ox)$_3$]$^{3-}$

図 7・7 [M(L-L)$_3$] 錯体の絶対配置．矢印の方向に進めるのに，右回り（時計方向）に回すのが右ねじで，左回り（反時計方向）に回すのが左ねじである（最上図）．Δ は右向き (dextra-)，Λ は左向き (levo-) に由来する．

キラルな錯体の絶対配置を表すには，正八面体の3回転軸に沿って眺めてみて，配位子がつくっているらせん構造が右回りか左回りかに着目する（図7・7）．らせん構造が右回りのものをΔ，左回りのものをΛで表す．この絶対配置の表現は，異性体が実際に偏光を回転する方向とは別であることに注意する必要がある．同じΛ化合物であっても，偏光を回転する方向は物質によって違うし，また回転方向は波長によっても変化することがある．ある波長で，偏光面を右回り（入射光に向かって）に回転する異性体を d-異性体または（＋）-異性体，左回りに回転するものを l-異性体または（－）-異性体という．

S_n 軸がない錯体はキラルで，その寿命が十分に長ければ，光学活性である．

(c) 鏡像異性体の分割

キラルな中心が一つだけの化合物では，キラルであることを反映する物理的性質は，光学活性だけである．しかし，キラルな中心が二つ以上あるときには他の物理的性質——溶解度や融点のような——に影響が表れる．それは，溶解度や融点のような物理的性質は分子間力の強さに依存し，その強さが異性体によって異なる（たとえば，左回りの溝を切ってあるナットは，ねじ山が左回りのボルトとは合うが，右回りのボルトとは合わないように）からである．そこで，1組の鏡像異性体を個々の異性体に分ける方法の一つは**ジアステレオマー**[a] をつくることである．ここでは差し当たり，ジアステレオマーとはつぎのような異性体化合物のことをいうと考えておけばよい．すなわち，キラルな中心が二つある化合物で，一方の異性体ではキラル中心が二つとも同じ絶対配置をもっており，他方の異性体ではキラル中心が互いに鏡像異性の関係にあるようなもののことである．たとえば，鏡像異性体である2種のカチオンAが光学的に純粋なアニオンBとつくる二つの塩，すなわち，[Δ-A] [Δ-B] および [Λ-A] [Δ-B] のような組成のものが，ジアステレオマーの一つである．ジアステレオマーでは溶解度のような物理的性質が異なるから，通常の技法で異性体を分離することができる．分離法の概要をBOX 7・2で述べる．

キラルな錯体は，ジアステレオマーを使って分離することができる．

結合と電子構造

錯体の電子構造の理論は，イオン性結晶中のd金属イオンの性質を説明することから始まった．この**結晶場理論**[b] では，配位子の孤立電子対を負の点電荷（または電気双極子の部分的な負電荷）モデルで表して，それが中心金属イオンのd軌道中の電子を反発すると考える．この考え方では，d軌道が結果的にエネルギーの異なるグループに分裂することに重点をおき，その分裂を用いて，イオン上の不対電子の数，さらにまた錯体のスペクト

---

a) diastereomer　b) crystal field theory

ル, 安定性, 磁性を説明する. 結晶場理論は簡単で視覚化しやすいが, 配位子と中心金属イオンとの間の共有結合性の相互作用を無視しているために, 今では**配位子場理論**[a)]に取って代わられている. 配位子場理論ではd軌道と配位子上の軌道とが重なり合って分子軌道ができることに焦点がおかれている. もともと金属原子に属していた軌道がどのよう

BOX 7・2　典型的なキラル分割法

　古典的なキラル分割法は, 生化学的な原料 (天然に産出する化合物の多くはキラルである) から天然の光学活性化合物を単離することから始まった. ブドウからとれるカルボン酸である(+)-酒石酸(**B3**)はキレート配位子としてアンチモンと錯形成をするので, −2価の"(+)-酒石酸アンチモン"アニオン(**B4**)[*]のカリウム塩はよい分割剤である. このアニオンは, つぎのようにして $[Co(NO_2)_2(en)_2]^+$ を分割するのに用いられる.

　Co^{III} 錯体の鏡像異性体混合物を温水に溶かし, "(+)-酒石酸アンチモン"カリウムの溶液を加える. この混合物を直ちに冷却して結晶を析出させると, より難溶性のジアステレオマー $\{(-)-[Co(NO_2)_2(en)_2]\}_2 [Sb_2\{(+)-C_4H_2O_6\}_2]$ が黄色の微結晶として分離する. 沪液は(+)-異性体を単離するのに保存しておく. 固体のジアステレオマーを水およびヨウ化ナトリウムとともにすりつぶすと, 難溶性の化合物 $(-)-[Co(NO_2)_2(en)_2]I$ が分離し, "酒石酸アンチモン"のナトリウム塩が溶液中に残る. (+)-異性体は沪液から臭化物として沈殿させて得られる.

B3　(+)-酒石酸

B4　$[Sb_2\{(+)-C_4H_2O_6\}_2]^{2-}$

参 考 書

G. Pass, H. Sutcliffe, "Practical inorganic chemistry," Chapman and Hall, London (1974).

W. L. Jolly, "The synthesis and characterization of inorganic compounds," Waveland Press, Prospect Heights (1991).

---

　[*] 訳注：(**B4**)は, ビス[μ-(+)-タルトラト]-二アンチモン酸(2−)イオンとよべる.
a) ligand-field theory

に分裂するかについては，結晶場理論でも配位子場理論でも定性的には同じであるが，エネルギー分裂の原因を理解するには配位子場理論の方が優れている．

7・4 結晶場理論

結晶場理論で用いられる八面体形錯体のモデルでは，金属イオンを中心とする直交軸上に6個の配位子が存在し，これらの配位子と中心金属イオンとの間には強い相互作用が働くと考える．錯体の安定性は，大部分，この相互作用に由来する．電子と配位子との相互作用の程度は，d軌道の種類によって異なるので二次的な効果が生ずる．このd軌道の違いによる相互作用の差異は小さく，金属-配位子相互作用全体の約10％程度にすぎないが，錯体の性質に大きな影響を及ぼす．この節ではそれをおもに取上げる．

(a) 配位子場分裂パラメーター

直交軸に沿って直接配位子を指している2個のd軌道，すなわち d_{z^2} および $d_{x^2-y^2}$（ともに O_h における e_g 対称をもつ）の中の電子は，配位子と配位子との間の方向を指している3個のd軌道，すなわち d_{xy}, d_{yz}, d_{zx}（t_{2g} 対称をもつ）の中の電子に比べると，配位子の負電荷から強い反発を受ける．群論によると e_g 軌道は二重に縮退していて（図では明確に表

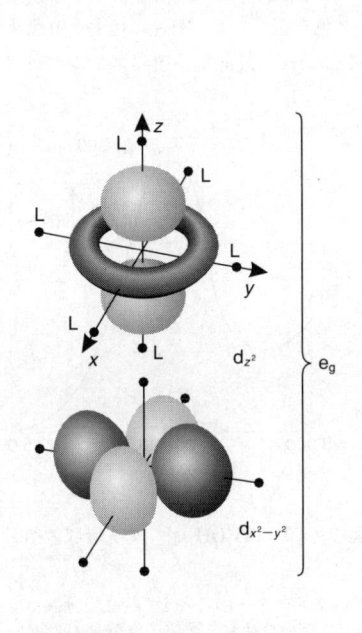

図 7・8 八面体形錯体の配位子に関する5個のd軌道の並び方

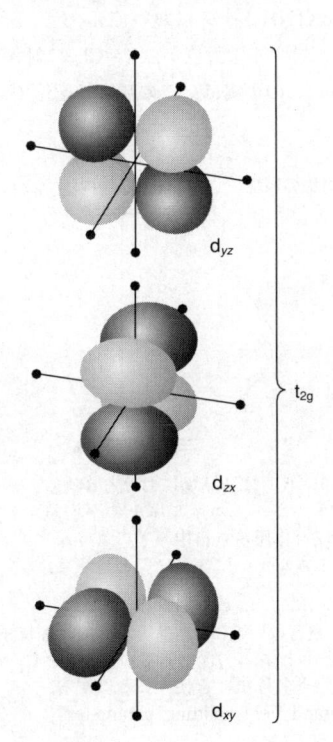

現しにくいが)，t_{2g} 軌道は三重に縮退している（図 7・8）．この簡単なモデルから一つのエネルギー準位図が描かれるが，e_g 軌道は配位子による負電荷の反発を強く受けるから，そのエネルギーは t_{2g} 軌道よりも高くなる（図 7・9）．e_g 軌道と t_{2g} 軌道とのエネルギー間隔を**配位子場分裂パラメーター**[a] Δ_O（下つきの O は八面体結晶場を意味する）という[10]．

結晶場理論で説明できる最も簡単な性質は一電子錯体の吸収スペクトルである．d^1 イオンであるヘキサアクアチタン(III)イオン $[Ti(OH_2)_6]^{3+}$ の光吸収スペクトルを図 7・10 に示す．結晶場理論によると 20 300 cm^{-1} における第一吸収極大は $e_g \leftarrow t_{2g}$ 遷移（分光学での表記法と一致するように，エネルギーの高い軌道を先に書くことにする）によるものとされる．そこで，この錯体の Δ_O を 20 300 cm^{-1} とすることができる．d 電子を 2 個以上もつ錯体では，遷移エネルギーが軌道エネルギー（これが知りたいものである）ばかりでなく，それらの d 電子同士の反発エネルギーにも依存するので，Δ_O の値を求めるのが面倒になる．この問題は第 13 章でもっと詳しく取扱う．表 7・3 中の Δ_O 値は，第 13 章で述べる解析の結果を用いて求めたものである．

配位子場分裂パラメーターは配位子の種類によって規則的に変化する．このことに関する経験的な事実は，日本の化学者，槌田龍太郎が見いだした経験則で，それによると，配位子を変えると錯体の吸収スペクトルがある規則に従って変化する．たとえば，一連の錯体 $[CoX(NH_3)_5]^{n+}$ において X=I$^-$，Br$^-$，Cl$^-$，H$_2$O，NH$_3$ であるとき，錯体の色は，X=I$^-$ に対する深紫色から X=Cl$^-$ に対するピンク色を経て，X=NH$_3$ に対する黄色まで変化する．この事実は，この順序で配位子が変わるにつれて最低電子遷移エネルギー（した

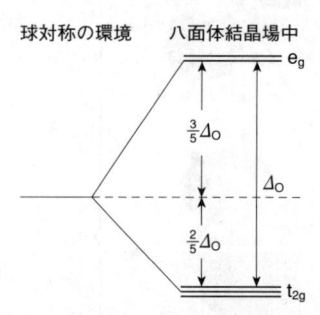

図 7・9 八面体結晶場における d 軌道のエネルギー．エネルギーの平均値は，球対称環境（自由原子のような）中のエネルギーに等しいことに注意．

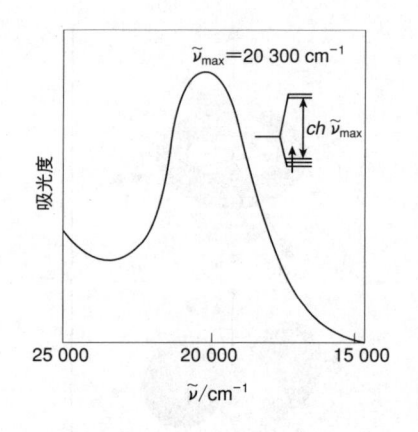

図 7・10 $[Ti(OH_2)_6]^{3+}$ の光吸収スペクトル

---

10) 厳密にいえば，結晶場理論では配位子場分裂パラメーターのことを"結晶場分裂パラメーター"とよぶべきであるが，用語をむやみと増やさないために，配位子場分裂パラメーターという名称だけを使うことにする．

a) ligand field splitting parameter

表7・3 ML_6錯体の配位子場分裂パラメーター Δ_O [†]

イオン		配位子				
		Cl^-	H_2O	NH_3	en	CN^-
d^3	Cr^{3+}	13.7	17.4	21.5	21.9	26.6
d^5	Mn^{2+}	7.5	8.5		10.1	30
	Fe^{3+}	11.0	14.3			(35)
d^6	Fe^{2+}		10.4			(32.8)
	Co^{3+}		(20.7)	(22.9)	(23.2)	(34.8)
	Rh^{3+}	(20.4)	(27.0)	(34.0)	(34.6)	(45.5)
d^8	Ni^{2+}	7.5	8.5	10.8	11.5	

[†] 数値は，$1000\ cm^{-1}$ の倍数である．括弧内は低スピン錯体に対する値．
出典：H. B. Gray, "Electrons and chemical bonding," Benjamin, Menlo Park (1965).

がって Δ_O) が増加することを示している．これと同じ配位子の順番があらゆる金属中心で成立するから，この変化はきわめて一般的なものである．

これらの事実に基づいて槌田は，配位子を**分光化学系列**[a]の順に並べられることを提唱した．この系列では，問題の配位子をもつ錯体の遷移エネルギーが大きくなる順に配位子が並べられている（下線をつけた原子は両座配位子における供与体原子である）．

$$I^- < Br^- < S^{2-} < \underline{S}CN^- < Cl^- < N\underline{O}_3^- < N_3^- < F^- <$$
$$OH^- < C_2O_4^{2-} < H_2O < N\underline{C}S^- < CH_3CN < py < NH_3 <$$
$$en < bpy < phen < \underline{NO}_2^- < PPh_3 < \underline{C}N^- < CO$$

この系列によると，たとえば，ある金属イオンのヘキサシアノ錯体は，同じ金属イオンのヘキサクロロ錯体よりもはるかに高エネルギーのところに光吸収を生ずることがわかる．

Δ_O の値は金属イオンによっても規則的に変化する．与えられた配位子によって生ずる配位子場が強いか弱いかを決めるには，一般に，金属イオンが何かをも考慮しなければならない．この問題に関連して，つぎの傾向を念頭におくことがきわめて重要である．

1. Δ_O は酸化数の増加に伴って大きくなる．
2. 与えられた族中の元素では族の下の方のものほど Δ_O が大きい．

酸化数による相違は，電荷が高いほど大きさが小さく，その結果，金属-配位子の距離が短いことを反映している．2番目の傾向は，こぢんまりした3d軌道に比べると，より広がっている4dおよび5d軌道の方が，金属-配位子結合が強いことを反映していると考えられる．金属イオンについての分光化学系列は近似的にはつぎの通りである．

$$Mn^{2+} < Ni^{2+} < Co^{2+} < Fe^{2+} < V^{2+} < Fe^{3+} < Co^{3+} <$$
$$Mn^{4+} < Mo^{3+} < Rh^{3+} < Ru^{3+} < Pd^{4+} < Ir^{3+} < Pt^{4+}$$

---

[a] spectrochemical series

八面体結晶場の下で，d軌道は三重に縮退した低エネルギーの軌道（t_{2g}）と，二重に縮退した高エネルギーの軌道（e_g）とに分裂する．これらの軌道のエネルギー間隔が配位子場分裂パラメーター Δ_O である．Δ_O は配位子の分光化学系列に従って増大し，金属原子の種類と電荷とによって変化する．

(b) 配位子場安定化エネルギー

t_{2g} 軌道は三つ，e_g 軌道は二つ存在するから，t_{2g} は d 軌道の平均エネルギーよりも $\frac{2}{5}\Delta_O$ だけ低い位置に，また e_g は $\frac{3}{5}\Delta_O$ だけ高い位置に来る（図 7・9）．したがって，この平均エネルギーを基準にすると，t_{2g} 軌道のエネルギーは $-0.4\Delta_O$，また e_g 軌道のエネルギーは $+0.6\Delta_O$ となる．そこで，$(t_{2g})^x(e_g)^y$ 配置の全エネルギーは，軌道の平均エネルギーに対して

$$\text{LFSE} = -(-0.4x + 0.6y)\Delta_O \tag{1}$$

だけ低くなる．これを**配位子場安定化エネルギー**[a]（LFSE）という．異なる配置に対するLFSEの値を表 7・4 に示す．LFSE は，一般に，錯形成の全エネルギーの数十%にすぎない．したがって，LFSE は，金属原子と配位子との間の相互作用全体を多少変化させるものとみなすべきである．ある周期中の M^{2+} イオンの半径は，左側の元素から右側の元素に向かって減少するので，金属–配位子相互作用の強さはこの順番で増大する．

式(1)で与えられる配位子場安定化エネルギーは，d 軌道の平均エネルギーを基準にして測った占有 d 軌道の全エネルギーである．

表7・4 配位子場安定化エネルギー[†]

d^n	例	八面体						四面体	
		N	LFSE	N	LFSE	N	LFSE	N	LFSE
d^0	Ca^{2+}, Sc^{3+}			0	0			0	0
d^1	Ti^{3+}			1	0.4			1	0.6
d^2	V^{3+}			2	0.8			2	1.2
d^3	Cr^{3+}, V^{2+}			3	1.2			3	0.8
		強配位子場				弱配位子場			
d^4	Cr^{2+}, Mn^{3+}	2	1.6			4	0.6	4	0.4
d^5	Mn^{2+}, Fe^{3+}	1	2.0			5	0	5	0
d^6	Fe^{2+}, Co^{3+}	0	2.4			4	0.4	4	0.6
d^7	Co^{2+}	1	1.8			3	0.8	3	1.2
d^8	Ni^{2+}			2	1.2			2	0.8
d^9	Cu^{2+}			1	0.6			1	0.4
d^{10}	Cu^+, Zn^{2+}			0	0			0	0

[†] N は不対電子の数．LFSE の単位は八面体で Δ_O，四面体で Δ_T．計算による関係式は $\Delta_T \approx \frac{4}{9}\Delta_O$

[a] ligand field stabilization energy

(c) 弱配位子場と強配位子場

d金属錯体の基底状態電子配置を推定するには，図7・9に示すd軌道エネルギー準位図を用い，それに基づいて構成原理を適用する．最低エネルギーの電子配置を決めるときには，いつものようにつぎの要請に従わなければならない．それはPauliの排他原理（一つの軌道に入れる電子は最大2個）と，Hundの規則（縮退軌道がある場合には電子はまずスピンが平行の状態で別々の軌道を占めていく）とである．まず，3d元素がつくる錯体の考察から始めよう．

$3d^n$ 錯体の最初の三つの3d電子はそれぞれ別個の t_{2g} 非結合性軌道を占める．この際スピンは平行である．たとえば，Ti^{2+} および V^{2+} イオンの電子配置は，それぞれ，$3d^2$ および $3d^3$ で，これらの3d電子はエネルギーの低い t_{2g} 軌道を占める（それぞれ **42** および **43**）．Ti^{2+} および V^{2+} の錯体はそれぞれ $2\times 0.4\Delta_0 = 0.8\Delta_0$ （Ti^{2+}）および $3\times 0.4\Delta_0 = 1.2\Delta_0$（$V^{2+}$）だけ安定化される．

$3d^4$ の Cr^{2+} イオンでは第四の電子が t_{2g} 軌道の一つに入って，すでにそこに存在している電子と電子対をつくる可能性がある（**44**）．もしそれが起こると，**スピン対生成エネルギー**[a] P とよばれる強いクーロン反発力が働く．もう一つの可能性は，4番目の電子が e_g 軌道の一つを占める（**45**）ことで，スピン対生成のハンディキャップは避けられるが，Δ_0 だけ高い軌道エネルギーをもつことになる．第一の場合，$(t_{2g})^4$ では，LFSEが $1.6\Delta_0$，スピン対生成エネルギーが P で，全体としての安定化は $1.6\Delta_0 - P$ である．第二の場合，$(t_{2g})^3(e_g)^1$ では，LFSEが $3\times 0.4\Delta_0 - 0.6\Delta_0 = 0.6\Delta_0$ となり，スピン対生成エネルギーはない．どちらの配置になるかは，$1.6\Delta_0 - P$ と $0.6\Delta_0$ とのどちらが大きいかで決まる．

もし $\Delta_0 < P$ なら上の軌道を占める方がエネルギーが低くなる．これが**弱配位子場**[b]とよばれる場合で，この場合の電子配置は $(t_{2g})^3(e_g)^1$ である．$\Delta_0 > P$ のときは**強配位子場**[c]の場合で，スピン対生成エネルギーがあるにもかかわらず低い方の軌道だけを占める方がエネルギーが低くなる．このときの電子配置は $(t_{2g})^4$ である．たとえば，$[Cr(OH_2)_6]^{2+}$ の基底状態電子配置は $(t_{2g})^3(e_g)^1$ であるのに対して，比較的強い場の配位子（分光化学系列で右の方）をもつ $[Cr(CN)_6]^{4-}$ は $(t_{2g})^4$ である．

$3d^1$, $3d^2$, $3d^3$ 錯体ではLFSEとスピン対生成エネルギーとの競合がないので，それらの基底電子状態ははっきりと決まり，それぞれ $(t_{2g})^1$, $(t_{2g})^2$, $(t_{2g})^3$ である．$3d^n$ 錯体で

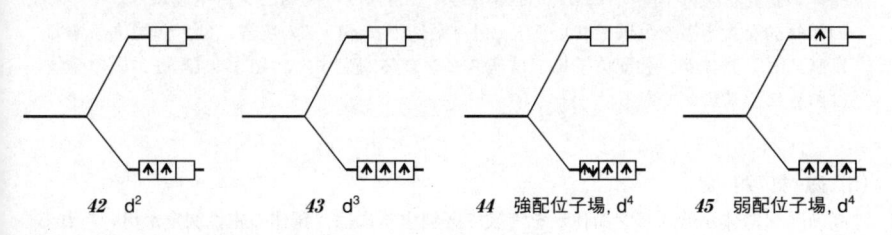

42 d^2 **43** d^3 **44** 強配位子場, d^4 **45** 弱配位子場, d^4

---

a) spin-pairing energy   b) weak-field   c) strong-field

$n=4$ および5の場合には，LFSEとスピン対生成エネルギーとの競合が起こりうる．すなわち配位子場が強ければ，電子が低い軌道に入りやすくなって$(t_{2g})^n$配置（$n=4$ および5）をとるのに対して，配位子場が弱ければ電子が高い軌道を占めてスピン対生成エネルギーの影響を避けるようになるであろう．この場合の配置は $(t_{2g})^3(e_g)^1$ および $(t_{2g})^3(e_g)^2$ となり，すべての電子が異なる軌道を占めるので，それらのスピンが平行になる．

二つの電子配置が考えられる場合，スピンが平行になっている電子の数が少ない方の配置を**低スピン錯体**[a]，このような電子の数が多い方の配置を**高スピン錯体**[b]という．表7・4からわかるように，$3d^4$錯体では，結晶場が強ければ低スピン配置 $(t_{2g})^4$ に，結晶場が弱ければ高スピン配置 $(t_{2g})^3(e_g)^1$ になる可能性がある．$3d^5$錯体でも同じことがいえる（表7・4参照）．$3d^6$ および $3d^7$ 錯体の場合にも高スピンおよび低スピン配置がみられる．これらの錯体では，結晶場が強ければ低スピン配置 $(t_{2g})^6$（不対電子がない）および $(t_{2g})^6(e_g)^1$（不対電子1個）になり，結晶場が弱ければ高スピン配置 $(t_{2g})^4(e_g)^2$（不対電子4個）および $(t_{2g})^5(e_g)^2$（不対電子3個）になる．

結晶場の強さ（Δ_0の値で測られる）およびスピン対生成エネルギー（Pで測られる）は金属および配位子の両方の性質で決まるから，分光化学系列中のどの位置で錯体が高スピンから低スピンへと変化するかを特定することはできない．しかし，分光化学系列中できわめて高いところにある配位子（CN^-のような）と3d金属イオンとの組合わせからは低スピン錯体ができるのが普通である．分光化学系列中できわめて低いところにある配位子（F^-のような）と3d金属イオンとの錯体は一般に高スピンである．八面体形d^n錯体で$n=1\sim3$ および $8\sim10$ の場合には，電子配置が一義的に決まる（表7・4）．このような場合には高スピンおよび低スピンという用語は使用しない．

ここで，4dおよび5d金属の錯体を考えよう．これらの金属ではΔ_0が一般に3d金属よりも大きい．したがって，4dおよび5d金属の錯体は，強結晶場に特有の電子配置をもち，低スピンであるのが普通である．たとえば，$(4d)^4$錯体 $[RuCl_6]^{2-}$ の電子配置は，Cl^-が分光化学系列で低い位置にあるにもかかわらず，強結晶場に対応して$(t_{2g})^4$ である．同様に，$[Ru(ox)_3]^{3-}$ は低スピン配置 $(t_{2g})^5$ をもつが，これに対して $[Fe(ox)_3]^{3-}$ の配置は高スピンの $(t_{2g})^3(e_g)^2$ である．

> 錯体の基底状態電子配置は，配位子場分裂パラメーターとスピン対生成エネルギーとの相対的な大きさを反映している．$(3d)^n$系列で$n=4\sim7$の場合には，弱配位子場では高スピン錯体が，強配位子場では低スピン錯体が生ずる．4dおよび5d金属の錯体はおもに低スピンである．

(d) 磁 気 測 定

高スピン錯体か低スピン錯体かを実験で区別するには，錯体の磁性測定が用いられる．

---

a) low-spin complex　b) high-spin complex

錯体は**反磁性**[a]と**常磁性**[b]とに分類されるが、前者は磁場からはじき出される傾向をもつもので、後者は磁場に入り込んでいく傾向をもつものである。反磁性と常磁性とは、BOX 7・3で説明するように、実験によって区別することができる。錯体の常磁性の大きさは、錯体の磁気双極子モーメントで表すのが普通である。磁気双極子モーメントが高いほど常磁性が大きい。

単独の原子やイオンの磁気モーメントおよび常磁性は、軌道角運動量とスピン角運動量との両者によって生ずる。錯体分子の一部になっている原子やイオンでは、非球対称の環境と電子との相互作用の結果として、原子やイオンの軌道角運動量の寄与は小さいことが多い。しかし、電子スピン角運動量はそのまま残り、d 金属錯体の特徴である**スピンだけの常磁性**[c]を生ずる。全スピン量子数が S の錯体のスピンだけの磁気モーメント μ は

$$\mu = 2\{S(S+1)\}^{1/2}\mu_B \quad (2)$$

で与えられる。ここで、μ_B は基本定数の組合わせで、これを**ボーア磁子**[d]といい、その値は $9.274\times10^{-24}\,\mathrm{J\,T^{-1}}$ である。

$$\mu_B = \frac{e\hbar}{2m_e} \quad (3)$$

1個の不対電子のスピン量子数は $\frac{1}{2}$ であるから、不対電子の数が N ならば $S=\frac{1}{2}N$ となる。したがって、

$$\mu = \{N(N+2)\}^{1/2}\mu_B \quad (4)$$

となる。d-ブロック錯体の磁気モーメントの測定値は、通常の場合、錯体中に含まれている不対電子の数を反映するものと解釈できるから、磁気モーメントの測定によって高スピン錯体と低スピン錯体とを区別することができる。たとえば、d^6 錯体の磁性を測定すると、高スピン電子配置 $(t_{2g})^4(e_g)^2$ ($N=4$, $\mu=4.90\,\mu_B$) か低スピン電子配置 $(t_{2g})^6$ ($S=0$, $\mu=0$) かがわかる。

表7・5では、電子配置 $(t_{2g})^n(e_g)^m$ に対するスピンだけの磁気モーメントを示し、3d系列の金属の錯体についての実験値と比較してある。3d錯体の大部分と4d錯体のいくつかにつ

表7・5 スピンだけの磁気モーメントの計算値

イオン	N	S	μ/μ_B	
			計算値	実験値
Ti^{3+}	1	$\frac{1}{2}$	1.73	1.7〜1.8
V^{3+}	2	1	2.83	2.7〜2.9
Cr^{3+}	3	$\frac{3}{2}$	3.87	3.8
Mn^{3+}	4	2	4.90	4.8〜4.9
Fe^{3+}	5	$\frac{5}{2}$	5.92	5.9

---

[a] diamagnetism　[b] paramagnetism　[c] spin-only paramagnetism　[d] Bohr magneton

いては，実験値とスピンだけによる予測値とがかなり近いので，不対電子数を正確に決定して，錯体の基底状態電子配置を決めることができる．たとえば，錯体 $[Fe(OH_2)_6]^{3+}$ は常磁性で，その磁気モーメントは $6.3\,\mu_B$ である．表 7・5 からわかるように，この値は，不対電子が 5 個の場合にかなり近く，したがって高スピン $(t_{2g})^3(e_g)^2$ 配置であることを示している．

磁気測定を用いると，錯体中の不対スピンの数がわかるので，錯体の基底状態での電子配置を決めることができる．

例題 7・5 磁気モーメントから電子配置を推定する．

ある八面体 Co^{II} 錯体の磁気モーメントは $4.0\,\mu_B$ である．電子配置は何か．

解 Co^{II} 錯体は d^7 である．可能性のある配置は，3 個の不対電子をもつ $(t_{2g})^5(e_g)^2$ (高スピン) と不対電子が一つの $(t_{2g})^6(e_g)^1$ (低スピン) との二つである．スピンだけの磁気モーメントは，それぞれ，$3.87\,\mu_B$ および $1.73\,\mu_B$ となる (表 7・5)．そこで，考えられる唯一の配置は高スピンの $(t_{2g})^5(e_g)^2$ といえる．

問題 7・5 錯体 $[Mn(NCS)_6]^{4-}$ の磁気モーメントは $6.06\,\mu_B$ である．電子配置は何か．

図 7・11 適切な対称性をもつ低エネルギーの軌道がある場合には，磁場が加わると錯体内で電子の循環が起こって軌道角運動量が発生する可能性がある．この図は，xy 面 (紙面) に垂直に磁場が加えられたときに循環が起こりうる様子を示している．

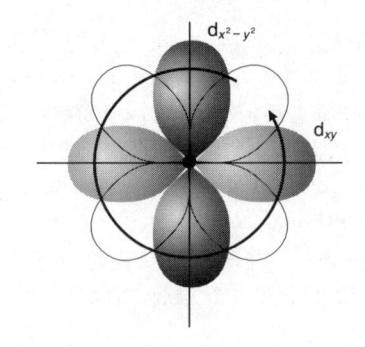

磁化率測定結果の解釈は，例題 7・5 が示しているほど簡明ではないことがある．たとえば，$[Fe(CN)_6]^{3-}$ のカリウム塩の磁気モーメントは $\mu=2.3\,\mu_B$ で，不対電子が一つのもののスピンだけによる値 ($1.7\,\mu_B$) と二つのときの値 ($2.8\,\mu_B$) との中間の値である．そこで，この錯体では，スピンだけという仮定は成立せず，軌道角運動量からの寄与が重要であることが示唆される．

常磁性に対して軌道角運動量からの寄与があって，スピンだけによる値からの差が有意なものになるためには，不対電子が占めている軌道のエネルギーと同じようなエネルギーをもつ空の軌道かまたは半ば充満した軌道がなければならない．もしそのような軌道があれば，電子はそれを使って錯体の中心の周りを循環して，軌道角運動量を発生し，全磁気

モーメントに対して軌道からの寄与を生ずることができる（図7・11）．低スピンd^5錯体および高スピン$3d^6$および$3d^7$錯体では，軌道からの寄与のために，スピンだけによる値からのずれが大きいのが普通である．

BOX 7・3 磁化率の測定

図 B7・1に示すような"Gouy天秤"とよばれている装置で試料に磁場を加えると，試料の見かけの重量が変化する．この変化によって磁場からの引力または斥力を測ることができる．試料の見かけの重量の変化は，不対電子に基づく常磁性の項と，すべての物質に共通な反磁性の項との総合的な結果である．不対電子をもつ試料では，常磁性の項の寄与が反磁性の項の寄与よりはるかに大きいのが普通である．試料にかかる力は磁場勾配に比例するので，普通は試料のところに磁場勾配が来るように，試料を磁場に半分かかるように吊り下げる．この測定で得られた磁化率[a]の値は，反磁性の項の寄与を補正する必要がある．反磁性の寄与を知るには，全電子数が試料と同じくらいだが不対電子のないものについての測定値を用いる．

磁化率測定の新しい方法では，超伝導量子干渉計[b]（SQUID）として知られている固体素子装置を使用する．SQUIDでは磁束の量子化と超伝導体中における電流の性質とを利用する．この超伝導体回路の一部には電子がトンネル効果で移動しなければならないような弱伝導性の接合が含まれている．磁場の存在下でこの回路に流れる電流は磁束の値で決まるので，SQUIDはきわめて高感度の磁束計として利用される．

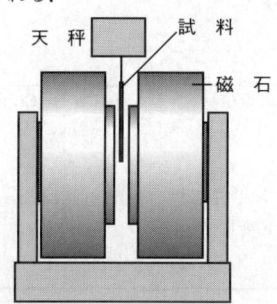

図 B7・1 物質の磁化率測定に用いる Gouy 天秤．電磁石を働かせたときの見かけの重量変化は，試料の磁化率に比例する．磁化率は試料中の不対電子の数で決まる．

参 考 書

W. E. Hatfield, 'Magnetic measurements,' "Solid state chemistry : Techniques," ed. by A. K. Cheetham, P. Day, Chap. 4, Oxford University Press (1987).

L. N. Mulay, I. L. Mulay, 'Static magnetic techniques and applications,' "Techniques of physical chemistry," IIIB, 133 (1989).

---

[a] magnetic susceptibility   [b] superconducting quantum interference device

(e) 熱化学的な関係

配位子場安定化エネルギーの概念は，3d金属イオン M^{2+} の水和エンタルピーを示す図7・12に山が二つ現れることを説明するのに役立つ．黒丸で示したほぼ直線的な関係は，周期中で左から右へ行くにつれてイオン半径が減少するのに伴って，中心金属イオンと H_2O 配位子との間の結合が強くなることを表している．水和エンタルピーが直線関係からずれて波打っているのは，配位子場安定化エネルギーが波打った変化をするからである．すなわち，表7・4からわかるようにLFSEは d^1 から d^3 へと増加した後，d^5 へと減少し，再び d^8 へと増大する（次節で述べるように d^9 は特別である）．図7・12中の●は，表7・4に示す分光学的な Δ_O 値を用いて，高スピンLFSEを $\Delta_{hyd}H^\ominus$ から差し引いて得られた計算値である．この結果から，図7・12に示した錯体における付加的な配位子結合エネルギーは，分光学的データから計算したLFSEでうまく説明できることがわかる．

図7・12 3d系列の M^{2+} イオンの水和エンタルピー．直線は配位子場安定化エネルギーを実測値から差し引いた場合の傾向を示す．周期中で左から右へ行くにつれて水和エンタルピーが負方向に大きく（水和がより発熱的に）なるという一般的傾向に注目せよ．

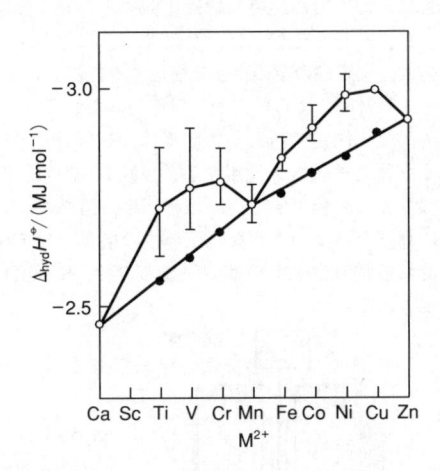

水和エンタルピーの実測値にみられる変化は，イオン半径に伴う変化（直線関係）とLFSEにおける変化（波状の変化）との組合わせを反映している．

例題 7・6　LFSEを用いて熱化学的性質を説明する．
化学式MOをもつ酸化物の格子エンタルピーはつぎの通りである．

	CaO	TiO	VO	MnO
$\Delta_l H^\ominus /(\text{kJ mol}^{-1})$	3460	3878	3913	3810

これらの酸化物はいずれも金属イオンの八面体形配位構造をもっている．LFSEを用いて格子エンタルピーの傾向を説明せよ．

解　イオン半径が減少するにつれて，格子エンタルピーが $CaO(d^0)$ から $MnO(d^5)$ へ増加するのがd-ブロック内での一般的傾向である．Ca^{2+} と Mn^{2+} とはいずれもLFSEが0

である．O^{2-} は弱配位子場配位子であるから $TiO(d^2)$ の LFSE は $0.8\Delta_0$, $VO(d^3)$ の LFSE は $1.2\Delta_0$ である（表 7・4）．そこで，TiO および VO の格子エンタルピーが大きいのは，配位子場安定化エネルギーに起因する．

問題 7・6 つぎに示す固体フッ化物の格子エンタルピーの変化を説明せよ： MnF_2 ($2780\ kJ\ mol^{-1}$), FeF_2 ($2926\ kJ\ mol^{-1}$), CoF_2 ($2976\ kJ\ mol^{-1}$), NiF_2 ($3060\ kJ\ mol^{-1}$), ZnF_2 ($2985\ kJ\ mol^{-1}$)．各フッ化物中の金属イオンは F^- の八面体骨格で囲まれている．

7・5 四配位錯体の電子構造

八面体形錯体のつぎに数が多いのは四面体形と平面四角形との四配位錯体である．結晶場理論の範囲内では，これらの錯体についても，八面体形錯体の場合と同じ性格の議論をすることができるが，d 軌道のエネルギーの順が違うことを考慮する必要がある．

(a) 四面体形錯体

四面体形結晶場においても d 軌道が 2 組に分裂し，その一つは二重に，もう一つは三重

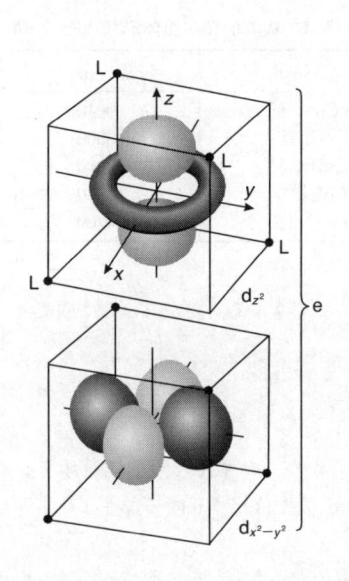

図 7・13 1 組の d 軌道は，四面体形結晶場の影響によって 1 対の e と t_2 三重項との 2 組に分裂する．前者は，後者よりも間接的に配位子を指向していて，エネルギーが低い．

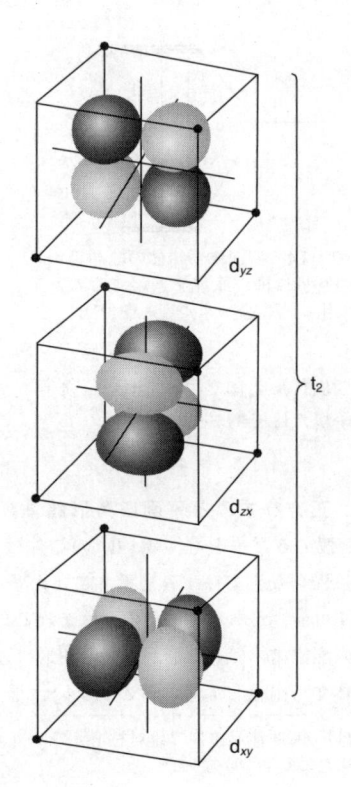

に縮退している（図7・13）．八面体形錯体とのおもな違いは，これら2組の順が逆になっていることである．すなわち，四面体形結晶場では，二重に縮退したeの組が三重に縮退したt_2の組よりも低い位置にある（図7・14）[11]．軌道の空間的な配列を詳細に解析するとこの相違を理解することができる．すなわち，2個のe軌道は配位子およびその部分的な負電荷が存在している場所の中間を指向しているのに対し，3個のt_2軌道はもっと直接的に配位子を指向しているからである．二次的な相違は，配位子の数が少ない錯体に予想されるように，四面体形錯体では配位子場分裂パラメーターΔ_TがΔ_Oよりも小さいということである（説明するのは難しいが，実際には$\Delta_T < \frac{1}{2}\Delta_O$）．そこで，四面体形錯体で普通なのは弱配位子場のものだけであって，それについてだけ考察すればよい．

配位子場安定化エネルギーは，八面体形錯体の場合とまったく同じ方法で計算できる．相違点は，電子が入る順番（t_2より先にeに入る）および全エネルギーに対する個々の軌道の寄与（1個のe電子に対して$-\frac{3}{5}\Delta_T$，1個のt_2電子に対して$+\frac{2}{5}\Delta_T$）だけである．表7・4には配位子場安定化エネルギーを，表7・6には数種の錯体に対するΔ_Tの実測値をまとめた．表7・4から推論できるように，d^n錯体の電子配置はnが1から10へ増えるに従い，$(e)^1$, $(e)^2$, $(e)^2(t_2)^1$, …… $(e)^2(t_2)^3$, $(e)^3(t_2)^3$, $(e)^4(t_2)^3$, …… $(e)^4(t_2)^6$ となる．

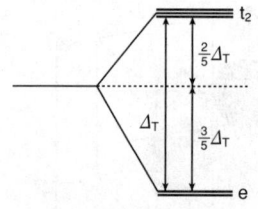

図7・14 四面体形錯体の結晶場の解析に構成原理を適用するのに用いる軌道エネルギー準位図

表7・6 代表的な四面体形錯体のΔ_T値

錯体	Δ_T/cm^{-1}
VCl_4	9010
$[CoCl_4]^{2-}$	3300
$[CoBr_4]^{2-}$	2900
$[CoI_4]^{2-}$	2700
$[Co(NCS)_4]^{2-}$	4700

四面体形錯体ではe軌道がt_2軌道よりも低い．ここで考慮する必要があるのは弱配位子場だけである．

(b) 正方ひずみと平面四角形錯体

9個のd電子をもつ銅(II)の錯体は，O_h対称からかなりひずんだ六配位錯体をつくり，顕著な正方ひずみを示すことが多い．低スピンd^7六配位錯体も同じようなひずみを示す可能性があるが，その例はまれである．

六配位錯体でその形が平面四角形に近くひずんだものがあることを説明するには，正八面体から出発して考えるのがよい．正方ひずみが起こると，z軸方向に伸びて，xおよび

---

[11] 四面体形錯体では対称心がないから，軌道の指定に際してパリティーに関する表示gまたはuはつかない．

7・5 四配位錯体の電子構造

y軸方向に圧縮され，e_gのうちd_{z^2}に対応する軌道のエネルギーが低くなり，$d_{x^2-y^2}$に対応する軌道のエネルギーは高くなる（図7・15）．したがって，もし1個，2個または3個の電子がe_g軌道を占めるならば（d^7, d^8, d^9錯体の場合のように），正方ひずみがエネルギー的に有利になりうるであろう．たとえば，$(t_{2g})^6(e_g)^3$の配置をもつ八面体形d^9錯体では，このようなひずみによって2個の電子が安定化され，1個は安定化されないまま残る．

高スピンd^8〔$(t_{2g})^6(e_g)^2$〕錯体のひずみは，2個のe_g電子が対になってd_{z^2}軌道を占めるのに十分なほど大きい可能性がある．実際に，このひずみがさらに大きくなってz軸の配位子がすべて無くなってしまい，d^8平面四角形錯体ができることが多い．たとえば，Rh^I, Ir^I, Pt^{II}, Pd^{II}, Au^{III}の錯体がそうである．$(4d)^8$や$(5d)^8$の金属が平面四角形錯体になりやすいのは，これら2系列のものでは配位子場分裂パラメーターの値が大きく，それによって低スピン平面四角形錯体の配位子場安定化が強く起こることに関連している．これとは対照的に，$[NiX_4]^{2-}$（Xはハロゲン）のような3d金属錯体は通常四面体形であるが，それはこの系列のものでは配位子場分裂パラメーターが相当に小さいのが普通だからである．分光化学系列中で高い位置にある配位子の場合だけはLFSEが十分に大きく，$[Ni(CN)_4]^{2-}$の例のように平面四角形錯体が生成する．

平面四角形錯体におけるd軌道の分裂を図7・16に示す．三つの別々の軌道分裂の和をΔ_{SP}で表すと，この値はΔ_0よりも大きい．簡単な理論によると，同じ金属と同じM−L結合距離をもつ配位子との錯体では$\Delta_{SP}=1.3\,\Delta_0$と予測される．

> 錯体中に1個，2個または3個のe_g電子がある場合には正方ひずみが起こりうる．$4d^8$または$5d^8$錯体では，ひずみによって平面四角形になる可能性がある．

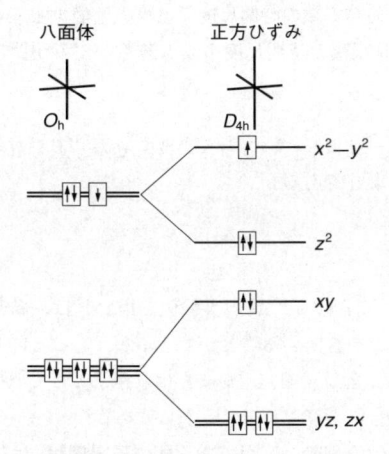

図7・15 正方ひずみ（xおよびy方向に縮んでz方向に伸びる）がd軌道のエネルギーに与える影響．電子占有はd^9錯体についてのものである．

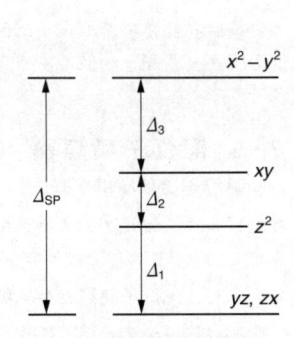

図7・16 平面四角形錯体の配位子場分裂パラメーター

(c) Jahn-Teller 効果

今述べた正方ひずみは **Jahn-Teller効果**[a] の特別な例である．この理論によると，非直線状錯体の基底電子配置において軌道が縮退しているときには，その縮退を取去るように錯体がひずんで，エネルギーが低くなるであろう．八面体形 d^9 錯体の軌道は縮退している．それは，2個の e_g 軌道が同じエネルギーで，1個の電子がそのどちらを占めてもよいからである．正方ひずみが起こると，上記の二つの軌道が異なるエネルギーをもつようになり，錯体のエネルギーがひずみのない場合よりも低くなる．八面体形 d^8 錯体で e_g 軌道にある2個の電子が対をつくったとすると，この2個の電子はどちらの e_g 軌道に入ってもよいので，このような錯体の電子配置は縮退している．ここで，正方ひずみが起こると，通常 d_{z^2} のエネルギーが $d_{x^2-y^2}$ よりも低くなって縮退が解消し，$(d_{z^2})^2$ の電子配置のエネルギーが最も低くなる．平面四角形へのひずみでは，d_{z^2} 軌道中で電子が対をつくる．これは Jahn-Teller 効果の極端な場合と考えられる．

Jahn-Teller 効果は，ひずみが起こる理由は説明してくれるが，どういう形にひずむかを予測するものではない．先に取上げた例では，2個のアキシアル結合が伸びて，エクアトリアルな四つの結合が縮んでいる．これとは別のひずみで，アキシアル結合が縮み，エクアトリアル結合が伸びてもまた縮退が取除かれるであろう．そのどちらが実際に起こるかはエネルギー論の問題で，対称性の問題ではない．しかし，アキシアル結合の伸びは2個の結合だけを弱めるのに対して，エクアトリアル結合の伸びは4個の結合を弱めるから，アキシアル結合の伸びの方がアキシアル結合の縮みに比べて普通である．

Jahn-Teller ひずみは，ある状態からもう一つの状態へ跳び移ることができて，これを**動的Jahn-Teller効果**[b] という．たとえば，$[Cu(OH_2)_6]^{2+}$ の EPR スペクトルは，温度が 20 K 以下では静的ひずみ（もっと正確には，共鳴実験の時間尺度では事実上静止しているようなひずみ）を示すが，20 K 以上では EPR 観察の時間尺度よりも速くひずみが跳び移るために，見かけ上ひずみが消失する．

> 非直線状錯体の基底電子配置において軌道が縮退しているときには，その縮退を解消してエネルギーを低くするように錯体がひずむであろう．

7・6 配位子場理論

結晶場理論は簡単な概念的モデルを提供してくれる．Δ_0 の実験値を用いれば，結晶場理論によって分光学的データや熱化学的データを説明することができるが，もっと詳しくみてみると，この理論は不完全である．それは，配位子を点電荷または双極子として取扱っているし，配位子軌道と金属軌道との重なり合いを無視しているからである．

中心金属原子のd軌道に重点をおいた分子軌道理論の応用である**配位子場理論**[c] は，Δ_0

---

a) Jahn-Teller effect   b) dynamic Jahn-Teller effect   c) ligand-field theory

をもっとしっかり理解できる枠組を提供してくれる．金属錯体の分子軌道は，多原子分子の結合に対して第3章で用いたものに類似の方法に従い記述することができる．すなわち金属および配位子上の原子価軌道を用いて対称適合線形結合(SALC)をつくり，つぎに，軌道の重なり具合とエネルギーとの関係に関する経験的規則を用いて，分子軌道の相対的なエネルギーを推定する．このようにして推定したエネルギーの順番は，実験データ（特に光吸収および光電子分光法）と比較して確認し，より正確に位置づけることができる[12]．

(a) σ 結合

配位子場理論を順序立てて論ずるに当たって，まずつぎのような八面体形錯体を取上げよう．すなわち，各配位子には一つの原子価軌道があって，その軌道がM−L軸の周りに局部的なσ対称性をもって中心金属原子に向かっているような八面体形錯体を考える．このような配位子にはNH$_3$分子やこれとアイソローバルなF$^-$イオンなどがある．

厳密に八面体（O_h）の環境にある金属原子の軌道は，対称性によってつぎの4組に分けられる（図7・17および付録4）．

金属原子軌道	対 称 性	縮 退 度
s	a_{1g}	1
p_x, p_y, p_z	t_{1u}	3
d_{xy}, d_{yz}, d_{zx}	t_{2g}	3
$d_{x^2-y^2}, d_{z^2}$	e_g	2

6個の配位子σ軌道から6個の対称適合線形結合が可能で，それらは付録4と図7・17とに示してある．配位子の組合わせの一つ（規格化されていない）は非縮退a_{1g}線形結合

$$a_{1g}: \sigma_1 + \sigma_2 + \sigma_3 + \sigma_4 + \sigma_5 + \sigma_6$$

である．ここで，σ_iは配位子$i=1, 2, \cdots\cdots 6$のσ軌道を表す*．6個の結合の中の三つはつぎのt_{1u}

$$t_{1u}: \sigma_1 - \sigma_3, \quad \sigma_2 - \sigma_4, \quad \sigma_5 - \sigma_6$$

であり，さらに残りの二つはe_gの組である．

$$e_g: \sigma_1 - \sigma_2 + \sigma_3 - \sigma_4, \quad 2\sigma_6 + 2\sigma_5 - \sigma_1 - \sigma_2 - \sigma_3 - \sigma_4$$

σ対称性をもつ配位子軌道はこの六つの組合わせですべてである．配位子σ軌道の組合わ

---

[12] 高分解能のPESデータが使えるのは気相中の錯体，したがって電荷をもたない錯体に限られている．これに関する入門書としてはS. F. A. Kettle, "Physical inorganic chemistry: a coordination chemistry approach," Oxford University Press, Oxford (1998) を参照．

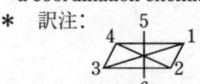

* 訳注：

せで金属の t_{2g} 軌道の対称性をもつものはないので，t_{2g} 軌道は σ 結合に関与しない[13]．

分子軌道は，対称適合線形結合（SALC）と，それと同じ対称性をもつ金属原子軌道とを組合わせることによってできあがる．たとえば，a_{1g} 分子軌道の規格化していない形は

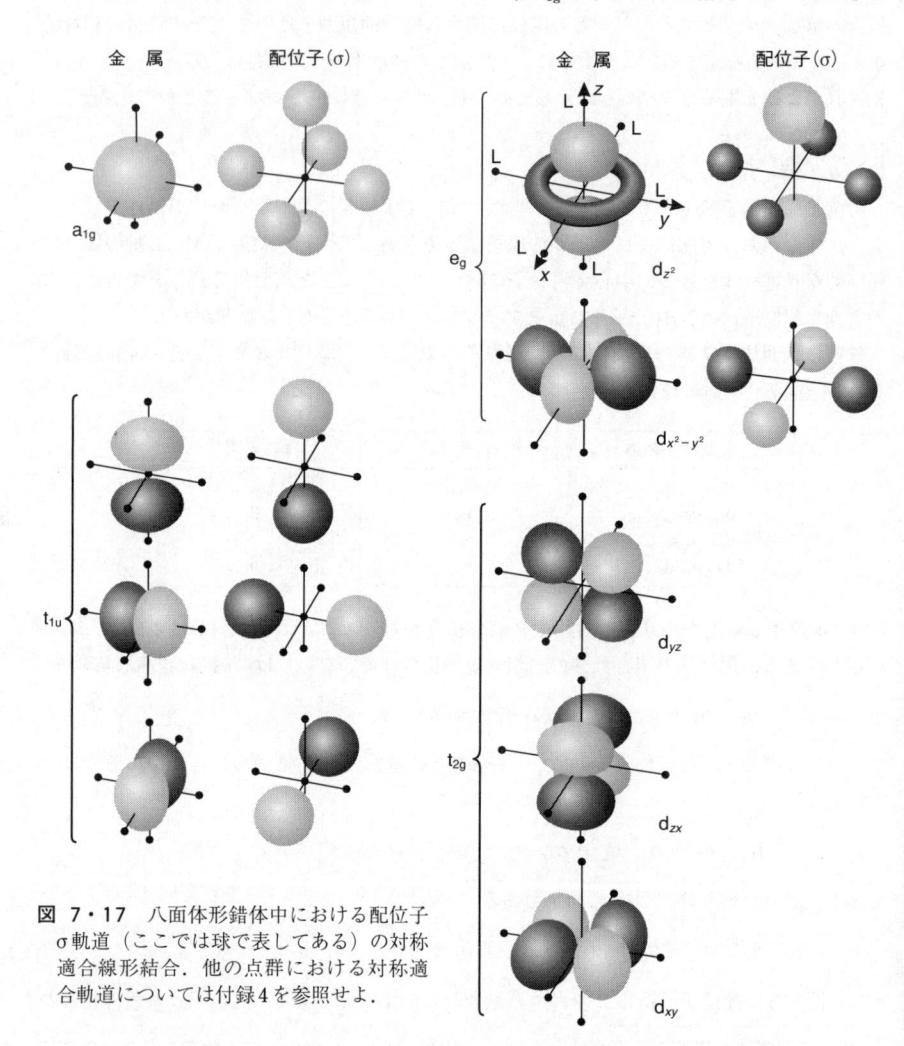

図 7・17 八面体形錯体中における配位子 σ 軌道（ここでは球で表してある）の対称適合線形結合．他の点群における対称適合軌道については付録4を参照せよ．

[13] 対称適合線形結合（重ね合わせを無視した）の規格化した形はつぎの通りである．

a_{1g} : $(\frac{1}{6})^{1/2}(\sigma_1+\sigma_2+\sigma_3+\sigma_4+\sigma_5+\sigma_6)$

t_{1u} : $(\frac{1}{2})^{1/2}(\sigma_1-\sigma_3)$, $(\frac{1}{2})^{1/2}(\sigma_2-\sigma_4)$, $(\frac{1}{2})^{1/2}(\sigma_5-\sigma_6)$

e_g : $(\frac{1}{4})^{1/2}(\sigma_1-\sigma_2+\sigma_3-\sigma_4)$, $(\frac{1}{12})^{1/2}(2\sigma_6+2\sigma_5-\sigma_1-\sigma_2-\sigma_3-\sigma_4)$

7・6 配位子場理論

$c_M\psi_{Ms} + c_L\psi_{La_{1g}}$ で，係数 c_M, c_L の値は分子軌道の計算で決まる．金属の原子軌道中に電子を見いだす確率は $c_M{}^2$ に，また配位子の原子軌道中に電子を見いだす確率は $c_L{}^2$ にそれぞれ比例する．金属 a_{1g} 軌道と配位子 a_{1g} 軌道とが重なり合うと2個の分子軌道（一つは結合性，もう一つは反結合性）が生じ，二重に縮退した金属 e_g 軌道と配位子 e_g 軌道とが重なり合うと4個の分子軌道（2個の縮退した結合性軌道と2個の縮退した反結合性軌道）が生ずる．さらに，三重に縮退した金属 t_{1u} 軌道と配位子 t_{1u} 軌道とからは6個の分子軌道（3個の縮退した結合性軌道と3個の縮退した反結合性軌道）ができる．したがって，全体では6個の結合性の組合わせと6個の反結合性の組合わせがある．三重に縮退した3個の金属 t_{2g} 軌道は非結合のまま残り，完全に金属原子上に局在する．このようにしてできた軌道のエネルギーを計算する（種々の分光学的データと合うように調整してある）と，図 7・18 に示すような分子軌道エネルギー準位図ができる．

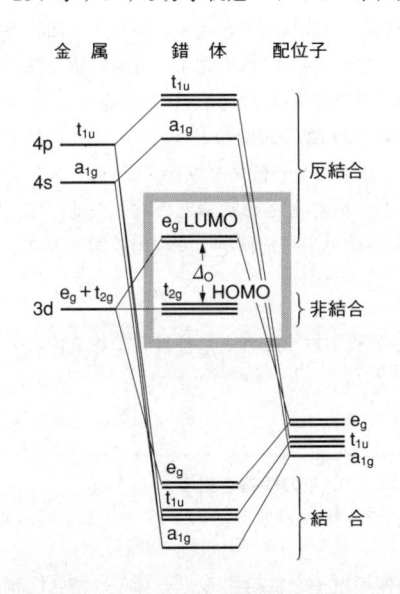

図 7・18 典型的な八面体形錯体の分子軌道エネルギー準位．灰色の囲みの中はフロンティア軌道である．

第3章で述べたように，最低エネルギーの分子軌道に最も大きく寄与しているのは，その結合に関与している最低エネルギー原子軌道である．NH_3 や F^- 配位子の σ 軌道は，金属の d 軌道よりもかなりエネルギーの低い原子価軌道からできている．その他の配位子でもたいていはそうである．その結果，錯体の6個の結合性分子軌道の性質は，$c_L{}^2 > c_M{}^2$ であるという意味で，おもに配位子軌道のものである．これら6個の結合性軌道は，6個の配位子の孤立電子対が供給する12個の電子を受け入れることができる．したがって，ある意味では，配位子が提供する電子は，おもに錯体中の配位子に閉じ込められるといえる．これは結晶場理論で仮定したことである．しかし，これら結合性分子軌道中の d 軌道の係数は 0 ではないから，"配位子の電子" は実際には中心金属原子上に染み出しているので

ある．

　配位子が供給する電子以外に受け入れるべき電子の数は，中心金属の原子またはイオンから供給されるd電子の数nで決まる．これらの余分の電子は，非結合性d軌道（t_{2g}軌道）およびd軌道と配位子軌道との反結合性の組合わせ（上の方のe_g軌道）に入る．t_{2g}軌道は金属原子に局限されており，反結合性e_g軌道はほとんど金属イオンの性格のものであるから，中心イオンが供給するn個の電子はおもに金属イオン上にとどまる．要約すると，錯体のフロンティア軌道は非結合性t_{2g}軌道（純粋に金属の軌道の性質をもつ）と反結合性e_g軌道（主として金属の軌道の性質をもつ）とである．このような考えでは，八面体形配位子場分裂パラメーターΔ_0はHOMO-LUMO間の間隔である．配位子場理論では，関与している分子軌道は，完全にではないが大部分が金属原子に属している．結晶場理論では，この点を誇張して，d電子は完全に金属に閉じ込められていると仮定する．

　ひとたび分子軌道エネルギー準位図ができれば，構成原理を使って，錯体の基底状態電子配置を決めることができる．まず，配位子が提供する12個の電子が6個の結合性分子軌道に入ることに注目する．d^n錯体の残りのn個の電子は，非結合性t_{2g}軌道および反結合性e_g軌道を占める．ここまで来ると話は基本的に結晶場理論のときとまったく同じである．すなわち，生ずる錯体の種類（たとえば，高スピンか低スピンか）はΔ_0とスピン対生成エネルギーPとの相対的な大きさで決まる．§7・4での議論との唯一の違いは，定性的な分子軌道理論によれば，図7・18の囲みの中で示した軌道の分裂の原因と大きさをより深く明確にできることである．

配位子場理論では，d軌道の対称性と配位子軌道の線形結合とに注目して組立てた分子軌道エネルギー準位図とともに構成原理を利用する．

例題 7・7　光電子スペクトルを使って錯体についての情報を得る．

　[$Mo(CO)_6$]の気体の光電子スペクトルを図7・19に示す．このスペクトルを使って，錯体の分子軌道のエネルギーを推定せよ．

解　6個のCO配位子（:COとして）は12個の電子を供給する．それらは結合性軌道に入って$(a_{1g})^2(t_{1u})^6(e_g)^4$配置をとる．モリブデン（6族）の酸化数は，この場合は0であるから，さらに6個の価電子がMoから提供される．配位子および金属の価電子は，図7・18の囲みの中に示した軌道に分布する．COは強配位子場の配位子であるから，錯体の基底状態電子配置は低スピン$(a_{1g})^2(t_{1u})^6(e_g)^4(t_{2g})^6$と予想される．HOMOは，主としてMo原子に限局されている3個のt_{2g}軌道で，最低イオン化エネルギーのピーク（8 eV付近の）をHOMOに割当てることによって，そのエネルギーが決まる．14 eV付近にある一群のイオン化エネルギーはおそらくMo-CO σ結合性軌道に対応するものである．しかし，14 eVはCOそれ自身のイオン化エネルギーに近いので，それらのピークはCO中の結合性軌道にも起因するものである．

問題 7・7 図7・20に示す[Fe(C_5H_5)$_2$]および[Mg(C_5H_5)$_2$]の光電子スペクトルの違いはどのように説明できるだろうか.

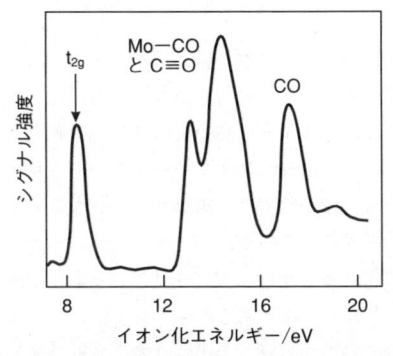

図 7・19 [Mo(CO)$_6$]のHe^{II}(30.4 nm)光電子スペクトル. Moからの電子が6個, :COからの電子が12個で, 図7・18で表される配置は, $(a_{1g})^2(t_{1u})^6(e_g)^4(t_{2g})^6$ となる[B. R. Higginson, D. R. Lloyd, P. Burroughs, D. M. Gibson, A. F. Orchard, *J. Chem. Soc., Faraday Trans. II*, **69**, 1659 (1973)].

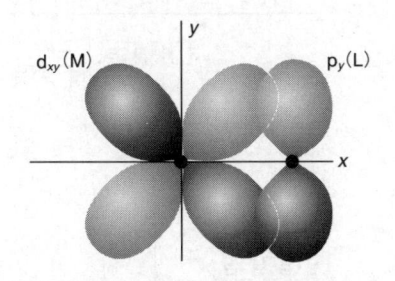

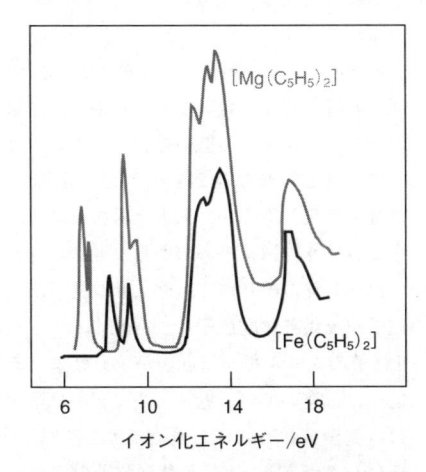

図 7・20 フェロセン[Fe(C_5H_5)$_2$]およびマグネソセン[Mg(C_5H_5)$_2$]の光電子スペクトル

図 7・21 M-L軸に垂直な配位子p軌道と金属d_{xy}軌道との間に起こる可能性があるπ重なり合い

(b) π 結 合

ここまでは, 金属-配位子σ相互作用だけを考えてきた. 錯体中の配位子に, M-L軸に関して局在的なπ対称をもつ軌道 (たとえば, ハロゲン化物イオン配位子のp軌道のうちの二つ) がある場合には, 金属の軌道との間で結合性および反結合性のπ分子軌道ができる可能性がある (図7・21). この項では, 単一のM-X中のπ結合を簡単に論じて, π結合効果の要点を示すことにしよう (分子全体について考えるときには, すべての配位子原子上で利用できるπ軌道を用いて対称適合線形結合を構成すればよい). 重要なのは, 配位子π軌道からできる結合にはt_{2g}対称の対称適合線形結合が含まれるということである. これらの結合は金属t_{2g}軌道と重なり合うので, 金属t_{2g}軌道はもはや金属原子上の純

粋に非結合性のものではなくなる．配位子軌道と金属軌道との相対的なエネルギー次第で，t_{2g} 分子軌道のエネルギーが，配位子や金属の非結合性原子軌道のエネルギーよりも高くなったり低くなったりする．その結果，HOMO-LUMO の間隙（すなわち Δ_O）が減少または増加する．

π結合の役割を調べるには第3章で述べた二つの一般則が必要である．最初に使うのは，原子軌道の重なり合いが強いときには，原子軌道が強く混じり合って，原子軌道に比べてかなりエネルギーの低い結合性分子軌道と，かなりエネルギーの高い反結合性分子軌道とができるという考えである．第二に明記しておくことは，似たエネルギーをもつ原子軌道は強く作用しあうが，大きく異なるエネルギーをもつ原子軌道は，重なり合いが大きい場合でさえも，ほんのわずかしか混じり合わないということである．

M−L軸の周りにπ対称をもつ軌道が，結合に先立ってすでに占有されているような配位子を**π供与体配位子**[a]という．これらの完全に占有されたπ軌道のエネルギーは，金属d軌道のエネルギーに近いが，それよりある程度低いのが普通である．また，π供与体配位子には空いている低エネルギーπ軌道がないので，錯体中でπ結合の影響を考えるときには完全に占有された軌道だけを問題にすればよい．このような配位子には Cl^-，Br^-，H_2O などがある．π供与体配位子の完全に占有されたπ軌道のエネルギーは，金属の部分的に占有された d 軌道よりも低い．したがって，π供与体配位子のπ軌道が金属の t_{2g} 軌道

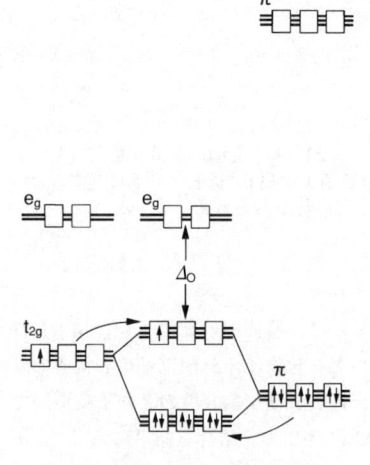

図 7・22 配位子場分裂パラメーターに対するπ結合の影響．π供与体として作用する配位子は Δ_O を減少させる．

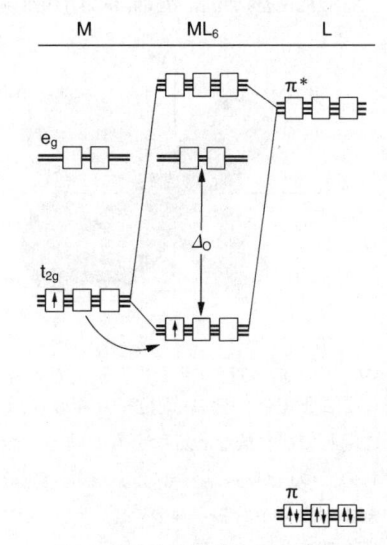

図 7・23 π受容体として作用する配位子は Δ_O を増加させる．

---

a) π-donor ligand

と分子軌道をつくるときには，結合性線形結合は配位子軌道よりも低く，また反結合性線形結合は自由な金属イオンのd軌道のエネルギーよりも高くなる（図7・22）．配位子の孤立電子対から供給される電子は結合性線形結合を占有してそこを満たし，元来中心金属原子のd軌道中にあった電子は反結合性t_{2g}軌道を占有する．その総合的な効果として，それまでは非結合性だった金属イオンのt_{2g}軌道が反結合性になり，主として金属上にある反結合性e_g軌道のエネルギーに近づくようにエネルギーが上昇する．その結果，強いπ供与体配位子はΔ_0を減少させる．

電子を受け入れられる空のπ軌道をもち，かつ，そのπ軌道より低エネルギー（通常，金属t_{2g}軌道より低い）のπ軌道は完全に占有されているような配位子を**π受容体配位子**[a]という．典型的な場合には，電子を受け入れるπ軌道は，COやN$_2$の場合のように，配位子上の空の反結合性軌道で，それらのエネルギーは金属d軌道よりも高い．たとえば，COのπ*軌道は，C原子上で振幅が最も大きく，金属のt_{2g}軌道と重なり合うのに適した対称性をもっている．これに対して，COの完全に占有された結合性π軌道は，エネルギーが低く，主としてO原子上に局在している（酸素の方が電気陰性の原子であるので）．したがって，COのπ供与体性はきわめて低く，ほとんどの（すべてではないにしても）d金属カルボニル錯体において，COは結果的にπ受容体である．

多くの配位子上のπ受容体軌道のエネルギーは金属d軌道よりも高いので，それらが金属とつくる分子軌道では，結合性t_{2g}軌道が主として金属のd軌道の性質をもつ（図7・23）．これらの結合性分子軌道のエネルギーは，d軌道そのもののエネルギーよりもわずかに低い．その結果，総合的には，π受容体相互作用によってΔ_0が増大する．

ここで分光化学系列におけるπ結合の役割を通観してみよう．分光化学系列中での配位子の順序は，部分的には，M-L σ結合をつくる強さの順である．たとえば，CH$_3^-$およびH$^-$はきわめて強いσ供与体であるから，両者はともに分光化学系列中できわめて高い位置にある．しかし，π結合が重要である場合には，それがΔ_0に大きな影響をもつ．すなわち，π供与体配位子はΔ_0を減少させ，π受容体配位子はΔ_0を増加させる．強いπ受容体COが分光化学系列で高い位置にあり，強いπ供与体のOH$^-$が低い位置にあるのはそのためである．分光化学系列全体の順序は，主として，π効果に支配される（重要な例外がいくつかあるが）と考えて説明できるであろう．そこで，一般には分光化学系列をつぎのように解釈することができる．

$$\xrightarrow{\quad \Delta_0 \text{が大きくなる} \quad}$$

π供与体 < 弱いπ供与体 < π効果がないもの < π受容体

つぎの配位子は上記の分類に合う代表的なものである．

I$^-$ < Br$^-$ < Cl$^-$ < F$^-$ < H$_2$O < NH$_3$ < PR$_3$ < CO

---

[a] π-acceptor ligand

σ結合が支配的な影響を及ぼしている目だった例には，CH_3^- や H^- がある．これらはπ供与体配位子でもπ受容体配位子でもない．

> π供与体配位子は Δ_O を減少させ，π受容体配位子は Δ_O を増加させる．π結合が起こりうる場合には，分光化学系列中の順番がおもにπ結合効果で決まる．

錯体の反応

d金属錯体の反応の多くは溶液中で研究されている．中心金属イオンに対して溶媒分子が競争的に働くので，溶媒分子以外の配位子をもつ錯体は**置換反応**[a] によって生成する．置換反応というのは，すでに配位している配位子（ここでは溶媒分子）を別の配位子で置き換える反応である．この際，新たに入ってくる配位子を**侵入基**[b]，それによって置換される配位子を**脱離基**[c] という．脱離基をX，侵入基をYで表すことにすると，錯体の置換反応は，つぎのようなLewisの酸塩基置換反応である．

$$MX + Y \longrightarrow MY + X$$

錯体の反応を理解するには，錯形成の熱力学および速度論が必要である．まず熱力学的考察から始めて，つぎに配位子置換の速度論におけるいくつかの一般的傾向を概観しよう．ただし，反応の速度論については第14章でもっと詳しく説明する．

7・7 錯形成平衡

Fe^{III} が SCN^- と反応して錯体 $[Fe(NCS)(OH_2)_5]^{2+}$ を生ずる反応は，錯形成平衡の具体例である．

$$[Fe(OH_2)_6]^{3+}(aq) + NCS^-(aq) \rightleftharpoons [Fe(NCS)(OH_2)_5]^{2+}(aq) + H_2O(l)$$

$$K_f = \frac{[Fe(NCS)(OH_2)_5^{2+}]c^{\ominus}}{[Fe(OH_2)_6^{3+}][NCS^-]} \quad (5)$$

ここで，$c^{\ominus}$ は標準物質量濃度である[14]．この赤い錯体は，鉄(III)イオンまたはチオシアン酸イオンの検出に利用される．平衡定数 K_f は錯体の**生成定数**[d] である．H_2O の濃度はこの式に出てこないが，それは希薄溶液では一定であるとして K_f の中に繰込まれているからである．K_f の値が大きい配位子は，中心金属との結合が水よりも強いものである．K_f の小さい配位子は，絶対的な意味で弱い配位子というわけではなく，ただ単に H_2O よりも弱いということである．

---

14) 平衡定数を表す式などに出てくる［化学式］はその化学種の物質量濃度を表している（訳注：上式のように，物質量濃度を表すのに［化学式］の形を用いるときには，錯体の化学式を示す［ ］を省略することがある）．

a) substitution reaction　　b) entering group　　c) leaving group　　d) formation constant

(a) 生成定数

2個以上の配位子が入れ替わるようなときは，安定性の議論がもっと複雑になる．たとえば，$[Ni(OH_2)_6]^{2+}$ から $[Ni(NH_3)_6]^{2+}$ に至る系列では，シス-トランス異性を無視したとしても，六つの段階がある．一般に錯体 ML_n の場合には，**逐次生成定数**[a] が次式で与えられる．

$$M + L \rightleftharpoons [ML] \qquad K_{f,1} = \frac{[ML]c^{\ominus}}{[M][L]}$$

$$[ML] + L \rightleftharpoons [ML_2] \qquad K_{f,2} = \frac{[ML_2]c^{\ominus}}{[ML][L]} \qquad (6)$$

$$\cdots$$

$$[ML_{n-1}] + L \rightleftharpoons [ML_n] \qquad K_{f,n} = \frac{[ML_n]c^{\ominus}}{[ML_{n-1}][L]}$$

構造と反応性との関係を理解しようとするときには，これらの定数について考察する必要がある．最終生成物 (ML_n) の濃度の計算には**全生成定数**[b] β_n を用いる．

$$\beta_n = \frac{[ML_n](c^{\ominus})^n}{[M][L]^n}. \qquad (7)$$

この全生成定数は逐次生成定数の積に等しい．

$$\beta_n = K_{f,1} K_{f,2} K_{f,3} \cdots K_{f,n} \qquad (8)$$

生成定数 K_f の逆数である**解離定数**[c] K_d が便利な場合もある．

$$[ML] \rightleftharpoons M + L \qquad K_d = \frac{[M][L]}{[ML]c^{\ominus}} \qquad (9)$$

K_d は酸に対する K_a と同じ形であり，これを用いると金属錯体と Brønsted 酸との比較がよくわかる．プロトンを単にほかのカチオンと同じと考えるならば，K_d, K_a の値を一緒に表にすることができる．たとえば，Lewis 酸 H^+ と Lewis 塩基 F^- から生成する錯体 HF では，F^- が配位子の役割を演じている．

> 錯体の安定度は生成定数で表される．生成定数は，ある化学種と H_2O とがともに配位子として働くときの相対的な強さを表すものである．

(b) 逐次生成定数にみられる傾向

生成定数 K_f と標準生成ギブズエネルギー $\Delta_f G^{\ominus}$ との間には $\Delta_f G^{\ominus} = -RT \ln K_f$ の関係があるから，K_f は $\Delta_f G^{\ominus}$ の符号と大きさとを直接反映する量である．逐次生成定数の大きさは $K_{f,1} > K_{f,2} > K_{f,3} \cdots > K_{f,n}$ の順に従うのが普通である．この一般的傾向は，後の段階になるほど，生成過程で置換されうる配位子 H_2O の数が減ることを考えると簡単に説明できる．たとえば，つぎの二つの錯形成反応，

---

a) stepwise formation constant b) overall formation constant c) dissociation constant

$$[M(OH_2)_5L] + L \longrightarrow [M(OH_2)_4L_2] + H_2O$$
$$[M(OH_2)_4L_2] + L \longrightarrow [M(OH_2)_3L_3] + H_2O$$

を比べてみるとわかるように，生成反応に際して置換に利用しうる配位子 H_2O 分子の数は n が増すにつれて減少し，結合している配位子 L の数は増加する．その結果，n が大きくなるにつれて，上記の反応の逆反応の重要性が増してくる．したがって，反応エンタルピーにあまり差がないかぎり，n が大きくなるに従って平衡定数がしだいに反応系に有利になってくる．物理的には，逐次生成定数の減少は，自由な配位子が金属に配位してしだいに固定されるにつれてエントロピーが減少することを反映している．$[Ni(OH_2)_6]^{2+}$ から $[Ni(NH_3)_6]^{2+}$ に至る系列の逐次的錯体に関するデータ（表7・7）は，このような簡単な説明がだいたいにおいて正しいことを示している．この逐次的な6段の生成過程のそれぞれに対する反応エンタルピーは 16.7 kJ mol^{-1} から 18.0 kJ mol^{-1} であって 2 kJ mol^{-1} 以下しか変化していない．

逐次生成定数の関係が逆転して $K_{f,n} < K_{f,n+1}$ となる場合は，配位子が加わるにつれて錯体の電子構造が大きく変化する証拠であることが多い．たとえば，Fe^{II} のトリス（2,2′-ビピリジン）錯体 $[Fe(bpy)_3]^{2+}$ はビス錯体 $[Fe(bpy)_2(OH_2)_2]^{2+}$ に比べてはるかに安定であるが，これはビス錯体（弱配位子場の H_2O 配位子があることに注意）における弱配位子場 $(t_{2g})^4(e_g)^2$ からトリス錯体の強配位子場 $(t_{2g})^6$ 配置への変化に関連している．この逆の例には，Hg^{II} のハロゲノ錯体における $K_{f,3}/K_{f,2}$ の値が異常に低い（およそ $\frac{1}{7}$）ことがある．この $K_{f,2}$ から $K_{f,3}$ への減少は，エントロピー的な理由で説明するにはあまりにも著しく，六配位から四配位への移行というような，錯体の性質の大きな変化を示唆している．

<chemical structure diagram showing Hg complex reaction>

逐次生成定数の典型的な順序は $K_n > K_{n+1}$ で，これはエントロピーの立場から予測される．この順序からのずれは，構造に大きな変化があることのしるしである．

表7・7 Ni^{II} アンミン錯体 $[Ni(NH_3)_n(OH_2)_{6-n}]^{2+}$ の生成定数

n	$\log_{10} K_{f,n}$	$K_{f,n}/K_{f,n-1}$		n	$\log_{10} K_{f,n}$	$K_{f,n}/K_{f,n-1}$	
		実験値	計算値†			実験値	計算値†
1	2.72			4	1.12	0.29	0.56
2	2.17	0.28	0.42	5	0.67	0.35	0.53
3	1.66	0.31	0.53	6	0.03	0.23	0.42

† 反応エンタルピーは一定と仮定し，置換に利用しうる配位子の数の比に基づいて計算した．

例題 7・8 不規則な逐次生成定数の説明.
 カドミウムと Br^- との錯形成の逐次平衡定数は，$\log_{10} K_{f,1}=1.56$，$\log_{10} K_{f,2}=0.54$，$\log_{10} K_{f,3}=0.06$，$\log_{10} K_{f,4}=0.37$である．$K_{f,3}$ より $K_{f,4}$ が大きい理由を推論せよ．
 解 この異常性は構造変化を示唆している．アクア錯体は通常六配位だが M^{2+} のハロゲノ錯体では四面体が普通である．3個の Br^- をもつ錯体に4番目の Br^- が付く反応は

$$[CdBr_3(OH_2)_3]^-(aq) + Br^-(aq) \longrightarrow [CdBr_4]^{2-}(aq) + 3H_2O(l)$$

である．この反応では，比較的制限の強い配位圏の環境から3分子の水が解き放たれて自由になる結果として生成定数が大きくなる．

問題 7・8 平面四角形四配位の Fe^{II} ポルフィリン錯体 $[Fe(p)]$ には，さらに2個の配位子Lがアキシアルに付くことができる．$[Fe(p)L]$ は高スピンであるが，最大の配位数をもつ錯体 $[Fe(p)L_2]$ は低スピンである．$[Fe(p)L_2]$ の生成定数が $[Fe(p)L]$ の生成定数よりも大きくなる理由を説明せよ．

(c) キレート効果

 エチレンジアミンのような二座配位のキレート配位子についての $K_{f,1}$ を，それに対応するジアンミン錯体についての β_2 の値と比較すると，一般に前者の方が大きいことがわかる．

$$[Cu(OH_2)_6]^{2+} + en \rightleftharpoons [Cu(en)(OH_2)_4]^{2+} + 2H_2O$$
$$\log_{10} K_{f,1} = 10.6 \quad \Delta_r H^\circ = -54 \text{ kJ mol}^{-1} \quad \Delta_r S^\circ = +23 \text{ J K}^{-1} \text{ mol}^{-1}$$
$$[Cu(OH_2)_6]^{2+} + 2NH_3 \rightleftharpoons [Cu(NH_3)_2(OH_2)_4]^{2+} + 2H_2O$$
$$\log_{10} \beta_2 = 7.7 \quad \Delta_r H^\circ = -46 \text{ kJ mol}^{-1} \quad \Delta_r S^\circ = -8.4 \text{ J K}^{-1} \text{ mol}^{-1}$$

いずれの場合にも，同じような $Cu-N$ 結合が二つ生成するにもかかわらず，キレート生成の方が明らかに有利である．キレートしていない類似錯体に比べてキレート錯体がはるかに安定であることを**キレート効果**[a] という．
 キレート効果は，主として，キレート錯体および非キレート錯体の希薄溶液中における反応エントロピーの差によるとすることができる．溶液中に存在する独立な分子の数は，キレート化反応の結果増加するが，キレートをつくらない錯形成反応では変化しない（上記の二つの反応を比較してみよ）．したがって，前者の反応エントロピーが後者よりも正の値となって，前者の方がより有利な過程になる．希薄溶液中で測定した反応エントロピーはこの説明を支持している．
 キレート効果は実用的にきわめて重要である．分析化学における錯滴定で用いられる試

---
a) chelate effect

薬の大部分は，edta^{4-} のような多座キレート配位子である．生体分子中で金属と結合する部分の多くもキレート配位子である．生成定数の測定値が 10^{12} から 10^{25} の範囲である場合には，一般にキレート効果が働いている証拠である．

三座以上の配位子でもエントロピー項による利点がみられる．四座のポルフィリン配位子や六座配位子 edta^{4-} を含む錯体が高い安定性をもつことは，部分的には，エントロピーによって説明される．

> キレート効果というのは，配位原子の種類と数が同じでも，キレート環ができると錯体の安定度が高くなることである．

(d) 立体効果と電子非局在化

立体効果[a]もまた生成定数に大きな影響を与える．キレート生成においては環の完成が幾何学的に難しいこともあるから，立体効果が特に重要である．§7・2で説明したように，五員環のキレート環は一般にきわめて安定である．六員環はかなり安定で，電子の非局在化が起こりうるときには有利になる可能性がある．

電子構造が非局在化しているキレート配位子をもつ錯体は，キレート生成によるエントロピー的な利点に加えて，電子的な効果によっても安定になる可能性がある．たとえば，2,2′-ビピリジン(**47**)や 1,10-フェナントロリン(**48**)のようなジイミン配位子(**46**)は，金属と五員環をつくらざるをえない．この種の配位子はσ供与体であると同時にπ受容体として作用し，金属の充満した d 軌道と配位子の空の環状 π* 軌道とが重なり合って π 結合をつくる能力をもっている．これらの配位子の錯体が高い安定度をもっているのは，このような結合能力の結果であると思われる．金属の t_{2g} 軌道中の電子によって金属は π 供与体として働き，配位子の環に電子を供与する．それによって上記の π 結合ができやすくなる．錯体 [Ru(bpy)$_3$]$^{2+}$ (**49**) はその例で，配位子の挟み角が小さいために，この錯体は八面体対称からひずんでいる．

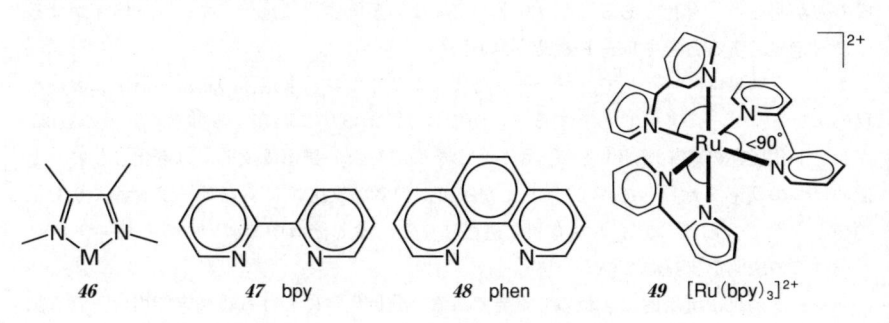

46   **47** bpy   **48** phen   **49** [Ru(bpy)$_3$]$^{2+}$

---

a) steric effect

ジイミン配位子を含むキレートの安定性は，キレート効果とともに，これらの配位子がπ受容体にも，またσ供与体にもなりうる結果である．

(e) Irving-Williams 系列

3d 系列の M^{II} イオンの錯体について $\log_{10} K_f$ をプロットすると図 7・24 のようになる．生成定数の順序に関する **Irving-Williams 系列**[a)] は，この変化をまとめたもので，2 価カチオン M^{II} ではつぎのようになる．

$$Ba^{II} < Sr^{II} < Ca^{II} < Mg^{II} < Mn^{II} < Fe^{II} < Co^{II} < Ni^{II} < Cu^{II} > Zn^{II}$$

この順序は，配位子の種類には比較的鈍感である．

これらの錯体の安定性は，概して，大きな半径のイオンよりも小さな半径のイオンの方が高い．この事実は，Irving-Williams 系列は，主として静電的な効果を反映することを示唆している．しかし，Mn^{II} より先では $Fe^{II}(d^6)$，$Co^{II}(d^7)$，$Ni^{II}(d^8)$，$Cu^{II}(d^9)$ に対する K_f の値が急激に増加する．これらのイオンでは，配位子場安定化エネルギー（表 7・4）に比例する分だけよけいに安定化される．しかし，重要な例外が一つあって，それは Ni^{II} と Cu^{II} とでは，Cu^{II} には反結合性 e_g 電子が余分に一つあるにもかかわらず，Cu^{II} 錯体の安定度が Ni^{II} よりも大きいことである．この異常性は Jahn-Teller ひずみによる安定化効果の結果である．正方ひずみを受けた Cu^{II} 錯体では，アキシアルの位置での結合は弱くなるが，平面内にある 4 個の配位原子との結合は強くなる．この安定化によって K_f の値が大きくなる．

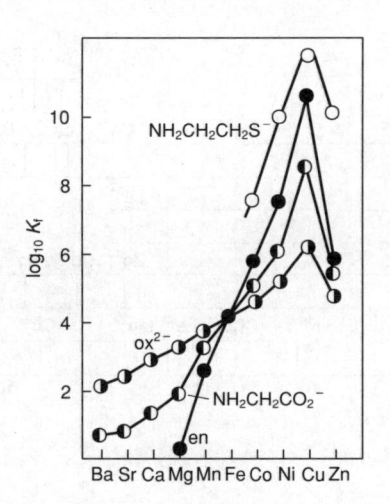

図 7・24 Irving-Williams 系列の M^{II} イオンの生成定数の変化

---

a) Irving-Williams series

Irving-Williams系列は，3d系列のM^{II}イオンがつくる錯体の相対的な安定度の順を要約したものである．

7・8 配位子置換反応の速度と機構

配位化合物の化学では，反応の速度が平衡と同様に重要である．Co^{III}やPt^{II}のアンミン錯体の数多くの異性体は，配位化合物の化学の発展にきわめて重要なものであったが，もしも配位子置換や異性体間の変換の速度が速かったら，これらの異性体を単離できなかったに違いない．ところで，ある錯体は長期間そのままでいるのに，ある錯体は速やかに反応する．それを決めているのは何だろうか．

(a) 置換活性と置換不活性

熱力学的には不安定であっても長い間（少なくとも1分間）変化せずに存在し続ける錯体を**置換不活性**[a]という．これに対し，より速やかに平衡に到達する錯体を**置換活性**[b]という．

主要な金属イオンの八面体形アクア錯体について，それらの代表的な寿命を図7・25に示す．この寿命は範囲は約 1 ns から始まっていることがわかる．この 1 ns という時間は，溶液中で1個の分子が，その直径に相当する距離を拡散するのに要する時間にほぼ等しい．この図に示してある寿命の長い方は数日という時間であるが，考えられる最も長い寿命は地質年代に匹敵するものと思われる．

よくみられる錯体の置換活性を予測するのに役立つ一般則がたくさんある[15]．たとえば

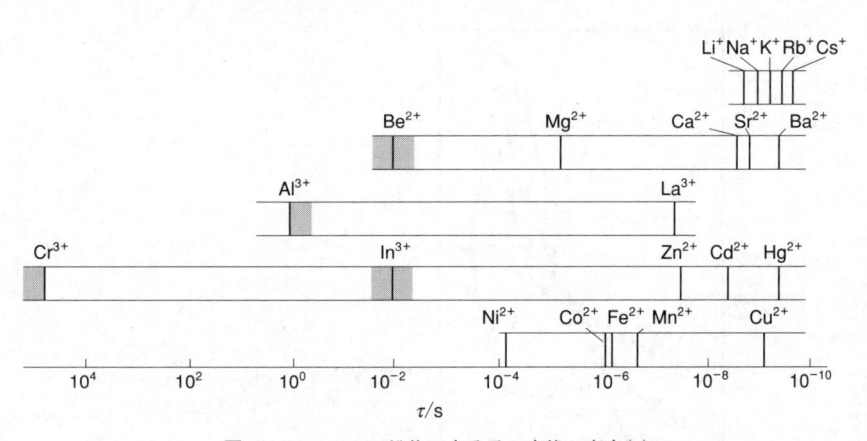

図7・25　アクア錯体の水分子の交換の寿命(τ)

---

15) これらについては第14章でもっと詳しく論ずる．
a) (substitution) inert または robust　b) labile

1. s-ブロックイオンの錯体は，最も小さいイオン（Be^{2+} および Mg^{2+}）を除けば，すべてきわめて置換活性である．
2. 3d 系列では，d-ブロック M^{II} イオンの錯体はかなり置換活性で，ひずんだ Cu^{II} 錯体は最も置換活性なものの一つである．しかし，高配位子場配位子の d^6 錯体，たとえば $[Fe(CN)_6]^{4-}$ や $[Fe(phen)_3]^{2+}$ は例外である．M^{III} イオンの錯体は明らかに置換活性が低い．
3. 低酸化数の d^{10} イオン（Zn^{2+}, Cd^{2+}, Hg^{2+}）の錯体も極度に置換活性である．
4. 3d 系列の強配位子場 d^3 および d^6 八面体形錯体（それぞれ Cr^{III} および Co^{III} 錯体のような）は一般に置換不活性．それ以外は一般にすべて置換活性である．
5. 3d 系列では，最大の配位子場安定化エネルギー（LFSE）をもつ M^{II} および M^{III} イオンが一番置換不活性である．
6. 4d および 5d 系列の錯体は通常置換不活性で，それらの LFSE が高く，金属-配位子結合が強いことを反映している．
7. f-ブロックの M^{III} イオンはすべて著しく置換活性である．

置換活性と置換不活性との区別は，上に記したようないくつかの通則にまとめることができる．

(b) 会合置換反応

与えられた金属イオンについて，配位子を変えたときの置換反応の速度を調べると，配位子置換反応の機構についてきわめて示唆に富んだ情報が得られる．

Pt^{II} の平面四角形錯体の反応は，錯体について一次，侵入基 Y について一次で，全体としては二次である[16]．その速度定数は侵入基によって大幅に変化する．たとえば，trans-$[PtCl_2(py)_2]$ はいろいろな侵入基(Y)と反応して trans-$[PtClY(py)_2]$ を与えるが，その速度定数（単位 $dm^3\ mol^{-1}\ s^{-1}$）は Y が NH_3 のときの $4.7×10^{-4}$ から Br^- のときの $3.7×10^{-3}$ および I^- のときの 0.107 を経てチオ尿素のときの 6.00 に至るまで，10^4 倍も変化する．これに対して，脱離基(X)を Cl^- から I^- に変えても，反応速度は 3.5 倍しか変化しない．一般に，侵入基の影響は，脱離基に比べてはるかに大きい．このことは，全活性化エネルギーを支配しているおもな因子は侵入基であることを示している．このような挙動は**会合置換反応**[a]——活性錯体[17]の配位数がもとの錯体よりも増加するような反応——の場合に予測される．会合置換反応は平面四角形錯体で典型的なものである．それは，中心金属原子の周りの比較的まばらな領域に侵入基が入り込んで中心金属と結合をつくりやすいからであ

---

16) 場合によっては，ふんだんにある溶媒水分子が錯体を攻撃して置換活性な中間体をつくり，それが Y と一次で反応する．
17) "活性錯体（activated complex）" の "錯体" という語は，活性錯体理論（遷移状態理論）に特有の意味で使われている．

a) associative substitution reaction

る．置換反応に際してシスまたはトランス異性体の立体構造がそのまま残っているという事実は，平面四角形錯体の活性錯体が近似的には三方両錐形であることを暗示している．

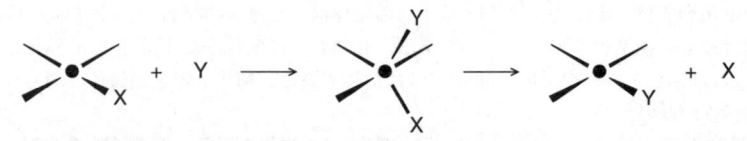

会合置換反応の速度は，出発物質である錯体と侵入基との両方に依存するから，この速度について一般的なことをいうのは難しい[18]．しかし，d^8錯体では，同じような侵入基および脱離基の場合，大部分のものは比較的置換不活性であるといえる．代表的な例を示すと，つぎの順で置換活性が減少する．

$$Ni^{II} > Pd^{II} \gg Pt^{II} \approx Rh^{I}$$

会合置換反応では，活性錯体の配位数が元の錯体よりも大きくなる．このような反応は平面四角形錯体に典型的なもので，その速度は侵入基の種類によって著しく変化する．

(c) 解離置換反応

Ni^{II}八面体形錯体の生成反応は，八面体形錯体の反応の代表的なもので，$Ni(aq)^{2+}$について一次，侵入基について一次，全体としては二次である．しかし，平面四角形錯体のときと違って，侵入基を変えても速度定数は比較的わずかしか変化しない．たとえば，$[Ni(SO_4)(OH_2)_4]$ と $[Ni(OH_2)_4(phen)]^{2+}$（phen は1,10-フェナントロリン）とでは生成反応の速度定数が10倍しか違わない．SO_4^{2-} 置換の場合が速いのは，Ni^{2+} イオンと SO_4^{2-} イオンとの間に静電的な引力が働いて，溶液中でこれらのイオンが遭遇する確率が増大することによる（この問題は§14・6で詳しく論ずる）．

このような八面体形錯体における配位子置換の活性化エネルギーを支配しているおもな因子は，金属と脱離基との間の結合切断である．侵入基は，この置換反応では小さな役割しか演じていない．この種の反応を**解離置換反応**[a]という．この場合，活性錯体の配位数は元の錯体より低い．解離置換反応は，八面体形錯体に特徴的であると予想される．それは，金属原子の周りが比較的込み合っていて，侵入基が入るには脱離基がすき間をつくる必要があるからである．そこで，反応経路をつぎのように表すことができる．

---

18) 脱離基に対してトランスの位置にある配位子は，反応性を決める上で重要な役割を演ずる．この"トランス効果"は最も重要な一般則の一つで，§14・4で論ずる．

a) dissociative substitution reaction

ここで，破線は弱い結合を表す．

ある置換反応が解離機構によるものかどうかを実験的に見分けるには，反応速度が侵入基の違いに鈍感であるかどうかを調べる．この方法で判断すると，八面体形錯体の置換反応の多くは，会合機構よりも解離機構によると思われる．このため，ありがたいことに，八面体形配位化合物の置換活性を問題にするときに侵入基が何かを特定する必要がなく，置換活性は錯体自身に固有の性質となる．たとえば，図7・25に示したアクア金属イオンの場合，中心金属イオンの電荷が比較的低くイオン半径が大きいために結合が"弱い"ものは，中心金属イオンが小さくて電荷が高いものよりも置換活性である．この関係は，置換に際して結合の破壊が伴う解離機構から予測されるところと一致している．

> 解離置換反応では，活性錯体の配位数が元の錯体よりも低い．このような反応は八面体形錯体の多くに特徴的なもので，その速度は侵入基の種類によってはあまり変化しない．

参 考 書

"Comprehensive coordination chemistry: the synthesis, reactions, properties and application of coordination compounds," ed. by G. Wilkinson, R. D. Gillard, J. A. McCleverty, Pergamon Press, Oxford (1987). この全7巻中第1巻は全般的な入門書で，以後の巻では各金属元素についての詳しい事項が出ている．

'Structures and electronic paradigms in cluster chemistry,' ed. by D. M. P. Mingos, "Structure and bonding," Vol. 87, Springer (1997). 本書では周期表全般にわたってクラスターの化学を論じているが，特に金属クラスターに重点がおかれている．

A. F. Wells, "Structural inorganic chemistry," Oxford University Press (1984). 本書は金属の化合物の構造についての情報を調べるのによい単行本である．

"Ullman's encyclopedia of industrial chemistry," VCH, Weinheim (1985~96); "Kirk-Othmer Encyclopedia of chemical technology," Wiley-Interscience, New York (1991~98). これら全25巻は，金属元素についての一般的情報，特に鉱物資源，抽出法および応用についての知識を提供する．

"Comprehensive inorganic chemistry," ed. by J. C. Bailar, Jr., H. J. Emeleus, R. Nyholm, A. F. Trotman-Dickenson, Vols. 1~5, Pergamon Press, Oxford (1973). これらの巻は，金属元素の化学的性質について多くの有用な知識を提供する．

S. F. A. Kettle, "Physical inorganic chemistry: a coordination chemistry approach," Oxford University Press (1998). (最初はSpectrumから1996年に出版された)

G. T. Seaborg, W. D. Loveland, "The elements beyond uranium," Wiley-Interscience, New York (1990). 本書は超ウラン元素への入門書で，その発見についての記述があり，その分離，検出および化学的性質を概観するのによい．

J. Katz, G. Seaborg, L. R. Morss, "The chemistry of the actinide elements," Longman, London (1986). アクチノイドに関する包括的な2巻本．

A. E. Martell, R. D. Hancock, "Metal complexes in aqueous solutions," Plenum Press (1996).

練習問題

7・1 なるべく参考資料を使わず，3d元素を周期表の配列に従って記せ．ハロゲン化物イオンX^-と化学式$[MX_4]^{2-}$の四面体形錯体をつくりやすい金属イオンを示せ．

7・2 (a) 周期表中のd-ブロック元素を示す図の上で，平面四角形錯体をつくる元素とその酸化数とを示せ．
(b) 平面四角形錯体の例を三つあげて化学式を示せ．

7・3 (a) 六配位錯体の大部分は二つの構造のどちらかである．この二つの構造を書け．
(b) どちらの構造がまれか．
(c) 普通にみられる方の六配位構造をもつd金属錯体を三つあげ，その化学式を示せ．

7・4 つぎの錯体に名前をつけ，その構造を書け．
(a) $[Ni(CO)_4]$　(b) $[Ni(CN)_4]^{2-}$　(c) $[CoCl_4]^{2-}$　(d) $[Ni(NH_3)_6]^{2+}$

7・5 つぎの配位子を含む代表的な錯体の構造を書け．
(a) en　(b) ox^{2-}　(c) phen　(d) $edta^{4-}$

7・6 つぎの錯体の構造を書き，それぞれに名前をつけよ．
(a) 典型的な平面四角形四配位錯体　(b) 典型的な三角柱形六配位錯体
(c) 配位数2の典型的な錯体

7・7 つぎの錯体の化学式を記せ．
(a) ペンタアンミンクロロコバルト(Ⅲ)塩化物　(b) ヘキサアクア鉄(3+)硝酸塩
(c) cis-ジクロロビス(エチレンジアミン)ルテニウム(Ⅱ)
(d) μ-ヒドロキソ-ビス[ペンタアンミンクロム(Ⅲ)]塩化物

7・8 つぎの八面体形錯イオンに名前をつけよ．
(a) cis-$[CrCl_2(NH_3)_4]^+$　(b) trans-$[Cr(NCS)_4(NH_3)_2]^-$　(c) $[Co(C_2O_4)(en)_2]^+$
(c) のオキサラト錯体はシスかトランスか．

7・9 つぎの錯体について考えられるすべての異性体を書け．
(a) 八面体形$[RuCl_2(NH_3)_4]$　(b) 平面四角形$[IrH(CO)(PR_3)_2]$
(c) 四面体形$[CoCl_3(OH_2)]^-$　(d) 八面体形$[IrCl_3(PEt_3)_3]$
(e) 八面体形$[CoCl_2(en)(NH_3)_2]^+$

7・10 化合物Na_2IrCl_6は，ジエチレングリコール中，CO雰囲気下でトリフェニルホスファンと反応してVaska錯体として知られているtrans-$[IrCl(CO)(PPh_3)_2]$を生ずる．COが過剰の場合は五配位化合物ができて，それをエタノール中で$NaBH_4$で処理すると$[IrH(CO)_2(PPh_3)_2]$となる．これらの三つの錯体の構造を書き，それぞれに名前をつけよ．

7・11 つぎの錯体の中でキラルなのはどれか．キラルな錯体については鏡像異性体を書き，アキラルな構造のものについては対称面を示せ．
(a) $[Cr(ox)_3]^{3-}$　(b) cis-$[PtCl_2(en)]$　(c) cis-$[RhCl_2(NH_3)_4]^+$

(d) $[Ru(bpy)_3]^{2+}$ (e) $[Co(edta)]^-$ (f) $fac\text{-}[Co(NO_2)_3(dien)]$
(g) $mer\text{-}[Co(NO_2)_3(dien)]$

7・12 実験式 $CoCl_3\cdot 5NH_3\cdot H_2O$ をもつピンク色の固体がある．この塩の水溶液もまたピンク色で，$AgNO_3$ 溶液で滴定すると速やかに錯体 1 mol 当たり 3 mol の AgCl を与える．このピンク色の固体を加熱すると，錯体 1 mol 当たり 1 mol の H_2O が失われて紫色の固体になる．これはピンク色のものと同じ $NH_3:Cl:Co$ 比をもっているが，3個の塩化物イオン中の2個を速やかに放出する．つぎにそれを水に溶かして $AgNO_3$ で滴定すると1個の塩化物イオンをゆっくり放出する．これら二つの八面体形錯体の構造を推定し，それらの形と名前とを記せ．

7・13 市販の塩化クロム水和物は全体として $CrCl_3\cdot 6H_2O$ の組成をもっている．この物質の溶液を沸騰させると紫色になり，そのモル伝導率は $[Co(NH_3)_6]Cl_3$ の値に似ている．これに対し $CrCl_3\cdot 5H_2O$ は緑色で，その溶液のモル伝導率は $CrCl_3\cdot 6H_2O$ よりも低い．この緑色の錯体の希薄な酸性溶液を数時間放置しておくと紫色に変化する．構造を示す図を用いてこれらの事実を説明せよ．

7・14 最初は $\beta\text{-}[PtCl_2(NH_3)_2]$ と表されていた錯体は，トランス異性体であることがわかった（α と表されていたものはシス異性体であった）．このトランス異性体は，Ag_2O の固体とゆっくり反応して $[Pt(NH_3)_2(OH_2)_2]^{2+}$ を与える．この錯体をエチレンジアミンと反応させてもキレート錯体は得られない．このジアクア錯体の名称と構造を記せ．

7・15 $PtCl_2\cdot 2NH_3$ の組成をもつ"第三の異性体"（α でも β でもない．練習問題7・14参照）は不溶性の固体で，$AgNO_3$ と一緒にすりつぶすと $[Pt(NH_3)_4](NO_3)_2$ を含む溶液と $Ag_2[PtCl_4]$ の組成をもつ新しい固相とを生ずる．これら三つの Pt^{II} 化合物の構造と名称とを記せ．

7・16 Jensen は 1934 年に $[PtCl_2(NH_3)_2]$ のホスファンおよびアルサン類似体を合成し，β 異性体の双極子モーメントは 0 であると報告した．ここで β は，アンミン錯体の合成経路に類似の方法でつくられたものを表す．これらの錯体の構造を示せ．

7・17 練習問題7・16の錯体において，シスおよびトランス異性体における ^{31}P NMR スペクトルの相違を述べよ．

7・18 (a) $[W(CO)_4\{P(CH_3)_3\}_2]$ のシスおよびトランス異性体を見分けるには NMR スペクトルのどのような特徴を用いればよいかを示せ．
(b) 三方両錐形の錯体 $[W(CO)_3(PR_3)_2]$ において，ホスファン配位子がアキシアルな位置にあるものと三方平面内にあるものとは，NMRのどのような性質で見分けられるか．

7・19 $trans\text{-}[W(CO)_4(PR_3)_2]$ において，アルキルホスファン配位子は座標系の z 軸の位置にある．金属の d_{z^2} 軌道と結合することができる2個のP原子からの σ 軌道の対称適合線形結合を描け．生成すると思われる結合性および反結合性軌道を示せ．

7・20 つぎの錯体のそれぞれについて，電子配置 $[(t_{2g})^m(e_g)^n$ または $(e)^m(t_2)^n$ の形で]および不対電子の数を決定せよ．また，配位子場安定化エネルギーを Δ_O または Δ_T の倍数として決定せよ．その際，どれが強配位子場でどれが弱配位子場かの決定には分光化学系列を用いよ．

(a) $[Co(NH_3)_6]^{3+}$ (b) $[Fe(OH_2)_6]^{2+}$ (c) $[Fe(CN)_6]^{3-}$ (d) $[Cr(NH_3)_6]^{3+}$

(e) $[W(CO)_6]$　　　(f) 四面体形$[FeCl_4]^{2-}$　　(g) 四面体形$[Ni(CO)_4]$

7・21 H^- と $P(C_6H_5)_3$ とはいずれも，分光化学系列中で高い位置にある配位子で，似た配位子場強度をもっている．ホスファンはπ受容体として働くことを念頭において，強配位子場の性質をもつためにはπ受容体性が必要かどうかを考えよ．それぞれの配位子の配位子場強度はどのような軌道因子によるものか．

7・22 練習問題7・20中の錯体のそれぞれについて磁気モーメントに対するスピンだけの寄与を推定せよ．

7・23 錯体$[Co(NH_3)_6]^{2+}$ および$[Co(H_2O)_6]^{2+}$（ともにO_h），ならびに $[CoCl_4]^{2-}$の溶液のうち，一つはピンク色，もう一つは黄色，残りの一つは青色である．分光化学系列と相対的な Δ_T および Δ_O の値とを考えて，どの色がどの錯体かを推定せよ．

7・24 つぎの酸化物の格子エンタルピーの変化（3d系列を通しての全体的な傾向をも含めて）を説明せよ．これらの化合物の構造はすべて塩化ナトリウム型である．

CaO(3460); TiO(3878); VO(3913); MnO(3810); FeO(3921);
CoO(3988); NiO(4071)　　（単位は kJ mol^{-1}）

7・25 Ni^{II}，4個の供与体原子をもつ中性の大環状配位子，および2個のアニオンから成る化合物は，アニオンが配位性の弱い過塩素酸イオンの場合には赤色の反磁性低スピンd^8 錯体である．しかし，過塩素酸イオンを2個のチオシアン酸イオンSCN^-で置き換えると，錯体は紫色に変化し，不対電子2個をもつ高スピン錯体になる．この違いを構造の面から説明せよ．

7・26 Jahn-Teller理論を念頭において $[Cr(OH_2)_6]^{2+}$ の構造を予測せよ．

7・27 d^1 Ti^{3+}(aq)のスペクトルは$e_g \leftarrow t_{2g}$の一電子遷移によるものである．図7・10に示したスペクトルは非対称で，二つ以上の状態が含まれていることを暗示している．この事実をJahn-Teller理論でどのように説明できるか．

7・28 $[Co(NH_3)_5(OH_2)]^{3+}$ から$[CoX(NH_3)_5]^{2+}$ができる反応速度定数は$X=Cl^-, Br^-, N_3^-, SCN^-$の場合について2倍以上は変化しない．この置換反応の機構は何か．

7・29 あるアクアイオンにおいて，その置換反応が会合機構である場合には，問題のアクアイオンが置換活性か不活性かを決めるのは難しい．なぜか．

演 習 問 題

7・1 塩化アンモニウム水溶液中で炭酸コバルト(II)を空気酸化すると，NH_3とCoとの組成比が4:1のピンク色の塩化物が生ずる．この塩の溶液にHClを加えると，速やかに気体が発生し，加熱すると溶液はゆっくりと紫色になる．この紫色の溶液を完全に蒸発させると$CoCl_3 \cdot 4 NH_3$が得られる．このものを濃塩酸中で加熱すると，分析値が$CoCl_3 \cdot 4 NH_3 \cdot HCl$で表される緑色の塩が単離される．空気酸化の後に起こるすべての変化に対する化学方程式を記せ．起こりうる異性について考えられるかぎりのことを記し，その推論の根拠を述べよ．この場合，鏡像異性体に分割することができる錯体 $[CoCl_2(en)_2]^+$ は紫色であるということを知っていると役に立つであろうか．

7・2 対称性の低下に伴って八面体軌道が分裂することを考慮して，$trans$-$[ML_4X_2]$錯体中のσ結合に対する対称適合線形結合と分子軌道エネルギー準位図とを描け．ただし，

配位子Xは分光化学系列中でLよりも低い位置にあるものとする．

7・3 付録4を参照して，平面四角形錯体中のσ結合に対する対称適合線形結合と分子軌道図とを描け．この錯体の対称群はD_{4h}である．配位子がd_{z^2}軌道とわずかに重なることに注意せよ．π結合の影響はどうか．

7・4 アンモニアと亜硝酸ナトリウムとを含む溶液中でコバルト(II)の塩を空気酸化すると，黄色の固体 $[Co(NO_2)_3(NH_3)_3]$ が単離される．このものの溶液の電気伝導率はきわめて低く，単に不純物によるものと思われる．Wernerは，このものをHClと処理した後，さらに一連の反応を経て，$trans$-$[CoCl_2(NH_3)_3(OH_2)]^+$ と同定した錯体を得た．cis-$[CoCl_2(NH_3)_3(OH_2)]^+$ を合成するにはまったく異なる経路が必要であった．上記の黄色の物質はfac, merのどちらであるか．結論を出すのにどのようなことを仮定しなければならないか．

7・5 $[ZrCl_4(dippe)]$ (dippeは二座ホスファン配位子*) は $Mg(CH_3)_2$ と反応して $[Zr(CH_3)_4(dippe)]$ を生ずる．NMRスペクトルによるとメチル基はすべて等価である．この錯体について八面体形構造および三角柱形構造を描き，NMRの結果が三角柱形構造を支持している理由を示せ〔P. M. Morse, G. S. Girolami, *J. Am. Chem. Soc.*, **111**, 4114 (1989)〕．

7・6 トリアザおよびテトラアザ大環状化合物（それぞれ，環内の3個または4個のCがNで置き換わった化合物）は，Ni^{II}の存在下でo-アミノベンズアルデヒドが自己縮合する鋳型合成でつくられる．これらの大環状化合物の生成に対する化学方程式を書け〔G. A. Melson, D. H. Busch, *J. Am. Chem. Soc.*, **86**, 4830 (1964) 参照〕．

7・7 光学分割剤$(+)$-cis-$[Co(NO_2)_2(en)_2]Br$は，水中で$AgNO_3$と一緒にすりつぶすと可溶性の硝酸塩に変えることができる．この物質を利用して$K[Co(edta)]$の$(+)$および$(-)$鏡像異性体のラセミ混合物〔$(+)$体と$(-)$体との等量混合物〕を分割する方法の概略を示せ．〔$(-)$-$[Co(edta)]^-$の方が溶けにくいジアステレオマーをつくる．F. P. Dwyer, F. L. Garvan, *Inorg. Synth.*, **6**, 192 (1965) 参照〕．

7・8 図7・15および図7・16は，八面体形および平面四角形錯体のフロンティア軌道間の関係を示したものである．二配位の直線形錯体について同様の図を描け．

7・9 そこからケイ酸塩鉱物が結晶化してくるような液状融解マグマ中では金属イオンが四配位をとりうる．カンラン石の結晶中でのM^{II}の配位部位は八面体形である．$K_p = [M^{II}]_{カンラン石}/[M^{II}]_{融解物}$で定義される分配係数の順序は$Ni^{II} > Co^{II} > Fe^{II} > Mn^{II}$である．この傾向を配位子場理論によって説明せよ〔I. M. Dale, P. Henderson, *24th Int. Geol. Congress, Sect.*, **10**, 105 (1972) 参照〕．

7・10 エチレンジアミンとCo^{2+}, Ni^{2+}, Cu^{2+}との逐次反応の平衡定数は下の通りである．

$$[M(OH_2)_6]^{2+} + en \rightleftharpoons [M(en)(OH_2)_4]^{2+} + 2H_2O \qquad K_{f,1}$$
$$[M(en)(OH_2)_4]^{2+} + en \rightleftharpoons [M(en)_2(OH_2)_2]^{2+} + 2H_2O \qquad K_{f,2}$$
$$[M(en)_2(OH_2)_2]^{2+} + en \rightleftharpoons [M(en)_3]^{2+} + 2H_2O \qquad K_{f,3}$$

---

* 訳注：dippe＝1,2-ビス(ジイソプロピルホスフィノ)エタン．

イオン	$\log_{10} K_{f,1}$	$\log_{10} K_{f,2}$	$\log_{10} K_{f,3}$
Co^{2+}	5.89	4.83	3.10
Ni^{2+}	7.52	6.28	4.26
Cu^{2+}	10.55	9.05	-1.0

これらのデータは,逐次生成定数および Irving-Williams 系列について本文中で述べた一般則を支持するものかどうかについて論ぜよ. Cu^{2+} の $K_{f,3}$ がきわめて小さい値であることをどう説明するか.

7・11 $[Co(NO_2)_2(en)_2]^+$ (en は二座配位子) について考えられるすべての異性体 (光学異性体を含む) を描け. 一つの異性体を 50 に示す. 同じ異性体について異なる二つの配置を描かないこと.

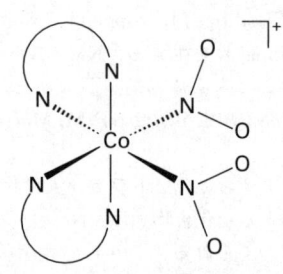

50 cis-[ビス(エチレンジアミン)ジニトロコバルト(Ⅲ)]イオン

7・12 つぎに示す錯体の各組について,LFSE が大きい方の錯体を示せ.
(a) $[Cr(OH_2)_6]^{2+}$ と $[Mn(OH_2)_6]^{2+}$ (b) $[Mn(OH_2)_6]^{2+}$ と $[Fe(OH_2)_6]^{3+}$
(c) $[Fe(OH_2)_6]^{3+}$ と $[Fe(CN)_6]^{3-}$ (d) $[Fe(CN)_6]^{3-}$ と $[Ru(CN)_6]^{3-}$
(e) 四面体形 $[FeCl_4]^{2-}$ と 四面体形 $[CoCl_4]^{2-}$

II

元素の化学

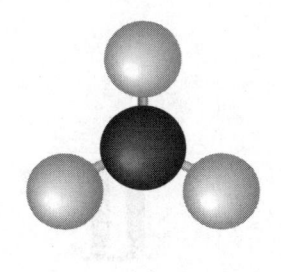

第Ⅱ部ではさまざまな物質の化学的性質を把握するために周期表をどのように用いたらよいかについて説明する．ここでは元素の性質における周期的な傾向に注目する．元素の物理的および化学的性質には，族の下の方へ行くにつれて，または一つの周期中で左から右へ行くにつれて単純に変化するものもあるが，それほど簡単な傾向を示さないものも多い．さらに，第Ⅰ部で展開した結合，構造，反応性についてのモデルによって多くの傾向を合理的に説明できることがわかるであろう．しかし，無機化学で広く述べられている説明には，データや計算によるしっかりした演繹的結論から，直観による洞察に基づく推測に至るまで，さまざまなものがあることを認めなければならない．これらの説明の中のいくつかは新しい実験結果や，より厳密な理論によって覆されるかもしれない．しかし，構造に関する事実は大部分生き残るであろう．

　第Ⅱ部の各章は周期表に従って系統的に並んでいる．最初の8章では独特な性質をもつ元素である水素の化学について述べる．9章では金属元素の系統的な性質を概説する．これらの元素は最も数が多く，1族から16族の下の方の元素でわずかに金属性を示すものまで，広範囲にわたっている．第Ⅱ部の残りの章はp-ブロック元素，特に非金属に関するものである．非金属元素の数は金属元素より少ないが，その化学的性質は多様で化学のあらゆる分野において主要な役割を演じている．

8

水　　素

　水素は，その単純さにもかかわらず，化学的にはきわめて内容が豊富である．事実，第Ⅰ部での議論では，多くの場合，水素がその最先端に立ってきたし，特に酸および塩基の議論ではそうであった．ここでは，水素元素および水素の二元化合物の性質を要約する．この二元化合物の範囲は，固体のイオン性化合物および金属のような性質をもった固体から分子状化合物にまで及んでいる．これらの化合物の反応の多くは，化合物がH^-イオンまたはH^+イオンを供給する能力によって理解できること，また，どんなときにどんな傾向が支配的になりそうかを予測できることも多いのがわかるであろう．

　水素は，この宇宙で最も豊富な元素で，地球では15番目に豊富な元素である．地球で水素が少ないのは，地球ができる際にその一部が蒸発したことを反映している．また，水素は地殻中で最も重要な元素の一つで，鉱物，海洋，およびあらゆる生物の中に見いだされる．

　水素原子には電子が一つしかないので，水素元素の化学的性質はありふれたもののように思われるかもしれないが，事実はまるで違っている．水素は電子を一つしかもたないにもかかわらず，二つ以上の原子と同時に結合することができるので，水素の化学的性質は多種多様である．その上，強いLewis塩基（水素化物イオンH^-として）から強いLewis酸（水素カチオンH^+，すなわちプロトンとして）に及ぶ広範囲の性質を示す．

水 素 元 素

　水素は周期表中に具合よく収まらない．水素およびアルカリ金属は価電子を1個しかもっていないという理由で，1族中でアルカリ金属の先頭に水素をおくことがある．しかし，この位置は，化学的性質からみても，また物理的性質からみても，あまり適当であるとはいえない．特に，水素は普通の条件下では金属ではない．水素を金属状にするにはきわめて高い圧力をかけなければならない．それに必要な圧力は研究室内ではいまだ到達されていないが，やがてはそれに到達できると思われる．木星の中心部では水素は多分金属

状であろう[1]．水素は，ハロゲンのように，その原子価殻を完成させるのに1個の電子を必要とし，また以下にみていくように，水素の性質とハロゲンの性質との間にはある程度の類似点がある．これを理論的な根拠にして，17族の中でハロゲンの上に水素をおくこともあるが，これはそれほど多くはない．

8・1 原子核の性質

水素には三つの同位体がある．すなわち，水素それ自身（^{1}H），ジュウテリウム[*, a]（D, ^{2}H），およびトリチウム[*, b]（T, ^{3}H）で，トリチウムは放射性である．これらの同位体には，他の元素の場合と違って，それぞれ固有の名前がついている．それは，これらの同位体の質量には有意の差があって，質量の違いを反映する化学的性質，たとえば結合が切れる反応の速度が明らかに異なるためである．このように水素の同位体は個別の性質をもっているので，**トレーサー**[c]として利用される．トレーサーというのは，一連の反応を通じて，赤外（IR）分光やNMRなどで追跡できる同位体のことである．トリチウムは，その放射能で検出できるので，トレーサーとして好んで用いられることがある．放射能は分光法よりもはるかに敏感に検出できるからである．

一番軽い同位体^{1}Hはほかに比べてはるかにたくさん存在する．これはプロチウム[d]とよばれることが多い．ジュウテリウムの天然存在量は一定していないが，その平均値は約0.016％である．^{1}Hと^{2}Hはいずれも放射性ではないが，トリチウムは原子核からβ粒子を1個失って崩壊し，存在量は少ないが安定なヘリウムの同位体を生ずる．

$$^3_1\text{H} \longrightarrow {}^3_2\text{He} + \beta^-$$

この崩壊の半減期は12.4年である．地表水中でのトリチムの存在量はH原子10^{21}個中に1個で，この値は，大気上層における宇宙線の衝突でトリチウムが生成するのと，それが放射壊変で失われるのとの定常状態で決まるものである．しかし，天然には少ないはずのトリチウムの存在量は人工的に増加しており，それは，熱核兵器用に未公表の量が生産されているためである．トリチウムをつくるにはLiをターゲットとして，核分裂反応炉からの中性子を照射する．

$$^1_0\text{n} + {}^6_3\text{Li} \longrightarrow {}^3_1\text{H} + {}^4_2\text{He}$$

同位体で置換した分子の物理的および化学的性質は通常きわめてよく似ている．しかし，HをDで置換する場合には話が違ってくる．というのは置換原子が2倍の質量をもっているからである．たとえば，表8・1によると，H_2とD_2とでは沸点および結合エンタルピーが異なることがはっきりわかる．H_2Oの沸点とD_2Oの沸点との間の差は，O…H−O水素結合に比べてO…D−O水素結合が強いことを反映している．

---

1) W. J. Nellis, B. T. Weir, A. C. Mitchell, *Science*, **273**, 936 (1996).
* 訳注：ジュウテリウムは重水素，トリチウムは三重水素ともよばれる．
a) deuterium b) tritium c) tracer d) protium

8・1 原子核の性質

表 8・1 物理的性質に対する重水素化の影響

	H_2	D_2	H_2O	D_2O
標準沸点[†]/℃	-252.8	-249.7	100.00	101.42
平均結合エンタルピー/(kJ mol^{-1})	436.0	443.3	463.5	470.9

[†] 訳注: 標準大気圧 (101 325 Pa) 下における沸点.

E−H結合やE−D結合が切れたり, できたり, または再配列したりする過程の反応速度にも測定できる程度の違いがある. ある提案されている反応機構の妥当性を決めるのに, この**動的同位体効果**[a)]の有無が役立つことが多い. 動的同位体効果は, 活性錯体中で一つの原子から他の原子へH原子が移動する場合によく観測される. このような場合にみられる速度への影響を**一次同位体効果**[b)]という. Dの移動はHの移動よりも10倍も遅いことがありうる. たとえば, $H^+(aq)$を電気化学的に$H_2(g)$へ還元する場合にはかなりの同位体効果があって, H_2の方がD_2よりも速やかに発生する. 電気分解によるD_2Oの濃縮は, H_2生成とD_2生成とにおけるこの速度の差を実際に利用した結果である. Hの移動が起こらない場合でも相当な**二次同位体効果**[c)]が起こる可能性がある. たとえば, trans-$[Cr(NCS)_4(NH_3)_2]^-$中のCr−NCS結合の加水分解では, N−H結合は切れないにもかかわらず, 配位子がND_3であるとNH_3のときに比べて加水分解速度が2倍速くなる. この二次同位体効果は, NCS^-配位子のCr^{III}からの離れやすさが, 錯体と溶媒との間のN−H⋯O水素結合の強さの変化によって影響を受けることによるものである. Hの場合よりもDの場合の方が速度が大きいのは, N−D⋯Oの結合がN−H⋯O結合よりも強いからである.

振動エネルギー準位間の遷移放射の振動数は原子の質量に依存するから, HをDで置換すると著しい影響を受ける. 同位体が重いほど振動数が低くなる[2)]. 無機化学者は, この同位体効果を利用して, アイソトポマー[d)] (同位体組成が異なる分子) の赤外スペクトルの測定から, ある赤外遷移に水素の運動が関与しているかどうかを決めることが多い.

水素原子核のもう一つの重要な性質はそのスピン, $I=\frac{1}{2}$, で, このことはNMRで広く利用されている (DおよびTの核スピンは, それぞれ, 1および$\frac{1}{2}$である). ^{1}H NMR (陽子NMR) を用いると, 化合物中の水素原子を検出したり, 水素原子と他の原子核とのスピン-スピン結合や化学シフトを測定して, 水素原子に結合している原子を決めたりすることができる.

> 水素の三つの同位体であるH, DおよびTの原子質量には大きな違いがあり, 核スピンも異なる. そのため, これらの同位体が分子中に含まれていると, 分子のIR, ラマン, およびNMRスペクトルがはっきり変化する.

---

2) 簡単な調和振動子の量子力学的取扱いによると, 有効質量がμで力の定数がkの振動子の振動周波数は $(k/\mu)^{1/2}$ に比例することを想起せよ.
a) kinetic isotope effect　　b) primary isotope effect　　c) secondary isotope effect
d) isotopomer

8・2 水素原子と水素イオン

　H原子は高いイオン化エンタルピー（+1312 kJ mol^{-1}, 13.6 eV）と、低いが正の電子親和力（+72.7 kJ mol^{-1}, 0.754 eV）とをもっている。Paulingの電気陰性度は2.2で、この値はB, CおよびSiの電気陰性度に似ている。したがって、これらの元素とHとによるE−H結合はあまり極性とは考えられない。

　水素と金属とは"金属水素化物"とよばれる化合物をつくる。しかし、この化合物中に水素化物イオン H$^-$ が含まれていると考えることができるのは、1族および2族中の電気的にきわめて陽性な金属との化合物の場合だけである。周期表中で右の方にある電気陰性度の高い元素と結合するときには、E−H結合を極性の共有結合と考えるのが最もよい。この場合、H原子はごくわずかに正の電荷を帯びる。図8・1をみるとわかるように、強酸の ^{1}H NMR信号は強く脱遮へいされている。水素の酸化数は、金属との組合わせ（NaHやAlH$_3$の場合のように）では−1、非金属との組合わせ（NH$_3$やHClの場合のように）では+1とするのが普通である。このことは水素の電気陰性度と一致している。

　低圧の水素ガス中で高圧放電を行うと、水素分子が解離、イオン化、再結合して、分光学的に検出できる程度の量のH, H$^+$, H$_2^+$, H$_3^+$を含むプラズマが生成する。遊離の水素カチオン（H$^+$, すなわちプロトン）の電荷/半径比はきわめて大きく、したがって、それは当然きわめて強いLewis酸であることがわかる。気相中でH$^+$は他の分子や原子に容易に付加する。たとえばHeに付加してHeH$^+$を生成する。凝縮相*中では、H$^+$はつねにLewis塩基と結合して存在し、また、Lewis塩基間を移動する能力があるために、H$^+$は化学において特別な役割を演じている。その詳細については第5章で検討した。

　分子カチオンであるH$_2^+$およびH$_3^+$は、気相中で一時的に存在するだけで、溶液中で

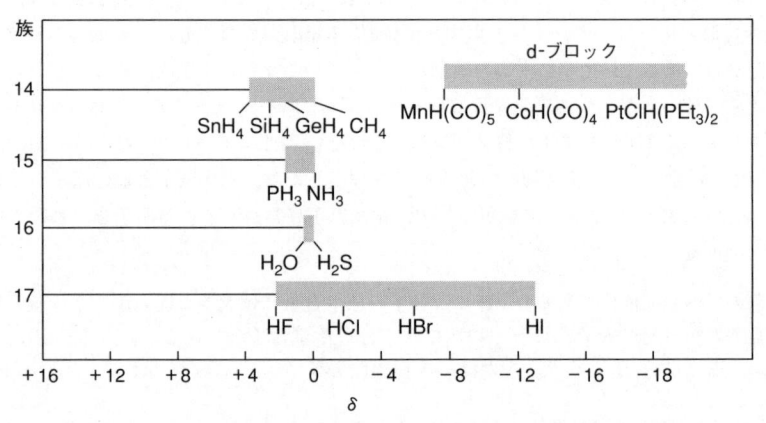

図 8・1 典型的な ^{1}H NMRの化学シフト. ▬ は、同族元素を示す.

＊ 訳注：液相および固相の総称.

は知られていない．§3・11で指摘したように，H_3^+ は，星と星との間の空間や天王星，木星および土星のオーロラ中に検出されている．H_2^+ や H_3^+ の電子構造は§3・11で説明した．すなわち，分光学的なデータによると，$H_3^+(g)$ は正三角形で，2個の電子だけで3個の原子核が結合している三中心二電子結合 (3c, 2e 結合) の最も簡単な例である．

> 水素と金属との化合物は水素化物とみなされることが多い．電気陰性度が似ている元素との水素化合物にはわずかな極性がある．

8・3 二水素の性質と反応

普通の条件下における水素元素の安定な形は二水素[a] H_2 である．以後，非公式にこのものを単に"水素"とよぶことにする．H_2 分子は高い結合エンタルピー (436 kJ mol^{-1}) と短い結合距離 (74 pm) とをもっている．H_2 にはほんの少しの電子しかないので，その分子間力は弱く，1 atm 下では 20 K まで冷却してはじめて気体が凝縮して液体になる．

(a) 水素の生成

分子状水素は，地球の大気中や地下のガス堆積物中にはさほど存在していないが，工業的な需要を満たすために大量に生産されている．おもな製造過程は現在のところ水蒸気変成法（水蒸気改質法）[b] で，これは高温における水と炭化水素（おもに天然ガスからのメタン）との触媒反応である．

$$CH_4(g) + H_2O(g) \xrightarrow{1000\,°C} CO(g) + 3H_2(g)$$

還元剤にコークスを用いる類似の反応

$$C(s) + H_2O(g) \xrightarrow{1000\,°C} CO(g) + H_2(g)$$

を水性ガス反応[c] ということがある．この反応はかっては主要な H_2 源であった．天然の炭化水素が少なくなったときには，この反応が再び重要になってくるかもしれない．いずれの場合もそれに引き続いて，水が一酸化炭素で水素に還元される反応

$$CO(g) + H_2O(g) \longrightarrow CO_2(g) + H_2(g)$$

が起こるのが普通である．この反応はしばしば水性ガスシフト反応[d] とよばれる．

水素の製造は，水素を原料とする総合的な化学工業の一部に組込まれていることが多い．チャート 8・1 が示しているように，水素の用途の大部分は N_2 と直接結合させて NH_3 をつくることである．NH_3 は，窒素を含む化学物質，プラスチックおよび肥料の最も重要な原料である．もう一つの主要な化学物質であるメタノールは，H_2 と CO とを触媒を用いて反応させると生成する．

---

a) dihydrogen　　b) steam reforming　　c) water gas reaction　　d) water gas shift reaction

水素は，比エンタルピー[3]が大きいので，大型ロケットの優秀な燃料である．1970年代のはじめに石油の価格が急騰したとき以来，もっと一般的に水素を燃料に使うことが真剣に検討されている．水素をおもな燃料とするような"水素経済[a]"に対する戦略ができてきた．一つのシナリオは，光電池で太陽エネルギーを収集して電気をつくり，それを使って水を電気分解することである．この電気分解による水素は，必要なときに燃料として燃やしたり，化学工業における原料として使ったりすることのできる貯蔵太陽エネルギーになりうるであろう．この水素経済を実現させるには，石油，天然ガス，および石炭の現在の価格が低すぎるが，この考えが日の目を見るときも来るであろう[4]．化石燃料の来たるべき欠乏はさておき，水素は燃えるときに水を生成するが，それはCO_2のように問題のある温室ガス[5),b)]ではない．したがって，水素経済では，われわれが現在直面していると思われる地球温暖化には必ずしもならないであろう．また，光化学的につくられる水素を利用できれば，水蒸気変成法および水性ガスシフト反応の結果出てくるCO_2も除去されるであろう．このようなわけで，水素経済への第一歩は，化学工業や石油化学工業において電解水素または光化学水素を利用することであると思われる．

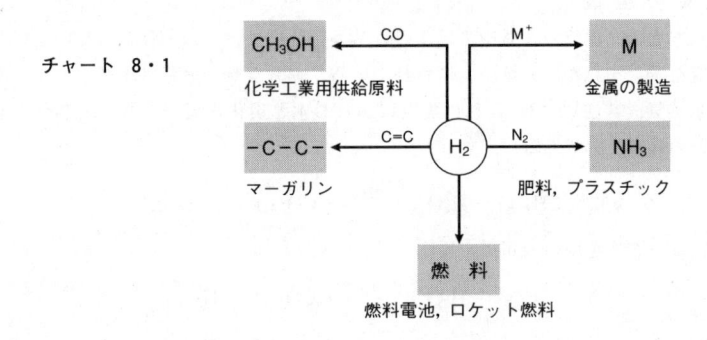

チャート 8・1

CH_3OH ←CO		M$^+$→ M
化学工業用供給原料		金属の製造
-C-C- ←C=C	H_2	N_2→ NH_3
マーガリン		肥料，プラスチック
	燃料	
	燃料電池，ロケット燃料	

工業用水素の多くは，H_2OとCH_4との高温反応か，これに類似のH_2Oとコークスとの反応でつくられる．水素の主要な用途は，炭化水素燃料の加工およびアンモニアの合成である．

---

3) ある試料の燃焼エンタルピーを試料の質量で割ったものを比エンタルピーという．水素の比エンタルピーは $142\,kJ\,g^{-1}$，代表的な炭化水素の比エンタルピーは $50\,kJ\,g^{-1}$ である．
4) 新しい光化学的方法による水素発生の研究についてはつぎの本に記述されている．"Energy resources through photochemistry and catalysis," ed. by M.Grätzel, Academic Press, New York (1983).
5) 大気中の物質で太陽から入射してくる紫外および可視光線を比較的通しやすいが，地球から逃げていく赤外線は吸収するようなものを温室ガスという．この物質は温室のガラスに似たような働きをするので大気の温度が上がる．
a) hydrogen economy　b) greenhouse gas

(b) 水素の反応

水素分子と他の元素との反応はほとんどの場合ゆっくりと進行する．その原因の一部は，水素の結合エンタルピーが大きく，したがって反応の活性化エネルギーが高いことである．しかし，つぎのような特殊な条件下では反応は迅速に進行する．たとえば，

1. 金属の表面や金属錯体上でのホモリシスによる分子の活性化
2. 表面や金属イオンによるヘテロリシス
3. ラジカル連鎖反応の開始

白金上への H_2 の化学吸着 (*1*) および錯体中の Ir 原子への H_2 の配位 (*2*) はホモリシス[a]（均一開裂[b]）の二つの例である．前者は，アルケンの水素化の触媒に白金の微粒子を用いたり，H^+ の電気化学的還元で白金電極を用いたりする理由である．解離的な化学吸着が起こる白金電極では，それが起こりにくい水銀電極に比べて，H_2 発生の過電圧がはるかに低くなる．同様に，H_2 は，下の反応式のように $[IrCl(CO)(PPh_3)_2]$ のような錯体中の Ir 原子と容易に結合して，2 個のヒドリド（H^-）配位子をもつ錯体を生ずる．

この型の反応では，反応物が中心金属に付加するときに金属の酸化数が形式上増加するので，これは**酸化的付加**[c]の例である．Rh^I，Ir^I および Pt^0 の錯体では H_2 の酸化的付加がよく起こる．d-ブロック元素にはヒドリド錯体がたくさんあって，そのいくつかは酸化的付加で生成する．それらについては第 16 章でさらに詳しく述べる．

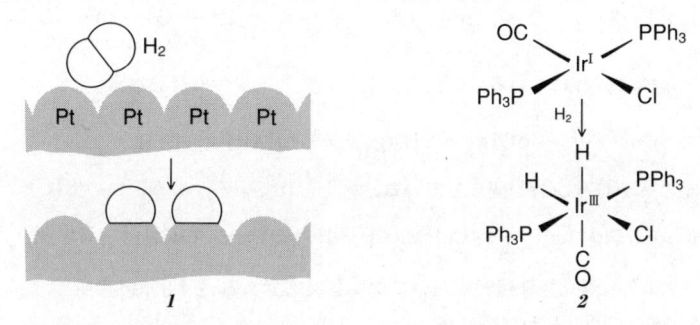

H_2 分子は H–H 結合の開裂を起こすことなく金属原子に配位することができる[6]．この

---

[6] この発見についての情報ならびにその意義については，G. J. Kubas, *Acc. Chem. Res.*, **21**, 120 (1988) に，また，NMR による二水素錯体の検出については R. H. Crabtree, *Acc. Chem. Res.*, **23**, 95 (1990) に記載されている．

[a] homolysis   [b] homolytic cleavage   [c] oxidative addition

種の化合物の最初のものは $[W(CO)_3(H_2)(P^iPr_3)_2]$ 〔**3**, ^{i}Pr はイソプロピル基, $-CH(CH_3)_2$ を表す〕であった．今ではこの種の化合物が 100 個以上知られている．この発見の意義は，この種の化合物が分子状 H_2 とジヒドリド錯体との中間種の例であるということにある．分子軌道の計算によると，この結合は，H–H 結合から金属の空 d 軌道への電子密度の供与と，それと同時に，H_2 の σ^* 軌道への逆 π 結合とで成り立っていることがわかる（**4**）．この結合様式は，CO やエチレンと金属原子との結合様式に似ている（§7・6 および §17・3）．金属から H_2 の σ^* 軌道への電子密度の逆供与は，高度に塩基性の配位子を使って中心金属を電子過剰にすると H–H 結合の開裂が起こるという事実と一致する．d-ブロックのはじめの方（3, 4, 5 族）の金属や f- または p-ブロック金属では，H_2 が配位した錯体は知られていない．

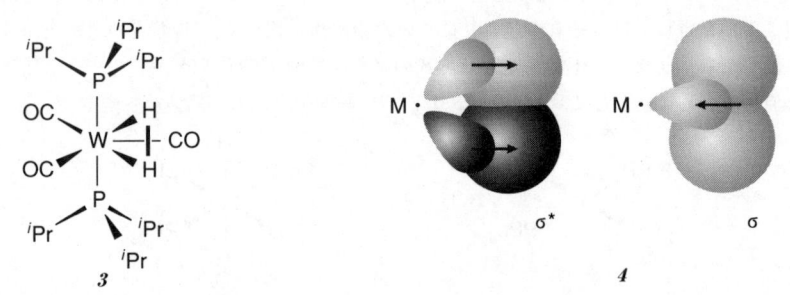

ヘテロリシス[a]（不均一開裂[b]）の一例は ZnO 表面と H_2 との反応で，この場合には Zn^{II} と結合した水素化物イオンと O と結合したプロトンとが生ずると思われる．

$$H_2 + Zn-O-Zn-O \longrightarrow Zn-O-Zn-O \text{ (with } H^-, H^+\text{)}$$

世界中で大規模に行われている一酸化炭素からメタノールへの接触水素化

$$CO(g) + 2H_2(g) \xrightarrow{Cu/Zn} CH_3OH(g)$$

には，上記のヘテロリシスが関与していると考えられている．もう一つの例は

$$H_2(g) + Cu^{2+}(aq) \longrightarrow [CuH]^+(aq) + H^+(aq) \longrightarrow Cu(s) + 2H^+(aq)$$

で，これは Cu^{2+} の湿式製錬還元において重要な反応である（§6・16 参照）．ここで中間体 $[CuH]^+$ は瞬間的にしか存在しない．

熱的または光化学的に開始される H_2 とハロゲンとの反応はラジカル連鎖機構[c]で説明される．ラジカル連鎖担体として作用する原子が二ハロゲン分子の熱的または光化学的な分解によって生成する過程が連鎖開始である．

---

a) heterolysis b) heterolytic cleavage c) radical chain mechanism

連鎖開始[a]: $Br_2 \xrightarrow{\Delta \text{または} h\nu} Br^{\cdot} + Br^{\cdot}$
連鎖成長[b]: $Br^{\cdot} + H_2 \longrightarrow HBr + H^{\cdot}$ $H^{\cdot} + Br_2 \longrightarrow HBr + Br^{\cdot}$

ラジカルが攻撃する反応では，一つの結合が失われると新しい結合が一つできるので，その活性化エネルギーが低い．また，一度反応が始まると，ラジカルの生成と消費とはそれ自体で持続的に進行し，HBrがきわめて速やかに生成する．ラジカル同士が再結合すると連鎖が停止する．

連鎖停止[c]: $H^{\cdot} + H^{\cdot} \longrightarrow H_2$ $Br^{\cdot} + Br^{\cdot} \longrightarrow Br_2$

反応が終わりに近づいてH_2やBr_2の濃度が低くなると，停止反応がしだいに重要になってくる．

> 分子状水素は，金属表面上での解離または金属錯体の生成によって活性化される．酸素およびハロゲンと水素との反応ではラジカル連鎖反応が普通である．

水素の化合物の分類

水素の二元化合物の分類と，それらの周期表中における分布とを図8・2に示す．この分類は，性質の主要な傾向を強調するためのもので，実際には構造の変化は連続的である．ある種の元素は，厳密にはどの分類にもあてはまらない水素化合物をつくる．ここでは，水素の二元化合物のつぎの三つの分類を取上げよう．

1. **分子状化合物**: ある元素と水素とからできている個々別々の分子状二元化合物
2. **塩類似水素化物**[d]: 電気伝導性がなく，不揮発性で，結晶性の固体
3. **金属類似水素化物**[e]: 非化学量論的で電気伝導性の固体

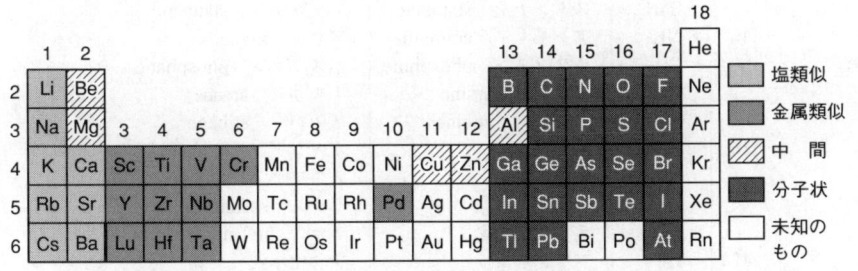

図 8・2 s, p, d-ブロック元素の二元水素化合物の分類．d-ブロック元素の中には鉄やルテニウムのように二元水素化物をつくらないものがあるが，それらはヒドリド配位子を含む金属錯体を生成する．

---

a) chain initiation   b) chain propagation   c) chain termination   d) saline hydride
e) metallic hydride

8・4 分子状化合物

13族から17族に至る電気的に陰性な元素は,水素と分子状化合物をつくるのが普通である. その例には, B_2H_6, CH_4, NH_3, H_2O および HF がある.

(a) 命名法と分類

分子状水素化合物の体系名は, PH_3 の名称であるホスファン (phosphane) のように,元素の名前に語尾 -ane をつけてつくられる. 従来, PH_3 はホスフィン (phosphine) とよばれてきた. また, H_2S の体系名はスルファン (sulfane) であるが,普通の名称は硫化水素 (hydrogen sulfide) である. これらの名称の多くはいまだに広く用いられている (表8・2)."アンモニア"や"水"といった名称の方が,体系名のアザン (azane) やオキシダン (oxidane) よりも一般的である.

水素の分子状化合物はつぎの3種類に分類すると便利である.

1. **電子適正化合物**[a]: 中心原子の価電子のすべてが結合に使われているもの
2. **電子不足化合物**[b]: 分子の Lewis 構造を書くには電子が少なすぎるもの
3. **電子過剰化合物**[c]: 結合形式に必要である以上の電子対が中心原子上にあるもの

メタンやエタンのような炭化水素は電子適正化合物である. シラン SiH_4 およびゲルマン GeH_4 もそうである. これらの分子はいずれも二中心二電子 (2c, 2e) 結合をもち,中心

表 8・2 若干の分子状水素化合物の名称

族	化学式	伝統名	IUPAC 名
13	B_2H_6	ジボラン diborane	ジボラン(6) diborane(6)
14	CH_4	メタン methane	メタン methane
	SiH_4	シラン silane	シラン silane
	GeH_4	ゲルマン germane	ゲルマン germane
	SnH_4	スタンナン stannane	スタンナン stannane
15	NH_3	アンモニア ammonia	アザン azane
	PH_3	ホスフィン phosphine	ホスファン phosphane
	AsH_3	アルシン arsine	アルサン arsane
	SbH_3	スチビン stibine	スチバン stibane
16	H_2O	水	オキシダン oxidane
	H_2S	硫化水素	スルファン sulfane
	H_2Se	セレン化水素	セラン sellane
	H_2Te	テルル化水素	テラン tellane
17	HF	フッ化水素	フッ化水素
	HCl	塩化水素	塩化水素
	HBr	臭化水素	臭化水素
	HI	ヨウ化水素	ヨウ化水素

a) electron-precise compound   b) electron-deficient compound   c) electron-rich compound

原子上に孤立電子対がないのが特徴である．

　ジボラン(B_2H_6)(**5**)は電子不足化合物の例である（§3・12c）．その Lewis 構造では，8個の原子を互いに結合させるのに少なくとも14個の価電子が必要なはずだが，この分子には実際には12個しか価電子がない．その構造を簡単に表すと，二つのホウ素原子間を橋渡しする B—H—B 3c, 2e（三中心二電子）結合をもつ構造になる．ここでは2個の電子が3個の原子を結びつけている．ホウ素やアルミニウムの水素化合物では電子不足化合物が普通である．

5 B_2H_6

　電子過剰の水素化合物は15族から17族までの元素の場合に生成する．窒素上に1個の孤立電子対をもつアンモニア NH_3 や，酸素上に2個の孤立電子対をもつ水 H_2O は電子過剰化合物の例である．この種の分子は一般に Lewis 塩基性を示す．たとえば，電子過剰化合物であるトリメチルアミン $(CH_3)_3N$ は三フッ化ホウ素と反応して，Lewis 酸塩基錯体であるトリフルオロ（トリメチルアミン）ボラン $(H_3C)_3NBF_3$ をつくる．電子過剰化合物のもう一つの重要なグループにハロゲン化水素，すなわち HF, HCl, HBr, HI がある．

水素の分子状化合物は，ここに概要を述べたように，電子過剰，電子適正，電子不足に分類される．

(b) 一般的な性質

　電子適正化合物および電子過剰化合物の形は VSEPR 規則（§3・3）で予測できる．たとえば，CH_4 は四面体（**6**），NH_3 は三方錐形（**7**），H_2O は折れ線状（**8**），そして HF は（必然的に）直線状である．しかし，NH_3 とそれよりも重い類似物との間の結合角の違いや，H_2O と16族中の H_2O 類似物との間の結合角の違いは，単純な VSEPR 規則からは予測されない．表8・3からわかるように，NH_3 や H_2O の結合角は四面体角よりもわずかに小さいが，それらよりも重い類似物では結合角が 90° 程度に小さくなっている．

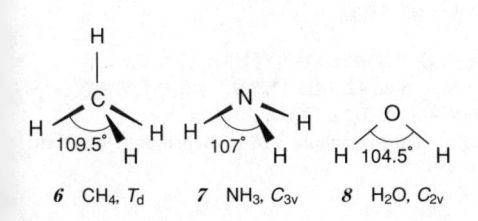

6 CH_4, T_d　　**7** NH_3, C_{3v}　　**8** H_2O, C_{2v}

表 8・3 15族および16族の水素化合物の結合角（単位は度）[†]

NH_3	106.6	H_2O	104.5
PH_3	93.8	H_2S	92.1
AsH_3	91.8	H_2Se	91
SbH_3	91.3	H_2Te	89

[†] 出典: A. F. Wells, "Structural inorganic chemistry," Oxford University Press (1984).

電子過剰化合物中には,電気陰性度の高い原子(N,O,F)と孤立電子対とが同時に存在する.その重要な結果として水素結合ができる可能性がある.**水素結合**[a]は,より電気陰性な非金属元素の原子の間に挟まれている水素原子によってつくられる.この定義によると,広く知られているN−H…NやO−H…Oの水素結合は含まれるが,ボラン類中のB−H−B橋かけは除外される.なぜならば,ホウ素は水素よりも電気的に陰性ではないからである.さらに,タングステンは金属であるから,[$(OC)_5WHW(CO)_5$]$^-$中に存在するW−H−W結合もまた除外される[7].水素結合の概念は,元来,水やそれに類似の液体の相対誘電率が異常に高いという事実から出てきたものである[8].分子が強く水素結合している水,アンモニアおよびフッ化水素の沸点は異常に高く(図8・3),このような沸点の傾向は水素結合のはっきりした証拠である.水素結合を支持するいくつかの証拠で最も説得力のあるものは,氷の開いた網目構造(図8・4),HF固体中における鎖(**9**)の存在,ならびにX線回折やNMR法による固体中の水素原子の位置[9]といった構造に関するデータから得られる.HF固体中の鎖は蒸気中でさえもまだ部分的に残っている.沸点の傾向からわかるように,H_2S,PH_3,HCl,およびp-ブロック中で重い方の元素の水素化合物は強い水素結合をつくらない.

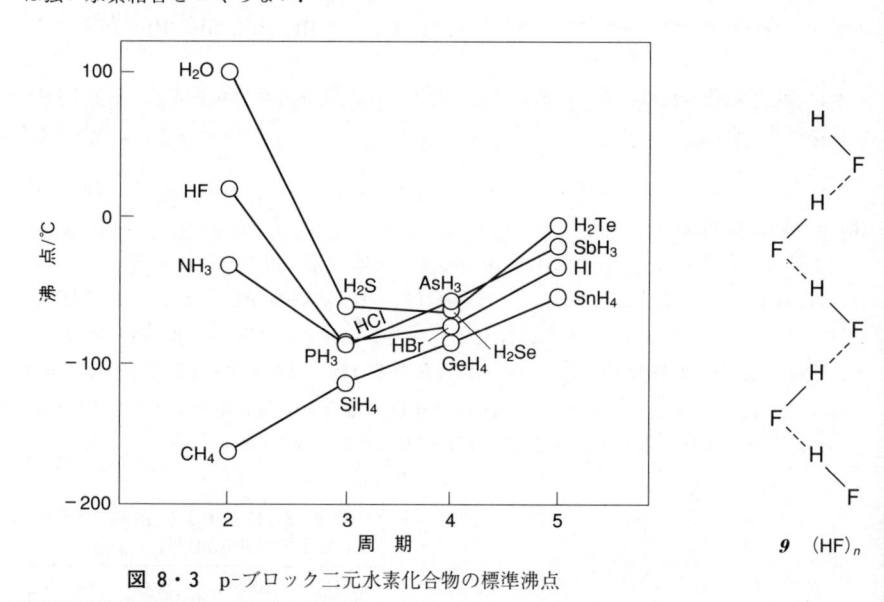

図 8・3 p-ブロック二元水素化合物の標準沸点

9 (HF)$_n$

7) タングステンは金属ではあるが,Pauling尺度では水素よりも電気的に陰性である.
8) W. M. Latimer, W. H. Rodebush, *J. Am. Chem. Soc.*, **42**, 1419 (1920). 水素結合の重要性が完全に理解されたのはこの論文の発表から何年も後のことである.
9) W. C. Hamilton, J. A. Ibers, "Hydrogen bonding in solids," W. A. Benjamin, New York (1968); J. Emsley, *Chem. Soc. Rev.*, **9**, 91 (1980).
a) hydrogen bond

水素結合は普通の結合よりもはるかに弱いが（表8・4），第2周期の電子過剰水素化合物の性質には重要な影響を及ぼす．このような性質の中には密度，粘性率，蒸気圧および酸-塩基特性がある．水素結合は，赤外スペクトルにおけるE−H伸縮振動の低波数へのシフトおよび吸収バンドの広がりによって容易に検出される（図8・5）．水素結合の多くは弱く，そのような場合には，水素に結合している重い原子が同じであっても，水素原子は二つの原子核間の中央には存在しない．たとえば，[ClHCl]$^-$イオンは直線状であるが，H原子の位置はCl原子の間の真ん中ではない（図8・6）．これに対して，二フッ化物水素イオン[FHF]$^-$の水素結合は強く，H原子はF原子間の中央にあって，F−Fの距離（226 pm）は，F原子のvan der Waals半径の2倍（2×135 pm）よりもかなり短い．

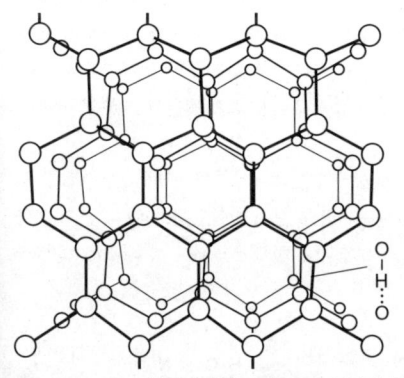

図8・4 氷の構造．大きな球は酸素原子を表す．水素原子は酸素原子を結ぶ線上にある．

表8・4 水素結合の結合エンタルピーと，対応するE−H共有結合の結合エンタルピーとの比較（単位はkJ mol^{-1}）

水素結合（…）		共有結合（−）	
HS−H⋯SH$_2$	7	S−H	368
H$_2$N−H⋯NH$_3$	17	N−H	388
HO−H⋯OH$_2$	22	O−H	463
F−H⋯F−H	29	F−H	565
HO−H⋯Cl$^-$	55	Cl−H	431
F⋯H⋯F$^-$	165	F−H	565

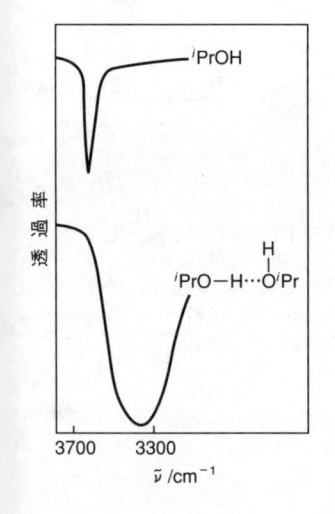

図8・5 2-プロパノール（イソプロピルアルコール）の赤外スペクトル．上の曲線は希薄溶液（溶媒CCl$_4$）の場合で，2-プロパノール分子は会合していない．下の曲線は純粋な2-プロパノールのもので，分子が水素結合で会合している．会合によって，O−H伸縮吸収バンドが広がり，振動数が低くなる〔N. B. Colthup, L. H. Daly, S. E. Wiberley, "Introduction to infrared and Raman spectroscopy," Academic Press, New York（1975）より〕

水素結合している錯体の構造は，気相中でマイクロ波分光法によって観察されている[10]．第一近似としては，VSEPR理論から予想される電子過剰化合物の孤立電子対の配向とHFの配向とはよく一致している（図 8・7）．たとえば，HFは，NH_3 や PH_3 との錯体では NH_3 や PH_3 の3回軸にそって，H_2O との錯体では H_2O 面の外側に，そしてHF二量体中ではHF軸からはずれて配列している．たとえば氷の構造や固体のHFの場合のように，X線単結晶構造決定によっても，同じ構造が得られることが多い．しかし，固体中では，比較的弱い水素結合の配列に対して充塡力が大きな影響を及ぼしているようである．

水素結合に基づく最も興味深い現象の一つは氷の構造である．氷は，七つの異なる相をもつが，圧力が低いときには1相だけである．よく知られている低圧相は，各O原子が4個の他のO原子で四面体的に取囲まれているような六方晶単位格子に結晶する．これらのO原子は互いに水素結合でつながっていて，O–H⋯O および O⋯H–O 結合が広く固体中に不規則に分布している．その結果できる構造は相当にすき間の多いもので，氷の密度が水よりも低いのはそのためである．氷が融けると水素結合による網目構造が部分的に破壊される．

水は，水分子が水素結合してできたかごが第三の分子またはイオンを取囲んでいるような**包接水和物**[a]をつくることもできる．$Cl_2·(H_2O)_{7.25}$ の組成をもつ包接水和物はその一例である（図 8・8）．この構造では，O原子を隅にもっているかごを構成しているのは十四

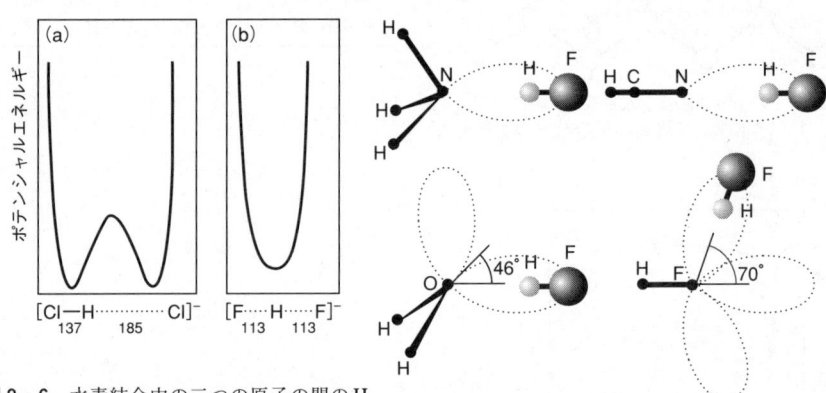

図 8・6 水素結合中の二つの原子の間のH原子の位置によるポテンシャルエネルギーの変化（数字は，原子間距離/pm）．(a) 弱い水素結合における二重極小ポテンシャル特性．(b) [FHF]⁻ 中の強い水素結合における単一極小ポテンシャル特性

図 8・7 VSEPR理論による孤立電子対の位置（点線）と気相における HF との水素結合錯体の構造との比較〔A. C. Legon, D. J. Millen, *Acc. Chem. Res.*, **20**, 39（1987）による〕

---

10) A. C. Legon と D. J. Millen とは，気相における水素結合二量体の構造とそれらの電子構造の簡単な説明とを *Acc. Chem. Res.*, **20**, 39（1987）に報告している．
a) clathrate hydrate

面体と十二面体で，それらの割合は3：2である．O原子は互いに水素結合でつなぎ合わされていて，Cl_2分子は十四面体の内部を占めている．Ar，Xe，CH_4の類似の包接水和物が高圧，低温で生成するが，これらの場合にはすべての多面体が占有されているようである．このように包接水和物は，水素結合によって可能になる興味深い構造の例を示すものである．それと同時に，包接水和物は，タンパク質中にあるような非極性基の周りで水がどのように構造をつくっていくかに関するモデルとしてよく用いられる．地球内部の高圧下ではメタンの包接水和物が存在し，ばく大な量の天然ガスがこのような形で捕捉されていると推定される．

ある種のイオン性化合物は，水素結合によってアニオンが骨格構造中に組込まれるような包接水和物をつくる．この型の包接水和物は，きわめて強い水素結合受容体であるF^-やOH^-の場合に特によくみられる．$N(CH_3)_4F \cdot 4H_2O$はその一例である．

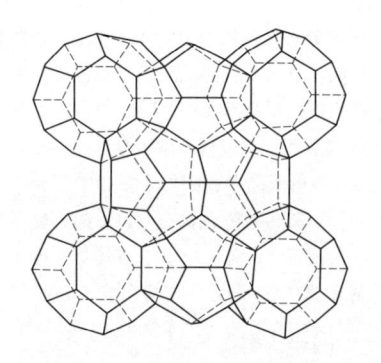

図 8・8 $Cl_2 \cdot (H_2O)_{7.25}$ のような包接水和物中の水分子のかご．各交点はO原子の位置で，これらのO原子をつなぐ線上にH原子がある．中央の十四面体の二つは約80％がCl_2で占められている．

> 孤立電子対を少なくとも一つもっている電気的に陰性な非金属の水素化合物は，水素結合によって会合することが多い．水，氷，および包接水和物は，このような会合のおもな例である．

8・5 塩類似水素化物

1族の水素化物の構造は塩化ナトリウム型で，2族の水素化物の結晶構造はある種の重金属ハロゲン化物の構造に似ている（表8・5）．これらの構造および化学的性質に基づいて，ベリリウム以外のs-ブロック元素の水素化合物は塩類似水素化物に分類される．X線回折で決めたH^-のイオン半径は，LiH中の126 pmからCsH中の154 pmまで変化する．このようにイオン半径が広範囲に変動しうることは，プロトンの単電荷がそれを取巻く2個の電子に及ぼす拘束が緩く，その結果としてH^-の圧縮率が大きいことを反映している．

塩類似水素化物は普通の非水溶媒には溶けないが，アルカリ金属のハロゲン化物の融解塩には溶ける．この融解塩溶液を電気分解するとアノード（酸化が起こる電極）で水素ガスが発生する．

$$2\,\mathrm{H}^- (融解) \longrightarrow \mathrm{H}_2(\mathrm{g}) + 2\,\mathrm{e}^-$$

これはH^-の存在に対する化学的な証拠である．塩類似水素化物は水と危険なほど激しく反応する．

$$\mathrm{NaH(s)} + \mathrm{H}_2\mathrm{O(l)} \longrightarrow \mathrm{H}_2(\mathrm{g}) + \mathrm{NaOH(aq)}$$

事実，細かく砕いた水素化ナトリウムを湿った空気にさらしておくと発火し，それを消すのは難しい．その理由は，CO_2でさえも，熱い金属水素化物と接触すると還元されてしまうからである(もちろん，水は可燃性の水素をもっとたくさん発生させる)．しかし，ケイ砂のような不活性の固体を使えば消火できるであろう．金属水素化物と水との反応は，研究室で窒素やアルゴンのような不活性気体や溶媒から痕跡の水を取除くのに用いられる．

$$\mathrm{CaH}_2(\mathrm{s}) + 2\,\mathrm{H}_2\mathrm{O(g)} \longrightarrow \mathrm{Ca(OH)}_2(\mathrm{s}) + 2\,\mathrm{H}_2(\mathrm{g})$$

この目的には水素化カルシウムがよいが，それは塩類似水素化物の中で一番安く，取扱いやすい粒状で手に入るからである．しかし，この反応は著しく発熱的で，可燃性の水素を発生させるから，溶媒から多量の水を除去するのに用いてはならない．

塩類似水素化物には適当な溶媒がないので，その試薬としての利用は限られている．しかし，この問題は，油の中に微細に分散させた NaH の市販品が利用できるので部分的には克服されている[11]．アルカリ金属水素化物は，それ以外の水素化物をつくるのに便利な試薬である．たとえば，トリアルキルホウ素化合物と反応させるとヒドリド錯体を生成するが，この錯体は極性有機溶媒に溶けるので還元剤およびH^-源として有用である．

$$\mathrm{NaH(s)} + \mathrm{B(C_2H_5)_3(et)} \longrightarrow \mathrm{Na[HB(C_2H_5)_3](et)}$$

ここで，et はジエチルエーテル溶液を表す．

表 8・5　s-ブロック水素化物の構造[†]

化 合 物	結 晶 構 造
LiH, NaH, KH, RbH, CsH	塩化ナトリウム型
MgH_2	ルチル型
$\mathrm{CaH}_2, \mathrm{SrH}_2, \mathrm{BaH}_2$	ひずんだ PbCl_2 型

[†] 出典: A. F. Wells, "Structural inorganic chemistry," Oxford University Press (1984).

電気的に陽性な金属の水素化合物は，金属水素化物 $\mathrm{M}^+\mathrm{H}^-$ とみなすことができる．したがって，それらは酸と接触すると H_2 を発生し，求電子試薬に H^- を受け渡す．

---

[11] もっと細かく分散して反応性に富むアルカリ金属水素化物は，アルキル金属と水素との反応によってつくることができる．P. A. A. Klusener, L. Brandsma, H. D. Verkruijsse, P. von Ragué Schleyer, T. Friedl, R. Pi, *Angew. Chem., Int. Ed. Engl.*, **25**, 465 (1986).

8・6 金属類似水素化物

3族から5族までのd-ブロック金属すべてとf-ブロック元素とからは非化学量論的な金属類似水素化物が知られている（図8・9）。しかし，6族中の水素化物はCrHだけで，7族から9族までの合金化していない金属については水素化物は知られていない。しかし，きわめて高い圧力の下では鉄に水素が溶けて，地球の中心には鉄の水素化物が豊富にあるといわれている。周期表中で7族から9族までの領域を**水素化物ギャップ**[a]ということがある。これらの元素と水素との安定な金属-水素二元化合物は，たとえできたとしてもまれだからである。

10族元素の金属，特にニッケルと白金は水素化触媒としてよく用いられる。それには表面での水素化物の生成が関係している（§17・5）。しかし，多少驚くべきことに，中程度の圧力のもとで安定な水素化物のバルク相*をつくるのはパラジウムだけで，その組成

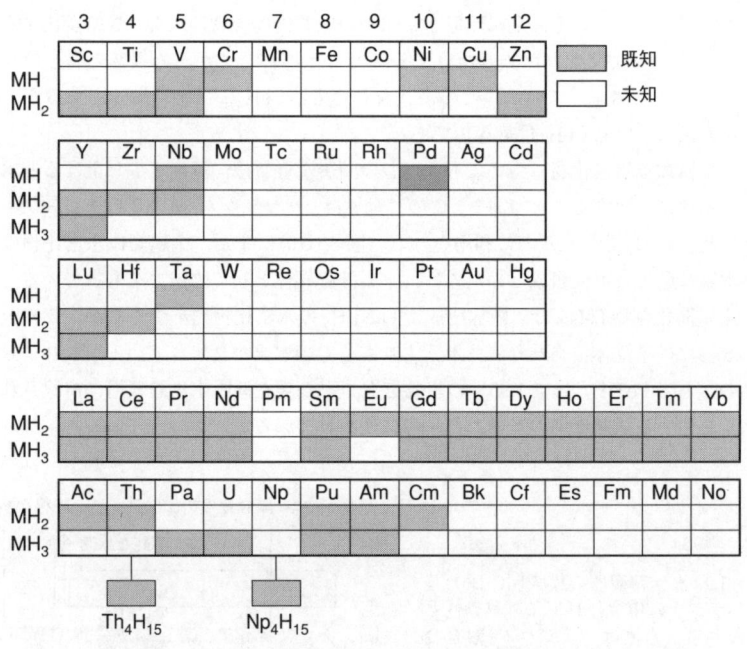

図8・9 d-およびf-ブロック元素からつくられる水素化物。化学式は，構造で決まる化学量論的な限界を示すが，その値まで到達しないことが多い。たとえば，PdH_xでは$x=1$に達することはない〔G. G. Libowitz, "The Solid-state chemistry of binary metal hydrides," Benjamin (1965) より〕。

---

* 訳注：ここでは，表面相に対して，三次元的に十分大きく広がっている内部相をバルク相（bulk phase）という。

a) hydride gap

は PdH_x, $x<1$ である．ニッケルはきわめて高い圧力下で水素化物相を形成するが，白金はまったく水素化物相をつくらない．水素化白金のバルク相ができるとすればH−H結合とPt−Pt結合との切断が起こらなければならない．Pt−H結合エンタルピーは明らかに，H−H結合を切るには十分なほど大きいが，Pt−Pt結合の切断を補えるほどはない．M−M結合エンタルピーを反映している昇華エンタルピーは Pd(378 kJ mol^{-1}) < Ni(430 kJ mol^{-1}) < Pt(565 kJ mol^{-1}) の順であるが，このことは上記の解釈と一致している．

金属類似水素化物の大部分は金属導体で(金属類似水素化物の名称はこのことによる)，その組成は一定していない．たとえば，550℃で化合物 ZrH_x は $ZrH_{1.30}$ から $ZrH_{1.75}$ の組成範囲で存在する．その構造は，占有されていないアニオン部位の数が変化するホタル石型(図2・13) である．これらの水素化物の組成が可変であることやその金属伝導性は，伝導性をもたらす非局在軌道のバンドが，H原子から供給される電子を受け入れるというモデルで説明することができる．このモデルでは，水素原子ならびに金属原子が電子の海の中で平衡位置を占めている．金属類似水素化物の伝導性は一般に水素含量で変化する．このことは，水素を加えたり除去したりすることで伝導バンドがどの程度充満したり空になったりするかに関連している．このようなわけで，CeH_{2-x} は金属導体であるが，伝導バンドが充満している CeH_3 は絶縁体である．

多くの金属類似水素化物についてもう一つの顕著な性質は，温度を少し上げると水素が固体中を迅速に拡散することである．この移動性は，パラジウム-銀合金のチューブ中を拡散させて超純粋 H_2 をつくるのに利用される (図8・10)．また，金属類似水素化物は，その高い水素移動性と可変組成とのために，水素貯蔵媒体としての能力をもっている．たとえば，金属間化合物 $LaNi_5$ は，限界組成が $LaNi_5H_6$ の水素化物相をつくるが，この限界組成の化合物には単位体積当たり液体水素よりも多くの水素が含まれている．これよりも安価なものとして $FeTiH_x$ ($x<1.95$) の組成をもつ系が現在低圧水素貯蔵用に市販されていて，水素を用いる試験車両のエネルギー源に使われている．

図8・10 水素精製器の模式図．圧力差とパラジウム中でのH原子の移動性とのために，水素はパラジウム-銀合金チューブの中をH原子として拡散するが，不純物は拡散しない．

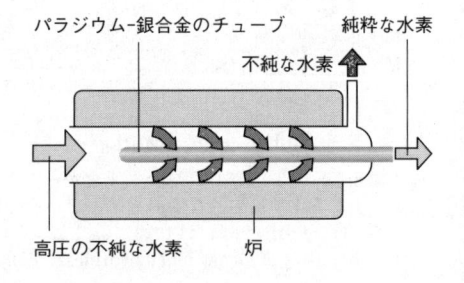

7族から9族までの金属では，安定な金属-水素二元化合物は知られていない．金属類似水素化物は金属伝導性を示し，その中の水素は多くの場合きわめて動きやすい．

例題 8・1　水素化合物の分類と性質とを関連づける.
つぎの化合物を分類して，それらが示すと思われる物理的性質を論ぜよ.

$$PH_3, \quad CsH, \quad B_2H_6$$

分子状化合物については，電子不足，電子適正，または電子過剰のいずれであるかを示せ.

解　CsH は 1 族元素の化合物だから，s-ブロック金属に典型的な塩類似水素化物であると期待される．この化合物は電気の絶縁体で塩化ナトリウム型構造をもっている．水素化物 PH_3 および B_2H_6 は，p-ブロック元素の水素化物の場合のように，モル質量が低く揮発性が高い分子状化合物である．事実，それらは通常の条件下では気体である．Lewis 構造によると，PH_3 はリン原子上に孤立電子対をもち，したがって電子過剰の分子状化合物であることがわかる．本文中で指摘したように（§3・12 をみよ），ジボランは電子不足化合物である．

問題 8・1　つぎの反応について化学反応式を示せ．反応しなければ "しない" と書け.
(a) $Ca + H_2$　　(b) $NH_3 + BF_3$　　(c) $LiOH + H_2$

水素化合物の合成と反応

　水素化合物の熱力学的安定性や極性（特に，水素上の部分電荷が $H^{\delta+}$ であるか，または $H^{\delta-}$ であるか）の周期的な傾向に注目すると，水素化合物の化学的性質の多くを合理的に説明することができる．さらに，水素と酸素およびハロゲンとの気相反応ではラジカル連鎖反応が主要な役割を演ずる．これらのラジカル反応は多少予測しがたいが重要なものである．

8・7　安 定 性 と 合 成

　ある水素化合物の生成ギブズエネルギーが負ならば，その合成に適した反応経路は，水素と元素との直接結合であることがわかる．構成元素に比べて熱力学的に不安定な化合物は，他の化合物からの間接的な反応経路で合成されることが多いが，その経路中の各段階は熱力学的に有利なものでなければならない．この節のおもな目的は，どの反応が熱力学的に有利なものでありそうかを知る感覚を養うことである．

(a) 熱力学的な観点

　s- および p-ブロック元素の水素化合物の標準生成ギブズエネルギー（表 8・6）によると，これら化合物の安定性には規則的な変化があることがわかる．利用できるよいデータのない BeH_2 を除けば，s-ブロック水素化物はすべて発エネルギー的[a]（$\Delta_f G^\circ < 0$）で，し

---

a) exoergic

表 8・6 s- および p-ブロック元素の二元水素化合物の 25℃ における標準生成ギブズエネルギー, $\Delta_f G°$ (単位 kJ mol^{-1})[†]

	1族	2族	13族	14族	15族	16族	17族
第2周期	LiH(s) −68.4	BeH$_2$(s) (+20)	B$_2$H$_6$(g) +86.7	CH$_4$(g) −50.7	NH$_3$(g) −16.5	H$_2$O(l) −237.1	HF(g) −273.2
第3周期	NaH(s) −33.5	MgH$_2$(s) −35.9	AlH$_3$(s) (−1)	SiH$_4$(g) +56.9	PH$_3$(g) +13.4	H$_2$S(g) −33.6	HCl(g) −95.3
第4周期	KH(s) (−36)	CaH$_2$(s) −147.2	Ga$_2$H$_6$(s) >0	GeH$_4$(g) +113.4	AsH$_3$(g) +68.9	H$_2$Se(g) +15.9	HBr(g) −53.5
第5周期	RbH(s) (−30)	SrH$_2$(s) (−141)		SnH$_4$(g) +188.3	SbH$_3$(g) +147.8	H$_2$Te(g) >0	HI(g) +1.7
第6周期	CsH(s) (−32)	BaH$_2$(s) (−140)					

[†] データは *J. Phys. Chem. Ref. Data*, **11**, Supplement 2 (1982) より採用. ( ) 内の値は, この文献からの $\Delta_f H°$ のデータと W. M. Latimer の方法〔W. M. Latimer, "Oxidation potentials," p. 359, Prentice Hall, Englewood Cliffs, NJ (1952)〕で推定したエントロピーの寄与とに基づいたものである.

図 8・11 平均結合エンタルピー (温度は 298 K, 単位は kJ mol^{-1})

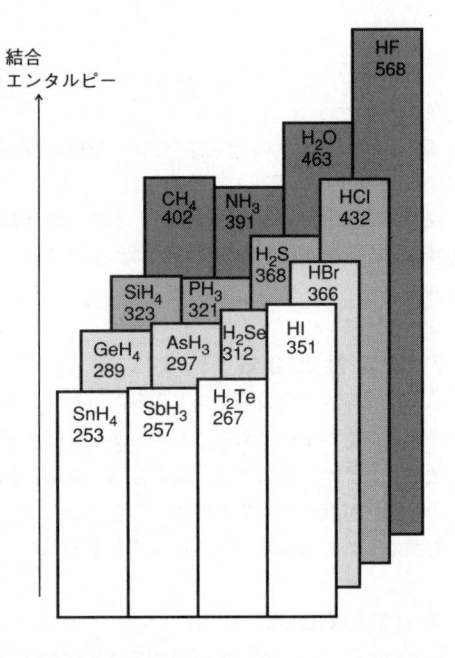

たがって, 室温ではそれらの構成元素に関して熱力学的に安定である. この傾向は 13 族では正しくない. ここでは AlH$_3$ だけが発エネルギー的である. p-ブロック中で 13 族以外のすべての族では, 各族の最初の元素の水素化合物 (CH$_4$, NH$_3$, H$_2$O, HF) は発エネルギー的であるが, 族の下の方へ行くにつれてしだいに安定性が低くなる. 安定性にみられ

るこの一般的傾向は，主として，p-ブロック中で族の下の方へ行くほどE−H結合が弱くなることの現れである（図8・11）．重い方の元素との間にできる結合が弱いのは，これらの重い原子の広がったsおよびp軌道と比較的密なH 1s軌道との重なりが少ないことによる場合が多い．重い方の元素との化合物は14族からハロゲン族の方へ行くにつれて安定性が高くなる．たとえば，SnH_4 は著しく吸エネルギー的[a]だが，HIはほとんど吸エネルギー的でない．

> 1族および2族の金属（Beを除く）と H_2 との化合物生成は熱力学的に有利である．元素と水素の結合の強さは，p-ブロック中で族の下の方へ行くにつれて減少し，より重い元素との水素化物は熱力学的に不安定になる．

(b) 合 成

二元水素化合物をつくるには三つの共通の方法がある．すなわち，

1. 元素同士の直接結合

$$2\,E + H_2(g) \longrightarrow 2\,EH$$

2. Brønsted塩基のプロトン化

$$E^- + H_2O(l) \longrightarrow EH + OH^-$$

3. 水素化物によるハロゲン化物またはプソイドハロゲン化物[12] の複分解（二重置換）

$$E^+H^- + EX \longrightarrow E^+X^- + EH$$

以上の一般式中で記号Eで表される元素は原子価がもっと高いものでもよいが，その場合には原子価に応じて化学式や化学量論係数が変化する．

直接合成の例は H_2 と元素との反応で，この方法は NH_3 ならびにリチウム，ナトリウムおよびカルシウムの水素化物などのように生成ギブズエネルギーが負の化合物をつくるのに工業的に利用されている．しかし，場合によっては，反応速度を高めるための条件（高圧，高温，触媒）が必要なことがある．リチウムの反応に高温を用いるのはその例である．高温によってリチウム金属が融解するので，表面にできた水素化物の層が壊れやすくなる．さもないとこの表面層のために金属が不動態化してしまうであろう．実験室的な合成では，多くの場合，上記2または3の反応を用いることで，この不都合を回避している．これらの反応は，生成ギブズエネルギーが正の化合物をつくるのにも利用できる可能性がある．

Brønsted塩基のプロトン化の例は

---

[12] ハロゲン化物イオンと化学的に似た性質を示す二原子または多原子イオンをプソイドハロゲン化物イオン (pseudohalide ion) という．プソイドハロゲン化物イオンには SCN^-，CH_3O^- などがある（§12・3をみよ）．

[a] endoergic

$$\text{Li}_3\text{N}(s) + 3\text{H}_2\text{O}(l) \longrightarrow 3\text{LiOH}(aq) + \text{NH}_3(g)$$

で，この反応における Brønsted 塩基は窒化物イオン N^{3-} である．窒化リチウム Li_3N は高価すぎて，この反応で NH_3 を工業的につくるのには不適当だが，実験室で ND_3 をつくるのには大いに役立つ．この反応がうまく進むためには，N^{3-} イオンの共役酸（この場合は NH_3）よりも強いプロトン供与体が必要である．水は，きわめて強い塩基である N^{3-} をプロトン化するのに十分な強さの酸であるが，弱い塩基である Cl^- をプロトン化するには H_2SO_4 のようなより強い酸を使わねばならない．

$$\text{NaCl}(s) + \text{H}_2\text{SO}_4(l) \longrightarrow \text{NaHSO}_4(s) + \text{HCl}(g)$$

複分解による合成の例は

$$\text{LiAlH}_4 + \text{SiCl}_4 \longrightarrow \text{LiAlCl}_4 + \text{SiH}_4$$

で，この反応では Si 原子の配位圏中の Cl^- イオンが H^- イオンで置換される（少なくとも形式的には）．電気的に陽性な元素の水素化物（LiH, NaH, および $[\text{AlH}_4]^-$）ほど活性な H^- 源である．好んで使われる H^- 源は，LiAlH_4 や NaBH_4 のような塩中の $[\text{AlH}_4]^-$ イオンや $[\text{BH}_4]^-$ イオンであることが多い．LiAlH_4（水素化アルミニウムリチウム）や NaBH_4（水素化ホウ素ナトリウム）は，アルカリ金属イオンに溶媒和するエーテル溶媒（たとえば $\text{CH}_3\text{OC}_2\text{H}_4\text{OCH}_3$）に溶解する．これらのアニオン性錯体の中で際立って強い水素化物イオン供与体は $[\text{AlH}_4]^-$ である．

> 水素化合物をつくる一般的な反応経路は，H_2 と元素との直接反応，非金属アニオンのプロトン化，および水素化物イオン源とハロゲン化物またはプソイドハロゲン化物との間の複分解である．

8・8 水素化合物の反応様式

E−H 結合が切断される反応には三つの型がある．

1. 水素化物イオン移動によるヘテロリシス

$$\text{E−H} \longrightarrow \text{E}^+ + \text{H}^{:-}$$

2. ホモリシス

$$\text{E−H} \longrightarrow \text{E}^{\cdot} + \text{H}^{\cdot}$$

3. プロトン移動によるヘテロリシス

$$\text{E−H} \longrightarrow \text{E}^{:-} + \text{H}^+$$

溶液中で起こる反応では遊離の H^- または H^+ が生成するとは考えられず，これらのイオンの移動は，水素で橋かけされた錯体を介して進行する．

これらの三つの一次過程の中でどれが実際に進行するかを決めるには，詳細な実験が必要である．たとえば，二重結合を挟んで EH が付加する反応

$$\text{E-H} + \text{H}_2\text{C}=\text{CH}_2 \longrightarrow \underset{\text{H}_2\text{C}-\text{CH}_2}{\overset{\text{E H}}{|\ \ |}}$$

は，どの過程によっても起こりうる．しかしながら，どれが起こりそうかを少なくとも暗示するような挙動がいくつか存在する．次節ではそれらについて論ずる．

(a) ヘテロリシスと水素化物性

水素化物性をもつ化合物はBrønsted酸と激しく反応しH^-イオンを移動（過程1）させてH_2を発生する．

$$\text{NaH(s)} + \text{H}_2\text{O(l)} \longrightarrow \text{NaOH(aq)} + \text{H}_2\text{(g)}$$

弱いプロトン供与体（この例では水）を相手にしてこの反応を行う化合物を"**水素化物性**[a]が強い"という．この反応を行うのに強いプロトン供与体が必要な化合物は，"水素化物性の弱い"もの（ゲルマンGeH_4はその一例）である．水素化物性は，周期の左の方で電気的に最も陽性な元素が存在するところ（s-ブロック）で一番顕著で，13族以降では急激に減少する．たとえば，1族および2族の塩類似水素化物は，水またはアルコール類と激しく反応することからわかるように，水素化物性が著しく強い．この塩類似水素化物は，プロトリシスに加えて，つぎの反応のようにH^-を移動させる．これらは合成で役立つ反応である．

1. ハロゲン化物との複分解．たとえば，水分を除去したエーテル (et) 中の四塩化ケイ素と微細に分散させた水素化リチウムとの反応：

$$4\,\text{LiH(s)} + \text{SiCl}_4\text{(et)} \longrightarrow 4\,\text{LiCl(s)} + \text{SiH}_4\text{(g)}$$

2. Lewis酸への付加：

$$\text{LiH(s)} + \text{B(CH}_3)_3\text{(g)} \longrightarrow \text{Li}\,[\text{BH(CH}_3)_3]\text{(et)}$$

3. プロトン源との反応．H_2が発生する：

$$\text{NaH(s)} + \text{CH}_3\text{OH(l)} \longrightarrow \text{NaOCH}_3\text{(s)} + \text{H}_2\text{(g)}$$

この反応を起こすのに十分な酸性をもつ水素は，C原子に結合しているものではなく，OH基のH原子であることに注意せよ．

これらの反応を組合わせたものもまた珍しくない．たとえば，つぎの反応では複分解によってB_2H_6が生成し，それに$2\,H^-$が付加してBH_4^-ができると考えられる．

$$4\,\text{LiH(s)} + \text{BF}_3\text{(et)} \longrightarrow \text{Li}\,[\text{BH}_4]\text{(et)} + 3\,\text{LiF(s)}$$

> 活性な金属の水素化物，たとえばLiH，は著しく水素化物性が強い．すなわち，プロトン源（水やアルコールのように比較的弱いプロトン源を含む）と激しく反応してH_2を発生し，塩を生成する．また，ハロゲン化物イオンを置換してBH_4^-のような水素化物錯体のアニオンをつくることができる．

---

a) hydridic

(b) ホモリシスとラジカル的性質

ある種のp-ブロック元素，特に重い方の元素の水素化合物ではホモリシスが容易に起こるように思われる．たとえば，ラジカル開始剤を用いると，ハロアルカン R–X とトリアルキルスタンナン R_3SnH との反応

$$R_3SnH + R'X \longrightarrow R'H + R_3SnX$$

が著しく容易になる．それは $R_3Sn^\cdot$ ラジカルができる結果である．それぞれの族の中では，重い元素ほどラジカル反応の傾向が増えてくる．すなわち，Si–H 化合物よりも Sn–H 化合物の方が一般にラジカル反応を起こしやすい．E–H 結合のホモリシスの起こりやすさは，族の下の方へ行くにつれて E–H 結合が弱くなることに関連している．

トリアルキルスタンナンと種々のハロアルカンとの反応性の順はつぎの通りである．

$$RF < RCl < RBr < RI$$

すなわち，R_3SnH との反応において，フルオロアルカンは反応せず，クロロアルカンは加熱，光分解，または化学的なラジカル開始剤を必要とし，ブロモアルカンとヨードアルカンとは室温で自発的に反応する．この傾向は，反応の開始段階がハロゲンの引き抜きであることを示している．

E$^\cdot$ ラジカルと H_2 とを生じる E–H 結合のホモリシスが最も容易に起こるのは，重い p-ブロック元素の水素化物の場合である．

(c) ヘテロリシスとプロトン的性質

脱プロトン化で反応する化合物を，**プロトン的挙動**[a] を示すという．言い換えれば，これらの化合物は Brønsted 酸である．p-ブロック中では，周期の左から右へ行くほど，また族の下の方へ行くほど Brønsted 酸の強さが増加することを §5·1 で述べた．この傾向の顕著な一例は CH_4 から HF へ向かっての酸性度の増加である．

電気的に陰性な元素についている水素はプロトン的な性質をもっていて，そのような化合物は主として Brønsted 酸である．

例題 8·2 水素化合物を合成に用いる．

Li[AlH$_4$] からテトラエトキシアルミン酸リチウムを合成する過程ならびに使用する試薬および溶媒を示せ．

解 わずかに酸性の化合物であるエタノールを著しく水素化物性の水素化アルミニウムリチウムと反応させれば，問題のアルコキシドと水素とが得られるにちがいない．この反応は，LiAlH$_4$ をテトラヒドロフラン (THF) に溶かした溶液中にエタノールをゆっくり添

---

a) protic behavior

加すると進行するであろう．

$$\text{LiAlH}_4(\text{thf}) + 4\,\text{C}_2\text{H}_5\text{OH}(l) \longrightarrow \text{Li}[\text{Al}(\text{OEt})_4](\text{thf}) + 4\,\text{H}_2(g)$$

この種の反応は，不活性気体（N_2 または Ar）を流して爆発引火性の水素を薄めながらゆっくりと行わなければならない．

問題 8・2 トリエチルスタンナンからトリエチルメチルスタンナンをつくる方法と使用する試薬とを示せ．

ホウ素族の電子不足水素化物

ホウ素と水素との二元化合物である<u>ボラン類</u>[a]は，ドイツの化学者 Alfred Stock によってはじめて純粋な形で合成された．すべての水素化ホウ素は，特徴的な緑の炎をだして燃える．その中のいくつかは，空気に触れると爆発的に発火する．すでにみてきたように，この系列中で最も簡単な化合物であるジボラン B_2H_6 は電子不足化合物で，その構造は 2c, 2e および 3c, 2e 結合で表される（§3・12）．

8・9 ジボラン

この節では，他の分子状水素化合物との比較のために，ジボランの化学的性質のいくつかを調べる．より高次のボランの構造，結合，および反応は第10章で述べる．

(a) 合 成

表8・6に示すようにジボラン B_2H_6 は25℃において吸エネルギー化合物であるから，元素の直接結合によって合成することはできない．Stock がボランの世界に入っていった入り口はホウ化マグネシウムのプロトリシスであったが，その後はボランの収率がもっとよい合成法が使われている．たとえば，最も簡単で安定なボランであるジボラン B_2H_6 は，エーテル中で LiAlH_4 か LiBH_4 によるハロゲン化ホウ素の複分解によって実験室でつくることができる．

$$3\,\text{LiEH}_4 + 4\,\text{BF}_3 \longrightarrow 2\,\text{B}_2\text{H}_6 + 3\,\text{LiEF}_4 \quad (E = B, Al)$$

LiBH_4 および LiAlH_4 は，いずれも，LiH と同じように H^- を移動させるのによい試薬で，エーテルによく溶けるので，一般に LiH や NaH よりもよく使われる．ジボランの合成は空気をしっかり遮断して行われる（ジボランは空気に触れると発火するので，おもに真空ライン中で合成する．BOX 8・1をみよ）．ジボランは室温でたいそうゆっくり分解して，高次の水素化ホウ素と不揮発性で不溶性の黄色の固体とを生ずる．後者は，ホウ素の化学

---

a) boranes

BOX 8・1　化学実験用真空ライン

　化学実験で真空ライン技術を用いると，揮発性液体や気体を空気にさらすことなく取扱うことができる．それによって，空気に敏感な化合物の合成やキャラクタリゼーションを行うのに必要な広範囲の操作が可能になる．

　図B8・1に一例を示すような真空ラインを高真空ポンプ系で排気する．いったん装置が真空になれば，凝縮性の気体を一方から他方へ低温凝縮によって移動させることができる．たとえば，試料の気体を右側の貯蔵容器から左側の反応容器中の固体反応物上に凝縮させることができるであろう．揮発性の異なる生成物は，蒸気をU字管トラップに通して分離することができる．第一のトラップは，揮発性の最も低い成分を捕捉するために一番高い温度（ドライアイス/アセトン寒剤の槽でトラップの周りを囲んで，たとえば-78℃）に保っておく．つぎのトラップは液体窒素のデュワー瓶を使って，たとえば-196℃に保つ．H_2のような凝縮しない気体はポンプで排気する．

　空気の除去と蒸気の取扱いやすさのほかに，真空ラインを閉鎖系にすれば，気体状の反応物または生成物を定量的に測定することができる．たとえば，貯蔵容器中の試料気体を膨張させて，右隣にあるマノメーターに入れて圧力を測ることができる．系の容積をあらかじめ測っておけば，気体の法則を用いて存在する気体の量を計算できる．ある与えられた温度またはいくつかの決められた温度で蒸気圧を測定し，それを蒸気圧の表と比較すれば，化合物の確認や純度の決定を真空ライン上で行うことができる．また，NMR，IR，その他の分光用セルを真空ラインに取りつけて，蒸気をその中に凝縮させることも可能である．

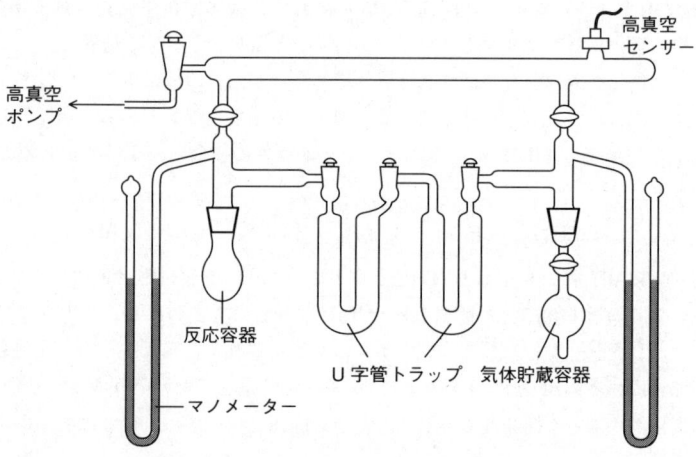

図B8・1　凝縮性気体，特に空気および湿気に敏感な気体の合成，キャラクタリゼーションおよび定量的測定に適した簡単な化学的真空ライン

ここに例示したようなガラスの真空系は，揮発性の水素化合物，有機金属化合物，およびハロゲン化物について広く利用されている．フッ素分子や著しく反応性のフッ素化物類はガラスを侵すので，ニッケル管で組立てた真空ラインで取扱うのが普通である．この場合には，ストップコックの代わりに金属のバルブを，またここに示したような水銀入りのマノメーターの代わりに電子式圧力変換ゲージを用いる．

参 考 書

R. J. Angelici, "Synthesis and technique in inorganic chemistry, 2nd Ed.," Saunders, Philadelphia (1977).

R. J. Errington, "Advanced practical inorganic and metal organic chemistry," Chapman and Hall, London (1997).

D. F. Shriver, M. A. Drezdzon, "The manipulation of air-sensitive compounds, 2nd Ed.," Wiley, New York (1986).

において，有機化学の"黒色タール"に対応する物質である．

Stockは六つの異なるボランを合成した[13]．それらは化学式B_nH_{n+4}およびB_nH_{n+6}をもつ二つの系列に属するもので，その中では後者の系列の方が水素含有量が多く，より不安定である．これらの化合物の例にはペンタボラン(11) B_5H_{11}，テトラボラン(10) B_4H_{10}，およびペンタボラン(9) B_5H_9がある．B原子の数を接頭辞で，またH原子の数を（　）内に示す命名法に注意してほしい．したがって，ジボランの体系名はジボラン(6)であるが，ジボラン(8)は存在しないので，単にジボランという名称がほとんどの場合に使われている．

すべてのボランは無色の反磁性物質である．化合物の状態は，気体（B_2およびB_4の水素化物），揮発性液体（B_5およびB_6の水素化物）から昇華性固体$B_{10}H_{14}$の範囲に及ぶ．

ジボランは，BF_3のようなハロゲン化ホウ素とLiAlH$_4$のような水素化物イオン源との間の複分解で合成することができる．より高次のボランの多くは，ジボランの部分的な熱分解でつくることができる．

(b) 酸　化

ボランはすべて可燃性で，軽い方のいくつかは，ジボランを含めて，空気と自発的に反応する．その際，緑色の閃光（反応中間体BOの励起状態からの発光）を伴って爆発的な

---

[13] Stockは7番目のボランB_6H_{12}に対するよい証拠を得ていたが，それは決定的なものではなかった．他の多くのボランとともにこの物質の特性が明確になったのは，彼の死後のことである．彼は1933年に彼の研究の重要な報告を発表したが，その中には空気に極度に敏感な化合物を取扱うための真空系装置の開発も含まれている．"Hydrides of boron and silicon," Cornell University Press, Ithaca (1957)を参照せよ．

412   8. 水　素

激しさで反応することが多い．反応の最終生成物は水和酸化物である．

$$B_2H_6(g) + 3\,O_2(g) \longrightarrow 2\,B(OH)_3(s)$$

p-ブロックの水素化物では空気酸化がかなり一般的である．空気中で燃焼しないのは HF と H_2O だけで，ある種のもの（B_2H_6 を含む）は空気に触れるや否や自然に発火する．

軽いボラン類は水によって容易に加水分解される．

$$B_2H_6(g) + 6\,H_2O(l) \longrightarrow 2\,B(OH)_3(aq) + 6\,H_2(g)$$

以下に述べるように BH_3 は Lewis 酸で，この加水分解反応機構には Lewis 塩基として働く H_2O の配位が関与している．O 原子上で部分的に正に荷電している H 原子と，B 原子上で部分的に負に荷電している H 原子とが結合して水素分子が生成する．

> 水素化ホウ素はすべて燃えやすく，場合によっては爆発的に燃える．水素化ホウ素の多くは加水分解を受けやすい．

(c) Lewis 酸性度

上記の加水分解機構が示唆しているように，ジボランおよびその他の軽いボランは Lewis 酸として作用し，Lewis 塩基と反応して開裂する．この開裂には対称開裂と非対称開裂との2種類が知られている．

対称開裂[a]では，B_2H_6 は2個の BH_3 断片に対称的に壊れて，各断片はそれぞれ Lewis 塩基と錯体をつくる[14]．

この種の錯体はたくさんあって，それらは炭化水素と等電子的なので興味深いものである．

---

14) 3c, 2e 結合を表すにはできる限り，記号

を用いることにする．有機分子の構造を線で表す場合と違って3本の線の交点に原子は存在しない．この記号を使うと図が煩雑になるような大きな構造を書くときには，

のように中心の H 原子とそれに隣接するものとを単に線でつなぐだけにする．

a) symmetric cleavage

たとえば上記の反応生成物は 2,2-ジメチルプロパン〔ネオペンタン $C(CH_3)_4$〕と等電子的である．安定性の傾向からみると BH_3 は軟らかい Lewis 酸で，それはつぎの反応に表れている．

$$H_3BN(CH_3)_3 + F_3BS(CH_3)_2 \longrightarrow H_3BS(CH_3)_2 + F_3BN(CH_3)_3$$

この反応では軟らかい電子供与体原子 S に BH_3 が移動し，BH_3 よりも硬い Lewis 酸の BF_3 が硬い電子供与体原子 N と結合する．

ジボランとアンモニアとの直接反応は**非対称開裂**[a]を起こす．

この反応ではイオン性生成物ができる．この種の非対称開裂は，ジボランおよびその他少数のボランが，立体的に込み合っていない強塩基と低温で反応する場合によくみられる．この反応過程では，立体障害のために，1 個の B 原子には 2 個の小さな配位子しか付くことができない．

> かさ高くて軟らかい Lewis 塩基 (L) はジボランを対称的に開裂して H_3BL を生ずる．より緻密で硬い Lewis 塩基は水素橋かけを非対称的に開裂して $[H_2BL_2][BH_4]$ を生ずる．ジボランは多くの硬い Lewis 塩基と反応するが，軟らかい Lewis 酸とみなすのが最もよい．

(d) ヒドロホウ素化

合成有機化学者の反応のレパートリーの中で重要なものに，多重結合に H−B が付加する**ヒドロホウ素化**[b]がある．

$$H_3B-OR_2 + H_2C=CH_2 \xrightarrow{\text{エーテル}} CH_3CH_2BH_2 + R_2O$$

有機化学者の観点からは，ヒドロホウ素化の一次生成物の C−B 結合は，それを変換して C−H または C−OH 結合を立体特異的につくる際の中間段階である．一方，無機化学者の立場からは，この反応は，多種多様な有機ホウ素化合物の合成法として便利なものである．このヒドロホウ素化反応は，多重結合に E−H が付加する種類の反応の一つで，もう一つの重要な例はヒドロシリル化 (§8・12b) である．この種の反応の駆動力は主として，C−H 結合が B−H や Si−H よりも強いことに起因している．

---

a) unsymmetrical cleavage b) hydroboration

> ヒドロホウ素化すなわちエーテル溶媒中でのアルケンとジボランとの反応は，合成有機化学における有用な中間体である有機ホウ素化合物を生成する．

8・10 テトラヒドロホウ酸イオン*

ジボランはアルカリ金属水素化物と反応してテトラヒドロホウ酸イオンを含む塩を生成する．

$$B_2H_6 + 2\,LiH \longrightarrow 2\,LiBH_4$$

ジボランおよび LiH は水および酸素に敏感なので，この合成は，鎖の短いポリエーテル $CH_3OCH_2CH_2OCH_3$ のような非水溶媒中で空気を除去して行わねばならない．この反応は，強い Lewis 塩基である H^- に対して BH_3 が Lewis 酸として働くことを示すもう一つの例とみることができる．BH_4^- イオンは CH_4 および NH_4^+ と等電子的で，これら三者では，中心原子の電気陰性度が増すにつれて化学的性質がつぎのように変化する．

	BH_4^-	CH_4	NH_4^+
性 質：	水素化物的	—	プロトン的

水溶液中における普通の条件下では CH_4 は酸性でもなければ塩基性でもない．

アルカリ金属のテトラヒドロホウ酸塩は実験室的および工業的にきわめて有用な試薬である．これらの物質は，穏やかな H^- イオン源として，一般的な還元剤として，また大部分のホウ素-水素化合物の前駆物質としてしばしば利用される．これらの反応はほとんどの場合，極性非水溶媒中で行われる．先に述べたジボランの合成，

$$3\,LiEH_4 + 4\,BF_3 \longrightarrow 2\,B_2H_6 + 3\,LiEF_4 \quad (E = B, Al)$$

はその一例である．BH_4^- は加水分解に関して熱力学的には不安定であるが，その反応は pH が高ければきわめて遅いので，BH_4^- を使う合成を水中で行うこともある．たとえば，GeO_2 と KBH_4 とを水酸化カリウム水溶液に溶かし，つぎに溶液を酸性にすることによってゲルマンをつくることができる[15]．

$$HGeO_3^-(aq) + BH_4^-(aq) + 2\,H^+(aq) \longrightarrow GeH_4(g) + B(OH)_3(aq)$$

BH_4^- の水溶液は還元剤として使うこともできる．Ni^{2+} や Cu^{2+} のようなアクアイオンを金属または金属ホウ化物に還元する場合はその例である．4d および 5d 元素のハロゲノ錯体でホスファンのような安定化配位子をもつものでは，テトラヒドロホウ酸イオンを使う非水溶媒中での複分解反応によってヒドリド配位子を導入することができる．

$$[RuCl_2(PPh_3)_3] + NaBH_4 + PPh_3 \xrightarrow{\text{ベンゼン/エタノール}} [RuH_2(PPh_3)_4] + \text{その他の生成物}$$

これらの複分解反応の多くは，中間体である BH_4^- 錯体を経て進行すると考えられる．事

---

[15] W. L. Jolly, "The synthesis and characterization of inorganic substances," p. 496, Waveland Press, Prospect Heights, IL (1991) に詳しい方法が出ている．

* 訳注：配位した水素の名称はヒドリド（hydrido）であるが，水素化ホウ素命名法の場合に限りヒドロ（hydro）を使う．

実，特に電気的にきわめて陽性な金属の場合には，たくさんの水素化ホウ素錯体が知られている．このような錯体には [Al(BH$_4$)$_3$] (**10**) や [Zr(BH$_4$)$_4$] (**11**) などがある．前者にはジボランに似た二重の水素化物橋かけ構造が，また後者には三重の水素化物橋かけ構造がある．これらの例から，多くの化合物は 3c, 2e 結合で表されることがわかる．

10 [Al(BH$_4$)$_3$] **11** [Zr(BH$_4$)$_4$]

テトラヒドロホウ酸イオンは，金属のヒドリド錯体や化学式が H$_3$BL のボラン付加物をつくる際に有用な中間体である．

例題 8・3 ホウ素-水素化合物の反応を予測する．
テトラヒドロフラン（THF）中で等量の [HN(CH$_3$)$_3$]Cl と LiBH$_4$ との相互作用で生ずる生成物を化学反応式で示せ．

解 水素化物性の BH$_4^-$ イオンとプロトン性の [HN(CH$_3$)$_3$]$^+$ イオンとの相互作用では，水素が発生してトリメチルアミンと BH$_3$ とが生ずるであろう．ほかに Lewis 塩基がなければ BH$_3$ は THF に配位するはずだが，THF より強い Lewis 塩基のトリメチルアミンが最初の反応で生成するので，全反応はつぎのようになるであろう．

$$[HN(CH_3)_3]Cl + LiBH_4 \longrightarrow H_2 + H_3BN(CH_3)_3 + LiCl$$

生成物 H$_3$BN(CH$_3$)$_3$ 中のホウ素には四つの配位子が四面体形に付加している．

問題 8・3 エーテル溶媒中における LiBH$_4$ とプロペンとの反応について考えられる反応式を書け．LiBH$_4$ とプロペンの物質量の比は 1:1 とする．また，THF 中における LiBH$_4$ と塩化アンモニウム（物質量比は 1:1）との反応式を示せ．

8・11 アルミニウムおよびガリウムの水素化物

インジウムおよびタリウムの水素化物はきわめて不安定である．ガリウムの水素化物の誘導体のいくつかは少し前から知られていたが，純粋な Ga$_2$H$_6$ が合成されたのは最近のことである[16]．二元水素化アルミニウムの組成範囲はホウ素の場合に比べてはるかに限られ

---

16) この離れ技的な実験については A. J. Downs, C. R. Pulham, 'The hunting of gallium hydrides,' *Adv. Inorg. Chem.*, **41**, 171 (1994) を参照．

ている．アルミニウムまたはガリウムのハロゲン化物が LiH と複分解を行うと水素化アルミニウムリチウム $LiAlH_4$ またはそれに類似の水素化ガリウムリチウム $LiGaH_4$ が生成する．

$$4 LiH + ECl_3 \xrightarrow{エーテル} LiEH_4 + 3 LiCl \quad (E = Al, Ga)$$

リチウム，アルミニウムおよび水素を直接反応させると，反応条件によって $LiAlH_4$ または Li_3AlH_6 のいずれかが生ずる．これらの化合物と $[AlCl_4]^-$ や $[AlF_6]^{3-}$ のようなハロゲノ錯体との形式的な類似性に注目する必要がある．

$[AlH_4]^-$ および $[GaH_4]^-$ イオンは四面体形で，$[BH_4]^-$ よりもはるかに水素化物性の強い化合物である．$[BH_4]^-$ の水素化物性が低いことは，Al や Ga に比べて B の電気陰性度が高いことと一致する．また，$[AlH_4]^-$ や $[GaH_4]^-$ は $[BH_4]^-$ よりもはるかに強い還元剤である．$LiAlH_4$ は市販されていて，強い H^- 源として，また還元剤として広く利用される．種々の非金属元素のハロゲン化物との反応では，AlH_4^- が複分解における H^- 源として作用する．たとえば，テトラヒドロフラン溶液（thf で表す）中で水素化アルミニウムリチウムと四塩化ケイ素とが反応するとシランが発生する．

$$LiAlH_4(thf) + SiCl_4(thf) \longrightarrow LiAlCl_4(thf) + SiH_4(g)$$

この重要な反応様式における一般則は，<u>電気陰性度の低い方の元素（この例では Al）から高い方の元素（この例では Si）に H^- が移動する</u>ということである．水素化アルミニウム塩はテトラヒドロホウ酸塩よりも強力な H^- 源である．このことは，ホウ素よりもアルミニウムの方が電気陰性度が低いことと一致している．たとえば，$NaAlH_4$ は水と激しく反応するが，$NaBH_4$ の塩基性水溶液は，すでに述べたように，合成に利用することができる．

制御された条件の下で，AlH_4^- や GaH_4^- をプロトリシスすると，アルミニウムまたはガリウムのヒドリド錯体が生成する．

$$LiEH_4 + [(CH_3)_3NH]Cl \longrightarrow (CH_3)_3N-EH_3 + LiCl + H_2 \quad (E = Al, Ga)$$

BH_3 錯体とは著しく対照的に，これらの錯体には第二の塩基分子が付加して五配位錯体（*12*）ができる．

$$(CH_3)_3N-EH_3 + N(CH_3)_3 \longrightarrow [(CH_3)_3N]_2EH_3 \quad (E = Al, Ga)$$

この挙動は，第3周期以降の p-ブロック元素に五および六配位の超原子価化合物をつくる傾向があることと一致する（§3・1）．

水素化アルミニウム（AlH_3）は固体で，s-ブロック金属の水素化物のように塩類似水素化物とみなすのが一番よい．市販で容易に利用できる CaH_2 や NaH と違って，AlH_3 が実験室で使われることは少ない．$Al_2(C_2H_5)_4H_2$（*13*）のような水素化アルキルアルミニウムはよく知られた分子状化合物で，$Al-H-Al$ 3c, 2e 結合をもっている．この種の水素化物はアルケンのカップリング反応に用いられるが，その最初の段階は，ヒドロホウ素化の場合

のように，C=C 二重結合への Al－H の付加である．

12 [(CH₃)₃N]₂AlH₃, R=CH₃

13 Al₂(C₂H₅)₄H₂

LiAlH₄ および LiGaH₄ は，MH₃L₂ 錯体をつくるのに有用な前駆物質である．LiAlH₄ は，SiH₄ のような水素化物の合成においても H⁻ イオン源として用いられる．水素化アルキルアルミニウムは，アルケンのカップリングに利用される．

炭素族の電子適正水素化物

炭素族（14族）の電子適正水素化物は孤立電子対をもたないので Lewis 塩基ではない．また孤立電子対がないことから，これらの化合物は水素結合によって会合しないことがわかる．そのうえ炭化水素中の C 原子にはエネルギー的に都合のよい空の軌道がないので，これらの化合物は Lewis 酸でもない．多数の炭化水素は有機化学の観点から取扱うのが最もよく，この節ではおもにシラン類[a]，すなわち水素化ケイ素類を集中的に取上げる．炭化水素配位子に結合した広範囲の金属およびメタロイド*は第 15 章および第 16 章で論ずる．

8・12 シラン類

シラン類は，その炭化水素類似物に比べて電子の数が多く，分子間力が強いので，揮発性が低い．たとえば，プロパン C_3H_8 は沸点が $-44\,°C$ で通常の条件下では気体であるのに対して，その類似物であるトリシラン Si_3H_8 は $53\,°C$ で沸騰する液体である．シランの化学的性質は，アルカンその他の炭化水素ほど詳しくは記載されていない．その理由の一部は，多くのシラン類を合成する実用的または理論的な必要性がほとんど無かったことと，シラン類の反応性が高いのでその研究が面倒なことによるものである．アルケン，アルキンおよび芳香族炭化水素に対応する安定な不飽和類似物は，ケイ素と水素のみから成るシラン類には知られていない．

(a) 合　成

Stock は水素化ケイ素の研究をも行ったが，その理由の一つは，たまたま不純物として

---

* 訳注：半金属とメタロイドとの用語法については p. 169 を参照．
a) silanes

ケイ化マグネシウムを含んだホウ化マグネシウムを用いたことにある．彼はアルカンのSi類似物を四つ，特にSiH_4, Si_2H_6, Si_3H_8およびSi_4H_{10}を確認した．新しいガスクロマトグラフィーによってこれらの生成物を分離すると，Si_4H_{10}は実際にはブタンおよびメチルプロパンに対応する直鎖および枝分かれした異性体の混合物であることが示唆される．事実，直鎖および枝分かれしたあらゆるアルカン類に対応するケイ素類似物が，少なくともSi_9H_{20}までは存在することがガスクロマトグラフィーで示されている．

シラン類は炭化水素よりも熱的に不安定である．すなわち，シラン類は中程度の温度で分解して，シランそれ自身と高次のシラン類との混合物を生ずる．

$$Si_2H_6 \xrightarrow{400℃} H_2 + SiH_4 + 高次シラン類$$

約500℃以上では完全な分解が起こって，シランはケイ素と水素とに分かれる．これらの**熱分解反応**[a]，すなわち加熱によって化合物が分解する反応は，技術的にきわめて有用である．その理由は，半導体工業において，純粋な結晶性ケイ素の原料にシランが用いられるからである．

$$SiH_4 \xrightarrow{500℃} Si(s, 結晶性) + 2H_2$$

この過程で，加熱した基板上にSiの薄膜をつくることができる[17]．これに関連した反応で，放電によってシランが分解すると無定形ケイ素が生成する．

$$SiH_4(g) \xrightarrow{放電} Si(s, 無定形) + 2H_2(g)$$

無定形ケイ素（アモルファスシリコン）は，電卓の電源のような太陽電池に利用される．"無定形ケイ素"は実際には誤った名称である．というのは，無定形ケイ素中には水素がかなりの割合で含まれていて，Si-H結合で結合していることが赤外分光法によってわかっているからである．このSi-H結合は，純粋な結晶性ケイ素のダイヤモンド類似構造のもとになっている規則的なSi-Si結合ができるのを妨げていて，そのために無定形構造が生ずるのである．

Si-H結合をつくる場合には，Stockによるケイ化物のプロトン化法は現在あまり重要ではない．その代わりに，実験室での合成では，$LiAlH_4$を用いるSi-ClまたはSi-Br化合物の複分解

$$4R_3SiCl + LiAlH_4 \xrightarrow{エーテル} 4R_3SiH + LiAlCl_4$$

のような反応によるのが普通である．この方法は実験室では有用だが，シランを工業的につくるのには高価すぎる．シランの工業的な製法では，まず，安価な試薬であるHClとケイ素または鉄のケイ化物のいずれかとの反応でトリクロロシラン$HSiCl_3$をつくる．つぎに塩化アルミニウムのような触媒の存在下でトリクロロシランを加熱すると，シランが生成する．

---

17) J. M. Jasinski, S. M. Gates, *Acc. Chem. Res.*, **24**, 9 (1991).
a) pyrolysis reaction

8·12 シラン類

$$4\,SiHCl_3 \xrightarrow{\Delta} SiH_4 + 3\,SiCl_4$$

この反応は吸エネルギー的で,高温ほど吸エネルギー的になるが ($\Delta_r S^\circ = -58.5\,\mathrm{J\,K^{-1}\,mol^{-1}}$), 著しく揮発性の SiH_4 を取除くことによって反応を正方向に進行させることができる. また SiH_4 は, NaCl と $AlCl_3$ との融解塩混合物中, 高圧水素下で SiO_2 をアルミニウムで還元することによっても工業的につくられる. この反応を理想化して表すとつぎのようになる.

$$6\,H_2(g) + 3\,SiO_2(s) + 4\,Al(s) \longrightarrow 3\,SiH_4(g) + 2\,Al_2O_3(s)$$

> シランは,太陽電池のような半導体機器の製造や,アルケン類のヒドロシリル化に用いられる. シランを工業的につくるには,水素,二酸化ケイ素およびアルミニウムを高圧下で反応させる.

(b) 反 応

シラン類は一般に,対応する炭化水素類似物よりも反応性が高く,空気に触れると自発的に発火する. また,フッ素,塩素および臭素と爆発的に反応する. シランは水溶液中で還元剤でもある. たとえば,Fe^{3+} を含む脱酸素した水溶液中にシランを通気すると Fe^{3+} が Fe^{2+} に還元される.

ケイ素と水素との間の結合は,中性の水の中では容易には加水分解されないが,強酸中や痕跡の塩基が存在する場合には速やかに加水分解される. 同様に,アルコーリシスは,触媒量のアルコキシドによって加速される.

$$SiH_4 + 4\,ROH \xrightarrow{OR^-} Si(OR)_4 + 4\,H_2$$

速度論的研究によると,この反応は **14** のような構造を介して進行することがわかる. この場合,OR^- が Si 原子を攻撃する一方,水素化物的な水素原子とプロトン的な水素原子との間に水素結合の一種 (H⋯H) ができることによって H_2 が発生する. 四ハロゲン化ケイ素はアミン類やそれに類似の電子供与体と多くの安定な錯体をつくるが,その際に考えられている中間体を単離することはできない. それは,シランが四ハロゲン化ケイ素よりもはるかに弱い Lewis 酸だからである. Lewis 酸性度におけるこの違いは,ハロゲンに比べて水素の電気陰性度が低いことを考えれば理にかなっている. その結果として $SiCl_4$ では SiH_4 の場合よりも Si 原子が正になり,したがって,より強い Lewis 酸の部位となる.

14

ヒドロホウ素化に対応するケイ素の反応は**ヒドロシリル化**[a]，すなわち，アルケンおよびアルキンの多重結合に Si–H が付加する反応である．この反応は，ラジカル中間体が生ずるような条件（300℃または紫外線照射）の下で進行させることができて，工業的および実験室的な合成において利用される．実際には，白金錯体を触媒とするはるかに穏やかな条件下で反応させるのが普通である．

$$CH_2=CH_2 + SiH_4 \xrightarrow[\text{2-プロパノール}]{H_2PtCl_6} CH_3CH_2SiH_3$$

この反応は，アルケンとシランとの両方が金属原子に結合した中間体（**15**）を介して進行するというのが現在の考えである．

$$\text{L—Pt} \begin{array}{c} \diagup \text{CH}_2 \\ \diagdown \text{CH}_2 \end{array} \quad \text{H}_3\text{Si}$$

15

> シランは還元剤である．白金錯体を触媒として，炭素-炭素二重結合に付加し（ヒドロシリル化），また，アルコールと反応して $Si(OR)_4$ を生成する．

8・13 ゲルマン，スタンナン，プルンバン

14族の下の方の元素になるにつれて水素化物の安定性が低下するので，スタンナン[b]やプルンバン[c]の化学的研究は著しく限られてくる．ゲルマン[d] GeH_4 およびスタンナン SnH_4 は，テトラヒドロフラン溶液中における各元素の四塩化物と $LiAlH_4$ との反応によって合成することができる．マグネシウム-鉛合金のプロトリシスによって痕跡量のプルンバンが合成されている．これら三つの元素の水素化物はすべてアルキル基またはアリール基があると安定になる．たとえば，トリメチルプルンバン $(CH_3)_3PbH$ は -30 ℃で分解し始めるが，室温で数時間はそのまま存在し続けることができる．

> 熱的な安定性はゲルマンからスタンナン，そしてプルンバンへと減少する．

15族から17族までの電子過剰化合物

この節では工業的に重要な電子過剰水素化合物の製法を取上げる．水素と酸素とから水ができる反応は，機構の面から重要だし，水素ガスが大気中に逃げ出すと必ずこの反応が安全面で深刻な問題を提供する．そこで，この反応の機構についても論ずる．ハロゲン化水素の Brønsted 酸性度については，すでに第5章で論じたので，ここではふれない．

---

[a] hydrosilylation [b] stannane [c] plumbane [d] germane

8・14 アンモニア

アンモニア（NH_3）は，多くの化学薬品製造における主要な窒素源や肥料として使用するために，世界中で大量に生産されている．アンモニアの製造には，事実上唯一の方法，すなわち **Haber法**[a] のみが全世界的に用いられている．この方法では，SiO_2，MgO，およびその他の酸化物を助触媒とする鉄触媒上で N_2 と H_2 との直接結合が起こる．

$$N_2(g) + 3H_2(g) \longrightarrow 2NH_3(g)$$

N_2 の速度論的な不活性を克服するために高温（450℃近傍）で，また450℃では熱力学的に平衡定数が不利になるので，それを克服するために高圧（27 MPa近傍）で反応させる．

その当時（20世紀初頭）未知の領域であった大規模高圧技術から生ずる化学的および技術的な困難は新しい大問題で，その解決に対して二つのノーベル賞が授与されたほどである．賞の一つはこの化学的プロセスを開発した Fritz Haber（1918年）に，もう一つは Haber 法を実行する最初のプラントを設計した化学技術者 Carl Bosch（1931年）に与えられた．アンモニアは，肥料や工業的に重要な窒素含有化合物にとっての主要な窒素源である（チャート8・2）．そのため，Haber-Bosch 法は文明に多大な影響を及ぼした．アンモニアの合成や個々の反応についての詳細は §11・4 に出ている．

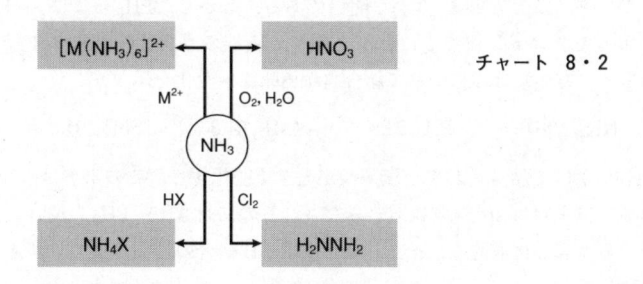

チャート 8・2

触媒を使って N_2 と H_2 とを高温・高圧で結合させるとアンモニアが生成する．アンモニアは肥料になり，また他の窒素含有化学物質をつくる出発物質となる．

8・15 ホスファン，アルサン，スチバン

アンモニアが窒素の化学で主導的な役割を演ずるのとは対照的に，15族中で窒素より重い非金属元素の水素化物（特にホスファン PH_3 およびアルサン[b] AsH_3）はきわめて有害で，各 p-ブロック元素の化学における重要性は少ない．ホスファンおよびアルサンは，いずれも，半導体工業においてケイ素のドーピングや，化学蒸着で GaAs のような半導体化合物をつくるのに使われている．ホスファンやアルサンのような化合物は，生成ギブズ

---

a) Haber process b) arsane

エネルギーが正なので，熱分解で元素を析出させることができる．

PH_3 を工業的につくる方法は塩基性溶液中における白リンの不均化である．

$$P_4(s) + 3\,OH^-(aq) + 3\,H_2O(l) \longrightarrow PH_3(g) + 3\,H_2PO_2^-(aq)$$

アルサンおよびスチバン[a] SbH_3 は，ヒ素またはアンチモンと結合した電気的に陽性な金属を含む化合物のプロトリシスによって合成することができる．

$$Zn_3E_2(s) + 6\,H^+(aq) \longrightarrow 2\,EH_3(g) + 3\,Zn^{2+}(aq) \qquad (E = As, Sb)$$

ホスファンおよびアルサンは，空気中で容易に発火する有毒な気体であるが，それらの有機類似物である PR_3 や AsR_3 （Rはアルキルまたはアリール基）ははるかに安定で，金属の配位化学において配位子として広く使われている．アンモニアおよびアルキルアミン配位子が硬い供与体の性質をもつのに対して，$P(C_2H_5)_3$ や $As(C_6H_5)_3$ のようなオルガノホスファンやオルガノアルサンは軟らかい配位子である．したがって，それらは，低酸化状態の中心金属原子をもつ金属錯体中に組込まれることが多い．その理由は，低酸化状態の金属は軟らかい受容体であり，軟らかい供与体と軟らかい受容体とは結合しやすいという一般的傾向によると解釈される（§5·12）．

PH_3, AsH_3 および SbH_3 では，それぞれの分子同士の間の水素結合は仮にあったとしてもごくわずかであることが図8·3から明白である．しかし，PH_3 および AsH_3 はHIのような強酸によってプロトン化することができる．15族の水素化物はすべて三方錐形であるが，系列を下の方へたどるにつれて結合角が興味深い変化を示す．

$$NH_3, 106.6° \qquad PH_3, 93.8° \qquad AsH_3, 91.8° \qquad SbH_3, 91.3°$$

NH_3 から PH_3 へかけて結合角および塩基性が大きく変化する．この事実は，NH_3 のN-H結合および孤立電子対は sp^3 混成軌道とみなされるのに対して，PH_3 の場合には孤立電子対の性質がはるかにs軌道的で，それに応じてP-H結合の性質がよりp軌道的と思われることと一致している．

> 液体のホスファン，アルサンおよびスチバンは，液体アンモニアと違って，水素結合で会合していない．それらのそれぞれに対応するアルキルおよびアリール類似体は，はるかに安定で，有用な軟らかい配位子である．

8·16 水

16族元素と水素との二元化合物で最も重要なのは水 H_2O である．水の結合や性質については，すでにさまざまなこととの関連において詳しく論じてきた．$H_2O(l)$ の標準生成ギブズエネルギーの値はきわめて負（$-237.1\,kJ\,mol^{-1}$）であるから，この物質はその構成元素に関して熱力学的に安定である．水は，多くのイオン性化合物や，水と水素結合をつ

---

a) stibane

8·16 水

くることができる物質に対してすぐれた溶媒として働くという化学的性質をもっている。水は Lewis 塩基として働き，水中の金属カチオンは通常約6個の H_2O 分子が O 原子を介して配位した状態で存在する。水は穏やかな還元剤であるが，水に電子を放出させるには強い酸化剤が必要である。また，水は比較的強い酸化剤でもある。これらの性質は，§6·10で水の安定領域との関連で論じた。水について十分な議論をするには§6·10を参照するべきである。

水素ガスが酸素ガスと反応して水を生ずる反応機構は広く研究されている。この反応が複雑であることは，反応速度の圧力依存性からわかる（図8·12）。この図は，550℃で全圧を上げて行くと爆発的な反応がゆっくりした反応に変化し，つぎにさらに圧力を高くすると再び爆発性になることを示している。現在では，この反応の複雑さは，簡単な連鎖成長過程と分枝した連鎖機構とが共存していることに起因することがわかっている。単純な連鎖では，ラジカル担体 (OH·) が消費されるともう一つの担体 (H·) が生成する。

$$OH\cdot + H_2 \longrightarrow H_2O + H\cdot$$

連鎖分枝では，ラジカルが一つ反応すると二つ以上のラジカル担体が生ずる．

$$H\cdot + O_2 \longrightarrow OH\cdot + O\cdot\cdot$$
$$O\cdot\cdot + H_2 \longrightarrow OH\cdot + H\cdot$$

通常の反応条件下では，連鎖担体は，反応容器の壁と衝突するか，または，気相中でのその他の連鎖停止衝突によって取除かれる．しかしながら，連鎖分枝が起こると担体の生成

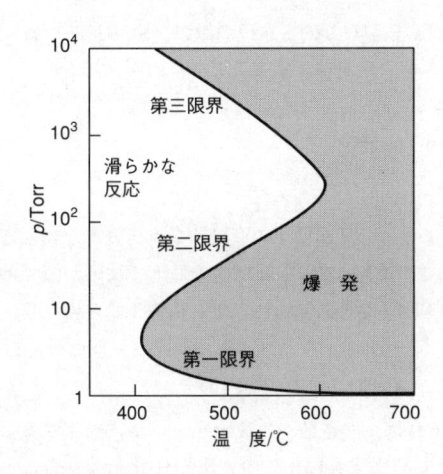

図 8·12 $H_2 + O_2$ 反応の性質の圧力と温度とによる変化．1 Torr = (101 325/760) Pa

が消滅を上回り，ラジカル担体が雪崩のように生成して反応速度が増加し，爆発が起こる．水素の燃焼が爆発的になるような水素分圧の範囲はきわめて広いので，空気中の水素は深刻な爆発の危険性をもっている．

水は，イオン性化合物に対する溶媒としてすぐれている．水は，穏やかな還元剤であるとともに，比較的強い酸化剤である．また，Lewis塩基として働く．構成元素から水ができる反応はラジカル連鎖機構で進行する．

8・17 硫化水素，セレン化水素，テルル化水素

E-H結合の強さは，16族中でH_2SからH_2Teへと下の方へ行くにつれて減少する（図8・11）．これを反映して生成ギブズエネルギーが，この順でより正の値に顕著に変化する．事実，H_2SeおよびH_2Teは，構成元素への分解に関して不安定である．これらの化合物H_2Eはすべて，それぞれの金属塩のプロトン化でつくることができる．

$$Na_2E(s) + 2 H^+(aq) \longrightarrow 2 Na^+(aq) + H_2E(g)$$

H_2Sおよびこの系列中でそれよりも重い化合物のBrønsted塩基性度は水溶液中では無視できる程度に小さい．したがって，それらの塩基性度を区別するには，非水溶媒および強酸が必要である．

化学式EH_2をもつ簡単な水素化合物に加えて，金属の多硫化物をプロトン化すると一連の多硫化水素をつくることができる．

$$Na_2S_n + 2 H^+(aq) \longrightarrow 2 Na^+(aq) + H_2S_n \quad (n=4 \text{ から } 6)$$

多硫化水素分子は，両端のS原子上にH原子が付いているようなS原子のジグザグ鎖からできている．

EH_2の塩基性度およびE-H結合の強さは，EがOからSへは急激に，SからTeへはより緩やかに減少する．硫黄，セレンおよびテルルは，酸素と違って，同一元素による鎖状構造をつくる傾向が強い．

8・18 ハロゲン化水素

ハロゲン化水素は，Br_2とH_2との反応のように，元素同士の直接的なラジカル連鎖反応によって生成する．軽いハロゲン類（F_2およびCl_2）では広範囲の条件下で反応が爆発的に起こるが，市販のすべてのHFまた市販のHClの大部分はハロゲン化物イオンのプロトン化でつくられる．

$$CaF_2(s) + H_2SO_4(l) \longrightarrow CaSO_4(s) + 2 HF(g)$$

この反応でHIをつくることはできない．それは，濃硫酸が生成物をヨウ素に酸化するからである．しかし，H_2SO_4の濃度を注意深く調節すれば，この方法でHBrをつくることができる．

HFは水中で弱い酸であるが，それ以外のハロゲン化水素は強い酸である．それらのBrønsted酸性については第5章で一般的な立場から取上げた．

ハロゲン化水素は，ハロゲン化物塩に強酸を働かせてつくられる．

参考書

G. A. Jeffrey, "An introduction to hydrogen bonding," Oxford University Press, New York (1997).

R. B. King, "Inorganic chemistry of the main group elements," Chapter 1, pp. 1～20, VCH, Weinheim (1995).

M. Kakiuchi, 'Hydrogen: inorganic chemistry,' "Encyclopedia of inorganic chemistry," ed. by R. B. King, Vol. 3, pp. 1444～71, Wiley, New York (1994).

"Kirk-Othmer encyclopedia of chemical technology, 5th Ed.," Wiley-Interscience, New York (1991～1998). 特に，水素，ジュウテリウムおよびトリチウムについての記述をみよ．

J. Emsley, 'Very strong hydrogen bonds,' *Chem. Soc. Rev.*, **9**, 91 (1980).

G. A. Jeffrey, W. Saenger, "Hydrogen bonding in biological structures," Springer-Verlag, New York (1991).

練習問題

8・1 つぎの化合物中の元素の酸化数を記せ．
(a) H_2S (b) KH (c) $[ReH_9]^{2-}$ (d) H_2SO_4 (e) $H_2PO(OH)$

8・2 工業的に水素ガスをつくる三つの主要な過程に対する化学反応式を書け．実験室で水素をつくるのに便利な反応を二つ提案せよ．

8・3 できることならば参考資料を使わずに周期表をつくって元素を明記し，
(a) 塩類似，金属類似，および分子状水素化物の位置を示せ．
(b) p-ブロック元素の水素化合物の $\Delta_r G^{\circ}$ の傾向を述べよ．
(c) 電子不足，電子適正，電子過剰の分子状水素化物ができる領域を線で囲め．

8・4 つぎの水素化合物に名前をつけて分類せよ．
(a) BaH_2 (b) SiH_4 (c) NH_3
(d) AsH_3 (e) $PdH_{0.9}$ (f) HI

8・5 つぎの化学的性質を示す最も顕著な例を練習問題8・4の化合物から取上げて，それぞれの特性を示す反応方程式を記せ．
(a) 水素化物性 (b) Brønsted酸性
(c) 組成が一定しないこと (d) Lewis塩基性

8・6 練習問題8・4中の化合物を，室温・常圧で固体，液体，気体のいずれであるか分類せよ．固体の中で電気の良導体と思われるものは何か．

8・7 Lewis構造とVSEPR論とを用いて H_2Se, P_2H_4, H_3O^+ の構造を予測し，点群を指定せよ．P_2H_4 はスキュー構造とする．

8・8 つぎの反応の中でHD生成の割合が最も高いと思われるものを決めてその理由を示せ．

(a) Pt表面上で平衡状態にある H_2+D_2
(b) D_2O+NaH (c) HDO の電気分解

8・9 つぎのリストの中から，ハロゲン化アルキルとのラジカル反応を起こす可能性が最も高そうな化合物を選びだして，その理由を述べよ．

$$H_2O \quad NH_3 \quad (CH_3)_3SiH \quad (CH_3)_3SnH$$

8・10 H_2O, H_2S, H_2Se を，(a) 酸性度の増える順，(b) プロトンのような硬い酸に対する塩基性の増える順に並べよ．

8・11 二元水素化合物をつくる普通の方法を三つ述べて，それぞれを化学反応方程式で示せ．

8・12 つぎの合成の化学反応方程式を示せ．

(a) H_2Se の実験室での合成
(b) SiD_4 の実験室での合成
(c) $Ge(CH_3)_2Cl_2$ から $Ge(CH_3)_2H_2$ の実験室での合成
(d) 単体ケイ素および HCl からの SiH_4 の工業的合成

8・13 B_2H_6 は空気中で安定だろうか．もし安定でなければ反応式を書け．圧力が 200 Torr の気体貯蔵容器からジエチルエーテルの入った反応容器へ B_2H_6 を定量的に移行させる step-by-step 操作の各段階を説明せよ〔1 Torr = (101 325/760) Pa ≈ 1 mmHg〕．

8・14 $[BH_4]^-$, $[AlH_4]^-$, $[GaH_4]^-$ の水素化物性にはどんな傾向があるか．最も強い還元剤はどれか．過剰の 1 mol dm^{-3} HCl(aq) と $[GaH_4]^-$ との反応方程式を示せ．

8・15 適当な補助的試薬，溶媒および $NaBH_4$ が与えられた場合，適当な炭化水素を選んで $B(C_2H_5)_3$ (a)，および Et_3NBH_3 (b) を合成する反応式と条件とを示せ．

8・16 不純なケイ素からシランを経て純粋なケイ素をつくる化学反応方程式を示せ．

8・17 第2周期中の p-ブロック元素の水素化合物と第3周期中でそれに対応する水素化合物との間の重要な物理的差異および化学的差異について述べよ．

8・18 低温でクリプトンの圧力が高い場合，クリプトンと水との間にどんな種類の化合物ができるか．その構造を言葉で述べよ．

8・19 H_2O と Cl^- イオンとの間の水素結合に対する近似的なポテンシャルエネルギー面を描き，$[FHF]^-$ 中の水素結合のポテンシャルエネルギー面と比較せよ．

演習問題

8・1 ^1HCl の赤外伸縮振動の波数は 2991 cm^{-1} である．^3HCl 気体の赤外伸縮振動に予想される波数はいくらか．

8・2 参考資料2を参考にして，PH_3 の ^1H NMR および ^{31}P NMR スペクトルにおける定性的な分裂パターンと相対強度とを描け．

8・3 (a) 分子状イオン HeH^+ に対する定性的な分子軌道エネルギー準位図を描き，分子軌道準位と原子エネルギー準位との関係を示せ．H のイオン化エネルギーは 13.6 eV で，He の第一イオン化エネルギーは 24.6 eV である（1 eV ≈ 1.602×10^{-19} J）．

(b) 結合性軌道に対する H 1s 軌道および He 1s 軌道の相対的な寄与を推定し，この極性

分子における部分的な正電荷の位置を予想せよ．

(c) 通常の溶媒や表面と接触すると HeH^+ が不安定なのはなぜだと思うか．

8・4 ボランはジボラン B_2H_6 分子の形で，トリメチルボランは $B(CH_3)_3$ 単量体として存在する．さらに，$B_2H_5(CH_3)$，$B_2H_4(CH_3)_2$，$B_2H_3(CH_3)_3$，$B_2H_2(CH_3)_4$ のような分子式をもつ中間組成の化合物が知られている．これらの事実に基づいて，この一連の混合アルキル水素化物がとりうる構造と結合とについて述べよ．

8・5 H_2 を HD で置換した錯体についての研究によって，$[W(CO)_3(H_2)(P^iPr_3)_2]$ 中では H-H 結合が切れないままで H_2 が結合していることがわかった〔G. J. Kubas, R. R. Ryan, B. I. Swanson, P. J. Vergamini, H. J. Wasserman, *J. Am. Chem. Soc.*, **106**, 451 (1984)〕．二水素錯体の H-H 伸縮が $2695\ cm^{-1}$ であるとすると，HD 錯体に予測される波数はいくらか．HD 錯体において D との相互作用で生ずる ^1H NMR 信号のパターンはどのようなものであるべきか．

8・6 水素結合は，金属タンパク質に O_2 が結合したり離れたりする速さを含めて，多くの反応に対して影響を及ぼすことができる〔G. D. Armstrong, A. G. Sykes, *Inorg. Chem.*, **25**, 3135 (1986)〕．金属タンパク質であるヘムエリトリン[a]，ミオグロビン[b] およびヘモシアニン[c] において O_2 との水素結合を示す（あるいは，それに反する）証拠となる現象を述べよ．

8・7 (a) 本文中に述べたボランおよび水素化アルミニウムの構造を水素化ガリウムの構造と比較せよ〔この章の脚注16) の文献を参照〕．

(b) ジボランおよび六水素化二ガリウム Ga_2H_6 がトリメチルアミンとつくる化合物を比較し，両者の違いを説明せよ．

8・8 $[Ir(H_3)(\eta\text{-}C_5H_5)(PR_3)]^+$ が存在することについては分光学的な証拠がある．この錯体中では，形式上 H_3^+ が一つの配位子になっている．この錯体中での結合について考えられる分子軌道の概略を考案せよ．ただし，一つの折れ線状の H_3 単位が一つの配位位置を占めて，金属の e_g および t_{2g} 軌道と相互作用するものと仮定する．しかし，この錯体の構造については，きわめて大きな $^1H\text{-}^1H$ 結合定数をもつトリヒドリド化合物であるとする考えもある〔*J. Am. Chem. Soc.*, **113**, 6074 (1991) およびその中の文献，特に *J. Am. Chem. Soc.*, **112**, 909, 920 (1990) を参照〕．後者の構造に対する証拠について調べよ．

8・9 水素化合物についてのつぎの記述の中で誤りを正せ．"最も軽い元素である水素は，すべての非金属および大部分の金属と熱力学的に安定な化合物をつくる．水素の同位体は1,2,3の質量数をもち，質量数2の同位体は放射性である．H^- イオンは緻密で，その半径ははっきり決まっているから，1族および2族元素の水素化物は典型的なイオン性化合物である．非金属の水素化物の構造は VSEPR 理論で適切に表される．化合物 $NaBH_4$ は，NaH のような1族の簡単な水素化物に比べて水素化物性が大きいので，有用な試薬である．スズの水素化物のような重い元素の水素化物はしばしばラジカル反応を行うが，それは一つには E-H 結合エネルギーが低いからである．ボラン類は水素で容易に還元されるので電子不足化合物とよばれる．"

---

a) hemerythrin b) myoglobin c) hemocyanin

9

金　　属

　金属元素は元素の中で最も数が多く，それらの化学的性質は工業においても，また現代の研究においても重要なものである．周期表中の各ブロック内では金属の性質に多くの系統的な傾向があるが，異なるブロック間ではいくつかの著しい相違がみられる．本章では金属元素の化学的性質における周期的な傾向を概説する．最も重要な傾向の一つは，周期表の各ブロック中における酸化状態の安定性にみられるものである．これらの安定性は，鉱石から金属を取出すことの難易や，実験室で種々の金属やそれらの化合物を取扱う方法に，密接に関連している．その他の重要な性質としては，錯体をつくる際の配位子の選択ならびに金属イオンの周りの配位子の配列がある．金属のハロゲン化物や酸化物のような簡単な二元化合物は系統的な傾向に従うことが多いのがわかるであろう．しかし，低酸化状態にある金属では，金属-金属結合のような興味あるさまざまな化学種がみられる可能性がある．

　周期表のs, d, f-ブロック中の元素はすべて金属で，またp-ブロックの30個の元素の中の7個（アルミニウム，ガリウム，インジウム，タリウム，スズ，鉛，およびビスマス）は，通常金属と考えられている（図9・1）．ここで"通常"と述べた理由は，p-ブロック中における金属と非金属との間の斜めの境界線はそれほど明確なものではなく，メタロイドであるゲルマニウム（Ge）およびポロニウム（Po）もまた金属とみなすことがあるからである．

一 般 的 性 質

　ほとんどの金属は，電気伝導率や熱伝導率が高く，延性と展性とをもっている．しかし，このような画一的性質がある一方，各金属の性質は広い範囲に及んでいる．金属の多様性の一面は原子間の凝集力に表れていて，広範囲にわたる昇華エンタルピーがその多様性を示している（図9・2）．ナトリウムや水銀の蒸気は蛍光灯や街灯のような放電灯に用いられるが，それは1族および12族（アルカリ金属および亜鉛，カドミウム，水銀）の元素の低い昇華エンタルピーを実際に応用した例である．昇華エンタルピーが最も高い金属は

一 般 的 性 質

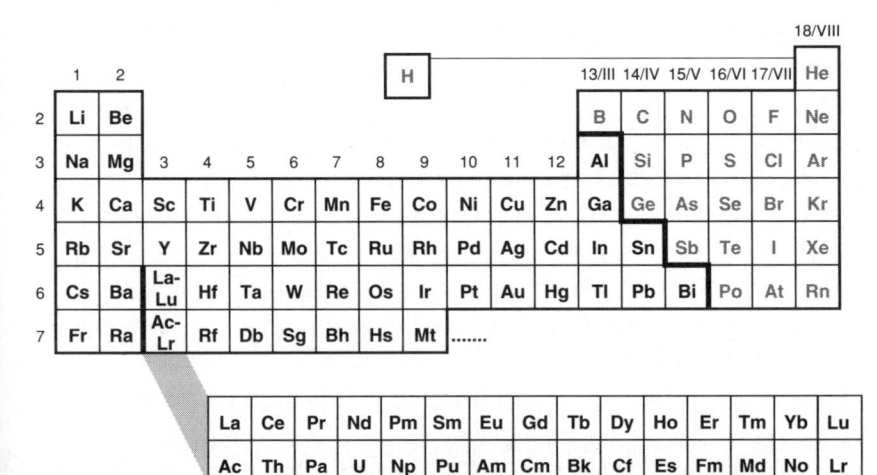

	1	2											13/III	14/IV	15/V	16/VI	17/VII	18/VIII
1							H											He
2	Li	Be											B	C	N	O	F	Ne
3	Na	Mg	3	4	5	6	7	8	9	10	11	12	**Al**	Si	P	S	Cl	Ar
4	**K**	**Ca**	**Sc**	**Ti**	**V**	**Cr**	**Mn**	**Fe**	**Co**	**Ni**	**Cu**	**Zn**	**Ga**	Ge	As	Se	Br	Kr
5	**Rb**	**Sr**	**Y**	**Zr**	**Nb**	**Mo**	**Tc**	**Ru**	**Rh**	**Pd**	**Ag**	**Cd**	**In**	**Sn**	Sb	Te	I	Xe
6	**Cs**	**Ba**	**La-Lu**	**Hf**	**Ta**	**W**	**Re**	**Os**	**Ir**	**Pt**	**Au**	**Hg**	**Tl**	**Pb**	**Bi**	Po	At	Rn
7	**Fr**	**Ra**	**Ac-Lr**	**Rf**	**Db**	**Sg**	**Bh**	**Hs**	**Mt**	....								

La	**Ce**	**Pr**	**Nd**	**Pm**	**Sm**	**Eu**	**Gd**	**Tb**	**Dy**	**Ho**	**Er**	**Tm**	**Yb**	**Lu**
Ac	**Th**	**Pa**	**U**	**Np**	**Pu**	**Am**	**Cm**	**Bk**	**Cf**	**Es**	**Fm**	**Md**	**No**	**Lr**

図 9・1 周期表中における金属元素 (太文字で示してある) の分布

昇華エンタルピー (kJ mol⁻¹ 単位):

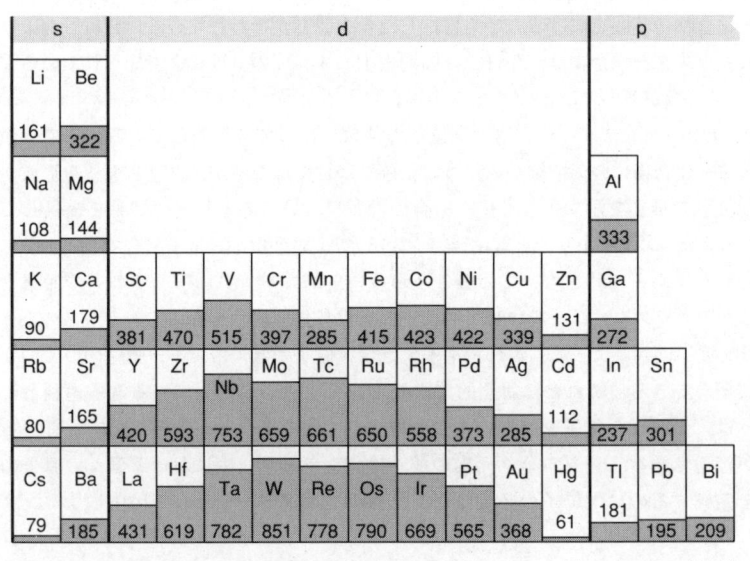

s			d									p		
Li 161	Be 322													
Na 108	Mg 144											Al 333		
K 90	Ca 179	Sc 381	Ti 470	V 515	Cr 397	Mn 285	Fe 415	Co 423	Ni 422	Cu 339	Zn 131	Ga 272		
Rb 80	Sr 165	Y 420	Zr 593	Nb 753	Mo 659	Tc 661	Ru 650	Rh 558	Pd 373	Ag 285	Cd 112	In 237	Sn 301	
Cs 79	Ba 185	La 431	Hf 619	Ta 782	W 851	Re 778	Os 790	Ir 669	Pt 565	Au 368	Hg 61	Tl 181	Pb 195	Bi 209

図 9・2 s, d, および p-ブロック中の金属元素の昇華エンタルピー (kJ mol⁻¹ 単位)

4d および 5d 系列の中央部分に存在している.タングステンはあらゆる元素中で昇華エンタルピーが最も高く,高温でもきわめてゆっくりとしか蒸発しないから,白熱灯のフィラメントに用いられる.

多くの金属には二つの特徴的な化学的性質がある.すなわち金属の酸化状態が +1 か

+2のときにおける塩基性酸化物および水酸化物の生成,および酸性水溶液中における水和カチオンの生成である.ほとんどの金属は酸素と反応するが,その反応の速度および熱力学的な自発性は,金属によって著しく異なる.たとえば,セシウムは空気に触れると発火するが,アルミニウムや鉄のような金属は空気中でそのまま存在する.後者の金属は,表面に酸化物の薄い保護膜ができる不動態化のために常温では大気とゆっくりとしか反応しないので,工業的に有用なものである.標準状態のもとで酸化物をつくる傾向をもたない金属は,d-ブロックの右下にある少数の貴金属だけである(図9・3).その最もよく知られている例は金および白金である.d-ブロックの中央部にある元素は広範囲の酸化状態をとることができ,また多数の錯体をつくる能力があるために,それらの化学的性質はきわめて変化に富んでいる(第7章).

金属元素の化学的性質についての伝統的な見方は,イオン性固体および単核錯体を展望することによって形づくられてきたものである.しかし,構造決定の技法が改良されるにつれて,純金属中のM–M結合距離と同程度またはそれよりも短いM–M結合をもつd金属化合物もたくさんあることがわかってきた.これらの発見に刺激されて,M–M結合をもつ可能性がある化合物のX線による構造研究がさらに追加され,またこの種のクラスター化合物の範囲を広げることを目指した合成研究が行われている.金属(および非金属)のクラスター化合物は,今日では周期表中のすべてのブロックで知られているが(図9・4),最も数が多いのはd-ブロックの場合である.

図9・4中のクラスター化合物は配位子の種類に従って分類されている.この分類は全クラスター化合物について細かい点まで正確なわけではないが,クラスターを形成するおもな配位子の種類を示すとともに,結合の性質についてある程度の知見を提供してくれる.たとえば,アルキルリチウム化合物(第15章)は,多中心二電子結合で金属クラスターに結合したアルキル基をもっていることが多い.d-ブロックのはじめの方の元素やランタノイドのクラスターは一般にBr$^-$のようなπ供与体配位子をもっている.このような配位子はπ電子供与によって,これら電子欠乏金属原子の低エネルギー軌道のいくつかを満たすことができる.これとは対照的に,d-ブロック中の右の方にある電子過剰金属クラスターは,金属から電子密度をいくらか取去るCOのようなπ受容体配位子をもっているのが普通である.p-ブロック元素の多くは,クラスター中における個々の原子の原子価殻を完成するのに配位子の必要はなく,**裸のクラスター**[a]として存在しうる.クラス

7	8	9	10	11	12	Al
Mn	Fe	Co	Ni	Cu	Zn	Ga
Tc	Ru	Rh	Pd	Ag	Cd	In
Re	Os	Ir	Pt	Au	Hg	Tl

図9・3 周期表における貴金属の位置

---

a) naked cluster

ターイオン Pb_5^{2-} および Sn_9^{4-} は，裸の金属クラスターの例である．

金属元素の化学的性質はきわめて多様であるが，元素の酸化状態の安定性，錯体をつくる傾向，種々の酸化状態のハロゲン化物やカルコゲニド*の性質には，各ブロックごとにかなり一貫した傾向が認められる．

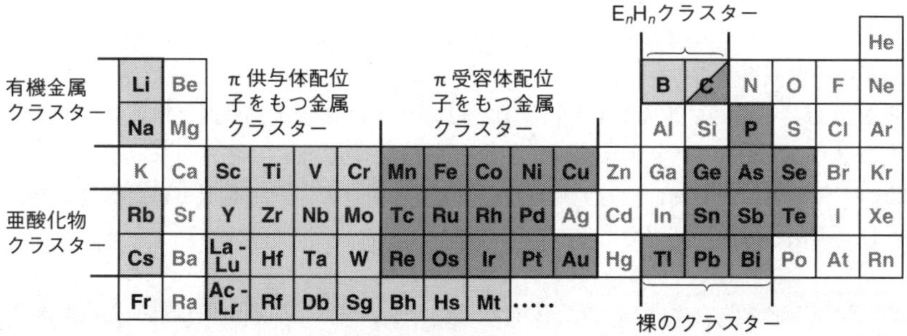

図 9・4 クラスターをつくる元素のおもな分類．炭素は二つの分類に入っていることに注目（たとえば，C_8H_8 や C_{60} をつくる）．〔D. M. P. Mingos, D. J. Wales, "Introduction to cluster chemistry," Prentice Hall, Englewood Cliffs（1990）より転載〕

s-ブロック金属

アルカリ金属（1族）カチオンおよびアルカリ土類金属（2族）カチオンは，通常，鉱物や天然水中に存在し，その中のいくつかは血液のような生体液の重要な成分である．これらの金属の原子では，価電子は弱い束縛しか受けていない．そのことは，イオン化エネルギーが低く，また昇華エンタルピーが低いことに示されている（図9・2）．この二つの性質の結果として，これらの金属は強い還元剤で，1族のすべての金属および2族中でカルシウムからバリウムまでの金属は水と迅速に反応して水素を発生する．比較的安価な金属（リチウム，ナトリウム，カリウム，カルシウム）は，液体アンモニアのような非水溶媒中の化学反応において実験室や工場で強力な還元剤として用いられることが多い．s-ブロック元素の特性酸化数は族番号に等しく，アルカリ金属では+1，アルカリ土類金属では+2である．

アルカリ金属イオンの簡単な錯体は，1950年代まではほとんど知られていなかった．しかし，酸素や窒素のような硬い供与体原子を含む多座配位子がつくりだされたことによって，1族および2族の金属イオンの錯体が多数発見された．水および空気がない場合には，金属が負の酸化状態にあるようないくつかの異常な化合物をつくることができる．その中には Na^- を含むナトリウム化物[a]がある．

---

* 訳注：O, S, Se, Te, Po を "酸素族（chalcogens）" といい，これらの元素のアニオンを chalcogenide というが，日本語では "カルコゲン化物" は使われていない．

a) sodide

9・1 産出と単離

1族および2族の金属の地殻中における存在量は，カルシウム（5番目に豊富な金属），ナトリウム（6番目），カリウム（7番目），マグネシウム（8番目）から比較的まれな金属であるセシウムおよびベリリウムに至る広い範囲にわたっている（図9・5）．リチウムやベリリウムの存在量が低いのが原子核合成の機構によることは§1・1で述べた．アルカリ金属やアルカリ土類金属中の重い元素の存在量が低いのは，鉄以後の元素では核結合エネルギーが減少することに関連している．

表9・1は，工業的に重要な1族および2族の金属のおもな天然資源と単離法とを表示したものである．これらの元素はすべて著しく還元性であるから，それらを取出すには，融解塩の電気分解，還元剤に他のアルカリ金属を使う方法，または高温での金属還元のように比較的高価な方法が必要である．

> ナトリウム，カリウム，マグネシウムおよびカルシウムは地殻中に豊富にあるが，それらの金属を取出すには多くのエネルギーが必要である．

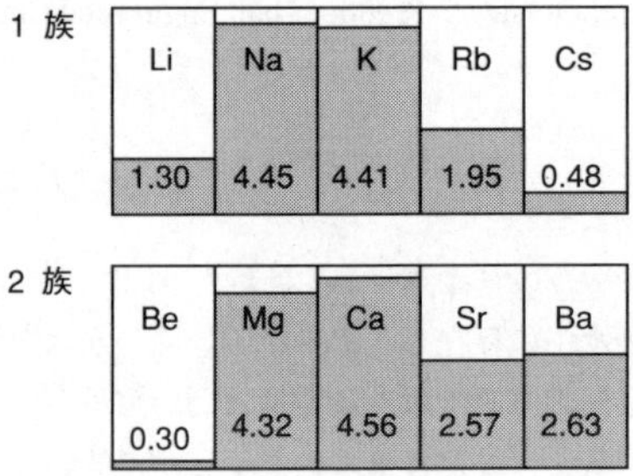

1族	Li	Na	K	Rb	Cs
	1.30	4.45	4.41	1.95	0.48

2族	Be	Mg	Ca	Sr	Ba
	0.30	4.32	4.56	2.57	2.63

図 9・5 地殻中における1族および2族元素の存在量．数字は，試料1000 kg当たりの金属の質量（g単位）の常用対数である．縦軸は対数尺度でとってある．

表 9・1 工業的に重要な s-ブロック金属の鉱物資源と製法

金　属	天然資源	製　法
リチウム	リチア輝石 $LiAl(SiO_3)_2$	融解 $LiCl+KCl$ の電気分解
ナトリウム	岩塩 $NaCl$，海水およびかん（鹹）水	融解 $NaCl$ の電気分解
カリウム	カリ岩塩 KCl，かん水	850℃で KCl にナトリウムを作用させる
ベリリウム	緑柱石 $Be_3Al_2[Si_6O_{18}]$	融解 $BeCl_2$ の電気分解
マグネシウム	苦灰石（ドロマイト） $CaMg(CO_3)_2$	$2\,MgCaO_2(l) + FeSi(l) \xrightarrow{1150℃} Mg(g) + Fe(l) + Ca_2SiO_4(l)$
カルシウム	石灰石 $CaCO_3$	融解 $CaCl_2$ の電気分解

9・2 酸化還元反応

アルカリ金属およびアルカリ土類金属の標準電位（表9・2）は，それらがすべて水で

酸化されうることを示している．

$$1族: M(s) + H_2O(l) \longrightarrow M^+(aq) + OH^-(aq) + \frac{1}{2}H_2(g)$$
$$2族: M(s) + 2H_2O(l) \longrightarrow M^{2+}(aq) + 2OH^-(aq) + H_2(g)$$

ナトリウムおよびそれより重い同族体の場合，この反応は水素が発火するほど速くまた発熱的である．これらの反応の激しさは問題の金属の融点が低いことと関連している．それは，ひとたび融解すると清浄な金属表面が表に現れやすく，その結果，迅速な反応がひき続いて進行するからである．2族の元素の中でベリリウムとマグネシウムとは，いずれも薄い酸化物皮膜によってそれ以上の酸化が阻止されるために，水や空気に耐えることができる．

表 9・2 s-ブロック元素の標準電位 (E°/V)

1族		2族	
Li	−3.04	Be	−1.97
Na	−2.71	Mg	−2.36
K	−2.94	Ca	−2.87
Rb	−2.92	Sr	−2.90
Cs	−3.03	Ba	−2.91

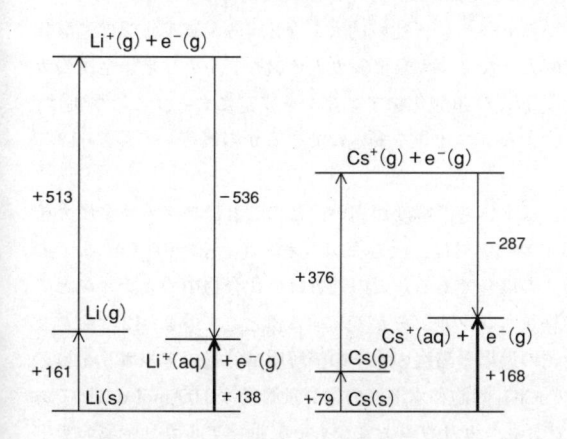

図 9・6 リチウムおよびセシウムについての酸化半反応 $M(s) \to M^+(aq) + e^-$ の熱化学サイクル〔数字は各過程の $\Delta_r H^\circ /(kJ\ mol^{-1})$ の値〕．$M^+(g)$ の標準生成エンタルピーの大きな差が，水和エンタルピーの差で打消されていることに注目せよ．

1族および2族の金属は強い還元剤である．

アルカリ金属の標準電位は驚くほど一様で−3 Vに近い．この一様性は，還元半反応を構成している熱化学的な過程におけるエネルギー項が互いに打消し合うことに起因する（図9・6）．族の下の方へ行くにつれて，昇華エンタルピーとイオン化エンタルピーとはともに減少する（酸化されやすくなる）が，一方，イオン半径の増大に伴い水和エンタルピー（負の値）の絶対値は減少する（酸化されにくくなる）からである．

9・3 二元化合物

　水溶液中では，s-ブロック元素がどんな化合物をつくる傾向があるかは，酸化還元系の標準電位からうかがい知ることができる場合が多い．しかし，固体状態におけるs-ブロック金属のカチオンとアニオンとの相互作用は，金属イオンとH_2O分子との相互作用とかなり異なる可能性があるから，化合物をつくる傾向と標準電位との間にすべての場合に相関関係があるとはいえない．たとえば，1族の標準電位は族の下の方まで比較的一様であるにもかかわらず，この族の金属の窒化物で安定なのは窒化リチウムLi_3Nだけである．このような化学的な個性の違いはs-ブロック元素とO_2との反応の場合にもみられる．

　ハロゲン化物では，化学的性質の傾向がもっと単純である．その例はアルカリ金属とハロゲンとの二元化合物[a]のすべてにみられる．大部分のアルカリ金属ハロゲン化物は(6, 6)配位塩化ナトリウム型構造(§2・9)をもっているが，CsCl，CsBr，CsIの構造はもっと密に詰まった(8, 8)配位塩化セシウム型である．高圧下ではナトリウム，カリウム，ルビジウムのハロゲン化物の構造が塩化ナトリウム型から，より密に詰まった塩化セシウム型へ転移する．

　s-ブロック金属の酸化物および硫化物の大多数のものは族番号と同じ酸化数(1族では+1，2族では+2)を示すが，アニオンがカテネーション(鎖形成)を起こす可能性があるので，広範囲の化合物が生ずる．たとえば，Na_2O_2中には過酸化物イオンO_2^{2-}があり，KO_2中には超酸化物イオンO_2^-がある．さらに，比較的大きな2族の金属イオンは過酸化物を生成する．このように，比較的大きなアルカリ金属カチオンやアルカリ土類金属のカチオンは，大きな過酸化物アニオンおよび超酸化物アニオンを安定にする．この事実は，大きなカチオンがどのようにして大きなアニオンを安定にできるかの例として§2・12で使った．

　簡単なアルカリ金属塩のほとんどは水への溶解度が高い．このことはアルカリ金属カチオンの特色である．この一般則の主要な例外は，大きなアニオンと，K^+からCs^+までの比較的大きなカチオンとの組合わせの場合である．この性質は，化合物中のカチオンとアニオンとの半径の相対値によって格子エンタルピーが変化する例として§2・12でも言及した．たとえば，重いアルカリ金属の過塩素酸塩の水への溶解度は，軽いアルカリ金属の過塩素酸塩よりもはるかに低い．$CsClO_4$の飽和水溶液の物質量濃度は$0.09\ mol\ dm^{-3}$であるが，$LiClO_4$では$4.5\ mol\ dm^{-3}$である．カリウムおよびもっと重いアルカリ金属のテトラフェニルホウ酸塩は水にさらに溶けにくい．同様に，比較的重いアルカリ土類金属カチオンは大きな2価のアニオンと不溶性塩をつくる．そのよく知られた例は，セッコウプラスターの主要成分である硫酸カルシウム水和物である．この族の下の方に行くにつれて水中での溶解度は著しく減少する．$MgSO_4$はきわめてよく溶けるが，$CaSO_4 \cdot 2\ H_2O$の溶解度は$5 \times 10^{-2}\ mol\ dm^{-3}$，また$BaSO_4$の溶解度は$10^{-5}\ mol\ dm^{-3}$にすぎない．

---

[a] binary compound

X線構造決定によるとLi$^+$イオンは四配位から六配位にわたる配位数をとることが多い. Li$_2$Oはその例で, この場合リチウムイオンは四配位 (逆ホタル石型構造において), またLiFの場合には六配位 (塩化ナトリウム型構造において) である (§2・9). より大きなアルカリ金属イオンではもっとさまざまな配位数をとることができる.

ベリリウムは共有結合をつくる傾向があるので, その化合物の構造には特色がある. ベリリウムのこの性質は, 大きさが小さく分極能が高いことに起因している. ベリリウム化合物中に繰返し出てくるモチーフは, Beが中心になっている四面体のユニットである. たとえば, BeOの低温型構造はBe原子の四面体形配位をもつウルツ鉱型 (§2・9) である. BeOは電気伝導率が低いのに熱伝導率が高いという珍しい性質の組合わせをもっている. したがって, もしベリリウム化合物の高い毒性がなかったら, BeOセラミックスにはたくさんの応用があったにちがいない. BeOとは対照的に, すべての比較的大きなアルカリ土類金属イオンの簡単な酸化物は塩化ナトリウム型構造で六配位である.

2族中で最小のイオンであるBe^{2+}は, 主として四配位をとる. これより大きなイオンはおもに六配位である.

9・4 錯形成

族酸化状態にあるs-ブロック金属イオンは化学的に硬いイオンである. したがって, s-ブロックイオンの錯体の大部分は, OかN原子をもつような小さくて硬い電子供与体とのクーロン相互作用で生成する. 一般に, 小さくて高電荷のイオンほど, その錯体が安定である. たとえば, Be^{2+}やMg^{2+}と硬い配位子との錯体は分解に関して安定なことが多いが, それ以外のs-ブロック金属イオンの錯体は不安定である. これらの錯体では置換不活性と

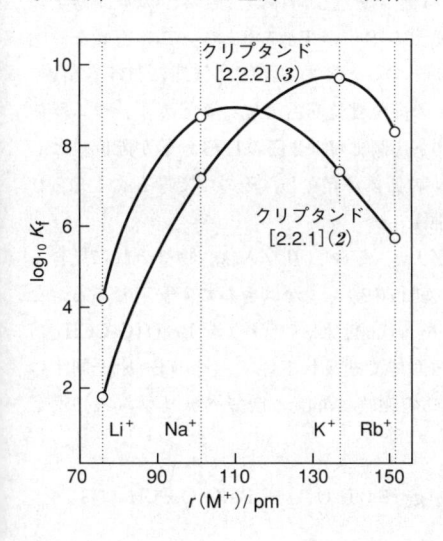

図 9・7 金属とクリプタンド配位子との錯体の安定度. 水中の生成定数の対数とカチオンの半径との関係. 小さいクリプタンド [2.2.1] との錯形成ではNa$^+$が有利で, 大きなクリプタンド [2.2.2] ではK$^+$が有利なことに注目せよ.

安定性とが平行関係にある．簡単な錯体の生成速度が溶液中での衝突速度よりも遅いのは，$Be^{2+}(aq)$ および $Mg^{2+}(aq)$ の場合だけである．

1族のカチオンおよび2族の比較的重い金属（カルシウムからバリウムまで）のカチオンの錯体で最も注目に値するのは多座配位子との錯体である．単座配位子は，これらのイオンとのクーロン相互作用が弱く，また共有結合性が欠けているために，弱く結合するにすぎない．18-クラウン-6（**1**）のようなクラウンエーテルはアルカリ金属イオンと錯体をつくり，その錯体は非水溶液中で安定に存在し続ける．クリプタンド［2.2.1］（**2**）やクリプタンド［2.2.2］（**3**）のような二環式クリプタンド配位子がアルカリ金属とつくる錯体はさらに安定で，水溶液中でも変化しない．クリプタンド配位子は特定の金属イオンに対して立体的な選択性を示す．この選択性のおもな原因は，配位子中の空孔とその中に入るカチオンとの幾何学的な適合性である（図9・7）．

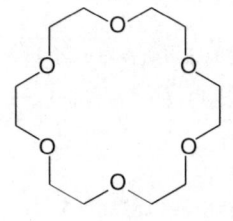

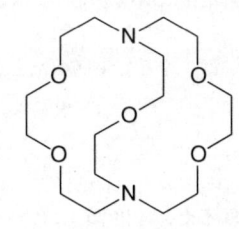

1 18-クラウン-6　　*2* クリプタンド[2.2.1]　　*3* クリプタンド[2.2.2]

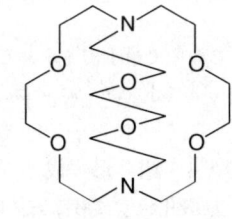

2族のカチオンは単環式クラウンエーテルやクリプタンド配位子と錯体をつくる．分析化学で重要なエチレンジアミン四酢酸イオン〔$(^-O_2CCH_2)_2NCH_2CH_2N(CH_2CO_2^-)_2$, edta^{4-}〕のように電荷をもつ多座配位子とでは最も安定な錯体ができる．アルカリ土類金属の edta^{4-} 錯体の生成定数の順は $Ca^{2+} > Mg^{2+} > Sr^{2+} > Ba^{2+}$ である．この奇妙な傾向の解析はきわめて複雑で，ここでの議論の範囲外のことである．固体状態における Mg^{2+} の edta^{4-} 錯体は七配位構造（**4**）で，H_2O が一つの配位部位を占めている．カルシウム錯体は，対イオン次第で七配位または八配位になり，1個または2個の H_2O 分子が配位子として作用する．天然には多数の Ca^{2+} および Mg^{2+} の錯体が存在し，その中で最もよく知られているのはクロロフィルである（§19・11参照）．

ベリリウムはその同族体に比べ共有結合性が大きく，ベリリウム化合物はそれに見合った性質を示す．通常の配位子とベリリウムとの錯体のいくつかはきわめて安定である．たとえば"塩基性酢酸ベリリウム"〔酸化ヘキサキス(酢酸)四ベリリウム $Be_4O(O_2CCH_3)_6$〕では中心のO原子が4個のBe原子から成る四面体で囲まれていて，そのBe原子同士は酢酸イオンによって橋かけされている（**5**）．この物質は酢酸と炭酸ベリリウムとの反応でつくることができる．

$$4\,BeCO_3(s) + 6\,CH_3COOH(l) \longrightarrow 4\,CO_2(g) + 3\,H_2O(l) + Be_4O(O_2CCH_3)_6(s)$$

"塩基性酢酸ベリリウム"は無色で昇華性の分子化合物で，クロロホルムに可溶で，その溶液から再結晶することができる．

4 $[Mg(edta)(OH_2)]^{2-}$
5 $[Be_4O(O_2CCH_3)_6]$

単環式または二環式多座配位子を用いると，1族および2族のイオンの安定な錯体が生成する．

例題 9・1 s-ブロックの化学における傾向を説明する．

簡単な結合モデルを用いて，バリウムは過酸化物をつくるのにベリリウムはつくらないのはなぜかを説明せよ．

解 大きなアニオンは一般に大きなカチオンによって安定化される（§2・12）．したがって，過酸化バリウムは過酸化ベリリウムよりも安定なはずである．事実，バリウムを空気にさらすと過酸化物が自然に生成するが，ベリリウムではBeOだけが生成する．

問題 9・1 金属イオンのグループ(a)および(b)についてそれぞれ安定な錯体をつくる配位子はどれか．また，各グループ内における安定性の近似的な順番を示せ．
配位子: クリプタンド[2.2.2]，edta^{4-}，OH$^-$
金属カチオン: (a) Li$^+$, Na$^+$, Rb$^+$, Cs$^+$; (b) Cu^{2+}, Fe^{3+}

9・5 金属過剰酸化物，電子化物，アルカリ化物

化合物中におけるs-ブロック金属の酸化数がそれらの族番号よりも低いような化合物をつくるのには特別な条件が必要で，このような珍しい化合物は空気，水，その他の酸化剤を厳密に除去した場合にのみ生成する．たとえば，ルビジウムまたはセシウムを限られた量の酸素と反応させると一連の金属過剰酸化物[a]ができる．図9・4でクラスター化合物に分類したこれらの化合物は，黒ずんだ反応性の高い金属導体で，Rb_6O，Rb_9O_2，Cs_4O，Cs_7Oのように一見奇妙な化学式をもっている．これらの構造を説明する手がかりになっているのはRb_9O_2の構造である．Rb_9O_2では6個のRb原子から成る八面体がO原子を取囲んでいて，隣接する二つの八面体は面を共有している（図9・8）．これらのクラス

---

a) metal-rich oxide

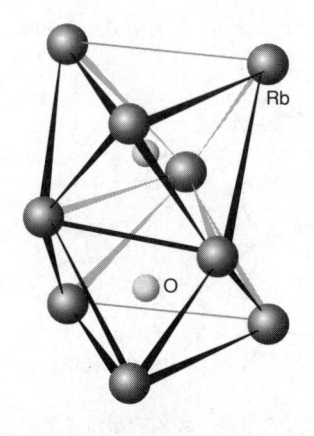

図9・8 Rb_9O_2の構造．このクラスター中の各O原子はRb原子の八面体で取囲まれている．

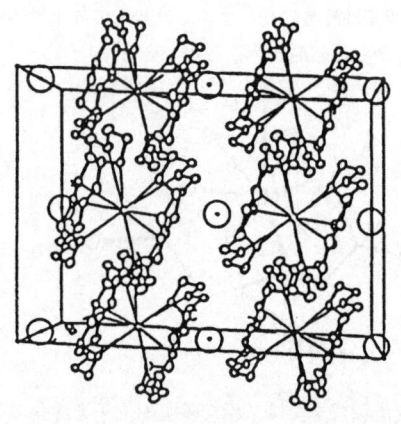

図9・9 $[Cs(18\text{-}crown\text{-}6)_2]^+e^-$の結晶構造のORTEP図．⊙は電子密度が最高の部位．したがって"アニオン" e^- が存在する場所を示す〔S. B. Dawes, D. L. Ward, R. H. Huang, J. L. Dye, *J. Am. Chem. Soc.*, **108**, 3534 (1986) より〕．

ターが存在するのは，金属原子上にわたって非局在化している弱いM−M結合とM^+O^{2-}クーロン相互作用とによるものと考えられる．このような化合物が金属伝導性であることは，価電子が個々のRb_9O_2クラスターを越えて非局在化していることを示している．

もう一つの興味ある1組の化合物が液体アンモニア中のナトリウムの研究に際して確認された．ナトリウムは純粋な無水液体アンモニアに水素発生を伴わずに溶けて，希釈すると濃い青色を呈する溶液を生ずる．このような**金属-アンモニア溶液**の色は，近赤外にピークがある強い吸収バンドのすそに起因している．ナトリウムのほかにも，カルシウムやユウロピウムなど，昇華エンタルピーが低く電気的に陽性な金属は液体アンモニアに溶けて，金属の種類には無関係な色をもつ溶液を生ずる．種々の実験によれば，NH_3分子の集団がつくっている空孔中の電子が，箱の中の粒子と同じようなエネルギー準位をもっていて，そのエネルギー遷移がこの色の原因であることが示されている．

ナトリウムが液体アンモニアに溶けてきわめて希薄な溶液を生ずる過程は次式で表される．

$$Na(s) \longrightarrow Na^+(am) + e^-(am)$$

ここで，"am"はアンモニア中に溶けている状態を表す．この溶液は，空気がなければアンモニアの沸点（−33℃）で長期間変化しないが，準安定であるにすぎず，いくらかのd-ブロック化合物があると，それが触媒となってつぎの反応が起こる．

$$Na^+(am) + e^-(am) + NH_3(l) \longrightarrow NaNH_2(am) + \frac{1}{2}H_2(g)$$

もっと高濃度の溶液では$e^-(am)$がカチオンと会合して，溶液は青銅のような外観を呈

9・5 金属過剰酸化物，電子化物，アルカリ化物

する．光学スペクトルや電気伝導率の測定によると，金属中のように，電子が溶液全体にわたって非局在化していることを示している．

希薄な金属-アンモニアの青い溶液は優れた還元剤である．たとえば，液体アンモニア中でNi^{II}をカリウムで還元すると珍しいNi^{I}の錯体 $[Ni_2(CN)_6]^{4-}$ をつくることができる．

$$2K_2[Ni(CN)_4] + 2K^+(am) + 2e^-(am) \longrightarrow K_4[Ni_2(CN)_6](am) + 2KCN$$

この反応は，アンモニアの沸点まで冷却した容器中で空気を除去した状態で行われる．

アルカリ金属はエーテルやアルキルアミンにも溶けるが，その溶液の吸収スペクトルはアルカリ金属によって異なる．金属によって吸収が異なることは，そのスペクトルが**アルカリ化物イオン**[a] M^-（ナトリウム化物イオン Na^- のような）から溶媒への電荷移動に関係するものであることを示唆している．アルカリ化物イオンの存在をさらに証明する事実は，M^- とされている物質が反磁性であることである．M^- はスピンが対をなしている s^2 価電子配置をもっているはずである．この説明と矛盾しないもう一つの事実は，ナトリウム-カリウム合金を溶かしたときの吸収バンドはナトリウムだけを溶かした溶液のものと同じだということである*．溶媒にエチレンジアミン（enと表す）を用いた場合には，金属に無関係な吸収バンドは観測されない．そこで，この溶解反応はつぎのように表される．

$$2Na(s) \longrightarrow Na^+(en) + Na^-(en)$$
$$NaK(l) \longrightarrow K^+(en) + Na^-(en)$$

カチオンとクリプタンドとの錯形成を利用して，たとえば $[Na(2.2.2)]^+[Na]^-$ のような固体のナトリウム化物をつくることができる．ここで (2.2.2) はクリプタンド配位子である．X線構造決定によると，問題の固体中には $[Na(2.2.2)]^+$ イオンと Na^- イオンとがあって，結晶中で Na^- は見かけの半径が I^- よりも大きな空孔の中に存在していることが明らかになった．このように，ナトリウム化物やその他のアルカリ化物が合成できることは，溶媒や錯形成剤が金属の化学的挙動に大きな影響をもっていることを示している．溶媒和電子を含む固体，いわゆる**電子化物**[b]を結晶化し，それらのX線結晶構造を決めることさえも可能である．そのような固体中で電子密度が最大と考えられる位置を図9・9に例示する．

s-ブロック元素は一連の有機金属化合物をも生成するが，それらは有機および無機合成で有用なものである．二つのよく知られた例に，CH_3MgBr のような Grignard 試薬およびメチルリチウム $Li_4(CH_3)_4$ がある．これらの化合物は第15章で詳しく取上げる．

> 1族および2族の金属は，金属過剰酸化物を生成し，また液体アンモニアに溶ける．
> 酸化剤が存在しないか，またはその量が限られている場合には，これらの金属はクリプタンドと金属過剰化合物をつくる．それらの多くは電子伝導体である．

---

* 訳注： Na の方が K より電気陰性度が高いことに注意．
a) alkalide ion b) electride

d-ブロック金属

d-ブロック金属の大部分は，1族および2族の金属よりもはるかに堅い．車輌や建物をつくるのに鉄，銅，およびチタンが広く使われるのは，空気中での酸化があまり速くないこととともに，それらの堅さによるものである．s-ブロック金属と対照的なもう一つの性質は，d-ブロック金属の多くは広範囲の酸化数をとる結果，それらの化学的性質が豊富で興味深いものであるという点である．また，d-ブロック金属は，はるかに広範囲の配位化合物（第7章）および有機金属化合物（第16章）を生成する．d-ブロック元素の固体化合物の多くがもつ興味深い電子的性質（第18章），それらが触媒として働く能力（第17章），生化学的過程でそれらが演じる微妙で重要な役割（第19章）は，d-ブロック金属の酸化状態が広範囲にわたることによるものである．この節では，d-ブロック内における酸化状態の安定性にみられる傾向と代表的ないくつかの化合物の性質とに重点をおくことにする．

表 9・3 工業的に重要な d-ブロック金属の鉱物資源と製法

金属	おもな鉱物	製法
チタン	チタン鉄鉱 $FeTiO_3$ ルチル（金紅石）TiO_2	$TiO_2 + 2C + 2Cl_2 \rightarrow TiCl_4 + 2CO$ ついで $TiCl_4$ を Na か Mg で還元
クロム	クロム鉄鉱 $FeCr_2O_4$	$FeCr_2O_4 + 4C \rightarrow Fe + 2Cr + 4CO$ [†1]
モリブデン	輝水鉛鉱 MoS_2	$2MoS_2 + 7O_2 \rightarrow 2MoO_3 + 4SO_2$ ついで $MoO_3 + 2Fe \rightarrow Mo + Fe_2O_3$ または $MoO_3 + 3H_2 \rightarrow Mo + 3H_2O$ [†2]
タングステン	灰重石 $CaWO_4$ 鉄マンガン重石 $(Fe, Mn)WO_4$	$CaWO_4 + 2HCl \rightarrow WO_3 + CaCl_2 + H_2O$ ついで $2WO_3 + 6H_2 \rightarrow 2W + 6H_2O$
マンガン	軟マンガン鉱 MnO_2	$MnO_2 + C \rightarrow Mn + CO_2$ [†3]
鉄	赤鉄鉱 Fe_2O_3 磁鉄鉱 Fe_3O_4 褐鉄鉱 $FeO(OH)_2$	$Fe_2O_3 + 3CO \rightarrow 2Fe + 3CO_2$
コバルト	輝コバルト鉱 $CoAsS$ スクッテルド鉱 $(Co, Ni)As_{3-x}$ リンネ鉱 Co_3S_4	銅およびニッケル製造の副産物
ニッケル	ペントランド鉱 $(Fe, Ni)_9S_8$	$2NiS + 2O_2 \rightarrow 2Ni + 2SO_2$ [†4]
銅	黄銅鉱 $CuFeS_2$ 輝銅鉱 Cu_2S	$2CuFeS_2 + 2SiO_2 + 5O_2 \rightarrow$ $2Cu + 2FeSiO_3 + 4SO_2$

[†1] 鉄-クロム合金はそのままステンレス鋼に用いられる．
[†2] 鉄-モリブデン合金は刃物用の鋼に用いられる．
[†3] 溶鉱炉中で Fe_2O_3 とともにこの反応を行わせると合金ができる．
[†4] 鉱石を融解すると NiS が生成し，それを物理的に分離する．NiO は溶鉱炉中で酸化鉄とともに銅をつくるのに用いられる．ニッケルは電気分解または一度 $Ni(CO)_4$ にする Mond 法で精製する．

9・6 産出と単離

3d系列中で左側にある元素は自然界でおもに金属酸化物の形かまたはオキソアニオンとの組合わせで金属カチオンとして産出する（表9・3）．これらの元素の中で一番還元しにくいのはチタンである．チタンをつくるには，TiO_2をCl_2および炭素と加熱して$TiCl_4$とし，つぎにそれを不活性ガス雰囲気中で約1000℃で融解マグネシウムで還元する．クロム，マンガン，鉄の酸化物は，はるかに安価な炭素で還元される（§6・1参照）．3d系列中で鉄の右側にあるコバルト，ニッケル，および銅はおもに硫化物およびヒ化物として産出する．このことは，3d系列中で右へ行くほど2価カチオンの軟らかいLewis酸としての性質が増大することと一致している．銅は電気伝導体として大量に利用されている．粗銅を電気分解で精製すると高電気伝導率に必要な高純度なものが得られる．

表9・3からわかるように，4dおよび5dのはじめの方に出てくる金属であるモリブデンやタングステンの鉱物を還元するのは困難である．このことは，後でこの節で述べるように，これらの元素には安定な高酸化状態をもつ傾向があることを反映している．d-ブロックの右下にある白金族元素（RuとOs，RhとIr，PdとPt）は通常，多量の銅，ニッケル，コバルトとともに硫化物およびヒ化物の鉱石として産出する．白金族元素は，銅およびニッケルの電解精錬の際に生成する沈殿物から集められる．

> Cuのように化学的に軟らかい金属の硫化物鉱物を部分的に酸化すると金属が得られる．より電気的に陽性で化学的に硬い金属は酸化物として産出し，還元によって取出される．

9・7 高酸化状態

金属と非金属との組合わせにおいては必ず非金属に負の酸化数を割り当てるという約束の結果として，$[ReH_9]^{2-}$中のRe^{VII}や$W(CH_3)_6$中のW^{VI}のように形式上高い酸化数が出てくる可能性がある．しかし，これらの化合物は通常の意味での酸化剤ではなく，他の有機金属化合物と一緒に第16章で論ずる．ここでの議論は，ハロゲン，酸素および硫黄のような電気的に陰性の配位子をもつ化合物に限ることにする．

(a) 酸化状態 —— 3d系列の左から右へ

1族から18族に至る系列中で族酸化数[*,a]をとることができるd-ブロック元素は，ブロックの左の方にある元素で，右の方にある元素は族酸化数に到達することはない．たとえば，3族中のスカンジウム，イットリウム，ランタンの水溶液中での状態は酸化数+3のものだけで，これらの元素の大部分の錯体における金属の酸化状態は+3である．9族（Co, Rh, Ir）およびそれ以降の金属では，酸化数が族酸化数に達することは決してない．最高

---

* 訳注：d-ブロック元素では，族番号に等しい酸化数を族酸化数という．

a) group oxidation number

酸化数にみられるこのような限界は，d-ブロック中の各周期において左から右へ行くにつれて貴な性質が増大することに関連している．

　3d 金属の族酸化状態の熱力学的安定性における傾向は，図9・10に示す Frost 図によって明瞭にわかる．スカンジウム，チタン，バナジウムでは族酸化状態が図の比較的低い位置に来ている．このことは，これらの元素の金属状態および中間酸化状態はいずれも容易に族酸化状態に酸化されることを示している．それに対してクロムやマンガンでは族酸化状態（それぞれ+6 および+7）が図の上の部分に来ていて，そのような状態は還元され

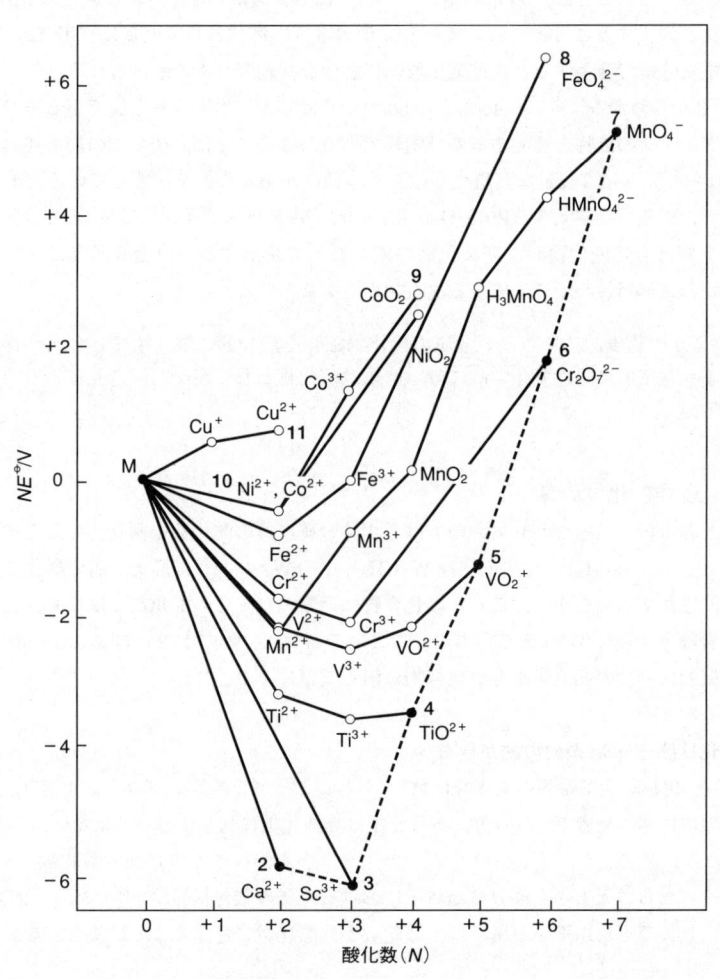

図 9・10　3d 系列の元素の酸性溶液（pH=0）中における Frost 図．太字の数字は族番号を表し，また破線は族酸化状態にある化学種を結んだものである．

やすいことがわかる．この図はまた，第4周期の8族から11族までの金属（鉄，コバルト，ニッケル，銅，亜鉛）では族酸化状態が達成されないことを示している．

族酸化状態の安定性に関するこの傾向は，ハロゲンおよび酸素と3d元素との二元化合物の場合にもみられる．ブロックの最初の方の金属では，族酸化状態の塩化物（たとえば$ScCl_3$や$TiCl_4$）をつくることができる．しかし，バナジウム（5族）やクロム（6族）の族酸化状態のハロゲン化物をつくるには，塩素よりも酸化力の強いフッ素が必要で，その場合にはVF_5およびCrF_6が生成する．第4周期で6族以降ではフッ素でさえも族酸化状態まで酸化することができず，MnF_7やFeF_8はいまだかつて合成されていない．酸素は，フッ素よりも容易に多くの金属を族酸化状態にすることができる．金属を同じ酸化数にするのに要する原子の数は，フッ素よりも酸素の方が少なくてすむからである．たとえば，過マンガン酸カリウム$KMnO_4$のような過マンガン酸塩の中ではマンガンが族酸化状態 +7 を達成している．しかし，FeO_4が存在するとの主張に対しては強い異論が唱えられている．

図9・10の Frost 図から推測されるように，オキソアニオンであるクロム酸イオンCrO_4^{2-}，過マンガン酸イオンMnO_4^-，鉄酸イオンFeO_4^{2-}は強い酸化剤で，その強さはCrO_4^{2-}からFeO_4^{2-}へと増大する（BOX 9・1参照）．この傾向は，到達しうる最高の酸化状態の安定性が6族，7族，8族の順で低下することを示すもう一つの例である．融解水酸化カリウム中でMnO_2を空気酸化すると，マンガンは族酸化状態にはならず，その代わりにMn^{VI}を含む濃緑色化合物のマンガン酸カリウムK_2MnO_4が生成する．これは，クロムより右の方にある元素をその最高酸化状態まで酸化することの難しさを示すもう一つの例である．MnO_4^{2-}は酸性水溶液中で不均化して酸化マンガン（IV）MnO_2とMn^{VII}を含む濃紫色の過マンガン酸イオンMnO_4^-とを生ずる．

$$3\,MnO_4^{2-}(aq) + 4\,H^+(aq) \longrightarrow 2\,MnO_4^-(aq) + MnO_2(s) + 2\,H_2O(l)$$

鉄の族酸化数（8+）は，いかなる溶媒中でも達成されていない．

d-ブロック中で左の方にある元素は族酸化状態をとる可能性があるが，右の方にある元素にはその可能性がない．

(b) 酸化状態 —— 族の上から下へ

4族から10族までは，族の中で下へ行くにつれて元素の最高酸化状態がより安定になる．安定性が最も大きく変化するのは3d系列と4d系列との間においてである．6族についてのこの傾向を図9・11に示す．この図においてMo^{VI}およびW^{VI}の化合物が$Cr_2O_7^{2-}$中のCr^{VI}よりも下の方にあることに注目されたい．これは，モリブデンやタングステンはクロムに比べて最高酸化状態が安定であることを示している．また，図中におけるCr^{VI}，Mo^{VI}，W^{VI}の相対的な位置から3d系列と4d系列との間の変化が大きいことがわかる．

d-ブロックでは重い金属ほど高酸化状態が安定であることは，それらの元素のハロゲ

BOX 9・1 ニクロム酸塩の合成

Cr^{VI}オキソアニオンを合成するには，Fe^{II}およびCr^{III}を含むクロム鉄鉱$FeCr_2O_4$を融解水酸化カリウム中に溶かして，空気中の酸素で酸化する．

$$FeCr_2O_4(s) + 6\,KOH(l) + \frac{5}{2}O_2(g) \longrightarrow K_2FeO_4(融解) + 2\,K_2CrO_4(融解) + 3\,H_2O(g)$$

この過程では，鉄とクロムの両方が+6の状態，すなわちFeO_4^{2-}およびCrO_4^{2-}，に変化する．クロムは族酸化状態に到達するが，鉄はそうではない．融成物を水に溶かして沪過すると2種のオキソアニオンを含む溶液ができる．酸性溶液中でFe^{VI}はCr^{VI}よりも酸化力が強いので，これを利用して両イオンを分離することができる．酸性にすると，FeO_4^{2-}は還元され，CrO_4^{2-}は二クロム酸イオン$Cr_2O_7^{2-}$に変化する．後者の変化は，単純な酸塩基反応で酸化還元反応ではない．

$$2\,FeO_4^{2-}(aq) + 10\,H^+(aq) \longrightarrow 2\,Fe^{3+}(aq) + \frac{3}{2}O_2(g) + 5\,H_2O(l) \quad 酸化還元反応$$

$$2\,CrO_4^{2-}(aq) + 2\,H^+(aq) \longrightarrow O_3CrOCrO_3^{2-}(aq) + H_2O(l) \quad 酸塩基反応$$

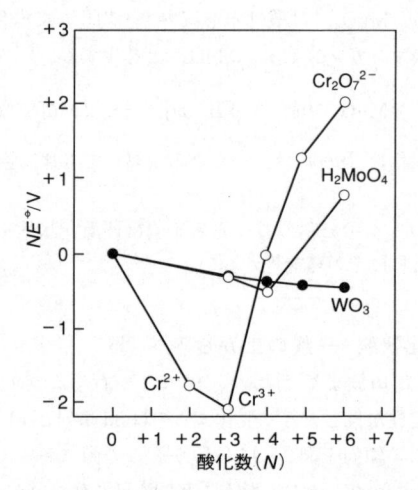

図 9・11　d-ブロック中のクロム族（6族）元素の酸性溶液（pH=0）中におけるFrost図

ン化物の化学式にも現れている（表9・4）．4dおよび5d金属が酸化されやすいことは，MnF_4，TcF_6，ReF_7といった化学式をもつ化合物まで存在することからわかる．6族から10族までの元素の中では重い方のd-ブロック元素について六フッ化物（PtF_6のような）

9・7 高酸化状態

表 9・4 最高酸化状態の d-ブロック金属の二元ハロゲン化物[†1]

4族	5族	6族	7族	8族	9族	10族	11族
TiI_4	VF_5	CrF_5[†2]	MnF_4	$FeBr_3$	CoF_3	NiF_4	$CuBr_2$
ZrI_4	NbI_5	MoF_6	$TcCl_6$	RuF_6	RhF_6	PdF_4	AgF_3
HfI_4	TaI_5	WBr_6	ReF_7	OsF_6	IrF_6	PtF_6	$AuCl_5$

[†1] 金属を最高酸化状態にすることができるハロゲン化物イオンの中で最も電気陰性度の低いものについての化学式を示してある.
[†2] CrF_6 は不動態化した Monel 合金製容器中室温で数日間保存できる.

が合成されている. より重い金属の高酸化状態が比較的安定であることと合致して, WF_6 は顕著な酸化剤ではない. しかし, 六フッ化物の酸化特性は右の方へ行くにつれて増大し, PtF_6 は O_2 を O_2^+ に酸化できるほど強力である.

$$O_2(g) + PtF_6(s) \longrightarrow [O_2][PtF_6](s)$$

金属が最高の酸化状態をとりうる能力と中間の酸化状態への酸化されやすさとの間に相関関係はない. たとえば, 鉄は標準状態において $H^+(aq)$ によって酸化される.

$$Fe(s) + 2H^+(aq) \longrightarrow Fe^{2+}(aq) + H_2(g) \quad E^\circ = +0.44\,V$$

しかし, すでに指摘したように, 溶液中で鉄をその族酸化状態まで酸化できる酸化剤は今までにみつかっていない. 8族中における二つの重い金属（ルテニウムおよびオスミウム）は酸性水溶液中では H^+ で酸化されない. たとえば,

$$Os(s) + 2H_2O(l) \longrightarrow OsO_2(s) + 2H_2(g) \quad E^\circ = -0.65\,V$$

しかし, それらは酸素によって RuO_4 や OsO_4 のような +8 の酸化状態に酸化される.

$$Os(s) + 2O_2(g) \longrightarrow OsO_4(s)$$

四酸化ルテニウムおよび四酸化オスミウムは低融点で著しく揮発性の有毒な分子化合物で, 選択的な酸化剤に用いられる. たとえば, 四酸化オスミウムは過マンガン酸イオンと同様に, アルケンをジオールに酸化するのに用いられる.

$$C_6H_{10} \xrightarrow{OsO_4} [\text{osmate ester intermediate}] \xrightarrow{NaHSO_3 / H_2O} C_6H_{10}(OH)_2$$

モリブデンおよびタングステン —— 特に後者 —— の正の酸化状態に対する Frost 図はかなり平らである（図 9・11）. この平坦さは, モリブデンにもタングステンにも特に +3 の酸化状態になろうとする傾向がないことを示している. これに対してクロムでは +3 がきわめて特徴的な酸化状態である. モリブデンおよびタングステンの単核錯体では +2, +3, +4, +5, +6 の酸化状態が普通である. M—M 結合をもつ二核または多核錯体では

+2および+3の酸化状態のものが多いが，それについては後でもっと詳しくみていくことにする．

> 4族から10族に至る元素では，各族の下の方へ行くにつれて最高酸化状態がより安定になる．安定性が最も大きく変化するのは3d系列と4d系列との間においてである．

(c) 構造上の傾向──族の上から下へ

原子半径およびイオン半径の考察から予測されるように，4dおよび5d元素はそれらの3d同族体よりも高い配位数をもっていることが多い．この傾向は，d-ブロックのはじめの方の金属のフルオロ錯体およびシアノ錯体についての表9・5にみられる．小さなF^-が配位子の場合，3dのはじめの方の金属は六配位錯体をつくる傾向があるが，より大きな4dおよび5d金属では同じ酸化状態において七配位および九配位の錯体をつくる傾向があることを明記しておこう．オクタシアノモリブデン(V)酸錯体は，配位子が小さい場合には高い配位数が実現する傾向があることを示している．このような錯体は電気化学的または化学的に容易に還元できる．

$$[Mo(CN)_8]^{3-}(aq) + e^- \longrightarrow [Mo(CN)_8]^{4-}(aq) \qquad E^{\ominus} = -0.73\,V$$

> 4dおよび5dの元素は，それらの3d同族体よりも高い配位数をとることが多い．

表 9・5 d-ブロックのはじめの方の元素のフルオロおよびシアノ錯体の配位数

	錯体(配位数)		
	3 族	4 族	5 族
3d	$[NH_4]_3[ScF_6]$ (6)	$Na_2[TiF_6]$ (6)	$K[VF_6]$ (6); $K_2[V(CN)_7]\cdot 2H_2O$ (7)
4d	$NaYF_9$ (9)	$Na_3[ZrF_7]$ (7)	$K_2[NbF_7]$ (7); $K_5[Nb(CN)_8]$ (8)
5d	$NaLaF_9$ (9)	$Na_3[HfF_7]$ (7)	$K_3[TaF_8]$ (8)

(d) 単核オキソ錯体

酸素は大気中や水溶液中にたくさん含まれているし，多くの有機分子中では電子供与体原子として容易に利用できる．したがって，金属元素，特にd-ブロック中左側にある硬くて高酸化状態の金属の化学において，酸素を含む配位子が主要な役割を演ずるのは不思議ではない．この節では，オキソ配位子と，それが金属の高酸化状態をひきだす能力とに重点をおく．もう一つの重要な問題は，酸塩基平衡を介してのオキソ配位子とアクア配位子との間の関係ならびにオキソ配位子とそれに等電子的な配位子との関係であろう．

高酸化状態の金属は，水溶液中では主としてオキソアニオンとして存在する．マンガン(Ⅶ)を含む過マンガン酸イオンMnO_4^-やクロム(Ⅵ)を含むクロム酸イオンCrO_4^{2-}がその

例である．これらのオキソアニオンは，マンガン(II)を含む $[Mn(OH_2)_6]^{2+}$ やクロム(II)を含む $[Cr(OH_2)_6]^{2+}$ のように金属の酸化状態が低い簡単なアクアイオンとは対照的である．

高 pH ではアクア配位子よりもオキソ配位子ができやすくなる．この pH 効果は，溶液中の OH^- イオンがアクア配位子からプロトンをとろうとすることで容易に理解できる．低酸化状態の金属カチオンが水分子の O 原子から電子を引き抜こうとする効果は比較的小さい．その結果，この場合のアクア配位子は弱いプロトン供与体にすぎなくなる．このことを考えると，これらのカチオンではアクア錯体が存在することを合理的に説明できる．高酸化状態の金属イオンの場合は，それに結合している O 原子上の電子密度が低下し，それによって H_2O および OH^- 配位子の Brønsted 酸性度が増加する．

化学種の安定性に対する pH の影響と酸化状態の影響とは Pourbaix 図によってまとめて表される（§6・10）．図9・12で例として示した錯体は，四座配位子 L によって安定化されている結果，広範囲な条件下で似た配位形になっている．アクア錯体 cis-$[RuLCl(OH_2)]^+$ (**6**) は pH=2 の溶液中で+0.40 V まで安定である．これより少し電位が高くなると，単純な酸化（すなわち，電子の除去）が起こって，cis-$[RuLCl(OH_2)]^{2+}$ になる．pH=2 で，さらに酸化性の条件下（+0.95 V）では，酸化と脱プロトン化との両方が起こり Ru^{IV} のオキソ化合物 cis-$[RuLCl(O)]^+$ が生成する．もっと高い電位（約+1.4 V）では酸化がさらに進んで Ru^V のオキソ化合物 $[RuLCl(O)]^{2+}$ が生ずる．すでに指摘したように，より塩基性の条件にすると H_2O 配位子が脱プロトン化して，ヒドロキソまたはオキソ錯体ができやすくなる．たとえば，pH=8 では Ru^{III} 錯体は脱プロトン化されてヒドロキソ錯体 cis-$[RuLCl(OH)]^+$ になり，続いて pH=2 における Ru^{III}/Ru^{IV} 変換に対する電位よりも低い電位でオキソ Ru^{IV} 錯体に変化する．

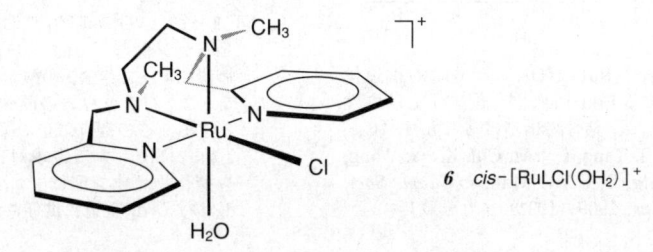

6 cis-$[RuLCl(OH_2)]^+$

オキソ配位子を含む簡単な錯体を表9・6に示す．バナジウムの酸化状態がその族酸化数よりも一つ低い状態（+4）になっているバナジル* VO^{2+} が全体の一部であるような錯体がたくさん知られている．バナジル錯体は通常さらに4個の配位子をもっていて，その形は四方錐（**7**）である．これらの d^1 錯体の多くは d-d 遷移によって青色を呈し，またオキ

---

* 訳注：体系名は，オキソバナジウム(IV)イオン〔oxovanadium(IV) ion〕またはオキソバナジウム(2+)イオン〔oxovanadium(2+) ion〕．

ソ配位子のトランスの位置に 6 番目の配位子が緩く結合することができる．[VO(acac)$_2$] 中のバナジル V−O 結合距離（158 pm）は acac 配位子と V との間の 4 個の V−O 結合距離（197 pm）より短い．バナジル錯体中の短い結合距離は，VO 伸縮振動の波数が高い（940～980 cm^{-1}）こととともに，VO 多重結合に対する強い証拠になっている．この結合では，酸素配位子上の孤立電子対が，中心のバナジウムに供与されている．多重結合に関与している d-pπ 軌道の重なりを図 9・13 に示す．4p-p の重なりもかなりの寄与を及ぼしているであろう．O のトランス位置に配位子が結合しにくくなるというオキソ配位子のトラ

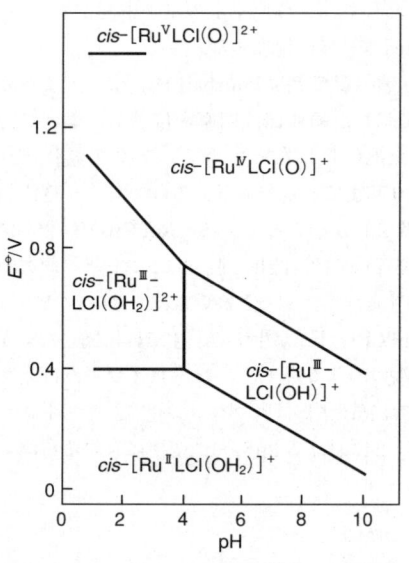

図 9・12 cis-[RuLCl(OH$_2$)]$^{2+}$ および関連化学種に対する Pourbaix 図．配位子 L は中性四座配位子で，錯体の構造は **6** に示す〔C. -K. Li, W. -T. Tang, C. -M. Chi, K. -Y. Wong, R. -J. Wang, T. C. W. Mak, *J. Chem. Soc., Dalton Trans.*, 1909 (1991) より転載〕.

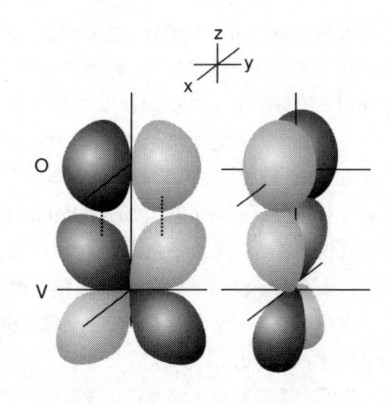

図 9・13 VO^{2+} 部分中における酸素とバナジウムとの間の d-pπ 結合．慣習によって非金属の酸素の酸化数を −2，バナジウムの酸化数を +4 とする．この観点に立てば，2 個の π 結合に関与する電子対はいずれも酸化物イオン配位子から金属の d$_{zx}$ および d$_{yz}$ 軌道に供与される．

表 9・6 よくみられるモノオキソおよびジオキソ錯体の例

族	元 素	構 造	化 学 式
5	V^{IV}, d^1	四方錐	[V(O)(acac)$_2$], [V(O)Cl$_4$]$^{2-}$
	V^V, d^0	シス八面体	[V(O)$_2$(OH$_2$)$_4$]$^+$
6	Mo^{VI}, d^0; W^{VI}, d^0	四面体	[Mo(O)$_2$(Cl)$_2$]
7,8	Re^V, d^2; Os^{VI}, d^2	トランス八面体	[Re(O)$_2$(py)$_4$]$^+$, [Re(O)$_2$(CN)$_4$]$^{3-}$; [Os(O)$_2$Cl$_4$]$^{2-}$

ンス効果は，酸素とのこの強い多重結合が原因であると考えられる[1]．

7 $[VOCl_4]^{2-}$

最高の酸化状態にあるバナジウムは多数のオキソ化合物を生成し，その多くは後で説明するポリオキソ化合物である．最も簡単なオキソ錯体 $[V(O)_2(OH_2)_4]^+$ は，難溶性の五酸化二バナジウム V_2O_5 を水に溶かしたときにできる酸性溶液中に存在する．この淡黄色の錯体はシス形(**8**)である．

8 $[V(O)_2(OH_2)_4]^+$

この場合にもまたオキソ配位子がトランス位置に及ぼす影響がみられる．2個の O^{2-} 配位

(a) (b)

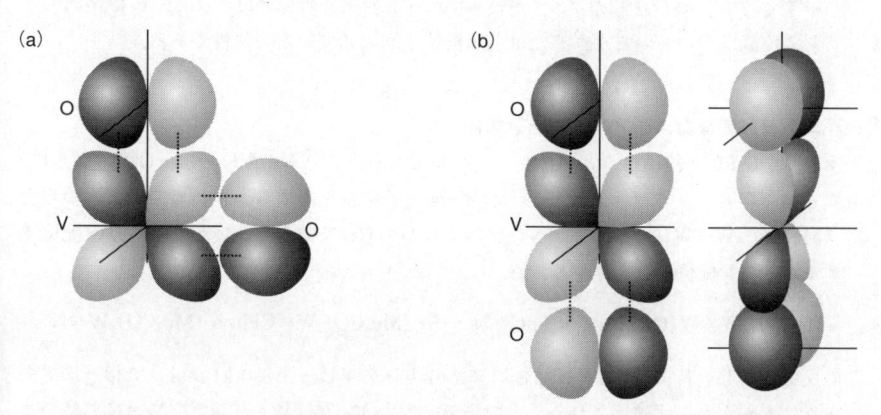

図 9・14 バナジウムに酸素配位子がシスで結合したときとトランスで結合したときとにおける配位子間の競合の比較．(a) シス配置では金属のd軌道で両方のO原子上のπ軌道と共通になっているのは1個だけである．(b) トランス配置では金属の2個のd軌道が両方のO原子上のπ軌道と共通になっている．

---

1) オキソ配位子がトランス位置に及ぼす影響についての総説: E. M. Shustorovich, M. A. Porai-Koshits, Yu. A. Buslaev, *Coord. Chem. Rev.,* **17**, 1 (1975)．この効果の簡潔な要約と理論的な裏づけについては I. B. Bersuker, "Electronic structure and properties of transition metal compounds," p. 473, Wiley, New York (1996) を参照．

子がトランス配置だと（図9・14b），これらのO^{2-}配位子は2個のd軌道（d_{yz}とd_{zx}）を互いに取合うことになるのに対し，シス配置ならば（図9・14a），両方の配位子が競合するのは1個のd軌道（たとえばd_{yz}）だけで，残りの2個のd軌道はそれぞれ別のO^{2-}配位子とπ結合をつくることができる．したがって，シス配置のときはπ結合をつくろうとする2個のオキソ配位子の競合が少なくてすむ．

d^0錯体 $[V(O)_2(OH_2)_4]^+$のシス構造とは対照的に，d^2の中心金属Re^VおよびOs^{VI}では*trans*-ジオキソ錯体（**9**）がたくさん知られている．その例を表9・6に示す．このトランス配置が有利なのは，この配置だと2個のd電子が占めることのできる低エネルギーの空軌道ができるためと思われる．この説明によれば，オキソ配位子がトランス位置に及ぼす影響によるエネルギーの損失がd^2電子の安定化によって十二分に補われることになる．

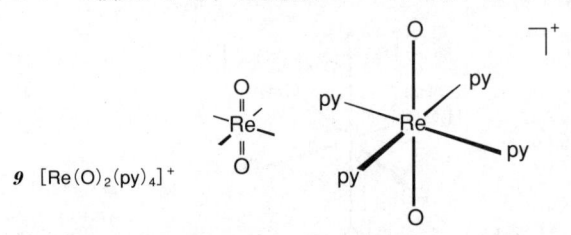

9 $[Re(O)_2(py)_4]^+$

pHが高く，中心金属原子の酸化状態が高いと，アクア配位子がオキソ配位子に変換しやすくなる．酸化状態が+4または+5のバナジウム錯体では，オキソ配位子のトランス位置は空いているか，または弱い配位子が占めている可能性がある．

(e) ニトリド錯体およびアルキリジン錯体

N^{3-}およびRC^{3-}基はO^{2-}とアイソローバルである．これらの配位子は，O^{2-}のように，金属と強く結合し，トランス位にある金属-配位子結合を弱める．きわめて反応性の化合物 $(Me_3CO)_3W\equiv W(OCMe_3)_3$はベンゾニトリルの$C\equiv N$結合を開裂してニトリド配位子とアルキリジン配位子とを生ずる．

$$(Me_3CO)_3W\equiv W(OCMe_3)_3 + PhC\equiv N \longrightarrow (Me_3CO)_3W\equiv CPh + (Me_3CO)_3W\equiv N$$

この反応の著しい特徴は，$C\equiv N$結合は，結合エンタルピーが890 kJ mol^{-1}で相当に丈夫であるにもかかわらず破壊されることである．したがって，$W\equiv C$および$W\equiv N$の結合エンタルピーはかなり大きくなければならない[2]．

ニトリド錯体およびアルキリジン錯体*はいずれもM−NおよびM−Cの結合距離が

---

[2] アセチレンおよびニトリルによるタングステン-タングステン三重結合の複分解でアルキリジンおよびニトリド錯体ができる反応については，R. R. Schrock, M. L. Listmann, L. G. Sturgeoff, *J. Am. Chem. Soc.*, **104**, 4291 (1982) を参照．

* 訳注：カルビン錯体（carbyne complex）ともいう．

短く,オキソ錯体の場合と同様に多重結合であることを示唆している.また,オキソ配位子の場合と同じように,ニトリドおよびアルキリジン配位子はトランスの金属-配位子結合を弱めることが多い.この効果は,金属d軌道へのπ逆供与の際に同じ軌道を競い合うことによるもので,その大きさはRC≡ > N≡ > O≡の順である.

5族から8族までの元素では多くのニトリド錯体が知られている.ニトリド錯体が最も多いのは,6族のモリブデンとタングステン,7族のレニウム,および8族のルテニウムとオスミウムである.化学式 $[MNX_4]^-$ の四方錐形ニトリド錯体は,MがMo^{VI},Re^{VI},Ru^{VI},Os^{VI}で,XがF,Cl,Br,(場合によっては)Iの場合に知られている.これらの錯体の構造は,M≡Nの結合距離の短い(157 pmから166 pm)四方錐(**10**)である.6番目の部位に配位子がつくことも少しはあるが,その結果できる結合は,先に述べたオキソ錯体の場合のように,長くて弱い.$[Ta_2NBr_8]^{3-}$(**11**)のようなM=N=M化合物の例も知られているが,以下に述べるようなポリオキソメタラートに対応する窒素類似体はまだ知られていない.

10 $[M(N)X_4]^-$ **11** $[Ta_2(N)Br_8]^{3-}$

d金属系列のはじめの方にある金属で高酸化状態のものではM≡L結合が普通である.この結合は,トランス位の配位子への結合を弱める.

(f) ポリオキソメタラート

ポリオキソメタラート[a]は,金属原子を2個以上もつオキソアニオンである.オキソ配位子が低pHでプロトン化して生じた H_2O 配位子を中心の金属原子から取去ると,単核オキソメタラートを縮合させることができる.そのよく知られた例は塩基性クロム酸塩の黄色い溶液と過剰の酸との反応で,脱水が起こってオキソ橋かけによるオレンジ色の二クロム酸イオンが生成する.

---

a) polyoxometallate

$$2\,\text{CrO}_4^{2-}(\text{aq}) + 2\,\text{H}^+(\text{aq}) \longrightarrow \text{Cr}_2\text{O}_7^{2-}(\text{aq}) + \text{H}_2\text{O}(\text{l})$$

強酸性の溶液中では，オキソ橋かけによるもっと長いCr^{VI}の鎖状化合物ができる．この場合，Oの四面体同士は頂点でしか結合しない（辺や面で橋かけが行われると，中心金属同士が近寄りすぎるからである）ので，Cr^{VI}がポリオキソ化合物をつくろうとする傾向が制限を受ける．これに対して4dおよび5d金属に普通にみられる五配位または六配位の金属のオキソ錯体では，頂点間だけでなく辺でもオキソ配位子を共有するような構造をとることができる．その結果，3d金属の場合よりも多様なポリオキソメタラートが生ずる．

図 9・15 d-ブロック元素でポリオキソメタラートをつくるもの．灰色地の元素はきわめて多様なポリオキソメタラートをつくる．

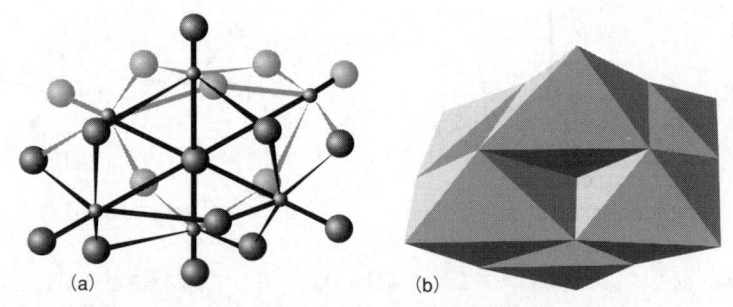

4	5	6	7
Ti	$\text{V}^{\text{IV,V}}$	Cr^{VI}	Mn
Zr	Nb^{V}	Mo^{VI}	Tc
Hf	Ta^{V}	W^{VI}	Re

図 9・16 $[\text{M}_6\text{O}_{19}]^{2-}$ 中にみられる構造で，辺を共有している 6個の八面体．(a) 普通の表し方，(b) 多面体による表し方

5族および6族中でクロムの隣にある金属（図9・15）は六配位のポリオキソ錯体をつくる．5族および6族でポリオキソメタラートの生成が最も目立つのはバナジウム(V)，モリブデン(VI)，タングステン(VI)の場合である．5族の中でポリオキソメタラートが一番たくさんあるのはバナジウムで，それは多くのV^{V}錯体および若干のV^{IV}錯体またはV^{IV}-V^{V}混合酸化状態のポリオキソ錯体をつくる．

ポリオキソメタラートイオンの構造は，中心に金属原子が，頂点にO原子があるような多面体で表すと好都合なことが多い．二クロム酸イオン $\text{Cr}_2\text{O}_7^{2-}$ の場合，頂点のO原子が共有される様子を伝統的な方法で表したのが **12** で，多面体表示で表したのが **13** である．同様に，$[\text{Nb}_6\text{O}_{19}]^{8-}$，$[\text{Ta}_6\text{O}_{19}]^{8-}$，$[\text{Mo}_6\text{O}_{19}]^{2-}$，$[\text{W}_6\text{O}_{19}]^{2-}$ の基本になっている M_6O_{19} の構造は，通常の構造と多面体構造とで表すと，図9・16のようになる．この系列のポリオキソメタラートの構造中には，末端のO原子（金属原子から外側に向かって突

き出ている）と二つの型の橋かけO原子とがある．橋かけO原子の一つは2個の金属を橋かけしているM-O-Mで，もう一つは構造の中心にあって6個の金属原子のすべてに共通に結合している"超配位状態"のO原子である．問題の構造は，6個のMO_6八面体から構成されていて，各八面体は隣接する4個の八面体と辺を共有している．このM_6O_{19}配列の全体としての対称性はO_hである．$[W_{12}O_{40}(OH)_2]^{10-}$ (**14**)はポリオキソメタラートのもう一つの例である．化学式が示しているように，このポリオキソアニオンはプロトン化されている．プロトン移動平衡はポリオキソメタラートでは普通の現象で，縮合反応やフラグメント化反応と一緒に起こる可能性がある[3]．

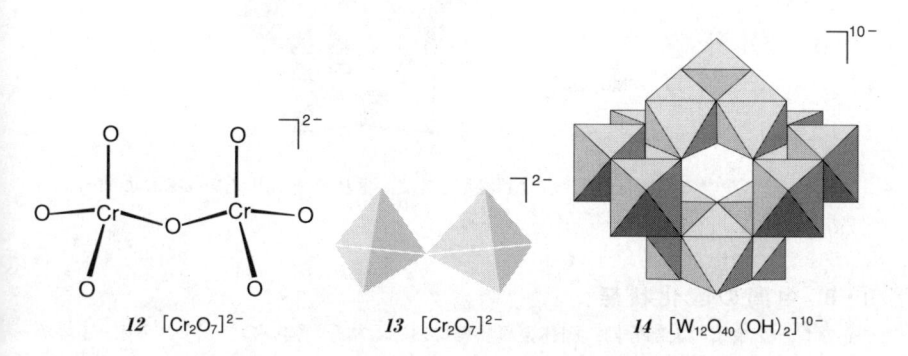

12 $[Cr_2O_7]^{2-}$ **13** $[Cr_2O_7]^{2-}$ **14** $[W_{12}O_{40}(OH)_2]^{10-}$

ポリオキソメタラートアニオンはpHおよび濃度を注意深く調整することによって合成される[4]．たとえば，ポリオキソモリブデン酸イオンおよびポリオキソタングステン酸イオンはテトラオキソモリブデン(VI)酸イオンまたはテトラオキソタングステン(VI)酸イオンの溶液を酸性にすると生成する．

$$6\,[MoO_4]^{2-}(aq) + 10\,H^+(aq) \rightleftharpoons [Mo_6O_{19}]^{2-}(aq) + 5\,H_2O(l)$$
$$8\,[MoO_4]^{2-}(aq) + 12\,H^+(aq) \rightleftharpoons [Mo_8O_{26}]^{4-}(aq) + 6\,H_2O(l)$$

多数のポリオキソモリブデン酸塩やポリオキソタングステン酸塩に加えて，リン，ヒ素，その他のヘテロ原子を含むヘテロポリモリブデン酸塩やヘテロポリタングステン酸塩のような**ヘテロポリオキソメタラート**[a]がたくさんある．たとえば，$[PMo_{12}O_{40}]^{3-}$中には1個のPO_4^{3-}四面体があって，それは周りのMoO_6八面体とO原子を共有している(**15**)．この構造の中には，多くの異なるヘテロ原子が入り込むことができて，その一般式は，$[X^{(n+)}Mo_{12}O_{40}]^{(8-n)-}$である．ここでヘテロ原子Xになりうるのは$As^V$，$Si^{IV}$，$Ge^{IV}$，$Ti^{IV}$

---

3) V. W. Day, W. G. Klemperer, 'Metal oxide chemistry in solution: the early transition metal polyoxyanions,' *Science*, **228**, 533 (1985).

4) この分野の優れた総説としては，M. T. Pope, "Heteropoly and isopoly oxometallates," Springer, Berlin (1983) および "Comprehensive coordination chemistry," Vol. 3, p.1023, Pergamon Press, Oxford (1987), または M. T. Pope, 'Polyoxoanions,' "Encyclopedia of inorganic chemistry," ed. by R. B. King, p. 3361, Wiley, New York (1994) 参照．

a) heteropolyoxometallates

で，$(n+)$ はそれらの酸化状態を表す．これに類似のタングステンのヘテロポリオキソアニオンでは，もっと広範囲のヘテロ原子がみられる．ヘテロポリオキソモリブデン酸イオンやヘテロポリオキソタングステン酸イオンは，構造を変えることなく一電子還元を受けて濃い青色を呈する．この色は，加えられた電子が Mo^V または W^V の部位から隣の Mo^{VI} または W^{VI} の部位へ励起されることによるものと思われる．

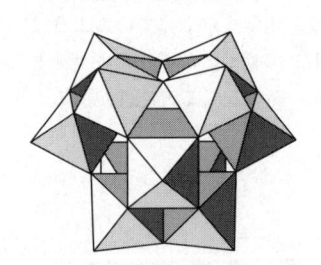

15 $[PMo_{12}O_{40}]^{3-}$

5族および6族中の金属は，最高の酸化状態では，ポリオキソメタラートおよびヘテロポリオキソメタラートを容易に生成する．

9・8 中間の酸化状態

d-ブロック金属の大部分は，固体金属状態における結合が強いので，それらの+1カチオン M^+ は M と M^{2+} とへ不均化する．しかし，より貴な金属である銅，銀および金では，M^+ を含む多くの塩ができる．銀では Ag^+ が最も重要な酸化状態である．他のd金属では，水溶液中で，また硬い配位子との組合わせにおいて重要な最低の酸化状態は通常+2である．この挙動に関する例外は，主として金属-金属結合化合物や有機金属化合物に限られている．たとえば，第16章で論ずる $Ni(CO)_4$ や $Mo(CO)_6$ のような金属カルボニルがその例で，この場合金属の酸化数は0である．

(a) 3d 金属の +2 酸化状態

+2価のアクアイオン $M^{2+}(aq)$（特に，八面体形錯体 $[M(OH_2)_6]^{2+}$）は 3d 金属の化学において重要な役割を演ずる．これらのイオンの多くは，スペクトルの可視領域におけるd-d遷移の結果として色をもっている．たとえば，$Mn^{2+}(aq)$ は淡いピンク，$Fe^{2+}(aq)$ は淡い緑，$Co^{2+}(aq)$ はピンク，$Ni^{2+}(aq)$ は緑，そして $Cu^{+2}(aq)$ は青色である．

周期中を左から右へ行くにつれて，+2の酸化状態がしだいに普通になってくる．たとえば，3d系列のはじめの方の元素の中では，$Sc^{2+}(aq)$（3族）は知られておらず，また $Ti^{2+}(aq)$（4族）を得ることは難しい．5族および6族では，$V^{2+}(aq)$ および $Cr^{2+}(aq)$ は，H^+ による酸化に関して熱力学的に不安定である．

$$2\,V^{2+}(aq) + 2\,H^+(aq) \longrightarrow 2\,V^{3+}(aq) + H_2(g) \qquad E^\circ = +0.26\,V$$

しかし，H_2 の発生が遅いので，空気が存在しなければこれらの2価カチオンの溶液を使

9・8 中間の酸化状態

うことができて，それらは有効な還元剤である．クロムより後の金属では+2の酸化状態（Mn^{2+}, Fe^{2+}, Co^{2+}, Ni^{2+}, Cu^{2+}）が水との反応に関して安定で，空気で酸化されるのは Fe^{2+} だけである．銅およびニッケルの安定なアクアイオンは M^{II} の状態のものだけである．コバルトの場合もこれとほとんど同じで，$Co^{3+}(aq)$ は水によって $Co^{2+}(aq)$ に還元される．

$$4\,Co^{3+}(aq) + 2\,H_2O(l) \longrightarrow 4\,Co^{2+}(aq) + O_2(g) + 4\,H^+(aq) \qquad E^\circ = +0.69\,V$$

d-ブロックの中央部および右の方にある元素の場合，低酸化状態の安定度が増加していくこの傾向は，d-ブロックでは周期中で左から右へ行くにつれて一般にイオン化エネルギーが大きくなることを考えると理解できる（§1・8）．

水は，多くの金属イオンを酸化できるので，それらにとっては必ずしも安全な環境ではない．その結果，M^{2+} イオンは水溶液中よりも固体中でたくさん知られている．たとえば，$TiCl_4$ をヘキサメチルジシランで還元して

$$(CH_3)_3SiSi(CH_3)_3(l) + TiCl_4(l) \longrightarrow TiCl_2(s) + 2(CH_3)_3SiCl(l)$$

$TiCl_2$ をつくることができるが，$TiCl_2$ は水および空気によって酸化される．これらの二ハロゲン化物の構造は，遊離の M^{2+} イオンが含まれていると考えてうまく表すことができる（表9・7）．ただし，$ScCl_2$ は例外である．表9・7からわかるように，フッ化物はルチル型構造（§2・9）で，より重いハロゲン化物の大部分は層状構造であるが，いずれの場合にも金属は八面体部位に存在する．ルチル型構造はイオン結合によくみられ，層状構造は共有結合性が強い場合にみられることを考えると，構造にみられるこの変化を理解することができる．金属-金属結合を含むスカンジウムのハロゲン化物およびそれに関連する 4d および 5d 元素の M-M 結合二ハロゲン化物は §9・9 で論ずることにしよう．

3d 金属の 2 価カチオンはハロゲン化物イオンと四配位錯体をつくる．茶黄色の錯体 $[NiBr_4]^{2-}$ はその例である．これらの四面体形錯体の吸収強度は，簡単な八面体形ヘキサアクア錯体よりも大きいが，それは四面体形配列では対称中心がないので d-d 遷移が許容されるためである．$[CuX_4]^{2-}$ 錯体では四面体形 d^9 配置が軌道的に縮退しているために

表 9・7 二ハロゲン化物の構造[†1]

	Ti	V	Cr	Mn	Fe	Co	Ni	Cu
F		R[†2]	R[†2]	R	R	R	R[†2]	R[†2]
Cl	L	L	R[†2]	L	L	L	L	L
Br	L	L	L	L	L	L	L	L
I	L	L	L	L	L	L	L	

[†1] R=ルチル型，L=層状（CdI_2, $CdCl_2$, またはそれらに関連する構造）．
出典: A. F. Wells, "Structural inorganic chemistry," Oxford University Press (1986).
[†2] この構造は理想的な形からゆがんでいる．

表 9・8 d-ブロックの MO 化合物[†1]

	4族	5族	6族	7族	8族	9族	10族
塩化ナトリウム型構造（灰色の部分）	Ti	V		Mn	Fe	Co	Ni
	Zr						Pd[†2]

[†1] 出典: A. F. Wells, "Structural inorganic chemistry," p.537, Oxford University Press (1984).

[†2] PtS 型構造（平面四角形，四配位金属）．

Jahn-Teller ひずみ（§7・5）が起こるので，その構造はひずんでいる．3d テトラハロゲノ錯体の磁気モーメントは，それらの錯体がすべて高スピンであることを示しているが，それは四面体形錯体における配位子場分裂が小さいことと一致している．

3d 金属の多くのものでは一酸化物が知られていて（表9・8），その性質については第 18 章で詳しく述べることにする．これらの一酸化物はイオン性固体の特徴である塩化ナトリウム型構造をもっているが，それらの性質は簡単なイオン性 $M^{2+}O^{2-}$ モデルからは相当に偏っている．たとえば，TiO には金属伝導性があり，また FeO はつねに鉄欠乏である．d-ブロック中ではじめの方の金属の一酸化物は強還元剤である．すなわち，TiO は水または酸素で容易に酸化されるし，MnO は便利な酸素捕捉剤で，実験室で不活性気体中の O_2 の濃度を 10 億分の 1 の桁まで下げるのに用いられる．

ブロックの中央から右へかけての 3d 金属では +2 の酸化状態が普通である．3d 系列を左の方に行くにつれて，M^{2+} アクアイオンは空気や水による酸化をしだいに受けやすくなる．

例 題 9・2 d-ブロック中における酸化還元安定性の傾向を判定する．

3d 系列中における傾向に基づいて，還元剤として使うのに適した M^{2+} アクアイオンを示せ．それらのイオンの一つが酸性溶液中で酸素と反応する化学反応方程式を書け．

解 +2 の酸化状態が一番安定なのは 3d の終わりの方の元素であるから，3d 系列中で左側にある金属イオンは強い還元剤である．このようなイオンには Ti^{2+}(aq)，V^{2+}(aq)，Cr^{2+}(aq) がある．Fe^{2+}(aq) は弱い還元剤にすぎない．Co^{2+}(aq)，Ni^{2+}(aq)，Cu^{2+}(aq) イオンは水中では酸化されない．鉄についての Latimer 図によると，酸性溶液中で鉄がとりうる酸化状態で Fe^{2+} より高い状態は Fe^{3+} だけであることがわかる．

$$Fe^{3+} \xrightarrow{\ 0.77\ } Fe^{2+} \xrightarrow{\ -0.44\ } Fe$$

そこで，化学反応方程式は

$$4\,Fe^{2+}(aq) + O_2(g) + 4\,H^+(aq) \longrightarrow 4\,Fe^{3+}(aq) + 2\,H_2O(l)$$

となる．

問題 9・2 付録 2 中の適当な Latimer 図を参考にして，V^{2+} の酸性水溶液を酸素にさ

らしたときに熱力学的に有利になる化学種の酸化状態と化学式とを示せ.

(b) 4dおよび5d元素の+2酸化状態

　4dおよび5d系列の金属は，3d系列と違って，単純なM^{2+}(aq)イオンをつくることはまれである．$[Ru(OH_2)_6]^{2+}$，$[Pd(OH_2)_4]^{2+}$，$[Pt(OH_2)_4]^{2+}$を含む若干の例が確認されている．しかし，4dおよび5dの金属は，H_2O以外の配位子とは多くのM^{II}錯体を生成する．それらの中には**16**のようにきわめて安定なd^6八面体形錯体や，大きな配位子をもつ**17**のようなごく珍しい四方錐形d^6錯体がある[5]．パラジウム(II)および白金(II)は，$[PtCl_4]^{2-}$のような平面四角形d^8錯体をたくさん形成する．それらについては§9・10で論ずる．**16**に示すRu^{II}錯体は，アンモニアの存在下で$RuCl_3\cdot 3H_2O$を亜鉛で還元すると得られる．この物質は，COのようなπ受容体配位子を第6番目の配位子とする一連のルテニウム(II)ペンタアンミン錯体を合成するときの出発物質として有用である．

16 $[Ru(NH_3)_5(OH_2)]^{2+}$ **17** $[RuCl_2(PPh_3)_3]$

$[Ru(NH_3)_5(OH_2)]^{2+}(aq) + L(g) \longrightarrow [Ru(NH_3)_5L]^{2+}(aq) + H_2O(l)$ $L = CO, N_2, N_2O$

　これらのルテニウムのペンタアンミン錯体および関連するオスミウムのペンタアンミン錯体は強いπ供与体であるので，それらがπ受容体であるCOやN_2とつくる錯体は安定である．4dおよび5dの金属イオンとアンミン配位子との結合は強い配位子場を生ずるために，電子配置は$(t_{2g})^6$である．t_{2g}軌道のうち2個の軌道中の電子は，M-CO結合に関してπ対称性をもっている結果，π受容体配位子の方へ逆供与されることができる[6]．

　3d金属では，σ供与体配位子とのM^{II}錯体が普通である．しかし，4dおよび5d金属のM^{II}錯体はそれほど普通ではなく，それらは主としてπ受容体配位子との錯体である．

9・9　金属-金属結合をもつd金属化合物

　d-ブロックのはじめの方の金属で酸化状態の低いものには一般に金属-金属結合をもつ

---

[5] P. R. Hoffman, K. G. Caulton, *J. Am. Chem. Soc.*, **97**, 4221 (1975).
[6] t_{2g}という軌道の名称は，厳密にいうとO_h錯体に対して適用すべきものであるが，ここでは議論をやさしくするためにこの用語を用いる．この錯体のC_{4v}対称群に対する正しい軌道名称はb_2およびeで，$(t_{2g})^6$の電子配置は$(b_2)^2 e^4$である．このe電子がπ結合を形成する．

化合物をつくる性質がある（図9・4）[7]．これらのクラスターはハロゲン化物イオンやアルコキシドのようなπ供与体配位子によって安定化される．M-M結合は独立した分子状クラスター中に含まれていることもあるし，固体化合物中に広がっていることもある．$[Re_2Cl_8]^{2-}$（**18**）の場合のようにクラスター中に橋かけ配位子が存在しないときには，金属-金属結合の存在を疑う余地はない．この化合物は，普通の還元剤（希薄な酸中の亜鉛のような）でReO_4^-を還元してつくることができるが，塩化ベンジルでReO_4^-を還元するのが一番よい[8]．橋かけ配位子が存在している場合には，直接の金属-金属結合があることを確かめるには注意深い観察と測定（主として結合距離や磁気的性質について）とが必要である．d-ブロックの中央から終わりへかけての元素では，π受容体配位子，特にCOによって安定化された広範囲の有機金属クラスター化合物がある．これについては第16章でみることになろう．

18 $[Re_2Cl_8]^{2-}$, D_{4h}

大部分の金属クラスターでは結合様式が複雑である結果，金属-金属結合の強さを十分正確に決めることはできない．しかし，化合物の安定度やM-M結合の力の定数のようないくつかの性質は，族の下の方へ行くにつれてM-M結合の強さが増大することを示して

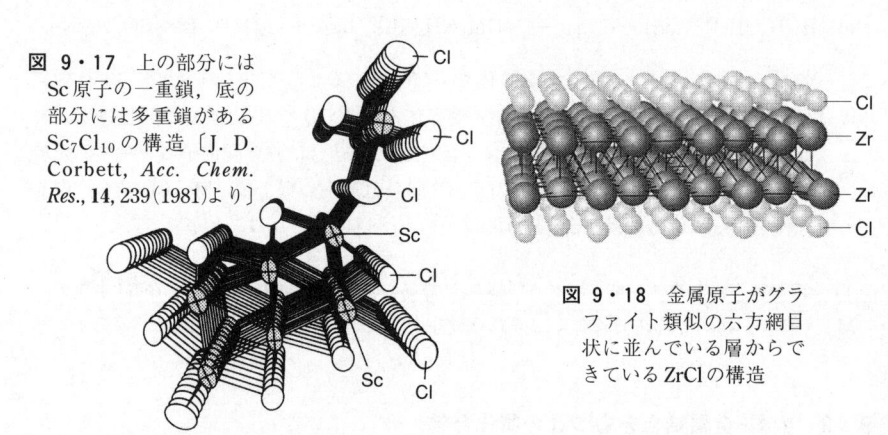

図 9・17　上の部分にはSc原子の一重鎖，底の部分には多重鎖があるSc_7Cl_{10}の構造〔J. D. Corbett, *Acc. Chem. Res.*, **14**, 239（1981）より〕

図 9・18　金属原子がグラファイト類似の六方網目状に並んでいる層からできているZrClの構造

---

7) F. A. Cotton, R. A. Walton, "Multiple bonds between metal atoms," Oxford University Press, New York (1983); M. H. Chisholm, 'The $\sigma^2\pi^4$ triple bond between molybdenum and tungsten atoms: developing the chemistry of an inorganic functional group,' *Angew. Chem., Int. Ed. Engl.*, **25**, 21 (1986); "Early transition metal clusters with π-donor ligands," ed. by M. H. Chisholm, VCH, Weinheim (1995).

8) T. J. Barder, R. A. Walton, *Inorg. Synth.*, **23**, 116 (1985).

9・9 金属-金属結合をもつd金属化合物

いる.それは多分,重い原子ほどd軌道の空間的な広がりが大きいためと思われる.また,4dおよび5d金属では,対応する3d金属よりも金属-金属結合化合物がはるかに多いのはこの傾向によるものであろう.図9・2は,d-ブロック金属単体における金属-金属結合が4dおよび5d系列で最も強いことを示していて,その性質はこれら金属の化合物にまで尾を引いている.これとは対照的に,p-ブロックでは族の下の方ほどE-E結合(Eはp-ブロック元素の原子)が弱くなる.

　d-ブロックのはじめの方の元素の金属-金属結合化合物のすべてが独立したクラスターであるわけではない.金属-金属結合が全体に広がっている化合物がたくさんあって,たとえば,Sc_7Cl_{10}やSc_5Cl_6は多重鎖状(図9・17)であるし,またZrClは層状(図9・18)の化合物である.後者の場合には,Cl^-層の間に二つの金属原子層が挟まれていて,各金属原子層内のZr原子間の距離は結合距離以内になっている.すでにみたように,ジルコニウムおよびスカンジウムは,空気と湿気とにさらされるとそれらの族酸化状態(それぞれ+3および+4)をとる.したがって,これらの金属-金属結合化合物をつくるには空気および湿気との接触を断つ必要がある.たとえば,ZrClは,タンタル封管中高温で四塩化ジルコニウムを金属ジルコニウムで還元してつくられる.

$$3\ Zr(s) + ZrCl_4(g) \xrightarrow{600 \sim 800\ ℃} 4\ ZrCl(s)$$

独立した(上に述べたようなM-M結合が広がった固体状化合物と区別する意味で)クラスターは可溶性のことが多く,溶液中で取扱うことができる.これらのクラスター中でπ供与体配位子が占める代表的は場所は末端位置(**19**),2個の金属の橋かけ(**20**),または3個の金属の橋かけ(**21**),の中の一つである.固体状態ではハロゲン化物イオンまたは酸素族元素のアニオンがクラスター同士を橋かけする可能性がある.たとえば,固体状の$MoCl_2$はCl橋かけでつなぎ合わせた八面体Moクラスターからできている.この物質は,$NaAlCl_4$と$AlCl_3$との融解混合物中で$MoCl_5$をアルミニウムで還元する反応によってガラス封管中でつくることができる.

$$MoCl_5(s) + Al(s) \xrightarrow{NaAlCl_4/AlCl_3(l),\ 200\ ℃} MoCl_2(s) + AlCl_3(l)$$

この化合物は,穏やかな条件下での酸化に対してはかなり丈夫で,塩酸と処理するとアニオン性のクラスター$[Mo_6Cl_{14}]^{2-}$が生成する.このクラスターでは,Mo原子が八面体形に並び,その三角形の各側面上に橋かけCl原子が1個,各頂点のMo原子上に1個の末端Cl原子がある(**22**).これらの末端Cl原子は,他のハロゲン原子,アルコキシドおよびホスファンで置換することができる.これと同類のタングステンクラスター化合物の系列も知られている.これらのモリブデン化合物やタグステン化合物は,ひとたび生成してしまえば,室温で空気および水分の存在下で取扱うことができる.それは分解に対して速度論的な障壁があるためである.これらの化合物中の金属の酸化数は+2であるから,金属価電子数はクラスター1個あたり$(6-2) \times 6 = 24$である.これらのクラスターではクラスター1個あたり一電子酸化および一電子還元が可能である.

22 $[M_6X_{14}]^{2-}$
(M = Mo, W;
X = ハロゲン化物イオン)

19

20

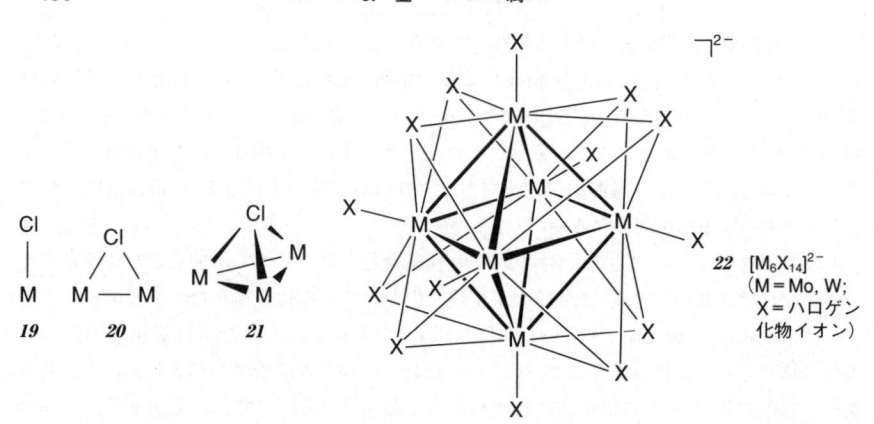

21

同様の八面体形クラスターが，5族中のニオブとタンタル，また4族中のジルコニウムについて知られている．クラスター $[Nb_6Cl_{12}L_6]^{2+}$ およびそのタンタル類似体は，6個の末端配位子をもつ八面体形骨格であって，その辺は Cl 原子で橋かけされている(*23*)．この場合における金属価電子数はクラスター1個あたり16であるが，これらのクラスターは数段階で酸化することができる．4族からの一例はクラスター $[Zr_6Cl_{18}C]^{4-}$ で，このものでは金属および Cl 原子の配列は *23* と同じであるが C 原子が八面体の中に入っている．

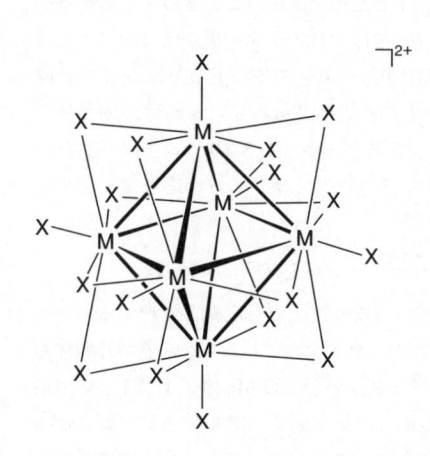

23 $[M_6X_{18}]^{2+}$ (M = Nb, Ta;
X = ハロゲン化物イオン)

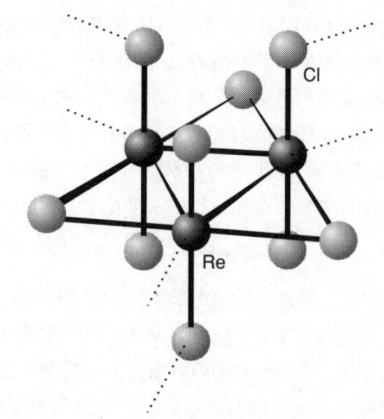

図 9・19 固体状態における $ReCl_3$ の構造．点線で表した結合は隣のクラスターに属する Cl 原子との相互作用に対応する．

塩化レニウム(Ⅲ)は，弱いハロゲン化物イオン橋かけでつながっている Re_3Cl_9 クラスター（図9・19）からできていて，徹底的に研究されている一連の三金属クラスターを合成する出発物質である．二塩化モリブデンの場合と同じように，固体状態におけるクラス

ター間の橋かけは適当な配位子との反応によって壊すことができる．たとえば，Re_3Cl_9をCl^-イオンと処理すると独立した錯体$[Re_3Cl_{12}]^{3-}$が生成する．アルキルホスファンのような中性の配位子もまたこれらの配位部位を占めることができて，一般式が$Re_3Cl_9L_3$のクラスターを生ずる．

2個の異なる金属原子間に金属-金属結合をもつ化合物がたくさん知られている．それらの通常の構造の基本をなしているものには，エタン類似構造(**24**)，辺を共有している双八面体(**25**)，面を共有している双八面体(**26**)，すでに$[Re_2Cl_8]^{2-}$のときに出てきた正方柱(**18**)などがある．ここでおもに取上げようと思うのは，これらの構造の中の最後の形式(**18**)における結合についてで，その場合の結合次数は1から4の間であると考えられる．

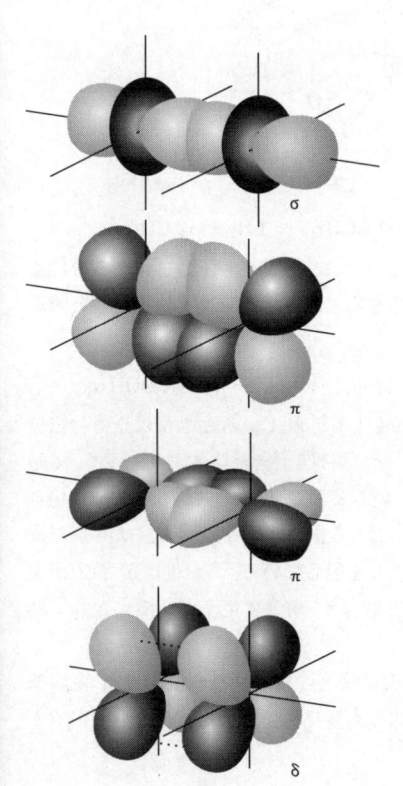

24 $[\{(CH_3)_2N\}_3WWCl\{N(CH_3)_2\}_2]$

25 $[W_2Cl_6(py)_4]$

26 $[W_2Cl_9]^{3-}$

図 9・20 z軸に沿って並んでいる2個のd-ブロック金属原子間のσ，π，およびδ相互作用．結合の組合わせだけを示してある．

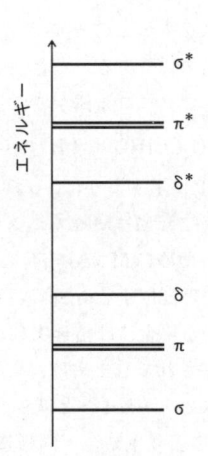

図 9・21 正方柱形二金属クラスター中のM－M相互作用に対する近似的な分子軌道エネルギー準位

図9・20は，各金属原子からのd_{z^2}軌道の重なりによって2個の金属間に1個のσ結合が，d_{zx}またはd_{yz}軌道の重なりによって2個のπ結合が，また2個の異なる金属原子上にあって向かい合っている2個のd_{xy}軌道の重なりによってδ結合ができることを示している（残りの$d_{x^2-y^2}$軌道は$M-L$σ結合に用いられる）．結合性軌道のすべてが占有されている場合（図9・21）には，$M≡M$四重結合ができて，電子配置は$σ^2π^4δ^2$となる．$[Re_2Cl_8]^{2-}$は，立体的には不利なCl配位子の重なり配列[a]をもっているが，この事実は四重結合の証拠になっている．2個のd_{xy}軌道が面と向かっている場合にのみ生成するδ結合は，錯体を重なり配座[b]の状態に固定するといわれている．酢酸モリブデン(Ⅱ)(**27**)は，もう一つのよく知られた四重結合化合物で，モリブデン(0)の化合物$Mo(CO)_6$を酢酸と加熱すると生成する．

27 [$Mo_2(CH_3CO_2)_4$]

$$2\,Mo(CO)_6 + 4\,CH_3COOH \longrightarrow Mo_2(O_2CCH_3)_4 + 4\,H_2 + 12\,CO$$

四重結合をもつこのモリブデンのアセタト錯体は，他の$Mo-Mo$化合物をつくるのに優れた出発物質である．たとえば，このアセタト錯体を室温以下で濃塩酸と処理すると四重結合をもつクロロ錯体ができる．

$$Mo_2(O_2CCH_3)_4 + 4\,H^+(aq) + 8\,Cl^-(aq) \longrightarrow [Mo_2Cl_8]^{4-}(aq) + 4\,CH_3COOH(aq)$$

表9・9に示すように，δおよび$δ^*$軌道が両方とも占有されているときには正方柱形錯体で三重結合$M≡M$をもつものができる．これらの錯体は四重結合錯体よりも多く，δ結合が弱いために$M≡M$結合距離は四重結合に似ていることが多い．多くの三重結合化合物も橋かけ配位子をもっている（表9・9）．表9・9は，δまたは$δ^*$軌道に電子が1個だけ入っている場合には結合次数が形式上$3\frac{1}{2}$となることを示している．δおよび$δ^*$軌道が完全に占有されてしまえば，よりエネルギーの高い2個の$π^*$軌道に電子が入るにつれて結合次数は$2\frac{1}{2}$から1へと減少する．

炭素-炭素多重結合と同様に，金属-金属多重結合は反応の中心であるが，金属-金属多重結合化合物の反応においては有機化合物の場合よりも多様性に富んだ構造のものができ

---

a) eclipsed array　　b) eclipsed conformation

表 9・9 金属-金属結合をもつ正方柱形錯体の例[†1]

錯体[†2]	配置	結合次数	M-M結合距離/pm
[Mo₂(SO₄)₄]⁴⁻	$\sigma^2\pi^4\delta^2$	4	211
[Mo₂(SO₄)₄]³⁻	$\sigma^2\pi^4\delta^1$	3.5	217
[Mo₂(HPO₄)₄]²⁻	$\sigma^2\pi^4$	3	222
[Ru₂(CH₃COO)₄Cl₂]⁻	$\sigma^2\pi^4\delta^2(\delta^*)^1(\pi^*)^2$	2.5	227
Ru₂(C₂H₅COO)₄(OC(CH₃)₂)₂	$\sigma^2\pi^4\delta^2(\delta^*)^2(\pi^*)^2$	2	226

表 9・9（つづき）

錯　体[†2]	配　置	結合次数	M-M結合距離/pm
(CH₃付き架橋カルボキシラト型二核Rh錯体、軸位H₂O)	$\sigma^2\pi^4\delta^2(\delta^*)^2(\pi^*)^3$	1.5	232
(Ph-C(N)(N)型アミジナト架橋二核Rh錯体)	$\sigma^2\pi^4\delta^2(\delta^*)^2(\pi^*)^4$	1	239

[†1] 出典：F. A. Cotton, G. Wilkinson, "Advanced inorganic chemistry," Wiley, New York (1988) および F. A. Cotton, *Chem. Soc. Rev.*, **12**, 35 (1983).
[†2] 橋かけ配位子は，一つだけを詳しく示してある．

る[9]．たとえば，

$$Cp(OC)_2Mo \equiv Mo(CO)_2Cp + HI \longrightarrow Cp(OC)_2Mo \underset{I}{\overset{H}{-}} Mo(CO)_2Cp$$

ここで Cp はシクロペンタジエニル基 C_5H_5 である．この反応では HI が三重結合にまたがって付加しているが，H と I との両方が金属原子と橋かけしている．この結果は，アルキンに HX が付加して置換アルケンができるのとはまったく異なっている．この反応生成物中には，3c, 2e M-H-M 橋かけと，各 Mo 原子とそれぞれ通常の 2c, 2e 結合で結合している I 原子とがあると考えることができる．

金属-金属多重結合への付加によってさらに大きな金属クラスターをつくることができる．たとえば，[Pt(PPh₃)₄] を Mo≡Mo 三重結合に付加させると，[Pt(PPh₃)₄] は 2 個のトリフェニルホスファン配位子を失って三金属クラスターが生成する．

9) つぎのような総説を参照せよ．"Reactivity of metal-metal bonds," ed. by M. H. Chisholm, ACS Symposium Series 155, American Chemical Society, Washington, DC (1981); R. E. McCarley, T. R. Ryan, C. M. C. Torardi, p. 41; R. A. Walton, p. 207; M. D. Curtis, *et al.*, p. 221; A. F. Dyke, *et al.*, p. 259.

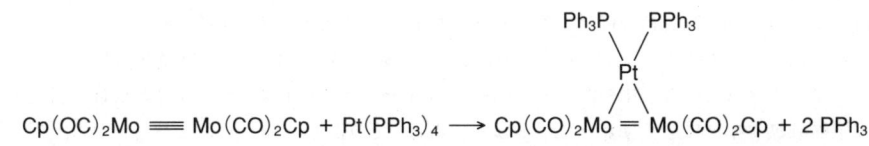

$$Cp(OC)_2Mo \equiv Mo(CO)_2Cp + Pt(PPh_3)_4 \longrightarrow Cp(CO)_2Mo \underset{\underset{Pt}{|}}{=} Mo(CO)_2Cp + 2\,PPh_3$$

(上式中央の Pt には Ph_3P と PPh_3 が配位)

4d および 5d 系列のはじめの方の金属で低酸化状態にあるものは,π 供与体配位子を取込んで,結合次数が 4 までの金属-金属結合をつくる.この多重結合は,H^+ または電子過剰金属錯体の攻撃を受けやすい.後者の場合にはより大きなクラスターが生成する.

例題 9・3 金属ハロゲン化物について考えられる構造を決める.

d 金属ハロゲン化物の主要な構造を列記し,つぎの物質について最も妥当と思われる構造を決めよ.

(a) MnF_2　　(b) WCl_2　　(c) RuF_6　　(d) FeI_2

解 3d 金属の二フッ化物(MnF_2)の構造は,イオン性 AB_2 化合物の特徴である簡単なルチル型である.より重いハロゲン化物(FeI_2)は通常層状構造をとる.4d および 5d のはじめの方の金属の低酸化状態における塩化物,臭化物,およびヨウ化物は金属-金属結合をもっている(WCl_2 はこの分類に入る.事実,この物質は W_6 クラスターを含んでいる).六ハロゲン化物(RuF_6)は分子化合物である.

問題 9・3 PPh_3 を含む溶媒中に Re_3Cl_9 を溶かしたときにできる化合物について妥当と思われる構造を述べよ.

9・10 貴な性質

d-ブロック中で右側にある金属は耐酸化性である.この耐酸化性が最も顕著なのは,銀および金と 8 族から 10 族までの 4d および 5d 金属とである(図 9・22).後者は白金を含む鉱石中に一緒に産出するので**白金族金属**[a]とよばれている.また,銅,銀,金は伝統的に貨幣に使われていたので**貨幣金属**[b]という.金は単体金属の形で産出する.銀,金,

7	8	9	10	11	12	Al
Mn	Fe	Co	Ni	Cu	Zn	Ga
Tc	Ru	Rh	Pd	Ag	Cd	In
Re	Os	Ir	Pt	Au	Hg	Tl

白金族金属: Ru, Rh, Pd, Os, Ir, Pt
貨幣金属: Cu, Ag, Au

図 9・22　周期表中における白金族金属および貨幣金属の位置

a) platinum metals　b) coinage metal

白金の金属は銅の電解精錬に際しても回収される．白金族元素は一緒に回収されるが，それらの消費量と存在量とは比例していないので，個々の金属によって価格が大幅に異なる．ロジウムは白金族の中で際立って高価であるが，その理由は工業的な触媒過程や自動車用の触媒変換器に広く使われているからである（第17章）．ロジウムとパラジウムとの存在量は似ているにもかかわらず，パラジウムは触媒としてそれほど有用な金属ではないので，その価格はロジウムの約40分の1である．

銅，銀，金は，標準状態で水素イオンで酸化することはできない．これらの金属が白金とともに宝石細工や装飾品に用いられるのはこのように不活性な特質によるものである．濃塩酸と濃硝酸との3：1混合物である王水[a]は金および白金を酸化するのに有効な古くからの試薬である．王水には2通りの働きがある．すなわち，NO_3^-イオンが酸化剤として，またCl^-イオンが錯化剤として働く．その全反応は

$$Au(s) + 4H^+(aq) + NO_3^-(aq) + 4Cl^-(aq) \longrightarrow [AuCl_4]^-(aq) + NO(g) + 2H_2O(l)$$

で表される．この場合，溶液中における活性物質は，つぎの反応で発生するCl_2および$NOCl$であると考えられる．

$$3HCl(aq) + HNO_3(aq) \longrightarrow Cl_2(aq) + NOCl(aq) + 2H_2O(l)$$

11族ではどの酸化状態が優先するかは決まっていない．銅では+1および+2の状態が最も普通であるが，銀ではおもに+1，また金では+1と+3とが普通である．単純な水和イオンである$Cu^+(aq)$および$Au^+(aq)$は水溶液中で不均化する．

$$2Cu^+(aq) \longrightarrow Cu(s) + Cu^{2+}(aq)$$
$$3Au^+(aq) \longrightarrow 2Au(s) + Au^{3+}(aq)$$

図 9・23 ここに示すような位相関係をもつs, p_zおよびd_{z^2}混成から，強いσ結合をつくるのに利用できる1対の一直線状の軌道ができる．

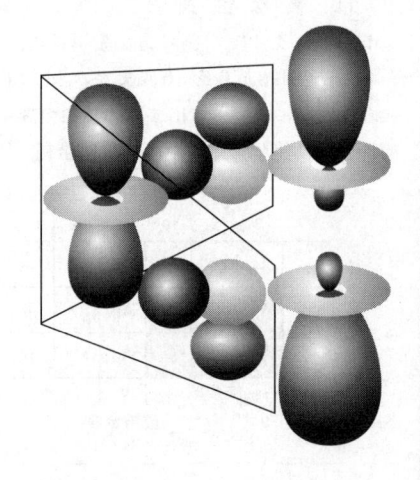

---

[a] aqua regia

Cu^I, Ag^I, Au^Iの錯体は直線形構造をもつことが多い．たとえば，水溶液中では$[H_3NAgNH_3]^+$が生成するし，また直線形の$[XAgX]^-$錯体がX線結晶解析で確認されている．これらの錯体では，外側のns, np, $(n-1)d$軌道のエネルギーが似ているために一直線状のspd混成軌道の生成が可能で（図9・23），それによって直線形配位の傾向が生ずるものと考えられている．

Cu^+, Ag^+, Au^+は軟らかい性質をもっているが，それはこれらのイオンにおけるフロンティア軌道間（つまりLUMOとHOMOの間）のエネルギー差が比較的小さいことの結果である．この性質は，これらイオンとハロゲン化物イオンとの親和力の順番$I^- > Br^- > Cl^-$に現れている．これらの金属の水溶液中における+1酸化状態は，$[Cu(NH_3)_2]^+$や$[AuI_2]^-$の場合のように錯形成によって安定化される．Cu^I, Ag^I, Au^Iでは多くの四面体形錯体も知られている．

電子配置がd^8になるような酸化状態にある白金族元素や金では，平面四角形錯体が普通である．Rh^I, Ir^I, Pd^{II}, Pt^{II}, Au^{III}がそうで，$[Pt(NH_3)_4]^{2+}$はその例である．これらの錯体に特徴的な反応は，配位子置換（§7・8）および，金(III)錯体を除けば，**酸化的付加**[a]である．酸化的付加反応では，付加する配位子XYが開裂して，XとYが二つの配位部位を占める結果，六配位錯体が生ずる．

この反応を酸化的付加と分類する根拠は，H_2，CH_3IまたはHClのようにXYの化学式をもつ非金属化合物の付加に際して中心金属の酸化状態が形式上増加する（上記の2例においてはPt^{II}からPt^{IV}，Ir^IからIr^{III}）ことである．金属と結合している非金属原子には負の酸化数が割り当てられるので，XおよびYが付加すると金属の酸化数が2だけ増加することになる．白金錯体による触媒反応の機構には，この形式の反応が関係していることが多い（§17・3参照）．

有機配位子をもつ白金錯体の性質については第16章で論ずる．Pt^IやPd^Iの一連の興味ある錯体で，M−Mで結合している2個の金属原子をホスファン配位子が橋かけしているようなもの(**28**)が見いだされている．これらの化合物では，二電子配位子がM−M結合中に入り込むような反応が起こる．

---

a) oxidative addition

$$\underset{28}{\begin{array}{c}Ph_2P\\|\\Cl-Pt-Pt-Cl\\|\\Ph_2P\end{array}\begin{array}{c}PPh_2\\|\\\\|\\PPh_2\end{array}} \xrightarrow[-N_2]{CH_2N_2} \underset{29}{\begin{array}{c}Ph_2P\quad H_2\quad PPh_2\\\diagdown\;C\;\diagup\\Pt\quad Pt\\\diagup\quad\diagdown\\Cl\qquad\qquad Cl\\Ph_2P\qquad PPh_2\end{array}}$$

この例ではCH_2基が M—M 結合中に入り込んで化合物 (**29**) ができる.この化合物は俗に"A骨格錯体[a)]"とよばれていて,ホスファン配位子およびCH_2で橋かけされている二つの平面四角形Pt^{II}グループをもっている.

> d-ブロック中で右の方にある金属は,低酸化状態をとりやすく,軟らかい配位子と結合しやすい.

9・11 金属の硫化物およびスルフィド錯体

硫黄は酸素よりも軟らかく,また電気陰性度が低い.したがって,d-ブロックの右側にある比較的軟らかい金属に対して酸素よりも親和力が強く,より広範囲な酸化状態の化合物をつくる.たとえば,H_2SとNH_3(pHを調節するために)とを含む水溶液にZn^{2+}(aq)を加えると硫化亜鉛(II)が容易に沈殿するが,Sc^{3+}(aq)を加えた場合には$Sc(OH)_3$(s)が生成する.軟らかい金属の硫化物では共有結合の寄与があるために格子エンタルピーが大きく,水和によってそれを補うことができないので,これらの硫化物は一般に水にはきわめて難溶性である.硫黄のもう一つの著しい性質は,鎖状結合した多硫化物イオン[b)]をつくる傾向があることである.すなわち,アルカリ金属硫化物と硫黄とを反応させると,多硫化物イオンS_n^{2-}を含む広範囲な化合物をつくることができる.比較的小さな多硫化物イオンは d-ブロック金属イオンに対してキレート配位子として働く.

表 9・10 d-ブロックの MS 化合物の構造[†1]

	4族	5族	6族	7族[†2]	8族	9族	10族
ヒ化ニッケル型構造（灰色の部分）	Ti	V		Mn	Fe	Co	Ni
塩化ナトリウム型構造（それ以外の部分）	Zr	Nb					

[†1] 6族金属の一硫化物はここに示してない.比較的重い方の金属の硫化物にはもっと複雑な構造のものもある.
出典: A. F. Wells, "Structural inorganic chemistry," p. 752, Oxford University Press (1984).
[†2] MnS には二つの多形がある.その一つは塩化ナトリウム型構造で,もう一つはウルツ鉱型構造である.

a) A-frame complex b) polysulfide ion

(a) 一硫化物

d金属の二酸化物の場合と同様, 3d系列中では一硫化物が一番普通である (表9・10). しかし, 一酸化物とは対照的に, 大部分の一硫化物の構造はヒ化ニッケル型 (図2・15) である. この構造の違いは, イオン結合性の強い(硬い)カチオンとアニオンとの組合わせである一酸化物では塩化ナトリウム型構造が優先することと一致している. ヒ化ニッケル型構造は, より共有結合性の (より軟らかい) イオン同士の組合わせがとりやすい構造で, 金属-金属結合がかなりあるために金属-金属間の距離が比較的短い場合にのみみられるものである.

> 3d金属イオンの大部分は一硫化物をつくる. 結合が共有結合性であるので, 一硫化物の構造はヒ化ニッケル型である.

(b) 二硫化物

d金属の二硫化物は大きく二つに分類される (表9・11). その一つは CdI_2 型または MoS_2 型構造をもつ層状化合物のグループで, もう一つは独立した S_2^{2-} 基をもつ化合物のグループである.

層状の二硫化物は, 硫化物イオン層, 金属層, もう一つの硫化物イオン層からできている (図9・24). これらのサンドイッチは, 一つのサンドイッチ中の硫化物イオン層がつぎのサンドイッチ中の硫化物イオン層に隣り合うような具合に結晶中で積み重なっている. この結晶構造が単純なイオン結合モデルに合わないことは明らかで, このような構造ができるのは軟らかい硫化物イオンとd金属カチオンとの結合が共有結合性をもっているしるしである. これらの層状構造中における金属イオンは6個のS原子で取囲まれていて, その配位環境はある場合 (たとえば PtS_2) には八面体, またある場合 (たとえば MoS_2) には三角柱である. 各 MoS_2 サンドイッチ中における S-S の距離が短いことからわかるように, この S-S 結合が層状 MoS_2 構造を有利なものにしている. これらの化合物の多くのもので三角柱形構造が普通にみられることは, 独立した金属錯体の場合とは著しく対

表9・11　d-ブロックの MS_2 化合物の構造[†]

	4族	5族	6族	7族	8族	9族	10族	11族
層状構造 (灰色の部分) 黄鉄鉱型構造または白鉄鉱型構造 (それ以外の部分)	Ti			Mn	Fe	Co	Ni	Cu
	Zr	Nb	Mo		Ru	Rh		
	Hf	Ta	W	Re	Os	Ir	Pt	

[†] ここに示してない金属は二硫化物をつくらないか, または二硫化物の構造が複雑なものである.
出典: A. F. Wells, "Structural inorganic chemistry," p. 757, Oxford University Press (1984).

照的である．後者では配位子が八面体形配列をとるのがはるかに一般的である．

いくつかの層状金属硫化物は容易に**インターカレーション**[a]を起こす．この反応では，隣り合う硫化物イオン層の間にイオンまたは分子が入り込み，それに伴って酸化還元反応が起こることが多い．

$$0.6 \, \text{Na(am)} + \text{TaS}_2(\text{s}) \longrightarrow \text{Na}_{0.6}\text{TaS}_2(\text{s})$$

上記の反応では，液体アンモニア中に溶けているナトリウムがTaS_2中の空のバンドに電子を供給し，Na^+イオンが硫化物イオン層間の位置へうまく入り込んでいく．同様のインターカレーションは黒鉛（§10・8）や種々のd-ブロック元素の酸化物や硫化物（§18・7）の場合に普通である．リチウムとTiS_2との間のインターカレーションは，自動車用の軽量蓄電池に利用するために研究されている．この種の電池における固相反応には大きな構造変化が伴わないので，迅速な再充電が可能である．

独立したS_2^{2-}イオンを含む化合物は黄鉄鉱型構造（図9・25）または白鉄鉱型構造をとる．金属硫化物中におけるS_2^{2-}のイオンは，過酸化物中におけるO_2^{2-}イオンに比べるとはるかに安定で，S_2^{2-}をアニオンとする金属硫化物は金属過酸化物よりもたくさん存在している．

> 4dおよび5dの金属は，金属イオンと硫化物イオンとが交互に層をなしている二硫化物をつくることが多い．酸化状態+2の3d金属は，一般に，独立したS_2^{2-}を含む硫化物をつくる．

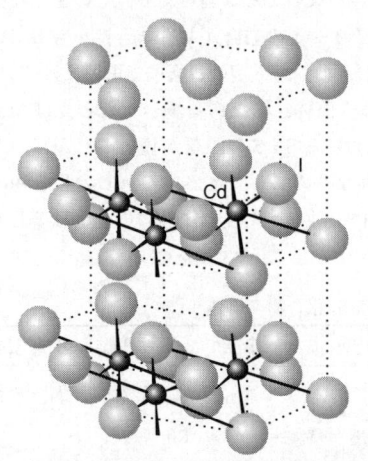

図9・24 多くの二硫化物にみられるCdI_2型構造．二硫化物の場合には，I原子の代わりに硫化物イオンの層が隣り合っている部分がある．

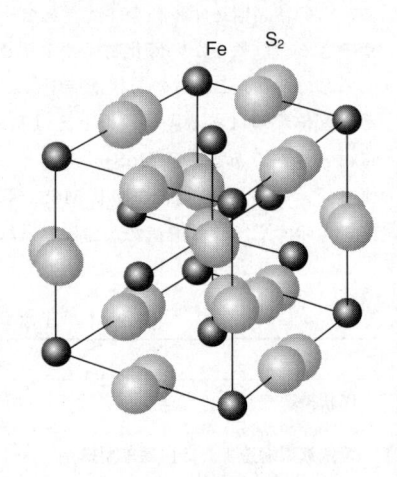

図9・25 黄鉄鉱FeS_2の構造

---

a) intercalation

例題 9・4　二つの異なる d-ブロック金属二硫化物の構造を比べる.
MoS_2 および FeS_2 の構造を比較し，金属イオンの酸化状態の観点からこれらの構造を説明せよ.

解　ここで決めなければならない点は，金属が M^{IV} の酸化状態にあるかどうかである. もし M^{IV} ならば2個のS原子は S^{2-} イオンの形で存在するはずである. M^{IV} の酸化状態を取りにくい場合には金属は M^{II} の酸化状態にあって，S原子はS-S結合をもつ S_2^{2-} として存在する. S^{2-} はかなり還元性であるから，金属イオンが簡単には還元されないような酸化状態にある場合にのみ存在しうるであろう. 第5周期および第6周期中のd金属の多くのものと同様に，モリブデンは Mo^{IV} に酸化されやすい. したがって，Mo^{IV} は S^{2-} と共存できる. 硫化モリブデン(IV)(MoS_2) の構造は金属の二硫化物に典型的な層状構造である. 鉄は容易に Fe^{II} へ酸化されるが，Fe^{IV} へは酸化されない. したがって，Fe^{IV} が S^{2-} と共存することはできない. そこで，鉄の硫化物中には Fe^{II} と S_2^{2-} とが含まれていると思われる. FeS_2 の鉱物名は<u>黄鉄鉱</u>，またその俗称は"愚者の金"で，その色が金と間違いやすいことを示している.

問題 9・4　硫化モリブデン(IV)はきわめて有効な潤滑剤である. この性質について妥当と思われる理由を述べよ.

(c) スルフィド錯体

硫黄の配位化学は酸素の場合とはまったく異なる. この相違の多くは，硫黄が鎖状構造をとりうることと，あまり酸化性ではない金属中心を好むこととに関連している. 電子伝達酵素および窒素固定酵素の中にFe-Sクラスター錯体が存在している (§ 19・6) ことが発見された結果，最近Fe-Sクラスター錯体の研究が盛んになってきた[10]. この種のモデル化合物の一つである $[Fe_4S_4(SR)_4]^{2-}$ の構造を図7・5に示した. この物質は空気が存在しない条件下で簡単な出発物質から容易に合成される.

$$4\,FeCl_3 + 4\,HS^- + 6\,RS^- + 4\,CH_3O^- \xrightarrow{\text{メタノール}}$$
$$[Fe_4S_4(SR)_4]^{2-} + RS-SR + 12\,Cl^- + 4\,CH_3OH$$

多くの異なるR基についてこの反応がうまくいくという事実と反応収率がよいこととから，Fe_4S_4 のかごがその他の可能な構造よりも熱力学的に安定であることがわかる. HS^- イオンは，このかごに硫黄配位子を提供し，RS^- イオンは配位子および還元剤の両方の役割を果たし，また CH_3O^- イオンは塩基として作用している. この立方体のクラスターでは，Fe原子とS原子とが一つおきの頂点を占めている結果，各S原子は3個のFe原子と橋かけしている. 個々のチオラート基 RS^- はFe原子上の末端位置を占めている. このクラスターは $[Fe_4S_4(SR)_4]^{3-}$ まで一電子還元されてもそのままの形を保っている. 電子伝

---

[10] R. Cammack, *Adv. Inorg. Chem.*, **38**, 281 (1992).

達体タンパク質であるフェレドキシンの酸化還元反応には，これに類似したクラスターが関連している．

モリブデン酸イオンまたはタングステン酸イオンの強塩基性水溶液中にH_2Sガスを通気すると［MoS_4］$^{2-}$のような簡単なチオメタラート錯体を容易に合成することができる．

$$[MoO_4]^{2-}(aq) + 4\,H_2S(g) \longrightarrow [MoS_4]^{2-}(aq) + 4\,H_2O(l)$$

これらのテトラチオメタラートアニオンは，より多くの金属原子を含む錯体を合成するための構成素材である．たとえば，テトラチオメタラートアニオンはCo^{2+}やZn^{2+}のような多くの金属の二価カチオンに配位する．

$$Co^{2+}(aq) + 2[MoS_4]^{2-}(aq) \longrightarrow [S_2MoS_2CoS_2MoS_2]^{2-}(aq)$$

硫化アンモニウム溶液に元素状硫黄を加えると生成するS_2^{2-}やS_3^{2-}のような多硫化物イオンもまた配位子として作用することができる．多硫化アンモニウムとMoO_4^{2-}とから生成する［$Mo_2(S_2)_6$］$^{2-}$(*30*)はその一例である．この化合物中にはS_2^{2-}が二重の橋かけ配位子として存在する．もっと大きな多硫化物イオンは金属原子と結合してキレート環を形成する．たとえば，［$MoS(S_4)_2$］$^{2-}$(*31*)にはS_4キレート配位子が含まれている．

30 ［$Mo_2(S_2)_6$］$^{2-}$　　　　*31* ［$MoS(S_4)_2$］$^{2-}$

d-ブロックの始めの方にある金属の二元硫化物は層状構造をとることが多いが，Fe^{2+}およびd-ブロックの後の方の金属の多くは独立したS_2^{2-}イオンを含む二硫化物をつくる．4dおよび5d金属の金属-硫黄配位化合物では多硫化物イオンをキレート配位子とする錯体が普通である．硫黄は，著しく酸性ではない金属中心と結合しやすい．

12族の元素

12族の元素の酸化状態にみられる傾向は，他のd-ブロック金属について述べてきた傾向とは著しく対照的である．すなわち，d-ブロック中で左から右へとしだいに大きくなってきた貴金属性——耐酸化性——は12族で突然失われる．12族金属の酸化されやすさとd軌道のエネルギーがd-ブロックの最後のところで急激に低下することとの関連について以下にみていくことにしよう．

9・12 産出と単離

亜鉛は12族中で際立って豊富な元素である．地殻中の存在量は23番目で，銅のすぐ上である．カドミウムおよび水銀の存在量ははるかに少なく，大部分のランタノイドよりさえも少ない．

この族の元素の主要な鉱石は硫化物で，亜鉛とカドミウムとは一緒に産出することが多い（表9・12）．硫化亜鉛を空気中で焙焼すると酸化物が生ずる．

$$ZnS(s) + \frac{3}{2}O_2(g) \longrightarrow ZnO(s) + SO_2(g)$$

つぎにこの酸化物を炭素を入れた溶鉱炉中で還元する．この還元は，鉄の場合について図6・4に示したように，溶鉱炉の熱い部分でおもにCOによって行われる．カドミウムと亜鉛とが共存しているときには，硫化物鉱石を空気中で焙焼すると金属の硫酸塩と酸化物との混合物が生ずる．この混合物を硫酸に溶かして還元する．Zn^{2+}に比べてCd^{2+}の方がはるかに還元されやすいことを利用して両者を分離する．

水銀は鮮赤色のシン(辰)砂HgSとして産出する．シン砂は一時期芸術家たちが顔料（朱，バーミリオン）として使用したが，水銀の毒性のために今では使われなくなっている．単体の水銀は硫化物を空気中で焙焼することによって得られる．

$$HgS(s) + O_2(g) \longrightarrow Hg(l) + SO_2(g)$$

> 亜鉛および水銀を，それらの硫化物鉱石からとりだすには，硫化物をSO_2に酸化する．

表 9・12　12族金属の産出と製法

金属	おもな鉱物	製法
亜鉛	セン亜鉛鉱 ZnS	$ZnS + \frac{3}{2}O_2 \longrightarrow ZnO + SO_2$ ついで $2ZnO + C \longrightarrow 2Zn + CO_2$
カドミウム	亜鉛鉱石中に微量存在する	
水銀	シン砂 HgS	$HgS + O_2 \longrightarrow Hg + SO_2$

9・13 酸化還元反応

亜鉛およびカドミウムは，11族中でそれらの隣にある銅および銀よりもはるかに酸化されやすい．この相違は標準電位に明瞭に現れている．すなわち，$Zn^{2+}(-0.76\,V)$および$Cd^{2+}(-0.40\,V)$の標準電位は，$Cu^{2+}(+0.34\,V)$および$Ag^+(+0.80\,V)$よりもはるかに低い．この二つの族間の差異の原因は，11族に比べて12族の元素では昇華エンタルピーが低く，また影響は少ないがイオン化エンタルピーが低いことである．たとえば，昇華エンタルピー$\Delta_{sub}H^\ominus$は，Cuでは$339\,kJ\,mol^{-1}$であるがZnでは$131\,kJ\,mol^{-1}$にすぎない（図9・2）．昇華エンタルピーにおけるこの減少は，金属-金属結合の強さが11族から12

族へと低下することを反映している．いろいろな事実を考えると，12族の金属-金属結合が比較的弱いのは，結合に対してd軌道の寄与がないためと思われる．このd-d結合の減少は，図1・20に示したように，12族以降におけるd軌道のエネルギーの低下に関連している．

　他のd-ブロック元素とのもう一つの違いは，12族中で最も軽いd-ブロック元素（Zn）とその同族体（CdおよびHg）とでは化学的性質が相当に異なることである．たとえば，水銀は，亜鉛およびカドミウムよりもはるかに電気的に陰性で，水溶液中で存在し続けることができる+1の酸化状態をもつのは水銀（Hg_2^{2+} イオン）だけである．Hg_2^{2+} は，Zn_2^{2+} および Cd_2^{2+} よりもはるかに重要な化学種であるが，それは一つには Hg_2^{2+} の安定性のためである．Zn_2^{2+} および Cd_2^{2+} は，はるかに酸化されやすく，普通にはみられない化学種である．

　金属-金属結合をもつ化合物の最初の例を提供したのは，Hg^I が二核カチオン Hg_2^{2+} の形で存在することを証拠立てた化学的，分光学的，およびX線構造解析による事実であった．ずっと後になって $Cd_2(AlCl_4)_2$ 中の Cd_2^{2+} が確認された．また亜鉛金属と融解 $ZnCl_2$ との反応で Zn_2^{2+} ができるという分光学的な証拠がある．Cd_2^{2+} の化合物である $Cd_2(AlCl_4)_2$ はその特性がよくわかっている．この化合物が存在する理由の一つは，大きなアニオンが大きなカチオンの安定化を助けていることによると思われる．この Cd_2^{2+} 化合物の合成は水をまったく含まない非水融解塩媒体中で行う．

$$CdCl_2(l) + 2AlCl_3(l) + Cd(s) \longrightarrow Cd_2(AlCl_4)_2(s)$$

水があるとカドミウム（I）は速やかに不均化する．

$$Cd_2^{2+}(aq) \longrightarrow Cd(s) + Cd^{2+}(aq)$$

この不均化反応の駆動力になっているのは Cd^{2+} の大きな水和エンタルピーである．水銀（I）イオンの場合もこれと根本的に異なるわけではなく，その不均化の平衡定数は実測できる程度のものである．

$$Hg_2^{2+}(aq) \rightleftharpoons Hg(l) + Hg^{2+}(aq) \qquad K = 6.0 \times 10^{-3}$$

Hg^{2+} と強く錯形成するかまたは沈殿をつくるような配位子が存在すると，この平衡が右へ移動する．たとえば CN^- を加えると安定な Hg^{II} 錯体が生成し，また OH^- を加えれば酸化水銀（II）ができる．

$$Hg_2^{2+}(aq) + 2CN^-(aq) \longrightarrow Hg(l) + Hg(CN)_2(aq)$$
$$Hg_2^{2+}(aq) + 2OH^-(aq) \longrightarrow Hg(l) + HgO(s) + H_2O(l)$$

12族のカチオンでは Hg^{2+} から Zn^{2+} へと還元されにくくなる．

9・14 配位化学

　水銀（II）は，たとえば $Hg(CN)_2$，$Hg(CH_3)_2$，酸化水銀（II）HgO の固体中における O−

Hg-Oのような直線形二配位錯体をつくる．亜鉛やカドミウムは，もっと大きな配位数，すなわち4から6をとるのが普通である[11]．ウルツ鉱型のZnO中の亜鉛の配位は四面体形，塩化ナトリウム型構造のCdO中のCdの配位は八面体形である．Zn^{2+} は Cu^+ に比べて，また Cd^{2+} は Ag^+ に比べて，直線形配位をとる傾向が少なく，またより硬い性質をもっている．これらはいずれも，充満d軌道と空のsおよびp軌道との間のエネルギー差が，12族では11族の場合よりもはるかに大きいことによるものである．

第4周期中で左から右へ行くにつれて低酸化状態にある元素が両性を示す傾向が増大することは図5・5に示した．12族中では Zn^{2+} が両性であるのがわかる．

$$Zn(OH)_2(s) + 2H^+(aq) \longrightarrow Zn^{2+}(aq) + 2H_2O(l)$$
$$Zn(OH)_2(s) + OH^-(aq) \longrightarrow Zn(OH)_3^-(aq)$$

水酸化カドミウムもまた水酸化物イオンと反応するが，それを溶かすにはさらに濃い塩基が必要である．水酸化水銀(II)は両性ではない．

12族のカチオン Zn^{2+}, Cd^{2+}, Hg^{2+} は水溶液中で無色である．これは，これらのイオンが閉副殻（d^{10}）電子配置をもつことに一致している．しかし，これらの元素の重いハロゲン化物やカルコゲニドには色のついているものもいくつかある．たとえば，$ZnCl_2$ および ZnI_2 は無色であるが，カドミウムおよび水銀では塩化物だけが無色である．CdI_2 は黄色，また HgI_2 には二つの多形があって，その一つは黄色，もう一つは赤色である．化合物中に重いハロゲン化物イオンが含まれていると，化合物の電荷移動遷移のエネルギーがスペクトルの紫外領域（無色の場合に対応）から可視領域に移動する．電荷移動遷移によって色を生ずる化合物の吸収は，d-d遷移による場合よりも強いので，そのような化合物は顔料として実用上きわめて有用である．

Zn^{II} および Cd^{II} は通常四面体形錯体をつくる．Hg^{II} は CN^- や類似の強い供与体と直線形の $XHgX$ をつくる．

p-ブロック金属

p-ブロック元素である13族中のアルミニウム，ガリウム，インジウム，タリウム，14族中のスズと鉛，そして15族中のビスマスについて酸化還元安定性ならびに若干の配位化学を説明して，p-ブロック元素とその他の金属元素との化学的性質を比較対照してみよう．これらの元素については第11および第12章においてp-ブロックの非金属元素と関連してさらに詳しく述べる．

d-ブロック中の元素とは対照的に，p-ブロック中の比較的重い方の金属は低酸化状態をとりやすい．図9・26はこの傾向を13族の金属について示したもので，ガリウムでは

---

[11] この規則に対する一つの主要な例外は，亜鉛，カドミウムおよび水銀はいずれも直線形アルキル化合物 MR_2 をつくるということである（§15・3）．

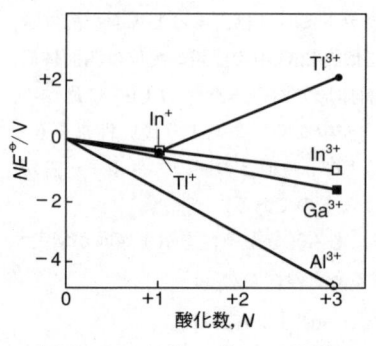

図 9・26 13族 p-ブロック金属の酸性溶液中における Frost 図

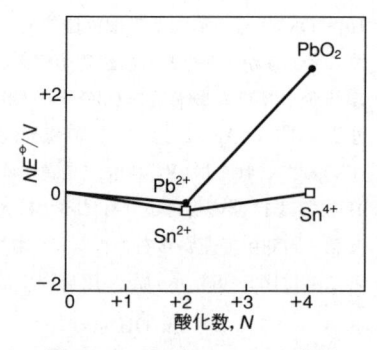

図 9・27 14族 p-ブロック金属の酸性溶液中における Frost 図

最高酸化状態が容易に達成されるが，タリウムは最高酸化状態を取りにくく，+1 の酸化状態が優先する．族酸化数*より 2 だけ低い酸化状態をとりやすいというこの傾向は，14族（図 9・27）および 15 族でもみられる．これは**不活性電子対効果**[a]の一例である．不活性電子対効果は簡単には説明できない．重い p-ブロック元素では M–X 結合エンタルピーが低く，また元素を低酸化状態に酸化するには，より高い酸化状態まで酸化するのに比べて，必要なエネルギーが少なくてすむために上記のような傾向があると考えるのが一番よさそうである．この酸化に要するエネルギーを供給するのはイオン結合生成または共有結合生成のはずであるから，相手の元素への結合が弱ければ高酸化状態には到達しえないであろう．

13～15 族中で最も重い三つの元素について一番普通の酸化状態は Tl^I，Pb^{II}，Bi^{III} で，族酸化状態にあるこれらの元素，すなわち Tl^{III}，Pb^{IV}，Bi^V を含む化合物は容易に還元される．族酸化状態にある重い p-ブロック元素が強い酸化力をもつことを反映して，重い p-ブロック金属の二元化合物で金属が族酸化状態にあるものの範囲はかなり限られている．たとえば，X が F，Cl，Br の場合には TlX_3 が存在するが，TlI_3 は Tl^+ カチオンと I_3^- アニオンとの組合わせからできている．同様に，PbF_4 は知られているが，$PbCl_4$ は室温よりわずかに上の温度では存在し続けることができず，また $PbBr_4$ と PbI_4 とはどちらも知られていない．

比較的重い p-ブロック金属は低酸化状態をとりやすい．

9・15 産出と単離

地殻中における p-ブロック金属の存在量は，3 番目に最も多い元素のアルミニウム（酸

---

* 訳注: p-ブロック元素では，族酸化数＝族番号−10 である．
[a] inert pair effect

素およびケイ素のつぎ）から安定な同位体をもつ元素で最も重いものであるビスマスに至るまで大幅に変化する．ガリウムはリチウム，ホウ素，鉛，その他多くのありふれた元素よりも多量に存在しているが，アルミニウムを含む鉱物や鉄を含む鉱物中に広く分散しているために高価な元素である．Ga^{3+} と Al^{3+} および Fe^{3+} とでは，半径や酸塩基特性が似ているために化学的性質があまり違わないので，ガリウムの単離は困難である．これらの元素の製法については表 9・13 に要約してある．比較的軽く，電気的により陽性な金属のアルミニウムおよびガリウムは酸化物から回収される．電気的に最も陽性な元素であるアルミニウムを高温電気分解で製造するには大きなエネルギーが必要であるが（§6・1），ボーキサイトが多量に存在することと大量生産による経済性とのおかげでアルミニウムの価格はほどほどのものになっている．

　ここで取上げている元素の中で存在量が最も少ないのはタリウムとビスマスである．これらの元素の存在量が低いことは，原子番号が大きいほど核結合エネルギーが低いという一般的事実と一致している．鉛はこの傾向に従わず，ランタノイド元素およびゲルマニウムよりも豊富である．その原因は，鉛の原子核構造の細部に関連している．水銀やカドミウムと同様，鉛はきわめて有毒であるから環境上危険なものである．不幸なことに，鉛，水銀，カドミウムは，蓄電池や電気スイッチを含む各種の消費財にかけがえのないもので，広く利用されている．

　地球上のアルミニウムの大部分は経済的には魅力的な資源とはいえない粘土やアルミノケイ酸塩鉱物中に分布している．アルミニウムの主要な鉱石は水和酸化物であるボーキサイトである．ガリウムはボーキサイト中に微量成分として存在し，アルミニウム精錬の副産物として生産される．13族中でアルミニウムより重く，化学的に軟らかいp-ブロック元素（インジウムとタリウム），ならびに14族中のゲルマニウムは，もっと豊富な元素の硫化物鉱石の精錬で副産物として回収される．ビスマスは輝ソウエン鉱（Bi_2S_3）や方ソウエン鉱（Bi_2O_3）から単離されることもあるが，大部分は他の重い p-ブロック金属と同じ

表 9・13　13族から15族までの中で工業的に重要な金属の産出と製法

金属	おもな鉱物	製法
13族 アルミニウム ガリウム	ボーキサイト $Al_2O_3 \cdot x\,H_2O$ アルミニウムや亜鉛の鉱石中に微量存在する	電解還元（Hall-Héroult 法）
14族 スズ 鉛	スズ石 SnO_2 方鉛鉱 PbS	$SnO_2 + C \rightarrow Sn + CO_2$ $PbS + \frac{3}{2}O_2 \rightarrow PbO + SO_2$ 　ついで $2\,PbO + C \rightarrow 2\,Pb + CO_2$
15族 ビスマス	亜鉛，銅，および鉛の硫化物鉱石中に微量存在する	

ように銅，亜鉛，鉛の製錬の際に回収される．

p-ブロック元素の中で存在量がきわめて高いのは，ケイ素とアルミニウム，最も低いのはタリウムとビスマスである．

9・16　13 族

13族の金属には銀色の輝きがあって，それらの融点は族の下の方へ行くにつれてAl (660℃), Ga (30℃), In (157℃), Tl (303℃) のように不規則に変化する．ガリウムの融点が低いことは，この金属の構造が変わっていることを示している．ガリウム金属中にはGa_2のユニットがあって，融解してもそれがそのまま残っている．ガリウム，インジウム，タリウムはすべて機械的に軟らかい金属である．

(a) 族酸化状態 (+3)

アルミニウムまたはガリウムは，ハロゲンとの直接反応でハロゲン化物を生ずるが，これらの電気的に陽性な金属はHClまたはHBrの気体とも反応し，この経路の方が一般にはハロゲン化物をつくるのに便利である．

$$2\,Al(s) + 6\,HCl(g) \xrightarrow{100\,°C} 2\,AlCl_3(s) + 3\,H_2(g)$$

実験室では"hot tube"反応器（その一つを図B12・1に示す）がよく用いられる．アルミニウムおよびガリウムのハロゲン化物は市販されているが，加水分解生成物を含まないものが必要なときは実験室で合成するのが普通である．

フッ化物AlF_3およびGaF_3は硬い固体で，他のハロゲン化物よりも融点や昇華エンタルピーがはるかに高い．それはF^-イオンが小さいためである．また，AlF_3やGaF_3は，それらの格子エンタルピーが高い結果として，大部分の溶媒にきわめて溶けにくく，簡単な電子供与体分子に対してLewis酸として作用しない．AlF_3およびGaF_3は，たいていの電子供与体に対しては反応性が低いが，Na_3AlF_6やNa_3GaF_6という型の塩を生成する．これらの塩には八面体形錯イオン$[MF_6]^{3-}$が含まれている．それに対して，より重いハロゲン化物は広範囲の極性溶媒に可溶で，優れたLewis酸である．

13族元素のハロゲン化物のLewis酸性度は，これらの元素の相対的な化学的硬さを反映している．すなわち，硬いLewis塩基（分子中のO原子のために硬い塩基である酢酸エチルのような）に対しては，受容体元素の軟らかさが増すにつれてそのハロゲン化物のLewis酸性度が低くなる．

$$BCl_3 > AlCl_3 > GaCl_3$$

これに対して，軟らかいLewis塩基（分子中のS原子のために軟らかい塩基である硫化ジメチルのような）に対しては，受容体元素の軟らかさが増すにつれてそのハロゲン化物のLewis酸性度が高くなる．

$$GaX_3 > AlX_3 > BX_3 \quad (X=Cl \text{ または } Br)$$

アルミニウムおよびそれよりも重い同族体のハロゲン化物は，2個以上のLewis塩基と反応して超原子価状態になることができる．

$$AlCl_3 + N(CH_3)_3 \longrightarrow Cl_3AlN(CH_3)_3$$
$$Cl_3AlN(CH_3)_3 + N(CH_3)_3 \longrightarrow Cl_3Al\{N(CH_3)_3\}_2$$

このことは，p-ブロック中の重い方の元素は，より高い配位数をとるという一般的傾向と一致している．

Al_2O_3の最も安定な形であるα-アルミナは，非常に硬く耐火性の物質である．鉱物の状態では鋼玉（コランダム）として知られており，また宝石の状態のものがサファイヤである．サファイヤの青い色は，不純物であるFe^{2+}からTi^{4+}イオンへの電荷移動遷移によるものである．α-アルミナおよび酸化ガリウム(III) Ga_2O_3の構造は，O^{2-}イオンの六方最密（hcp）配列からできていて，その規則配列中の八面体間隙の$\frac{2}{3}$に金属イオンが入っている．α-アルミナ中のAl^{3+}のごく少量がCr^{3+}で置換されているものがルビーである．この状態のCr^{III}は，$[Cr(OH_2)_6]^{3+}$に特徴的な紫色やCr_2O_3の緑色ではなく，むしろ赤色を呈する．その理由は，より小さなAl^{3+}イオンがCr^{3+}で置換されると，Cr^{3+}の周りにO配位子が圧縮され，それによって配位子場分裂パラメーターが増大する結果としてスピン許容の第一d-dバンドが高エネルギー側に移動するからである．

水酸化アルミニウムを900℃以下の温度で脱水するとγ-アルミナが生成する．この物質は準安定な多結晶で，きわめて大きな表面積をもっている．また，この物質はクロマトグラフィーにおける固定相として，また不均一触媒や触媒担体として用いられるが，その理由の一部は表面に酸や塩基の部位があるためである（§17・5）．

> ホウ素，アルミニウムおよびガリウムは，いずれも，+3酸化状態をとりやすい．それらの三ハロゲン化物はLewis酸である．

(b) 低酸化状態のガリウム，インジウム，タリウム

アルミニウムが+3より低い酸化状態をとることはほとんどない．すなわち，AlCl(g)はきわめて高い温度でのみ存在し，また固体化合物中ではAl^+は不安定である．+1の酸化状態の安定性は族の下の方へ行くほど増大し，ガリウムでは固体のGaIやGa(AlCl$_4$)のような化合物ができる．GaClやGaCl$_2$のようなGa^IおよびGa^{II}のハロゲン化物は，Ga^{III}のハロゲン化物をガリウム金属と加熱するときに起こる均等化反応によって合成できる．

$$2GaX_3 + Ga \xrightarrow{\Delta} 3GaX_2 \quad X = Cl, Br, I \text{ (Fは除く)}$$

GaCl$_2$という化学式は誤解を招きやすい．というのは，この固体や，その他一見二価にみえる塩にはGa^{II}が含まれていないからである．それらはGa^IとGa^{III}とを含む混合酸化状態化合物なのである．ガリウムより重い金属でも混合酸化状態化合物（たとえばInCl$_2$,

TlBr$_2$) が知られている．これらの塩の中には M−X 距離の短い [MX$_4$]$^-$ 錯体があることから M^{3+} イオンの存在がわかり，またハロゲン化物イオンとの間隔が長くかつ多少不規則な金属原子があることから M$^+$ の存在がわかる．M$^+$ イオンと M^{3+} イオンとの両者を含むような混合酸化状態のイオン性化合物の生成と M−M 結合をもつ化合物の生成との間にはわずかの違いしかない．たとえば，非水溶媒中で GaCl$_2$ を [N(CH$_3$)$_4$]Cl の溶液と混合すると [N(CH$_3$)$_4$]$_2$[Cl$_3$Ga−GaCl$_3$] ができるが，この化合物中のアニオンは，Ga−Ga 結合をもつエタン類似構造のものである．

ガリウム(I)は多くの点でインジウム(I)と似ている．たとえば，水に溶かすと両者ともに不均化を起こす．

$$3\,\mathrm{MX(s)} \longrightarrow 2\,\mathrm{M(s)} + \mathrm{M}^{3+}\mathrm{(aq)} + 3\,\mathrm{X}^-\mathrm{(aq)} \qquad \mathrm{M = Ga, In}$$

他方，タリウムは，先に不活性電子対効果に関連して述べたように Tl^{3+} の状態をとりにくく，したがって Tl$^+$ は水中での不均化に関して安定である．

すでにみてきたように，d-ブロック元素は低酸化状態では軟らかい Lewis 酸になるが，重い p-ブロック元素では傾向がまさに逆である．硬い供与体および軟らかい供与体に対する相対的な親和力によると，Tl$^+$ は Tl^{3+} よりも硬いと思われるが，実際は，Tl$^+$ イオンはまだ硬と軟との境界線上のものである．たとえば，Tl$^+$ イオンは硬い K$^+$ イオンと一緒に細胞内に運び込まれるし，TlOH はアルカリ金属の水酸化物のように水に可溶である．しかし，K$^+$ とは違って塩化タリウム(I)，臭化タリウム(I)，および硫化タリウム(I)は水に溶けない．タリウムが哺乳動物にきわめて毒なのは，細胞壁を通しての輸送と軟らかい電子供与体との反応とによるものと思われる．

ガリウム，インジウム，タリウムの一ハロゲン化物（GaX, InX, TlX）は X が Cl, Br, I の場合に知られている．通常の条件下では Tl^I のハロゲン化物は，イオン性化合物がそうであるように，絶縁体である．しかし，高圧下では新しい相ができてかなりの電気伝導率を示すが，その値は温度上昇とともに減少する．この挙動は金属伝導を意味している（§3・14 の導入部をみよ）．

+1 の酸化状態は，ガリウムからタリウムへとしだいに安定になる．

例題 9・5 13族のハロゲン化物の反応．
つぎの物質間の反応の反応方程式を記せ（反応しない場合は"反応しない"と示せ）．
(a) トルエン中の AlCl$_3$ と (C$_2$H$_5$)$_3$NGaCl$_3$ (b) トルエン中の GaF$_3$ と (C$_2$H$_5$)$_3$NGaCl$_3$
(c) 水中の TlCl と NaI

解 (a) Al^{III} は Ga^{III} よりも強くて硬い Lewis 酸であるから，つぎの反応を予想することができる．

$$\mathrm{AlCl_3 + (C_2H_5)_3NGaCl_3 \longrightarrow (C_2H_5)_3NAlCl_3 + GaCl_3}$$

(b) GaF_3 は格子エンタルピーがきわめて大きく，したがってよい Lewis 酸ではないから，反応は起こらない．

(c) Tl^I はどちらかというと化学的に軟らかいので Cl^- よりは軟らかい I^- と結合する．

$$TlCl(s) + NaI(aq) \longrightarrow TlI(s) + NaCl(aq)$$

ハロゲン化銀と同様に Tl^I のハロゲン化物の水への溶解度は低いから，この反応はおそらくきわめてゆっくりと進行するであろう．

問題 9・5 つぎの物質間の反応の反応方程式を，その理由とともに記せ（反応しない場合は"反応しない"と示せ）．

(a) $(CH_3)_2SAlCl_3$ と $GaBr_3$

(b) 酸性水溶液中における $TlCl_3$ とホルムアルデヒド CH_2O （ヒント：ホルムアルデヒドは CO_2 と H^+ とへ酸化されやすい）．

9・17 スズおよび鉛

スズ(II)塩の水溶液および非水溶液は有用な穏やかな還元剤であるが，自発的かつ迅速に空気酸化されるので，不活性雰囲気中で貯蔵しなければならない．

$$Sn^{2+}(aq) + \frac{1}{2}O_2(g) + 2H^+(aq) \longrightarrow Sn^{4+}(aq) + H_2O(l) \quad E^\ominus = +1.08\,V$$

二ハロゲン化スズおよび四ハロゲン化スズはともによく知られている．四塩化物，四臭化物，四ヨウ化物は分子化合物であるが，四フッ化物はイオン性固体に見合った構造をもっている．それは F^- イオンが小さいから六配位構造をとりうるためである．四フッ化鉛もまたイオン性固体に見合う構造をもっている．しかし，$PbCl_4$ は不活性電子対効果のため，不安定な化合物で，室温で $PbCl_2$ と Cl_2 とに分解する．鉛のハロゲン化物の化学の主体は二ハロゲン化物で，四臭化鉛と四ヨウ化鉛とは知られていない．スズおよび鉛の二ハロゲン化物中の中心金属原子の周りのハロゲン原子の配列は，簡単な四面体または八面体配位からずれていることが多いが，それは立体化学的に活性な孤立電子対があることに起因する．ひずんだ構造をとろうとする傾向は小さな F^- イオンの場合の方が顕著で，大きなハロゲン化物イオンの場合には構造のひずみが少ない．

Sn^{IV} および Sn^{II} はいずれも各種の錯体をつくる．たとえば，$SnCl_4$ は酸性溶液中で $[SnCl_5]^-$ や $[SnCl_6]^{2-}$ のような錯イオンを形成する．非水溶液中では，適当な強さの Lewis 酸性を示す $SnCl_4$ と各種の電子対供与体との相互作用により，cis-$SnCl_4(OPMe_3)_2$ のような錯体が生成する．Sn^{II} は水溶液および非水溶液中で $[SnCl_3]^-$ のようなトリハロ錯体をつくるが，そのピラミッド構造は立体化学的に活性な孤立電子対の存在を示している（**32**）．この $[SnCl_3]^-$ イオンは d 金属イオンに対して軟らかい供与体として働くことができる．その一つの珍しい例は赤いクラスター化合物 $Pt_3Sn_8Cl_{20}$ で，この物質は三方両錐形構造（**33**）をもっている．

32 [SnCl$_3$]$^-$

33 [(SnCl)$_2${Pt(SnCl$_3$)$_2$}$_3$]

鉛の酸化物は，基礎的な面からもまた技術的な面からもきわめて興味深い．PbO の赤色型では Pb^{II} イオンが四配位であるが（図 9・28），Pb^{II} の周りの O^{2-} イオンは正方形に並んでいる．ハロゲン化物の場合と同じように，金属原子上に立体化学的に活性な孤立電子対があることを考えると，この構造を合理的に説明できる．また鉛は混合酸化状態の酸化物をも形成する．最もよく知られているのは"光明丹$^{a)}$" Pb$_3$O$_4$ で，この物質中には八面体形環境中の Pb^{IV} と不規則な六配位環境中の Pb^{II} とが存在している．これら二つの部位における鉛に異なる酸化数を割り当てる根拠は，Pb−O の距離が Pb^{IV} の場合にはより短いということである．えび茶色の酸化鉛(IV) PbO$_2$ はルチル型構造に結晶する．この酸化物は鉛蓄電池のカソード成分である（BOX 9・2）．

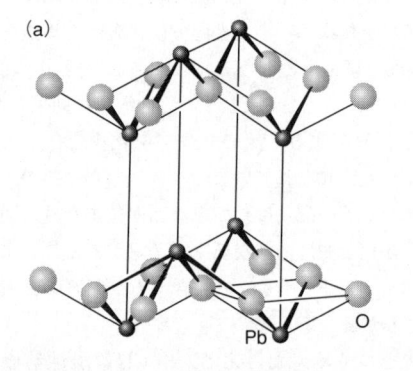

図 9・28 (a) PbO の構造．(b) PbO の四方錐形配列．立体化学的に活性な孤立電子対がとりうる位置を示している．

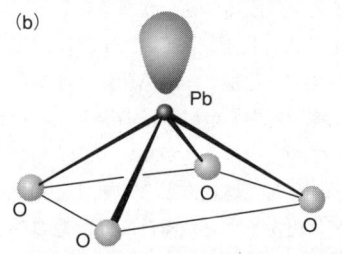

スズおよび鉛は，多くの化合物中で，+2 および +4 の酸化状態をとることができる．しかし，Pb^{IV} はきわめて酸化性なので，その四塩化物は不安定で，四臭化物および四ヨウ化物は知られていない．Sn^{II} には立体化学的に活性な孤立電子対があるので，その三ハロゲン化物アニオンはピラミッド構造をとり，軟らかい金属中心に対して配位子となることができる．

a) red lead

9・18 ビスマス

ビスマスの化学的性質には不活性電子対効果が顕著に表れている．たとえば，Biからその5個の価電子をすべて取去るのは非常に困難で，ほとんどのBi化合物ではビスマス(Ⅲ)の状態である．ビスマス(Ⅲ)は硬と軟との境界線上のものと見なすことができる．このように分類できる一つのしるしは$Bi(OH)_3$およびBi_2S_3が両方とも不溶性であることである．酸性水溶液中におけるビスマスの標準電位の近似値によると，+5の酸化状態が強酸化性であること，またビスマスが電気的に多少陽性であることがわかる．

$$Bi^{3+}(aq) + 3\,e^- \longrightarrow Bi(s) \qquad E^\circ = +0.32\,V$$
$$Bi^{5+}(aq) + 2\,e^- \longrightarrow Bi^{3+}(aq) \qquad E^\circ \approx +2\,V$$

Bi_2O_3を過酸化ナトリウムと加熱するとビスマス(V)が生成する．

$$Bi_2O_3(s) + 2\,Na_2O_2(s) \longrightarrow 2\,NaBiO_3(s) + Na_2O(s)$$

生成物であるトリオキソビスマス(V)酸ナトリウムを，$HClO_4$のように配位しにくい酸の

BOX 9・2 鉛蓄電池

鉛蓄電池は最も成功した充電可能な電池であると同時に，電池の働きにおける速度論および熱力学の両者の役割を示す例でもある．その意味で鉛蓄電池の化学は注目に値するものである．

鉛蓄電池が完全に充電された状態では，カソード上の活物質*はPbO_2で，アノードの活物質は鉛金属である．また電解質は希硫酸である．両方の電極における鉛を含んだ反応物も生成物も不溶性で，これが鉛蓄電池の特徴の一つである．電池から電流を取出しているときにカソードで起こる反応はPbO_2中のPb^{IV}からPb^{II}への還元で，Pb^{II}は硫酸があると不溶性の$PbSO_4$として電極上に析出する．

$$PbO_2(s) + HSO_4^-(aq) + 3\,H^+(aq) + 2\,e^- \longrightarrow PbSO_4(s) + 2\,H_2O(l)$$

アノードでは鉛がPb^{II}に酸化され，これもまた硫酸塩として析出する．

$$Pb(s) + SO_4^{2-}(aq) \longrightarrow PbSO_4(s) + 2\,e^-$$

全反応は

$$PbO_2(s) + 2\,HSO_4^-(aq) + 2\,H^+(aq) + Pb(s) \longrightarrow 2\,PbSO_4(s) + 2\,H_2O(l)$$

である．

電位差は約2Vで，電解質水溶液を用いる電池としては著しく高く，水をO_2に酸化する電位1.23Vをはるかに超えている．この電池の成功は，PbO_2上でのH_2Oの酸化および鉛上でのH_2Oの還元に対する過電圧がともに高い（したがって，それらの反応が遅い）ことによるものである．

---

* 訳注：active material．電池の電極で進行する酸化還元反応の主要成分のこと．

水溶液中に溶かすと，準安定なBi^V化合物ができるが，その性質はよくわかっていない．前記の半反応中で$Bi^{5+}(aq)$と表したのはこの物質で，多分$[Bi(OH)_6]^-$と思われる．

Bi^{III}は，硬い配位子や軟らかい配位子に対して似たような親和力をもっており，またBi^{III}には明らかにひずんだ配位環境をとろうとする傾向がある．これらの性質はBi^{III}の配位化学に現れている．事実，その構造はVSEPRモデルと一致することが多く，化学式から予想される形からの"ひずみ"の原因は，立体化学的に活性な孤立電子対の存在である．低酸化状態のp-ブロック元素がこのようにひずんだ構造をとる傾向は，すでにPb^{II}およびSn^{II}について述べた傾向に従う．すなわち，

1. 配位数が低いと，ひずんだ構造をとりやすい．たとえば，BiF_3は気相中で三方錐形で，これはVSEPR理論に合っている．
2. 軽いp-ブロック中心金属ほど，ひずんだ構造をとりやすい．たとえば，Sb^{III}化合物の構造はBi^{III}化合物よりも平面形からひずんでいることが多い．
3. 小さな配位子は，ひずんだ構造をとりやすくする．すなわち，フッ化物イオンまたはアルコキシド配位子では明らかにひずんだ構造ができやすい．たとえば，最近確認されたビスマスのアルコキシドで実験式$Bi(OC_2H_4OCH_3)_3$をもつものの固体は，ビスマスの周りに四方錐形配位をもち，アルコキシドで橋かけされた構造 (**34**) のものであることがわかっている．同様に，アニオン性錯体$[Bi_2Cl_8]^{2-}$でも，各Bi原子の周りに四方錐形配位をもつ構造 (**35**) がみられる[12]．

面白いのはBi^{III}が水溶液中でつくる化学式$[Bi_6(OH)_{12}]^{6+}$のヒドロキシド錯体である．この物質を構成しているのはBi^{3+}イオンの八面体形配列で，その八面体の辺はOH^-配位子で橋かけされている (**36**)．

34 $Bi(OR)_3, R=C_2H_4OCH_3$ **35** $[Bi_2Cl_8]^{2-}$ **36** $[Bi_6(OH)_{12}]^{6+}$

配位数が低く，比較的軽いp-ブロック中心原子，そして配位子が小さいという三つの条件下では，明らかにひずんだ構造をとりやすい．

---

[12] ビスマスの可溶性および揮発性アルコキシドについては，M. A. Matchett, M. Y. Chiang, W. E. Buhro, *Inorg. Chem.*, **29**, 358 (1990)を参照．

f-ブロック金属

ランタノイドおよびアクチノイド系列に属する各15個の元素では，それぞれ7個ずつの4fおよび5f軌道（f^0からf^{14}まで）に電子が順次詰まっていく．4f元素，すなわち**ランタノイド**[a]の性質はきわめて均一であるが，5f元素，すなわち**アクチノイド**[b]の化学はより多様性に富んでいる．一般にランタノイドは記号Lnで，またアクチノイドは記号Anで表される．

9・19 産 出 と 単 離

安定な同位体をもたないプロメチウムを別にすれば，存在量が最も少ないランタノイドはツリウムで，その地殻中の量はヨウ素と同程度である．ランタノイドの中ではじめの方にある元素のおもな鉱物源は，ランタノイドとトリウムの混合物 $(Ln, Th)PO_4$ を含むモナズ石[c]である．もう一つのリン酸塩鉱物であるゼノタイム[d]はイットリウムおよび比較的重いランタノイドの主要な源である[13]．ランタノイドの普通の酸化状態は+3である（表9・14）．Ce^{IV}に酸化できるセリウムや，Eu^{2+}に還元できるユウロピウムは，それら以

表 9・14 ランタノイドの名称，記号，性質

原子番号	名 称	元素記号	M^{3+}の電子配置	$E°/V$	$r(M^{3+})/pm$[†1]	酸化数[†2]
57	ランタン	La	[Xe]	−2.38	116	**3**
58	セリウム	Ce	[Xe]$(4f)^1$	−2.34	114	**3**, 4
59	プラセオジム	Pr	[Xe]$(4f)^2$	−2.35	113	**3**, 4
60	ネオジム	Nd	[Xe]$(4f)^3$	−2.32	111	2(n), **3**
61	プロメチウム	Pm	[Xe]$(4f)^4$	−2.29	109	**3**
62	サマリウム	Sm	[Xe]$(4f)^5$	−2.30	108	2(n), **3**
63	ユウロピウム	Eu	[Xe]$(4f)^6$	−1.99	107	2(a), **3**
64	ガドリニウム	Gd	[Xe]$(4f)^7$	−2.28	105	**3**
65	テルビウム	Tb	[Xe]$(4f)^8$	−2.31	104	**3**, 4
66	ジスプロシウム	Dy	[Xe]$(4f)^9$	−2.29	103	2(n), **3**
67	ホルミウム	Ho	[Xe]$(4f)^{10}$	−2.33	102	**3**
68	エルビウム	Er	[Xe]$(4f)^{11}$	−2.32	100	**3**
69	ツリウム	Tm	[Xe]$(4f)^{12}$	−2.32	99	2(n), **3**
70	イッテルビウム	Yb	[Xe]$(4f)^{13}$	−2.22	99	2(a), **3**
71	ルテチウム	Lu	[Xe]$(4f)^{14}$	−2.30	98	**3**

†1 配位数＝8のときのイオン半径〔R. D. Shannon, *Acta Crystallogr.*, **A32**, 751 (1976) より〕
†2 太字の酸化数は最も安定な状態を示す．その他の酸化状態で，水溶液中でとることができるものは(a)，非水溶液中でとることができるものは(n)で示してある．

13) イットリウムは厳密にはランタノイドではないが，その半径や化学的性質は，比較的重いランタノイドに似ている．

a) lanthanoids b) actinoids c) monazite d) xenotime

表 9・15　アクチノイドの名称, 記号, 性質

原子番号	名称	元素記号	質量数	$t_{1/2}$[1]	$r(M^{3+})/pm$[2]	酸化数[3]
89	アクチニウム	Ac	227	21.8 年	112	**3**
90	トリウム	Th	232	1.41×10^{10} 年	—	**4**
91	プロトアクチニウム	Pa	231	3.28×10^{4} 年	104	4, **5**
92	ウラン	U	238	4.47×10^{9} 年	103	3, 4, 5, **6**
93	ネプツニウム	Np	237	2.14×10^{6} 年	101	3, 4, **5**, 6, 7
94	プルトニウム	Pu	244	8.1×10^{7} 年	100	3, **4**, 5, 6
95	アメリシウム	Am	243	7.38×10^{3} 年	98	**3**, 4, 5, 6
96	キュリウム	Cm	247	1.6×10^{7} 年	97	**3**, 4
97	バークリウム	Bk	247	1.38×10^{3} 年	96	**3**, 4
98	カリホルニウム	Cf	249	350 年	95	**3**, 4
99	アインスタイニウム	Es	252	271 日	(93)	**3**
100	フェルミウム	Fm	257	100 日		2, **3**
101	メンデレビウム	Md	258	55 日	(90)	2, **3**
102	ノーベリウム	No	259	1.0 時間		**2**, 3
103	ローレンシウム	Lr	260	3 分	(88)	**3**

[1] 最も寿命の長い同位体の半減期.
[2] 配位数＝6のときのイオン半径〔R. D. Shannon, *Acta Crystallogr.*, **A32**, 751 (1976) より〕.
　（　）内の推定値はW. Brüchle, M. Schädel, U. W. Scherer, J. V. Kratz, K. E. Gregorich, D. Lee, M. Nurmia, R. M. Chasteler, H. L. Hall, R. A. Henderson, D. C. Hoffman, *Inorg. Chim. Acta*, **146**, 267 (1988) より引用.
[3] 水溶液中での酸化状態. おもな酸化状態を太字で示す〔G. T. Seaborg, W. D. Loveland, "The elements beyond uranium," p. 84, Wiley Interscience, New York (1990) より〕.

外のランタノイドから化学的に分離することができる．残りのLn^{3+}イオンは多段液-液抽出によって大規模に分離される．この抽出では，錯化剤を含む有機相と水溶液相との間にイオンが分配される．後でこの章で詳しく述べるイオン交換クロマトグラフィーは，個々のランタノイドイオンを高純度で分離するのに用いられる．純粋なランタノイド金属およびそれらの混合物はランタノイドの融解ハロゲン化物の電気分解でつくられる．

セリウムを含めてランタノイドのはじめの方にある金属の混合物は市場ではミッシュメタル[a]とよばれている．ミッシュメタルは，鋼をつくる際に酸素，水素，硫黄，ヒ素のような不純物を除去するのに用いられる．これらの不純物は鋼の機械的強度や延性を減少させるものである．

ビスマス（原子番号83）より先の元素はどれも安定同位体をもたないが，アクチノイド中の二つの元素，すなわちトリウム（Th，原子番号90）およびウラン（U，原子番号92）にはきわめて寿命の長い同位体があって，自然界にかなりの量で産出する（表9・15）．それ以外の元素はおもに核反応で合成されるもので，いずれもトリウムやウランよりも放

---

[a] mischmetal

射能が強い．ウランの主要な鉱石であるセンウラン鉱[a]（ピッチブレンド[b]ともいう）は近似的に UO_2 の組成をもっている．現在ウランのおもな用途は世界中に数百とある発電用原子炉の燃料である．

> ランタノイドのおもな鉱物源はリン酸塩物質であるモナズ石である．アクチノイドで最も重要なウランはセンウラン鉱から回収される．

9・20 ランタノイド

ランタノイドは，第6周期中でs-ブロックとd-ブロックとの間に存在する電気的にきわめて陽性な金属の一族である[14]．これらの元素を**希土類**[*,c]ということもあるが，安定同位体のないプロメチウム以外のランタノイドは特に珍しくはないので希土類という名称は不適当である．元素の基底状態での電子配置にf軌道がはじめて姿を現すのがランタノイドである．d元素の各系列中では性質が広範囲に変化するのに対してランタノイドの化学的性質はきわめて一様である．

LaからYbまでの元素は一様に+3の酸化状態をとりやすく，このような均一性は周期表中で先例をみないものである．ランタノイドが共通して+3の酸化状態をとるのは，原子の内殻の外側の電荷に対して4f電子がきわめて敏感で，電荷が+3より高くなると4f電子がしっかり保持されて化学反応には通常利用できなくなるためと考えることができるであろう．しかし，関連する種々の性質は元素によってかなり変化することははっきりさせておかねばならない．たとえば，M^{3+}イオンの半径（表9・14）は La^{3+} の 116 pm から Lu^{3+} の 98 pm へと大幅に減少し，この18％の減少によって水和エンタルピーが系列中で大きく増加する．詳細に調べてみると，アクアイオンの生成に対するBorn-Haberサイクルにおいて昇華，溶媒和，イオン化に関する種々のエネルギー項の変化が偶然にも相殺していることがわかる．その結果，La^{3+} から La 金属への還元の電位 $-2.38\,V$ は，このブロックのもう一方の端にある Lu^{3+} に対する電位 $-2.30\,V$ に近い値になる．

この一様性に加えて，ランタノイドにはいくつかの異常な酸化状態がある．そのような状態が最もよくみられるのは，イオンの副殻が空になるとき（f^0），半分充満するとき（f^7），またはすべて充満するとき（f^{14}）である（表9・14）．すなわち，f^1 イオンである Ce^{3+} は f^0 イオンの Ce^{4+} に酸化することができる．Ce^{4+} は有用な強酸化剤である．これに次いで最も普通の異常酸化状態は Eu^{2+} で，このものは水を容易に還元する f^7 イオンである．

---

14) LaからYbまでの14個の元素をランタノイドとするべきか，または一つ右にずらしてCeからLuまでの14個にするべきかについて論争が続いている．ここではLaからLuまでの15個の元素をランタノイドに入れて論ずることにする．アクチノイドでも同様の論争がある．W. B. Jensen, *J. Chem. Educ.*, **59**, 634 (1982) を参照．

* 訳注：無機化学命名法 —— IUPAC 1990年勧告 —— では，LaからLuまでの15元素をランタノイド，ScおよびYとランタノイドとを希土類金属とよぶ．

a) uranite または uraninite　b) pitchblende　c) rare earths

Ln^{3+} イオンは酸素を含む配位子や F^- をとりやすく、またモナズ石中で PO_4^{3-} とともに産出する。これらのことからわかるように Ln^{3+} イオンは硬い酸の性質をもっている。イオン半径が La^{3+} (116 pm)から Lu^{3+} (98 pm)へ減少する原因の一つは、4f副殻に電子が入っていくにつれて Z_{eff} が増大する（§1・8）ことに帰せられる。詳しい計算によると、この系列を通しての半径の減少には微妙な相対論的効果も重要な寄与をしていることがわかる。大部分のランタノイドイオンには色がついていて、固体の錯体中におけるランタノイドイオンのスペクトルは、d金属錯体に比べてはるかに狭くかつ明瞭な吸収バンドを示すのが普通である。これらのスペクトルは弱いf-f電子遷移に関連している。吸収バンドが狭く、また配位している配位子の種類に鈍感なことは、f軌道の動径方向の広がりが、充満した5sおよび5p軌道よりも小さいことを示している。同様に、ランタノイドイオンの磁気的性質（それについては第13章でもっと詳しく述べる）は、Ln^{3+} イオン中のf電子は深い位置に埋まっているので配位子によってはほんのわずかしか乱されないと仮定して説明することができる。ランタノイド錯体の化学的性質においては、配位子場安定化は何の役割も演じていない。

ランタノイド錯体は高配位数をもち、また配位環境が広範囲に変化することが多い。空間的に埋もれているf電子は顕著な立体化学的影響を及ぼさないので、配位子は配位子-配位子間の反発力が最小になるような位置を占めると考えられる。ランタノイド錯体の構造の変化はこのような考えと一致している。さらに、多座配位子は、s-ブロック金属イオンおよび Al^{3+} の錯体の場合と同様に、配位子自身の立体化学的な制約を満足しなければならない。たとえば、ランタノイドのクラウンエーテル錯体やβ-ジケトナト錯体がたくさん合成されている。水溶液中における $[Ln(OH_2)_n]^{3+}$ の配位数は、ランタノイドの始めの方の元素では9、後の方の少数の元素では8と思われるが、これらのイオンはきわめて置換活性で、配位数の測定はかなり不正確である。同様にランタノイドの塩および錯体では配位数や構造に顕著な変化がみられる。たとえば、小さなイッテルビウムカチオン Yb^{3+} は七配位錯体 $[Yb(acac)_3(OH_2)]$ を生成し、より大きな La^{3+} は八配位錯体 $[La(acac)_3(OH_2)_2]$ をつくる。これら二つの錯体の構造は近似的には、それぞれ、四角面一冠三角柱および四

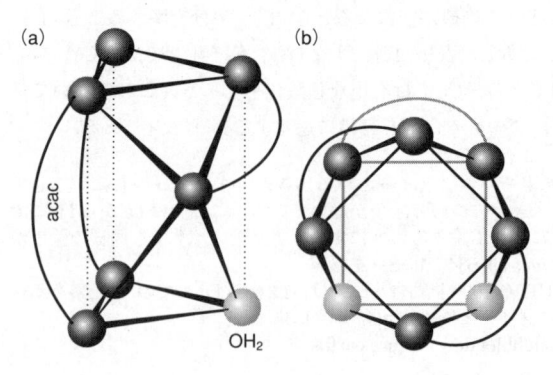

図 9・29 (a) $[Yb(acac)_3(OH_2)]$ 中のイッテルビウムの周りにある供与体原子の四角面一冠三角柱. (b) $[La(acac)_3(OH_2)_2]$ 中のランタンの周りにある供与体原子の四方逆プリズム. 円弧はacacキレート環の位置を示す.

方逆プリズムである（図9・29）．

部分的にフッ素化されているβ-ジケトナト配位子でfodとよばれているもの(**37**)とLn^{3+}とから形成される錯体は揮発性で有機溶媒に可溶である．

$(CH_3)_3C$ —〔O$^-$ O〕— $CF_2CF_2CF_3$ **37** fod

これらの錯体は，その揮発性のために，ランタノイドを含有する超伝導体を蒸着で合成するときの前駆物質に用いられる（§18・5）．さらに，この種の錯体は有機溶媒に溶けるし，また，利用できる配位部位をもっているので，NMRシフト試薬として有用なことがわかる．この場合，ランタノイドイオンの局部的な磁場によって，結合している配位子中の磁気核に対する共鳴シグナルの化学シフトが拡大される（図9・30）．この方法は，ランタノイドイオンに対して配位子として作用する供与体基をもつ種々の分子に応用することができる．シグナルが一番シフトするのはランタノイドに最も近い部位にあるH核についてのものである．

電荷をもつ配位子は，最小のLn^{3+}イオンに最高の親和力をもつのが普通である．その結果，生成定数は，大きくて軽いLn^{3+}（系列中左側のもの）から小さくて重いLn^{3+}（系列中右側のもの）へと増大する．このことを利用するとランタノイドイオンをクロマトグラフィーで分離することができる（BOX 9・3および図9・31）．イオン交換クロマトグラフィーの開発以前，ランタノイド化学の初期において使われていた分離法は，ランタノイド塩の再結晶を繰返す面倒なものであった．

ランタノイドの化合物には広範囲の応用があり，その多くはランタノイド化合物のf-f電子遷移に関連している．酸化ユウロピウムやテトラオキソバナジン（Ⅴ）酸ユウロピウムはテレビジョンやコンピューター端末ディスプレイにおける赤色蛍光体として，また，ネオジム（Nd^{3+}），サマリウム（Sm^{3+}），ホルミウム（Ho^{3+}）は固体レーザーで用いられている．

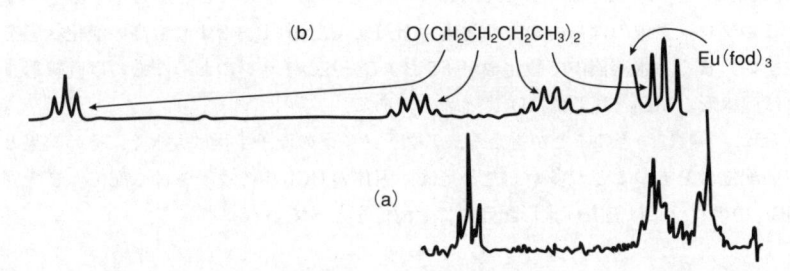

図 9・30 常磁性Eu^{Ⅲ}中心への配位がエーテルの^{1}H NMRスペクトルに及ぼす影響．(a) O(C$_4$H$_9$)$_2$のNMRスペクトル．(b) このエーテルが［Eu(fod)$_3$］に配位したときのスペクトル．酸素に結合しているCH$_2$基のスペクトルが最も大きくシフトしていることに注目．これらの基は錯体中の常磁性Eu^{Ⅲ}に一番近づいている〔"Nuclear magnetic resonance shift reagents," ed. by R. E. Sievers, Academic Press, New York（1973）より〕．

ランタノイドでは+3の酸化状態が優先する．普通にみられる二つの例外はCe^{IV}とEu^{II}である．イオン半径はLa^{3+}からLu^{3+}へと十数％減少する．

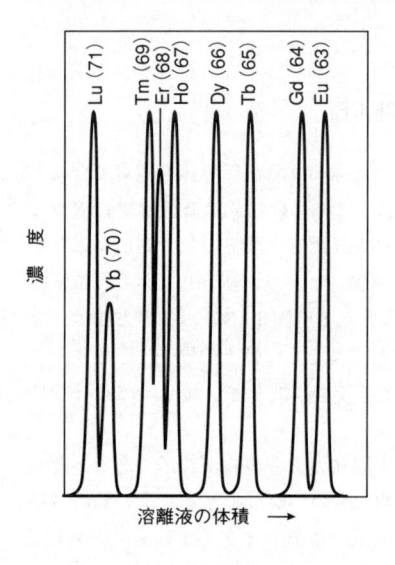

図 9・31 イオン交換カラムからの重いランタノイドイオンの溶離．溶離液は2-ヒドロキシイソ酪酸アンモニウム．原子番号が高いランタノイドは半径が小さく，2-ヒドロキシイソ酪酸イオン配位子とより強く錯形成するので，最初に溶離してくることに注目せよ．

9・21 アクチノイド

アクチニウム（原子番号89）からノーベリウム（原子番号102）までの14個の元素では5f副殻がしだいに満たされていく．この意味で，これらの元素はランタノイドの同類である．しかし，アクチノイドはランタノイドのような化学的一様性を示さない．アクチノイド（ここの議論ではAcからLrまでを含むものとする*）に普通な酸化状態は+3であるが，ランタノイドと違って，この系列のはじめの方の元素はさまざまな酸化状態をとる．Frost図（図9・32）および表9・15中のデータはつぎのことを示している．すなわち，このブロック中のはじめの方の元素（Th, Pa, U, Np）は+3よりも高い酸化状態をとりやすい．また，水溶液中で酸化数が+5および+6のイオンのおもなものは直線形またはほぼ直線形のMO_2^+およびMO_2^{2+}イオンである．

さらに，一般につぎのことが言える．アクチノイドの原子半径は大きく，その結果として高い配位数をもつことが多い．たとえば，固体のUCl_4中のウランは八配位，また固体のUBr_4中のウランは五方両錐形配列中で七配位をとっている．

(a) トリウムおよびウラン

トリウムおよびウランは入手しやすく放射能のレベルが低いので，それらの化学的な操

---

* 訳注：無機化学命名法 — IUPAC 1990年勧告 — でも，AcからLrまでの15元素をアクチノイドとよぶ．

BOX 9・3 イオン交換

イオン交換分離を行うには，ナトリウム型のカチオン交換樹脂（おもにポリスチレンスルホン酸ナトリウム）上部にランタノイドイオンを含む溶液を導入する．Ln^{3+} はイオン交換により容易に Na^+ イオンと置き換わり，カチオン交換カラムの上部にランタノイドイオンの帯をつくる．これらイオンをカラムの下方へ移動させて分離するには，アニオン性配位子（クエン酸イオン，乳酸イオン，または2-ヒドロキシイソ酪酸イオン）の溶液をゆっくりとカラムに通す．これらのアニオン性キレート配位子はランタノイドと錯体を形成する．さらに，これらの錯体は，その電荷が最初の Ln^{3+} よりも低いので，樹脂に固定される程度は Ln^{3+} の場合よりも弱く，イオン交換体から周りの溶液中に移動する．イオン交換樹脂（res）上のカチオンと溶液中の中性またはアニオン性錯体との間に成立する平衡は以下のように要約できる．

カラムの頂上部の帯の中で Na^+ が Ln^{3+} で置換される最初のイオン交換は

$$Ln^{3+}(aq) + 3\,Na^+(res) \rightleftharpoons Ln^{3+}(res) + 3\,Na^+(aq)$$

で表される．ひき続き錯化剤の溶液で溶離すると，中性かまたは負に荷電したランタノイド錯体が生成する．ランタノイドが中性または負の錯体になって樹脂から出て行く代わりにナトリウムカチオンが入ってきて樹脂内の電気的中性が保たれる．

$$3\,Na^+(aq) + Ln^{3+}(res) + 3\,RCO_2^-(aq) \rightleftharpoons 3\,Na^+(res) + Ln(RCO_2)_3(aq)$$

一番小さい半径をもつ Ln^{3+} カチオンはアニオン性配位子と最も強く結合するので，最初に溶離してくる傾向が最も大きい（図9・31参照）．

作は通常の実験室技術で行うことができる．図9・32および表9・15が示しているように，水溶液中におけるトリウムの安定な酸化状態は＋4だけである．トリウムの固体化学においても，主要な酸化状態は＋4である．簡単なトリウム(IV)化合物では八配位が普通である．たとえば ThO_2 の構造はホタル石型で，O^{2-} イオンの立方体が Th 原子を取囲んでいる．また $ThCl_4$ の場合も配位数は8で，十二面体型対称性がある(**38**)．$[Th(NO_3)_4(OPPh_3)_2]$ 中の Th の配位数は10で，NO_3^- イオンとトリフェニルホスファンオキシド基とが金属の周りに面冠立方配列で並んでいる(**39**)．

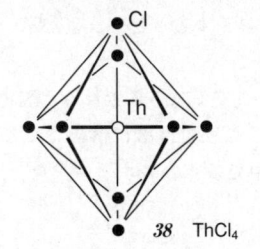

38 $ThCl_4$

39 $[Th(NO_3)_4(OPPh_3)_2]$

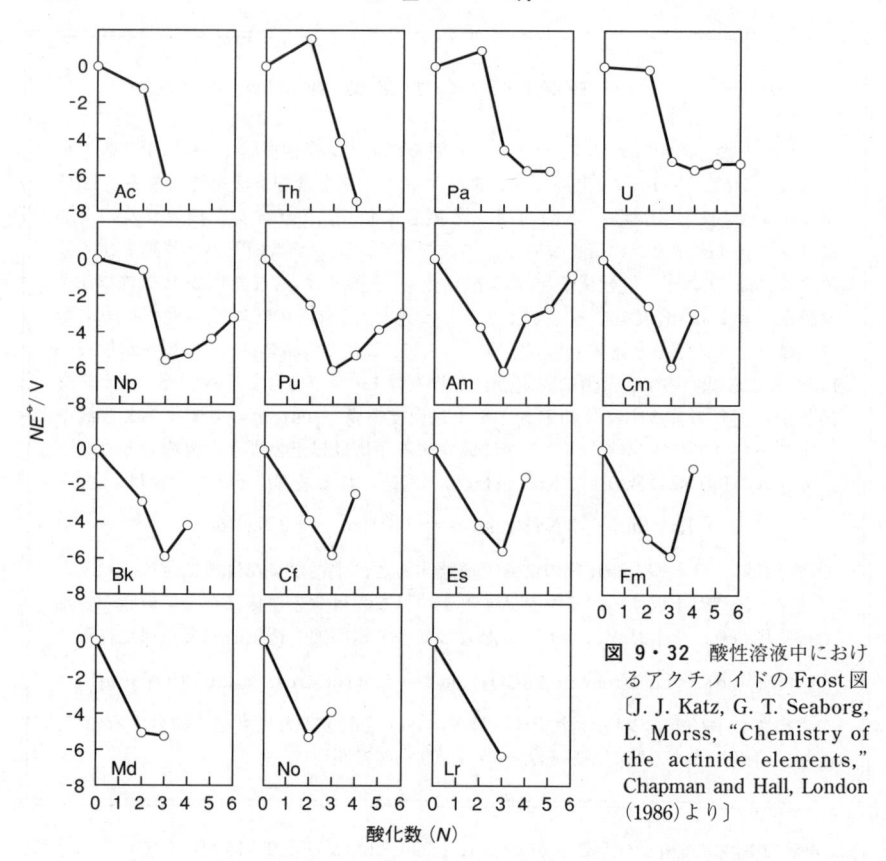

図 9・32 酸性溶液中におけるアクチノイドのFrost図〔J. J. Katz, G. T. Seaborg, L. Morss, "Chemistry of the actinide elements," Chapman and Hall, London (1986)より〕

ウランは+3から+6までの酸化状態をとることができるので，その化学的性質はトリウムよりも変化に富んでいる．最も普通な酸化状態は+4および+6である．ウランのハロゲン化物では+3から+6までのすべての酸化状態のものが知られていて，酸化数が大きくなるにつれて配位数が減少する傾向を示している．ウラン原子の配位数は，固体のUCl_3中では九配位，UCl_4中では八配位，U^VおよびU^{VI}の塩化物でともに分子化合物のU_2Cl_{10}およびUCl_6中では六配位である．UF_6は気体拡散や気体超遠心法によるウラン同位体分離に用いられるが，それはUF_6の高揮発性（57℃で昇華する）とフッ素が単一核種であることとによるものである．

ウラン金属は不動態酸化物皮膜をつくらないので，長い間空気にさらされると酸化物の複雑な混合物ができる．最も重要な酸化物はUO_3で，この物質は酸に溶けてウラニルイオン[a]UO_2^{2+}を生ずる．この明るい黄色のイオンは水中で多くのアニオン，たとえば，

---

[a] uranyl ion

SO_4^{2-} や NO_3^- と錯体 (**40**) を形成する。VO_2^+ イオンおよびそれに似た d^0 錯体の形が折れ線状であるのに対して，AnO_2^{2+} (An＝U, Np, Pu, Am) で表される部分はあらゆる錯体の中で直線状を保っている。この直線状の形は f 軌道結合と相対論的効果との両方によって説明されている。ランタノイドと違ってアクチノイドのはじめの方の元素では f 軌道が結合領域中に広がっているので，アクチノイド錯体のスペクトルは配位子によって著しい影響を受ける。

40 $[UO_2(NO_3)_2(OH_2)_2]$

ウランを他のほとんどの金属から分離するには，炭化水素溶媒にリン酸トリブチルを溶かした溶液のような極性有機溶媒を用いて，中性のウラニルニトラト錯体 $[UO_2(NO_3)_2(OH_2)_4]$ を水溶液相中から抽出する。この種の溶媒抽出は使用済み核燃料中の核分裂生成物からアクチノイドを分離するのに利用される。

^{235}U のような重い元素の核分裂は中性子の衝突によって起こる。^{235}U は熱中性子（低速の中性子）によって核分裂を起こし，中程度の質量の二つの核種を生ずる。また，原子番号 26 以降では核子 1 個当たりの結合エネルギーが減少していく（図 1・2 参照）ために，この核分裂に際して多量のエネルギーが放出される。ウラン原子核が非対称的な核分裂を起こす確率が高いことは，核分裂生成物の分布に二つの山があることでわかる（図 9・33）。一つの極大は質量数 95 (Mo) の近くに，もう一つの極大は質量数 135 (Ba) の近くにある。核分裂生成物のほとんどすべては不安定な核種で，その中で最も厄介なのは半減期が数年から数百年の範囲のものである。このような核種は比較的速やかに崩壊するので放射能が高く，さりとて短時間内に消失してしまうほど速く崩壊するわけではないからである。

邪魔な核分裂生成物を分離し，固定化し，そして貯蔵するという困難な問題はいまだに満足に解決されていない。ウランやプルトニウムやその他の核分裂物質を抽出し，不要な核種をガラス中に固定化し，そのガラスを地下水につながっていない安定な地層中に埋めるというのが一つの提案である。

> トリウムおよびウランの普通の核種は低い放射能しか示さないので，それらの化学的性質はよくわかっている。直線形のウラニルカチオン OUO^{2+} は，いろいろな供与体原子と結合する重要な化学種である。

(b) 超アメリシウム元素

アメリシウム（Am，原子番号 95）およびそれ以降のアクチノイドの性質はランタノイ

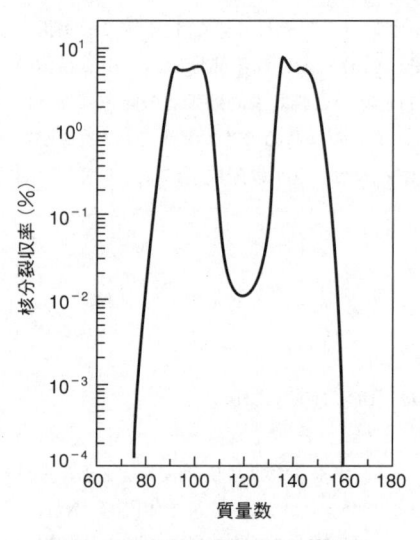

図 9・33 熱中性子による ^{235}U の核分裂生成物の質量分布（滑らかにした曲線）〔G. T. Seaborg, W. D. Loveland, "The elements beyond uranium," Wiley, New York（1990）より〕

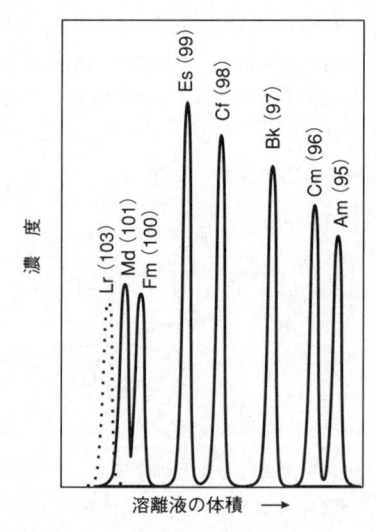

図 9・34 イオン交換カラムからの重いアクチノイドイオンの溶離．溶離液は 2-ヒドロキシイソ酪酸アンモニウム．溶離順序が図 9・31 に似ていることに注目．Ln^{3+} イオンの場合のように，より重い（より小さい）An^{3+} イオンが最初に溶離する〔J. J. Katz, G. T. Seaborg, L. Morss, "Chemistry of the actinide elements," Chapman and Hall, London（1986）より〕

ドの性質に近づく．すなわち，原子番号が大きくなるにつれて M^{III} が，より高い酸化状態に比べてしだいに安定になる．キュリウム（Cm），バークリウム（Bk），カリホルニウム（Cf），アインスタイニウム（Es）の主要な酸化状態は +3 である．したがって，これらの元素はランタノイドに似ている．

アクチノイドのはじめの方の元素とランタノイドとでは化学的性質に著しい違いがあることから，周期表中でアクチノイドをどこに置くのが一番よいかについての論争が起こった．たとえば，1945 年より前は，タングステンとウランとはともに最大酸化状態が +6 であるという理由で，周期表中でタングステンの下にウランを置くのが普通であった．アクチノイドの後半の元素に +3 の酸化状態が出現することが，周期表中におけるアクチノイドの位置を考えていくための鍵になったのである．重いアクチノイドとランタノイドとでは，イオン交換分離における溶離挙動が似ているが（図 9・34 と図 9・31 とを比べてみよ），このことから両者の類似性がわかる．

超アメリシウム元素はほとんどの場合少量しか入手できず，また強い放射能をもっている．そのため，これらの元素の化学的性質を決める実験の大部分はマイクログラムの規模で行われてきた．場合によっては数百個の原子で実験することさえある．たとえば，直径

が約0.2 mmのイオン交換体の球1個にアクチノイドイオン錯体を吸収させたり，そこから溶離させたりする．アクチノイド以降で最も重くかつ不安定なハッシウム（原子番号108）のような元素は，寿命が短すぎて化学的に分離することはできない．そのような元素の同定はそれが放出する放射線の性質だけに基づいている．

> 超アメリシウム元素では，+3の酸化状態がしだいに安定になる．これらの元素は，放射能が強く，半減期が短いので，その化学的性質は十分に研究されていない．

例題 9・6 アクチノイドイオンの酸化還元安定性を評価する．

トリウムのFrost図（図9・32）を用いて+2および+3の酸化状態の相対的な安定性について述べよ．

解 このFrost図の左端の傾斜は，穏やかな酸化剤によってTh^{2+}イオンが容易に得られる可能性を示している．しかし，Th^{2+}はより高い酸化状態とTh^0とを結ぶ線の上方にあるので，不均化を起こす可能性がある．Th^{III}はTh^{IV}に容易に酸化され，その酸化は水によって起こるであろうことが急な負の傾斜からわかる．

$$Th^{3+}(aq) + H^+(aq) \longrightarrow Th^4(aq) + \frac{1}{2}H_2(g)$$

この反応がきわめて有利であることは付録2中のデータ（$E^\ominus = +3.8$ V）で確かめることができる．したがって，水溶液中での主要成分はTh^{4+}であろう．

問題 9・6 Frost図および付録2のデータを使って，空気の存在下における酸水溶液中で最も安定なウランイオンを決定し，その化学式を記せ．

参 考 書

"Comprehensive coordination chemistry," ed. by G. Wilkinson, R. D. Gillard, J. McCleverty, Pergamon Press, Oxford (1987 *et seq.*). このシリーズの第1巻は概論，以後の巻は各金属元素の配位化学に関する各論である．

A. F. Wells, "Structural inorganic chemistry," Oxford University Press (1984). 金属の化合物の構造に関する参考書として優れた単行本．

つぎの二つの書物は金属元素についての一般的な知識を提供してくれるが，特に鉱物源，抽出法，および応用に重点がおかれている．

"Ullmann's encyclopedia of industrial chemistry," VCH, Weinheim (1990 *et seq.*)

"Kirk-Othmer encyclopedia of chemical technology, Wiley-Interscience, New York (1991 *et seq.*).

"Encyclopedia of inorganic chemistry," ed. by R. B. King, Wiley, New York (1994). 各金属の項目をみよ．

G. T. Seaborg, W. D. Loveland, "The elements beyond uranium," Wiley-Interscience, New

York (1990). 超ウラン元素に関する入門書. これらの元素の発見についての記述があり, また, それらの分離, 検出, および化学的性質の大要がよく説明してある.

G. L. Soloveichik, 'Actinide coordination chemistry,' "Encyclopedia of inorganic chemistry," ed. by R. B. King, Vol. 1, pp. 2〜19, Wiley, New York (1994).

練習問題

9・1 参考資料を使わずに, 元素記号を含めて周期表のs-ブロックを描き, つぎの諸性質にみられる傾向を示せ.
(a) 融点 (b) 普通のカチオンの半径 (c) 過酸化物が簡単な酸化物に熱分解する傾向

9・2 つぎの1組のもののうちどちらが問題の化合物をつくったり変化を起こしたりするか. それぞれの場合について周期的な傾向と, 答えに対する物理的な根拠とを述べよ.
(a) Cs^+ と Mg^{2+}, アセタト錯体の生成
(b) Be と Sr, 空気が存在しない状態で液体アンモニアへの溶解
(c) Li^+ と K^+, クリプタンド[2.2.2]との錯形成

9・3 つぎの組合わせのそれぞれにおいて金属イオンの配位環境を比較し, その相違について妥当と思われる説明をせよ.
(a) CaF_2 と MoS_2 (b) CdI_2 と $MoCl_2$ (c) BeO と CaO
(d) 酢酸モリブデン(II)とわずかに塩基性の溶液から結晶させた酢酸ベリリウム化合物

9・4 周期表をみないで, d-ブロックの最初の系列を描き元素記号を書き入れよ. 族酸化数が普通な元素をc, 族酸化数をとることはできるが強力な酸化剤であるものをo, 族酸化数に到達することのないものをnで示せ.

9・5 d-およびp-ブロック中の金属元素の族酸化数の安定性が, 各族中で下の方へ行くにつれてどう変わるかを述べよ. 5族, 6族, 13族について酸性溶液中での標準電位を用いてこの傾向を説明せよ.

9・6 つぎのそれぞれについて化学方程式を書き(反応しないものには"反応しない"と書け), その答えの理由を酸化状態の傾向の立場から説明せよ.
(a) $Cr^{2+}(aq) + Fe^{3+}(aq) \longrightarrow$ (b) $CrO_4^{2-}(aq) + MoO_2(s) \longrightarrow$
(c) $MnO_4^-(aq) + Cr^{3+}(aq) \longrightarrow$

9・7 (a) H_2S の存在下で硫化物をつくりそうなのは, $Ni^{2+}(aq)$ と $Mn^{2+}(aq)$ とのうちどちらのイオンか.
(b) 第4周期を通して硬さと軟らかさの性質の傾向によって(a)の答えを説明せよ.
(c) その反応に対する反応方程式を記せ.

9・8 できれば本文を参照せずに (a) 周期表のd-ブロックを書き出し, (b) ルチル型またはホタル石型構造の二フッ化物をつくる金属を示し, また (c) 金属-金属結合をもつハロゲン化物化合物ができる周期表中の領域を示し, その一例をあげよ.

9・9 cis-$[RuLCl(OH_2)]^+$ (図9・12参照)の酸性溶液で, 電位を0.2 Vに保ったまま, 溶液を強塩基性にしたときに起こる反応の反応方程式を書け. この同じ錯体のpH=6の溶液の電位を0.2 Vから1.0 Vまでしだいに酸化性にしていったときに, つぎつぎと起こる反応のそれぞれに対する反応方程式を書け. また金属中心の酸化還元状態が, 配位してい

る酸素のプロトン化の程度に及ぼす影響を，他の例をあげて示せ．

9・10 つぎに示す組合わせについて考えられる反応方程式を示し（反応しないときは"反応しない"と示せ），その答えに対する根拠を述べよ．
  (a) 酸性溶液中の MoO_4^{2-}(aq)に Fe^{2+}(aq)を加える．
  (b) K_2MoO_4(s)から $[Mo_6O_{19}]^{2-}$(aq)をつくる．
  (c) $KMnO_4$ 水溶液に $ReCl_5$(s)を加える．　(d) 温かい HCl(aq)に $MoCl_2$ を加える．

9・11 つぎの物質の構造を想像し，それを正当化する結合モデルを示せ．
  (a) $[Re(O)_2(py)_4]^+$　(b) $[V(O)_2(ox)_2]^{3-}$　(c) $[Mo(O)_2(CN)_4]^{4-}$　(d) $[VOCl_4]^{2-}$

9・12 (a) 主としてイオン性，(b) かなり共有結合性，(c) 金属-金属結合化合物のそれぞれに典型的な構造をもっていると考えられる化合物はつぎのどれか．

$$NiI_2,\ NbCl_4,\ FeF_2,\ PtS,\ WCl_2$$

それらの相違を説明し，構造を想像せよ．

9・13 金属の化学的性質にみられる傾向に基づいて，つぎの組合わせについて考えられる反応方程式を書き（反応しないときは"反応しない"と書け），そう考えた理由を示せ．
  (a) 不活性雰囲気中における TiO と HCl 水溶液　　(b) Ce^{4+}(aq)と Fe^{2+}(aq)
  (c) Rb_9O_2 と水　(d) Na(am)と CH_3OH

9・14 つぎの四角柱形錯体について σ, π, δ の結合性軌道および反結合性軌道がどのように占有されているかを示せ．また，結合次数はいくらか．
  (a) $[Mo_2(O_2CCH_3)_4]$　(b) $[Cr_2(O_2CC_2H_5)_4]$　(c) $[Cu_2(O_2CCH_3)_4]$

9・15 液体アンモニアの酸塩基化学は水溶液の場合に似ていることが多い．それが正しいと仮定して，$Zn(NH_2)_2$ が，(a) 液体アンモニア中の NH_4^+，(b) 液体アンモニア中の KNH_2 と反応するときの反応方程式を書け．

9・16 つぎの場合における反応方程式を書き（反応しないときは"反応しない"と書け），それに対する理由を示せ．
  (a) Cd(s)に Hg^{2+}(aq)を加える．　(b) Tl^{3+}(aq)に Ga(s)を加える．
  (c) $[AlF_6]^{3-}$(aq)と Tl^{3+}(aq)の反応

9・17 (a) 13 族および 14 族の元素の酸化状態の相対的な安定性にみられる傾向を要約し，不活性電子対効果を示す元素をあげよ．
  (b) (a)の知識を念頭におき，つぎの組合わせに対する反応方程式を書け（反応しないときは"反応しない"と書け），それが(a)で述べた傾向にどのように合っているかを説明せよ．
  (i) Sn^{2+}(aq) + PbO_2(s)(過剰量) $\longrightarrow$　　(空気なし)
  (ii) Tl^{3+}(aq) + Al(s)(過剰量) $\longrightarrow$　　(空気なし)　(iii) In^+(aq) $\longrightarrow$　　(空気なし)
  (iv) Sn^{2+}(aq) + O_2(空気) $\longrightarrow$　　　　(v) Tl^+(aq) + O_2(空気) $\longrightarrow$

9・18 練習問題 9・17b 中の各反応に対する標準電位を付録 2 のデータを用いて決定せよ．反応(i)～(v)のそれぞれについて，定性的に考えたことと標準電位とが合っているか否かについて説明せよ．

9・19 (a) 任意のランタノイド金属と酸水溶液との反応に対する反応方程式を示せ．
  (b) その反応方程式が正しいことを，酸化還元電位およびランタノイドの最も安定な正の酸化状態に関する一般則によって示せ．

(c) 通常の正の酸化状態からずれる傾向が最も大きいランタノイドの名前を二つあげて，このずれと電子構造との関連を示せ．

9・20 イオン交換クロマトグラフィーの開発以前，他のランタノイドから最も分離しやすかったのはセリウムとユウロピウムとであった．それらの化学的性質からその理由を推定せよ．

9・21 ^{235}U の熱中性子核分裂で生成する元素の分布は一般にどのようになるかを述べ，原子力発電所からの使用済み燃料中に存在して最大の放射能障害を起こすと思われるのはつぎの著しく放射性の核種の中のどれかを決定せよ．
　(a) ^{39}Ar　(b) ^{228}Th　(c) ^{90}Sr　(d) ^{144}Ce

9・22 種々の配位子による Eu^{3+} の錯体は同じような電子スペクトルを示すが，Am^{3+} 錯体の電子スペクトルは配位子によって変化する理由を説明せよ．

演習問題

9・1 周期表は，Mendeleev が提出した固定的で疑う余地のない元素の配列であると考えるのは正しくない．事実，Mendeleev の周期表に先立つものがたくさんあった．それらの一つは 1864 年に William Olding が提出したもので，H，Ag，Au が同じ族に置かれていた．Mendeleev はさまざまな周期表を考えていて，その一つでは Cu，Ag，Au の上に Na が置かれていた．これらの配置のそれぞれについて，それを支持する議論と反対する議論とをつぎの観点から行なえ．
　(i) 元素の化学的性質（とりうる酸化状態，元素の簡単なハロゲン化物や酸化物の化学式および物理的性質）．(ii) 元素およびイオンの電子配置に関する現代の知識．

9・2 ある素人化学者が，つぎのような性質をもつ新しい金属元素グルビウム (Gr) の存在を宣言した．Gr 金属は，空気が存在しない条件下で，1 mol dm^{-3} H$^+$(aq) と反応して Gr^{3+}(aq) と H$_2$(g) とを生ずる．GrCl$_2$(s) は，空気が存在しない条件下で，1 mol dm^{-3} H$^+$(aq) に溶け，きわめてゆっくり H$_2$(g) と Gr^{3+}(aq) とを生ずる．Gr^{3+}(aq) を空気にさらすと GrO^{2+}(aq) ができる．この知識から，(a) Gr^{3+}(aq) の Gr(s) への還元，(b) Gr^{3+}(aq) から GrCl$_2$(s) への還元，(c) GrO^{2+}(aq) から Gr^{3+}(aq) への還元，のそれぞれに対する電位の範囲を推定せよ．このグルビウムの記述に適合する既知の元素は何か．

9・3 周期表中の 3 族については下のような元素配列がそのときどきで使われてきた．

B		
Al		
Sc	Sc	Sc
Y	Y	Lu
La	La	Lr

分類の判断基準になるのは，(a) 水溶液中の酸化状態の安定性，(b) 原子および M^{3+} イオンの半径，(c) 原子の電子配置であると仮定して，各分類の相対的な長所を論ぜよ．

9・4 多くの金属塩は高温でわずかに気化させることができて，その気相中における構造を電子回折で研究することができる．(a) TaF$_5$，(b) MoF$_6$ が気相中でとると思われる構造を推定し，その理由を示せ．

9・5 直線状のウラニルイオン OUO^{2+} 中の結合は，金属上の 5f 軌道を利用したかなり

のπ結合性をもつ結合によって説明することが多い．図1・16中に示したf軌道を用いて，適当な酸素p軌道とのπ結合に対する合理的な分子軌道図をつくれ．

9・6 触媒量の $[Pt_2(P_2O_5H_2)_4]^{4-}$ と光とが存在すると2-プロパノールから H_2 およびアセトンが生成する〔E. L. Harvey, A. E. Stiegman, A. Vlćek, Jr., H. B. Gray, *J. Am. Chem. Soc.*, **109**, 5233 (1987)；D. C. Smith, H. B. Gray, *Coord. Chem. Rev.*, **100**, 169 (1990)〕．
(a) 全反応の反応式を示せ．
(b) この四角柱形錯体中の金属-金属結合について妥当と思われる分子軌道図を示し，この光化学に関与すると考えられる励起状態の性質を示せ．
(c) 金属錯体中間体とそれが存在する証拠とを示せ．

9・7 $2\ \text{mol dm}^{-3}\ H_2SO_4$ によるウラン鉱の最初の抽出液には，主要な金属成分として $0.2\ \text{mol dm}^{-3}\ UO_2^{2+}$ および $0.2\ \text{mol dm}^{-3}\ Fe^{3+}$ が，それらのスルファト錯体と平衡状態を保って存在している．UO_2^{2+} と硫酸イオンとの配位に対する平衡定数は $\log_{10} K_{f,1}=3.3$，$\log_{10} \beta_2=4.3$ で，Fe^{3+} と SO_4^{2-} 配位子との生成定数は $\log_{10} K_{f,1}=2.2$, $\log_{10} \beta_2=2.5$ である．この平衡混合物をアニオン交換カラムの上部に吸着させ，つぎにカラムに吸着している成分を $2\ \text{mol dm}^{-3}\ HClO_4(aq)$ で溶かし出す（過塩素酸イオンはきわめて弱い配位子である）．
(a) 最初の抽出液中で金属を含むおもな化学種は何か．
(b) 最初の抽出液とイオン交換樹脂（はじめは過塩素酸形）との相互作用を表す化学反応方程式を書け．
(c) 溶液中の金属錯体に対する $2\ \text{mol dm}^{-3}\ HClO_4$ 溶液の作用は何か．
(d) 溶離液中における二つの金属成分について濃度と時間との関係を定性的に示すグラフを描き，そのように考えた理由を説明せよ．

9・8 つぎの記述中の誤りを指摘して訂正し，傾向を説明せよ．
(a) ナトリウムはアンモニアやアミン類に溶けてナトリウムカチオンと溶媒和電子またはナトリウム化物イオンを生ずる．
(b) 液体アンモニアに溶けているナトリウムは，溶媒との強い水素結合のせいで，NH_4^+ とは反応しないであろう．
(c) $Fe^{2+}(aq)$ イオンは $V^{2+}(aq)$ イオンよりも弱い還元剤である．このことは，3d 系列内における酸化状態の安定性の傾向と一致している．
(d) 化合物 WBr_2 は層状 CdI_2 型構造をもっている．これは臭化物がかなり共有結合性であるという傾向と一致している．

9・9 ウラン（原子番号92）およびタングステン（原子番号74）はいずれも+6の最高酸化数をとる．このことに促されて，初期の周期表ではウランをタングステンの下に置いた．ウランのつぎの元素であるネプツニウム（原子番号93）が1940年に発見されたとき，その性質はレニウム（原子番号75）の性質には対応しなかった．この事実がウランのもともとの位置に対して疑問を投げかけたのである〔G. T. Seaborg, W. D. Loveland, "The elements beyond uranium," p.9, *et seq.*, Wiley-Interscience, New York (1990)〕．付録2の標準電位のデータを用いて，Np と Re との間の酸化状態安定性の相違を考察せよ．

9・10 ウランの抽出には化学的分離法と物理的分離法とがある．一般的な資料（"Kirk-Othmer"など）を参照して，ウラン鉱から核燃料級のウランを分離する過程を要約せよ．

10

ホウ素族と炭素族

　本章とそれに続く二つの章とでは非金属に重点をおいて p-ブロック元素の一般的な化学的性質を紹介する．p-ブロックの元素は s-ブロックや d-ブロックの元素に比べて性質がはるかに変化に富んでいる．また s-ブロックや d-ブロックの元素は例外なく金属性であるのに対して，p-ブロック元素の範囲はアルミニウムのような金属からフッ素のように電気陰性度の高い非金属に及んでいる．したがって，p-ブロックは周期表中で内容がきわめて豊富な領域である．この大きな多様性を一つの観点で適切に把握することはできないので，このブロックを一方から他方へ進んで行くにつれてわれわれの観点を調整していくことになるであろう．たとえば，ブロックの右の方に行くにつれて，元素が取りうる酸化状態の数が増加し，したがって酸化還元の性質がより重要になってくる．ブロックの左の方にある元素（ホウ素，炭素，ケイ素）の性質はこれとは対照的で酸化還元反応はそれほど重要ではない．しかし，ホウ素および炭素族の若干の元素は酸化還元に多様性がない代わりに，場合によっては鎖，環，クラスターをつくる能力をもっている．p-ブロックの元素全体を通して酸素との化合物が重要で，繰返し議論することになるであろう．

　13族（ホウ素族）および14族（炭素族）の元素は，自然界や工業においてかなり重要なものであるとともに，多種多様で興味深い物理的および化学的性質をもっている．炭素はもちろん有機化学で中心的な役割を演ずるばかりでなく，金属や非金属とたくさんの二元化合物をつくり，また第15および第16章でみるように，広範囲の有機金属化合物をも生成する．炭素が水素および酸素と結合した状態で生物圏の主成分であるのとちょうど同じように，炭素の同族体のケイ素は酸素およびアルミニウムと結合して地殻中の鉱石の主成分になっている．13および14族の元素で炭素およびケイ素以外のものは，現代のハイテクノロジーにおいて，特に半導体および光導波路としてきわめて重要である．

元　素

　地殻岩石，海洋，大気中におけるホウ素族および炭素族元素の含有量は実にさまざまで

ある. 炭素, アルミニウム, ケイ素はいずれも豊富だが（図10・1), ホウ素はリチウムやベリリウムと同様, その宇宙および地球上における含有量が少なく, 核合成の際にこれらの軽い元素がいかにのけ者にされたかがわかる（§1・1). 鉄以降の元素では核安定性がしだいに減少するのと一致して, 両方の族の中で重い方の元素の含有量が少ない. ゲルマニウムを別にすると, 炭素族のすべての元素はホウ素族や窒素族中で対応する元素よりも豊富に存在する. この相違は, 陽子数が奇数の原子核に比べて偶数の（したがって原子番号が偶数の）原子核の安定性が高いことに基づいている.

元素の化学的および物理的性質は, 13族および14族で下の方に行くにつれて大きく変化する. それぞれの族で最も軽い元素は非金属で, 最も重い元素は金属である. ホウ素とその斜め右下にあるケイ素とでは化学的および物理的性質が特によく似ている. ホウ素およびケイ素は, 化合物中では化学的に硬い性質を示し, また単体は機械的に硬く半導体性の固体である. 二つまたはそれ以上のはっきりと異なる多形があることはp-ブロック元素に共通の特徴で, このことは以下に述べるホウ素や炭素の例がよく示している. p-ブロックの金属であるガリウム, インジウム, タリウム, 鉛は第9章で論じた.

ホウ素, 炭素, ケイ素, ゲルマニウムは明らかに非金属の化学的性質を示す. それらの電気陰性度は水素に似ており, 水素やアルキル基とたくさんの共有結合化合物をつくる. 軽い元素であるホウ素, アルミニウム, 炭素, ケイ素は, 酸素やフッ素に大きな親和力をもっているという意味で, 強い**親酸素元素**[a] および**親フッ素元素**[b] である. これらの元素の親酸素性はホウ酸塩, アルミン酸塩, 炭酸塩, ケイ酸塩のような一連のオキソアニオンの存在で明らかである. ホウ素とケイ素との親酸素性や親フッ素性が似ているのは, 周期表中で斜め隣の元素同士にみられる化学的類似性の例である. これらの元素とは対照的に, 重い元素であるタリウムや鉛は I^- イオンや S^{2-} イオンのような軟らかいアニオンに対して, 硬いアニオンに対するよりも大きな親和力をもっている. したがって, タリウムや鉛

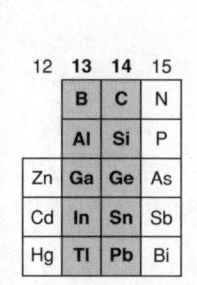

図 10・1 13族および14族元素の地殻中の存在量. 数字は質量分率を ppm 単位で表した存在量の常用対数

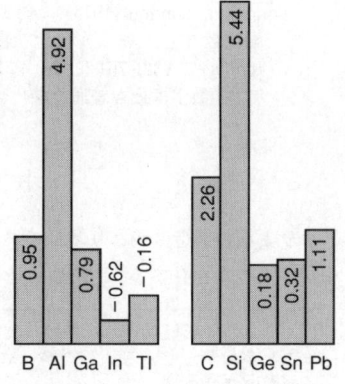

---

a) oxophile b) fluorophile

は化学的に軟らかい元素に分類される．

表10・1にみられるように，13族および14族の大部分の元素がそれらの化合物中で示す主要な酸化数は族酸化数*で，13族では +3，14族では +4である．おもな例外はタリウムと鉛で，これらの最も普通な酸化数はその族の最高値から2を引いたもの，すなわちタリウムでは +1，鉛では +2である．このように低酸化状態が比較的安定であることは不活性電子対効果（第9章）の例である．

13族で最も豊富な元素はアルミニウム，14族では炭素およびケイ素である．

表 10・1　ホウ素族および炭素族元素の性質

元 素	I_1/kJ mol^{-1}	χ[†1]	r_{cov}/pm[†2]	r_{ion}/pm[†3]	外見と性質	普通の酸化数[†4]
13 族						
B	801	2.04	88		薄黒い半導体	**3**
Al	577	1.61	143	54	金 属	**3**
Ga	579	1.81	153	62	金属，融点 30 ℃	1, **3**
In	558	1.78	167	80	軟らかい金属	1, **3**
Tl	589	2.04	171	89	軟らかい金属	**1**, 3
14 族						
C	1086	2.55	77		硬い絶縁体（ダイヤモンド）半金属（グラファイト）	**4**
Si	786	1.90	117	40	硬い半導体	**4**
Ge	762	2.01	122	53	金 属	2, **4**
Sn	709	1.96	158	69	金 属	2, **4**
Pb	715	2.33	175	78	軟らかい金属	**2**, 4

†1　A. L. Allredが再計算した Pauling の値．*J. Inorg. Nucl. Chem.*, **17**, 215 (1961).
†2　共有結合半径．M. C. Ball, A. H. Norbury, "Physical data for inorganic chemists," Longman, London (1974) による．
†3　配位数6で，最高族酸化状態における元素のイオン半径．R. D. Shannon, *Acta Crystallogr.*, **A32**, 751 (1976) による．
†4　太字の数字は最も普通な酸化数．

ホウ素族（13 族）

ホウ素族の構造はかなり多様である．たとえば，ホウ素の単体には硬くて耐火性の多形相がいくつか存在する[1]．結晶構造をもつ三つの固相では，二十面体形の B_{12} が構成単位

---

1) 三つの多形相以外のものは，実際には $B_{50}C$ や $B_{48}Al_3C_2$ のようなホウ素過剰炭化物であることがわかっている．したがって，ホウ素族の構造の多様性は，一時考えられていたほどのものではない．

*　訳注: p.476の脚注参照．

10・1 産出と単離

になっている（図10・2）．この二十面体の構成単位はホウ素の化学で繰返し出てくるもので，金属ホウ化物や水素化ホウ素（ボラン）の構造で再びこれに出会うことになるであろう．ホウ素の同族体はすべて金属で，それらの化学的性質は第8章で述べた．固体状態のガリウムでは，各Ga原子に最も近い位置には1個の原子しかない．この意味で固体のヨウ素の構造に似ているガリウムだけは構造的に異常である．

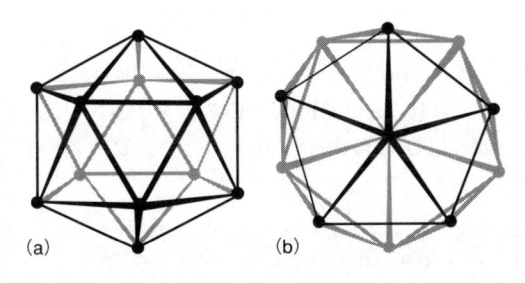

図 10・2 α-菱面体晶系ホウ素中の B_{12} 二十面体の図．(a) 結晶の3回回転軸の方向からみたもの．(b) 結晶の3回回転軸に垂直な方向からみたもの．一つ一つの二十面体は 3c, 2e 結合でつながっている．

10・1 産出と単離

13族中の軽い元素は酸素と結合した状態で自然界に見いだされる．ホウ素の主要な源はホウ砂鉱物〔$Na_2B_4O_5(OH)_4 \cdot 8H_2O$〕のようなホウ酸ナトリウム水和物である．アルミニウムの主要な鉱石であるボーキサイトは $Al_2O_3 \cdot H_2O$ のような各種の酸化アルミニウムの水和物からできている．Ellingham図（図6・3）から明らかなように，炭素でアルミニウムを還元するのは難しい．この図によると，アルミニウムの酸化物は，もっと重い同族体に比べて，より負の生成ギブズエネルギーをもっていることがわかる．アルミニウムは，その存在量と金属材料としての広い利用とのために，同族中のどの元素よりもはるかに大きな規模で単離されている．この単離は Hall-Héroult 法（§6・1）で行われる．13族元素の産出および単離の概要を表10・2に示す．

自然界では，ホウ素およびアルミニウムはおもに酸化物やオキソアニオンとして存在する．

表 10・2 13および14族中の非金属の鉱物資源と製法[†]

元 素	天然資源	製 法
ホウ素	ホウ砂	マグネシウムによる還元
炭 素	石炭，炭化水素，グラファイト，木炭	熱分解
ケイ素	シリカ	炭素による還元 $SiO_2 + 2C \xrightarrow{\Delta} Si + 2CO$
ゲルマニウム	亜鉛精錬の副産物	水素による GeO_2 の還元 $GeO_2 + 2H_2 \xrightarrow{\Delta} Ge + 2H_2O$

[†] p-ブロック金属の製法については表9・13を参照．

10・2 ホウ素と電気的に陰性な元素との化合物

この節の最初の部分では，ホウ素のハロゲン化物と，たくさんのホウ素酸化物およびオキソアニオンとを紹介する．ハロゲン化物はきわめて有用な試薬で，またLewis酸触媒である．ひきつづいての節では，ハロゲン以外の電気陰性元素とホウ素との化合物の化学について述べる．

(a) ハロゲン化物

BI_3を除くすべての三ハロゲン化ホウ素は，単体のホウ素とハロゲンとの直接反応でつくることができる．しかし，BF_3をつくるにはH_2SO_4中でB_2O_3とCaF_2とを反応させる方がよい．この反応の駆動力の一部は，強酸H_2SO_4と酸化物との反応ならびに硬いホウ素原子がフッ素に対してもっている親和力である．

$$B_2O_3(s) + 3\,CaF_2(s) + 6\,H_2SO_4(l) \longrightarrow$$
$$2\,BF_3(g) + 3[H_3O][HSO_4](soln) + 3\,CaSO_4(s)$$

三ハロゲン化ホウ素は平面三角形のBX_3分子からできている．この族の他の元素のハロゲン化物と違って，三ハロゲン化ホウ素は気体，液体および固体の状態で単量体である．しかし，三ハロゲン化ホウ素のハロゲン交換は，ハロゲン化物イオンで橋かけされた二量体(**1**)の生成および解離を通して行われると思われる．常温で三フッ化ホウ素および三塩化ホウ素は気体，三臭化ホウ素は揮発性の液体，三ヨウ化ホウ素は固体である（表10・3）．このような揮発性の傾向は，分散力の強さが分子中の電子の数とともに増大することと一致している．

表 10・3 三ハロゲン化ホウ素の代表的な性質

ハロゲン化物	融点/°C	沸点/°C	$\Delta_f G^\circ$/kJ mol^{-1}†
BF_3	-127	-100	-1112
BCl_3	-107	13	-389
BBr_3	-46	91	-233
BI_3	49	210	$+21$

† 25°Cにおける気体状三ハロゲン化物生成に関する値．

1 Br_3BBCl_3

三ハロゲン化ホウ素はLewis酸である．Lewis酸としての強さは$BF_3 < BCl_3 \leq BBr_3$の順で，付いているハロゲンの電気陰性度の順とは逆であることはすでに注意しておいた(§5・8)．この傾向は，軽くて小さいハロゲンではX-B π結合性が大きく，B原子上のp軌道が，ハロゲン原子から供給される電子で部分的に占有されることに基づくものと考えられる（図10・3）．すべての三ハロゲン化ホウ素は適当な塩基と反応して簡単なLewis錯体をつくる．たとえば，

$$BF_3(g) + :NH_3(g) \longrightarrow F_3B-NH_3(s)$$

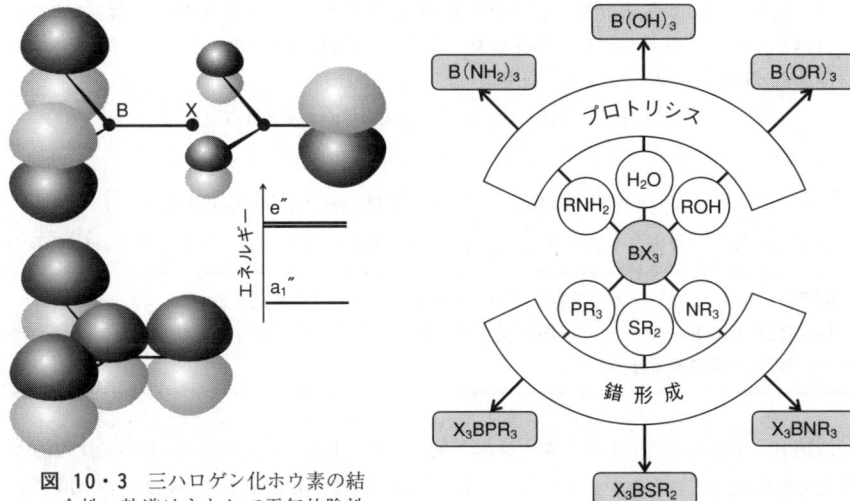

図 10・3 三ハロゲン化ホウ素の結合性π軌道は主として電気的陰性のハロゲン原子上に局在しているが，a_1''軌道中ではホウ素のp軌道との重なりが顕著である．

チャート 10・1 ホウ素とハロゲンXとの化合物の反応

しかし，ホウ素の塩化物，臭化物，およびヨウ化物は水やアルコールのような穏やかなプロトン源によって，またアミンによってさえもプロトリシスを受けやすい．チャート10・1に示すように，この反応は複分解とともに合成化学においてきわめて有用である．BCl_3 の速やかな加水分解はその一例である．

$$BCl_3(g) + 3\,H_2O(l) \longrightarrow B(OH)_3(aq) + 3\,HCl(aq)$$

この反応の第一段階は錯体 Cl_3B-OH_2 の生成で，それに続いて HCl が除去されて，さらに水と反応するものと考えられる．

例題 10・1 三ハロゲン化ホウ素の反応生成物を予測する．
つぎの反応で考えられる生成物を予測し，化学反応方程式を記せ．
(a) 酸性水溶液中における BF_3 と過剰の NaF との反応
(b) 酸性水溶液中における BCl_3 と過剰の NaCl との反応
(c) 炭化水素溶媒中における BBr_3 と過剰の $NH(CH_3)_2$ との反応

解 (a) F^- は硬くてかなり強い Lewis 塩基である．BF_3 は硬くて強い Lewis 酸で，F^- に強い親和力をもっている．したがって，この反応では錯体が生成するはずである．

$$BF_3(g) + F^-(aq) \longrightarrow [BF_4]^-(aq)$$

高 pH で生成する $[BF_3OH]^-$ のような加水分解物の生成は，過剰の F^- と酸とによって阻止される．

(b) 穏やかにしか加水分解を受けない B−F 結合と違って，その他のホウ素-ハロゲン結合は水によって激しく加水分解される．そこで，BCl_3 は水溶液中の Cl^- と配位するよりは加水分解するであろうと期待される．

$$BCl_3(g) + 3 H_2O(l) \longrightarrow B(OH)_3(aq) + 3 HCl(aq)$$

(c) 三臭化ホウ素はプロトリシスをして B−N 結合ができるであろう．

$$BBr_3(g) + 6 NH(CH_3)_2 \longrightarrow B[N(CH_3)_2]_3 + 3 [NH_2(CH_3)_2]Br$$

この反応では，プロトリシスで生成した HBr が過剰のジメチルアミンをプロトン化する．

問題 10・1 つぎの各物質間に考えられる反応の化学方程式を記せ．
(a) BCl_3 とエタノール　　(b) 炭化水素溶液中における BCl_3 とピリジン
(c) BBr_3 と $F_3BN(CH_3)_3$

例題 10・1 にあげたテトラフルオロホウ酸アニオン BF_4^- は合成化学において比較的大きな非配位性のアニオンが必要なときに用いられる．その他のテトラハロゲノホウ酸アニオンである BCl_4^- や BBr_4^- は非水溶媒中でつくることができるが，B−Cl や B−Br 結合がソルボリシス（加溶媒分解）を受けやすいので，水およびアルコール中では不安定である．

ハロゲン化ホウ素は，アルキルホウ素やアリールホウ素化合物のような多くのホウ素-炭素およびホウ素-ハロゲノイド化合物を合成する出発点である．たとえば，エーテル溶液中で三フッ化ホウ素をメチル Grignard 試薬と反応させるとトリメチルホウ素ができる．

$$BF_3 + 3 CH_3MgI \longrightarrow B(CH_3)_3 + ハロゲン化マグネシウム$$

Grignard（または有機リチウム）試薬が過剰な場合にはテトラアルキルまたはテトラアリールホウ酸塩ができる．

$$BF_3 + Li_4(CH_3)_4 \longrightarrow Li[B(CH_3)_4] + 3 LiF$$

B−B 結合をもつハロゲン化ホウ素が合成されていて，それらの中では化学式が B_2X_4 (X=F, Cl, Br) の化合物や四面体形クラスター化合物の B_4Cl_4 が最もよく知られている．B_2Cl_4 分子は固体では平面構造 (**2**) であるが，気体ではねじれている (**3**)．この相違は，B−B 単結合の場合に予想されるように，B−B 結合の周りの回転がきわめて容易であることを暗示している．

2 D_{2h}　　　　**3** D_{2d}

B_2Cl_4 をつくる一つの方法は，水銀蒸気のような Cl 原子のスカベンジャーの存在下で BCl_3 ガスを放電処理することである．分光学的データによると，電子衝撃によって BCl_3

からBClができることがわかる。

$$BCl_3(g) \xrightarrow{電子衝撃} BCl(g) + 2\,Cl(g)$$

Cl原子は水銀蒸気によって捕捉されて$Hg_2Cl_2(s)$として除去され，BCl断片はBCl_3と結合してB_2Cl_4を与えるものと考えられる．B_2Cl_4からB_2X_4誘導体をつくるには複分解反応を利用することができる．これら誘導体の熱的な安定性は，X基がB:とπ結合をつくる傾向の増大に伴って高くなる．

$$B_2Cl_4 < B_2F_4 < B_2(OR)_4 \ll B_2(NR_2)_4$$

B_2X_4化合物が存在するには孤立電子対をもつX基が不可欠であると長い間考えられていたが，アルキル基またはアリール基をもつジボロン（二ホウ素）化合物が合成されている．基がかさ高いものである場合には，$B_2(^tBu)_4$のように室温で安定な化合物が得られる．

四塩化二ホウ素は反応性がきわめて高い揮発性の分子状化合物で常温では液体である．B_2Cl_4の反応で興味のあるものの一つはC=C二重結合への付加である．

$$B_2Cl_4 + C_2H_4 \xrightarrow{低温} Cl_2BCH_2CH_2BCl_2$$

B_2Cl_4合成における二次生成物であるB_4Cl_4（**4**）は，4個のB原子が四面体を構成している分子からできている淡黄色の固体である．この化合物の構造式は，B_2Cl_4と同様，後に述べるボラン類（B_2H_6のような）の構造式とは異なる．この違いは，ハロゲンが，図10・3の場合のように，ホウ素上の空のp軌道にハロゲン化物イオン上の孤立電子対を供与して，ホウ素とπ結合をつくる傾向をもつことによると思われる．

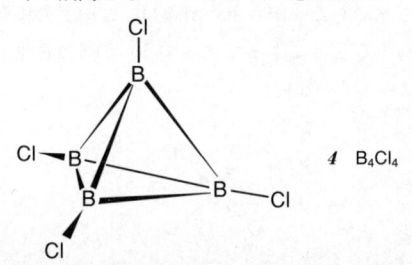

4 B_4Cl_4

> 三ハロゲン化ホウ素は有用なLewis酸（BF_3よりBCl_3の方が強い）で，ホウ素と他の元素との結合を形成するための重要な求電子試薬である．B_2Cl_4のようにB-B結合をもつ亜ハロゲン化物（subhalides）も知られている．

(b) 酸化物およびオキソ化合物

ホウ酸$B(OH)_3$は水溶液中ではきわめて弱いBrønsted酸であるが，その平衡は，p-ブロックの後の方の元素のオキソ酸に特有な簡単なBrønsted型のプロトン移動反応よりも複雑である．事実，ホウ酸は本来弱い<u>Lewis酸</u>で，実際のプロトン源になっているのは，$B(OH)_3$とH_2Oからできる錯体$H_2OB(OH)_3$である．

$$B(OH)_3(aq) + 2H_2O(l) \rightleftharpoons H_3O^+(aq) + [B(OH)_4]^-(aq) \qquad pK_a = 9.2$$

ホウ素のアニオンには，H_2O を失って縮合して重合する傾向があるが，これはホウ素および炭素族中で軽い方の元素の多くのものに典型的な傾向である．すなわち，中性または塩基性の濃厚溶液中ではつぎのような平衡によって多核アニオン (**5**) が生ずる．

$$3B(OH)_3(aq) \rightleftharpoons [B_3O_3(OH)_4]^-(aq) + H^+(aq) + 2H_2O(l) \qquad K = 1.4 \times 10^{-7}$$

硫酸の存在下でホウ酸がアルコールと反応すると，$B(OR)_3$ の形をもつ化合物である簡単な**ホウ酸エステル**が生成する．

$$B(OH)_3 + 3CH_3OH \xrightarrow{H_2SO_4} B(OCH_3)_3 + 3H_2O$$

ホウ酸エステルは三ハロゲン化ホウ素よりもはるかに弱いLewis酸である．その理由はおそらく，BF_3（§5・8）中のF原子のようにO原子が分子内π供与体として働いて，B原子のp軌道の電子密度を高くすることによると思われる．そこで，Lewis酸性度から判断すれば，ホウ素へのπ供与体としてはO原子の方がF電子よりも有効である．1,2-ジオール類は，そのキレート効果（§7・7）のために，ホウ酸エステルをつくる傾向が特に強く，環状のホウ酸エステル (**6**) ができる．

ケイ酸塩やアルミン酸塩と同じようにホウ酸塩にもたくさんの多核化合物があって，環状および鎖状のものがともに知られている．**5** の共役塩基である環状ポリホウ酸アニオン $[B_3O_6]^{3-}$ (**7**) はその一例である．ホウ酸塩生成の性質で目立っているのは，**7** 中のB原子のような三配位のものと $[B(OH)_4]^-$ 中のB原子や **5** 中のB原子の一つのような四配位のものとの両方ができることである．ポリホウ酸塩は，**5** や **7** の場合のように，2個のB原子が1個のO原子を共有することによって生成する．2個のB原子が2個または3個のO原子を共有する構造は知られていない．

5 $[B_3O_3(OH)_4]^-$ 　　　　　　**6**　　　　　　　**7** $[B_3O_6]^{3-}$

B_2O_3 や金属ホウ酸塩の融解物を急速に冷却するとホウ酸塩ガラスができることが多い．これらのガラスそれ自身には工業的な価値はほとんどないが，ホウ酸ナトリウムをシリカとともに融解すると，ホウケイ酸ガラス（たとえばパイレックス）が生成する．ホウケイ酸ガラスは，熱膨張率が低いために急速な加熱冷却に際してひびわれしにくく（§18・6），調理用器具や実験室器具に広く利用される．

> ホウ素は親酸素性である．酸素との化合物の例には B_2O_3，ポリホウ酸塩，ホウケイ酸ガラスがある．

(c) 窒素との化合物

ホウ素と窒素との最も簡単な化合物BNは，三酸化二ホウ素を窒素化合物と加熱すると容易に合成される．

$$B_2O_3(l) + 2\,NH_3(g) \xrightarrow{1200\,℃} 2\,BN(s) + 3\,H_2O(g)$$

この反応で生成する窒化ホウ素の形は，グラファイト（§10・8）の場合のような原子の平面薄板からできている．通常の実験室条件下で熱力学的に安定な相も同じ構造である．BおよびN原子が交互に並んでいる平面薄板は辺を共有する六角形からできていて，薄板内におけるB−Nの距離（145 pm）は薄板間の距離（333 pm，図10・4）よりもはるかに短い．グラファイトの構造と窒化ホウ素の構造とでは隣接する薄板の原子の重なり方が異なる．すなわち，BNでは，一つの六角形の環の真上にもう一つの環が積み重なっていて，各層ごとにB原子の上にはN原子が，N原子の上にはB原子が来るようになっているが，グラファイトでは六角形が互い違いになっている．分子軌道計算によると，BNにおける層の積み重なりはB上の正の部分電荷とN上の負の部分電荷とに起因すると考えられる．この電荷分布は，ホウ素と窒素で電気陰性度が異なる〔$\chi_p(B)=2.04$，$\chi_p(N)=3.04$〕ことと一致している．

不純なグラファイトと同じように，層状の窒化ホウ素はつるつるした物質で潤滑剤に用いられる．窒化ホウ素では充満したπバンドと空のπバンドとの間のエネルギーギャップが大きいので，グラファイトと違って窒化ホウ素は無色（可視スペクトル領域に吸収がない）の電気絶縁体である．グラファイトがつくるのに似た層間化合物の数は窒化ホウ素ではきわめて少ないが，これはバンドギャップの大きさと一致している（§10・8）．

層状の窒化ホウ素は高圧，高温（6 GPaおよび2000℃）で，より密な立方晶（図10・5）に変化する．立方晶窒化ホウ素はダイヤモンドに似た硬い結晶であるが，その格子エンタル

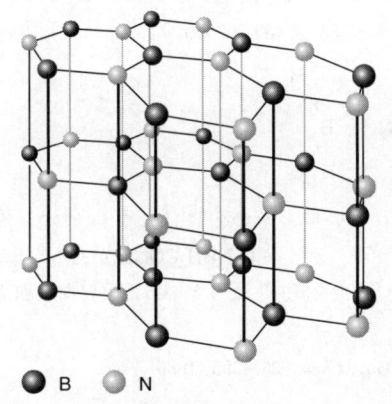

図 10・4 六角形の層状窒化ホウ素の構造．各層の原子が真上に重なっていることに注意

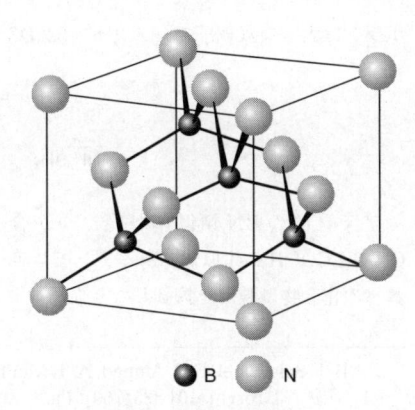

図 10・5 立方晶窒化ホウ素のセン亜鉛鉱型構造

図 10・6 硬度と格子エンタルピー密度（格子エンタルピーをその物質のモル体積で割ったもの）との関係．炭素の点はダイヤモンドに，また窒化ホウ素の点はダイヤモンド類似セン亜鉛鉱型構造に対するものである．縦軸は任意単位である．

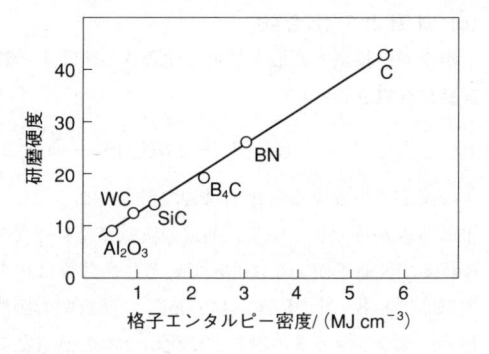

ピーがダイヤモンドよりも低いので，機械的な硬度は多少低い（図10・6）．この物質は工業的に製造されていて，高温での研磨でダイヤモンドを使うと，研磨される物質とカーバイドができてしまうためにダイヤモンドが使えないような場合の研磨剤として利用される．

BN結合をもつ分子状化合物がたくさんあるが，BNとCCとが等電子的であることから炭化水素との間に類似点がある可能性が考えられる．Lewis塩基性の窒素とLewis酸性のホウ素との反応

$$\frac{1}{2} B_2H_6 + N(CH_3)_3 \longrightarrow H_3BN(CH_3)_3$$

で多くの**アミン-ボラン**[a]類を合成することができる．アミン-ボラン類は飽和炭化水素のホウ素-窒素類似体で，炭化水素と等電子的であるが，それらの性質は相当に異なる．それは，主として，BとNでは電気陰性度が異なるためである．たとえば，アンモニア-ボラン（H_3NBH_3）は室温で固体で，その蒸気圧は数 Torr[*1] であるが，その類似体のエタン（$H_3C \cdot CH_3$）は $-89 ℃$ で凝縮する気体である．この相違の原因は，これら二つの分子の極性の違いに帰することができる．すなわち，エタンは無極性であるが，アンモニア-ボランは大きな双極子モーメント（$5.2 D^{*2}$）をもっている（**8**）．

8 NH_3BH_3

アミノ酸のBN類似体がいくつか合成されていて，その中には，プロピオン酸 CH_3CH_2COOH の類似体であるアンモニア-カルボキシボラン H_3NBH_2COOH がある[2]．これらの化合物は腫瘍を抑制したり血清コレステロールを減らしたりといった重要な生理活

---

2) B. F. Spielvogel, F. U. Ahmed, A. T. McPhail, *Inorg. Chem.*, **25**, 4395 (1986).
*1 訳注：1 Torr＝(101 325/760) Pa．
*2 訳注：1 D ≈ 3.336×10^{-30} C m．
a) amine-boranes

性を発揮する.

最も簡単なホウ素-窒素不飽和化合物はアミノボラン H_2NBH_2 で,これはエチレンと等電子的である.この物質は気相中で一時的にしか存在しないが,それはシクロヘキサンに類似の **9** のような環状化合物になりやすいからである.しかし,N原子上にかさ高いアルキル基を付け,B原子上にCl原子を付けてホウ素-窒素結合を環化反応から保護すれば,アミノボランが単量体として存在できるようになる(**10**).たとえば,ジアルキルアミンとハロゲン化ホウ素との反応で単量体のアミノボランを容易に合成することができる.

$$[(CH_3)_2CH]_2NH + BCl_3 \longrightarrow$$

9 $N_3B_3H_{12}$

10 $Cl_2B=N(^iPr)_2$ + HCl

イソプロピル基の代わりにキシリル基(2,4,6-トリメチルフェニル基)でもこの反応が起こる.

層状の窒化ホウ素以外で最もよく知られているホウ素と窒素との不飽和化合物はボラジン*,a) $H_3B_3N_3H_3$(**11**)で,このものはベンゼンと等電子的かつ等構造的である.ボラジンは1926年に Alfred Stock の実験室でジボランとアンモニアとの反応によってはじめて合成された.それ以来,BCl_3 のBCl結合をアンモニウム塩でプロトリシスする方法を使って,対称的な三つの置換基をもったくさんの誘導体がつくられている(**12**).

11 $H_3B_3N_3H_3$

$3 NH_4Cl + 3 BCl_3 \xrightarrow{\Delta, C_6H_5Cl}$

12 $Cl_3B_3N_3H_3$ + 9 HCl

塩化アルキルアンモニウムを用いると **12** の N-アルキル置換体ができる.

ボラジンはベンゼンと構造が似ているが,両者は化学的にはほとんど似ていない.この場合にもホウ素と窒素との電気陰性度の違いが重要で,トリクロロボラジン中のBCl結合はクロロベンゼン中のCCl結合よりもはるかに置換活性である.ボラジン化合物では,N

---

* 訳注:体系名はシクロトリボラザン cyclotriborazane. なお,**10**〜**12** ではホウ素-窒素結合の不飽和性を強調するため二重結合が書いてあるが命名法では単結合として扱う.

a) borazine

原子上のπ電子密度が高く，B原子上には正の部分電荷が存在する．そのために，B原子が求核試薬の攻撃を受けるようになる．この相違の一つの表れは，クロロボラジンがGrignard試薬や水素化物源と反応するとアルキル基，アリール基，または水素化物イオンによるClの置換が起こることである．ボラジンにHClが容易に付加してトリクロロシクロヘキサン類似体(*13*)が生成するのは，この相違のもう一つの例である．

$$3\ HCl\ +\ \text{(borazine)} \longrightarrow \text{(13)} \quad \textit{13}\ Cl_3B_3N_3H_9$$

この反応における求電子試薬 H^+ は負の部分電荷をもつN原子に，また求核試薬 Cl^- は正の部分電荷をもつB原子に結合する．

紫外スペクトルによると，ボラジン中のHOMOとLUMOとのエネルギー間隔はベンゼン中よりも大きいことがわかる．ここで思い出されるのは，層状のBN中における価電子バンドと伝導バンドの分離がグラファイト（黒鉛）中に比べてはるかに大きいことである．ボラジンの場合にエネルギー間隔が大きいのは，ホウ素と窒素の原子軌道のエネルギーがかなり異なるために，電気陰性なN原子が結合性軌道を支配し，電気的により陽性なホウ素原子が励起軌道をおもに支配するようになるからである．

> CCと等電子的なBNを含む化合物には，エタン類似体のアンモニアボラン H_3NBH_3，ベンゼン類似体の $H_3N_3B_3H_3$，グラファイトおよびダイヤモンドに類似のBNがある．

例題 10・2　ボラジン誘導体を合成する．

NH_4Cl およびその他適当に選んだ試薬から出発してボラジンを合成する反応の化学方程式を示せ．

解　クロロベンゼン還流中で NH_4Cl と BCl_3 とを反応させると B, B', B''-トリクロロボラジンが生ずるであろう．

$$3\ NH_4Cl\ +\ 3\ BCl_3\ \longrightarrow\ H_3N_3B_3Cl_3\ +\ 9\ HCl$$

B, B', B''-トリクロロボラジン中のCl原子は，$LiBH_4$ のような試薬からの水素化物イオンで置換することができて，ボラジンが生成する．

$$3\ LiBH_4\ +\ H_3N_3B_3Cl_3\ \xrightarrow{THF}\ H_3N_3B_3H_3\ +\ 3\ LiCl\ +\ 3\ THF\cdot BH_3$$

問題 10・2　メチルアミンと三塩化ホウ素から出発して N, N', N''-トリメチル-B, B', B''-トリメチルボラジンを合成する反応を示せ．

10・3 ホウ素のクラスター

前節に出てきたホウ素のハロゲン化物 B_4Cl_4 (**4**) は，ホウ素がクラスター化合物をつくる能力をもっていることに対するヒントを提供している．これらのクラスターが最初に認められたのは，金属ホウ化物および B_2H_6 よりも複雑なボラン類の構造をはじめて正確に示したX線結晶学における進歩の直接の結果であった．詳細に研究された分子状クラスター化合物の最初のものは中性ボラン類およびアニオン性の水素化ホウ素であった．

(a) 金属ホウ化物

多くの金属ホウ化物をつくるのには，単体のホウ素と金属との高温での直接反応が有用である．カルシウムおよびその他の電気的にきわめて陽性な金属とホウ素とが反応して MB_6 の組成のものができるのはその例である．

$$Ca(l) + 6B(s) \longrightarrow CaB_6(s)$$

金属ホウ化物には，単独のB原子を含むものから鎖，平面でひだ状になった網およびクラスターの状態のものに至る多種多様な構造がある．そのため，金属ホウ化物の組成は広範囲にわたっている．最も簡単な金属ホウ化物は遊離の B^{3-} イオンをもっている金属過剰化合物である．これらの化合物では M_2B の化学式をもつものが一番普通で，ここでMは3d-ブロックの中央から後の方の金属（マンガンからニッケルに至る）の一つである．金属ホウ化物でもう一つの重要なクラスは，平面状またはひだ状の六角形の網構造で組成が MB_2 のものである（図 10・7）．これらの化合物は，主として，アルミニウム，d-ブロックのはじめの方の金属（スカンジウムからマンガンまでのような）およびウランなどの電気的に陽性な金属から生成する．

電気的に陽性な金属Mのホウ素過剰化合物で，代表的な組成が MB_6 や MB_{12} のものの構造はさらに興味深い．これらの化合物ではB原子がつながって，相互に連結したかごの

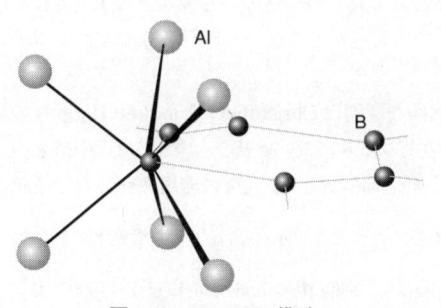

図 10・7 AlB_2 構造．六角形の層をはっきりと示すために単位格子の外側にあるB原子も表示してある．

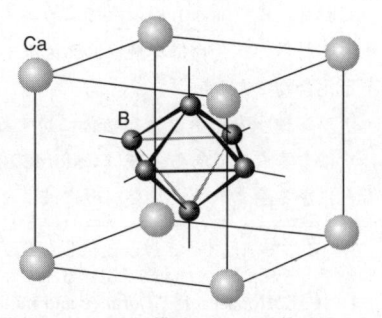

図 10・8 CaB_6 構造． B_6 八面体は隣の B_6 八面体の頂点との間の結合でつながっていることに注目せよ．この結晶はCsClの類似体である．すなわち，8個のCa原子が中心の B_6 八面体を取囲んでいる．

入り組んだ網状構造ができている．ナトリウム，カリウム，カルシウム，バリウム，ストロンチウム，ユウロピウム，イッテルビウムのような金属がつくるMB_6化合物の場合は，B_6の八面体がそれぞれの頂点で結合して立方体形の骨格をつくっている（図10・8）[3]．互いにつながったB_6のクラスターは，それと結合しているカチオンの種類に応じて，-1，-2，-3の電荷をもっている．MB_{12}化合物の場合は，通常みられる二十面体よりはむしろ連結した立方八面体（**14**）によってB原子の網状構造がつくられている．電気的に陽性で比較的重い金属，特にf-ブロック中の金属が，この種の化合物をつくる．

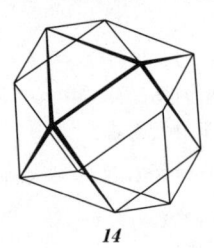

14

金属ホウ化物は，遊離のホウ素イオン，互いに連結したクロソホウ素多面体（表10・4およびp.518参照），ホウ素の六角形網状構造をもつアニオンを含んでいる．

(b) 高次のボランおよび水素化ホウ素の結合と構造

第8章では，分離できる水素化ホウ素で最も簡単なジボランB_2H_6を紹介し，さらにいくつかの高次ボラン類の存在について述べた．本節ではかご状のボランおよび水素化ホウ素の構造と性質とを説明するが，それらの中にはAlfred Stockの系列，B_nH_{n+4}およびB_nH_{n+6}，とともに，もっと最近になって発見された閉じた多面体形アニオン$(B_nH_n)^{2-}$が含まれている．ボランや水素化ホウ素の形にはさまざまな変化があって，あるものは鳥やクモの巣に似ており，またあるものは蝶のようにも見える．これらの構造のいくつかを表10・4に示す．これらの化合物は単純なLewis電子構造では記述ができないという意味ですべて電子不足化合物である[4]．

ボランや水素化ホウ素の結合に対する近代的な説明はChristopher Longuet-Higginsの仕事によるものである．彼はOxfordの学部学生のときに3c, 2e結合（§3・11）の概念のもとになる論文を発表した．後に彼は，ホウ素多面体に関する完全に非局在化した分子軌

---

3) ここで注目すべきは，連結したB_6八面体形アニオンと*closo*-$[B_6H_6]^{2-}$の構造との類似性で，それについては後で述べる．

4) C. E. Housecroft, "Boranes and metalloboranes," Ellis Horwood, Chichester (1990) および "Encyclopedia of inorganic chemistry," ed. by R. B. King, Wiley, New York (1994) 中の一連の記事，すなわち，J. T. Spencer, 'Boron hydrides,' pp.338〜57; C. E. Housecroft, 'Metallacarboranes,' pp.375〜89; R. T. Paine, 'Boron-nitrogen compounds,' pp.389〜401; J. A. Soderquist, 'Organoboranes,' pp.401〜33; R. E. Williams, 'Polyhedral carboranes,' pp.433〜52, にこの問題が紹介してある．

表 10・4 ボラン分子およびボランアニオンの構造

$closo\text{-}(B_nH_n)^{2-}$	$nido\text{-}B_nH_{n+4}$	$arachno\text{-}B_nH_{n+6}$
		B_4H_{10} テトラボラン(10) C_{2v}
	B_5H_9 ペンタボラン(9) C_{4v}	B_5H_{11} ペンタボラン(11) C_s
$(B_6H_6)^{2-}$ O_h	B_6H_{10} ヘキサボラン(10) C_s	
$(B_{12}H_{12})^{2-}$ I_h	$B_{10}H_{14}$ デカボラン(14) C_{2v}	

道の取扱いを展開して二十面体イオンである $(B_{12}H_{12})^{2-}$ の安定性を予測したが，これはその後に実証されている．アメリカ合衆国の William Lipscomb と彼の学生たちは，X線単結晶回折を用いて多数のボランや水素化ホウ素の構造を決定し，多中心結合の概念をこのような複雑な化学種に対して拡張した．

ホウ素クラスター化合物は，完全に非局在化した分子軌道の電子が分子全体の安定性に寄与しているという立場から考察するのが最もよい．しかし，場合によっては，3個の原子のグループをひとまとめにして，ジボラン(**15**)の場合のような 3c, 2e 結合でそれらの各グループが連結しているとみなすとうまく説明できることがある．もっと複雑なボラン類では，3c, 2e 結合の三つの中心が B-H-B 橋かけ結合である可能性があるが，3個の B 原子の sp^3 混成軌道がそれぞれの中心で重なり合うようにしてできる正三角形の頂点に三つの B 原子が存在するような結合(**16**)である可能性もある．構造を示す図を簡潔にするために，以後の図では構造中にある 3c, 2e 結合を普通は示さないことにしよう．

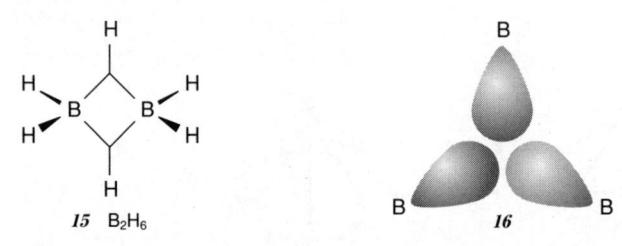

15　B_2H_6　　　　　16

水素化ホウ素および水素化ホウ素多面体形イオン中の結合は，3c, 2e 結合と通常の 2c, 2e 結合とで近似することができる．

(c) Wade 則

英国の化学者 Kenneth Wade は 1970 年代に，特殊な方法で数えた電子の数，化学式および分子の形の間の相関関係を確立した[5]．**Wade 則は三角面多面体（デルタヘドロン**[a]，ギリシャ文字のデルタ Δ に似た三角形の面からできていることによる）とよばれる一群の多面体について成立する規則である．この規則には 2 通りの使い方がある．まず，ボラン類の分子およびアニオンの場合には，化学式がわかればその分子またはイオンが一般にどんな形かを予測することができる．一方，Wade 則は，電子の数を用いて表現することもできるので，カルバボランや p-ブロッククラスターのようなホウ素以外の原子を含む類似物質に拡張することができる．本章では，形を予測するのに化学式がわかれば十分なホウ素クラスターに重点をおくが，その他のクラスターにも応用できるように，骨格電子[b]

---

[5] Wade 則のもっと詳しい説明は，K. D. Wade, *Adv. Inorg. Chem. Radiochem.*, **18**, 1 (1976) および J. T. Spencer, "Encyclopedia of inorganic chemistry," ed. by R. B. King, Vol.1, p.338, Wiley, New York (1994) に出ている．

[a] deltahedron　　[b] skeletal electron

まず，ボラン類と水素化ホウ素の三角面多面体はBH基(**17**)を構成単位として組立てられていると仮定する．つぎに，骨格電子を数える．その際には，BH結合に使われている電子（BH結合1本当たり2個）を除いて，それ以外のすべての価電子——骨格を保持するのに役立っているようにみえるかどうかにはかかわりなく——を骨格電子として数える．ここで"骨格"とは，各BHを構成単位としてつくられるクラスターの骨組みのことである．もし一つのB原子に2個のH原子が付いていれば，B-H結合の中の一つだけを構成単位として取扱う[6]．たとえば，B_5H_{11}では，"末端"H原子が2個付いたB原子があるが，一つのBH単位だけを構成単位として，それ以外の電子の組は骨格の部分として取扱って"骨格電子"とみなす．一つのBH基からは骨格に対して2個の電子の寄与がある（B原子は3個，H原子は1個の電子を提供するが，それら4個の中の2個はB-H結合に使われる）．

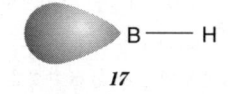

17

例題 10・3　骨格電子を数える．
B_4H_{10}（表10・4）中の骨格電子の数を勘定せよ．
解　4個のBH構成単位から$4×2=8$個の骨格電子，余分の6個のH原子からさらに6個の骨格電子，したがって全部では14個の骨格電子がある．これらの電子による7組の骨格電子対は **18** に示すように分布している．すなわち，2対は両端の末端B-H結合に，4対は四つのB-H-B橋かけに，1対は中央のB-B結合に用いられている．

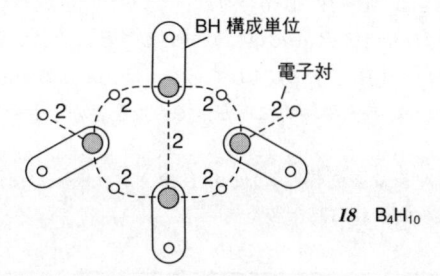

18　B_4H_{10}

問題 10・3　B_5H_9には骨格電子がいくつあるか．

Wade則（表10・5）によると，化学式が$(B_nH_n)^{2-}$で$(n+1)$対の骨格電子をもつ物質の構造は，閉じた三角面多面体の各頂点にB原子があって，B-H-B結合のない***closo-***

---

6) 少し奇妙な数え方だが，これがまさにWade則の一部であって，このやり方で数えた骨格電子数が，諸性質を関係づけるのに役立つパラメーターになるのである．

表 10・5 水素化ホウ素の分類と電子数

型	化学式[†1]	骨格電子対の数	例
closo-（クロソ）	$(B_nH_n)^{2-}$	$n+1$	$(B_5H_5)^{2-} \sim (B_{12}H_{12})^{2-}$
nido-（ニド）	B_nH_{n+4}	$n+2$	B_2H_6, B_5H_9, B_6H_{10}
arachno-（アラクノ）[†2]	B_nH_{n+6}	$n+3$	B_4H_{10}, B_5H_{11}
hypho-（ヒホ）[†2]	B_nH_{n+8}	$n+4$	なし[†3]

[†1] 場合によってはプロトンを除去できる．たとえば，$(B_5H_8)^-$ は *nido*-B_5H_9 の脱プロトン化の結果である．
[†2] この名称はギリシャ語の"網"から来ている．
[†3] 誘導体がいくつか知られている．

（クロソ）構造（ギリシャ語の"かご"に由来）である．この系列のアニオンには $n=5$ から $n=12$ のものが知られていて，その例には，三方両錐形の $(B_5H_5)^{2-}$ イオン，八面体形の $(B_6H_6)^{2-}$ イオンおよび二十面体形の $(B_{12}H_{12})^{2-}$ イオンがある．*closo*-水素化ホウ素やそれらのカルバボラン類似体（§10・6）は主として熱的に安定で，あまり反応性ではない．

化学式が B_nH_{n+4} で $(n+2)$ 対の骨格電子があるホウ素クラスターは **nido-（ニド）構造**（ラテン語の"巣"に由来する）をもっている．これらのクラスターは，*closo*-ボランが頂点を一つ失ってできると考えられるもので，B−B 結合とともに B−H−B 結合を有する．B_5H_9（表10・4）はその例である．一般に，*nido*-ボランは *closo*-ボランとつぎに述べる *arachno*-ボランとの中間の熱的安定性をもっている．

化学式が B_nH_{n+6} で $(n+3)$ 対の骨格電子をもつクラスターの構造は **arachno-（アラクノ）構造**（ギリシャ語の"クモ"に由来）で，*closo*-ボラン多面体から頂点が二つ失われたものと考えることができる（B−H−B 結合をもっていなければならない）．*arachno*-ボランという名前は，その形が乱れたクモの巣に似ていることに由来する．*arachno*-ボランの一例はペンタボラン(11)（B_5H_{11}, 表10・4）である．ほとんどの *arachno*-ボランと同じように，ペンタボラン(11) は室温で熱的に不安定で，反応性がきわめて高い[7]．

水素化ホウ素には，単純な多面体の *closo*-化合物，より開いた構造をもつ *nido*-, さらに開いた構造の *arachno*-化合物がある．

例題 10・4　Wade 則を利用する．
$(B_6H_6)^{2-}$ の構造をその化学式から，またその電子数から推定せよ．
　解　$(B_6H_6)^{2-}$ という化学式は，$(B_nH_n)^{2-}$ で表される水素化ホウ素類に属し，それは *closo*-化合物の特徴である．一方，骨格電子対の数を勘定し，それから構造を推定するこ

---
[7] *arachno*-構造よりもさらに開いた構造をもつ珍しいヘテロボランクラスターの一群を *hypho*-ボランという．また，多面体が1個またはそれ以上の原子を共有するような一群のものを *conjuncto*-ボランという．

とができる．各B原子につきB-H結合が一つと仮定すると，考慮すべきBH構成単位は6個であるから，電子の数は12個の骨格電子と-2の電荷に基づく2個とになる．すなわち，$6×2+2=14$，つまり$2(n+1)$で$n=6$となる．この数は*closo*-クラスターに特有なものである．閉じた多面体には三角形の面と6個の頂点とがなければならないことから八面体形構造が考えられる．

問 題 10・4 B_4H_{10}には骨格電子対がいくつあるか．また，この物質の構造はどの種類に属するか．その構造を描け．

(d) Wade 則 の 起 源

Wade則の正当性は分子軌道の計算で証明されている．第一の規則，すなわち$(n+1)$則を取上げて，分子軌道による説明を示してみよう．特に，$(B_6H_6)^{2-}$のエネルギーは，この規則から予測されるように，その構造が八面体形*closo*-構造の場合に低くなることを示そう．

B-H結合にはB原子の1個の電子と一つの軌道とが使われているが，3個の軌道と2個の電子とが骨格結合のために残っている．これらの軌道中の一つは**動径軌道**[a]とよばれるもので，ホウ素のsp混成で(**17**の場合のように)分子断片の内側を指向しているものと考えることができる．ホウ素のp軌道で残っている二つは**接線軌道**[b]で，動径軌道に垂直である(**19**)．八面体形$(B_6H_6)^{2-}$クラスター中のこれら18軌道の18個の対称適合線形結合の形は，付録4中の図から推定することができる．それらの中で結合性のものを図10・9に示す．

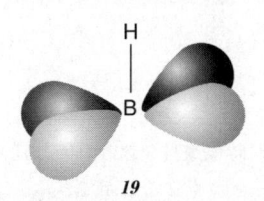

19

エネルギー最低の分子軌道は完全に対称的なa_{1g}で，これらは動径軌道がすべて同位相で寄与した場合にできる．計算によるとつぎにエネルギーの高い軌道は，それぞれ4個の接線軌道と2個の動径軌道との組合わせから成るt_{1u}軌道であることがわかる．これら3個の縮退軌道の上には3個の接線軌道性のt_{2g}軌道があって，全部で7個の結合性軌道になる．したがって，全部で7個の結合性軌道が骨格上に非局在化していて，それらと残り11個の主として反結合性の軌道との間にはかなりのエネルギーギャップがある(図10・10)．

ここで収容すべき電子対は，6個のB原子のそれぞれから1対ずつと全体として-2の電荷による1対とで，全部で7組である．これら7組の電子対はすべて，7個の結合骨格

---

a) radial orbital b) tangential orbital

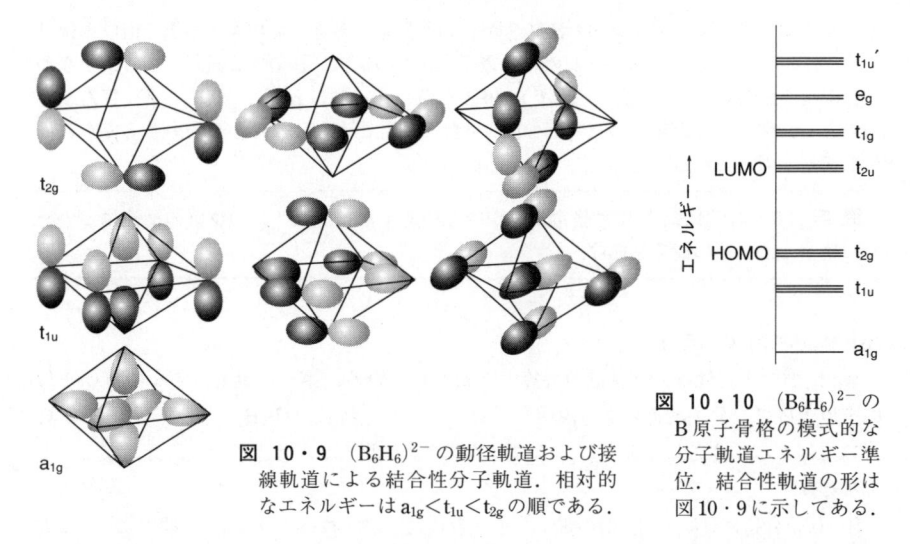

図 10・9 $(B_6H_6)^{2-}$ の動径軌道および接線軌道による結合性分子軌道．相対的なエネルギーは $a_{1g} < t_{1u} < t_{2g}$ の順である．

図 10・10 $(B_6H_6)^{2-}$ の B 原子骨格の模式的な分子軌道エネルギー準位．結合性軌道の形は図 10・9 に示してある．

軌道に入ってそれらを満たすことができるので，$(n+1)$ 則の通り安定な構造ができる．中性の八面体形 B_6H_6 分子はまだ知られていないが，このものは t_{2g} 結合性軌道を満たすには電子が不足していることに注目してほしい．

> *closo*-ボランの分子軌道は BH 構成単位から組立てることができる．各 BH 単位からの寄与は，クラスターの中心を指す 1 個の動径原子軌道と，多面体に対して垂直な 2 個の接線 p 軌道とである．

(e) 構造上の相互関係

BH 基をつぎつぎと取去ると同時に適当な数の電子と H 原子とを付け足していくと，同数の骨格電子をもつクラスターをつくることができる．この事実から，*closo*-, *nido*-, *arachno*-化合物の構造の間にきわめて有用な相互関係が導びかれる．この方法は，各種のホウ素クラスターの構造を考察するのによい方法だが，それらが化学的にどのようにして

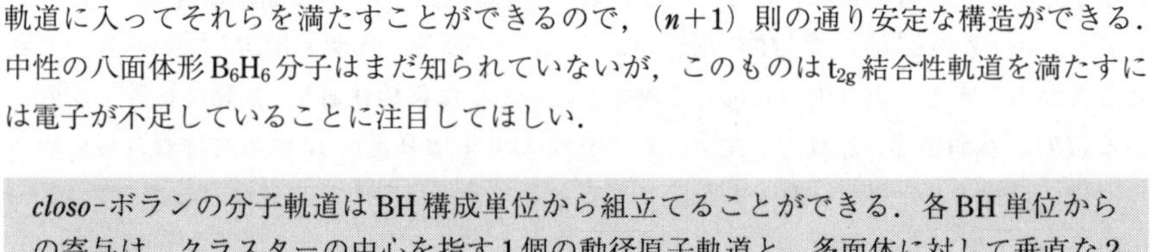

closo-$(B_6H_6)^{2-}$ $\xrightarrow[-BH, -2e^-]{+4H}$ *nido*-B_5H_9 $\xrightarrow[-BH]{+2H}$ *arachno*-B_4H_{10}

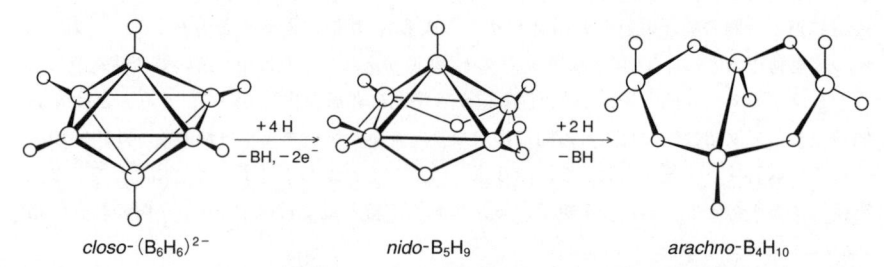

図 10・11 B_6 *closo*-八面体形構造，B_5 *nido*-四方錐形構造，B_4 *arachno*-蝶形構造の間の相互関係

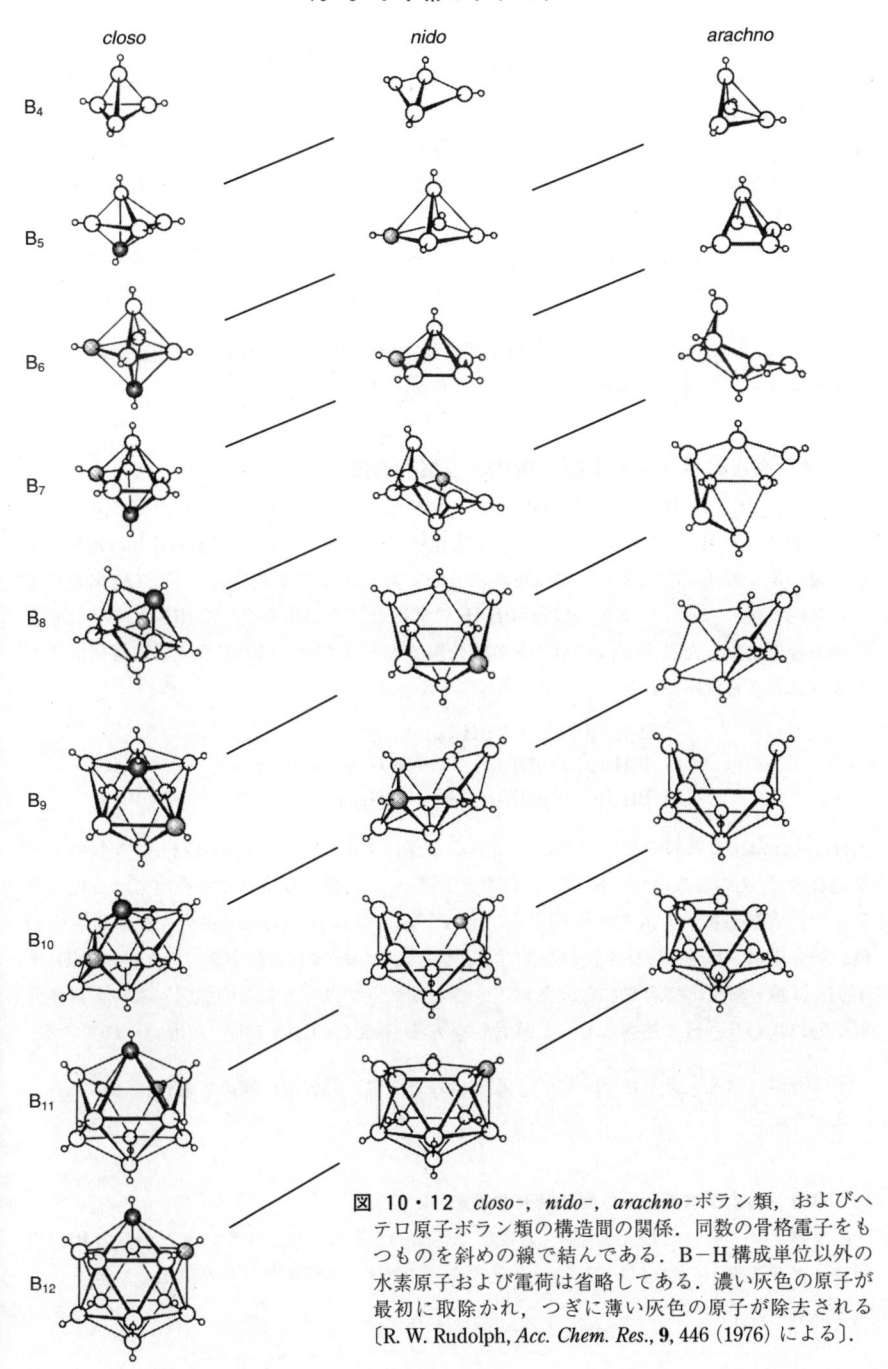

図 10・12 *closo*-, *nido*-, *arachno*-ボラン類, およびヘテロ原子ボラン類の構造間の関係. 同数の骨格電子をもつものを斜めの線で結んである. B−H 構成単位以外の水素原子および電荷は省略してある. 濃い灰色の原子が最初に取除かれ, つぎに薄い灰色の原子が除去される [R. W. Rudolph, *Acc. Chem. Res.*, **9**, 446 (1976) による].

互いに変化するかを示すものではない.

図10・11はこの考え方を詳しく説明している. この図では，八面体形の $closo\text{-}(B_6H_6)^{2-}$ アニオンからBH構成単位1個と電子2個を取去り，代わりに4個のH原子を付け足すと，$closo\text{-}(B_6H_6)^{2-}$ アニオンが四方錐形の $nido\text{-}B_5H_9$ ボランになる. さらに同様の過程 (1個のBH構成単位を除去して2個のH原子を付加する) で $nido\text{-}B_5H_9$ が蝶に似た $arachno\text{-}B_4H_{10}$ ボランになる. これら三つのボランはいずれも14個の骨格電子をもっているが, B原子1個当たりの骨格電子数が増えるにつれて構造が開放的になってくる. 多くのボラン類についてこの種の相互関係を模式的に示したのが図10・12である.

> $closo\text{-}$, $nido\text{-}$ および $arachno\text{-}$ の各構造間には，概念的には, BH断片を順次取去ってHまたは電子を追加したものであるという関係がある.

10・4 高次のボランおよび水素化ホウ素の合成

B_4H_{10}, B_5H_9, $B_{10}H_{14}$ を含む高次のボランや水素化ホウ素の大部分のものをつくる方法は，気相中で B_2H_6 を制御された条件下で熱分解することで，これは Alfred Stock が発見し，後に多くの研究者によって完成された方法である. この合成過程に対して提出されている機構で鍵になっている第一段階は B_2H_6 の解離と，その結果生じた BH_3 とボラン断片との縮合である. たとえば，ジボランの熱分解でテトラボラン(10)が生成する機構はつぎのように考えられる.

$$B_2H_6(g) \longrightarrow 2\,BH_3(g)$$
$$B_2H_6(g) + BH_3(g) \longrightarrow B_3H_7(g) + H_2(g)$$
$$BH_3(g) + B_3H_7(g) \longrightarrow B_4H_{10}(g)$$

B_nH_{n+6} ($arachno$) 系列のものが不安定であるようにテトラボラン(10) B_4H_{10} はきわめて不安定なので,その合成は特に難しい. 収率を上げるには，熱い反応容器から出てくる生成物を冷たい容器表面上で直ちに冷却する. もっと安定な B_nH_{n+4} ($nido$) 系列に属するものの熱分解合成は，急速な冷却を行わなくとも，もっとよい収率で進行する. たとえば B_5H_9 や $B_{10}H_{14}$ は熱分解反応で容易に合成される. さらに最近では，これらの強引ともいえる熱分解反応に代わり，後で述べるもっと特異的な方法 (p.524, 3項を参照) が用いられている.

> 小さなボランを大きなボランに変える一つの方法は，熱分解に続いて急速に冷却することである.

(a) ボランおよび水素化ホウ素に特有な反応

ホウ素クラスターと Lewis 塩基との反応で特徴的なものには，クラスターからの BH_n の開裂，クラスターの脱プロトン化，クラスターの拡大，1個またはそれ以上のプロトンの引き抜きがある.

1. Lewis塩基開裂[a] 反応はジボランとの関連において§8・9で紹介した．その一例は

$$H_2B(\mu-H)_2BH_2 + 2 :N(CH_3)_3 \longrightarrow 2\ H_3B-N(CH_3)_3$$

で，丈夫な高次ボラン B_4H_{10} では開裂によっていくつかの B－H－B 結合が切れてクラスターの部分的な分解が起こる．

$$B_4H_{10} + 2 :NH_3 \longrightarrow [H_3B(NH_3)_2]^+ + [B_3H_8]^-$$

2. 大きなボラン $B_{10}H_{14}$ では開裂よりはむしろ脱プロトン化[b] が容易に進行する．

$$B_{10}H_{14} + N(CH_3)_3 \longrightarrow [NH(CH_3)_3]^+(B_{10}H_{13})^-$$

生成物であるアニオンの構造は，ホウ素クラスター上の電子数を変えないままで 3c, 2e B－H－B 橋かけからの脱プロトン化が起こることを示している．3c, 2e B－H－B 結合から 2c, 2e 結合を生ずるこの脱プロトン化は，結合の大きな破壊を伴わずに進行する．

$$B(\mu-H)B \longrightarrow [B-B]^- + H^+$$

水素化ホウ素の Brønsted 酸性度は，近似的には分子の大きさとともに増大する．

$$B_4H_{10} < B_5H_9 < B_{10}H_{14}$$

この傾向はクラスターが大きいほど電荷の非局在化が大きいことに関連するもので，メタノールよりもフェノールの酸性度が高いことが電荷の非局在化で説明されるのとほとんど同様である．上に示したようにデカボラン(10)は弱い塩基のトリメチルアミンで脱プロトン化が起こるが，B_5H_9 を脱プロトン化するにははるかに強い塩基であるメチルリチウムが必要である．この事実は酸性度の違いをよく示している．

$$B_5H_9 + \tfrac{1}{4}Li_4(CH_3)_4 \longrightarrow Li^+[B_5H_8]^- + CH_4$$

---

a) Lewis base cleavage　b) deprotonation

小さなアニオン性の水素化ホウ素に一番特徴的なのはそれらの水素化物性である．その例として，BH_4^- は

$$BH_4^- + H^+ \longrightarrow \frac{1}{2} B_2H_6 + H_2$$

の反応で水素化物イオンを容易に相手に引き渡すが，$(B_{10}H_{10})^{2-}$ イオンは強酸性溶液中でさえもそのままで存在する．事実，オキソニウム塩である $(H_3O)_2(B_{10}H_{10})$ を結晶化させることさえ可能である．

3. ボランと水素化ホウ素との間のクラスター構成反応[a]は，高次の水素化ホウ素イオンをつくるのに便利な過程である[8]．

$$5 K(B_9H_{14}) + 2 B_5H_9 \xrightarrow{\text{ポリエーテル, 85 °C}} 5 K(B_{11}H_{14}) + 9 H_2$$

その他の水素化ホウ素類，たとえば $(B_{10}H_{10})^{2-}$ をつくるのにも同様の反応が用いられる．また，この形式の反応は広範囲の多核水素化ホウ素の合成に利用されている．^{11}B NMRスペクトル（図 10・13）によると，$(B_{11}H_{14})^-$ 中のホウ素骨格は頂点が1個欠けた二十面体からできていることがわかっている．

4. アルキル化したものやハロゲン化したものは H^+ の**求電子置換反応**[b]でつくられる．Friedel-Crafts 反応の場合のように，H の求電子置換は塩化アルミニウムのような Lewis 酸によって触媒され，一般にはホウ素クラスターの閉じている部分で置換が起こる．

> ボランに特徴的な反応にはつぎのようなものがある．NH_3 によるジボランやテトラボランからの BH_2 の開裂，塩基による大きな水素化ホウ素の脱プロトン化，水素化ホウ素と水素化ホウ素イオンとからより大きな水素化ホウ素アニオンができる反応，ペンタボランや若干のより大きな水素化ホウ素中の水素をアルキル基で置換するFriedel-Crafts 型の反応．

---

8) $K(B_9H_{14})$ は KH と B_5H_9 とからつくられる．この場合，KH に対する B_5H_9 の比を調整すると，KH と B_5H_9 との "single pot reaction" で希望する生成物ができる．ここで "pot" は化学的な高真空ライン（BOX 8・1）につないだ反応フラスコである．さらに詳しくは N. S. Hosmane, J. R. Wermer, Z. Hong, T. D. Getman, S. G. Shore, *Inorg. Chem.*, **26**, 3638 (1987) を参照．

a) cluster-building reaction   b) electrophilic displacement

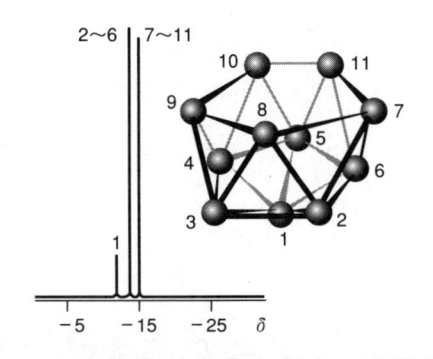

図 10・13 $(B_{11}H_{14})^-$ のプロトンデカップリング ^{11}B NMR スペクトル．1：5：5 パターンは nido-構造（面取りした二十面体）のしるしである〔N. S. Hosmane, J. R. Wermer, Z. Hong, T. D. Getman, S. G. Shore, *Inorg. Chem.*, **26**, 3638（1987）による〕．

例題 10・5　ホウ素クラスター反応生成物の構造を予想する．

162 ℃ で沸騰するポリエーテル $CH_3OC_2H_4OCH_3$ 還流中における $B_{10}H_{14}$ と $LiBH_4$ との反応の生成物の構造を予想せよ．

解　ホウ素クラスターの反応では，いくつかの生成物ができる可能性が多く，また実際の結果は反応条件に敏感なことが多いので，生成物の予測が難しい．ここでは，酸性のボラン $B_{10}H_{14}$ が，どちらかといえば激しい条件の下で，水素化物性のアニオン BH_4^- と接触していることに注目しよう．したがって，水素の発生が期待される．

$$B_{10}H_{14} + Li(BH_4) \xrightarrow{\text{エーテル}, R_2O} Li(B_{10}H_{13}) + R_2OBH_3 + H_2$$

このような生成物の組合わせからみて，中性の BH_3 錯体がさらに $(B_{10}H_{13})^-$ と縮合してもっと大きな水素化ホウ素を生ずる可能性が示唆される．事実，それがこれらの条件下でみられる結果である．

$$Li(B_{10}H_{13}) + R_2OBH_3 \longrightarrow Li(B_{11}H_{14}) + H_2 + R_2O$$

過剰の $LiBH_4$ が存在するとクラスター構成が継続して，きわめて安定な二十面体の $(B_{12}H_{12})^{2-}$ アニオンが生ずることがわかっている．

$$Li(\textit{nido-}B_{11}H_{14}) + Li(BH_4) \longrightarrow Li_2(\textit{closo-}B_{12}H_{12}) + 3H_2$$

問題 10・5　$Li(B_{10}H_{13})$ と $Al_2(CH_3)_6$ との反応でできると思われる生成物は何か．

10・5　メタラボラン

多くの**メタラボラン**[a] すなわち金属を含むホウ素クラスターの特性が報告されている．金属が水素橋かけを通して水素化ホウ素イオンに結合していることもあるが，より一般的で丈夫なメタラボラン類では金属-ホウ素の直接結合ができている．主族金属のメタラボランで二十面体形骨格をもつものの例を図 10・14 に示す．これは $Na_2(B_{11}H_{13})$ 中の酸性の水素とトリメチルアルミニウムとの相互作用によってつくられる．

---

a) metallaborane

$$2\,(B_{11}H_{13})^{2-} + Al_2(CH_3)_6 \xrightarrow{\Delta} 2\,(B_{11}H_{11}AlCH_3)^{2-} + 4\,CH_4$$

B_5H_9 を $Fe(CO)_5$ と一緒に加熱すると，ペンタボランを金属化した類似体が生成する(20)．

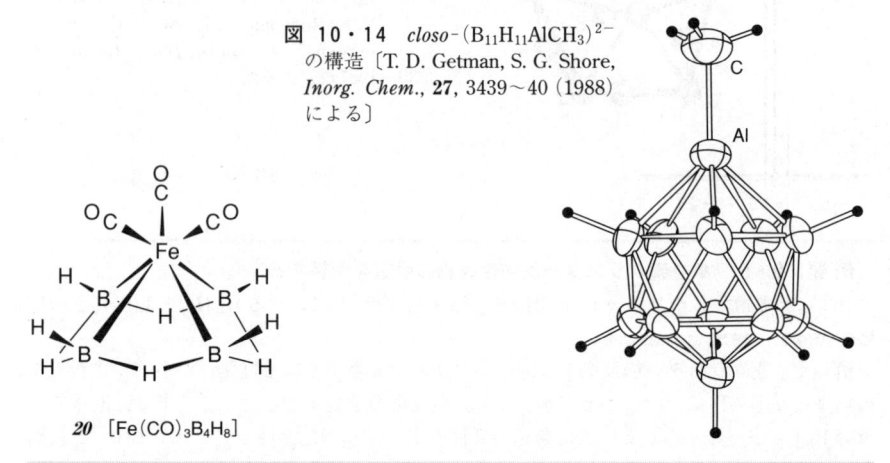

図 10・14 $closo\text{-}(B_{11}H_{11}AlCH_3)^{2-}$ の構造〔T. D. Getman, S. G. Shore, *Inorg. Chem.*, **27**, 3439～40 (1988) による〕

20 [Fe(CO)$_3$B$_4$H$_8$]

主族およびd-ブロックの金属は，B−H−M 橋かけまたはもっと丈夫な B−M 結合をつくることによって，水素化ホウ素分子中に組込むことができる．

10・6 カルバボラン

多面体のボランや水素化ホウ素と密接な関係があるものに多数の**カルバボラン**[a]（カルボランともいう）がある．これは B 原子と C 原子との両方をもっているクラスターの一群である．ここで Wade 則の一般性をみていこう．BH^- と CH とは等電子的である(21)．そこで Wade 則を使って多面体水素化ホウ素とカルバボランとの間には関連があることが期待される．たとえば，$(B_6H_6)^{2-}$(22) の類似体は中性のカルバボラン $B_4C_2H_6$(23) である．

21

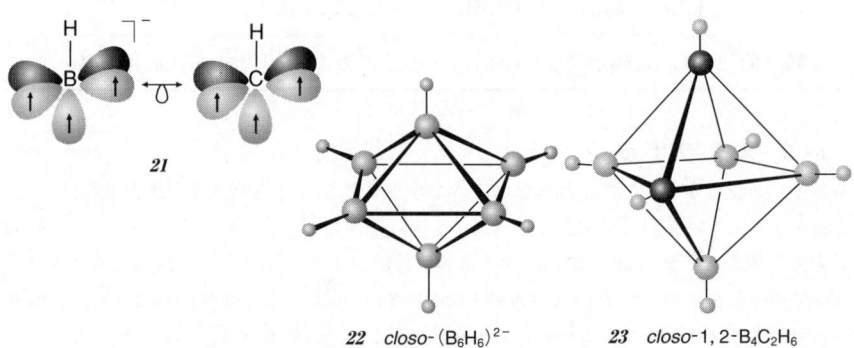

22 $closo\text{-}(B_6H_6)^{2-}$

23 $closo\text{-}1,2\text{-}B_4C_2H_6$

a) carbaborane (carborane)

10・6 カルバボラン

興味深く多様なカルバボランの世界への一つの入り口は *nido*-デカボラン(14)から1,2-ジカルバ-*closo*-ドデカボラン（以下 *closo*-1,2-$B_{10}C_2H_{12}$ のように略記する）(**24**)への変換である。この合成反応は，つぎの2段階で進む（SEt_2 はチオエーテル）。

$$B_{10}H_{14} + 2\,SEt_2 \longrightarrow B_{10}H_{12}(SEt_2)_2 + H_2$$
$$B_{10}H_{12}(SEt_2)_2 + C_2H_2 \longrightarrow B_{10}C_2H_{12} + 2\,SEt_2 + H_2$$

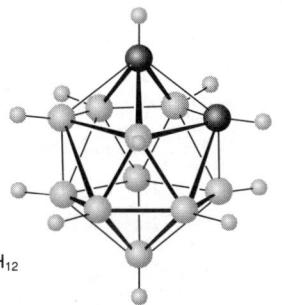

24 *closo*-1,2-$B_{10}C_2H_{12}$

生成したジカルバボランが *closo*-構造をもつことは，Wade 則で理解できる。すなわち，この物質は10個のBH構成単位と2個のCH構成単位とからできている。BH構成単位は1個当たり2個の骨格電子をもち，CH構成単位は1個当たり3個の骨格電子をもつ〔（C価電子4個）＋（H価電子1個）－（C-H結合電子対の2個）＝3個〕。したがって，$C_2B_{10}H_{12}$ の骨格電子は $2 \times 3 + 10 \times 2 = 26$ すなわち13対である。表10・5中の n は，カルバボランの場合はBH構成単位とCH構成単位との総数であって，上記の化合物では $2+10=12$ となり，骨格電子対の数が $n+1$（*closo* であることを示す）に等しくなっている。

この *closo* 生成物には隣接する(1,2)位置にC原子があって，これはアセチレンがもとになっていることを反映している。この *closo*-カルバボランは空気中で安定で，分解を起こさずに加熱することができる。不活性雰囲気中500℃では *closo*-1,7-$B_{10}C_2H_{12}$(**25**)に異性化し，つぎに700℃では1,12-異性体(**26**)への異性化が起こる。

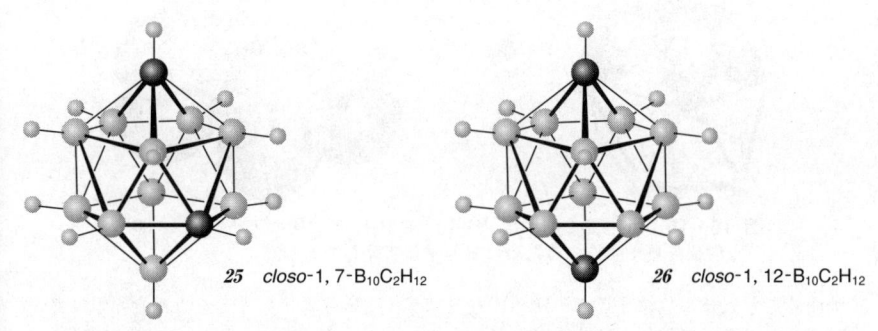

25 *closo*-1,7-$B_{10}C_2H_{12}$ **26** *closo*-1,12-$B_{10}C_2H_{12}$

closo-$B_{10}C_2H_{12}$ 中で炭素に結合しているH原子はきわめて穏やかな酸性であるから，これらの化合物をブチルリチウムでリチウム化することができる。

$$B_{10}C_2H_{12} + 2\,LiC_4H_9 \longrightarrow B_{10}C_2H_{10}Li_2 + 2\,C_4H_{10}$$

これらのジリチオカルバボランはよい求核試薬で，有機リチウム化合物に特有な多くの反

応を行う（§15・7）．この方法で広範囲のカルバボラン誘導体を合成することができる．たとえば，CO_2 との反応ではジカルボン酸カルバボランができる．

$$B_{10}C_2H_{10}Li_2 \xrightarrow{(1)\ 2\,CO_2,\ (2)\ 2\,H_2O} B_{10}C_2H_{10}(COOH)_2$$

同様に，I_2 との反応ではジヨードカルバボランが，NOCl との反応では $B_{10}C_2H_{10}(NO)_2$ が生成する．

1,2-$B_{10}C_2H_{12}$ はきわめて安定であるが，強塩基中ではこのクラスターを部分的に壊すことができて，つぎに NaH で脱プロトン化すると $nido$-$(B_9C_2H_{11})^{2-}$（図10・15a）ができる．

$$B_{10}C_2H_{12} + OEt^- + 2\,EtOH \longrightarrow (B_9C_2H_{12})^- + B(OEt)_3 + H_2$$
$$Na(B_9C_2H_{12}) + NaH \longrightarrow Na_2(B_9C_2H_{11}) + H_2$$

これらの反応が重要なのは $nido$-$(B_9C_2H_{11})^{2-}$ が優れた配位子だからである．この配位子はシクロペンタジエニド配位子 $(C_5H_5)^-$（図10・15b）とよく似た役割を演ずる．後者は有機金属の化学で広く用いられている配位子である．

$$2\,Na_2(B_9C_2H_{11}) + FeCl_2 \xrightarrow{THF} 2\,NaCl + Na_2[Fe(B_9C_2H_{11})_2]$$
$$2\,Na(C_5H_5) + FeCl_2 \xrightarrow{THF} 2\,NaCl + [Fe(C_5H_5)_2]$$

合成法の詳細は省略するが，金属に配位した広範囲のカルバボラン化合物を合成することができる．顕著な特徴はカルバボラン配位子をもつ多重サンドイッチ化合物（**27** および **28**）が容易にできることである[9]．高い負電荷をもつ配位子 $(B_3C_2H_5)^{4-}$ は，負電荷が低く，したがって弱い供与体である $(C_5H_5)^-$ に比べて，積み重なったサンドイッチ構造の化合物をつくる傾向がはるかに大きい．

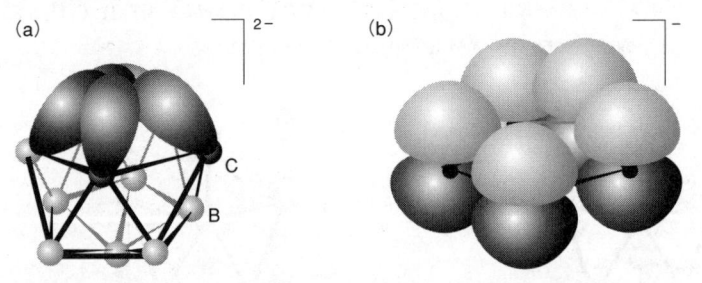

図 10・15 (a) $(B_9C_2H_{11})^{2-}$ と (b) $(C_5H_5)^-$ との間のアイソローバルな関係．見やすくするために H 原子は省略してある．

> 多面体形水素化ホウ素中の B－H の代わりに C－H を導入してできるカルバボランの電荷は，出発物質よりも 1 単位だけ正になる．カルバボランアニオンは，ホウ素を含む有機金属化合物の有用な前駆物質である．

---

[9] R. N. Grimes, 'Boron-carbon ring ligands in organometallic synthesis,' *Chem. Rev.*, **92**, 251 (1992).

例題 10・6 カルバボラン誘導体の合成を計画する.

デカボラン(10)および適当に選んだその他の試薬から出発し,$1,2\text{-}B_{10}C_2H_{10}\{Si(CH_3)_3\}_2$ を合成する反応の化学方程式を示せ.

解 $closo\text{-}1,2\text{-}B_{10}C_2H_{12}$ 中の C 原子に置換基を付けるにはジリチウム誘導体 $B_{10}C_2H_{10}Li_2$ を使うのが最も容易である.そこで,まずデカボランから $1,2\text{-}B_{10}C_2H_{12}$ をつくる.

$$B_{10}H_{14} + 2\,SR_2 \longrightarrow B_{10}H_{12}(SR_2)_2 + H_2$$
$$B_{10}H_{12}(SR_2)_2 + C_2H_2 \longrightarrow B_{10}C_2H_{12} + 2\,SR_2 + H_2$$

つぎにこの生成物をアルキルリチウムでリチウム化する.この反応では,アルキルカルボアニオンが,少し酸性の水素原子を $B_{10}C_2H_{12}$ から引き抜いて,それを Li^+ で置換する.

$$B_{10}C_2H_{12} + 2\,LiC_4H_9 \longrightarrow B_{10}C_2H_{10}Li_2 + 2\,C_4H_{10}$$

ここで生成したカルバボランを用いて $Si(CH_3)_3Cl$ を求核置換すると目的のものが得られる.

$$B_{10}C_2H_{10}Li_2 + 2\,Si(CH_3)_3Cl \longrightarrow B_{10}C_2H_{10}\{Si(CH_3)_3\}_2 + 2\,LiCl$$

問題 10・6 $1,2\text{-}B_{10}C_2H_{12}$ と適当に選んだその他の試薬とからポリマー前駆物質である $1,2\text{-}B_{10}C_2H_{10}\{Si(CH_3)_2Cl\}_2$ をつくる合成法を提案せよ.

炭素族(14 族)

炭素は本書中で,第15章と第16章とでは有機金属化合物,また第17章では触媒といった多くのことがらとの関連において論じられている.この節では,炭素およびその同族体

の比較的古典的な"無機"化学に重点をおくことにしよう．

この族の元素で鉛以外のすべてのものは，ダイヤモンド構造の固相を少なくとも一つもっている．ダイヤモンド構造のスズは灰色スズ[*1, a)]とよばれ，室温では不安定である．それよりも安定な相である白色スズ[*2, b)]では著しくゆがんだ八面体形配列中に6個の最隣接原子がある．価電子バンドと伝導バンドとの間のギャップは，通常絶縁体とされているダイヤモンドから，転移温度のすぐ下で金属のようにふるまう灰色スズへと着実に減少する（表10・6）．

10・7 産出と単離

十分に純粋な炭素の二つの形態であるダイヤモンドおよびグラファイトは鉱山から採掘される．もっと純度の低い形のものがたくさんあって，たとえば石炭の熱分解で生成するコークスや炭化水素類の不完全燃焼で生ずる油煙などがそうである．これらの例からわかるように，炭素は多形を示し，その形態のいくつかについては§10・8でもっと詳しく論ずることにする．

最近の半導体素子の製造に用いる純粋なケイ素をつくる第一段階は，非常に高温のアーク電気炉中でシリカ SiO_2 を炭素で還元して単体のケイ素を単離することである（§6・1）．ゲルマニウムは存在比が低く，一般に濃縮された形では天然に存在していない．大部分のゲルマニウムは亜鉛鉱石を処理する際に単離される．スズはスズ石[c)] SnO_2 を電気炉の中でコークスで還元してつくる．鉛を得るにはその硫化物鉱石を酸化物に変えてから溶鉱炉の中で炭素で還元する．

単体の炭素はグラファイトやダイヤモンドの形で鉱山から採掘される．単体のケイ素は SiO_2 の炭素アーク還元で単離される．はるかに存在量の少ないゲルマニウムは亜鉛鉱石中に含まれている．

表 10・6　14族の元素と化合物および13族と15族の化合物のバンドギャップ(25℃)[†]

物質	E_g/eV	物質	E_g/eV
C(ダイヤモンド)	5.47	BN	(約)7.5
SiC	3.00	BP	2.0
Si	1.12	GaN	3.36
Ge	0.66	GaP	2.26
Sn	0	GaAs	1.42
		InAs	0.36

[†] "Kirk-Othmer encyclopedia of chemical technology," Vol. 21, pp. 720〜816, Wiley-Interscience, New York（1991 et seq.）．

[*1] 訳注: α スズともいう．
[*2] 訳注: β スズともいう．
a) gray tin　b) white tin　c) cassiterite

10・8 ダイヤモンドとグラファイト

単体の炭素の普通な二つの結晶形であるダイヤモンドとグラファイトとは著しく異なる．ダイヤモンドは事実上電気の絶縁体であるが，グラファイトは良い伝導体である．ダイヤモンドは知られている中では最も硬い物質で，したがって最高の研磨材であるが，不純な（部分的に酸化された）グラファイトはすべりやすく，しばしば潤滑剤に用いられる．ダイヤモンドは，その耐久性，透明さおよび屈折率の高さのために，最も高価な宝石の一つである．これに対してグラファイトは軟らかく，多少金属光沢のある黒色で，耐久性が高いわけでもなく，また特に魅力的でもない．このように大幅に異なる物理的性質の原因をたどると，この二つの多形の構造と結合とが非常に異なることに行きつく．

ダイヤモンド（図10・16）では，各C原子が，正四面体の角にある4個の隣接C原子と結合の長さが154 pmの単結合をつくっている．その結果，しっかりと結合した共有結合性の三次元結晶になる．他方，グラファイト（図10・17）は，平らな層の積み重ねからできていて，一つの層の中では各C原子がそれぞれ142 pmの距離で3個のC原子と隣り合っている．層の中の隣接原子間のσ結合はsp^2混成の重なりからできていて，残りのp軌道（層面に垂直）が重なり合って，層全体に非局在化したπ結合をつくっている．層と層とは335 pmと大きく離れていて，層同士の間の力は弱いことがわかる．あまり適切とはいえないが，この力をvan der Waals力とよぶことがあり，層の間の空間はvan der Waalsギャップとよばれている（van der Waals力とよばれる理由は，普通の不純なグラファイトである石墨*酸化物の場合，これらの力は弱く，分子間力に似ているからである）．グラファイトのすべりやすさは，原子の層に平行にへき（劈）開しやすいためである．この現象は不純物があると助長される．ダイヤモンドもへき開させることができるが，ダイ

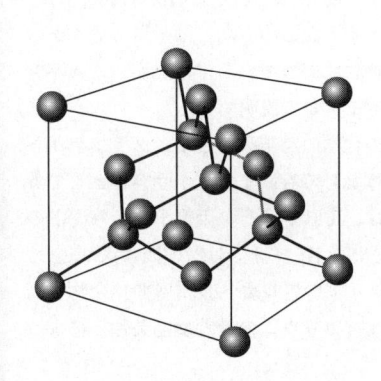

図 10・16 立方晶ダイヤモンド構造

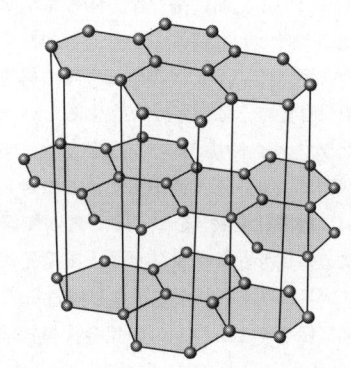

図 10・17 グラファイトの構造．垂直の線が示しているように，C原子は隣接している面ではなく，一つおきの面で並んでいる．

---

* 訳注: グラファイトの鉱物名．

ヤモンド結晶中の力はグラファイトの場合よりも対称的であるから，ダイヤモンドのへき開という古くからの工芸には相当な熟練が必要である．

室温および大気圧下におけるダイヤモンドからグラファイトへの変換は自発変化（$\Delta_{trs}G^\ominus = -2.90 \text{ kJ mol}^{-1}$）であるが，普通の条件下では測定できるような速度では進行しない．ダイヤモンドはグラファイトよりも高密度の相であるから，高圧下ではダイヤモンドの方が有利になる．d金属を触媒とする高温・高圧過程によって多量のダイヤモンド研磨材が工業的に製造されている．グラファイトは高温・高圧（1800℃，7 GPa）でd金属（主としてニッケル）に溶けて，より不溶性のダイヤモンド相がそこから結晶化する．宝石級のダイヤモンドも合成できるが，まだ経済的にひきあわない．

ダイヤモンドの高圧合成は高価で面倒なので，低圧での合成がきわめて魅力的であろう．事実，空気を除去した状態で熱い表面上にC原子を析出させると，グラファイトに混ざって顕微鏡的な大きさのダイヤモンド結晶ができることがずっと前から知られている．この炭素原子はメタンの熱分解でつくられ，このとき一緒に生成する原子状水素が，グラファイトよりもダイヤモンドを有利にする上で重要な役割を演ずる[10]．原子状水素は，その性質の一つとして，ダイヤモンドよりもグラファイトと急速に反応して揮発性の炭化水素をつくるので，邪魔なグラファイトが除去される．ダイヤモンドの合成技術は十分に完成しているとはいえないが，すでに合成ダイヤモンドフィルムは，摩滅しやすい表面の硬化から電子素子の組立てに至るまで，広く利用されている．

グラファイトの電気伝導性や化学的性質の多くは，その非局在化π結合構造と密接に関連している．グラファイトの面に垂直な方向への電気伝導率は低く（25℃で5 S cm^{-1}），温度が高くなると増大する．これはグラファイトが垂直方向については半導体であることを示している．面に平行な方向の電気伝導率ははるかに高い（25℃で$3\times10^4 \text{ S cm}^{-1}$）が，温度の上昇とともに減少する．この性質は，グラファイトがこの方向には金属導体であることを示している[11]．この伝導率の異方性は，層全体に広がっている半ば充満したπバンド中に移動できる電子が存在するという簡単なバンドモデルで説明できる．

グラファイト中ではバンドギャップが小さいことの化学的な結果として，グラファイトは層間に入り込んだ原子やイオンに対して電子供与体としても，また電子受容体としても働いて**層間化合物**[a]をつくることができる．たとえば，K原子はその価電子をπバンドの空軌道に供与してグラファイトを還元し，その結果生じたK^+イオンは層の間に入り込む．πバンドに与えられた電子は移動性なので，グラファイトのアルカリ金属層間化合物は高い電気伝導率をもつ．この化合物の化学量論的な組成はカリウムの量と反応条件とによっ

---

10) J. C. Angus, C. C. Hayman, 'Low-pressure metastable growth of diamond and 'diamond-like' phases,' *Science*, **241**, 913 (1988) および M. N. Geis, J. C. Angus, 'Thin diamond films,' *Sci. Am.*, **267** (4), 64 (1992).

11) より正確には，グラファイトはその方向には半金属である（§3・14）．

a) intercalation compound

て決まる．アルカリ金属イオンが炭素の層一つおきに入り込むか，2層おきに入り込むかという具合に，興味深い一連の構造に関連して化合物の化学量論的組成が変化する（図 10・18）．

グラファイトを硫酸と硝酸との混合物とともに加熱すると**硫酸水素グラファイト**[a]とよばれる物質が生成する．これはπバンドから電子を除去することによってグラファイトが酸化される例である．この反応では，πバンドから電子が取去られ，HSO_4^- イオンが層間に入り込んで，近似的に $(C_{24})^+ SO_3(OH)^-$ の化学式をもつ物質ができる．この酸化的挿入反応では，充満したπバンドからの電子を除去することによって，純グラファイトよりも電気伝導率が高くなる．この過程は電子受容性ドーパントを使ってp型シリコンをつくるのに類似のものである（§3・15）．

> グラファイトは二次元的な炭素のシートが重なり合ってできている．これらのシートの間には酸化剤または還元剤が電子移動を伴って入り込むことができる．

(a) 炭素クラスター

金属や非金属のクラスター化合物は数十年間にわたって知られてきたが，1980年代におけるサッカーボール型の C_{60} クラスターの発見は，科学界においてもまた一般紙上においても大きな興奮を巻起こした．このような関心の多くは，炭素がありふれた元素で，新しい構造の炭素分子の発見はありそうに思えなかったことに起因しているのは明らかである[12]．

不活性雰囲気中で炭素電極間にアーク放電を行うと，大量のすすとともに相当な量の C_{60} が，また C_{70}, C_{76}, C_{84} のような関連**フラーレン類**[13],[b]がごく少量生成する．フラーレ

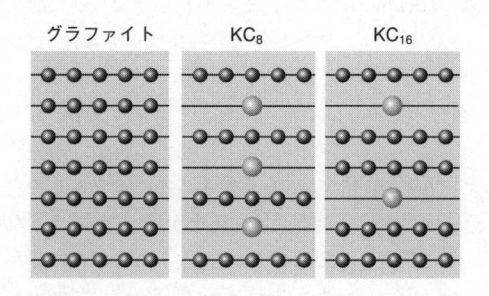

図 10・18 カリウム-グラファイト化合物．層間原子の2通りの入り方を示す．

---

12) C_{60} および関連炭素クラスターの発見，構造，化学についての一連の有益な論文が *Acc. Chem. Res.*, **25**, 98 *et seq.* (1992) に出ている．J. Baggott, "Perfect symmetry," Oxford Universiry Press (1994) および，H. Aldersey-Williams, "The most beautiful molecule," Aurum Press, London (1995) をもみよ．
13) フラーレン〔バックミンスターフラーレン（Buckminsterfullerene）とよぶこともある〕という名前がついたのは，これらの炭素クラスターの形が建築家 Buckminster Fuller が考案したドーム状構造物に似ているためである．
a) graphite hydrogensulfate   b) fullerenes

ン類は炭化水素またはハロゲン化炭化水素溶媒に溶かして，アルミナカラム上のクロマトグラフィーで分離することができる．C_{60} の構造は，低温における固体ではX線結晶解析で，また気相中では電子回折で決定されている[14]．この物質は炭素の五員環および六員環からできていて，気相中における全体的な対称性は二十面体である (**29**)．

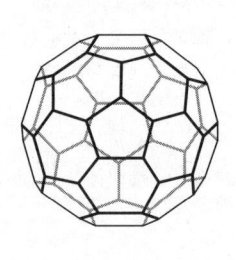

図 10・19 K_3C_{60} の fcc 構造．単位格子の一部だけを示してある．完全な単位格子は面心立方である．

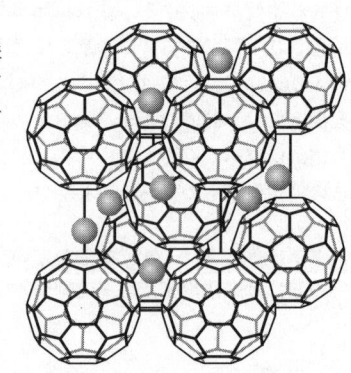

29 C_{60}

フラーレンはアルカリ金属と反応して K_3C_{60} のような組成をもつ固体を生ずる．K_3C_{60} の構造は C_{60} クラスターの面心立方配列からできていて，これらのクラスター中で K^+ イオンは，C_{60} 1個当たり1個の八面体間隙と2個の四面体間隙とを占めている (図10・19)．この化合物は 18 K 以下で超伝導体である．

(b) フラーレン-金属錯体

フラーレンをかなり効率よく合成する方法が開発されて，その酸化還元ならびに配位化学が大いに研究されている．アルカリ金属とフラーレンとの化合物生成は先に述べたが，非水溶媒中で C_{60} は電気化学的に可逆な5段階の酸化還元を行う (図10・20)．これらの現象は，フラーレンは，適当な金属と組合わせると，求電子試薬または求核試薬として働く可能性があることを示唆している．

この予想は，電子過剰の白金(0)ホスファン錯体が C_{60} を攻撃する際に事実として現れる．この場合，Pt原子はフラーレン分子中の1対の炭素原子に橋をかけて **30** のような化合物ができる．この反応は，アルケンの二重結合にまたがって白金-ホスファン錯体が付加するよく知られた反応に似ている．よく知られた η^6-ベンゼンクロム錯体との類似から，金属原子は C_{60} の六角面に配位しうるだろうと考えられるが，この予測はいまだ実証されていない．η^6 錯体の生成がみられていないのは，各炭素原子の2p π 軌道が放射状に出ている (**31** に示すように) ため，フラーレン分子の六角面の中心上にある金属原子のd軌道との重なりが弱いからだとされている．

---

[14] S. Liu, Y. Lu, M. M. Kappes, J. A. Ibers, *Science*, **254**, 408 (1991); K. Hedberg, L. Hedberg, D. S. Bethune, C. A. Brown, H. C. Dorn, R. D. Johnson, M. de Vries, *Science*, **254**, 410 (1991).

30 [Pt(PPh$_3$)$_2$(C$_{60}$)]   **31**

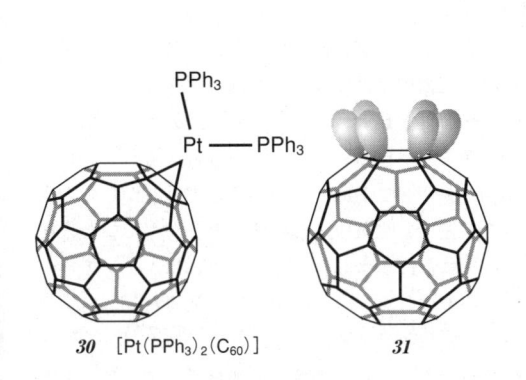

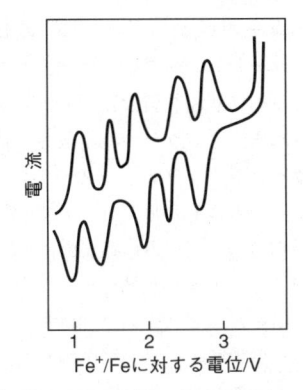

図 10・20 25℃, トルエン中, C$_{60}$ のサイクリックボルタモグラム

フラーレンの六角面と単一の金属中心との相互作用が貧弱であるのに対して，もっと多くの金属が並んでいるトリルテニウムクラスター Ru$_3$(CO)$_{12}$ は C$_{60}$ と反応して，その六角面上に Ru$_3$(CO)$_9$ がかぶさったもの(**32**)をつくる．この過程では3個のCO配位子が置換される．3個の金属原子がつくる比較的大きな三角形は，放射状に配列している炭素軌道と重なり合うのに都合のよい形をつくっている[15]．

C$_{60}$ の化学は，電子過剰金属錯体との相互作用に関するものだけではない．求電子性の強い酸化剤（ピリジン中の OsO$_4$）との反応では，アルケンと OsO$_4$ との付加物に似たオキソ架橋錯体(**33**)が生成する．これらの例は，フラーレンの配位化学には広範囲の微妙で未開拓の領域があることを示唆している．

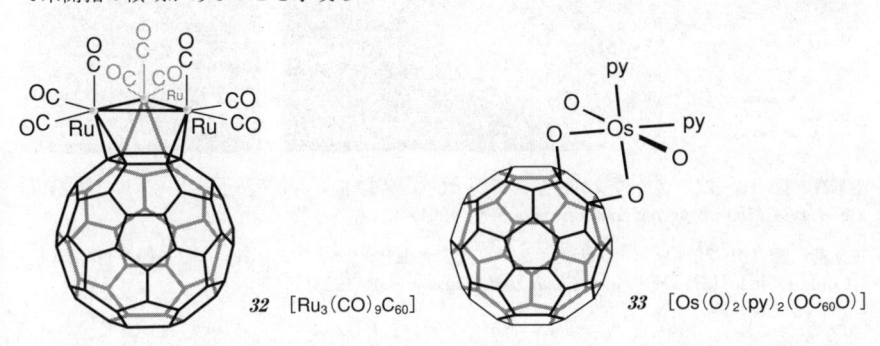

32 [Ru$_3$(CO)$_9$C$_{60}$]   **33** [Os(O)$_2$(py)$_2$(OC$_{60}$O)]

> フラーレン多面体は可逆な多電子還元を受け，また，d金属の有機金属化合物や OsO$_4$ と錯体をつくる．

---

15) H.-F. Hsu, J. R. Shapley, *J. Am. Chem. Soc.*, **118**, 9192 (1993).

(c) カーボンナノチューブ[a]の化学

フラーレンの発見に引き続いてカーボンナノチューブが確認された．これは炭素でできている円筒状の物質で，不活性気体中の炭素電極間に電気アークを飛ばすことによって合成される[16]．もう一つの刺激的な発見は等電子的なBNナノチューブの合成である[17]．

カーボンナノチューブの最初の試料は，互いにつながったC_6環から成る同心円筒状の多重壁をもつ筒からできていて，筒の端は閉じていた(図10・21)．最近では壁が一重のものがみつかっている．鉛またはビスマスの存在下で空気中で加熱すると，閉じていた末端が開いて，金属がナノチューブ中に吸い込まれる．しかし，空気がなければ，ナノチューブを鉛またはビスマスと加熱しても何の反応も起こらない．明らかに，酸素がチューブの末端を選択的に攻撃して末端が開くと，それに続いて金属が入り込むのである．

末端の閉じているナノチューブを硝酸で還流し，続いて900℃に加熱処理すると，末端がより選択的に開く[18]．この方法で処理したチューブは，$AgNO_3$や$AuCl_3$を含む広範囲の種類の塩を，それらの濃厚水溶液から取込む．金属塩を取込んだチューブを，塩が普通は分解する温度に加熱すると，チューブの内側に金属が析出する．開いたチューブ中には，

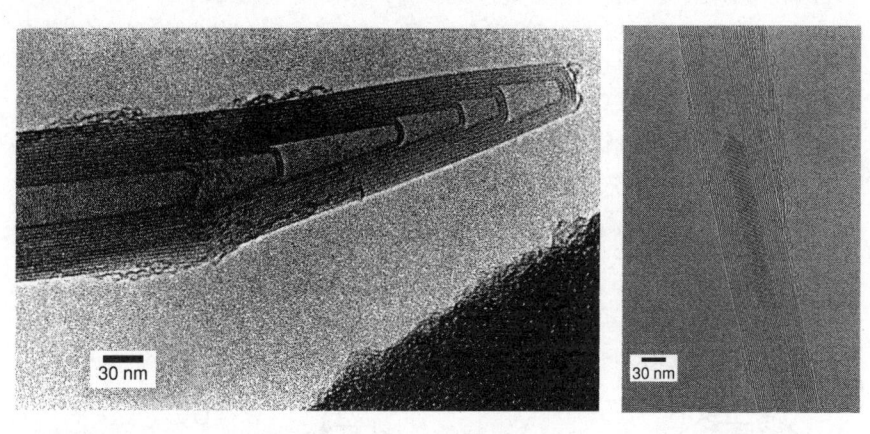

左写真: **図 10・21** 多くの壁が層をなしていて末端が閉じているカーボンナノチューブ〔P. J. F. Harris, *Microscopy and Analysis*, Sept., 13 (1994)〕

右写真: **図 10・22** カーボンナノチューブ内側の酸化サマリウム(Ⅲ)の電子顕微鏡写真〔J. Cook, J. Sloan, M. L. H. Green, *Chem. and Industry*, 600 (1996)〕

---

16) S. Iijima, *Nature*, **354**, 56 (1991); S.Iijima, T. Ichihashi, Y. Ando, *Nature*, **356**, 776 (1992).
17) E. J. M. Hamilton, S. E. Dolan, C. M. Mann, H. O. Colijn, C. A. McDonald, S. G. Shore, *Science*, **260**, 659 (1993).
18) R. M. Lago, S. C. Tsang, K. L. Lu, Y. K. Chen, M. L. H. Green, *Chem. Commun.*, 1355 (1995).

a) carbon nanotube

Co$(C_5H_5)_2$ のような種々の有機金属化合物も取込まれている[19].

このような物質の特性を決めるのに不可欠な装置は高分解能の電子顕微鏡である．たとえば，カーボンナノチューブ内に析出した Sm_2O_3 の電子顕微鏡写真を図 10・22 に示す．この試料は，末端が開いたナノチューブを硝酸サマリウム（Ⅲ）溶液で処理し，それを 500 ℃で加熱したものである．貴金属塩の場合と違って，熱処理によってサマリウムの還元は起こらないので，ナノチューブ内部に析出しているのは Sm_2O_3 である．

> カーボンナノチューブの閉じた末端は部分的な酸化によって開かれる．開いたナノチューブは金属塩または有機金属化合物の溶液を取込む．多面体炭素クラスターおよびカーボンチューブが知られるようになり，それらの化学が発展しつつある．等電子的な BN チューブも合成されている．

(d) 不完全結晶性の炭素

炭素には結晶性が低い形態のものがたくさんある．これらの不完全結晶性のものにはカーボンブラック[a]，活性炭[b]，炭素繊維[c] があって，工業的にかなり重要である．完全な X 線解析に適するような単結晶をつくることができないので，これらの物質の構造は定かではない．しかし，現在の知識では，これらの構造はグラファイトに似ているが，粒子の結晶性の程度と形とが異なるものと思われる．

"カーボンブラック" はきわめて細かく分散した形の炭素である．この物質は，酸素不足の条件下で炭化水素を燃焼させることによって，年間 8×10^9 kg を超える規模でつくられている．カーボンブラックの構造としては，グラファイトのような平板の積み重ねと，フラーレンを思わせる多層球体（図 10・23）との両方が提出されている．カーボンブラックは，（この本で使われているような）印刷インク中の顔料や自動車タイヤなどのゴム製品の充塡剤として大量に使われている．ゴムにカーボンブラックを混ぜると強度と耐摩耗

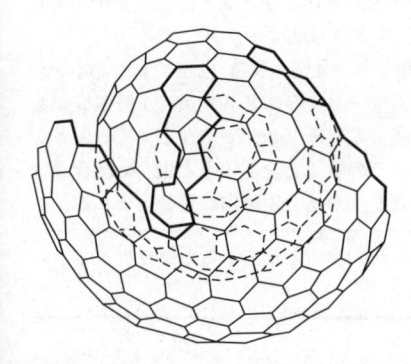

図 10・23 提案されているすすの構造．湾曲した C 原子の網目が不完全に閉じているもの．グラファイト類似の構造も提出されている．

---

[19] J. Cook, J. Sloan, M. L. H. Green, *Chem. and Industry*, 600 (1996).
a) carbon black　b) activated carbon　c) carbon fiber

性とが著しく改善され,また日光による劣化が少なくなる.

"活性炭"はヤシがらなどの有機物を条件を制御しながら熱分解することでつくられる.この物質は粒子が小さいために,場合によっては $1000 \text{ m}^2 \text{ g}^{-1}$ を超えるような大きな表面積をもっている.したがって,飲料水中の有機汚染物,空気中の有毒ガス,反応混合物中の不純物のような分子に対してきわめて効果的な吸着剤である.表面の六角形の薄板の縁の部分は,カルボキシ基やヒドロキシ基のような酸化生成物で覆われているという証拠がある(*34*).活性炭の表面活性の中にはこの構造で説明できるものもある.

34

炭素繊維は,アスファルト繊維または合成繊維を適当な条件の下で熱分解してつくられて,テニスラケットや航空機部品のようなさまざまな高強度プラスチック製品中に組込まれる.炭素繊維の構造はグラファイトに似ているが,層をつくっているのは広がった薄板ではなく繊維の軸に平行なリボンである.同じ面内における結合はグラファイトの場合に似て強く,そのために炭素繊維はきわめて高い引張り強さをもっている.

無定形炭素や部分的に結晶性の炭素の微粒子は,吸着剤やゴムの強化剤として大量に使われている.また,炭素繊維は高分子物質の強度を高める.

例題 10・7 ダイヤモンドおよびホウ素中の結合を比較する.

単体ホウ素中の各B原子は他の5個のB原子と結合しているが,ダイヤモンド中の各C原子は4個の最隣接原子と結合している.この相違をどう説明するか.

解 B原子およびC原子はいずれも,結合に利用できる4個の軌道(1個のsと3個のp)をもっている.しかし,1個のC原子には4個の価電子,すなわち各軌道に1個ずつがあるので,その電子と軌道とをすべて使って4個の隣接C原子と 2c, 2e 結合をつくることができる.これに対してBの電子は1個少ないから,その軌道を全部使うと 3c, 2e 結合ができる.この三中心結合の生成によってもう一つのB原子が結合距離内に運び込まれる.

問題 10・7 グラファイトが,(a) カリウム,(b) 臭素と反応するとグラファイトの電子構造がどのように変化するかについて述べよ.

10・9 炭素と電気的に陰性な元素との化合物

炭素はOやFのような電気陰性度の高い元素に対して大きな親和力をもっていて,そ

れらと多くの重要な化合物をつくる．たとえば，CO_2は植物に不可欠であるし，炭素-フッ素化合物は消費者向け製品，工業，研究室で広く利用されている．合成化学者の立場からみれば，より重いハロゲン元素や酸素族元素との化合物の多くは，その他の化合物を合成するときの出発物質として重要である．

(a) ハロゲン化物

最も簡単なハロゲン化炭素であるテトラハロメタンには，きわめて安定で揮発性のCF_4から熱的に不安定な固体のCI_4までのものがある（表10・7）．広範囲の誘導体を合成するおもな経路は，これらのテトラハロメタンおよび類似の部分的にハロゲン化されたアルカン類の1個またはそれ以上のハロゲンを主として求核置換することである．チャート10・2には，無機化学の観点から有用で興味あるいくつかの反応の概略が示してある．ハロゲンを完全に置換するか，または酸化的付加を行うかによって起こる金属-炭素結合の生成反応に特に注目しよう．求核置換の速度はフッ素からヨウ素へと$F \ll Cl < Br < I$の順で著しく増大する．すべてのテトラハロメタンは加水分解

$$CX_4(l または g) + 2H_2O(l) \longrightarrow CO_2(g) + 4HX(aq)$$

に関して熱力学的に不安定である．しかし，C-F結合の場合には分解速度が極端に遅い

表 10・7 テトラハロメタンの性質

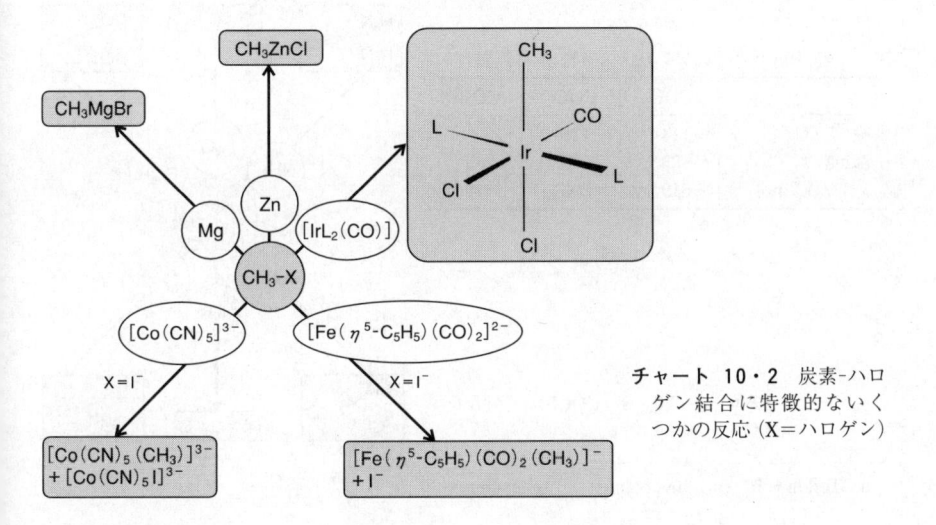

	CF_4	CCl_4	CBr_4	CI_4
融 点/℃	-187	-23	90	171(分解)
沸 点/℃	-128	77	190	昇 華
$\Delta_f G^\circ /(kJ\ mol^{-1})$	$-879(g)$	$-65.2(l)$	$+47.7(s)$	>0

チャート 10・2 炭素-ハロゲン結合に特徴的ないくつかの反応 (X=ハロゲン)

ので，ポリ（テトラフルオロエチレン）（たとえばテフロン[a]）のようなフルオロカーボンポリマーや，クロロフルオロカーボンポリマーは耐水性がきわめて高い．ハロゲン化炭素はアルカリ金属のような強い還元剤で還元される．たとえば四塩化炭素とナトリウムとの反応はきわめて発エネルギー的である．

$$CCl_4(l) + 4\,Na(s) \longrightarrow 4\,NaCl(s) + C(s) \qquad \Delta_r G^\circ = -249\,kJ\,mol^{-1}$$

CCl_4 やその他の多ハロゲン化炭素ではこの種の反応が爆発的な激しさで起こりうるので，それらを乾燥するのにナトリウムのようなアルカリ金属を決して使ってはならない．ポリ（テトラフルオロエチレン）をアルカリ金属や強還元性の有機金属化合物に接触させるとその表面でもこれに類似の反応が進行する．フルオロカーボンはその他のフッ素含有分子とともに多くの興味ある性質を示す．たとえば，揮発性が高く，電子求引性が強い（§12・7）．

ハロゲン化カルボニル[b]（表10・8）は平面状分子で，有用な化学中間体である．これらの化合物中で一番簡単なのはホスゲン[c] $COCl_2$（**35**）で，これは極度に有毒な気体である．ホスゲンは塩素と一酸化炭素との反応で大量につくられる．

$$CO + Cl_2 \xrightarrow{200^\circ C,\,木炭} COCl_2$$

ホスゲンの利用価値は，塩素の求核置換によってカルボニル化合物やイソシアン酸エステルを容易につくることにある（チャート10・3）．ホスゲンを加水分解すると，炭酸 $(HO)_2CO$ よりはむしろ二酸化炭素と塩化水素とになるが，それは炭酸が水の脱離に対して不安定だからである．

表 10・8 ハロゲン化カルボニルの性質

	COF_2	$COCl_2$	$COBr_2$
融点/℃	−114	−128	
沸点/℃	−83	8	65
$\Delta_f G^\circ / (kJ\,mol^{-1})$	−619(g)	−205(g)	−111(g)

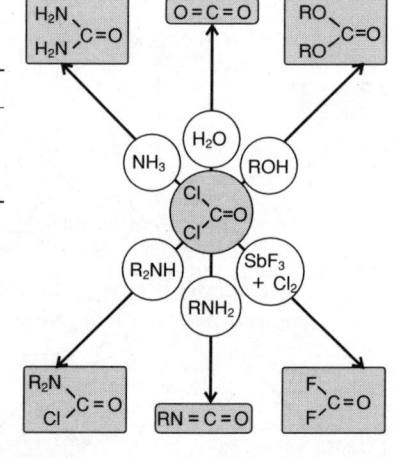

チャート 10・3 $COCl_2$ の特性反応

---

a) Teflon　b) carbonyl halide　c) phosgene

炭素-ハロゲン結合中のハロゲンは求核試薬で置換される．有機金属求核試薬を使うと新しい M−C 結合ができる．多ハロゲン化炭素とアルカリ金属との混合物は爆発を起こす危険物である．

(b) 酸素化合物と硫黄化合物

炭素の酸化物でよく知られている二つのもの，CO および CO_2，についてはすでに本文中のいくつかの場所で述べてきた．それほどよく知られていない酸化物の中には二酸化三炭素 O=C=C=C=O がある．これら三つの化合物の物理的性質のデータを表10・9にまとめておく．ここで注意すべきことは，一酸化炭素では結合距離が短く，力の定数が大きいことである．これらの性質はいずれも，Lewis 構造 :C≡O: が示すように三重結合があることと一致する．

CO の利用には，溶鉱炉中での金属酸化物の還元 (§6・1) や H_2 製造のための水性ガスシフト反応 (§8・3) がある．

$$CO(g) + H_2O(g) \longrightarrow CO_2(g) + H_2(g)$$

触媒についての第17章では，一酸化炭素からメタノール，酢酸，アルデヒド類への変換について述べる．CO 分子の Brønsted 塩基性度はきわめて低く，また中性の電子対供与体に対する Lewis 酸性度は無視できるほど小さい．しかし，CO はその Lewis 酸性度が低いにもかかわらず，高圧で多少温度を上げると強い Lewis 塩基の攻撃を受ける．たとえば，水酸化物イオンと反応してギ酸イオン HCO_2^- を生ずる．

$$CO(g) + OH^-(s) \longrightarrow HCO_2^-(s)$$

同様に，メトキシドイオン (CH_3O^-) と反応して酢酸イオン ($CH_3CO_2^-$) を与える．

一酸化炭素は酸化状態の低い金属原子に対して優れた配位子である (第16章)．よく知られている一酸化炭素の毒性はこの性質の一例である．たとえば，一酸化炭素はヘモグロビン中の Fe 原子と結合してヘモグロビンへの O_2 の付加を妨げて被害者を窒息させる．興味深いのは，高圧下で B_2H_6 と CO とから H_3BCO をつくることができて，これは簡単な Lewis 酸に CO が配位するまれな例である．これに似た安定性をもつ錯体を BF_3 からはつくることができない．この事実によって BH_3 は軟らかい酸に，BF_3 は硬い酸に分類される．

表 10・9 炭素の酸化物の性質

酸化物	融点/℃	沸点/℃	$\tilde{\nu}(CO)^{\dagger 2}/cm^{-1}$	$k(CO)^{\dagger 3}/N\ m^{-1}$	結合距離/pm	
					CC	CO
CO	−205	−191.5	2145	1860		113
OCO	−78$^{\dagger 1}$		2349, 1318	1550		116
OCCCO	−111	7	2200, 2290		128	116

†1 昇華．CO_2 は 0.5 MPa では −57 ℃で融解する．
†2 $\tilde{\nu}(CO)$ は CO 伸縮振動の波数．
†3 $k(CO)$ は CO 結合の力の定数．

二酸化炭素と一酸化炭素との間には微妙だが重要な違いがたくさんある．CO_2 中の CO 結合は CO の場合に比べて長く，また伸縮の力の定数が小さい．これは，CO_2 中の CO 結合は二重結合で三重結合ではないことに一致している．二酸化炭素はきわめて弱い Lewis 酸にすぎない．たとえば，酸性水溶液中ではわずかな分子が水に配位して H_2CO_3 になっているにすぎないが（§5・4），pH が高くなると OH^- が C 原子に配位して炭酸水素イオン HCO_3^- ができる．

二酸化炭素は，**温室効果**[a]にかかわりあいがあるいくつかの多原子分子の中の一つである．大気中の多原子分子は可視光線を通過させる．しかし，これらの多原子分子は，赤外線を吸収するので，地球から熱がじかに放射するのを妨げる．これが温室効果である．社会の工業化以後大気中の CO_2 が相当に増えていることを示す有力な証拠がある．過去においては，自然は深い海の中での炭酸カルシウムの沈殿などによって，大気中の CO_2 濃度を一定に保ってきた．しかし，今日では，水中深く CO_2 が拡散していく速度は，大気中への CO_2 の流入の増加を打消すには遅すぎるように思われる[20]．CO_2，CH_4，N_2O，

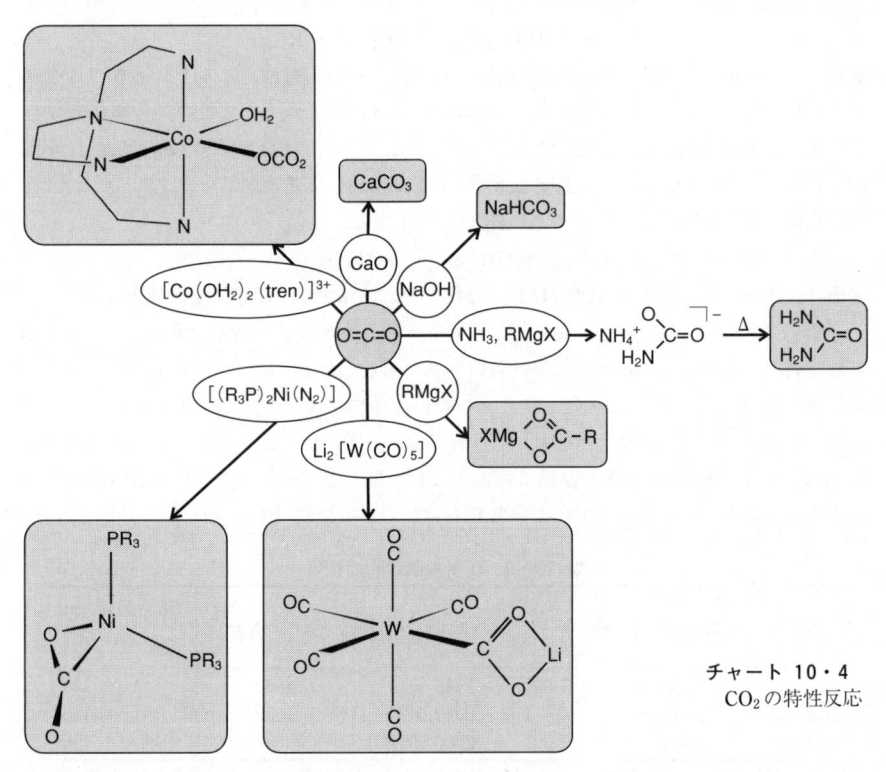

チャート 10・4
CO_2 の特性反応

---

20) C. Baird, "Environmental chemistry," W. H. Freeman and Co., New York (1995).
a) greenhouse effect

クロロフルオロカーボン類といった温室効果気体の濃度が増えつつあることを納得させるに足る証拠があるが，それらが地球の温度に影響しているかどうかは明らかでない．地球温暖化を検出することの難しさは，温度が自然に大規模な短期的および長期的変動をしていて，それが温室効果を覆い隠す可能性があることに関連している[21]．

CO_2 のおもな化学的性質はチャート10・4に要約されている．それらの性質のもとになっているのは，強塩基性溶液中での CO_3^{2-} イオンの生成の場合のように，硬い供与体に対して CO_2 が穏やかな Lewis 酸性を示すことである．CO_2 は石灰石をつくることができるので，それによって大気中の CO_2 が減少することは先に述べた．同様に CO_3^{2-} を配位子として金属のカルボナト錯体(**36**)をつくることができる．これらの錯体は有用な中間体であることが多い．その理由は，酸性溶液中で CO_3^{2-} を置換することによって，他の方法では合成が難しい錯体をつくることができるためである．

$$[Co(NH_3)_5(CO_3)]^+ + 2HF \longrightarrow [Co(NH_3)_5F]^{2+} + CO_2 + H_2O + F^-$$

カルボナト錯体は，上記のように単座配位をとることもできるし，あるいはまた両座配位をとることもできる．後者の場合，CO_3^{2-} イオンの挟み角は小さい．

36 $[Co(CO_3)(NH_3)_5]^+$

経済的な観点から重要な反応は，CO_2 とアンモニアとから炭酸アンモニウム $(NH_4)_2CO_3$ ができる反応で，この物質は温度を上げると直接尿素 $CO(NH_2)_2$ に変化する．尿素は有用な肥料，家畜の飼料添加物，そして化学中間体である．CO_2 とカルボアニオン試薬とからカルボン酸類が生成する反応は有機化学でよく使われる合成反応である．

CO_2 の金属錯体(**37**)は知られてはいるがまれで，金属カルボニルに比べると重要性がはるかに低い．酸化状態が低く電子過剰な金属中心との相互作用においては，中性の CO_2 分子が Lewis 酸として働き，結合を支配するのは金属原子から CO_2 の反結合性 π 軌道への電子供与である．

一酸化炭素および二酸化炭素の硫黄類似体である CS および CS_2 が知られている．前者は不安定な短寿命の分子で，後者は吸エネルギー的 ($\Delta_f G^\circ = +65$ kJ mol^{-1}) な分子である．CS の錯体(**38**)および CS_2 の錯体(**39**)がいくつか存在していて，それらの構造は CO や CO_2 がつくる錯体に似ている．CS_2 は塩基性水溶液中で加水分解して炭酸イオン CO_3^{2-} とトリチオ炭酸イオン CS_3^{2-} との混合物を生ずる．

---

21) H. B. Gray, J. D. Simon, W. C. Trogler, "Braving the elements," University Science Books, Mill Valley (1995)〔邦訳：井上祥平訳，"グレイ化学－物質と人間"，東京化学同人 (1997)〕．

37 $[Ni(CO_2)(PR_3)_2]$ (122pm, 117pm)

38 (R$_3$P—Rh—PR$_3$ with CS and Cl)

39 (R$_3$P—Pt—PR$_3$ with C(S)S 環)

例題 10・8 一酸化炭素の反応を利用する合成を提案する.

^{13}CO は ^{13}C で標識した多くの化合物をつくるときの出発物質である. これを用いて $CH_3^{13}CO_2^-$ を合成する方法を提案せよ.

解 $Li_4(CH_3)_4$ のような強い求核試薬は CO_2 を容易に攻撃して酢酸イオンを生ずることに着目する. そこで, ^{13}CO を $^{13}CO_2$ に酸化し, つぎにそれを $Li_4(CH_3)_4$ と反応させるのが適当な方法と思われる. この第一段階では固体の MnO_2 のような強酸化剤を用いれば, 直接酸化の場合のように過剰の O_2 を使わずにすむ.

$$^{13}CO(g) + 2\,MnO_2(s) \xrightarrow{\Delta} {}^{13}CO_2(g) + Mn_2O_3(s)$$
$$4\,^{13}CO_2(g) + Li_4(CH_3)_4(et) \longrightarrow 4\,Li(CH_3{}^{13}CO_2)(et)$$

ここで et はエーテル溶液を表す.

問題 10・8 ^{13}CO から出発して $D^{13}CO_2^-$ を合成する方法を提案せよ.

> CO は鉄の製造の鍵をにぎる還元剤で, また, d 金属の化学ではよく出てくる配位子である. 温室効果気体である CO_2 は, 燃料の燃焼生成物で, 配位子としては CO に比べてはるかに重要性が低い. CO_2 は炭酸の酸無水物である.

(c) 窒素との化合物

シアン化水素 HCN は, メタンとアンモニアとを高温で触媒を使って結合させると大量につくられる. この物質は, ポリメタクリル酸メチルやポリアクリロニトリルのような広く使われているポリマーの合成における中間体に用いられる. また, きわめて揮発性で (沸点 26 ℃), CN^- イオンのように猛毒である. CN^- と CO 分子とは等電子的なので, この両者は鉄ポルフィリン分子と錯体をつくる. それゆえ, CN^- の毒性は, いくつかの点で, CO の毒性に似ている. しかし, CO はヘモグロビン中の Fe に結合して酸素欠乏を起こすのに対して, CN^- はシトクロム c 中の Fe に対する親和力が高く, 電子移動を妨害する.

負に荷電した CN^- イオンは中性配位子の CO と違って強い Brønsted 塩基 ($pK_a=9.4$) で, はるかに弱い Lewis 酸 π 受容体である. したがって, CN^- イオンは主として正の酸化状態の金属イオンと配位化合物をつくる. たとえば, ヘキサシアノ鉄(II)酸錯体 $[Fe(CN)_6]^{4-}$ 中における Fe^{2+} との結合がその例である.

CN⁻ は多くのd金属イオンと錯体をつくる．CN⁻ は，シトクロムcのような生体分子中の鉄に配位するので，きわめて有毒である．

10・10 炭 化 物

炭素と金属またはメタロイドとの二元化合物である炭化物[a]を三つの主要な種類に分類すると都合がよい．

1. **塩類似炭化物**[b]は主としてイオン性の固体である．これらの化合物は1族や2族の元素およびアルミニウムからつくられる．
2. **金属類似炭化物**[c]は金属伝導性で金属光沢をもっている．これらの化合物はd-ブロックおよびf-ブロックの元素からつくられる．
3. **メタロイド類似炭化物**[d]は硬い共有結合性の固体で，ホウ素およびケイ素からつくられる．

これらの異なる種類の化合物が周期表中でどのように分布しているかを図10・24にまとめてある．この図中には炭素と電気陰性の元素との分子状二元化合物が入っているが，それらは通常は炭化物とみなされないものである．この分類は，化学的および物理的性質を関連づけるのにたいそう役立つ．しかし，無機化学ではしばしばそうであるように，それぞれの種類の間の境界は明確でないことがある．

(a) 塩類似炭化物

1族および2族の金属の塩類似炭化物はつぎの3種類に分けることができる．すなわち，KC_8 のような**グラファイト層間化合物**[e]，C_2^{2-} アニオンを含む**二炭化物**[f]（別名 "アセチリド[g]"），および形式的に C^{4-} アニオンを含む炭化物である．

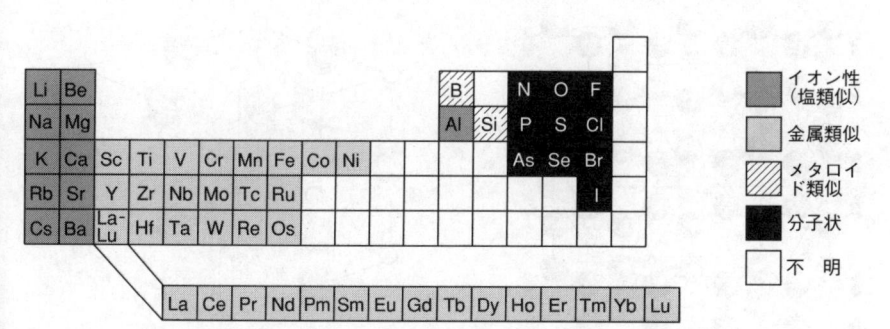

図 10・24 周期表中における炭化物の分布．炭素の分子状化合物は炭化物ではないが，表を完成させるために表中に入れてある．

---

a) carbide　b) saline carbide　c) metallic carbide　d) metalloid carbide　e) graphite intercalation compound　f) dicarbide　g) acetylide

グラファイト層間化合物は1族の金属でつくられる。これらの化合物は酸化還元過程，特にアルカリ金属の蒸気または金属-アンモニア溶液とグラファイトとの反応によって生成する．たとえば，封管中300℃でグラファイトとカリウム蒸気とを接触させるとKC_8が生成する．この物質中のアルカリ金属イオンはグラファイトの層の間に規則正しく配列している（図10・25）．KC_8やKC_{16}のように金属と炭素との比が異なる一連のアルカリ金属-グラファイト層間化合物を合成することができる．

二炭化物は1族，2族，ランタノイドを含む電気的に陽性な広範囲の金属から生成する．ある種の二炭化物ではC_2^{2-}イオンの炭素-炭素距離がきわめて短い（たとえばCaC_2中では119 pm）．このことは，C_2^{2-}が$(C\equiv N)^-$や$N\equiv N$と等電子的な三重結合イオン$(C\equiv C)^{2-}$であることと合致している．ある種の二炭化物は塩化ナトリウム型に似た構造をもっているが，球状のCl^-が亜鈴型の$(C\equiv C)^{2-}$に置き換わることで結晶が一つの軸の方向に伸びる結果，正方晶対称になる（図10・26）．ランタノイドの二炭化物ではC-C結合の長さが相当に長く，この場合の構造が単純な三重結合ではうまく表せないことを示している．

Be_2CやAl_4C_3のような炭化物は塩類似とメタロイド類似との中間のもので，このアニオンがC^{4-}のようにみえるのは単に形式上のことである．炭化物の結晶構造は，球状のイオンが単純に詰め込まれたときに予想されるようなものではない．この事実は，炭化物中には，純粋なイオン結合に予測されるような方向性のない結合とは違って，C原子に対して方向性をもった結合があることを示している．

1族および2族の塩類似炭化物およびアセチリドの主要な合成経路はきわめてわかりやすい．

1. 高温における元素の<u>直接反応</u>

$$Ca(l) + 2C(s) \xrightarrow{>2000℃} CaC_2(s)$$

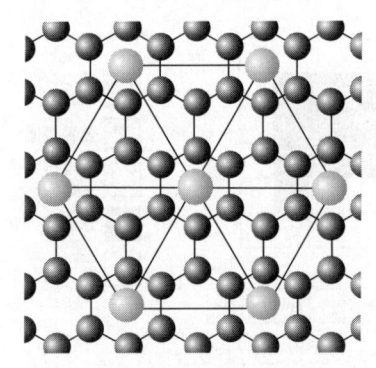

図 10・25 グラファイトの層間化合物であるKC_8では，層間にK原子が対称的な配列で並ぶ（図10・18に層に平行な方向からみた図をあげてある）．

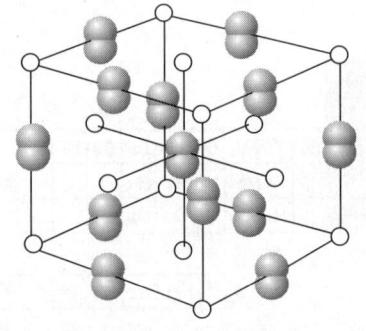

図 10・26 炭化カルシウム構造．この構造は塩化ナトリウム型構造に似ていることに注目せよ．C_2^{2-}は球状でないので，単位格子が一つの軸方向に伸びている．したがって，この結晶は立方晶というよりは正方晶である．

直接反応のもう一つの例は、グラファイト層間化合物の生成であるが、それははるかに低い温度で行われる。挿入反応の方が容易に進行するのは、グラファイト層の間にイオンが滑り込むときにC-C共有結合は壊れないからである。

2. 高温における<u>金属酸化物と炭素との反応</u>

$$CaO(l) + 3C(s) \xrightarrow{2200℃} CaC_2(l) + CO(g)$$

この方法で粗製の炭化カルシウムがアーク電気炉中で生成する。ここで炭素は酸素を除去する還元剤と炭化物をつくる炭素源との両方の役割を果たす。

3. <u>金属-アンモニア溶液とアセチレンとの反応</u>

$$2Na(am) + C_2H_2(g) \longrightarrow Na_2C_2(s) + H_2(g)$$

この反応は穏やかな条件下で、アセチレンの炭素-炭素結合をそのままにして進行する。アセチレン分子はきわめて弱いBrønsted酸であるから、この反応は非常に活性な金属と（酸化剤 H^+ をもつ）弱酸とから H_2 と金属の二炭化物とができる酸化還元反応とみなすことができる。

塩類似炭化物では炭素上の電子密度が高いので、それらは酸化およびプロトン化を受けやすい。たとえば、炭化カルシウムは弱い酸である水と反応してアセチレンを生ずる。

$$CaC_2(s) + 2H_2O(l) \longrightarrow Ca(OH)_2(s) + HC \equiv CH(g)$$

この反応は、Brønsted酸（H_2O）から弱い酸（$HC \equiv CH$）の共役塩基（C_2^{2-}）へのプロトン移動反応であると考えれば容易に理解できる。同様に、グラファイト層間化合物 KC_8 を適当な条件の下で加水分解または酸化すると、グラファイトが再生し、金属の水酸化物または酸化物が生成する。

$$2KC_8(s) + 2H_2O(g) \longrightarrow 16C(グラファイト) + 2KOH(s) + H_2(g)$$

> 電気的にきわめて陽性な金属の金属-炭素化合物は塩類似である。d-ブロック金属の炭素化合物は機械的に硬いことが多く、電気の良導体である。非金属の炭素化合物は機械的に硬く、半導体である。

(b) 金属類似炭化物

金属類似炭化物の大部分はd金属でつくられる。金属類似炭化物は、その構造が金属の八面体間隙中にC原子が侵入した形の構造をもつことが多いので、**侵入型炭化物**[a]とよばれることがある。しかし、この名称は、金属類似炭化物が本格的な化合物でないかのような誤った印象を与える。実際には、金属類似炭化物の硬度やその他の性質は、強い金属-炭素結合があることを示している。この種の炭化物のいくつかは経済的に有用な物質であ

---

a) interstitial carbides

る．たとえば，炭化タングステン（WC）は，切断機やダイヤモンドをつくるのに用いるような高圧装置に利用される．また，セメンタイト（Fe_3C）は鋼鉄や鋳鉄の主成分である．

組成がMCの金属類似炭化物は金属原子のfccまたはhcp配列をもっていて，C原子が八面体間隙の中に入っている．fcc配列の場合には塩化ナトリウム型構造（図2・10）になる．組成がM_2Cの炭化物中のC原子は，金属原子でつくられた最密構造の八面体間隙の半数だけを占有している．八面体間隙中のC原子は，6個の金属原子に囲まれている．したがって，形式的には超配位状態であるが，その結合については特に不思議なことはない．すなわち，この結合は，炭素の2sおよび2p軌道と，それを取囲んでいる金属原子のd軌道（およびおそらくその他の価電子軌道）とからつくられる非局在分子軌道で表すことができる．

最密構造の八面体間隙中にC原子が存在する簡単な化合物は$r_C/r_M<0.59$の場合に生成することが経験的にわかっている．ここで，r_CはCの共有結合半径，r_MはMの金属結合半径である．この関係は**Häggの規則**とよばれるもので，窒素または酸素を含む金属化合物でも成立する．

> d金属の炭化物は，金属原子が八面体形に炭素原子を取囲んでいる硬い物質のことが多い．

10・11 ケイ素とゲルマニウム

ケイ素は半導体としての多くの応用に理想的なバンドギャップ，したがって理想的な電気伝導率をもっている．しかし，ゲルマニウムはケイ素よりも精製しやすいので，トランジスターをつくる材料として最初に広く用いられたのはゲルマニウムであった．1960年代にケイ素の精製法が開発されると，半導体をつくるのにゲルマニウムはほとんど使われなくなった．

半導体級のケイ素をつくるおもな方法は，高純度の四塩化ケイ素を水素で還元することである．

$$SiCl_4(g) + 2H_2(g) \longrightarrow Si(s) + 4HCl(g)$$

卓上計算器の電源用太陽電池に使われている半導体材料は"無定形ケイ素"とよばれているが，それは固体の水素化ケイ素SiH_x（$x \leq 0.5$，§8・12）とみなす方がよい．

> 単体のケイ素は，半導体機器を組立てるためにつくられる．ゲルマニウムも同じ目的でつくられるが，その量はケイ素より少ない．

10・12 ケイ素と電気的に陰性な元素との化合物

ケイ素およびゲルマニウムの最も重要な化合物の中には電気的に陰性なハロゲン，酸素，窒素を含むものがある．酸化物は非常にたくさんあるので別節を起こし，ここではハロゲ

ン化物と窒化物とを取上げる．

(a) ハロゲンとの化合物

　ケイ素およびゲルマニウムの四ハロゲン化物はすべて知られていて，それらはいずれも揮発性の分子化合物である．ハロゲン族の下の方へ行くと，ゲルマニウムは不活性電子対効果の徴候を示し，不揮発性の二ハロゲン化物をもつようになる．四ハロゲン化ケイ素中で最も重要なのは四塩化ケイ素で，それは元素同士の直接反応でつくられる．

$$Si(s) + 2 Cl_2(g) \longrightarrow SiCl_4(l)$$

　ケイ素およびゲルマニウムのハロゲン化物は穏やかなLewis酸である．ケイ素やゲルマニウムのハロゲン化物には，1個または2個の配位子が付加して五配位または六配位の錯体ができるが，これは問題のハロゲン化物のLewis酸としての性質の表れである．

$$SiF_4(g) + 2 F^-(aq) \longrightarrow [SiF_6]^{2-}(aq)$$
$$GeCl_4(l) + N\equiv CCH_3(l) \longrightarrow Cl_4GeN\equiv CCH_3(s)$$

　ケイ素およびゲルマニウムの四ハロゲン化物の加水分解は迅速で，その過程は模式的につぎのように表される．

$$MX_4 + 2 H_2O \longrightarrow MX_4(OH_2)_2 \longrightarrow MO_2 + 4 HX$$

これに対応する四ハロゲン化炭素の加水分解速度ははるかに遅い．それは，立体的な障害によってC原子に水分子が付きにくく，中間体のアクア錯体ができにくいためである．

　ハロゲノシランの置換反応は詳細に研究されている．この反応は対応する炭素類似体の反応よりも進行しやすいが，それはケイ素原子がその配位圏を容易に拡張して，会合機構で侵入してくる求核試薬を迎え入れることができるからである．これらの置換反応の立体化学[22]によると，最も電気的に陰性な置換基がアキシアル位を占めている五配位中間体ができることがわかる．さらに，これらの置換基の位置がアキシアルな関係からずれていって，最終的には，アルキル基よりも脱離しやすいH^-イオンがアキシアル位から脱離する．ここで注目すべき点は，立体配置を維持したままでHがR^4置換基で置換されることである．

ケイ素は超原子価遷移状態をとることができるが，炭素はそれができない．そのため，ハロゲン化ケイ素は，ハロゲン化炭素に比べて，容易に置換反応を起こす．

---

22) R. R. Holmes, 'Stereochemistry of nucleophilic substitution at tetracoordinate silicon,' *Chem. Rev.*, **90**, 17 (1990).

(b) 窒素との化合物

ケイ素と窒素ガスとを高温で直接反応させると Si_3N_4 が生成する．この物質はきわめて硬く，不活性で，高温セラミック材料に利用される可能性がある．現在の工業研究プロジェクトでは，繊維状やその他の形の窒化ケイ素を熱分解で生成しうるような有機ケイ素-窒素化合物の利用に重点がおかれている．SiO_2 を炭素とともに加熱すると CO が発生して炭化ケイ素 SiC ができる．これはきわめて硬い物質で，研磨剤カーボランダムとして広く利用されている．

トリメチルアミンのケイ素類似体であるトリシリルアミン $(H_3Si)_3N$ は塩基性がきわめて低い．この物質の構造は平面形か，または流動構造（二つ以上の等価な構造間のエネルギー障壁が低く，互いに速やかに変換する構造）である．

> 窒化ケイ素および炭化ケイ素は硬い固体である．シリルアミン類は，それらの炭素類似物よりも弱い塩基である．

10・13 広がったケイ素-酸素化合物

鉱物学や工業プロセスや実験室で重要なケイ酸塩鉱物やケイ素-酸素合成化合物がたくさん存在しているのは，ケイ素が酸素に対して高い親和力をもっているためである．珍しい高温相を別にすると，ケイ酸塩の構造は四面体形四配位 Si に限られている．Si 原子が中心で O 原子が頂点にあるような四面体で SiO_4 構成単位を表すと，複雑なケイ酸塩構造を理解しやすいことが多い．この場合，原子を省略して SiO_4 単位を簡単な四面体として描くことが多い．これらの四面体は一般に頂点を共有している．また，はるかにまれではあるが辺または面を共有する場合もある．末端にある各 O 原子は SiO_4 構成単位の電荷に対して -1 の寄与をするが，共有されている各 O 原子の寄与は 0 である．したがって，オルトケイ酸イオン*1 (**40**) は $[SiO_4]^{4-}$，二ケイ酸イオン*2 (**41**) は $[O_3SiOSiO_3]^{6-}$，またシリカの SiO_2 単位は O 原子がすべて共有されているから全体として電荷をもたない．

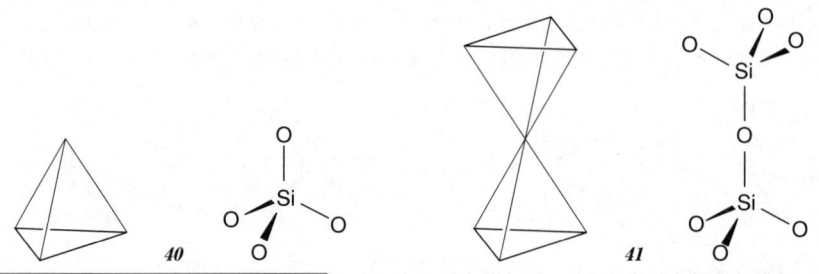

*1 訳注：許される伝統名．体系名はテトラオキソケイ酸(4−)イオン tetraoxosilicate(4−) ion．

*2 訳注：体系名は μ-オキソ-ヘキサオキソ二ケイ酸(6−) イオン μ-oxo-hexaoxodisilicate(6−) ion または μ-オキソ-ビス(トリオキソケイ酸)(6−)イオン μ-oxo-bis(trioxosilicate)(6−) ion．

電荷の数え方に関する上記の原則を念頭におくと，SiO_4単位が無限につながった一重の鎖または環で，各Si原子につき2個の共有O原子があるものは，$|(SiO_3)^{2-}|_n$の化学式と電荷とをもっていることは明らかであろう．このような環状メタケイ酸イオン[a]を含む化合物の一例は，$(Si_6O_{18})^{12-}$イオン(**42**)をもつ緑柱石[b] $Be_3Al_2Si_6O_{18}$である．緑柱石はベリリウムのおもな原料である．宝石エメラルドはAl^{3+}が部分的にCr^{3+}イオンで置換されている緑柱石である．ヒスイ（硬玉）として販売されている2種類の鉱石の一つであるヒスイ輝石[c] $NaAl(SiO_3)_2$中には鎖状メタケイ酸塩(**43**)が存在する．このほかの立体配置をもつ一重鎖のものもある．それに加えて二重鎖のケイ酸塩があって，その中には商業的にアスベスト（石綿）[23]として知られている一群の鉱物がある．

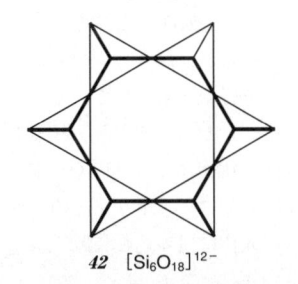

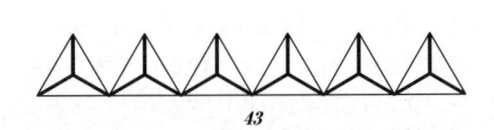

42 $[Si_6O_{18}]^{12-}$ **43**

例題 10・9 環状ケイ酸塩上の電荷を決定する．

環状ケイ酸アニオン$(Si_3O_9)^{n-}$の構造を描き，電荷を決定せよ．

解 このイオンはSi原子とO原子とが交互に存在する六員環で，各Si原子に2個ずつで計6個の末端O原子がある．各末端O原子は電荷に対して-1の寄与をするから全電荷は-6である．また，ケイ素および酸素の通常の酸化状態はそれぞれ$+4$および-2であるから，その観点からみてもこのアニオンの電荷は-6となる．

問題 10・9 環状アニオン$(Si_4O_{12})^{n-}$の構造を描き，電荷を決定せよ．

シリカおよび多くのケイ酸塩はゆっくりと結晶する．融解物を適当な速さで冷却すると**ガラス**として知られている無定形固体を結晶の代わりにつくることができる．これらのガラス類はある点では液体に似ている．ガラスの構造は液体の場合と同じく，わずか数原子に至る距離までしか規則的でない．構造が規則的なのは，たとえば1個の，SiO_4四面体内だけといった具合である．しかし，液体とは違って，ガラスの粘性率はきわめて高く，多くの実用目的上は固体のような挙動を示す．

---

[23] アスベストは商業上望ましい性質をたくさんもっているが，その細かい粒子は風で飛びやすく，アスベストを使って作業する人たちの肺組織は長年の後に変質してくる．"Asbestos: properties, applications, and hazards," ed. by L. Michaels, S. S. Chissick, Wiley, New York (1979)を参照．

a) metasilicate ion   b) beryl   c) jadeite

ケイ酸塩ガラスの物理的性質は，その組成によって著しく変化する．たとえば，融解石英（無定形 SiO_2）は約 1600 ℃，ホウケイ酸ガラス（すでに述べたように，この物質には酸化ホウ素が含まれている）は約 800 ℃で軟化するが，ソーダ石灰ガラスはさらに低い温度で軟化する．ケイ酸塩ガラス中では Si−O−Si のつながりが枠組みをつくって強度に寄与していることを考えれば軟化点の変化を理解することができる．ソーダ石灰ガラスの場合のように Na_2O や CaO のような塩基性酸化物が組込まれると，それらは SiO_2 融解物と反応して Si−O−Si のつながりを末端 SiO 基に変化させるので，軟化温度が低くなるのである．

シリコーンポリマー[a]の−Si−O−Si−構造は，まったく異なる一連の性質を示す．典型的なシリコーンポリマーでは，ポリジメチルシロキサンの単位が繰返されていて，その末端にはアルキル基がついている(**44**)．この種のポリマーには，流動性の高沸点液体から柔軟な高重合体に至るものがある．液状のものは潤滑剤に用いられ，高重合体のものは風雨や薬品に対して抵抗力をもつ柔軟な充填剤などさまざまな分野で利用されている．これらのポリマーの特異な性質に，**ガラス転移温度**[b]（温度を下げたときに流動性，柔軟性を失う温度）がきわめて低いということがある．転移温度が低い原因は，−Si−O−Si−結合が自由に変形しやすい性質のものであるためと思われる．シリコーンポリマーのもう一つの好ましい性質は，生体への適合性である．そのために，人体に埋め込む装置をつくるのに使うことができる．

<pre>
         CH₃   CH₃   CH₃
          | | |
    —Si—O—Si—O—Si—O—
     | | |
    CH₃   CH₃   CH₃
    CH₃   CH₃   CH₃
                44
</pre>

> シリカ，広範囲の金属ケイ酸塩鉱物，およびシリコーンポリマーには Si−O−Si 結合がある．

10・14 アルミノケイ酸塩

Si 原子の一部を Al 原子で置換すると，ケイ酸塩そのものに比べて構造がさらに多様なものになる可能性が出てくる．鉱物の世界が多様性に富んでいるのは主として，このようにしてできた**アルミノケイ酸塩**[c]のためである．すでにみてきたように，γ-アルミナ中では八面体間隙と四面体間隙との両方の中に Al^{3+} イオンが存在する．アルミニウムのこのような多様性はアルミノケイ酸塩でもみられる．すなわち，Al は四面体間隙中の Si を置換したり，ケイ酸塩の骨組みの外側の八面体環境に入り込んだり，また，もっとまれではあるが，それ以外の配位数をとったりする可能性がある．アルミニウムの状態は Al^{III} で

---

[a] silicone polymer [b] glass transition temperature [c] aluminosilicate

あるので，アルミノケイ酸塩中で Si^{IV} の代わりに Al^{III} が存在すると全電荷が1単位だけ負になる．したがって，Si原子1個をAl原子1個で置換するごとに H^+, Na^+, $\frac{1}{2}Ca^{2+}$ のようなカチオンを付加する必要がある．これからみていくように，これらの付け加えたカチオンはアルミノケイ酸塩の性質に著しい影響を及ぼす．

(a) 層状アルミノケイ酸塩

リチウム，マグネシウム，鉄のような金属を含む各種の層状アルミノケイ酸塩は重要な鉱物で，それらの中には粘土，滑石，種々の雲母などがある．ある種の層状アルミノケイ酸塩では，繰返し単位が図10・27に示す構造のケイ酸塩層になっている．この型の簡単なアルミノケイ酸塩の例はカオリナイト $Al_2(OH)_4Si_2O_5$ という鉱物で，これは商業的には陶土に用いられる．ここで簡単なというのは，付加的な元素が含まれていないという意味である．これらの電気的に中性の層同士は，どちらかといえば弱い水素結合で重なっているので，この種の鉱物はへき開しやすく，層間に水を取込みやすい．

もっと大きなグループをつくっているアルミノケイ酸塩の中には，Al^{3+} イオンがケイ

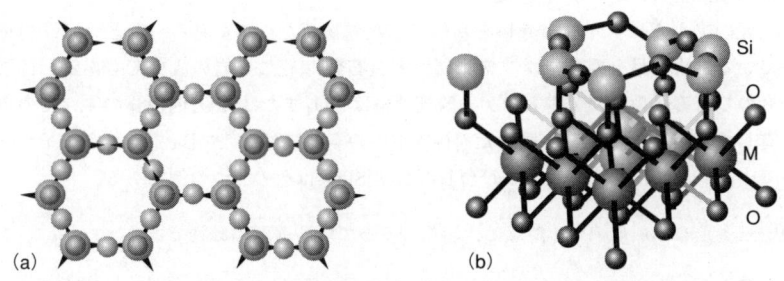

図 10・27 (a) 各Si原子の上にあるO原子が手前に向いている SiO_4 四面体の網．(b) 上記の網で，一つのO/Siが MO_6 八面体の網の中に組込まれたものの側面図．この構造はMがMgの温石綿（chrysotile）に対するものである．Mが Al^{3+} で底面の各原子がOH基で置換されているものは1:1粘土鉱物のカオリナイトの構造に近い．

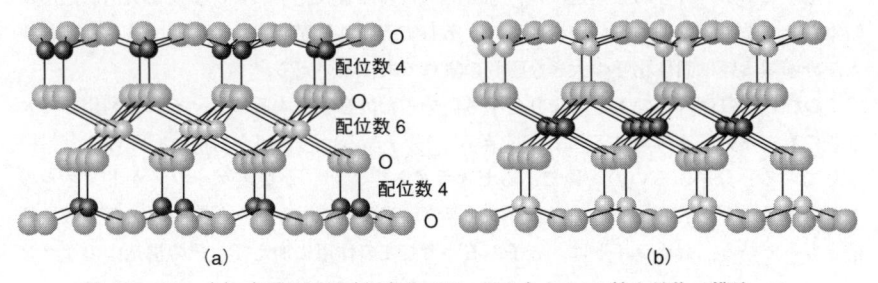

図 10・28 (a) 白雲母 $KAl_2(OH)_2Si_3AlO_{10}$ のような2:1粘土鉱物の構造．この場合には荷電した層の間（交換可能なカチオンの部位）に K^+ が，配位数4の部位に Si^{4+} が，配位数6の部位に Al^{3+} が存在する．(b) 滑石では八面体間隙に Mg^{2+} があって，頂点および底面上のO原子はOH基で置換されている．

酸塩の層の間にサンドイッチされているもの（図10・28）がある．このような鉱物の一つに葉ロウ石 $Al_2(OH)_2Si_4O_{10}$ がある．八面体間隙中の二つの Al^{3+} イオンを3個の Mg^{2+} イオンで置換すると滑石 $Mg_3(OH)_2Si_4O_{10}$ が得られる．滑石（および葉ロウ石）中での反復層は電気的に中性である結果，滑石は層と層との間でへき開しやすい．滑石のつるつるした感触はなじみ深いものだが，それはこのような構造のためである．

白雲母 $Al_2K(OH)_2Si_3AlO_{10}$ の構造は葉ロウ石中の Si^{IV} 原子一つを1個の Al^{III} 原子で置換したものなので，白雲母の層は電荷をもっている．その結果生ずる負電荷は反復層間に存在する K^+ イオンによって打消されている．この静電的な引力のために白雲母は滑石のように軟らかくはないが，薄板にへき開しやすい．層の電荷がもっと高く，層間に2価カチオンが入っていると硬度がさらに高くなる．

もろい層状のアルミノケイ酸塩は，粘土およびよくみられる若干の鉱物の主成分である．

(b) 三次元のアルミノケイ酸塩

三次元のアルミノケイ酸塩骨格を基盤にした鉱物がたくさんある．たとえば，岩を形作っている鉱物の最も重要なクラスに属する**長石類**[a]（花こう岩の成分でもある）はこの種のものである．長石のアルミノケイ酸塩骨格は SiO_4 または AlO_4 四面体のすべての頂点を共有してできている．この三次元網目構造中の空孔には K^+ や Ba^{2+} のようなイオンが入っている．正長石 $KAlSi_3O_8$ および曹長石 $NaAlSi_3O_8$ はその二つの例である．

硬い三次元のアルミノケイ酸塩は，岩をつくっている普通の鉱物である．

(c) 分子ふるい

分子ふるい[b]は，分子程度の大きさの孔が空いている開放構造をもった結晶性アルミノケイ酸塩である．野心的な構造決定，想像力に富んだ合成化学および重要な実用的応用が結集された結果，分子ふるいが合成され，そしてその性質が明らかになってきた．それゆえ，分子ふるいは固体化学の大きな勝利の表れであるといえる．

この種の物質は，孔の大きさよりも小さい分子だけを吸着するので，それを利用して大きさの異なる分子を分離することができる．"分子ふるい"という名前は，このことに由来している．分子ふるいの一種である**ゼオライト**[24],[c]は，かご（ケージ）かトンネルの内側にカチオン（おもに1族から2族の元素の）が入っているようなアルミノケイ酸塩骨格をもっている．ゼオライトは，分子ふるいとしての作用に加えて，その構造中のイオン

---

[24] ゼオライトという名前は"沸騰する石"を表すギリシャ語から来ている．地質学者たちは，ある種の岩石が吹管の炎にさらされると沸騰するようにみえることに気付いていた．

[a] feldspars　[b] molecular sieve　[c] zeolite

を周囲の溶液中のイオンと交換することができる.

かごの構造は結晶構造で決まるので,きわめて規則的で,また大きさは厳密に決まっている.その結果,分子ふるいはシリカゲルや活性炭のような高表面積固体よりも高い選択性で分子を捕捉する.シリカゲルや活性炭では,分子ふるいと違って,小さな粒子間の不規則なすき間に分子が捕らえられる.ゼオライトは,形状選択性の不均一触媒としても用いられる.たとえば,ガソリンのオクタン価を高めるのに使う 1,2-ジメチルベンゼン (o-キシレン)の合成には分子ふるい ZSM-5 が用いられる.このゼオライトのかごやトンネルの形と大きさとで触媒過程が制御されるので,1,2-ジメチルベンゼン以外のキシレン類は生成しない.これらの応用は表 10·10 にまとめてあるが,さらに第 17 章で論ずることにする.

表 10·10 ゼオライトの用途

作用	応用
イオン交換	洗剤中の水の軟化用
分子の吸蔵	気体の選択的分離
	工業過程,ガスクロマトグラフィー,研究用
固体酸	モル質量の高い炭化水素を分解,選別して燃料や石油化学中間体用にする
	芳香族化合物を分子形選択的にアルキル化,異性化してガソリンやポリマー中間体用にする

多くの天然ゼオライトに加えて,かごの大きさやかご内部の化学的性質が特定されているようなものが合成されている.これらの合成ゼオライトは大気圧下でつくられることもあるが,高圧オートクレーブ中でつくられることの方が多い.合成ゼオライトの開いた構造は,反応混合物中に加えておいた水和カチオンまたは NR_4^+ のように大きなカオチンの周りにできると思われる.たとえば,オートクレーブ中でコロイド状シリカをテトラプロピルアンモニウム水酸化物水溶液とともに 100°C から 200°C の間に加熱すると,おもに $|[N(C_3H_7)_4]OH|(SiO_2)_{48}$ の組成をもつ微結晶生成物ができる.このものを空気中 500°C で処理すると第四級アンモニウムカチオンの C, H, N が燃えてゼオライトに変化する.出発物質中に表面積の大きなアルミナを加えておくとアルミノケイ酸塩ゼオライトができる.

かごや隘路の大きさが異なる多種多様なゼオライトが合成されている(表 10·11).それらの構造の基盤は,近似的に四面体の MO_4 単位で,それはほとんどの場合 SiO_4 および AlO_4 である.ゼオライト構造中にはこのような四面体の構成単位がたくさんあるので,多面体表示を避けて Si や Al 原子の位置を強調するのが普通である.このような図では,4本の線分の交点に Si または Al 原子が,そして線分上に橋かけ O 原子が存在する(図 10·29).この骨格表示は,ゼオライト中のかごやトンネルの形についてはっきりした印象を

10. ホウ素族と炭素族

表 10・11 若干の分子ふるいの組成と性質

分子ふるい	組成	隘路の直径 /nm	化学的性質
A	$Na_{12}[(AlO_2)_{12}(SiO_2)_{12}]\cdot x\,H_2O$	0.4	小さな分子を吸蔵する；イオン交換体，親水性
X	$Na_{86}[(AlO_2)_{86}(SiO_2)_{106}]\cdot x\,H_2O$	0.8	中程度の大きさの分子を吸蔵する；イオン交換体，親水性
Chabazite	$Ca_2[(AlO_2)_4(SiO_2)_8]\cdot x\,H_2O$	0.4〜0.5	小さな分子を吸蔵する；イオン交換体，親水性
ZSM-5	$Na_3[(AlO_2)_3(SiO_2)]\cdot x\,H_2O$	0.55	穏やかな親水性
ALPO-5	$AlPO_4\cdot x\,H_2O$	0.8	穏やかな親水性
Silicalite	SiO_2	0.6	疎水性

与えるという利点をもっている[25].

ゼオライトの中で重要な大きな一群を占めているのは**方ソーダ石ケージ**[a]を基盤とするものである．このかごは，八面体の各頂点を切り落としてできる面取りされた八面体である（図10・29）．面取りによって各頂点には四角形の面が残り，八面体の三角形の面が正六角形に変化する．"A型ゼオライト"として知られている物質では，方ソーダ石ケージの四角形の面が酸素架橋で結合したものが8個つながって全体として立方体形になり，その中心に**αケージ**[b]とよばれる大きなすき間ができている（図10・30）．αケージは八面体の面を共有していて，穴の開口部の直径は420 pmである．したがって，水やその他の

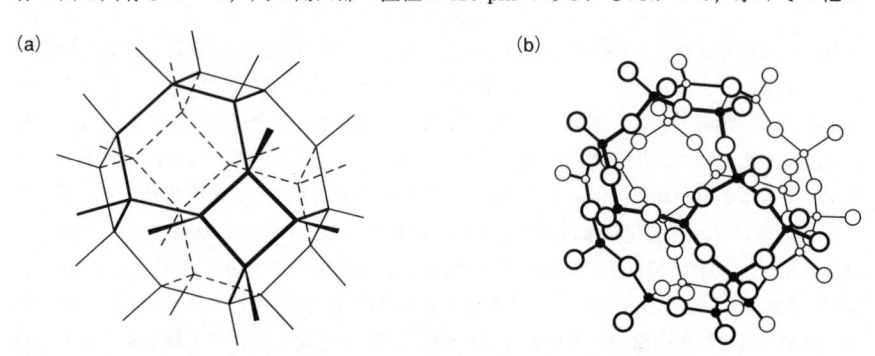

図 10・29 (a) 八面体の4回軸に垂直に面取りした八面体の骨格表示．(b) SiおよびO原子と骨格表示との関係．Si原子は面取りした八面体の各頂点上に，O原子はほぼ各辺上にあることに注目せよ．

---

25) ゼオライトやその他のアルミノケイ酸塩の構造決定は，X線結晶解析，固体状態の^{29}Si NMRおよび^{27}Al NMRを高分解能電子顕微鏡法と組合わせることによって著しく進歩した．J. M. Thomas, C. R. A. Catlow, *Prog. Inorg. Chem.*, **35**, 1 (1987)に興味ある解説が載っている．

a) sodalite cage　b) α cage

小さな分子はこの面を通って拡散しαケージを満たすことができる．しかし，van der Waals 直径が 420 pm よりも大きい分子は，面が小さすぎるので，αケージ中に入り込むことができない．

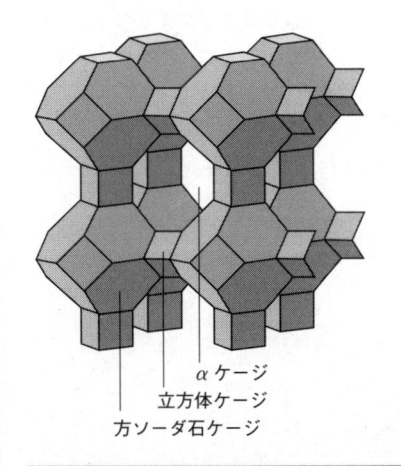

図 10・30 A 型ゼオライトの骨格表示．方ソーダ石ケージ（面取りした八面体），小さな立方体ケージおよび中央の大きなすき間（αケージ）に注目せよ．

（図中ラベル：αケージ，立方体ケージ，方ソーダ石ケージ）

例題 10・10　方ソーダ石ケージの構造を解析する．
方ソーダ石ケージの構造を表すのに用いられている面取りされた八面体の 4 回軸および 6 回軸を示せ．
解　相対する 1 対の四角形の面を通しての 4 回回転軸が一つあるので，全部で 3 本の 4 回回転軸がある．同様に，相対する六角形の面を通って 4 本の 6 回回映軸がある．

問題 10・10　一つの方ソーダ石ケージ中には何個の Si 原子および Al 原子があるか．

アルミノケイ酸塩ゼオライト骨格上の電荷は，かご中に存在するカチオンによって中和されている．A 型ゼオライトでは Na$^+$ イオンが存在していて，その化学式は Na$_{12}$[(AlO$_2$)$_{12}$-(SiO$_2$)$_{12}$]・x H$_2$O である．水溶液とのイオン交換によって，d-ブロックのカチオンや NH$_4^+$ を含む多くのイオンを挿入することができる．したがって，ゼオライトは水の軟化に用いられる．また，界面活性剤の効力を減少させる 2 価および 3 価のカチオンを除去する目的で，洗濯用洗剤の一成分として使用されている．かつては，植物の栄養素であるポリリン酸塩をこの目的に使っていたが，ポリリン酸塩は天然水中に入っていって藻類の生長を促進するので，今ではその代わりに主としてゼオライトが使われている．

ゼオライトの性質は，そのかごや隘路の大きさで異なるが，それに加えて極性に応じて極性分子または非極性分子に対する親和力が変化する（表 10・11）．電荷を補償するイオンをつねに含んでいるアルミノケイ酸塩ゼオライトは，H$_2$O や NH$_3$ のような極性分子に強い親和力をもっている．これに対して，ほとんど純粋なシリカ（二酸化ケイ素）分子ふるいには正味の電荷がなく，穏やかな疎水性といってもよいほど非極性である．もう一群の

疎水性ゼオライトはリン酸アルミニウム骨格を基盤とするもので，それは$AlPO_4$がSi_2O_4と等電子的で，その骨格がシリカ同様電荷をもたないからである．

ゼオライトの化学で興味深いことの一つは，ゼオライトケージの中で小さな分子から大きな分子を合成できることである．ひとたび組立てられた大きな分子は大きすぎてかごの中から逃げ出せないので，これは瓶の中の船の模型のようなことになる．たとえば，Y型ゼオライト中のNa^+イオンをイオン交換によってFe^{2+}イオンで置換するとFe^{2+}-Yゼオライトができる．このものをフタロニトリルと加熱すると，フタロニトリルがゼオライト中に拡散し，Fe^{2+}の周りに集まって鉄フタロシアニン(**45**)ができるが，これは大きすぎてかごから出られない．

45

> ゼオライトアルミノケイ酸塩の構造中には大きな開いた穴や通路がある．その結果，イオン交換や分子吸蔵のような有用な性質が出てくる．

10・15 ケイ化物

ケイ素は，その隣のホウ素や炭素と同様に，金属と広範囲の二元化合物をつくる．それらの**ケイ化物**[a]の中には単独のSi原子を含んでいるものもある．たとえば，鋼鉄の製造で重要な役割を演ずるフェロシリコンFe_3Siは，Fe原子の面心立方格子(fcc)の一部をSiで置換したものとみなすことができる．K_4Si_4のような化合物は，P_4と等電子的な遊離の四面体クラスターアニオンSi_4^{4-}を含んでいる．f-ブロック元素の多くは化学式がMSi_2の化合物をつくるが，それらは図10・7に示すようなAlB_2構造の六角形の層をもっている．

> ケイ素-金属化合物（ケイ化物）には，遊離のSi，Si_4の四面体単位，またはSi原子の六角形の網目をもつものがある．

---

a) silicide

参 考 書

A. H. H. Stephens, M. L. H. Green, 'Organometallic complexes of fullerenes,' *Adv. Inorg. Chem.*, **44**, 1~43 (1997).

炭 素 族

つぎの二つの参考書で特に炭素,半導体およびケイ素についての記述をみよ.
"Ullman's encyclopedia of industrial chemistry," VCH, Weinheim (1990 *et seq.*).
"Kirk-Othmer encyclopedia of chemical technology," Wiley-interscince, New York (1991 *et seq.*).

つぎの参考書にはフラーレンの化学に関する一連の有用な総説が出ている.
Acc. Chem. Res., **25**, 98 *et seq.* (1992).

水溶液の化学,ケイ酸塩鉱物およびアルミノケイ酸塩

A. C. D. Newman, "Chemistry of clays and clay minerals," Wiley, New York (1987).
W. Stumm, J. J. Morgan, "Aquatic chemistry," Wiley, New York (1996).
C. E. Weaver, L. D. Pollard, "The chemistry of clay minerals," Elsevier, Amsterdam (1993).
A. Dyer, "An introduction to zeolite molecular sieves," Wiley, Chichester (1988).

ホウ素および炭素族

J. T. Spencer, 'Boron hydrides,' "Encyclopedia of inorganic chemistry," ed. by R. B. King, Vol. 1, pp.338~56, Wiley, New York (1994).
"Electron deficient boron and carbon clusters," ed.by G.A.Olah, K.Wade, R.E.Williams, Wiley-Interscience, New York (1991). 本書にはボランおよびカルバボランの化学の主要な部分を網羅した一連の記事が出ている.
C. E. Housecroft, "Boranes and metalloboranes: structure, bonding, and reactivity," Ellis Horwood, Chichester, Hasted Press, New York (1990).
T. P. Fehlner, 'The metallic face of boron,' *Adv. Inorg. Chem.*, **35**, 199 (1990).

練 習 問 題

10・1 なるべく参考資料を使わずに,13族および14族の元素を列記し,(a) 金属と非金属,(b) ダイヤモンド構造に結晶するもの,(c) これらの族中で最も親酸素性の元素,を示せ.

10・2 ホウ素の構造によく出てくるB_{12}単位を描き,C_2軸に沿って眺めた姿を示せ.

10・3 ホウ素,ケイ素およびゲルマニウムをそれらの鉱石から抽出する反応の化学方程式と条件とを示せ. これらの中でエネルギー効率が最もよさそうなのはどれか. その理由を説明せよ.

10・4 BF_3, BCl_3, SiF_4, $AlCl_3$ をLewis酸性度が高くなる順に並べよ. この順序に照らしてみて,つぎの反応の化学方程式を書け(反応しない場合は "反応しない" と記すこと).
(ⅰ) $SiF_4N(CH_3)_3 + BF_3 \longrightarrow$?

(ii) $BF_3N(CH_3)_3 + BCl_3 \longrightarrow$?

(iii) $BH_3CO + BBr_3 \longrightarrow$?

10・5 BCl_3 を出発物質とし，その他の試薬を適当に選んで，Lewis 酸キレート試薬 $F_2B-C_2H_4-BF_2$ を合成する方法を考案せよ.

10・6 ホウ素, 炭素, ケイ素それぞれのオキソアニオン中における B, C, Si の配位数を示し，そこにみられる相違を Lewis の電子構造に基づいてうまく説明する方法を考えよ.

10・7 B_6H_{10} と B_6H_{12} とではどちらが熱的により安定であると思うか. ボランの熱的安定性を判定する一般則を示せ.

10・8 (a) ペンタボラン(9)の空気酸化に対する化学方程式（各反応物および生成物の状態を含む）を示せ.

(b) 内燃機関の燃料にペンタボランを用いることにはどのような欠点（価格は別として）が考えられるか.

10・9 (a) $B_{10}H_{14}$ をその化学式から *closo*, *nido*, または *arachno* のいずれかに分類せよ.

(b) Wade 則を用いてデカボラン(14)の骨格電子対の数を決定せよ.

(c) 価電子を数えて，$B_{10}H_{14}$ のクラスター価電子の数は(b)で決定した数に等しいことを証明せよ.

10・10 $B_{10}H_{14}$ と，適当に選んだその他の試薬とから出発して，$[Fe(nido-B_9C_2H_{11})_2]^{2-}$ を合成する化学反応式を示し，生成物の構造を描け.

10・11 層状 BN とグラファイトとでは,

(a) 構造上の類似点および相違点は何か.

(b) Na および Br_2 に対するそれらの反応性を比較せよ.

(c) 構造および反応性における相違に対する合理的な説明を示せ.

10・12 BCl_3 と，適当に選んだその他の試薬とから出発して，ボラジン類である (a) $Ph_3N_3B_3Cl_3$, および，(b) $Me_3N_3B_3H_3$ を合成する方法を考案せよ. また，生成物の構造を描け.

10・13 B_4H_{10}, B_5H_9, $1,2-B_{10}C_2H_{12}$ の構造および名称を示せ.

10・14 つぎの水素化ホウ素, B_2H_6, $B_{10}H_{14}$, B_5H_9, を Brønsted 酸性度が高くなる順に並べて，それらの中の一つを脱プロトン化したものに考えられる構造を描け.

10・15 (a) 炭素（ダイヤモンド）からスズ（灰色スズ）に至る元素および立方晶の BN, AlP, GaAs についてバンドギャップエネルギー E_g にみられる傾向を述べよ.

(b) 温度を 20℃ から 40℃ に変えると，ケイ素の電気伝導率は増加するか減少するか.

(c) 半導体の伝導率の温度依存性を表す式を示し，AlP と GaAs とではどちらの伝導率が温度に対して敏感であるかを決めよ.

10・16 なるべく参考資料を使わずに周期表を描き，塩類似，金属類似，メタロイド類似炭化物をつくる元素を示せ.

10・17 (a) KC_8, (b) CaC_2, (c) K_3C_{60} の製法，構造，および分類を述べよ.

10・18 主として 14 族の元素やそれらの化合物がつくる半結晶性および無定形の固体は工業で大いに応用されている. この章で述べた無定形または半結晶性の固体の例を四つ

あげて，それらの有用な性質を簡単に述べよ．

10・19 p-ブロック元素の最も軽いものの物理的および化学的性質は，より重い元素とは異なることが多い．つぎのことがらを比較して類似点と相違点とを論ぜよ．
(a) (i) ホウ素とアルミニウムおよび，(ii) 炭素とケイ素，について構造と電気的性質
(b) 炭素およびケイ素の酸化物の物理的性質と構造
(c) 炭素およびケイ素の四ハロゲン化物のLewis酸塩基特性
(d) ホウ素およびアルミニウムのハロゲン化物の構造

10・20 K_2CO_3 と HCl(aq) との反応および Na_4SiO_4 と酸水溶液との反応に対する化学方程式を書け．

10・21 ヒスイ輝石中の $[SiO_3]_n^{2n-}$ およびカオリナイト中のシリカ-アルミナ骨格の一般的性質を述べよ．

10・22 (a) 1個の方ソーダ石ケージの骨格中にある橋かけO原子の数を決定せよ．
(b) 図10・30中のA型ゼオライト構造の中心にある α ケージ多面体について述べよ．

10・23 葉ロウ石と白雲母とは密接な関係にあるアルミノケイ酸塩である．両物質の物理的性質を述べ，それらの性質がアルミノケイ酸塩の組成や構造からどのようにして生じるかを説明せよ．

演習問題

10・1 ^{11}B NMRは，ホウ素化合物の構造を推定するのにきわめてよい分光学的な手段である．^{11}B−^{11}Bスピン-スピン結合（カップリング）がないような条件下では，付加しているH原子の数を共鳴線の多重度から決めることができる．BHは二重線，BH_2は三重線，BH_3は四重線を与える．また，nido-およびarachno-クラスターの閉じた側面にあるB原子は開いた面にあるものよりも遮へいされているのが普通である．B−BまたはB−H−Bスピン-スピン結合がないと仮定して，(a) BH_3CO，(b) $[B_{12}H_{12}]^{2-}$，(c) B_4H_{10} の ^{11}B NMRスペクトルの一般的な形を予測せよ．

10・2 13族の化学に関するつぎの記述中の誤りを指摘して訂正せよ．訂正に際して使った原理や化学的一般則をも示せ．
(a) 13族中の元素はすべて非金属である．
(b) 族の下の方の元素ほど化学的な硬さが増加することは，元素が重くなるにつれて親酸素性および親フッ素性が大きくなることに表れている．
(c) BX_3 のLewis酸性度は，XがFからBrへ行くにつれ増大するが，これはBr-B π結合がより強くなることで説明できる．
(d) arachno-水素化ホウ素の骨格電子数は $2(n+3)$ で，nido-水素化ホウ素よりも安定である．
(e) 一系列のnido-水素化ホウ素は，大きいものほど酸性度が強い．
(f) 層状窒化ホウ素は構造的にグラファイトに似ていて，HOMOとLUMOとの間のエネルギー間隔が小さいので電気の良導体である．

10・3 14族の化学に関するつぎの記述中に不正確な点があればすべて訂正せよ．
(a) この族中の元素はどれも金属ではない．

(b) きわめて高い圧力の下における炭素の熱力学的安定相はダイヤモンドである．
(c) CO_2 および CS_2 はともに弱い Lewis 酸で，その硬さは CO_2 から CS_2 へと増加する．
(d) ゼオライトはアルミノケイ酸塩だけからできている層状物質である．
(e) 炭化カルシウムが水と反応するとアセチレンができるが，この生成物は炭化カルシウム中にきわめて塩基性の C_2^{2-} イオンがあることを反映している．

10・4 アセチルコリン $[(CH_3)_3N(CH_2)_2OC(O)CH_3]^+$ は重要な神経伝達物質で，中性のホウ素類似体 $(CH_3)_2(BH_3)N(CH_2)_2OC(O)CH_3$ の生理学的性質は興味深い〔B. F. Spielvogel, F. U. Ahmed, A. T. McPhail, *Inorg. Chem.*, **25**, 4395 (1986)〕．$[(CH_3)_2HN(CH_2)_2OC(O)CH_3]^+$ と，適当に選んだその他の試薬から出発してこの類似体を合成する方法を考案せよ．

10・5 水素を工業的に製造する過程ではつぎの二つの反応が使われている．$H_2O(g)$ を CO で還元して CO_2 と H_2 とにする反応で，通常"水性ガスシフト反応"とよばれているものと，これに似た反応でメタンで水を還元するものとである．いずれの場合でも反応物および生成物は気相中に存在し，触媒の存在下，高温で反応が進行する．
(a) 信頼できる熱力学データ[26]を用いて，それぞれの反応について $\Delta_r G^\circ$ および $\Delta_r S^\circ$ を決定せよ．ただし，H_2 の化学量論係数が 1 になるように反応方程式を書くものとし，また気相物質の圧力は 100 kPa とする．
(b) これらの反応は上記の条件下で熱力学的に有利な反応か．
(c) これらの反応のそれぞれはつぎの条件下で熱力学的により有利になるか，または不利になるかを定性的な考察ならびに熱力学データから決定せよ．
(i) 温度を高くする　　(ii) 全圧を高くする

10・6 適当な拡張 Hückel 分子軌道プログラム[27]を用いて $closo$-$(B_6H_6)^{2-}$ に対する波動関数およびエネルギー準位を計算せよ．その結果から，BB 結合に主として関与する軌道に対する分子軌道エネルギー図を描き，軌道の形をスケッチせよ．このアニオンについて §10・3 で述べたことと，これらの軌道とを定性的に比べてみよ．拡張 Hückel 波動関数において BH 結合と BB 結合とはきれいに分離しているか．

10・7 層状ケイ酸塩化合物 $CaAl_2Si_2O_8$ 中には，Si および Al がいずれも四配位状態になっているアルミノケイ酸塩の二重層がある．SiO_4 および AlO_4 単位間では頂点だけが共有されるようにして，この二重層に考えられる構造（斜めからみた）をスケッチせよ．Ca^{2+} が占めていると思われる部位をシリカ-アルミナ二重層と関連づけて論ぜよ．

---

[26] D. D. Wagman, *et al.*, 'The NBS Tables of thermodynamic properties,' *J. Phys. Chem. Ref. Data*, **11**, Supplement 2 (1982).
[27] 適当なプログラムにはつぎのものがある．"Quantum Chemistry Program Exchange," Chemistry Dept., Indiana University, Bloomington, IN からの QCMP001; C. Meali, D. M. Proserpio, *J. Chem. Educ.*, **67**, 3399 (1990) による CACAO; J. A. Bertrand, M. R. Johnson, "School of Chemistry," Georgia Institute of Technology, Atlanta, GA による PLOT3D.

参考資料 1

命 名 法

　ここでは，IUPACの勧告に従って無機化合物に名称をつけるための規則を手短に例をあげて紹介しよう[*1]．本書中の化合物名は，ちょっとした例外もあるが，この規則に従っている．詳細な立体化学記号および以下の規則と違った命名の仕方については，IUPACの正式な命名法の本（通称 "Red Book"），"Nomenclature of inorganic chemistry, Recommendations 1990," ed. by G. J. Leigh, Blackwell Scientific Publications, Oxford (1990)；CRC Press, Boca Raton (1990)[*2]〔邦訳 山崎一雄訳著，"無機化学命名法 —— IUPAC 1990年勧告，"東京化学同人 (1993)〕にゆずる．また，B. P. Block, W. H. Powell, W. C. Fernelius, "Inorganic chemical nomenclature: Principles and practice," American Chemical Society, Washington DC (1990) も役に立つ[*3]．以下，まず規則を紹介し，例を〔　〕内に示す．

化 学 式
1・1　簡単なイオン性化合物
　イオン性化合物では，カチオン（電気的陽性成分）を先に，アニオン（電気的陰性成分）を後に書く〔KCl, Na_2S〕．カチオン，アニオンがそれぞれ二つ以上あるときは，まずカチオンを記号のABC順に並べ[*4]，つぎにアニオンを同じくABC順に並べる〔$KMgClF_2$〕．ただし，水素イオンは例外で，カチオンの最後におく〔$RbHF_2$〕．

1・2　多原子イオンおよび多原子分子中の原子の順序
　多くの化合物では，さまざまな式の書き方ができる．表F1・1から表F1・4までに酸，簡単な塩および配位化合物についてそれぞれ認められている式の例をあげる．中心原子のある中性分子や多原子イオンでは，一般に，中心原子の記号を先に書き，中心原子に結合している原子・原子団をABC順に続ける〔SO_4^{2-}, $NClH_2$, PCl_3O, SO_3, CF_3〕．最後の例にあげたCF_3は，原子団として中心原子に結合することがある．この場合に全体の化学式中のCF_3の順番はCの文字で決まる．このやり方は配位化合物の式の書き方と同じであ

[*1]　訳注: 読者の便宜を考え，日本語の命名法に関する記述などを訳注とせず本文中に書き加えた．なお，翻訳に当たって生じた多くの疑問について山崎一雄氏から直接御教示を受けたことを記して感謝に代える．
[*2]　訳注: 英語版は，1991年，1992年に訂正増刷された．
[*3]　訳注: つぎの本も参考になる．G. J. Leigh, H. A. Favre, W. V. Metanomski, "Principles of chemical nomenclature —— A guide to IUPAC Recommendations," ed. by G. J. Leigh, Blackwell Science, Ltd., Oxford (1998).
[*4]　訳注: NH_4は一つの記号のように扱い，Neのつぎになる．

るが，ときには——特に鎖状化学種の場合——実際に結合している順序にする〔SCN^-, OCN^-, CNO^-〕.

1・3 配位化合物（錯体）

配位子-金属はひとつながりに，まず中心金属を書き，つぎにイオン性配位子（化学式の先頭記号の ABC 順）つぎに中性配位子（化学式の先頭記号の ABC 順）を並べる．配位子の式の代わりに略号を使ってもよい（たとえば，$H_2NC_2H_4NH_2$ を en で表す）[*1]．配位子の略号の例を裏見返しの表に示す．金属-配位子のかたまり——配位体（coordination entity）すなわち本書でいう錯体〔IUPAC は，錯体（complex）という用語を好まない[*2]〕は，電荷の有無によらず，角括弧 [ ] で囲む〔[$CoCl_3(NH_3)_3$]〕．電荷をもつ錯体から成る化合物のときにも，カチオンがアニオンに先行する〔K_2[$Ni(CN)_4$], [$CoCl_2(NH_3)_4$]Cl〕．

配位子の幾何学的配列を表す記号（*cis-*, *trans-*, *mer-*, *fac-* など）は接頭辞として付けることができる〔*cis*-[$CoCl_2(NH_3)_4$]$^+$〕立体化学記号とその例については，§ 7・2 に述べたが，さらに詳しい立体化学記号は Red Book にある．

名　称
1・4 同種原子から成る化学種
鎖式化合物を示すには接頭辞 *catena-*，環式化合物を示すには接頭辞 *cyclo-* を用いる（表 F1・1）[*3].

1・5 異種原子から成る化学種
(a) 酸

IUPAC 勧告では，よく知られた酸に限って伝統名を用い，その他の酸では体系名を使うようになっている（表 F1・2）．表 F1・2 では，伝統名が広く慣用されていると思われるものに † 印を付けておいた．注意すべきことは，ハロゲン化水素（hydrogen halide）とハロゲン酸（hydrohalic acid）との一般に受け入れられている使い分けである．たとえば，気体の HCl あるいは炭化水素溶媒中の分子状の HCl は，塩化水素（hydrogen chloride）とよぶべきであって，塩酸（hydrochloric acid）とはよばない．塩酸は，HCl の水溶液に限って用いる名称である．

オキソ酸の伝統名と IUPAC の水素命名法[a]および酸命名法[b]に従った体系名とを表 F1・2 に示す．酸の中性分子の場合には，英語名の hydrogen は独立した一語として空白で区切る〔dihydrogen trioxocarbonate〕が，オキソ酸のアニオンに付いている解離可能な H は区切らずに酸のアニオン名と一緒にして一語とする〔HCO_3^-, hydrogencarbonate

---

[*1] 訳注：略号は（en）のように括弧に入れる．略号を用いても式中の並び順は化学式の先頭記号（この例では，en でなく $C_2H_8N_2$）の ABC 順である．

[*2] 訳注：日本語の "錯体"，"錯化合物" は，"配位化合物" の同義語として使われる．"錯塩" は，電解質錯体を指す．

[*3] 訳注：構造に関する接頭辞は，イタリック体（日本語でも字訳せず）とし，ハイフンでつなぐ．

[a] hydrogen nomenclature　　[b] acid nomenclature

参 考 資 料

表 F1・1　鎖式および環式化合物の体系名と伝統名の例

化学式	体系名	伝統名(慣用名)
O_2	二酸素　dioxygen	酸素　oxygen
O_3	catena-三酸素　catena-trioxygen*	オゾン　ozone
S_8	cyclo-八硫黄　cyclo-octasulfur	硫黄　sulfur
P_4	四リン　tetraphosphorus	白リン(黄リン)　white phosphorus
Hg_2^{2+}	二水銀(2+)イオン　dimercury(2+) ion	(第一水銀イオン　mercurous ion は使わない)
O_2^{2-}	二酸化物(2-)イオン　dioxide(2-) ion	過酸化物イオン　peroxide ion
O_2^-	二酸化物(1-)イオン　dioxide(1-) ion	超酸化物イオン　superoxide ion
C_2^{2-}	二炭化物(2-)イオン　dicarbide(2-) ion	アセチレン化物イオン†　acetylide ion†
N_3^-	三窒化物(1-)イオン　trinitride(1-) ion	アジ化物イオン　azide ion
I_3^-	三ヨウ化物(1-)イオン　triiodide(1-) ion	三ヨウ化物イオン　triiodide ion

† この慣用名は HC_2^- イオンにも使われるので混乱を招く.
* 訳注: 普通は接頭辞 catena- を省略する.

ion] ことに注意せよ.

(b) 塩

塩の名称のつけ方の原則は，表 F1・3 にあげた簡単な塩の例から明らかであろう．日本語ではアニオン，英語ではカチオンが先になる．カチオンが2種以上あるときは，日本語では化学式中でアニオンに近いもの(後のもの)から，英語では名称の ABC 順(このとき，di, tri などの数を表す接頭辞は無視する)に並べる．アニオンについては，日本語では化学式中でカチオンに近いもの(前のもの)から順に，英語では，カチオンの場合と同じく，名称の ABC 順に並べる．

(c) 単核錯体

配位子の名称を ABC 順に並べ，最後に中心金属原子の名前が来る．化学式のときと違い，イオン性配位子も中性配位子も区別せず，名称の ABC 順である．2個以上の簡単な配位子のときは，その数を接頭辞 (di, tri, tetra, penta, hexa など) で示すが，ethylenediamine のように配位子名自身が数接頭辞を含んでいるときには，倍数を表す接頭辞 bis, tris, tetrakis, pentakis, hexakis などを用いる*．日本語では英語名を字訳する [$Co(NH_3)_6$]$^{3+}$, hexaamminecobalt(Ⅲ) ion ヘキサアンミンコバルト(Ⅲ)イオン; [$Co(en)_3$]$^{3+}$, tris(ethylenediamine)cobalt(Ⅲ) ion トリス(エチレンジアミン)コバルト(Ⅲ)イオン].　倍数を表す接頭辞を使うときは，該当する配位子名を必ず (　) で囲う

* 訳注: 配位子の名前が複雑な場合にも bis, tris, … を使う．

表 F1・2　オキソ酸の体系名と伝統名[*1]

化学式	伝統名	水素命名法	酸命名法
H_3BO_3	ホウ酸[†] boric acid[†]	トリオキソホウ酸三水素 trihydrogen trioxoborate	トリオキソホウ酸 trioxoboric acid
H_4SiO_4	オルトケイ酸 orthosilicic acid	テトラオキソケイ酸四水素 tetrahydrogen tetraoxosilicate	テトラオキソケイ酸 tetraoxosilicic acid
H_2CO_3	炭　酸[†] carbonic acid[†]	トリオキソ炭酸二水素 dihydrogen trioxocarbonate	トリオキソ炭酸 trioxocarbonic acid
HNO_3	硝　酸[†] nitric acid[†]	トリオキソ硝酸(1−)水素 hydrogen trioxonitrate(1−)	トリオキソ硝酸 trioxonitric acid
HNO_2	亜硝酸[†] nitrous acid[†]	ジオキソ硝酸(1−)水素 hydrogen dioxonitrate(1−)	ジオキソ硝酸 dioxonitric acid
HPH_2O_2	ホスフィン酸 phosphinic acid	ジヒドリドジオキソリン酸(1−)水素 hydrogen dihydrido-dioxophosphate(1−)	ジヒドリドジオキソリン酸 dihydridodioxophosphoric acid
H_3PO_3	亜リン酸[†] phosphorous acid[†]	トリオキソリン酸(3−)三水素 trihydrogen trioxophosphate(3−)	トリオキソリン酸(3−)[*2] trioxophosphoric(3−) acid[*2]
H_2PHO_3	ホスホン酸 phosphonic acid	ヒドリドトリオキソリン酸(2−)二水素 dihydrogen hydridotrioxophosphate(2−)	ヒドリドトリオキソリン酸(2−) hydridotrioxophosphoric(2−) acid
H_3PO_4	リン酸[†] phosphoric acid[†] オルトリン酸 orthophosphoric acid	テトラオキソリン酸(3−)三水素 trihydrogen tetraoxophosphate(3−)	テトラオキソリン酸 tetraoxophosphoric acid
$H_4P_2O_7$	二リン酸 diphosphoric acid	μ-オキソ-ヘキサオキソ二リン酸四水素 tetrahydrogen μ-oxo-hexaoxodiphosphate	μ-オキソ-ヘキサオキソ二リン酸 μ-oxo-hexaoxodiphosphoric acid
$(HPO_3)_n$	メタリン酸 metaphosphoric acid	ポリ[トリオキソリン酸(1−)水素] poly[hydrogen trioxophosphate(1−)]	ポリトリオキソリン酸 polytrioxophosphoric acid
H_3AsO_4	ヒ酸[†] arsenic acid[†]	テトラオキソヒ酸三水素 trihydrogen tetraoxoarsenate	テトラオキソヒ酸 tetraoxoarsenic acid
H_3AsO_3	亜ヒ酸[†] arsenous acid[†]	トリオキソヒ酸(3−)三水素 trihydrogen trioxoarsenate(3−)	トリオキソヒ酸 trioxoarsenic acid
H_2SO_4	硫　酸[†] sulfuric acid[†]	テトラオキソ硫酸二水素 dihydrogen tetraoxosulfate	テトラオキソ硫酸 tetraoxosulfuric acid

(つづく)

表 F1・2 （つづき）

化学式	伝統名	水素命名法	酸命名法
$H_2S_2O_3$	チオ硫酸[†] thiosulfuric acid[†]	トリオキソチオ硫酸二水素 dihydrogen trioxothiosulfate	トリオキソチオ硫酸 trioxothiosulfuric acid
$H_2S_2O_6$	ジチオン酸 dithionic acid	ヘキサオキソ二硫酸$(S-S)$二水素 dihydrogen hexaoxodisulfate$(S-S)$	ヘキサオキソ二硫酸 hexaoxodisulfuric acid
$H_2S_2O_4$	亜ジチオン酸 dithionous acid	テトラオキソ二硫酸$(S-S)$二水素 dihydrogen tetraoxodisulfate$(S-S)$	テトラオキソ二硫酸 tetraoxodisulfuric acid
H_2SO_3	亜硫酸[†] sulfurous acid[†]	トリオキソ硫酸二水素 dihydrogen trioxosulfate	トリオキソ硫酸 trioxosulfuric acid
H_2CrO_4	クロム酸[†] chromic acid[†]	*3	テトラオキソクロム酸 tetraoxochromic acid
$H_2Cr_2O_7$	二クロム酸[†] dichromic acid[†]	*3	μ-オキソ-ヘキサオキソ二クロム酸 μ-oxo-hexaoxodichromic acid
$HClO_4$	過塩素酸[†] perchloric acid[†]	テトラオキソ塩素酸水素 hydrogen tetraoxochlorate	テトラオキソ塩素酸 tetraoxochloric acid
$HClO_3$	塩素酸[†] chloric acid[†]	トリオキソ塩素酸水素 hydrogen trioxochlorate	トリオキソ塩素酸 trioxochloric acid
$HClO_2$	亜塩素酸[†] chlorous acid[†]	ジオキソ塩素酸水素 hydrogen dioxochlorate	ジオキソ塩素酸 dioxochloric acid
$HClO$	次亜塩素酸[†] hypochlorous acid[†]	モノオキソ塩素酸水素 hydrogen monooxochlorate	モノオキソ塩素酸 monooxochloric acid
HIO_4	過ヨウ素酸[†] periodic acid[†]	テトラオキソヨウ素酸水素 hydrogen tetraoxoiodate	テトラオキソヨウ素酸 tetraoxoiodic acid
HIO_3	ヨウ素酸[†] iodic acid[†]	トリオキソヨウ素酸水素 hydrogen trioxoiodate	トリオキソヨウ素酸 trioxoiodic acid
H_5IO_6	オルト過ヨウ素酸 orthoperiodic acid	ヘキサオキソヨウ素酸$(5-)$五水素 pentahydrogen hexaoxoiodate$(5-)$	ヘキサオキソヨウ素酸$(5-)$ hexaoxoiodic$(5-)$ acid
$HMnO_4$	過マンガン酸[†] permanganic acid[†]	*3	テトラオキソマンガン酸$(1-)$ tetraoxomanganic $(1-)$ acid
H_2MnO_4	マンガン酸 manganic acid	*3	テトラオキソマンガン酸$(2-)$ tetraoxomanganic $(2-)$ acid

[†] 伝統名が広く使われているもの．
*1 訳注：本表中のもののほか7種を加えた36種のオキソ酸に限り伝統名が認められている．酸命名法はこれらのオキソ酸に限って使える．
*2 訳注："Nomenclature of inorganic chemistry: Recommendations 1990" および同邦訳記載の名称は誤り．
*3 訳注：配位化合物として，たとえば，ジヒドロキソジオキソクロム(Ⅵ)のように命名する．

表 F1・3 塩の名称の例

化学式	名　称
$KMgF_3$	フッ化マグネシウムカリウム　magnesium potassium fluoride
$NaTl(NO_3)_2$	硝酸タリウム(I)ナトリウム　sodium thallium(I) nitrate 二硝酸タリウムナトリウム　sodium thallium dinitrate
$MgNH_4PO_4 \cdot 6\,H_2O$	リン酸アンモニウムマグネシウム－水(1/6) 　ammonium magnesium phosphate－water(1/6)
$NaHCO_3$	炭酸水素ナトリウム　sodium hydrogencarbonate
LiH_2PO_4	リン酸二水素リチウム　lithium dihydrogenphosphate
$CsHSO_4$	硫酸水素セシウム　caesium hydrogensulfate テトラオキソ硫(VI)酸水素セシウム 　caesium hydrogentetraoxosulfate(VI) テトラオキソ硫酸水素(1－)セシウム 　caesium hydrogentetraoxosulfate(1－)
$NaCl \cdot NaF \cdot 2\,Na_2SO_4$	塩化ナトリウム－フッ化ナトリウム－硫酸ナトリウム(1/1/2) 　sodium chloride－sodium fluoride－sodium sulfate(1/1/2)
$Na_6ClF(SO_4)_2$	塩化フッ化ビス(硫酸)六ナトリウム 　hexasodium chloride fluoride bis(sulfate)
$Ca_5F(PO_4)_3$	フッ化トリス(リン酸)五カルシウム 　pentacalcium fluoride tris(phosphate)

表 F1・4 配位化合物の体系名の例

化学式	名　称
$K_4[Fe(CN)_6]$	ヘキサシアノ鉄(II)酸カリウム 　potassium hexacyanoferrate(II)† ヘキサシアノ鉄酸(4－)カリウム 　potassium hexacyanoferrate(4－) ヘキサシアノ鉄酸四カリウム 　tetrapotassium hexacyanoferrate
$[Pt(Cl)_2(C_3H_5N)(NH_3)]$	アンミンジクロロ(ピリジン)白金(II)* 　amminedichloro(pyridine)platinum(II)*

† 本書中ではこの名称を用いた.
* 訳注: 有機化合物の配位子名は, 置換基の有無に関係なく, 括弧で囲う.
　ただし, メチル, フェニルなど普通の炭化水素基名は括弧なしでよい.

ことに注意せよ.

　原子の酸化数は, その元素名に続けて( )内にローマ数字で示す*. 錯イオンの電荷数を用いて金属原子の酸化数を間接的に示すこともできる. このときは, 錯イオンの電荷数を符号付きのアラビア数字で( )内に書き, イオンの名称に続ける. さらに第三の方法としては, 相手イオンの数を示してもよい(表F1・4参照). 錯イオンがアニオンのときは, 日本語では錯イオンの名称の最後に"酸"をつける. 英語では, 語尾を-ateにする.

---

　* 訳注: 酸化数が負のときは, ローマ数字の前に－を付ける. 正のときは何も付けない.
　酸化数が0のときはアラビア数字の0を用いる.

参 考 資 料

表 F1・5 配位子名の例[*1]

化学式	別　名	体系名[*2]
CN^-		シアノ　cyano
H^-		ヒドリド　hydrido
$CH_3CO_2^-$	（アセタト）　（acetato）	（エタノアト）　（ethanoato）
$(CH_3)_2N^-$	（ジメチルアミド） （dimethylamido）	（N-メチルメタンアミナト） （N-methylmethanaminato）
O^{2-}	オキソ　oxo	オキシド　oxido
$(O_2)^{2-}$	ペルオキソ　peroxo	［ジオキシド (2−)］　［dioxido (2−)］
NH_3	アンミン　ammine	（アザン）　（azane）
$NH_2C_2H_4NH_2$	（エチレンジアミン） （ethylenediamine）	（1,2-エタンジアミン） （1,2-ethanediamine）

*1 訳注：名称の括弧は錯体名に入れるときに必要である．
*2 訳注："Nomenclature of inorganic chemistry: Recommendations 1990," および
　　同邦訳により加えた．

このとき語幹が変化する元素がある(-iron → -ferrate, -silver → -argentate, -gold → -aurate)．こういうラテン語名は，元素記号から見当がつく．ただし，Hg の mercurate は例外——おそらく hydragyrate では舌をかみそうだからであろう．

今までにあげた例にもみられるように，アニオン性配位子では，遊離のアニオンの語尾 -e を -o にする．中性およびカチオン性配位子のときは名称が変わらない（H_2O アクア aqua，および NH_3 アンミン ammine は例外）．いくつかの配位子名を表 F1・5 に示す．

cis, trans などの立体化学記号は，錯体の名称の前にイタリック体（手書きのときはアンダーラインを引く）の接頭辞としてハイフンで区切って付ける［*cis*-ジアンミンジクロロ白金(Ⅱ) *cis*-diamminedichloroplatinum(Ⅱ)］．キラリティ記号 Δ および Λ（§ 7・3 参照）もハイフンで区切って付ける［Δ-トリス(エチレンジアミン)コバルト(Ⅲ)イオン Δ-tris(ethylenediamine)cobalt(Ⅲ) ion］．

配位原子がどれかを明確にする必要があるときは，該当する配位子名の後に配位原子の記号をイタリック体にしてハイフンに挟んでつなげる［$[Rh(NO_2)(NH_3)_5]^{2+}$ には 2 種の異性体がある：Rh−O−N−O 結合のある方は，ペンタアンミンニトリト-*O*-ロジウム(Ⅲ)イオン　pentaamminenitrito-*O*-rhodium(Ⅲ) ion であり，Rh−NO_2 結合のある方は，ペンタアンミン-ニトリト-*N*-ロジウム(Ⅲ)イオン　pentaamminenitrito-*N*-rhodium(Ⅲ) ion である[*1]．

(d) 多 核 錯 体

架橋配位子は，μ- をつけて示す[*2]．［[¦$Cr(NH_3)_5$¦$_2(\mu$-OH)]Cl_5，μ-ヒドロキソ-ビス［ペンタアンミンクロム(Ⅲ)］五塩化物　μ-hydroxo-bis[pentaamminechromium(Ⅲ)] pentachloride］．

*1 訳注：ニトロ *nitro* は，ニトリト-*N*　*nitrito-N* と同義語である．
*2 訳注：名称中では架橋配位子の名の後にハイフンを入れる．ただし架橋配位子名が（　）でくくられているときは，ハイフンは不要．

(e) 有機金属化合物

金属錯体の命名法に従う．配位子の多座性[a]——配位子中の配位原子で金属と結合しているものの数——n は，普通 η^n のようにして示す〔ビス(η^5-シクロペンタジエニル)鉄〕．この種の η^n 配位子の例が表 16・1 にあり，第 16 章に多くの例がみられる．

(f) 水素化合物と誘導体

p-ブロック元素の水素化合物の名称は，表 8・2 に示してある（IUPAC は，これらの化合物を相変わらず "水素化物　hydrides" としているが，この名称は多くの場合不適切である）．表 F1・6 には，置換式命名法[b]の基本となる体系名を示す．この命名法は，水素を置換する原子団を示す方法で，通常つぎの元素に限って用いられる：B, C, Si, Ge, Sn, Pb, N, P, As, Sb, Bi, O, S, Se, Te, Po.

表 F1・6　置換式命名法による名称の例

化学式	置換式命名法		その他の名称
	体系名	伝統名	
PH_2CH_3	メチルホスファン methylphosphane	メチルホスフィン methylphosphine	
$B(C_2H_5)_3$	トリエチルボラン triethylborane		ボロントリエチル borontriethyl
$S(C_6H_5)_2$	ジフェニルスルファン diphenylsulfane		硫化ジフェニル diphenyl sulfide
$Sb(C_2H_4)_3$	トリビニルスチバン trivinylstibane	トリビニルスチビン trivinylstibine	

訳者付記

アニオンの日本語名　英語名の語尾が -ide のアニオンの日本語名は —化物である〔carbide　炭化物, cyanide　シアン化物, hydroxide　水酸化物〕（ただし，NH_3^- アミド，NH_2^{2-} イミド，などは例外）．英語名の語尾が -ate のアニオンの日本語名は —酸である〔tetraoxosulfate　テトラオキソ硫酸〕．-ite は亜—酸である〔sulfite　亜硫酸〕．

日本語の倍数接頭辞　英語の di, tri, tetra, … は，元素名またはそれに近い名称の前では一，二，三，四など漢数字になる〔thallium triiodide　三ヨウ化タリウム, tricosachromium hexacarbide　六炭化二十三クロム, dialuminium tricarbonate　三炭酸二アルミニウム, dichromic acid　二クロム酸〕．それ以外のときは字訳して片仮名書きとする．bis, tris, tetrakis などの倍数接頭辞はつねに字訳して片仮名書きとする．

カチオンとアニオンとの順　日本語名では原則としてアニオンが先でカチオンが後であるが，錯カチオンと単純なアニオンとの塩の場合には逆順（英語名と同順）にして，—化物あるいは —酸塩とする〔$[Co(NH_3)_6]Br_3$ ヘキサアンミンコバルト三臭化物, $[Co(NH_3)_6]ClSO_4$ ヘキサアンミンコバルト(3+)塩化物硫酸塩〕．

---

a) hapticity　　b) substitutive nomenclature

参考資料 2

核磁気共鳴

　核磁気共鳴（NMR）は，溶液および純液体中の分子構造を決定する最も強力かつ広く使われている分光学的手法である．NMRは，赤外分光やラマン分光など他の分光学的手法と比べて，分子の形状および対称性に関してより確かな情報を提供することが多いが，X線回折（BOX 2・1）とは異なり，溶液中の分子のNMRによる研究から結合距離や結合角に関して詳しい情報を得ることはできない．NMRは，構造が容易に変わりうる分子における配位子の交換に関する速度とその性質とに関する情報も提供する．

　NMRは，核スピンが0でない磁性原子核を有する元素を含む化合物に対してのみ観測することができる．NMRの感度は，同位体存在量や核磁気モーメントの大きさなどいくつかのパラメーターに依存する．たとえば，天然同位体存在量が99.98％であり，また大きな磁気モーメントをもつ^{1}H核のNMRは，天然同位体存在量がわずか1.1％で，しかも磁気モーメントの小さい^{13}C核より容易に観測することができる．最新の多核NMR技術を用いれば，無機化学において重要と考えられる多くの元素，たとえば^{1}H，^{7}Li，^{11}B，^{13}C，^{15}N，^{19}F，^{23}Na，^{27}Al，^{29}Si，^{31}P，^{195}Pt，^{199}Hgなど約20種の異なった核に対してNMRスペクトルを容易に観測することができる．さらに装置を工夫すれば，これら以外の多くの核を用いても，有用なNMRスペクトルを得ることができる．

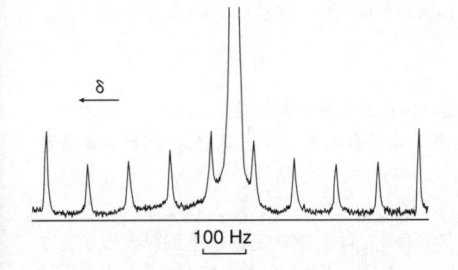

図 F2・1　GeH$_4$の^{1}H NMRスペクトル〔出典: E. A. V. Ebsworth, D. W. H. Rankin, S. Cradock, "Structural methods in inorganic chemistry," Blackwell Scientific, Oxford（1991）〕

スペクトルの測定

　スピンIの核は，印加磁場の方向に対して，ある許された$2I+1$個の方向に配向する．それぞれの配向は異なったエネルギー状態にあり，最低準位を占める核の割合が最も大きい．これら核スピン間の遷移のエネルギーは，ラジオ周波パルスあるいはパルス系列を用いて試料中の核を励起させ，ついで励起された核スピンが（熱）平衡に戻る過程を観察することによって測定することができる．フーリエ変換によるデータ処理の後，そのデータは一つの吸収スペクトル（図F2・1）として表される．ここで観測されるピークの周波数は，異なる核エネルギー準位間の遷移エネルギーに対応している．

化学シフト

NMR遷移が起こる周波数は，核が感じる局所磁場に依存する．NMRの信号の位置は**化学シフト**[a] δ として表される．化学シフトは試料中の核の共鳴周波数 ν_{sample} と基準物質の共鳴周波数 ν_{ref} との差の百万分率として定義される．

$$\delta = \frac{\nu_{sample} - \nu_{ref}}{\nu_{ref}} \times 10^6$$

^{1}H, ^{13}C あるいは ^{29}Si NMR スペクトルなどでよく使われる基準物質はテトラメチルシラン[b] (TMS) Si(CH$_3$)$_4$ である．ある NMR 信号に対する δ が負であるとき，関与している核は基準物質中の核に比べて**遮へいされている**[c]と言われる．逆に，正の δ 値は基準物質中の核に比べて**脱遮へいされた**[d]核に対応している．閉殻で低酸化状態の，6族から10族までのd-ブロック元素に結合している水素〔たとえば HCo(CO)$_4$〕は，概して強く遮へいされていることが知られており，一方 H$_2$SO$_4$ のようなオキソ酸水素核は基準に比べて脱遮へいされている（どちらの場合においても TMS を基準として）．これらの例からみると，核の周りの電子密度が高ければ高いほど，その遮へいも大きくなると考えてもよさそうに思われる．しかしながら，いくつかの因子が遮へいに寄与するので，電子密度から単純に化学シフトを物理的に解釈することは一般にはできない．

いろいろな化学的環境下にある ^{1}H 核および他の核の化学シフトは表にまとめられている．したがって化合物を同定したり，共鳴する核が結合している元素を同定するために，経験的な関係がよく使われる．たとえば，CH$_4$ では H 原子核の環境がテトラメチルシランの H 原子核の環境と似ているので，^{1}H の化学シフトはわずか 0.1 にすぎないが，GeH$_4$ の Ge に結合している ^{1}H の化学シフトは $\delta = 3.1$ である．同じ元素でも一つの分子の中で等価の位置になければ化学シフトは異なる．たとえば，ClF$_3$ のエクアトリアル位の ^{19}F 核の化学シフトは，アキシアル位の F 核の化学シフトから 120 だけ離れている（図 F2・2）．

スピン-スピン結合（カップリング）

NMR スペクトルには核の**スピン-スピン結合**[e]のために多重線が生じるが，この観測がしばしば構造の帰属の手助けとなる．スピン-スピン結合の強さは，**スピン-スピン結合定数**[f] J（単位は通常 Hz）で表されるが，核と核とを隔てている結合の本数が増えると急速に減少し，多くの場合，二つの原子が直接互いに結合しているとき最大となる．ここで考えているような単純な，いわゆる**一次元スペクトル**[g]では，結合定数は多重線の隣り合う線の分裂幅に等しい．図 F2・1 からわかるように，$J(^1\text{H}-^{73}\text{Ge})$ は約 100 Hz である．化学シフトは多重線の中心位置で測定される．

複数の核が対称操作によって互いに等価な配置として関連づけられるときは，多重線に寄与する許容遷移のすべてが同じ周波数で起こる．たとえば，H$_3$Cl 分子では単一の ^{1}H NMR シグナルが観測される．なぜならば，三つの水素原子核は 3 回回転軸によって互いに等価の関係にあるからである．同様に，GeH$_4$ の ^{1}H NMR スペクトルでは，単一の中心

---

a) chemical shift b) tetramethylsilane c) shielded d) deshielded
e) spin-spin coupling f) spin-spin coupling constant g) first-order spectra

スペクトル線は，核スピン0のGe同位体を含むGeH₄分子の四つの等価なH原子に由来している．この強い中心線の両側には，核スピン$I=\frac{9}{2}$の^{73}Geを含む少量のGeH₄分子に由来する弱い10本の等間隔のスペクトル線が観測される．スピン-スピン結合の性質により，スピン$\frac{1}{2}$核のNMRスペクトルは，その核が（あるいは対称操作に対して等価な1組のスピン$\frac{1}{2}$の核が）スピンIの核と結合しているとき，$2I+1$本の多重線をもたらす．ここで議論しているGeH₄分子の場合は，^{1}H核は^{73}Ge核と結合して$2\times(\frac{9}{2})+1=10$本の多重線を与える．

異なる元素間の核スピンの結合は，**異核結合**[a]とよばれる．上で議論したGeとHとの間の結合はその一例である．同じ元素の核同士の**等核結合**[b]は，ClF₃の^{19}F NMRスペクトル（図F2・2）でみられるように，その核が分子の対称操作に対して互いに等価でないときに検出することができる．2個のアキシアル位のF核によるシグナルは，1個のエクアトリアル位のF核によって二重線に分裂し，一方，エクアトリアル位のF核によるシグナルは2個のアキシアル位のF核によって三重線に分裂する．このような^{19}F共鳴のパターンから，ClF₃は非対称的構造であることが容易にわかる．もしClF₃が平面三角形か三方両錐形であったら，F核は等価だから^{19}F共鳴線は1本しか現れないはずだからである．

結合定数の大きさは，経験的な傾向に注目すると，分子の幾何学的な形と関連づけられることが多い．平面四角形Pt^{II}錯体において，スピン-スピン結合定数$J(Pt-P)$はホスファン配位子に対してトランス位の基に敏感であり，$J(Pt-P)$の値はトランス位の配位子に対してつぎの順に増加する．

$$PR_3 < H^- < R^- < NH_3 < Br^- \leq Cl^-$$

たとえば，Pに対してトランス位のCl⁻基をもつcis-[PtCl₂(PEt₃)₂]では$J(Pt-P)=3.5$ kHzであるのに対して，二つのPを含む基が互いにトランス位を占める$trans$-[PtCl₂(PEt₃)₂]では$J(Pt-P)=2.4$ kHzとなる．このような系統立った分類により，シスおよびトランスの異性体をきわめて容易に区別することができる．

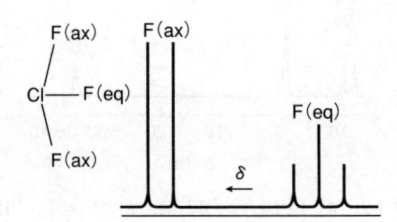

図 F2・2 ClF₃の^{19}F NMRスペクトル〔出典：R. S. Drago, "Physical methods in chemistry," Saunders, Philadelphia (1977)〕

強度

簡単なNMRスペクトルの解析において，NMRの共鳴線の強度の二つの特徴が役に立つ．第一は多重線における強度のパターンである．第二は，磁気的に非等価な核の信号に

---

a) heteronuclear coupling b) homonuclear coupling

対する相対的な積分強度である．

スピン$\frac{1}{2}$の核との結合によって生じる多重線に対する一般的な法則は，"スペクトル線の強度比がPascalの三角形によって与えられる"ということである（**1**）．

1

強度比	結合するスピン$\frac{1}{2}$の核の数
1	0
1　1	1
1　2　1	2
1　3　3　1	3
1　4　6　4　1	4

スピンモーメントが$\frac{1}{2}$より大きい核との結合によって生じる分裂パターンは，これと異なっている．たとえば，HD分子の^{1}H NMRは^{2}H核（$I=1$，すなわち$2I+1=3$）との結合の結果として三重線（ただし，成分の強度は互いに等しい）となる（図F2・3）．

対称操作に対して等価な1組の核に由来する信号の積分強度は，その組の中の核の数に比例する．一例として，二重線と三重線との相対的な積分強度比が2：1であるClF_3のNMRスペクトル（図F2・2）に立ち戻ってみよう．この強度パターンは対称操作に対して等価な二つのF核と磁気的に非等価な一つのF核とが存在していることを示しており，分子の構造および分裂パターンと一致している．

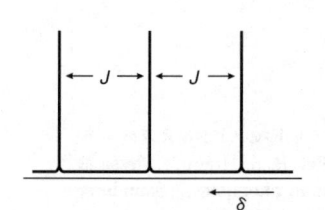

図 F2・3 HDの模式的^{1}H NMRスペクトル

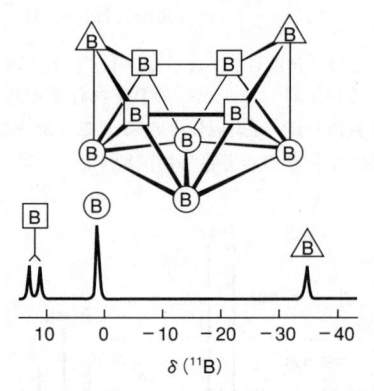

図 F2・4 $B_{10}H_{14}$の^{11}B NMRスペクトル．^{11}B–^{1}H結合は取除かれており，B–B結合は観測されていない．最強ピークは4個の等価なB核に帰属され，残りのピークはB核のうち3個の等価な組のそれぞれに帰属される．

場合によっては，特殊な電子技術を使ってスピン-スピン結合を取除くことが有利になることがある．図F2・4は，溶液中の$B_{10}H_{14}$の^{11}B NMRスペクトルを示している．この^{11}B NMRスペクトルは，プロトンとのスピン結合が取除かれるような条件下で測定されて

いる．対称操作に対して等価なB核のそれぞれの組は，そこに含まれるB原子の数におおよそ比例した強度のNMR信号を生じさせる．

固体 NMR

最近の装置面の進歩は，固体の高分解能NMRの観測を可能なものとした．これらの高分解能技術の一つが，CPMAS-NMRと称されるものである．これは磁場の軸に対していわゆる"マジック角"で試料を高速回転する技術で，マジック角回転[a] (MAS) と交差分極[b] (CP) との組合わせである．^{13}C, ^{31}P, ^{29}Si および他の多くの核を含む化合物の固体NMRがこの技術を用いて研究されている．その一例が，天然および人工合成アルミノケイ酸塩におけるSi原子の位置の決定を目的とした^{29}Si MAS-NMRの利用である．固体NMRは固体状態での分子化合物を研究するためにも用いられる．たとえば，$-160℃$での$[Fe_2(C_8H_8)(CO)_5]$分子の^{13}C CPMASスペクトル（図F2・5）は，NMRの時間スケールではC_8環に含まれるすべてのC原子が等価であることを示している．この測定結果に対する解釈は，この分子の構造が固体状態で流動的であるということである．

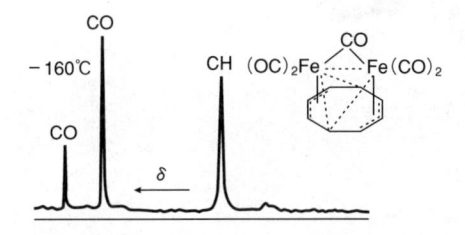

図 F2・5　固体の$[Fe_2(C_8H_8)(CO)_5]$の^{13}C-CPMASスペクトル〔出典：C. A. Fyfe, "Solid state NMR for chemists," CFC Press, Guelph, Ontario (1983)〕

参 考 書

最初の三つの書物は無機化学的な視点でのNMRに関する入門的な章を含んでいる．

- E. A. V. Ebsworth, D. W. H. Rankin, S. Cradock, "Structural methods in inorganic chemistry," Chapter 2, Blackwell Scientific, Oxford (1991).
- R. S. Drago, "Physical methods for chemists," Chapter 7, Harcourt Brace Javanovich, Philadelphia (1992).
- R. V. Parish, "NMR, NQR, EPR, and Mössbauer spectroscopy in inorganic chemistry," Ellis Horwood, Chichester (1990).
- J. K. M. Sanders, B. K. Hunter, "Modern NMR spectroscopy: A guide for chemists, 2nd Ed.," Oxford University Press (1993). この本は現代のNMR技術のいくつかに対するよい入門書である．
- C. A. Fyfe, "Solid state NMR for chemists," CFC Press, Guelph, Ontario (1983).

---

a) magic angle spinning　　b) cross polarization

参考資料 3

群　論

　指標表の出発点は，対称操作によってどういうことが起こるかを行列によって表すことである．一例として，C_{2v} 対称分子 SO_2 の各原子上の p_x 軌道を考えよう．これらの軌道を p_S，p_A および p_B で表すことにする（**1**）．

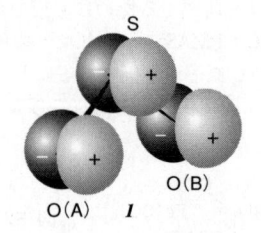

1

　鏡映操作 $\sigma_v(xz)$ によって，各軌道はつぎのように変わる．

$$(p_S, p_A, p_B) \rightarrow (p_S, p_B, p_A)$$

この変換は，行列の掛け算を用いて表すことができる．

$$(p_S, p_A, p_B)\begin{pmatrix} 1 & 0 & 0 \\ 0 & 0 & 1 \\ 0 & 1 & 0 \end{pmatrix} = (p_S, p_B, p_A)$$

この関係をもっと簡潔に表すには*，

$$(p_S, p_A, p_B)\boldsymbol{D}(\sigma_v) = (p_S, p_B, p_A) \quad \text{ここで} \quad \boldsymbol{D}(\sigma_v) = \begin{pmatrix} 1 & 0 & 0 \\ 0 & 0 & 1 \\ 0 & 1 & 0 \end{pmatrix}$$

とすればよい．この行列 $\boldsymbol{D}(\sigma_v)$ は，操作 σ_v の**表示**[a]とよばれる．表示行列の形は，採用した基底[b]（軌道の組，この例では p_S，p_A，p_B）に応じて異なる．

　ほかの対称操作を表す行列も同じやり方で見つけることができる．たとえば，対称操作 C_2 の結果は

$$(p_S, p_A, p_B) \rightarrow (-p_S, -p_B, -p_A)$$

であるから，その表示は

　＊　訳注：以下 $\sigma_v(xz)$ を σ_v と略記する．
　a) representative　b) basis

である．また対称操作 σ_v' の結果は*

$$(p_S, p_A, p_B) \rightarrow (-p_S, -p_A, -p_B)$$

であるから，その表示は

$$D(\sigma_v') = \begin{pmatrix} -1 & 0 & 0 \\ 0 & -1 & 0 \\ 0 & 0 & -1 \end{pmatrix}$$

$$D(C_2) = \begin{pmatrix} -1 & 0 & 0 \\ 0 & 0 & -1 \\ 0 & -1 & 0 \end{pmatrix}$$

である．さらに，恒等操作は基底に何の影響も及ぼさないから，その表示は単位行列である．

$$D(E) = \begin{pmatrix} 1 & 0 & 0 \\ 0 & 1 & 0 \\ 0 & 0 & 1 \end{pmatrix}$$

ある基底を選んで，上のようにして，その群のすべての対称操作を表す行列をつくる．こうして得られた行列の組を，選んだ基底に対するその群の**行列表現**[a]とよぶ．この3次の行列表現を記号 $\Gamma^{(3)}$ で表すことにしよう．対称群の行列表現を見つけたということは，対称操作記号の扱いを数字の代数的扱いに結びつける糸口をつかんだということを意味する．実際，容易に証明できることだが，対称操作の掛け算は，表示行列の掛け算に写し換えられるのである．

ある特定の行列表現に対する各対称操作の**指標**[b] χ は，その対称操作の表示の対角要素の和である．したがって，ここで用いた基底においては，各表示の指標は

$D(E)$	$D(C_2)$	$D(\sigma_v)$	$D(\sigma_v')$
3	-1	1	-3

である．ある対称操作の指標は，用いた基底に依存する．

ここで選んだ基底に対する表示は3次行列すなわち3行×3列の行列であるが，これらの行列は，いずれもすべて

$$\begin{pmatrix} \blacksquare & 0 & 0 \\ 0 & \blacksquare & \blacksquare \\ 0 & \blacksquare & \blacksquare \end{pmatrix}$$

の形になっている．つまり，対称操作によって p_S は，ほかの二つの関数（p_A および p_B）と決して混ざり合わないことがわかる．これは，基底を二つの部分，すなわち p_S だけか

---

* 訳注：$\sigma_v'(yz)$ を σ_v' と略記する．

a) matrix representation   b) character

ら成る部分と別の (p_A, p_B) から成る部分とに分解できることを意味している．p_S軌道自体が，記号 $\Gamma^{(1)}$ で表される1次の表現に対する基底であることは容易に実証できる．

$$D(E) = 1 \quad D(C_2) = -1 \quad D(\sigma_v) = 1 \quad D(\sigma_v') = -1$$

残りの二つの基底関数はつぎの2次の表現 $\Gamma^{(2)}$ に対する基底である．

$$D(E) = \begin{pmatrix} 1 & 0 \\ 0 & 1 \end{pmatrix} \quad D(C_2) = \begin{pmatrix} 0 & -1 \\ -1 & 0 \end{pmatrix}$$

$$D(\sigma_v) = \begin{pmatrix} 0 & 1 \\ 1 & 0 \end{pmatrix} \quad D(\sigma_v') = \begin{pmatrix} -1 & 0 \\ 0 & -1 \end{pmatrix}$$

これらの行列は，第1行および第1列が欠けていることを別にすれば，もとの3次表現の行列と同じである．以上のことを，"もとの3次表現が，p_S の**張る**[a] 1次表現と (p_A, p_B) の張る2次表現との**直和**[b]に**簡約**[c]された"という．これを記号で表せば

$$\Gamma^{(3)} = \Gamma^{(1)} + \Gamma^{(2)}$$

である．このように簡約されることは，真ん中の軌道が両側の軌道と異なった役割をしているという常識的な感じと合っている．

1次表現はそれ以上簡約することができないので，**既約表現**[d] とよぶ．つまり $\Gamma^{(1)}$ は，この対称群の既約表現の一つである．一方，2次表現 $\Gamma^{(2)}$ はさらに簡約できる．このことは，新しい基底として軌道の線形結合 $p_1 = p_A + p_B$ および $p_2 = p_A - p_B$ (**2**) を使って調べるとわかる．

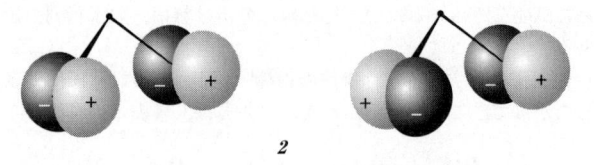

2

この新しい基底における表示は，もとの表示から組立てることができる．たとえば，対称操作 σ_v によって

$$(p_A, p_B) \to (p_B, p_A)$$

と変換されるので，この変換を線形結合に当てはめれば

$$(p_1, p_2) \to (p_1, -p_2)$$

となる．この変換はつぎの式によって，書き表すことができる*．

$$(p_1, p_2) D(\sigma_v) = (p_1, -p_2)$$

---

* 訳注: 以下の $D(\sigma_v)$ などは，前の $D(\sigma_v)$ などとは一般に別な表示である．
a) span　b) direct sum　c) reduced　d) irreducible representation

ここで，$D(\sigma_v)$ はこの新しい基底における表示で，その行列表現は

$$D(\sigma_v) = \begin{pmatrix} 1 & 0 \\ 0 & -1 \end{pmatrix}$$

である．残る三つの表示も，同じようにして見つけることができる．そこで完全な表現の組は

$$D(E) = \begin{pmatrix} 1 & 0 \\ 0 & 1 \end{pmatrix} \qquad D(C_2) = \begin{pmatrix} -1 & 0 \\ 0 & 1 \end{pmatrix}$$

$$D(\sigma_v) = \begin{pmatrix} 1 & 0 \\ 0 & -1 \end{pmatrix} \qquad D(\sigma_v') = \begin{pmatrix} -1 & 0 \\ 0 & -1 \end{pmatrix}$$

となる．これらの新しい表示はすべて同じ形式の対角行列

$$D = \begin{pmatrix} \blacksquare & 0 \\ 0 & \blacksquare \end{pmatrix}$$

で表現され，その二つの線形結合 p_1 と p_2 とは，群のどの対称操作によっても互いに混じり合うことはない．したがって，$\Gamma^{(2)}$ は二つの 1 次の表現行列の直和へ簡約できることになる．このように，p_1 は，前に出てきた p_S が張るのと同じ 1 次の表現

$$D(E) = 1 \quad D(C_2) = -1 \quad D(\sigma_v) = 1 \quad D(\sigma_v') = -1$$

を張る．一方 p_2 は，別な 1 次の表現

$$D(E) = 1 \quad D(C_2) = 1 \quad D(\sigma_v) = -1 \quad D(\sigma_v') = -1$$

を張る．これを記号 $\Gamma^{(1)'}$ で表す．これら 2 組の 1×1 行列がいずれもこの対称群の表現であることは，それぞれの組の二つの要素を互いに掛け合わせその結果がこの対称群の掛け算表を再現していることをみれば，容易に納得することができる．

これでようやく，第 4 章で述べた題材とのつながりをつけることができるようになった．ある群の**指標表**は，すべての既約表現の指標の一覧表である．今までの議論から，C_{2v} 群の既約表現のうちの二つはすでにわかっている．それらの指標は

	E	C_2	σ_v	σ_v'
$\Gamma^{(1)}$	1	-1	1	-1
$\Gamma^{(1)'}$	1	1	-1	-1

である．これら二つの既約表現は，通常それぞれ記号 B_1 および A_2 で表される．記号 A あるいは B は一次の表現を示すために使われ，主軸の周りの回転に対して指標が +1 であるとき記号 A を用い，また指標が -1 であれば記号 B を用いる（記号 E は 2 次の既約表現を示し，また T は 3 次の既約表現を示す．C_{2v} 群の既約表現はすべて 1 次である．）C_{2v} 群には，あと二つだけ既約表現が存在する．というのは

対称種の数 = 類の数

という群論の意外に簡単な定理があるからである[*1]. C_{2v} においては，四つの類（指標表の四つの列）があるから，既約表現は四つ存在する．

化学における群論の最も重要な応用，すなわち対称適合軌道の組立ておよび選択律の解析は，**小直交性定理**[*2, a)]

$$\sum_C g(C)\chi^{(\Gamma)}(C)\chi^{(\Gamma')}(C) = 0$$

に基づいている．ここで，和は対称操作の類（指標表の各列）全体にわたってとる．g はそれぞれの類における操作の数（たとえば類 $2C_3$ では 2）であり，そして Γ および Γ' は二つの互いに異なる既約表現である．もし，Γ および Γ' が同じ既約表現であれば，

$$\sum_C g(C)\chi^{(\Gamma)}(C)\chi^{(\Gamma)}(C) = h$$

となる．ここで h は群の位数（対称操作の総数）である．

一つの可約表現[*3]がある既約表現を含んでいるかどうかを見つけだすためには，小直交性定理から導出される式を用いる．すなわち，ある対称操作に対して，可約表現の指標は群の既約表現の指標の線形結合で表される．

$$\chi(C) = \sum_\Gamma c_\Gamma \chi^{(\Gamma)}(C)$$

ある与えられた既約表現 Γ' に掛けるべき係数 ($c_{\Gamma'}$) を見つけるためには，上式の両辺に $g(C)\chi^{(\Gamma')}(C)$ を掛け，ついで対称操作 C の類のすべてにわたって和をとる．

$$\sum_C g(C)\chi^{(\Gamma')}(C)\chi(C) = \sum_C \sum_\Gamma c_\Gamma g(C)\chi^{(\Gamma')}(C)\chi^{(\Gamma)}(C)$$

この式の右辺を対称操作 C 全体にわたって加えていくとき，Γ が Γ' と等しくない項はすべて 0 になる（小直交性定理）．しかしながら，すべての Γ にわたって和をとっているので，$\Gamma=\Gamma'$ を満たす項が必ず存在するから，これらの項だけが上式に寄与する．したがって，右辺は $hc_{\Gamma'}$ と等しくなる．すなわち，つぎのように書き換えられる．

$$c_{\Gamma'} = \frac{1}{h}\sum_C g(C)\chi^{(\Gamma')}(C)\chi(C)$$

この式は，一つの可約表現を既約表現の和に分解する方法を探すときに非常に重要となる．なぜならば，Γ' を順にそれぞれの既約表現と等しくおいていけば，その係数 c を決めることができるからである．もし既約表現のうち全対称的な表現[*4]が含まれているかどうか

[*1] 訳注：上の式は，既約表現の数＝類の数と同じ意味である．
[*2] 訳注：大直交定理 (great orthogonality theorem) に対して "小" という．大直交定理については参考書をみよ．
[*3] 訳注：簡約することができる表現 (reducible representation).
[*4] 訳注：すべての対称操作の指標がすべて +1 である既約表現（指標表の第 1 行にある）．C_{3v} では A_1.
a) little orthogonality theorem

だけを知りたいのであれば，この式はさらに簡単な形に書き換えられる．なぜならば，この場合，その表現に対する指標はすべて1となるからで，その結果，上式は

$$c_{A_1} = \frac{1}{h}\sum_C g(C)\chi(C)$$

となる．

対称種 Γ に属する一つの軌道をつくるために，次式で定義される P を用いて $P\psi$ を組立てる．

$$P^{(\Gamma)} = \sum_R \chi^{(\Gamma)}(R)\, R$$

ここで R は群の対称操作である．この R は実際の対称操作を表す記号であって，今までの式の中に出てきた類 (C) ではないことに注意せよ．演算子 P を**射影演算子**[a] とよぶ．射影演算子の具体的な形は，たとえば，群 C_{2v} における B_1 対称適合線形結合を組立てる場合に使うのならば，つぎのようになる

$$\begin{aligned}p^{(B_1)} &= \chi^{(B_1)}(E)\,E + \chi^{(B_1)}(C_2)\,C_2 + \chi^{(B_1)}(\sigma_v)\,\sigma_v + \chi^{(B_1)}(\sigma_v')\,\sigma_v' \\ &= E - C_2 + \sigma_v - \sigma_v'\end{aligned}$$

---

a) projection operator

付録 1

元素の電子的性質

原子の基底状態電子配置は，分光学的および磁気的性質の測定から実験的に決定される．次表に示すそれらの測定結果は，構成原理によって合理的に説明できる．構成原理では，利用できる軌道に電子をPauliの排他原理に従った特定の順番で付け加えていく．d-およびf-ブロックの元素では，電子-電子相互作用の影響をより忠実に取入れるために，順番が変わる箇所がある．$(1s)^2$という閉殻配置は，ヘリウム原子の電子配置であるから，これを[He]で表す．ヘリウム以外の貴ガス原子の電子配置についても同じようにする．以下に表示する基底状態電子配置およびスペクトル項記号はS. Fraga, J. Karwowski, K. M. S. Saxena, "Handbook of atomic data," Elsevier, Amsterdam (1976) から採用した．

ある元素Eの第一，第二，および第三イオン化エネルギーは，それぞれ，つぎの過程に必要なエネルギーである．

$$I_1: \quad E(g) \longrightarrow E^+(g) + e^-(g)$$
$$I_2: \quad E^+(g) \longrightarrow E^{2+}(g) + e^-(g)$$
$$I_3: \quad E^{2+}(g) \longrightarrow E^{3+}(g) + e^-(g)$$

電子親和力E_{ea}は，気体状態の原子に電子がつくときに<u>放出される</u>エネルギーである．

$$E_{ea}: \quad E(g) + e^-(g) \longrightarrow E^-(g)$$

ここに載せてある数値は種々の原典からのものであるが，特に，C. E. Moore, 'Atomic energy levels,' *Nat. Bur. Stand. (U. S.), Circ.*, 467, Washington (1970) およびW. C. Martin, L. Hagan, J. Reader, J. Sugar, *J. Phys. Chem. Ref. Data*, **3**, 771 (1974) から採用した*．アクチノイドの値は "The chemistry of the actinide elements," ed. by J. J. Katz, G. T. Seaborg, L. R. Morss, Chapman and Hall, London (1986) から，また電子親和力はH. Hotop, W. C. Lineberger, *J. Phys. Chem. Ref. Data*, **14**, 731 (1985) からとった．

電子ボルトeV，cm^{-1}，および$kJ\ mol^{-1}$の間の対応はつぎの通りである．

$$1\ eV \cong 96.485\ kJ\ mol^{-1} \quad 1\ eV \cong 8065.5\ cm^{-1}$$

---

* 訳注：C. E. Mooreの論文記載そのままの値が引用されているのは15％ほどである．W. C. Martinらの論文はランタノイドの値に関するものである．最近のデータ集としてはつぎのものがある．CRC, "Handbook of chemistry and physics, 1999〜2000, 80th Ed.," CRC Press, New York (1999); W. C. Martin, W. L. Wiese, "Atomic, molecular, and optical physics handbook," ed. by W. F. Druke, American Institute of Physics Press, New York (1996).

原子		電子配置	イオン化エネルギー			電子親和力
			I_1/eV	I_2/eV	I_3/eV	A_e/eV
1	H	$(1s)^1$	13.60			+0.754
2	He	$(1s)^2$	24.59	54.42		−0.5
3	Li	$[\text{He}](2s)^1$	5.320	75.63	122.4	+0.618
4	Be	$[\text{He}](2s)^2$	9.321	18.21	153.85	−0.5
5	B	$[\text{He}](2s)^2(2p)^1$	8.297	25.15	37.93	+0.277
6	C	$[\text{He}](2s)^2(2p)^2$	11.257	24.38	47.88	+1.263
7	N	$[\text{He}](2s)^2(2p)^3$	14.53	29.60	47.44	−0.07
8	O	$[\text{He}](2s)^2(2p)^4$	13.62	35.11	54.93	+1.461
9	F	$[\text{He}](2s)^2(2p)^5$	17.42	34.97	62.70	+3.399
10	Ne	$[\text{He}](2s)^2(2p)^6$	21.56	40.96	63.45	−1.2
11	Na	$[\text{Ne}](3s)^1$	5.138	47.28	71.63	+0.548
12	Mg	$[\text{Ne}](3s)^2$	7.642	15.03	80.14	−0.4
13	Al	$[\text{Ne}](3s)^2(3p)^1$	5.984	18.83	28.44	+0.441
14	Si	$[\text{Ne}](3s)^2(3p)^2$	8.151	16.34	33.49	+1.385
15	P	$[\text{Ne}](3s)^2(3p)^3$	10.485	19.72	30.18	+0.747
16	S	$[\text{Ne}](3s)^2(3p)^4$	10.360	23.33	34.83	+2.077
17	Cl	$[\text{Ne}](3s)^2(3p)^5$	12.966	23.80	39.61	+3.617
18	Ar	$[\text{Ne}](3s)^2(3p)^6$	15.76	27.62	40.74	−1.0
19	K	$[\text{Ar}](4s)^1$	4.340	31.62	45.71	+0.501
20	Ca	$[\text{Ar}](4s)^2$	6.111	11.87	50.91	−0.3
21	Sc	$[\text{Ar}](3d)^1(4s)^2$	6.54	12.80	24.76	
22	Ti	$[\text{Ar}](3d)^2(4s)^2$	6.82	13.58	27.48	
23	V	$[\text{Ar}](3d)^3(4s)^2$	6.74	14.65	29.31	
24	Cr	$[\text{Ar}](3d)^5(4s)^1$	6.764	16.50	30.96	
25	Mn	$[\text{Ar}](3d)^5(4s)^2$	7.435	15.64	33.67	
26	Fe	$[\text{Ar}](3d)^6(4s)^2$	7.869	16.18	30.65	
27	Co	$[\text{Ar}](3d)^7(4s)^2$	7.876	17.06	33.50	
28	Ni	$[\text{Ar}](3d)^8(4s)^2$	7.635	18.17	35.16	
29	Cu	$[\text{Ar}](3d)^{10}(4s)^1$	7.725	20.29	36.84	
30	Zn	$[\text{Ar}](3d)^{10}(4s)^2$	9.393	17.96	39.72	
31	Ga	$[\text{Ar}](3d)^{10}(4s)^2(4p)^1$	5.998	20.51	30.71	+0.30
32	Ge	$[\text{Ar}](3d)^{10}(4s)^2(4p)^2$	7.898	15.93	34.22	+1.2
33	As	$[\text{Ar}](3d)^{10}(4s)^2(4p)^3$	9.814	18.63	28.34	+0.81
34	Se	$[\text{Ar}](3d)^{10}(4s)^2(4p)^4$	9.751	21.18	30.82	+2.021
35	Br	$[\text{Ar}](3d)^{10}(4s)^2(4p)^5$	11.814	21.80	36.27	+3.365
36	Kr	$[\text{Ar}](3d)^{10}(4s)^2(4p)^6$	13.998	24.35	36.95	−1.0
37	Rb	$[\text{Kr}](5s)^1$	4.177	27.28	40.42	+0.486
38	Sr	$[\text{Kr}](5s)^2$	5.695	11.03	43.63	−0.3
39	Y	$[\text{Kr}](4d)^1(5s)^2$	6.38	12.24	20.52	
40	Zr	$[\text{Kr}](4d)^2(5s)^2$	6.84	13.13	22.99	
41	Nb	$[\text{Kr}](4d)^4(5s)^1$	6.88	14.32	25.04	
42	Mo	$[\text{Kr}](4d)^5(5s)^1$	7.099	16.15	27.16	
43	Tc	$[\text{Kr}](4d)^5(5s)^2$	7.28	15.25	29.54	
44	Ru	$[\text{Kr}](4d)^7(5s)^1$	7.37	16.76	28.47	
45	Rh	$[\text{Kr}](4d)^8(5s)^1$	7.46	18.07	31.06	
46	Pd	$[\text{Kr}](4d)^{10}$	8.34	19.43	32.92	
47	Ag	$[\text{Kr}](4d)^{10}(5s)^1$	7.576	21.48	34.83	
48	Cd	$[\text{Kr}](4d)^{10}(5s)^2$	8.992	16.90	37.48	
49	In	$[\text{Kr}](4d)^{10}(5s)^2(5p)^1$	5.786	18.87	28.02	+0.3
50	Sn	$[\text{Kr}](4d)^{10}(5s)^2(5p)^2$	7.344	14.63	30.50	+1.2
51	Sb	$[\text{Kr}](4d)^{10}(5s)^2(5p)^3$	8.640	16.53	25.32	+1.07
52	Te	$[\text{Kr}](4d)^{10}(5s)^2(5p)^4$	9.008	18.60	27.96	+1.971

原子		電子配置	イオン化エネルギー			電子親和力
			I_1/eV	I_2/eV	I_3/eV	A_e/eV
53	I	$[\mathrm{Kr}](4d)^{10}(5s)^2(5p)^5$	10.45	19.13	33.16	+3.059
54	Xe	$[\mathrm{Kr}](4d)^{10}(5s)^2(5p)^6$	12.130	21.20	32.10	−0.8
55	Cs	$[\mathrm{Xe}](6s)^1$	3.894	25.08	35.24	
56	Ba	$[\mathrm{Xe}](6s)^2$	5.211	10.00	37.31	
57	La	$[\mathrm{Xe}](5d)^1(6s)^2$	5.577	11.06	19.17	
58	Ce	$[\mathrm{Xe}](4f)^1(5d)^1(6s)^2$	5.466	10.85	20.20	
59	Pr	$[\mathrm{Xe}](4f)^3(6s)^2$	5.421	10.55	21.62	
60	Nd	$[\mathrm{Xe}](4f)^4(6s)^2$	5.489	10.73	22.07	
61	Pm	$[\mathrm{Xe}](4f)^5(6s)^2$	5.554	10.90	22.28	
62	Sm	$[\mathrm{Xe}](4f)^6(6s)^2$	5.631	11.07	23.42	
63	Eu	$[\mathrm{Xe}](4f)^7(6s)^2$	5.666	11.24	24.91	
64	Gd	$[\mathrm{Xe}](4f)^7(5d)^1(6s)^2$	6.140	12.09	20.62	
65	Tb	$[\mathrm{Xe}](4f)^9(6s)^2$	5.851	11.52	21.91	
66	Dy	$[\mathrm{Xe}](4f)^{10}(6s)^2$	5.927	11.67	22.80	
67	Ho	$[\mathrm{Xe}](4f)^{11}(6s)^2$	6.018	11.80	22.84	
68	Er	$[\mathrm{Xe}](4f)^{12}(6s)^2$	6.101	11.93	22.74	
69	Tm	$[\mathrm{Xe}](4f)^{13}(6s)^2$	6.184	12.05	23.68	
70	Yb	$[\mathrm{Xe}](4f)^{14}(6s)^2$	6.254	12.19	25.03	
71	Lu	$[\mathrm{Xe}](4f)^{14}(5d)^1(6s)^2$	5.425	13.89	20.96	
72	Hf	$[\mathrm{Xe}](4f)^{14}(5d)^2(6s)^2$	6.65	14.92	23.32	
73	Ta	$[\mathrm{Xe}](4f)^{14}(5d)^3(6s)^2$	7.89	15.55	21.76	
74	W	$[\mathrm{Xe}](4f)^{14}(5d)^4(6s)^2$	7.89	17.62	23.84	
75	Re	$[\mathrm{Xe}](4f)^{14}(5d)^5(6s)^2$	7.88	13.06	26.01	
76	Os	$[\mathrm{Xe}](4f)^{14}(5d)^6(6s)^2$	8.71	16.58	24.87	
77	Ir	$[\mathrm{Xe}](4f)^{14}(5d)^7(6s)^2$	9.12	17.41	26.95	
78	Pt	$[\mathrm{Xe}](4f)^{14}(5d)^9(6s)^1$	9.02	18.56	29.02	
79	Au	$[\mathrm{Xe}](4f)^{14}(5d)^{10}(6s)^1$	9.22	20.52	30.05	
80	Hg	$[\mathrm{Xe}](4f)^{14}(5d)^{10}(6s)^2$	10.44	18.76	34.20	
81	Tl	$[\mathrm{Xe}](4f)^{14}(5d)^{10}(6s)^2(6p)^1$	6.107	20.43	29.83	
82	Pb	$[\mathrm{Xe}](4f)^{14}(5d)^{10}(6s)^2(6p)^2$	7.415	15.03	31.94	
83	Bi	$[\mathrm{Xe}](4f)^{14}(5d)^{10}(6s)^2(6p)^3$	7.289	16.69	25.56	
84	Po	$[\mathrm{Xe}](4f)^{14}(5d)^{10}(6s)^2(6p)^4$	8.42	18.66	27.98	
85	At	$[\mathrm{Xe}](4f)^{14}(5d)^{10}(6s)^2(6p)^5$	9.64	16.58	30.06	
86	Rn	$[\mathrm{Xe}](4f)^{14}(5d)^{10}(6s)^2(6p)^6$	10.75			
87	Fr	$[\mathrm{Rn}](7s)^1$	4.15	21.76	32.13	
88	Ra	$[\mathrm{Rn}](7s)^2$	5.278	10.15	34.20	
89	Ac	$[\mathrm{Rn}](6d)^1(7s)^2$	5.17	11.87	18.9	
90	Th	$[\mathrm{Rn}](6d)^2(7s)^2$	6.08	11.89	20.0	
91	Pa	$[\mathrm{Rn}](5f)^2(6d)^1(7s)^2$	5.89	11.7	20.0	
92	U	$[\mathrm{Rn}](5f)^3(6d)^1(7s)^2$	6.194	11.9	20.0	
93	Np	$[\mathrm{Rn}](5f)^4(6d)^1(7s)^2$	6.266	11.7	20.7	
94	Pu	$[\mathrm{Rn}](5f)^6(7s)^2$	6.062	11.7	21.8	
95	Am	$[\mathrm{Rn}](5f)^7(7s)^2$	5.993	12.0	22.4	
96	Cm	$[\mathrm{Rn}](5f)^7(6d)^1(7s)^2$	6.021	12.4	21.2	
97	Bk	$[\mathrm{Rn}](5f)^9(7s)^2$	6.229	12.3	22.3	
98	Cf	$[\mathrm{Rn}](5f)^{10}(7s)^2$	6.298	12.5	23.6	
99	Es	$[\mathrm{Rn}](5f)^{11}(7s)^2$	6.422	12.6	24.1	
100	Fm	$[\mathrm{Rn}](5f)^{12}(7s)^2$	6.50	12.7	24.4	
101	Md	$[\mathrm{Rn}](5f)^{13}(7s)^2$	6.58	12.8	25.4	
102	No	$[\mathrm{Rn}](5f)^{14}(7s)^2$	6.65	13.0	27.0	
103	Lr	$[\mathrm{Rn}](5f)^{14}(6d)^1(7s)^2$	4.6	14.8	23.0	

付　録 2

標　準　電　位

ここに引用してある標準電位[*1]はLatimer図（§6・8）の形式で表してあって，周期表中のブロックに従ってs, p, d, fの順に並べてある．括弧内のデータや化学種は不確かなものである．ほとんどのデータは，"Standard potentials in aqueous solution," ed. by A. J. Bard, R. Parsons, J. Jordan, Marcel Dekker, New York (1985)[*2] から採用したが，中には修正したものもある．アクチノイドのデータはL. R. Morss, "The chemistry of the actinide elements," ed. by J. J. Katz, G. T. Seaborg, L. R. Morss, Vol. 2, Chapman and Hall, London (1986) から，また $[Ru(bpy)_3]^{3+/2+}$ の値は B. Durham, J. L. Walsh, C. L. Carter, T. J. Meyer, *Inorg. Chem.*, **19**, 860 (1980) からのものである．炭素化合物の電位ならびに若干のd-ブロック元素の電位は S. G. Bratsch, *J. Phys. Chem. Ref. Data*, **18**, 1 (1989) からとった．不安定なラジカルの標準電位については D.M.Stanbury, *Adv. Inorg. Chem.*, **33**, 69 (1989) を参照されたい．文献中では飽和カロメル電極（SCE）に対する電位が報告されていることがあるが，その値を H^+/H_2 尺度（標準水素電極に対する電位）に変換するには0.2412 Vを足せばよい．それ以外の基準電極の詳細については D. J. G. Ives, G. J. Janz, "Reference electrodes," Academic Press, New York (1961) をみられたい．

s-ブロック・1族

酸性溶液

H^+	—— 0 ——	$H_2(g)$
Li^+	—— −3.040 ——	Li
Na^+	—— −2.714 ——	Na
K^+	—— −2.936 ——	K
Rb^+	—— −2.923 ——	Rb
Cs^+	—— −3.026 ——	Cs

塩基性溶液

$H_2O(l)$	—— −0.828 ——	$H_2(g)$

[*1] 訳注：溶媒はすべて水である．固体化学種の (s)，イオンの (aq) は省略した．温度は，特に表示していない限り298.15 K (25 ℃) である．

[*2] 訳注：IUPAC, Commission I.3（電気化学）および Commission V.5（電気分析化学）によってまとめられたデータ集．

s-ブロック・2族

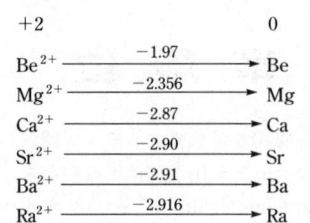

酸性溶液

$+2 \qquad\qquad 0$

$Be^{2+} \xrightarrow{-1.97} Be$
$Mg^{2+} \xrightarrow{-2.356} Mg$
$Ca^{2+} \xrightarrow{-2.87} Ca$
$Sr^{2+} \xrightarrow{-2.90} Sr$
$Ba^{2+} \xrightarrow{-2.91} Ba$
$Ra^{2+} \xrightarrow{-2.916} Ra$

塩基性溶液

$+2 \qquad\qquad 0$

$Mg(OH)_2 \xrightarrow{-2.687} Mg$

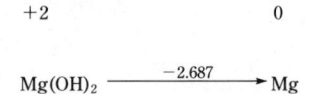

p-ブロック・13族

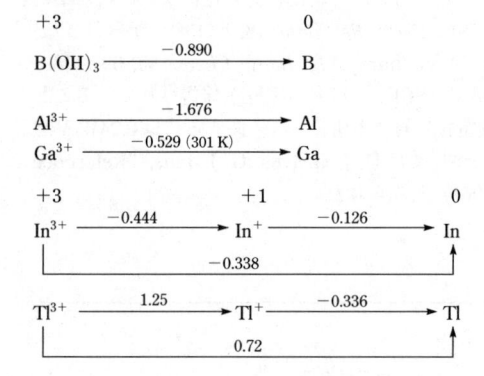

酸性溶液

$+3 \qquad\qquad 0$

$B(OH)_3 \xrightarrow{-0.890} B$

$Al^{3+} \xrightarrow{-1.676} Al$

$Ga^{3+} \xrightarrow{-0.529\ (301\ K)} Ga$

$+3 \qquad +1 \qquad 0$

$In^{3+} \xrightarrow{-0.444} In^+ \xrightarrow{-0.126} In$
$\phantom{In^{3+}}\xrightarrow{-0.338}$

$Tl^{3+} \xrightarrow{1.25} Tl^+ \xrightarrow{-0.336} Tl$
$\phantom{Tl^{3+}}\xrightarrow{0.72}$

塩基性溶液

$+3 \qquad\qquad 0$

$B(OH)_4^- \xrightarrow{-1.81} B$
$B^{III}(OH)_4^- \xrightarrow{-1.241} B^{III}H_4^-$
$Al(OH)_4^- \xrightarrow{-2.310} Al$
$GaO(OH)_2^- \xrightarrow{-1.22} Ga$

p-ブロック・14族

酸性溶液

$+4 \qquad +2 \qquad 0 \qquad -2 \qquad -4$

$CO_2(g) \xrightarrow{-0.114} HCOOH_{(aq)} \xrightarrow{-0.029} HCHO_{(aq)} \xrightarrow{0.237} CH_3OH_{(aq)} \xrightarrow{0.583} CH_4(g)$
$\xrightarrow{-0.1038} CO_{(g)} \xrightarrow{0.5184} C \xrightarrow{0.1315}$

塩基性溶液

$CO_3^{2-} \xrightarrow{-0.930} HCO_2^- \xrightarrow{-1.160} HCHO_{(aq)} \xrightarrow{-0.591} CH_3OH_{(aq)} \xrightarrow{-0.245} CH_4(g)$
$\phantom{CO_3^{2-}\xrightarrow{-0.930} HCO_2^- \xrightarrow{-1.160}} C \xrightarrow{-1.148}$

p-ブロック・14 族（つづき）

酸性溶液

$$+4 \quad\quad\quad +2 \quad\quad\quad 0$$

$\mathrm{SiO_2} \xrightarrow{-0.909} \mathrm{Si}$
（石英）

$\mathrm{GeO_2} \xrightarrow{-0.370} \mathrm{GeO} \xrightarrow{0.255} \mathrm{Ge}$
（四方）　　　（黄, 水和）

$\mathrm{Ge^{4+}} \xrightarrow{0.124}$

$\mathrm{SnO_2} \xrightarrow{-0.088} \mathrm{SnO} \xrightarrow{-0.104} \mathrm{Sn}$
（白）　　　　（黒）

$\mathrm{Sn^{4+}} \xrightarrow{0.15} \mathrm{Sn^{2+}} \xrightarrow{-0.137}$

$\alpha\text{-}\mathrm{PbO_2} \xrightarrow{1.468} \mathrm{Pb^{2+}} \xrightarrow{-0.125} \mathrm{Pb}$

$\xrightarrow{1.690} \mathrm{PbSO_4} \xrightarrow{-0.3563}$

塩基性溶液

$$+4 \quad\quad\quad +2 \quad\quad\quad 0$$

$\mathrm{SiO_3^{2-}} \xrightarrow{-1.69} \mathrm{Si}$

$\mathrm{GeO_2(OH)^-} \xrightarrow{-0.89} \mathrm{Ge}$

$\mathrm{Sn(OH)_6^{2-}} \xrightarrow{(-0.93)} \mathrm{SnOOH^-} \xrightarrow{(-0.91)} \mathrm{Sn}$

$\mathrm{PbO_2} \xrightarrow{0.254} \mathrm{PbO} \xrightarrow{-0.578} \mathrm{Pb}$
　　　　　　　　（赤）

p-ブロック・15 族

酸性溶液

$$+5 \quad +4 \quad +3 \quad +2 \quad +1 \quad 0 \quad -1 \quad -2 \quad -3$$

$\xrightarrow{1.246}$ ……… $\xrightarrow{-0.23}$

$\mathrm{NO_3^-} \xrightarrow{0.803} \mathrm{N_2O_4}^{(g)} \xrightarrow{1.07} \mathrm{HNO_2}^{(aq)} \xrightarrow{0.996} \mathrm{NO}^{(g)} \xrightarrow{1.59} \mathrm{N_2O}^{(g)} \xrightarrow{1.77} \mathrm{N_2}^{(g)} \xrightarrow{-1.87} \mathrm{NH_3OH^+} \xrightarrow{1.41} \mathrm{N_2H_5^+} \xrightarrow{1.275} \mathrm{NH_4^+}$

$\xrightarrow{0.94}$ 　　　$\xrightarrow{1.297}$ 　　　$\xrightarrow{-0.05}$ 　　　$\xrightarrow{1.35}$

塩基性溶液

$$+5 \quad +4 \quad +3 \quad +2 \quad +1 \quad 0 \quad -1 \quad -2 \quad -3$$

$\xrightarrow{0.25}$ ……… $\xrightarrow{-1.16}$

$\mathrm{NO_3^-} \xrightarrow{-0.86} \mathrm{N_2O_4}^{(g)} \xrightarrow{0.867} \mathrm{NO_2^-} \xrightarrow{-0.46} \mathrm{NO}^{(g)} \xrightarrow{0.76} \mathrm{N_2O}^{(g)} \xrightarrow{0.94} \mathrm{N_2}^{(g)} \xrightarrow{-3.04} \mathrm{NH_2OH}^{(aq)} \xrightarrow{0.73} \mathrm{N_2H_4}^{(aq)} \xrightarrow{0.1} \mathrm{NH_3}^{(aq)}$

$\xrightarrow{0.01}$ 　　　$\xrightarrow{0.15}$ 　　　$\xrightarrow{-1.05}$ 　　　$\xrightarrow{0.42}$

酸性溶液

$$+5 \quad\quad +4 \quad\quad +3 \quad\quad +1 \quad\quad 0 \quad\quad -3$$

$\mathrm{H_3PO_4}^{(aq)} \xrightarrow{-0.933} \mathrm{H_4P_2O_6}^{(aq)} \xrightarrow{0.380} \mathrm{H_3PO_3}^{(aq)} \xrightarrow{-0.499} \mathrm{H_3PO_2}^{(aq)} \xrightarrow{-0.508} \mathrm{P}\,(白) \xrightarrow{-0.063} \mathrm{PH_3}^{(g)}$

$\xrightarrow{-0.276}$ 　　　　　$\xrightarrow{-0.502}$

$\mathrm{H_3AsO_4}^{(aq)} \xrightarrow{0.560} \mathrm{HAsO_2}^{(aq)} \xrightarrow{0.248} \mathrm{As} \xrightarrow{-0.225} \mathrm{AsH_3}^{(g)}$

$\mathrm{Sb_2O_5} \xrightarrow{1.055} \mathrm{Sb_2O_4} \xrightarrow{0.342} \mathrm{Sb_4O_6}\,(正方) \xrightarrow{0.150} \mathrm{Sb} \xrightarrow{-0.510} \mathrm{SbH_3}^{(g)}$

$\xrightarrow{0.699}$

$(\mathrm{Bi^{5+}}) \xrightarrow{(2)} (\mathrm{Bi^{3+}}) \xrightarrow{0.317} \mathrm{Bi}$

p-ブロック・15族（つづき）

塩基性溶液

$$+5 \quad\quad +3 \quad\quad +1 \quad\quad 0 \quad\quad -3$$

$PO_4^{3-} \xrightarrow{-1.12} HPO_3^{2-} \xrightarrow{-1.57} H_2PO_2^{-} \xrightarrow{-2.05} P_{(白)} \xrightarrow{-0.89} PH_3(g)$

$\xrightarrow{-1.73}$

$AsO_4^{3-} \xrightarrow{-0.67} AsO_2^{-} \xrightarrow{-0.68} As \xrightarrow{-1.37} AsH_3(g)$

$Sb(OH)_6^{-} \xrightarrow{-0.465} Sb(OH)_4^{-} \xrightarrow{-0.639} Sb \xrightarrow{-1.338} SbH_3(g)$

$Bi_2O_3 \xrightarrow{-0.452} Bi$

p-ブロック・16族

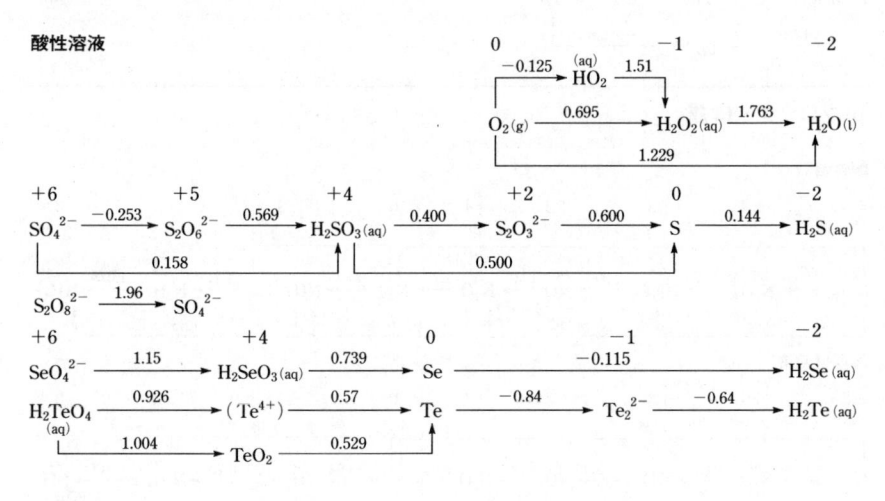

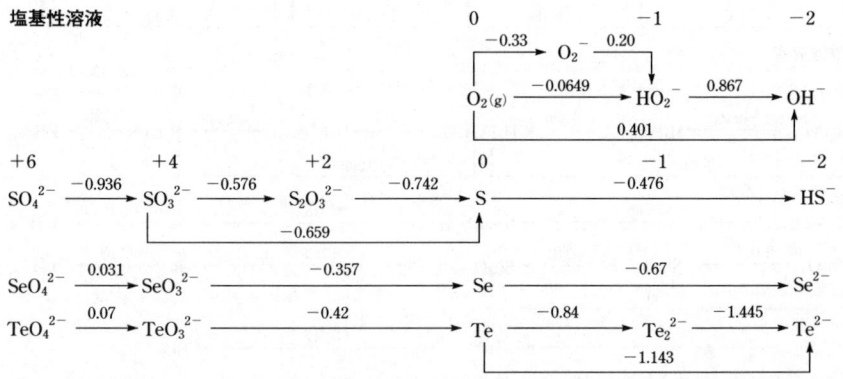

酸性溶液

$$0 \quad\quad -1 \quad\quad -2$$

$O_2(g) \xrightarrow{-0.125} HO_2^{(aq)} \xrightarrow{1.51} $

$O_2(g) \xrightarrow{0.695} H_2O_2(aq) \xrightarrow{1.763} H_2O(l)$

$\xrightarrow{1.229}$

$$+6 \quad +5 \quad +4 \quad +2 \quad 0 \quad -2$$

$SO_4^{2-} \xrightarrow{-0.253} S_2O_6^{2-} \xrightarrow{0.569} H_2SO_3(aq) \xrightarrow{0.400} S_2O_3^{2-} \xrightarrow{0.600} S \xrightarrow{0.144} H_2S(aq)$

$\xrightarrow{0.158} \quad\quad\quad \xrightarrow{0.500}$

$S_2O_8^{2-} \xrightarrow{1.96} SO_4^{2-}$

$$+6 \quad +4 \quad 0 \quad -1 \quad -2$$

$SeO_4^{2-} \xrightarrow{1.15} H_2SeO_3(aq) \xrightarrow{0.739} Se \xrightarrow{-0.115} H_2Se(aq)$

$H_2TeO_4(aq) \xrightarrow{0.926} (Te^{4+}) \xrightarrow{0.57} Te \xrightarrow{-0.84} Te_2^{2-} \xrightarrow{-0.64} H_2Te(aq)$

$\xrightarrow{1.004} TeO_2 \xrightarrow{0.529}$

塩基性溶液

$$0 \quad\quad -1 \quad\quad -2$$

$O_2(g) \xrightarrow{-0.33} O_2^{-} \xrightarrow{0.20}$

$O_2(g) \xrightarrow{-0.0649} HO_2^{-} \xrightarrow{0.867} OH^{-}$

$\xrightarrow{0.401}$

$$+6 \quad +4 \quad +2 \quad 0 \quad -1 \quad -2$$

$SO_4^{2-} \xrightarrow{-0.936} SO_3^{2-} \xrightarrow{-0.576} S_2O_3^{2-} \xrightarrow{-0.742} S \xrightarrow{-0.476} HS^{-}$

$\xrightarrow{-0.659}$

$SeO_4^{2-} \xrightarrow{0.031} SeO_3^{2-} \xrightarrow{-0.357} Se \xrightarrow{-0.67} Se^{2-}$

$TeO_4^{2-} \xrightarrow{0.07} TeO_3^{2-} \xrightarrow{-0.42} Te \xrightarrow{-0.84} Te_2^{2-} \xrightarrow{-1.445} Te^{2-}$

$\xrightarrow{-1.143}$

p-ブロック・17族

酸性溶液

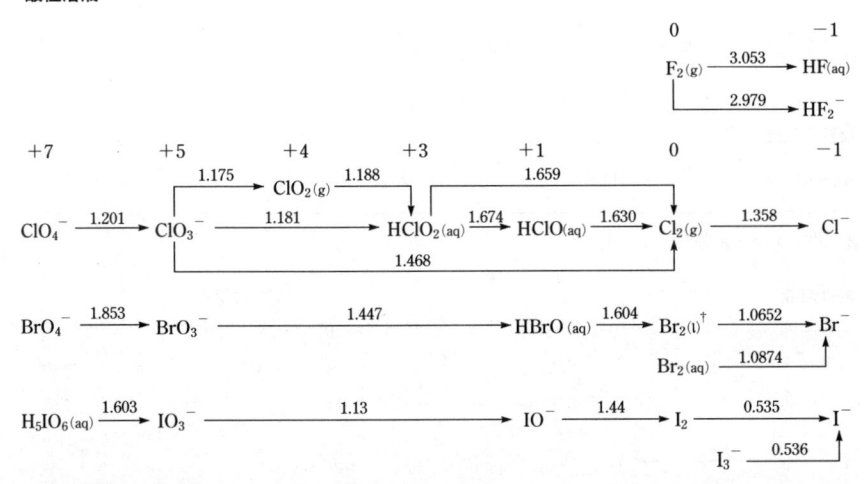

$$
\begin{array}{cc}
0 & -1 \\
F_2(g) \xrightarrow{3.053} HF(aq) \\
 \xrightarrow{2.979} HF_2^-
\end{array}
$$

$$
\begin{array}{ccccccc}
+7 & +5 & +4 & +3 & +1 & 0 & -1 \\
 & & ClO_2(g) & & & & \\
ClO_4^- \xrightarrow{1.201} & ClO_3^- \xrightarrow[1.181]{1.175\ \nearrow\ 1.188} & & HClO_2(aq) \xrightarrow{1.674} & HClO(aq) \xrightarrow{1.630} & Cl_2(g) \xrightarrow{1.358} & Cl^- \\
 & & \xleftarrow{1.468} & & \xrightarrow{1.659} & &
\end{array}
$$

$$
BrO_4^- \xrightarrow{1.853} BrO_3^- \xrightarrow{1.447} HBrO(aq) \xrightarrow{1.604} Br_2(l)^\dagger \xrightarrow{1.0652} Br^-
$$
$$
Br_2(aq) \xrightarrow{1.0874} Br^-
$$

$$
H_5IO_6(aq) \xrightarrow{1.603} IO_3^- \xrightarrow{1.13} IO^- \xrightarrow{1.44} I_2 \xrightarrow{0.535} I^-
$$
$$
I_3^- \xrightarrow{0.536} I^-
$$

塩基性溶液

$$
\begin{array}{cc}
0 & -1 \\
F_2(g) \xrightarrow{2.866} F^-
\end{array}
$$

$$
\begin{array}{ccccccc}
+7 & +5 & +4 & +3 & +1 & 0 & -1 \\
 & & ClO_2(g) & & & & \\
ClO_4^- \xrightarrow{0.374} & ClO_3^- \xrightarrow[0.295]{-0.481\ \nearrow\ 1.071} & & ClO_2^- \xrightarrow{0.681} & ClO^- \xrightarrow{0.421} & Cl_2(g) \xrightarrow{1.358} & Cl^- \\
 & & & & \xrightarrow{0.890} & &
\end{array}
$$

$$
BrO_4^- \xrightarrow{1.025} BrO_3^- \xrightarrow{0.492} BrO^- \xrightarrow{0.455} Br_2(l) \xrightarrow{1.0652} Br^-
$$
$$
\xrightarrow{0.584} \qquad \xrightarrow{0.766}
$$

$$
H_3IO_6^{2-} \xrightarrow{0.656} IO_3^- \xrightarrow{0.15} IO^- \xrightarrow{0.42} I_2 \xrightarrow{0.535} I^-
$$
$$
\xrightarrow{0.257} \qquad \xrightarrow{0.48}
$$

† 臭素は室温では水にあまりよく溶けないので，活量1の水溶液はつくれない．したがって，実際の計算ではつねに，$Br_2(l)$ と接触している飽和溶液に対する値を使わなければならない．

p-ブロック・18族

酸性溶液

$$+8 \xrightarrow{\quad} +6 \xrightarrow{\quad} 0$$
$$H_4XeO_{6(aq)} \xrightarrow{2.42} XeO_{3(aq)} \xrightarrow{2.10} Xe_{(g)}$$
$$\xrightarrow{2.18}$$

塩基性溶液

$$HXeO_6^{3-} \xrightarrow{0.99} HXeO_4^- \xrightarrow{1.24} Xe_{(g)}$$

d-ブロック・3族

酸性溶液

$$+3 \xrightarrow{\quad} 0 \qquad +3 \xrightarrow{\quad} 0$$
$$Sc^{3+} \xrightarrow{-2.03} Sc \qquad ScF^{2+} \xrightarrow{-2.16} Sc$$
$$ScF_{3(aq)} \xrightarrow{-2.37} Sc$$

塩基性溶液

$$+3 \xrightarrow{\quad} 0$$
$$Sc(OH)_{3(水和)} \xrightarrow{-2.60} Sc$$

$$Y^{3+} \xrightarrow{-2.37} Y$$
$$La^{3+} \xrightarrow{-2.38} La$$

d-ブロック・4族

酸性溶液

$$+4 \qquad +3 \qquad +2 \qquad 0$$
$$\xrightarrow{-0.882}$$
$$TiO^{2+} \xrightarrow{0.1} Ti^{3+} \xrightarrow{-0.369} Ti^{2+} \xrightarrow{-1.63} Ti$$
$$\xrightarrow{-1.209}$$

$$TiO_2 \xrightarrow{-0.556} Ti_2O_3 \xrightarrow{-1.123} TiO \xrightarrow{-1.306} Ti$$

塩基性溶液

$$+4 \qquad +3 \qquad +2 \qquad 0$$
$$TiO_{2\,(ルチル)} \xrightarrow{-1.384} Ti_2O_3 \xrightarrow{-1.951} TiO_{(\alpha)} \xrightarrow{-2.134} Ti$$

$$+4 \xrightarrow{\quad} 0$$
$$Zr^{4+} \xrightarrow{-1.55} Zr$$
$$Hf^{4+} \xrightarrow{-1.70} Hf$$

d-ブロック・5族

強酸性溶液

$$+5 \qquad +4 \qquad +3 \qquad +2 \qquad 0$$
$$VO_2^+ \xrightarrow{1.000} VO^{2+} \xrightarrow{0.337} V^{3+} \xrightarrow{-0.255} V^{2+} \xrightarrow{-1.13} V$$
$$\xrightarrow{0.668}$$

d-ブロック・5族 (つづき)

弱酸性溶液 (pH ≈ 3.0 ～ 3.5)

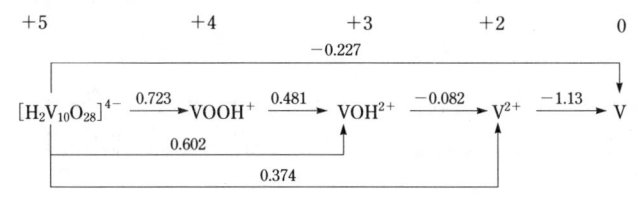

$+5 \qquad\qquad +4 \qquad\qquad +3 \qquad\qquad +2 \qquad\qquad 0$

$$[H_2V_{10}O_{28}]^{4-} \xrightarrow{0.723} VOOH^+ \xrightarrow{0.481} VOH^{2+} \xrightarrow{-0.082} V^{2+} \xrightarrow{-1.13} V$$

全体 -0.227、0.602、0.374

強塩基性溶液

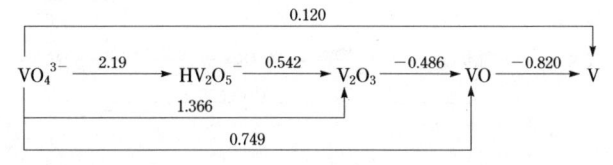

$$VO_4^{3-} \xrightarrow{2.19} HV_2O_5^- \xrightarrow{0.542} V_2O_3 \xrightarrow{-0.486} VO \xrightarrow{-0.820} V$$

0.120、1.366、0.749

酸性溶液

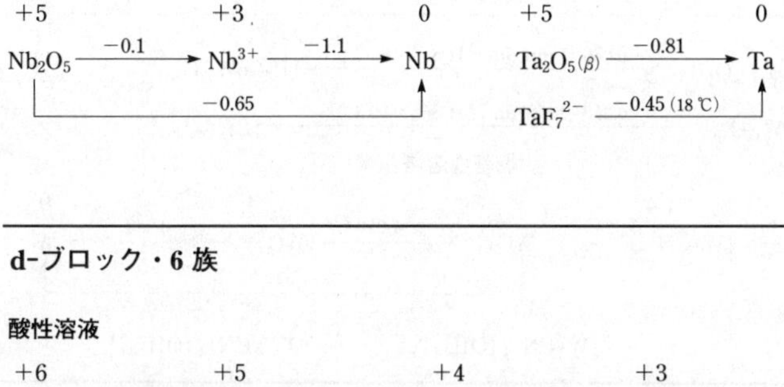

$+5 \qquad +3 \qquad 0 \qquad\qquad +5 \qquad\qquad 0$

$$Nb_2O_5 \xrightarrow{-0.1} Nb^{3+} \xrightarrow{-1.1} Nb \qquad Ta_2O_{5(\beta)} \xrightarrow{-0.81} Ta$$

$$\qquad\qquad -0.65 \qquad\qquad\qquad TaF_7^{2-} \xrightarrow{-0.45\ (18\ ℃)}$$

d-ブロック・6族

酸性溶液

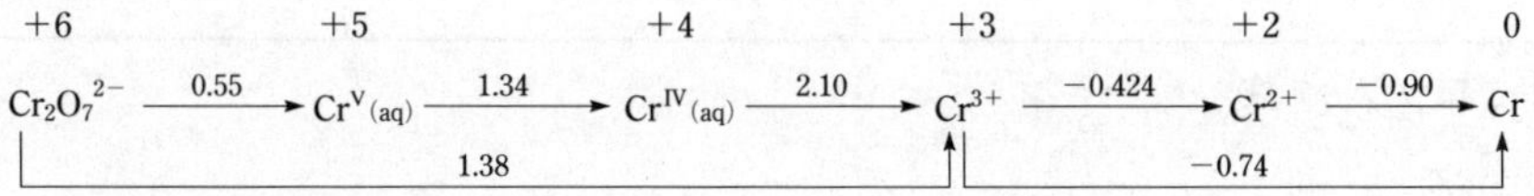

$+6 \qquad\quad +5 \qquad\quad +4 \qquad\quad +3 \qquad\quad +2 \qquad\quad 0$

$$Cr_2O_7^{2-} \xrightarrow{0.55} Cr^V{}_{(aq)} \xrightarrow{1.34} Cr^{IV}{}_{(aq)} \xrightarrow{2.10} Cr^{3+} \xrightarrow{-0.424} Cr^{2+} \xrightarrow{-0.90} Cr$$

1.38、-0.74

中性溶液

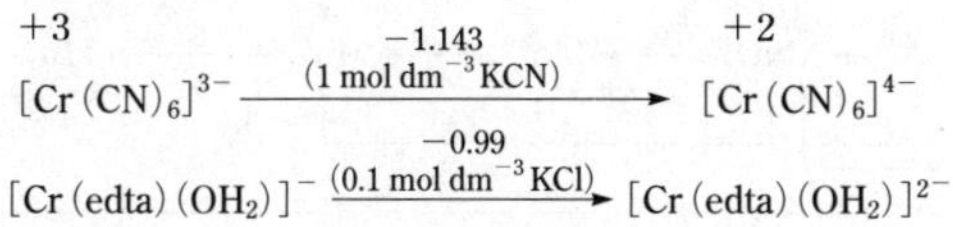

$+3 \qquad\qquad\qquad\qquad +2$

$$[Cr(CN)_6]^{3-} \xrightarrow[(1\ mol\ dm^{-3}\ KCN)]{-1.143} [Cr(CN)_6]^{4-}$$

$$[Cr(edta)(OH_2)]^- \xrightarrow[(0.1\ mol\ dm^{-3}\ KCl)]{-0.99} [Cr(edta)(OH_2)]^{2-}$$

塩基性溶液

$+6 \qquad\qquad +3 \qquad\qquad 0$

$$CrO_4^{2-} \xrightarrow{-0.11} Cr(OH)_{3\ (ppt)} \xrightarrow{-1.33} Cr$$

$$\xrightarrow{-0.13} Cr(OH)_4^- \xrightarrow{-1.33}$$

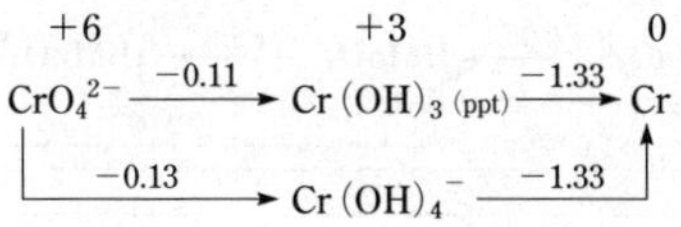

d-ブロック・6族 (つづき)

酸性溶液

$$+6 \xrightarrow{} +5 \xrightarrow{} +4 \xrightarrow{} +3 \xrightarrow{} 0$$

$$H_2MoO_{4(aq)} \xrightarrow{0.49} Mo_2O_4^{2+} \xrightarrow{0.17} [Mo_3O_4(OH_2)_9]^{4+} \xrightarrow{0.0} [Mo_2(\mu\text{-}OH)_2(OH_2)_8]^{4+} \xrightarrow{(0.005)} Mo$$

上部連結: 0.114

下部: $H_2MoO_{4(aq)} \xrightarrow{0.646} MoO_2 \xrightarrow{-0.2} Mo^{3+} \xrightarrow{-0.13}$

$$+5 \xrightarrow{} +3$$
$$[MoCl_5O]^{2-} \xrightarrow{(-0.38)} [MoCl_5(OH_2)]^{2-}$$

中性溶液

$$+5 \xrightarrow{} +4$$
$$[Mo(CN)_8]^{3-} \xrightarrow{0.725} [Mo(CN)_8]^{4-}$$

塩基性溶液

$$+6 \xrightarrow{} +4 \xrightarrow{} 0$$
$$MoO_4^{2-} \xrightarrow{-0.780} MoO_2 \xrightarrow{-0.980} Mo$$

連結: -0.913

酸性溶液

$$+6 \xrightarrow{} +5 \xrightarrow{} +4 \xrightarrow{} 0$$
$$WO_3 \xrightarrow{-0.029} W_2O_5 \xrightarrow{-0.031} WO_2^\dagger \xrightarrow{-0.119} W$$

連結: -0.090

$$[CoW_{12}O_{40}]^{6-} \xrightarrow{-0.046\ (1\ mol\ dm^{-3}\ H_2SO_4,\ 30\ ℃)} [H_2CoW_{12}O_{40}]^{6-}$$

$$[PW_{12}O_{40}]^{3-} \xrightarrow{0.218\ (1\ mol\ dm^{-3}\ H_2SO_4,\ 30\ ℃)} [PW_{12}O_{40}]^{4-}$$

中性溶液

$$+5 \xrightarrow{} +4$$
$$[W(CN)_8]^{3-} \xrightarrow{0.457^*} [W(CN)_8]^{4-}$$

塩基性溶液

$$+6 \xrightarrow{} +4 \xrightarrow{} 0$$
$$WO_4^{2-} \xrightarrow{-1.259} WO_2 \xrightarrow{-0.982} W$$

連結: -1.074

$$[W(CN)_4(OH)_4]^{2-} \xrightarrow{-0.702^*} [W(CN)_4(OH)_4]^{4-}$$

d-ブロック・7族

酸性溶液

$$+7 \xrightarrow{} +6 \xrightarrow{} +5 \xrightarrow{} +4 \xrightarrow{} +3 \xrightarrow{} +2 \xrightarrow{} 0$$

$$MnO_4^- \xrightarrow{0.90} HMnO_4^- \xrightarrow{1.28} (H_3MnO_4) \xrightarrow{2.9} \overset{(\beta)}{MnO_2} \xrightarrow{0.95} Mn^{3+} \xrightarrow{(1.5)} Mn^{2+} \xrightarrow{-1.18} Mn$$

上連結: $MnO_4^- \to MnO_2$: 1.51

下連結: $HMnO_4^- \to MnO_2$: 2.09; $MnO_4^- \to$: 1.69; $MnO_2 \to Mn^{2+}$: 1.23

† +4状態の化学種は多分 $[W_3(\mu_3\text{-}O)(\mu\text{-}O)_3(OH_2)_9]^{4+}$ であろう. S. P. Gosh, E. S. Gould, *Inorg. Chem.*, **30**, 3662 (1991) を参照.

* 訳注: 形式電位.

d-ブロック・7族 (つづき)

酸性溶液

$$TcO_4^- \xrightarrow{0.738} TcO_2 \xrightarrow{0.272} Tc \quad (+7 \to +6 \to +5 \to +4 \to +3 \to +2 \to 0)$$

$$0.375$$

$$(ReO_4^-) \xrightarrow{0.72} ReO_3 \xrightarrow{0.40} ReO_2 \xrightarrow{0.276} Re$$

$$0.51$$
$$0.12 \longrightarrow [ReCl_6]^{2-} \xrightarrow{0.51}$$

塩基性溶液

(+7, +6, +5, +4, +3, +2, 0)

$$0.34$$
$$MnO_4^- \xrightarrow{0.56} MnO_4^{2-} \xrightarrow{0.27} MnO_4^{3-} \xrightarrow{0.93} \overset{(\beta)}{MnO_2} \xrightarrow{0.146} Mn_2O_3 \xrightarrow{-0.234} Mn_2(OH)_2 \xrightarrow{-1.56} Mn$$
$$0.60$$
$$0.59 \quad\quad -0.044$$

$$ReO_4^- \xrightarrow{-0.594} ReO_2 \xrightarrow{-0.552} Re$$
$$-0.570$$

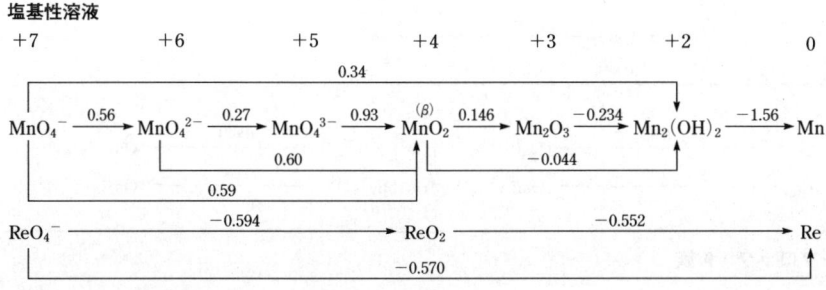

d-ブロック・8族

酸性溶液

(+3, +2, 0)

$$Fe^{3+} \xrightarrow{0.771} Fe^{2+} \xrightarrow{-0.44} Fe$$
$$-0.037$$
$$[Fe(CN)_6]^{3-} \xrightarrow{0.3610} [Fe(CN)_6]^{4-} \xrightarrow{-1.16}$$

塩基性溶液

(+6, +3, +2, 0)

$$FeO_4^{2-} \xrightarrow{(0.81)} Fe_2O_3(\alpha) \xrightarrow{-0.86} Fe(OH)_2 \xrightarrow{-0.89} Fe$$

$$[Fe(ox)_3]^{3-} \xrightarrow[\text{(過剰のox}^{2-},\,>0.2\text{ mol dm}^{-3})]{0.005^*} [Fe(ox)_3]^{4-}$$

酸性溶液

(+8, +7, +6, +4, +3, +2, 0)

$$1.04$$
$$RuO_4\text{(aq)} \xrightarrow{0.99} RuO_4^- \xrightarrow{1.6} (RuO_2^{2+}) \xrightarrow{1.5} (Ru(OH)_2^{2+})^\dagger \xrightarrow{0.86} Ru^{3+} \xrightarrow{0.24} Ru^{2+} \xrightarrow{0.8} Ru$$
$$1.4 \quad\quad\quad 0.68$$

† +4状態のイオン種は $H_n[Ru_4O_6(OH_2)_{12}]^{(4+n)+}$ と思われる. A. Patel, D. T. Richen, *Inorg. Chem.*, **30**, 3789(1991) を参照.

* 訳注: 形式電位.

d-ブロック・8族 (つづき)

中性溶液

$$[Ru(NH_3)_6]^{3+} \xrightarrow{0.10} [Ru(NH_3)_6]^{2+}$$

$$[Ru(CN)_6]^{3-} \xrightarrow{0.86} [Ru(CN)_6]^{4-}$$

$$[Ru(bpy)_3]^{3+} \xrightarrow{1.53} [Ru(bpy)_3]^{2+}$$

酸性溶液

$$OsO_4(黄) \xrightarrow{1.02} OsO_2 \xrightarrow{0.65} Os$$

$$\xrightarrow{0.834}$$

$$[OsCl_6]^{2-} \xrightarrow{0.85} [OsCl_6]^{3-} \quad [Os(CN)_6]^{3-} \xrightarrow{0.634} [Os(CN)_6]^{4-}$$

$$[OsBr_6]^{2-} \xrightarrow{0.45} [OsBr_6]^{3-} \quad [Os(bpy)_3]^{3+} \xrightarrow{0.885} [Os(bpy)_3]^{2+}$$

d-ブロック・9族

酸性溶液

$$CoO_2 \xrightarrow{(1.4)} Co^{3+} \xrightarrow{1.92} Co^{2+} \xrightarrow{-0.282} Co$$

塩基性溶液

$$CoO_2 \xrightarrow{0.7} Co(OH)_3 \xrightarrow{0.17} Co(OH)_2 \xrightarrow{-0.733} Co$$

中性溶液

$$[Co(NH_3)_6]^{3+} \xrightarrow{0.058} [Co(NH_3)_6]^{2+}$$

$$[Co(phen)_3]^{3+} \xrightarrow{0.327} [Co(phen)_3]^{2+}$$

$$[Co(ox)_3]^{3-} \xrightarrow{0.57} [Co(ox)_3]^{4-}$$

酸性溶液

$$Rh^{3+} \xrightarrow{0.76} Rh$$

中性溶液

$$[Rh(CN)_6]^{3-} \xrightarrow{0.9} [Rh(CN)_6]^{4-}$$

酸性溶液

$$IrO_2(水和) \xrightarrow{(0.2)} (Ir^{3+}) \xrightarrow{(1.0)} Ir$$

$$\xrightarrow{0.79}$$

$$[IrCl_6]^{2-} \xrightarrow{0.867} [IrCl_6]^{3-} \xrightarrow{0.86}$$

$$[IrBr_6]^{2-} \xrightarrow{0.805} [IrBr_6]^{3-}$$

$$[IrI_6]^{2-} \xrightarrow{0.49} [IrI_6]^{3-}$$

d-ブロック・10 族

酸性溶液

$$\text{NiO}_2 \xrightarrow{1.593} \text{Ni}^{2+} \xrightarrow{-0.257} \text{Ni}$$
(+4, +2, 0)

中性溶液

$$[\text{Ni(NH}_3)_6]^{2+} \xrightarrow{-0.49} \text{Ni}$$
(+3, +2, 0)

塩基性溶液

$$\text{NiO}_2{}^\dagger \xrightarrow{0.7} \text{NiOOH} \xrightarrow{0.52} \text{Ni(OH)}_2 \xrightarrow{-0.72} \text{Ni}$$

酸性溶液

$$\text{PdO}_2 \xrightarrow{1.194} \text{Pd}^{2+} \xrightarrow{0.915} \text{Pd}$$
$$[\text{PdCl}_6]^{2-} \xrightarrow{1.470} [\text{PdCl}_4]^{2-} \xrightarrow{0.60} $$
$$[\text{PdBr}_4]^{2-} \xrightarrow{0.49} $$

塩基性溶液

$$\text{PdO}_2 \xrightarrow{1.47} \text{PdO} \xrightarrow{0.897} \text{Pd}$$
(+4, +2, 0)

酸性溶液

$$\text{PtO}_2\,(\text{水和}) \xrightarrow{1.01} \text{PtO}\,(\text{水和}) \xrightarrow{0.98} \text{Pt}$$
$$[\text{PtCl}_6]^{2-} \xrightarrow{0.726} [\text{PtCl}_4]^{2-} \xrightarrow{0.758}$$
$$[\text{PtBr}_6]^{2-} \xrightarrow{0.613} [\text{PtBr}_4]^{2-} \xrightarrow{0.698}$$
$$[\text{PtI}_6]^{2-} \xrightarrow{0.329} [\text{PtI}_4]^{2-} \xrightarrow{0.40}$$

d-ブロック・11 族

酸性溶液

$$\text{Cu}^{2+} \xrightarrow{0.159} \text{Cu}^+ \xrightarrow{0.520} \text{Cu}$$
$$\xrightarrow{0.340}$$

$$[\text{Cu(NH}_3)_4]^{2+} \xrightarrow{0.10} [\text{Cu(NH}_3)_2]^+ \xrightarrow{-0.100} \text{Cu}$$
$$\text{Cu}^{2+} \xrightarrow{1.12} [\text{Cu(CN)}_2]^- \xrightarrow{-0.44}$$

塩基性溶液

$$\text{Cu(OH)}_2 \xrightarrow{-0.14} \text{Cu}_2\text{O} \xrightarrow{-0.365} \text{Cu}$$
(+2, +1, 0)

酸性溶液

$$\text{Ag}_2\text{O}_3 \xrightarrow{1.715} \text{Ag}_2\text{O}_2 \xrightarrow{1.802} \text{Ag}^+ \xrightarrow{0.799} \text{Ag}$$
(+3 → +1 直接: 1.758)

塩基性溶液

$$\text{Ag}_2\text{O}_3 \xrightarrow{0.887} \text{Ag}_2\text{O}_2 \xrightarrow{0.602} \text{Ag}_2\text{O} \xrightarrow{0.343} \text{Ag}$$
$$[\text{Ag(NH}_3)_2]^+ \xrightarrow{0.373}$$
$$[\text{Ag(CN)}_2]^- \xrightarrow{-0.31}$$

† 化学式ははっきりしていない。

d-ブロック・11族 (つづき)

酸性溶液

$$+3 \xrightarrow{1.20} +1 \xrightarrow{1.69} 0$$
$$Au_2O_3\text{(水和)} \xrightarrow{} Au^+ \xrightarrow{} Au$$
$$\xrightarrow{1.363}$$

$$[AuCl_4]^- \xrightarrow{0.926} [AuCl_2]^- \xrightarrow{1.154}$$
$$\xrightarrow{1.002}$$

$$[AuBr_4]^- \xrightarrow{0.802} [AuBr_2]^- \xrightarrow{0.960}$$
$$\xrightarrow{0.854}$$

$$[AuI_4]^- \xrightarrow{0.55} [AuI_2]^- \xrightarrow{0.578}$$
$$\xrightarrow{0.56}$$

$$[Au(SCN)_4]^- \xrightarrow{0.623} [Au(SCN)_2]^- \xrightarrow{0.662}$$
$$\xrightarrow{0.636}$$

$$[Au(CN)_2]^- \xrightarrow{-0.595^*}$$

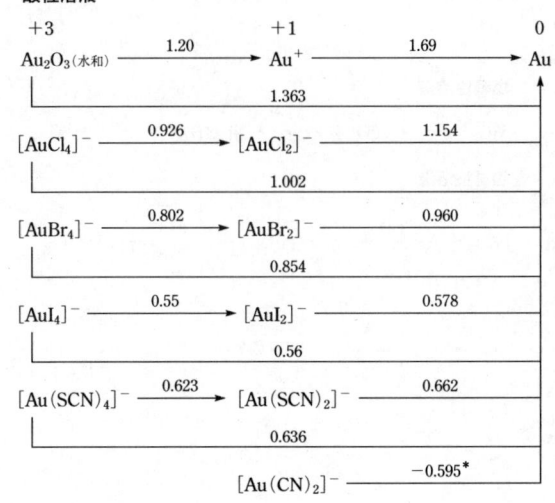

d-ブロック・12族

酸性溶液

$$+2 \xrightarrow{-0.762} 0$$
$$Zn^{2+} \longrightarrow Zn$$

塩基性溶液

$$+2 \xrightarrow{-1.199} 0$$
$$[Zn(OH)_4]^{2-} \longrightarrow Zn$$
$$Zn(OH)_{2(\varepsilon)} \xrightarrow{-1.249}$$

酸性溶液

$$+2 \xrightarrow{-0.402} 0$$
$$Cd^{2+} \longrightarrow Cd$$

塩基性溶液

$$+2 \xrightarrow{-0.826} 0$$
$$Cd(OH)_{2(\beta)} \longrightarrow Cd$$

酸性溶液

$$+2 \quad +1 \quad 0$$
$$\xrightarrow{0.854}$$
$$Hg^{2+} \xrightarrow{0.9110} Hg_2^{2+} \xrightarrow{0.796} Hg_{(l)}$$
$$Hg_2Cl_2 \xrightarrow{0.26816}$$

塩基性溶液

$$+2 \xrightarrow{0.0977} 0$$
$$HgO_{(赤)} \longrightarrow Hg_{(l)}$$

* 訳注: 形式電位.

f-ブロック・ランタノイド

酸性溶液

$$
\begin{array}{lllll}
+4 & +3 & & +2 & 0 \\
 & \mathrm{La}^{3+} \xrightarrow{-2.38} & & & \mathrm{La} \\
\mathrm{Ce}^{4+} \xrightarrow{1.72} & \mathrm{Ce}^{3+} \xrightarrow{-2.34} & & & \mathrm{Ce} \\
\mathrm{Pr}^{4+} \xrightarrow{3.2} & \mathrm{Pr}^{3+} \xrightarrow{-2.35} & & & \mathrm{Pr} \\
 & \xrightarrow{-2.32} & & & \\
 & \mathrm{Nd}^{3+} \xrightarrow{-2.6} & \mathrm{Nd}^{2+} \xrightarrow{-2.2} & & \mathrm{Nd} \\
 & \mathrm{Pm}^{3+} \xrightarrow{-2.29} & & & \mathrm{Pm} \\
 & \xrightarrow{-2.30} & & & \\
 & \mathrm{Sm}^{3+} \xrightarrow{-1.55} & \mathrm{Sm}^{2+} \xrightarrow{-2.67} & & \mathrm{Sm} \\
 & \xrightarrow{-1.99} & & & \\
 & \mathrm{Eu}^{3+} \xrightarrow{-0.35} & \mathrm{Eu}^{2+} \xrightarrow{-2.80} & & \mathrm{Eu} \\
 & \mathrm{Gd}^{3+} \xrightarrow{-2.28} & & & \mathrm{Gd} \\
\mathrm{Tb}^{4+} \xrightarrow{3.1} & \mathrm{Tb}^{3+} \xrightarrow{-2.31} & & & \mathrm{Tb} \\
 & \xrightarrow{-2.29} & & & \\
 & \mathrm{Dy}^{3+} \xrightarrow{-2.5} & \mathrm{Dy}^{2+} \xrightarrow{-2.2} & & \mathrm{Dy} \\
 & \mathrm{Ho}^{3+} \xrightarrow{-2.33} & & & \mathrm{Ho} \\
 & \mathrm{Er}^{3+} \xrightarrow{-2.32} & & & \mathrm{Er} \\
 & \xrightarrow{-2.32} & & & \\
 & \mathrm{Tm}^{3+} \xrightarrow{-2.3} & \mathrm{Tm}^{2+} \xrightarrow{-2.3} & & \mathrm{Tm} \\
 & \xrightarrow{-2.22} & & & \\
 & \mathrm{Yb}^{3+} \xrightarrow{-1.05} & \mathrm{Yb}^{2+} \xrightarrow{-2.8} & & \mathrm{Yb} \\
 & \mathrm{Lu}^{3+} \xrightarrow{-2.30} & & & \mathrm{Lu} \\
\end{array}
$$

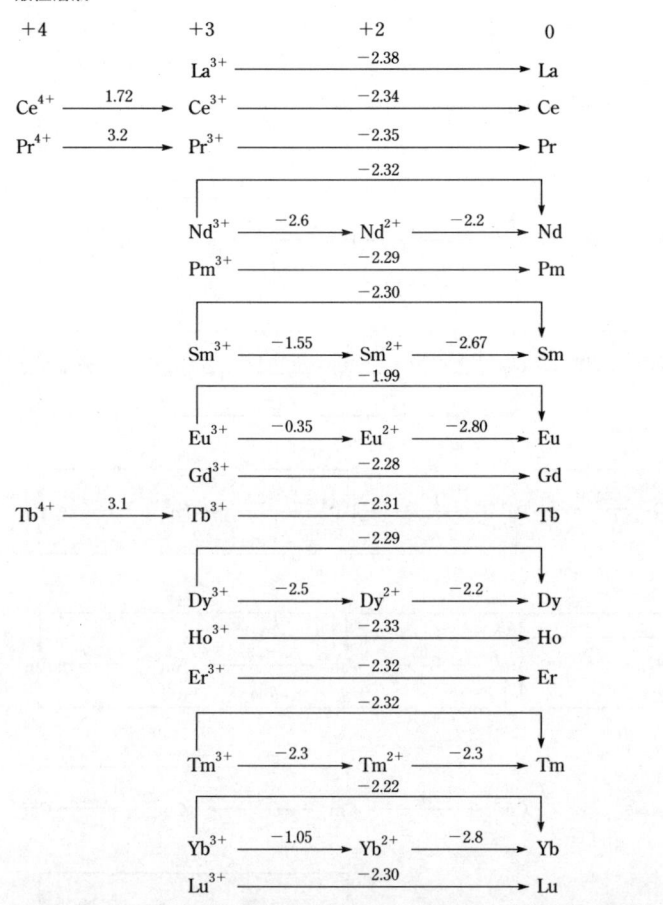

f-ブロック・アクチノイド

酸性溶液

$$
\begin{array}{llllll}
+6 & +5 & +4 & +3 & +2 & 0 \\
 & & & \xrightarrow{-2.13} & & \\
 & & & \mathrm{Ac}^{3+} \xrightarrow{-4.9} & (\mathrm{Ac}^{2+}) \xrightarrow{-0.7} & \mathrm{Ac} \\
 & & & \xrightarrow{-1.83} & & \\
 & & \mathrm{Th}^{4+} \xrightarrow{-3.8} & (\mathrm{Th}^{3+}) \xrightarrow{-4.9} & (\mathrm{Th}^{2+}) \xrightarrow{0.7} & \mathrm{Th} \\
\end{array}
$$

f-ブロック・アクチノイド（つづき）

酸性溶液

+6　　　　+5　　　　+4　　　　+3　　　　+2　　　　0

$$PaOOH^{2+} \xrightarrow{-0.05} Pa^{4+} \xrightarrow{-1.4} (Pa^{3+}) \xrightarrow{-5.0} (Pa^{2+}) \xrightarrow{0.3} Pa$$

（上に -1.47 の枝：$PaOOH^{2+}$ から Pa）

$$UO_2^{2+} \xrightarrow{0.17} UO_2^+ \xrightarrow{0.38} U^{4+} \xrightarrow{-0.52} U^{3+} \xrightarrow{-4.7} (U^{2+}) \xrightarrow{-0.1} U$$

$UO_2^{2+} \to U^{4+}$: 0.27；$U^{3+} \to U$: -1.66；$U^{4+} \to U$: -1.38

$$NpO_2^{2+} \xrightarrow{1.24} NpO_2^+ \xrightarrow{0.64} Np^{4+} \xrightarrow{0.15} Np^{3+} \xrightarrow{-4.7} (Np^{2+}) \xrightarrow{-0.3} Np$$

$NpO_2^{2+} \to Np^{4+}$: 0.94；$Np^{3+} \to Np$: -1.79；$Np^{4+} \to Np$: -1.30

$$PuO_2^{2+} \xrightarrow{1.02} PuO_2^+ \xrightarrow{1.04} Pu^{4+} \xrightarrow{1.01} Pu^{3+} \xrightarrow{-3.5} (Pu^{2+}) \xrightarrow{-1.2} Pu$$

$PuO_2^{2+} \to Pu^{4+}$: 1.03；$Pu^{3+} \to Pu$: -2.00；$Pu^{4+} \to Pu$: -1.25

$$AmO_2^{2+} \xrightarrow{1.60} AmO_2^+ \xrightarrow{0.82} Am^{4+} \xrightarrow{2.62} Am^{3+} \xrightarrow{-2.3} (Am^{2+}) \xrightarrow{-1.95} Am$$

$AmO_2^{2+} \to Am^{4+}$: 1.68；$AmO_2^+ \to Am^{3+}$: 1.72；$Am^{3+} \to Am$: -2.07；$AmO_2^+ \to Am^{4+}$（下）: 1.21；$Am^{4+} \to Am$: -0.90

$$Cm^{4+} \xrightarrow{3.1} Cm^{3+} \xrightarrow{-3.7} (Cm^{2+}) \xrightarrow{-1.2} Cm$$

$Cm^{3+} \to Cm$: -2.06

$$Bk^{4+} \xrightarrow{1.67} Bk^{3+} \xrightarrow{-2.80} (Bk^{2+}) \xrightarrow{-1.6} Bk$$

$Bk^{3+} \to Bk$: -2.00

$$(Cf^{4+}) \xrightarrow{3.2} Cf^{3+} \xrightarrow{-1.60} (Cf^{2+}) \xrightarrow{-2.06} Cf$$

$Cf^{3+} \to Cf$: -1.91

$$(Es^{4+}) \xrightarrow{4.5} Es^{3+} \xrightarrow{-1.55} (Es^{2+}) \xrightarrow{-2.2} Es$$

$Es^{3+} \to Es$: -1.98

付　録　3

指　標　表

　以下は無機化学で最もよく出会う点群に対する指標表である．各点群の標識は，Schönflies方式の記号（たとえば C_{3v}）で記してある．点群のうちで結晶点群であるもの（単位格子にも適用できる点群）には，国際方式（またはHermann-Mauguin方式）の記号（たとえば $2/m$）を括弧内に併記した．Hermann-Mauguin方式では，数字 n は n 回回転軸を表し，文字 m は鏡映面を表す．斜線 / は鏡映面が対称軸と直交していることを示し，数字の上の横線は n 回回反軸（回転と反転とを組合わせた対称操作における軸）を示す．

　p軌道およびd軌道の対称種は表の右側に示してある．たとえば，点群 C_{2v} では，p_x 軌道（これは x 軸方向を向いている）は B_1 対称をもつ．関数 x, y, z は，また，変位および電気双極子モーメントが対称操作によって受ける変換の特性をも示す．縮退した表現を張る*¹ 1組の関数（たとえば，C_{3v} において x と y とは一緒になって表現Eを張る）は括弧でくくってある．表の右側の文字記号 R_x, R_y, R_z は，回転の変換特性を示す*²．

　参考書：P. W. Atkins, M. S. Child, C. S. G. Phillips, "Tables for group theory," Oxford University Press (1970).

点　群 C_1, C_s, C_i

C_1 (1)	E	$h=1$
A	1	

---

*1　訳注：たとえば，(x, y) の組が C_{3v} の各対称操作 (E, C_3, σ_v) によって変換される際の指標がEの行の指標と一致するとき，"(x, y) が表現Eを張る (span)" という．

*2　訳注：右上段の h はその対称群の対称操作の総数〔たとえば C_{3v} では $1(E)+2(C_3)+3(\sigma_v)=6$〕で，位数という．左端のMulliken記号は，およそつぎのような意味をもつ．(1) 1次表現はAまたはB，2次表現はE，3次表現はT；(2) 1次表現のうち主 C_n 軸周りの $2\pi/n$ 回転に対して対称（指標が1）のものはA，反対称（指標が-1）のものはBとする；(3) 下付き添字1, 2は，AおよびBに付ける．主回転軸に垂直な C_2 軸に関し（もしこのような C_2 軸がなければ σ_v に関し）対称なら1，反対称なら2とする；(4) ′および″は必要に応じてすべての文字記号に付ける．σ_h に関して対称なら′，反対称なら″とする；(5) 反転中心のある群では，反転に関して対称な表現には下付き添字g，反対称な表現には下付き添字uを付ける．

点群 C_1, C_s, C_i （つづき）

$C_s = C_h$ (m)	E	σ_h	$h=2$		
A'	1	1	x, y, R_z		x^2, y^2, z^2, xy
A''	1	-1	z, R_x, R_y		yz, zx

$C_i = S_2$ ($\bar{1}$)	E	i	$h=2$	
A_g	1	1	R_x, R_y, R_z	$x^2, y^2, z^2, xy, yz, zx$
A_u	1	-1	x, y, z	

点群 C_n

C_2 (2)	E	C_2	$h=2$	
A	1	1	z, R_z	x^2, y^2, z^2, xy
B	1	-1	x, y, R_x, R_y	yz, zx

C_3 (3)	E	C_3	C_3^2	$\varepsilon = \exp(2\pi i/3)$ $\quad h=3$	
A	1	1	1	z, R_z	x^2+y^2, z^2
E	$\begin{Bmatrix} 1 \\ 1 \end{Bmatrix}$	$\begin{matrix} \varepsilon \\ \varepsilon^* \end{matrix}$	$\begin{matrix} \varepsilon^* \\ \varepsilon \end{matrix}$	$(x, y)\ (R_x, R_y)$	$(x^2-y^2, xy)\ (yz, zx)$

C_4 (4)	E	C_4	C_2	C_4^3	$h=4$	
A	1	1	1	1	z, R_z	x^2+y^2, z^2
B	1	-1	1	-1		x^2-y^2, xy
E	$\begin{Bmatrix} 1 \\ 1 \end{Bmatrix}$	$\begin{matrix} i \\ -i \end{matrix}$	$\begin{matrix} -1 \\ -1 \end{matrix}$	$\begin{matrix} -i \\ i \end{matrix}$	$(x, y)\ (R_x, R_y)$	(yz, zx)

点群 C_{nv}

C_{2v} ($2mm$)	E	C_2	$\sigma_v(xz)$	$\sigma_v'(yz)$	$h=4$	
A_1	1	1	1	1	z	x^2, y^2, z^2
A_2	1	1	-1	-1	R_z	xy
B_1	1	-1	1	-1	x, R_y	zx
B_2	1	-1	-1	1	y, R_x	yz

C_{3v} ($3m$)	E	$2C_3$	$3\sigma_v$	$h=6$		
A_1	1	1	1	z		x^2+y^2, z^2
A_2	1	1	-1	R_z		
E	2	-1	0	$(x, y)\ (R_x, R_y)$		$(x^2-y^2, xy)\ (zx, yz)$

付　　録

C_{4v} (4mm)	E	$2C_4$	C_2	$2\sigma_v$	$2\sigma_d$	$h=8$		
A_1	1	1	1	1	1	z		$x^2+y^2,\ z^2$
A_2	1	1	1	-1	-1	R_z		
B_1	1	-1	1	1	-1			x^2-y^2
B_2	1	-1	1	-1	1			xy
E	2	0	-2	0	0	(x, y)	(R_x, R_y)	(zx, yz)

C_{5v}	E	$2C_5$	$2C_5^2$	$5\sigma_v$	$h=10,\ \alpha=72°$		
A_1	1	1	1	1	z		$x^2+y^2,\ z^2$
A_2	1	1	1	-1	R_z		
E_1	2	$2\cos\alpha$	$2\cos 2\alpha$	0	(x, y)	(R_x, R_y)	(zx, yz)
E_2	2	$2\cos 2\alpha$	$2\cos\alpha$	0			(x^2-y^2, xy)

C_{6v} (6mm)	E	$2C_6$	$2C_3$	C_2	$3\sigma_v$	$3\sigma_d$	$h=12$		
A_1	1	1	1	1	1	1	z		$x^2+y^2,\ z^2$
A_2	1	1	1	1	-1	-1	R_z		
B_1	1	-1	1	-1	1	-1			
B_2	1	-1	1	-1	-1	1			
E_1	2	1	-1	-2	0	0	(x, y)	(R_x, R_y)	(zx, yz)
E_2	2	-1	-1	2	0	0			(x^2-y^2, xy)

$C_{\infty v}$	E	$2C_\infty^\phi$(注)	$\infty\sigma_v$	$h=\infty$		
$A_1\ (\Sigma^+)$	1	1	1	z		$x^2+y^2,\ z^2$
$A_2\ (\Sigma^-)$	1	1	-1	R_z		
$E_1\ (\Pi)$	2	$2\cos\phi$	0	(x, y)	(R_x, R_y)	(zx, yz)
$E_2\ (\Delta)$	2	$2\cos 2\phi$	0			(xy, x^2-y^2)
$\vdots$	$\vdots$	$\vdots$	$\vdots$			

注：$\phi=\pi$ のときは1個のみ．

点群 D_n

D_2 (222)	E	$C_2(z)$	$C_2(y)$	$C_2(x)$	$h=4$	
A_1	1	1	1	1		$x^2,\ y^2,\ z^2$
B_1	1	1	-1	-1	$z,\ R_z$	xy
B_2	1	-1	1	-1	$y,\ R_y$	zx
B_3	1	-1	-1	1	$x,\ R_x$	yz

点群 D_n (つづき)

D_3 (32)	E	$2C_3$	$3C_2$			$h=6$	
A_1	1	1	1			x^2+y^2, z^2	
A_2	1	1	-1	z, R_z			
E	2	-1	0	(x, y)	(R_x, R_y)	(x^2-y^2, xy)	(zx, yz)

点群 D_{nh}

$D_{2h}=V_h$ (mmm)	E	$C_2(z)$	$C_2(y)$	$C_2(x)$	i	$\sigma(xy)$	$\sigma(xz)$	$\sigma(yz)$		$h=8$
A_g	1	1	1	1	1	1	1	1		x^2, y^2, z^2
B_{1g}	1	1	-1	-1	1	1	-1	-1	R_z	xy
B_{2g}	1	-1	1	-1	1	-1	1	-1	R_y	zx
B_{3g}	1	-1	-1	1	1	-1	-1	1	R_x	yz
A_u	1	1	1	1	-1	-1	-1	-1		
B_{1u}	1	1	-1	-1	-1	-1	1	1	z	
B_{2u}	1	-1	1	-1	-1	1	-1	1	y	
B_{3u}	1	-1	-1	1	-1	1	1	-1	x	

D_{3h} ($\bar{6}m2$)	E	$2C_3$	$3C_2$	σ_h	$2S_3$	$3\sigma_v$		$h=12$	
A_1'	1	1	1	1	1	1		x^2+y^2, z^2	
A_2'	1	1	-1	1	1	-1	R_z		
E'	2	-1	0	2	-1	0	(x, y)	(x^2-y^2, xy)	
A_1''	1	1	1	-1	-1	-1			
A_2''	1	1	-1	-1	-1	1	z		
E''	2	-1	0	-2	1	0	(R_x, R_y)	(zx, yz)	

D_{4h} ($4/mmm$)	E	$2C_4$	C_2	$2C_2'$	$2C_2''$	i	$2S_4$	σ_h	$2\sigma_v$	$2\sigma_d$		$h=16$
A_{1g}	1	1	1	1	1	1	1	1	1	1		x^2+y^2, z^2
A_{2g}	1	1	1	-1	-1	1	1	1	-1	-1	R_z	
B_{1g}	1	-1	1	1	-1	1	-1	1	1	-1		x^2-y^2
B_{2g}	1	-1	1	-1	1	1	-1	1	-1	1		xy
E_g	2	0	-2	0	0	2	0	-2	0	0	(R_x, R_y)	(zx, yz)
A_{1u}	1	1	1	1	1	-1	-1	-1	-1	-1		
A_{2u}	1	1	1	-1	-1	-1	-1	-1	1	1	z	
B_{1u}	1	-1	1	1	-1	-1	1	-1	-1	1		
B_{2u}	1	-1	1	-1	1	-1	1	-1	1	-1		
E_u	2	0	-2	0	0	-2	0	2	0	0	(x, y)	

D_{5h}	E	$2C_5$	$2C_5^2$	$5C_2$	σ_h	$2S_5$	$2S_5^3$	$5\sigma_v$		$h=20,\ \alpha=72°$
A_1'	1	1	1	1	1	1	1	1		$x^2+y^2,\ z^2$
A_2'	1	1	1	-1	1	1	1	-1	R_z	
E_1'	2	$2\cos\alpha$	$2\cos 2\alpha$	0	2	$2\cos\alpha$	$2\cos 2\alpha$	0	(x,y)	
E_2'	2	$2\cos 2\alpha$	$2\cos\alpha$	0	2	$2\cos 2\alpha$	$2\cos\alpha$	0		$(x^2-y^2,\ xy)$
A_1''	1	1	1	1	-1	-1	-1	-1		
A_2''	1	1	1	-1	-1	-1	-1	1	z	
E_1''	2	$2\cos\alpha$	$2\cos 2\alpha$	0	-2	$-2\cos\alpha$	$-2\cos 2\alpha$	0	(R_x, R_y)	(zx, yz)
E_2''	2	$2\cos 2\alpha$	$2\cos\alpha$	0	-2	$-2\cos 2\alpha$	$-2\cos\alpha$	0		

D_{6h} ($6/mmm$)	E	$2C_6$	$2C_3$	C_2	$3C_2'$	$3C_2''$	i	$2S_3$	$2S_6$	σ_h	$3\sigma_d$	$3\sigma_v$		$h=24$
A_{1g}	1	1	1	1	1	1	1	1	1	1	1	1		$x^2+y^2,\ z^2$
A_{2g}	1	1	1	1	-1	-1	1	1	1	1	-1	-1	R_z	
B_{1g}	1	-1	1	-1	1	-1	1	-1	1	-1	1	-1		
B_{2g}	1	-1	1	-1	-1	1	1	-1	1	-1	-1	1		
E_{1g}	2	1	-1	-2	0	0	2	1	-1	-2	0	0	(R_x, R_y)	(zx, yz)
E_{2g}	2	-1	-1	2	0	0	2	-1	-1	2	0	0		$(x^2-y^2,\ xy)$
A_{1u}	1	1	1	1	1	1	-1	-1	-1	-1	-1	-1		
A_{2u}	1	1	1	1	-1	-1	-1	-1	-1	-1	1	1	z	
B_{1u}	1	-1	1	-1	1	-1	-1	1	-1	1	-1	1		
B_{2u}	1	-1	1	-1	-1	1	-1	1	-1	1	1	-1		
E_{1u}	2	1	-1	-2	0	0	-2	-1	1	2	0	0	(x, y)	
E_{2u}	2	-1	-1	2	0	0	-2	1	1	-2	0	0		

点群 D_{nh} （つづき）

$D_{\infty h}$	E	∞C_2	$2C_\infty^\phi$	i	$\infty\sigma_v$	$2S_\infty^\phi$	$h=\infty$	
$A_{1g}\ (\Sigma_g^+)$	1	1	1	1	1	1		$z^2,\ x^2+y^2$
$A_{1u}\ (\Sigma_u^+)$	1	-1	1	-1	1	-1	z	
$A_{2g}\ (\Sigma_g^-)$	1	-1	1	1	-1	1	R_z	
$A_{2u}\ (\Sigma_u^-)$	1	1	1	-1	-1	-1		
$E_{1g}\ (\Pi_g)$	2	0	$2\cos\phi$	2	0	$-2\cos\phi$	(R_x, R_y)	(zx, yz)
$E_{1u}\ (\Pi_u)$	2	0	$2\cos\phi$	-2	0	$2\cos\phi$	(x, z)	
$E_{2g}\ (\Delta_g)$	2	0	$2\cos 2\phi$	2	0	$2\cos 2\phi$		$(xy,\ x^2-y^2)$
$E_{2u}\ (\Delta_u)$	2	0	$2\cos 2\phi$	-2	0	$-2\cos 2\phi$		
⋮	⋮	⋮	⋮	⋮	⋮	⋮		

点群 D_{nd}

$D_{2d}=V_d$ ($\overline{4}2m$)	E	$2S_4$	C_2	$2C_2'$	$2\sigma_d$	$h=8$	
A_1	1	1	1	1	1		$x^2+y^2,\ z^2$
A_2	1	1	1	-1	-1	R_z	
B_1	1	-1	1	1	-1		x^2-y^2
B_2	1	-1	1	-1	1	z	xy
E	2	0	-2	0	0	(x, y) (R_x, R_y)	(zx, yz)

D_{3d} ($\overline{3}m$)	E	$2C_3$	$3C_2$	i	$2S_6$	$3\sigma_d$	$h=12$	
A_{1g}	1	1	1	1	1	1		$x^2+y^2,\ z^2$
A_{2g}	1	1	-1	1	1	-1	R_z	
E_g	2	-1	0	2	-1	0	(R_x, R_y)	(x^2-y^2, xy) (zx, yz)
A_{1u}	1	1	1	-1	-1	-1		
A_{2u}	1	1	-1	-1	-1	1	z	
E_u	2	-1	0	-2	1	0	(x, y)	

D_{4d}	E	$2S_8$	$2C_4$	$2S_8^3$	C_2	$4C_2'$	$4\sigma_d$	$h=16$	
A_1	1	1	1	1	1	1	1		$x^2+y^2,\ z^2$
A_2	1	1	1	1	1	-1	-1	R_z	
B_1	1	-1	1	-1	1	1	-1		
B_2	1	-1	1	-1	1	-1	1	z	
E_1	2	$\sqrt{2}$	0	$-\sqrt{2}$	-2	0	0	(x, y)	
E_2	2	0	-2	0	2	0	0		(x^2-y^2, xy)
E_3	2	$-\sqrt{2}$	0	$\sqrt{2}$	-2	0	0	(R_x, R_y)	(zx, yz)

立方群

T_d ($\bar{4}3m$)	E	$8C_3$	$3C_2$	$6S_4$	$6\sigma_d$		$h=24$
A_1	1	1	1	1	1		$x^2+y^2+z^2$
A_2	1	1	1	-1	-1		
E	2	-1	2	0	0		$(2z^2-x^2-y^2, x^2-y^2)$
T_1	3	0	-1	1	-1	(R_x, R_y, R_z)	
T_2	3	0	-1	-1	1	(x, y, z)	(xy, yz, zx)

O_h ($m3m$)	E	$8C_3$	$6C_2$	$6C_4$	$3C_2$ ($=C_4^2$)	i	$6S_4$	$8S_6$	$3\sigma_h$	$6\sigma_d$		$h=48$
A_{1g}	1	1	1	1	1	1	1	1	1	1		$x^2+y^2+z^2$
A_{2g}	1	1	-1	-1	1	1	-1	1	1	-1		
E_g	2	-1	0	0	2	2	0	-1	2	0		$(2z^2-x^2-y^2, x^2-y^2)$
T_{1g}	3	0	-1	1	-1	3	1	0	-1	-1	(R_x, R_y, R_z)	
T_{2g}	3	0	1	-1	-1	3	-1	0	-1	1		(xy, yz, zx)
A_{1u}	1	1	1	1	1	-1	-1	-1	-1	-1		
A_{2u}	1	1	-1	-1	1	-1	1	-1	-1	1		
E_u	2	-1	0	0	2	-2	0	1	-2	0		
T_{1u}	3	0	-1	1	-1	-3	-1	0	1	1	(x, y, z)	
T_{2u}	3	0	1	-1	-1	-3	1	0	1	-1		

二十面体群*

I	E	$12C_5$	$12C_5^2$	$20C_3$	$15C_2$		$h=60$
A	1	1	1	1	1		$x^2+y^2+z^2$
T_1	3	$\frac{1}{2}(1+\sqrt{5})$	$\frac{1}{2}(1-\sqrt{5})$	0	-1	(x, y, z) (R_x, R_y, R_z)	
T_2	3	$\frac{1}{2}(1-\sqrt{5})$	$\frac{1}{2}(1+\sqrt{5})$	0	-1		
G	4	-1	-1	1	0		
H	5	0	0	-1	1		$(2z^2-x^2-y^2, x^2-y^2, xy, yz, zx)$

* 訳注：I_h の指標表は，たとえば F. A. Cotton, "Chemical applications of group theory," 3rd Ed., John Wiley and Sons, New York (1990) または同書第2版の邦訳をみよ．

付録 4

対称適合軌道

表A4・1は，1行目に示した点群に属する分子AB_nの中心原子Aのs, p, d軌道の対称類を示す．ほとんどの場合，分子の主軸をz軸にとってある．C_{2v}では，x軸が分子面に垂直になっている．

次ページの以下に示す軌道図は，それぞれの点群に属する分子AB_nの中心原子を取囲んでいる原子B上の原子軌道の対称適合線形結合（SALC）を示す．上からみた図で中心原子を表す点は，紙面内（D群の場合）または紙面の手前（対応するC群の場合）にある．原子軌道の位相の違い（振幅が＋または－）は白黒で示してある．SALCにおける軌道の係数の大きさに大差がある場合には，原子軌道の寄与の相対的大きさに応じて，原子軌道を大きくしたり小さくしたりして描いてある．縮退SALC（EまたはTで標識したもの）の場合には，縮退した軌道を組合わせてつくられる独立な線形結合は，いずれも対称適合軌道である．実際問題として，これらの新しくつくられた線形結合は，ここに示したものと同じような形であるが，それらの節面をz軸の周りにある任意の角度だけ回転したものになる．

分子軌道は，中心原子の軌道を同じ対称型の線形結合と結合させる（下表参照）ことによってつくられる．

表A4・1

	$D_{\infty h}$	C_{2v}	D_{3h}	C_{3v}	D_{4h}	C_{4v}	D_{5h}	C_{5v}	D_{6h}	C_{6v}	T_d	O_h
s	Σ_g^+	A_1	A_1'	A_1	A_{1g}	A_1	A_1'	A_1	A_{1g}	A_1	A_1	A_{1g}
p_x	Π_u	B_1	E'	E	E_u	E	E_1'	E_1	E_{1u}	E_1	T_2	T_{1u}
p_y	Π_u	B_2	E'	E	E_u	E	E_1'	E_1	E_{1u}	E_1	T_2	T_{1u}
p_z	Σ_u^+	A_1	A_2''	A_1	A_{2u}	A_1	A_2''	A_1	A_{2u}	A_1	T_2	T_{1u}
d_{z^2}	Σ_g^+	A_1	A_1'	A_1	A_{1g}	A_1	A_1'	A_1	A_{1g}	A_1	E	E_g
$d_{x^2-y^2}$	Δ_g	A_1	E'	E	B_{1g}	B_1	E_2'	E_2	E_{2g}	E_2	E	E_g
d_{xy}	Δ_g	A_2	E'	E	B_{2g}	B_2	E_2'	E_2	E_{2g}	E_2	T_2	T_{2g}
d_{yz}	Π_g	B_2	E''	E	E_g	E	E_1''	E_1	E_{1g}	E_1	T_2	T_{2g}
d_{zx}	Π_g	B_1	E''	E	E_g	E	E_1''	E_1	E_{1g}	E_1	T_2	T_{2g}

付　録

$D_{\infty h}$	C_{2v}	
Σ_g^+	A_1	
Π_g	A_2	
Π_u	B_1	
Σ_u^+	B_2	
	A_1	
	B_2	

D_{3h}	C_{3v}	
A_1'	A_1	
A_2'	A_2	
E'	E	

D_{3h}	C_{3v}	（つづき）
E'	E	
A_1''	A_1	
E''	E	

D_{4h}	C_{4v}	
A_{1g}	A_1	
A_{2g}	A_2	
B_{1g}	B_1	
B_{2g}	B_2	

D_{4h}	C_{4v}	（つづき）
E_u	E	
A_{2u}	A_1	
E_g	E	
B_{2u}	B_2	

D_{5h}	C_{5v}	
A_1'	A_1	
A_2'	A_2	
E_1'	E_1	

付　録

D_{5h}	C_{5v}	（つづき）
E_2'	E_2	
A_2''	A_1	
E_1''	E_1	
E_2''	E_2	

D_{6h}	C_{6v}	
A_{1g}	A_1	
A_{2g}	A_2	
B_{1u}	B_1	

D_{6h}	C_{6v}	（つづき）
B_{2u}	B_2	
E_{1u}	E_1	
E_{2g}	E_2	
A_{2u}	A_1	
B_{2g}	B_1	
E_{1g}	E_1	

D_{6h}	C_{6v}	（つづき）
E_{2u}	E_2	

T_d		
A_1		
T_2		

O_h		
A_{1g}		

付　録

O_h （つづき）	O_h （つづき）	O_h （つづき）
E_g	T_{1u}	T_{1g}
T_{1u}	T_{2g}	T_{2u}

付録 5

田辺-菅野ダイヤグラム

　ここでは，d^2 から d^8 までの電子配置をもつ八面体形錯体の田辺-菅野ダイヤグラムをまとめておく．これらの図は，§13・3に出てくるもので，スペクトル項エネルギーと配位子場の強さとの関係を示している．スペクトル項エネルギー E および配位子場分裂 Δ_O はいずれも，Racah パラメーター B に対する比，E/B および Δ_O/B の形で表してある．多重度の異なるスペクトル項も，Racah パラメーター C に d 電子数に応じたしかるべき値（各図に記載した）を選ぶことによって，同じ図の中に入れてある．この図では，スペクトル項エネルギーを測るのに，いつも基底状態のエネルギーを原点(0)に取ってある．その結果，d^4 から d^8 までの電子配置では，配位子場の強さが大きくなって，低スピン項が高スピン項に入れ替わるところで傾斜が不連続になる．また，非交差則によれば，同じ対称性をもつ電子状態のエネルギー曲線は交差せずに混じり合わねばならない．図中の線が，多くの場合に，直線ではなく曲線になっていることは，この混じり合いによるものである．スペクトル項の標識は，点群 O_h のものである．

　このような図をはじめて導入したのは田辺と菅野の論文〔Y. Tanabe, S. Sugano, *J. Phys. Soc. Jpn.*, **9**, 753 (1954)〕である．田辺-菅野ダイヤグラムを用いると，観測した遷移のエネルギーの比を図に当てはめることによって，パラメーター Δ_O および B が求められる．あるいはまた，もし配位子場パラメーターがわかっていれば，配位子場スペクトルを予測することができる．

付録

1. d^2 ($C=4.42\,B$ とする)

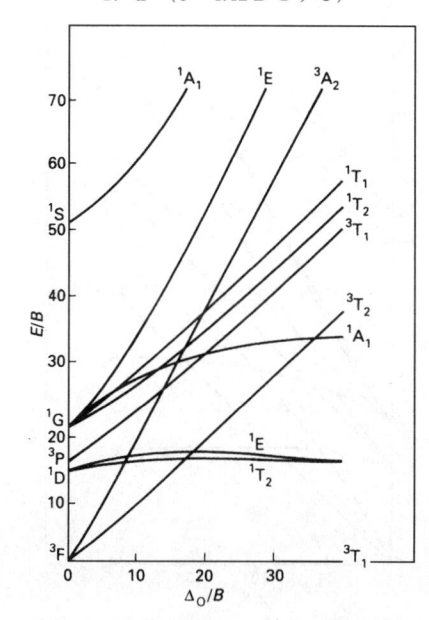

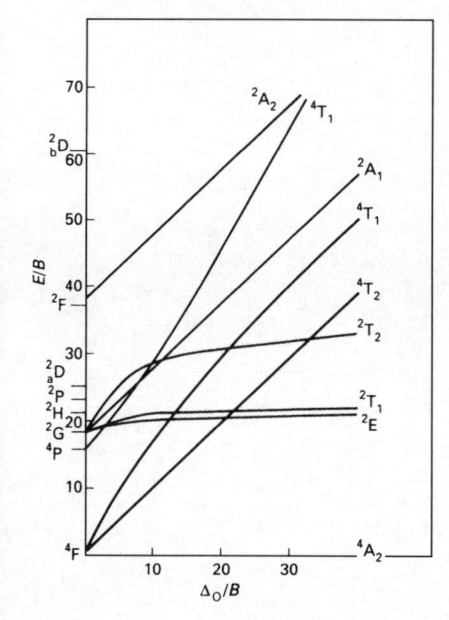

3. d^4 ($C=4.61\,B$ とする)

2. d^3 ($C=4.5\,B$ とする)

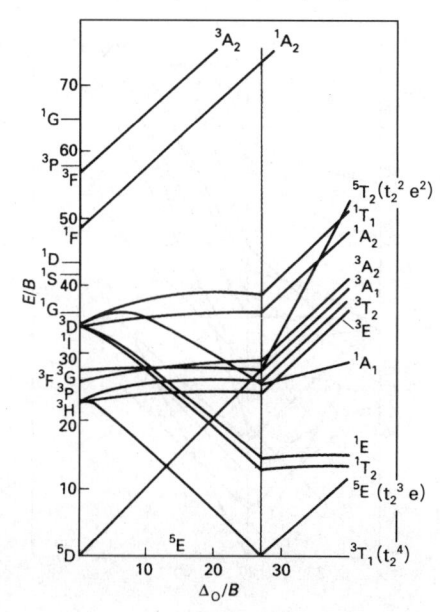

4. d^5 ($C=4.477\,B$ とする)

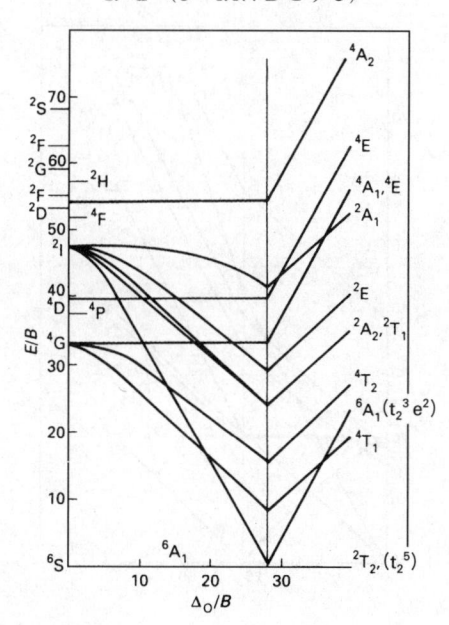

5. d^6 ($C=4.8\,B$ とする)

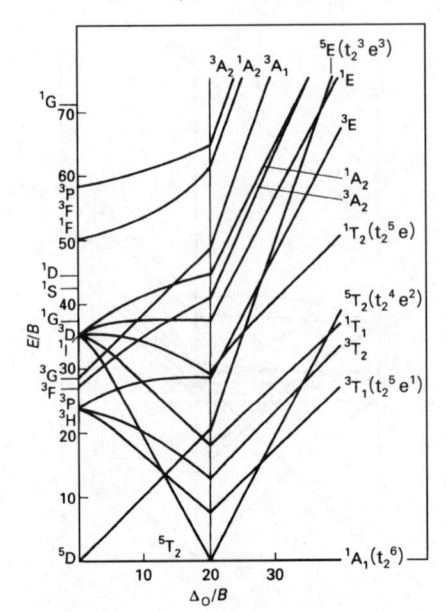

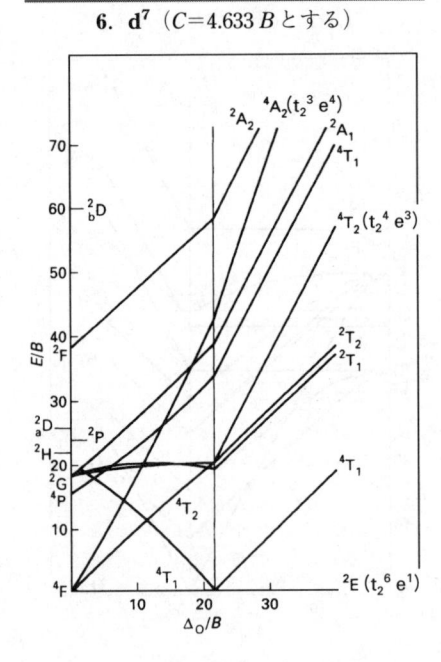

6. d^7 ($C=4.633\,B$ とする)

7. d^8 ($C=4.709\,B$ とする)

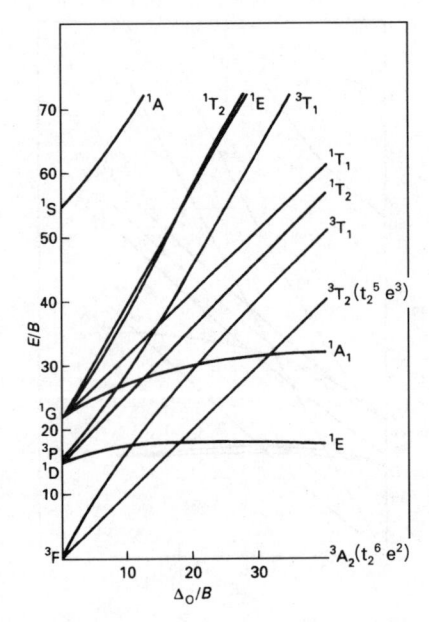

著作権者への謝辞

図 B2・1; "Solid state chemistry: Techniques," ed. by A. K. Cheetham, P. Day, Chap. 4, Oxford University Press (1987).

図 B2・2; J.-M. Manoli, C. Potvin, J. M. Brégeault, W. P. Griffith, *J. Chem. Soc., Dalton Trans.*, 192 (1980), The Royal Society of Chemistry.

図 15・5; M. J. Fink, M. J. Michalczyk, K. J. Haller, J. Michl, R. West, *Organometallics*, **3**, 793 (1984), American Chemical Society.

図 2・17 と図 9・18; J. D. Corbett, *Acc. Chem. Res.*, **14**, 239 (1981), American Chemical Society.

図 17・9; G. A. Somorjai, "Chemistry in two dimensions: Surfaces," Cornell University Press, Ithaca, (1981).

図 18・8; S. Iijima, *J. Solid State Chem.*, **14**, 52 (1975), Academic Press.

図 18・38 と図 18・39; T. Hughbanks, R. Hoffman, *J. Am. Chem. Soc.*, **105**, 1150 (1983), American Chemical Society.

図 4・27; R. Layton, D. W. Sink, J. R. Durig, *J. Inorg. Nucl. Chem.*, **28**, 1965 (1966).

図 7・19; B. R. Higginson, D. R. Lloyd, P. Burroughs, D. M. Gibson, A. F. Orchard, *J. Chem. Soc. Faraday Trans. II*, **69**, 1659 (1973).

図 9・9; S. B. Dawes, D. L. Ward, R. H. Huang, J. L. Dye, *J. Am. Chem. Soc.*, **108**, 3534 (1986).

図 9・30; "Nuclear magnetic resonance shift reagents," ed. by R. E. Sievers, Academic Press, N. Y. (1973).

図 9・32; J. J. Katz, G. T. Seaborg, L. Morss, "Chemistry of actinide elements," Chapman and Hall (1986).

図 8・5; N. B. Colthup, L. H. Daly, S. E. Wiberly, "Introduction to infrared and Raman spectroscopy," Academic Press (1975).

図 B15・1; Lab Conco, Kansas City, MO.

図 15・6; R. West, *Angew. Chem., Int. Ed. Engl.*, **26**, 1201 (1983).

図 13・18; A. H. Maki, B. R. McGarvey, *J. Chem. Phys.*, **29**, 35 (1958).

図 18・25; J. Etourneau, 'Superconducting materials,' "Solid State chemistry: compounds," ed. by A. K. Cheetham, P. Day, Chapter 3, Oxford University Press (1992).

和文索引

あ

i 183, 186
IR 212
アイソトポマー 387
アイソローバル 125
Einsteinの相対性理論 7
アインスタイニウム 486, 494
亜 鉛
　——の錯体 475
　——の産出と製法 473
　——の昇華エンタルピー 473
　——の標準電位 473
亜塩素酸 5
亜 殻 17
アキシアル 118
アキシアルな
　接線方向の—— 520
アキラル 343
アクア 335
アクアカチオン 239
アクア錯体
　——の寿命 374
アクア酸 230
　——の強度 231
アクセプター数 264
アクセプターバンド 175
アクチニウム 486
アクチニド 13
アクチノイド 12, 13, 485, 490
　——の酸化状態 490
　——のFrost図 492
　——の名称，記号，性質 485

アクチノイド錯体 493
亜原子粒子
　——の性質 4
アザン 394, 7
アジ化物イオン 3
亜ジチオン酸 5
亜硝酸 4
アスベスト 551
アセタト 7
アセチリド 545
アセチルアセトナト 335
アセチルアセトナトイオン 339
アセチレン化物イオン 3
アセトニトリル 261
アデノシン5′-三リン酸 243
アデノシン5′-二リン酸 243
アニオン 33
　——の日本語名 8
アノード処理 296
亜ヒ酸 4
Irving-Williams系列 373
アミド硫酸 233
アミノボラン 511
アミン-ボラン 510
アメリシウム 486, 493
アモルファスシリコン 418
arachno-構造 518, 520
亜硫酸
　——の酸性度定数 226
亜リン酸 4
アルカリ化物イオン 439
アルカリ金属 431
アルカリ金属水素化物 400
アルカリ土類金属 431
　——のedta^{4-}錯体 436
アルキリジン錯体
　d-ブロック金属の—— 450

アルゴン
　——の電子配置 33
アルサン 394, 421
アルシン 394
αケージ 556, 557
α粒子 4〜7
α-アルミナ 479
γ-アルミナ 479
アルミニウム
　——の産出と製法 477
　——の水素化物 416
　——のハロゲン化物 248, 478
アルミノケイ酸塩 265, 552
　三次元の—— 554
　層状—— 553
アルミノケイ酸塩ゼオライト 555
Arrhenius型の式 174
安定領域
　天然水の—— 313
アンミン 335, 7
アンミンジクロロ(ピリジン)白金(II) 6
アンモニア 262, 394, 421
　——のMO 151
アンモニア-カルボキシボラン 510
アンモニア-ボラン 510
アンモニウムイオン
　——の酸性度定数 226

い

E 198
E 183

＊ 立体の数字は本文の，斜体の数字は参考資料・付録のページを表す．人名以外の外国字の項目は，文字のアルファベット読み（英語）に従って配列する．たとえばHOMOは"ほ"でなく"え"の項にある．

和文索引

en 335, 337
硫黄 3
イオン
　——の熱化学半径 89
イオン化エネルギー 39, 40, 42, 43, 132, *20*
イオン化エンタルピー 39, 40
イオン結合 52, 138
　——のエネルギー論 81
イオン交換分離
　ランタノイドの—— 491
イオン性固体 67, 68, 91
イオン性配位子 336
イオン対 322
イオン半径 35, 36, 38, 76, 77
イオン半径比 78, 79
イオンモデル 67
異核結合 *11*
異核二原子分子 127
　——のMO 138
鋳型効果 339
鋳型合成 339
e軌道 149
　NH_3の—— 199
石綿 551
異性体
　——の合成 342
　fac—— 341
　mer—— 341
　鏡像—— 195, 342
　光学—— 342
イソチオシアナト 337
イソプロピルアルコール
　——の赤外スペクトル 397
1s軌道 21
一冠八面体形錯体 331
一次元固体 170
一次元スペクトル
　NMRの—— *10*
一次同位体効果 387
一電子波動関数 127
一酸化炭素 541
　——伸縮振動 217
　——の硫黄類似体 543
　——のMO 140
イッテルビウム 485
edta 335, 337, 335
edta^{4-} 436
陰イオン 33
インジウム
　——のハロゲン化物 480
　低酸化状態の—— 479

陰性
　電気的—— 45
インターカレーション 470
インターフェログラム 212

う

Wade則 516
Walshダイヤグラム 159
ウラン 486, 490
ウルツ鉱型 68
ウルツ鉱型構造 72, 73
運動エネルギー
　光電子の—— 131

え

A_1 198
A_2 198
永久電気双極子モーメント
　　　　　　　　　　193
A型ゼオライト 556
液体アンモニア 262
　——の自己プロトリシス平衡
　　　　　　　　　　229
液体フッ素化水素 263
a軌道 149
a_1軌道
　NH_3の—— 199
エクアトリアル 118
　動径—— 520
A骨格錯体 468
acac 335
SALC 197
S_n 183, 187
Sn → スズをみよ
SOMO 138
s軌道 18, 21, 23
SQUID 355
sバンド 165
sp^{3}混成軌道 124
s-ブロック金属 431
　——の鉱物資源と製法 432
　——の酸化物 434
　——のハロゲン化物 434
　——の硫化物 434
s-ブロック金属イオン
　——の錯体 435

s-ブロック元素 *12*
　——の有機金属化合物 439
エタノアト 7
枝分かれ図
　点群を決めるための——
　　　　　　　　　　190
エチレンジアミン 335, 337, *7*
エチレンジアミンテトラ
　　アセタト 335
エチレンジアミン配位子 338
エチレンジアミン四酢酸 337
エチレンジアミン四酢酸イオン
　　　　　　　　　　436
X線回折 59
X線発光バンド 169
HOMO 137
hcp(→ 六方最密)
HTSC 176
ATP 243
ADP 243
エナンチオマー 195, 342
NMR *9*
NMRスペクトル
　$(B_{11}H_{14})^-$の—— 525
*n*回回映軸 183, 187
*n*回回転軸 183, 184
n型半導体 175
nta 335
エネルギー準位
　水素型原子の—— 16, 17
　多電子原子の—— 29, 30
エネルギー準位図 205
エネルギーバンド 164
エネルギー論
　イオン結合の—— 81
Fe → 鉄をみよ
*fac*異性体 341
fod 489
f軌道 25, 26
fcc(→ 立方最密)
FT-IR 212
f-ブロック金属 485
f-ブロック元素 *12*
　——の電子配置 33
*mer*異性体 341
MAS *13*
mnt 335
MO理論 127
エメラルド 551
Ellingham図 274
　金属酸化物の還元
　　に関する—— 276

和文索引

l-異性体 345
LFSE 350
LCAO 近似 127
エルビウム 485
LUMO 137
塩
　——の名称 5
　——の命名法 3
塩化アルミニウム 248
塩化水素 394, 2
　——の酸性度定数 226
塩化スズ 249
塩化スズ(Ⅱ) 63
塩化スズ(Ⅳ) 63
塩化セシウム型 68
塩化セシウム型構造 70
塩化ナトリウム型構造 68, 69
塩化フッ化ビス(硫酸)六ナトリウム 6
塩化ヨウ素
　——の基底状態電子配置 142
塩　基 221
　硬い—— 255
　軟らかい—— 255
塩基性酢酸ベリリウム 436
塩基性酸化物 237
塩基性度定数 224
塩基性溶媒 261
塩　酸 2
塩素酸 5
　——の酸性度定数 226
エンタルピー 95
塩類似水素化物 393, 399
塩類似炭化物 545
　——の合成 547

お

ORTEP 図 60
王　水 466
黄鉄鉱 470
黄鉄鉱型構造 470
黄銅鉱 440
黄リン 3
ox 335
O_h 189
オキサラト-O 335
オキシダン 394
オキシド 7
オキソ 335, 7

オキソアニオン 239
　——の還元 294
オキソ酸 230, 233
　——の構造と pK_a 値 234
　——の体系名と伝統名 4
　——の命名法 2
オキソニウムイオン 222
　——の酸性度定数 226
オキソバナジウム(2+) イオン 447
オキソバナジウム(Ⅳ) イオン 447
μ-オキソ-ビス(トリオキソケイ酸)(6−) イオン 550
μ-オキソ-ビス[ペンタアンミンクロム(Ⅲ)] 336
μ-オキソ-ヘキサオキソ二クロム酸 5
μ-オキソ-ヘキサオキソ二ケイ酸(6−) イオン 550
μ-オキソ-ヘキサオキソ二リン酸 4
μ-オキソ-ヘキサオキソ二リン酸四水素 4
オクタクロロ二レニウム(Ⅲ) 酸イオン 334
オクタシアノモリブデン(Ⅴ) 酸錯体 446
オクテット 246
オクテット則 101
オゾン 3
オーム 162
オルガノアルサン 422
オルガノホスファン 422
オルト過ヨウ素酸 5
オルトケイ酸 4
オルトケイ酸イオン 550
オルトリン酸 4
　——の酸性度定数 226
Allred-Rochow 電気陰性度 48
折れ線形 117
折れ線形分子
　——の MO 160
温室ガス 390
温室効果 542

か

回　映 186
回映軸 187, 195
　——とアキラル 343

外圏型電子移動 290
外圏錯体 322
会合置換反応 375
灰重石 440
灰チタン石型(→ ペロブスカイト型)
回転運動 208
回転軸 193
回反操作 187
解離エンタルピー 111
解離置換反応 376
解離定数 369
過塩素酸 5
　——の酸性度定数 226
カオリナイト 553
化学式
　——の表記法 1
化学シフト 10
　^{1}H NMR の—— 388
化学ポテンシャル 166
架橋配位子 336, 7
殻 17
角運動量 18
　軌道—— 18, 353
　スピン—— 18, 19, 353
核間距離 120
核結合エネルギー 7, 8
核磁気共鳴 9
核子数 4
核　種 6
核スピン 9
角節面 19
核燃焼 6
角波動関数 19, 20
核反応 5
核反応方程式 9
核分裂生成物
　^{235}U の—— 494
核融合 5
確率密度 14
かご形化合物 333
かご形錯体 333
過酸化物イオン 3
　——の基底状態電子配置 137
硬い塩基 255
硬い酸 255
カチオン 33
活性錯体 375
活性炭 537, 538
　——の表面活性 538
滑　石 554

褐鉄鉱 440
活物質 483
catena- 2
catena-三酸素 3
カテネーション 113
過電圧 281, 288
カドミウム
　——の錯体 475
　——の産出と製法 473
　——の標準電位 473
ガドリニウム 485
Kapustinskii式 89, 90
貨幣金属 465
カーボンナノチューブ
　——の化学 535
　——の構造 536
カーボンブラック 537
　——の構造 537
過マンガン酸 5
過マンガン酸イオン 286
可約表現 18
過ヨウ素酸 5
ガラス 551
ガラス転移温度 552
カリウム 432
ガリウム
　——の産出 477
　——の電子配置 33
　——のハロゲン化物 478, 480
　低酸化状態の—— 479
カリ岩塩 432
カリホルニウム 486, 494
カルコゲニド 431
カルシウム 432
　——の電子配置 33
ガルバニ電池 284
　——の模式図 285
カルバボラン 526
カルビン錯体 450
カルボナト 335
カルボナト錯体
　金属の—— 543
カルボニル 335
カルボラン 526
岩塩 432
岩塩型構造 → 塩化ナトリウム型構造
間隙
　最密充塡構造の—— 56
還元 272, 273
　オキソアニオンの—— 294

化学的な—— 278
　水による—— 296
還元剤 272, 285
還元電位 282
還元半反応 282, 283
乾式製錬
　——による鉄抽出 278
　炭素—— 278
乾式冶金 276
干渉
　協調型—— 14, 15, 128, 129, 203
　背反型—— 14, 15, 128, 129, 203
環状メタケイ酸イオン 551
貫入 26, 28
官能基周波数 209
官能基波数 209, 210
γ粒子 4
簡約 16

き

幾何異性 325
　六配位錯体における——　340
規格化
　波動関数の—— 14
規格化定数 14
貴金属 430
輝コバルト鉱 440
基準振動 208, 209
　——の対称性 214
輝水鉛鉱 440
輝ソウエン鉱 477
基底 14
基底関数系 128
基底系 128
基底状態 26
　——の電子配置 31
基底状態電子配置 138
　NH_3の—— 153
　原子の—— 20
軌道 17
　原子—— 16, 23
　水素型—— 19, 20
軌道エネルギー 135, 205
軌道エネルギー準位図
　NH_3の—— 152
軌道角運動量 18, 353

軌道角運動量量子数 16
軌道近似 127
軌道近似法 26, 27
輝銅鉱 440
軌道相関図 149
軌道の重なり 129
希土類 487
逆スピネル 75
逆対称伸縮 211, 214
既約表現 198, 16
逆ホタル石型 68
逆ホタル石型構造 71, 72
キャリヤー散乱 167
求核試薬 245
球対称環境 348
求電子試薬 245
求電子置換反応 524
九配位錯体 332
キュリウム 486, 494
鏡映 184
鏡映面 183, 184, 193
強塩基 226
境界面 23
　p軌道の—— 24
強酸 225
鏡像異性体 195, 342
　——の分割 345
協調型干渉 14, 15, 128, 129, 203
強配位子場 351
共鳴 102
共鳴混成体 103
鏡面 184
共役塩基 223
共役酸 223
共有結合 100
共有結合半径 35, 36, 109
供与体原子 321
行列 14
行列表現 15
極軌道 18
局在軌道 157
　——と混成 158
極座標 20
極性共有結合 138
極性分子 193
キラルな錯体 342
キラル分割法 346
キラル分子 194
キレート効果 371
キレート配位子 337
銀
　——の標準電位 473

和文索引

金紅石 440
金属 10, 428
　　――のMO 162
　　――の原子半径 64
　　――の構造 58
　　――の昇華エンタルピー 428
　　――の性質 428
　　――の多形 62
金属-アンモニア溶液 438
金属過剰酸化物 437
金属カルボニル
　　――の振動スペクトル 217
金属間化合物 66, 67
金属-金属結合
　　12族元素の―― 474
　　d-ブロック金属における―― 457
金属-金属多重結合 464
金属クラスター 333
金属結合 52
金属結合半径 35, 36, 64
金属錯体 321
　　CO_2の―― 543
金属水素化物 388
金属導体 162
金属ホウ化物 513
金属類似水素化物 393, 401
金属類似炭化物 545, 547
均等化
　　Ag^{II}の―― 299
　　窒素化合物の―― 307
　　Frost図と―― 307

く

Gouy天秤 355
空間格子 53
空気酸化 300
苦灰石 432
Cooper対 176
位　数 198, 37
Claus法
　　――による硫黄の製法 282
18-クラウン-6 436
クラウンエーテル 436
クラスター
　　――の分類 430
　　C_{60} 533
　　炭素―― 533

クラスター構成反応 524
クラスター錯体
　　Fe-S―― 471
クラスレート化合物 333
グラファイト 531
　　――の構造 531
　　――の層間化合物 532, 545
　　――の電気伝導性 532
グリシナト 335
Grignard試薬 439
クリプタンド[2.2.1] 436
クリプタンド[2.2.2] 436
クリプタンド配位子 436
closo-構造 517, 520
クロム
　　――の製法 440
クロム酸 5
クロム鉄鉱 440, 444
クロロ 335
クロロフルオロカーボンポリマー 540
クーロンポテンシャルエネルギー 83, 85
群　論 182, 14

け

ケイ化物 558
ケイ酸塩ガラス 552
ケイ酸塩鉱物 240
形式電荷 104
ケイ素 548
　　――の錯体 249
　　――の精製法 548
　　――の製法 503
　　――の窒素化合物 550
　　――のハロゲン化物 549
ケイ素-酸化化合物 550
K_a 224
K_f 368
K_3C_{60}
　　――の構造 534
KCP 170
K_w 224
結　合 100
　　金属-配位子間の―― 361
結合異性 337
結合エンタルピー 110
　　――と結合次数との相関 144

　　――と電気陰性度 114
水素結合の―― 397
二元水素化合物の―― 404
結合解離エネルギー 120
結合解離エンタルピー 110
結合角 161
　　水素化合物の―― 395
結合距離 109
　　――と結合次数との相関 144
結合次数 143
　　――と結合エンタルピーとの相関 144
　　――と結合距離との相関 144
結合性軌道 129
結合の強さ 110
結合半径
　　共有―― 35, 36, 109
　　金属―― 35, 36, 64
結晶構造 53
結晶場分裂パラメーター 348
結晶場理論 345, 347
結晶溶媒 323
K_d 369
K_b 224
ゲルマニウム 548
　　――の製法 503
　　――のハロゲン化物 249, 549
ゲルマン 394, 420
原子価殻 34, 109
　　d-ブロック元素の―― 34
原子価殻電子対反発モデル 115
原子核合成
　　軽元素の―― 5
　　重元素の―― 8
原子価結合理論 119
原子価状態 47
原子軌道 16, 23
　　――の線形結合 127
原子構造 3～
原子パラメーター 35
原子半径 35, 36, 39
　　金属の―― 64
　　周期表における――の変化 37
原子番号 3
元　素
　　――の起源 4
　　――の存在比 5
　　――の分類 9

こ

高温超伝導体　176
光学異性　342
光学活性　195, 342
光学不活性　343
鋼　玉　479
硬　玉　551
合　金　65
交差分極　13
光　子　4, 5
格子エンタルピー　81~83, 88, 90~92, 94, 95
　固体フッ化物の——　357
　酸化物の——　356
格子溶媒　323
高スピン錯体　352
高スピン配置　352
合成 Fe-S 錯体　333
構成原理　31, 136
合成ゼオライト　555
構造マップ　79, 80
光電子　131
光電子スペクトル　130
　[Mo(CO)$_6$] の——　364
　フェロセンの——　365
　マグネソセンの——　365
光電子分光法　361
光電子放射　132
高電子密度領域　115
恒等操作　183
高配位数　323
光明丹　482
氷
　——の構造　397, 398
黒　鉛
　——の半金属性　169
固　体
　——の構造　52~
　——の分子軌道　162
固体 NMR　13
骨格電子　516
五配位錯体　327
コバルト
　——の製法　440
五フッ化アンチモン　250
五方両錐形錯体　331
固溶体　65

　侵入型——　65, 66
　置換型——　65
孤立電子対　100, 245
Glodschmidt イオン半径　77
Goldschmidt の分類　258
Goldschmidt 半径　64
Goldschmidt 補正　64
混合酸化状態化合物　479
conjuncto-ボラン　518
混　成　123
　局在軌道と——　158
混成軌道　123, 158
コンダクタンス　162

さ

サイクリックボルタモグラム
　　　　292
サイクリックボルタンメトリー
　　　　292
最高被占軌道　44, 47, 132, 137
最小基底系　132
最低空軌道　44, 47, 137
最密充填
　球の——　54
最密充填構造　54, 63
　——の間隙　56
錯形成　253
　——と標準電位　315
錯形成平衡　368
錯形成平衡定数　256
酢酸銅(Ⅱ)二量体　333
酢酸モリブデン(Ⅱ)　462
錯　体　245, 321~
　——の安定度　369
　——の基底状態電子配置
　　　　364
　——の生成定数　368, 369
　——の絶対配置　344
　——の電子構造　345
　——のフロンティア軌道
　　　　364
　——の命名法　2
一冠八面体形——　331
外圏——　322
九配位——　332
キラルな——　342
高スピン——　352
五配位——　327

五方両錐形——　331
三角柱形——　330
四角面一冠三角柱形——
　　　　331
四方逆プリズム形——　332
四面体形——　325, 357
十二面体形——　332
十配位——　332
正方晶——　358
多金属——　333
直線形——　324
低スピン——　352
内圏——　322
七配位——　330
八配位——　331
八面体形——　329, 340
平面四角形——　326, 327, 358
四配位——　325
六配位——　329
錯滴定　371
鎖状メタケイ酸塩　551
サファイヤ　479
サブ原子価化合物　114
サマリウム　485
作用電極　292
酸　221, 221
　——の命名法　2
　硬い——　255
　軟らかい——　255
-酸イオン　334
3s 軌道　21
酸・塩基
　——の硬と軟　258
　——の Lewis による定義　244
酸塩基反応
　不均——　265
酸　化
　——による単体の抽出　281
　空気中の酸素による——
　　　　299
　水による——　295
酸解離定数　224
酸化ガリウム(Ⅲ)　479
酸化還元安定性
　水中における——　295
酸化還元系　283
酸化還元反応　272, 432
　非相補——　291
酸化還元半反応　282
三角形三水素
　——の MO　148

三角形三水素イオン
　　――の電子配置　150
三角柱形錯体　330
三角面多面体　516
酸化剤　272, 285
　　――としての水　295
酸化状態　93, 107
　　d-ブロック金属の――
　　　　　　441, 454, 457
酸化数　106
酸化的付加　391, 467
酸化鉛(Ⅳ)　482
酸化半反応　283
酸化物　237
　　――の酸性度　239
　　金属過剰――　437
酸化ヘキサキス(酢酸)
　　　四ベリリウム　436
三酸化硫黄　251
三重縮退軌道　149
三水素
　　――のMO　146
酸性酸化物　237
酸性度定数　224, 226, 232
酸性度パラメーター　259
酸性プロトン　230
酸性溶媒　263, 264
酸素　3
酸素族　431
　　――の酸　250
酸素分子
　　――の基底状態電子配置
　　　　　　137
三窒化物(1−)イオン　3
三中心二電子結合　150
サンドイッチ化合物　528
三ハロゲン化ホウ素　504
3p軌道　21
三フッ化ホウ素　248
三方錐形　117
三方錐形錯体　327
三方ひずみ　330
三方両錐形　115, 117
酸命名法　2
三ヨウ化物イオン　253, 3
三ヨウ化物(1−)イオン　3

し

ジ　334
C_1　189
C_2　189
C_{2v}　189
　　――の指標表　201
C_{3v}　189
　　――の指標表　198
$C_{\infty v}$　189
C_{60}
　　――の化学　535
　　――の構造　534
C_{60}クラスター　533
次亜塩素酸　5
ジアステレオマー　345
シアノ　335, 7
シアノ錯体
　　d-ブロック金属の――　446
シアン化水素　544
　　――の酸性度定数　226
シアン化物　8
ジアンミンジクロロコバルト
　　　　　(Ⅲ)　336
ジアンミンジクロロ白金　326
ジイミン配位子　372
J　10
ジエチレントリアミン　335
C_n　183
gly　335
四塩化ケイ素　549
四塩化二ホウ素　507
Schönflies方式
　　点群の――の記号　37
[ジオキシド(2−)]　7
ジオキソ塩素酸　5
ジオキソ塩素酸水素　5
ジオキソ硝酸　4
ジオキソ硝酸(1−)水素　4
紫外光電子分光法　131
四角面一冠三角柱形錯体　331
磁化率　355
磁気双極子モーメント　353
磁気モーメント
　　スピンだけの――　353
磁気量子数　16, 18
σ　183
Σ　198
σ_h　185
σ軌道　133
σ結合　120
σ_d　185
σ_v　185
$cyclo$-　2

シクロトリボラザン　511
$cyclo$-八硫黄　3
シクロペンタジエニド配位子　528
ジクロロビス(エチレンジ
　　アミン)コバルト(Ⅲ)　343
β-ジケトン　338
自己イオン化　224
自己プロトリシス　224
自己プロトリシス定数　224
自己プロトリシス平衡
　　液体アンモニアの――　229
四酸化オスミウム　445
四酸化ルテニウム　445
1,2-ジシアノベンゼン　339
四重結合　136
シス異性体　325
　　――の赤外活性　214
　　六配位錯体の――　340
ジスプロシウム　485
磁束計　355
ジチオン酸　5
湿式製錬
　　――による銅抽出　278, 392
質量数　4
磁鉄鉱　440
シトクロムc　544
CP　13
CPMAS-NMR　13
ジヒドリドジオキソリン酸　4
ジヒドリドジオキソ
　　　リン酸(1−)水素　4
指標　198
　　対称操作の――　15
指標表　196, 197, 17
　　――を読む　200
　　点群の――　37
ジフェニルスルファン　8
四方逆プリズム形錯体　332
四方錐形　117
ジボラン　155, 394, 409, 516
ジボラン(6)　411
ジボラン(8)　411
　　――の合成　409
ジメチルアミド　7
ジメチルスルホキシド　261
ジーメンス　162
四面体間隙　58
四面体群　192, 116, 117
四面体形結晶場　358
四面体形錯体　325, 357
　　――の電子構造　357

g　136

和文索引

射影演算子 *19*
弱塩基 226
弱 酸 225
弱配位子場 351, 358
Shannonイオン半径 77
遮へい 26, 28, *10*
遮へいパラメーター 28
斜方ひずみ 329
臭化水素 394
　——の酸性度定数 226
周 期 12
周期表 10
　——における原子半径の変化 37
　——における第一イオン化エネルギーの変化 41
　——における電気陰性度の変化 46
　——の形式 34
重 合
　——のエネルギー 144
重水素 4
Br$_2$ 252
ジュウテリウム 4, 386
ジュウテロン 222
十二面体形錯体 332
十配位錯体 332
主回転軸 185
縮合重合体 239
縮合反応 339
縮 重 17
縮 退 17, 134
縮退度
　軌道の—— 199
主 軸 185
酒石酸 346
(＋)-酒石酸アンチモンアニオン 346
主要族元素 12
　——の電子親和力 44
受容体原子 321
主量子数 16, 18
Schrödinger方程式 15
昇 位 122
昇華エンタルピー
　亜鉛の—— 473
　金属元素の—— 429
　金属の—— 428
　銅の—— 473
硝 酸 *4*
硝酸タリウム(I)ナトリウム 6

常磁性 353
　スピンだけの—— 353
　不対電子に基づく—— 355
状態密度 168
小直交性定理 *18*
除外規則
　——と反転中心 210
シラン 394
　——の合成 417
　——の熱分解反応 418
　——の反応 419
シリカゲル 265
シリコーンポリマー 552
ジリチオカルバボラン 527
ジルコニウム 459
真空ライン 410
シン砂 473
親酸素元素 501
伸縮基準振動
　平面四角形錯体の—— 214
伸縮振動 209
真性半導体 172
親石元素 258
振動エネルギー準位 206
親銅元素 258
振動構造 151
振動スペクトル
　——による分子の対称性の帰属 217
振動遷移エネルギー 207
振動波数
　二原子分子の—— 208
振動様式 208, 206
振動励起状態 132
侵入型固溶体 65
　非金属元素との—— 66
侵入型炭化物 547
侵入基 368
親フッ素元素 501

す

水 銀
　——の錯体 474
　——の産出と製法 473
水酸化物 *8*
水蒸気改質法 389
水蒸気変成法 389
水性ガスシフト反応 389
水性ガス反応 389

水 素 385
　——の生成 389
　——の精製 402
　——の同位体 386
　——の二元化合物 393
　——の爆発 423
水素イオン 221, 388
水素化アルミニウム 416
水素化アルミニウムリチウム 416
水素化ガリウムリチウム 416
水素化カルシウム 400
水素化合物
　——の安定性 403
　——の結合角 395
　——の合成 405
　——の反応 406
　——のヘテロリシス 407, 408
　——のホモリシス 408
水素型軌道 19, 20
　——の動径分布関数 23
水素型原子
　——のエネルギー準位 16, 17
　——の構造 13
　——の動径分布関数 22
水素化物
　アルミニウムの—— 416
　塩類似—— 393, 399
　金属類似—— 393, 401
　リチウムの—— 416
水素化物ギャップ 401
水素化物性 407
水素化ホウ素 514
　——の合成 522
　——の分類と電子数 518
水素経済 390
水素結合 264, 395
　——の結合エンタルピー 397
水素原子 388
　——のVB理論 119
水素命名法 *2*
水平化効果 228
水和エンタルピー 95
　M^{2+}イオンの—— 356
スキュー形 196
スクッテルド鉱 440
す す
ス ズ 63, 530
　——の構造 537
　——の錯体 249

和文索引

スズ (つづき)
　――の産出と製法　477
　――のハロゲン化物　481
αスズ　530
βスズ　530
スズ石　530
スタンナン　394, 420
スチバン　394, 422
スチビン　394
ステンレス鋼　440
スピネル型構造　75, 76
スピネル類　75
スピン　18, 19
スピン角運動量　18, 19, 353
スピン磁気量子数　19
スピン-スピンカップリング　10
スピン-スピン結合　10
スピン-スピン結合定数　10
スピン相関　32
スピンだけの常磁性　353
スピン対　128
スピン対生成エネルギー　350
スペクトル項エネルギー　48
スラグ　259
スルファン　394
スルフィド錯体　471
　d-ブロック金属の――　468

せ

生化学的標準状態　310
生成定数
　――と標準生成ギブズ
　　　　　　エネルギー　369
　$[Ni(NH_3)_n(OH_2)_{6-n}]^{2+}$
　　　　　の――　370
　錯体の――　368, 369
　電子非局在化と――　372
正長石　554
静電パラメーター　90, 232, 257
静電反発力　118
静電モデル　227
正二十面体群　192
正方晶錯体　358
正方錐形錯体　327
正方ひずみ　329, 358
ゼオライト　554, 555
赤外活性
　――と電気双極子モーメント
　　　　　　　　　　　　210

赤外吸収　212
赤外スペクトル
　――と対称性　210
赤外分光法　206, 211
赤鉄鉱　440
石　墨　531
節　21
絶縁体　162, 171
石灰石　432
接線軌道　519
ZSM-5　555
節　面　19, 129, 134
セメンタイト　548
セラン　394
セリウム　485
セレン化水素　394, 424
ゼロ点エネルギー　207
ゼロ電荷点　242
セン亜鉛鉱　473
セン亜鉛鉱型　68
セン亜鉛鉱型構造　70
遷移元素　12
センウラン鉱　487
線形結合
　原子軌道の――　127
　波動関数の――　119
全生成定数　369
銑　鉄　279
全反応　283
占有確率　166

そ

層間化合物
　グラファイトの――
　　　　　　　　　532, 545
相関図　149
双極子モーメント　140, 193
相互作用
　粒子間の強い――　3
相対性理論　7
曹長石　554
族　12
族酸化状態
　――の安定性　443
　p-ブロック金属の――　478
族酸化数　441
族番号　12
族番号方式　35
ソーダ石灰ガラス　552

た

第一イオン化エネルギー
　　　　　　　　　39, 42, 43
　周期表における――の変化
　　　　　　　　　　　　41
第一水銀イオン　3
第一配位圏　322
大環状キレート化合物　340
大環状配位子　339
第三イオン化エネルギー　42, 43
対称開裂　412
対称型　198
対称軸　184
対称伸縮　211, 214
対称性
　基準振動の――　214
　振動スペクトルによる分子の
　　　　　　の帰属　217
　赤外スペクトルと――　210
　分子振動の――　206
　分子の――　182
　ラマンスペクトルと――　210
対称操作　182
対称適合軌道　44
対称適合線形結合　197, 204,
　　　　　　　　　　361, 44
　――の規格化　362
　配位子σ軌道の――　362
対称標識　196
対称要素　183
　点群と――　189
体心立方　59, 61, 62
タイトバインディング近似
　　　　　　　　　　　163
第二イオン化エネルギー　39, 42
第4周期の元素の――　50
第2周期元素
　――の等核二原子　133
ダイヤモンド　531
　――の合成　532
　――の構造　531
　――のバンドギャップ　530
太陽電池　419
多塩基酸　226
　――の逐次プロトン移動平衡
　　　　　　　　　　　227
多核錯体　333
　――の命名　7

多金属錯体 333
多 形
　金属の── 62
多原子分子
　──のMO 150
　──のVB理論 122
　──の分子軌道 145
多座性
　配位子の── 8
多座配位子 334
脱遮へい 10
脱プロトン化
　ボランの── 523
脱離基 368
多電子原子 13, 26
　──のエネルギー準位 29, 30
田辺-菅野ダイヤグラム 48
タリウム
　──のハロゲン化物 480
　低酸化状態の── 479
多硫化水素分子 424
単位格子 53
炭化カルシウム
　──構造 546
単核オキソ錯体 446
単核錯体
　──の命名法 3
単核酸 233
炭化タングステン 548
炭化物 545, 8
　C⁴⁻アニオンを含む──
　　　　　　　　　　545
タングステン
　──の製法 440
単座配位子 334
炭 酸 4
　──の酸性度定数 226
炭酸水素イオン
　──の酸性度定数 226
炭酸水素ナトリウム 6
単純単位格子 54
単純立方 59, 61, 62
ケイ素
炭 素
　──と窒素との化合物 544
　──の酸化物 541
　──の酸化物の性質 541
　──の製法 503
　──のハロゲン化物 539
　不完全結晶性の── 537
炭素-12 6
炭素-13 6

炭素乾式製錬 278
炭素クラスター 533
炭素繊維 537, 538
炭素族 500〜529
　──元素の性質 502
　──元素の存在量 501
　──の酸 247
　──の産出と単離 530
単 体
　──の抽出 272
単電子被占軌道 138

ち, つ

チオシアナト 337
チオシアナト-S 335, 337
チオシアナト-S錯体 337
チオシアナト-N 335, 337
チオシアナト-N錯体 337
チオシアナト-κS 337
チオシアナト-κN 337
チオメタラート錯体 472
チオ硫酸 5
力の定数 206
　二原子分子の── 208
置換オキソ酸 233
置換型固溶体 65
置換活性 374
置換命名法 8
置換反応 254, 255, 368
　配位子──の速度 374
置換不活性 374
逐次生成定数 369
　──にみられる傾向 369
チタン
　──の製法 440
チタン鉄鉱 440
窒化ケイ素 550
窒化ホウ素 509
窒素-14 6
窒素-15 6
窒素族
　──の酸 250
中心金属原子 321
中性子 4, 6
中性子捕獲 8
中性配位子 336
中性溶媒 264
超アメリシウム元素 493
　──の酸化状態 494

超原子価 154
超原子価化合物 107
超 酸 251
超酸化物イオン 3
　──の基底状態電子配置
　　　　　　　　　　137
超新星 8
長 石 554
超伝導 176
超伝導体 163
超伝導量子干渉計 355
超配位化合物 108
調和振動子 206
　──のエネルギー準位 207
直線形 117
直線形錯体 324
直線形三水素
　──のMO 146
直線形分子
　──のMO 160
Czochralski法 280
直 和 16
ツリウム 485

て

D_{2h} 189
D_{3h} 189
D_{4h} 189
$D_{\infty h}$ 189
tren 335
d-異性体 345
THF 262
TMS 10
DMSO 261
DMF 261
t軌道 149
d軌道 18, 24, 26, 108
d金属錯体 321
抵抗率 162
TCNE 246
低スピン錯体 352
低スピン配置 352
T_d 189
低配位数 323
dバンド 165
d-ブロック金属 440
　──原子間の結合 134
　──のアルキリジン錯体 450

和文索引

d-ブロック金属（つづき）
　——の最高酸化状態　445
　——の酸化状態　441, 454, 457
　——の産出と単離　441
　——のシアノ錯体　446
　——のニトリド錯体　450
　——の二ハロゲン化物　455
　——のフルオロ錯体　446
　——のポリオキソメタラート　451
d-ブロック元素　12
　——のカチオン　33
　——の原子価殻　34
　——の電子配置　33
デカボラン(14)　515
鉄
　——(^{56}Fe) の核結合エネルギー　7
　——の製法　440
鉄-クロム合金　440
鉄フタロシアニン　558
鉄マンガン重石　440
鉄-モリブデン合金　440
テトラ　334
1, 4, 8, 11-テトラアザシクロテトラデカン　335
テトラオキソ塩素酸　5
テトラオキソ塩素酸水素　5
テトラオキソクロム酸　5
テトラオキソケイ酸　4
テトラオキソケイ酸(4−)イオン　550
テトラオキソケイ酸四水素　4
テトラオキソ二硫酸　5
テトラオキソ二硫酸($S-S$)二水素　5
テトラオキソヒ酸　4
テトラオキソヒ酸三水素　4
テトラオキソヒ硫酸　4
テトラオキソヒ硫酸二水素　4
テトラオキソマンガン酸(1−)　5
テトラオキソマンガン酸(2−)　5
テトラオキソマンガン(Ⅶ)酸イオン　336
テトラオキソヨウ素酸　5
テトラオキソヨウ素酸水素　5
テトラオキソ硫(Ⅵ)酸水素セシウム　6
テトラオキソ硫酸水素(1−)セシウム　6

テトラオキソリン酸　4
テトラオキソリン酸(3−)二水素　4
テトラカルボニルニッケル(0)　336
テトラキス　336
テトラシアノエチレン　246
テトラハロゲノホウ酸アニオン　506
テトラハロメタン　539
テトラヒドロフラン　262
テトラヒドロホウ酸イオン　414
テトラフルオロホウ酸アニオン　506
テトラボラン(10)　411, 515, 522
テトラメチルシラン　10
デバイ　140
テフロン　540
テラン　394
δ　10
δ軌道　135
デルタヘドロン　516
テルビウム　485
テルル化水素　394, 424
電解還元　280
電荷移動錯体　252
電荷移動遷移　253
電気陰性度　45, 138
　Allred-Rochow——　48
　結合エンタルピーと——　114
　周期表における——の変化　46
　Pauling——　46, 47, 114
　Mulliken——　46, 47
電気化学系列　285
電気双極子　193
電気双極子モーメント　140
　赤外活性と——　210
電気伝導率　162
　半導体の——　174
電気分解　273, 281
　——によるフッ素の製法　281
　海水の——　281
点群　188
　——と極性　194
　——と対称要素　189
　——の指標表　37
点群対称　183

典型元素　12, 13
電子　4, 6
電子移動
　外圏型——　290
　内圏型——　291
電子殻　17
電子過剰化合物　394
電子化物　263, 439
電磁気力　3
電子取得エンタルピー　43, 44
電子親和力　43, 44, 45, 20
　主要族元素の——　44
電子スピン　18
電子遷移　130
電子対供与体　245
電子対受容体　245
電子適正化合物　394
電子適正水素化物
　炭素族の——　417
電子伝達体　333
電子配置　26
　f-ブロック元素の——　33
　基底状態の——　31
　原子の基底状態——　20
　d-ブロック元素の——　33
電子非局在化
　——と生成定数　372
電子不足化合物　155, 394
電子ボルト　39
天然水　313
　——の安定領域　313

と

銅
　——の昇華エンタルピー　473
　——の製法　440
　——の標準電位　473
同位体　4
　水素の——　386
同位体効果
　一次——　387
　動的——　387
　二次——　387
等核結合　11
等核二原子
　第2周期元素の——　133
等核二原子分子
　——のMO理論　130
　——のVB理論　121

透過率 213
等軌道性 125
等軌道的 125
動 径 20
動径軌道 519
動径節 19, 20
動径波動関数 19〜22
動径分布関数
　　水素型軌道の―― 23
同族体 12
動的同位体効果 387
動的 Jahn-Teller 効果 360
ドナー・アクセプター錯体 252
ドナー数 264
ドナーバンド 175
ドーパント 175
ドーピング 175
Drago-Wayland 式 260
Drago-Wayland パラメーター 260
トランス異性体 325
　　――の赤外活性 214
　　六配位錯体の―― 340
ト　リ 334
トリアルキルスタンナン 408
トリウム 486, 490
トリエチルホスファンオキシド 264
トリエチルボラン 8
トリオキソ塩素酸 5
トリオキソ塩素酸水素 5
トリオキソ硝酸 5
トリオキソ硝酸(1−)水素 4
トリオキソ炭酸 5
トリオキソ炭酸二水素 4
トリオキソチオ硫酸 5
トリオキソチオ硫酸二水素 5
トリオキソヒ酸 4
トリオキソヒ酸(3−)三水素 4
トリオキソビスマス(V)酸ナトリウム 483
トリオキソホウ酸 4
トリオキソホウ酸三水素 4
トリオキソヨウ素酸 5
トリオキソヨウ素酸水素 5
トリオキソ硫酸 5
トリオキソ硫酸二水素 5
トリオキソリン酸(3−) 4
トリオキソリン酸(3−)三水素 4
トリシラン 417

トリシリルアミン 550
トリス 334
トリス(2-アミノエチル)アミン 335
トリス(エチレンジアミン)コバルト(Ⅲ)イオン 343
トリチウム 4, 386
トリトン 222
トリビニルスチバン 8
トリビニススチビン 8
トリフルオロ(トリメチルアミン)ボラン 395
トリフルオロメチルスルホン酸 233
トリメチルアミン 395
トレーサー 386
ドロマイト 432

な

内圏型電子移動 291
内圏錯体 322
ナトリウム 432
　　――の電子配置 33
ナトリウム化物 431
七配位錯体 330
ナノチューブ
　　BN―― 536
鉛
　　――の酸化物 482
　　――の産出と製法 477
　　――のハロゲン化物 481
鉛蓄電池 483
軟マンガン鉱 440

に

2s 軌道 21
二塩基酸 226
二クロム酸 5
二クロム酸イオン 286
二クロム酸塩
　　――の合成 444
二ケイ酸イオン 550
二原子分子
　　――の振動波数 208
　　――の力の定数 208
二酸化硫黄 251

二酸化三炭素 541
二酸化炭素 542
　　――の硫黄類似体 543
　　――の金属錯体 543
　　――の特性反応 542
二酸化物(1−)イオン 3
二酸化物(2−)イオン 3
二酸素 3
二次同位体効果 387
二重結合 103
二重縮退軌道 149
二重置換反応 255
二十面体群
　　――の指標表 43
二硝酸タリウムナトリウム 6
二水銀(2+)イオン 3
二水素 389
二炭化物 545
　　――の合成 547
二炭化物(2−)イオン 3
ニッケル
　　――の製法 440
nido-構造 518, 520
ニトリト-N 配位子 337
ニトリト-O 335
ニトリト-O 配位子 337
ニトリド錯体
　　d-ブロック金属の―― 450
ニトリロトリアセタト 335
二配位錯体 324
二ハロゲン
　　Lewis 酸としての―― 252
2p 軌道 21
ニュートリノ 4, 6
二リン酸 4

ね，の

ネオジム 485
ねじれ配座 187
熱化学半径 90
　　イオンの―― 89
熱伝導率 162
熱分解反応
　　シランの―― 418
ネプツニウム 486
Nernst 式 287

ノーベリウム 486

和文索引

は

Π 198
配位化合物 245, 321
　——の体系名 6
　——の命名法 2
配位圏
　第一—— 322
配位子 321
　——の命名法 334
　エチレンジアミン—— 338
　キレート—— 337
　代表的な—— 335
　ニトリト-N—— 337
　ニトリト-O—— 337
　π供与体—— 366
　π受容体—— 367
　両座—— 337
配位子置換 368
配位子置換反応
　——の速度 374
配位子場 48
　強—— 351
　弱—— 351, 358
配位子場安定化エネルギー
　　　　350, 356
配位子場分裂 48
配位子場分裂パラメーター
　　　　347〜349
　——に対するπ結合の影響
　　　　366
　四面体形錯体の—— 358
　平面四角形錯体の—— 359
配位子場理論 346, 360
配位子名 7
配位数 54, 322
　高—— 323
　低—— 323
灰色スズ 63, 530
Peierlsの定理 170
Peierlsひずみ 170
π軌道 133
π供与体配位子 366
π結合 121
　金属-配位子間の—— 365
π受容体配位子 327, 367
焙焼 273
倍数接頭辞 334, 336, 3
　日本語の—— 8
背反型干渉 14, 15, 128, 129, 203

パイレックス 508
Pauliの排他原理 27, 31
白雲母 554
白色スズ 63, 530
爆発
　水素の—— 423
バークリウム 486, 494
白リン 3
挟み角 339
波数 207
裸のクラスター 430
八配位錯体 331
八面体形 117
八面体形錯体 329, 340
　——の分子軌道エネルギー
　　　　準位 363
八面体形分子
　——の赤外吸収バンド 217
八面体間隙 56, 57
八面体群 192
八面体系 115
発煙硫酸 252
白金族金属 465
白金族元素 441
バックミンスターフラーレン
　　　　533
波動関数 13, 15
　——の規格化 14
　角—— 19, 20
　動径—— 19〜22
　VB理論における—— 119
バナジル錯体 447
Haber法 421
Haber-Bosch法 421
ボラン 514
張る 16
ハロゲノシラン 549
ハロゲン化カルボニル 540
　——の性質 540
ハロゲン化水素 424, 2
ハロゲン酸 2
半金属 169
半径比
　イオン—— 78, 79
反結合性軌道 129
反磁性 353
反転 136, 183, 185
反転中心 183, 186, 193
　除外規則と—— 210
バンド 164
半導体 162, 172, 419
バンドギャップ 164, 172

真性半導体の—— 173
バンド構造
　分子軌道の—— 163
反応エンタルピー 111
反応濃度比 287
半反応
　還元—— 282, 283
　酸化—— 282

ひ

B_1 201
B_2 201
PES 361
pH 225
比エンタルピー 390
p型半導体 175
ヒ化ニッケル型 68
ヒ化ニッケル型構造 73
b軌道 149
p軌道 18, 21, 25
　——の境界面 24
非局在軌道 150, 157
非局在電子 163
非金属 10, 428
非金属元素
　——との侵入型固溶体 66
pK 225
非結合性軌道 139
ヒ酸 4
ヒ酸水素イオン
　——の酸性度定数 226
bcc(→体心立方)
bcc構造 63
非縮退線形結合 361
Pidgeon法 273
ビス 334
ヒスイ 551
ヒスイ輝石 551
非水溶媒 262
cis-[ビス(エチレンジアミン)
　ジニトロコバルト(Ⅲ)]イオン
　　　　382
ビス[μ-(＋)-タルトラト]ニア
　ンチモン酸(2−)イオン 346
ビスマス 483
　——の産出 477
　——の標準電位 483
p_z軌道 26
非相補酸化還元反応 291
非対称開裂 413

非対称単位 53
非直線状錯体
　　——のひずみ 360
ビッグバン 3
ピッチブレンド 487
ヒドリド 335, 414, 7
ヒドリドトリオキソ
　　　　　　リン酸(2−) 4
ヒドリドトリオキソ
　　　　　　リン酸(2−)二水素 4
ヒドロ 414
ヒドロキソ 335
ヒドロキソ酸 230
ヒドロシリル化 420
ヒドロホウ素化 413
ヒドロン 2, 222
pバンド 165
2,2′-ビピリジン 335, 372
bpy 335
p-ブロック
　　——内における平均結合
　　　　エンタルピー 112
p-ブロック金属 475
　　——の酸化状態 476
　　——の産出と単離 476
p-ブロック元素 12, 35
hypho-ボラン 518
表示 14
表示行列 14
標準イオン化エンタルピー 39
標準還元電位 284
標準状態 274
標準生成ギブズエネルギー
　　生成定数と—— 369
　　二元水素化物の—— 404
　　水の—— 422
標準電位 284, 286, 310, 23
　　——に対する錯形成の影響
　　　　　　　　　　　315
　　アルカリ金属の—— 433
　　s-ブロック元素の—— 433
　　中性溶液中での—— 310
　　Frost図と—— 305
　　H^+/H_2系の—— 284
　　平衡定数と—— 287
標準反応エンタルピー 40, 111
標準反応ギブズエネルギー
　　——と平衡定数 274
　　還元半反応—— 283
　　全反応の—— 283
　　H^+の還元半反応による——
　　　　　　　　　　　284

表面酸 265
ピリジニウムイオン
　　——の酸性度定数 226

ふ

van der Waals ギャップ 531
van der Waals 相互作用 85
van der Waals 半径 109
van der Waals 力 531
VSEPR 規則 395
VSEPR モデル 115
VSEPR 理論
　　——と水素結合錯体
　　　　　　　の構造 398
VB 波動関数 120
VB 理論 119
1, 10-フェナントロリン 372
フェルミウム 486
Fermi 準位 166
Fermi-Dirac 分布 166
フェロシリコン 558
フェロセン 194
　　——の光電子スペクトル
　　　　　　　　　　　365
不活性電子対効果 476
不均一開裂 392
不均一酸塩基反応 265
不均化 298
　　——と Frost 図 307
　　——と Latimer 図 303
　　カドミウム(I)の—— 474
　　次亜塩素酸の—— 298
　　水銀(I)の—— 474
　　Cu^+の—— 298
　　Mn^{VI}の—— 298
副殻 17, 18
復元力 206
複分解反応 255
不純物半導体 174
プソイドハロゲン化物イオン
　　　　　　　　　　　405
不対スピン
　　錯体中の——の数 354
不対電子
　　——に基づく常磁性 355
　　——の MO 139
フッ化水素 263, 394
　　——の酸性度定数 226
フッ化トリス(リン酸)五
　　　　　　カルシウム 6

フッ化マグネシウムカリウム 6
フッ素
　　——と電子親和力 45
沸点
　　二元水素化合物の—— 396
不動態化 296
(+)-異性体 345
プラセオジム 485
フラーレン-金属錯体 534
フラーレン類 533
フーリエ変換赤外分光計 212
Friedel-Crafts アルキル反応
　　　　　　　　　　　249
フルオロカーボンポリマー 540
フルオロ錯体
　　d-ブロック金属の—— 446
フルオロ硫酸 233
プルトニウム 486
Pourbaix 図 310
　　鉄の—— 310
　　マンガンの—— 314
ブルンバン 420
Brønsted 塩基 222
Brønsted 酸 222
　　——の強さ 224
Brønsted 酸性度
　　——にみられる周期性 230
Brønsted 平衡 223
Frost 図 303
　　——と均等化 307
　　——と標準電位 305
　　——の解釈 305
　　アクチノイドの—— 492
　　塩基性—— 309
　　クロム族元素の—— 444
　　酸素の—— 305
　　3d 系列元素の—— 442
　　条件付きの—— 310
　　窒素の—— 304
　　p-ブロック金属の—— 476
　　不均化と—— 307
　　マンガンの—— 308
プロチウム 4, 386
ブロック 12
プロトアクチニウム 486
プロトリシス 409, 422
　　ハロシラン類の—— 609
プロトン移動平衡 223
^1H NMR 387
　　——の化学シフト 388
プロトン供与体 221
プロトン受容体 221

和文索引

プロトン的挙動 408
2-プロパノール
　── の赤外スペクトル 397
プロメチウム 485
ブロモ 335
フロンティア軌道
　　　　　44, 47, 48, 137
　錯体の── 364
分極率 48
　── とラマン活性 210
分光化学系列 367
　── における π 結合
　　　　　の役割 367
　金属イオンの── 349
　配位子の── 349
分散相互作用 86
分子軌道 126, 127, 132
　── による分子形の説明
　　　　　　　　159
　── のバンド構造 163
　── を組立てる 203
　異種原子からつくられる──
　　　　　　　　138
　固体の── 162
　多原子分子の── 145
分子軌道エネルギー準位
　八面体形錯体の── 363
分子軌道エネルギー準位図
　　　　　129, 133, 206
　SF_6 の── 154
分子軌道理論 126
分子構造 100
分子状水素化物 394
　── の名称 394
分子振動
　── の対称性 206
分子ふるい 554
　── の組成と性質 556
分子ポテンシャルエネルギー
　　　　　曲線 120
Hund の規則 32
分配図 227
　リン酸の── 227

へ

閉殻 32
平均結合エンタルピー 110
　p-ブロック内における──
　　　　　　　　112

平衡結合距離 109
平衡定数
　── と標準電位 287
　標準反応ギブスエネルギー
　　　　　と── 274
並進運動 208
平面三角形 117
平面四角形 117
平面四角形錯体 326, 327, 358
　── の伸縮基準振動 214
　── の配位子場分裂
　　　　　パラメーター 359
ヘキサアクアイオン 240
ヘキサアクア鉄(II) 337
ヘキサアクア鉄(III) イオン
　　　　　　　　230
ヘキサオキソ二硫酸 5
ヘキサオキソ二硫酸($S-S$)
　　　　　二水素 5
ヘキサオキソヨウ素(5-)酸 5
ヘキサオキソヨウ素酸(5-)
　　　　　五水素 5
ヘキサシアノ鉄(II)酸
　　　　　カリウム 6
ヘキサシアノ鉄酸(4-)
　　　　　カリウム 6
ヘキサシアノ鉄(II)酸錯体
　　　　　　　　544
ヘキサシアノ鉄酸四カリウム
　　　　　　　　568
ヘキサボラン(10) 515
β_n 369
β 崩壊 8
β 粒子 4, 6
Hägg の規則 548
ヘテロポリオキソメタラート
　　　　　　　　453
ヘテロリシス 392
　水素化合物の── 407, 408
ヘリウム 7, 26
ヘリウム燃焼 7
Berry 擬回転 328
ベリリウム 7, 432, 436
ベリリウム化合物 435
ペルオキソ 7
Hermann-Mauguin 方式 37
ペロブスカイト型 68
ペロブスカイト型構造 74, 75
変位 206
変角振動 209, 211
偏光面 342, 345
ペンタボラン(9) 411, 515

ペンタボラン(11) 411, 515
ペントランド鉱 440

ほ

ボーア磁子 353
Bohr 半径 20, 22
方位角 20
方位量子数 16
方鉛鉱 477
ホウ化物
　金属 513
ホウケイ酸ガラス 508, 552
ホウ砂鉱物 503
ホウ酸 247, 507, 4
　── の酸性度定数 226
ホウ酸エステル 508
ホウ酸塩ガラス 508
包接化合物 333, 398
ホウ素
　── のクラスター 513
　── の製法 503
　── のハロゲン化物
　　　　　　247, 504
　水素化── 514
方ソウエン鉱 477
ホウ素族 500～
　── 元素の性質 502
　── 元素の存在量 501
　── の構造 502
　── の産出と単離 503
方ソーダ石ケージ 556, 557
ボーキサイト 280, 477, 503
ホスゲン
　── の特性反応 540
ホスファン 324, 394, 421
ホスフィン 324, 394
ホスフィン酸 4
ホスホン酸 4
ホタル石型 68
ホタル石型構造 71, 72
ホモリシス
　水素化合物の── 408
ボラジン 511
ボラン
　── の合成 409
　── の酸化 411
　── の酸性度 412
　── の脱プロトン化 523

ボラン（つづき）
　arachno-── 518
　closo-── 518
　高次──の合成 522
　conjuncto-── 518
　nido-── 518
　hypho-── 518
ボランアニオン
　──の構造 515
ボラン分子
　──の構造 515
ボラン類 409
　──の構造間の関係 521
ポリアニオン 239
ポリオキソアニオン 242
ポリオキソ化合物 239
ポリオキソメタラート
　d-ブロック金属の── 451
ポリカチオン 239
ポリタイプ 60, 61
ポリ(テトラフルオロエチレン) 540
ポリトリオキソリン酸 4
ポリ[トリオキソリン酸(1−)水素] 4
ポリホウ酸塩 508
Pauling イオン半径 77
Pauling 尺度 46
Pauling 電気陰性度 46, 47, 114
Pauling の規則
　単核オキソ酸強度についての── 235
Hall-Héroult 法 280
ボルツマン定数 166
ホルミウム 485
Born 解釈 13, 14
Born-Haber サイクル 81, 82
Born-Mayer 式 87
ボロントリエチル 8

ま

(−)-異性体 345
マグネシウム 432
マグネソセン
　──の光電子スペクトル 365
マジック角回転 13
Madelung 定数 84, 85
Mulliken 記号 37

Mulliken 電気陰性度 46, 47
マレオニトリルジチオラト 335
マンガン
　──の製法 440
マンガン酸 5

み，む

ミオグロビン 328
水 394, 422
　──による還元 296
　──による酸化 295
　──の安定領域 296, 297
　──の還元 295
　──の生成反応機構 423
　──の標準生成ギブズエネルギー 422
ミッシュメタル 486

無機化学命名法 1
無水酸化物 237
娘核種 9
無定形ケイ素 418, 548

め

命名法
　配位子の── 334
　無機化合物の── 1
メタラボラン 525
メタリン酸 4
メタリン酸イオン 243
メタロイド 169, 428
メタロイド類似炭化物 545
メタン 394
メチルホスファン 8
メチルホスフィン 8
面心立方 56
メンデレビウム 486

も

モナズ石 485
モノ 334

モノオキソ塩素酸 5
モノオキソ塩素酸水素 5
モノクロメーター 213
モリブデン 459
　──の製法 440
モル体積 11

や，ゆ

軟らかい塩基 255
軟らかい酸 255
Jahn-Teller 効果 360
u 136
融解塩 259
有効核電荷 28, 32
有効核電荷数 29
有効質量 207
ユウロピウム 485
ゆがみ 208
UPS 131
UV-PES 131

よ

余緯度 20
陽イオン 33
溶解エンタルピー 95
溶解度 94
　アルカリ金属塩の── 434
　Al_2O_3 の── 241
ヨウ化水素 394
　──の酸性度定数 226
溶鉱炉 278
　──の模式図 279
陽子 4, 6
陽性
　電気的── 45
I_2 252
ヨウ素酸 5
陽電子 4, 6
溶媒
　塩基性── 261
　結晶── 323
　格子── 323
　酸性── 263, 264
　中性── 264
　非水── 262

和文索引

溶媒パラメーター 264
溶媒和電子 262
溶融製錬 273
葉ロウ石 554
四重結合 136
四配位錯体 325
　——の電子構造 357
四リン 3

ら

Racahパラメーター 48
ラジカル連鎖機構 392
Latimer図 301, 23
　塩基性—— 309
　塩基性水溶液中における
　　　　塩素の—— 301
　酸性溶液中における
　　　　塩素の—— 301
　条件付きの—— 310
　不均化と—— 303
ラマン活性
　分極率と—— 210
ラマン散乱 212
ラマンスペクトル
　——と対称性 210
ラマン分光法 206, 212
ランタニド 13
ランタノイド 12, 485, 487
　——の酸化状態 487
　——の名称，記号，性質
　　　　　　　　　　485
ランタノイド錯体 488
ランタノイド収縮 37
ランタン 485

り

リチア輝石 432

リチウム 26, 432
　——の水素化物 416
立体化学的に不活性 117
立体効果 372
立方群
　——の指標表 43
立方最密 59
立方最密充塡 55, 56
立方体形錯体 333
立方体ケージ 557
硫化ジフェニル 8
硫化水素 394, 424
　——の酸性度定数 226
硫化水素イオン
　——の酸性度定数 226
硫化物
　d-ブロック金属の—— 468
硫　酸 4
　——の酸性度定数 226
硫酸水素イオン
　——の酸性度定数 226
硫酸水素グラファイト 533
硫酸水素セシウム 6
リュードベリ定数 16
両座配位子 337
量子化 15
量子数 16, 18
　軌道角運動量—— 16
　磁気—— 16, 18
　主—— 16, 18
　スピン磁気—— 19
　方位—— 16
両性酸化物 238
両性物質 222
緑柱石 432, 551
リン酸 4
　——の酸性度定数 226
リン酸水素イオン
　——の酸性度定数 226
リン酸二水素イオン
　——の酸性度定数 226
リン酸二水素リチウム 6
リンネ鉱 440

る

Lewis塩基 245
Lewis塩基開裂 523
Lewis構造 100〜
Lewis酸 245
Lewis酸塩基
　——の分類 253, 257
Lewis酸触媒 248
ルチル 440
ルチル型 68
ルチル型構造 74
ルテチウム 485
ルテノセン 194
ルビー 479

れ

レドックス反応 272, 432
連鎖開始 392
連鎖成長 393
連鎖担体 392
連鎖停止 393

ろ

六員環構造 338
六配位錯体 329
　——における幾何異性 340
六フッ化硫黄 154
(6,6)配位 69
六方最密 59
六方最密充塡 55, 56
ローレンシウム 486
London相互作用 86

欧文索引

A

α cage 556
acac 335
acceptor atom 321
acceptor band 175
acceptor number 264
(acetato) 7
acetylacetonato 335
acetylide 545
acetylide ion *3*
achiral 343
acid 221
acid dissociation constant 224
acidic oxide 237
acidic proton 230
acidity constant 224
acid nomenclature *2*
actinides 13
actinoids 13, 485
activated carbon 537
activated complex 375
active material 483
ADP 243
A-frame complex 468
alkalide ion 439
alloy 65
Allred, A. L. 47
aluminosilicate 552
ambidentate ligand 337
amine-boranes 510
ammine 335, *7*
amminedichlor(pyridine)
        platinum(Ⅱ) *6*
ammonia 394
amphiprotic 222
amphoteric oxide 238
angular 117
angular frequency 206

angular node 19
angular wavefunction 19
anodizing 296
antibonding orbital 129
antifluorite structure 71
antisymmetric stretch 211
aqua 335, *7*
aqua acid 230
aqua regia 466
arachno- 518
-argentate *6*
Arrhenius 221
arsane 394, 421
arsenic acid *4*
arsenous acid *4*
arsine 394
associative substitution reaction
        375
asymmetric unit 53
atomic number 3
atomic orbital 16
atomic radius 36
ATP 243
Aufbau principle 31
-aurate *7*
autoprotolysis 224
axial 118
azane 394, *7*
azide ion *3*
azimuthal quantum number 16

B

band 164
band gap 164
base 221
basicity constant 224
basic oxide 237
basis *14*
basis set 128

bcc 61
bending vibration 209, 211
Berry pseudorotation 328
beryl 551
big bang 3
binary compound 434
2,2′-bipyridine 335
bis *3*, *8*
bite angle 339
block 12
body-centered cubic 61
Bohr magneton 353
bond dissociation enthalpy 110
bonding orbital 129
bond order 143
boranes 409
borazine 511
boric acid *4*
Born-Haber cycle 81
Born interpretation 13
Born-Mayer equation 87
borontriethyl *8*
Bosch, Carl 421
boundary surface 23
bpy 335
bromo 335
Brønsted, Johannes 221
Brønsted acid 222
Brønsted base 222
Buckminsterfullerene 533
building-up principle 31
bulk phase 401

C

caesium-chloride structure 70
caesium hydrogensulfate *6*
caesium hydrogentetraoxosulfate
        (1-) *6*
cage complex 333

---

* 立体の数字は本文の，斜体の数字は参考資料・付録のページを表す．

cage compound 333
carbaborane 526
carbide 545, *8*
carbonato 335
carbon black 537
carbon fiber 537
carbonic acid *4*
carbon nanotube 536
carbonyl 335
carbonyl halide 540
carborane 526
carbyne complex 450
carriers cattering 167
cassiterite 530
catena- *2*
catenation 113
catena-trioxygen *3*
ccp 56
center of inversion 186
chain initiation 393
chain propagation 393
chain termination 393
chalcogenide 431
chalcogens 431
chalcophile elements 258
character 198, *15*
character table 197
charge-transfer complex 252
charge-transfer transition 253
chelate 337
chelate effect 371
chemical potential 166
chemical shift *10*
chiral complex 342
chiral molecule 194
chloric acid *5*
chloro 335
chlorous acid *5*
chromic acid *5*
chrysotile 553
cinnabar 269
cis *7*
clathrate compound 333
clathrate hydrate 398
Claus process 282
closed shell 32
close-packed structure 54
closo- 518
cluster-building reaction 524
coinage metal 465
complex 245, 321, *2*
complex formation 253

comproportionation 299
condensation polymer 239
condensation reaction 339
congener 12
conjugate acid 223
conjugate base 223
constructive interference 14
Cooper pair 176
(6, 6)-coordination 69
coordination compound 321
coordination entity *2*
coordination number 54, 322
correlation diagram 149
counterion 68
covalent bond 100
covalent radius 35, 109
CP *13*
CPMAS-NMR *13*
cross polarization *13*
crystal field theory 345
cubic close-packing 56
cyanide *8*
cyano 335, *7*
cyclic voltammetry 292
cyclic voltammogram 292
cyclo- *2*
cyclo-octasulfur *3*
cyclotriborazane 511
Czochralski process 280

D

δ orbital 135
daughter nuclide *9*
debye 140
degeneracy 17
delocalized orbital 150
deltahedron 516
density of states 168
deprotonation 523
deshielded *10*
destructive interference 15
deuterium 4, 386
deuteron 222
di *3*, *8*
diamagnetism 353
diastereomer 345
diborane 394
dicarbide 545, *3*
dichromic acid *5*

diethylenetriamine 335
dihedron 185
dihydridodioxophosphoric acid *4*
dihydrogen 389
dihydrogen hexaoxodisulfate $(S-S)$ *5*
dihydrogen hydridotrioxophosphate$(2-)$ *4*
dihydrogen tetraoxosulfate *4*
dihydrogen trioxocarbonate *4*
dihydrogen trioxosulfate *5*
dihydrogen trioxothiosulfate *5*
dimercury *3*
(dimethylamido) *7*
dioxido *3*
[dioxido$(2-)$] *7*
dioxochloric acid *5*
dioxonitric acid *4*
dioxygen *3*
diphenylsulfane *8*
diphenyl sulfide *8*
diphosphoric acid *4*
diprotic acid 226
direct sum *16*
dispersion interaction 86
displacement 254
disproportionation 298
dissociation constant 369
dissociative substitution reaction 376
distribution diagram 227
dithionic acid *5*
dithionous acid *5*
dodecahedral 331
donor-acceptor complex 252
donor atom 321
donor band 175
donor number 264
dopant 175
doping 175
double displacement reaction 255
Drago-Wayland equation 260
dynamic Jahn-Teller effect 360

E

eclipsed array 462

eclipsed conformation 462
edta 335
effective mass 207
effective nuclear charge 28
electride 263, 439
electrochemical series 285
electrolysis 273
electromagnetic force 3
electron affinity 44
electron configuration 26
electron-deficient compound 155, 394
electronegative 45
electronegativity 45
electron-gain enthalpy 43
electron-precise compound 394
electron-rich compound 394
electronvolt 39
electrophilic displacement 524
electropositive 45
electrostatic parameter 90
Ellingham diagram 274
en 335
enantiomers 195
endoergic 405
energy level diagram 129
entering group 368
equatorial 118
equilibrium bond length 109
(1,2-ethanediamine) 7
(ethanoato) 7
ethylenediamine 335, 7
ethylenediaminetetraacetato 335
exclusion rule 210
exoergic 403
extrinsic semiconductor 174

F

face-centered cubic 56
fcc 56
feldspars 554
Fermi-Dirac distribution 166
Fermi level 166
-ferrate 6
first-order spectra 10
fluorite 71
fluorite structure 71
fluorophile 501

force constant 206
formal charge 104
formation constant 368
Fourier transform infrared spectrometer 212
Friedel-Crafts alkylation 249
frontier orbital 44
Frost diagram 303
FT-IR 212
fullerenes 533

G

galvanic cell 284
geometrical isomerism 325
germane 394, 420
Gillespie, Ronald 115
glass transition temperature 552
gly 335
glycinato 335
Goldschmidt, V. 64, 77
Goldschmidt classification 258
graphite hydrogensulfate 533
graphite intercalation compound 545
gray tin 530
great orthogonality theorem 18
greenhouse effect 542
greenhouse gas 390
ground state 26
Group 12
group frequency 209
group oxidation number 441
group theory 182
group wavenumber 209
Gutmann, V. 264

H

Haber, Fritz 421
Haber process 421
Hägg's rule 548
half-reaction 282
Hall, Charles 280
Hall-Héroult process 280
hapticity 8
hard acid, hard base 256

harmonic oscillator 206
hcp 56
helium burning 7
hemerythrin 427
hemocyanin 427
Héroult, Paul 280
heterolysis 392
heterolytic cleavage 392
heteronuclear coupling 11
heteronuclear diatomic molecules 127
heteropolyoxometallates 453
hexa 3
hexagonal close-packing 56
hexakis 3
hexaoxodisulfuric acid 5
hexaoxoiodic(5−) acid 5
hexasodium chloride fluoride bis(sulfate) 6
highest occupied molecular orbital 137
high-spin complex 352
high-temperature superconductor 176
hole 56
HOMO 137
homolysis 391
homolytic cleavage 391
homonuclear coupling 11
homonuclear diatomic molecules 121
HTSC 176
Hund's rule 32
hybridization 123
hybrid orbital 123
hydride gap 401
hydrides 8
hydridic 407
hydrido 335, 414, 7
hydridotrioxophosphoric acid (2−) 4
hydro 414
hydroboration 413
hydrogen bond 396
hydrogen dihydridodioxophosphate(1−) 4
hydrogen dioxochlorate 5
hydrogen dioxonitrate(1−) 4
hydrogen economy 390
hydrogen halide 2
hydrogenic atom 13

hydrogen monooxochlorate 5
hydrogen nomenclature 2
hydrogen sulfide 394
hydrogen tetraoxochlorate 5
hydrogen trioxochlorate 5
hydrogen trioxoiodate 5
hydrogen trioxonitrate(1−) 4
hydrohalic acid 2
hydrometallurgy 278
hydron 222
hydrosilylation 420
hydroxide 8
hydroxo 335
hydroxoacid 230
hypercoordinate compound 108
hypervalent compound 107
hypho- 518
hypochlorous acid 5

I

identity operation 183
improper rotation 186, 187
improper-rotation axis 187
impurity semiconductor 174
inactive 210
inclusion compound 333
inert 374
inert pair effect 476
infrared active 210
inner-sphere complex 322
inner-sphere electron transfer 291
insulator 162
intercalation 470
intercalation compound 532
interferogram 212
intermetallic compound 67
interstitial carbides 547
interstitial solid solution 65
intrinsic semiconductor 173
inverse spinel 75
inversion 185
iodic acid 5
ionic bond 52, 138
ionic radius 36
ionization energy 39
ion pair 322
IR 212

irreducible representation 198, *16*
Irving-Williams series 373
isolobal 125
isotope 4
isotopomer 387
IUPAC 12

J, K

jadeite 551
Jahn-Teller effect 360

Kapustinskii, A. F. 89
Kapustinskii equation 89
KCP 170
kinetic isotope effect 387

L

labile 374
lanthanides 13
lanthanoid contraction 37
lanthanoids 12, 485
Latimer diagram 301
lattice enthalpy 81
lattice solvent 323
LCAO 127
leaving group 368
leveling effect 228
Lewis, G. N. 100, 245
Lewis acid 245
Lewis base 245
Lewis base cleavage 523
Lewis structure 101
LFSE 350
ligand 321
ligand field splitting parameter 348
ligand field stabilization energy 350
ligand-field theory 346, 360
ligating atom 321
linear 117
linear combination of atomic orbital 127
linkage isomerism 337
Lipscomb, William 516

lithium dihydrogenphosphate 6
lithophile elements 258
little orthogonality theorem *18*
lone pair 100
Longuet-Higgins, Christopher 514
lowest unoccupied molecular orbital 137
Lowry, Thomas 221
low-spin complex 352
LUMO 137

M

Madelung constant 84
magic angle spinning *13*
magnesium potassium fluoride 6
magnetic quantum number 16
magnetic susceptibility 355
Main Group element 12
maleonitriledithiolato 335
manganic acid 5
many-electron atom 13
MAS *13*
mass defect 7
mass number 4
matrix representation *15*
mean bond enthalpy 110
Mendeleev, D. I. 10
mercurate 7
mercurous ion 3
metal 10
metal cluster 333
metallaborane 525
metallic bonding 52
metallic carbide 545
metallic conductor 162
metallic hydride 393
metallic radius 35
metalloid 169
metalloid carbide 545
metal-rich oxide 437
metals 169
metaphosphate ion 243
metaphosphoric acid 4
metasilicate ion 551
metathesis 255
methane 394
(*N*-methylmethanaminato) 7

methylphosphane 8
methylphosphine 8
Meyer, Lothar 10
minimal basis set 132
mirror plane 184
mischmetal 486
mnt 335
mode of vibration 208
molar enthalpy of ionization 39
molecular orbital 126, 129
molecular orbital theory 127
molecular potential energy curve 120
molecular sieve 554
monazite 485
monodentate ligand 334
mononuclear acid 233
monooxochloric acid 5
MO theory 127
Mulliken, Robert 45
myoglobin 427

N

naked cluster 430
natural water 298
Nernst equation 287
n-fold rotation axis 184
nickel-arsenide structure 73
$nido$- 518
nitric acid 4
nitrilotriacetato 335
nitrito-O 335
nitrous acid 4
NMR 9
nodal plane 19
nonbonding orbital 139
non-complementary redox reaction 291
nonmetal 10, 169
normalization 14
normalization constant 14
normal mode of vibration 209
normal vibration 209
nta 335
n-type semiconductor 175
nuclear binding energy 7
nuclear burning 6
nucleon 7
nucleon number 4

nuclide 6
Nyholm, Ronald 115

O

Oak Ridge Thermal Ellipsoid Program 60
octahedral 117
octahedral hole 56
octahedron, face monocapped 330
octet rule 101
oleum 252
one-dimensional solid 170
optical isomerism 342
optically active 194
orbital angular momentum quantum number 16
orbital approximation 26, 127
orbital overlap 129
ORTEP 60
orthoperiodic acid 5
orthophosphoric acid 4
orthosilicic acid 4
outer-sphere complex 322
outer-sphere electron transfer 290
overall formation constant 369
overpotential 281
ox 335
oxalato-O 335
oxidane 394
oxidant 272
oxidation 272
oxidation number 106
oxidation state 107
oxidative addition 391, 467
oxidizing agent 272
oxido 7
oxo 335, 7
oxoacid 230
μ-oxo-hexaoxodichromic acid 5
μ-oxo-hexaoxodiphosphoric acid 4
oxonium ion 222
oxophile 501
oxovanadium(Ⅳ) ion 447
oxovanadium(2+) ion 447
oxygen 3

ozon 3

P

π-acceptor ligand 367
π bond 121
π-donor ligand 366
π orbital 133
paramagnetism 353
passivation 296
Pauli exclusion principle 27
Pauling, Linus 45, 76, 114, 235
Pearson, R. G. 256
Peierls, Rudolph 170
Peierls distortion 170
penetration 28
penta 3
pentacalcium fluoride tris(phosphate) 6
pentagonal bipyramid 330
pentahydrogen hexaoxoiodate (5−) 5
pentakis 3
perchloric acid 5
period 12
periodic acid 5
periodic table 10
permanganic acid 5
perovskite structure 74
peroxide ion 3
peroxo 7
phosgene 540
phosphane 324, 394
phosphine 324, 394
phosphinic acid 4
phosphonic acid 4
phosphoric acid 4
phosphorous acid 4
photoelectron 131
Pidgeon process 273
pig iron 279
pitchblende 487
platinum metals 465
plumbane 420
point-group symmetry 183
point of zero charge 242
polar covalent bond 138
polarizability 48
polar molecule 193
polydentate ligand 334

polyelectron atom 13
poly[hydrogen trioxophosphate
      (1−)] *4*
polymetallic complex 333
polymorphism 55, 62
polymorphs 62
polynuclear complex 333
polyoxometallate 451
polyprotic acid 226
polysulfide ion 468
polytrioxophosphoric acid *4*
polytype 55
potassium hexacyanoferrate(II)
      6
potassium hexacyanoferrate
      (4−) 6
Pourbaix diagram 310
Powell, Herbert 115
primary coordination sphere
      322
primary isotope effect 387
primitive cubic 61
primitive unit cell 54
principal quantum number 16
principal rotational axis 185
probability density 14
promotion 123
protic behavior 408
protium 4, 386
proton 222
pseudohalide ion 405
p-type semiconductor 175
pyrolysis reaction 418
pyrometallurgy 276

Q, R

quantized 15
quantum number 16

radial distribution function 22
radial node 19
radial orbital 519
radial wavefunction 19
radical chain mechanism 392
radius ratio 78
Raman active 210
rare earths 487
reaction quotient 287
Red Book 12

red lead 483
redox couple 283
redox reaction 272
reduced *16*
reducing agent 272
reductant 272
reduction 272
reflection 184
relative permittivity 230
representative *14*
representative element 13
resonance 103
resonance hybrid 103
roasting 273
robust 374
Rochow, E. 47
rock-salt structure 68
rotoinversion 187
rotoreflection 187
rutile structure 74
Rydberg constant 16

S

σ bond 120
SALC 197
saline carbide 545
saline hydride 393
Schrödinger, Erwin 15
Schrödinger equation 15
secondary isotope effect 387
sellane 394
semiconductor 162
semimetal 169
Shannon, R. D. 76
shell 17
shielded *10*
shielding 28
shielding parameter 28
Sidgwick, Nevil 115
silane 394
silanes 417
silicide 558
silicone polymer 552
single pot reaction 524
singly occupied molecular orbital
      138
skeletal electron 516
skew form 196
Slater, J. C. 31

smelting 273
sodalite cage 556
sodide 431
sodium-chloride structure 68
sodium hydrogencarbonate *6*
sodium thallium dinitrate *6*
sodium thallium(I)nitrate *6*
soft acid, soft base 256
solvated electron 262
solvent of crystallization 323
space lattice 53
span *16*
spectrochemical series 349
sphalerite structure 70
sp^3 hybrid orbital 124
Spiegel 188
spin 18
spin correlation 32
spinel structure 75
spin magnetic quantum number
      19
spin-only paramagnetism 353
spin-pairing energy 351
spin-spin coupling *10*
spin-spin coupling constant *10*
square antiprismatic 331
square planar 117
square pyramidal 117
SQUID 355
stability field 297
staggered conformation 187
standard potential 284
standard reduction potential
      284
stannane 394, 420
steam reforming 389
stepwise formation constant
      369
stereochemically inert 117
steric effect 372
stibane 394, 422
stibine 394
Stock, Alfred 514
stretching vibration 209
strong acid 225
strong base 226
strong-field 351
strong force 3
structure map 79
subatomic particle 3
subhalides 507
subshell 17

欧 文 索 引

substitution 254
substitutional solid solution 65
substitution inert 374
substitution reaction 368
substitution robust 374
subvalent compound 114
sulfane 394
sulfite *8*
sulfur *3*
sulfuric acid *4*
sulfurous acid *5*
superacid 251
superconducting quantum interference device 355
superconductor 163
superoxide ion *3*
surface acid 265
symmetric cleavage 412
symmetric stretch 211
symmetry-adapted linear combination 197
symmetry element 183
symmetry label 196
symmetry operation 182
symmetry type 198

T

tangential orbital 519
TCNE 246
Teflon 540
tellane 394
template effect 339
template synthesis 339
tetra *3, 8*
1,4,8,11-tetraazacyclotetradecane 335
tetrahedral 117
tetrahedral hole 58
tetrahydrogen μ-oxo-hexaoxodiphosphate *4*
tetrahydrogen tetraoxosilicate *4*
tetrakis *3, 8*
tetramethylsilane *10*
tetraoxoarsenic acid *4*
tetraoxochloric acid *5*
tetraoxochromic acid *5*
tetraoxodisulfuric acid *5*
tetraoxoiodic acid *5*
tetraoxomanganic acid $(1-)$ *5*

tetraoxomannganic acid $(2-)$ *5*
tetraoxophosphoric acid *4*
tetraoxosilicic acid *4*
tetraoxosulfate *8*
tetraoxosulfuric acid *4*
tetraphosphorus *3*
tetrapotassium hexacyanoferrate *6*
thermochemical radius 90
THF 262
thiocyanato-N 335
thiocyanato-S 335
thiosulfuric acid *5*
three-center, two-electron bond 150
tight-binding approximation 163
TMS *10*
tracer 386
trans *7*
Transition Element 12
transmittance 213
tren 335
tri *3, 8*
triethylborane *8*
trigonal bipyramidal 117
trigonal planar 117
trigonal prism, square face monocapped 330
trigonal pyramidal 117
trihydrogen tetraoxoarsenate *4*
trihydrogen tetraoxophosphate $(3-)$ *4*
trihydrogen trioxoarsenate $(3-)$ *4*
trihydrogen trioxoborate *4*
trihydrogen trioxophosphate $(3-)$ *4*
triiodide *3*
triiodide ion *3*
trinitride *3*
trioxoarsenic acid *4*
trioxoboric acid *4*
trioxocarbonic acid *4*
trioxochloric acid *5*
trioxoiodic acid *5*
trioxonitric acid *4*
trioxophosphoric acid $(3-)$ *4*
trioxosulfuric acid *5*
trioxothiosulfuric acid *5*
tris *3, 8*

tris(2-aminoethyl)amine 335
tritium 4, 386
triton 222
trivinylstibane *8*
trivinylstibine *8*
typical element 13

U

ultraviolet photoelectron spectroscopy 131
unit cell 53
unsymmetrical cleavage 413
UPS 131
uraninite 487
uranite 487
uranyl ion 492
UV-PES 131

V

valence-bond theory 119
valence shell 34
valence-shell electron pair repulsion model 115
valence state 47
van der Waals force 531
van der Waals gap 531
van der Waals interaction 85
van der Waals radius 109
VB theory 119
VSEPR model 115

W～Z

Wade, Kenneth 516
Wade's rule 516
Walsh, A. D. 159
Walsh diagram 159
water gas reaction 389
water gas shift reaction 389
wavefunction 13
wavenumber 207
weak acid 225
weak base 226
weak-field 351

Werner, Alfred 321
white phosphorus *3*
white tin 530
working electrode 292

wurtzite structure 73

xenotime 485
X-ray emission band 169

zeolite 554
zero-point energy 207
zinc-blende structure 70

化 学 式 索 引

Ag
Ag^{2+} 297
AgI 73
[Ag(NH$_3$)$_2$]$^+$ 467
AgNO$_3$ 536
[C$_6$H$_6$Ag]$^+$ 245

Al
AlB$_2$ 513
[Al(BH$_4$)$_3$] 415
Al$_4$C$_3$ 546
Al$_2$(C$_2$H$_5$)$_4$H$_2$ 417
AlCl$_3$ 478
Al$_2$Cl$_6$ 248
AlF$_3$ 478
Al$_2$K(OH)$_2$Si$_3$AlO$_{10}$ 554
AlKSi$_3$O$_8$ 554
[AlO$_4$]$^{5-}$ 241
Al$_2$O$_3$ 238, 277, 280, 479
[AlO$_4$|Al(OH)$_2$|$_{12}$]$^{7+}$ 241
Al$_2$(OH)$_2$Si$_4$O$_{10}$ 554
AlPO$_4$ 558
(C$_2$H$_5$)$_3$NAlCl$_3$ 480
[(CH$_3$)$_3$N]$_2$AlH$_3$ 417
Cl$_3$Al|N(CH$_3$)$_3$|$_2$ 479
LiAlCl$_4$ 406, 416, 418
LiAlH$_4$ 406, 409〜416, 418, 420
Li[Al(OEt)$_4$](thf) 409
MgAl$_2$O$_4$ 75
Na$_3$[AlF$_6$] 280, 478
Na$_{12}$(AlO$_2$)$_{12}$(SiO$_2$)$_{12}$ 557
NaAlSi$_3$O$_8$ 554

As
As(C$_6$H$_5$)$_3$ 422

Au
AuCl$_3$ 536
[Au(CN)$_2$]$^-$ 282
[AuI$_2$]$^-$ 467
Cu$_3$Au 67

B
B$_{12}$ 502
B$_2$(^{t}Bu)$_4$ 507
B(CH$_3$)$_3$ 246, 506
(B$_3$C$_2$H$_5$)$^{4-}$ 528
B$_4$C$_2$H$_6$ 526
B$_{10}$C$_2$H$_{12}$ 527
B$_{10}$C$_2$H$_{10}$(COOH)$_2$ 528
B(C$_2$H$_5$)$_3$(et) 400
B$_{10}$C$_2$H$_{10}$(NO)$_2$ 528
B$_{10}$C$_2$H$_{10}$|Si(CH$_3$)$_3$|$_2$ 529
B$_2$Cl$_4$ 506
B$_4$Cl$_4$ 506, 507, 513
BF$_3$ 104, 117, 189, 192, 200, 247, 254, 407, 504
BF$_4^-$ 101, 505
BH$_3$ 413, 414
BH$_4^-$ 414
B$_2$H$_6$ 155, 189, 394, 395, 403, 409, 412, 414, 516
B$_4$H$_{10}$ 515, 517, 522, 523
B$_5$H$_9$ 515, 518, 522, 523
B$_5$H$_{11}$ 515, 517
(B$_6$H$_6$)$^{2-}$ 515, 518〜520, 526
B$_6$H$_{10}$ 515
B$_{10}$H$_{14}$ 515, 523
[B$_{12}$H$_{12}$]$^{2-}$ 516, 518
(B$_{11}$H$_{11}$AlCH$_3$)$^{2-}$ 526
BN 509
BO 113
B$_2$O$_3$ 504
[B$_3$O$_6$]$^{3-}$ 508
B(OCH$_3$)$_3$ 508
B(OH)$_3$ 412
[B$_3$O$_3$(OH)$_4$]$^-$ 508
CaB$_6$ 513
CH$_3$CH$_2$BH$_2$ 413
Cl$_2$BCH$_2$CH$_2$BCl$_2$ 507
Cl$_3$B$_3$N$_3$H$_3$ 511, 512
Cl$_3$B$_3$N$_3$H$_9$ 512
F$_3$BS(CH$_3$)$_2$ 413

H$_3$BN(CH$_3$)$_3$ 413, 510
H$_2$NBH$_2$ 511
H$_3$NBH$_3$ 510
H$_3$B$_3$N$_3$H$_3$ 511, 512
H$_3$NBH$_2$COOH 510
H$_2$OB(OH)$_3$ 507
KBH$_4$ 414
K[B$_{11}$H$_{14}$] 524
Li[B(CH$_3$)$_4$] 506
LiBH$_4$ 409, 414
Li[B$_{11}$H$_{14}$] 525
Li$_2$[B$_{12}$H$_{12}$] 525
Li[BH(CH$_3$)$_3$](et) 407
Li[BH$_4$](et) 407
NaBH$_4$ 414
Na[HB(C$_2$H$_5$)$_3$](et) 400
N$_3$B$_3$H$_{12}$ 511
[Zr(BH$_4$)$_4$] 415

Ba
BaSO$_4$ 434

Be
Be 433
Be$_3$Al$_2$Si$_6$O$_{18}$ 551
Be$_2$C 108, 546
BeCO$_3$ 436
BeH$_2$ 161
BeO 435
Be$_4$O(O$_2$CCH$_3$)$_6$ 436

Bi
[Bi$_2$Cl$_8$]$^{2-}$ 484
BiF$_3$ 484
Bi(OC$_2$H$_4$OCH$_3$)$_3$ 484
[Bi$_6$(OH)$_{12}$]$^{6+}$ 484
NaBiO$_3$ 483

Br
Br$_2$ 393
(CH$_3$)$_2$COBr$_2$ 253
SiBrClFI 189

C

C^{5+} 13
C_{60} 191, 533
CBr_4 539
CCl_4 539
CF_4 539
CF_3SO_3H 233
CH_4 117, 187, 189, 195, 395, 414
C_2H_2 189
C_2H_6 187
C_3H_8 417
$[C_6H_6Ag]^+$ 245
CH_2BrCl 188
$CHBrClF$ 188
$CH_3CH_2BH_2$ 413
$CH_3CH_2SiH_3$ 420
$[CH_3(CN)]$ 261, 262
$(CH_3)_2COBr_2$ 253
$(C_2H_5)_3NAlCl_3$ 480
$[(CH_3)_3N]_2AlH_3$ 417
$(CH_3)_2NCHO$ 261
$[\{(CH_3)_2N\}_3WWCl\{N(CH_3)_2\}_2]$ 461
C_2H_5OH 409
$(CH_3)_3PbH$ 420
$(CH_3)_3SiSi(CH_3)_3$ 455
$(CH_3)_2SO$ 230, 262
CI_4 539
C_6N_4 246
CO 102, 139, 141~143, 541
CO_2 117, 185, 189, 211, 237, 246, 541, 542
$COCl_2$ 540
$[(CO)_5MnSnCl_3]$ 250
$CO(NH_2)_2$ 543
CS_2 543
$(C_{24})^+SO_3(OH)^-$ 533
$(Me_3CO)_3WW(OCMe_3)_3$ 450
$[(OC)_5WHW(CO)_5]^-$ 396

Ca

CaB_6 513
CaC_2 546, 547
CaF_2 71, 424, 504
CaH_2 400
CaO 237
$CaSO_4$ 424, 434
$CaTiO_3$ 74

Cd

$Cd_2(AlCl_4)_2$ 474
$[CdBr_3(OH_2)_3]^-$ 371
CdI_2 469, 475
CdO 475

Ce

CeH_{2-x} 402
CeH_3 402
$[Ce(NO_3)_6]^{2-}$ 332

Cl

$Cl_3Al\{N(CH_3)_3\}_2$ 479
$Cl_2BCH_2CH_2BCl_2$ 507
$Cl_3B_3N_3H_3$ 511, 512
$Cl_3B_3N_3H_9$ 512
$Cl_4GeNCCH_3$ 549
$[ClHCl]^-$ 397
ClO_4^- 102
B_4Cl_4 513
CH_2BrCl 188
$CHBrClF$ 188
$SiBrClFI$ 189

Co

Co^{2+} 296, 455
$Co(C_5H_5)_2$ 537
$[CoCl_2(en)_2]^+$ 343
$CoCl_2 \cdot 6H_2O$ 323
$[CoCl(NH_3)_5]^{2+}$ 291
$[CoCl_2(NH_3)_4]^+$ 336, 340
$[CoCl_2(NH_3)_4]Cl$ 342
$Co_4(CO)_{12}$ 126
$[Co_6C(CO)_{15}]^{2-}$ 108
$Co_3(CO)_9CH$ 126
$[Co(CO_3)(NH_3)_4]^+$ 342
$[Co(edta)]^-$ 338
$[Co(en)_3]^{3+}$ 343
$[Co(NH_3)_6]^{3+}$ 321, 334
$[Co(NH_3)_5(CO_3)]^+$ 543
$[Co(NH_3)_5F]^{2+}$ 543
$[Co(NO_2)(NH_3)_5]^{2+}$ 337
$[Co(NO_2)_3(NH_3)_3]$ 341
$[Co(OH_2)_6]^{2+}$ 245
$[S_2MoS_2CoS_2MoS_2]^{2-}$ 472

Cr

$[CrCl(OH_2)_5]^{2+}$ 291
CrF_6 443
CrO_4^{2-} 443
Cr_2O_3 479
$Cr_2O_7^{2-}$ 240, 444, 451, 452
$[Cr(OH_2)_6]^{3+}$ 479
$[Cr(ox)_3]^{3-}$ 195

Cs

$CsBr$ 70
$CsCl$ 70, 78, 434
$[Cs(18\text{-}crown\text{-}6)_2]^+$ 438
CsH 403
CsI 70
Cs_4O 437
Cs_7O 437

Cu

Cu^{2+} 298
Cu_3Au 67
$[Cu(CN)_2]^-$ 324
CuI 175
$[Cu(NH_3)_2]^+$ 467
$[Cu(NH_3)_2(OH_2)_4]^{2+}$ 371
Cu_2O 175
$[Cu(OH_2)_6]^{2+}$ 371
Cu_2S 273
$CuZn$ 67

F

F_2 133, 143
F_3BNH_3 504
$F_3BS(CH_3)_2$ 413
$CHBrClF$ 188
CrF_6 443
$Na_3[AlF_6]$ 280, 478
Na_3GaF_6 478
$O_2SF(OH)$ 233
$SiBrClFI$ 189
$[SiF_6]^{2-}$ 246, 549

Fe

Fe^{2+} 445
Fe^{3+} 299, 311
$[Fe(bpy)_2(OH_2)_2]^{2+}$ 370
Fe_3C 548
$[Fe(C_5H_5)_2]$ 365
$[Fe(CN)_6]^{3-}$ 292, 315
$[Fe(CN)_6]^{4-}$ 334, 375
$[Fe(CO)_5]$ 328
$[Fe(CO)_3B_4H_8]$ 526
$Fe(Cp)_2$ 194
$FeCr_2O_4$ 444
$[Fe(NCS)(OH_2)_5]^{2+}$ 368
FeO 175, 278
FeO_4^{2-} 443
Fe_2O_3 175
$[Fe(OH_2)_6]^{3+}$ 231, 315
$Fe(OH)_3$ 311
$[Fe(OH_2)_4(OH)_2]^+$ 241

化 学 式 索 引

$[Fe(OH_2)_5OH]^{2+}$ 241
$[Fe_2O(OH_2)_{10}]^{2+}$ 241
FeS 73, 175
$[Fe_4S_4(SR)_4]^{2-}$ 471
FeTiH$_x$ 402

Ga
GaAs 421
GaCl$_3$ 480
GaF$_3$ 478
Ga$_2$O$_3$ 479
LiGaH$_4$ 417
Na$_3$GaF$_6$ 478

Ge
GeCl$_4$ 549
GeH$_4$ 394, 407, 414, 420
GeO$_2$ 414
Cl$_4$GeNCCH$_3$ 549

H
H$_2$ 102, 130, 189, 389, 392, 407, 421
H$_3$ 146〜148
H$_3^+$ 150
H$_3$BN(CH$_3$)$_3$ 413, 510
H$_3$B$_3$N$_3$H$_3$ 511, 512
HBr 393
HCl 189
HClO 298, 301
HCN 117, 228
(H$_3$C)$_3$NBF$_3$ 395
HCO$_2^-$ 541
HF 139, 140, 222, 224, 263, 395, 424
H$_2$NBH$_2$ 511
H$_3$NBH$_3$ 510
H$_3$NBH$_2$COOH 510
H$_2$O 116, 158, 159, 189, 209, 395
H$_2$O$_2$ 189
H$_3$O$^+$ 222
H$_9$O$_4^+$ 222
H$_2$OB(OH)$_3$ 507
HOCH$_2$CH$_2$NH$_2$ 282
H$_3$PO$_3$ 235
H$_3$PO$_4$ 309
H$_2$S 226, 282
H$_2$S$_n$ 424
(H$_3$Si)$_3$N 550
H$_2$SO$_3$ 236
H$_2$SO$_4$ 231, 233, 406
H$_2$S$_2$O$_7$ 252

Si$_4$H$_{10}$ 418

He
HeH$^+$ 388

Hg
[Hg(CH$_3$)$_2$] 324, 474
Hg(CN)$_2$ 474
HgI$_2$ 475
HgS 473

I
ICl 142
SiBrClFI 189

In
$[InCl_5]^{2-}$ 116

Ir
[IrCl(CO)(PPh$_3$)$_2$] 391
[IrCl$_3$(PMe$_3$)$_3$] 341

K
KBH$_4$ 414
K[B$_9$H$_{14}$] 524
K[B$_{11}$H$_{14}$] 524
KC$_8$ 546
K$_3$C$_{60}$ 534
K$_2$MnO$_4$ 443
KNH$_2$ 229
K$_4$[Ni$_2$(CN)$_6$] 439
KO$_2$ 434
K$_2$Pt(CN)$_4$Br$_{0.3}$ 170, 171
K$_2$Pt(CN)$_4$Br$_{0.3}\cdot$3H$_2$O 170, 171
K$_4$Si$_4$ 558
Al$_2$K(OH)$_2$Si$_3$AlO$_{10}$ 554
AlKSi$_3$O$_8$ 554
NaK 439

La
[La(acac)$_3$(OH$_2$)$_2$] 488
LaNi$_5$H$_6$ 402

Li
Li$_2$ 135
LiAlCl$_4$ 406, 416, 418
LiAlF$_4$ 409
LiAlH$_4$ 406, 409〜416, 418, 420
Li[Al(OEt)$_4$](thf) 409
Li[B(CH$_3$)$_4$] 506
LiBH$_4$ 409, 414
Li[B$_{11}$H$_{14}$] 525

Li$_2$[B$_{12}$H$_{12}$] 525
Li[BH(CH$_3$)$_3$](et) 407
Li[BH$_4$](et) 407
Li$_4$(CH$_3$)$_4$ 229
LiCl 407, 529
LiF 77, 407, 435
LiGaH$_4$ 417
LiH 406, 407, 414
Li$_3$N 406, 434
Li$_2$O 434
LiOH 406

Ln
$[Ln(OH_2)_n]^{3+}$ 488

Mg
Mg 433
MgAl$_2$O$_4$ 75
[Mg(C$_5$H$_5$)$_2$] 365
$[Mg(edta)(OH_2)]^{2-}$ 437
MgO 273
Mg$_3$(OH)$_2$Si$_4$O$_{10}$ 554
MgSiO$_3$ 242
MgSO$_4$ 434
MgZn$_2$ 67

Mn
MnF$_4$ 445
MnO 456
MnO$_2$ 443
MnO$_4^-$ 286, 299, 443
MnO$_4^{2-}$ 443
[Mn(OH$_2$)$_5$SO$_4$] 322
(CO)$_5$MnSnCl$_3$ 250

Mo
[Mo$_2$(CH$_3$CO$_2$)$_4$] 462
MoCl$_2$ 459
$[Mo_6Cl_{14}]^{2-}$ 459
$[Mo(CN)_8]^{3-}$ 332
$[Mo(CN)_8]^{4-}$ 446
[Mo(CO)$_6$] 364, 454, 462
$[Mo_6O_{19}]^{2-}$ 452
MoS$_2$ 330, 469
$[MoS_4]^{2-}$ 472
$[Mo_2(S_2)_6]^{2-}$ 472
$[Mo_2S(S_4)_2]^{2-}$ 472
$[PMo_{12}O_{40}]^{3-}$ 453
$[S_2MoS_2CoS_2MoS_2]^{2-}$ 472

N
N$_2$ 131, 132, 135
N$_2^+$ 143

$N_3B_3H_{12}$ 511
$N(CH_3)_3$ 126, 395
$[N(CH_3)_4]_2[Cl_3Ga_2Cl_3]$ 480
NCS^- 335
$NF(O_2)$ 106
NH_3 101, 116, 151〜153, 189, 199, 205, 222, 224, 229, 254, 394, 421
NH_4^+ 414
N_2H_4 113
$NH_2CH_2CH_2NH_2$ 335
NHF_2 189
NH_4NO_3 67, 307
NH_2OH 307
NO_2 202
NO_2^- 102, 117
NO_3^- 117
N_2O_4 189
$NOCl$ 528
C_6N_4 246
$[(CH_3)_2NCHO]$ 261
$Cl_3B_3N_3H_3$ 511, 512
$Cl_3B_3N_3H_9$ 512
$[CoCl(NH_3)_5]^{2+}$ 291
$[CoCl_2(NH_3)_4]^+$ 336, 340
$[CoCl_2(NH_3)_4]Cl$ 342
$[Co(NH_3)_6]^{3+}$ 321, 334
$[Co(NH_3)_5(CO_3)]^+$ 543
$[Co(NH_3)_5F]^{2+}$ 543
$[Co(NO_2)(NH_3)_5]^{2+}$ 337
$[Co(NO_2)_3(NH_3)_3]$ 341
$[Cu(NH_3)_2]^+$ 467
$[Cu(NH_3)_2(OH_2)_4]^{2+}$ 371
H_2NBH_2 511
$HOCH_2CH_2NH_2$ 282
$O_2S(NH_2)OH$ 233
$[PdCl_2(NH_3)_2]$ 214〜216
$[Pt(NH_3)_4]^{2+}$ 467
$[RuCl(NH_3)_4(SO_2)]^+$ 251
$[Ru(NH_3)_5(OH_2)]^{2+}$ 457
$[Ta_2(N)Br_8]^{3-}$ 451
$[Th(NO_3)_4(OPPh_3)_2]$ 491

Na

$Na_3[AlF_6]$ 280, 478
$Na_{12}(AlO_2)_{12}(SiO_2)_{12}$ 557
$NaAlSi_3O_8$ 554
$NaBH_4$ 414
$NaBiO_3$ 483
Na_2C_2 547
$NaCl$ 78
Na_3GaF_6 478
NaH 400, 407
$Na[HB(C_2H_5)_3]$ (et) 400
$NaHSO_4$ 406
NaK 439
$NaNH_2$ 438
Na_2O_2 434
$NaOCH_3$ 407
Na_5Zn_{21} 67

Nb

$[Nb_6O_{19}]^{8-}$ 452

Nd

$[Nd(OH_2)_9]^{3+}$ 332

Ni

$[NiBr_4]^{2-}$ 315, 455
$[Ni(CN)_4]^{2-}$ 315
$[Ni(CN)_5]^{3-}$ 328
$Ni(CO)_4$ 186, 195, 217, 321, 336, 454
$[Ni(OH_2)_4(phen)]^{2+}$ 376
$[Ni(PR_3)_2(CO_2)]$ 544
NiS 73
$K_4[Ni_2(CN)_6]$ 439
$LaNi_5H_6$ 402

O

O_2 133
O_2^+ 445
O_3 117
$OC(OH)_2$ 236
OCS 189
$[O_2][PtF_6]$ 445
$O_2SF(OH)$ 233
$O_2S(NH_2)OH$ 233

Os

OsO_4 445
$[Os(O)_2(py)_2(OC_{60}O)]$ 535

P

P_4 113
$P(C_2H_5)_3$ 422
PCl_3 189
PCl_5 107, 115, 189, 192
PCl_6^- 117
PF_3 102
PH_2 114
PH_3 309, 403, 422
$[PMo_{12}O_{40}]^{3-}$ 453
PO_4^{3-} 102
$[P_2O_7]^{4-}$ 243
$[P_4O_{12}]^{4-}$ 243
$POCl_3$ 189
H_3PO_3 235
H_3PO_4 309
$[Ni(PR_3)_2(CO_2)]$ 544
$[PtBrCl(PR_3)_2]$ 327

Pb

Pb_5^{2-} 431
PbF_4 476
PbO 482
PbO_2 482
Pb_3O_4 482
$(CH_3)_3PbH$ 420

Pd

$[PdCl_2(NH_3)_2]$ 214〜216
$[Pd(OH_2)_4]^{2+}$ 457

Pt

$[PtBrCl(PR_3)_2]$ 327
$[PtCl_6]^{2-}$ 192, 467
$[PtCl(dien)]^+$ 343
$[PtCl_2(NH_3)_2]$ 325, 326
PtF_6 445
$[Pt(NH_3)_4]^{2+}$ 467
$[Pt(OH_2)_4]^{2+}$ 457
$[Pt(PPh_3)_4]$ 464
$[Pt(PPh_3)_2(C_{60})]$ 535
PtS_2 469
$Pt_3Sn_8Cl_{20}$ 481
$K_2Pt(CN)_4Br_{0.3}$ 170, 171
$K_2Pt(CN)_4Br_{0.3}\cdot 3H_2O$ 170, 171
$[O_2][PtF_6]$ 445

Rb

Rb_6O 437
Rb_9O_2 437, 438

Re

$[Re_2Cl_8]^{2-}$ 334, 458〜462
ReF_7 444
$[ReH_9]^{2-}$ 332, 441
$[ReOCl_6]^{2-}$ 331
$[Re(O)_2(py)_4]^+$ 450
$[Re\{S_2C_2(CF_3)_2\}_3]$ 330

Ru

$[Ru(bpy)_3]^{2+}$ 343

化 学 式 索 引

$[RuCl(NH_3)_4(SO_2)]^+$ 251
$[RuCl_2(PPh_3)_3]$ 414, 457
$[Ru_3(CO)_9C_{60}]$ 535
$Ru(Cp)_2$ 194
$[RuH_2(PPh_3)_4]$ 414
$[Ru(NH_3)_5(OH_2)]^{2+}$ 457
RuO_4 445
$[Ru(OH_2)_6]^{2+}$ 457

S

SF_4 111
SF_6 107, 115, 154, 189, 211
$[S_2MoS_2CoS_2MoS_2]^{2-}$ 472
SO_2 102, 251, 264, 278
SO_3 117, 251, 254
SO_3^{2-} 102, 117
SO_4^{2-} 101
$S_2O_3^{2-}$ 235
SO_2Cl_2 189
$(C_{24})^+SO_3(OH)^-$ 533
$F_3BS(CH_3)_2$ 413
$[Fe_4S_4(SR)_4]^{2-}$ 471
H_2S 226, 282
H_2S_n 424
H_2SO_3 236
OCS 189
$O_2SF(OH)$ 233
$O_2S(NH_2)OH$ 233
PtS_2 469

Sb

$[Sb_2\{(+)\text{-}C_4H_4O_6\}_2]^{2-}$ 346
$SbCl_5$ 264
$[SbF_5]$ 250
$[SbF_6]^-$ 250, 261
SbH_3 422
$SbPh_5$ 117

Sc

Sc 296
$ScCl_2$ 455
$ScCl_3$ 443
Sc_7Cl_{10} 459

Si

Si 549
$SiBrClFI$ 189
SiC 73, 280, 550
$Si_2(CH_3)_6$ 111
$[Si(C_6H_4O_2)_2(C_6H_5)]^-$ 249
$SiCl_4$ 189, 280, 407, 549
$[SiF_6]^{2-}$ 246, 549
SiH_4 394, 407, 419
Si_2H_6 111

Si_3H_8 417
$SiHCl_3$ 419
Si_3N_4 550
SiO_2 280, 419, 552
SiO_4 551, 554
$[SiO_4]^{4-}$ 550
$[Si_6O_{18}]^{12-}$ 551
$Si(OH)_4$ 231
$Al_2K(OH)_2Si_3AlO_{10}$ 554
$AlKSi_3O_8$ 554
$CH_3CH_2SiH_3$ 420
$(CH_3)_3SiSi(CH_3)_3$ 455
$(H_3Si)_3N$ 550
K_4Si_4 558
$Mg_3(OH)_2Si_4O_{10}$ 554
$MgSiO_3$ 242
$Na_{12}(AlO_2)_{12}(SiO_2)_{12}$ 557
$NaAlSi_3O_8$ 554

Sm

Sm_2O_3 537

Sn

Sn^{4+} 481
Sn_9^{4-} 431
$SnCl_2$ 254
$[SnCl_3]^-$ 250, 482
$SnCl_4$ 481
$SnCl_4(OPMe_3)_2$ 481
$[(SnCl)_2\{Pt(SnCl_3)_2\}_3]$ 482
$(CO)_5MnSnCl_3$ 250
NiS 73
$Pt_3Sn_8Cl_{20}$ 481

Ta

$[Ta_2(N)Br_8]^{3-}$ 451
$[Ta_6O_{19}]^{8-}$ 452

Tc

TcF_6 444

Th

$ThCl_4$ 491
$[Th(NO_3)_4(OPPh_3)_2]$ 491
ThO_2 491
$[Th(ox)_4(OH_2)_2]^{4-}$ 332

Ti

TiC 277
$TiCl_2$ 455

$TiCl_4$ 443
TiO 456
TiO_2 74, 441
$[Ti(OH_2)_6]^{3+}$ 348
$CaTiO_3$ 74
$FeTiH_x$ 402

Tl

TlI 481
TlI_3 476
$TlOH$ 480

U

UBr_4 490
UCl_4 490, 492
UCl_6 492
$[UO_3(NO_3)_2(OH_2)_4]$ 493
$[UO_2(OH_2)_5]^{2+}$ 331

V

V^{3+} 454
VF_5 443
VO^{2+} 447
V_2O_5 242
$[VOCl_4]^{2-}$ 449
$[VO_2(OH_2)_4]^+$ 242, 449

W

WC 548
$[W(CH_3)_6]$ 441
$[W_2Cl_9]^{3-}$ 461
$[W_2Cl_6(py)_4]$ 461
$[W(CO)_3(H_2)(PPr_3)_2]$ 392
$[W_6O_{19}]^{2-}$ 452
$[W_{12}O_{40}(OH)_2]^{10-}$ 453
WS_2 330
$[\{(CH_3)_2N\}_3WWCl\{N(CH_3)_2\}_2]$ 461
$(Me_3CO)_3WW(OCMe_3)_3$ 450
$[(OC)_5WHW(CO)_5]^-$ 396

Xe

XeF_4 117, 189

Yb

$[Yb(acac)_3(OH_2)]$ 488

Zn

$ZnCl_2$ 475
ZnI_2 475
ZnO 73, 175, 392, 473, 475

ZnS 71
CuZn 67
MgZn$_2$ 67
Na$_5$Zn$_{21}$ 67

Zr
[Zr(BH$_4$)$_4$] 415
[Zr(CH$_3$)$_6$]$^{2-}$ 330
ZrCl 459

[Zr$_6$Cl$_{18}$C]$^{4-}$ 460
ZrH$_x$ 402
[Zr(ox)$_4$]$^{4-}$ 332

玉虫 伶太（たま むし れい た）
1926年 東京に生まれる
1948年 東京大学理学部化学科 卒
理化学研究所 主任研究員を経て
福島大学教育学部教授(～1991)
専攻 電気化学，溶液化学
理学博士

佐藤 弦（さ とう げん）
1930年 東京に生まれる
1953年 東京大学理学部化学科 卒
上智大学 名誉教授
専攻 無機化学，電気分析化学
理学博士

垣花 眞人（かき はな まさ と）
1954年 東京に生まれる
1978年 上智大学理工学部化学科 卒
1983年 東京工業大学大学院博士課程 修了
現 東北大学多元物質科学研究所 教授
専攻 合成無機材料，超伝導，ラマン分光
理学博士

第2版 第1刷 1996年3月22日 発行
第3版 第1刷 2001年3月22日 発行
第5刷 2004年7月1日 発行

シュライバー無機化学（上）（第3版）

© 2001

訳 者　玉虫 伶太
　　　　佐藤 弦
　　　　垣花 眞人

発行者　小澤 美奈子

発　行　株式会社 東京化学同人
東京都文京区千石3丁目36-7（〒112-0011）
電話（03）3946-5311・FAX（03）3946-5316

印　刷　ショウワドウ・イープレス(株)
製　本　株式会社 松岳社

ISBN 4-8079-0534-1
Printed in Japan

よく用いられる単位と関係

298.15 K で，$RT = 2.4790$ kJ mol^{-1} および $RT/F = 25.693$ mV
1 atm $= 101.325$ kPa（定義）$= 760$ Torr（正確に）
1 bar $= 10^5$ Pa
1 eV $\approx 1.602\,18 \times 10^{-19}$ J $\stackrel{\wedge}{=} 96.485$ kJ mol^{-1} $\stackrel{\wedge}{=} 8065.5$ cm^{-1}
1 cm^{-1} $\stackrel{\wedge}{=} 1.986 \times 10^{-23}$ J $\stackrel{\wedge}{=} 11.96$ J mol^{-1} $\stackrel{\wedge}{=} 0.1240$ meV
1 cal$_{\text{th}} = 4.184$ J（正確に）
1 D（デバイ）$\approx 3.335\,64 \times 10^{-30}$ C m
1 G $= 10^{-4}$ T
1 Å（オングストローム）$= 10^{-10}$ m $= 100$ pm
1 u（統一原子質量単位）$\approx 1.660\,54 \times 10^{-27}$ kg

基本物理定数の値

物理量	記号	数値と単位
真空中の光速度	c_0	$299\,792\,458$ m s^{-1}
電気素量	e	$1.602\,177 \times 10^{-19}$ C
ファラデー定数	$F = eN_\text{A}$	9.6485×10^4 C mol^{-1}
ボルツマン定数	k	$1.380\,66 \times 10^{-23}$ J K^{-1}
		8.6174×10^{-5} eV K^{-1}
気体定数	$R = kN_\text{A}$	$8.314\,51$ J K^{-1} mol^{-1}
		$8.205\,78 \times 10^{-2}$ dm^3 atm K^{-1} mol^{-1}
プランク定数	h	$6.626\,08 \times 10^{-34}$ J s
	$\hbar = h/2\pi$	$1.054\,57 \times 10^{-34}$ J s
アボガドロ定数	N_A	$6.022\,14 \times 10^{23}$ mol^{-1}
電子の静止質量	m_e	$9.109\,39 \times 10^{-31}$ kg
真空の誘電率	ε_0	$8.854\,19 \times 10^{-12}$ J^{-1} C^2 m^{-1}
	$4\pi\varepsilon_0$	$1.112\,65 \times 10^{-10}$ J^{-1} C^2 m^{-1}
ボーア磁子	$\mu_\text{B} = e\hbar/2m_\text{e}$	$9.274\,02 \times 10^{-24}$ J T^{-1}
ボーア半径	$a_0 = 4\pi\varepsilon_0\hbar^2/m_\text{e}e^2$	$5.291\,77 \times 10^{-11}$ m
リュードベリ定数	$R_\infty = m_\text{e}e^4/8h^3c_0\varepsilon_0^2$	$1.097\,37 \times 10^5$ cm^{-1}

SI 接頭語

f	p	n	μ	m	c	d	k	M	G
フェムト	ピコ	ナノ	マイクロ	ミリ	センチ	デシ	キロ	メガ	ギガ
femto	pico	nano	micro	milli	centi	deci	kilo	mega	giga
10^{-15}	10^{-12}	10^{-9}	10^{-6}	10^{-3}	10^{-2}	10^{-1}	10^3	10^6	10^9